Advanced Engineering Mathematics
7th edition

7판

공업수학 II

Peter V. O'Neil 원저
공업수학교재편찬위원회 역

CENGAGE Learning® 북스힐

Andover • Melbourne • Mexico City • Stamford, CT • Toronto • Hong Kong • New Delhi • Seoul • Singapore • Tokyo

CENGAGE Learning

Advanced Engineering Mathematics

7th Edition

Peter V. O'Neil

ISBN-13: 978-89-5526-907-9

Cengage Learning Korea Ltd.
Suite 1801 Seokyo Tower Building
133 Yanghwa-Ro Mapo-Gu
Seoul Korea 121-837
Tel: (82) 2 322 4926
Fax: (82) 2 322 4927

Cengage Learning is a leading provider of customized learning solutions with office locations around the globe, including Singapore, the United Kingdom, Australia, Mexico, Brazil, and Japan. Locate your local office at: **www.cengage.com/global**

Cengage Learning products are represented in Canada by Nelson Education, Ltd.

For product information, visit **www.cengageasia.com**

Printed in Korea
1 2 3 4 18 17 16 15

역자 머리말

Peter O'Neil의 *Advanced Engineering Mathematics*는 오랫동안 이공계 대학에서 교재로 써오고 있는 훌륭한 교과서이며 학생들이 애독하는 수학교과서이다. 여기서 다루는 내용은 상미분방정식은 물론 선형대수학, 벡터해석, 편미분방정식 그리고 복소해석학 등이며 물리나 공학 등의 응용문제들도 많이 소개하고 있다. 사실 이 방대한 내용을 일 년 동안 강의하기란 만만치 않은 일이다. 그래서 먼저 이 책을 Ⅰ, Ⅱ로 나누기로 했다.

Ⅱ권에서는 Fourier 해석, 편미분방정식, 복소해석을 다루고 있다. 역자들은 이 내용들을 설명할 때 어떻게 하면 번역한 문장처럼 보이지 않고 우리말을 사용하듯 부드럽게 표현할 수 있을까 고민하였다. 그래서 우리가 택한 방법은 우선 영문을 우리말로 번역하고 난 후 다시 이것에서 번역의 흔적을 없애는 이중 변역이었다. 이 과정에서 우리는 여러 번의 토의와 교환 교정을 거쳤다. 그러나 이러한 노력에도 불구하고 역자들이 구사하는 우리말의 한계 등으로 인해서 아직도 미흡한 부분들이 곳곳에서 발견된다. 보다 명료하게 수학이론을 설명하고 학생들을 이해시키기 위해서는 물이 흐르는 것처럼 자연스러운 우리말 설명이 필요한데, 그것을 위해서는 이 책을 사용하는 독자 여러분의 도움이 필요하다.

이 책의 특징은 다루는 내용이 방대하므로 이론의 지루한 설명보다는 많은 보기와 연습문제를 통해서 계산 능력을 키우고 이공계 학생들에게 필요한 다양한 수학 지식을 얻게 하는 데 있다. 선형대수학이나 복소해석학 부분에서는 학문의 특성상 증명이 필요한 부분이 있지만 이 부분도 계산을 강조하였다. 특히 단원마다 많은 연습문제가 준비되어 있다. 한 학기 동안 150~250개 정도의 문제를 스스로 해결할 수 있다면 이 책의 Ⅰ, Ⅱ를 완독한 후에는 이공계 대학교 전공을 공부하는 데 필요한 수학의 배경은 충분하다고 생각된다.

역자 일동

머리말

공업수학 7판은 두 가지 주요한 목적을 가지고 있다.

첫째 목표는 현대의 대부분의 과학자, 공학자, 응용수학자들에게 필요한 고급 수학을 습득하도록 하는 것이며, 학생들과 교수진에게 모두 도움을 주는 것이다. 우리는 수학을 통해서 물리 현상을 매우 쉽게 모델링할 수 있지만, 물리적 현상을 잘못 이해하거나 수학을 잘못 적용하면 틀린 결론을 이끌어 낼 위험도 배제할 수 없다.

둘째 목표는 계산방법에 수학 이론을 접목시키는 것이다. 과학자, 공학자, 수학자, 경제학자, 생태학자 등의 전문가들은 이론을 실제 현상에 적용한 후 많은 계산을 해야 한다. 또한 신뢰할 수 있는 결론에 도달하기 위해서는 계산을 수행할 뿐만 아니라 수학적 모델링에 사용한 급수, 적분, 변환 등을 다룰 수 있는 능력이 필요하다. 이러한 기술들이 성공적으로 적용된 세계적인 예로는 우주왕복선, 금문교, 쿠알라룸푸르의 페트로나스 탑, 남프랑스 Odeillo의 Solar Furnace, 영국과 프랑스를 연결하는 영국 해저 터널, 스위스의 Ganter 다리 등이 있다.

이러한 목적을 충족시키기 위해 이번 7판에서는 다음과 같은 변화들을 주었다.

강력하고 편리한 컴퓨터 소프트웨어의 폭넓은 사용으로 수학과 실세계 결론의 관계, 이론과 모델과 현상의 관계를 조사하는 것이 가능해졌다. 이러한 일이 가능하려면 학생들의 경험이 중요하므로 학생들에게 이 교재로 공부할 때 컴퓨터를 활용할 것을 추천한다. 이로 인해 부분합 그래프를 통하여 Fourier 급수의 수렴과 고유함수의 전개를 관찰하거나 방향장과 위상 모방을 생성하고 신호 필터의 효과를 측정하는 등 많은 변수와 입력 조건이 파동과 열방정식에 얼마나 영향을 주는지 알 수 있을 것이다. 또 앞뒤 방향의 파동의 합으로서 파동을 작도할 수 있고, 이산 Fourier 변환을 근사적인 Fourier 변환이나 단순한 Fourier 급수로 전환할 수 있다.

편미분방정식 관련 내용은 재구성되었고 세부적인 부분이 추가되었다. 제16장 파동방정식의 앞부분은 Fourier 급수해를 유한 구간에 대하여 적용했고, 뒷부분은 Fourier 적분과 변환을 직선과 반직선에 대한 문제 풀이에 적용했다. 특성곡선을 사용하여 파동함수를 다루었고, 비제차 경계값 조건과 초기값 조건을 푸는 데 Fourier 변환을 사용했다. 제17장에서는 열방정식의 유한 구간과 직선, 반직선에 응용함으로써 비슷한 프로그램이 되도록 했으며, 새로운 비제차 열방정식이 추가되었다. 이 장의 마지막에는 Dirichlet과 Neumann 문제가 추가되었다.

Fourier 변환은, Windowing과 여과, N-점 이산 Fourier 변환을 단순한 Fourier 급수나 근사적인 Fourier 변환으로 바꿀 수 있다는 점에서 현대 과학과 공학 분야에서 중요하다.

특수함수에서는 더욱 세밀한 통합 분야를 추가했다. Legendre 다항식과 Bessel 함수, 다른 직교 다항식에는 Sturm-Liouville 이론과 일반적 고유함수 전개의 특정한 예를 추가했으며, 평균제곱근 수렴과 고유함수의 완전성, Parseval 정리의 관계들도 소개했다.

선형 상미분방정식계의 문제는 계수 행렬의 고유값이 반복되는 경우를 포함시켰다.

비선형 시스템의 정성적 거동 특성에는 Lyapunov 정리를 포함하는 위상 모방과 임계점, 안정성 분류에 관한 분야가 추가되었다.

행렬식 부분은 행렬식의 성질에 대한 더욱 명확한 이해를 위해 재구성했다.

홀수 번호 문제의 해답을 확장했으며, 이해를 돕기 위해 까다로운 문제에는 설명을 덧붙였다.

감사의 글

이 책의 출판이 이토록 방대해지기까지 여러 사람의 도움이 있었다.

특히 Bill Stenquist, Pat Call, Brooks/Cole의 Mary Vezilich, Martha Emry Production Service의 Martha Emry, 디자인을 담당한 Terri Wright, Techsetters의 전문가들, Laurel Technical의 도움에 감사드린다.

California Polytechnic State University의 Thomas O'Neil 박사는 5판에서 많은 조언을 해 주었고, 이번 7판에도 많은 도움을 주었다. University of Alabama의 Fred Martens 박사는 7판의 본문과 문제의 교정에 참여하였으며, 풀이집의 저자로 함께 노력했다. 수년 전 초판이 출간되었을 때부터 이 책의 장점에 대해 훌륭한 견해를 제시해 준 Rich Jones에게 감사 인사를 전한다.

이 책의 향상을 위해 제안을 아끼지 않았던 원고 교정자들에게 깊이 감사드린다.

Peter V. O'Neil

차 례

7부 복소해석

5부

Fourier 해석

Fourier 급수

12장

12.1 열방정식과 Fourier 급수

Fourier 급수란 주어진 함수를 주파수가 서로 다른 사인과 코사인함수들의 급수로 표현하는 방법이다. 왜 Fourier는 이런 급수를 생각하게 되었는지 그가 관심이 많았던 다음의 열방정식을 살펴보자.

일정한 밀도와 균일한 단면을 가진 길이 π인 가느다란 막대가 있다. 시간 t에서 막대의 한 끝으로부터 거리 x인 곳의 온도 $u(x, t)$는 11.8.2절에서 유도한 것과 같이 편미분방정식

$$\frac{\partial u}{\partial t} = k\frac{\partial^2 u}{\partial x^2}, \quad 0 < x < \pi,\ t > 0 \tag{12.1}$$

의 해이다. 여기서 k는 막대의 재질에 의해 결정되는 상수이다. 막대 양끝의 온도가 0으로 유지된다면

$$u(0, t) = u(\pi, t) = 0, \quad t > 0 \tag{12.2}$$

이다. 그리고 시간 $t = 0$일 때 막대의 초기온도 분포는

$$u(x, 0) = f(x) = x(\pi - x) \tag{12.3}$$

라 하자. 직관적으로 막대의 초기온도 분포 $f(x)$와 양끝의 온도가 항상 0이면 막대의 온도 분포 $u(x, t)$를 구할 수 있다.

Fourier는 열방정식 (12.1)과 막대 양끝의 경계 조건 (12.2)를 만족하는 함수

$$u_n(x, t) = b_n \sin(nx) e^{-kn^2 t} \tag{12.4}$$

를 생각했다. 여기서 n은 양의 정수이고, b_n은 임의의 실수이다. 이 함수들을 이용하여 식 (12.3)도 성립하는 함수를 찾아보자.

$u(x, t)$가 만약 식 (12.4) 꼴의 함수 하나 $u(x, t) = u_{n_0}(x, t) = b_{n_0}\sin(n_0 x)\, e^{-kn_0^2 t}$이면

$$u(x, 0) = x(\pi - x) = b_{n_0}\sin(n_0 x), \quad 0 \le x \le \pi.$$

따라서, $u(x, t)$를 함수 (12.4)의 유한합

$$u(x, t) = \sum_{n=1}^{N} b_n \sin(nx) e^{-kn^2 t} \tag{12.5}$$

으로 나타내보면, $u(x, t)$는 우선 열방정식 (12.1)과 경계조건 (12.2)를 만족한다. 식 (12.3)이 성립하기 위해

$$u(x,\ 0) = x(\pi - x) = \sum_{n=1}^{N} b_n \sin(nx), \qquad 0 \le x \le \pi$$

인 N과 b_n들을 구해야 한다. 사인함수들의 유한합은 $[0,\ \pi]$에서 다항식이 될 수 없으므로 $u(x,\ t)$는 사인함수의 유한합이 아니다.

함수 (12.4)의 유한합으로는 해를 만들 수 없었기 때문에 Fourier는 빛나는 통찰력을 발휘해서 해를 사인함수의 무한급수

$$u(x, t) = \sum_{n=1}^{\infty} b_n \sin(nx) e^{-kn^2 t} \tag{12.6}$$

로 표현했다. 이 함수에 대해 열방정식 (12.1)과 경계조건 (12.2)가 성립한다. 마지막으로 초기조건 (12.3)이 성립하려면

$$u(x, 0) = x(\pi - x) = \sum_{n=1}^{\infty} b_n \sin(nx), \qquad 0 \le x \le \pi \tag{12.7}$$

인 b_n들의 값을 찾아야 한다.

12.2와 12.3절에 나오는 사실을 이용하여 b_n이 Fourier 계수

$$b_n = \frac{2}{\pi} \int_0^{\pi} x(\pi - x) \sin(nx)\, dx = \frac{4}{\pi} \frac{1-(-1)^n}{n^3}, \qquad n = 1, 2, \cdots$$

이면 식 (12.7)이 성립한다. 함수 (12.6)에 이 계수들을 대입하면 열전도 문제 (12.1), (12.2), (12.3)의 해

$$u(x, t) = \frac{4}{\pi} \sum_{n=1}^{\infty} \frac{1-(-1)^n}{n^3} \sin(nx) e^{-kn^2 t}$$

를 구할 수 있다. 하지만 식

$$\sum_{n=1}^{\infty} \frac{4}{\pi} \frac{1-(-1)^n}{n^3} \sin(nx) = x(\pi - x), \qquad 0 \le x \le \pi$$

는 Fourier 시대의 수학자들이 받아들이기 어려웠고, 그들이 원하는 엄밀함은 부족하여서 Fourier의 논문은 출판되지 못했다. 그러나 Fourier의 통찰력은 여러 수학자에게 영향을 주어 수백 년 동안 연구되었고 여러 중요한 분야에 응용되었다. 사실 Fourier 급수는 $x(\pi - x)$보다 훨씬 다양한 함수에 대해 구간 $[0,\ \pi]$에서 $f(x) = \sum_{n=1}^{\infty} b_n \sin(nx)$이 성립하는 b_n을 구할 수 있다. 다음 절부터 이 Fourier 급수와 그 응용에 대해 구체적으로 살펴보자.

연습문제 12.1

1. $0 \le x \le \pi$ 일 때 $x(\pi - x)$, $\Sigma_{n=1}^{2}(4/\pi)([1-(-1)^n]/n^3)\sin(nx)$, $\Sigma_{n=1}^{3}(4/\pi)([1-(-1)^n]/n^3)\sin(nx)$, $\Sigma_{n=1}^{4}(4/\pi)([1-(-1)^n]/n^3)\sin(nx)$의 그래프를 차례로 그려라. $x(\pi - x)$가 이 구간에서 $\Sigma_{n=1}^{\infty}(4/\pi)([1-(-1)^n]/n^3)\sin(nx)$로 표현된다는 Fourier의 직관을 이해할 수 있다.

2. 임의의 다항식은 어떠한 양의 정수 n에 대해서도 구간 $[0, \pi]$에서 $\sin(nx)$의 상수배로 표현할 수 없음을 보여라. 힌트: 다항식의 차수에 대해 귀납법을 적용하여라.

3. 임의의 다항식이 $0 \le x \le \pi$ 에서 유한합 $\Sigma_{j=0}^{n} c_j \sin(jx)$로 표현될 수 없음을 보여라. 여기서 c_j는 모두 실수이다.

12.2 Fourier 급수

$-L \le x \le L$에서 정의된 함수 $f(x)$가 이 구간에서 적분가능할 때

$$f(x) = \frac{1}{2}a_0 + \sum_{n=1}^{\infty}\left[a_n \cos\left(\frac{n\pi x}{L}\right) + b_n \sin\left(\frac{n\pi x}{L}\right)\right] \tag{12.8}$$

이 성립하는 $a_0, a_1, a_2, \cdots$ 와 $b_1, b_2, \cdots$을 선택하는 방법을 알아보자. 이 식이 성립하는 함수 f의 적절한 조건에 대해서 나중에 배울 것이다. 우선 (12.8)을 성립한다고 가정하고 그 값을 어떻게 구할지 살펴보자.

보조정리 12.1

n과 m이 음이 아닌 정수이면

(1)
$$\int_{-L}^{L} \cos\left(\frac{n\pi x}{L}\right)\sin\left(\frac{m\pi x}{L}\right)dx = 0.$$

(2) $n \ne m$ 일 때

$$\int_{-L}^{L} \cos\left(\frac{n\pi x}{L}\right)\cos\left(\frac{m\pi x}{L}\right)dx = \int_{-L}^{L} \sin\left(\frac{n\pi x}{L}\right)\sin\left(\frac{m\pi x}{L}\right)dx = 0.$$

(3) $n \ne 0$ 일 때

$$\int_{-L}^{L} \cos^2\left(\frac{n\pi x}{L}\right)dx = \int_{-L}^{L} \sin^2\left(\frac{n\pi x}{L}\right)dx = L.$$

이 보조정리의 증명은 어렵지 않으므로 생략한다(연습문제 16).

이제 a_0를 구하기 위해서 급수 (12.8)의 항별 적분이 가능하다고 가정하고 계산하면

$$\int_{-L}^{L} f(x)\,dx = \frac{1}{2}a_0\int_{-L}^{L}dx + \sum_{n=1}^{\infty}\left[a_n\int_{-L}^{L}\cos\left(\frac{n\pi x}{L}\right)dx + b_n\int_{-L}^{L}\sin\left(\frac{n\pi x}{L}\right)dx\right]$$

이다. 우변에서 첫째 항을 제외한 모든 항의 적분은 0이므로

$$\int_{-L}^{L} f(x)\,dx = La_0 \;\Rightarrow\; a_0 = \frac{1}{L}\int_{-L}^{L} f(x)\,dx\,.$$

임의의 양의 정수 k에 대한 a_k를 구하자. 식 (12.8)에 $\cos(k\pi x/L)$를 곱하여 얻은 급수를 항별로 적분하면

$$\int_{-L}^{L} f(x)\cos\left(\frac{k\pi x}{L}\right)dx = \frac{1}{2}a_0\int_{-L}^{L}\cos\left(\frac{k\pi x}{L}\right)dx$$
$$+\sum_{n=1}^{\infty}\left[a_n\int_{-L}^{L}\cos\left(\frac{n\pi x}{L}\right)\cos\left(\frac{k\pi x}{L}\right)dx + b_n\int_{-L}^{L}\sin\left(\frac{n\pi x}{L}\right)\cos\left(\frac{k\pi x}{L}\right)dx\right].$$

보조정리 12.1에 의해 이 식 우변의 모든 적분은 $n=k$일 때 $\int_{-L}^{L}\cos(k\pi x/L)\cos(k\pi x/L)\,dx = L$을 제외하고 모두 0이다. 따라서

$$\int_{-L}^{L} f(x)\cos\left(\frac{k\pi x}{L}\right)dx = a_k L \;\Rightarrow\; a_k = \frac{1}{L}\int_{-L}^{L} f(x)\cos\left(\frac{k\pi x}{L}\right)dx\,.$$

이제 식 (12.8)에서 b_k를 구해 보자. 이번에는 식 (12.8)에 $\sin(k\pi x/L)$을 곱하고 항별로 적분하면

$$\int_{-L}^{L} f(x)\sin\left(\frac{k\pi x}{L}\right)dx = \frac{1}{2}a_0\int_{-L}^{L}\sin\left(\frac{k\pi x}{L}\right)dx$$
$$+\sum_{n=1}^{\infty}\left[a_n\int_{-L}^{L}\cos\left(\frac{n\pi x}{L}\right)\sin\left(\frac{k\pi x}{L}\right)dx + b_n\int_{-L}^{L}\sin\left(\frac{n\pi x}{L}\right)\sin\left(\frac{k\pi x}{L}\right)dx\right]$$

이다. 다시 보조정리 12.1에 의해 이 식 우변의 모든 항은 $n=k$일 때 $\int_{-L}^{L}\sin(k\pi x/L)\sin(k\pi x/L)\,dx = L$을 제외하고는 모두 0이므로 위 식은

$$\int_{-L}^{L} f(x)\sin\left(\frac{k\pi x}{L}\right)dx = b_k L \;\Rightarrow\; b_k = \frac{1}{L}\int_{-L}^{L} f(x)\sin\left(\frac{k\pi x}{L}\right)dx\,.$$

정의 12.1 Fourier 계수와 급수

f가 $[-L, L]$에서 적분가능 함수일 때,

(1)

$$a_n = \frac{1}{L}\int_{-L}^{L} f(x)\cos\left(\frac{n\pi x}{L}\right)dx, \qquad n = 0, 1, 2, \cdots$$

$$b_n = \frac{1}{L}\int_{-L}^{L} f(x)\sin\left(\frac{n\pi x}{L}\right)dx, \qquad n = 1, 2, 3, \cdots$$

을 $[-L, L]$에서 **Fourier 계수**라고 한다.

(2) a_n, b_n이 $[-L, L]$에서 f의 Fourier 계수일 때

$$\frac{1}{2}a_0 + \sum_{n=1}^{\infty}\left[a_n\cos\left(\frac{n\pi x}{L}\right) + b_n\sin\left(\frac{n\pi x}{L}\right)\right]$$

를 $[-L, L]$에서 f의 **Fourier 급수**라고 한다.

보기 12.1 $-\pi \le x \le \pi$에서 $f(x) = x$일 때, f의 Fourier 급수를 구해 보자. n이 정수일 때 $\cos(n\pi) = (-1)^n$이므로 Fourier 계수는

$$a_0 = \frac{1}{\pi}\int_{-\pi}^{\pi} x\,dx = 0,$$

$$a_n = \frac{1}{\pi}\int_{-\pi}^{\pi} x\cos(nx)dx = \left[\frac{1}{n^2\pi}\cos(nx) + \frac{x}{n\pi}\sin(nx)\right]_{-\pi}^{\pi} = 0,$$

$$b_n = \frac{1}{\pi}\int_{-\pi}^{\pi} x\sin(nx)dx = \left[\frac{1}{n^2\pi}\sin(nx) - \frac{x}{n\pi}\cos(nx)\right]_{-\pi}^{\pi} = \frac{2}{n}(-1)^{n+1}$$

이다. 따라서 $[-\pi, \pi]$에서 $f(x) = x$의 Fourier 급수는

$$\sum_{n=1}^{\infty}\frac{2}{n}(-1)^{n+1}\sin(nx) = 2\sin(x) - \sin(2x) + \frac{2}{3}\sin(3x) - \frac{1}{2}\sin(4x) + \frac{2}{5}\sin(5x) - \cdots$$

이다. 이 보기에서 상수항과 Fourier 코사인 계수는 모두 0이므로 Fourier 급수는 사인항만을 갖는다. 이것은 $f(x) = x$가 홀함수이고 사인함수가 홀함수라는 사실과 일치한다.

보기 12.2

$$f(x) = \begin{cases} 0 & -3 \le x \le 0 \text{ 일 때}, \\ x & 0 \le x \le 3 \text{ 일 때}, \end{cases}$$

일 때 Fourier 급수를 구하자. $L = 3$이므로 Fourier 계수는

$$a_0 = \frac{1}{3}\int_{-3}^{3} f(x)\,dx = \frac{1}{3}\int_0^3 x\,dx = \frac{3}{2},$$

$$a_n = \frac{1}{3}\int_{-3}^{3} f(x)\cos\left(\frac{n\pi x}{3}\right)dx = \frac{1}{3}\int_0^3 x\cos\left(\frac{n\pi x}{3}\right)dx$$

$$= \left[\frac{3}{n^2\pi^2}\cos\left(\frac{n\pi x}{3}\right) + \frac{x}{n\pi}\sin\left(\frac{n\pi x}{3}\right)\right]_0^3 = \frac{3}{n^2\pi^2}[(-1)^n - 1],$$

$$b_n = \frac{1}{3}\int_{-3}^{3} f(x)\sin\left(\frac{n\pi x}{3}\right)dx = \frac{1}{3}\int_0^3 x\sin\left(\frac{n\pi x}{3}\right)dx$$

$$= \left[\frac{3}{n^2\pi^2}\sin\left(\frac{n\pi x}{3}\right) - \frac{x}{n\pi}\cos\left(\frac{n\pi x}{3}\right)\right]_0^3 = \frac{3}{n\pi}(-1)^{n+1}$$

이다. 따라서 $[-3, 3]$에서 f의 Fourier 급수는

$$\frac{3}{4} + \sum_{n=1}^{\infty}\left(\frac{3}{n^2\pi^2}[(-1)^n - 1]\cos\left(\frac{n\pi x}{3}\right) + \frac{3}{n\pi}(-1)^{n+1}\sin\left(\frac{n\pi x}{3}\right)\right).$$

보기 12.3 $-2 \le x \le 2$에서 $f(x) = e^{-4x}$일 때 Fourier 계수는

$$a_0 = \frac{1}{2}\int_{-2}^{2} e^{-4x}\,dx = \frac{1}{8}(e^8 - e^{-8}),$$

$$a_n = \frac{1}{2}\int_{-2}^{2} e^{-4x}\cos\left(\frac{n\pi x}{2}\right)dx = (e^8 - e^{-8})\frac{8(-1)^n}{64 + \pi^2 n^2},$$

$$b_n = \frac{1}{2}\int_{-2}^{2} e^{-4x}\sin\left(\frac{n\pi x}{2}\right)dx = (e^8 - e^{-8})\frac{n\pi(-1)^n}{64 + \pi^2 n^2}$$

이다. 따라서 $[-2, 2]$에서 e^{-4x}의 Fourier 급수는

$$\frac{1}{16}(e^8 - e^{-8}) + (e^8 - e^{-8})\sum_{n=1}^{\infty}\left(\frac{8(-1)^n}{64 + \pi^2 n^2}\cos\left(\frac{n\pi x}{2}\right) + \frac{n\pi(-1)^n}{64 + \pi^2 n^2}\sin\left(\frac{n\pi x}{2}\right)\right).$$

$f(x)$가 단순한 형태라 할지라도 Fourier 계수 $\int_{-L}^{L} f(x)\cos(n\pi x/L)\,dx$와 $\int_{-L}^{L} f(x)\sin(n\pi x/L)\,dx$를 계산하기 어려울 때는 적절한 소프트웨어를 사용하는 것이 편리하다.

일반적으로 f의 Fourier 급수가 $L \le x \le L$인 모든 x에 대해 $f(x)$와 같지는 않다. 보기 12.1의 $x = \pi$ 및 $x = -\pi$에서 Fourier 급수의 모든 항은 0이지만 $f(\pi) = \pi$, $f(-\pi) = -\pi$이다. 아무리 단순한 함수라 할지라도 Fourier 급수가 $f(x)$에 수렴하지 않는 점들이 있을 수 있다. 어떤 함수와 그 함수의 Fourier 급수 사이의 관계는 곧 배울 것이다.

12.2.1 짝함수 및 홀함수

아래의 특별한 $f(x)$에 대한 Fourier 계수는 계산을 쉽게 할 수 있다.

정의 12.2 짝함수와 홀함수

짝함수(even function)

$-L \le x \le L$에서 $f(-x) = f(x)$이면 함수 f를 **짝함수**라고 한다.

홀함수(odd function)

$-L \le x \le L$에서 $f(-x) = -f(x)$이면 함수 f를 **홀함수**라고 한다.

예를 들어 x^2, x^4, $\cos(n\pi x/L)$, $e^{-|x|}$는 임의의 구간 $[-L, L]$에서 짝함수이다. 그림 12.1은 짝함수 $y = x^2$과 $y = \cos(5\pi x/3)$의 그래프이다. 짝함수의 $-L \le x \le 0$에서 그래프는 $0 \le x \le L$에서 그린 그래프를 y축으로 대칭시킨 것과 같다(그림 12.2).

함수 x, x^3, x^5, $\sin(n\pi x/L)$는 구간 $[-L, L]$에서 홀함수이다. 그림 12.3은 홀함수 $y = x$, $y = x^3$, $y = \sin(5\pi x/2)$의 그래프이다. 홀함수의 $-L \le x \le 0$ 구간에서 그래프는 $0 \le x \le L$ 구간에서 그린 그래프를 원점에 대칭시킨 것과 같다(그림 12.4). 만일 f가 홀함수라면 $f(-0) = -f(0)$이므로 $f(0) = 0$이다. 대부분의 함수는 짝함수도 아니고 홀함수도 아니다. 예를 들어 $f(x) = e^x$는 임의의 구간 $[-L, L]$에서 짝함수도 홀함수도 아니다.

짝함수와 홀함수의 곱셈은 짝수와 홀수의 곱셈과 유사하다.

$$\text{짝함수} \cdot \text{짝함수} = \text{짝함수}$$
$$\text{홀함수} \cdot \text{홀함수} = \text{짝함수}$$

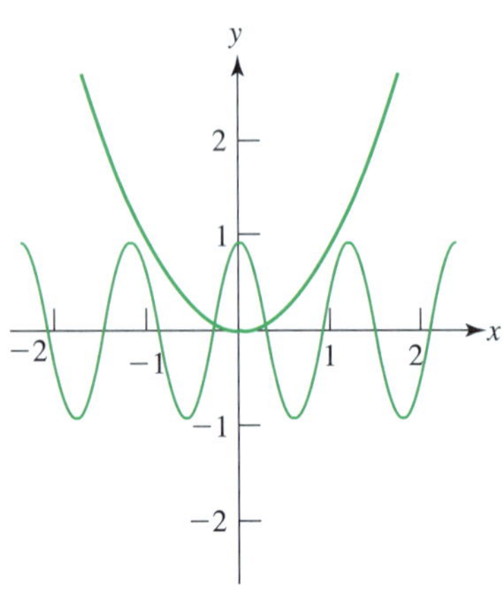

그림 12.1 짝함수 $y = x^2$과 $y = \cos(5\pi x/3)$의 그래프

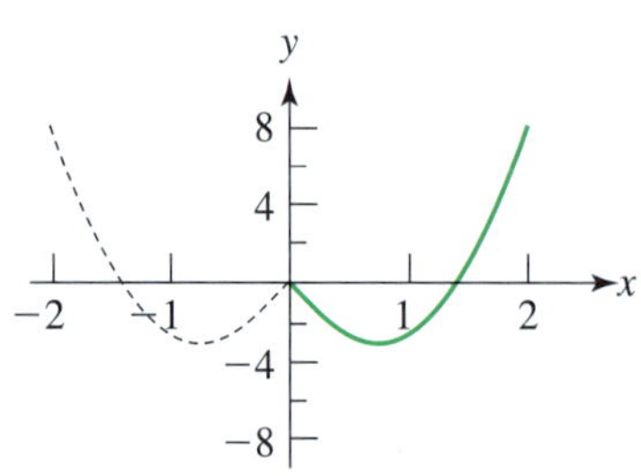

그림 12.2 y축에 대칭인 짝함수

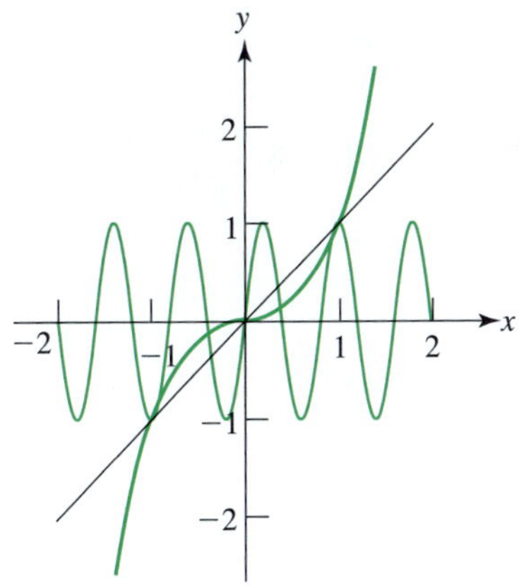

그림 12.3 홀함수 $y=x,\ y=x^3,\ y=\sin(5\pi x/2)$ 의 그래프

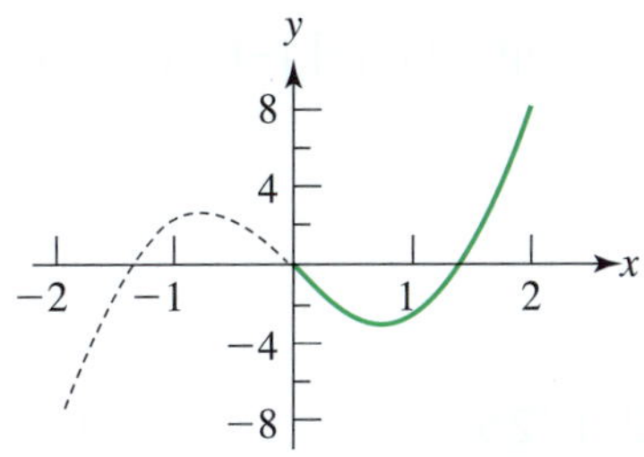

그림 12.4 원점에 대칭인 홀함수

$$\text{홀함수}\cdot\text{짝함수}=\text{홀함수}$$

예를 들어 $x^2\cos(n\pi x/L)$은 짝함수와 짝함수의 곱이므로 짝함수이고 $x^2\sin(n\pi x/L)$는 짝함수와 홀함수의 곱이므로 홀함수이며, $x^3\sin(n\pi x/L)$는 홀함수와 홀함수의 곱이므로 짝함수이다.

$[-L, L]$에서 f가 홀함수이면

$$\int_{-L}^{L} f(x)dx=0$$

이고, 짝함수이면

$$\int_{-L}^{L} f(x)dx=2\int_{0}^{L} f(x)\,dx$$

이다. 그림 12.2와 12.4의 함수를 보고 위 적분식을 증명해 보자. 그림 12.4처럼 홀함수 f는 $-L\le x\le 0$ 에서 x축과 그래프로 둘러싸인 넓이는 $0\le x\le L$에서 x축과 그래프로 둘러싸인 넓이와 같고 x축에 대해 방향이 반대이다. 따라서 $\int_{-L}^{L} f(x)dx=0$이다. 그림 12.2의 짝함수 f를 보면, $-L\le x\le 0$에서 x축과 그래프로 둘러싸인 넓이는 $0\le x\le L$에서 x축과 그래프로 둘러싸인 넓이와 같고 x축에 대한 방향이 같다. 따라서 $\int_{-L}^{L} f(x)dx=2\int_{0}^{L} f(x)dx$이다.

이 사실을 Fourier 계수에 적용해 보면, 만일 f가 짝함수이거나 홀함수라면 Fourier 계수들 중의 일부는 바로 0이 되므로 적분을 계산할 필요가 없다. 보기 12.1에서 다룬 홀함수 $f(x)=x$를 보면 $x\cos(nx)$가 홀함수이기 때문에 코사인 계수가 모두 0임을 확인했다.

보기 12.4 구간 $[-1, 1]$에서 $f(x)=x^4$의 Fourier 급수를 구하라.

f가 짝함수이므로 $x^4\sin(n\pi x)$는 홀함수이므로 모든 사인 계수 b_n이 0임을 알 수 있다. 코사인 계수들은

$$a_0 = \int_{-1}^{1} x^4\, dx = 2\int_0^1 x^4\, dx = \frac{2}{5},$$

$$a_n = \int_{-1}^{1} x^4 \cos(n\pi x)\, dx = 2\int_0^1 x^4 \cos(n\pi x)\, dx = 8\,\frac{n^2\pi^2 - 6}{\pi^4 n^4}(-1)^n$$

이다. 따라서 [−1, 1]에서 x^4 의 Fourier 급수는

$$\frac{1}{5} + \sum_{n=1}^{\infty} 8\,\frac{n^2\pi^2 - 6}{\pi^4 n^4}(-1)^n \cos(n\pi x).$$

보기 12.5 $-4 \le x \le 4$ 에서 $f(x) = x^3$이다.

[−4, 4]에서 f가 홀함수이기 때문에 Fourier 코사인 계수는 모두 0이다. Fourier 사인 계수는

$$b_n = \frac{1}{4}\int_{-4}^{4} x^3 \sin\left(\frac{n\pi x}{4}\right) dx = \frac{1}{2}\int_0^4 x^3 \sin\left(\frac{n\pi x}{4}\right) dx = (-1)^{n+1}\,128\,\frac{n^2\pi^2 - 6}{n^3\pi^3}$$

이므로 [−4, 4]에서 x^3의 Fourier 급수는

$$\sum_{n=1}^{\infty} (-1)^{n+1}\,128\,\frac{n^2\pi^2 - 6}{n^3\pi^3} \sin\left(\frac{n\pi x}{4}\right).$$

지금까지 논의한 것을 요약하면 다음과 같다. 만일 $[-L, L]$에서 f가 짝함수라면 Fourier 급수는

$$\frac{1}{2}a_0 + \sum_{n=1}^{\infty} a_n \cos\left(\frac{n\pi x}{L}\right), \tag{12.9}$$

이고, f가 홀함수이면 Fourier 급수는

$$\sum_{n=1}^{\infty} b_n \sin\left(\frac{n\pi x}{L}\right). \tag{12.10}$$

연습문제 12.2

문제 1부터 12까지 주어진 함수의 Fourier 급수를 구하여라.

1. $f(x) = 4,\ -3 \le x \le 3$

2. $f(x) = -x,\ -1 \le x \le 1$

3. $f(x) = \cosh(\pi x),\ -1 \le x \le 1$

4. $f(x) = 1 - |x|,\ -2 \le x \le 2$

5. $f(x) = \begin{cases} -4 & -\pi \le x \le 0 \text{ 일 때}, \\ 4 & 0 < x \le \pi \text{ 일 때} \end{cases}$

6. $f(x) = \sin(2x),\ -\pi \le x \le \pi$

7. $f(x) = x^2 - x + 3,\ -2 \le x \le 2$

8. $f(x) = \begin{cases} -x & -5 \le x < 0 \text{ 일 때}, \\ 1 + x^2 & 0 \le x \le 5 \text{ 일 때} \end{cases}$

9. $f(x) = \begin{cases} 1 & -\pi \le x < 0 \text{ 일 때}, \\ 2 & 0 \le x \le \pi \text{ 일 때} \end{cases}$

10. $f(x) = \cos(x/2) - \sin x,\ -\pi \le x \le \pi$

11. $f(x) = \cos x,\ -3 \le x \le 3$

12. $f(x) = \begin{cases} 1-x & -1 \le x \le 0 \text{ 일 때}, \\ 0 & 0 < x \le 1 \text{ 일 때} \end{cases}$

13. f와 g가 $[-L, L]$에서 적분가능하고 x_0를 제외한 구간 내 모든 x에 대하여 $f(x) = g(x)$라고 가정하자. f와 g의 Fourier 급수는 어떤 관계가 있는가? 이 사실로부터 주어진 함수와 그 Fourier 급수 사이의 어떤 관계를 예상할 수 있겠는가?

14. $[-L, L]$에서 f가 홀함수이면 $\int_{-L}^{L} f(x)dx = 0$임을 증명하여라.

15. $[-L, L]$에서 f가 짝함수이면

$$\int_{-L}^{L} f(x)dx = 2\int_{0}^{L} f(x)dx$$

임을 증명하여라.

16. 보조정리 12.1을 증명하여라.

12.3 Fourier 급수의 수렴

$[-L, L]$에서 함수 f의 Fourier 계수를 계산하려면 $\int_{-L}^{L} f(x)\sin(n\pi x/L)\,dx$와 $\int_{-L}^{L} f(x)\cos(n\pi x/L)\,dx$만 있으면 된다. 하지만, 이 Fourier 급수가 수렴하는지 또 그 수렴값이 $f(x)$와 같은지는 전적으로 다른 문제이다. 이것은 쉽지 않은 문제인데, 1873년 프랑스 수학자 Paul Du Bois-Reymond는 $(-\pi, \pi)$에서 연속이지만 그 Fourier 급수는 이 구간의 어떤 점에서도 수렴하지 않는 함수의 예를 제시했다.

어쨌든 편미분방정식을 푸는 데 있어서 Fourier 급수의 유용성 때문에 19세기부터 그 수렴성을 이해하려는 노력이 시도되었다. 1892년에 Peter Gustav Lejeune-Dirichlet는 Fourier 급수의 수렴을 위한 함수 f의 충분 조건을 제시했다. 또한 Dirichlet 정리는 이 경우 Fourier 급수의 값이 무엇인지도 밝히고 있다.

이 절에서는 Fourier 급수가 수렴하기 위한 함수 f의 조건을 제시할 것이다. 이 조건에서 구분적 연속의 개념이 중요한 부분을 차지한다.

어떤 점 x_0에서 함수의 오른쪽 및 왼쪽 극한에 대하여 다음 표기법

$$f(x_0+) = \lim_{x \to x_0+} f(x), \quad f(x_0-) = \lim_{x \to x_0-} f(x)$$

을 사용하기로 하자.

정의 12.3 구분적 연속함수

함수 $f(x)$가 유한개를 제외한 구간 $[a, b]$의 모든 점에서 정의되어 있다. 다음 조건이 성립할 때 f를 구간 $[a, b]$에서 **구분적 연속**이라 한다.

(1) f가 유한개의 점을 제외한 구간 $[a, b]$에서 연속이고

(2) $f(a+)$와 $f(b-)$가 모두 존재하고 유한하며

(3) f가 불연속인 구간 (a, b)의 점 x_0에서 $f(x_0+)$와 $f(x_0-)$가 모두 존재하고 유한하다.

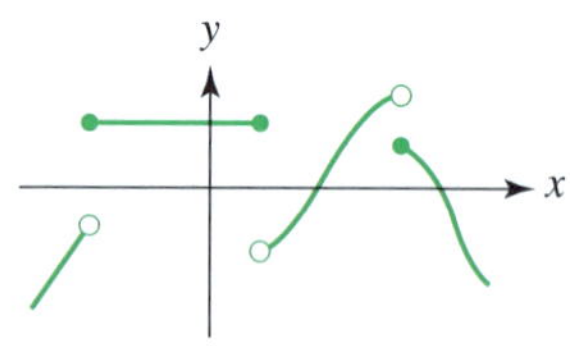

그림 12.5 구분적 연속함수

그림 12.5는 전형적인 구분적 연속함수의 그래프이다. 구분적 연속함수는 불연속점을 유한개만 가질 수 있으며, 각 불연속점에서 왼쪽 및 오른쪽 극한이 모두 유한하다. 따라서, 불연속점에서 함수가 변할 수 있는 간격도 유한하다. 이러한 점들을 함수의 **도약 불연속점(jump discontinuity)**이라고 부른다.

구분적 연속이 아닌 함수의 간단한 예로서

$$f(x) = \begin{cases} 0 & x = 0 \text{ 일 때}, \\ 1/x & 0 < x \le 1 \text{ 일 때} \end{cases}$$

가 있다. f는 $(0, 1]$에서 연속이고, 0에서 불연속이다. 그러나 $f(0+) = \lim_{x \to 0+} f(x) = \infty$이므로 0은 도약 불연속점이 아니며 f는 $[0, 1]$에서 구분적 연속이 아니다.

보기 12.6

$$f(x) = \begin{cases} 5 & x = -\pi \text{ 일 때}, \\ x & -\pi < x < 1 \text{ 일 때}, \\ 1 - x^2 & 1 \le x < 2 \text{ 일 때}, \\ 4 & 2 \le x \le \pi \text{ 일 때}, \end{cases}$$

이라 하자. 그림 12.7은 f의 그래프이다. 이 함수는 끝점 π에서 연속이고 끝점 $-\pi$에서 불연속이지만 구간 내부에서의 극한값

$$f(-\pi+) = -\pi$$

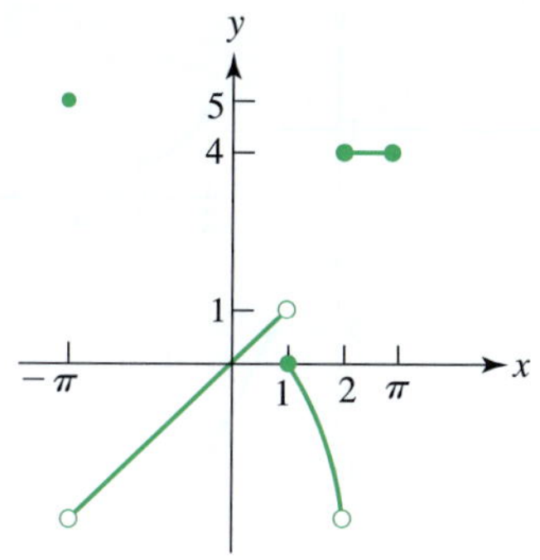

그림 12.6 보기 12.6 함수의 그래프

이 있다. 또한 구간 내 불연속점 1에서는

$$f(1-)=1, \quad f(1+)=0$$

이고, 구간 내 불연속점 2에서는

$$f(2-)=-3, \quad f(2+)=4$$

이다. 즉, 구간 내부의 불연속점들에서 양 방향에서의 극한이 모두 유한하다.

따라서 f는 $[-\pi, \pi]$에서 구분적 연속이다.

정의 12.4 구분적으로 매끄러운 함수

f와 f'가 모두 $[a, b]$에서 구분적 연속일 때 함수 f는 $[a, b]$에서 **구분적으로 매끄럽다**고 한다.

따라서 구분적으로 매끄러운 함수는 유한개의 도약 불연속점을 제외하면 연속이고, 도함수에 대한 유한개의 도약불연속점을 제외한 모든 점에서 연속인 도함수를 갖는다. 이 유한개의 점에서 도함수 값은 존재하지 않을 수도 있지만 도함수의 왼쪽 및 오른쪽 극한은 유한해야만 한다.

보기 12.7 함수

$$f(x)=\begin{cases} 1 & -4 \le x < 1 \text{ 일 때,} \\ -2x & 1 \le x < 2 \text{ 일 때,} \\ 9e^{-x} & 2 \le x \le 3 \text{ 일 때} \end{cases}$$

의 그래프는 그림 12.7과 같다. 1과 2의 도약 불연속점을 제외하고 f는 연속이므로 $[-4, 3]$에서 구분적 연속이다. 또한 f의 도함수는

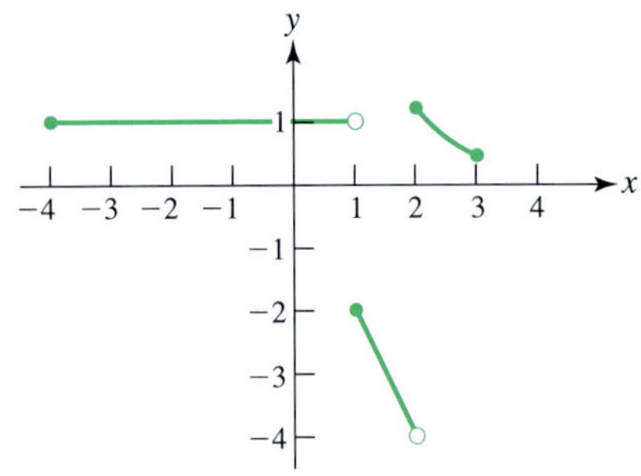

그림 12.7 $f(x)=\begin{cases} 1 & -4 \le x < 1 \text{ 일 때,} \\ -2x & 1 \le x < 2 \text{ 일 때,} \\ 9e^{-x} & 2 \le x \le 3 \text{ 일 때} \end{cases}$ 의 그래프

$$f'(x)=\begin{cases} 0 & -4 < x < 1 \text{ 일 때,} \\ -2 & 1 < x < 2 \text{ 일 때,} \\ -9e^{-x} & 2 < x < 3 \text{ 일 때} \end{cases}$$

이다. f의 불연속점 1, 2에서 도함수 $f'(x)$는 정의되지 않지만 구간 내의 다른 모든 점에서는 연속이다. 그리고 점 1, 2에서 $f'(x)$의 왼쪽 및 오른쪽 극한은 모두 유한하다. 따라서 f'는 $[-4, 3]$에서 구분적 연속이고, f는 구분적으로 매끄러운 함수이다.

그림 12.7의 그래프와 같이 구분적으로 매끄러운 함수는 유한개의 점을 제외하고는 접선의 기울기가 연속이다.

이제 제1수렴정리를 살펴보자.

12.3.1 제1수렴정리(구간내부 수렴)

정리 12.1 제1수렴정리

(1) f가 $[-L, L]$에서 구분적으로 매끄럽다면, 구간내부 $(-L, L)$에서 $f(x)$의 Fourier 급수는

$$\frac{1}{2}(f(x+)+f(x-))$$

로 수렴한다.

(2) f가 $[-L, L]$에서 구분적으로 매끄럽고 연속이면, 구간내부 $(-L, L)$에서 $f(x)$의 Fourier 급수는

$$f(x)$$

자신으로 수렴한다.

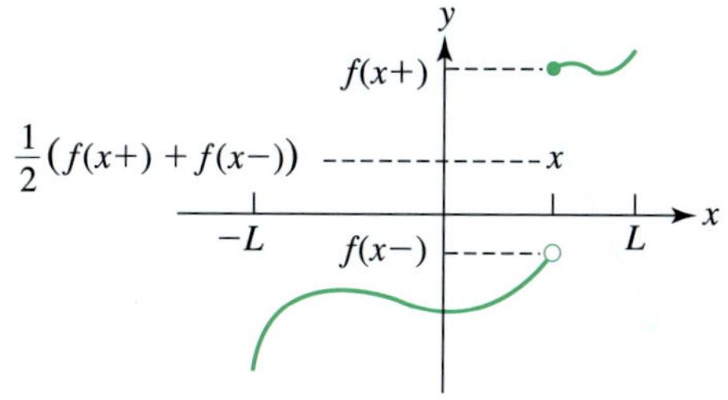

그림 12.8 도약 불연속점에서 Fourier 급수의 수렴

이것은 $-L$과 L 사이의 각 점에서 Fourier 급수는 함수의 왼쪽 극한과 오른쪽 극한의 평균값에 수렴하는 것을 의미한다. 만일 f가 x에서 연속이면, 왼쪽 극한과 오른쪽 극한이 모두 $f(x)$와 같으므로 Fourier 급수는 $f(x)$ 자신에 수렴한다. 만약 f가 x에서 도약 불연속점을 가지면 Fourier 급수는 $f(x)$에 수렴하지 않고 점 x에서 도약 간격의 중점으로 수렴한다(그림 12.8).

보기 12.8

$$f(x)=\begin{cases} 5\sin x & -2\pi \le x < -\pi/2 \text{ 일 때,} \\ 4 & x=-\pi/2 \text{ 일 때,} \\ x^2 & -\pi/2 < x < 2 \text{ 일 때,} \\ 8\cos x & 2 \le x < \pi \text{ 일 때,} \\ 4x & \pi \le x \le 2\pi \text{ 일 때} \end{cases}$$

의 그래프는 그림 12.9(a)와 같다. f의 Fourier 급수의 합을 직접 계산하지 않고, 주어진 함수가 $[-2\pi, 2\pi]$에서 구분적으로 매끄러우므로 정리 12.1을 사용해서 구해 보자.

먼저 $-2\pi < x < -\pi/2$일 때, f는 연속이므로, Fourier 급수는 $f(x) = 5\sin x$로 수렴한다.

$x = -\pi/2$는 f의 도약 불연속점이므로, Fourier 급수는 $f(x)$의 왼쪽 극한과 오른쪽 극한의 평균값으로 수렴한다.

$$f(-\pi/2-) = \lim_{x\to-\pi/2-} f(x) = \lim_{x\to-\pi/2-} 5\sin x = 5\sin(-\pi/2) = -5,$$

$$f(-\pi/2+) = \lim_{x\to-\pi/2+} f(x) = \lim_{x\to-\pi/2+} x^2 = \frac{\pi^2}{4}$$

이므로, f의 Fourier 급수는 $x = -\pi/2$에서

$$\frac{1}{2}\left(\frac{\pi^2}{4} - 5\right)$$

로 수렴한다.

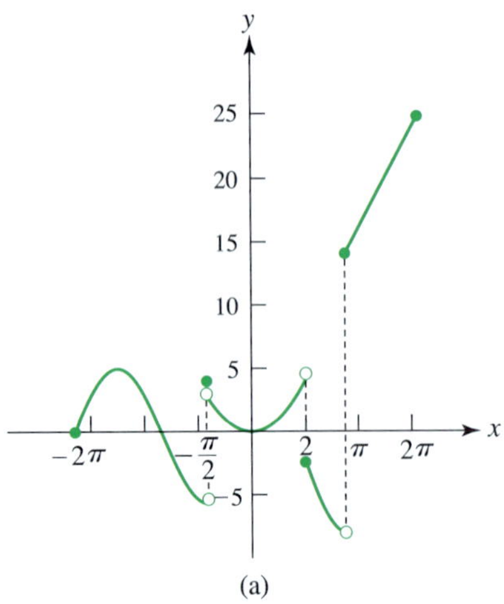

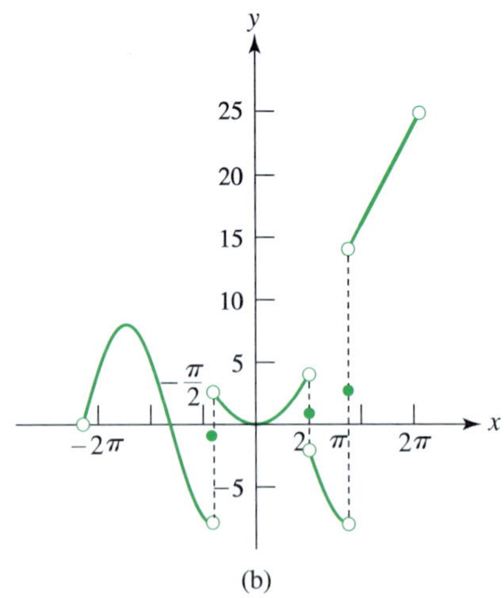

그림 12.9 (a) $f(x)=\begin{cases} 5\sin x & -2\pi \le x < -\pi/2 \text{ 일 때,} \\ 4 & x=-\pi/2 \text{ 일 때,} \\ x^2 & -\pi/2 < x < 2 \text{ 일 때,} \\ 8\cos x & 2 \le x < \pi \text{ 일 때,} \\ 4x & \pi \le x \le 2\pi \text{ 일 때} \end{cases}$ 의 그래프, (b) $f(x)$의 Fourier 급수의 그래프

구간 $(-\pi/2, 2)$에서는 함수가 연속이므로 Fourier 급수도 x^2에 수렴한다.

$x=2$에서 함수는 또 다른 도약 불연속점을 가지고

$$f(2-)=\lim_{x\to 2-} x^2 = 4, \quad f(2+)=\lim_{x\to 2+} 8\cos x = 8\cos 2$$

이므로 Fourier 급수는

$$\frac{1}{2}(4+8\cos 2) = 2+4\cos 2$$

로 수렴한다.

구간 $(2, \pi)$에서 f는 연속이므로, Fourier 급수는 $8\cos x$로 수렴한다.

$x=\pi$는 f는 도약 불연속점이고,

$$f(\pi-)=\lim_{x\to\pi-} 8\cos x = -8, \quad f(\pi+)=\lim_{x\to\pi+} 4x = 4\pi$$

이므로 Fourier 급수는

$$\frac{1}{2}(4\pi-8) = 2\pi-4$$

로 수렴한다.

마지막으로 구간 $(\pi, 2\pi)$에서 f는 연속이고, Fourier 급수는 $f(x)=4x$로 수렴한다. 요약하면 주어진 함수의 Fourier 급수는

$$\begin{cases} 5\sin x & -2\pi < x < -\dfrac{\pi}{2} \text{ 일 때} \\ \dfrac{1}{2}\left(\dfrac{\pi^2}{4}-5\right) & x = -\dfrac{\pi}{2} \text{ 일 때} \\ x^2 & -\dfrac{\pi}{2} < x < 2 \text{ 일 때,} \\ 2+4\cos 2 & x = 2 \text{ 일 때,} \\ 8\cos x & 2 < x < \pi \text{ 일 때,} \\ 2\pi - 4 & x = \pi \text{ 일 때,} \\ 4x & \pi < x < 2\pi \text{ 일 때,} \end{cases}$$

로 수렴한다.

그림 12.9(b)는 Fourier 급수의 그래프이다. 여기서 Fourier 급수는 $(-2\pi, 2\pi)$의 도약 불연속점 $-\dfrac{\pi}{2}$, 2, π에서 그림 12.9(a)의 원래 함수와는 다른 값을 가짐을 알 수 있다.

보기 12.9

$$f(x) = \begin{cases} x & -2 \le x \le 1 \text{ 일 때,} \\ 2 - x^2 & 1 < x \le 2 \text{ 일 때} \end{cases}$$

는 $[-2, 2]$에서 연속이다(그림 12.10). 따라서 Fourier 급수는 $(-2, 2)$에서 원래 함수와 정확히 일치한다.

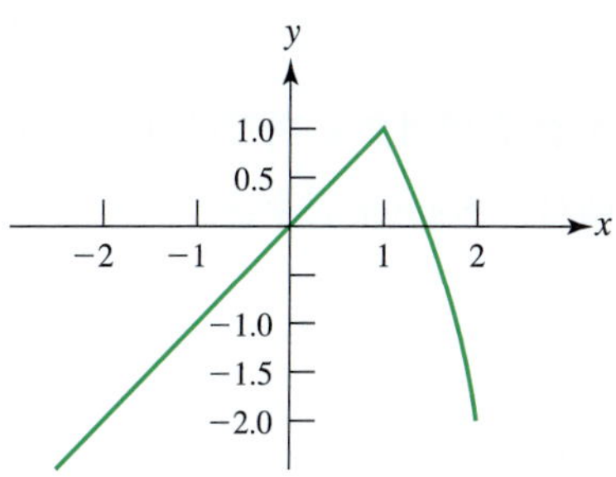

그림 12.10 $f(x) = \begin{cases} x & -2 \le x \le 1 \text{ 일 때,} \\ 2 - x^2 & 1 < x \le 2 \text{ 일 때} \end{cases}$ 의 그래프

12.3.2 제2수렴정리(끝점 수렴)

정리 12.1에서 구간 내부에서 Fourier 급수의 수렴에 관한 정리이고, 양끝점에서의 수렴은 지금부터 자세하게 설명하기로 한다.

먼저 함수 f는 $[-L, L]$ 상에서만 정의되는 반면에 Fourier 급수

$$\frac{1}{2}a_0 + \sum_{n=1}^{\infty}\left(a_n \cos\left(\frac{n\pi x}{L}\right) + b_n \sin\left(\frac{n\pi x}{L}\right)\right) \qquad (12.11)$$

는 급수가 수렴하는 모든 실수 x에 대해 정의된다. 또한 Fourier 급수는 주기 $2L$인 주기함수이므로, x를 $x+2L$로 대체해도 이 급수의 값은 변하지 않는다.

어떻게 하면 주어진 구간에서만 정의된 함수를 모든 실수 영역에서 정의된 주기함수로 표현할 수 있을까?

이것은 주어진 함수 f를 실수 영역 전체에서 주기함수가 되도록 확장함으로써 가능하다. $[-L, L)$에서 $f(x)$의 그래프를 길이 $2L$인 구간 단위로 연속적으로 붙여서 복사한다. 이 과정을 통해 $-L \le x < L$에서는 $f(x)$와 일치하고 주기 $2L$인 새로운 함수 f_p를 정의할 수 있다. 그림 12.11은 $-2 \le x < 2$에서 함수 $f(x) = x^2$에 대하여 이 과정을 적용해 만든 함수이다. 이 함수는 $f(x)$를 $2 \le x < 6$, $6 \le x < 10$, $\cdots$, $-6 \le x < -2$, $-10 \le x < -6$ 등의 구간에 대하여 반복하여 확장한 것이다. 이때 반열린구간 $[-L, L)$을 사용한 이유는 f_p가 주기 $2L$을 갖게 되면 모든 x에서

$$f_p(x+2L) = f_p(x)$$

이므로 $f(-L) = f(-L+2L) = f(L)$이다. 따라서, $f_p(-L)$이 정의되면 $f_p(L) = f_p(-L)$이어야 한다.

이와 같이 주어진 함수를 실수 전체 영역으로 확장하면 모든 x에서 $f_p(x)$에 대해 제1수렴정리를 적용할 수 있다. 특히 $-L$에서는 Fourier 급수는

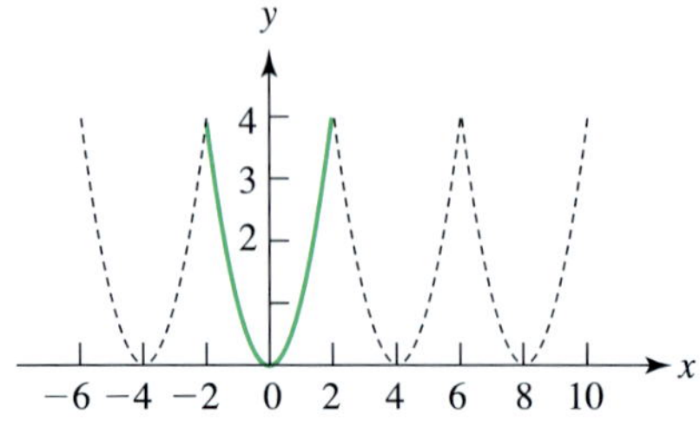

그림 12.11 $-2 \le x < 2$에서 정의된 함수 $f(x) = x^2$을 주기 4인 주기함수로 확장한 그래프의 일부분

$$\frac{1}{2}(f_p(-L-) + f_p(-L+))$$

로 수렴하며, 이것은

$$\frac{1}{2}(f(L-) + f(-L+))$$

가 된다. 유사하게 L에서는 Fourier 급수가

$$\frac{1}{2}(f_p(L-) + f_p(L+))$$

에 수렴하며, 이것은

$$\frac{1}{2}(f(L-) + f(-L+))$$

가 된다. 따라서 Fourier 급수는 L과 $-L$에서 같은 값으로 수렴한다. 이 사실은 식 (12.11)에서 직접 확인할 수 있다. 만일 $x = L$이면 모든 사인항들은 $\sin(n\pi)$이므로 0이 되고, 코사인항들은 $\cos(n\pi)$가 되므로 $x = L$에서 급수는

$$\frac{1}{2}a_0 + \sum_{n=1}^{\infty} a_n \cos(n\pi)$$

이다. 또한 $x = -L$에서도 모든 사인항들은 역시 0이 되며, $\cos(-n\pi) = \cos(n\pi)$이므로 $x = -L$에서 급수 또한

$$\frac{1}{2}a_0 + \sum_{n=1}^{\infty} a_n \cos(n\pi)$$

가 된다.

제2수렴정리를 위한 오른쪽 및 왼쪽 미분을 정의하자.

정의 12.5 오른쪽 미분

함수 $f(x)$가 어떤 양수 r에 대해 $c < x < c + r$에서 정의되고 $f(c+)$가 유한하다고 가정하자. 만일 극한

$$\lim_{h \to 0+} \frac{f(c+h) - f(c+)}{h}$$

가 존재하고 유한하면 이것을 점 c에서 **f의 오른쪽 미분**이라고 하고 **$f'(c+)$**로 표시한다.

정의 12.6 왼쪽 미분

함수 $f(x)$가 어떤 양수 r에 대해 $c-r<x<c$에서 정의되고 $f(c-)$가 유한하다고 가정하자. 만일 극한

$$\lim_{h\to 0-}\frac{f(c+h)-f(c-)}{h}$$

가 존재하고 유한하다면 이것을 점 c에서 **f의 왼쪽 미분**이라고 하고 **$f'(c-)$**로 표시한다.

만약 $f'(c)$가 존재한다면 f는 c에서 연속이고 $f(c-)=f(c+)=f(c)$가 된다. 그리고 이 경우에 $f'(c+)$와 $f'(c-)$는 모두 $f'(c)$와 같다. 그림 12.12는 f가 c에서 도약 불연속일 때 오른쪽 및 왼쪽 도함수의 의미를 보여준다. 왼쪽 미분은 점 c 왼쪽 그래프에 대한 점 c에서 접선의 기울기이다. 그리고 오른쪽 미분은 점 c 오른쪽 그래프에 대한 점 c에서 접선의 기울기이다.

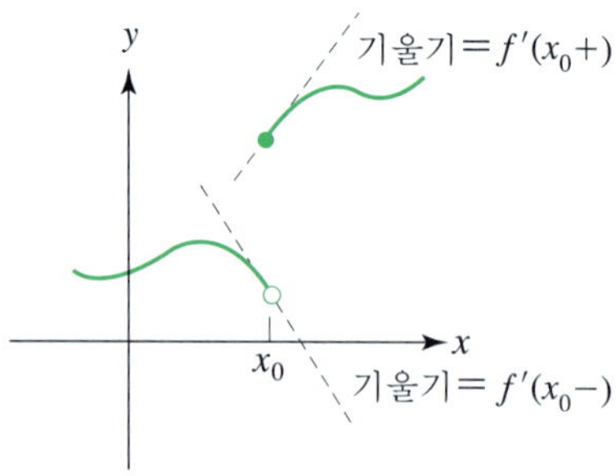

그림 12.12 점 x_0에서 오른쪽 도함수 $f'(x_0+)$와 왼쪽 도함수 $f'(x_0-)$

보기 12.10

$$f(x)=\begin{cases}1+x & -\pi<x<1 \text{ 일 때,}\\ x^2 & 1\le x<\pi \text{ 일 때}\end{cases}$$

는 그림 12.13과 같이 도약 불연속점인 1을 제외한 $(-\pi, \pi)$에서 연속이며 미분가능하고 그 도함수는

$$f'(x)=\begin{cases}1 & -\pi<x<1 \text{ 일 때,}\\ 2x & 1<x<\pi \text{ 일 때}\end{cases}$$

이다. 그래프에서 $x=1$의 '왼쪽'과 '오른쪽' 접선의 기울기로부터 $x=1$에서 왼쪽 미분은 1이고, 오른쪽 미분은 2가 됨을 알 수 있다. 정의로부터 이 사실을 다음과 같이 확인할 수 있다.

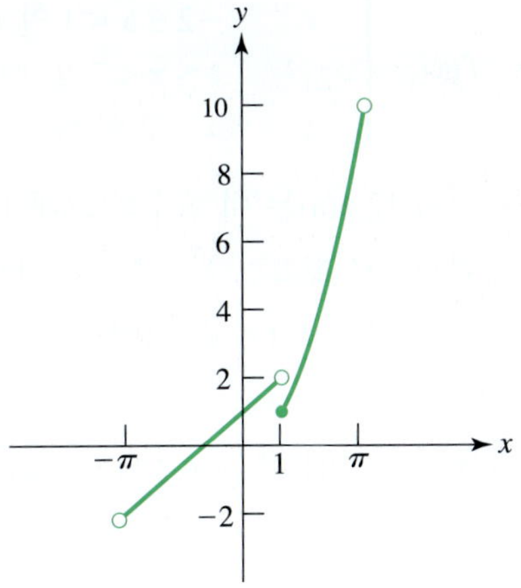

그림 12.13 $f(x)=\begin{cases} 1+x & -\pi < x < 1 \text{ 일 때}, \\ x^2 & 1 \le x < \pi \text{ 일 때} \end{cases}$ 의 그래프

$$f'(1-) = \lim_{h\to 0-} \frac{f(1+h)-f(1-)}{h} = \lim_{h\to 0-} \frac{1+(1+h)-2}{h} = 1,$$

$$f'(1+) = \lim_{h\to 0+} \frac{f(1+h)-f(1+)}{h} = \lim_{h\to 0+} \frac{(1+h)^2-1}{h} = 2.$$

제1수렴정리와 함께 오른쪽 및 왼쪽 미분을 사용하여 다음의 제2수렴정리를 얻는다.

정리 12.2 제1수렴정리와 제2수렴정리

f가 $[-L, L]$에서 구분적 연속이라 하자.

(1) f가 $(-L, L)$에서 오른쪽 및 왼쪽 미분이 모두 있으면, $(-L, L)$에서 Fourier 급수는

$$\frac{1}{2}(f(x+) + f(x-))$$

로 수렴한다(**제1수렴정리**).

(2) $f'(-L+)$와 $f'(-L-)$가 유한한 값이면, f의 Fourier 급수는 $-L$과 L에서 같은 값을 가지며,

$$\frac{1}{2}(f(-L+) + f(L-))$$

로 수렴한다(**제2수렴정리**).

보기 12.11

$$f(x)=\begin{cases} e^{-x} & -2\le x<1 \text{ 일 때,} \\ -2x^2 & 1\le x<2 \text{ 일 때,} \\ 4 & x=2 \text{ 일 때} \end{cases}$$

의 Fourier 급수를 구하자. 그림 12.4(a)는 이 함수의 그래프이다.

함수 f는 $[-2, 2]$에서 구분적으로 매끄럽다. $-2<x<1$에서 f는 연속이므로, Fourier 급수는 $f(x)=e^{-x}$로 수렴한다. 그리고 $1<x<2$에서 f는 연속이므로, Fourier 급수는 $f(x)=-2x^2$으로 수렴한다.

도약 불연속점 $x=1$에서 왼쪽 미분은 $-e^{-1}$이고, 오른쪽 미분은 -4이다. 따라서 $x=1$에서 Fourier 급수는

$$\frac{1}{2}(f(1-)+f(1+))=\frac{1}{2}(e^{-1}-2)$$

로 수렴한다.

이제 구간의 양끝점을 생각해 보자. 2에서 f의 왼쪽 도함수는 -8이고, -2에서 오른쪽 도함수는 $-e^2$이다. 따라서 2와 -2에서 Fourier 급수는

$$\frac{1}{2}(f(2-)+f(-2+))=\frac{1}{2}(-8+e^2)$$

으로 수렴한다.

그림 12.14(b)는 $[-2, 2]$에서 Fourier 급수의 그래프이다. f의 그래프 그림 12.14(a)와 비교해 보면 양끝점과 도약 불연속점을 제외하고는 동일하다. $x=2$에서 f가 불연속, 즉 $f(2)=4$라는 사실은 $x=2$에서 Fourier 급수의 수렴에 영향을 주지 않는다.

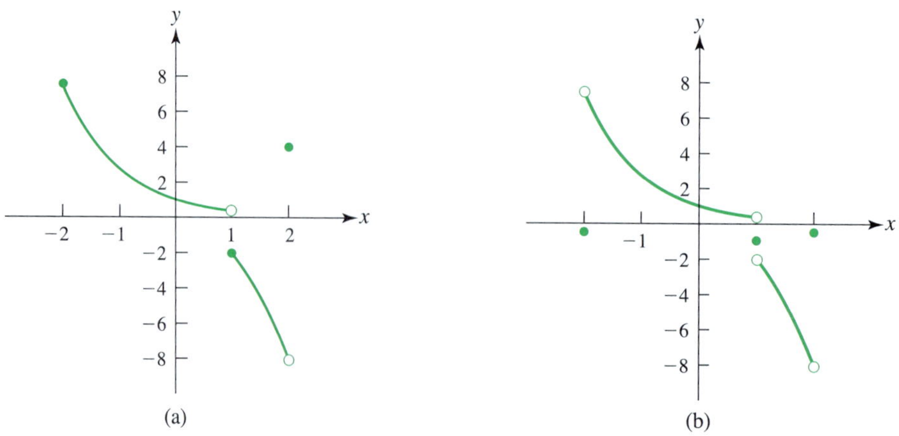

그림 12.14 (a) $f(x)=\begin{cases} e^{-x} & -2\le x<1 \text{ 일 때,} \\ -2x^2 & 1\le x<2 \text{ 일 때,} \\ 4 & x=2 \text{ 일 때} \end{cases}$ 의 그래프와 (b) $f(x)$의 Fourier 급수 그래프

수렴정리를 적용할 때 주의할 점은 도함수의 왼쪽 및 오른쪽 극한은 Fourier 급수가 수렴한다는 것만 알려주고, Fourier 급수의 실제 수렴값은 도함수가 아닌 함수의 왼쪽 및 오른쪽 극한에 의해서만 결정된다는 것이다.

12.3.3 Fourier 급수의 부분합

다항식이나 지수함수와 같이 사인과 코사인 급수로 표현될 수 없을 것처럼 보이는 함수들 때문에 Fourier 급수는 직관에 반하는 것처럼 보인다. 그러나 실제로 Fourier 급수의 부분합 그래프가 함수의 그래프에 수렴하는 것을 살펴볼 수 있다.

보기 12.12 $-\pi \le x \le \pi$에서 $f(x) = x$라고 하자. 보기 12.1에 의해 Fourier 급수는

$$\sum_{n=1}^{\infty} \frac{2}{n}(-1)^{n+1} \sin(nx) \tag{12.12}$$

이다. 수렴정리를 이용하면 이 급수가 함수

$$\begin{cases} x & -\pi < x < \pi \text{ 일 때,} \\ 0 & x = \pi,\ x = -\pi \text{ 일 때} \end{cases}$$

에 수렴함을 알 수 있다. 그림 12.15(a), (b), (c)는 각각 이 급수의 4차, 10차, 20차 부분합을 나타냈다. 차수가 높아질수록 $(-\pi, \pi)$에서 $f(x) = x$의 그래프에 더 가깝게 접근하는 것을 확인할 수 있다.

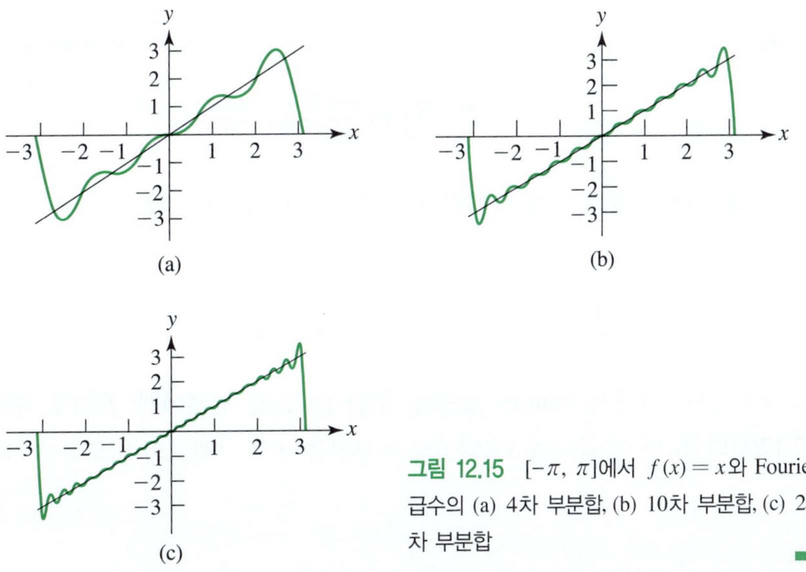

그림 12.15 $[-\pi, \pi]$에서 $f(x) = x$와 Fourier 급수의 (a) 4차 부분합, (b) 10차 부분합, (c) 20차 부분합

보기 12.13 $f(x) = e^x$일 때, $[-1, 1]$에서 f의 Fourier 급수는

$$\frac{1}{2}(e - e^{-1}) + (e - e^{-1}) \sum_{n=1}^{\infty} \left(\frac{(-1)^n}{1 + n^2\pi^2} \cos(n\pi x) - n\pi \frac{(-1)^n}{1 + n^2\pi^2} \sin(n\pi x) \right)$$

이며 이 급수는

$$\begin{cases} e^x & -1 < x < 1 \text{ 일 때,} \\ \frac{1}{2}(e + e^{-1}) & x = 1, \ x = -1 \text{ 일 때} \end{cases}$$

로 수렴한다. 그림 12.16(a)와 (b)는 이 급수의 10차와 30차 부분합을 f의 그래프와 비교하여 나타낸 것이다.

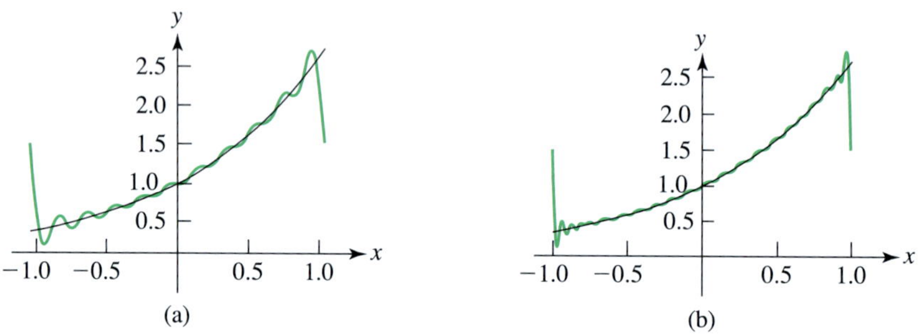

그림 12.16 $[-1, 1]$에서 $f(x) = e^x$와 Fourier 급수의 (a) 10차 부분합과 (b) 30차 부분합

보기 12.14 $-2 \le x \le 2$에서 $f(x) = x^2$이라고 하자. 이 구간에서 f의 Fourier 급수는

$$\frac{4}{3} + \sum_{n=1}^{\infty} 16 \frac{(-1)^n}{n^2\pi^2} \cos \frac{n\pi x}{2}$$

이며 $-2 \le x \le 2$에서 x^2에 수렴한다. $f(2-) = f(-2+) = 4$이므로 f의 Fourier 급수는 -2와 2에서

$$\frac{1}{2}(f(2-) + f(-2+)) = \frac{1}{2}(4 + 4) = f(2) = f(-2)$$

로 수렴한다. 따라서 Fourier 급수는 구간 $[-2, 2]$ 전체에서 $f(x)$로 수렴한다. 그림 12.17(a)와 (b)에 이 급수의 3차와 6차 부분합을 f의 그래프와 비교하여 나타냈다.

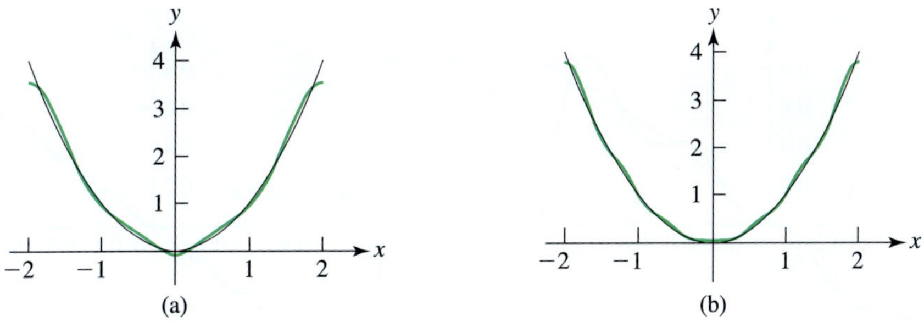

그림 12.17 [−2, 2]에서 $f(x)=x^2$과 Fourier 급수의 (a) 3차 부분합과 (b) 6차 부분합

보기 12.15 $-1 \le x \le 1$에서 $f(x)=x^3$이라고 하자. 이 함수의 Fourier 급수는

$$\sum_{n=1}^{\infty}\left[2\,\frac{(n^2\pi^2-6)(-1)^{n+1}}{n^3\pi^3}\right]\sin(n\pi x)$$

이며 $-1<x<1$에서 x^3으로 수렴하고, $x=\pm 1$에서 0으로 수렴한다. 그림 12.18(a)와 (b)에 이함수와 이함수의 Fourier 급수의 4차와 15차 부분합을 나타냈다.

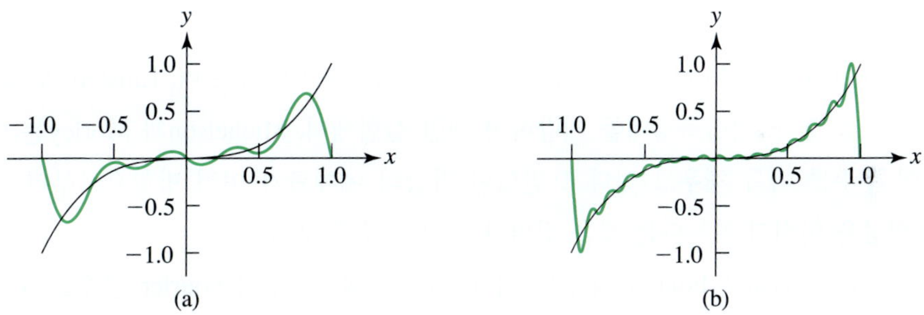

그림 12.18 [−1, 1]에서 $f(x)=x^3$과 Fourier 급수의 (a) 4차 부분합과 (b) 15차 부분합

보기 12.16 $f(x)=\sin x$일 때, [−1, 1]에서 f의 Fourier 급수는

$$\sum_{n=1}^{\infty} 2\,\frac{n\pi\sin(1)(-1)^{n+1}}{n^2\pi^2-1}\sin(n\pi x).$$

이고, 이 급수는 함수

$$\begin{cases} \sin x & -1<x<1 \text{ 일 때,} \\ 0 & x=1,\ x=-1 \text{ 일 때} \end{cases}$$

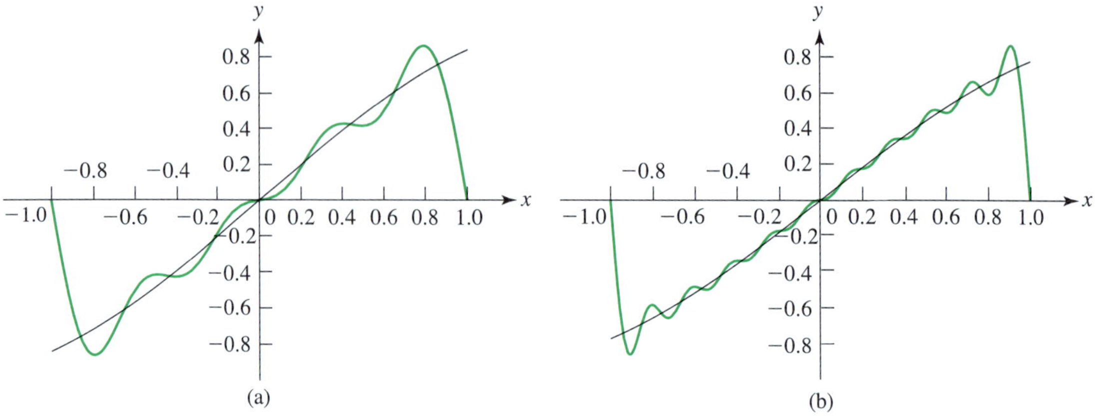

그림 12.19 $[-1, 1]$에서 $f(x)=\sin x$와 Fourier 급수의 (a) 4차 부분합과 (b) 10차 부분합

로 수렴한다. 그림 12.19(a)와 (b)에 함수와 Fourier 급수의 4차와 10차 부분합을 나타냈다.

12.3.4 Gibbs 현상

1881년 Michelson과 Morley의 실험은 물리학에 혁명을 일으켰으며, Einstein의 일반상대성 이론에 영향을 줬다. 간섭측정계를 개량하여 행한 실험에서, Michelson과 Morley는 당시 물리학자들이 우주를 가득 채우고 있다고 믿었던 가상의 에테르가 여러 방향으로부터 오는 빛의 속도에 영향을 미치지 않는다는 것을 정밀한 측정을 통해 보여줬다.

몇 년 후 Michelson은 Fourier 계수를 계산하고 이 계수로부터 Fourier 급수를 도출하기 위해 고안한 장비를 시험하고 있었다. 한번은 $-\pi \le x \le \pi$에서 함수 $f(x)=x$에 대해 80개의 Fourier 계수를 사용하여 시험했다. 이 장비는 끝점 π와 $-\pi$ 근처에서 예상치 않은 비약이 발생하는 결과를 그래프로 보여주었다. 처음에는 기계에 결함이 있다고 생각했다. 그러나 마침내 이러한 현상은 도약 불연속점에서 생기는 Fourier 급수의 일반적인 특성임이 예일대 수학자 Josiah Willard Gibbs에 의해 밝혀진 후, **Gibbs 현상**이라고 알려지게 되었다. 비록 엄밀하게 분석하지는 못했지만 영국 수학자 Wilbraham도 60년 전에 이 현상에 주목한 적이 있었다.

Gibbs 현상을 설명하기 위해 그림 12.20(a)의 함수를 생각해 보자. Fourier 급수는

$$\sum_{n=1}^{\infty} \frac{1}{2n-1} \sin((2n-1)x) \qquad (12.13)$$

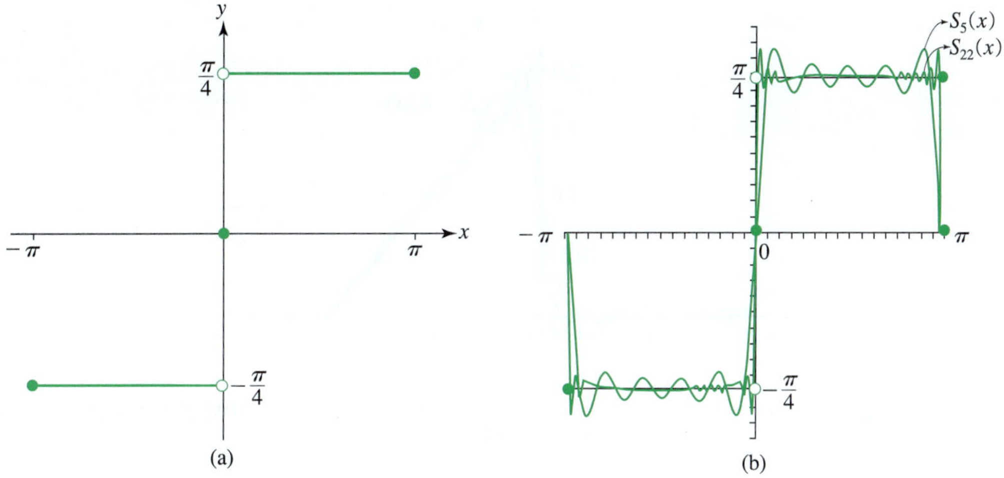

그림 12.20 (a) 함수 $f(x) = \begin{cases} -\pi/4 & -\pi \le x < 0 \text{ 일 때,} \\ 0 & x = 0 \text{ 일 때,} \\ \pi/4 & 0 < x \le \pi \text{ 일 때} \end{cases}$ 와 (b) Fourier 급수의 5차 부분합 $S_5(x)$와 22차 부분합 $S_{22}(x)$

이다. 수렴정리에 의하면, 함수가 점 0에서 도약 불연속점을 가짐에도 불구하고 이 급수는 $-\pi < x < \pi$에서 $f(x)$에 수렴한다. 왜냐하면

$$\frac{1}{2}(f(0+) + f(0-)) = \frac{1}{2}\left(-\frac{\pi}{4} + \frac{\pi}{4}\right) = 0 = f(0)$$

이기 때문이다.

이 Fourier 급수의 N차 부분합은

$$S_N(x) = \sum_{n=1}^{N} \frac{1}{2n-1} \sin((2n-1)x)$$

이고, 그림 12.20(b)는 $S_5(x)$, $S_{22}(x)$의 그래프이다. 각각의 부분합은 점 0 근처에서 최고값을 가지고 있음에 유념하자. 직관적으로 보면, 부분합은 N이 커질 때 $f(x)$로 수렴하므로 이들 최고값은 평평해지고, $\frac{\pi}{4}$와 $-\frac{\pi}{4}$로 가까이 갈 것으로 기대된다. 그러나 이러한 현상은 발생되지 않는다. 대신에 최고값은 거의 동일한 높이로 유지되며, N이 증가함에 따라 y축 가까이로 이동한다. 달리 표현하면, 부분합은 실질적으로 각 점에서의 극한값은 원래함수로 수렴하나 전 구간에서 원래 함수와의 차이는 줄어들지 않는다.

또 다른 예로

$$f(x) = \begin{cases} 0 & -2 \le x < 0 \text{ 일 때,} \\ 2 - x & 0 \le x \le 2 \text{ 일 때} \end{cases}$$

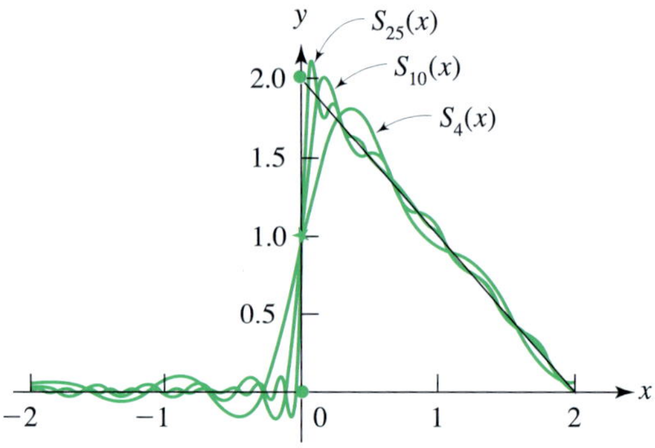

그림 12.21 $f(x)=\begin{cases} 0 & -2 \le x < 0 \text{ 일 때,} \\ 2-x & 0 \le x \le 2 \text{ 일 때} \end{cases}$ 와 Fourier 급수의 4차, 10차, 25차 부분합

를 생각하자. 이 함수는 0에서 도약 불연속점을 가지며, Fourier 급수는

$$\frac{1}{2}+\sum_{n=1}^{\infty}\left(\frac{2}{n^2\pi^2}(1-(-1)^n)\cos\left(\frac{n\pi x}{2}\right)+\frac{2}{n\pi}\sin\left(\frac{n\pi x}{2}\right)\right)$$

이다. 그림 12.21은 이 급수의 4차, 10차, 25차 부분합이다. 역시 도약 불연속점 0에서 Gibbs 현상이 나타난다. 일반적으로 도약 불연속점에서 이러한 Gibbs 현상이 나타난다.

연습문제 12.3

문제 1부터 15까지 수렴정리의 가정이 성립함을 보이고 주어진 함수의 Fourier 급수의 값을 구하여라. $N=5,\ 10,\ 15,\ 20$인 경우에 대해 Fourier 급수의 N번째 부분합과 f의 그래프를 그려라. 그리고 이 그래프에 Gibbs 현상이 뚜렷하게 나타나는 부분을 표시하여라.

1. $f(x)=\begin{cases} 2x & -3 \le x < -2 \text{ 일 때,} \\ 0 & -2 \le x < 1 \text{ 일 때,} \\ x^2 & 1 \le x \le 3 \text{ 일 때} \end{cases}$

2. $f(x)=x^2,\ -2 \le x \le 2$

3. $f(x)=x^2 e^{-x},\ -3 \le x \le 3$

4. $f(x)=\begin{cases} 2x-2 & -\pi \le x \le 1 \text{ 일 때,} \\ 3 & 1 < x \le \pi \text{ 일 때} \end{cases}$

5. $f(x)=\begin{cases} x^2 & -\pi \le x \le 0 \text{ 일 때,} \\ 2 & 0 < x \le \pi \text{ 일 때} \end{cases}$

6. $f(x)=\begin{cases} \cos x & -2 \le x < 0 \text{ 일 때,} \\ \sin x & 0 \le x \le 2 \text{ 일 때} \end{cases}$

7. $f(x)=\begin{cases} -1 & -4 \le x < 0 \text{ 일 때,} \\ 1 & 0 \le x \le 4 \text{ 일 때} \end{cases}$

8. $f(x)=\begin{cases} 0 & -1 \le x < \frac{1}{2} \text{ 일 때,} \\ 1 & \frac{1}{2} \le x \le \frac{3}{4} \text{ 일 때,} \\ 2 & \frac{3}{4} < x \le 1 \text{ 일 때} \end{cases}$

9. $f(x)=e^{-|x|},\ -\pi \le x \le \pi$

10. $f(x)=\begin{cases} -2 & -4 \le x \le -2 \text{ 일 때}, \\ 1+x^2 & -2 < x \le 2 \text{ 일 때}, \\ 0 & 2 < x \le 4 \text{ 일 때} \end{cases}$

11. $f(x)=\begin{cases} -3x & -\pi \le x \le 0 \text{ 일 때}, \\ 5 & 0 < x \le \pi \text{ 일 때} \end{cases}$

12. $f(x)=\cos(4x), \quad -\pi \le x \le \pi$

13. $f(x)=|x|, \ -5 \le x \le 5$

14. $f(x)=\begin{cases} \cos(\pi x) & -1 \le x < 0 \text{ 일 때}, \\ -2 & 0 \le x \le 1 \text{ 일 때} \end{cases}$

15. $f(x)=\begin{cases} -x^2 & -3 \le x < 1 \text{ 일 때}, \\ 1+x & 1 < x \le 3 \text{ 일 때} \end{cases}$

16. $-\pi \le x \le \pi$ 에서 $f(x)=x^2/2$ 이다. $f(x)$의 Fourier 급수를 구하고 x값을 적절히 선택하여 $\sum_{n=1}^{\infty} 1/n^2$의 값을 구하여라.

17. 문제 16의 Fourier 급수를 사용하여 급수 $\sum_{n=1}^{\infty} (-1)^n/n^2$의 값을 구하여라.

12.4 Fourier 코사인 및 사인 급수

$[-L, L]$에서 $f(x)$가 적분가능하면 이 함수의 Fourier 급수를 계산할 수 있다. 이 급수의 계수는 함수와 주어진 구간에 의해 완전히 결정된다.

이제 함수 $f(x)$가 반구간 $[0, L]$에서 정의되어 있다면 함수 $f(x)$를 반구간에서 코사인만의 함수나 사인만의 함수를 갖는 급수로 표현할 수 있음을 살펴보자.

12.4.1 Fourier 코사인 급수

f가 $[0, L]$에서 적분가능하다고 하자. 먼저 $f(x)$를 코사인 함수만의 급수로 표현해 보자.

그림 12.22에서 $[0, L]$에서 주어진 그래프를 y축에 대칭시켜 $-L \le x \le L$에서 정의된 함수 f_e를 만들면

$$f_e(x)=\begin{cases} f(x) & 0 \le x \le L \text{ 일 때}, \\ f(-x) & -L \le x < 0 \text{ 일 때} \end{cases}$$

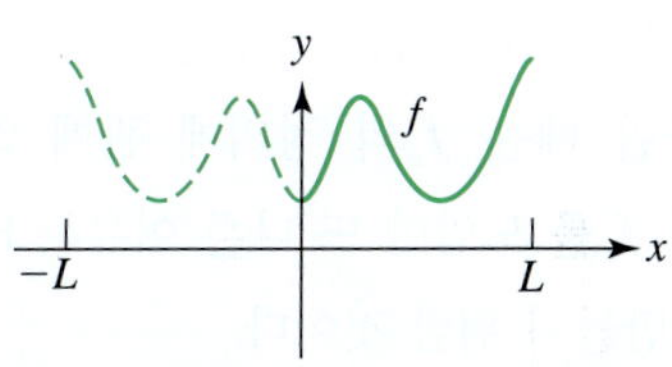

그림 12.22 $[-L, L]$에서 f의 짝함수 확장

이다. 즉, f_e는 $f_e(-x)=f_e(x)$이므로 짝함수이고,

$$f_e(x)=f(x), \quad 0 \le x \le L$$

이므로 $[0, L]$에서는 f와 같다. 이렇게 만든 f_e를 $[-L, L]$에서 f의 **짝함수 확장(even extension)**이라고 한다.

보기 12.17 $0 \le x \le 2$에서 $f(x)=e^x$라 하자. 그러면 f의 짝함수 확장은

$$f_e(x)=\begin{cases} e^x & 0 \le x \le 2 \text{ 일 때}, \\ e^{-x} & -2 \le x < 0 \text{ 일 때} \end{cases}$$

가 된다. 여기서 $-2 \le x < 0$에서는 $f_e(x)=f(-x)=e^{-x}$이다. 그림 12.23은 f_e의 그래프이다.

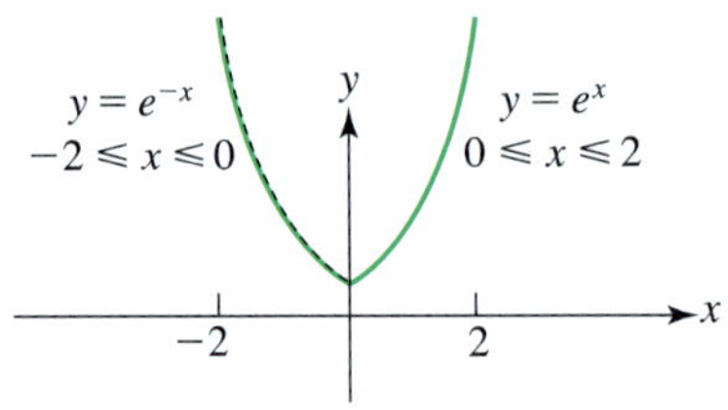

그림 12.23 $y=e^x$, $0 \le x \le 2$의 짝함수 확장

$[-L, L]$에서 f_e는 짝함수이기 때문에 $[-L, L]$에서 이 함수의 Fourier 급수는

$$\frac{1}{2}a_0+\sum_{n=1}^{\infty} a_n \cos\left(\frac{n\pi x}{L}\right) \tag{12.14}$$

꼴이다. 여기서 $0 \le x \le L$일 때 $f_e(x)=f(x)$이기 때문에

$$a_n=\frac{2}{L}\int_0^L f_e(x)\cos\left(\frac{n\pi x}{L}\right)dx=\frac{2}{L}\int_0^L f(x)\cos\left(\frac{n\pi x}{L}\right)dx \tag{12.15}$$

이다. 급수 (12.14)를 $[0, L]$에서 f의 **Fourier 코사인 급수**라고 부른다. 계수 (12.15)는 $[0, L]$에서 f의 **Fourier 코사인 계수**라고 한다.

짝함수 확장 f_e는 단지 코사인만을 포함하는 급수를 이용하기 위해 도입된 것이다. 실질적으로 Fourier 코사인 급수를 구할 때는 f_e의 정의에 관계 없이 계수를 계산하기 위한 식 (12.15)를 이용하면 된다. 그러나 f_e를 도입한 또 다른 이유는 Fourier 급수의 수렴정리를 이용하여 코사인 급수의 수렴정리를 만들기 위한 것이다.

정리 12.3 Fourier 코사인 급수의 수렴

f가 $[0, L]$에서 구분적 연속이다.

(1) $0 < x < L$에서 f가 왼쪽 및 오른쪽 도함수를 갖는다면, $[0, L]$에서 f의 Fourier 코사인 급수는 점 x에서

$$\frac{1}{2}(f(x-) + f(x+))$$

에 수렴한다.

(2) 만약 f가 0에서 오른쪽 도함수를 가지면 $[0, L]$에서 $f(x)$의 Fourier 코사인 급수는 0에서 $f(0+)$로 수렴한다.

(3) 만약 f가 L에서 왼쪽 도함수를 가지면 $[0, L]$에서 $f(x)$의 Fourier 코사인 급수는 L에서 $f(L-)$로 수렴한다.

[증명] f_e에 대한 Fourier 급수는 f에 대한 Fourier 코사인 급수와 같으므로 정리 12.2(1)을 적용하면 (1)이 성립한다.

한편

$$f_e(0+) = f(0+), \qquad f_e(0-) = f(0+)$$

이므로, f_e의 Fourier 급수는 0에서

$$\frac{1}{2}(f_e(0-) + f_e(0+)) = f(0+)$$

로 수렴한다. 따라서 (2)가 성립한다.

비슷한 방법으로 (3)을 증명할 수 있다. ■

보기 12.18 $0 \le x \le 1$에서 $f(x) = e^{2x}$일 때 f의 Fourier 코사인 급수를 구해 보자. 먼저 Fourier 코사인 계수는

$$a_0 = 2\int_0^1 e^{2x}\,dx = e^2 - 1,$$

$$a_n = 2\int_0^1 e^{2x}\cos(n\pi x)\,dx = 4\,\frac{e^2(-1)^n - 1}{4 + n^2\pi^2}$$

이므로, f의 코사인 급수는

$$\frac{1}{2}(e^2 - 1) + \sum_{n=1}^{\infty} 4\,\frac{e^2(-1)^n - 1}{4 + n^2\pi^2}\cos(n\pi x)$$

이다. 이 급수는 정리 12.3에 의해

$$\begin{cases} e^{2x} & 0 < x < 1 \text{ 일 때}, \\ 1 & x = 0 \text{ 일 때}, \\ e^2 & x = 1 \text{ 일 때} \end{cases}$$

로 수렴한다. 따라서 이 코사인 급수는 $0 \le x \le 1$에서 e^{2x}로 수렴한다. 그림 12.24(a)와 (b)는 각각 코사인 급수의 5차, 10차 부분합과 f를 비교한 그래프이다.

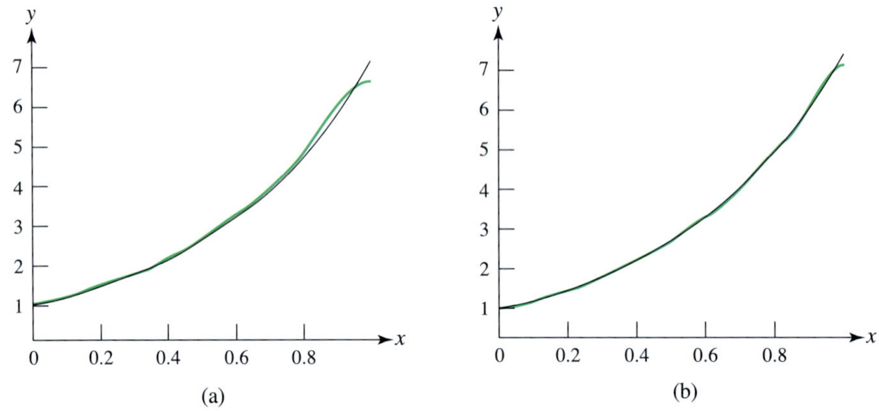

그림 12.24 [0, 1]에서 e^{2x}와 코사인 급수의 (a) 5차 부분합과 (b) 10차 부분합

12.4.2 Fourier 사인 급수

코사인 급수에 사용한 방법을 이용하여 $[0, L]$에서 정의된 함수 $f(x)$를 $[-L, L]$에서 홀함수 f_o로 확장해서 $f(x)$의 Fourier 사인 급수를 구하는 방법을 알아보자.

$[0, L]$에서 정의된 함수 $f(x)$에 대해

$$f_o(x) = \begin{cases} f(x) & 0 \le x \le L \text{ 일 때}, \\ -f(-x) & -L \le x < 0 \text{ 일 때} \end{cases}$$

로 정의하자. 그러면 f_o는 홀함수이고 $0 \le x \le L$에서 $f_o(x) = f(x)$이다. 이것을 $[-L, L]$에서 f의 **홀함수 확장(odd extension)**이라고 한다. 예를 들어 $0 \le x \le 1$에서 $f(x) = e^{2x}$이면

$$f_o(x) = \begin{cases} e^{2x} & 0 \le x \le 1 \text{ 일 때}, \\ -e^{-2x} & -1 \le x < 0 \text{ 일 때} \end{cases}$$

이다. 이것은 $0 \le x \le 1$에서 f의 그래프를 원점에 대칭시킨 것이다(그림 12.25).

이제 $[-L, L]$에서 $f_o(x)$의 Fourier 급수를 계산하자. 식 (12.11)과 (12.12)에 의하면 f_o의 Fourier 급수는

$$\sum_{n=1}^{\infty} b_n \sin\left(\frac{n\pi x}{L}\right) \tag{12.16}$$

이고, 계수는

$$b_n = \frac{2}{L}\int_0^L f_o(x)\sin\left(\frac{n\pi x}{L}\right)dx = \frac{2}{L}\int_0^L f(x)\sin\left(\frac{n\pi x}{L}\right)dx \tag{12.17}$$

이다. 급수 (12.16)을 $[0, L]$에서 f의 **Fourier 사인 급수**라고 하고 (12.17)을 $[0, L]$에서 f의 **Fourier 사인 계수**라고 한다. 코사인 급수와 마찬가지로 $[0, L]$에서 f의 Fourier 사인 급수를 계산하기 위해 f_o를 구할 필요는 없다.

이제 코사인 전개처럼 Fourier 급수의 수렴정리를 사용하여 사인 급수의 수렴정리를 설명하자.

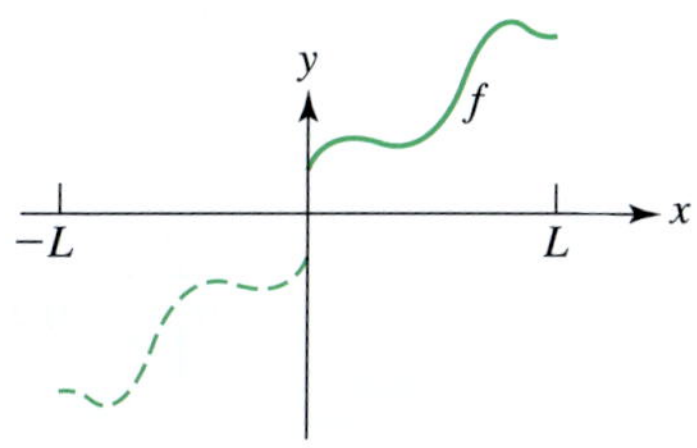

그림 12.25 $[-L, L]$에서 f의 홀함수 확장

정리 12.4 Fourier 사인 급수의 수렴

f가 $[0, L]$에서 구분적 연속이다.

(1) $0 < x < L$에서 f가 왼쪽 및 오른쪽 도함수를 갖는다면 $[0, L]$에서 f의 Fourier 사인 급수는 점 x에서

$$\frac{1}{2}(f(x-) + f(x+))$$

에 수렴한다.

(2) $[0, L]$에서 $f(x)$의 Fourier 사인 급수는 점 0과 L에서 0에 수렴한다.

(2)는 $x = 0$과 $x = L$에서 사인 급수 (12.6)의 각 항이 0이므로 바로 증명할 수 있다.

보기 12.19 $f(x)=e^{2x}$일 때, [0, 1]에서 f의 Fourier 사인 급수를 계산해 보자. Fourier 사인 계수

$$b_n = 2\int_0^1 e^{2x}\sin(n\pi x)\,dx = 2\frac{n\pi(1-(-1)^n e^2)}{4+n^2\pi^2}$$

이므로 사인 급수는

$$\sum_{n=1}^{\infty} 2\frac{n\pi(1-(-1)^n e^2)}{4+n^2\pi^2}\sin(n\pi x)$$

이다. 이 급수는 $0<x<1$에서 e^{2x}로 수렴하고, $x=0$과 $x=1$에서 0으로 수렴한다. 그림 12.30(a)와 (b)는 이 급수의 10차와 40차 부분합의 그래프이다.

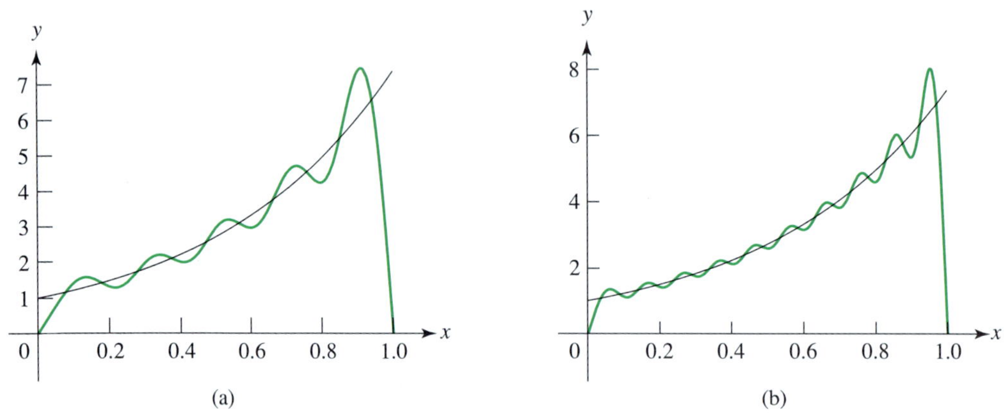

그림 12.26 [0, 1]에서 e^{2x}와 Fourier 사인 급수의 (a) 10차 부분합과 (b) 40차 부분합

보기 12.20

$$f(x)=\begin{cases}1 & 0\le x\le \pi/2 \text{ 일 때},\\ 2 & \pi/2< x\le \pi \text{ 일 때}\end{cases}$$

를 $[0, \pi]$에서 Fourier 사인 및 코사인 급수로 전개해 보자.

먼저 코사인 계수는

$$a_0=\frac{2}{\pi}\int_0^{\pi/2}dx+\frac{2}{\pi}\int_{\pi/2}^{\pi}2\,dx=3,$$

$$a_n=\frac{2}{\pi}\int_0^{\pi/2}\cos(nx)\,dx+\frac{2}{\pi}\int_{\pi/2}^{\pi}2\cos(nx)\,dx=-\frac{2}{\pi}\frac{\sin\left(\frac{n\pi}{2}\right)}{n}$$

이고, 코사인 급수는

$$\frac{3}{2}-\sum_{n=1}^{\infty}\frac{2}{\pi}\frac{\sin\left(\frac{n\pi}{2}\right)}{n}\cos(nx)$$

이며 이 급수는 정리 12.3에 의해 다음 함수로 수렴한다.

$$\begin{cases} 1 & 0 \le x < \dfrac{\pi}{2} \text{ 일 때,} \\ \dfrac{3}{2} & x = \dfrac{\pi}{2} \text{ 일 때,} \\ 2 & \dfrac{\pi}{2} < x \le \pi \text{ 일 때.} \end{cases}$$

사인 계수를 계산하면

$$\begin{aligned} b_n &= \frac{2}{\pi}\int_0^{\pi/2} \sin(nx)\,dx + \frac{2}{\pi}\int_{\pi/2}^{\pi} 2\sin(nx)\,dx \\ &= -\frac{2}{\pi}\frac{\cos\left(\frac{n\pi}{2}\right)-1}{n} + \frac{4}{\pi}\frac{-\cos(n\pi)+\cos\left(\frac{n\pi}{2}\right)}{n} \\ &= \frac{2}{n\pi}\left(\cos\left(\frac{n\pi}{2}\right)+1-2(-1)^n\right) \end{aligned}$$

이므로, 사인 급수는

$$\sum_{n=1}^{\infty} \frac{2}{n\pi}\left(\cos\left(\frac{n\pi}{2}\right)+1-2(-1)^n\right)\sin(nx)$$

이며, 이 급수는 정리 12.4에 의해 다음 함수로 수렴한다.

$$\begin{cases} 0 & x = 0,\ x = \pi \text{ 일 때,} \\ 1 & 0 < x < \dfrac{\pi}{2} \text{ 일 때,} \\ \dfrac{3}{2} & x = \dfrac{\pi}{2} \text{ 일 때,} \\ 2 & \dfrac{\pi}{2} < x < \pi \text{ 일 때.} \end{cases}$$

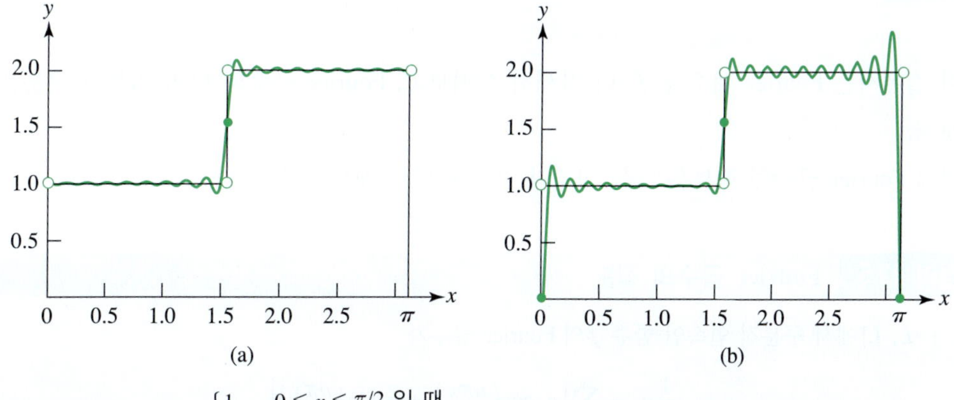

(a) (b)

그림 12.27 $f(x) = \begin{cases} 1 & 0 \le x \le \pi/2 \text{ 일 때,} \\ 2 & \pi/2 < x \le \pi \text{ 일 때} \end{cases}$ 에 대한 (a) 코사인 급수의 수렴값 및 35차 부분합과 (b) 사인 급수의 수렴값 및 40차 부분합

연습문제 12.4

문제 1부터 12까지 주어진 구간에 대한 함수의 Fourier 코사인 급수와 Fourier 사인 급수를 구하고, 각 급수의 수렴값을 구하여라.

1. $f(x)=4,\ 0\leq x\leq 3$

2. $f(x)=\begin{cases} 1 & 0\leq x\leq 1 \text{ 일 때,} \\ -1 & 1<x\leq 2 \text{ 일 때} \end{cases}$

3. $f(x)=\begin{cases} 0 & 0\leq x<\pi \text{ 일 때,} \\ \cos x & \pi\leq x\leq 2\pi \text{ 일 때} \end{cases}$

4. $f(x)=2x,\ 0\leq x\leq 1$

5. $f(x)=x^2,\ 0\leq x\leq 2$

6. $f(x)=e^{-x},\ 0\leq x\leq 1$

7. $f(x)=\begin{cases} x & 0\leq x\leq 2 \text{ 일 때,} \\ 2-x & 2<x\leq 3 \text{ 일 때} \end{cases}$

8. $f(x)=\begin{cases} 1 & 0\leq x<1 \text{ 일 때,} \\ 0 & 1\leq x\leq 3 \text{ 일 때,} \\ -1 & 3<x\leq 5 \text{ 일 때} \end{cases}$

9. $f(x)=\begin{cases} x^2 & 0\leq x<1 \text{ 일 때,} \\ 1 & 1\leq x\leq 4 \text{ 일 때} \end{cases}$

10. $f(x)=1-x^3,\ 0\leq x\leq 2$

11. $f(x)=\begin{cases} 4x & 0\leq x\leq 2 \text{ 일 때,} \\ -3 & 2<x<4 \text{ 일 때,} \\ 1 & 4\leq x\leq 7 \text{ 일 때} \end{cases}$

12. $f(x)=\sin(3x),\ 0\leq x\leq \pi$

13. $[-L,\ L]$에서 정의된 f를 짝함수와 홀함수의 합으로 표현할 수 있음을 증명하여라.

14. $[-L,\ L]$에서 짝함수이면서 동시에 홀함수인 모든 함수를 구하여라.

15. 다음 급수의 합을 구하여라.

$$\textstyle\sum_{n=1}^{\infty}(-1)^n/(4n^2-1)$$

힌트: $[0,\ \pi]$에서 $\sin x$의 코사인 급수를 구하고, 적절한 x를 선택하여라.

12.5 Fourier 급수의 적분과 미분

이 절에서는 Fourier 계수를 좀 더 자세히 살펴보고, Fourier 급수의 항별 미분과 적분을 살펴보자.

먼저 Fourier 급수의 적분은 다음 정리와 같이 항별로 계산할 수 있다.

정리 12.5 Fourier 급수의 적분

$[-L,\ L]$에서 구분적 연속인 함수 f의 Fourier 급수가

$$\frac{1}{2}a_0+\sum_{n=1}^{\infty}\left[a_n\cos\left(\frac{n\pi x}{L}\right)+b_n\sin\left(\frac{n\pi x}{L}\right)\right]$$

라고 하자. 그러면 $-L \le x \le L$인 임의의 x에 대하여

$$\int_{-L}^{x} f(t)\,dt = \frac{1}{2}a_0(x+L) + \frac{L}{\pi}\sum_{n=1}^{\infty}\frac{1}{n}\left[a_n \sin\left(\frac{n\pi x}{L}\right) - b_n\left(\cos\left(\frac{n\pi x}{L}\right) - (-1)^n\right)\right]$$

이 성립한다.

이 식에서 우변은 정확하게 $-L$부터 x까지 Fourier 급수를 항별로 적분하여 구한 것이다. 이것은 임의의 구분적 연속함수를 $-L$부터 x까지 적분할 때 그 Fourier 급수를 항별로 적분해서 구할수 있다는 것을 의미한다. 이 성질은 유한개의 x에서 Fourier 급수가 $f(x)$로 수렴하지 않고 도약 불연속을 가질 때도 성립한다.

[증명] $-L \le x \le L$에서

$$F(x) = \int_{-L}^{x} f(t)\,dt - \frac{1}{2}a_0 x$$

라고 정의하자. 그러면 F는 $[-L, L]$에서 연속이며, $F(L) = F(-L) = La_0/2$이다. 게다가 f가 연속인 $[-L, L]$의 모든 점에서 $F'(x) = f(x) - \frac{1}{2}a_0$이고, f의 불연속점 x_0에서 $F'(x_0+) = f(x_0+) - \frac{1}{2}a_0$, $F'(x_0-) = f(x_0-) - \frac{1}{2}a_0$이므로 유한한 값을 가진다. 그러므로 F'는 $[-L, L]$에서 구분적 연속이다. 따라서 $F(x)$의 Fourier 급수는 $[-L, L]$에서 $F(x)$로 수렴한다. 즉,

$$F(x) = \frac{1}{2}A_0 + \sum_{n=1}^{\infty}\left[A_n \cos\left(\frac{n\pi x}{L}\right) + B_n \sin\left(\frac{n\pi x}{L}\right)\right] \tag{12.18}$$

이다. 여기서 F의 Fourier 계수는 대문자로, f의 Fourier 계수는 소문자로 표시한다. 이제 $n = 1, 2, \cdots$에 대해 A_n과 B_n을 부분적분을 이용하여 계산하자. 먼저

$$\begin{aligned}
A_n &= \frac{1}{L}\int_{-L}^{L} F(t)\cos\left(\frac{n\pi t}{L}\right) dt \\
&= \frac{1}{L}\left[F(t)\frac{L}{n\pi}\sin\left(\frac{n\pi t}{L}\right)\right]_{-L}^{L} - \frac{1}{L}\int_{-L}^{L}\frac{L}{n\pi}\sin\left(\frac{n\pi t}{L}\right)F'(t)\,dt \\
&= -\frac{1}{n\pi}\int_{-L}^{L}\left(f(t) - \frac{1}{2}a_0\right)\sin\left(\frac{n\pi t}{L}\right) dt \\
&= -\frac{1}{n\pi}\int_{-L}^{L} f(t)\sin\left(\frac{n\pi t}{L}\right) dt + \frac{1}{2n\pi}a_0\int_{-L}^{L}\sin\left(\frac{n\pi t}{L}\right) dt \\
&= -\frac{L}{n\pi}b_n
\end{aligned}$$

이고, 이때 b_n은 $[-L, L]$에서 f의 Fourier 급수의 사인 계수이다. 같은 방법으로

$$\begin{aligned}B_n &= \frac{1}{L}\int_{-L}^{L} F(t)\sin\left(\frac{n\pi t}{L}\right)dt \\ &= \frac{1}{L}\left[F(t)\left(-\frac{L}{n\pi}\cos\left(\frac{n\pi t}{L}\right)\right)\right]_{-L}^{L} - \frac{1}{L}\int_{-L}^{L} F'(t)\left(-\frac{L}{n\pi}\right)\cos\left(\frac{n\pi t}{L}\right)dt \\ &= \frac{1}{n\pi}\int_{-L}^{L}\left(f(t)-\frac{1}{2}a_0\right)\cos\left(\frac{n\pi t}{L}\right)dt \\ &= \frac{1}{n\pi}\int_{-L}^{L} f(t)\cos\left(\frac{n\pi t}{L}\right)dt - \frac{1}{2n\pi}a_0\int_{-L}^{L}\cos\left(\frac{n\pi t}{L}\right)dt \\ &= \frac{L}{n\pi}a_n\end{aligned}$$

이다. 따라서 F의 Fourier 급수는 $-L \le x \le L$에서

$$F(x) = \frac{1}{2}A_0 + \frac{L}{n\pi}\sum_{n=1}^{\infty}\left[-b_n\cos\left(\frac{n\pi x}{L}\right) + a_n\sin\left(\frac{n\pi x}{L}\right)\right]$$

이다. 이제 A_0를 결정하자. 그런데

$$F(L) = \frac{L}{2}a_0 = \frac{1}{2}A_0 - \frac{L}{n\pi}\sum_{n=1}^{\infty} b_n\cos(n\pi) = \frac{1}{2}A_0 - \frac{L}{n\pi}\sum_{n=1}^{\infty} b_n(-1)^n$$

이므로

$$A_0 = La_0 + \frac{2L}{n\pi}\sum_{n=1}^{\infty} b_n(-1)^n$$

이 된다. 급수 (12.18)에 A_0, A_n, B_n에 대한 이 식들을 대입하면 이 정리가 증명된다. ■

보기 12.21 $f(x) = x$는 $[-\pi, \pi]$에서 연속이고, Fourier 급수는

$$\sum_{n=1}^{\infty}\frac{2}{n}(-1)^{n+1}\sin(nx)$$

이다. 이 급수를 $-\pi$에서 x까지 적분한 것을 f를 이 구간에서 적분한 것과 같으므로

$$\begin{aligned}\int_{-\pi}^{x} t\,dt = \frac{1}{2}(x^2-\pi^2) &= \sum_{n=1}^{\infty}\frac{2}{n}(-1)^{n+1}\int_{-\pi}^{x}\sin(nt)dt \\ &= \sum_{n=1}^{\infty}\frac{2}{n}(-1)^{n+1}\left[-\frac{1}{n}\cos(nx) + \frac{1}{n}\cos(n\pi)\right] = \sum_{n=1}^{\infty}\frac{2}{n^2}(-1)^n[\cos(nx)-(-1)^n].\end{aligned}$$

일반적으로 Fourier 급수의 항별 미분은 항별 적분 결과인 정리 12.5에 비해 매우 좋은 함수에 대해서도 터무니없는 결과로 나타난다. 예를 들어 $-\pi \le x \le \pi$에서 $f(x) = x$를 생각해 보자. Fourier 급수는

$$\sum_{n=1}^{\infty} \frac{2}{n}(-1)^{n+1} \sin(nx)$$

이고, $-\pi < x < \pi$에서 x로 수렴한다. $-\pi < x < \pi$에서 $f'(x) = 1$이므로 f는 구분적으로 매끄럽다. 그러나 Fourier 급수를 항별로 미분하면

$$\sum_{n=1}^{\infty} 2(-1)^{n+1} \cos(nx).$$

이것은 $(-\pi, \pi)$에서 수렴조차 하지 않는다. 즉, 이 Fourier 급수의 항별 미분은 $f(x)$의 도함수와 관계가 없다. 즉, f와 f의 Fourier 급수는 $-\pi$와 π에서 일치하지 않으므로, 내부에서 Fourier 급수의 항별 미분은 f'와 일치하지 않는다.

하지만, f에 대한 좀 더 강력한 조건을 가지고 Fourier 급수의 항별 미분에 관한 결과를 유도할 수 있다.

정리 12.6 Fourier 급수의 미분

$[-L, L]$에서 f가 연속이고 f'는 구분적 연속이고, $f(L) = f(-L)$이면, $f(x)$는

$$f(x) = \frac{1}{2}a_0 + \sum_{n=1}^{\infty}\left[a_n \cos\left(\frac{n\pi x}{L}\right) + b_n \sin\left(\frac{n\pi x}{L}\right)\right]$$

와 같이 Fourier 급수와 같다. 만약 $(-L, L)$의 점 x에 대해 $f''(x)$가 있으면

$$f'(x) = \sum_{n=1}^{\infty} \frac{n\pi}{L}\left(-na_n \sin\left(\frac{\pi x}{L}\right) + b_n \cos\left(\frac{n\pi x}{L}\right)\right)$$

이다.

[증명] $[-L, L]$에서 정의된 f'에 대해 f''가 존재하는 점 x에서 f'의 Fourier 급수는 $f'(x)$로 수렴한다. 만약, $f(x)$가 Fourier 급수와 $[-L, L]$에서 완전히 같다면, 즉, f와 f'가 구분적 연속이고 $f(L) = f(-L)$이면, f의 Fourier 급수의 항별 미분은 f'와 $(-L, L)$에서 일치한다. 점 x에서 정리 12.5의 증명에서와 같이 부분적분을 이용하여 $f'(x)$의 Fourier 계수와 $f(x)$의 Fourier 계수 사이의 관계를 구하면 정리 12.6을 얻는다.

보기 12.22 $-2 \le x \le 2$에서 $f(x) = x^2$이라고 하자. 이 함수는 f와 f'가 연속이고 $f(-2) = f(2)$이므로 정리 12.6에 의해 $[-2, 2]$에서 f와 Fourier 급수는 서로 같으므로,

$$f(x) = \frac{4}{3} + \frac{16}{\pi^2}\sum_{n=1}^{\infty}\frac{(-1)^n}{n^2}\cos\left(\frac{n\pi x}{2}\right).$$

또한 [−2, 2]의 모든 점에서 $f''(x)=2$가 존재하므로 $-2<x<2$에서

$$f'(x)=2x=\frac{8}{\pi}\sum_{n=1}^{\infty}\frac{(-1)^{n+1}}{n}\sin\left(\frac{n\pi x}{2}\right).$$

이 식에 $x=1$을 대입하면,

$$\frac{8}{\pi}\sum_{n=1}^{\infty}\frac{(-1)^{n+1}}{n}\sin\left(\frac{n\pi}{2}\right)=2,$$

즉,

$$\sum_{n=1}^{\infty}\frac{(-1)^{n+1}}{n}\sin\left(\frac{n\pi}{2}\right)=\frac{\pi}{4}$$

를 얻는다. 이와 같이 Fourier 급수를 적절히 조작하여 다양한 급수의 값을 구할 수 있다.

이제까지 Fourier 급수를 항별로 적분하거나 미분하기 위한 조건을 살펴보았다. 다음으로 **Bessel 부등식**이라 불리는 Fourier 계수의 중요한 부등식들을 살펴보자.

정리 12.7 Bessel 부등식

(1) $[0, L]$에서 f가 적분가능하면 Fourier 사인 계수 b_n과 Fourier 코사인 계수 a_n에 대해

$$\sum_{n=1}^{\infty}b_n^2\le\frac{2}{L}\int_{-L}^{L}f(x)^2\,dx,\qquad \frac{1}{2}a_0^2+\sum_{n=1}^{\infty}a_n^2\le\frac{2}{L}\int_{0}^{L}f(x)^2\,dx.$$

(2) $[-L, L]$에서 f가 적분가능하면, f의 Fourier 계수에 대해

$$\frac{1}{2}a_0^2+\sum_{n=1}^{\infty}\left(a_n^2+b_n^2\right)\le\frac{1}{L}\int_{-L}^{L}f(x)^2\,dx.$$

이 정리에 의하면 f의 Fourier 사인, Fourier 코사인, Fourier 계수들의 제곱의 합은 수렴한다.

[증명] Fourier 사인 계수 b_n에 대해 위 정리를 증명하자. f가 $[0, L]$에서 적분가능하므로 Fourier 사인 계수를 계산할 수 있고, 이때 사인 급수와 사인 계수는 각각

$$\sum_{n=1}^{\infty}b_n\sin\left(\frac{n\pi x}{L}\right),\qquad b_n=\frac{2}{L}\int_{0}^{L}f(x)\sin\left(\frac{n\pi x}{L}\right)dx$$

이다. 이 급수의 N차 부분합

$$S_N(x) = \sum_{n=1}^{N} b_n \sin\left(\frac{n\pi x}{L}\right)$$

이라 하면

$$\begin{aligned}
0 \le \int_0^L (f(x) - S_N(x))^2\, dx &= \int_0^L f(x)^2 dx - 2\int_0^L f(x) S_N(x) dx + \int_0^L S_N(x)^2\, dx \\
&= \int_0^L f(x)^2 dx - 2\int_0^L f(x)\left(\sum_{n=1}^{N} b_n \sin\left(\frac{n\pi x}{L}\right)\right) dx + \int_0^L \left(\sum_{n=1}^{N} b_n \sin\left(\frac{n\pi x}{L}\right)\right)\left(\sum_{m=1}^{N} b_m \sin\left(\frac{m\pi x}{L}\right)\right) dx \\
&= \int_0^L f(x)^2\, dx - 2\sum_{n=1}^{N} b_n \int_0^L f(x)\sin\left(\frac{n\pi x}{L}\right) dx + \sum_{n=1}^{N}\sum_{m=1}^{N} b_n b_m \int_0^L \sin\left(\frac{n\pi x}{L}\right)\sin\left(\frac{m\pi x}{L}\right) dx \\
&= \int_0^L f(x)^2\, dx - \sum_{n=1}^{N} b_n (L b_n) + \sum_{n=1}^{N} b_n b_n \frac{L}{2} = \int_0^L f(x)^2\, dx - \frac{L}{2}\sum_{n=1}^{N} b_n^2 .
\end{aligned}$$

이 계산 과정에서 사인 함수에 관한 보조정리 12.1을 사용하였다. 위 식을 정리하면

$$\sum_{n=1}^{N} b_n^2 \le \frac{2}{L}\int_0^L f(x)^2\, dx .$$

$N \to \infty$일 때 우변은 N에 독립적이므로

$$\sum_{n=1}^{\infty} b_n^2 \le \frac{2}{L}\int_0^L f(x)^2 dx$$

가 되어 Fourier 사인 급수에 대해 위 정리를 증명하였다. 비슷한 방법으로 Fourier 코사인 급수와 Fourier 급수에 대해서도 증명할 수 있다. ■

보기 12.23 Bessel 부등식을 사용하면 무한 급수의 상계(upper bound)를 계산할 수 있다. $f(x) = x^2$의 Fourier 급수는 $[-\pi, \pi]$의 모든 x에서 $f(x)$로 수렴하므로

$$x^2 = \frac{1}{3}\pi^2 + \sum_{n=1}^{\infty} 4\frac{(-1)^n}{n^2}\cos(nx)$$

이고, 여기서 $a_0 = 2\pi^2/3$, $a_n = 4(-1)^n/n^2$, $b_n = 0$이다. 정리 12.7의 Bessel 부등식 (2)에 의하면

$$\frac{1}{2}\left(\frac{2\pi^2}{3}\right)^2 + \sum_{n=1}^{\infty}\left(\frac{4(-1)^n}{n^2}\right)^2 \le \frac{1}{\pi}\int_{-\pi}^{\pi} x^4 dx = \frac{2}{5}\pi^4$$

이 된다. 그러므로

$$16\sum_{n=1}^{\infty}\frac{1}{n^4} \le \left(\frac{2}{5} - \frac{2}{9}\right)\pi^4 = \frac{8\pi^4}{45} \Rightarrow \sum_{n=1}^{\infty}\frac{1}{n^4} \le \frac{\pi^4}{90}.$$

이 절의 마지막 결과로 Parseval 정리를 소개한다. 함수가 연속이면 Bessel 부등식을 등식으로 바꿀 수 있다.

정리 12.8 Parseval 정리

$[-L, L]$에서 f가 연속이고 f'가 구분적 연속이다. $f(-L)=f(L)$이라면 $[-L, L]$에서 f의 Fourier 계수는

$$\frac{1}{2}a_0^2+\sum_{n=1}^{\infty}\left(a_n^2+b_n^2\right)=\frac{1}{L}\int_{-L}^{L}f(x)^2\,dx\,.$$

[증명] $[-L, L]$에서 f의 Fourier 급수는 이 구간의 각 점에서 $f(x)$로 수렴한다. 즉,

$$f(x)=\frac{1}{2}a_0+\sum_{n=1}^{\infty}a_n\cos\left(\frac{n\pi x}{L}\right)+b_n\sin\left(\frac{n\pi x}{L}\right).$$

이 Fourier 급수는 항별로 적분할 수 있으며, 이 급수에 연속함수 $f(x)$를 곱해도 이 성질은 변하지 않는다. 이 때,

$$f(x)^2=\frac{1}{2}a_0f(x)+\sum_{n=1}^{\infty}a_n\,f(x)\cos\left(\frac{n\pi x}{L}\right)+b_nf(x)\sin\left(\frac{n\pi x}{L}\right)$$

이므로, 항별로 적분하면

$$\begin{aligned}&\int_{-L}^{L}f(x)^2dx\\&=\frac{1}{2}a_0\int_{-L}^{L}f(x)dx+\sum_{n=1}^{\infty}a_n\int_{-L}^{L}f(x)\cos\left(\frac{n\pi x}{L}\right)dx+b_n\int_{-L}^{L}f(x)\sin\left(\frac{n\pi x}{L}\right)dx\\&=\frac{1}{2}a_0La_0+\sum_{n=1}^{\infty}\left(a_nLa_n+b_nLb_n\right)=\frac{L}{2}a_0^2+L\sum_{n=1}^{\infty}\left(a_n^2+b_n^2\right)\end{aligned}$$

이므로 Parseval 정리가 증명되었다. ■

보기 12.24 Parseval 정리는 Fourier 급수의 다른 특성을 이끌어 내는 데 다양하게 적용할 수 있다. 나중에 고유함수의 완비성을 공부할 때 Parseval 정리를 이용할 것이다. 여기서는 특정 무한 급수의 합을 구하는 데 적용해 보자.

$[-\pi, \pi]$에서 $\cos(x/2)$의 Fourier 계수는

$$a_0=\frac{1}{\pi}\int_{-\pi}^{\pi}\cos\left(\frac{x}{2}\right)dx=\frac{4}{\pi},$$

$$a_n=\frac{1}{\pi}\int_{-\pi}^{\pi}\cos\left(\frac{x}{2}\right)\cos(nx)\,dx=-\frac{4}{\pi}\,\frac{(-1)^n}{4n^2-1}$$

이고, $\cos(x/2)$는 우함수이므로 $b_n = 0$이다. Parseval 정리에 의하면

$$\frac{1}{2}\left(\frac{4}{\pi}\right)^2 + \sum_{n=1}^{\infty}\left(\frac{4}{\pi}\frac{(-1)^n}{4n^2-1}\right)^2 = \frac{1}{\pi}\int_{-\pi}^{\pi}\cos^2\left(\frac{x}{2}\right)dx = 1.$$

그러므로

$$\sum_{n=1}^{\infty}\frac{1}{(4n^2-1)^2} = \frac{\pi^2-8}{16}.$$

연습문제 12.5

1. 정리 12.6을 증명하여라. 힌트: 정리 다음에 제시된 절차를 따르어라.

2. $-1 \le x \le 1$에서 $f(x) = |x|$라 하자.
   (a) $f(x)$의 Fourier 급수를 구하여라.
   (b) 이 급수를 항별로 미분하여라.
   (c) $f'(x)$를 계산하고 Fourier 급수를 구하여라. 이 급수를 (b)의 결과와 비교하여라.

3. $f(x) = \begin{cases} 0 & -\pi \le x \le 0 \text{ 일 때,} \\ x & 0 < x \le \pi \text{ 일 때} \end{cases}$ 라 하자.
   (a) $[-\pi, \pi]$에서 $f(x)$의 Fourier 급수를 구하고, 이 급수가 $(-\pi, \pi)$에서 $f(x)$로 수렴함을 보여라.
   (b) 이 급수를 항별로 적분하여라.
   (c) (a)와 (b)의 결과를 사용하여 $[-\pi, \pi]$에서 $\int_{-\pi}^{x} f(t)\,dt$의 Fourier 급수를 구하여라.

4. $-3 \le x \le 3$에서 $f(x) = x^2$이라고 하자.
   (a) $f(x)$의 Fourier 급수를 구하여라.
   (b) f가 정리 12.6의 조건을 만족함을 보이고, 이 급수를 항별로 미분하여라.
   (c) $[-3, 3]$에서 $2x$의 Fourier 급수를 Fourier 계수를 직접 계산해서 구하고, (b)의 결과와 비교하여라.

5. $-\pi \le x \le \pi$에서 $f(x) = x\sin x$라 하자.
   (a) $f(x)$의 Fourier 급수를 구하여라.
   (b) f가 정리 12.6의 조건을 만족함을 보이고, 이 급수를 항별로 미분하여라.
   (c) $f(x) = \sin(x) + x\cos(x)$의 Fourier 급수와 Fourier 계수를 직접 계산해서 구하고 (b)의 결과와 비교하여라.

6. $[0, L]$에서 Fourier 코사인 급수에 대한 Bessel 부등식을 증명하여라.

7. $[-L, L]$에서 Fourier 급수에 대한 Bessel 부등식을 증명하여라.

8. f와 f'가 $[-L, L]$에서 구분적 연속일 때, Bessel 부등식을 사용하여

$$\lim_{n\to\infty}\int_{-L}^{L} f(x)\cos\left(\frac{n\pi x}{L}\right)dx = \lim_{n\to\infty}\int_{-L}^{L} f(x)\sin\left(\frac{n\pi x}{L}\right)dx = 0$$

임을 보여라. 이 결과를 **Riemann 보조정리**라 한다.

12.6 Fourier 급수의 위상각 형태

모든 실수 x에 대하여 $f(x+p)=f(x)$이면 함수 f를 주기가 p인 **주기함수(periodic function)** 라고 한다. 주기함수의 주기는 여러 개일 수 있다. 예를 들어 $\cos(x)$의 주기는 $2\pi, 4\pi, 6\pi, -2\pi, -4\pi, \cdots$ 등으로 임의의 정수 n에 대하여 $2n\pi$가 모두 주기이다. 함수의 주기 중 가장 작은 양수를 그 함수의 **기본주기(fundamental period)**라 한다. $\sin x$와 $\cos x$의 기본주기는 2π이다.

만일 f의 주기가 p이면 임의의 x와 정수 n에 대해

$$f(x+np)=f(x)$$

이다. 예를 들면

$$\cos\left(\frac{\pi}{6}\right)=\cos\left(\frac{\pi}{6}+2\pi\right)=\cos\left(\frac{\pi}{6}+4\pi\right)=\cos\left(\frac{\pi}{6}+6\pi\right)=\cdots$$
$$=\cos\left(\frac{\pi}{6}-2\pi\right)=\cos\left(\frac{\pi}{6}-4\pi\right)=\cdots$$

이다.

주기함수 $f(x)$의 그래프는 길이가 p인 구간 단위로 동일한 형태가 반복된다(그림 12.28). 따라서, 길이가 p인 구간, 예를 들면, $[-p/2,\ p/2)$에 대해서만 $f(x)$를 알면 모든 x에 대한 함수값을 알 수 있다. 다시 말해 길이가 p인 임의의 구간 $[\alpha,\ \alpha+p)$에서 $f(x)$의 값만 알면 된다.

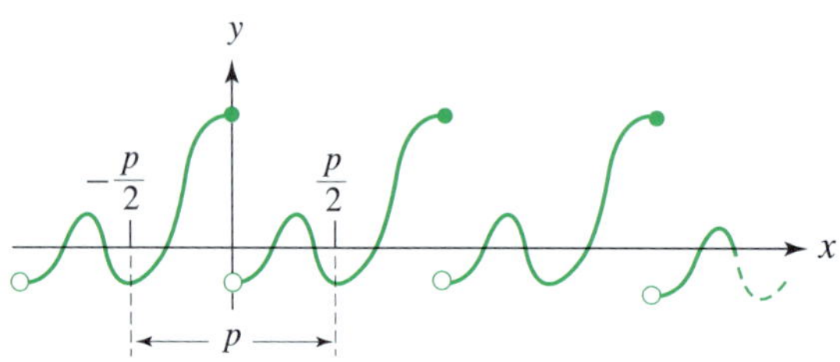

그림 12.28 기본주기가 p인 함수의 그래프

보기 12.25 주기가 2인 함수가 $-1\le x<1$에서 $g(x)=2x$이라 하자. 그림 12.29와 같이 구간 $[-1,\ 1)$에서 g의 그래프는 실수 전체에 걸쳐 반복된다. $g\left(\frac{7}{2}\right)$을 구해 보자. 주기가 2이므로 정수 n에 대해 $g(x+2n)=g(x)$이다. 따라서

$$g\left(\frac{7}{2}\right)=g\left(-\frac{1}{2}+4\right)=g\left(-\frac{1}{2}\right)=2\left(-\frac{1}{2}\right)=-1$$

이다. 마찬가지로

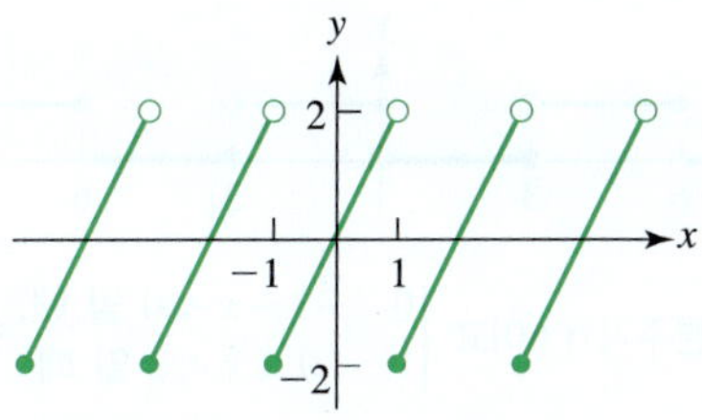

그림 12.29 $-1 \le x < 1$에서 $2x$이고 주기가 2인 함수

$$g(48.3) = g(0.3 + 2(24)) = g(0.3) = 0.6$$

이다.

주기가 p인 함수 f가 적분가능할 때 $[-p/2, p/2]$에서 Fourier 급수를 계산하면 $L = p/2$이므로

$$\frac{1}{2}a_0 + \sum_{n=1}^{\infty}\left[a_n\cos\left(\frac{2n\pi x}{p}\right) + b_n\sin\left(\frac{2n\pi x}{p}\right)\right].$$

Fourier 계수는

$$a_n = \frac{2}{p}\int_{-p/2}^{p/2} f(x)\cos\left(\frac{2n\pi x}{p}\right)dx, \quad n = 0, 1, 2, \cdots$$

$$b_n = \frac{2}{p}\int_{-p/2}^{p/2} f(x)\sin\left(\frac{2n\pi x}{p}\right)dx, \quad n = 1, 2, \cdots.$$

f가 주기함수이므로 임의의 수 α에 대해 다음과 같이 Fourier 계수를 구할 수도 있다.

$$a_n = \frac{2}{p}\int_{\alpha}^{\alpha+p} f(x)\cos\left(\frac{2n\pi x}{p}\right)dx, \quad n = 0, 1, 2, \cdots, \tag{12.19}$$

$$b_n = \frac{2}{p}\int_{\alpha}^{\alpha+p} f(x)\sin\left(\frac{2n\pi x}{p}\right)dx, \quad n = 1, 2, \cdots. \tag{12.20}$$

수렴정리를 이용하면 어떤 점에서 급수가 $f(x)$와 같아지는지 알 수 있다.

보기 12.26 그림 12.30의 함수 f는 기본주기가 6이고

$$f(x) = \begin{cases} 0 & -3 \le x < 0 \text{ 일 때}, \\ 1 & 0 \le x < 3 \text{ 일 때}. \end{cases}$$

이다. $[-3, 3]$에서 Fourier 급수는

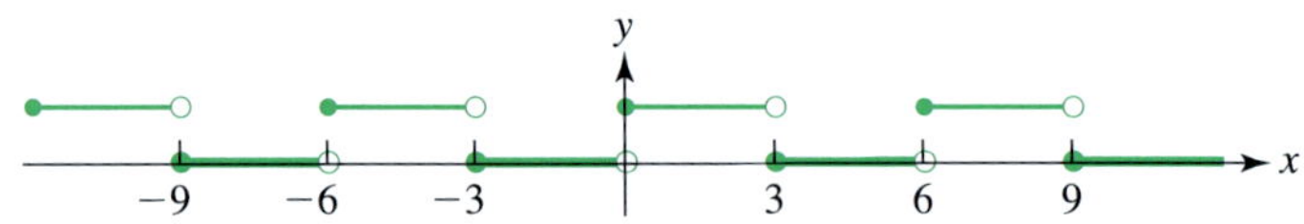

그림 12.30 기본주기가 6이고 $\begin{cases} 0 & -3 \le x < 0 \text{ 일 때,} \\ 1 & 0 \le x < 3 \text{ 일 때} \end{cases}$ 인 함수의 그래프

$$\frac{1}{2} + \sum_{n=1}^{\infty} \frac{1}{n\pi}(1-(-1)^n)\sin\left(\frac{n\pi x}{3}\right)$$

이다. 이 급수는 $-3 < x < 0$일 때 0으로 수렴하고, $0 < x < 3$일 때 1로 수렴하며, $x=0$과 $x=\pm 3$에서는 $\frac{1}{2}$로 수렴된다. 주기성 때문에 이 급수는 개구간 $(-6, -3)$, $(3, 6)$, $(-6, -9)$, $(6, 9)$ 등에서도 $f(x)$로 수렴된다.

$$\omega_0 = \frac{2\pi}{p}$$

라면 $[-p/2, p/2]$에서 f의 Fourier 급수는

$$\frac{1}{2}a_0 + \sum_{n=1}^{\infty}\left[a_n \cos(n\omega_0 x) + b_n \sin(\omega_0 x)\right] \tag{12.21}$$

가 된다. 여기서 Fourier 계수는

$$a_n = \frac{2}{p}\int_{-p/2}^{p/2} f(x)\cos(n\omega_0 x)\,dx, \qquad n = 0, 1, 2, \cdots,$$

$$b_n = \frac{2}{p}\int_{-p/2}^{p/2} f(x)\sin(n\omega_0 x)\,dx, \qquad n = 1, 2, \cdots$$

이다. 때로는 Fourier 급수 (12.21)을 다음과 같이 다른 꼴로 표현하는 것이 좋을 수도 있다.

$$a_n\cos(n\omega_0 x) + b_n\sin(n\omega_0 x) = c_n\cos(n\omega_0 x + \delta_n)$$

라고 두고, 상수 $c_n (c_n > 0)$과 δ_n을 구해 보자. 이 상수값을 결정하기 위해 우변을 변형하면

$$a_n\cos(n\omega_0 x) + b_n\sin(n\omega_0 x) = c_n\cos(n\omega_0 x)\cos(\delta_n) - c_n\sin(n\omega_0 x)\sin(\delta_n)$$

이다. 이 식이 구간 $[-p/2, p/2]$에서 성립하므로

$$c_n\cos\delta_n = a_n, \qquad c_n\sin\delta_n = -b_n$$

이다. 두 식을 제곱하여 더하면

$$c_n^2 = a_n^2 + b_n^2 \Rightarrow c_n = \sqrt{a_n^2 + b_n^2} \tag{12.22}$$

이다. 그리고,

$$\frac{c_n \sin \delta_n}{c_n \cos \delta_n} = \tan \delta_n = -\frac{b_n}{a_n}$$

이므로

$$\delta_n = \tan^{-1}\left(-\frac{b_n}{a_n}\right)$$

이 된다. 여기서 $a_n \neq 0$이라고 가정하자. c_n과 δ_n을 이용하면 Fourier 급수 (12.21)을 위상각 형태로 표현할 수 있다.

정의 12.7 위상각 형태

기본주기가 p인 주기함수 f의 Fourier 급수 (12.21)을

$$\frac{1}{2}a_0 + \sum_{n=1}^{\infty} c_n \cos(n\omega_0 x + \delta_n)$$

으로 표현한 것을 Fourier 급수의 위상각 형태라고 한다. 여기서 $n=1, 2, \cdots$일 때 $\omega_0 = 2\pi/p$, $c_n = \sqrt{a_n^2 + b_n^2}$, $\delta_n = \tan^{-1}(-b_n/a_n)$이다.

Fourier 급수의 위상각 형태는 **조화 형식(harmonic form)**이라고도 불린다. 이것은 어떤 연속 조건을 만족하는 주기함수는 코사인파의 중첩으로 표현됨을 의미한다. 여기서 $\cos(n\omega_0 x + \delta_n)$ 항은 f의 **n차 조화 형식**, c_n은 f의 **n차 조화 진폭**, 그리고 δ_n은 f의 **n차 위상각**이라고 한다.

보기 12.27 기본주기가 3이고

$$f(x) = x^2, \quad 0 \le x < 3$$

인 함수 f를 생각하자. 그림 12.31은 f의 그래프이다.

$$a_0 = \frac{2}{3}\int_0^3 x^2\,dx = 6,$$

$$a_n = \frac{2}{3}\int_0^3 x^2 \cos\left(\frac{2n\pi x}{3}\right)dx = \frac{9}{n^2\pi^2},$$

$$b_n = \frac{2}{3}\int_0^3 x^2 \sin\left(\frac{2n\pi x}{3}\right)dx = -\frac{9}{n\pi}$$

이므로 f의 Fourier 급수는

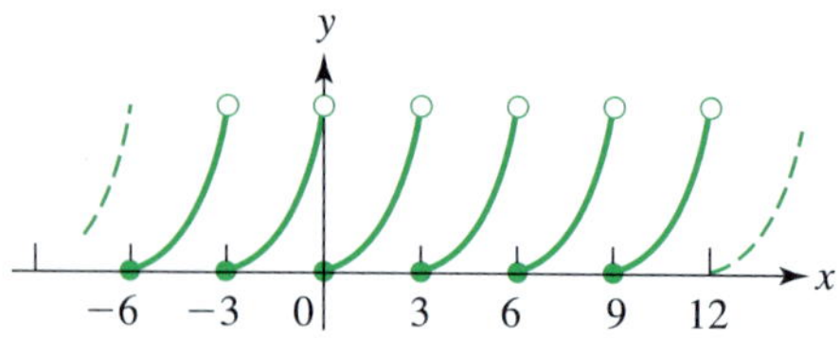

그림 12.31 주기가 3이고 $0 \le x < 3$에서 x^2인 함수의 그래프

$$3+\sum_{n=1}^{\infty}\frac{9}{n\pi}\left[\frac{1}{n\pi}\cos\left(\frac{2n\pi x}{3}\right)-\sin\left(\frac{2n\pi x}{3}\right)\right] \tag{12.23}$$

이다. 이것을 원점에 대칭인 구간 $\left[-\frac{3}{2}, \frac{3}{2}\right]$에서 f의 Fourier 급수로도 볼 수 있다. 그러면 Fourier 수렴정리에 의해 이 급수는 다음 함수로 수렴한다.

$$\begin{cases} \frac{9}{4} & x=\pm\frac{3}{2} \text{ 일 때,} \\ \frac{9}{2} & x=0 \text{ 일 때,} \\ (x+3)^2 & -\frac{3}{2}<x<0 \text{ 일 때,} \\ x^2 & 0<x<\frac{3}{2} \text{ 일 때} \end{cases}$$

이 Fourier 급수를 위상각 형태 또는 조화 형태로 고쳐 보자. 먼저

$$c_n=\sqrt{a_n^2+b_n^2}=\frac{9}{n^2\pi^2}\sqrt{1+n^2\pi^2}, \quad n=1,2,\cdots$$

$$\delta_n=\tan^{-1}\left(-\frac{-9/n\pi}{9/n^2\pi^2}\right)=\tan^{-1}(n\pi)$$

이며 $\omega_0=2\pi/3$이다. 그러므로 급수 (12.23)의 위상각 형태는 다음과 같다.

$$3+\sum_{n=1}^{\infty}\frac{9}{n^2\pi^2}\sqrt{1+n^2\pi^2}\cos\left(\frac{2n\pi x}{3}+\tan^{-1}(n\pi)\right)$$

주기함수 f의 **진폭 스펙트럼(amplitnde spectrum)**은 $n=1,2,\cdots$에 대하여 가로축 $n\omega_0$에 대한 세로축 $c_n/2$의 값을 나타낸 것이다. 따라서 진폭 스펙트럼은 $n=1,2,\cdots$에 대해 점 $(n\omega_0, c_n/2)$들로 구성된다. 세로축에 점 $(0, |a_0|/2)$도 함께 표현하는 것이 일반적이다. 그림 12.32는 보기 12.27의 함수의 진폭 스펙트럼을 나타낸 것인데 점 (0, 3)과 다음의 점들로 구성되어 있다.

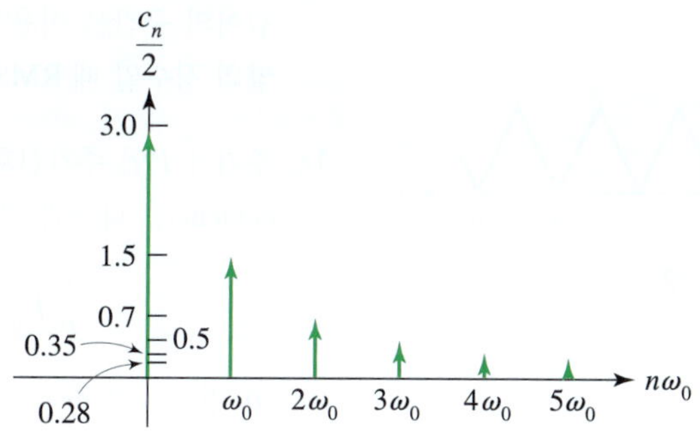

그림 12.32 그림 12.31의 함수의 진폭 스펙트럼

$$\left(\frac{2n\pi}{3},\ \frac{9}{2n^2\pi^2}\sqrt{1+n^2\pi^2}\right), \qquad n=1, 2, \cdots$$

이 그래프로부터 주기함수를 구성하는 조화의 크기를 가늠할 수 있고, 어떤 조화가 우세한지를 알 수 있다. 이것은 신호함수를 다루는 신호 처리 분야에서 유용하다.

연습문제 12.6

1. f와 g의 주기가 p라고 하자. 그러면 임의의 상수 α와 β에 대하여 $\alpha f+\beta g$도 주기가 p임을 보여라.

2. f의 주기가 p이고, α와 β는 양의 상수라면, $g(t)=f(\alpha t)$는 주기가 p/α이고, $h(t)=f(t/\beta)$는 주기가 βp임을 보여라.

3. 미분가능 함수 f의 주기가 p이면 $f'(x)$의 주기도 p임을 보여라.

4. f의 주기가 p일 때, 임의의 실수 α에 대하여 다음 식이 성립함을 보여라.

$$\int_{\alpha}^{\alpha+p} f(x)\,dx=\int_0^p f(x)\,dx=\int_{-p/2}^{p/2} f(x)\,dx$$

문제 5부터 9까지 주어진 함수의 Fourier 급수를 위상각 형태로 표현하여라. 또, 진폭 스펙트럼을 그려라.

5. $0\le x<2$에서 x이고, 주기가 2인 함수

6. $\begin{cases}1 & 0\le x<1 \text{ 일 때,}\\ 0 & 1\le x<2 \text{ 일 때}\end{cases}$ 이고, 주기가 2인 함수

7. $0\le x<4$에서 $3x^2$이고, 주기가 4인 함수

8. $\begin{cases}1+x & 0\le x<3 \text{ 일 때,}\\ 2 & 3\le x<4 \text{ 일 때}\end{cases}$ 이고, 주기가 4인 함수

9. $0\le x<1$에서 $\cos(\pi x)$이고, 주기가 1인 함수

문제 10부터 14까지 그래프로 주어진 함수의 Fourier 급수를 위상각 형태로 표현하여라. 진폭 스펙트럼의 일부 점들을 그려라.

10.

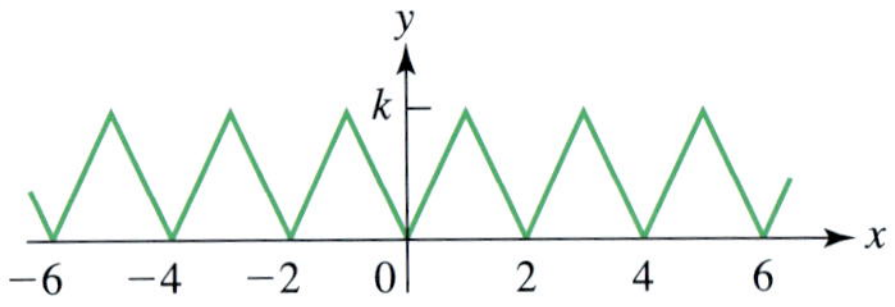

그림 12.33

11.

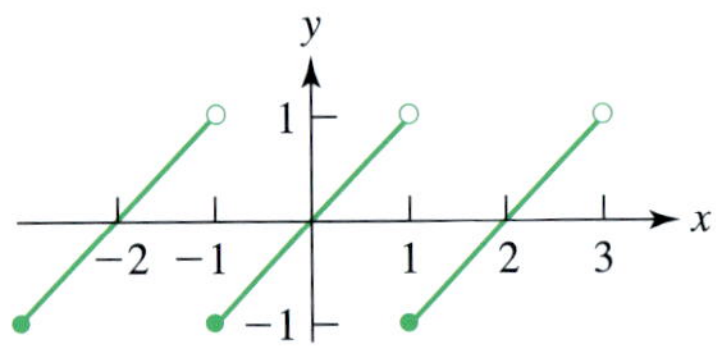

그림 12.34

12.

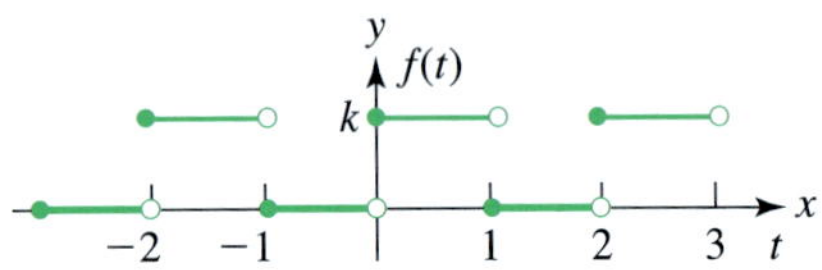

그림 12.35

13.

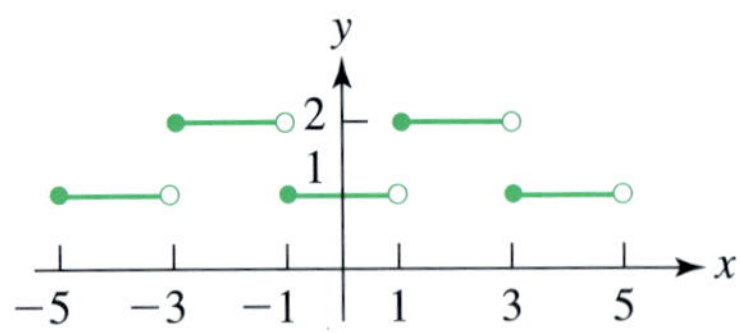

그림 12.36

14.

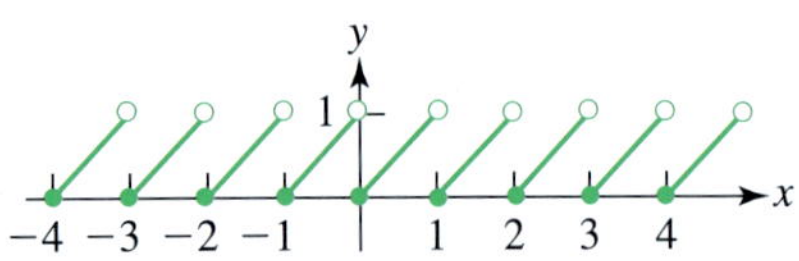

그림 12.37

15. 구간 $[a, b]$에서 함수 f의 평균제곱근(RMS: Root Mean Square)을 다음과 같이 정의한다.

$$\mathrm{RMS}(f) = \sqrt{\frac{\int_a^b [f(x)]^2\,dx}{b-a}}.$$

f가 주기함수이면 RMS는 기본주기와 동일한 길이의 구간을 이용하여 정의한다. E와 ω가 양의 정수일 때 $\mathrm{RMS}(E\sin(\omega x))$를 구하여라.

16. 주기가 P인 주기신호(함수) f의 **전력량**(power content)을 다음과 같이 정의한다.

$$\frac{1}{p}\int_{-p/2}^{p/2} [f(x)]^2\,dx$$

이 정의는 저항에서 소모되는 전력이 i^2R이라는 사실에 의해 유도되었다. 여기서 i는 전류의 평균제곱근이다. 전류 신호의 평균제곱근은 동일한 전력량을 가지는 직류의 전류값과 같다. 그림 12.34에 정의된 함수의 전력량을 결정하여라.

17. 그림 12.38의 회로에서 정상상태 전류의 Fourier 급수를 구하여라. 입력 전압 $E(t)$는 $-\pi \le t < \pi$일 때 $100t(\pi^2 - t^2)$이고 주기가 2π이다.

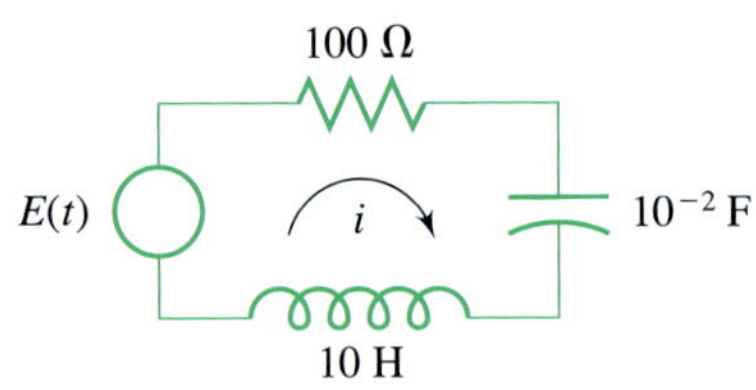

그림 12.38

18. 그림 12.39의 회로에서 정상상태 전류의 Fourier 급수를 구하여라. 여기서 $E(t) = |10\sin(800\pi t)|$이다. **힌트**: 먼저 다음을 보여라.

$$E(t) = \frac{20}{\pi}\left[1 - 2\sum_{n=1}^{\infty}\frac{\cos(1600n\pi t)}{4n^2-1}\right]$$

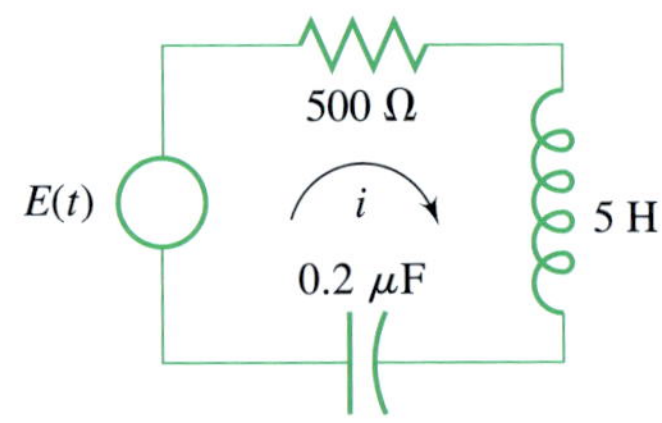

그림 12.39

19. 전류의 Fourier 급수에서 0이 아닌 처음 2개 항과 Parseval의 항등식을 사용하여 문제 17의 회로의 저항에서 정상상태 전류로 인해 소모되는 전력량을 근사적으로 구하여라.

20. 문제 18의 저항에서 정상상태 전류에 의해 소모되는 전력량을 근사적으로 구하여라.

12.7 복소 Fourier 급수와 주파수 스펙트럼

우리가 관심을 갖는 값이 주로 실수이지만, 때로는 복소수를 이용하는 것이 편리할 수도 있다. 예를 들면 전기공학자는 전류를 계산할 때 종종 복소수를 포함하는 방정식을 사용하는데, 이때 전류는 어떤 복소수 식의 실수부이다.

여기에 Fourier 급수를 도입해 보자. 나중에 복소 Fourier 급수와 그 계수는 이산 Fourier 변환을 전개하기 위한 출발점을 제공할 것이다.

12.7.1 복소수

복소수 $a + bi$의 **켤레복소수(conjugate)**는 $\overline{a + bi} = a - bi$로 정의된다. $a + bi$를 평면상의 점 (a, b)로 나타내면, 그 켤레복소수 $a - bi$는 수평축(실수축)에 대한 대칭인 점 $(a, -b)$로 나타낼 수 있다(그림 12.40).

두 복소수의 곱의 켤레복소수는 각 켤레복소수들의 곱과 같다. 즉, 임의의 복소수 z와 w에 대하여

$$\overline{zw} = \overline{z}\,\overline{w}$$

이다.

$a + bi$의 크기는 원점에서 (a, b)까지 거리인 $|a + bi| = \sqrt{a^2 + b^2}$이다. 그러면

$$(a + bi)(\overline{a + bi}) = a^2 + b^2 = |a + bi|^2$$

의 관계식을 얻는다. 만일 복소수를 z로 표기하면 이 식은

$$z\overline{z} = |z|^2$$

로 표현할 수 있다.

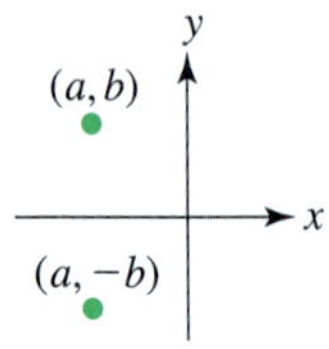

그림 12.40 수평축에 대해 대칭인 켤레복소수

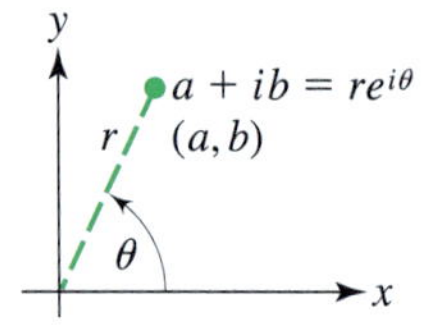

그림 12.41 복소수의 극형식

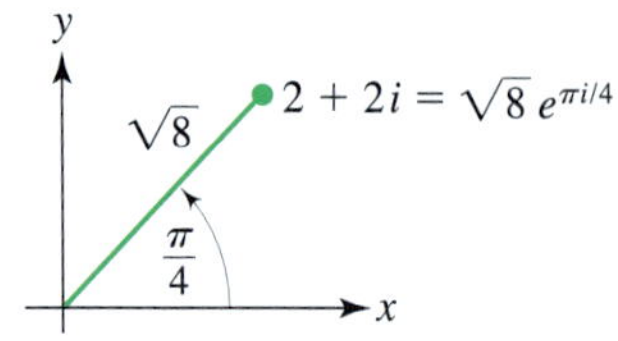

그림 12.42 $2+2i$의 극형식

극좌표 $x=r\cos\theta$, $y=r\sin\theta$와 오일러 방정식을 사용하면

$$z=x+iy=r[\cos\theta+i\sin\theta]=re^{i\theta}$$

가 된다. 그러면 $r=|z|$이며 θ는 z의 **편각(argument)**이라 불린다. 이것은 평면(그림 12.41)에서 x축의 양의 방향과 점 (x, y), 즉, $x+iy$ 사이의 각을 나타낸다. 예를 들면 $|2+2i|=\sqrt{8}$이고, $2+2i$의 편각은 $\pi/4$이므로, 다음과 같이 쓸 수 있다(그림 12.42).

$$2+2i=\sqrt{8}\,e^{i\pi/4}.$$

이것이 $2+2i$의 **극형식(polar form)**이다. $\sin\theta$와 $\cos\theta$가 기본주기가 2π인 함수이므로 편각이 $\dfrac{\pi}{4}+2n\pi$이고 사실 $2+2i=\sqrt{8}\,e^{i(\pi/4+2n\pi)}$로 표현할 수도 있으나,

$$e^{i(\pi/4+2n\pi)}=e^{i\pi/4}e^{2n\pi i}$$

이고

$$e^{2n\pi i}=\cos(2n\pi)+i\sin(2n\pi)=1$$

이기 때문에 편각은 주로 0과 2π 혹은 $-\pi$와 π 사이의 값을 사용한다.

다음 두 가지 오일러 공식

$$e^{ix}=\cos x+i\sin x,$$
$$e^{-ix}=\cos x-i\sin x$$

를 $\sin x$와 $\cos x$에 대하여 풀면

$$\cos x=\frac{1}{2}(e^{ix}+e^{-ix}),\qquad \sin x=\frac{1}{2i}(e^{ix}-e^{-ix}) \tag{12.24}$$

가 된다.

마지막으로 x가 실수이면

$$\overline{e^{ix}}=\overline{\cos x+i\sin x}=\cos x-i\sin x=e^{-ix}$$

이므로 $\overline{e^{ix}}=e^{-ix}$이다.

12.7.2 복소 Fourier 급수

복소수를 이용하여 함수의 Fourier 급수를 표현해 보자. 주기함수 f는 기본주기가 p이고, $[-p/2,\ p/2]$에서 적분가능한 실함수라고 하자. $\omega_0=2\pi/p$일 때 이 구간에서 $f(x)$의 Fourier 급수는

$$\frac{1}{2}a_0+\sum_{n=1}^{\infty}[a_n\cos(n\omega_0 x)+b_n\sin(n\omega_0 x)]$$

이다. 여기서 $\omega_0=2\pi/p$이다. 식 (12.24)를 이용하여 이 급수를 변형하면

$$\begin{aligned}&\frac{1}{2}a_0+\sum_{n=1}^{\infty}\left[a_n\frac{1}{2}(e^{in\omega_0 x}+e^{-in\omega_0 x})+b_n\frac{1}{2i}(e^{in\omega_0 x}-e^{-in\omega_0 x})\right]\\&=\frac{1}{2}a_0+\sum_{n=1}^{\infty}\left[\frac{1}{2}(a_n-ib_n)e^{in\omega_0 x}+\frac{1}{2}(a_n+ib_n)e^{-in\omega_0 x}\right].\end{aligned}\tag{12.25}$$

$$d_0=\frac{1}{2}a_0,\quad d_n=\frac{1}{2}(a_n-ib_n),\quad n=1,2,\cdots$$

이라 두면, 급수 (12.25)는

$$d_0+\sum_{n=1}^{\infty}[d_n e^{in\omega_0 x}+\overline{d_n}e^{-in\omega_0 x}]=d_0+\sum_{n=1}^{\infty}d_n e^{in\omega_0 x}+\sum_{n=1}^{\infty}\overline{d_n}e^{-in\omega_0 x}\tag{12.26}$$

가 된다. 여기서 계수 d_n, $n=0, 1, 2, \cdots$를 자세히 계산해 보자.

$$d_0=\frac{1}{2}a_0=\frac{1}{p}\int_{-p/2}^{p/2}f(t)\,dt,$$

이다. 그리고 $n=1, 2, \cdots$에 대하여

$$\begin{aligned}d_n&=\frac{1}{2}(a_n-ib_n)=\frac{1}{2}\frac{2}{p}\int_{-p/2}^{p/2}f(t)\cos(n\omega_0 t)dt-\frac{i}{2}\frac{2}{p}\int_{-p/2}^{p/2}f(t)\sin(n\omega_0 t)dt\\&=\frac{1}{p}\int_{-p/2}^{p/2}f(t)[\cos(n\omega_0 t)-i\sin(n\omega_0 t)]dt=\frac{1}{p}\int_{-p/2}^{p/2}f(t)e^{-in\omega_0 t}dt\end{aligned}$$

이다. 또한

$$\overline{d_n}=\frac{1}{p}\int_{-p/2}^{p/2}f(t)\overline{e^{-in\omega_0 t}}dt=\frac{1}{p}\int_{-p/2}^{p/2}f(t)e^{in\omega_0 t}dt=d_{-n}$$

이다. 이 결과들을 급수 (12.26)에 대입하면

$$d_0 + \sum_{n=1}^{\infty} d_n e^{in\omega_0 x} + \sum_{n=1}^{\infty} \overline{d_n} e^{-in\omega_0 x} = d_0 + \sum_{n=1}^{\infty} d_n e^{in\omega_0 x} + \sum_{n=1}^{\infty} d_{-n} e^{-in\omega_0 x}$$
$$= d_0 + \sum_{n=-\infty, n\neq 0}^{\infty} d_n e^{in\omega_0 x} = \sum_{n=-\infty}^{\infty} d_n e^{in\omega_0 x}$$

이다. 주기함수 f의 Fourier 급수에서 항들을 재배치함으로써 이런 표현을 얻었다. 다음 정의를 보자.

정의 12.8 복소 Fourier 급수

f의 기본주기가 p일 때 $\omega_0 = 2\pi/p$라 하자. $n = 0,\ \pm1,\ \pm2,\ \cdots$에 대하여

$$d_n = \frac{1}{p}\int_{-p/2}^{p/2} f(t) e^{-in\omega_0 t}\,dt$$

를 f의 **복소 Fourier 계수**라 하고,

$$\sum_{n=0}^{\infty} d_n e^{in\omega_0 x}$$

를 f의 **복소 Fourier 급수**라고 한다.

f가 주기함수이기 때문에 복소 Fourier 계수 d_n은 길이가 p인 어떤 구간에서도 구할 수 있다. 즉, 임의의 실수 α에 대해서

$$d_n = \frac{1}{p}\int_{\alpha}^{\alpha+p} f(t) e^{-in\omega_0 t}\,dt$$

이다.

복소 Fourier 급수는 Fourier 급수를 표현하는 다른 방법일 뿐이므로 별다른 수정 없이 제1 · 제2수렴정리를 적용할 수 있다.

정리 12.9 복소 Fourier 급수의 수렴정리

f는 기본주기가 p이고 $[-p/2,\ p/2]$에서 구분적으로 매끄럽다고 하자. 그러면 임의의 점 x에서 복소 Fourier 급수는 $\frac{1}{2}(f(x+) + f(x-))$로 수렴한다.

주기함수에 대한 복소 Fourier 급수의 진폭 스펙트럼은 복소 계수 d_n의 크기 $|d_n|$에 대해 점 $(n\omega_0,\ |d_n|)$의 그래프이다. 때때로 이 스펙트럼을 **주파수 스펙트럼(frequency spectrum)**이라고도 한다.

보기 12.28 f는 주기가 8이고 $0 \le x < 8$에서 $3x/4$인 주기함수이다. 그림 12.43은 이 함수의 그래프이다. f의 복소 Fourier 급수와 진폭 스펙트럼을 구해 보자.

여기서 $p=8$이고, $\omega_0=\pi/4$이다. 복소 Fourier 계수는 길이가 8인 임의의 구간에서 적분으로 구할 수 있다. 구간 [−4, 4]보다 구간 [0, 8]을 사용하는 것이 간단하다. 그러면 d_0는

$$d_0=\frac{1}{8}\int_0^8 \frac{3}{4}t\,dt=3$$

이 된다.

다른 복소 Fourier 계수를 계산하면

$$d_n=\frac{1}{8}\int_0^8 \frac{3}{4}te^{-n\pi it/4}\,dt=\frac{3i}{n\pi}$$

이다. 따라서 복소 Fourier 급수는

$$3+\frac{3i}{\pi}\sum_{n=-\infty, n\neq 0}^{\infty}\frac{1}{n}\,e^{n\pi ix/4}$$

이다. 이 급수는 $0<x<8$, $8<x<16$, $16<x<24$, $\cdots$, $-8<x<0$, $-16<x<-8$, $\cdots$에서 $f(x)$로 수렴한다.

이제 진폭 스펙트럼을 그려 보자. 먼저

$$|d_0|=3, \quad |d_n|=\frac{3}{n\pi}$$

이고, $n\omega_0=n\pi/4$이므로 진폭 스펙트럼은 $n=\pm1, \pm2, \cdots$에 대해 점

$$\left(\frac{n\pi}{4}, \quad \frac{3}{\pi|n|}\right)$$

로 구성된다. 여기에 점 (0, 3)도 포함시킨다. 그림 12.44는 이 진폭 스펙트럼이다.

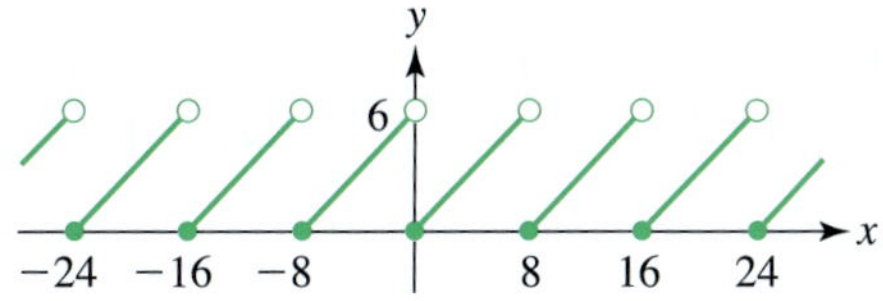

그림 12.43 주기가 8이고 $0 \le x < 8$에서 $3x/4$인 함수의 그래프

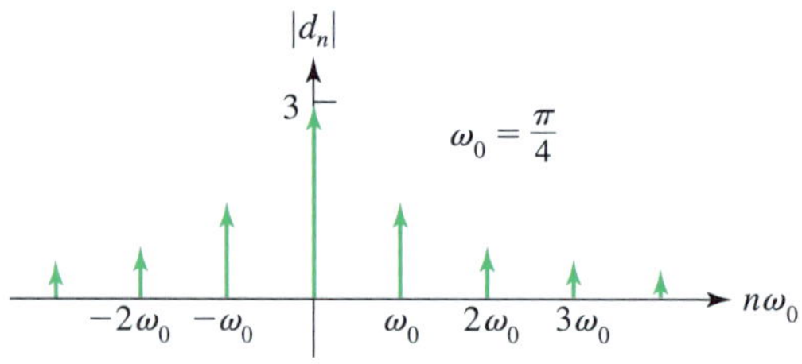

그림 12.44 그림 12.43 함수의 진폭 스펙트럼

보기 12.29 E와 λ가 양의 상수일 때 전류함수 $E\sin(\lambda t)$의 절대값에 대한 복소 Fourier 급수를 구하라.

그림 12.45의 함수 $|E\sin(\lambda t)|$의 복소 Fourier 급수를 구하면 된다. 함수 $E\sin(\lambda t)$의 기본주기는 $2\pi/\lambda$이지만 함수 $|E\sin(\lambda t)|$의 기본주기는 π/λ이다. 이때 $\omega_0 = 2\pi/(\pi/\lambda) = 2\lambda$이고, 복소 Fourier 계수는

$$d_n = \frac{\lambda}{\pi}\int_0^{\pi/\lambda} |E\sin(\lambda t)|\, e^{-2n\lambda it}\, dt = \frac{E\lambda}{\pi}\int_0^{\pi/\lambda} \sin(\lambda t)\, e^{-2n\lambda it}\, dt\,, \qquad n = 1,\, 2,\, \cdots$$

이고,

$$d_0 = \frac{E\lambda}{\pi}\int_0^{\pi/\lambda} \sin(\lambda t)\, dt = \frac{2E}{\pi}$$

이다. 그리고 $n \neq 0$일 때는 사인항을 지수 형태로 고치면 다음과 같이 적분이 간략해진다.

$$\begin{aligned} d_n &= \frac{E\lambda}{\pi}\int_0^{\pi/\lambda} \frac{1}{2i}(e^{\lambda it} - e^{-\lambda it})e^{-2n\lambda it}\, dt \\ &= \frac{E\lambda}{2i\pi}\int_0^{\pi/\lambda} e^{(1-2n)\lambda it}\, dt - \frac{E\lambda}{2i\pi}\int_0^{\pi/\lambda} e^{-(1+2n)\lambda it}\, dt \\ &= \frac{E\lambda}{2i\pi}\left[\frac{1}{(1-2n)\lambda i}\, e^{(1-2n)\lambda it}\right]_0^{\pi/\lambda} + \frac{E\lambda}{2i\pi}\left[\frac{1}{(1+2n)\lambda i}\, e^{-(1+2n)\lambda it}\right]_0^{\pi/\lambda} \\ &= -\frac{E}{2\pi}\left[\frac{e^{(1-2n)\pi i}}{1-2n} - \frac{1}{1-2n} + \frac{e^{-(1+2n)\pi i}}{1+2n} - \frac{1}{1+2n}\right]. \end{aligned}$$

여기서

$$\begin{aligned} e^{(1-2n)\pi i} &= \cos((1-2n)\pi) + i\sin((1-2n)\pi) = (-1)^{1-2n} = -1\,, \\ e^{-(1+2n)\pi i} &= \cos((1+2n)\pi) - i\sin((1+2n)\pi) = (-1)^{1+2n} = -1 \end{aligned}$$

이므로,

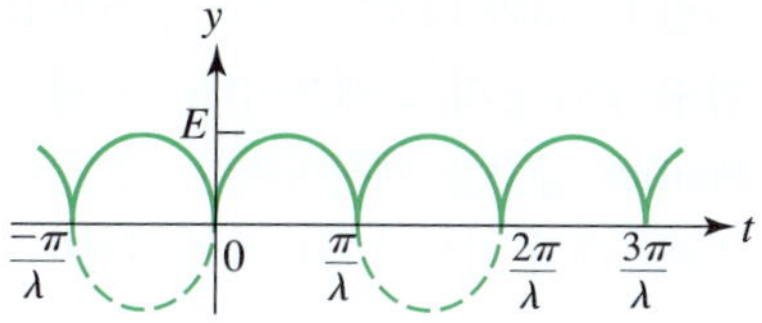

그림 12.45 $|E\sin(\lambda t)|$의 그래프

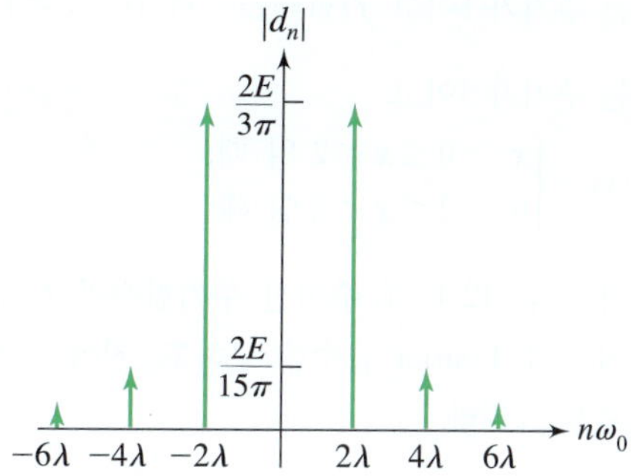

그림 12.46 $|E\sin(\lambda t)|$의 진폭 스펙트럼

$$d_n = -\frac{E}{2\pi}\left[\frac{-1}{1-2n} - \frac{1}{1-2n} + \frac{-1}{1+2n} + \frac{-1}{1+2n}\right] = -\frac{2E}{\pi}\frac{1}{4n^2-1}$$

이다. 이 식은 $n=0$일 때 d_0에 대해서도 성립한다. 그러므로 $|E\sin(\lambda t)|$의 복소 Fourier 급수는

$$-2\frac{E}{\pi}\sum_{n=-\infty}^{\infty}\frac{1}{4n^2-1}e^{2n\lambda it}$$

이다. 그리고, 진폭 스펙트럼은 다음 점들로 구성된다.

$$\left(2n\lambda, \left|\frac{2E}{(4n^2-1)\pi}\right|\right), \quad n = \cdots, -2, -1, 0, 1, 2, \cdots$$

그림 12.46은 진폭 스펙트럼의 일부분이다.

연습문제 12.7

문제 1부터 9까지 f의 복소 Fourier 급수를 구하여라. 또 이 급수가 어디로 수렴하는지 결정하고, 진폭 스펙트럼을 그려라.

1. f는 주기가 3이고 $f(x)=2x$, $0 \le x < 3$

2. f는 주기가 2이고 $f(x)=x^2$, $0 \le x < 2$

3. f는 주기가 4이고
$$f(x) = \begin{cases} 0 & 0 \le x < 1 \text{ 일 때}, \\ 1 & 1 \le x < 4 \text{ 일 때} \end{cases}$$

4. f는 주기가 6이고 $f(x)=1-x$, $0 \le x < 6$

5. f는 주기가 4이고
$$f(x) = \begin{cases} -1 & 0 \le x < 2 \text{ 일 때}, \\ 2 & 2 \le x < 4 \text{ 일 때} \end{cases}$$

6. f는 주기가 5이고 $f(x)=e^{-x}$, $0 \le x < 5$

7. f는 주기가 2이고
$$f(x) = \begin{cases} x & 0 \le x < 1 \text{ 일 때}, \\ 2-x & 1 \le x < 2 \text{ 일 때} \end{cases}$$

8. f는 주기가 1이고 $f(x)=\cos(x)$, $0 \le x < 1$

9. f는 주기가 3이고

$$f(x)=\begin{cases} x & 0 \le x < 2 \text{ 일 때}, \\ 0 & 2 \le x < 3 \text{ 일 때} \end{cases}$$

10. f가 그림 12.47에 주어진 주기함수라 하자. f의 복소 Fourier 급수를 구하고, 진폭 스펙트럼을 그려라.

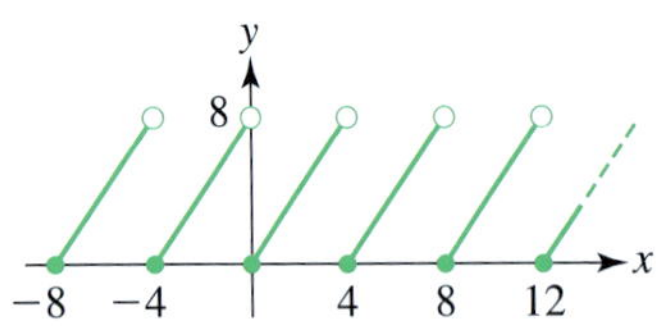

그림 12.47

11. 다음 함수 f의 진폭 스펙트럼을 그려라.

$$f(x)=4+\sum_{n=-\infty,\, n\neq 0}^{\infty} \frac{26}{n(12-5i)} e^{2nix}.$$

다음의 두 문제는 $n=0, 1, 2, \cdots$에 대한 점 $(\varphi_n, n\omega_0)$으로 이루어진 f의 위상 스펙트럼(phase spectrum)에 대한 것이다. 여기서 $\varphi_n = \tan^{-1}(-b_n/a_n)$은 f의 n차 위상각이다.

12. 문제 5에서 주어진 주기함수의 위상 스펙트럼을 그려라.

13. 그림 12.48와 12.49는 각각 주기가 12인 주기함수 f와 g의 그래프이다. 각 함수의 복소 Fourier 급수를 계산하여라. 각 함수의 진폭 스펙트럼과 위상 스펙트럼의 관계를 밝혀라.

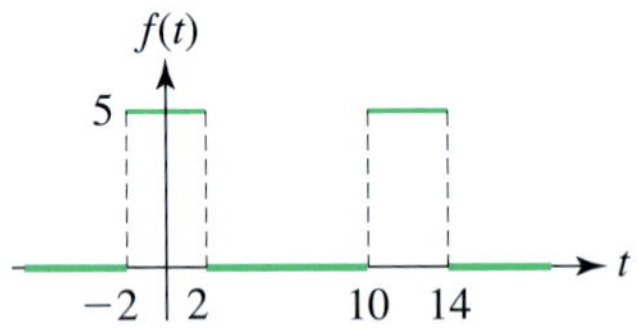

그림 12.48

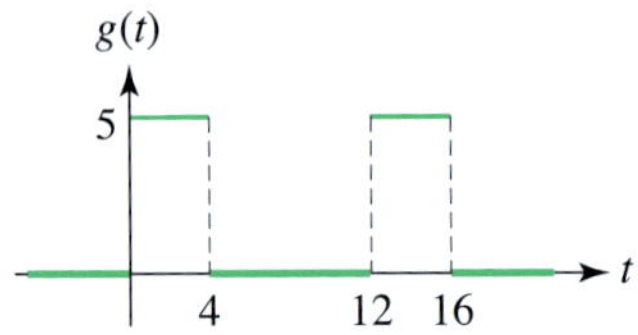

그림 12.49

Fourier 적분 및 변환

13장

13.1 Fourier 적분

구간 $[-L, L]$에서 정의된 구분적으로 연속인 함수는 구간 내의 유한개의 불연속점을 제외한 모든 점에서 Fourier 급수로 표현가능하다. 또한 함수가 주기함수인 경우에도 불연속점을 제외한 모든 실수 x에서 Fourier 급수로 표현할 수 있다.

이제 실수 전체에서 정의된 함수 f가 주기함수가 아니라면 f를 실수 전체에서 Fourier 급수로 표현할 수는 없지만 적분을 이용하여 f를 표현할 수 있다. 이를 f의 Fourier 적분이라 한다. 이에 대해 자세히 알아보자.

실수 전체에서 정의된 함수 f가 절대 적분가능하다는 것은 적분 $\int_{-\infty}^{\infty}|f(x)|\,dx$가 수렴한다는 뜻이다. f가 임의의 L에 대해 구간 $[-L, L]$에서 구분적으로 매끄럽고 절대 적분가능하면 f의 Fourier 급수는

$$\frac{1}{2L}\int_{-L}^{L} f(\xi)d\xi + \sum_{n=1}^{\infty}\left[\left(\frac{1}{L}\int_{-L}^{L} f(\xi)\cos\left(\frac{n\pi\xi}{L}\right)d\xi\right)\cos\left(\frac{n\pi x}{L}\right) + \left(\frac{1}{L}\int_{-L}^{L} f(\xi)\sin\left(\frac{n\pi\xi}{L}\right)d\xi\right)\sin\left(\frac{n\pi x}{L}\right)\right]$$

이다. 여기서 $L\to\infty$로 보내서 실수 전체에서 f를 표현하려고 한다. 먼저

$$\omega_n = \frac{n\pi}{L}, \quad \Delta\omega = \omega_n - \omega_{n-1} = \frac{\pi}{L}$$

라 하면 $f(x)$의 Fourier 급수는 다음과 같이 표현할 수 있다.

$$\frac{1}{2\pi}\left(\int_{-L}^{L} f(\xi)\,d\xi\right)\Delta\omega + \frac{1}{\pi}\sum_{n=1}^{\infty}\left[\left(\int_{-L}^{L} f(\xi)\cos(\omega_n\xi)\,d\xi\right)\cos(\omega_n x) + \left(\int_{-L}^{L} f(\xi)\sin(\omega_n\xi)\,d\xi\right)\sin(\omega_n x)\right]\Delta\omega \tag{13.1}$$

또한 $L\to\infty$이면 $\Delta\omega\to 0$이므로 $\int_{-L}^{L} f(\xi)\,d\xi$의 수렴성으로부터

$$\frac{1}{2\pi}\left(\int_{-L}^{L} f(\xi)d\xi\right)\Delta\omega \to 0$$

가 성립함을 알 수 있다. 따라서 $L\to\infty$일 때 정적분의 정의로부터 식 (13.1)은

$$\frac{1}{\pi}\int_{0}^{\infty}\left[\left(\int_{-\infty}^{\infty} f(\xi)\cos(\omega\xi)d\xi\right)\cos(\omega x) + \left(\int_{-\infty}^{\infty} f(\xi)\sin(\omega\xi)d\xi\right)\sin(\omega x)\right]d\omega$$

가 됨을 알 수 있다.

$$A_\omega = \frac{1}{\pi}\int_{-\infty}^{\infty} f(\xi)\cos(\omega\xi)d\xi\,, \qquad B_\omega = \frac{1}{\pi}\int_{-\infty}^{\infty} f(\xi)\sin(\omega\xi)d\xi$$

라 정의할 때, 이 A_ω와 B_ω를 Fourier 적분계수라 하고,

$$\int_0^\infty [A_\omega \cos(\omega x) + B_\omega \sin(\omega x)]d\omega \tag{13.2}$$

를 f의 **Fourier 적분**이라 한다. f의 Fourier 적분은 Fourier 급수에서 합을 적분으로 바꾼 것이고 **Fourier 적분 계수** A_ω와 B_ω는 식 (13.2)의 적분변수인 ω에 관한 함수이다.

함수 f가 임의의 유한구간에서 구분적으로 매끄럽고 절대 적분가능하면 모든 점 x에 대하여 위 식은

$$\frac{1}{2}(f(x-) + f(x+))$$

로 수렴한다. 특히 $f(x)$가 실수 전체에서 연속이면 Fourier 적분은 $f(x)$로 수렴한다.

보기 13.1

$$f(x) = \begin{cases} 1 & -1 \le x \le 1 \text{일 때,} \\ 0 & |x| > 1 \text{일 때} \end{cases}$$

는 그림 13.1로부터 구분적으로 매끄럽고 절대 적분가능함을 알 수 있다. $f(x)$의 Fourier 적분 계수 A_ω와 B_ω는 각각

$$A_\omega = \frac{1}{\pi}\int_{-1}^{1} \cos(\omega\xi)\, d\xi = \frac{2\sin\omega}{\pi\omega}, \qquad B_\omega = \frac{1}{\pi}\int_{-1}^{1} \sin(\omega\xi)\, d\xi = 0$$

이다. 따라서 $f(x)$의 Fourier 적분은

$$\int_0^\infty \frac{2\sin\omega}{\pi\omega}\cos(\omega x)\, d\omega$$

이다. $f(x)$가 구분적으로 매끄러우므로 위 식은 모든 x에 대하여 $\frac{1}{2}(f(x+) + f(x-))$로 수렴한다. 즉,

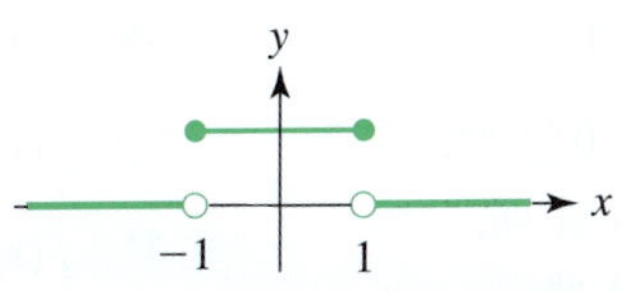

그림 13.1 $f(x) = \begin{cases} 1 & -1 \le x \le 1 \text{일 때,} \\ 0 & |x| > 1 \text{일 때} \end{cases}$

$$\int_0^\infty \frac{2\sin\omega}{\pi\omega}\cos(\omega x)\,d\omega = \begin{cases} 1 & -1 < x < 1 \text{일 때}, \\ \frac{1}{2} & x = \pm 1 \text{일 때}, \\ 0 & |x| > 1 \text{일 때} \end{cases}$$

이다.

삼각함수의 공식을 이용하면 Fourier 적분을 다음과 같이 변형할 수도 있다.

$$\begin{aligned} &\int_0^\infty [A_\omega \cos(\omega x) + B_\omega \sin(\omega x)]\,d\omega \\ &= \int_0^\infty \left[\left(\frac{1}{\pi}\int_{-\infty}^\infty f(\xi)\cos(\omega\xi)d\xi\right)\cos(\omega x) + \left(\frac{1}{\pi}\int_{-\infty}^\infty f(\xi)\sin(\omega\xi)d\xi\right)\sin(\omega x)\right]d\omega \\ &= \frac{1}{\pi}\int_0^\infty\int_{-\infty}^\infty f(\xi)[\cos(\omega\xi)\cos(\omega x) + \sin(\omega\xi)\sin(\omega x)]d\xi\,d\omega \\ &= \frac{1}{\pi}\int_0^\infty\int_{-\infty}^\infty f(\xi)\cos(\omega(\xi - x))d\xi\,d\omega \end{aligned} \tag{13.3}$$

물론, 이 식도 (13.2)와 같은 값으로 수렴한다.

연습문제 13.1

문제 1부터 10까지 주어진 함수의 Fourier 적분을 구하고, 어떤 값으로 수렴하는지 밝혀라.

1. $f(x) = \begin{cases} x & -\pi \le x \le \pi \text{ 일 때}, \\ 0 & |x| > \pi \text{ 일 때} \end{cases}$

2. $f(x) = \begin{cases} k & -10 \le x \le 10 \text{ 일 때}, \\ 0 & |x| > 10 \text{ 일 때} \end{cases}$

3. $f(x) = \begin{cases} -1 & -\pi \le x \le 0 \text{ 일 때}, \\ 1 & 0 < x \le \pi \text{ 일 때}, \\ 0 & |x| > \pi \text{ 일 때} \end{cases}$

4. $f(x) = \begin{cases} \sin x & -4 \le x \le 0 \text{ 일 때}, \\ \cos x & 0 < x < 4 \text{ 일 때}, \\ 0 & |x| > 4 \text{ 일 때} \end{cases}$

5. $f(x) = \begin{cases} x^2 & -100 \le x \le 100 \text{ 일 때}, \\ 0 & |x| > 100 \text{ 일 때} \end{cases}$

6. $f(x) = \begin{cases} |x| & -\pi \le x \le 2\pi \text{ 일 때}, \\ 0 & x < -\pi,\ x > 2\pi \text{ 일 때} \end{cases}$

7. $f(x) = \begin{cases} \sin x & -3\pi \le x \le \pi \text{ 일 때}, \\ 0 & x < -3\pi,\ x > \pi \text{ 일 때} \end{cases}$

8. $f(x) = \begin{cases} \frac{1}{2} & -5 \le x < 1 \text{ 일 때}, \\ 1 & 1 \le x \le 5 \text{ 일 때}, \\ 0 & |x| > 5 \text{ 일 때} \end{cases}$

9. $f(x) = e^{-|x|}$

10. $f(x) = xe^{-|4x|}$

11. $f(x)$의 Fourier 적분이 다음과 같이 표현됨을 증명하여라.

$$\lim_{\omega\to\infty}\frac{1}{\pi}\int_{-\infty}^\infty f(t)\frac{\sin(\omega(t-x))}{t-x}dt$$

13.2 Fourier 코사인 및 사인 적분

구간 $[0, L]$에서 정의된 함수에 대해 Fourier 사인 및 코사인 급수를 정의한 것처럼, 반직선 $[0, \infty)$에서 정의된 구분적으로 매끄럽고 $\int_0^\infty |f(\xi)|\,d\xi$가 수렴하는 함수 $f(x)$에 대해서 Fourier 사인 및 코사인 적분을 정의할 수 있다.

Fourier 코사인 적분을 위하여 $f(x)$를 실수 전체에서 정의된 짝함수로 확장하면

$$f_e(x) = \begin{cases} f(x) & x \geq 0 \text{ 일 때}, \\ f(-x) & x < 0 \text{ 일 때} \end{cases}$$

이다. $f_e(x)$가 짝함수이므로 Fourier 적분은 코사인항만 가진다. 또 모든 양수 x에 대하여 $f_e(x) = f(x)$이므로

$$\frac{1}{\pi}\int_{-\infty}^{\infty} f_e(\xi)\cos(\omega\xi)\,d\xi = \frac{2}{\pi}\int_0^\infty f(\xi)\cos(\omega\xi)\,d\xi$$

이다. 이 사실을 이용하여 Fourier 코사인 적분을 정의하자.

정의 13.1 Fourier 코사인 적분

$[0, \infty)$에서 정의된 함수 $f(x)$에 대하여 $\int_0^\infty |f(\xi)|\,d\xi$가 수렴한다고 하자. $f(x)$ 의 **Fourier 코사인 적분**은

$$\int_0^\infty A_\omega \cos(\omega x)\,d\omega, \quad A_\omega = \frac{2}{\pi}\int_0^\infty f(\xi)\cos(\omega\xi)\,d\xi$$

이다.

f가 임의의 L에 대해 구간 $[0, L]$에서 구분적으로 매끄러우면 f의 Fourier 코사인 적분은 모든 양수 x에서 $\frac{1}{2}(f(x+) + f(x-))$로 수렴하고 $x = 0$에서는 $f(0)$로 수렴한다.

주어진 함수를 짝함수로 확장하여 Fourier 코사인 적분을 정의한 것과 유사하게, 주어진 함수를 홀함수로 확장하여 Fourier 사인 적분을 정의할 수 있다.

정의 13.2 Fourier 사인 적분

$[0, \infty)$에서 정의된 함수 $f(x)$에 대하여 $\int_0^\infty |f(\xi)|\,d\xi$가 수렴한다고 하자. $f(x)$ 의 **Fourier 사인 적분**은

$$\int_0^\infty B_\omega \sin(\omega x)\,d\omega, \quad B_\omega = \frac{2}{\pi}\int_0^\infty f(\xi)\sin(\omega\xi)\,d\xi$$

이다.

f가 임의의 L에 대해 구간 $[0, L]$에서 구분적으로 매끄러우면 f의 Fourier 사인 적분은 $(0, \infty)$에서 $\frac{1}{2}(f(x+)+f(x-))$로 수렴하고 $x=0$에서 0으로 수렴한다.

보기 13.2 $x \geq 0$에서 $f(x)=e^{-sx}$이고 s는 양수라 하자. 그러면 f는 임의의 L에 대해 구간 $[0, L]$에서 연속이고 미분가능하며,

$$\int_0^\infty e^{-sx}dx = \frac{1}{s}$$

이다.

Fourier 코사인 적분의 계수를 구하면

$$A_\omega = \frac{2}{\pi}\int_0^\infty e^{-s\xi}\cos(\omega\xi)d\xi = \frac{2}{\pi}\frac{s}{s^2+\omega^2}$$

이고, $x \geq 0$에서 f의 Fourier 코사인 적분은 e^{-sx}로 수렴한다. 즉,

$$e^{-sx} = \frac{2s}{\pi}\int_0^\infty \frac{1}{s^2+\omega^2}\cos(\omega x)d\omega$$

이다.

Fourier 사인 적분의 계수를 구하면

$$B_\omega = \frac{2}{\pi}\int_0^\infty e^{-s\xi}\sin(k\xi)d\xi = \frac{2}{\pi}\frac{\omega}{s^2+\omega^2}$$

이고, $x \geq 0$에서 f의 Fourier 사인 적분은 e^{-sx}로 수렴하고, $x=0$에서는 0으로 수렴한다. 즉,

$$e^{-sx} = \frac{2}{\pi}\int_0^\infty \frac{\omega}{s^2+\omega^2}\sin(\omega x)d\omega, \quad x>0$$

이다. A_ω와 B_ω는 각각 $\cos(\omega x)$와 $\sin(\omega x)$의 Laplace 변환에 $2/\pi$를 곱한 식과 같다.

연습문제 13.2

문제 1부터 6까지 주어진 함수의 Fourier 코사인 적분과 사인 적분을 구하고, 각 적분의 수렴값을 구하여라.

1. $f(x)=\begin{cases} 2x+1 & 0 \leq x \leq \pi \text{ 일 때,} \\ 2 & \pi < x \leq 3\pi \text{ 일 때,} \\ 0 & x > 3\pi \text{ 일 때} \end{cases}$

2. $f(x) = \begin{cases} x & 0 \le x \le 1\text{일 때}, \\ x+1 & 1 < x \le 2\text{일 때}, \\ 0 & x > 2\text{일 때} \end{cases}$

3. $f(x) = e^{-x}\cos x,\ x \ge 0$

4. $f(x) = xe^{-3x},\ x \ge 0$

5. $f(x) = \begin{cases} k & 0 \le x \le c\text{일 때}, \\ 0 & x > c\text{일 때} \end{cases}$

   여기서 k는 상수이고, c는 양의 상수이다.

6. $f(x) = e^{-2x}\cos x,\ x \ge 0$

7. 보기 13.2를 이용하여 $f(x) = 1/(1+x^2)$의 Fourier 코사인 적분과 $g(x) = x/(1+x^2)$의 Fourier 사인 적분을 구하여라.

8. f는 모든 양수 x에 대해 $f''(x)$가 존재하고, $\lim_{x\to\infty} f(x) = \lim_{x\to\infty} f'(x) = 0,\ f'(0) = 0$이라 하자. 그러면 $f''(x)$에 대한 Fourier 코사인 적분의 피적분함수는 $f(x)$에 대한 Fourier 코사인 적분의 피적분함수에 $-\omega^2$을 곱한 것과 같음을 증명하여라.

문제 9부터 10까지 $A(\omega) = \int_{-\infty}^{\infty} f(t)\cos(\omega t)\,dt$라 하자.

9. $A^*(\omega) = -A''(\omega)$라 할 때

$$x^2 f(x) = \frac{1}{\pi}\int_0^{\infty} A^*(\omega)\cos(\omega x)\,d\omega$$

   임을 증명하여라.

10. $B^*(\omega) = -A'(\omega)$라 할 때

$$xf(x) = \frac{1}{\pi}\int_0^{\infty} B^*(\omega)\sin(\omega x)\,d\omega$$

   임을 증명하여라.

13.3 Fourier 변환

복소수 형태의 Fourier 적분을 이용하여 Fourier 변환을 정의할 수 있다.

$f(x)$가 임의의 양수 L에 대해 구간 $[-L, L]$에서 구분적으로 매끄럽고 $\int_{-\infty}^{\infty}|f(x)|\,dx = \lim_{L\to\infty}\int_{-L}^{L}|f(x)|\,dx$가 수렴하면 식 (13.3)은

$$\frac{1}{2}(f(x+) + f(x-)) = \frac{1}{\pi}\int_0^{\infty}\int_{-\infty}^{\infty} f(\xi)\cos(\omega(\xi - x))\,d\xi\,d\omega$$

을 의미한다. $\cos x = (e^{ix} + e^{-ix})/2$이므로 위 식으로부터

$$\begin{aligned}\frac{1}{2}(f(x+) + f(x-)) &= \frac{1}{\pi}\int_0^{\infty}\int_{-\infty}^{\infty} f(\xi)\frac{1}{2}\left(e^{i\omega(\xi-x)} + e^{-i\omega(\xi-x)}\right)d\xi\,d\omega \\ &= \frac{1}{2\pi}\int_0^{\infty}\int_{-\infty}^{\infty} f(\xi)e^{i\omega(\xi-x)}\,d\xi\,d\omega + \frac{1}{2\pi}\int_0^{\infty}\int_{-\infty}^{\infty} f(\xi)e^{-i\omega(\xi-x)}\,d\xi\,d\omega\end{aligned}$$

$$
\begin{aligned}
&= \frac{1}{2\pi}\int_{-\infty}^{0}\int_{-\infty}^{\infty} f(\xi)\,e^{-i\omega(\xi-x)}\,d\xi\,d\omega + \frac{1}{2\pi}\int_{0}^{\infty}\int_{-\infty}^{\infty} f(\xi)\,e^{-i\omega(\xi-x)}\,d\xi\,d\omega \\
&= \frac{1}{2\pi}\int_{-\infty}^{\infty}\int_{-\infty}^{\infty} f(\xi)\,e^{-i\omega(\xi-x)}\,d\xi\,d\omega
\end{aligned} \tag{13.4}
$$

을 유도할 수 있다. 식 (13.4)를 실수 전체에서 정의된 함수 f의 복소 Fourier 적분표현이다.

식 (13.4)를 변형하면

$$\frac{1}{2}(f(x+)+f(x-)) = \frac{1}{2\pi}\int_{-\infty}^{\infty}\left(\int_{-\infty}^{\infty} f(\xi)e^{-i\omega\xi}\,d\xi\right)e^{i\omega x}\,d\omega \tag{13.5}$$

가 되는데, 이 식에서 괄호 속의 적분을 함수 f의 **Fourier 변환**이라고 부른다.

정의 13.3 Fourier 변환

적분 $\int_{-\infty}^{\infty}|f(x)|\,dx$가 수렴할 때, 함수 f의 Fourier 변환은

$$\mathfrak{F}[f](\omega) = \int_{-\infty}^{\infty} f(t)\,e^{-i\omega t}\,dt$$

로 정의한다.

Fourier 변환 $\mathfrak{F}$는 t의 함수 f를 ω의 함수 $\mathfrak{F}[f]$로 바꿔준다. ω에서 함수 $\mathfrak{F}[f]$의 값은 $\mathfrak{F}[f](\omega)$로 표시하며, $\mathfrak{F}[f](\omega)$의 값은 적분 $\int_{-\infty}^{\infty} f(t)e^{-i\omega t}dt$를 계산하여 구할 수 있다. Fourier 변환을 신호 처리에 이용할 때, 변수 t는 시간을 의미하고 변수 ω는 **주파수(frequency)**를 나타낸다. 또한 Fourier 변환에 대한 기호를 $\mathfrak{F}[f]=\mathfrak{F}[f(t)]$와 같이 쓰기도 하나 계산상 편의를 위해 $\hat{f}(\omega)=\mathfrak{F}[f](\omega)$와 같이 쓰기도 한다.

보기 13.3 모든 양수 x에 대하여 $f(x)=e^{-a|x|}$이고 a는 양의 상수라 하자. f의 복소 Fourier 변환을 구하자.

$$\int_{-\infty}^{\infty} f(x)dx = \int_{-\infty}^{0} e^{ax}dx + \int_{0}^{\infty} e^{-ax}dx = \frac{2}{a}$$

이다. 이제 f의 복소 Fourier 적분 계수를 계산하면

$$
\begin{aligned}
\mathfrak{F}[f](\omega) &= \int_{-\infty}^{\infty} e^{-a|t|}e^{-i\omega t}dt = \int_{-\infty}^{0} e^{at}e^{-i\omega t}dt + \int_{0}^{\infty} e^{-at}e^{-i\omega t}dt \\
&= \int_{-\infty}^{0} e^{(a-i\omega)t}dt + \int_{0}^{\infty} e^{-(a+i\omega)t}dt = \left[\frac{1}{a-i\omega}e^{(a-i\omega)t}\right]_{-\infty}^{0} + \left[\frac{-1}{a+i\omega}e^{-(a+i\omega)t}\right]_{0}^{\infty} \\
&= \left(\frac{1}{a-i\omega}+\frac{1}{a+i\omega}\right) = \frac{2a}{a^2+\omega^2}
\end{aligned}
$$

이므로

$$\hat{f}(\omega) = \frac{2a}{a^2 + \omega^2}.$$

보기 13.4 a는 양수라 하고

$$f(t) = \begin{cases} 0 & t < 0 \text{일 때}, \\ e^{-at} & t \geq 0 \text{일 때} \end{cases}$$

라 하자. 그러면 $f(t) = H(t)e^{-at}$이다. 여기서 $H(t)$는 3.3.2절에서 정의된 Heaviside 함수

$$H(t) = \begin{cases} 1 & t \geq 0 \text{일 때}, \\ 0 & t < 0 \text{일 때} \end{cases}$$

이다. 그림 13.2는 $f(t)$의 그래프이다. 그러면 $\int_{-\infty}^{\infty} |f(t)| dt = 1/a$이며 f의 Fourier 변환을 계산하면

$$\mathfrak{F}[f](\omega) = \int_{-\infty}^{\infty} f(t) e^{-i\omega t} dt = \int_{0}^{\infty} e^{-at} e^{-i\omega t} dt$$

$$= \int_{0}^{\infty} e^{-(a+i\omega)t} dt = \left[\frac{-1}{a+i\omega} e^{-(a+i\omega)t} \right]_0^{\infty} = \frac{1}{a+i\omega}$$

이다. 즉,

$$\hat{f}(\omega) = \frac{1}{a+i\omega}.$$

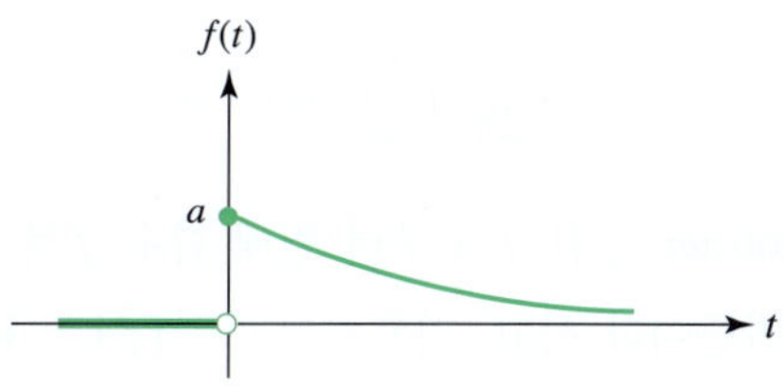

그림 13.2 $f(t) = H(t)e^{-at}$

보기 13.5 a와 k를 양수라 하고

$$f(t) = \begin{cases} k & -a \leq t < a \text{일 때}, \\ 0 & t < -a,\ t \geq a \text{일 때} \end{cases}$$

라 하자. 그러면 맥동함수 $f(t)$는 Heaviside 함수를 이용하여

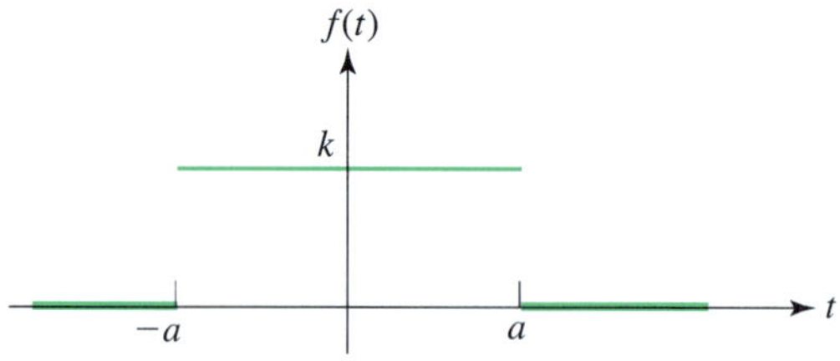

그림 13.3 맥동함수 $f(t)=k[H(t+a)-H(t-a)]$

$$f(t)=k[H(t+a)-H(t-a)]$$

로 표현할 수 있다. 그림 13.3은 이 맥동함수의 그래프이다. 맥동함수 f의 Fourier 변환은

$$\begin{aligned}\hat{f}(\omega)&=\int_{-\infty}^{\infty}f(t)e^{-i\omega t}dt=\int_{-a}^{a}ke^{-i\omega t}dt=\left[\frac{-k}{i\omega}e^{-i\omega t}\right]_{-a}^{a}\\&=-\frac{k}{i\omega}\left[e^{-i\omega a}-e^{i\omega a}\right]=\frac{2k}{\omega}\sin(a\omega).\end{aligned}$$

식 (13.5)에 의하면 f의 Fourier 적분표현은

$$\frac{1}{2\pi}\int_{-\infty}^{\infty}\hat{f}(\omega)e^{i\omega t}d\omega$$

이다. 만약 임의의 양수 L에 대해 구간 $[-L, L]$에서 f가 연속이고 f'가 구분적으로 매끄러우면, f의 Fourier 적분표현은 f 자체와 동일하다. 즉,

$$f(t)=\frac{1}{2\pi}\int_{-\infty}^{\infty}\hat{f}(\omega)e^{i\omega t}d\omega \tag{13.6}$$

이다. 식 (13.6)을 이용하면 Fourier 변환 $\hat{f}$로부터 원래 함수 f를 찾을 수 있으므로 식 (13.6)의 오른쪽 적분을 Fourier 역변환이라 하고, 기호로는 $\mathfrak{F}^{-1}[\hat{f}]$로 표시한다. 따라서 $\hat{f}=\mathfrak{F}[f]$이면 $\mathfrak{F}^{-1}[\hat{f}]=f$이다. 이와 같은 성질을 가지는 두 변환 $\mathfrak{F}[f]$와 $\mathfrak{F}^{-1}[\hat{f}]$를 Fourier **변환짝 (transform pair)**이라 한다.

정리하면, f가 적당한 조건을 만족하면 다음 관계가 성립한다.

$$\hat{f}(\omega)=\int_{-\infty}^{\infty}f(t)e^{-i\omega t}dt,\qquad f(t)=\frac{1}{2\pi}\int_{-\infty}^{\infty}\hat{f}(\omega)e^{i\omega t}d\omega$$

보기 13.6

$$f(t)=\begin{cases}1-|t| & -1\le t\le 1\text{일 때},\\ 0 & t>1,\ t<-1\text{일 때}\end{cases}$$

는 연속이고 절대 적분가능하며 구분적으로 매끄럽다. f의 Fourier 변환은

$$\hat{f}(\omega)=\int_{-\infty}^{\infty}f(t)e^{-i\omega t}\,dt=\int_{-1}^{1}(1-|t|)e^{-i\omega t}\,dt=\frac{2(1-\cos\omega)}{\omega^2}.$$

식 (13.6)을 이용하여 Fourier 역변환은

$$f(t)=\frac{1}{2\pi}\int_{-\infty}^{\infty}\hat{f}(\omega)\,e^{i\omega t}\,d\omega=\frac{1}{\pi}\int_{-\infty}^{\infty}\frac{(1-\cos(\omega))}{\omega^2}\,e^{i\omega t}\,d\omega.$$

Fourier 변환에서 그 크기 $\left|\hat{f}(\omega)\right|$의 그래프를 Fourier 급수에서와 마찬가지로 f의 **진폭 스펙트럼(amplitude spectrum)**이라 한다.

보기 13.7 보기 13.4에서 $f(t)=H(t)\,e^{-\alpha t}$의 Fourier 변환 $\hat{f}(\omega)=1/(a+i\omega)$이므로

$$\left|\hat{f}(\omega)\right|=\frac{1}{\sqrt{a^2+\omega^2}}$$

이다. 따라서 f의 진폭 스펙트럼 $\left|\hat{f}(\omega)\right|$의 그래프는 그림 13.4와 같다.

보기 13.5의 맥동함수 f의 진폭 스펙트럼

$$\left|\hat{f}(\omega)\right|=2k\left|\frac{\sin(a\omega)}{\omega}\right|$$

이고 그래프는 그림 13.5와 같다.

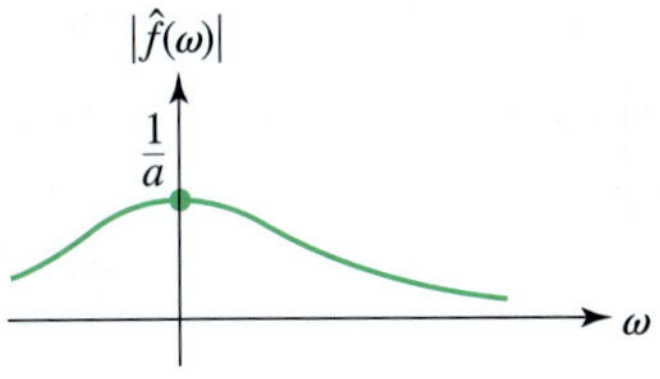

그림 13.4 $f(t)=H(t)\,e^{-\alpha t}$의 진폭 스펙트럼 $\left|\hat{f}(\omega)\right|=\dfrac{1}{\sqrt{a^2+\omega^2}}$의 그래프

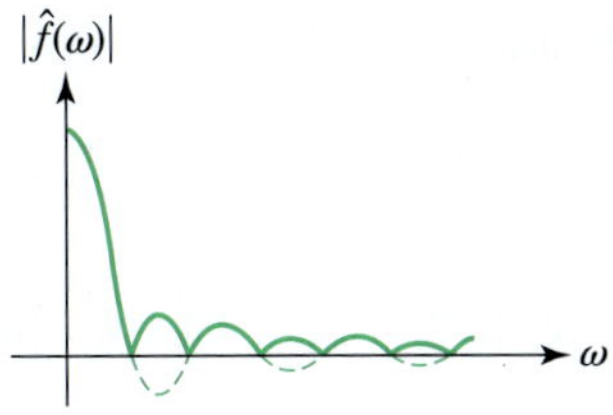

그림 13.5 $f(t)=k\,[H(t+a)-H(t-a)]$의 진폭 스펙트럼 $\left|\hat{f}(\omega)\right|=\left|\dfrac{2k\sin(a\omega)}{\omega}\right|$의 그래프

Fourier 변환의 여러 가지 중요한 성질을 유도해 보자. 이제부터 실수 전체에서 f, g는 연속이고 구분적으로 매끄러우며 절대 적분가능하다고 가정하자.

정리 13.1 선형성

실수 k에 대해

$$\mathfrak{F}[f+g)]=\mathfrak{F}[f]+\mathfrak{F}[g],$$
$$\mathfrak{F}[kf]=k\mathfrak{F}[f].$$

정리 13.2 시간 이동

실수 t_0에 대해

$$\mathfrak{F}[f(t-t_0)](\omega)=e^{-i\omega t_0}\hat{f}(t).$$

[증명]

$$\mathfrak{F}[f(t-t_0)](\omega)=\int_{-\infty}^{\infty}f(t-t_0)e^{-i\omega t}dt=e^{-i\omega t_0}\int_{-\infty}^{\infty}f(t-t_0)e^{-i\omega(t-t_0)}dt$$

이고, 여기서 $u=t-t_0$로 치환하면

$$\mathfrak{F}[f(t-t_0)](\omega)=e^{-i\omega t_0}\int_{-\infty}^{\infty}f(u)e^{-i\omega u}du=e^{-i\omega t_0}\hat{f}(\omega).$$ ■

$f(t)$를 t_0만큼 평행이동한 함수 $f(t-t_0)$의 Fourier 변환은 $f(t)$의 Fourier 변환 $\hat{f}(\omega)$에 $e^{-i\omega t_0}$를 곱한 것과 같다. 한편, 시간이동에 관한 Fourier 역변환은

$$\mathfrak{F}^{-1}\left[e^{-i\omega t_0}\hat{f}(\omega)\right](t)=f(t-t_0). \tag{13.7}$$

보기 13.8 Fourier 역변환

$$\mathfrak{F}^{-1}\left[\frac{e^{2i\omega}}{5+i\omega}\right]$$

을 구해 보자. 먼저 보기 13.4에 의해

$$f(t)=\mathfrak{F}^{-1}\left[\frac{1}{5+i\omega}\right]=H(t)e^{-5t}$$

이고, 식 (13.7)에 $t_0=-2$를 대입하면

$$\mathfrak{F}^{-1}\left[\frac{e^{2i\omega}}{5+i\omega}\right]=f(t-(-2))=f(t+2)=H(t+2)e^{-5(t+2)}$$

이고 그림 13.6은 이 함수의 그래프이다.

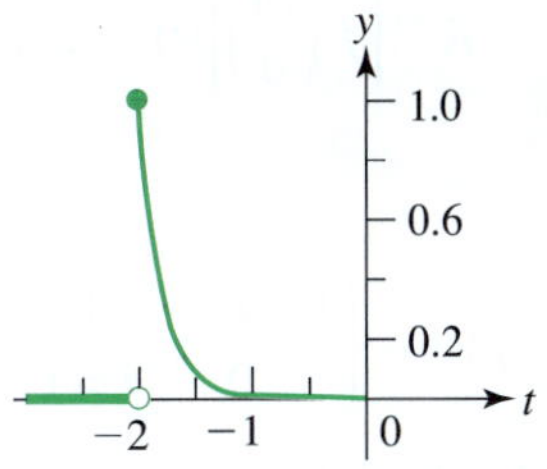

그림 13.6 $H(t+2)e^{-5(t+2)}$의 그래프

정리 13.3 주파수 이동

실수 ω_0에 대해

$$\mathfrak{F}[e^{i\omega_0 t}f(t)]=\hat{f}(\omega-\omega_0).$$

[증명]

$$\begin{aligned}\mathfrak{F}[e^{i\omega_0 t}f(t)](\omega)&=\int_{-\infty}^{\infty}e^{i\omega_0 t}f(t)e^{-i\omega t}dt\\&=\int_{-\infty}^{\infty}f(t)e^{-i(\omega-\omega_0)t}dt=\hat{f}(\omega-\omega_0).\end{aligned}$$

■

이것은 Laplace 변환의 제1이동정리(정리 3.7)와 비슷하다. 주파수 이동에 관한 Fourier 역변환은

$$\mathfrak{F}^{-1}\left[\hat{f}(\omega-\omega_0)\right](t)=e^{i\omega_0 t}f(t)$$

이다.

정리 13.4 척도

a가 0이 아닌 실수이면

$$\mathfrak{F}[f(at)](\omega)=\frac{1}{|a|}\hat{f}\left(\frac{\omega}{a}\right).$$

즉, $f(at)$의 Fourier 변환은 $f(t)$의 Fourier 변환에서 ω를 $\frac{\omega}{a}$로 바꾸고 $|a|$를 나누어서 구할 수 있다. 위 식은 Fourier 변환의 정의로부터 유도할 수 있으며, 척도에 관한 역변환은

$$\mathfrak{F}^{-1}\left[\hat{f}\left(\frac{\omega}{a}\right)\right](t)=|a|f(at).$$

보기 13.9

$$f(t)=\begin{cases}1-|t| & -1\le t\le 1\text{일 때},\\ 0 & t>1,\ t<-1\text{일 때}\end{cases}$$

의 Fourier 변환은 보기 13.6에 의해

$$\hat{f}(\omega)=2\,\frac{1-\cos(\omega)}{\omega^2}$$

이고

$$g(t)=f(7t)=\begin{cases}1-|7t| & -\frac{1}{7}\le t\le \frac{1}{7}\text{일 때},\\ 0 & t>\frac{1}{7},\ t<-\frac{1}{7}\text{일 때}\end{cases}$$

의 Fourier 변환은

$$\hat{g}(\omega)=\mathfrak{F}[f(7t)](\omega)=\frac{1}{7}\hat{f}\left(\frac{\omega}{7}\right)=\frac{2}{7}\,\frac{1-\cos(\omega/7)}{(\omega/7)^2}=14\,\frac{1-\cos(\omega/7)}{\omega^2}.$$

정리 13.5 시간 반전

$$\mathfrak{F}[f(-t)](\omega)=\hat{f}(-\omega).$$

이것은 위 척도 정리에서 $a=-1$인 경우에 해당하고 역변환은

$$\mathfrak{F}^{-1}\left[\hat{f}(-\omega)\right](t)=f(-t).$$

보기 13.10

$$f(t)=\begin{cases}4-t^2 & -2\le t\le 2\text{일 때},\\ 0 & t>2,\ t<-2\text{일 때}\end{cases}$$

의 그래프는 그림 13.7이고, Fourier 변환은

$$\hat{f}(\omega)=\int_{-\infty}^{\infty}f(t)e^{-i\omega t}\,d\omega=\int_{-2}^{2}(4-t^2)e^{-i\omega t}\,dt=4\,\frac{\sin(2\omega)-2\omega\cos(2\omega)}{\omega^3}$$

이다. 주어진 함수는 $f(t)=f(-t)$를 만족하는 짝함수이므로 정리 13.5에 의해 $\hat{f}(\omega)=\hat{f}(-\omega)$이다. 위에서 직접 구한 $\hat{f}(\omega)$에서 ω 대신 $-\omega$를 대입해도 $\hat{f}(-\omega)=\hat{f}(\omega)$임을 확인할 수 있다.

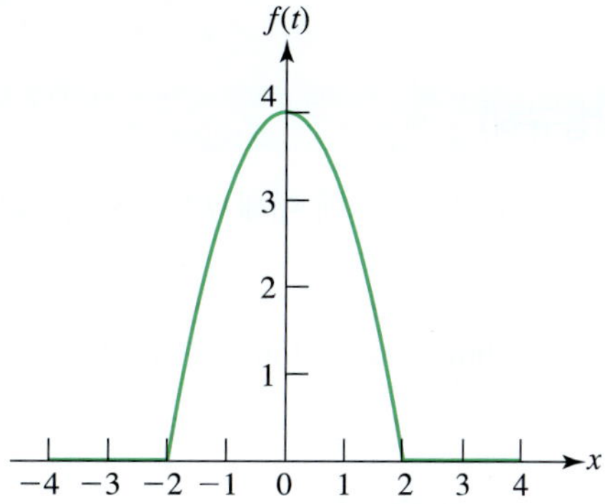

그림 13.7 $f(t)=\begin{cases} 4-t^2 & -2 \le t \le 2\text{일 때}, \\ 0 & t>2,\ t<-2\text{일 때} \end{cases}$ 의 그래프

정리 13.6 대칭

$$\mathfrak{F}\left[\hat{f}(t)\right](\omega)=2\pi f(-\omega).$$

Fourier 변환 $\hat{f}(\omega)$에서 ω를 t로 바꾸면 $\hat{f}(t)=\int_{-\infty}^{\infty} f(x)e^{-itx}\,dx$로 표현할 수 있다. Fourier 변환의 대칭성이란 $\hat{f}(t)$의 Fourier 변환이 $f(t)$의 t를 $-\omega$로 변환한 후 2π를 곱한 것과 같다는 뜻이다.

정리 13.7 변조

실수 ω_0에 대하여

$$\mathfrak{F}\left[f(t)\cos(\omega_0 t)\right](\omega)=\frac{1}{2}\left[\hat{f}(\omega+\omega_0)+\hat{f}(\omega-\omega_0)\right],$$
$$\mathfrak{F}\left[f(t)\sin(\omega_0 t)\right](\omega)=\frac{1}{2}i\left[\hat{f}(\omega+\omega_0)-\hat{f}(\omega-\omega_0)\right].$$

[증명] $\cos(\omega_0 t)=\frac{1}{2}(e^{i\omega_0 t}+e^{-i\omega_0 t})$이므로, Fourier 변환의 선형성과 주파수 이동 정리를 이용하면

$$\begin{aligned}\mathfrak{F}\left[f(t)\cos(\omega_0 t)\right](\omega)&=\mathfrak{F}\left[\frac{1}{2}e^{i\omega_0 t}f(t)+\frac{1}{2}e^{-i\omega_0 t}f(t)\right](\omega)\\&=\frac{1}{2}\mathfrak{F}\left[e^{i\omega_0 t}f(t)\right](\omega)+\frac{1}{2}\mathfrak{F}\left[e^{-i\omega_0 t}f(t)\right](\omega)\\&=\frac{1}{2}\hat{f}(\omega-\omega_0)+\frac{1}{2}\hat{f}(\omega+\omega_0)\end{aligned}$$

비슷한 방법으로 $\sin(\omega_0 t) = (1/2i)(e^{i\omega_0 t} - e^{-i\omega_0 t})$를 이용하면 두 번째 식을 증명할 수 있다. ■

정리 13.8 시간 미분(작용규칙)

양의 정수 n에 대하여 모든 $k = 0, 1, \cdots, n$에 대해 $f^{(k)}$가 연속이고, 구분적으로 매끄러우며, 절대 적분가능하고,

$$\lim_{t \to \infty} f^{(k)}(t) = \lim_{t \to -\infty} f^{(k)}(t) = 0$$

이면

$$\mathfrak{F}[f^{(n)}(t)](\omega) = (i\omega)^n \hat{f}(\omega)$$

이 성립한다.

이 성질은 Fourier 변환을 미분방정식을 푸는 데 쓰인다.

[증명] 먼저 f'에 대하여 생각해 보자. 부분 적분을 이용하면

$$\mathfrak{F}[f'](\omega) = \int_{-\infty}^{\infty} f'(t) e^{-i\omega t} dt = \left[f(t) e^{-i\omega t} \right]_{-\infty}^{\infty} - \int_{-\infty}^{\infty} f(t)(-i\omega) e^{-i\omega t} dt$$

이다. 여기서 $e^{-i\omega t} = \cos(\omega t) - i\sin(\omega t)$의 크기는 1이고 가정에 의하여

$$\lim_{t \to \infty} f(t) = \lim_{t \to -\infty} f(t) = 0$$

이므로

$$\mathfrak{F}[f'(t)](\omega) = i\omega \int_{-\infty}^{\infty} f(t) e^{-i\omega t} dt = i\omega \hat{f}(\omega)$$

이다. 또한

$$f^{(n)}(t) = \frac{d}{dt} f^{(n-1)}(t)$$

와 n에 대한 귀납법을 이용하면 고계 도함수에 대해서도 증명할 수 있다. ■

보기 13.11 미분방정식

$$y' - 4y = H(t) e^{-4t}$$

를 풀어 보자. 여기서 H는 Heaviside 함수이다. 즉, 주어진 미분방정식을 달리 표현하면

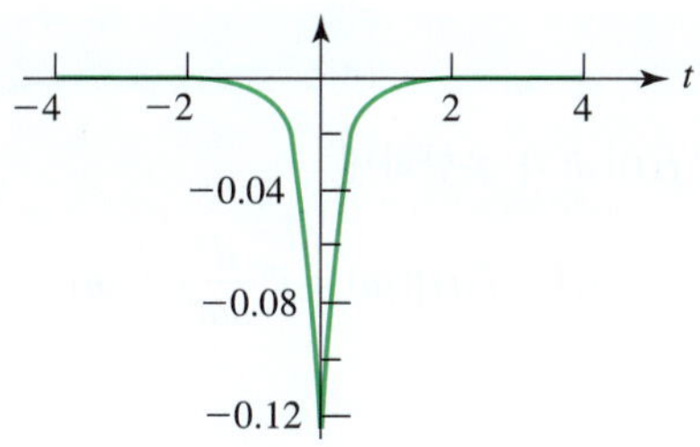

그림 13.8 $y(t) = -\frac{1}{8}e^{-4|t|}$

$$y' - 4y = \begin{cases} e^{-4t} & t \geq 0 \text{일 때}, \\ 0 & t < 0 \text{일 때} \end{cases}$$

이다.

미분방정식에 Fourier 변환을 적용한 식

$$\mathfrak{F}[y'](\omega) - 4\hat{y}(\omega) = \mathfrak{F}[H(t)e^{-4t}](\omega)$$

에 정리 13.8의 시간 미분 성질과 보기 13.4를 이용하면

$$i\omega\hat{y}(\omega) - 4\hat{y}(\omega) = \frac{1}{4 + i\omega}$$

이 된다. y의 Fourier 변환 $\hat{y}(\omega)$에 대해 정리하면

$$\hat{y}(\omega) = \frac{-1}{16 + \omega^2}$$

이고, 보기 13.3과 Fourier 역변환을 적용하면

$$y(t) = \mathfrak{F}^{-1}\left[\frac{-1}{16 + \omega^2}\right](t) = -\frac{1}{8}e^{-4|t|}$$

이다. 이 Fourier 역변환은 표 13.1에서 주어진 Fourier 변환표를 이용해도 된다. 그림 13.8은 $y(t)$의 그래프이다.

이 방정식의 일반해는 제차방정식의 해가 ce^{4t}이므로 $y = ce^{4t} + \frac{1}{8}e^{-4|t|}$이다. 그러나, 위에서 구한 해 $y(t)$에서 $c = 0$이다. 왜냐하면 Fourier 변환이 존재하기 위해서는 $\int_{-\infty}^{\infty} |y(t)|\, dt$가 수렴해야 하고 $\int_{-\infty}^{\infty} e^{4t}\, dt$는 유한하지 않기 때문에 $c = 0$이어야 한다. 일반적으로 Fourier 변환을 이용하여 미분방정식을 풀면 실수 전체에서 연속인 해 하나만 얻을 수 있다.

정리 13.9 주파수 미분

양의 정수 n에 대해 $\int_{-\infty}^{\infty} |t^n f(t)| dt$가 유한하면

$$\mathfrak{F}[t^n f(t)](\omega) = i^n \frac{d^n}{d\omega^n} \hat{f}(\omega)$$

이다.

특히 $n=1, 2$일 때

$$\mathfrak{F}[t f(t)](\omega) = i \frac{d}{d\omega} \hat{f}(\omega), \quad \mathfrak{F}[t^2 f(t)](\omega) = -\frac{d^2}{d\omega^2} \hat{f}(\omega).$$

[증명] n이 1보다 큰 경우는 $n=1$인 경우와 비슷하므로 $n=1$인 경우만 증명하자. 적분식의 미분에 대한 Leibniz 정리를 이용하여 계산하면

$$\begin{aligned}\frac{d}{d\omega} \hat{f}(\omega) &= \frac{d}{d\omega} \int_{-\infty}^{\infty} f(t) e^{-i\omega t} dt = \int_{-\infty}^{\infty} \frac{\partial}{\partial\omega} [f(t) e^{-i\omega t}] dt \\ &= \int_{-\infty}^{\infty} f(t)(-it) e^{-i\omega t} dt = -i \int_{-\infty}^{\infty} [t f(t)] e^{-i\omega t} dt \\ &= -i \mathfrak{F}[t f(t)](\omega).\end{aligned}$$

■

보기 13.12 Fourier 변환 $\mathfrak{F}[t^2 e^{-5|t|}]$를 구해 보자. 보기 13.3에서 구한

$$\mathfrak{F}[e^{-5|t|}](\omega) = \frac{10}{25 + \omega^2}$$

에 주파수 미분정리를 적용하면

$$\mathfrak{F}[t^2 e^{-5|t|}](\omega) = i^2 \frac{d^2}{d\omega^2} \left[\frac{10}{25 + \omega^2} \right] = 20 \frac{25 - 3\omega^2}{(25 + \omega^2)^3}.$$

정리 13.10 적분의 Fourier 변환

$\hat{f}(0) = 0$이면

$$\mathfrak{F}\left[\int_{-\infty}^{t} f(\tau) d\tau \right](\omega) = \frac{1}{i\omega} \hat{f}(\omega).$$

[증명] $g(t)=\int_{-\infty}^{t} f(\tau)d\tau$ 라 하면, 함수 f가 연속인 점 t에서 $g'(t)=f(t)$이고, $t\to-\infty$일 때 $g(t)\to 0$이다. 그리고,

$$\lim_{t\to\infty} g(t)=\int_{-\infty}^{\infty} f(\tau)\,d\tau=\hat{f}(0)=0\,.$$

이다. 이제 g에 시간 미분 성질을 적용하면

$$\begin{aligned}\hat{f}(\omega)&=\mathfrak{F}[f(t)](\omega)=\mathfrak{F}[g'(t)](\omega)\\&=i\omega\mathfrak{F}[g(t)](\omega)=i\omega\mathfrak{F}\left[\int_{-\infty}^{t} f(\tau)\,d\tau\right](\omega)\,.\end{aligned}$$

■

정의 13.4 합성곱

실수 전체에서 정의된 f와 g의 **합성곱**은 $f*g$로 표시하고

$$(f*g)(t)=\int_{-\infty}^{\infty} f(t-\tau)g(\tau)d\tau$$

로 정의하며, 이 정의는 f와 g가 적분가능하고, 이 우변이 수렴할 때 의미가 있다.

아래에 정의된 합성곱이 모두 정의된다고 할 때 다음 2가지 성질이 성립한다.

(1) 교환법칙

$$f*g=g*f$$

(2) 선형성

$$(\alpha f+\beta g)*h=\alpha(f*h)+\beta(g*h)\,.$$

이 성질은 3장의 합성곱의 성질과 비슷하다. (2)는 적분의 성질로부터 쉽게 증명할 수 있고 (1)을 증명하기 위하여 $z=t-\tau$라 두면

$$\begin{aligned}f*g(t)&=\int_{-\infty}^{\infty} f(t-\tau)\,g(\tau)d\tau\\&=\int_{\infty}^{-\infty} f(z)\,g(t-z)\,(-1)\,dz=\int_{-\infty}^{\infty} g(t-z)\,f(z)dz=g*f(t)\end{aligned}$$

이다.

정리 13.11 합성곱

f와 g는 실수 전체에서 유계이면

(1)
$$\int_{-\infty}^{\infty} f*g(t)\,dt = \int_{-\infty}^{\infty} f(t)\,dt \int_{-\infty}^{\infty} g(t)\,dt\,.$$

(2) 시간 합성곱
$$\widehat{f*g}(\omega) = \hat{f}(\omega)\hat{g}(\omega)\,.$$

(3) 주파수 합성곱
$$\widehat{fg}(\omega) = \frac{1}{2\pi}(\hat{f}*\hat{g})(\omega)\,.$$

(1)은 f와 g의 합성곱을 실수 전체에서 적분하면 f의 적분과 g의 적분의 곱과 같다는 뜻이다.

시간 합성곱 성질은 f와 g의 합성곱에 대한 Fourier 변환이 f의 Fourier 변환과 g의 Fourier 변환의 곱과 같다는 것이다. 즉,

$$\mathfrak{F}[f*g](\omega) = \hat{f}(\omega)\hat{g}(\omega)$$

이다. 이것을 Fourier 역변환으로 표시하면

$$\mathfrak{F}^{-1}\left[\hat{f}(\omega)\hat{g}(\omega)\right](t) = f*g(t)$$

이다. 즉, 두 Fourier 변환의 곱에 대한 Fourier 역변환은 두 함수의 합성곱이다.

주파수 합성곱 성질은

$$\mathfrak{F}[f(t)g(t)](\omega) = \frac{1}{2\pi}(\hat{f}*\hat{g})(\omega)$$

로 표시할 수 있고, 이는 두 함수의 곱에 대한 Fourier 변환은 각 함수의 Fourier 변환의 합성곱에 $1/2\pi$를 곱한 것과 같다는 뜻이다. 대응되는 Fourier 역변환은

$$\mathfrak{F}^{-1}\left[\hat{f}(\omega)*\hat{g}(\omega)\right](t) = 2\pi f(t)g(t)$$

이다.

[증명] (1) 적분 순서를 바꾸어 계산하면

$$\int_{-\infty}^{\infty} f*g(t)\,dt = \int_{-\infty}^{\infty}\left(\int_{-\infty}^{\infty} f(t-\tau)g(\tau)\,d\tau\right)dt$$
$$= \int_{-\infty}^{\infty}\left(\int_{-\infty}^{\infty} f(t-\tau)g(\tau)\,dt\right)d\tau = \int_{-\infty}^{\infty}\left(\int_{-\infty}^{\infty} f(t-\tau)\,dt\right)g(\tau)\,d\tau$$

이다. 또 모든 실수 τ에 대하여

$$\int_{-\infty}^{\infty} f(t-\tau)dt = \int_{-\infty}^{\infty} f(t)dt$$

가 성립하므로

$$\begin{aligned}\int_{-\infty}^{\infty} f*g(t)dt &= \int_{-\infty}^{\infty}\left(\int_{-\infty}^{\infty} f(t)dt\right) g(\tau)d\tau \\ &= \int_{-\infty}^{\infty} f(t)dt\int_{-\infty}^{\infty} g(\tau)d\tau = \int_{-\infty}^{\infty} f(t)dt\int_{-\infty}^{\infty} g(t)dt\end{aligned}$$

이다.

(2) $F(t)=e^{-i\omega t}f(t)$와 $G(t)=e^{-i\omega t}g(t)$를 정의하자. 그러면

$$\begin{aligned}\widehat{f*g}(\omega) &= \int_{-\infty}^{\infty} f*g(t)\, e^{-i\omega t}\, dt = \int_{-\infty}^{\infty}\left(\int_{-\infty}^{\infty} f(t-\tau)g(\tau)d\tau\right) e^{-i\omega t}dt \\ &= \int_{-\infty}^{\infty}\left(\int_{-\infty}^{\infty} e^{-i\omega t} f(t-\tau)g(\tau)d\tau\right)dt = \int_{-\infty}^{\infty}\left(\int_{-\infty}^{\infty} e^{-i\omega(t-\tau)} f(t-\tau)e^{-i\omega\tau} g(\tau)d\tau\right)dt \\ &= \int_{-\infty}^{\infty} F*G(t)\, dt = \int_{-\infty}^{\infty} F(t)dt\int_{-\infty}^{\infty} G(t)dt \\ &= \int_{-\infty}^{\infty} f(t)e^{-i\omega t}dt\int_{-\infty}^{\infty} g(t)e^{-i\omega t}dt = \hat{f}(\omega)\,\hat{g}(\omega)\end{aligned}$$

이다.

(3)의 증명은 독자에게 남긴다. ■

보기 13.13 Fourier 역변환

$$\mathfrak{F}^{-1}\left[\frac{1}{(4+\omega^2)(9+\omega^2)}\right]$$

을 구해 보자. 이것은 두 함수의 곱의 역변환이며, 각 함수에 대해

$$\hat{f}(\omega)=\frac{1}{4+\omega^2}=\mathfrak{F}\left(\frac{1}{4}e^{-2|t|}\right), \qquad \hat{g}(\omega)=\frac{1}{9+\omega^2}=\mathfrak{F}\left(\frac{1}{6}e^{-3|t|}\right)$$

이므로 $f(t)=\frac{1}{4}e^{-2|t|}$, $g(t)=\frac{1}{6}e^{-3|t|}$이다. f와 g 의 Fourier 변환을 곱한 것의 역변환을 구하기 위하여 (2)를 이용하면

$$\begin{aligned}\mathfrak{F}^{-1}\left[\frac{1}{(4+\omega^2)(9+\omega^2)}\right](t) &= \mathfrak{F}^{-1}\left[\hat{f}(\omega)\,\hat{g}(\omega)\right](t) = (f*g)(t) \\ &= \frac{1}{4}e^{-2|t|} * \frac{1}{6}e^{-3|t|} = \frac{1}{24}\int_{-\infty}^{\infty} e^{-2|t-\tau|}e^{-3|\tau|}d\tau\end{aligned}$$

이다. $(f*g)(t)$를 구하기 위하여 t를 양수와 음수로 나누어 생각하자. $t>0$이면

$$24(f*g)(t)=\int_{-\infty}^{0}e^{-2|t-\tau|}e^{-3|\tau|}d\tau+\int_{0}^{t}e^{-2|t-\tau|}e^{-3|\tau|}d\tau+\int_{t}^{\infty}e^{-2|t-\tau|}e^{-3|\tau|}d\tau$$
$$=\int_{-\infty}^{0}e^{-2(t-\tau)}e^{3\tau}d\tau+\int_{0}^{t}e^{-2(t-\tau)}e^{-3\tau}d\tau+\int_{t}^{\infty}e^{-2(\tau-t)}e^{-3\tau}d\tau$$
$$=\frac{6}{5}e^{-2t}-\frac{4}{5}e^{-3t}$$

이고, $t<0$이면

$$24(f*g)(t)=\int_{-\infty}^{t}e^{-2|t-\tau|}e^{-3|\tau|}d\tau+\int_{t}^{0}e^{-2|t-\tau|}e^{-3|\tau|}d\tau+\int_{0}^{\infty}e^{-2|t-\tau|}e^{-3|\tau|}d\tau$$
$$=\int_{-\infty}^{t}e^{-2(t-\tau)}e^{3\tau}d\tau+\int_{t}^{0}e^{2(t-\tau)}e^{3\tau}d\tau+\int_{0}^{\infty}e^{2(t-\tau)}e^{-3\tau}d\tau$$
$$=-\frac{4}{5}e^{3t}+\frac{6}{5}e^{2t}$$

이다. 또한 $t=0$일 때는

$$24(f*g)(0)=\int_{-\infty}^{\infty}e^{-2|\tau|}e^{-3|\tau|}d\tau=\frac{2}{5}$$

이다. 이것을 종합하면 다음 식을 얻을 수 있다.

$$\mathfrak{F}^{-1}\left[\frac{1}{(4+\omega^2)(9+\omega^2)}\right](t)=\frac{1}{24}\left(\frac{6}{5}e^{-2|t|}-\frac{4}{5}e^{-3|t|}\right)=\frac{1}{20}e^{-2|t|}-\frac{1}{30}e^{-3|t|}.$$

Dirac 델타함수는 무한히 짧은 시간 동안 무한대의 크기를 갖는 맥동으로 볼 수 있다. 수학적으로는 그림 13.9에 주어진 맥동함수

$$\frac{1}{2a}[H(t+a)-H(t-a)]$$

에서 맥동의 넓이가 0이 되도록 극한을 취해

$$\delta(t)=\lim_{a\to 0}\frac{1}{2a}[H(t+a)-H(t-a)]$$

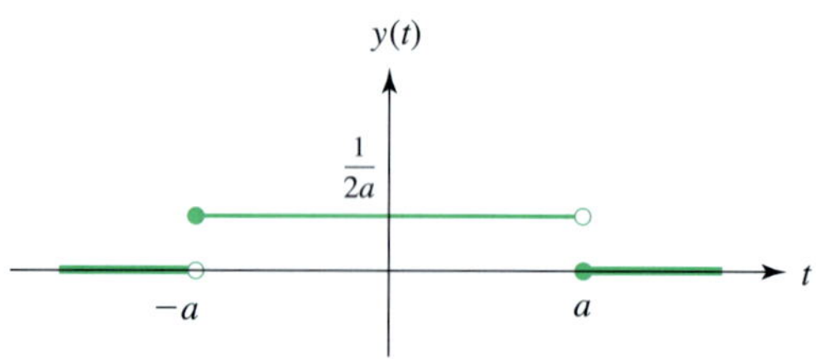

그림 13.9 $y=\frac{1}{2a}[H(t+a)-H(t-a)]$

로 정의할 수 있다.

Dirac 델타함수는 엄밀한 의미에서 함수가 아니라 함수의 개념을 일반화한 초함수 (distribution)라고 하는 것이다. 함수에 대하여 성립하는 여러 가지 Fourier 변환의 성질을 직접 Dirac 델타함수에 적용할 수는 없지만 식을 적절히 조작함으로써 Dirac 델타함수의 Fourier 변환을 유도할 수 있다.

정리 13.12 여과

$$\int_{-\infty}^{\infty} f(t)\delta(t-t_0)dt = f(t_0).$$

[증명] 먼저 맥동함수의 Fourier 변환을 이용하면

$$\mathfrak{F}[H(t+a)-H(t-a)] = \int_{-a}^{a} e^{-i\omega t}\,dt = \frac{1}{i\omega}(e^{ia\omega}-e^{-ia\omega}) = 2\,\frac{\sin(a\omega)}{\omega}$$

가 된다. 따라서 적분과 극한의 교환을 이용하여 계산하면

$$\mathfrak{F}[\delta(t)](\omega) = \mathfrak{F}\left[\lim_{a\to 0}\frac{1}{2a}[H(t+a)-H(t-a)]\right](\omega) = \lim_{a\to 0}\frac{\sin(a\omega)}{a\omega} = 1$$

이다. 이 식으로부터 f와 Dirac 델타함수의 합성곱에 대한 Fourier 변환은

$$\mathfrak{F}[\delta * f] = \mathfrak{F}[\delta]\mathfrak{F}[f] = \mathfrak{F}[f],$$
$$\mathfrak{F}[f * \delta] = \mathfrak{F}[f]\mathfrak{F}[\delta] = \mathfrak{F}[f]$$

이다. 즉,

$$\delta * f = f * \delta = f.$$

■

Dirac 델타함수는 합성곱에 대한 항등원이고, 만약 f가 t_0에서 도약 불연속점을 가지면 여과 특성을

$$\int_{-\infty}^{\infty} f(t)\delta(t-t_0)dt = \frac{1}{2}(f(t_0+)+f(t_0-))$$

와 같이 변형할 수 있다.

연습문제 13.3

문제 1부터 4까지 주어진 함수의 복소 Fourier 적분을 구하고, 그 복소 Fourier 적분의 수렴값을 구하여라.

1. $f(x) = xe^{-|x|}$

2. $f(x) = \begin{cases} 1-x & -1 \le x \le 1 \text{일 때}, \\ 0 & |x| > 1 \text{일 때} \end{cases}$

3. $f(x) = \begin{cases} \sin(\pi x) & -5 \le x \le 5 \text{일 때}, \\ 0 & |x| > 5 \text{일 때} \end{cases}$

4. $f(x) = \begin{cases} |x| & -2 \le x \le 2 \text{일 때}, \\ 0 & |x| > 2 \text{일 때} \end{cases}$

문제 5부터 10까지 주어진 함수의 Fourier 변환과 진폭 스펙트럼을 구하여라. 여기에 등장하는 k는 모두 양의 상수이다. 몇몇 문제에서는 13.3절에서 소개한 특성들과 다음 Fourier 변환식을 이용하여라.

$$\mathfrak{F}[e^{-at^2}](\omega) = \sqrt{\frac{\pi}{a}}\, e^{-\omega^2/4a},$$

$$\mathfrak{F}\left[\frac{1}{a^2+t^2}\right](\omega) = \frac{\pi}{a} e^{-a|\omega|}$$

5. $f(t) = 5[H(t-3) - H(t-11)]$

6. $f(t) = 5e^{-3(t-5)^2}$

7. $f(t) = H(t-k)\, e^{-t/4}$

8. $f(t) = H(t-k)\, t^2$

9. $f(t) = 1/(1+t^2)$

10. $f(t) = 3H(t-2)e^{-3t}$

문제 11부터 14까지 주어진 함수의 Fourier 역변환을 구하여라.

11. $9e^{-(\omega+4)^2/32}$

12. $\dfrac{e^{(20-4\omega)i}}{3-(5-\omega)i}$

13. $\dfrac{1+i\omega}{6-\omega^2+5i\omega}$

힌트: 분모를 인수분해하여 부분분수로 분해하여라.

14. $\dfrac{10\sin(3\omega)}{\omega+\pi}$

15. 보기 13.3에서

$$\mathfrak{F}[e^{-a|t|}](\omega) = \frac{2a}{a^2+\omega^2}$$

임을 보였다. 이 식을 다음 과정에 따라 다시 증명하여라. $e^{-a|t|} = H(t)e^{-at} + H(-t)e^{at}$로 표현하고 $f(t) = H(t)\,e^{-at}$라 두면 $f(-t) = H(-t)e^{at}$이다. 이 사실과 시간반전 정리를 이용하여라.

16. 다음 식을 유도하여라.

$$\mathfrak{F}[e^{-at^2}](\omega) = \sqrt{\frac{\pi}{a}}\, e^{-\omega^2/4a}.$$

힌트: $\mathfrak{F}[f] = \hat{f}$ 일 때

$$\hat{f}'(\omega) = -i\int_{-\infty}^{\infty} te^{-at^2}e^{-i\omega t}\,dt$$

임을 보여라. $u = e^{-i\omega t}$와 $dv = te^{-at^2}dt$로 두고 부분적분을 이용하여 $\hat{f}'(\omega) = -(\omega/2a)\hat{f}(\omega)$임을 보여라. 이 식에서 $\int_{-\infty}^{\infty} e^{-x^2}dx = \sqrt{\pi}$를 이용하여 $\hat{f}(\omega)$를 구하여라.

문제 17부터 20까지 주어진 함수의 Fourier 변환을 구하여라.

17. $26H(t)\,te^{-2t}$

18. $H(t-3)(t-3)e^{-4t}$

19. $\dfrac{d}{dt}[H(t)e^{-3t}]$

20. $H(t-3)e^{-2t}$

문제 21부터 23까지 합성곱을 이용하여 주어진 함수의 Fourier 역변환을 구하여라.

21. $\dfrac{1}{(1+i\omega)^2}$

22. $\dfrac{1}{(1+i\omega)(2+i\omega)}$

23. $\dfrac{\sin(3\omega)}{\omega(2+i\omega)}$

문제 24부터 26까지 주어진 함수의 Fourier 역변환을 구하여라.

24. $\dfrac{6e^{4i\omega}\sin(2\omega)}{9+\omega^2}$

25. $e^{-3|\omega+4|}\cos(2\omega+8)$

26. $e^{-\omega^2/9}\sin(8\omega)$

27. 다음 식을 증명하여라.

$$\int_{-\infty}^{\infty} f(t)\, g(t)\, dt = \frac{1}{2\pi}\int_{-\infty}^{\infty} \hat{f}(w)\, \hat{g}(-w)\, dw$$

힌트: 주파수 합성곱 정리를 이용하면

$$\mathfrak{F}[f(t)g(t)](\omega) = \frac{1}{2\pi}\int_{-\infty}^{\infty} \hat{f}(w)\, \hat{g}(\omega - w)\, dw$$

이므로

$$\int_{-\infty}^{\infty} f(t)\, g(t) e^{-i\omega t}\, dt = \frac{1}{2\pi}\int_{-\infty}^{\infty} \hat{f}(w)\, \hat{g}(\omega - w)\, dw$$

이다. 여기서 $\omega = 0$으로 선택하여라.

28. f와 g가 실함수일 때, 다음 식을 증명하여라.

$$\int_{-\infty}^{\infty} f(t)\, g(t)\, dt = \frac{1}{2\pi}\int_{-\infty}^{\infty} \hat{f}(\omega)\, \overline{\hat{g}(\omega)}\, d\omega$$

힌트: 우선 $\overline{\hat{g}(\omega)} = \hat{g}(-\omega)$를 증명하여라.

29. Fourier 변환에 대한 Parseval 정리

$$\int_{-\infty}^{\infty} |f(t)|^2\, dt = \frac{1}{2\pi}\int_{-\infty}^{\infty} \left|\hat{f}(\omega)\right|^2 d\omega$$

를 증명하여라.

30. Fourier 변환을 이용하여 다음 미분방정식을 풀어라.

$$y'' + 6y' + 5y = \delta(t-3).$$

31. $\left|\hat{f}(\omega)\right| \le \int_{-\infty}^{\infty} |f(t)|\, dt$ 를 증명하여라.

32. 주파수 합성곱 정리를 증명하여라.

33. 다음 식을 계산하여라.

$$\int_{-\infty}^{\infty} 8\delta(t-3)H(t-3)e^{-5t}\, dt.$$

34. 만약 f의 Fourier 변환을 본문에서와 달리 $\int_{-\infty}^{\infty} f(t)\, e^{-2\pi i\omega t}$라고 정의할 때,

$$\mathfrak{F}[f'(t)](\omega) = 2\pi i\omega \hat{f}(\omega)$$

를 증명하여라. $f^{(n)}(t)$의 Fourier 변환을 구하여라.

13.4 Shannon 표본정리와 필터링

실수 전체에서 정의된 함수로서 유한한 제곱 적분값 $\int_{-\infty}^{\infty}|f(t)|^2\,dt$를 갖는 함수를 신호(signal)라고 한다. 신호에 대한 주파수 정보를 표현하는 Fourier 변환 $\hat{f}(\omega)$은

$$\hat{f}(\omega)=\int_{-\infty}^{\infty} f(t)e^{-i\omega t}\,dt$$

로 모든 시간에 대하여 적분을 계산하므로, 시간의 특정한 구간에 대한 정보만으로는 $\hat{f}(\omega)$을 계산하지 못한다. 즉, 어떤 음악의 한 부분만 듣고 $\hat{f}(\omega)$을 계산할 수 없다.

이 절에서는 주어진 신호를 유한시간 구간에서의 정보만으로 Fourier 변환하는 창문 Fourier 변환과 신호 자체가 유한구간인 경우에 적절한 유한개의 표본만으로 역 Fourier 변환으로 복원하는 Shannon 표본정리, 유한주파수 대역에 대한 신호를 복원하는 방법에 대해 알아보자.

13.4.1 창문(Windowed) Fourier 변환

주어진 신호 f의 정해진 유한시간에 대한 정보만으로 $\hat{f}(\omega)$를 근사하는 창문 Fourier 변환 $\widehat{f_{win}}(\omega)$를 구하는 방법을 알아보자. 창문 Fourier 변환을 적용하기 위해 닫힌구간 $[-T, T]$를 제외한 구간에서는 함수의 값이 0인 **창문함수(window function)** g가 필요하다. 그림 13.10(a)는 $T=4$인 창문함수의 그래프이다. g로 창문이 만들어진 함수 f 즉 gf는 구간 $[-T, T]$를 제외한 점에서는 0이다.

어떤 함수의 0이 아닌 구간의 닫힘(closure)을 이 함수의 **받침(support)**이라 하고, 이 받힘이 닫힌 유한구간일 때 **옹골 받침(compact support)**이라 한다. 즉, 창문함수 g의 받침은 $[-T, T]$이고, 이 받침은 옹골 받침이다.

옹골 받침 $[-T, T]$을 가지는 창문함수 g에 대한 **창문 Fourier 변환**은

$$\mathfrak{F}_g[f](\omega)=\widehat{f_g}(\omega)=\int_{-\infty}^{\infty} g(t)\,f(t)\,e^{-i\omega t}\,dt=\int_{-T}^{T} g(t)\,f(t)\,e^{-i\omega t}\,dt$$

로 정의한다.

보기 13.14 옹골 받침 $[-4, 4]$를 가지는 창문함수

$$g(t)=\begin{cases}1 & -4\le t\le 4,\\ 0 & |t|>4\end{cases}$$

와 $f(t)=t\sin t$를 생각하자. 그림 13.10(a)와 13.10(b)는 각각 g와 f의 그래프이다. f를

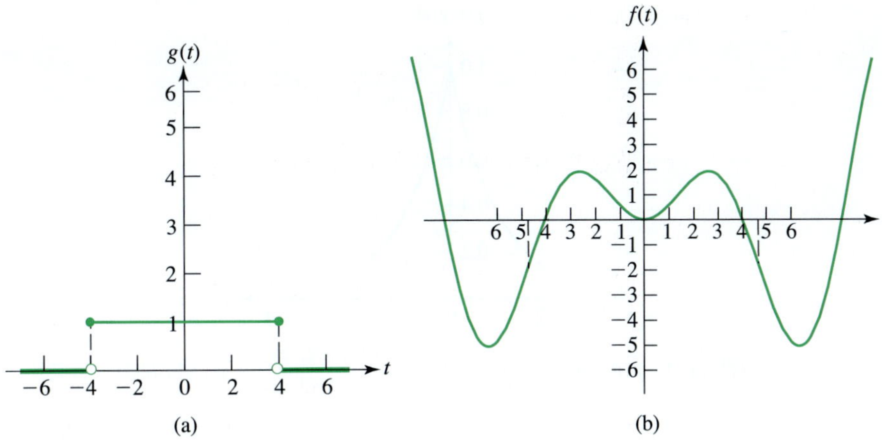

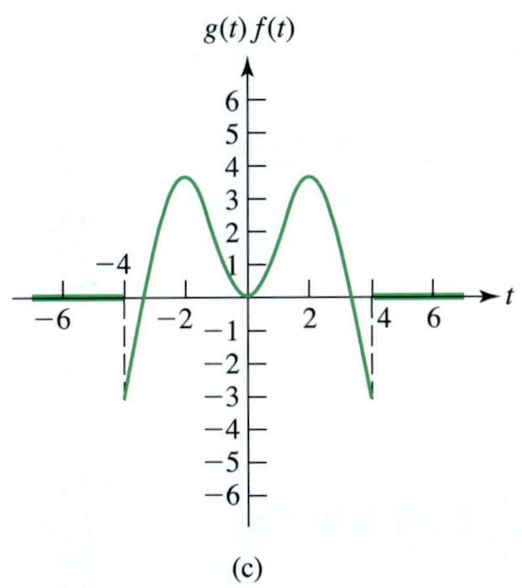

그림 13.10 (a) 창문함수 $g(t)=\begin{cases}1 & -4\le t\le 4\text{일 때},\\ 0 & |t|>4\text{일 때}\end{cases}$,
(b) $f(t)=t\sin t$ 와 (c) gf: g로 창문이 만들어진 함수 f

g로 창문을 씌운 함수 gf는 구간 $[-4, 4]$를 제외한 모든 점에서 0이다. 그림 13.10(c)는 gf의 그래프이다. 즉, 신호 f는 창문함수 g에 의하여 $t=-4$에서 켜져서 신호 f를 따르다가 $t=4$에서 꺼지는 신호인 gf로 변한다.

보기 13.15 $f(t)=6e^{-|t|}$ 라 하면

$$\hat{f}(\omega)=\int_{-\infty}^{\infty}6e^{-|t|}e^{-i\omega t}\,dt=\frac{12}{1+\omega^2}$$

이다. 그런데 창문함수를

$$g(t)=\begin{cases}1 & -2\le t\le 2\text{일 때},\\ 0 & |t|>2\text{일 때}\end{cases}$$

라 하면 g에 대한 f의 창문 Fourier 변환은

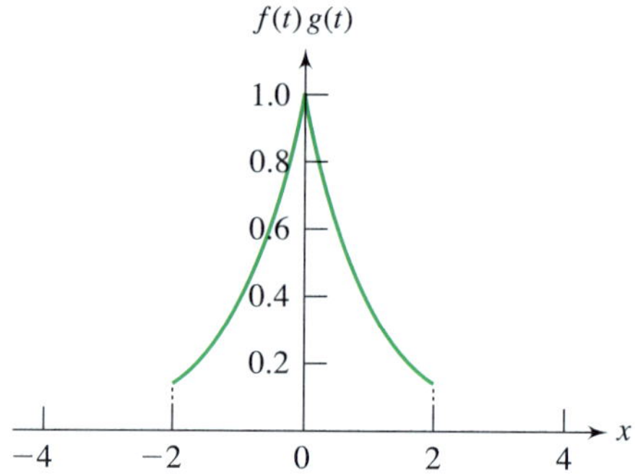

그림 13.11 $f(t)=6e^{-|t|}$, $g(t)=\begin{cases}1 & |t|\le 2\text{일 때,}\\ 0 & |t|>2\text{일 때}\end{cases}$ 인 gf의 그래프

$$\widehat{f_g}(\omega)=\int_{-\infty}^{\infty} g(t)\,6e^{-|t|}e^{-i\omega t}\,dt=\int_{-2}^{2} 6e^{-|t|}e^{-i\omega t}\,dt$$
$$=12\,\frac{-2e^{-2}\cos^2\omega+e^{-2}+e^{-2}\omega\sin(2\omega)+1}{1+\omega^2}$$

이다. 이 결과로부터 구간 $-2\le t\le 2$ 창문에 대한 신호 f의 주파수 정보를 얻는다. 그림 13.11은 gf의 그래프이다.

이동된 창문함수를 생각해 보자. 함수 g의 받침이 $[-T, T]$이고 $t_0>0$이면 $g(t-t_0)$의 그래프는 g의 그래프를 오른쪽으로 t_0만큼 이동한 g의 그래프와 일치한다.

$$f(t)\,g(t-t_0)=\begin{cases} f(t)\,g(t-t_0) & t_0-T\le t\le t_0+T\text{ 일 때,}\\ 0 & t<t_0-T,\ >t_0+T\text{ 일 때}\end{cases}$$

이다. 그림 13.12는 $f(t)$와 $f(t)\,g(t)$의 이동에 대하여 설명한다. t_0 이동된 창문 Fourier 변환은

$$\widehat{f_{g,t_0}}(\omega)=\mathfrak{F}[f(t)\,g(t-t_0)](\omega)=\int_{t_0-T}^{t_0+T} f(t)\,g(t-t_0)e^{-i\omega t}\,dt$$

이다. 이것은 받침이 $[t_0-T, t_0+T]$인 함수 $g(\bullet-t_0)$로 창문 씌워진 신호 f에 대한 주파수 변환을 나타낸다.

공학에서는 이렇게 창문을 씌우는 과정을 **시간-주파수 국소화(time-frequency localization)**라고 부른다. 창문함수 g에 대하여

$$t_C=\frac{\int_{-\infty}^{\infty} t|g(t)|^2\,dt}{\int_{-\infty}^{\infty}|g(t)|^2\,dt}$$

를 창문함수의 중심이라 하고

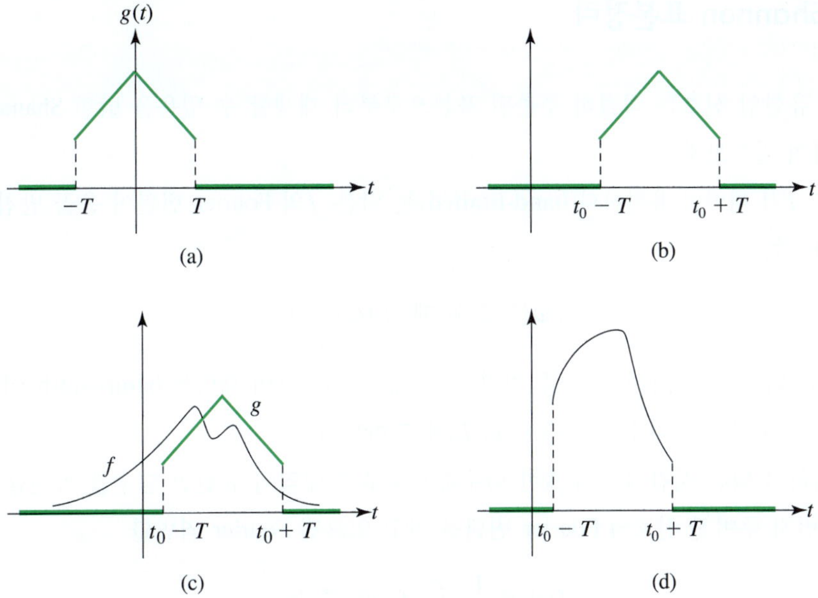

그림 13.12 (a) 받침이 $[-T, T]$인 창문함수 $g(t)$, (b) t_0 이동된 창문함수 $g(t-t_0)$, (c) $f(t)$와 $g(t-t_0)$와 (d) $g(t-t_0)\cdot f(t)$

$$t_R = \left(\frac{\int_{-\infty}^{\infty} (t-t_C)^2 |g(t)|^2 \, dt}{\int_{-\infty}^{\infty} |g(t)|^2 \, dt} \right)^{\frac{1}{2}}$$

을 창문함수의 반지름이라 한다. 창문함수 g의 폭, 즉 $2t_R$을 창문함수의 평균지속기간(RMS duration)이라 한다. 창문함수 g의 Fourier 변환 $\hat{g}(\omega)$의 중심은

$$\omega_C = \frac{\int_{-\infty}^{\infty} \omega \left| \hat{g}(\omega) \right|^2 d\omega}{\int_{-\infty}^{\infty} \left| \hat{g}(\omega) \right|^2 d\omega}$$

이고, 반지름은

$$\omega_R = \left(\frac{\int_{-\infty}^{\infty} (\omega - \omega_C)^2 \left| \hat{g}(\omega) \right|^2 d\omega}{\int_{-\infty}^{\infty} \left| \hat{g}(\omega) \right|^2 d\omega} \right)^{\frac{1}{2}}$$

이다. $\hat{g}$의 폭, 즉 $2\omega_R$을 창문함수의 평균 대역폭(RMS bandwidth)이라 한다.

13.4.2 Shannon 표본정리

대역폭이 유한인 신호는 적절히 추출된 표본으로부터 재생할 수 있음을 밝힌 Shannon 표본정리에 대하여 알아보자.

어떤 신호 f가 **대역이 유한하다(band-limited)**는 말은 f의 Fourier 변환이 옹골 받침을 갖는다는 뜻이다. 즉,

$$|\omega| > L \text{ 일 때 } \hat{f}(\omega) = 0$$

인 L이 있다. 위 식을 만족하는 L 중 가장 작은 값을 신호 f의 **대역폭(band-width)**이라 한다. 따라서 신호 f의 모든 주파수는 구간 $[-L, L]$에 포함된다.

이제 적절히 선택된 시간에서 추출한 함수값으로부터 대역이 유한인 함수를 복원할 수 있음을 보이자. 먼저 주어진 신호의 Fourier 변환을 알고 있으면 Fourier 역변환

$$f(t) = \frac{1}{2\pi}\int_{-\infty}^{\infty} \hat{f}(\omega)e^{i\omega t}\,d\omega$$

로부터 원래 함수를 복원할 수 있다. 만약 신호 f의 대역폭이 L이면 Fourier 역변환은

$$f(t) = \frac{1}{2\pi}\int_{-L}^{L} \hat{f}(\omega)e^{i\omega t}\,d\omega \tag{13.8}$$

이 된다. 한편 구간 $[-L, L]$에서 $\hat{f}(\omega)$의 복소 Fourier 급수는

$$\hat{f}(\omega) = \sum_{n=-\infty}^{\infty} c_n e^{n\pi i\omega/L} \tag{13.9}$$

이고, 여기서

$$c_n = \frac{1}{2L}\int_{-L}^{L} \hat{f}(\omega)e^{-n\pi i\omega/L}\,d\omega$$

이다. c_n과 식 (13.8)을 비교하면

$$c_n = \frac{\pi}{L} f\left(-\frac{n\pi}{L}\right)$$

이다. 이것을 급수 (13.9)에 대입하면

$$\hat{f}(\omega) = \sum_{n=-\infty}^{\infty} \frac{\pi}{L} f\left(-\frac{n\pi}{L}\right)e^{n\pi i\omega/L}$$

이다. 여기서 n을 $-n$으로 바꾸고 식 (13.8)에 대입하면

$$f(t) = \frac{1}{2\pi}\frac{\pi}{L}\int_{-L}^{L}\sum_{n=-\infty}^{\infty} f\left(\frac{n\pi}{L}\right) e^{-n\pi i\omega/L}\, e^{i\omega t}\,d\omega$$

이고, 급수와 적분의 순서를 바꿔서 계산하면

$$
\begin{aligned}
f(t) &= \frac{1}{2L} \sum_{n=-\infty}^{\infty} f\left(\frac{n\pi}{L}\right) \int_{-L}^{L} e^{i\omega(t-n\pi/L)}\, d\omega \\
&= \frac{1}{2L} \sum_{n=-\infty}^{\infty} f\left(\frac{n\pi}{L}\right) \frac{1}{i(t-n\pi/L)} \left(e^{i(Lt-n\pi)} - e^{-i(Lt-n\pi)}\right) \\
&= \sum_{n=-\infty}^{\infty} f\left(\frac{n\pi}{L}\right) \frac{1}{Lt-n\pi} \frac{1}{2i} \left(e^{i(Lt-n\pi)} - e^{-i(Lt-n\pi)}\right) \\
&= \sum_{n=-\infty}^{\infty} f\left(\frac{n\pi}{L}\right) \frac{\sin(Lt-n\pi)}{Lt-n\pi}
\end{aligned}
\tag{13.10}
$$

를 얻을 수 있다. 식 (13.10)은 점 $0, \pm\pi/L, \pm 2\pi/L, \cdots$ 에서 관측된 신호의 값을 이용하여 모든 점에 대한 신호의 값을 얻을 수 있음을 설명해 준다.

Shannon 표본정리(Shannon sampling theorem)로 알려진 식 (13.10)을 이용하여 공학자들은 디지털 신호를 아날로그 신호로 변경한다. 또한 Shannon 표본정리는 wavelet에도 사용된다. 식 (13.10)에서 $L = \pi$일 경우는

$$
f(t) = \sum_{n=-\infty}^{\infty} f(n) \frac{\sin(\pi(t-n))}{\pi(t-n)} \tag{13.11}
$$

이다.

13.4.3 저역통과 및 대역통과필터

주파수 대역이 유한이 아닌 신호 f의 스펙트럼은 f의 Fourier 변환 $\hat{f}(\omega)$로부터 구할 수 있다. f의 주파수 대역이 유한이 아닐 때 주파수 대역폭이 양수 ω_0보다 작거나 같은 함수 f_{ω_0}로 변환하기 위해서는 **저역통과필터**(low pass filter)를 이용해야 한다. 구간 I의 특성함수 χ_I을

$$
\chi_I(t) = \begin{cases} 1 & t \in I \text{ 일 때,} \\ 0 & t \notin I \text{ 일 때} \end{cases}
$$

라 하면 주파수 구간 $[-\omega_0, \omega_0]$을 제외한 곳에서는 $\hat{f}(\omega)$의 값을 0으로 만드는 저역통과필터는

$$
\widehat{f_{\omega_0}} = \chi_{[-\omega_0,\, \omega_0]}(\omega) \hat{f}(\omega) \tag{13.12}
$$

이다. 여기서 $\chi_{[-\omega_0,\, \omega_0]}$을 저역통과필터 **전달함수(transfer function)**라고 한다. 함수 $\widehat{f_{\omega_0}}$을 f_{ω_0} 함수의 Fourier 변환이라 생각하고 Fourier 역변환을 이용하면

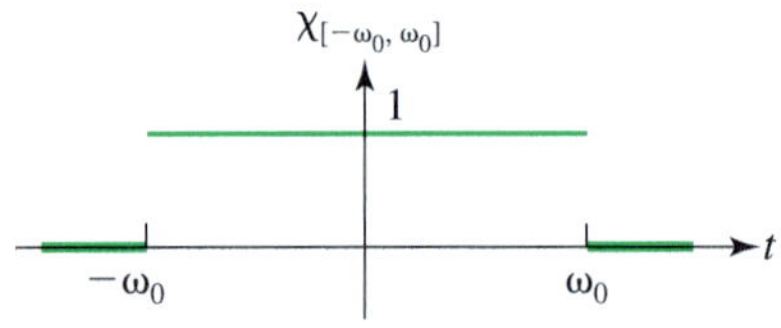

그림 13.13 $\chi_{[-\omega_0,\, \omega_0]}$의 그래프

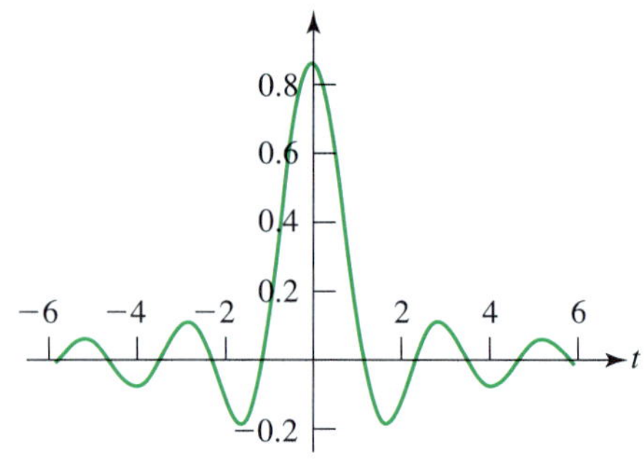

그림 13.14 $\sin(\omega_0 t)/\pi t,\ \omega_0 = 2.7$의 그래프

$$f_{\omega_0}(t) = \frac{1}{2\pi}\int_{-\infty}^{\infty} \widehat{f_{\omega_0}}(\omega)\, e^{i\omega t}\, d\omega = \frac{1}{2\pi}\int_{-\omega_0}^{\omega_0} \hat{f}(\omega)\, e^{i\omega t}\, d\omega$$

이다. 전달함수 $\chi_{[-\omega_0,\, \omega_0]}$의 Fourier 역변환은

$$\mathfrak{F}^{-1}[\chi_{[-\omega_0,\, \omega_0]}](t) = \frac{1}{2\pi}\int_{-\omega_0}^{\omega_0} e^{i\omega t}\, d\omega = \frac{\sin(\omega_0 t)}{\pi t}$$

이다. 그림 13.13과 13.14는 각각 전달함수와 그 Fourier 역변환의 그래프이다. 위 식에서 예를 들어, $\omega_0 = \pi$라 두고 t를 $t-n$으로 바꾸면 식 (13.11)과 일치하게 되고, 이 식으로부터 정수에서 정의된 함수값 $f(n)$으로부터 모든 t에 대한 함수값 $f(t)$를 구할 수 있으므로 $\sin(\omega_0 t)/\pi t$를 **Shannon 표본함수(Shannon sampling function)**라 한다.

주파수 영역에서 정의한 여과와 유사하게 함수의 합성곱을 이용하여 시간 변수에 대한 여과를 정의할 수 있다. 만약 $\varphi(t)$가 여과함수라 하면 f를 φ로 여과한 결과는

$$g(t) = (\varphi * f)(t) = \int_{-\infty}^{\infty} \varphi(\xi) f(t-\xi)\, d\xi$$

로 정의된다. 합성곱 특성 (2)에 의하여 위 식의 Fourier 변환은

$$\hat{g}(\omega) = \hat{\varphi}(\omega)\hat{f}(\omega)$$

이다. 따라서 여과된 함수의 Fourier 변환은 신호함수의 Fourier 변환과 여과함수의 Fourier 변환의 곱과 같다.

위 성질을 식 (13.12)에 적용하면 f_{ω_0}은

$$f_{\omega_0}(t) = \frac{\sin(\omega_0 t)}{\pi t} * f(t)$$

이다. 즉, 신호 f의 저역통과여과함수는 신호 f와 Shannon 표본함수의 합성곱이다.

저역통과여과에서는 신호 f로부터 구간 $[-\omega_0, \omega_0]$ 바깥의 주파수를 모두 여과해서 대역이

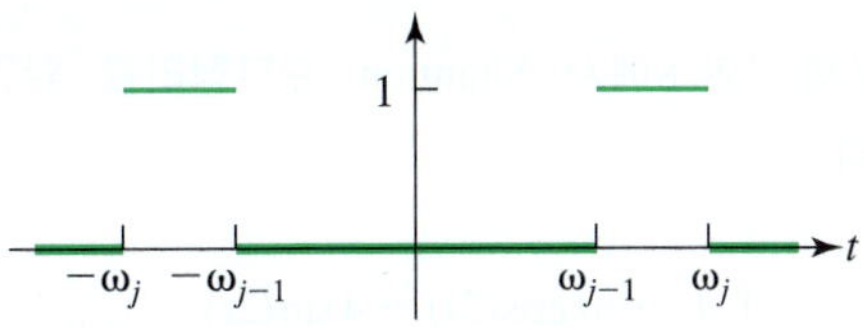

그림 13.15 $\chi_{[-\omega_j,\ -\omega_{j-1}]} + \chi_{[\omega_{j-1},\ \omega_j]}$

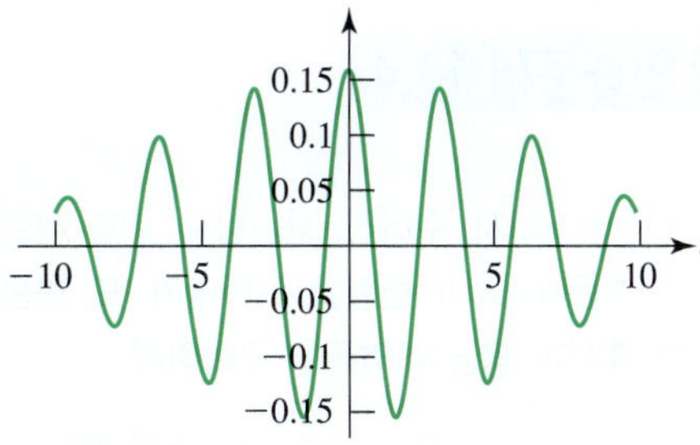

그림 13.16 $\beta_j(t) = \dfrac{\sin(\omega_j t) - \sin(\omega_{j-1} t)}{\pi t}$
(단, $\omega_j = 2.2$, $\omega_{j-1} = 1.7$)

유한인 새로운 신호 f_{ω_0}를 만들었는데, **대역통과필터(bandpass filtering)**에서는 주어진 대역 밖에 있는 신호의 효과들을 여과하고자 한다. 유한대역 신호 f를 특정한 주파수 영역에 대한 정보만을 포함하는 신호들의 합으로 분해하는 방법에 대하여 알아보자. 이를 위하여 신호 f의 대역폭이 Ω라 하고 다음과 같은 주파수에 대한 증가 수열을 생각하자.

$$0 < \omega_1 < \omega_2 < \cdots < \omega_N = \Omega.$$

또 $j = 1, \cdots, N$에 대하여 대역여과함수 β_j를 Fourier 변환

$$\hat{\beta}_j = \chi_{[-\omega_j,\ -\omega_{j-1}]} + \chi_{[\omega_{j-1},\ \omega_j]}$$

를 이용하여 정의하자. 그림 13.15는 $\hat{\beta}_j$의 그래프인데 주파수 구간에 대한 특성함수의 합으로 표시된다. Fourier 역변환에 의해서 대역여과함수는

$$\beta_j(t) = \frac{\sin(\omega_j t) - \sin(\omega_{j-1} t)}{\pi t}$$

이고, 그림 13.16은 β_j의 그래프이다. 이제

$$f_0(t) = \left(\frac{\sin(\omega_0 t)}{\pi t} * f\right)(t)$$

라 정의하고, $j = 1, 2, \cdots, N$에 대하여

$$f_j(t) = (\beta_j * f)(t)$$

라 정의하자. 그러면 $f_0(t)$는 저주파 영역 $[0, \omega_0]$에 대한 신호 f의 정보를 제공하고, $f_j(t)$는 주파수 영역 $\omega_{j-1} \le \omega \le \omega_j$ 에 대한 신호 f의 정보를 제공한다. 따라서

$$f(t) = f_0(t) + f_1(t) + f_2(t) + \cdots + f_N(t) \tag{13.13}$$

와 같이 신호 f의 정보를 특정한 주파수 영역의 정보를 표시하는 함수의 합으로 표시할 수 있다.

연습문제 13.4

문제 1부터 6까지 주어진 창문함수 g에 대한 함수 f의 창문 Fourier 변환을 구하여라. 또 창문 함수 g의 중심과 평균 대역폭을 구하여라.

1. $f(t)=t^2,\ g(t)=\begin{cases}1 & -5\le t\le 5\text{일 때},\\ 0 & |t|>5\text{일 때}\end{cases}$

2. $f(t)=\cos(at)$,
$g(t)=\begin{cases}1 & -4\pi\le t\le 4\pi\text{일 때},\\ 0 & |t|>4\pi\text{일 때}\end{cases}$

3. $f(t)=e^{-t},\ g(t)=\begin{cases}1 & 0\le t\le 4\text{일 때},\\ 0 & t<0,\ t>4\text{일 때}\end{cases}$

4. $f(t)=e^{t}\sin(\pi t)$,
$g(t)=\begin{cases}1 & -1\le t\le 1\text{일 때},\\ 0 & |t|>1\text{일 때}\end{cases}$

5. $f(t)=(t+2)^2$,
$g(t)=\begin{cases}1 & -2\le t\le 2\text{일 때},\\ 0 & |t|>2\text{일 때}\end{cases}$

6. $f(t)=H(t-\pi)$,
$g(t)=\begin{cases}1 & 3\pi\le t\le 5\pi\text{일 때},\\ 0 & t<3\pi,\ t>5\pi\text{일 때}\end{cases}$

문제 7과 8에서 Shannon 표본정리를 확인하여라.

7. $f(t)=\begin{cases}\dfrac{1}{2\pi}\,\dfrac{-8t\cos(2t)+4\sin(2t)}{t^3} & t\ne 0\text{일 때},\\ \dfrac{16}{3\pi} & t=0\text{일 때}\end{cases}$

라 하고, 함수 f의 대역폭을 2라 하자. 점 $n=0,\ \pm1,\ \cdots,\ \pm5$에서 $f(n)$을 구하여라. $L=2$일 때, 식 (13.10)을 이용하여 $n=-5$부터 $n=5$까지 합인 g를 구하여라. 같은 좌표평면에 함수 f와 g의 그래프를 그려라.

8. $f(t)=\begin{cases}\dfrac{1-\cos t}{\pi t^2} & t\ne 0\text{일 때},\\ \dfrac{1}{2\pi} & t=0\text{일 때}\end{cases}$

라 하고, 함수 f의 대역폭을 1이라 하자. 점 $n=0,\ \pm1,\ \cdots,\ \pm10$에서 $f(n)$을 구하여라. $L=2$일 때, 식 (13.10)을 이용하여 $n=-10$부터 $n=10$까지 합인 g를 구하여라. 같은 좌표평면에 함수 f와 g의 그래프를 그려라.

13.5 Fourier 코사인 및 사인 변환

13.3절에서 복소 Fourier 적분에서 Fourier 변환을 유도한 것처럼 이 절에서는 Fourier 코사인 및 사인 적분으로부터 Fourier 코사인 및 사인 변환을 구해 보자.

f가 양의 실수에서 연속이고, 구분적으로 매끄럽고 절대 적분가능하면

$$f(t)=\int_0^\infty a_\omega\cos(\omega t)\,d\omega,\qquad a_\omega=\frac{2}{\pi}\int_0^\infty f(t)\cos(\omega t)\,dt$$

이다. 이 식으로부터 다음을 정의할 수 있다.

정의 13.5 Fourier 코사인 변환

f의 **Fourier 코사인 변환**은

$$\mathfrak{F}_c[f](\omega) = \int_0^{\infty} f(t)\cos(\omega t)\,dt \tag{13.14}$$

로 정의하고 $\mathfrak{F}_c[f](\omega) = \hat{f}_c(\omega)$와 같이 표시한다.

그러면

$$\hat{f}_C(\omega) = \frac{\pi}{2} a_{\omega}$$

이고

$$f(t) = \frac{2}{\pi}\int_0^{\infty} \hat{f}_C(\omega)\cos(\omega t)\,d\omega \tag{13.15}$$

이다. 식 (13.14)와 (13.15)는 Fourier 코사인 변환 짝을 이루고 식 (13.15)를 이용하여 $\hat{f}_C(\omega)$로부터 f를 구할 수 있다.

보기 13.16 양수 K에 대하여

$$f(t) = \begin{cases} 1 & 0 \le t \le K \text{ 일 때,} \\ 0 & t > K \text{ 일 때} \end{cases}$$

일 때, f의 Fourier 코사인 변환은

$$\hat{f}_C(\omega) = \int_0^{\infty} f(t)\cos(\omega t)\,dt = \int_0^{K}\cos(\omega t)\,dt = \frac{\sin(K\omega)}{\omega}.$$

비슷한 방법으로 Fourier 사인 변환을 정의하자.

정의 13.6 Fourier 사인 변환

f의 **Fourier 사인 변환**은

$$\mathfrak{F}_S[f](\omega) = \int_0^{\infty} f(t)\sin(\omega t)\,dt$$

로 정의하고 $\mathfrak{F}_S[f](\omega) = \hat{f}_S(\omega)$와 같이 표시한다.

f가 $t > 0$에서 연속이면 f의 Fourier 사인 적분표현은

$$f(t) = \int_0^\infty b_\omega \sin(\omega t)\, d\omega, \qquad b_\omega = \frac{2}{\pi}\int_0^\infty f(t)\sin(\omega t)\, dt$$

이다. 그러면

$$\hat{f}_S(\omega) = \frac{\pi}{2} b_\omega$$

이므로

$$f(t) = \frac{2}{\pi}\int_0^\infty \hat{f}_S(\omega)\sin(\omega t)\, d\omega$$

가 성립한다. 따라서 $\hat{f}_S(\omega)$로부터 f를 구할 수 있다.

보기 13.17 보기 13.16에서 정의한 함수 f의 Fourier 사인 변환은

$$\hat{f}_S(\omega) = \int_0^\infty f(t)\sin(\omega t)\, dt = \int_0^K \sin(\omega t)\, dt = \frac{1}{\omega}[1 - \cos(K\omega)].$$

적분 변환의 일종인 Fourier 코사인 및 사인 변환은 선형성

$$\mathfrak{F}_C[\alpha f + \beta g] = \alpha\mathfrak{F}_C[f] + \beta\mathfrak{F}_C[g],$$
$$\mathfrak{F}_S[\alpha f + \beta g] = \alpha\mathfrak{F}_S[f] + \beta\mathfrak{F}_S[g]$$

이 성립한다.

Fourier 코사인 및 사인 변환을 이용하여 미분방정식의 해를 구할 경우 다음 연산법칙이 중요한 역할을 한다.

정리 13.13 연산법칙

f와 f'는 양의 실수에서 연속이고, 구분적으로 매끄러우며, 절대 적분가능하고, $\lim_{t\to\infty} f(t) = \lim_{t\to\infty} f'(t) = 0$이면

(1) $$\mathfrak{F}_C[f''(t)](\omega) = -\omega^2 \hat{f}_C(\omega) - f'(0),$$

(2) $$\mathfrak{F}_S[f''(t)](\omega) = -\omega^2 \hat{f}_S(\omega) + \omega f(0).$$

부분 적분을 두 번 사용하여 증명할 수 있으므로 정리의 증명은 독자에게 남긴다.

다음 장에서 공부할 편미분방정식에서 초기조건이 f에 관한 것인지 혹은 f'에 관한 것인지에 따라 Fourier 코사인 변환이나 Fourier 사인 변환을 사용할 수 있다.

연습문제 13.5

문제 1부터 4까지 주어진 함수의 Fourier 코사인 및 사인 변환을 구하여라. K는 임의의 양수이다.

1. $f(t)=\begin{cases}\cos t & 0\le t\le K \text{ 일 때,}\\ 0 & t>K \text{ 일 때}\end{cases}$

2. $f(t)=\begin{cases}1 & 0\le t<K \text{ 일 때,}\\ -1 & K\le t<2K \text{ 일 때,}\\ 0 & t\ge 2K \text{ 일 때}\end{cases}$

3. $f(t)=e^{-t}\cos t$

4. $f(t)=\begin{cases}\sinh t & K\le t<2K \text{ 일 때,}\\ 0 & 0\le t<K,\ t\ge 2K \text{ 일 때}\end{cases}$

문제 5와 6이 성립하기 위한 f, f', f'', f''' 대한 조건을 나열하고 증명하여라. f''에 대해 정리 13.1을 적용하여라.

5. $\mathfrak{F}_S[f^{(4)}(t)](\omega)=\omega^4\hat{f}_S(\omega)-\omega^3 f(0)+\omega f''(0)$

6. $\mathfrak{F}_C[f^{(4)}(t)](\omega)=\omega^4\hat{f}_C(\omega)+\omega^2 f'(0)-f^{(3)}(0)$

▶표 13.1 **Fourier 변환**

$f(x)$	$\mathfrak{F}[f](\omega)=\hat{f}(\omega)$
$\dfrac{1}{x}$	$\begin{cases} i & \omega>0 \text{ 일 때,}\\ 0 & \omega=0 \text{ 일 때,}\\ -i & \omega<0 \text{ 일 때}\end{cases}$
$e^{-a\lvert x\rvert}\quad (a>0)$	$\dfrac{2a}{a^2+\omega^2}$
$xe^{-a\lvert x\rvert}\quad (a>0)$	$-\dfrac{4ai\omega}{(a^2+\omega^2)^2}$
$\lvert x\rvert e^{-a\lvert x\rvert}\quad (a>0)$	$\dfrac{2(a^2-\omega^2)}{(a^2+\omega^2)^2}$
$e^{-a^2x^2}\quad (a>0)$	$\dfrac{\sqrt{\pi}}{a}e^{-\omega^2/4a^2}$
$\dfrac{1}{a^2+x^2}\quad (a>0)$	$\dfrac{\pi}{a}e^{-a\lvert\omega\rvert}$
$\dfrac{x}{a^2+x^2}\quad (a>0)$	$-\dfrac{i}{2}\dfrac{\pi}{a}\omega e^{-a\lvert\omega\rvert}$
$H(x+a)-H(x-a)$	$\dfrac{2\sin(a\omega)}{\omega}$
$\delta(x)$	1

▶표 13.2 Fourier 코사인 변환

$f(x)$	$\mathfrak{F}_C[f](\omega) = \hat{f}_C(\omega)$
$x^{r-1} \quad (0 < r < 1)$	$\Gamma(r)\cos\left(\frac{\pi r}{2}\right)\omega^{-r}$
$e^{-ax} \quad (a > 0)$	$\frac{a}{a^2 + \omega^2}$
$xe^{-ax} \quad (a > 0)$	$\frac{a^2 - \omega^2}{(a^2 + \omega^2)^2}$
$e^{-a^2x^2} \quad (a > 0)$	$\frac{\sqrt{\pi}}{2} a^{-1}\omega e^{-\omega^2/4a^2}$
$\frac{1}{a^2 + x^2} \quad (a > 0)$	$\frac{\pi}{2}\frac{1}{a}e^{-a\omega}$
$\frac{1}{(a^2 + x^2)^2} \quad (a > 0)$	$\frac{\pi}{4}a^{-3}e^{-a\omega}(1 + a\omega)$
$\cos\left(\frac{x^2}{2}\right)$	$\frac{\sqrt{\pi}}{2}\left[\cos\left(\frac{\omega^2}{2}\right) + \sin\left(\frac{\omega^2}{2}\right)\right]$
$\sin\left(\frac{x^2}{2}\right)$	$\frac{\sqrt{\pi}}{2}\left[\cos\left(\frac{\omega^2}{2}\right) - \sin\left(\frac{\omega^2}{2}\right)\right]$
$\frac{1}{2}(1 + x)e^{-x}$	$\frac{1}{(1 + \omega^2)^2}$
$\sqrt{\frac{2}{\pi x}}$	$\frac{1}{\sqrt{\omega}}$
$e^{-x/\sqrt{2}}\sin\left(\frac{\pi}{4} + \frac{x}{\sqrt{2}}\right)$	$\frac{1}{1 + \omega^2}$
$e^{-x/\sqrt{2}}\cos\left(\frac{\pi}{4} + \frac{x}{\sqrt{2}}\right)$	$\frac{\omega^2}{1 + \omega^4}$
$\frac{2}{x}e^{-x}\sin(x)$	$\tan^{-1}\left(\frac{2}{\omega^2}\right)$
$H(x) - H(x - a)$	$\frac{1}{\omega}\sin(a\omega)$

▶표 13.3 **Fourier 사인 변환**

$f(x)$	$\mathfrak{F}_S[f](\omega) = \hat{f}_S(\omega)$
$\frac{1}{x}$	$\begin{cases} \frac{\pi}{2} & \omega > 0 \text{일 때,} \\ -\frac{\pi}{2} & \omega < 0 \text{일 때} \end{cases}$
$x^{r-1} \quad (0 < r < 1)$	$\Gamma(r)\sin\left(\frac{\pi r}{2}\right)\omega^{-r}$
$\frac{1}{\sqrt{x}}$	$\sqrt{\frac{\pi}{2}}\omega^{-1/2}$
$e^{-ax} \quad (a > 0)$	$\frac{\omega}{a^2 + \omega^2}$
$xe^{-ax} \quad (a > 0)$	$\frac{2a\omega}{(a^2 + \omega^2)^2}$
$xe^{-a^2x^2} \quad (a > 0)$	$\frac{\sqrt{\pi}}{4}a^{-3}\omega e^{-\omega^2/4a^2}$
$x^{-1}e^{-ax} \quad (a > 0)$	$\tan^{-1}\left(\frac{\omega}{a}\right)$
$\frac{x}{a^2 + x^2} \quad (a > 0)$	$\frac{\pi}{2}e^{-a\omega}$
$\frac{x}{(a^2 + x^2)^2} \quad (a > 0)$	$\frac{\pi}{4a}\omega e^{-a\omega}$
$\frac{1}{x(a^2 + x^2)} \quad (a > 0)$	$\frac{\pi}{2}a^{-2}(1 - e^{-a\omega})$
$e^{-x/\sqrt{2}}\sin\left(\frac{x}{\sqrt{2}}\right)$	$\frac{\omega}{1 + \omega^4}$
$\frac{2}{\pi}\frac{x}{a^2 + x^2}$	$e^{-a\omega}$
$\frac{2}{\pi}\tan^{-1}\left(\frac{a}{x}\right) \quad (a > 0)$	$\frac{1}{\omega}(1 - e^{-a\omega})$
$\text{erfc}\left(\frac{x}{2\sqrt{a}}\right) \quad (a > 0)$	$\frac{1}{\omega}(1 - e^{-a\omega^2})$
$\frac{4}{\pi}\frac{x}{4 + x^4}$	$e^{-\omega}\sin(\omega)$
$\sqrt{\frac{2}{\pi x}}$	$\frac{1}{\sqrt{\omega}}$

13.6 이산 Fourier 변환

주기가 p인 함수 f의 복소 Fourier 급수는

$$\sum_{k=-\infty}^{\infty} d_k e^{ik\omega_0 t}, \qquad d_k = \frac{1}{p}\int_0^{p+0} f(t)e^{-ik\omega_0 t}\,dt$$

이다. $\omega_0 = 2\pi/p$을 대입하면 f의 복소 Fourier 급수는

$$\sum_{k=-\infty}^{\infty} d_k e^{2\pi ikt/p}$$

이고, f가 적당한 조건을 만족하면 위 식은 임의의 점 t에서 $\frac{1}{2}(f(t+)+f(t-))$로 수렴한다.

이 복소 Fourier 계수를 근사적으로 표현하는 방법을 생각하자. $j=0, 1, \cdots, N-1$에 대하여 $t_j = jp/N$라 하자. 구간 $[0, p]$를 길이가 p/N인 부분구간 $[t_j, t_{j+1}]$, $[j=0, 1, \cdots, N-1]$로 나누면, d_k는 다음 Riemann 합으로 근사할 수 있다.

$$d_k \approx \frac{1}{p}\sum_{j=0}^{N-1} f(t_j)e^{-2\pi ikt_j/p}\frac{p}{N} = \frac{1}{N}\sum_{j=0}^{N-1} f(t_j)e^{-2\pi ikj/N}. \qquad (13.16)$$

식 (13.16)을 $f(t_0)$, $f(t_1)$, $\cdots$, $f(t_{N-1})$에 대한 N-점 이산 Fourier 변환(DFT: Discrete Fourier Transform)이라 한다.

정의 13.7 N-점 이산 Fourier 변환

N은 양의 정수이고 $u=\{u_j\}_{j=0}^{N-1}$을 복소수열이라 하자. 그러면 u에 대한 **N-점 이산 Fourier 변환**은 $k=0, \pm1, \pm2, \cdots$에 대해

$$\mathbb{D}[u](k) = \sum_{j=0}^{N-1} u_j e^{-2\pi ijk/N}$$

이다.

N-점 이산 Fourier 변환은 주어진 N개의 복소수를 무한 복소수열로 바꿔준다.

기호를 간단히 하기 위하여 수열 $u=\{u_j\}_{j=0}^{N-1}$에 대한 N-점 이산 Fourier 변환을 u의 대문자 U로 나타낸다. 즉,

$$U_k = \sum_{j=0}^{N-1} u_j e^{-2\pi ijk/N}$$

이다. u가 실수열이면 $U_{-k} = \overline{U_k}$이 성립한다.

지금부터, N-점 DFT의 성질을 알아보자.

복소수 a, b와 복소수열 $u=\{u_j\}_{j=0}^{N-1}$, $v=\{v_j\}_{j=0}^{N-1}$에 대해

$$\begin{aligned}\mathbb{D}[au+bv](k) &= \sum_{j=0}^{N-1}(au_j+bv_j)e^{-2\pi ijk/N}\\ &= a\sum_{j=0}^{N-1}u_j e^{-2\pi ijk/N}+b\sum_{j=0}^{N-1}v_j e^{-2\pi ijk/N}=aU_k+bV_k\end{aligned}$$

이므로 N-점 DFT는 선형이다.

다음으로 임의의 정수 k와 복소수열 $u=\{u_j\}_{j=0}^{N-1}$에 대하여 $e^{-2\pi ij}=1$과 U_k의 정의로부터

$$U_{k+N}=\sum_{j=0}^{N-1}u_j e^{2\pi ij(k+N)/N}=\sum_{j=0}^{N-1}u_j e^{-2\pi jk/N}e^{-2\pi ij}=\sum_{j=0}^{N-1}u_j e^{-2\pi ijk/N}=U_k$$

이므로 N-점 DFT의 주기가 N임을 확인할 수 있다.

보기 13.18 복소수 c에 대하여, 상수수열 $u=\{c\}_{j=0}^{N-1}$의 N-점 DFT는

$$U_k=\sum_{j=0}^{N-1}ce^{-2\pi ijk/N}=c\sum_{j=0}^{N-1}(e^{-2\pi ik/N})^j$$

이다. N-점 DFT는 주기가 N이므로, $U_0, U_1, \cdots, U_{N-1}$의 값만 알면 된다. N이 3보다 큰 자연수일 때

먼저

$$U_0=c\sum_{j=1}^{N-1}1=cN$$

이고, $k=1, \cdots, N-1$이면 $e^{-2\pi ik/N}\neq 1$이고, $r\neq 1$일 때 기하급수의 합 공식

$$\sum_{j=0}^{N-1}r^j=\frac{1-r^N}{1-r} \tag{13.17}$$

을 이용하면

$$U_k=c\,\frac{1-(e^{-2\pi ik/N})^N}{1-e^{-2\pi ik/N}}=c\,\frac{1-e^{-2\pi ik}}{1-e^{-2\pi ik/N}}=0$$

이다. 즉 $U_0=cN$, $U_1=U_2=\cdots U_{N-1}=0$이다.

복소수열 $u=\left\{e^{2\pi ij3/N}\right\}_{j=0}^{N-1}$에 대한 N-점 DFT를 구해 보자.

$$U_k=\sum_{j=0}^{N-1}e^{2\pi ij3/N}e^{-2\pi ijk/N}=\sum_{j=0}^{N-1}e^{2\pi ij(3-k)/N}$$

$k=3$이면

$$U_3=\sum_{j=0}^{N-1}1=N.$$

$0\le k\le N-1$이고 $k\ne 3$이면 $e^{2\pi i(3-k)/N}\ne 1$이므로 1이 아닌 등비급수 공식을 이용하면

$$U_k=\sum_{j=0}^{N-1}e^{2\pi ij(3-k)/N}=\frac{1-\left(e^{2\pi i(3-k)/N}\right)^N}{1-e^{2\pi i(3-k)/N}}=\frac{1-1}{1-e^{2\pi i(3-k)/N}}=0$$

이다. 즉,

$$U_0=U_1=U_2=0,\quad U_3=N,\quad U_4=\cdots=U_{N-1}=0$$

임을 알 수 있다.

위에서 보는 바와 같이 N-점 DFT는 복소수열 $\{u_j\}_{j=0}^{N-1}$가 단위원을 몇 번 회전하였는가를 알 수 있게 해 준다. 보기 13.16에서 상수수열을 $U_0=cN$이고 나머지는 0이므로, 회전이 없다는 것을 알려 주고 수열 $\{e^{2\pi ij3/N}\}_{j=0}^{N-1}$은 $j=0$에서 $N-1$까지 변할 때, 단위원을 3번 회전하므로 $U_3=N$이고 나머지 값들은 0이다.

보기 13.19 N은 양의 정수이고, a는 π의 정수배가 아닌 복소수라 하자. 그러면 수열 $u=\{\sin(ja)\}_{j=0}^{N-1}$의 N-점 DFT는

$$U_k=\sum_{j=0}^{N-1}\sin(ja)\,e^{-2\pi ijk/N}$$

이다. 식

$$\sin(ja)=\frac{1}{2i}(e^{ija}-e^{-ija})$$

에 의해

$$U_k=\frac{1}{2i}\sum_{j=0}^{N-1}e^{ija}e^{-2\pi ijk/N}-\frac{1}{2i}\sum_{j=0}^{N-1}e^{-ija}e^{-2\pi ijk/N}=\frac{1}{2i}\sum_{j=0}^{N-1}(e^{ia-2\pi ik/N})^j-\frac{1}{2i}\sum_{j=0}^{N-1}(e^{-ia-2\pi ik/N})^j$$

이다. 기하급수 (13.17)과 $e^{-2\pi ik}=1$을 이용하여 계산하면

$$U_k=\frac{1}{2i}\frac{1-(e^{ia-2\pi ik/N})^N}{1-e^{ia-2\pi ik/N}}-\frac{1}{2i}\frac{1-(e^{-ia-2\pi ik/N})^N}{1-e^{-ia-2\pi ik/N}}=\frac{1}{2i}\frac{1-e^{iaN}}{1-e^{ia-2\pi ik/N}}-\frac{1}{2i}\frac{1-e^{-iaN}}{1-e^{-ia-2\pi ik/N}} \tag{13.18}$$

이다. 예를 들어 $N=5$이고 $a=\sqrt{2}$이면, 수열 u는

$$u_0=0,\quad u_1=\sin\sqrt{2},\quad u_2=\sin(2\sqrt{2}),\quad u_3=\sin(3\sqrt{2}),\quad u_4=\sin(4\sqrt{2})$$

이고, 수열 u의 5-점 DFT는

$$U_k=\frac{1}{2i}\frac{1-e^{5i\sqrt{2}}}{1-e^{i\sqrt{2}-2\pi ik/5}}-\frac{1}{2i}\frac{1-e^{5i\sqrt{2}}}{1-e^{-i\sqrt{2}-2\pi ik/5}}$$

이다. 처음 몇 개를 계산해 보면

$$U_0=\frac{1}{2i}\frac{1-e^{5i\sqrt{2}}}{1-e^{i\sqrt{2}}}-\frac{1}{2i}\frac{1-e^{-5i\sqrt{2}}}{1-e^{-i\sqrt{2}}}=\frac{\sin(4\sqrt{2})+\sin\sqrt{2}-\sin(5\sqrt{2})}{2-2\cos\sqrt{2}},$$

$$U_1=\frac{1}{2i}\frac{1-e^{5i\sqrt{2}}}{1-e^{i\sqrt{2}-2\pi i/5}}-\frac{1}{2i}\frac{1-e^{-5i\sqrt{2}}}{1-e^{-i\sqrt{2}-2\pi i/5}},\qquad U_2=\frac{1}{2i}\frac{1-e^{5i\sqrt{2}}}{1-e^{i\sqrt{2}-4\pi i/5}}-\frac{1}{2i}\frac{1-e^{-5i\sqrt{2}}}{1-e^{-i\sqrt{2}-4\pi i/5}}$$

이다.

13.6.1 역 N-점 DFT

수열 $\{u_j\}_{j=0}^{N-1}$의 N-점 DFT가

$$U_k=\sum_{j=0}^{N-1}u_je^{-2\pi ijk/N}$$

일 때,

$$\mathbb{D}^{-1}[U](j)=\frac{1}{N}\sum_{k=0}^{N-1}U_ke^{2\pi ijk/N},\qquad j=0,1,\cdots,N-1 \tag{13.19}$$

라 하고 $\mathbb{D}^{-1}[U](j)=u_j$가 성립함을 유도해 보자. 식 (13.19)를 **N-점 이산 Fourier 역변환**(역 N-점 DFT)이라 한다.

위 식을 유도하기 위하여 $W=e^{-2\pi i/N}$라 두면

$$W^N=1,\qquad W^{-1}=e^{2\pi i/N}$$

이다. 따라서

$$\begin{aligned}\mathbb{D}^{-1}[U](j)&=\frac{1}{N}\sum_{k=0}^{N-1}U_ke^{2\pi ijk/N}=\frac{1}{N}\sum_{k=0}^{N-1}U_kW^{-jk}=\frac{1}{N}\sum_{k=0}^{N-1}\left(\sum_{r=0}^{N-1}u_re^{-2\pi irk/N}\right)W^{-jk}\\&=\frac{1}{N}\sum_{k=0}^{N-1}\sum_{r=0}^{N-1}u_rW^{rk}W^{-jk}=\frac{1}{N}\sum_{r=0}^{N-1}u_r\sum_{k=0}^{N-1}W^{rk}W^{-jk}\end{aligned} \tag{13.20}$$

이다. 식 (13.20)의 마지막 식에서

$$W^{rk}W^{-jk} = e^{-2\pi irk/N}e^{2\pi ijk/N} = e^{-2\pi i(r-j)k/N} = W^{(r-j)k}$$

이다. 주어진 j에 대해 $r \neq j$이면 $W^{(r-j)} = e^{-2\pi i(r-j)/N} \neq 1$이고 $(W^{(r-j)})^N = e^{-2\pi i(r-j)} = 1$이므로

$$\sum_{k=0}^{N-1} W^{rk}W^{-jk} = \sum_{k=0}^{N-1} W^{(r-j)k} = \sum_{k=0}^{N-1} (W^{r-j})^k = \frac{1-(W^{r-j})^N}{1-W^{r-j}} = 0$$

이다. 따라서 식 (13.20)은 $r = j$인 경우를 제외하면 0이므로

$$\mathbb{D}^{-1}[U](j) = \frac{1}{N}\sum_{r=0}^{N-1} u_r \sum_{k=0}^{N-1} W^{rk}W^{-jk} = \frac{1}{N}u_j \sum_{k=0}^{N-1} W^{jk}W^{-jk} = \frac{1}{N}u_j N = u_j$$

이다.

13.6.2 Fourier 계수의 DFT 근사

식 (13.16)에서 주기함수의 Fourier 계수 d_k의 근사값으로 $f(t_0), f(t_1), \cdots, f(t_{N-1})$에 대한 N-점 DFT를 이용했다. 이 절에서는 이 과정을 좀 더 자세히 살펴보자.

구체적인 예로서 주기가 4인 함수 $f(t) = \sin t,\ 0 \leq t < 4$를 생각해 보자. 그림 13.17은 f의 그래프이다. Fourier 계수는 $k = 0, \pm 1, \pm 2, \cdots$에 대해

$$\begin{aligned} d_k &= \frac{1}{4}\int_0^4 \sin\xi\, e^{-2\pi ik\xi/4}\, d\xi = \frac{1}{4}\int_0^4 \sin\xi\, e^{-\pi ik\xi/2}\, d\xi \\ &= \frac{\cos 4 - 1}{\pi^2 k^2 - 4} + \frac{1}{2} i \frac{\pi k \sin 4}{\pi^2 k^2 - 4} \end{aligned} \tag{13.21}$$

이다.

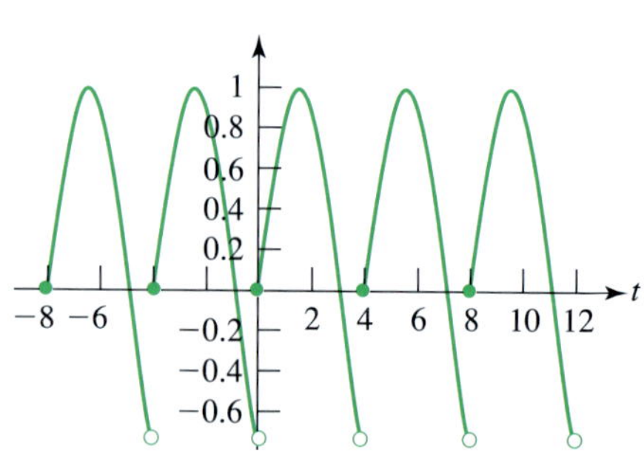

그림 13.17 $0 \leq t < 4$에서 $\sin t$이고 주기가 4인 함수

양의 정수 N에 대해서 구간 $[0, 4]$를 길이가 $4/N$인 부분구간 $[4j/N, 4(j+1)/N]$로 나누고, 점 $t_j = 4j/N$에서 f의 값을 생각해 보자. 이렇게 만든 N개의 값

$$u = \left\{\sin\left(\frac{4j}{N}\right)\right\}_{j=0}^{N-1}$$

에 대한 N-점 DFT는

$$U_k = \sum_{j=0}^{N-1} \sin\left(\frac{4j}{N}\right) e^{-2\pi ijk/4} = \sum_{j=0}^{N-1} \sin\left(\frac{4j}{N}\right) e^{-\pi ijk/2}$$

이다. 그러면

$$\frac{1}{N} U_k = \frac{1}{N} \sum_{j=0}^{N-1} \sin\left(\frac{4j}{N}\right) e^{-\pi ijk/2}$$

는 Fourier 계수 d_k를 정의한 적분의 Riemann 합이다.

$(1/N)U_k$가 식 (13.21)의 d_k와 얼마나 가까울까? N-점 DFT와 Fourier 계수 d_k를 비교하기 위하여 보기 13.19에서 $a = 4/N$라 하자. 그러면

$$\frac{1}{N} U_k = \frac{1}{N}\left[\frac{1}{2i} \frac{1-e^{4i}}{1-e^{4i/N - 2k\pi i/N}} - \frac{1}{2i} \frac{1-e^{-4i}}{1-e^{-4i/N - 2k\pi i/N}}\right]$$

이다. $|x| \ll 1$일 때 근사식

$$e^x \approx 1 + x$$

을 이용하면

$$\begin{aligned}
\frac{1}{N} U_k &\approx \frac{1}{N}\left[\frac{1}{2i} \frac{1-e^{4i}}{1-[1+(4i/N - 2k\pi i/N)]} - \frac{1}{2i} \frac{1-e^{-4i}}{1-[1+(-4i/N - 2k\pi i/N)]}\right] \\
&= -\frac{1}{4}\left[\frac{1-e^{4i}}{-2+k\pi} - \frac{1-e^{-4i}}{2+k\pi}\right] = -\frac{1}{4} \frac{1}{\pi^2 k^2 - 4}\left[4 - \pi k(e^{4i} - e^{-4i}) - 2(e^{4i} + e^{-4i})\right] \\
&= -\frac{1}{4} \frac{1}{\pi^2 k^2 - 4}[4 - 2\pi k i \sin 4 - 4\cos 4] = \frac{\cos 4 - 1}{\pi^2 k^2 - 4} + \frac{i}{2} \frac{\pi k \sin 4}{\pi^2 k^2 - 4}
\end{aligned}$$

이다. 비록 $e^x \approx 1 + x$를 이용한 $(1/N)U_k$의 근사식이 Fourier 계수 d_k와 일치하였으나 모든 k에 대하여 성립하는 것은 아니다. 그 이유는 근사식 $e^x \approx 1 + x$는 $|x| \ll 1$일 때 성립하고, N-점 DFT는 주기적이지만 Fourier 계수 d_k는 주기성이 없기 때문이다.

N-점 DFT를 Fourier 계수 d_k의 근사값으로 이용하기 위한 $|k|$와 N의 크기에 대한 일반적인 조건은 없으나, 많은 과학과 공학 응용 분야에서 $|k| \le N/8$이면 경험적으로 충분히 정확한 근사값을 얻을 수 있다는 것이 알려져 있다.

연습문제 13.6

문제 1부터 6까지 주어진 수열 u에 대하여 N-점 이산 Fourier 변환 $\mathbb{D}[u](k)$를 $k=0, 1, \cdots, 4$까지 구하여라.

1. $\{\cos j\}_{j=0}^{5}$
2. $\{e^{ij}\}_{j=0}^{5}$
3. $\{1/(j+1)\}_{j=0}^{5}$
4. $\left\{1/(j+1)^2\right\}_{j=0}^{5}$
5. $\left\{j^2\right\}_{j=0}^{5}$
6. $\{\cos j - \sin j\}_{j=0}^{5}$

문제 7부터 12까지 주어진 수열 $\{U_k\}_{k=0}^{N}$에 대하여 N-점 이산 Fourier 역변환 $\mathbb{D}^{-1}[U](j)$를 구하여라.

7. $U_k=(1+i)^k,\ N=6$
8. $U_k=i^{-k},\ N=5$
9. $U_k=e^{-ik},\ N=7$
10. $U_k=k^2,\ N=5$
11. $U_k=\cos(k),\ N=5$
12. $U_k=\ln(k+1),\ N=6$

문제 13부터 16까지 주어진 함수 f에 대하여 복소 Fourier 계수 d_0, d_1, d_2, d_3을 구하고 N-점 DFT를 사용하여 복소 Fourier 계수의 근사값을 구하여라. 단, $N=128$을 사용하여라.

13. $f(t)=\cos t,\ 0\le t<2$이고 주기는 2인 함수
14. $f(t)=e^{-t},\ 0\le t<3$이고 주기는 3인 함수
15. $f(t)=t^2,\ 0\le t<1$이고 주기는 1인 함수
16. $f(t)=te^{2t},\ 0\le t<4$이고 주기는 4인 함수

13.7 Fourier 변환의 N-점 근사

앞 절에서 주기가 p인 주기함수 f에 대한 Fourier 계수의 근사값으로 구간 $[0, p]$에 속한 N개의 점에서 추출한 함수값 $\{f(jp/N)\}_{j=0}^{N-1}$의 N-점 이산 Fourier 변환을 구했다. 이 절에서는 이산 Fourier 역변환과 주기함수 f의 표본을 이용하여 Fourier 급수를 구해서 f와 $\hat{f}$을 근사해 보자.

13.7.1 $f(t)$의 N-점 근사

$j=0, \cdots, N-1$에 대하여 $t_j=jp/N$라 하고 구간 $[0, p]$를 N개의 부분구간 $[t_j, t_{j+1}]$로 나누자. 그러면 수열 $u=\left\{f(t_j)\right\}_{j=0}^{N-1}$의 N-점 이산 Fourier 변환

$$U_k = \sum_{j=0}^{N-1} f\left(t_j\right) e^{-2\pi ijk/N}$$

에 대해 13.6절에서 언급하였듯이 $|k| \le N/8$이면

$$d_k \approx \frac{1}{N} U_k$$

이다. $0 < M \le N/8$에 대해

$$S_M(t) = \sum_{k=-M}^{M} d_k e^{2\pi ikt/p}$$

이라 하면

$$S_M\left(\frac{jp}{N}\right) \approx \frac{1}{N} \sum_{k=-M}^{M} U_k e^{2\pi ijk/N}$$

이다. 이 S_M을 **복소 Fourier 급수의 M-부분합**이라 한다. 여기서 오른쪽 부분합은 N개 숫자로 이루어진 어떤 수열의 N-점 이산 Fourier 역변환임을 알 수 있다. N-점 이산 Fourier 변환의 주기성 $U_{k+N} = U_k$를 이용하면 다음 식을 유도할 수 있다.

$$\begin{aligned} S_M\left(\frac{jp}{N}\right) &\approx \frac{1}{N} \sum_{k=-M}^{-1} U_k e^{2\pi ijk/N} + \frac{1}{N} \sum_{k=0}^{M} U_k e^{2\pi ijk/N} = \frac{1}{N} \sum_{k=1}^{M} U_{-k} e^{-2\pi ijk/N} + \frac{1}{N} \sum_{k=0}^{M} U_k e^{2\pi ijk/N} \\ &= \frac{1}{N} \sum_{k=1}^{M} U_{-k+N} e^{2\pi ij(-k+N)/N} + \frac{1}{N} \sum_{k=0}^{M} U_k e^{2\pi ijk/N} \\ &= \frac{1}{N} \sum_{k=N-M}^{N-1} U_k e^{2\pi ijk/N} + \frac{1}{N} \sum_{k=0}^{M} U_k e^{2\pi ijk/N}. \end{aligned} \tag{13.22}$$

위 식에서 $2M+1$개의 점

$$U_{N-M}, \cdots, U_{N-1}, U_0, \cdots, U_M$$

을 사용했다. $M \le N/8$이므로 N개로 이루어진 수열을 얻기 위해서는 빠져 있는 값들을 정해 주어야 한다. 한 가지 방법은 다음처럼 모두 0을 선택하는 것이다.

$$V_k = \begin{cases} U_k & 0 \le k \le M \text{ 또는 } N-M \le k \le N-1 \text{일 때,} \\ 0 & M+1 \le k \le N-M-1 \text{일 때,} \end{cases}$$

그러면 점 $f(jp/N)(j=0, \cdots, N-1)$은 N개의 표본 $\{f(\ell p/N)\}_{\ell=0}^{N-1}$으로부터

$$f\left(\frac{jp}{N}\right) \approx \frac{1}{N} \sum_{k=0}^{N-1} V_k e^{2\pi ijk/N} \approx S_M\left(\frac{jp}{N}\right)$$

로 근사할 수 있다.

보기 13.20 f는 $0 \le t < 2$에서 $f(t) = t$이고 주기가 2인 주기함수라 하자. 그림 13.20(c)는 이 함수의 그래프이다.

f의 복소 Fourier 계수는

$$d_k = \frac{1}{2}\int_0^2 te^{-2\pi ikt/2}\,dt = \begin{cases} \dfrac{i}{\pi k} & k \neq 0 \text{일 때}, \\ 1 & k = 0 \text{일 때} \end{cases}$$

이고, 복소 Fourier 급수는

$$1 + \sum_{k=-\infty, k\neq 0}^{\infty} \frac{i}{\pi k} e^{\pi ikt}$$

이다. 위 급수는 구간 $0 < t < 2$에서 t로 수렴하고 M번째 부분합은

$$S_M(t) = 1 + \sum_{k=-M,\, k\neq 0}^{M} \frac{i}{\pi k} e^{\pi ikt}$$

이다. 특히, $N = 2^7 = 128$이고, $M = 10$이라 하면 $M \le N/8$을 만족한다. 그러면 $j = 0, 1, \cdots, 127$에 대하여

$$u = \left\{ f\left(\frac{jp}{N}\right) \right\}_{j=0}^{N-1} = \left\{ \frac{j}{64} \right\}_{j=0}^{127}$$

이다. 수열 u의 128−점 DFT의 k번째 항은

$$U_k = \sum_{j=0}^{127} \frac{j}{64} e^{-\pi ijk/64}$$

이다. V_k를

$$V_k = \begin{cases} U_k & k = 0, 1, \cdots, 10 \text{일 때}, \\ 0 & k = 11, \cdots, 117 \text{일 때}, \\ U_k & k = 118, \cdots, 127 \text{일 때} \end{cases}$$

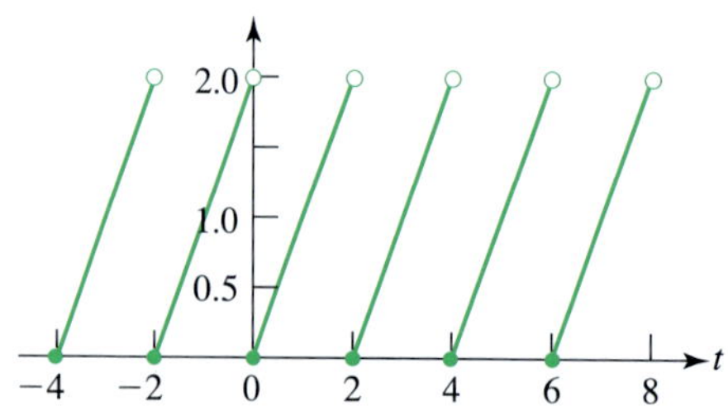

그림 13.18 주기가 2이고 $0 \le t < 2$에서 t인 함수

로 정의하면, 다음 근사식을 얻을 수 있다.

$$S_{10}\left(\frac{jp}{N}\right)=S_{10}\left(\frac{j}{64}\right)=1+\sum_{k=-10,\ k\neq 0}^{10}\frac{i}{\pi k}e^{\pi ijk/64}\approx\frac{1}{128}\sum_{k=0}^{127}V_k e^{\pi ijk/64}. \quad (13.23)$$

Fourier 급수의 표본 부분합의 근사과정을 이해하기 위해 다음 예를 살펴보자. $S_{10}\left(\frac{1}{2}\right)$의 근사값을 구하기 위하여 식 (13.23)에서 $j=32$라 하자. 먼저,

$$S_{10}\left(\frac{1}{2}\right)=1+\sum_{k=-10,\ k\neq 0}^{10}\frac{i}{\pi k}e^{\pi ik/2}=0.46$$

이고 V_k의 값을 구하기 위하여 다음을 계산하자.

$$U_0=\sum_{j=0}^{127}\frac{j}{64}=127,\quad U_1=\sum_{j=0}^{127}\frac{j}{64}e^{-\pi ij/64}=-1.0+40.74i,$$

$$U_2=\sum_{j=0}^{127}\frac{j}{64}e^{-\pi ij/32}=-1.0+20.36i,\quad U_3=-1.0+13.56i,$$

$$U_4=-1.0+10.15i,\quad U_5=-1.0+8.11i,\quad U_6=-1.0+6.74i,$$

$$U_7=-1.0+5.76i,\quad U_8=-1.0+5.03i,\quad U_9=-1.0+4.45i,$$

$$U_{10}=-1.0+3.99i,$$

$$U_{M-j}=\overline{U_j}(j=1,\cdots,10).$$

따라서,

$$\begin{aligned}\sum_{k=0}^{127}V_k e^{\pi ik/2}&=127+\sum_{k=1}^{10}U_k e^{\pi ik/2}+\sum_{k=1}^{10}\overline{U_k}e^{\pi ik/2}\\&=127+\mathrm{Re}\left(\sum_{k=1}^{10}U_k e^{\pi ik/2}\right)\\&=127+\mathrm{Re}\,[(-1.0+40.74i)\,e^{\pi i/2}+(-1.0+20.36i)\,e^{\pi i}\\&\quad+(-1.0+13.56i)\,e^{3\pi i/2}+(-1.0+10.15i)\,e^{2\pi i}\\&\quad+(-1.0+8.11i)\,e^{5\pi i/2}+(-1.0+6.74i)e^{3\pi i}\\&\quad+(-1.0+5.76i)\,e^{7\pi i/2}+(-1.0+5.03i)\,e^{4\pi i}\\&\quad+(-1.0+4.45i)\,e^{9\pi i/2}+(-1.0+3.99i)\,e^{5\pi i}]\\&=61.05\end{aligned}$$

이고

$$\frac{1}{128}\sum_{k=0}^{127}V_k e^{\pi ijk/64}=0.48$$

이다. 즉, 표본 부분합 $S_{10}\left(\frac{1}{2}\right)=0.46$의 근사값 128-점 DFT는 0.48로 오차는 0.02이다.

$t=\frac{1}{2}$에서 복소 Fourier 급수의 실제값은 $f\left(\frac{1}{2}\right)=0.5$이다. 실제로 N을 증가시키면 더욱 정확한 근사값을 구할 수 있다.

13.7.2 $\hat{f}(\omega)$의 N-점 근사

적당한 조건하에서 주어진 함수의 Fourier 변환에 대한 근사값으로 이산 Fourier 변환을 사용할 수 있다. 먼저

$$\hat{f}(\omega)=\int_{-\infty}^{\infty} f(\xi)e^{-i\omega\xi}\,d\xi \approx \int_{0}^{2\pi L} f(\xi)\,e^{-i\omega\xi}\,d\xi$$

즉, 적절한 오차 범위 내에서 $\hat{f}(\omega)$가 유한 구간에서 적분으로 근사할 수 있다고 가정하자. 구간 $[0, 2\pi L]$을 길이가 $2\pi L/N$인 N개의 부분구간으로 나누고, $j=0, 1, \cdots, N$에 대하여 $\xi_j=2\pi jL/N$을 분할점이라 하자. 그러면 우변의 적분을 Riemann 합으로 근사시켜

$$\hat{f}(\omega)\approx \sum_{j=0}^{N-1} f\left(\frac{2\pi jL}{N}\right)e^{-2\pi ijL\omega/N}\,\frac{2\pi L}{N}=\frac{2\pi L}{N}\sum_{j=0}^{N-1} f\left(\frac{2\pi jL}{N}\right)\,e^{-2\pi ijL\omega/N}$$

을 얻을 수 있다. 이 식에서 임의의 정수 k에 대하여 $\omega=k/L$라 두면

$$\hat{f}(k/L)\approx \frac{2\pi L}{N}\sum_{j=0}^{N-1} f\left(\frac{2\pi jL}{N}\right)e^{-2\pi ijk/N} \tag{13.24}$$

이다. 즉, 점 $\omega=k/L$에서 Fourier 변환값 $\hat{f}(k/L)$는 근사적으로 수열

$$\left\{f\left(\frac{2\pi jL}{N}\right)\right\}_{j=0}^{N-1}$$

의 N-점 DFT에 $2\pi L/N$을 곱한 값과 같다. N-점 DFT는 주기성을 가지고 있으나 Fourier 변환은 주기성이 없다. 따라서 앞 절에서와 같이 효과적인 근사값을 구하기 위하여 $|k|\le N/8$로 제한하자.

보기 13.21 간단한 경우에 대해서 식 (13.24)를 확인해 보자.

$$f(t)=\begin{cases} e^{-t} & t\ge 0\text{일 때,}\\ 0 & t<0\text{일 때}\end{cases}$$

의 Fourier 변환은

$$\hat{f}(\omega) = \int_{-\infty}^{\infty} f(\xi)\, e^{-i\omega\xi}\, d\xi = \int_{0}^{\infty} e^{-\xi} e^{-i\omega\xi}\, d\xi = \frac{1-i\omega}{1+\omega^2}$$

이다. $L=1$, $N=2^7=128$이고 $k=3$이라 하자. 그러면 $k/L=3$이고

$$\begin{aligned}\hat{f}(k/L) = \hat{f}(3) &\approx \frac{2\pi}{128} \sum_{j=0}^{127} e^{-\pi j/64}\, e^{-6\pi ij/128} \\ &= \frac{\pi}{64} \sum_{j=0}^{127} e^{-\pi j/64}\, e^{-3\pi ij/64} = 0.1245 - 0.2988i\end{aligned}$$

이다. 점 $\omega=3$에서 Fourier 변환의 참값은

$$\hat{f}(3) = \frac{1-3i}{10} = 0.1 - 0.3i$$

이다. $N=2^9=512$로 선택하면

$$\begin{aligned}\hat{f}(3) &\approx \frac{2\pi}{512} \sum_{j=0}^{511} e^{-2\pi j/512}\, e^{-6\pi j/512} \\ &= \frac{\pi}{256} \sum_{j=0}^{511} e^{-\pi j/256}\, e^{-3\pi j/256} = 0.1060 - 0.2994i\end{aligned}$$

이다. 즉, $N=128$일 경우보다 더 좋은 근사값이다.

보기 13.22 보기 13.21에 주어진 함수에 대하여 좀 더 구체적인 값을 생각해 보자. 즉, 같은 함수를 사용하여 $\mathrm{Re}[\hat{f}(\omega)]$, $\mathrm{Im}[\hat{f}(\omega)]$, $|\hat{f}(\omega)|$의 근사적 그래프를 얻기 위해 충분히 많은 점들을 선택하자. 이를 위해 $L=4$, $N=2^8=256$이라 두면, 근사식은

$$\hat{f}\left(\frac{k}{4}\right) \approx \frac{\pi}{32} \sum_{j=0}^{255} e^{-\pi j/32}\, e^{-\pi jk/128}$$

가 된다. 또 $|k| \le N/8 = 32$이면 되지만, $k=1, \cdots, 13$일 경우에만 $\hat{f}(k/4)$의 근사값을 생각하자.

		$\hat{f}(\omega)$의 DFT 근사값	$\hat{f}(\omega)$
$(k=1)$	$\hat{f}\left(\frac{1}{4}\right)$	$.9911 - .2351i$	$.9412 - .2353i$
$(k=2)$	$\hat{f}\left(\frac{1}{2}\right)$	$.8499 - .3996i$	$.8 - .4i$
$(k=3)$	$\hat{f}\left(\frac{3}{4}\right)$	$.6899 - .4794i$	$.64 - .48i$
$(k=4)$	$\hat{f}(1)$	$.5499 - .4992i$	$.5 - .5i$

$(k=5)$	$\hat{f}\left(\frac{5}{4}\right)$	$.4410-.4868i$	$.3902-.4878i$
$(k=6)$	$\hat{f}\left(\frac{3}{2}\right)$	$.3576-.4603i$	$.3077-.4615i$
$(k=7)$	$\hat{f}\left(\frac{7}{4}\right)$	$.2961-.4294i$	$.2462-.4308i$
$(k=8)$	$\hat{f}(2)$	$.2499-.3984i$	$.2-.4i$
$(k=9)$	$\hat{f}\left(\frac{9}{4}\right)$	$.2148-.3693i$	$.1650-.3711i$
$(k=10)$	$\hat{f}\left(\frac{5}{2}\right)$	$.1878-.3428i$	$.1379-.3448i$
$(k=11)$	$\hat{f}\left(\frac{11}{4}\right)$	$.1667-.3190i$	$.1168-.3212i$
$(k=12)$	$\hat{f}(3)$	$.1499-.2976i$	$.1-.3i$
$(k=13)$	$\hat{f}\left(\frac{13}{4}\right)$	$.1364.-2785i$	$.0865-.2811i.$

위 식에서 Fourier 변환에 대한 실수부의 오차는 대략 0.05이고 허수부의 오차는 대략 0.002이다. N의 값이 증가하면 더 정확한 근사값을 구할 수 있다.

그림 13.19(a)~(c)는 각각 Fourier 변환의 실수부값 $\left(\mathrm{Re}\left[\hat{f}(\omega)\right]\right)$, 허수부값 $\left(\mathrm{Im}\left[\hat{f}(\omega)\right]\right)$,

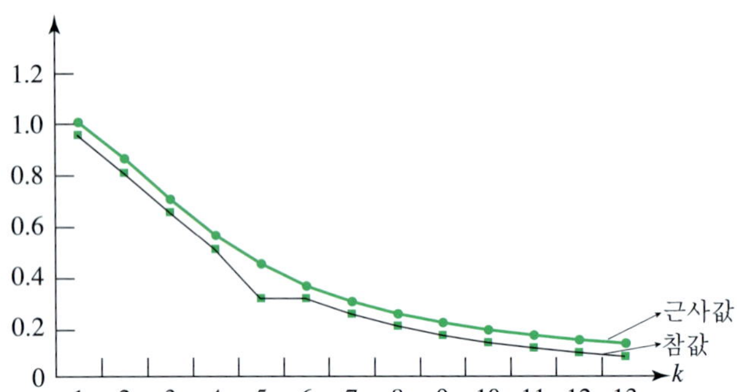

(a)

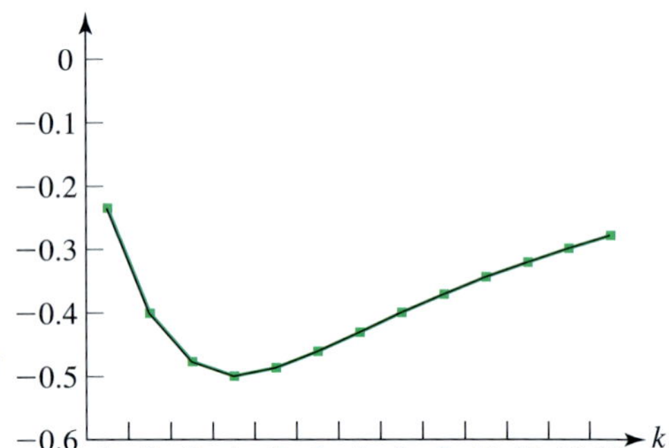

(b)

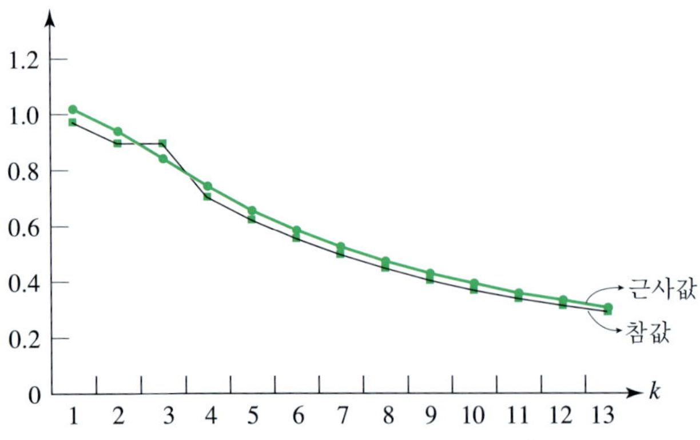

(c)

그림 13.19 $f(t)=\begin{cases} e^{-t} & t \geq 0 \text{ 일 때,} \\ 0 & t<0 \text{ 일 때} \end{cases}$ 에 대한 (a) $\mathrm{Re}\left[\hat{f}(\omega)\right]$, (b) $\mathrm{In}\left[\hat{f}(\omega)\right]$와 (c) $\left|\hat{f}(\omega)\right|$의 실제값과 DFT 근사값의 비교

크기$(|\hat{f}(\omega)|)$와 각각의 근사값을 표시하고 있다. 그림에서 둥근 점은 근사값이고 네모 점은 참값이다. 그림 13.19(b)에서는 참값과 근사값이 거의 차이가 나지 않는다.

지금까지 Fourier 변환의 근사값을 구하기 위하여 적분 $\int_0^{2\pi L} f(\xi)e^{-i\omega\xi}\,d\xi$을 사용하였다. 이제 길이가 $2\pi L$이고, 대칭구간 $[-\pi L, \pi L]$에서 정의된 적분 $\int_{-\pi L}^{\pi L} f(\xi)e^{-i\omega\xi}\,d\xi$을 이용해 보자. 즉, Fourier 변환을

$$\hat{f}(\omega) \approx \int_{-\pi L}^{\pi L} f(\xi)\, e^{-i\omega\xi}\, d\xi$$

로 근사할 수 있고, 특히 $\omega = k/L$일 때(k는 정수)는

$$\begin{aligned}\hat{f}\left(\frac{k}{L}\right) &\approx \int_{-\pi L}^{\pi L} f(\xi)\, e^{-ik\xi/L}\, d\xi \\ &= \int_{-\pi L}^{0} f(\xi)\, e^{-ik\xi/L}\, d\xi + \int_{0}^{\pi L} f(\xi)\, e^{-ik\xi/L}\, d\xi\end{aligned}$$

이다. 우변의 첫 번째 적분에서 $\zeta = \xi + 2\pi L$로 치환하면 $e^{-2\pi ik} = 1$로부터

$$\begin{aligned}\hat{f}\left(\frac{k}{L}\right) &\approx \int_{\pi L}^{2\pi L} f(\zeta - 2\pi L)\, e^{-ik(\zeta - 2\pi L)/L}\, d\zeta + \int_{0}^{\pi L} f(\xi)\, e^{-ik\xi/L}\, d\xi \\ &= \int_{\pi L}^{2\pi L} f(\zeta - 2\pi L)\, e^{-ik\zeta/L}\, d\zeta + \int_{0}^{\pi L} f(\xi)\, e^{-ik\xi/L}\, d\xi\end{aligned}$$

를 얻게 되고, 다시 ζ를 ξ로 바꾸면

$$\hat{f}\left(\frac{k}{L}\right) = \int_{\pi L}^{2\pi L} f(\xi - 2\pi L)\, e^{-ik\xi/L}\, d\xi + \int_{0}^{\pi L} f(\xi)\, e^{-ik\xi/L}\, d\xi$$

이다. g를

$$g(t) = \begin{cases} f(t) & 0 \le t < \pi L \text{ 일 때}, \\ \frac{1}{2}(f(\pi L) + f(-\pi L)) & t = \pi L \text{ 일 때}, \\ f(t - 2\pi L) & \pi L < t \le 2\pi L \text{ 일 때} \end{cases} \tag{13.25}$$

로 정의하고 $\xi = 2\pi t$로 치환하면

$$\hat{f}\left(\frac{k}{L}\right) \approx \int_0^{2\pi L} g(\xi)\, e^{-ik\xi/L}\, d\xi = \int_0^{L} g(2\pi t)\, e^{-2\pi ikt/L}\,(2\pi)\, dt = 2\pi \int_0^{L} g(2\pi t)\, e^{-2\pi ikt/L}$$

이다. 구간 $[0, L]$을 N개의 부분구간으로 나누고, $j = 0, 1, \cdots, N-1$에 대하여 $t_j = jL/N$이라

하면

$$\hat{f}\left(\frac{k}{L}\right) \approx \frac{2\pi L}{N} \sum_{j=0}^{N-1} g\left(\frac{2\pi jL}{N}\right) e^{-2\pi ijk/N}$$

이다. 앞 절에서와 같이 $|k| \le N/8$이라 하면 점 k/L에서 Fourier 변환값 $\hat{f}(k/L)$는 근사적으로 수열

$$\left\{g\left(\frac{2\pi jL}{N}\right)\right\}_{j=0}^{N-1}$$

에 대한 N-점 DFT에 상수를 곱한 것과 같다.

13.7.3 여과(filtering)

주기가 $2L$인 신호 $f(t)$를 N-점 근사하는 방법을 13.7.1에서 살펴보았다. 이 과정에서 Gibbs 현상 등이 발생하는데, 여과를 이용하면 이런 불필요한 효과를 줄이거나 없앨 수도 있다. $f(t)$의 복소 Fourier 급수는

$$\sum_{n=-\infty}^{\infty} d_n e^{n\pi it/L}$$

이고, 여기서

$$d_n = \frac{1}{2L} \int_{-L}^{L} f(t)\, e^{-n\pi it/L}\, dt$$

이다. N번째 부분합

$$S_N(t) = \sum_{j=-N}^{N} d_j e^{\pi ijt/L}$$

를 생각하자. f에 대한 Fourier 급수의 **여과 부분합(filtered partial sum)**은

$$\sum_{j=-N}^{N} Z\left(\frac{j}{N}\right) d_j e^{\pi ijt/L} \tag{13.26}$$

로 정의하는데 여기서 여과함수 Z는 구간 $[-1, 1]$에서 연속인 짝함수이다. 뒤에서 여러 가지 여과함수에 대하여 공부할 것이다.

Du Bois-Reymond가 연속함수에 대한 Fourier 급수가 모든 점에서 발산하는 예제를 발표한 후 많은 사람들이 Fourier 급수가 수렴하는 조건에 대해 연구했다. 수렴성에 대한 연구를 통하여, Fourier 급수에 대한 부분합의 평균으로 구성된 수열이 부분합으로 구성된 수열보다 수렴성이 좋음을 알게 되었다. Cesàro는 부분합의 평균인

$$\sigma_N(t) = \frac{1}{N}\sum_{k=0}^{N-1} S_k(t) = \frac{1}{N}\left[S_0(t) + S_1(t) + \cdots + S_{N-1}(t)\right]$$

의 성질에 대해 연구하였고, $\sigma_N(t)$을 f의 N번째 **Cesàro 합**이라 한다. 점 t에서 Fourier 급수의 부분합이 특정한 값에 수렴하면 $\sigma_N(t)$는 $N \to \infty$일 때 같은 값으로 수렴하지만 그 역은 성립하지 않는다. 비록 $\sigma_N(t)$가 어떤 점 t에서 수렴하더라도 Fourier 급수는 발산할 수도 있다. Fejér는 f의 주기가 2π이고 $\int_0^{2\pi} f(t)\,dt$가 존재하면 f가 연속인 점에서 $\sigma_N(t) \to f(t)$가 성립함을 보였다. 이것은 Fourier 급수의 부분합에 대해 성립했던 것보다 좀 더 나은 결과이다.

앞에서 정의한 식을

$$\sigma_N(t) = \frac{1}{N}\sum_{k=0}^{N-1}\left(\sum_{j=-k}^{k} d_j e^{\pi ijt/L}\right)$$

로 변형한 후, 합의 순서를 잘 정렬하면

$$\sigma_N(t) = \sum_{n=-N}^{N}\left(1-\left|\frac{n}{N}\right|\right) d_n e^{\pi int/L}$$

가 됨을 보일 수 있다. 이 식을 식 (13.26)과 비교하면 **Cesàro 여과함수**

$$Z(t) = 1 - |t|, \qquad -1 \le t \le 1$$

을 얻을 수 있다. 수열

$$\left\{Z\left(\frac{n}{N}\right)\right\}_{n=-N}^{N} = \left\{1-\left|\frac{n}{N}\right|\right\}_{n=-N}^{N}$$

을 **Cesàro 여과수열**이라 한다.

Cesàro 여과의 특징 중 하나는 함수가 불연속인 점에서 나타나는 Fourier 급수의 Gibbs 현상이 감소된다는 것이다. 이런 사실을 잘 보여주는 예로서,

$$f(t) = \begin{cases} -1 & -\pi \le t < 0 \text{ 일 때,} \\ 1 & 0 \le t < \pi \text{ 일 때} \end{cases}$$

를 그림 13.20(a)처럼 실수 전체로 주기적 확장한 함수를 생각하자. 이 함수의 복소 Fourier 계수는

$$d_0 = \frac{1}{2\pi}\int_{-\pi}^{0} -1\,dt + \frac{1}{2\pi}\int_0^{\pi} dt = 0,$$

$$d_n = \frac{1}{2\pi}\int_{-\pi}^{0} -e^{-nit}\,dt + \frac{1}{2\pi}\int_0^{\pi} e^{-nit}\,dt = \frac{i}{\pi}\,\frac{-1+(-1)^n}{n}$$

이다. 따라서 복소 Fourier 급수의 N 부분합은

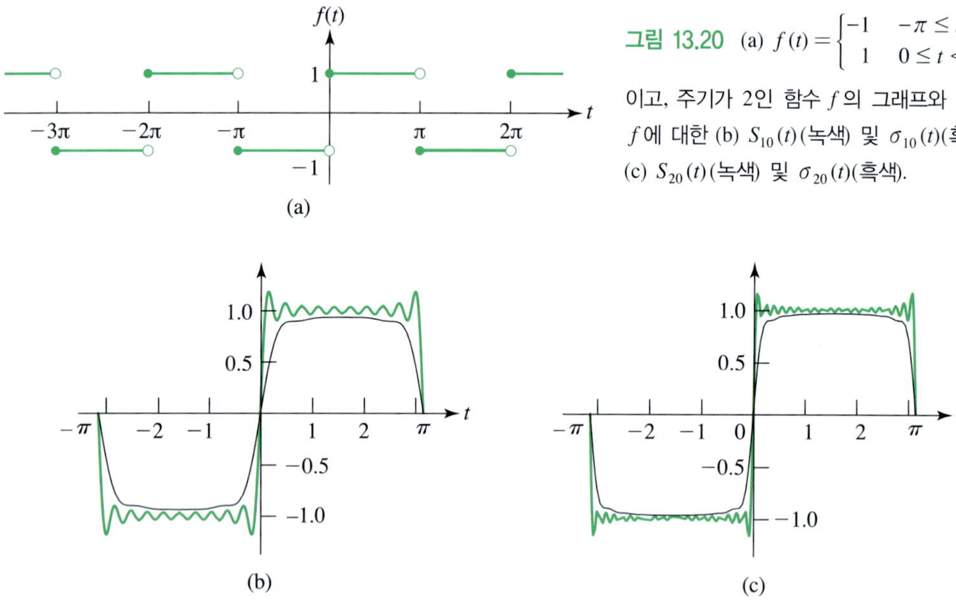

그림 13.20 (a) $f(t)=\begin{cases}-1 & -\pi \le t < 0 \text{일 때,} \\ 1 & 0 \le t < \pi \text{일 때}\end{cases}$ 이고, 주기가 2인 함수 f의 그래프와 $[-\pi, \pi]$에서 f에 대한 (b) $S_{10}(t)$(녹색) 및 $\sigma_{10}(t)$(흑색)과 (c) $S_{20}(t)$(녹색) 및 $\sigma_{20}(t)$(흑색).

$$S_N(t) = \sum_{n=-N,\ n\neq 0}^{N} \frac{i}{\pi}\,\frac{-1+(-1)^n}{n}\,e^{nit}$$

이다. 특히 N이 홀수이면

$$S_N(t) = \frac{4}{\pi}\left(\sin t + \frac{1}{3}\sin(3t) + \frac{1}{5}\sin(5t) + \cdots + \frac{1}{N}\sin(Nt)\right)$$

이다. 한편 N번째 Cesàro 합은

$$\sigma_N(t) = \sum_{n=-N}^{N}\left(1-\left|\frac{n}{N}\right|\right)\frac{i}{\pi}\,\frac{-1+(-1)^n}{n}\,e^{int}$$

이다. 이것을 정리하면

$$\sigma_N(t) = \sum_{n=1}^{N}\left(1-\frac{n}{N}\right)\left(\frac{-2}{\pi}\right)\left(\frac{(-1)+(-1)^n}{n}\right)\sin(nt)$$

이다. 그림 13.20(a)는 함수 $f(t)$의 그래프이고, 그림 13.20(b)와 (c)는 각각 $S_{10}(t)$ 및 $\sigma_{10}(t)$, $S_{20}(t)$ 및 $\sigma_{20}(t)$의 그래프이다. f의 불연점인 $t=0$에서 Gibbs 현상이 나타난다. 비록 $0<t<\pi$와 $-\pi<t<0$에서 $S_N(t)\to f(t)$가 성립하지만, $t=0$ 근처에서는 N을 증가시켜도 $S_N(t)$는 비슷한 크기를 유지한다. 그러나 $\sigma_N(t)$의 그래프에서는 갑자기 높아지는 현상은 없고 수렴이 원활하다. Cesàro 여과수열 $1-|n/N|$은 n이 N만큼 커지면 0으로 수렴하므로, Cesàro 여과는 고주파항에 대한 영향을 약화시킨다.

신호 처리에 자주 사용되는 또 다른 여과로는 Hamming 여과와 Gauss 여과가 있다. **Hamming 여과**는

$$Z(t) = .54 + .46\cos(\pi t)$$

로 정의된다. Hammimg 여과를 이용한 Fourier 급수의 N번째 여과 부분합은

$$\sum_{n=-N}^{N}\left(.54 + .46\cos\left(\frac{\pi n}{N}\right)\right) d_n e^{\pi nit/L}$$

이다. Gauss가 제안한 **Gauss 여과**는 양의 정수 a에 대해

$$Z(t) = e^{-a\pi^2 t^2}$$

으로 정의된다. Gauss 여과는 신호에서 배경 잡음을 소거하는 데 효과적이다. Gauss 여과를 이용한 Fourier 급수의 N번째 여과 부분합은

$$\sum_{n=-N}^{N} e^{-a\pi^2 n^2/N^2} d_n e^{\pi nit/L}$$

이다. 여과함수 $Z(t)$를 이용한 f의 여과 Fourier 변환은

$$\int_{-\infty}^{\infty} Z(\xi) f(\xi) e^{-i\omega\xi}\, d\xi$$

이고, 유한구간에서 계산한 적분값으로 근사하면

$$\int_{-\infty}^{\infty} Z(\xi) f(\xi) e^{-i\omega\xi}\, d\xi \approx \int_{-L}^{L} Z(\xi) f(\xi) e^{-i\omega\xi}\, d\xi$$

이다. 위 적분 식에 Cesàro, Hamming, Gauss 여과인

$$Z(t) = 1 - \left|\frac{t}{L}\right| \qquad \text{(Cesàro)}$$

$$Z(t) = .54 + .46\cos\left(\frac{\pi t}{L}\right) \qquad \text{(Hamming)}$$

$$Z(t) = e^{-a(\pi t/L)^2} \qquad \text{(Gauss)}$$

을 각각 사용할 수 있다.

연습문제 13.7

문제 1부터 6까지 주기가 p인 주어진 함수에 대하여 복소 Fourier 급수를 구하고, 점 t_0에서 10번째 부분합을 구하여라. 부분합의 근사값을 구하기 위하여 $N = 128$일 때 DFT를 구하고, DFT와 $f_{10}(t_0)$의 차를 확인하여라.

1. $f(t) = 1 + t,\ 0 \le t < 2,\ p = 2,\ t_0 = \frac{1}{8}$
2. $f(t) = t^2,\ 0 \le t < 1,\ p = 1,\ t_0 = \frac{1}{2}$
3. $f(t) = \cos t,\ 0 \le t < 2,\ p = 2,\ t_0 = \frac{1}{8}$
4. $f(t) = e^{-t},\ 0 \le t < 4,\ p = 4,\ t_0 = \frac{1}{4}$
5. $f(t) = t^3,\ 0 \le t < 1,\ p = 1,\ t_0 = \frac{1}{4}$
6. $f(t) = t \sin t,\ 0 < t \le 4,\ p = 4,\ t_0 = \frac{1}{8}$

문제 7부터 10까지 함수에 대하여 $N = 512$와 주어진 L을 이용하여 제시된 Fourier 변환의 근사값을 DFT로 구하여라.

7. $f(t) = \begin{cases} e^{-4t} & t \ge 0 \text{일 때,} \\ 0 & t < 0 \text{일 때} \end{cases} \quad L = 3,\ \hat{f}(4)$
8. $f(t) = \begin{cases} \cos(2t) & t \ge 0 \text{일 때,} \\ 0 & t < 0 \text{일 때} \end{cases} \quad L = 6,\ \hat{f}(2)$
9. $f(t) = \begin{cases} te^{-2t} & t \ge 0 \text{일 때,} \\ 0 & t < 0 \text{일 때} \end{cases} \quad L = 3,\ \hat{f}(2)$
10. $f(t) = \begin{cases} t^2 \cos t & t \ge 0 \text{일 때,} \\ 0 & t < 0 \text{일 때} \end{cases} \quad L = 4,\ \hat{f}(4)$

문제 11부터 14까지 주어진 함수에 대하여 $0 \le \omega \le 3$에서 $\mathrm{Re}[\hat{f}(\omega)]$, $\mathrm{Im}[\hat{f}(\omega)]$, $|\hat{f}(\omega)|$의 그래프를 256점 DFT 근사를 이용하여 그려라. $\hat{f}(\omega)$의 값을 구하여 함께 그래프로 나타내어라.

11. $f(t) = t[H(t-1) - H(t-2)]$
12. $f(t) = 2e^{-4|t|}$
13. $f(t) = H(t) - H(t-1)$
14. $f(t) = e^t [H(t) - H(t-2)]$

문제 15부터 18까지 주어진 함수에 대한 Fourier 급수의 5번째 부분합과 5번째 Cesàro 합을 구하여라. 이 과정을 10번째와 20번째 부분합에 대해 반복하여라. 그리고 그래프를 이용하여 Fourier 급수의 부분합과 Cesàro 합을 비교하여라. 불연속점에서 Fourier 급수의 부분합은 Gibbs 현상을 보이지만 Cesàro 합에서는 나타나지 않는 것을 관찰하여라.

15. $f(t) = \begin{cases} 1 & 0 \le t < 2 \text{일 때,} \\ -1 & -2 \le t < 0 \text{일 때} \end{cases}$
16. $f(t) = \begin{cases} t^2 & -2 \le t < 1 \text{일 때,} \\ 2 + t & 1 \le t < 2 \text{일 때} \end{cases}$
17. $f(t) = \begin{cases} -1 & -1 \le t < -\frac{1}{2} \text{일 때,} \\ 0 & -\frac{1}{2} \le t < \frac{1}{2} \text{일 때,} \\ 1 & \frac{1}{2} \le t < 1 \text{일 때} \end{cases}$
18. $f(t) = \begin{cases} e^{-t} & -3 \le t < 1 \text{일 때,} \\ \cos(t) & 1 \le t < 3 \text{일 때} \end{cases}$

문제 19부터 21까지 주어진 함수의 Fourier 급수의 5번째 부분합, 5번째 Cesàro 합, 5번째 Hammimg 여과 부분합, 5번째 Gauss 여과 부분합을 그려라. 10번째와 20번째에 대해 반복하여라.

19. $f(t) = \begin{cases} t & -2 \le t < 0 \text{일 때,} \\ 2 + t & 0 \le t < 2 \text{일 때} \end{cases}$

20. $f(t)=\begin{cases} -1 & -2\le t<0\text{일 때,} \\ 1 & 0\le t<2\text{일 때} \end{cases}$

21. $f(t)=\begin{cases} -2t & -3\le t<1\text{일 때,} \\ -1 & 1\le t<3\text{일 때} \end{cases}$

22. $f(t)=\begin{cases} \cos t & -\pi\le t<0\text{일 때,} \\ 1 & 0\le t<\pi\text{일 때} \end{cases}$

13.8 고속 Fourier 변환

이산 Fourier 변환은 Fourier 계수, Fourier 급수의 부분합, Fourier 변환을 근사적으로 계산하는 데 효과적이다. 그런데 이산 Fourier 변환의 많은 계산을 빠르게 수행할 수 있는 방법이 있다면 더욱 효과적일 것이다. 이와 같은 필요에 따라 연구된 고속 Fourier 변환(Fast Fourier Transform, FFT)은 사실 새로운 변환이 아니라 이산 Fourier 변환을 효과적으로 계산하는 방법이다.

FFT는 IBM의 James W. Cooley와 프린스턴 대학교의 John W. Tukey가 1965년에 발표한 5장의 논문 〈An Algorithm for the Machine Calculation of Complex Fourier Coefficient〉에서 시작되었다. 이 논문을 준비하고 발표하는 데 숨은 공로자는 무기와 방어 정책에 대한 문제점을 자문해 주는 연방 정부의 고문직을 맡고 있던 물리학자 Richard Gawin이었다. 자신의 연구 분야에 필요한 Fourier 변환에 대한 계산법을 Tukey가 연구했다는 것을 알게 된 Gawin은 Tukey의 방법을 Yorktown Heights에 있는 IBM 연구소의 Compute Center에서 프로그래밍했는데 이 작업을 도운 사람이 Cooly이다. Fourier 변환에 대한 효과적인 계산이 중요한 시기에 Cooly의 방법이 빠른 속도로 알려져 많은 사람들의 요구에 의해 Cooly와 Tukey의 논문이 탄생하게 되었다.

논문을 발표한 후 Tukey는 이 아이디어가 이미 다른 분야에서 발표된 것임을 알게 되었다. Scripps Oceanographic Institute의 Phillip Rudnick이 발표한 방법은 고속 Fourier 변환의 특별한 경우였는데, Phillip Rudnick는 헝가리 수학자 겸 물리학자인 Cornelius Lanczos와 G. D. Danielson의 결과를 이용했다. Lanczos는 1938년경 수치해석과 Fourier 해석학에 관련된 문제를 연구하던 중 고속 Fourier 변환의 중요한 이론을 완성했다. 이보다 훨씬 오래전 컴퓨터가 없는 나폴레옹 시대에 Gauss는 Pallas 소행성의 궤도를 계산하기 위하여 이산 Fourier 해석학을 연구했다.

많은 사람들이 FFT를 적분을 계산하거나 곡면을 그리는 소프트웨어 패키지처럼 생각하고 있으므로 우리는 FFT의 효율성을 중점적으로 소개할 것이다.

FFT의 주된 문제는 수열 $\{u_j\}_{j=0}^{N-1}$에 대한 N-점 DFT인 $\sum_{j=0}^{N-1} u_j e^{-2\pi ijk/N}$를 계산하는 것이다. 알고리즘의 효율성을 분석하기 위하여

$$A(n) = \sum_{k=0}^{N-1} a(k) e^{-2\pi ikn/N} \tag{13.27}$$

을 생각하자. 여기서 $n = 0, 1, \cdots, N-1$이고 N은 2의 거듭제곱이라 하자.

간단한 예로 $N = 2^2 = 4$인 경우를 생각해 보자. 이때 식 (13.27)은

$$\begin{aligned}
A(0) &= a(0) + a(1) + a(2) + a(3) \\
A(1) &= a(0) + a(1)e^{-2\pi i/4} + a(2)e^{-4\pi i/4} + a(3)e^{-6\pi i/4}, \\
A(2) &= a(0) + a(1)e^{-4\pi i/4} + a(2)e^{-8\pi i/4} + a(3)e^{-12\pi i/4}, \\
A(3) &= a(0) + a(1)e^{-6\pi i/4} + a(2)e^{-12\pi i/4} + a(3)e^{-18\pi i/4}
\end{aligned}$$

이다. 여기서

$$W = e^{-2\pi i/4}$$

라 두자. 이 예에서는 단순히 $W = -i$이지만 나중에 N을 키워서 생각하기 위해 W로 표시하자. 여기서 N은 지수부분의 분모에 나타난다. 이 경우 임의의 양의 정수 k에 대하여

$$W^k = W^{k \bmod (4)} \tag{13.28}$$

이고, 여기서 $k \bmod (4)$는 양의 정수 k를 4로 나눈 나머지를 뜻한다. 예를 들면 $5 \bmod (4) = 1$이고 $6 \bmod (4) = 2$이다. 만약 k가 4의 배수이면 $k \bmod (4) = 0$이다. 즉,

$$\begin{aligned}
W^0 &= W^4 = W^8 = W^{12} = \cdots = 1 \\
W^1 &= W^5 = W^9 = W^{13} = \cdots = -i \\
W^2 &= W^6 = W^{10} = W^{14} = \cdots = -1 \\
W^3 &= W^7 = W^{11} = W^{15} = \cdots = i
\end{aligned}$$

가 성립한다. N이 아주 큰 수이면 위 식은 복잡하게 전개될 수 있다. 그러나 식 (13.28)을 이용하면 여전히 위 식과 비슷한 규칙을 유도할 수 있다.

$A(n)$에 대한 식을 W를 이용하여 표현하면

$$\begin{aligned}
A(0) &= a(0) + a(2) + a(3) \\
A(1) &= a(0) + a(1)W + a(2)W^2 + a(3)W^3 \\
A(2) &= a(0) + a(1)W^2 + a(2)W^0 + a(3)W^2 \\
A(3) &= a(0) + a(1)W^3 + a(2)W^2 + a(3)W
\end{aligned}$$

이다. 또 $W^0=1$이지만 규칙성을 나타내기 위해 필요하면 기호 W^0를 쓰자. 위 식을 행렬로 표현하면

$$\begin{pmatrix} A(0) \\ A(1) \\ A(2) \\ A(3) \end{pmatrix} = \begin{pmatrix} 1 & 1 & 1 & 1 \\ 1 & W & W^2 & W^3 \\ 1 & W^2 & W^0 & W^2 \\ 1 & W^3 & W^2 & W \end{pmatrix} \begin{pmatrix} a(0) \\ a(1) \\ a(2) \\ a(3) \end{pmatrix}$$

이다. 위 행렬곱을 계산하기 위해서는 $16(=N^2)$번의 곱과 $12(=N(N-1))$번의 덧셈이 필요하다. 즉, 총 $28(N^2+N(N-1))$번의 연산이 필요하다.

FFT의 핵심은 이 연산을 행렬의 곱을 이용하여 다음과 같이 표현하는 것이다.

$$\begin{pmatrix} A(0) \\ A(2) \\ A(1) \\ A(3) \end{pmatrix} = \begin{pmatrix} 1 & W^0 & 0 & 0 \\ 1 & W^2 & 0 & 0 \\ 0 & 0 & 1 & W \\ 0 & 0 & 1 & W^3 \end{pmatrix} \begin{pmatrix} 1 & 0 & W^0 & 0 \\ 0 & 1 & 0 & W^0 \\ 1 & 0 & W^2 & 0 \\ 0 & 1 & 0 & W^2 \end{pmatrix} \begin{pmatrix} a(0) \\ a(1) \\ a(2) \\ a(3) \end{pmatrix} \tag{13.29}$$

이런 행렬의 분해는 쉽지 않지만, 일단 주어지면 행렬의 곱셈을 이용해 확인해 보는 것은 간단하다. 여기서 $A(2)$와 $A(1)$의 위치가 변경된 사실에 주목하자.

식 (13.29)를 계산하기 위하여 먼저

$$\begin{pmatrix} b(0) \\ b(1) \\ b(2) \\ b(3) \end{pmatrix} = \begin{pmatrix} 1 & 0 & W^0 & 0 \\ 0 & 1 & 0 & W^0 \\ 1 & 0 & W^2 & 0 \\ 0 & 1 & 0 & W^2 \end{pmatrix} \begin{pmatrix} a(0) \\ a(1) \\ a(2) \\ a(3) \end{pmatrix}$$

을 계산하자. 그러면

$$b(0)=a(0)+a(2)W^0$$

을 계산하기 위해서는 한 번씩의 곱셈과 덧셈이 필요하다. 다음으로

$$b(1)=a(1)+a(3)W^0$$

을 계산하기 위해서도 한 번씩의 곱셈과 덧셈이 필요하다. 그런데

$$b(2)=a(0)+a(2)W^2=a(0)-a(2)W^0$$

에서 $a(2)W^0$는 $b(0)$를 구할 때 이미 계산했기 때문에 $b(2)$를 계산하는 데는 한 번의 덧셈이면 충분하다. 마지막으로

$$b(3)=a(1)+a(3)W^2=a(1)-a(3)W^0$$

에서 $a(3)W^0$도 $b(1)$를 구할 때 이미 계산했기 때문에 $b(3)$ 역시 덧셈 한 번으로 구할 수 있다. 따라서 $b(0)$, $b(1)$, $b(2)$, $b(3)$을 계산하기 위해 필요한 총연산은 4번의 덧셈과 2번의 곱셈이다.

식 (13.29)의 나머지 곱셈을 하기 위하여

$$\begin{pmatrix} A(0) \\ A(2) \\ A(1) \\ A(3) \end{pmatrix} = \begin{pmatrix} 1 & W^0 & 0 & 0 \\ 1 & W^2 & 0 & 0 \\ 0 & 0 & 1 & W \\ 0 & 0 & 1 & W^3 \end{pmatrix} \begin{pmatrix} b(0) \\ b(1) \\ b(2) \\ b(3) \end{pmatrix}$$

을 생각하자. 먼저,

$$A(0) = b(0) + b(1)W^0$$

을 계산하기 위해서는 한 번씩의 곱셈과 덧셈이 필요하다. 다음으로, $A(0)$을 계산하는 과정에서 $b(1)W^0$를 계산했으므로

$$A(2) = b(0) + b(1)W^2 = b(0) - b(1)W^0$$

을 계산하기 위해서는 한 번의 덧셈이 필요하다. 마찬가지로

$$A(1) = b(2) + b(3)W$$

을 계산하기 위해서는 한 번씩의 곱셈과 덧셈이 필요하다. 마지막으로

$$A(3) = b(2) + b(3)W^3 = b(2) - b(3)W$$

을 계산하기 위해서는 한 번의 덧셈이 필요하다. 따라서 이 단계에서 필요한 총연산은 4번의 덧셈과 2번의 곱셈이다.

행렬 분해를 이용한 계산에서 필요한 총연산은 $8(N \log_2 N)$번의 덧셈과 $4\left(\frac{N}{2} \log_2 N\right)$번의 곱셈, 즉 $12\left(\frac{3}{2} \log_2 N\right)$번의 계산이며, 행렬 분해를 이용하지 않은 $28(2N^2 - N)$번의 계산보다는 계산 수를 줄였다.

이것이 FFT의 기본적인 방법이다. 일반적으로 $N \times N$ 계수 행렬을 간단한 형태의 행렬곱으로 표시하여 행렬곱에 필요한 연산의 수를 줄인다. 이 과정에서 계수 $A(0)$, $A(1)$, $\cdots$, $A(N-1)$들이 서로 섞이게 되는데 여기에도 규칙성이 있어 원래 순서로 쉽게 정렬할 수 있다.

FFT는 신호 해석에 사용하는 FT-NMR(Fourier Transform-Nuclear Magnetic Resonance)와 같이 많은 기계에 사용된다.

FFT의 계산 효율성을 계량적으로 살펴보자.

13.8.1 FFT의 효율성

N개의 점에서 표본 추출한 자료를 이용할 경우 DFT는 N^2에 비례하는 연산이 필요한 반면, FFT는 $N\log_2(N)$에 비례하는 연산이면 충분함을 증명할 것이다.

1의 복소 N제곱근

N을 양의 정수라 하면 1의 복소 N제곱근은 $z^N-1=0$을 만족하는 복소수 z이다. 분명히 1 자체는 1의 N제곱근이다. 그러나 1의 N제곱근 z는 N차 방정식 $z^N-1=0$의 근이고, N차 방정식은 k–중근은 k번으로 계산하여 N개의 복소근을 가지므로 실근 1 외에 $N-1$개의 복소근을 가진다.

이 근들을 찾기 위하여 오일러 공식

$$e^{i\theta}=\cos\theta+i\sin\theta$$

을 이용하자. 정수 k에 대하여

$$e^{2k\pi i}=1$$

이므로 $u=e^{2k\pi i/N}$이라 하면

$$u^N=(e^{2k\pi i/N})^N=1$$

이다. 즉, $k=0, \pm1, \pm2, \cdots$에 대하여 $u^k=e^{2\pi ik/N}$은 1의 N제곱근이다. 특히 $k=0, 1, 2, \cdots, N-1$이라 하면 서로 다른 N개의 1의 N제곱근

$$\left\{1, u, u^2, \cdots, u^{N-1}\right\}=\left\{1, e^{2\pi i/N}, e^{4\pi i/N}, \cdots, e^{2\pi i(N-1)/N}\right\} \tag{13.30}$$

을 구할 수 있다. N보다 큰 정수 k에 대해 $u^k=e^{2\pi ik/N}$은 식 (13.30)에 제시된 값 중 하나가 된다. 예를 들어, 만약 $k=N$이면

$$u^N=e^{2\pi Ni/N}=e^{2\pi i}=1$$

이고, $k=N+1$이면

$$u^{N+1}=e^{2\pi(N+1)i/N}=e^{2\pi i+2\pi i/N}=e^{2\pi i}e^{2\pi i/N}=e^{2\pi i/N}=u^1$$

이다.

보기 13.23 1의 6제곱근을 찾아보자. $N=6$이므로

$$1,\ e^{2\pi i/6}=e^{\pi i/3},\ e^{4\pi i/6}=e^{2\pi i/3},\ e^{6\pi i/6}=e^{\pi i},\ e^{8\pi i/6}=e^{3\pi i/2},\ e^{10\pi i/6}=e^{5\pi i/3}$$

이다. 더 자세하게 표현하면 1의 6제곱근은 1 이외에

$$\begin{aligned}
e^{\pi i/3}&=\cos\frac{\pi}{3}+i\sin\frac{\pi}{3}=\frac{1}{2}+\frac{\sqrt{3}}{2}i,\\
e^{2\pi i/3}&=\cos\frac{2\pi}{3}+i\sin\frac{2\pi}{3}=-\frac{1}{2}+\frac{\sqrt{3}}{2}i,\\
e^{\pi i}&=\cos\pi+i\sin\pi=-1,\\
e^{3\pi i/2}&=\cos\frac{3\pi}{2}+i\sin\frac{3\pi}{2}=-\frac{1}{2}-\frac{\sqrt{3}}{2}i,\\
e^{5\pi i/3}&=\cos\frac{5\pi}{3}+i\sin\frac{5\pi}{3}=\frac{1}{2}-\frac{\sqrt{3}}{2}i
\end{aligned}$$

가 있다. 이 값들은 복소평면에서 단위원 위에 위치한 정육각형의 꼭지점들이다.

1의 N제곱근으로 이루어진 집합

$$\Omega=\left\{1,\ u,\ \cdots,\ u^{N-1}\right\}$$

는 다음 3가지 성질을 가지고 있다.

1. Ω는 곱에 대하여 닫혀 있다. 즉, $0\le j,\ k\le N-1$에 대하여

$$u^j u^k=e^{2\pi ij/N}e^{2\pi ik/N}=e^{2\pi ik/N}e^{2\pi ij/N}=u^k u^j$$

2. Ω 안에 곱에 대한 역원이 있다. 즉, $0\le j\le N-1$에 대해

$$u^j u^{N-j}=u^N=1$$

   이므로 Ω의 임의의 원소 u^j의 역원 u^{N-j}가 Ω 안에 있다.

3. $u^j\,(j=0,\ \cdots,\ N-1)$의 켤레복소수는 u^{-j}이다. 왜냐하면

$$\begin{aligned}
\overline{u^j}=\overline{e^{2\pi ij/N}}&=\overline{\cos(2\pi j/N)+i\sin(2\pi j/N)}\\
&=\cos\frac{2\pi j}{N}-i\sin\frac{2\pi j}{N}=e^{-2\pi ij/N}=u^{-j}.
\end{aligned}$$

해석학에서 자주 언급되는 여러 가지 함수와 다르게 복소함수 $g:\Omega\to\mathbb{C}$는 Ω가 유한집합이므로 미분과 연속을 정의하는 것이 큰 의미가 없다.

보기 13.24 $N=3$이라 하면 Ω의 원소는 1의 3제곱근이다. $u=e^{2\pi i/3}$이면

$$u^0=1, \quad u=e^{2\pi i/3}=\cos\frac{2\pi}{3}+i\sin\frac{2\pi}{3}=-\frac{1}{2}+\frac{\sqrt{3}}{2}i,$$
$$u^2=e^{4\pi i/3}=\cos\frac{4\pi}{3}+i\sin\frac{4\pi}{3}=-\frac{1}{2}-\frac{\sqrt{3}}{2}i$$

이고,

$$\Omega=\{1, u, u^2\}$$

이다. 집합 Ω에서 $\mathbb{C}$로 가는 함수는 무수히 많다. 예를 들면

$$g(1)=1+i, \quad g(u)=i, \quad g(u^2)=-4$$

또는

$$h(1)=2-7i, \quad h(u)=21, \quad h(u^2)=-3i$$

등이다.

집합 Ω에서 $\mathbb{C}$로 가는 두 함수 g와 h의 내적을

$$g\cdot h=\frac{1}{N}\sum_{j=0}^{N-1}g(u^j)\overline{h(u^j)} \tag{13.31}$$

로 정의하자. 앞에서 정의된 두 함수를 예로 들면

$$\begin{aligned} g\cdot h&=\frac{1}{3}\left[g(1)\overline{h(1)}+g(u)\overline{h(u)}+g(u^2)\overline{h(u^2)}\right]\\ &=\frac{1}{3}[(1+i)(2+7i)+i(21)+(-4)(3i)]=\frac{1}{3}(-5+18i)\end{aligned}$$

이다. 비록 복소함수의 내적이 실수가 아니고 복소수일지라도 벡터의 내적과 비슷한 여러 가지 성질을 가진다.

정리 13.14 내적의 성질

복소함수 $g:\Omega\to\mathbb{C}$와 $h:\Omega\to\mathbb{C}$에 대하여 다음이 성립한다.

(1) $g\cdot h=\overline{h\cdot g}$

(2) 임의의 복소수 α에 대하여 $(\alpha g)\cdot h=\alpha(g\cdot h)$

(3) $k:\Omega\to\mathbb{C}$라 하면 $(g+h)\cdot k=g\cdot k+h\cdot k$

(4) $g\cdot g\geq 0$이다. 그리고 $g\cdot g=0$이 되기 위한 필요충분조건은 모든 j에 대해서 $g(u^j)=0$인 것이다.

[증명] (1)

$$\overline{h \cdot g} = \overline{\frac{1}{N}\sum_{j=0}^{N-1} h(u^j)\,\overline{g(u^j)}} = \frac{1}{N}\sum_{j=0}^{N-1} g(u^j)\,\overline{h(u^j)} = g \cdot h.$$

(2)와 (3)은 문제 1, 2를 보아라.

(4)

$$g \cdot g = \frac{1}{N}\sum_{j=0}^{N-1} g(u^j)\overline{g(u^j)} = \frac{1}{N}\sum_{j=0}^{N-1} \left|g(u^j)\right|^2 \geq 0.$$

여기서 음이 아닌 수들의 합이 0이 되려면 각 수가 0이 되어야 한다. 즉, 모든 j에 대해 $g(u^j) = 0$이어야 한다. ■

이제 k는 정수이고 $0 \leq k \leq N-1$일 때, 복소함수 $e_k : \Omega \to \mathbb{C}$을

$$e_k(u^j) = u^{kj}, \quad j = 0, 1, \cdots, N-1$$

으로 정의하자.

만약 $N = 5$이면 $u = e^{2\pi i/5}$이고

$$\Omega = \{1, u, u^2, u^3, u^4\}$$

만약 $k = 3$이라 하면

$$e_3(u^0) = u^{3(0)} = u^0 = 1, \quad e_3(u) = u^3, \quad e_3(u^2) = u^6 = u,$$
$$e_3(u^3) = u^9 = u^4, \quad e_3(u^4) = u^{12} = u^2$$

만약 $k = 4$라 하면

$$e_4(u^0) = u^0 = 1, \quad e_4(u) = u^4, \quad e_4(u^2) = u^8 = u^3,$$
$$e_4(u^3) = u^{12} = u^2, \quad e_4(u^4) = u^{16} = u$$

이다.

u^j에 대한 함수 e_k의 값 $e_k(u^j)$는 집합 Ω에 속한다. 그리고 k와 N이 서로소이면 함수 e_k는 집합 Ω의 원소를 재배열한다.

식 (13.31)에서 정의한 함수의 내적을 이용해 함수 $e_0, e_1, \cdots, e_{N-1}$은 서로 다른 k와 j에 대하여 $e_k \cdot e_j = 0$이고 $e_k \cdot e_k = 1$임을 증명해 보자. 즉, 이 함수들은 정규직교 기저를 이룬다.

정리 13.15 정규직교 함수

(1) $e_k \cdot e_j = 0, \ k \neq j$

(2) $e_k \cdot e_k = 1$

[증명] 우선, 간단한 계산으로

$$e_k \cdot e_j = \frac{1}{N}\sum_{m=0}^{N-1} e_k(u^m)\,\overline{e_j(u^m)} = \frac{1}{N}\sum_{m=0}^{N-1} u^{km}\,\overline{u^{jm}} = \frac{1}{N}\sum_{m=0}^{N-1} u^{km}u^{-jm} = \frac{1}{N}\sum_{m=0}^{N-1} u^{(k-j)m}$$

이 성립함을 알 수 있다.

여기서 만약 $k=j$이면 $u^{(k-j)m}=1$이므로

$$e_k \cdot e_k = \frac{1}{N}\sum_{m=0}^{N-1} 1 = \frac{N}{N} = 1$$

이어서 (2)가 증명된다.

(1)을 증명하기 위해 $k \neq j$라 하자. 그러면 $r=u^{k-j} \neq 1$이고 기하급수를 이용하면

$$\sum_{m=0}^{N-1} u^{(k-j)m} = \sum_{m=0}^{N-1} r^m = \frac{r^N-1}{r-1} = \frac{(u^{k-j})^N-1}{u^{k-j}-1}$$

이다. $u^N=1$로부터

$$u^{(k-j)N} = u^{kN}u^{-jN} = (u^N)^k(u^N)^{-j} = 1$$

이 성립한다. 그러므로 $r^N-1=0$으로부터 $e_k \cdot e_j = 0$이다. ■

위 정리는 함수 $e_0, e_1, \cdots, e_{N-1}$이 정규직교라는 것을 설명한다. 다음 정리는 임의의 함수 $g:\Omega \to \mathbb{C}$을 $\{e_0, e_1, \cdots, e_{N-1}\}$의 일차결합 형태로 표현할 수 있음을 보여준다.

정리 13.16 정규직교 함수에 관한 표현 I

$g:\Omega \to \mathbb{C}$라 하면 $g=\sum_{j=0}^{N-1}(g \cdot e_j)e_j$이다.

[증명] g와 $\sum_{j=0}^{N-1}(g \cdot e_j)e_j$는 모두 Ω에서 $\mathbb{C}$로 가는 함수이므로 임의의 u^k에 대해 두 함수의 값이 같음을 보이면 된다. 따라서 다음을 계산해 보자.

$$\begin{aligned}\left(\sum_{j=0}^{N-1}(g \cdot e_j)e_j\right)u^k &= \sum_{j=0}^{N-1}(g \cdot e_j)e_j(u^k) = \sum_{j=0}^{N-1}(g \cdot e_j)u^{kj} = \sum_{j=0}^{N-1}\left(\frac{1}{N}\sum_{m=0}^{N-1} g(u^m)\,\overline{e_j(u^m)}\right)u^{kj} \\ &= \frac{1}{N}\sum_{j=0}^{N-1}\sum_{m=0}^{N-1} g(u^m)\,\overline{u^{mj}}\,u^{kj} = \frac{1}{N}\sum_{j=0}^{N-1}\sum_{m=0}^{N-1} g(u^m)\,u^{-mj}u^{kj} \\ &= \frac{1}{N}\sum_{j=0}^{N-1}\sum_{m=0}^{N-1} g(u^m)u^{(k-m)j} = \frac{1}{N}\sum_{m=0}^{N-1}\left(\sum_{j=0}^{N-1} u^{(k-m)j}\right)g(u^m).\end{aligned}$$

유한한 합에 대하여 순서를 바꿀 수 있으므로 위 식은 성립한다. 만약 $k=m$이면

$$\sum_{j=0}^{N-1} u^{(k-m)j} = \sum_{j=0}^{N-1} 1 = N$$

이고, 만약 $k \neq m$이면

$$(u^{k-m})^N = (u^N)^k (u^N)^{-m} = 1^k 1^{-m} = 1$$

이므로

$$\sum_{j=0}^{N-1} u^{(k-m)j} = \frac{(u^{k-m})^N - 1}{u^{k-m} - 1} = 0$$

이다. 그러므로 $(1/N)\sum_{m=0}^{N-1}\left(\sum_{j=1}^{N-1} u^{(k-m)j}\right) g(u^m)$의 안쪽 급수는 $k=m$인 경우를 제외하면 모두 0이므로

$$\frac{1}{N}\sum_{m=0}^{N-1}\left(\sum_{j=0}^{N-1} u^{(k-m)j}\right) g(u^m) = \frac{1}{N} N g(u^k) = g(u^k)$$

가 된다. 이상으로

$$g = \sum_{j=0}^{N-1} (g \cdot e_j) e_j$$

임을 보였다. ■

g를 e_j의 상수배들의 합으로 표현하는 위 과정은 Fourier 급수와 비슷하다. 12.2절에서 Fourier 계수를 유도하던 방법과 비슷하게 g의 계수를 유도할 수 있다. 우선

$$g = \sum_{j=0}^{N-1} a_j e_j$$

라 하자. 정리 13.15로부터 $0 \leq k \leq N-1$인 정수 k에 대하여

$$g \cdot e_k = \sum_{j=0}^{N-1} a_j (e_j \cdot e_k) = a_k (e_k \cdot e_k) = a_k$$

이다. 즉, e_k의 계수 a_k는 $g \cdot e_k$이다. 여기서 사용한 $k \neq j$일 때 직교성 $e_j \cdot e_k = 0$은 Fourier 급수에서 계산한

$$\int_{-\pi}^{\pi} \sin(jx)\sin(kx)\,dx = \int_{-\pi}^{\pi} \cos(jx)\cos(kx)\,dx = 0, \qquad k \neq j,$$

와 유사한 성질이다.

$g:\Omega\to\mathbb{C}$와 $j=0, 1, \cdots, N-1$에 대하여

$$\hat{g}(e_j)=\frac{1}{N}\sum_{k=0}^{N-1}g(u^k)u^{-kj}$$

라 정의하자. 그러면 $\hat{g}$의 정의역은 Ω에서 $\mathbb{C}$로 가는 함수 e_j들로 구성된다. 다음 정리는 g와 $\hat{g}$의 관계를 설명한다.

정리 13.17 정규직교 함수에 관한 표현 II

$g:\Omega\to\mathbb{C}$라 하면 $g=\sum_{j=0}^{N-1}\hat{g}(e_j)e_j$이다.

[증명] 정리 13.16에서 소개한 $g=\sum_{j=0}^{N-1}(g\cdot e_j)e_j$와

$$g\cdot e_j=\frac{1}{N}\sum_{k=0}^{N-1}g(u^k)\,\overline{e_j(u^k)}=\frac{1}{N}\sum_{k=0}^{N-1}g(u^k)u^{-kj}=\hat{g}(e_j)$$

로부터 증명된다. ■

두 식

$$g=\sum_{j=0}^{N-1}\hat{g}(e_j)e_j$$
$$\hat{g}(e_j)=\frac{1}{N}\sum_{k=0}^{N-1}g(u^k)u^{-kj}$$

는 Fourier 변환의 변환 짝과 비슷하다. 또한 이산 Fourier 변환과 이산 Fourier 역변환과도 비슷하다. 따라서 여기서 정의한 $\hat{g}(e_j)$를 $g:\Omega\to\mathbb{C}$에 대한 **Fourier 계수**라고 부른다.

Fourier 계수 $\hat{g}(e_j)$의 효율적인 계산

$g:\Omega\to\mathbb{C}$에 대한 Fourier 계수 $\hat{g}(e_j)$를 효율적으로 계산하는 방법을 생각해 보자. 비록 N에 따라 집합 Ω가 달라지지만, 여기서는 고정된 N에 대해 생각하자. 그러므로 앞에서 정의한 것처럼

$$u=e^{2\pi i/N},\qquad \Omega=\{1, u, u^2, \cdots, u^{N-1}\}$$

이라 하고, 또한

$$v = e^{\pi i/N}, \quad \Psi = \{1, v, v^2, \cdots, v^{2N-1}\}$$

로 정의하자. $v = e^{2\pi i/2N}$이므로 Ψ은 1의 $2N$제곱근 v의 집합이다.

보기 13.25 $N = 3$이면 보기 13.24와 같이 $u = e^{2\pi i/3}$이고

$$\Omega = \left\{1, -\frac{1}{2} + \frac{\sqrt{3}}{2}i, -\frac{1}{2} - \frac{\sqrt{3}}{2}i\right\}$$

이다. 또한 $v = e^{\pi i/3}$이고

$$\Psi = \{1, v, v^2, v^3, v^4, v^5\} = \left\{1, -1, \frac{1}{2} \pm \frac{\sqrt{3}}{2}i, -\frac{1}{2} \pm \frac{\sqrt{3}}{2}i\right\}$$

이다.

이제 $j = 0, 1, \cdots, N-1$에 대하여 함수 $e_m : \Omega \to \mathbb{C}$을

$$e_m(u^j) = u^{mj}$$

로 정의한 것과 마찬가지로, $j = 0, 1, 2, \cdots, 2N-1$에 대하여 함수 $E_m : \Psi \to \mathbb{C}$을

$$E_m(v^j) = v^{mj}$$

로 정의하자.

또 함수 $h : \Psi \to \mathbb{C}$에 대하여 Ω에서 $\mathbb{C}$로 가는 두 함수

$$h_1(u^j) = h(v^{2j}), \quad j = 0, 1, \cdots, N-1,$$
$$h_2(u^j) = h(v^{2j+1}), \quad j = 0, 1, \cdots, N-1$$

을 정의하자. 그러면 다음과 같이 $\hat{h}(E_k)$를 두 함수 h_1과 h_2의 Fourier 계수로 표시할 수 있다. 즉, $k = 0, 1, 2, \cdots, 2N-1$에 대하여

$$\begin{aligned}\hat{h}(E_k) &= \frac{1}{2N}\sum_{j=0}^{2N-1} h(v^j)\, E_k(v^j) = \frac{1}{2}\left(\frac{1}{N}\sum_{j=0}^{N-1} h(v^{2j}) E_k(v^{2j}) + \frac{1}{N}\sum_{j=0}^{N-1} h(v^{2j+1})\, E_k(v^{2j+1})\right)\\ &= \frac{1}{2}\left(\frac{1}{N}\sum_{j=0}^{N-1} h_1(u^j) e_k(u^j) + \frac{1}{N}\sum_{j=0}^{N-1} h_2(u^j)\, e_k(u^j) v^k\right) = \frac{1}{2}(\hat{h}_1(e_k) + v^k \hat{h}_2(e_k)) \quad (13.32)\end{aligned}$$

이다.

다음 정리는 Fourier 계수를 구하기 위해 필요한 연산 횟수에 대한 것이다.

정리 13.18 함수의 연산 횟수 I

N은 양의 정수이고 $u = e^{2\pi i/N}$의 값을 알고 있고, 임의의 함수 $g : \Omega \to \mathbb{C}$에 대한 Fourier 계수 $\hat{g}(e_j)$를 M번 이하의 산술연산으로 구할 수 있다고 하자. 그러면 $h : \Psi \to \mathbb{C}$에 대한 Fourier 계수 $\hat{h}(E_j)$는 $2M + 8N$번 이하의 산술연산으로 구할 수 있다.

[증명] $2N$ 이하의 산술연산을 사용하여 $v, v^2, \cdots, v^{2N-1}$을 구할 수 있고, 가정에 따라 앞에서 정의된 h_1의 Fourier 계수 $\hat{h}_1(e_j)$를 M 이하의 산술연산을 이용하여 구할 수 있다. h_2에 대해서도 동일하게 적용된다. $k = 0, 1, \cdots, 2N-1$에 대하여 식 (13.32)를 이용하면 Fourier 계수 $\hat{h}_1(E_k)$를 각각 3번의 연산으로 구할 수 있다. 따라서 $k = 0, 1, 2, \cdots, 2N-1$에 대한 Fourier 계수 $\hat{h}_1(E_k)$를 계산하기 위해 필요한 연산 횟수는

$$2N + 2M + 3(2N) = 2M + 8N$$

이하이다. ■

정리 13.19 함수의 연산 횟수 II

양의 정수 n에 대하여 $N = 2^n$이라 하자. 그러면 $g : \Omega \to \mathbb{C}$의 Fourier 계수를 $4N \log_2 N$번 이하의 산술연산으로 계산할 수 있다.

[증명] $N = 2^n$일 때, $u = e^{2\pi i/N}$의 값은 알고 있다고 할 때 $g : \Omega \to \mathbb{C}$의 Fourier 계수를 계산하는 데 필요한 최소 연산 횟수를 $O(n)$이라 하자. 귀납법을 써서

$$O(n) \le n2^{n+2} \tag{13.33}$$

임을 보이자.

먼저 $n=1$일 때, $N=2$이고 $u = e^{2\pi i/2} = e^{\pi i} = -1$이다. 따라서 $\Omega = \{1, u\} = \{1, -1\}$이다. Fourier 계수 $\hat{g}$은 정의에 의하여

$$\hat{g}(e_0) = \frac{1}{2}\left(g(u^0)\,\overline{e_0(u^0)} + g(u^1)\,\overline{e_0(u^1)}\right) = \frac{1}{2}(g(1) + g(-1)),$$
$$\hat{g}(e_1) = \frac{1}{2}\left(g(u^0)\,\overline{e_0(u^0)} + g(u^1)\,\overline{e_0(u^1)}\right) = \frac{1}{2}(g(1) - g(-1))$$

이다. 그러므로 Fourier 계수 $\hat{g}(e_0)$와 $\hat{g}(e_1)$을 계산하기 위해서는 두 번의 덧셈과 두 번의 곱셈이 필요하다. 따라서 다음 식

$$O(1) = 4 \le 1 \cdot 2^{1+2} = 8$$

에 의하여 $n=1$일 때 식 (13.33)은 성립한다.

임의의 양의 정수 n에 대하여 $O(n) \le n2^{n+2}$가 성립한다고 가정하자. 정리 13.18에 의하여

$$O(n+1) \le 2O(n) + 8N = 2O(n) + 8 \cdot 2^n \le 2n2^{n+2} + 2^{n+3} = (n+1)2^{n+3}$$

이 성립한다. 따라서 임의의 양의 정수 n에 대하여 $O(n) \le n2^{n+2}$이 성립하고
$N = 2^n$이므로

$$n2^{n+2} = 4N\log_2(N)$$

이다. ■

Fourier 변환에 대한 DFT 근사값을 구하기 위해서 13.8절의 식 (13.24)를 이용하면 $N-1$번의 덧셈과 N번의 곱셈이 필요하다. 따라서 N개의 점에서 근사값을 구하기 위해서는

$$N(N-1) + N^2 = 2N^2 - N \approx 2N^2$$

번의 연산이 필요하다. 만약 $N = 2^{20} = 1{,}048{,}567$이라 하면 $2N^2 \approx 2.1990 \times 10^{12}$이다. 초당 100만 번의 연산을 수행하는 컴퓨터를 이용하면 2,199,000초, 즉 25.45일이 소요된다. 따라서 여러 가지 함수에 대한 Fourier 변환이 필요한 과제를 수행하기에 물질적으로나 시간적으로 어렵다.

하지만 정리 13.7에 의하면 $n2^{n+2}$번 이하의 연산을 이용하여 Fourier 변환의 근사값을 구할 수 있다. 만약 $n=20$이라 하면 $n2^{n+2} = 16{,}777{,}216$이다. 초당 100만 개의 연산을 수행하는 컴퓨터를 사용하면 16.8초가 소요된다. 앞서 설명한 25.45일과 비교하면 시간적으로 커다란 향상을 보여준다.

이제부터 FFT를 이용한 다양한 분석을 알아보자.

13.8.2 FFT를 이용한 신호의 전력 스펙트럼 분석

FFT는 신호의 전력 스펙트럼 그래프를 그리는 데 자주 사용된다. 예를 들어 다음과 같은 신호를 생각해 보자.

$$f(t) = \sin(2\pi(50)t) + 2\sin(2\pi(120)t) + \sin(2\pi(175)t) + \sin(2\pi(210)t).$$

이 식은 주파수 성분을 쉽게 인식할 수 있도록 표현된 것이다. 예를 들어 $\sin(100\pi t)$를 $\sin(2\pi(50)t)$로 표시하면 주파수가 50인 것을 알 수 있다. 그림 13.21은 함수 $f(t)$의 전력 스펙

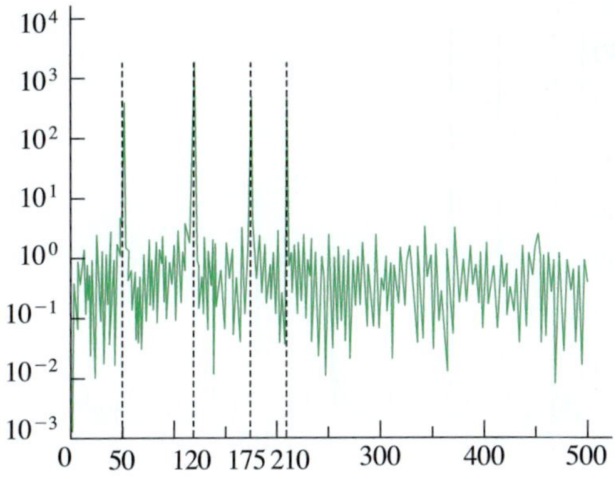

그림 13.21 함수 $y = \sin(100\pi t) + 2\sin(240\pi t) + \sin(350\pi t) + \sin(420\pi t)$의 전력 스펙트럼 그래프

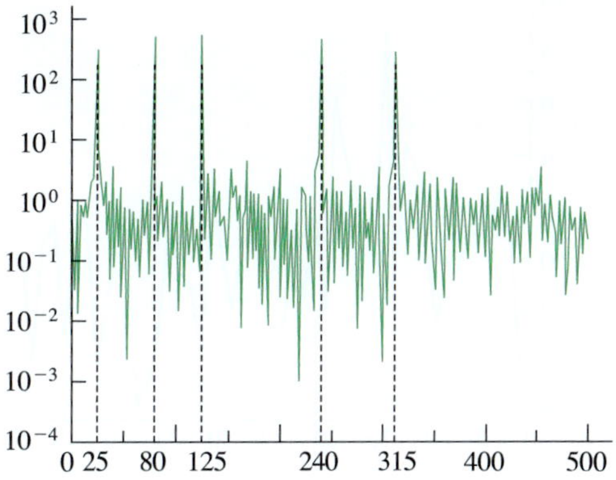

그림 13.22 함수 $y = \cos(50\pi t) + \cos(160\pi t) + \cos(250\pi t) + \cos(480\pi t) + \cos(630\pi t)$의 전력 스펙트럼 그래프

트럼의 그래프를 FFT를 이용하여 그린 것이다. 이 그림은 MATLAB에서 $N = 2^{10} = 1024$인 FFT를 이용한 결과이다. 주요 주파수 50, 120, 175, 210에서 전력 스펙트럼이 치솟는 것을 알 수 있다.

그림 13.22는 다음과 같은 신호의 전력 스펙트럼 그래프이다.

$$g(t) = \cos(2\pi(25)t) + \cos(2\pi(80)t) + \cos(2\pi(125)t) + \cos(2\pi(240)t) + \cos(2\pi(315)t).$$

주요 주파수 25, 80, 125, 240, 315에서 전력 스펙트럼이 치솟는 것을 알 수 있다.

13.8.3 신호의 잡음 여과

때때로 FFT는 신호의 잡음(noise)을 제거하는 데 이용된다. 예를 들어 다음 같은 신호를 생각하자.

$$f(t) = \sin(2\pi(25)t) + \sin(2\pi(80)t) + \sin(2\pi(125)t) + \sin(2\pi(240)t) + \sin(2\pi(315)t).$$

그림 13.23(a)는 신호 $f(t)$에 평균이 0인 잡음을 더한 신호의 그래프이다. 만약 신호 $f(t)$를 모르는 경우 그림 13.23(a)를 이용하여 신호 $f(t)$의 주요 주파수 성분에 대한 정보를 얻기란 쉽지 않다. 그러나 Fourier 변환을 이용하면 신호 $f(t)$의 주파수 성분을 찾을 수 있다. $N = 2^9 = 512$인 FFT를 이용한 MATLAB의 결과가 그림 13.23(b)이다. 그림 13.23(b)는 5개의 주요 주파수 25, 80, 125, 240, 315를 보여주고 있다.

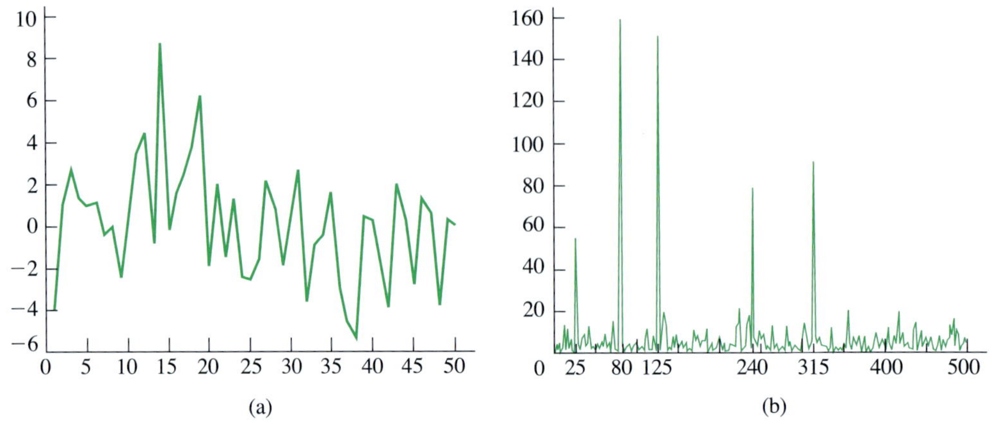

그림 13.23 (a) $y = \sin(50\pi t) + \sin(160\pi t) + \sin(250\pi t) + \sin(480\pi t) + \sin(630\pi t)$에 평균이 0인 잡음을 더한 신호의 그래프와 (b) 이 신호함수에 대한 전력 스펙트럼

연습문제 13.8

1. 정리 13.2(2)를 증명하여라.

2. 정리 13.2(3)을 증명하여라.

3. 식 (13.31)에서 정의된 복소함수의 내적에 대한 Caushy-Schwarz 부등식

$$|g \cdot h|^2 \le (g \cdot g)(h \cdot h)$$

을 증명하여라. 힌트: R^n의 벡터에 대한 증명과 비슷하다.

4. 복소함수 $g : \Omega \to \mathbb{C}$에 대하여 $\|g\| = (g \cdot g)^{1/2}$라 하자. 임의의 복소수 α에 대하여 $\|\alpha g\| = |\alpha| \|g\|$을 증명하여라.

5. 복소함수 $g : \Omega \to \mathbb{C}$와 $h : \Omega \to \mathbb{C}$에 대하여 삼각부등식 $\|g + h\| \le \|g\| + \|h\|$을 증명하여라. R^n에서 벡터에 대한 삼각부등식 증명을 이용하여라.

6. 두 복소함수 $g : \Omega \to \mathbb{C}$와 $h : \Omega \to \mathbb{C}$의 합성곱을

$$(g * h)(u^k) = \frac{1}{N} \sum_{j=0}^{N-1} g(u^{k-j})\, h(u^j)$$

로 정의할 때 다음을 증명하여라.

(a) $g * h = h * g$

(b) $(g * h) * k = g * (h * k)$

(c) $g * (h + k) = (g * h) + (g * k)$

(d) 임의의 복소수 α에 대하여

$$\alpha(g * h) = (\alpha g) * h = g * (\alpha h)$$

7. N은 양의 정수이고 $u = e^{2\pi i/N}$라 하자. 그리고 양의 정수 m은 N의 정수배가 아니라고 할 때 $\sum_{j=0}^{N-1} u^{mj} = 0$을 증명하여라.

8. 7번 문제의 가정하에 $\sum_{j=0}^{N-1} (-1)^{j+1} u^{mj}$를 계산하여라.

문제 9부터 12까지 $N = 2^{10}$인 FFT를 사용하여 각 함수의 전력 스펙트럼을 구하여라.

9. $y(t) = 4\sin(80\pi t) - \sin(20\pi t)$

10. $y(t) = 2\cos(40\pi t) + \sin(90\pi t)$

11. $y(t) = 3\cos(90\pi t) - \sin(30\pi t)$

12. $y(t) = \cos(220\pi t) + \cos(70\pi t)$

문제 13부터 16까지 제시된 모든 신호에 평균 0, 표준편차 1인 Gaussin 잡음을 더하여라. FFT를 이용하여 전력 스펙트럼을 그려서 원래 신호의 주파수를 구하여라.

13. $y(t) = \cos(30\pi t) + \cos(70\pi t) + \cos(140\pi t)$

14. $y(t) = \sin(60\pi t) + 4\sin(130\pi t) + \sin(2405\pi t)$

15. $y(t) = \cos(20\pi t) + \sin(140\pi t) + \cos(240\pi t)$

16. $y(t) = \sin(30\pi t) + 3\sin(40\pi t) + \sin(130\pi t) + \sin(196\pi t) + \sin(220\pi t)$

Sturm–Liouville 이론과 고유함수 전개

14장

이 장에서는 앞 장에서 다루었던 $\sin(kx)$와 $\cos(kx)$ 이외에 여러 물리현상의 모형인 상미분방정식과 관련된 특별한 함수들과 이 함수들을 이용한 급수들에 대해 공부할 것이다. 이 특별한 함수들은 어떤 형태의 상미분경계값문제(Sturm-Liouville)의 고유함수이다. 예를 들어, $\sin(kx)$와 $\cos(kx)$는 미분방정식 $y'' + k^2 y = 0$의 해이다. 이 방정식 이외에 Legendre 방정식과 Bessel 방정식의 해인 Legendre 다항식과 Bessel 함수도 알아볼 것이다. 그리고, 다른 여러 방정식의 해인 직교다항식에 대해서도 언급할 것이다.

삼각함수

$$\{1, \sin(kx), \cos(kx)\}_{k=1}^{\infty}$$

는 제곱 적분가능한 함수공간의 기저임이 알려져 있다. 이 장의 마지막 절에서는 제곱 적분가능한 함수공간의 다른 기저이고 신호처리 및 영상처리에 많이 쓰이는 wavelet에 대해 알아볼 것이다.

14.1 Sturm-Liouville 이론과 고유함수 전개

Fourier 급수에서 $\sin(kx)$, $\cos(kx)$는 $y'' + k^2 y = 0$의 해이다. 이 절에서는 이 미분방정식의 좀 더 일반화된 문제와 그 해에 대해서 알아볼 것이다.

14.3.1 Sturm-Liouville 정리

다음 미분방정식을 생각해 보자.

$$y'' + R(x)y' + (Q(x) + \lambda P(x))y = 0. \tag{14.1}$$

계수들이 연속인 구간 (a, b)에서 이 방정식이 자명하지 않은 해를 갖게 하는 λ의 값을 찾자. 상황에 따라 a와 b에서 경계조건이 있을 수도 있고, 없을 수도 있다. 우선 미분방정식을 기본적인 형태로 바꾸자. 방정식 (14.1)에 적분인자

$$r(x) = e^{\int R(x)\,dx}$$

를 곱하면

$$y''e^{\int R(x)\,dx} + R(x)y'e^{\int R(x)\,dx} + (Q(x) + \lambda P(x))\,e^{\int R(x)\,dx}\,y = 0$$

이다. 이때, $r(x) \neq 0$이므로 이 방정식은 방정식 (14.1)과 같은 해를 갖는다. 위 식을 간단히

$$(ry')' + (q + \lambda p)y = 0 \tag{14.2}$$

으로 표현할 수 있다. 이 방정식을 **Sturm-Liouville 미분방정식** 혹은 방정식 (14.1)의 **Sturm-Liouville 형태**라고 한다. 이때 (a, b)에서 p, q, r, r'는 연속이고, $p(x), r(x) > 0$이라고 가정한다.

여기서 이 방정식이 0이 아닌 해 y를 가질 때 이 해를 **고유함수**라고 하고 λ를 **고유값**이라 한다. 이때 물론, 경계조건이 있다면 만족해야 한다. r과 해 y의 경계조건의 종류에 따라 Sturm-Liouville 문제를 아래의 세 가지로 나눈다. 아래에서 A_1과 A_2는 적어도 하나는 0이 아닌 상수이고, B_1과 B_2도 마찬가지이다.

정칙 Sturm-Liouville 문제

$$A_1 y(a) + A_2 y'(a) = 0, \qquad B_1 y(b) + B_2 y'(b) = 0$$

주기 Sturm-Liouville 문제

$$r(a) = r(b), \qquad y(a) = y(b), \qquad y'(a) = y'(b)$$

특이 Sturm-Liouville 문제

제1유형. $r(a) = 0$, $r(b) \neq 0$이고, a에서는 경계조건이 없고, b에서 경계조건은

$$B_1 y(b) + B_2 y'(b) = 0.$$

제2유형. $r(a) \neq 0$, $r(b) = 0$이고, b에서는 경계조건이 없고, a에서 경계조건은

$$A_1 y(a) + A_2 y'(a) = 0.$$

제3유형. $r(a) = r(b) = 0$이고, a와 b에서 경계조건이 없고, 해는 $[a, b]$에서 유계이다.

경계값 문제의 해는 유일하지 않은 경우가 많다. 하지만 유일성이 없는 경계값 문제의 해는 유일성이 없다는 점 때문에 오히려 다른 많은 중요한 문제를 푸는 데 이용할 수 있게 된다. 즉, Sturm-Liouville 문제에 대한 고유함수가 있으면, 이 고유값에 대한 경계값 문제는 유일성이 없지만, 다른 중요한 문제를 푸는 특수함수로 사용될 수 있다.

보기 14.1 정칙 Sturm-Liouville 문제(Dirichlet 경계조건)

구간 $[0, L]$에서 다음 정칙문제를 생각해 보자.

$$y'' + \lambda y = 0; \quad y(0) = y(L) = 0.$$

정리 14.1에서 Sturm-Liouville 문제가 복소수 고유값을 가질 수 없다는 것을 보일 것이다. 따라서, λ가 실수인 경우만 고려하면 된다. λ를 아래 세 가지로 나누어 고유값과 고유함수를 구해 보자.

경우 1. $\lambda = 0$일 때

상수 c와 d에 대해, $y(x) = cx + d$이다. $y(0) = d = 0$이고 $y(L) = cL = 0$이므로 $c = 0$이다. 그러면 $y = 0$이므로, $\lambda = 0$은 이 문제의 고유값이 아니다.

경우 2. $\lambda < 0$일 때

양수 k에 대해 $\lambda = -k^2$이라 하면 $y'' - k^2 y = 0$의 일반해는

$$y(x) = c_1 e^{kx} + c_2 e^{-kx}$$

경계조건을 적용하면

$$y(0) = c_1 + c_2 = 0$$

이므로, $c_2 = -c_1$이다. $y(x) = 2c_1 \sinh(kx)$이고

$$y(L) = 2c_1 \sinh(kL) = 0$$

이다. $kL > 0$이므로 $\sinh(kL) > 0$이고, 따라서 $c_1 = 0$이다. 이 경우 $y = 0$이 되어 이 문제는 음수인 고유값을 갖지 않는다.

경우 3. $\lambda > 0$일 때

양수 k에 대해 $\lambda = k^2$이라 하면 $y'' + k^2 y = 0$의 일반해는

$$y(x) = c_1 \cos(kx) + c_2 \sin(kx)$$

이다. 경계조건으로부터

$$y(0) = c_1 = 0$$

이므로, $y(x) = c_2 \sin(kx)$이다. 또한

$$y(L) = c_2 \sin(kL) = 0$$

이다. 해가 0이 아니려면 $c_2 \neq 0$이어야 하므로 $\sin(kL) = 0$이 되는 k를 구해야 한다. 이것은 kL이 π의 자연수 곱이어야 한다는 것을 의미한다. 그러므로 이 Sturm-Liouville 문제의 고유값 $\lambda = \lambda_n$은

$$\lambda_n = k^2 = \frac{n^2\pi^2}{L^2}, \quad n = 1, 2, 3, \cdots$$

이고, 고유함수는

$$y_n(x) = \sin\left(\frac{n\pi x}{L}\right).$$

보기 14.2 **정칙 Sturm-Liouville 문제(Neumann 경계조건)**

정칙 Sturm-Liouville 문제

$$y'' + \lambda y = 0; \quad y'(0) = y'(L) = 0$$

에 대해 다시 λ를 다음 각 경우별로 살펴보자.

경우 1. $\lambda = 0$

$y(x) = cx + d$이고, $y'(0) = y'(L) = c = 0$이다. $d \neq 0$이면 고유값 $\lambda = 0$을 갖고, 이에 대한 고유함수는 상수함수 $y = 1$이 된다.

경우 2. $\lambda < 0$

양수 k에 대해 $\lambda = -k^2$이라 하면 $y'' - k^2 y = 0$의 일반해는

$$y(x) = c_1 e^{kx} + c_2 e^{-kx}$$

이다. 0에서 경계조건을 적용하면

$$y'(0) = kc_1 - kc_2 = 0$$

이므로 $c_1 = c_2$이고, $y(x) = 2c_1 \cosh(kx)$이다. 그런데

$$y'(L) = 2kc_1 \sinh(kL) = 0$$

이므로 $c_1 = 0$이어야 한다. 이 경우, 해 $y = 0$뿐이므로 이 문제는 음수 고유값을 갖지 않는다.

경우 3. $\lambda > 0$
양수 k에 대해 $\lambda = k^2$이라 하면 $y'' + k^2 y = 0$의 일반해는

$$y(x) = c_1 \cos(kx) + c_2 \sin(kx)$$

이다. 0에서 경계조건을 적용하면

$$y'(0) = kc_2 = 0$$

에서 $c_2 = 0$이고, $y(x) = c_1 \cos(kx)$이다. 그런데

$$y'(L) = -kc_1 \sin(kL) = 0$$

이므로, 0 아닌 해를 갖기 위해서 $c_1 \neq 0$이어야 하고, 자연수 n에 대해 $kL = n\pi$여야 한다. 따라서 고유값은

$$\lambda = \lambda_n = \frac{n^2\pi^2}{L^2}, \quad n = 1, 2, \cdots,$$

이고, 고유함수는

$$y_n(x) = \cos\left(\frac{n\pi x}{L}\right).$$

따라서, 경우 1과 경우 3을 합쳐서 고유값과 고유함수는

$$\lambda_n = \frac{n^2\pi^2}{L^2}, \quad y_n(x) = \cos\left(\frac{n\pi x}{L}\right), \quad n = 0, 1, 2, \cdots.$$

보기 14.3 주기 Sturm-Liouville 문제

구간 $[-L, L]$에서 다음 문제를 생각해 보자.

$$y'' + \lambda y = 0; \quad y(-L) = y(L), \quad y'(-L) = y'(L).$$

여기서 $r(x) = 1$이므로 $r(-L) = r(L)$을 만족한다. λ에 따라 경우를 나누어 보자.

경우 1. $\lambda = 0$
그러면 $y = cx + d$이다.

$$y(-L) = -cL + d = y(L) = cL + d$$

이므로, $c = 0$이다. 상수함수 $y = 1$은 두 경계조건을 모두 만족한다. 그러므로 $\lambda = 0$은

고유함수 $y=1$을 갖는 고유값이다.

경우 2. $\lambda<0$

$\lambda=-k^2(k>0)$일 때 일반해는

$$y(x)=c_1 e^{kx}+c_2 e^{-kx}$$

이고, $y(-L)=y(L)$이므로

$$c_1 e^{-kL}+c_2 e^{kL}=c_1 e^{kL}+c_2 e^{-kL} \tag{14.3}$$

이다. 그리고 $y'(-L)=y'(L)$이므로

$$c_1 e^{-kL}-c_2 e^{kL}=c_1 e^{kL}-c_2 e^{-kL} \tag{14.4}$$

이다. 식 (14.3)을 고쳐 쓰면

$$c_1(e^{-kL}-e^{kL})=c_2(e^{-kL}-e^{kL})$$

이므로 $c_1=c_2$이 되고, 식 (14.4)는

$$c_1(e^{-kL}-e^{kL})=c_1(e^{kL}-e^{-kL})$$

이므로, $c_1=-c_1$이 되어, 결국 $c_1=0$이다. 그러므로 $y=0$이 되어, 이 문제는 음수인 고유값을 갖지 않는다.

경우 3. $\lambda>0$

양수 k에 대해 $\lambda=k^2$이 되고, 일반해는

$$y(x)=c_1\cos(kx)+c_2\sin(kx)$$

이다. 경계조건을 적용하면

$$y(-L)=c_1\cos(kL)-c_2\sin(kL)=y(L)=c_1\cos(kL)+c_2\sin(kL)$$

이므로

$$c_2\sin(kL)=0$$

이다. 다음으로,

$$y'(-L)=kc_1\sin(kL)+kc_2\cos(kL)=y'(L)=-kc_1\sin(kL)+kc_2\cos(kL)$$

이므로

$$kc_1 \sin(kL) = 0$$

이다. $\sin(kL) \neq 0$이면 $c_1 = c_2 = 0$으로 자명한 해를 갖게 된다. 그러므로 $\sin(kL) = 0$이고, 양의 정수 n에 대해 $kL = n\pi$여야 한다. 그러므로 고유값은

$$\lambda_n = \frac{n^2 \pi^2}{L^2}, \quad n = 1, 2, \cdots$$

이고, 대응되는 고유함수는

$$y_n(x) = c_1 \cos\left(\frac{n\pi x}{L}\right) + c_2 \sin\left(\frac{n\pi x}{L}\right)$$

이며, c_1과 c_2 중 적어도 하나는 0이 아니어야 한다.

보기 14.2와 같이, 경우 1은 경우 3에서 $n = 0$이고 $c_1 \neq 0$ 인 경우에 포함될 수 있다. 즉, 고유값은

$$\lambda_n = \frac{n^2 \pi^2}{L^2}, \quad n = 0, 1, 2, \cdots$$

이고 대응되는 고유함수는

$$y_n(x) = c_1 \cos\left(\frac{n\pi x}{L}\right) + c_2 \sin\left(\frac{n\pi x}{L}\right), \quad c_1^2 + nc_2^2 \neq 0 .$$

Bessel 방정식은 $r(0) = 0$이고 Legendre 방정식은 $r(a) = r(b) = 0$인 특히 Sturm-Liouville 문제의 제1유형과 제3유형의 한 예이다. 이에 대해서는 각각 2절과 3절에서 다룰 것이다.

Fourier 사인 급수, Fourier 코사인 급수, Fourier 급수는 각각 보기 14.1, 14.2, 14.3에 나온 Sturm-Liouville 문제의 고유함수의 전개식이다. 따라서, 우리는 $[a, b]$에서 임의의 함수 f를 어떤 Sturm-Liouville 문제의 고유함수들 $\varphi_1(x), \varphi_2(x), \cdots$의 전개식

$$f(x) = \sum_{k=1}^{\infty} c_k \varphi_k(x)$$

로 표현할 수 있을까 하는 의문을 갖게 된다. 그 열쇠는 고유함수의 직교성에 있다. Fourier 급수 전개식

$$f(x) = \frac{1}{2} a_0 + \sum_{k=1}^{\infty} a_k \cos(k\pi x/L) + b_k \sin(k\pi x/L)$$

에서 급수의 각항을 직교하는 고유함수 $\cos(k\pi x/L)$과 $\sin(k\pi x/L)$로 적분함으로써 계수 a_k와 b_k를 얻었음을 기억하자. 보조정리 12.1의 직교성에 의해 다른 고유함수들의 적분은 사라져서 a_k과 b_k에 관한 간단한 식을 얻었다. 비슷한 성질이 Sturm-Liouville 문제의 고유함수에도 적용되어 고유함수 전개의 계수 c_k를 구할 수 있다. 또한 고유값은 모두 실수임도 보일 것이다.

정리 14.1 Sturm-Liouville 이론

(1) λ_n과 λ_m을 구간 (a, b)에서 정의된 Sturm-Liouville 문제의 서로 다른 고유값이라 하고, φ_n과 φ_m을 그에 대한 고유함수라고 하면,

$$\int_a^b p(x)\,\varphi_n(x)\,\varphi_m(x)\,dx = 0$$

이다.

(2) Sturm-Liouville 문제의 모든 고유값은 실수이다.

(3) 정칙 Sturm-Liouville 문제에서 같은 고유값에 대한 두 고유함수는 서로 상수배이다.

(4) 정칙과 주기 Sturm-Liouville 문제에서 서로 다른 자연수만큼의 많은 실수 고유값 수열 $\lambda_1, \lambda_2, \cdots$이 있다. 이 수열이 증가수열이 되게 배열하면 $\lim_{n\to\infty}\lambda_n = \infty$이다.

(1)을 좀 더 자세히 표현하기 위해 아래와 같이 함수의 내적을 정의하자.

정의 14.1 함수의 내적과 직교

p가 $[a, b]$에서 연속이고 (a, b) 에서 $p(x) > 0$이라고 하자.

(1) f와 g가 $[a, b]$에서 적분가능할 때,

$$f \cdot g = \int_a^b p(x) f(x) g(x)\,dx$$

를 f와 g의 가중치 함수 p에 대한 내적이라고 한다.

(2) $f \cdot g = 0$이면 f와 g가 $[a, b]$에서 가중치 함수 p에 대해 직교한다고 한다.

가중치함수 p에 대한 내적 $\cdot$에 대해 벡터의 내적과 같이 아래 성질이 성립한다. f, g, h가 $[a, b]$에서 적분가능하면

$$f \cdot g = g \cdot f$$
$$f \cdot (g + h) = f \cdot g + f \cdot h$$
$$(\alpha f) \cdot g = \alpha (f \cdot g)$$
$$f \cdot f \geq 0$$
$$f \cdot f = 0 \iff f = 0$$

이 성립한다.

(1)은 서로 다른 고유값에 대한 고유함수들은 $[a, b]$에서 가중치 함수 $p(x)$에 대해 직교한다는 뜻이다. Fourier 급수처럼 Sturm-Liouville 문제의 고유함수의 직교성은 어떤 함수를 고유함수로 전개할 때 전개된 급수들의 계수를 계산하기 쉽게 해준다. 이것은 파동을 모형화한 편미분방정식을 풀 때 중요한 도구가 될 것이다.

(2)를 이용하여 보기 14.1, 14.2, 14.3에서 고유값을 구할 때, 실수 고유값만 고려하였다.

(3)은 정칙 Sturm-Liouville 문제에만 해당되는 내용이다. 예를 들어, 보기 14.3의 주기적 Sturm-Liouville 문제는 하나의 고유값 $n^2\pi^2/L^2$에 대해 2가지 고유함수 $\cos(n\pi x/L)$와 $\sin(n\pi x/L)$를 가지고, 이 함수들은 확실히 서로의 상수배가 아니다.

(4)는 고유값들이 잘 퍼져 있어서 이들을 오름차순으로 배열하면 위로 유계가 아님을 말해준다. 예를 들어, $1-1/n$은 $n\to\infty$일 때 1이 되므로 Sturm-Liouville 문제의 모든 고유값들이 될 수 없다.

[증명] (1)을 증명하자.

$$(r\varphi_n')' + (q+\lambda_n p)\varphi_n = 0, \quad (r\varphi_m')' + (q+\lambda_m p)\varphi_m = 0$$

으로부터 첫 번째 방정식에 φ_m을 곱하고, 두 번째 방정식에 φ_n을 곱하여 빼면

$$(r\varphi_n')'\varphi_m - (r\varphi_m')'\varphi_n = (\lambda_m - \lambda_n)p\varphi_n\varphi_m$$

a에서 b까지 적분하면

$$\int_a^b [(r(x)\varphi_n'(x))'\varphi_m(x) - (r(x)\varphi_m'(x))'\varphi_n(x)]\,dx = (\lambda_m - \lambda_n)\int_a^b p(x)\varphi_n(x)\varphi_m(x)\,dx$$

이다. $\lambda_n \neq \lambda_m$이므로, 좌변이 0이 된다는 것만 보이면 (2)가 증명된다. 좌변을 부분 적분을 써서 계산하면

$$\begin{aligned}
&\int_a^b (r(x)\varphi_n'(x))'\varphi_m\,dx - \int_a^b (r(x)\varphi_m'(x))\varphi_n'(x)\,dx \\
&= [\varphi_m(x)r(x)\varphi_n'(x)]_a^b - \int_a^b r(x)\varphi_n'(x)\varphi_m'(x)\,dx - [\varphi_n(x)r(x)\varphi_m'(x)]_a^b + \int_a^b r(x)\varphi_n'(x)\varphi_m'(x)\,dx \\
&= r(b)\varphi_m(b)\varphi_n'(b) - r(a)\varphi_m(a)\varphi_n'(a) - r(b)\varphi_n(b)\varphi_m'(b) + r(a)\varphi_n(a)\varphi_m'(a) \\
&= r(b)[\varphi_m(b)\varphi_n'(b) - \varphi_n(b)\varphi_m'(b)] - r(a)[\varphi_m(a)\varphi_n'(a) - \varphi_n(a)\varphi_m'(a)] \qquad (14.5)
\end{aligned}$$

이다. 이 값이 0이 됨을 보이기 위해 경계조건을 사용한다.

우선 주기문제에서는 주기조건

$$r(a)=r(b),\quad \varphi_m(a)=\varphi_n(b),\quad \varphi'_m(a)=\varphi'_m(b),$$
$$\varphi_n(a)=\varphi_n(b),\quad \varphi'_n(a)=\varphi'_n(b)$$

를 이용하여 식 (14.5)가 0이 됨을 쉽게 보일 수 있다.

다음으로 정칙문제의 경계조건

$$A_1 y(a)+A_2 y'(a)=0,\quad B_1 y(b)+B_2 y'(b)=0$$

중 경계점 a에 대한 조건에서 y 대신 φ_n과 φ_m을 각각 대입하면

$$A_1\varphi_n(a)+A_2\varphi'_n(a)=0,\quad A_1\varphi_m(a)+A_2\varphi'_m(a)=0$$

이다. A_1과 A_2 중 적어도 하나는 0이 아니라고 가정하였으므로

$$\begin{vmatrix}\varphi_n(a) & \varphi'_n(a)\\ \varphi_m(a) & \varphi'_m(a)\end{vmatrix}=\varphi_n(a)\varphi'_m(a)-\varphi_m(a)\varphi'_n(a)=0$$

이다. 마찬가지로 경계점 b에서 y 대신 φ_n과 φ_m을 각각 대입하여 정리하면

$$\varphi_n(b)\varphi'_m(b)-\varphi_m(b)\varphi'_m(b)=0$$

이다. 그러므로 식 (14.5)의 마지막 식이 0이 되어, 정칙문제일 때 직교성을 보였다.

마지막으로 특이문제일 때도 특이경계조건을 이용하여 (14.5)의 값이 0임을 보일 수 있다.

따라서, 주기, 정칙, 특이 어느 경계조건에서도 Sturm-Liouville 문제의 직교성을 보였다.

(2)를 증명하기 위해 Sturm-Liouville 문제가 복소 고유값 $\lambda=\alpha+i\beta$과 복소 고유함수 $\varphi(x)=u(x)+iv(x)$를 갖는다고 가정하자. 그러면 $\varphi'(x)=u'(x)+iv'(x)$이고, 이 식의 켤레복소수를 취하면

$$\overline{\varphi'(x)}=u'(x)-iv'(x)=\left(\overline{\varphi(x)}\right)'$$

이다. r, p, q는 실함수이므로, Sturm-Liouville 방정식에 켤레를 취하면

$$\left(r\overline{\varphi}'\right)'+(q+\overline{\lambda}p)\overline{\varphi}=0$$

이므로 $\overline{\lambda}$도 고유값이 되고 대응되는 고유함수는 $\overline{\varphi}$이다. $\beta\neq 0$이면 λ와 $\overline{\lambda}$는 서로 다른 고유값이므로 (1)에 의해

$$\int_a^b p(x)\varphi(x)\overline{\varphi(x)}\,dx=0 \;\Rightarrow\; \int_a^b p(x)\left[u(x)^2+v(x)^2\right]dx=0\,.$$

Sturm-Liouville 문제에서 $a<x<b$일 때 $p(x)>0$라고 가정했으므로 $u(x)^2+v(x)^2=0$이고,

$$u(x) = v(x) = 0 \Rightarrow \varphi(x) = 0 .$$

이것은 φ가 고유함수라는 데 모순이다. 그러므로 $\beta = 0$이고 λ는 실수이다.

(3)을 증명하기 위하여 λ가 정칙 Sturm-Liouville 문제의 고유값이고 φ와 ψ는 둘 다 λ에 대한 고유함수라고 하자. a에서 경계조건을 사용하여 (1)의 증명과 같이 하면

$$\varphi(a)\psi'(a) - \psi(a)\varphi'(a) = 0$$

을 보일 수 있다. 그러므로 φ와 ψ의 Wronskian이 a에서 0이 되어, φ와 ψ는 일차종속이 되고 서로 상수배가 된다.

(4)의 증명은 어려운 해석학적 지식이 필요하므로 생략한다. ■

이제 일반적인 고유함수 전개에 필요한 것을 모두 갖추었다.

14.1.2 고유함수 전개

편미분방정식의 풀이에서, 주어진 함수를 Sturm-Liouville 문제와 같은 상미분방정식의 해들의 급수로 전개해야 할 때가 종종 있다. Fourier 급수와 2절과 3절에서 다룰 Fourier-Legendre 급수, Fourier-Bessel 급수들이 이와 같은 전개의 예이다. 전개할 함수는 그 문제에서 어떤 특별한 의미를 지니고 있는 것이다. 예를 들면, 초기 온도함수나 초기 변위 혹은 파동의 속도 같은 것이다.

이를 이해하기 위해, 3차원 벡터의 경우를 생각해 보자. **U**, **V**, **W**가 3차원 공간의 0이 아닌 임의의 세 벡터로 서로 직교한다면,

$$\mathbf{U} \cdot \mathbf{V} = \mathbf{U} \cdot \mathbf{W} = \mathbf{V} \cdot \mathbf{W} = 0$$

이다. 이 벡터들은 단위벡터일 필요는 없고 좌표축과 나란할 필요도 없다. 즉 **i**, **j**, **k**일 필요는 없다. 그러나 이들이 직교하기 때문에 이들 세 벡터로 임의의 벡터 **F**를 표현할 수 있다. 즉,

$$\mathbf{F} = \alpha\mathbf{U} + \beta\mathbf{V} + \gamma\mathbf{W}$$

라면

$$\mathbf{F} \cdot \mathbf{U} = \alpha\mathbf{U} \cdot \mathbf{U} + \beta\mathbf{V} \cdot \mathbf{U} + \gamma\mathbf{W} \cdot \mathbf{U} = \alpha\mathbf{U} \cdot \mathbf{U}$$

이므로

$$\alpha = \frac{\mathbf{F} \cdot \mathbf{U}}{\mathbf{U} \cdot \mathbf{U}}$$

이다. 같은 방법으로,

$$\beta = \frac{\mathbf{F} \cdot \mathbf{V}}{\mathbf{V} \cdot \mathbf{V}}, \quad \gamma = \frac{\mathbf{F} \cdot \mathbf{W}}{\mathbf{W} \cdot \mathbf{W}} \tag{14.6}$$

이다. 즉, **U**, **V**, **W**의 직교성을 이용하면 임의의 벡터를 이 세 벡터로 전개할 때 계수들을 찾기 쉽다.

한 벡터를 서로 직교하는 벡터의 일차결합으로 표현한다는 아이디어와 이때의 계수를 구하기 위한 공식은, 주어진 함수를 Sturm-Liouville 문제의 고유함수의 급수로 전개하는 것과, 그 계수를 찾기 위한 (14.6)과 유사한 공식을 얻는 것으로 확장될 수 있다. 그러한 예를 보기 14.1, 14.2, 14.3에서 (14.6)을 이용해서 다시 한 번 복습해 보자.

주기 Sturm-Liouville 문제

$$y'' + \lambda y = 0; \quad y(-L) = y(L) = 0$$

은 $n = 0, 1, 2, \cdots$에 대해 고유값 $n^2\pi^2/L^2$을 갖고, 대응되는 고유함수는

$$1, \cos(\pi x/L), \cos(2\pi x/L), \cdots, \sin(\pi x/L), \sin(2\pi x/L), \cdots$$

이다. 여기서 $p(x) = 1$이므로 내적은

$$f \cdot g = \int_{-L}^{L} f(x)\, g(x)\, dx$$

로 정의된다. f가 $[-L, L]$에서 구분적으로 매끄럽다면, $-L < x < L$에서

$$\frac{1}{2}(f(x+) + f(x-)) = \frac{1}{2}a_0 + \sum_{n=1}^{\infty}\left(a_n \cos\left(\frac{n\pi x}{L}\right) + b_n \sin\left(\frac{n\pi x}{L}\right)\right)$$

이다. 이때

$$a_n = \frac{\int_{-L}^{L} f(x)\cos(n\pi x/L)\, dx}{\int_{-L}^{L} \cos^2(n\pi x/L)\, dx} = \frac{f(x) \cdot \cos(n\pi x/L)}{\cos(n\pi x/L) \cdot \cos(n\pi x/L)}, \quad n = 0, 1, 2, \cdots,$$

$$b_n = \frac{\int_{-L}^{L} f(x)\sin(n\pi x/L)\, dx}{\int_{-L}^{L} \sin^2(n\pi x/L)\, dx} = \frac{f(x) \cdot \sin(n\pi x/L)}{\sin(n\pi x/L) \cdot \sin(n\pi x/L)}, \quad n = 1, 2, \cdots$$

이다.

정리 14.2 고유함수 전개의 수렴

Sturm-Liouville 미분방정식

$$(ry')' + (q + \lambda p) y = 0$$

의 고유값들을 $\lambda_1, \lambda_2, \cdots$이라 하고, $\varphi_1, \varphi_2, \cdots$를 그에 대한 고유함수, 내적을

$$f \cdot g = \int_a^b p(x) f(x) g(x)\, dx$$

로 정의하자. f가 $[a, b]$에서 구분적으로 매끄럽다면 $a < x < b$에서

$$\frac{1}{2}(f(x+) + f(x-)) = \sum_{n=1}^{\infty} c_n \varphi_n(x)$$

이다. 이때,

$$c_n = \frac{f \cdot \varphi_n}{\varphi_n \cdot \varphi_n}.$$

c_n을 이 Sturm-Liouville 문제의 고유함수에 대한 f의 Fourier 계수라고 부른다. 혹은 이 장에서는 간단히 Fourier 계수라 하자. 이것을 계수로 하는 $\sum_{n=1}^{\infty} c_n \varphi_n(x)$가 이 고유함수에 대한 f의 고유함수 전개이다.

고유값과 고유함수를 생성하는 미분방정식이 Legnedre 방정식이나 Bessel 방정식처럼 특별한 이름을 가지면 이 고유함수 전개는 대개 Fourier-Legendre 급수나 Fourier-Bessel 급수와 같이 Fourier-$\cdots$ 급수라고 한다.

보기 14.4 다음 정칙 Sturm-Liouville 문제를 생각해 보자.

$$y'' + \lambda y = 0; \quad y'(0) = y'(\pi/2) = 0.$$

보기 14.2에서 $L = \pi/2$을 대입하면, 이 문제의 고유값이 $\lambda_n = 4n^2 (n = 0, 1, 2, \cdots)$이고 고유함수는

$$\varphi_0(x) = 1, \quad \varphi_1(x) = \cos(2x), \quad \varphi_2(x) = \cos(4x), \cdots$$

이고, 내적은

$$f \cdot g = \int_0^{\pi/2} f(x) g(x)\, dx$$

로 정의됨을 알 수 있다.

$0 \le x \le \pi/2$에서 $f(x) = x^2 - x^3$의 고유함수 전개를 구하자.

f와 f'이 연속이므로, 이 전개는 $0<x<\pi/2$에서 x^2-x^3로 수렴할 것이다. 이 전개의 계수는

$$c_0=\frac{f\cdot 1}{1\cdot 1}=\frac{\int_0^{\pi/2} x^2-x^3\,dx}{\int_0^{\pi/2} dx}=\frac{(1/24)\pi^3-(1/64)\pi^4}{\pi/2}=\frac{\pi^2}{12}-\frac{\pi^3}{32}$$

이고, $n=1, 2, \cdots$일 때

$$c_n=\frac{f\cdot\cos(2nx)}{\cos(2nx)\cdot\cos(2nx)}=\frac{\int_0^{\pi/2}\left(x^2-x^3\right)\cos(2nx)\,dx}{\int_0^{\pi/2}\cos^2(2nx)\,dx}$$

$$=-\frac{1}{4\pi n^4}\left(6+(-1)^n(-4\pi n^2+3\pi^2n^2-6)\right)$$

이다. 그러므로 $0<x<\pi/2$에서

$$x^2-x^3=\frac{\pi^2}{12}-\frac{\pi^3}{32}-\frac{1}{4\pi}\sum_{n=1}^{\infty}\frac{1}{n^4}\left(6+(-1)^n(-4\pi n^2+3\pi^2n^2-6)\right)\cos(2nx)$$

이다. 그림 14.1(a)와 14.1(b)는 각각 이 급수의 5번째 부분합과 15번째 부분합을 f와 비교한 것이다. 확실히 이 고유함수 전개는 이 구간에서 x^2-x^3로 매우 빨리 수렴하고 있다.

14.1.3 Bessel 부등식과 평균 근사식

$\varphi_1, \varphi_2, \cdots$를 $[a, b]$에서 Sturm-Liouville 문제의 정규화된 고유함수라고 하자. **정규화(normalization)**란 각각의 고유함수 φ_n에 적절한 양수를 곱하여 $\varphi_n\cdot\varphi_n=1$이 되게 한 것을 의

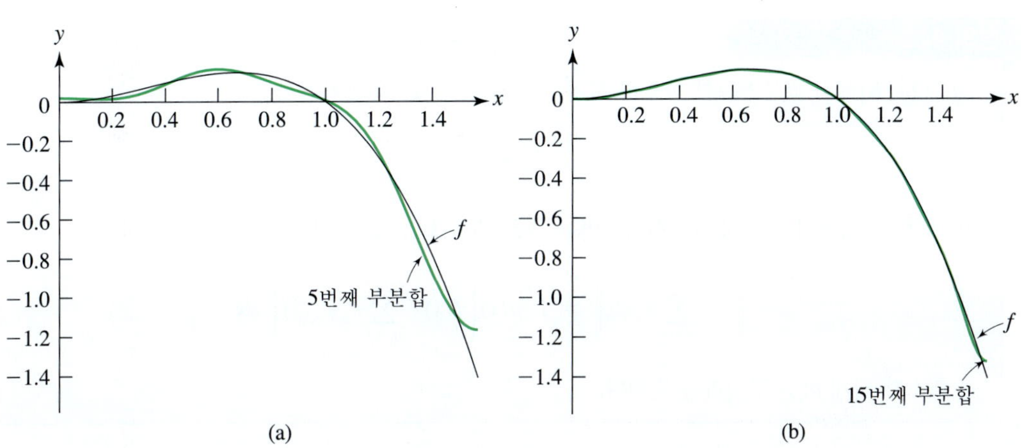

그림 14.1 보기 14.4의 f와 (a) 5번째 부분합과 (b) 15번째 부분합

미한다. 고유함수에 0이 아닌 상수를 곱한 것도 다시 고유함수가 되므로 정규화는 항상 가능하다. 그러면

$$\varphi_n \cdot \varphi_m = \int_a^b p(x)\varphi_n(x)\varphi_m(x)\,dx = \begin{cases} 1 & n=m\text{일 때,} \\ 0 & n \neq m\text{일 때} \end{cases}$$

이다. 이 정규화된 고유함수에 대한 n차 Fourier 계수는

$$c_n = \frac{f \cdot \varphi_n}{\varphi_n \cdot \varphi_n} = f \cdot \varphi_n$$

이다.

내적 · 이 주어진 벡터공간에서 벡터 $\mathbf{v}$의 길이는

$$\|\mathbf{v}\| = \sqrt{\mathbf{v} \cdot \mathbf{v}}$$

로 정의할 수 있다. 마찬가지로 Sturm-Liouville 문제에서 함수의 길이를

$$\|f\| = \sqrt{f \cdot f}$$

라 정의하자. 그러면 정규화된 고유함수 φ_n의 길이

$$\|\varphi_n\| = \sqrt{\varphi_n \cdot \varphi_n} = 1$$

이므로 $c_n = f \cdot \varphi_n$임을 확인할 수 있다.

이제 어떤 일차결합 $\sum_{n=1}^{N} k_n \varphi_n$이 주어진 함수 f의 근사식으로 얼마나 좋은지를 측정하는 개념 하나를 정의하고자 한다.

정의 14.2 평균 근사식

f는 $[a, b]$에서 적분가능한 함수라 하자. $\varphi_1, \varphi_2, \cdots, \varphi_N$의 일차결합

$$\sum_{n=1}^{N} k_n \varphi_n(x)$$

이 구간 $[a, b]$에서 f의 **평균 근사식**이라는 것은 계수 $k_1, \cdots, k_N$이

$$\left\| f - \sum_{n=1}^{N} k_n \varphi_n \right\|^2 = \int_a^b p(x)\left(f(x) - \sum_{n=1}^{N} k_n \varphi_n(x) \right)^2 dx$$

를 최소가 되게 하는 값이라는 뜻이다.

$\left\| f - \sum_{n=1}^{N} k_n \varphi_n \right\|^2$ 은 $f(x) - \sum_{n=1}^{N} k_n \varphi_n(x)$의 길이의 제곱이다. 이 길이가 작을수록 $[a, b]$에서 일차결합 $\sum_{n=1}^{N} k_n \varphi_n(x)$가 $f(x)$의 더 좋은 근사식이 된다. 이것은 한 점에서 근사값을 구하는 것이 아니라 전체 구간에서 평균적인 근사를 의미한다.

이제 구간 $[a, b]$ 위에서 $\sum_{n=1}^{N} k_n \varphi_n(x)$이 f의 평균 근사식이 되도록 구체적으로 계수 k_n을 구하고자 한다. 즉, $f(x) - \sum_{n=1}^{N} k_n \varphi_n(x)$의 길이를 가장 짧게 하는 계수 k_n을 선택해 보자.

정리 14.3 평균 근사식

f가 $[a, b]$에서 적분가능할 때, 일차결합 $\sum_{n=1}^{N} k_n \varphi_n$이 $[0, b]$에서 f의 평균 근사식이 되는 것은

$$k_n = f \cdot \varphi_n$$

일 때이다.

[증명]

$$\begin{aligned}
\left\| f - \sum_{n=1}^{N} k_n \varphi_n \right\|^2 &= \left(f - \sum_{n=1}^{N} k_n \varphi_n \right) \cdot \left(f - \sum_{n=1}^{N} k_n \varphi_n \right) + \sum_{n=1}^{N} \sum_{m=1}^{N} k_n k_m \int_a^b p(x) \varphi_n(x) \varphi_m(x)\, dx \\
&= f \cdot f - 2 \sum_{n=1}^{N} k_n f \cdot \varphi_n + \sum_{n=1}^{N} \sum_{m=1}^{N} k_n k_m \varphi_n \cdot \varphi_m \\
&= f \cdot f - 2 \sum_{n=1}^{N} k_n f \cdot \varphi_n + \sum_{n=1}^{N} k_n^2 \varphi_n \cdot \varphi_n \\
&= f \cdot f - 2 \sum_{n=1}^{N} k_n c_n + \sum_{n=1}^{N} k_n^2 \\
&= \| f \|^2 - 2 \sum_{n=1}^{N} k_n c_n + \sum_{n=1}^{N} k_n^2 - \sum_{n=1}^{N} c_n^2 + \sum_{n=1}^{N} c_n^2 \\
&= \| f \|^2 + \sum_{n=1}^{N} (c_n - k_n)^2 - \sum_{n=1}^{N} c_n^2
\end{aligned}$$

이므로 $k_n = c_n$일 때 우변이 최소가 된다. 이로써 정리를 증명하였다. ■

이와 같이 임의의 N에 대해, f의 일반화된 Fourier 급수 $\sum_{n=1}^{\infty} (f \cdot \varphi_n) \varphi_n$의 N차 부분합 $\sum_{n=1}^{N} (f \cdot \varphi_n) \varphi_n$은 $\varphi_1, \varphi_2, \cdots, \varphi_N$의 일차결합 중에서 f의 평균 근사식이다. 또 한 가지 중요한 결론은 $k_n = c_n = f \cdot \varphi_n$을 위 증명에 넣으면

$$0 \le \left\| f - \sum_{n=1}^{N} k_n \varphi_n \right\| = f \cdot f - \sum_{n=1}^{N} (f \cdot \varphi_n)^2$$

이므로

$$\sum_{n=1}^{N}(f\cdot\varphi_n)^2 \le \|f\|^2$$

이 된다. N이 임의의 자연수이므로, f의 일반화된 Fourier 계수를 제곱한 것의 급수는 수렴하고, 이 급수의 합은 f와 그 자신의 내적을 초과할 수 없다. 이것이 Bessel 부등식이고, 12.5절 (정리 12.7)에서 Fourier 삼각급수에 대해 이 부등식을 증명했었다.

정리 14.4 Bessel 부등식

f가 $[a, b]$에서 적분가능할 때 Sturm-Liouville 문제의 정규화된 고유함수 $\varphi_1, \varphi_2, \cdots$에 대한 f의 Fourier 계수의 제곱의 급수는 수렴하고,

$$\sum_{n=1}^{N}(f\cdot\varphi_n)^2 \le \|f\|^2$$

이다.

어떤 상황에서는 이 부등식이 등식이 된다. 이를 알아보기 위해 평균수렴이란 개념이 필요하다.

14.1.4 평균수렴과 Parseval 정리

앞에서와 같이 $\varphi_1, \varphi_2, \cdots$는 구간 $[a, b]$에서 Sturm-Liouville 문제의 정규화된 고유함수라고 하자. f가 $[a, b]$에서 연속이고 구분적으로 매끄러우면 $a < x < b$에서

$$f(x) = \sum_{n=1}^{\infty}(f\cdot\varphi_n)\varphi_n(x)$$

이다. 이 무한급수는 (a, b)의 각 점 x에서 Fourier 급수가 수렴한 것이다. 이와 같이 급수가 각 점에서 수렴한 것을 **점별수렴(pointwise convergence)**이라고 부른다.

전개된 고유함수의 급수의 수렴에 대해서는 점별수렴과 함께 평균수렴의 개념도 사용한다.

정의 14.3 평균수렴

f가 구간 $[a, b]$에서 적분가능할 때 Sturm-Liouville 문제의 정규화된 고유함수 $\varphi_1, \varphi_2, \cdots$가 다음 조건을 만족하면, f의 Fourier 급수 $\sum_{n=1}^{\infty}(f\cdot\varphi_n)\varphi_n$는 $[a, b]$에서 f로 평균수렴한다고 한다.

$$\lim_{N\to\infty}\left\| f(x) - \sum_{n=1}^{N}(f\cdot\varphi_n)\varphi_n \right\|^2 = \lim_{N\to\infty}\int_a^b p(x)\left(f(x) - \sum_{n=1}^{N}(f\cdot\varphi_n)\varphi_n(x)\right)^2 dx = 0.$$

즉, N이 무한히 커질 때 $f(x)-\sum_{n=1}^{N}(f\cdot\varphi_n)\varphi_n(x)$의 길이가 0으로 가면, f의 Fourier 급수는 f로 평균수렴한다고 한다. 사실, f가 연속이고, 구분적으로 매끄러우면 Fourier 급수는 평균수렴한다는 것이 알려져 있다.

지금부터 $C'[a, b]$는 $[a, b]$에서 연속이고, (a, b)에서 구분적으로 매끄러운 함수들의 집합이라고 하자.

정리 14.5 평균수렴

(1) $a<x<b$인 모든 x에 대해 $\sum_{n=1}^{\infty}(f\cdot\varphi_n)\varphi_n(x)$가 $f(x)$로 점별수렴하면 $\sum_{n=1}^{\infty}(f\cdot\varphi_n)\varphi_n$는 $[a,b]$에서 f로 평균수렴한다.

(2) f가 $C'[a, b]$의 원소이면 $\sum_{n=1}^{\infty}(f\cdot\varphi_n)\varphi_n$은 $[a,b]$에서 f로 평균수렴한다.

(1)의 역은 성립하지 않는다. $\sum_{n=1}^{N}(f\cdot\varphi_n)\varphi_n$이 f로 평균수렴, 즉, $N\to\infty$일 때 $f(x)-\sum_{n=1}^{N}(f\cdot\varphi_n)\varphi_n(x)$의 길이가 0이 되더라도, 그 구간에서 Fourier 급수가 $f(x)$로 점별수렴하지 않을 수 있다. 이것은 평균수렴의 정의에 나오는 적분이 일종의 평균을 취하는 것으로, 특정한 점에서 Fourier 급수의 값에 의존하지 않기 때문이다.

$$f_n(x)=\begin{cases} nx+1 & -\dfrac{1}{n}\le x<0 \text{일 때,} \\ -nx+1 & 0\le x<\dfrac{1}{n} \text{일 때,} \\ 0 & x<-\dfrac{1}{n} \text{ 또는 } x>\dfrac{1}{n} \text{일 때} \end{cases}$$

는 0으로 평균수렴하지만, $f_n(0)=1$은 0으로 점별수렴하지 않는 함수열이다.

Bessel 부등식이 등식일 때를 Parseval 등식이라 한다.

정리 14.6 Parseval 정리

f가 $C'[a, b]$에 속하면

$$\sum_{n=1}^{\infty}(f\cdot\varphi_n)^2=\|f\|^2$$

이다.

[증명] 정리 14.3의 증명으로부터 $k_n = f \cdot \varphi_n$으로 두면,

$$\left(f(x) - \sum_{n=1}^{N} (f \cdot \varphi_n) \varphi_n\right)^2 dx = \left\| f - \sum_{n=1}^{N} c_n \varphi_n \right\|^2 = \| f \|^2 - \sum_{n=1}^{N} (f \cdot \varphi_n)^2$$

이다. 그러므로, $\sum_{n=1}^{\infty} (f, \varphi_n) \varphi_n$이 f로 평균수렴한다는 것, 즉

$$\lim_{N \to \infty} \int_a^b p(x) \left(f(x) - \sum_{n=1}^{N} (f \cdot \varphi_n) \varphi_n \right)^2 dx = 0$$

은

$$\| f \|^2 - \sum_{n=1}^{\infty} (f \cdot \varphi_n)^2 = 0$$

과 동치이다.

한편, $f \in C'[a, b]$이면 정리 14.5(2)에 의해 $\sum_{n=1}^{\infty} (f, \varphi_n) \varphi_n$이 f로 평균수렴하므로 Parseval 등식이 성립한다. ■

14.1.5 고유함수의 완비성

벡터에서 완비성의 개념을 알아보자.

3차원 공간에서 벡터 **k**를 수직인 두 벡터 **i**와 **j**의 일차결합 $\alpha\mathbf{i} + \beta\mathbf{j}$로 나타낼 수 없다. 그 이유는 3차원 공간 안에 **i**와 **j**에 동시에 수직인 다른 방향이 있기 때문이다. **i**와 **j**의 일차결합을 다 모으면 이들의 집합은 공간의 일부인 평면이 되며, 이 평면에 있지 않은 벡터는 **i**와 **j**로 표시할 수 없다. 즉, $\mathbb{R}^3$에서 **i**와 **j**는 불완비하다. 반면 0벡터가 아니면서 **i**, **j**, **k**에 동시에 수직인 벡터는 없다. 이럴 때 이 벡터들이 $\mathbb{R}^3$에서 완비하다고 한다. 즉, 임의의 3차원 벡터는 **i**, **j**, **k**의 일차결합으로 나타낼 수 있다.

이제 정규화된 고유함수 $\varphi_1, \varphi_2, \cdots$를 생각해 보자. $C'[a, b]$에서 각 φ_j가 다른 방향의 축을 정의한다고 생각하자. $C'[a, b]$에 속하는 함수 중 모든 고유함수와 직교하는 것이 상수함수 0뿐이면, 이들 고유함수는 $C'[a, b]$에서 **완비하다(complete)**고 한다. $C'[a, b]$의 함수로서 상수함수 0이 아닌 f가 모든 고유함수와 직교한다면, 그 고유함수들은 **불완비하다(incomplete)**고 한다. 이 경우는 주어진 고유함수들의 일차결합 혹은 급수로 나타낼 수 없는 다른 방향의 축이 존재한다. 어떤 함수가 이 다른 방향의 성분을 가지면 이 함수는 고유함수들의 전개로 나타낼 수 없다.

이제 Sturm-Liouville 문제의 고유함수들이 구간 (a, b)에서 연속이면서 도함수가 구분적 연속인 함수들의 공간에서 완비하다는 것을 보이고자 한다.

정리 14.7 완비성

Sturm-Liouville 문제의 정규화된 고유함수 $\varphi_1, \varphi_2, \cdots$는 $C'[a, b]$에서 완비하다.

[증명] 이 고유함수가 불완비하다고 하자. 그러면 $C'[a, b]$에서 상수함수 0이 아닌 어떤 함수 f가 있어서 이것은 모든 φ_n과 직교한다. 즉, 자연수 n에 대해 $f \cdot \varphi_n = 0$이므로,

$$\sum_{n=1}^{\infty} (f, \varphi_n)^2 = 0 .$$

그런데 정리 14.6 Parseval 정리를 이용하면 $\|f\| = 0$, 즉 $f = 0$이 되므로 모순이다.

따라서 이 고유함수들은 $C'[a, b]$에서 완비한다. ■

보기 14.5 Sturm-Liouville 문제

$$y'' + \lambda y = 0 ; \quad y'(0) = y'(\pi/2) = 0$$

의 정규화된 고유함수는 보기 14.4를 이용하여 계산하면

$$\sqrt{\frac{2}{\pi}}, \quad \frac{2}{\sqrt{\pi}} \cos(2x), \quad \frac{2}{\sqrt{\pi}} \cos(4x), \quad \frac{2}{\sqrt{\pi}} \cos(6x), \cdots$$

이다. 이 고유함수의 집합 E는 $C'[0, \pi/2]$에서 정리 14.7에 의해 완비하다. 즉, $C'[a, b]$에는 모든 고유함수와 직교하는 함수 $f = 0$뿐이다.

한 고유함수를 제거하면 어떻게 되는지 살펴보자. 예를 들어, 고유함수의 집합 $E_1 = E - E_1 = (2/\sqrt{\pi})\cos(2x)$, 즉

$$E_1 = \left\{ \sqrt{\frac{2}{\pi}}, \quad \frac{2}{\sqrt{\pi}} \cos(4x), \quad \frac{2}{\sqrt{\pi}} \cos(6x), \cdots \right\}$$

라고 하자. 구간 $(0, \pi/2)$에서 $\cos(2x)$는 연속이고 도함수도 연속이지만, E_1의 함수들로 $\cos(2x)$를 전개할 수 없다. 만약

$$\cos(2x) = c_0 \sqrt{\frac{2}{\pi}} + \sum_{n=2}^{\infty} c_n \frac{2}{\sqrt{\pi}} \cos(2nx)$$

라고 하면

$$c_0 = \sqrt{\frac{2}{\pi}} \cdot \cos(2x) = 0 .$$

따라서, $0 < x < \pi/2$일 때 $\cos(2x) = 0$이라는 모순을 얻는다. 이와 같이 E로부터 한 함수를 제거한 고유함수의 집합 E_1은 $C'[0, \pi/2]$에서 완비하지 않다.

연습문제 14.1

문제 1부터 16까지 Sturm-Liouville 문제를 정칙, 주기 혹은 특이문제로 분류하여라. 또 관련된 구간을 나타내고, 고유값과 고유함수를 찾아라. 어떤 경우에는 고유값이 방정식에 의해 정의될 수도 있다.

1. $y'' + \lambda y = 0$; $y(0) = 0$, $y'(L) = 0$
2. $y'' + \lambda y = 0$; $y'(0) = 0$, $y'(L) = 0$
3. $y'' + \lambda y = 0$; $y'(0) = y(4) = 0$
4. $y'' + \lambda y = 0$; $y(0) = y(\pi)$, $y'(0) = y'(\pi)$
5. $y'' + \lambda y = 0$; $y(-3\pi) = y(3\pi)$, $y'(-3\pi) = y'(3\pi)$
6. $y'' + \lambda y = 0$; $y(0) = 0$, $y(\pi) + 2y'(\pi) = 0$
7. $y'' + \lambda y = 0$; $y(0) - 2y'(0) = 0$, $y'(1) = 0$
8. $y'' + 2y' + (1+\lambda)y = 0$; $y(0) = y(1) = 0$
9. $y'' - 12y' + 4(7+\lambda)y = 0$; $y(0) = y(5) = 0$
10. $(xy')' + \lambda x^{-1} y = 0$; $y(1) = y(e) = 0$
11. $(xy')' + \lambda x^{-1} y = 0$; $y(1) = y'(e) = 0$
12. $(x^{-3} y')' + (\lambda + 4) x^{-5} y = 0$; $y(1) = y(e^2) = 0$
13. $(e^{2x} y')' + \lambda e^{2x} y = 0$; $y(0) = y(\pi) = 0$
14. $(e^{-6x} y')' + (1+\lambda) e^{-6x} y = 0$; $y(0) = y(8) = 0$
15. $(x^3 y')' + \lambda xy = 0$; $y(1) = y(e^3) = 0$
16. $(x^{-1} y')' + (4+\lambda) x^{-3} y = 0$; $y(1) = y(e^4) = 0$
17. 구간 $[a, b]$에서 Sturm-Liouville 문제의 고유값 λ에 대응되는 고유함수를 φ라고 하자. λ에 대한 **Rayleigh 몫 공식**

$$\lambda = -\left(\left[r(x)\varphi(x)\varphi'(x)\right]_a^b + \int_a^b \left[q(x)\varphi(x)^2 - r(x)\varphi'(x)^2\right] dx\right) \Big/ \left(\int_a^b p(x)\varphi(x)^2\, dx\right)$$

를 유도하여라. 힌트: Sturm-Liouville 방정식에 $y = \varphi(x)$를 대입하고 다시 이 방정식에 $\varphi(x)$를 곱하여 a부터 b까지 적분하여라. 그 결과를 λ에 대해서 풀고, 분자를 부분적분하여라.

18. Sturm-Liouville 문제의 최소 고유값은, 모든 0이 아닌 $\sigma(x)$에 대한 다음 값

$$R(\sigma) = -\left(\left[r(x)\sigma(x)\sigma'(x)\right]_a^b + \int_a^b \left[q(x)\sigma(x)^2 - r(x)\sigma'(x)^2\right] dx\right) \Big/ \left(\int_a^b p(x)\sigma(x)^2\, dx\right)$$

의 최대 하계임을 보일 수 있다. 여기서 $\sigma(x)$는 미분방정식을 만족할 필요는 없고 문제의 경계조건을 만족하는 미분가능한 임의의 함수를 의미한다. 최대 하계란 이렇게 계산된 모든 $R(\sigma)$값들보다 작은 실수들 중에서 최대인 것을 의미한다. 즉, 모든 $\sigma(x)$에 대해서 $R(\sigma)$는 주어진 Sturm-Liouville 문제의 최소 고유값보다 크거나 같다. 이 사실은 이 문제의 최소 고유값을 근사값으로 구하는 수치해법의 원리가 된다. 함수 $\sigma(x)$를 **시험함수(test function)**라 부른다.

(a) 문제 1에서 4개의 시험함수를 골라서 각각에 대한 $R(\sigma)$를 계산하여라. 이들은 모두 주어진 문제의 최소 고유값보다 크거나 같다.

(b) 문제 3에 대해 (a)를 반복하여라.

(c) 문제 5에 대해 (a)를 반복하여라.

19. 문제 18을 사용하여 Sturm-Liouville 문제

$$y'' + \lambda xy = 0\ ;\ y(1) = 0,\ y'(2) = 0$$

의 최소 고유값의 상계를 구하여라. 시험함수 $\sigma_n(x) = (x-1)^n - nx + n$을 사용하여라.

20. 문제 18을 사용하여 Sturm-Liouville 문제

$$(xy')' + \lambda y = 0\ ;\ y(1) = 0,\ y(\pi) = 0$$

의 최소 고유값의 상계를 구하여라.

문제 21부터 28까지 주어진 함수를 Sturm-Liouville 문제의 고유함수로 전개하여라. 고유함수 전개가 그 구간에서 수렴하는지 조사하고, 그 함수와 고유함수 전개에서 처음 10개의 합을 주어진 구간에 대해 동일 좌표평면에 그려라.

21. $f(x) = 1 - x,\ 0 \le x \le 1$
$y'' + \lambda y = 0\ ;\ y(0) = y(1) = 0$

22. $f(x) = |x|,\ 0 \le x \le \pi$
$y'' + \lambda y = 0\ ;\ y(0) = y'(\pi) = 0$

23. $f(x) = \begin{cases} -1 & 0 \le x \le 2 \text{ 일 때}, \\ 1 & 2 < x \le 4 \text{ 일 때} \end{cases}$
$y'' + \lambda y = 0\ ;\ y'(0) = y'(4) = 0$

24. $f(x) = \sin(2x),\ 0 \le x \le \pi$
$y'' + \lambda y = 0\ ;\ y'(0) = y'(\pi) = 0$

25. $f(x) = x^2,\ -3\pi \le x \le 3\pi$
$y'' + \lambda y = 0\ ;\ y(-3\pi) = y(3\pi),$
$y'(-3\pi) = y'(3\pi)$

26. $f(x) = \begin{cases} 0 & 0 \le x \le \frac{1}{2} \text{ 일 때}, \\ 1 & \frac{1}{2} < x \le 1 \text{ 일 때} \end{cases}$
$y'' + 2y' + (1+\lambda)y = 0\ ;\ y(0) = y(1) = 0$

27. $f(x) = e^{-x},\ 0 \le x \le \pi$
$y'' + \lambda y = 0\ ;\ y'(0) = 0,\ y(\pi) = 0$

28. $f(x) = 1 + 2x,\ 0 \le x \le 5$
$y'' - 12y' + 4(7+\lambda)y = 0\ ;\ y(0) = y(5) = 0$

29. 함수 $f(x) = x(4-x)$에 대해, 문제 3의 Sturm-Liouville 문제의 고유함수에 대한 Bessel 부등식을 유도하여라.

30. 함수 $f(x) = e^{-x}$에 대해, 문제 6의 Sturm-Liouville 문제의 고유함수에 대한 Bessel 부등식을 유도하여라.

31. 함수 $f(x) = x$에 대해, Sturm-Liouville 문제 $y'' + \lambda y = 0,\ y(0) = y(\pi) = 0$의 고유함수를 사용한 Parseval 정리로부터 무한급수에 관한 공식을 유도하여라.

32. 함수 $f(x) = e^{-2x}$와 문제 1의 Sturm-Liouville 문제의 고유함수를 사용한 Parseval 정리로부터 무한급수에 관한 공식을 유도하여라.

14.2 Legendre 다항식

Legendre 다항식을 정의하는 방법은 다양하다. 여기서는 실수 λ에 대해 구간 $-1 \le x \le 1$에서 정의된 Legendre 미분방정식

$$(1-x^2)y'' - 2xy' + \lambda y = 0$$

을 이용하기로 하자. 이 방정식은 특이 Sturm-Liouville 문제 제3유형에 속한다. 또한 이 방정

식은 17.7절에서 다루게 될 구의 정상상태 열방정식

$$[(1-x^2)y']' + \lambda y = 0$$

과 같다. 먼저 Legendre 방정식의 고유값 λ를 구하고자 한다. Legendre의 방정식을

$$y'' - \frac{2x}{1-x^2}y' + \frac{\lambda}{1-x^2}y = 0$$

꼴로 변형하면 0이 보통점임을 알 수 있다. 그러므로 급수해

$$y(x) = \sum_{n=0}^{\infty} a_n x^n$$

가 있고, 이 급수를 미분방정식에 대입하면

$$\sum_{n=2}^{\infty} a_n n(n-1)a_n x^{n-2} - \sum_{n=2}^{\infty} n(n-1)a_n x^n - \sum_{n=1}^{\infty} 2na_n x^n + \sum_{n=0}^{\infty} \lambda a_n x^n = 0$$

이 되고, 첫 항의 지표를 이동하면

$$\sum_{n=0}^{\infty} (n+2)(n+1)a_{n+2}x^n - \sum_{n=2}^{\infty} n(n-1)a_n x^n - \sum_{n=1}^{\infty} 2na_n x^n + \sum_{n=0}^{\infty} \lambda a_n x^n = 0$$

이 된다. $n \geq 2$ 이상인 항들과 $n=0$, $n=1$인 항들을 따로 정리하면

$$2a_2 + 6a_3 x - 2a_1 x + \lambda a_0 + \lambda a_1 x + \sum_{n=2}^{\infty} [(n+2)(n+1)a_{n+2} - (n^2+n-\lambda)]x^n = 0.$$

x의 모든 차수에 대한 계수가 0이 되어야 하므로

$$2a_2 + \lambda a_0 = 0, \tag{14.7}$$

$$6a_3 - 2a_1 + \lambda a_1 = 0 \tag{14.8}$$

이고, $n = 2, 3, \cdots$에 대해

$$(n+1)(n+2)a_{n+2} - [n(n+1) - \lambda]a_n = 0$$

이다. 정리하면 점화식

$$a_{n+2} = \frac{n(n+1) - \lambda}{(n+1)(n+2)a_n}, \quad n = 2, 3, \cdots \tag{14.9}$$

을 얻는다.

식 (14.7)에 의해

$$a_2 = -\frac{\lambda}{2}a_0,$$

식 (14.9)에 의해

$$a_4 = \frac{6-\lambda}{3\cdot 4} a_2 = -\frac{\lambda}{2}\frac{6-\lambda}{3\cdot 4} a_0 = \frac{-\lambda(6-\lambda)}{4!} a_0,$$
$$a_6 = \frac{20-\lambda}{5\cdot 6} a_4 = \frac{-\lambda(6-\lambda)(20-\lambda)}{6!} a_0$$

가 된다. 즉, 짝수 번째 계수 a_{2n}은 n과 λ를 포함한 식과 a_0의 곱이다. 여기서, $0! = 1$로 정의한다.

한편 방정식 (14.8)에 의해

$$a_3 = \frac{2-\lambda}{6} a_1 = \frac{2-\lambda}{3!} a_1,$$

점화식 (14.9)에 의해

$$a_5 = \frac{12-\lambda}{4\cdot 5} a_3 = \frac{(2-\lambda)(12-\lambda)}{5!} a_1,$$
$$a_7 = \frac{30-\lambda}{6\cdot 7} a_5 = \frac{(2-\lambda)(12-\lambda)(30-\lambda)}{7!} a_1$$

이 된다. 따라서 모든 홀수차항 a_{2n+1}은 n과 λ를 포함하는 식과 a_1의 곱으로 나타난다.

이제 급수해를 구해 보면

$$y(x) = \sum_{n=0}^{\infty} a_n x^n = a_0\left(1 - \frac{\lambda}{2}x^2 - \frac{\lambda(6-\lambda)}{4!}x^4 - \frac{\lambda(6-\lambda)(20-\lambda)}{6!}x^6 + \cdots\right)$$
$$+ a_1\left(x + \frac{2-\lambda}{3!}x^3 + \frac{(2-\lambda)(12-\lambda)}{5!}x^5 + \frac{(2-\lambda)(12-\lambda)(30-\lambda)}{7!}x^7 + \cdots\right).$$

위의 해에 등장한 두 급수를 $y_e(x)$, $y_o(x)$로 표기하자. 즉,

$$y_e(x) = 1 - \frac{\lambda}{2}x^2 - \frac{\lambda(6-\lambda)}{4!}x^4 - \frac{\lambda(6-\lambda)(20-\lambda)}{6!}x^6 + \cdots,$$
$$y_o(x) = x + \frac{2-\lambda}{3!}x^3 + \frac{(2-\lambda)(12-\lambda)}{5!}x^5 + \frac{(2-\lambda)(12-\lambda)(30-\lambda)}{7!}x^7 + \cdots$$

으로 두면, $y_e(x)$는 x의 짝수차항만을 포함한 멱급수이고, $y_o(x)$는 x의 홀수차항만을 포함한 멱급수이므로 서로 일차독립이다. 따라서 Legendre 방정식의 일반해는

$$y(x) = a_0 y_e(x) + a_1 y_o(x)$$

가 되고, 이때 a_0와 a_1은 임의의 상수이다.

몇 가지 특수해를 살펴보자.

$\lambda = 0$이고 $a_1 = 0$이면

$$y(x) = a_0,$$

$\lambda=2$이고 $a_0=0$이면

$$y(x)=a_1 x,$$

$\lambda=6$이고 $a_1=0$이면

$$y(x)=a_0(1-3x^2),$$

$\lambda=12$이고 $a_0=0$이면

$$y(x)=a_1\left(x-\frac{5}{3}x^3\right),$$

$\lambda=20$이고 $a_1=0$이면

$$y(x)=a_0\left(1-10x^2+\frac{35}{3}x^4\right)$$

이다.

급수해가 유한인 경우, 즉 유한차수 다항식이 되는 경우는 $n=0, 1, 2, 3, \cdots$에 대해 $\lambda=n(n+1)$일 때뿐이다. 이것은 점화식 (14.9)가 분자에 $n(n+1)-\lambda$를 포함하고 있기 때문이다. 어떤 음이 아닌 정수 n에 대하여 $\lambda=n(n+1)$이라고 하면, $a_{n+2}=0$이 된다. 또한 $a_{n+4}=a_{n+6}=\cdots=0$이 되어, $y_e(x)$와 $y_o(x)$ 중 하나는 0이 아닌 항을 유한개만 가지는 다항식이 된다.

Legendre 방정식의 다항식 해는 다양한 분야에 이용된다. 예를 들어, 천문학이나 열전도 분석, 방정식 $f(x)=0$의 해의 근사값 구하기 등에 이용한다. 이러한 다항식 해를 표준화하기 위하여, 각 $\lambda=n(n+1)$에 대하여 $x=1$에서 다항식의 값이 1이 되도록 a_0와 a_1을 선택한다. 이렇게 만들어진 다항식을 **Legendre 다항식**이라 하고, $P_n(x)$로 표기한다. 처음 6개의 Legendre 다항식은

$$P_0(x)=1,\quad P_1(x)=x,\quad P_2(x)=\frac{1}{2}(3x^2-1),\quad P_3(x)=\frac{1}{2}(5x^3-3x),$$
$$P_4(x)=\frac{1}{8}(35x^4-30x^2+3),\quad P_5(x)=\frac{1}{8}(63x^5-70x^3+15x)$$

이다. 그림 14.2는 이 다항식들의 그래프이다. $P_n(x)$에서 n은 차수를 의미하며, n이 짝수이면 x의 짝수차항만 포함하고, n이 홀수이면 x의 홀수차항만 포함한다. Legendre 다항식은 실수 전체에서 정의되어 있지만, $-1<x<1$에서만 Legendre 방정식의 해로서 의미를 가진다.

여기서, Legendre 다항식의 성질을 알아보자. 우선, 정리 14.1의 (1)과 (2)를 만족한다. 또한 이 문제가 정칙문제는 아니지만 정리 14.1(3)의 정칙 Sturm-Liouville 문제와 비슷한 성질이 있다. 즉, 만약 $q(x)$가 $\lambda=n(n+1)$인 Legendre 방정식의 다항식 해이면 $q(x)$는 반드시 $P_n(x)$의 상수곱이어야 한다.

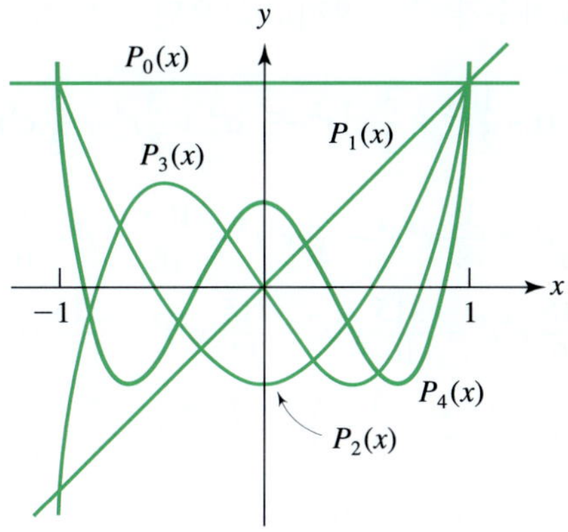

그림 14.2 처음 5개의 Legendre 다항식

14.2.1 Legendre 다항식의 생성함수

Legendre 다항식의 많은 성질들은 지금부터 소개할 **생성함수(generating function)**를 사용하여 얻을 수 있다.

$$L(x,\ t) = \frac{1}{\sqrt{1-2xt+t^2}}$$

이라고 하면 $L(x,t)$를 t에 대해 멱급수로 전개할 때, t^n의 계수가 n차 Legendre 다항식 $P_n(x)$임을 보일 수 있다.

정리 14.8 Legendre 다항식의 생성함수

$$L(x,\ t) = \sum_{n=0}^{\infty} P_n(x)\, t^n .$$

왜 이러한지 알아보자. $-1 < w < 1$에서 $(1-w)^{-1/2}$의 Maclaurin 급수는

$$\frac{1}{\sqrt{1-w}} = 1 + \frac{1}{2}w + \frac{3}{8}w^2 + \frac{15}{48}w^3 + \frac{105}{384}w^4 + \frac{945}{3840}w^5 + \cdots$$

이고, 이 식에서 $w = 2xt - t^2$으로 치환하면

$$\frac{1}{\sqrt{1-2xt+t^2}} = 1 + \frac{1}{2}(2xt-t^2) + \frac{3}{8}(2xt-t^2)^2 + \frac{15}{48}(2xt-t^2)^3$$
$$+ \frac{105}{384}(2xt-t^2)^4 + \frac{945}{3840}(2xt-t^2)^5 + \cdots$$

이다. 이것을 전개하여 t의 차수가 같은 항끼리 모으면 다음 식을 얻는다.

$$\begin{aligned}\frac{1}{\sqrt{1-2xt+t^2}} &= 1+xt-\frac{1}{2}t^2+\frac{3}{2}x^2t^2-\frac{3}{2}xt^3+\frac{3}{8}t^4+\frac{5}{2}x^3t^3-\frac{15}{4}x^2t^4+\frac{15}{8}xt^5\\ &\quad -\frac{5}{16}t^6+\frac{35}{8}x^4t^4-\frac{35}{4}x^3t^5+\frac{105}{16}x^2t^6-\frac{35}{16}xt^7+\frac{35}{128}t^8+\frac{63}{8}x^5t^5\\ &\quad -\frac{315}{16}x^4t^6+\frac{315}{16}x^3t^7-\frac{315}{32}x^2t^8+\frac{315}{128}xt^9-\frac{63}{256}t^{10}+\cdots\\ &= 1+xt+\left(-\frac{1}{2}+\frac{3}{2}x^2\right)t^2+\left(-\frac{3}{2}x+\frac{5}{2}x^3\right)t^3+\left(\frac{3}{8}-\frac{15}{4}x^2+\frac{35}{8}x^4\right)t^4\\ &\quad +\left(\frac{15}{8}x-\frac{35}{4}x^3+\frac{63}{8}x^5\right)t^5+\cdots\\ &= P_0(x)+P_1(x)t+P_2(x)t^2+P_3(x)t^3+P_4(x)t^4+P_5(x)t^5+\cdots.\end{aligned}$$

생성함수는 Legendre 다항식의 많은 성질들을 유도하는 효과적인 방법을 제공한다. 예를 들어, Legendre 다항식이 $x=1$에서 1을 갖는다는 것과 n이 홀수이면 홀함수이고 n이 짝수이면 짝함수라는 사실로부터

$$P_n(1)=1, \quad P_n(-1)=(-1)^n, \quad n=0, 1, 2, \cdots$$

이라는 것을 알고 있다. 이것을 생성함수를 사용하여 확인할 수 있다. 먼저 $x=1$이면

$$L(1, t)=\frac{1}{\sqrt{1-2t+t^2}}=\frac{1}{\sqrt{(1-t)^2}}=\frac{1}{1-t}=\sum_{n=0}^{\infty}P_n(1)t^n$$

이다. 그런데 $-1<t<1$일 때

$$\frac{1}{1-t}=\sum_{n=0}^{\infty}t^n$$

이고, $1/(1-t)$의 Maclaurin 급수전개는 유일하므로 두 급수의 계수들은 일치해야 한다. 즉, 모든 n에 대해 $P_n(1)=1$이어야 한다.

같은 방법으로 $x=-1$이면,

$$L(-1, t)=\frac{1}{\sqrt{1+2t+t^2}}=\frac{1}{\sqrt{(1+t)^2}}=\frac{1}{1+t}=\sum_{n=0}^{\infty}P_n(-1)t^n$$

이고, $-1<t<1$에서

$$\frac{1}{1+t}=\sum_{n=0}^{\infty}(-1)^n t^n$$

이므로, $P_n(-1)=(-1)^n$이다.

14.2.2 Legendre 다항식의 점화식

생성함수를 사용하여 Legendre 다항식의 점화식을 유도해 보자.

정리 14.9 Legendre 다항식의 점화식

임의의 자연수 n에 대하여 다음 식이 성립한다.

$$(n+1)P_{n+1}(x)-(2n+1)xP_n(x)+nP_{n-1}(x)=0\,. \qquad (14.10)$$

[증명] 먼저 생성함수를 t에 관하여 미분하면

$$\frac{\partial L(x,\,t)}{\partial t}=-\frac{1}{2}(1-2xt+t^2)^{-3/2}(-2x+2t)=\frac{x-t}{(1-2xt+t^2)^{3/2}}$$

이므로

$$(1-2xt+t^2)\frac{\partial L(x,\,t)}{\partial t}-(x-t)L(x,\,t)=0$$

이다. $L(x,\,t)=\sum_{n=0}^{\infty}P_n(x)t^n$을 위 식에 대입하면

$$(1-2xt+t^2)\sum_{n=1}^{\infty}nP_n(x)t^{n-1}-(x-t)\sum_{n=0}^{\infty}P_n(x)t^n=0$$

을 얻는다. 이것을 정리하면,

$$\sum_{n=1}^{\infty}nP_n(x)t^{n-1}-\sum_{n=1}^{\infty}2nxP_n(x)t^n+\sum_{n=1}^{\infty}nP_n(x)t^{n+1}-\sum_{n=0}^{\infty}xP_n(x)t^n+\sum_{n=0}^{\infty}P_n(x)t^{n+1}=0$$

이 되고, 지표를 이동하여 재배열하면

$$\sum_{n=0}^{\infty}(n+1)P_{n+1}(x)t^n-\sum_{n=1}^{\infty}2nxP_n(x)t^n+\sum_{n=2}^{\infty}(n-1)P_{n-1}(x)t^n-\sum_{n=0}^{\infty}xP_n(x)t^n+\sum_{n=1}^{\infty}P_{n-1}(x)t^n=0$$

으로 쓸 수 있다. n이 2 이상인 경우와 $n=0$, $n=1$일 때의 항을 따로 쓰면

$$\begin{aligned}&P_1(x)+2P_2(x)t-2xP_1(x)t-xP_0(x)-xP_1(x)t+P_0(x)t\\&+\sum_{n=2}^{\infty}[(n+1)P_{n+1}(x)-2nxP_n(x)+(n-1)P_{n-1}(x)-xP_n(x)+P_{n-1}(x)]t^n=0\end{aligned}$$

이 된다. 이 급수가 0을 포함하는 어떤 구간의 모든 t에서 0이 되려면, $n=0,\,1,\,2,\,\cdots$에 대해 t^n의 계수가 0이어야 한다. 그러므로

$$P_1(x) - xP_0(x) = 0,$$
$$2P_2(x) - 2xP_1(x) - xP_1(x) + P_0(x) = 0$$

이고, $n = 2, 3, \cdots$ 일 때

$$(n+1)P_{n+1}(x) - 2nxP_n(x) + (n-1)P_{n-1}(x) - xP_n(x) + P_{n-1}(x) = 0$$

이다. 따라서

$$P_1(x) = xP_0(x),$$
$$P_2(x) = \frac{1}{2}(3xP_1(x) - P_0(x)),$$

그리고 $n = 2, 3, \cdots$일 때

$$(n+1)P_{n+1}(x) - (2n+1)xP_n(x) + nP_{n-1}(x) = 0$$

이다. 마지막 식은 $n = 1$일 때도 성립하므로, 모든 자연수에 대해 점화식이 성립한다. ■

Legendre 다항식의 점화식을 이용하면 $P_n(x)$ 의 n차항 x^n의 계수를 계산할 수 있다.

정리 14.10 Legendre 다항식의 최고차항 계수

$n = 1, 2, \cdots$일 때 $P_n(x)$의 x^n의 계수를 A_n이라고 하면, A_n은 다음과 같다.

$$A_n = \frac{1 \cdot 3 \cdots\cdots (2n-1)}{n!}.$$

예를 들어,

$$A_1 = 1, \quad A_2 = \frac{1 \cdot 3}{2!} = \frac{3}{2}, \quad A_3 = \frac{1 \cdot 3 \cdot 5}{3!} = \frac{5}{2}$$

이다. 이것은 앞에서 얻은 $P_1(x)$, $P_2(x)$, $P_3(x)$의 최고차항 계수와 같다.

[증명] 점화식 (14.10)에서 x의 최고차항은 x^{n+1}이며, 이것은 $P_{n+1}(x)$와 $xP_n(x)$에 등장한다. 따라서 점화식에서 x^{n+1}의 계수는

$$(n+1)A_{n+1} - (2n+1)A_n$$

이고, 이것이 0이어야 하므로

$$A_{n+1} = \frac{2n+1}{n+1} A_n$$

이고, 이것은 $n = 0, 1, 2, \cdots$에 대하여 성립한다. 이 식을 반복하여 적용하면

$$A_{n+1} = \frac{2n+1}{n+1} A_n = \frac{2n+1}{n+1} \frac{2n-1}{n} A_{n-1} = \frac{2n+1}{n+1} \frac{2n-1}{n} \frac{2n-3}{n-1} A_{n-2}$$
$$= \cdots = \frac{2n+1}{n+1} \frac{2n-1}{n} \frac{2n-3}{n-1} \cdots \frac{3}{2} A_0$$

이다. 그런데 $P_0(x) = 1$이므로, $A_0 = 1$이다. 그러므로 $n = 0, 1, 2, \cdots$일 때,

$$A_{n+1} = \frac{1 \cdot 3 \cdot 5 \cdots\cdots (2n-1)(2n+1)}{(n+1)!} \tag{14.11}$$

이다. $n+1$ 대신 n을 대입하면 이 정리가 증명된다. ■

14.2.3 Fourier-Legendre 급수

Legendre 다항식은 특이 Sturm-Liouville 문제 제3형태에 해당한다. 고유함수는 Legendre 다항식 $P_n(x)$이다. 정리 14.1(1)에 의해 n과 m이 음 아닌 정수이고 $n \neq m$이면

$$\int_{-1}^{1} P_n(x) P_m(x)\, dx = 0$$

인 Legendre 다항식의 직교성이 성립하고, 정리 14.2에 의해 $-1 \le x \le 1$에서 구분적으로 연속 함수 $f(x)$는 Legendre 다항식의 급수

$$\frac{1}{2}\left(f(x+) + f(x-)\right) = \sum_{n=0}^{\infty} c_n P_n(x)$$

로 전개할 수 있다. 이때

$$c_n = \frac{\int_{-1}^{1} f(x) P_n(x)\, dx}{\int_{-1}^{1} P_n^2(x)\, dx} \tag{14.12}$$

이다. $\sum_{n=0}^{\infty} c_n P_n(x)$를 $f(x)$의 **Fourier-Legendre 급수** 혹은 전개라고 하며, 이때 c_n을 f의 **Fourier-Legendre 계수**라고 한다.

Fourier-Legendre 급수의 특별한 경우로서 다항식 전개를 생각해 보자. n차 다항식 $q(x)$는 n차 이하 Legendre 다항식의 일차결합으로 나타낼 수 있다. 예를 들면,

$$q(x) = -4 + 2x + 9x^2$$

이라고 하자. $P_0(x)=1$, $P_1(x)=x$, $P_2(x)=\frac{3}{2}x^2-\frac{1}{2}$이므로

$$q(x)=-4+2x+9x^2=-P_0(x)+2P_1(x)+6P_2(x).$$

이 사실로부터 Legendre 다항식이 그것보다 차수가 낮은 임의의 다항식과 직교한다는 다음 정리를 증명할 수 있다.

정리 14.11 Legendre 다항식의 직교성

$q(x)$가 m차 다항식이고 $n>m$이면

$$\int_{-1}^{1} q(x)P_n(x)\,dx=0$$

이다.

[증명] 주어진 m차 다항식 $q(x)$는

$$q(x)=c_0P_0(x)+c_1P_1(x)+\cdots+c_mP_m(x)$$

로 표현할 수 있고, $0\le k\le m<n$에 대해 정리 14.1(1)에 의해 $\int_{-1}^{1} P_k(x)P_n(x)\,dx=0$이므로

$$\int_{-1}^{1} q(x)P_n(x)\,dx=\sum_{k=0}^{m} c_k\int_{-1}^{1} P_k(x)P_n(x)\,dx=0$$

이다. ■

$\int_{-1}^{1} P_m(x)P_n(x)\,dx=0$은 정리 14.11의 특수한 경우로 생각할 수 있다. 이 결과가 Legendre 다항식의 근을 구하는 데 유용함을 곧 알게 될 것이다.

식 (14.9)에서 f의 Fourier-Legendre 계수는 $\int_{-1}^{1} P_n^2(x)\,dx$를 분모로 갖는다. 이 적분을 간단하게 표현해 보고자 한다.

정리 14.12 Legendre 다항식의 크기

n이 음이 아닌 정수이면,

$$\int_{-1}^{1} P_n^2(x)\,dx=\frac{2}{2n+1}$$

이다.

[증명] $P_n(x)$에서 x^n항의 계수를 A_n,

$$p_n = \int_{-1}^{1} P_n^2(x)\,dx$$

이라고 하고, $P_n = \dfrac{2}{2n+1}$임을 보이자.

$P_{n-1}(x)$의 최고차항은 $A_{n-1}x^{n-1}$이고, $P_n(x)$의 최고차항은 $A_n x^n$이다. 따라서,

$$q(x) = P_n(x) - \frac{A_n}{A_{n-1}} x P_{n-1}(x)$$

라 두면 x^n 항이 소거되고, $q(x)$의 차수는 $n-1$ 이하가 된다. 이 식을

$$P_n(x) = q(x) + \frac{A_n}{A_{n-1}} x P_{n-1}(x)$$

로 쓰면, 정의 14.11에 의해 $\int_{-1}^{1} q(x) P_n(x)\,dx = 0$ 이므로

$$p_n = \int_{-1}^{1} P_n(x) P_n(x)\,dx = \int_{-1}^{1} P_n(x)\left(q(x) + \frac{A_n}{A_{n-1}} x P_{n-1}(x)\right) dx = \frac{A_n}{A_{n-1}} \int_{-1}^{1} x P_n(x) P_{n-1}(x)\,dx$$

이다. 한편, 점화식 (14.10)으로부터

$$\begin{aligned}
& x P_n(x) = \frac{n+1}{2n+1} P_{n+1}(x) + \frac{n}{2n+1} P_{n-1}(x), \\
\Rightarrow\ & x P_n(x) P_{n-1}(x) = \frac{n+1}{2n+1} P_{n+1}(x) P_{n-1}(x) + \frac{n}{2n+1} P_{n-1}^2(x), \\
\Rightarrow\ & p_n = \frac{A_n}{A_{n-1}} \int_{-1}^{1} x P_n(x) P_{n-1}(x)\,dx \\
& \quad = \frac{A_n}{A_{n-1}} \left[\frac{n+1}{2n+1} \int_{-1}^{1} P_{n+1}(x) P_{n-1}(x)\,dx + \frac{n}{2n+1} \int_{-1}^{1} P_{n-1}^2(x)\,dx \right]
\end{aligned}$$

가 된다. 그런데, $\int_{-1}^{1} P_{n+1}(x) P_{n-1}(x)\,dx = 0$이므로

$$p_n = \frac{A_n}{A_{n-1}} \frac{n}{2n+1} \int_{-1}^{1} P_{n-1}^2\,dx = \frac{A_n}{A_{n-1}} \frac{n}{2n+1} p_{n-1}$$

이다. 정리 14.10의 A_n값을 사용하면,

$$p_n = \frac{1\cdot 3\cdot 5\cdots(2n-3)\cdot(2n-1)}{n!} \frac{(n-1)!}{1\cdot 3\cdot 5\cdots(2n-3)} \frac{n}{2n+1} p_{n-1} = \frac{2n-1}{2n+1} p_{n-1}$$

이다. $p_0 = \int_{-1}^{1} P_0(x)\,dx = 2$를 이용하여 귀납법을 쓰면

$$p_n = \frac{2}{2n+1}$$

임을 알 수 있다. ■

이 정리에 의해 f의 Fourier-Legendre 계수를 다음과 같이 표현할 수 있다.

$$c_n = \frac{\int_{-1}^{1} f(x) P_n(x)\,dx}{\int_{-1}^{1} P_n^2(x)\,dx} = \frac{2n+1}{2} \int_{-1}^{1} f(x) P_n(x)\,dx\,.$$

보기 14.6 $-1 \le x \le 1$에서 $f(x) = \cos(\pi x/2)$이라 하자. f와 f'가 $[-1, 1]$에서 연속이므로, $-1 < x < 1$에서 f의 Fourier-Legendre 전개는 $\cos(\pi x/2)$로 수렴한다. 그 계수는

$$c_n = \frac{2n+1}{2} \int_{-1}^{1} \cos\left(\frac{\pi x}{2}\right) P_n(x)\,dx$$

이다. $\cos(\pi x/2)$가 짝함수이므로, n이 홀수일 때 $\cos(\pi x/2) P_n(x)$는 홀함수가 된다. 따라서 n이 홀수일 때는 $c_n = 0$이 되므로, n이 짝수인 항의 계수만 계산하면 된다. 몇 개를 계산해 보면,

$$c_0 = \frac{1}{2}\int_{-1}^{1} \cos\left(\frac{\pi x}{2}\right) dx = \frac{2}{\pi},$$

$$c_2 = \frac{5}{2}\int_{-1}^{1} \cos\left(\frac{\pi x}{2}\right) \frac{1}{2}(3x^2 - 1)\,dx = 10\,\frac{\pi^2 - 12}{\pi^3},$$

$$c_4 = \frac{9}{2}\int_{-1}^{1} \cos\left(\frac{\pi x}{2}\right) \frac{1}{8}(35x^4 - 30x^2 + 3)\,dx = 18\,\frac{\pi^4 + 1680 - 180\pi^2}{\pi^5}$$

등이다. 그러므로 $-1 < x < 1$에서 다음이 성립한다.

$$\begin{aligned}\cos\left(\frac{\pi x}{2}\right) &= \frac{2}{\pi} + 10\,\frac{\pi^2 - 12}{\pi^3} P_2(x) + 18\,\frac{\pi^4 + 1680 - 180\pi^2}{\pi^5} P_4(x) + \cdots \\ &= \frac{2}{\pi} + 5\,\frac{\pi^2 - 12}{\pi^3}(3x^2 - 1) + \frac{9}{4}\,\frac{\pi^4 + 1680 - 180\pi^2}{\pi^5}(35x^4 - 30x^2 + 3) + \cdots.\end{aligned}$$

이 보기에서는 $f(x)$가 간단한 함수여서 Fourier-Legendre 계수를 정확하게 계산할 수 있었지만, 대개의 경우는 컴퓨터 소프트웨어를 사용하여 계수를 계산한다. 0이 아닌 처음 세 항을 근사적으로 계산하면

$$\cos(\pi x/2) \approx 0.9996 - 1.225x^2 + 0.2265x^4 + \cdots$$

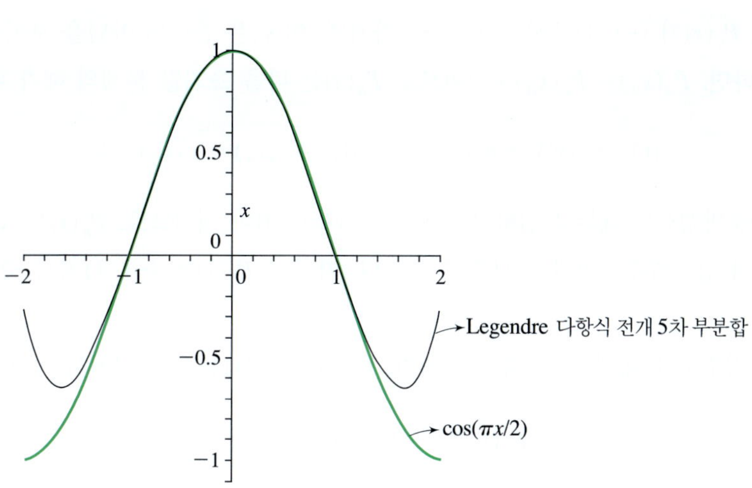

그림 14.3 $\cos(\pi x/2)$와 5차 Legendre 다항식 전개 부분합의 비교

이다. 그림 14.3은 $\cos(\pi x/2)$의 그래프와 Fourier-Legendre 전개의 0이 아닌 처음 세 항의 합, 즉 Legendre 다항식 전개 5차 부분합의 그래프이다. $-1<x<1$에서 이 급수는 $\cos(\pi x/2)$로 수렴하지만, 이 구간 밖에서는 수렴하지 않는다. 즉, Fourier-Legendre 전개는 오직 $-1<x<1$에서만 의미가 있다.

14.2.4 Legendre 다항식의 근

$P_n(x)=0$이 되는 x를 $P_n(x)$의 근이라고 한다. $P_0(x)=1$은 근이 없다. $P_1(x)=x$의 근은 1개, 즉 $x=0$이다. $P_2(x)=\frac{1}{2}(3x^2-1)$은 2개의 실근, $\pm 1/\sqrt{3}$을 가진다. $P_3(x)$는 3개의 실근 0, $\pm\sqrt{3/5}$을 가진다. $n=3$ 이후부터는 Legendre 다항식의 근을 찾는 것이 급격히 복잡해진다. 예를 들어 $P_4(x)$는 4개의 실근을 갖는데, 그것들은 다음과 같다.

$$\pm\frac{1}{35}\sqrt{525+70\sqrt{30}}, \quad \pm\frac{1}{35}\sqrt{525-70\sqrt{30}}.$$

이것은 대략 ± 0.8611과 ± 0.3400이다.

이처럼 각 Legendre 다항식 $P_n(x)$는 n개의 실근을 가지며, 이들은 모두 $(-1, 1)$에 있음을 보이고자 한다. 이 증명은 Legendre 다항식의 직교성에 기초한다.

정리 14.13 $P_n(x)$**의 근**

n이 양의 정수이면 $P_n(x)$는 $(-1, 1)$에서 서로 다른 n개의 실근을 갖는다.

[증명] 우선 $P_n(x)$가 $(-1, 1)$에서 실근 x_0를 가지면, 이 근은 중근이 아님을 보이자. 만일 x_0가 중근이라고 하면, $P_n(x_0) = P_n'(x_0) = 0$이므로 $P_n(x)$는 다음 초기값 문제의 해가 된다.

$$((1-x^2)y')' + n(n+1)y = 0; \quad y(x_0) = y'(x_0) = 0.$$

하지만 이 미분방정식의 해는 유일하고, 상수함수 $y(x) = 0$이 해이므로, $P_n(x)$는 x_0를 포함하는 어떤 구간에서 상수함수 0이라는 모순이 생긴다. 따라서 $P_n(x)$는 $(-1, 1)$에서 중근을 가질 수 없다.

이제 양의 정수 n에 대해 $P_n(x)$를 생각하자. $P_n(x)$와 $P_0(x)$는 $[-1, 1]$에서 직교하므로,

$$\int_{-1}^{1} P_n(x) P_0(x)\, dx = \int_{-1}^{1} P_n(x)\, dx = 0$$

이다. 그러므로 $P_n(x)$ 는 $(-1, 1)$에서 항상 양수이거나 항상 음수일 수는 없고, 이 구간 안에서 부호가 바뀌어야 한다. $P_n(x)$ 가 연속이므로 $(-1, 1)$에서 $P_n(x_1) = 0$인 어떤 x_1이 존재한다. 따라서 이 구간에 적어도 하나의 실근이 있음을 알 수 있다.

$(-1, 1)$에 있는 $P_n(x)$ 의 모든 실근을 $x_1, \cdots, x_m$이라 하고, $-1 < x_1 < \cdots < x_m < 1$이라 가정하자. 그러면 $1 \le m \le n$이다. 만약 $m < n$이면

$$q(x) = (x - x_1)(x - x_2)\cdots(x - x_m)$$

의 차수는 n보다 작으므로, 이것은 정리 14.11에 의해 $P_n(x)$ 와 직교한다. 즉,

$$\int_{-1}^{1} q(x) P_n(x)\, dx = 0$$

이다. 그런데, 두 함수 $q(x)$와 $P_n(x)$는 모두 구간 $(-1, 1)$의 점 $x_1, \cdots, x_m$에서 부호가 바뀌므로 $q(x)$와 $P_n(x)$ 는 각 구간 $(-1, x_1), (x_1, x_2), \cdots, (x_m, 1)$에서 항상 같은 부호를 갖거나, 항상 다른 부호를 갖는다. 즉, $q(x)P_n(x)$는 구간 $(-1, 1)$에서 0이 되는 유한개의 점 $x_1, \cdots, x_m$을 제외하면 항상 0보다 크거나, 또는 항상 0보다 작다. 따라서 $\int_{-1}^{1} q(x) P_n(x)\, dx$가 0보다 크거나 작게 되어 0이 된다는 것에 모순이다. 따라서 $m = n$이고, $P_n(x)$ 는 구간 $(-1, 1)$에서 서로 다른 n개의 근을 갖는다. ■

그림 14.2의 $P_0(x)$부터 $P_4(x)$까지 5개의 그래프에서 Legendre 다항식들이 -1과 1 사이에서 x축을 정확히 n번 지나는 것을 볼 수 있다.

14.2.5 $P_n(x)$를 구하는 미분공식과 적분공식

Legendre 다항식을 분석하는 데 쓰이는 공식 2개를 유도하고자 한다. 하나는 n차 Legendre 다항식을 다항식 $(x^2-1)^n$의 n계 도함수로 나타내는 것이다.

정리 14.14 Rodrigues 공식

$n=0, 1, 2, \cdots$일 때 다음 식이 성립한다.

$$P_n(x)=\frac{1}{2^n n!}\frac{d^n}{dx^n}((x^2-1)^n).$$

여기서 함수의 0계 도함수는 함수 자신을 의미한다. 그러므로 $n=0$일 때, 이 공식은

$$\frac{1}{2^0 0!}\frac{d^0}{dx^0}((x^2-1)^0)=(x^2-1)^0=1=P_0(x)$$

이다. $n=1$일 때는

$$\frac{1}{2(1!)}\frac{d}{dx}(x^2-1)=\frac{1}{2}(2x)=x=P_1(x)$$

이고, $n=2$일 때는 다음과 같다.

$$\frac{1}{2^2(2!)}\frac{d^2}{dx^2}((x^2-1)^2)=\frac{1}{8}(12x^2-4)=\frac{3}{2}x^2-\frac{1}{2}=P_2(x).$$

[증명] $w=(x^2-1)^n$이라고 하면,

$$w'=n(x^2-1)^{n-1}(2x)$$

이다. 따라서

$$(x^2-1)w'-2nxw=0 \tag{14.13}$$

이다. 임의의 함수 f와 g에 대해 다음 식이 성립함을 수학적 귀납법으로 쉽게 증명할 수 있다.

$$\frac{d^m}{dx^m}(fg)=\sum_{r=0}^{m}{}_mC_r\frac{d^{m-r}f}{dx^{m-r}}\frac{d^r g}{dx^r}$$

이를 이용하면

$$\frac{d^{n+1}}{dx^{n+1}}(xw) = x\frac{d^{n+1}}{dx^{n+1}}w + (n+1)\frac{d^n}{dx^n}w$$

$$\frac{d^{n+1}}{dx^{n+1}}\left((x^2-1)\,w'\right) = (x^2-1)\frac{d^{n+2}}{dx^{n+2}}w + (n+1)\cdot 2x\cdot\frac{d^{n+1}}{dx^{n+1}}w + \frac{n(n+1)}{2}\cdot 2\cdot\frac{d^n}{dx^n}w$$

이다. 따라서 식 (14.13)을 $(n+1)$번 미분하면

$$(x^2-1)\frac{d^{n+2}w}{dx^{n+2}} + 2x\frac{d^{n+1}w}{dx^{n+1}} - n(n+1)\frac{d^n w}{dx^n} = 0$$

이다. 이 식에 -1을 곱하면

$$(1-x^2)\frac{d^{n+2}w}{dx^{n+2}} - 2x\frac{d^{n+1}w}{dx^{n+1}} + n(n+1)\frac{d^n w}{dx^n} = 0$$

이 된다. 그런데 이것은 $d^n w/dx^n$이 $\lambda = n(n+1)$인 Legendre 방정식의 해임을 의미한다. 또한 다항식 $(x^2-1)^n$을 n번 미분하면 n차 다항식이므로, $d^n w/dx^n$은 n차 다항식이면서 Legendre 방정식의 해이다. 그러므로 $d^n w/dx^n$은 P_n의 상수곱이어야 한다. 즉,

$$\frac{d^n w}{dx^n} = cP_n(x)$$

이다. 한편, $(x^2-1)^n$의 최고차항은 x^{2n}이고, 이 항을 n번 미분하면

$$2n(2n-1)\,\cdots\,(n+1)x^n$$

이므로 $d^n w/dx^n$에서 x의 최고차항의 계수는 $2n(2n-1)\,\cdots\,(n+1)$이다. $P_n(x)$에서 x^n의 계수를 A_n이라 할 때, $cP_n(x)$의 최고차항의 계수는 cA_n이다. 따라서

$$2n(2n-1)\,\cdots\,(n+1) = cA_n = c\frac{1\cdot 3\cdot 5\,\cdots\,(2n-1)}{n!}$$

이 되고,

$$c = \frac{n!(n+1)\cdots(2n-1)(2n)}{1\cdot 3\cdot 5\cdots\cdots(2n-1)} = \frac{(2n)!}{1\cdot 3\cdot 5\cdots\cdots(2n-1)} = 2\cdot 4\cdot 6\cdots\cdots 2n = 2^n n!$$

이다. 그러므로

$$\frac{d^n}{dx^n}(x^2-1)^n = 2^n n! P_n(x)$$

이고, 이것이 Rodrigues 공식이다. ■

이제 $P_n(x)$의 적분공식을 유도하자.

정리 14.15 P_n의 적분공식

$n=0, 1, 2, \cdots$일 때 다음 식이 성립한다.

$$P_n(x)=\frac{1}{\pi}\int_0^{\pi}\left(x+\sqrt{x^2-1}\cos\theta\right)^n d\theta .$$

예를 들어, $n=0$이면

$$\frac{1}{\pi}\int_0^{\pi} d\theta=1=P_0(x)$$

이고, $n=1$이면

$$\frac{1}{\pi}\int_0^{\pi}\left(x+\sqrt{x^2-1}\cos\theta\right)d\theta=x=P_1(x)$$

이다. $n=2$이면

$$\begin{aligned}\frac{1}{\pi}\int_0^{\pi}\left(x+\sqrt{x^2-1}\cos\theta\right)^2 d\theta &=\frac{1}{\pi}\int_0^{\pi}\left(x^2+2x\sqrt{x^2-1}\cos\theta+(x^2-1)\cos^2\theta\right)d\theta\\ &=\frac{3}{2}x^2-\frac{1}{2}=P_2(x)\end{aligned}$$

이다.

[증명] 우선

$$Q_n(x)=\frac{1}{\pi}\int_0^{\pi}\left(x+\sqrt{x^2-1}\cos\theta\right)^n d\theta$$

로 두자. Q_n이 Legendre 다항식과 동일한 점화식을 만족한다는 것을 보임으로써 적분공식을 증명하고자 한다. 그러면 위에서 $Q_0=P_0$이고 $Q_1=P_1$인 것은 확인했으므로, 음이 아닌 모든 정수 n에 대해 $Q_n=P_n$이 된다. 점화식 (14.10)에 P 대신 Q를 대입하면

$$\begin{aligned}&(n+1)Q_{n+1}(x)-(2n+1)xQ_n(x)+nQ_{n-1}(x)\\ &=\frac{n+1}{\pi}\int_0^{\pi}\left(x+\sqrt{x^2-1}\cos\theta\right)^{n+1}d\theta-\frac{2n+1}{\pi}\int_0^{\pi}x\left(x+\sqrt{x^2-1}\cos\theta\right)^n d\theta\\ &\quad+\frac{n}{\pi}\int_0^{\pi}\left(x+\sqrt{x^2-1}\cos\theta\right)^{n-1}d\theta\\ &=\frac{n}{\pi}\int_0^{\pi}\left(x+\sqrt{x^2-1}\cos\theta\right)^{n-1}(1-x^2)\sin^2\theta d\theta+\frac{1}{\pi}\int_0^{\pi}\left(x+\sqrt{x^2-1}\cos\theta\right)^n\sqrt{x^2-1}\cos\theta d\theta .\end{aligned}$$

두 번째 적분에서 $u=\left(x+\sqrt{x^2-1}\cos\theta\right)^n$, $dv=\sqrt{x^2-1}\cos\theta d\theta$로 두고 부분적분을 하면

$$(n+1)Q_{n+1}(x)-(2n+1)xQ_n(x)+nQ_{n-1}(x)$$
$$=\frac{n}{\pi}\int_0^{\pi}\left(x+\sqrt{x^2-1}\cos\theta\right)^{n-1}(1-x^2)\sin^2\theta d\theta+\left[\frac{1}{\pi}\left(x+\sqrt{x^2-1}\cos\theta\right)^n\sqrt{x^2-1}\sin\theta\right]_0^{\pi}$$
$$-\frac{1}{\pi}\int_0^{\pi}\sqrt{x^2-1}\sin\theta\, n\left(x+\sqrt{x^2-1}\cos\theta\right)^{n-1}\sqrt{x^2-1}(-\sin\theta)\,d\theta$$
$$=0$$

으로 증명이 완결된다. ■

연습문제 14.2

1. $n=0, 1, 2, 3, 4, 5$ 에 대해 $P_n(x)$가 $\lambda=n(n+1)$인 Legendre 방정식의 해임을 확인하여라.

2. 정리 14.9의 점화식과 $P_0(x), \cdots, P_5(x)$를 사용하여 $P_6(x)$부터 $P_{10}(x)$까지 구하여라. $[-1, 1]$에서 이 함수들의 그래프를 그리고, 근을 관찰하여라.

3. Rodrigues 공식을 사용하여 $P_1(x)$부터 $P_5(x)$까지 구하여라.

4. 정리 14.15를 사용하여 $P_3(x)$, $P_4(x)$, $P_5(x)$를 구하여라.

5. $P_n(x)$를 구하는 또 다른 방법으로

$$P_n(x)=\sum_{k=0}^{[n/2]}(-1)^k\frac{(2n-2k)!}{2^n k!(n-k)!(n-2k)!}x^{n-2k}$$

가 있다. 이 식을 사용하여 $P_0(x)$부터 $P_5(x)$까지 계산하여라. 여기서 $[n/2]$은 $n/2$보다 작거나 같은 최대의 정수를 의미한다.

6. 다음을 보여라.

$$P_n(x)=\sum_{k=0}^{n}\frac{n!}{k!(n-k)!}\frac{d^k}{dx^k}[(x+1)^n]\frac{d^{n-k}}{dx^{n-k}}[(x-1)^n].$$

힌트: Rodrigues 공식에 $x^2-1=(x-1)(x+1)$을 대입하여라.

7. n이 음이 아닌 정수라고 하자. 2.2절의 차수축소법과 $P_n(x)$가 $\lambda=n(n+1)$인 Legendre 방정식의 해라는 사실을 사용하여 일차독립인 다른 해가

$$Q_n(x)=P_n(x)\int\frac{1}{[P_n(x)]^2(1-x^2)}dx$$

임을 보여라.

8. 문제 7의 결과를 사용하여 다음을 보여라.

$$Q_0(x)=-\frac{1}{2}\ln\left(\frac{1+x}{1-x}\right),$$
$$Q_1(x)=1-\frac{x}{2}\ln\left(\frac{1+x}{1-x}\right),$$
$$Q_2(x)=\frac{1}{4}(3x^2-1)\ln\left(\frac{1+x}{1-x}\right)-\frac{3}{2}x.$$

9. 점 (x_0, y_0, z_0)에 단위질량이 있을 때, 점 $P=(x, y, z)$에 작용하는 만유인력에 대한 위치에너지는

$$\varphi(x, y, z)=\frac{1}{\sqrt{(x-x_0)^2+(y-y_0)^2+(z-z_0)^2}}$$

이다. 천문학과 같은 몇몇 분야에서는 $\varphi(x, y, z)$을 $r=\sqrt{x^2+y^2+z^2}$에 대해 r이나

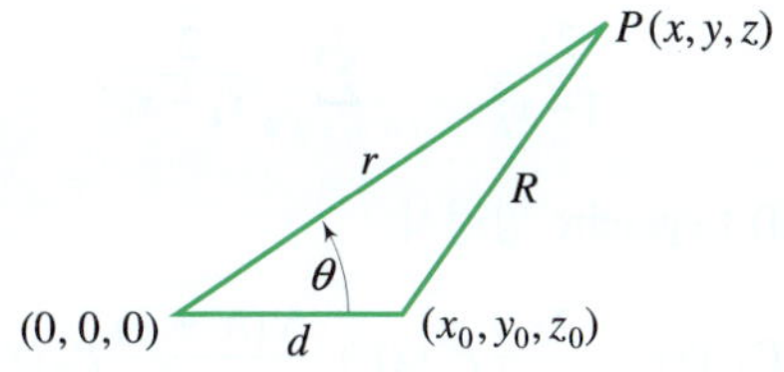

그림 14.4

$1/r$의 급수로 전개하는 것이 편리하다. 여기서 이것을 위해 그림 14.4에서처럼 각 θ를 정의하고,

$$d = \sqrt{x_0^2 + y_0^2 + z_0^2},$$
$$R = \sqrt{(x-x_0)^2 + (y-y_0)^2 + (z-z_0)^2}$$

이라고 하자.

(a) 코사인법칙을 사용하여

$$\varphi(x,\ y,\ z) = \frac{1}{d\sqrt{1-2(r/d)\cos\theta + (r/d)^2}}$$

을 보여라.

(b) Legendre 다항식의 생성함수에 대한 논의에서 $1/\sqrt{1-2at+t^2}$이 $t=0$ 근처에서 $|t|<1$일 때 수렴하는 급수로 전개된다면, t^n의 계수가 $P_n(a)$임을 확인하여라.

(c) $r<d$이면, (b)에서 $a=\cos\theta$, $t=r/d$로 두고 다음이 성립함을 보여라.

$$\varphi(r) = \sum_{n=0}^{\infty} \frac{1}{d^{n+1}} P_n(\cos\theta)\, r^n .$$

(d) $r>d$일 때, 다음을 보여라.

$$\varphi(r) = \frac{1}{r}\sum_{n=0}^{\infty} d^n P_n(\cos\theta)\, r^{-n} .$$

10. $\sum_{n=0}^{\infty} 1/2^{n+1} P_n\left(\frac{1}{2}\right) = 1/\sqrt{3}$임을 보여라.

11. 임의의 양의 정수 n에 대해 다음을 증명하여라.

$$nP_n(x) - xP_n'(x) + P_{n-1}'(x) = 0$$

힌트: 생성함수가

$$t\frac{\partial L}{\partial t} - (x-t)\frac{\partial L}{\partial x} = 0$$

을 만족함을 보이고, $L(x,t) = \sum_{n=0}^{\infty} P_n(x)\, t^n$을 대입하여라.

12. 임의의 양의 정수 n에 대해 다음을 보여라.

$$(1-x^2)P_n'(x) = nP_{n-1}(x) - nxP_n(x) .$$

13. 임의의 음이 아닌 정수 n에 대해 다음을 증명하여라.

$$\int_{-1}^{1} xP_n(x)P_{n-1}(x)\,dx = \frac{2n}{4n^2-1} .$$

14. 임의의 음이 아닌 정수 n에 대해 다음을 증명하여라.

$$\int_{-1}^{1} xP_n'(x)P_n(x)\,dx = \frac{2n}{2n+1}.$$

15. 임의의 음이 아닌 정수 n에 대해 다음을 증명하여라.

$$P_{2n+1}(0) = 0, \qquad P_{2n}(0) = (-1)^n \frac{(2n)!}{2^{2n}(n!)^2}$$

16. 다음 주어진 다항식을 Legendre 다항식의 급수로 전개하여라.
(a) $1+2x-x^2$
(b) $2x+x^2-5x^3$
(c) $2-x^2+4x^4$

문제 17부터 22까지 주어진 함수의 Fourier-Legendre 전개에서 처음 5개 항을 구하여라. 각 함수와 이 전개의 처음 5개 항의 합을 $-1 \le x \le 1$에 대해 같은 좌표평면에 그려라. 일부 함수들의 경우에는 5개의 항만으로도 $[-1, 1]$에서 좋은 근사식이 되지만, 문제 21과 같이 보다 많은 항이 필요한 함수도 있다.

17. $f(x) = \sin(\pi x/2)$

18. $f(x) = e^{-x}$

19. $f(x) = \sin^2 x$

20. $f(x) = \cos x - \sin x$

21. $f(x) = \begin{cases} -1 & -1 \le x \le 0 \text{일 때}, \\ 1 & 0 < x \le 1 \text{일 때} \end{cases}$

22. $f(x) = (x+1)\cos x$

23. x축상의 -1과 1 사이에 놓인 철사에 구슬 N개가 꿰어 있다고 가정하자. 구슬은 이 구간에서 철사를 따라 자유롭게 움직일 수 있다. 철사의 양끝은 $+1$의 전하를 띠고, 각 구슬은 $+2$의 전하를 띠고 있다. 이 구슬들이 평형일 때의 위치가 $P_N(x)$의 근과 같음을 보여라.

힌트: 평면에서 전하 q_1과 q_2를 지니고 거리 r만큼 떨어진 입자들은 서로 크기 Kq_1q_2/r의 힘으로 밀어낸다는 사실을 이용하여 다음 단계를 따라 증명해 보자.

(a) $N=1$이면 하나의 구슬이 있고, 그것은 -1에 있는 전하와 $+1$에 있는 전하의 중간, 즉 $x=0$에서 정지할 것이다. 이것은 $P_1(x)$의 근이다. 그러므로 $N=1$일 때, 위 주장은 참이다.

(b) 구슬이 2개 있다고 가정하고, 그것들이 $P_2(x)$의 근인 $\pm 1/\sqrt{3}$에 정지하게 된다는 것을 보여라.

(c) N개의 구슬이 $x_1, \cdots, x_N$에 있다고 가정하자. 여기서 $-1 < x_j < x_{j+1} < 1$이다. $k = 1, 2, \cdots, N$에 대해

$$\sum_{i=1,\, i \ne k}^{N} \frac{4K}{x_k - x_i} + \frac{2K}{x_k + 1} + \frac{2K}{x_k - 1} = 0$$

을 보이고, 따라서 다음과 같은 결론을 얻을 수 있음을 보여라.

$$\frac{2x_k}{1-x_k^2} = \sum_{i=1,\, i \ne k}^{N} \frac{2}{x_k - x_i}.$$

(d) Legendre 방정식

$$P_N''(x) - \frac{2x}{1-x^2} P_n'(x) + \frac{N(N+1)}{1-x^2} P_N(x) = 0$$

을 $P_N''(x_k)$에 대해서 풀고, $P_N''(x_k)/P_N'(x_k)$를 구하여라. 이것과 (c)의 결과를 비교하여라.

(e) $x_1, \cdots, x_N$이 $P_N(x)$의 근이라고 할 때, $P_N(x) = A(x-x_1)(x-x_2)\cdots(x-x_N)$이 된다. 이때 x^N의 계수인 A는 상수이고 이 곱은

$$P_N(x) = A \prod_{j=1}^{N} (x - x_j)$$

로 쓸 수 있다. 이때, $\sum$가 합을 뜻하는 것 같이 $\prod$는 곱을 뜻한다. 다음을 보여라.

$$P_N'(x) = A \sum_{i=1}^{N} \prod_{m=1, m \ne i}^{N} (x - x_m),$$

$$P_N''(x) = A \sum_{j=1}^{N} \sum_{i=1,\, i \ne j}^{N} \prod_{m=1,\, m \ne i,\, m \ne j}^{N} (x - x_m)$$

(f) (e)로부터 다음을 보여라.

$$P_N'(x_k) = A \prod_{m=1, m \ne k}^{N} (x_k - x_m) \ne 0.$$

$$P_N''(x_k) = 2A \sum_{i=1,\, i \ne k}^{N} \prod_{m=1,\, m \ne i,\, m \ne k}^{N} (x_k - x_m).$$

이 식을 사용하여 $P_N''(x_k)/P_N'(x_k)$를 다시 구하여라.

(g) $P_N(x)$가 Legendre 방정식의 일차독립인 2개의 해 중 하나라는 사실과 (c), (d), (e), (f)를 사용하여 증명을 완성하여라.

14.3 Bessel 함수

4장에서 나온 2계 미분방정식

$$x^2 y'' + xy' + (x^2 - \nu^2) y = 0$$

을 ν차 Bessel 방정식이라고 한다. 4.3절의 보기 4.14에서 Frobenius 해법을 사용하여 다음과 같은 급수해를 찾았다.

$$y(x) = c_0 \sum_{n=0}^{\infty} \frac{(-1)^n}{2^{2n} n!(1+\nu)(2+\nu)\cdots(n+\nu)} x^{2n+\nu}.$$

여기서 c_0는 0이 아닌 상수이고, $\nu \geq 0$이다.

감마함수를 이용하면 이 급수해의 계수를 간단히 표현할 수 있다.

14.3.1 감마함수

$x > 0$일 때, **감마함수(gamma function)** Γ는

$$\Gamma(x) = \int_0^{\infty} t^{x-1} e^{-t} \, dt$$

로 정의한다. 이 적분은 모든 $x > 0$에서 수렴한다. 이 감마함수는 매혹적인 역사와 많은 흥미로운 성질을 가지고 있다. 우리에게 가장 유용한 것은 다음 성질이다.

정리 14.16 감마함수의 계승 성질

$x > 0$일 때 다음이 성립한다.

$$\Gamma(x+1) = x\Gamma(x).$$

[증명] $0 < a < b$일 때, $u = t^x$와 $dv = e^{-t} dt$를 사용하여 부분 적분을 하면

$$\int_a^b t^x e^{-t} dt = \left[t^x (-e^{-t}) \right]_a^b - \int_a^b x t^{x-1} (-1) e^{-t} dt = -b^x e^{-b} + a^x e^{-a} + x \int_a^b t^{x-1} e^{-t} dt$$

이다. 여기서 $a \to 0+$과 $b \to \infty$로 극한을 취하면

$$\int_0^{\infty} t^x e^{-t} dt = \Gamma(x+1) = x \int_0^{\infty} t^{x-1} e^{-t} dt = x\Gamma(x)$$

이다. ■

이것을 **계승 성질(factorial property)**이라고 부르는 이유는 $x=n$, 즉 양의 정수로 두면 명백해진다. 이 정리에 의하면

$$\begin{aligned}\Gamma(n+1) &= n\Gamma(n) = n\Gamma((n-1)+1) = n(n-1)\Gamma(n-1) = n(n-1)\Gamma((n-2)+1)\\ &= n(n-1)(n-2)\Gamma(n-2) = \cdots = n(n-1)(n-2)\cdots(2)(1)\Gamma(1) = n!\Gamma(1)\end{aligned}$$

이고,

$$\Gamma(1) = \int_0^\infty e^{-t}\,dt = 1$$

이므로, 임의의 양의 정수 n에 대하여

$$\Gamma(n+1) = n!$$

로서 계승이 되기 때문이다.

계승 성질을 사용하면 $\Gamma(x)$를 정수가 아닌 음수 x로 확장할 수 있다. $x>0$일 때, 다음과 같이 쓸 수 있다.

$$\Gamma(x) = \frac{1}{x}\Gamma(x+1). \tag{14.14}$$

$-1<x<0$이면, $x+1>0$이 되어 $\Gamma(x+1)$은 잘 정의된다. 따라서 $\Gamma(x)$의 값을 식 (14.14)의 우변으로 정의할 수 있다. $-1<x<0$에서 $\Gamma(x)$를 정의했으므로, $-2<x<-1$에서도 할 수 있다. 이런 방법으로 실직선을 따라 왼쪽으로 가면서 구간 $(-n, -n+1)$에서 정의된 $\Gamma(x)$를 이용하여 구간 $(-n-1, -n)$에서 $\Gamma(x)$를 정의한다. 예를 들면

$$\begin{aligned}\Gamma\left(-\frac{1}{2}\right) &= \frac{1}{-1/2}\Gamma\left(-\frac{1}{2}+1\right) = -2\Gamma\left(\frac{1}{2}\right),\\ \Gamma\left(-\frac{3}{2}\right) &= \frac{1}{-3/2}\Gamma\left(-\frac{3}{2}+1\right) = -\frac{2}{3}\Gamma\left(-\frac{1}{2}\right) = \frac{4}{3}\Gamma\left(\frac{1}{2}\right)\end{aligned}$$

등이다. 즉 감마함수는 0과 음의 정수를 제외한 모든 실수에서 정의할 수 있다.

그림 14.5(a)는 $0<x<5$에서 $y=\Gamma(x)$의 그래프이다. 그림 14.5(b)~(d)는 각각 $-1<x<0$, $-2<x<-1$, $-3<x<-2$에서 $y=\Gamma(x)$의 그래프이다.

14.3.2 제1종 Bessel 함수와 Bessel 방정식의 해

앞에 주어진 Bessel 방정식의 Frobenius 급수해 $y(x)$로 돌아가 보자. 이 해의 분모에는

$$(1+\nu)(2+\nu)\cdots(n+\nu)$$

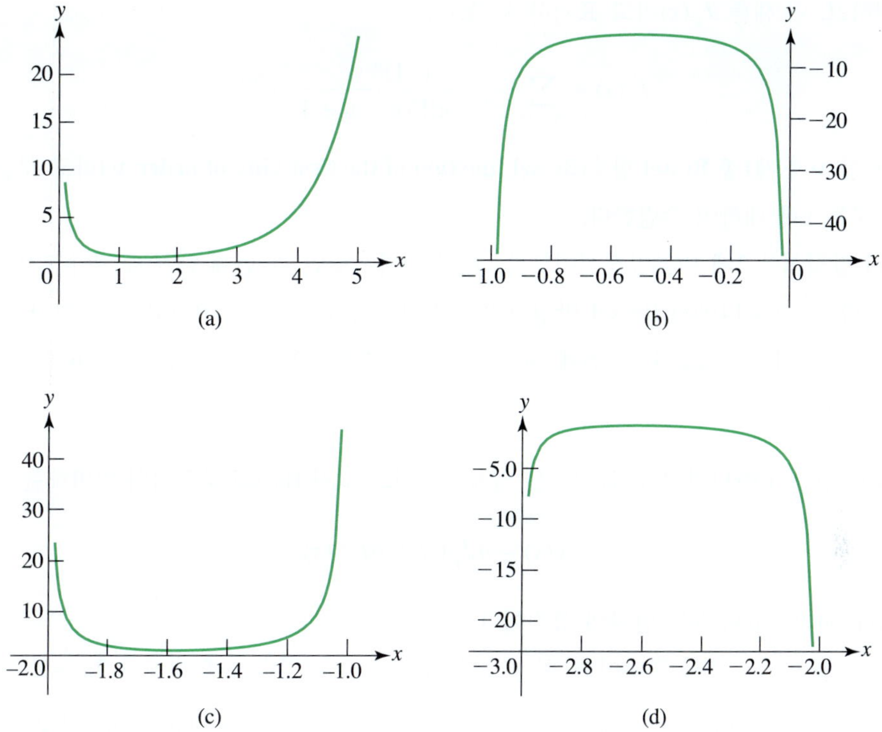

그림 14.5 구간 (a) $0 < x < 5$, (b) $-1 < x < 0$, (c) $-2 < x < -1$과 (d) $-3 < x < -2$에서 $\Gamma(x)$의 그래프

이 포함되어 있다. $\nu \geq 0$이라고 할 때, 감마함수의 계승 성질을 사용하면

$$\begin{aligned}\Gamma(n+\nu+1) &= (n+\nu)\Gamma(n+\nu) = (n+\nu)(n+\nu-1)\Gamma(n+\nu-1) \\ &= \cdots = (n+\nu)(n+\nu-1)\cdots(n+\nu-(n-1))\Gamma(n+\nu-(n-1)) \\ &= (1+\nu)(2+\nu)\cdots(n-1+\nu)(n+\nu)\Gamma(\nu+1)\end{aligned}$$

이므로

$$(1+\nu)(2+\nu)\cdots(n+\nu) = \frac{\Gamma(n+\nu+1)}{\Gamma(\nu+1)}$$

이 된다. 따라서 해는

$$y(x) = c_0 \sum_{n=0}^{\infty} \frac{(-1)^n \Gamma(\nu+1)}{2^{2n} n! \Gamma(n+\nu+1)} x^{2n+\nu}$$

로 표현할 수 있다. 관례에 따라

$$c_0 = \frac{1}{2^{\nu}\Gamma(\nu+1)}$$

로 선택하고, 이 해를 $J_\nu(x)$라고 표기하자. 즉,

$$J_\nu(x) = \sum_{n=0}^{\infty} \frac{(-1)^n}{2^{2n+\nu} n!\Gamma(n+\nu+1)} x^{2n+\nu}$$

이다. J_ν를 **ν차 제1종 Bessel 함수(Bessel function of the first kind of order ν)**라고 부른다. 이 급수는 모든 x에 대하여 수렴한다.

Bessel 방정식은 2계 미분방정식이므로, J_ν와 일차독립인 두 번째 해를 구해야 일반해를 구할 수 있다. 보기 4.14에서 Bessel 방정식의 결정방정식이 $r^2 - \nu^2 = 0$이고 그 근이 $\pm\nu$임을 보였다. 이 두 근의 차이 2ν가 두 번째 해를 찾아내는 결정적인 요인이다. 정리 4.6에 의해 다음이 성립한다.

1. 2ν가 정수가 아니라면 J_ν와 $J_{-\nu}$는 일차독립이고, ν차 Bessel 방정식의 일반해는

$$y(x) = aJ_\nu(x) + bJ_{-\nu}(x)$$

이다. 여기서 a와 b는 임의의 상수이다.

2. 2ν가 양의 정수로서 홀수이면, 즉, 0보다 크거나 같은 정수 n에 대해서 $2\nu = 2n+1$이면, $\nu = n + \frac{1}{2}$이 된다. 이 경우에도 J_ν와 $J_{-\nu}$는 일차독립이다. 이 경우에 $J_{n+1/2}(x)$와 $J_{-n-1/2}(x)$는 제곱근이나 사인, 코사인 등을 포함하는 유한개의 항의 합으로 표현될 수 있다. 예를 들면,

$$J_{1/2}(x) = \sqrt{\frac{2}{\pi x}}\sin x, \qquad J_{-1/2}(x) = \sqrt{\frac{2}{\pi x}}\cos x,$$

$$J_{3/2}(x) = \sqrt{\frac{2}{\pi x}}\left[\frac{\sin x}{x} - \cos x\right], \qquad J_{-3/2}(x) = \sqrt{\frac{2}{\pi x}}\left[-\sin x - \frac{\cos x}{x}\right]$$

이다. 이 경우, ν차 Bessel 방정식의 일반해는

$$y(x) = aJ_{n+1/2}(x) + bJ_{-n-1/2}(x)$$

이다. 여기서 a와 b는 임의의 상수이다.

3. 2ν가 짝수인 경우, $J_\nu(x)$와 $J_{-\nu}(x)$는 일차종속이고 $J_\nu(x)$의 급수식으로부터 다음을 확인할 수 있다.

$$J_{-\nu}(x) = (-1)^\nu J_\nu(x).$$

이 경우, $J_\nu(x)$와 일차독립인 Bessel 방장식의 두 번째 해를 찾아야 한다. 이것이 제2종 Bessel 함수이다.

14.3.3 제2종 Bessel 함수

4.3절 보기 4.15에서 $\nu=0$인 경우에 Bessel 방정식의 두 번째 해를 유도했다. 그것은

$$y_2(x)=J_0(x)\ln(x)+\sum_{k=1}^{\infty}\frac{(-1)^{k+1}}{2^{2k}(k!)^2}\phi(k)x^{2k}$$

이고, 이때

$$\phi(n)=1+\frac{1}{2}+\cdots+\frac{1}{n}$$

이다.

이 해를 이 형태 그대로 사용하기보다는, 주로 $y_2(x)$와 $J_0(x)$의 일차결합으로 사용한다. 이 일차결합 $Y_0(x)$는 $x>0$에서

$$Y_0(x)=\frac{2}{\pi}\left[y_2(x)+(\gamma-\ln(2))J_0(x)\right]$$

로 정의한다. 여기서 γ는 오일러 상수로서

$$\gamma=\lim_{n\to\infty}(\phi(n)-\ln(n))=.577215664901533\cdots$$

로 정의된다. J_0와 Y_0는 $Y_0(x)$에 있는 $\ln(x)$ 항 때문에 일차독립이고, 0차 Bessel 방정식의 일반해는

$$y(x)=aJ_0(x)+bY_0(x)$$

이다. 여기서 a와 b는 임의의 상수이다.

Y_0를 **0차 제2종 Bessel 함수(Besssel function of the second kind of order zero)**라고 한다. 또 이 함수를 **0차 Neumann 함수(Neumann's function of order zero)**라고 하기도 한다.

$\nu=n$이 양의 정수이면, $Y_0(x)$를 유도한 것과 비슷한 방법으로 두 번째 해

$$Y_n(x)=\frac{2}{\pi}\left[J_n(x)\left[\ln\left(\frac{x}{2}\right)+\gamma\right]+\sum_{k=1}^{\infty}\frac{(-1)^{k+1}[\phi(k)+\phi(k+1)]}{2^{2k+n+1}k!(k+n)!}x^{2k+n}\right]-\frac{2}{\pi}\sum_{k=0}^{n-1}\frac{(n-k-1)!}{2^{2k-n+1}k!}x^{2k-n}$$

을 구할 수 있다. 여기서 $n=0$이면 마지막 합이 등장하지 않으므로 $Y_0(x)$와 같다. 그러면 양의 정수 n을 차수로 하는 Bessel 방정식의 일반해는

$$y(x)=aJ_n(x)+bY_n(x)$$

이다. 여기서 a와 b는 임의의 상수이다.

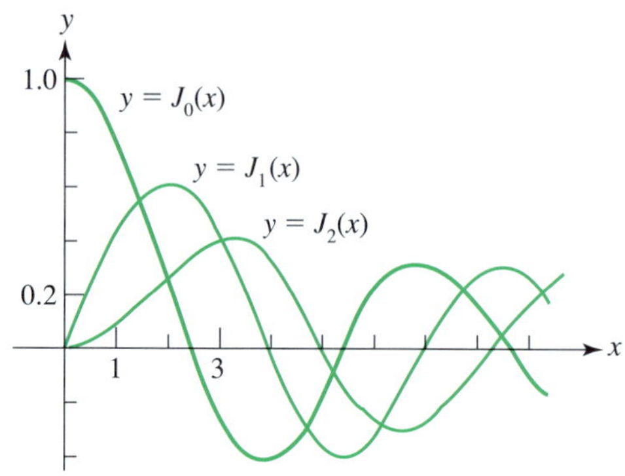

그림 14.6 제1종 Bessel 함수

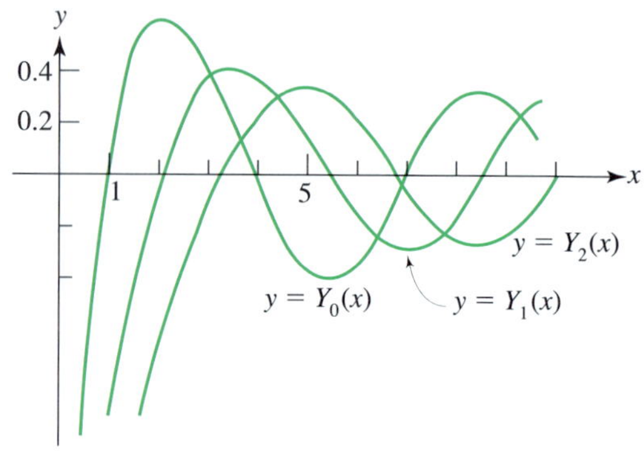

그림 14.7 제2종 Bessel 함수

지금까지 ν가 음이 아닌 정수일 때만 $Y_\nu(x)$를 구했다. 다른 경우에는 Bessel 방정식의 일반해로서 제2종 Bessel 함수가 필요하지 않았다. 하지만 모든 실수 ν에 대해 $Y_\nu(x)$를

$$Y_\nu(x) = \frac{1}{\sin(\nu\pi)}[J_\nu(x)\cos(\nu\pi) - J_{-\nu}(x)]$$

로 정의할 수 있다. 그러면 음이 아닌 임의의 정수 n에 대하여

$$Y_n(x) = \lim_{\nu \to n} Y_\nu(x)$$

임을 보일 수 있다. 이렇게 정의한 Y_ν를 **Neumann의 ν차 Bessel 함수(Neumann's Bessel function of order ν)**라고 한다. $x > 0$일 때 이 함수는 $J_\nu(x)$와 일차독립이고, 이것을 이용하면 모든 경우에 대해 ν차 Bessel 방정식의 일반해를

$$y(x) = aJ_\nu(x) + bY_\nu(x)$$

로 표현할 수 있다. 그림 14.6과 14.7은 두 종류의 Bessel 함수 중 몇 개의 그래프이다.

흥미로운 사실은 Bessel 방정식의 해에는 Frobenius 정리(정리 4.6)의 모든 경우들이 나타난다는 것이다. 2ν가 정수가 아니면 첫 번째 경우가 되고, $\nu = 0$이면 세 번째 경우가 되며, 어떤 음이 아닌 정수 n에 대해 $\nu = n + \frac{1}{2}$이면, 로그항을 포함하지 않은 $k = 0$인 두 번째 경우가 된다. 그리고 ν가 양의 정수이면 로그항을 포함한 $k \neq 0$인 두 번째 경우가 된다.

물리계의 응용이나 모형에서 Bessel 방정식은 주로 변형된 형태로 등장하며, 이때 Bessel 함수로 해를 표현하기 위해서는 다음 보기와 같이 변수변환이 필요하다.

보기 14.7 다음 미분방정식을 생각해 보자.

$$9x^2y'' - 27xy' + (9x^2 + 35)y = 0.$$

$y = x^2 u$라 두면

$$y' = 2xu + x^2 u', \qquad y'' = 2u + 4xu' + x^2 u''$$

이고, 이것을 위의 미분방정식에 대입하면

$$18x^2 u + 36x^3 u' + 9x^4 u'' - 54x^2 u - 27x^3 u' + 9x^4 u + 35x^2 u = 0$$

이다. 항을 모아서 정리하면

$$9x^4 u'' + 9x^3 u' + (9x^4 - x^2) u = 0$$

이고 $9x^2$으로 나누면

$$x^2 u'' + xu' + \left(x^2 - \frac{1}{9}\right) u = 0$$

이며, 이것은 $\frac{1}{3}$차 Bessel 방정식이다. 2ν가 정수가 아니므로, u의 일반해는

$$u(x) = aJ_{1/3}(x) + bJ_{-1/3}(x)$$

이다. 그러므로 위의 미분방정식은 $x > 0$일 때 다음과 같은 일반해를 갖는다.

$$y(x) = ax^2 J_{1/3}(x) + bx^2 J_{-1/3}(x).$$

a, b, c가 상수이고 ν가 음이 아닌 정수이면, $x^a J_\nu(bx^c)$와 $x^a Y_\nu(bx^c)$가 미분방정식

$$y'' - \left(\frac{2a-1}{x}\right) y' + \left(b^2 c^2 x^{2c-2} + \frac{a^2 - \nu^2 c^2}{x^2}\right) y = 0 \tag{14.15}$$

의 해임을 보일 수 있다.

보기 14.8 다음 미분방정식을 생각해 보자.

$$y'' - \left(\frac{2\sqrt{3}-1}{x}\right) y' + \left(784x^6 - \frac{61}{x^2}\right) y = 0.$$

이 방정식을 식 (14.15)와 같은 모양이 되게 하려면 $a = \sqrt{3}, c = 4$이다. 그리고

$$784 = b^2 c^2 = 16b^2$$

이므로 $b = 7$이고,

$$a^2 - \nu^2 c^2 = 3 - 16\nu^2 = -61$$

이므로 $\nu=2$이다. 따라서 $x>0$일 때 이 미분방정식의 일반해는

$$y(x)=c_1 x^{\sqrt{3}} J_2(7x^4)+c_2 x^{\sqrt{3}} Y_2(7x^4)$$

이다. 여기서 c_1과 c_2는 임의의 상수이다.

14.3.4 Bessel 함수의 변형

미분방정식으로 표현된 물리적인 모델의 해를 구하기 위해서 Bessel 함수를 변형해야 할 경우가 있다. 이러한 과정을 살펴보자. 0차 Bessel 방정식

$$y''+\frac{1}{x}y'+k^2y=0$$

의 일반해

$$y(x)=c_1 J_0(kx)+c_2 Y_0(kx)$$

로부터 시작하자. $k=i$라고 하면,

$$y(x)=c_1 J_0(ix)+c_2 Y_0(ix)$$

는 $x>0$에서 미분방정식

$$y''+\frac{1}{x}y'-y=0$$

의 일반해이다. 이것을 **0차 Bessel 방정식의 변형(modified Bessel equation of order zero)**이라 하고, $J_0(ix)$를 **0차 제1종 Bessel 함수의 변형(modified Bessel function of the first kind of order zero)**이라 하며, 다음과 같이 표현한다.

$$I_0(x)=J_0(ix)=1+\frac{1}{2^2}x^2+\frac{1}{2^2 4^2}x^4+\frac{1}{2^2 4^2 6^2}x^6+\cdots.$$

일반적으로 $Y_0(ix)$는 사용하지 않고, $x>0$에서 두 번째 해는

$$K_0(x)=[\ln(2)-\gamma]I_0(x)-I_0(x)\ln(x)+\frac{1}{4}x^2+\cdots$$

로 선택한다. 여기서 γ는 오일러 상수이다. $K_0(x)$를 **0차 제2종 Bessel 함수의 변형(modified Bessel function of the second kind of order zero)**이라 한다. 그림 14.8은 $I_0(x)$와 $K_0(x)$의 그래프이다.

미분방정식

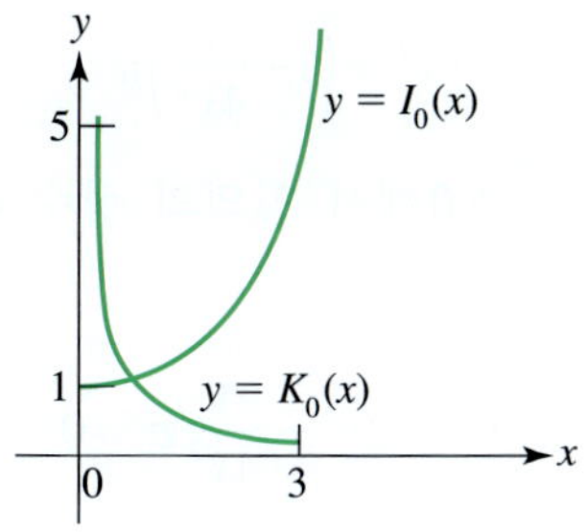

그림 14.8 0차 Bessel 함수의 변형: 제1종 Bessel 함수 $I_0(x)$와 제2종 Bessel 함수 $K_0(x)$

$$y'' + \frac{1}{x}y' - y = 0$$

의 일반해는 $x > 0$에서

$$y(x) = c_1 I_0(x) + c_2 K_0(x)$$

이다. 또한 미분방정식

$$y'' + \frac{1}{x}y' - b^2 y = 0 \tag{14.16}$$

의 일반해는 $x > 0$에서

$$y(x) = c_1 I_0(bx) + c_2 K_0(bx)$$

이다.

급수 전개를 사용하여 계산하면

$$\int_0^x \xi I_0(\alpha x)\, d\xi = \frac{x}{\alpha} I_0'(\alpha x) + C \tag{14.17}$$

를 보일 수 있는데, 여기서 α는 0이 아닌 상수이다.

변수가 큰 값으로 증가할 때 함수가 어떻게 움직이는지에 관심을 갖는 경우가 종종 있는데, 이것을 **점근적 움직임(asymptotic behavior)**이라고 한다. 나중에 Bessel 함수에 대해 이것을 좀 더 상세하게 다룰 것이다. 그러나 x가 커질 때 $I_0(x)$가 어떻게 되는지 보면 약간의 아이디어를 얻을 수 있을 것이다. 임의의 상수 c에 대해 $cI_0(x)$를 해로 갖는 방정식

$$y'' + \frac{1}{x}y' - y = 0$$

에서 $y = ux^{-1/2}$로 치환하면, 이 방정식은

$$u'' = \left(1 - \frac{1}{4x^2}\right)u$$

로 변형된다. 이 방정식의 해는 $x > 0$에서 임의의 상수 c에 대해 $u(x) = c\sqrt{x}\,I_0(x)$ 이다. $u = ve^x$로 한 번 더 변형하면,

$$v'' + 2v' + \frac{1}{4x^2}v = 0$$

이고, $v(x) = c\sqrt{x}e^{-x}I_0(x)$를 해로 갖는다. 여기서는 매우 큰 x에 대해 관심이 있으므로 이 미분방정식의 급수해를 다음과 같은 형태 중에서 찾아보자.

$$v(x) = 1 + c_1\frac{1}{x} + c_2\frac{1}{x^2} + c_3\frac{1}{x^2} + \cdots.$$

이것을 미분방정식에 대입하여 정리하면,

$$\left(-2c_1 + \frac{1}{4}\right)\frac{1}{x^2} + \left(2c_1 - 4c_2 + \frac{1}{4}c_1\right)\frac{1}{x^3}$$
$$+ \left(6c_2 - 6c_3 + \frac{1}{4}c_2\right)\frac{1}{x^4} + \left(12c_3 - 8c_4 + \frac{1}{4}c_3\right)\frac{1}{x^5} + \cdots = 0$$

이고, 각 계수가 0이어야 하므로

$$-2c_1 + \frac{1}{4} = 0,$$
$$2c_1 - 4c_2 + \frac{1}{4}c_1 = 0,$$
$$6c_2 - 6c_3 + \frac{1}{4}c_2 = 0,$$
$$12c_3 - 8c_4 + \frac{1}{4}c_3 = 0$$

이 된다. 따라서

$$c_1 = \frac{1}{8},$$
$$c_2 = \frac{9}{16}c_1 = \frac{9}{16}\frac{1}{8} = \frac{3^2}{2\cdot 8^2},$$
$$c_3 = \frac{25}{24}c_2 = \frac{25}{24}\frac{3^2}{2\cdot 8^2} = \frac{3^2 5^2}{3!8^3},$$
$$c_4 = \frac{49}{32}c_3 = \frac{49}{32}\frac{3^2 5^2}{3!8^3} = \frac{3^2 5^2 7^2}{4!8^4}$$

이 되고,

$$v(x) = 1 + \frac{1}{8}\frac{1}{x} + \frac{3^2}{2\cdot 8^2}\frac{1}{x^2} + \frac{3^2 5^2}{3!8^3}\frac{1}{x^3} + \frac{3^2 5^2 7^2}{4!8^4}\frac{1}{x^4} + \cdots$$

이다. 그러므로 어떤 상수 c에 대해,

$$I_0(x) = c\frac{e^x}{\sqrt{x}}\left(1 + \frac{1}{8}\frac{1}{x} + \frac{3^2}{2\cdot 8^2}\frac{1}{x^2} + \frac{3^2 5^2}{3!8^3}\frac{1}{x^3} + \frac{3^2 5^2 7^2}{4!8^4}\frac{1}{x^4} + \cdots\right).$$

우변의 급수는 발산하나, x가 충분히 클 때는 처음 몇 항의 합이 근사적으로 $I_0(x)$에 가까워진다. 이것을 $I_0(x)$의 **점근적 전개(asymptotic expansion)**라고 한다. 여기서 다루지는 않겠지만, $c = 1/\sqrt{2\pi}$ 임이 알려져 있다.

이러한 변형된 Bessel 방정식에 대한 결과는 단면이 원형인 전선에 교류전류가 흐를 때 생기는 표면효과를 설명할 때 이용할 것이다.

14.3.5 Bessel 함수의 응용

다음 장에서는 Bessel 함수를 편미분방정식의 풀이에 사용할 것이다. 하지만 Bessel 함수는 그 외에도 다양한 경우에 등장한다. 여기에서 몇 가지 예를 살펴보고자 한다.

매달려 있는 쇠사슬의 움직임

균일하고 유연한 사슬이 그림 14.9(a)처럼 매달려 정지되어 있다고 가정하자. 이 쇠사슬을 수직평면에서 약간 움직였을 때 발생하는 진동을 관찰하고자 한다.

사슬의 각 점은 수평으로 움직인다고 가정하자. m을 사슬의 단위길이당 질량, L은 사슬의 길이, $y(x,t)$는 시간 t일 때 고정점에서 거리가 x인 점의 수평변위라고 하자. 사슬의 고정점을 좌표축의 원점 O로 두고, x와 $x+\Delta x$ 사이의 사슬 부분 PQ의 움직임을 생각해 보자(그림 14.9(b)). 만약 이 부분의 한쪽 끝에서 당기는 장력의 세기가 T라고 하면, Newton의 제2운동

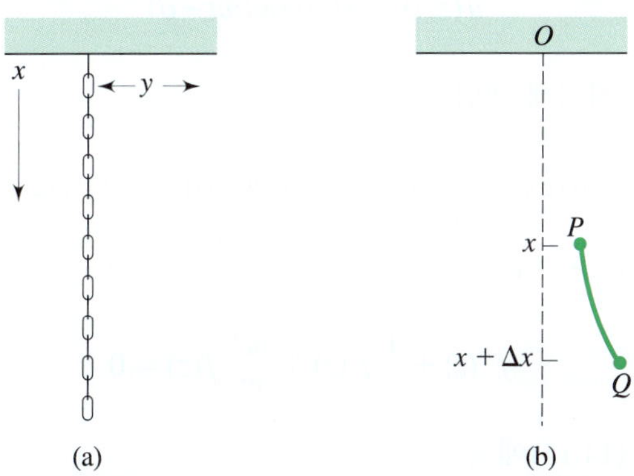

그림 14.9 (a) 매달린 사슬과 (b) 이 사슬의 움직임

법칙에 의해 점 P에서 장력의 수직 성분은 다음 식을 만족한다(식 (15.2) 참조).

$$m(\Delta x)\frac{\partial^2 y}{\partial t^2}=\frac{\partial}{\partial x}\left(T\frac{\partial y}{\partial x}\right)\Delta x,$$

즉,

$$m\frac{\partial^2 y}{\partial t^2}=\frac{\partial}{\partial x}\left(T\frac{\partial y}{\partial x}\right).$$

여기서 장력 T는 x 아래 부분의 쇠사슬 무게이므로 $T=mg(L-x)$이다. 그러므로 마지막 방정식은

$$\frac{\partial^2 y}{\partial t^2}=-g\frac{\partial y}{\partial x}+g(L-x)\frac{\partial^2 y}{\partial x^2}$$

가 된다. 여기서

$$z=L-x,\qquad u(z,t)=y(L-z,t)$$

로 치환하면

$$\frac{\partial^2 y}{\partial t^2}=\frac{\partial^2 u}{\partial t^2},\qquad \frac{\partial u}{\partial z}=\frac{\partial y}{\partial x}\frac{\partial x}{\partial z}=-\frac{\partial y}{\partial x}$$

이다. 그러면 y에 대한 편미분방정식을 u에 대한 편미분방정식

$$\frac{\partial^2 u}{\partial t^2}=g\frac{\partial u}{\partial z}+gz\frac{\partial^2 u}{\partial z^2}$$

로 바꿀 수 있다.

이 편미분방정식 문제를 상미분방정식 문제로 바꾸는 방법이 있다. 이 진동이 시간에 대해 주기적이라 가정할 수 있으므로, 해를

$$u(z,t)=f(z)\cos(\omega t-\delta)$$

라 하자. 이것을 편미분방정식에 대입하면

$$-\omega^2 f(z)\cos(\omega t-\delta)=gf'(z)\cos(\omega t-\delta)+gzf''(z)\cos(\omega t-\delta)$$

이고, $gz\cos(\omega t-\delta)$로 나누어 정리하면

$$f''(z)+\frac{1}{z}f'(z)+\frac{\omega^2}{gz}f(z)=0$$

이 된다. 이 방정식은 식 (14.15)에서

$$2a-1=-1,\quad b^2c^2=\omega^2/g,\quad 2c-2=-1,\quad a^2-\nu^2c^2=0$$

인 경우이다. 그러므로

$$a = \nu = 0, \quad c = \frac{1}{2}, \quad b = \frac{2\omega}{\sqrt{g}}$$

이고, $f(z)$의 일반해는

$$f(z) = c_1 J_0\left(2\omega\sqrt{\frac{z}{g}}\right) + c_2 Y_0\left(2\omega\sqrt{\frac{z}{g}}\right)$$

이다.

그런데 Y_0에는 로그항이 포함되어 있기 때문에 $z \to 0+$일 때 $Y_0\left(2\omega\sqrt{z/g}\right) \to -\infty$가 된다. 하지만 쇠사슬의 진동에서 진폭은 유한하므로 $c_2 = 0$이고,

$$f(z) = c_1 J_0\left(2\omega\sqrt{\frac{z}{g}}\right).$$

따라서,

$$u(z, t) = c_1 J_0\left(2\omega\sqrt{\frac{z}{g}}\right)\cos(\omega t - \delta)$$

$$\Rightarrow\ y(x, t) = c_1 J_0\left(2\omega\sqrt{\frac{L-x}{g}}\right)\cos(\omega t - \delta).$$

이 사슬은 위쪽 끝이 고정되어 있으므로, 모든 t에 대해서 $y(0, t) = 0$이다. 그런데 $c_1 \neq 0$이므로,

$$J_0\left(2\omega\sqrt{\frac{L}{g}}\right) = 0$$

이어야 한다.

이 방정식 $J_0(\alpha) = 0$이 무수히 많은 근을 갖는다는 것은 나중에 증명할 것이다. 이 근들을 작은 값부터 차례로 배열한 것을 $\alpha_1, \alpha_2, \cdots$라고 하면, $2\omega\sqrt{L/g}$은 이 근들 중 하나여야 한다. 그러므로 ω가 취할 수 있는 값은

$$\omega = \omega_j = \frac{1}{2}\alpha_j\sqrt{\frac{g}{L}}$$

들로서 무수히 많이 존재한다. 이것이 쇠사슬의 기본 진동수이다.

14.3.9절 끝에 있는 표로부터 $J_0(x)$의 처음 5개의 양수근의 근사값은 2.405, 5.520, 8.654, 11.792, 14.931임을 알 수 있다. 이 값은 α_1부터 α_5까지의 값이다. 그러므로 사슬의 처음 5개의 기본 진동수는

$$\omega_1 = 1.203\sqrt{\frac{g}{L}}, \quad \omega_2 = 2.76\sqrt{\frac{g}{L}}, \quad \omega_3 = 4.327\sqrt{\frac{g}{L}},$$

$$\omega_4 = 5.896\sqrt{\frac{g}{L}}, \quad \omega_5 = 7.466\sqrt{\frac{g}{L}}$$

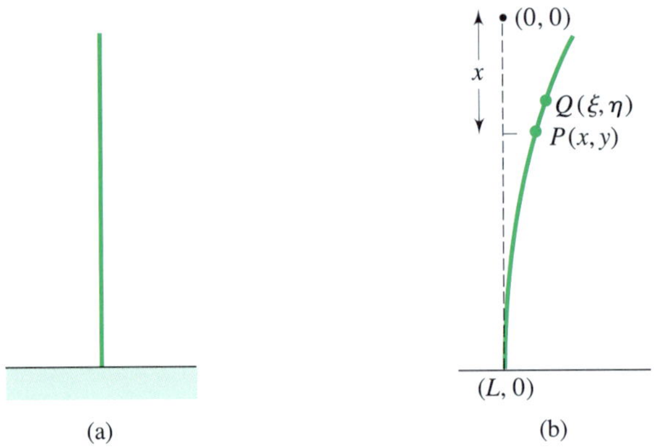

그림 14.10 (a) 수직으로 서 있는 탄성막대와 (b) 이 막대의 움직임 표현

이다. 이것들은 정상상태 진동에 대한 진동수의 근사값들이다. ω_j에 대응되는 주기는 $2\pi/\omega_j$ 이다.

수직막대의 임계길이

밀도가 균일하고 단면이 원형인 가느다란 탄성막대가 그림 14.10(a)와 같이 수직으로 서 있다고 가정하자. 막대가 충분히 긴 경우, 위쪽 끝을 약간 당겨서 휘게 한 다음 막대가 안정을 찾을 때까지 기다렸다가 살며시 놓으면 휘어진 채로 평형상태를 이루게 할 수 있다. 이때의 길이를 **불안정한 길이(unstable length)**라고 한다. 이보다 길이가 짧을 경우, 막대를 휘었다가 놓으면 막대는 약간의 진동 후 다시 수직상태로 돌아간다. 이때의 길이를 **안정한 길이(stable length)**라고 한다. 안정한 길이에서 불안정한 길이로 옮겨가는 순간의 길이, 즉 **임계길이(critical length)** L_C를 구하자.

이 막대의 길이를 L, 단위길이당 무게를 w, 원형 단면의 반지름을 a, 막대의 Young 계수를 E라고 하자. Young 계수는 선형 인장 혹은 압축에 의한 변형에서 장력에 대한 응력의 비율이고, 지름에 대한 관성모멘트는 $I = \pi a^4/4$이다. 막대가 평형상태에 있다고 가정하고, 그림 14.10(b)와 같이 수직으로부터 조금 움직였다고 하자. x축은 막대를 따라 수직으로 놓여 있고, 아래쪽을 양의 방향이라고 하며, 막대가 평형상태일 때의 위쪽 끝점을 원점으로 한다. $P(x, y)$와 $Q(\xi, \eta)$는 그림 14.10(b)와 같이 움직인 막대 위의 점이다. Q에 위치한 무게 $w\Delta x$의 P에 대한 모멘트는 $w\Delta x\,[y(\xi) - y(x)]$이다. P 윗부분 막대 무게의 P에 대한 모멘트는 이 식을 적분해서 구할 수 있다. 탄성 이론을 이용하면 이 P에 대한 모멘트가 $EIy''(x)$라고 가정할 수 있다. 즉, P 위의 막대부분이 평형상태에 있으면,

$$EIy''(x) = \int_0^x w\left[y(\xi) - y(x)\right] d\xi$$

이다. 이 방정식을 x에 대하여 미분하면

$$EIy^{(3)}(x) = w[y(x) - y(x)] - \int_0^x w\,y'(x)\,d\xi = -w\,xy'(x)$$

이므로

$$y^{(3)}(x) + \frac{w}{EI}\,xy'(x) = 0$$

이다. 이 식에서 $u = y'$로 치환하면 2계 미분방정식

$$u'' + \frac{w}{EI}\,xu = 0$$

이 된다. 이 방정식은 식 (14.15)에서

$$2a-1=0, \quad a^2-\nu^2 c=0, \quad 2c-2=1, \quad b^2c^2=\frac{w}{EI}$$

인 경우이다. 이때, 각 상수는

$$a=\frac{1}{2}, \quad c=\frac{3}{2}, \quad \nu=\frac{1}{3}, \quad b=\frac{2}{3}\sqrt{\frac{w}{EI}}$$

이다. 그러므로 $u(x)$의 일반해는

$$u(x) = y'(x) = c_1\sqrt{x}\,J_{1/3}\left(\frac{2}{3}\sqrt{\frac{w}{EI}}\,x^{3/2}\right) + c_2\sqrt{x}\,J_{-1/3}\left(\frac{2}{3}\sqrt{\frac{w}{EI}}\,x^{3/2}\right)$$

이다. 막대의 꼭대기에서는 휘는 모멘트가 없으므로

$$y''(0) = 0$$

이고, $c_1 = 0$이 되어야 한다. 그러면,

$$y'(x) = c_2\sqrt{x}\,J_{-1/3}\left(\frac{2}{3}\sqrt{\frac{w}{EI}}\,x^{3/2}\right)$$

이다. 또한, 막대의 아래 끝은 수직으로 고정되어 있기 때문에 $y'(L) = 0$이다. 즉,

$$c_2\sqrt{L}\,J_{-1/3}\left(\frac{2}{3}\sqrt{\frac{w}{EI}}\,L^{3/2}\right) = 0$$

이다. 자명한 해가 아니기 위해서 c_2는 0이 아니어야 한다. 그러므로

$$J_{-1/3}\left(\frac{2}{3}\sqrt{\frac{w}{EI}}\,L^{3/2}\right) = 0$$

이다. 임계길이 L_C는 이 방정식을 만족하는 최소의 양수이다. Bessel 함수의 표에서 $J_{-1/3}(\alpha) = 0$이 되는 최소의 양수 α는 대략 1.8663임을 알 수 있다. 그러므로

$$\frac{2}{3}\sqrt{\frac{w}{EI}}\,L_C^{3/2} \approx 1.8663$$

이고

$$L_C \approx 1.9863\left(\frac{EI}{w}\right)^{1/3}$$

이다.

교류전류의 표면효과

단면이 원형인 전선에 흐르는 교류전류를 분석하여 표면효과(주파수가 높을 때 대부분의 전류가 전선 표면의 얇은 층으로 흐른다는 사실)를 수학적으로 묘사하고자 한다.

Ampère 법칙은 임의의 닫힌곡선을 따라 계산한 자기력의 선적분은 이 닫힌곡선으로 둘러싸인 곡면을 통과하는 전류의 면적분에 4π를 곱한 것과 같다는 것이다. Faraday 법칙은 닫힌곡선을 따라 계산한 전기력의 선적분은 그 닫힌곡선으로 둘러싸인 곡면을 통과하는 유도 자기를 시간에 대해 미분한 것에 -1을 곱한 것과 같다는 것이다.

이 두 법칙을 이용하여 반지름이 a인 원형 단면을 갖는 전선에서 반지름 r인 부분의 전류밀도를 구하려고 한다. ρ는 전선의 고유저항, μ는 투과율, $x(r, t)$와 $H(r, t)$는 각각 시간 t일 때 반지름 r인 지점의 전류밀도와 자기 강도이다.

Ampère 법칙을 중심이 전선의 중심과 일치하는 반지름 r인 원에 적용하면

$$2\pi r H = 4\pi \int_0^r x(2\pi\xi)\,d\xi,$$

$$\Rightarrow\ rH = 4\pi \int_0^r x\xi\,d\xi, \tag{14.18}$$

$$\Rightarrow\ \frac{1}{r}\frac{\partial}{\partial r}(rH) = 4\pi x(r, t). \tag{14.19}$$

이제 Faraday 법칙을 한 변이 전선의 축 위에 있고 변의 길이가 L인, 그림 14.11과 같은 직사각형 회로에 적용하면

$$\rho L x(0, t) - \rho L x(r, t) = -\frac{\partial}{\partial t}\int_0^r \mu L H(\xi, t)\,d\xi.$$

이 방정식을 r에 대해 미분하면

$$\rho\frac{\partial x}{\partial r} = \mu\frac{\partial H}{\partial t}. \tag{14.20}$$

식 (14.19)와 (14.20)을 사용해서 H를 소거하려고 한다. 우선 식 (14.20)에 r을 곱하면

$$\rho r\frac{\partial x}{\partial r} = \mu r\frac{\partial H}{\partial t}.$$

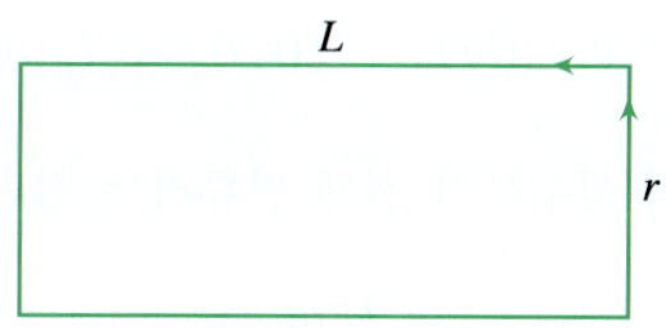

그림 14.11 직사각형 회로

이것을 r로 미분하고 식 (14.19)를 대입하면,

$$\rho \frac{\partial}{\partial r}\left(r\frac{\partial x}{\partial r}\right) = \mu \frac{\partial}{\partial r}\left(r\frac{\partial H}{\partial t}\right) = \mu \frac{\partial}{\partial t}\left(\frac{\partial}{\partial r}(rH)\right) = \mu \frac{\partial}{\partial t}(4\pi xr) = 4\pi \mu r \frac{\partial x}{\partial t},$$

$$\Rightarrow \rho \frac{\partial}{\partial r}\left(r\frac{\partial x}{\partial r}\right) = 4\pi \mu r \frac{\partial x}{\partial t} \tag{14.21}$$

이다. 이 편미분방정식을 $x(r, t)$에 대해 풀면, 식 (14.18)로부터 $H(r, t)$를 얻는다. 이제 전선을 통과하는 전류가 교류전류 $C\cos(\omega t)$라고 가정하자. 여기서 C는 상수이고 전류의 주기는 $2\pi/\omega$이다. 이때 $z(r, t) = x(r, t) + iy(r, t)$로, $x(r, t) = \mathrm{Re}(z(r, t))$이고 전류는 복소 지수함수 $Ce^{i\omega t}$의 실수부라고 생각하는 것이 편리하다. x 대신 z를 식 (14.21)에 대입하면

$$\rho \frac{\partial}{\partial r}\left(r\frac{\partial z}{\partial r}\right) = 4\pi \mu r \frac{\partial z}{\partial t} \tag{14.22}$$

이다. 이 방정식을 풀기 위해서 다음과 같은 꼴의 해를 찾아보자.

$$z(r, t) = f(r)\, e^{i\omega t}.$$

이 해를 식 (14.22)에 대입하면

$$\rho \frac{\partial}{\partial r}(rf'(r)\, e^{i\omega t}) = 4\pi \mu r f(r)\, i\omega e^{i\omega t}.$$

$e^{i\omega t}$로 나누고 미분을 계산하면,

$$f''(r) + \frac{1}{r}f'(r) - b^2 f(r) = 0, \qquad b^2 = \frac{4\pi\mu\omega}{\rho}\, i.$$

이 식을 식 (14.16)과 비교하면, 변형된 Bessel 함수를 이용하여 $f(r)$의 일반해

$$f(r) = c_1 I_0(br) + c_2 K_0(br), \qquad b = \sqrt{\frac{4\pi\mu\omega}{\rho}}\frac{1+i}{\sqrt{2}}$$

를 구할 수 있다. $K_0(r)$의 로그항은 $r \to 0$(전선의 중심)일 때 무한히 커진다. 이 때문에 $c_2 = 0$이어야 한다. 그러므로 $f(r)$은

$$f(r) = c_1 I_0(br), \qquad z(r,t) = c_1 I_0(br)\,e^{i\omega t}.$$

상수를 결정하기 위해서 $Ce^{i\omega t}$의 실수부가 전체 전류라는 점과 식 (14.17)을 사용하면,

$$C = 2\pi c_1 \int_0^a r I_0(br)\,dr = \frac{2\pi a c_1}{b} I_0'(ba),$$

$$\Rightarrow\ c_1 = \frac{bC}{2\pi a}\frac{1}{I_0'(ba)},\ \Rightarrow\ z(r,t) = \frac{bC}{2\pi a}\frac{1}{I_0'(ba)} I_0(br)\,e^{i\omega t}.$$

그러면 전류는 $x(r,t) = \mathrm{Re}(z(r,t))$가 된다. 다음을 증명하는 것은 독자에게 남겨 둔다.

$$H(r,t) = \mathrm{Re}\left(\frac{2C}{aI_0'(ba)} I_0(br)\,e^{i\omega t}\right).$$

표면효과를 모델링하는 데 $z(r,t)$에 대한 해를 쓸 수 있다. 전선 내부에 포함된 반지름이 r이고 중심축이 전선의 중심선과 같은 원기둥을 통과하는 전체 전류는 다음 식의 실수부이다.

$$\frac{b}{2\pi a I_0'(ba)}\, Ce^{i\omega t} \int_0^r I_0(br)\, 2\pi r\, dr.$$

약간의 계산에 의해 이것은

$$\frac{r I_0'(br)}{a I_0'(ba)}\, Ce^{i\omega t}$$

의 실수부임을 보일 수 있다. 그러므로

$$\frac{\text{반지름이 } r \text{인 원기둥 내부의 전류}}{\text{전선 내부의 총전류}} = \frac{r}{a}\frac{I_0'(br)}{I_0'(ba)}$$

이다. 주파수 ω가 크면 b의 크기도 크고, 14.3.4절에 주어진 $I_0(x)$의 근사식을 사용하면

$$\frac{r}{a}\frac{I_0'(br)}{I_0'(ba)} \approx \frac{r}{a}\frac{e^{br}}{\sqrt{br}}\frac{\sqrt{ba}}{e^{ba}} = \sqrt{\frac{r}{a}}\, e^{-b(a-r)}$$

이 된다. $0 < r < a$인 임의의 r에 대하여 주파수 ω를 충분히 크게 함으로써 $\sqrt{r/a}\, e^{-b(a-r)}$을 원하는 만큼 작게 할 수 있다. 이것은 주파수가 클 때, 전류는 대부분 전선의 표면 근처를 따라 흐른다는 것을 의미한다. 이것이 표면효과(skin effect)이다.

14.3.6 $J_n(x)$의 생성함수

이제 Bessel 함수의 일반적인 성질에 대해 살펴보자. Legendre 다항식에 대해 다음과 같은 성질을 갖는 생성함수 $L(x,t)$를 만들었다.

$$L(x,t)=\sum_{n=0}^{\infty}P_n(x)\,t^n.$$

같은 의미에서 차수가 정수인 제1종 Bessel 함수의 생성함수를 만들어 보자.

정리 14.17 Bessel 함수의 생성함수

$$e^{x(t-1/t)/2}=\sum_{n=-\infty}^{\infty}J_n(x)\,t^n. \tag{14.23}$$

식 (14.23)이 성립함을 보이기 위해 지수함수의 Maclaurin 전개를 이용하면

$$\begin{aligned}e^{x(t-1/t)/2}=e^{xt/2}e^{-x/2t}&=\left(\sum_{m=0}^{\infty}\frac{1}{m!}\left(\frac{xt}{2}\right)^m\right)\left(\sum_{k=0}^{\infty}\frac{1}{k!}(-1)^k\left(\frac{x}{2t}\right)^k\right)\\&=\left(1+\frac{xt}{2}+\frac{1}{2!}\frac{x^2t^2}{2^2}+\frac{1}{3!}\frac{x^3t^3}{2^3}+\cdots\right)\left(1-\frac{x}{2t}+\frac{1}{2!}\frac{x^2}{2^2t^2}-\frac{1}{3!}\frac{x^3}{2^3t^3}+\cdots\right)\end{aligned}$$

이다. 예를 들어 두 급수의 곱에서 t^4의 계수를 찾아보면

$$\frac{1}{2^4 4!}x^4-\frac{1}{2^6 5!}x^5+\frac{1}{2^8 2!6!}x^6-\frac{1}{2^{10}3!7!}x^7+\cdots=\sum_{n=0}^{\infty}\frac{(-1)^n}{2^{2n+4}n!(n+4)!}x^{2n+4}$$

이고 이 급수는

$$J_4(x)=\sum_{n=0}^{\infty}\frac{(-1)^n}{2^{2n+4}n!\Gamma(n+4+1)}x^{2n+4}=\sum_{n=0}^{\infty}\frac{(-1)^n}{2^{2n+4}n!(n+4)!}x^{2n+4}$$

와 같다. 같은 과정으로 음이 아닌 임의의 정수 n에 대해 식 (14.20)에서 t^n의 계수가 $J_n(x)$임을 알 수 있다. 음의 정수에 대해서는

$$J_{-n}(x)=(-1)^nJ_n(x)$$

라는 사실을 사용하면 된다.

14.3.7 $J_n(x)$의 적분공식

생성함수를 사용하면 n이 음이 아닌 정수일 때 $J_n(x)$을 적분으로 표현할 수 있다.

정리 14.18 Bessel 적분

n이 음이 아닌 정수이면,

$$J_n(x) = \frac{1}{\pi}\int_0^{\pi} \cos(n\theta - x\sin\theta)\,d\theta$$

이다.

[증명] 생성함수를 이용한 표현

$$e^{xt/2}e^{-x/2t} = \sum_{n=-\infty}^{\infty} J_n(x)\,t^n$$

에서 $J_{-n}(x) = (-1)^n J_n(x)$이므로,

$$\begin{aligned} e^{xt/2}e^{-x/2t} = e^{x(t-1/t)/2} &= \sum_{n=-\infty}^{-1} J_n(x)\,t^n + J_0(x) + \sum_{n=1}^{\infty} J_n(x)\,t^n \\ &= \sum_{n=1}^{\infty}(-1)^n J_n(x)\,t^{-n} + J_0(x) + \sum_{n=1}^{\infty} J_n(x)\,t^n \\ &= J_0(x) + \sum_{n=1}^{\infty} J_n(x)\left(t^n + (-1)^n\frac{1}{t^n}\right) \\ &= J_0(x) + \sum_{n=1}^{\infty} J_{2n}(x)\left(t^{2n} + \frac{1}{t^{2n}}\right) + \sum_{n=1}^{\infty} J_{2n-1}(x)\left(t^{2n-1} - \frac{1}{t^{2n-1}}\right) \end{aligned} \tag{14.24}$$

이다. 여기서

$$t = e^{i\theta} = \cos\theta + i\sin\theta$$

라 두면

$$t^{2n} + \frac{1}{t^{2n}} = e^{2in\theta} + e^{-2in\theta} = 2\cos(2n\theta),$$

$$t^{2n-1} - \frac{1}{t^{2n-1}} = e^{i(2n-1)\theta} - e^{-i(2n-1)n\theta} = 2i\sin((2n-1)\theta)$$

이다. 그러므로 식 (14.24)는

$$\begin{aligned} e^{x(t-1/t)/2} = e^{ix\sin\theta} &= \cos(x\sin\theta) + i\sin(x\sin\theta) \\ &= J_0(x) + 2\sum_{n=1}^{\infty} J_{2n}(x)\cos(2n\theta) + 2i\sum_{n=1}^{\infty} J_{2n-1}(x)\sin((2n-1)\theta) \end{aligned}$$

가 된다. 양변의 실수부를 비교하면

$$\cos(x \sin\theta) = J_0(x) + 2\sum_{n=1}^{\infty} J_{2n}(x)\cos(2n\theta) \tag{14.25}$$

이고, 허수부를 비교하면

$$\sin(x \sin\theta) = 2\sum_{n=1}^{\infty} J_{2n-1}(x)\sin((2n-1)\theta) \tag{14.26}$$

이다.

식 (14.25)와 (14.26)의 우변은 θ에 관한 Fourier 급수이다. 먼저 식 (14.25)에 대해 생각해 보면

$$\cos(x \sin\theta) = \frac{1}{2}a_0 + \sum_{k=1}^{\infty}\left(a_k\cos(k\theta) + b_k\sin(k\theta)\right) = J_0(x) + 2\sum_{n=1}^{\infty} J_{2n}(x)\cos(2n\theta)$$

이다. Fourier 계수를 직접 계산해 보면,

$$a_k = \frac{1}{\pi}\int_{-\pi}^{\pi}\cos(x\sin\theta)\cos(k\theta)d\theta = \begin{cases} 0 & k\text{가 홀수일 때,} \\ 2J_k(x) & k\text{가 짝수일 때} \end{cases} \tag{14.27}$$

$$b_k = \frac{1}{\pi}\int_{-\pi}^{\pi}\cos(x\sin\theta)\sin(k\theta)d\theta = 0, \quad k = 1, 2, 3, \cdots \tag{14.28}$$

이다. 식 (14.26)에서도 마찬가지로,

$$\sin(x \sin\theta) = \frac{1}{2}A_0 + \sum_{k=1}^{\infty}\left(A_k\cos(k\theta) + B_k\sin(k\theta)\right) = 2\sum_{n=1}^{\infty} J_{2n-1}(x)\sin((2n-1)\theta)$$

이고, 이때 Fourier 계수는

$$A_k = \frac{1}{\pi}\int_{-\pi}^{\pi}\sin(x\sin\theta)\cos(k\theta)d\theta = 0, \quad k = 0, 1, 2, \cdots \tag{14.29}$$

$$B_k = \frac{1}{\pi}\int_{-\pi}^{\pi}\sin(x\sin\theta)\sin(k\theta)d\theta = \begin{cases} 0 & k\text{가 짝수일 때,} \\ 2J_k(x) & k\text{가 홀수일 때} \end{cases} \tag{14.30}$$

이다. 위의 식 (14.27)과 (14.30)을 더하면

$$\begin{aligned} &\frac{1}{\pi}\int_{-\pi}^{\pi}\cos(x\sin\theta)\cos(k\theta)d\theta + \frac{1}{\pi}\int_{-\pi}^{\pi}\sin(x\sin\theta)\sin(k\theta)d\theta \\ &= \frac{1}{\pi}\int_{-\pi}^{\pi}\cos(k\theta - x\sin\theta)d\theta = \begin{cases} 2J_k(x) & k\text{가 짝수일 때,} \\ 2J_k(x) & k\text{가 홀수일 때} \end{cases} \end{aligned}$$

이다. 그러므로

$$J_k(x) = \frac{1}{2\pi}\int_{-\pi}^{\pi}\cos(k\theta - x\sin\theta)d\theta, \quad k = 0, 1, 2, 3, \cdots$$

이다. 여기서 $\cos(k\theta - x\sin\theta)$는 짝함수이므로 $\int_{-\pi}^{\pi}$를 $2\int_{0}^{\pi}$로 바꾸면 $k=0, 1, 2, 3, \cdots$일 때

$$J_k(x) = \frac{1}{\pi}\int_0^{\pi}\cos(k\theta - x\sin\theta)\,d\theta$$

이다. ■

14.3.8 $J_\nu(x)$의 점화식

제1종 Bessel 함수를 포함하는 3가지 점화식을 유도해 보자. 이 점화식들은 $J_\nu(x)$ 를 포함한 적절한 함수의 도함수를 같은 꼴의 함수에서 지표가 작은 것으로 표현한다. 도함수를 포함하고 있는 두 관계식에서 시작하자.

정리 14.19 제1종 Bessel 함수의 점화식 I

ν가 실수일 때 다음이 성립한다.

$$\frac{d}{dx}(x^{\nu}J_{\nu}(x)) = x^{\nu}J_{\nu-1}(x)\,. \tag{14.31}$$

[증명] ν가 음의 정수가 아닌 실수일 때 계산해 보면

$$\begin{aligned}\frac{d}{dx}(x^{\nu}J_{\nu}(x)) &= \frac{d}{dx}\left[x^{\nu}\sum_{n=0}^{\infty}\frac{(-1)^n}{2^{2n+\nu}n!\Gamma(n+\nu+1)}x^{2n+\nu}\right] = \frac{d}{dx}\left[\sum_{n=0}^{\infty}\frac{(-1)^n}{2^{2n+\nu}n!\Gamma(n+\nu+1)}x^{2n+2\nu}\right]\\ &= \sum_{n=0}^{\infty}\frac{(-1)^n 2(n+\nu)}{2^{2n+\nu}n!(n+\nu)\Gamma(n+\nu)}x^{2n+2\nu-1}\\ &= x^{\nu}\sum_{n=0}^{\infty}\frac{(-1)^n}{2^{2n+\nu-1}n!\Gamma(n+\nu)}x^{2n+\nu-1} = x^{\nu}J_{\nu-1}(x)\end{aligned}$$

임을 알 수 있다. 위의 결과를 ν가 음의 정수인 경우로 확장하려면, 양의 정수 m에 대해 $\nu=-m$으로 두고,

$$J_{-m}(x) = (-1)^m J_m(x)$$

를 이용하면 된다. 상세한 증명은 독자에게 남겨 둔다. ■

정리 14.20 제1종 Bessel 함수의 점화식 II

ν가 실수일 때 다음이 성립한다.

$$\frac{d}{dx}(x^{-\nu}J_{\nu}(x)) = -x^{-\nu}J_{\nu+1}(x) \tag{14.32}$$

이 정리의 증명은 정리 14.19의 증명과 유사하다.

도함수로 표현된 이 두 점화식을 사용하면 서로 다른 차수를 갖는 제1종 Bessel 함수 사이에 다음과 같은 관계식을 유도할 수 있다.

정리 14.21 제1종 Bessel 함수의 점화식 III

ν가 실수일 때 $x>0$에서 다음이 성립한다.

$$\frac{2\nu}{x}J_{\nu}(x) = J_{\nu+1}(x) + J_{\nu-1}(x)\,. \tag{14.33}$$

[증명] 식 (14.31)과 (14.32)에서 좌변의 미분을 계산하면

$$x^{\nu}J_{\nu}'(x) + \nu x^{\nu-1}J_{\nu}(x) = x^{\nu}J_{\nu-1}(x),$$
$$x^{-\nu}J_{\nu}'(x) - \nu x^{-\nu-1}J_{\nu}(x) = -x^{\nu}J_{\nu+1}(x)$$

가 나온다. 위의 첫 번째 식에 $x^{-\nu}$를 곱하고, 두 번째 식에 x^{ν}를 곱하면

$$J_{\nu}'(x) + \frac{\nu}{x}J_{\nu}(x) = J_{\nu-1}(x),$$
$$J_{\nu}'(x) - \frac{\nu}{x}J_{\nu}(x) = -J_{\nu+1}(x)$$

가 된다. 첫 번째 식에서 두 번째 식을 빼면, 정리의 결론을 얻는다. ■

보기 14.9 이전에 얻은 결과들

$$J_{1/2}(x) = \sqrt{\frac{2}{\pi x}}\sin x, \quad J_{-1/2}(x) = \sqrt{\frac{2}{\pi x}}\cos x$$

는 Bessel 함수의 무한급수로부터 얻은 것이었다. $\nu = \frac{1}{2}$을 식 (14.33)에 대입하면

$$\frac{1}{x}J_{1/2}(x) = J_{3/2}(x) + J_{-1/2}(x)$$

이므로

$$J_{3/2}(x) = \frac{1}{x}J_{1/2}(x) - J_{-1/2}(x)$$
$$= \frac{1}{x}\sqrt{\frac{2}{\pi x}}\sin x - \sqrt{\frac{2}{\pi x}}\cos x = \sqrt{\frac{2}{\pi x}}\left(\frac{1}{x}\sin x - \cos x\right)$$

이다. 그리고 식 (14.33)에 $\nu = \frac{3}{2}$을 대입하면

$$\frac{3}{x}J_{3/2}(x) = J_{5/2}(x) + J_{1/2}(x)$$

이므로,

$$J_{5/2}(x) = -J_{1/2}(x) + \frac{3}{x}J_{3/2}(x)$$
$$= -\sqrt{\frac{2}{\pi x}}\sin x + \frac{3}{x}\sqrt{\frac{2}{\pi x}}\left(\frac{1}{x}\sin x - \cos x\right) = \sqrt{\frac{2}{\pi x}}\left[-\sin x + \frac{3}{x^2}\sin x - \frac{3}{x}\cos x\right]$$

이다. 이 과정을 무한히 반복할 수 있다. 요점은 귀납적으로 $J_{n-1/2}(x)$로부터 $J_{n+1/2}(x)$를 얻는 이 방법이 무한급수를 매번 사용하는 것보다 낫다는 것이다.

14.3.9 $J_\nu(x)$의 근

앞에서 살펴본 몇몇 응용 문제에서 $J_\nu(x)$의 근이 필요했다. $J_\nu(x)$가 무한히 많은 중근이 아닌 단순한 양의 근을 가짐을 보이고, 그 위치를 어림잡아 보고자 한다.

먼저 식 (14.15)로부터 $y = J_\nu(kx)$가 미분방정식

$$x^2y'' + xy' + (k^2x^2 - \nu^2)y = 0$$

의 한 해임을 알 수 있다. $k > 1$일 때 $u(x) = \sqrt{kx}\,J_\nu(kx)$라 두고, $u(x)/\sqrt{kx}$를 이 Bessel 방정식에 대입해서 정리하면

$$u''(x) + \left(k^2 - \frac{\nu^2 - \frac{1}{4}}{x^2}\right)u(x) = 0 \tag{14.34}$$

이 된다. 직관적으로 x가 증가할 때, 이 방정식에서 $\left(\nu^2 - \frac{1}{4}\right)\Big/x^2$항은 거의 영향을 못 미치고, 방정식은 $u'' + k^2u = 0$꼴이 되어 사인과 코사인을 해로 가질 것처럼 보인다. 즉, x가 크면 $J_\nu(kx)$는 삼각함수를 $\sqrt{kx}$로 나눈 것과 비슷해질 것이다. 이 함수가 무수히 많은 양수해를 가지므로 $J_\nu(kx)$도 그럴 것이다.

이 직관을 따라서 다음 방정식을 생각해 보자.

$$v''(x) + v(x) = 0\,. \tag{14.35}$$

임의의 양수 α에 대해 $v(x) = \sin(x-\alpha)$는 이 방정식의 해이다. 식 (14.34)에 v를, 식 (14.35)에 u를 곱하여 빼면

$$\begin{aligned}
&uv'' - vu'' = \left(k^2 - \frac{\nu^2 - \frac{1}{4}}{x^2}\right)uv - uv,\\
&\Rightarrow\ (uv' - vu')' = \left(k^2 - 1 - \frac{\nu^2 - \frac{1}{4}}{x^2}\right)uv,\\
&\Rightarrow\ \int_\alpha^{\alpha+\pi}(uv' - vu')'dx = u(\alpha+\pi)v'(\alpha+\pi) - u(\alpha)v'(\alpha) - v(\alpha+\pi)u'(\alpha+\pi) + v(\alpha)u'(\alpha)\\
&\qquad\qquad = -u(\alpha+\pi) - u(\alpha) = \int_\alpha^{\alpha+\pi}\left(k^2 - 1 - \frac{\nu^2 - \frac{1}{4}}{x^2}\right)u(x)\,v(x)\,dx\,.
\end{aligned}$$

마지막 적분에서 적분에 관한 평균값정리를 적용하면, α와 $\alpha+\pi$ 사이에 어떤 수 τ가 있어서

$$-u(\alpha+\pi) - u(\alpha) = u(\tau)\int_\alpha^{\alpha+\pi}\left(k^2 - 1 - \frac{\nu^2 - \frac{1}{4}}{x^2}\right)\sin(x-\alpha)\,dx\,.$$

$\alpha < x < \alpha + \pi$에서 $\sin(x-\alpha) > 0$이고, ν와 k에 따라 α를 충분히 크게 잡아서, $\alpha \le x \le \alpha + \pi$에서

$$k^2 - 1 - \frac{\nu^2 - \frac{1}{4}}{x^2} > 0$$

이 되게 할 수 있다. 그러면 위의 등식에서 우변의 적분은 0보다 크게 된다. 따라서 $u(\alpha+\pi)$, $u(\alpha)$, $u(\tau)$는 모두 같은 부호일 수는 없다. u가 연속이므로, u는 α와 $\alpha+\pi$ 사이에 적어도 하나의 근을 갖는다. $u(x) = \sqrt{kx}\,J_\nu(kx)$이므로, $J_\nu(kx)$도 α와 $\alpha+\pi$ 사이에 적어도 하나의 근을 가짐을 알 수 있다. 일반적으로 α가 충분히 큰 수이고 $k>1$일 때, $J_\nu(x)$는 α와 $\alpha + k\pi$ 사이에 하나의 근을 갖는다.

이제 제1종 Bessel 함수의 양수근에 대한 일반적인 결과를 살펴보자.

정리 14.22 **$J_\nu(x)$의 근**

$k > 1$이고 ν를 실수라고 하자. 그러면 충분히 큰 α에 대해서 $n = 0, 1, 2, \cdots$일 때, $\alpha + kn\pi$와 $\alpha + k(n+1)\pi$ 사이에 중근이 아닌 $J_\nu(x)$의 근이 존재한다.

[증명] 정리 앞부분에 주어진 논의에 따르면, ν와 $k>1$에 의해 결정되는 충분히 큰 수에 대해,

그 수로부터 그 수에 $k\pi$를 더한 수까지의 구간 안에 $J_\nu(x)$의 근이 존재한다. 그러므로 α와 $\alpha + k\pi$ 사이에 근이 있고, 그러면 $\alpha + k\pi$와 $\alpha + (k+1)\pi$ 사이에도 근이 있다.

게다가 각 근은 중근이 아니다. 만약 β가 중근이면 $J_\nu(\beta) = J'_\nu(\beta) = 0$ 이므로 $J_\nu(x)$는 초기값 문제

$$x^2 y'' + y' + (k^2 x^2 - \nu^2) y = 0, \quad y(\beta) = y'(\beta) = 0$$

의 해이다. 이 문제의 해는 유일하고 상수함수 0이 해이므로, $x > 0$에서 $J_\nu(x) = 0$ 이 되어 모순이다. 그러므로 각 근은 중근이 아니다. ■

이 정리에 의하면 $J_\nu(x)$의 양수근을 다음과 같이 증가하는 순서로 나열할 수 있고

$$j_1 < j_2 < j_3 < \cdots$$

이때, $\lim_{n\to\infty} j_n = \infty$ 이다.

$\nu > -1$일 때 $J_\nu(x)$가 복소수근을 갖지 않는다는 것도 보일 수 있다.

J_ν가 $J_{\nu+1}$이나 $J_{\nu-1}$과 양의 공통근을 갖지 않는다는 것을 보이고자 한다. 사실 $J_{\nu-1}$과 $J_{\nu+1}$은 J_ν의 임의의 두 양수근들 사이에 적어도 한 개의 근을 가진다. 이것이 정리 14.23의 내용이며, 그림 14.12에서 볼 수 있는 것처럼 세 함수 $J_7(x)$, $J_8(x)$, $J_9(x)$의 그래프가 서로 꼬여 있음을 말해 준다. 먼저 다음을 증명하자.

보조정리 14.1

ν가 실수일 때, J_ν와 $J_{\nu+1}$의 공통근은 $x = 0$ 이외에는 없다.

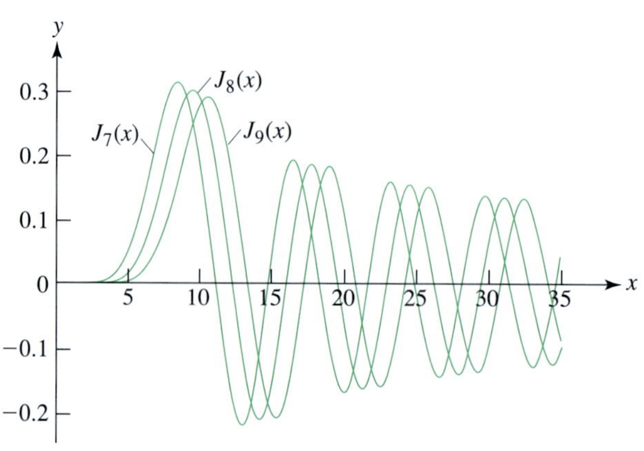

그림 14.12 $J_7(x)$, $J_8(x)$, $J_9(x)$의 꼬임

[증명] 정리 14.21의 증명에서

$$J'_\nu(x)-\frac{\nu}{x}J_\nu(x)=-J_{\nu+1}(x)$$

이었다. 만약 $\beta\neq 0$이고 $J_\nu(\beta)=J_{\nu+1}(\beta)=0$이면, $J'_\nu(\beta)=0$이다. 그렇다면 β가 J_ν의 중근이므로 모순이다. 그러므로, J_ν와 $J_{\nu+1}$이 0이 아닌 근을 공유하지 않는다는 것을 알 수 있다. ■

정리 14.23 꼬임 정리

ν를 임의의 실수, a와 b를 J_ν의 서로 다른 양수근이라고 하자. 그러면 $J_{\nu-1}$과 $J_{\nu+1}$은 a와 b 사이에 적어도 하나의 근을 갖는다.

[증명] $f(x)=x^\nu J_\nu(x)$라고 하자. 그러면 $f(a)=f(b)=0$이다. f가 a와 b 사이에서 미분가능하므로, Rolle의 정리에 의해 $f'(c)=0$인 점 c가 a와 b 사이에 존재한다. 그런데,

$$f'(x)=\frac{d}{dx}(x^\nu J_\nu(x))=x^\nu J_{\nu-1}(x)$$

이므로, $f'(c)=0$으로부터 $J_{\nu-1}(c)=0$이 된다.

같은 방법을 $g(x)=x^{-\nu}J_\nu(x)$에 적용하고,

$$\frac{d}{dx}(x^{-\nu}J_\nu(x))=-x^{-\nu}J_{\nu+1}(x)$$

를 이용하면 $J_{\nu+1}$이 a와 b 사이에서 근을 갖는다는 것을 알 수 있다. ■

다음 표는 $\nu=0, 1, 2, 3, 4$일 때 $J_\nu(x)$의 처음 5개의 양수근을 보여준다. 여기에 나온 수는 소수 넷째 자리에서 반올림한 것이다. 표의 각 열을 살펴보면 인접한 지표를 갖는 Bessel 함수들이 서로 꼬이는 성질을 갖는 것을 알 수 있다. 예를 들어 $J_2(x)$의 두 번째 양수근은 $J_1(x)$와 $J_3(x)$의 두 번째 양수근 사이에 있다.

	j_1	j_2	j_3	j_4	j_5
J_0	2.405	5.520	8.654	11.792	14.931
J_1	3.832	7.016	10.173	13.323	16.470
J_2	5.135	8.417	11.620	14.796	17.960
J_3	6.379	9.760	13.017	16.224	19.410
J_4	7.586	11.064	14.373	17.616	20.827

14.3.10 Fourier-Bessel 전개

구간 (0, 1)에서 r차 Bessel 방정식(ν는 음 아닌 실수)

$$(xy') + \left(\lambda x - \frac{\nu^2}{x}\right) y = 0$$

을 생각해 보자. $r(x) = x$로 $r(0) = 0$이고 $x = 0$에서 경계조건이 없다.

$$y(1) = 0$$

라 하면 특이 Sturm-Liouville 제1유형에 해당된다. $\lambda > 0$이면 일반해는

$$y(x) = c_1 J_\nu\left(\sqrt{\lambda}\, x\right) + c_2 Y_\nu\left(\sqrt{\lambda}\, x\right)$$

이다. $x \to +0$일 때 유계이면 $c_2 = 0$이므로 $y(x) = c_1 J_\nu\left(\sqrt{\lambda}\, x\right)$이고, $c_1 \neq 0$이다. $y(1) = 0$이므로 J_ν의 무수히 많은 양수근을

$$0 < j_1 < j_2 < j_3 < \cdots$$

이라 하면

$$\lambda_n = j_n^2$$

이 되고 대응되는 고유함수는

$$J_\nu(j_n x)$$

이다. 그리고 정리 14.1(1)에 의해 다음 정리가 성립한다.

정리 14.24 제1종 Bessel 함수의 직교성

$\nu \geq 0$일 때 $n = 1, 2, 3, \cdots$에 대해

$$\int_0^1 x J_\nu(j_n x) J_\nu(j_m x) dx = 0, \qquad n \neq m$$

이다.

이 정리는 함수 $\sqrt{x} J_\nu(j_n x)$들이 [0, 1]에서 직교한다는 것을 의미한다.

[0, 1]에서 구분적으로 연속인 함수 f는 정리 14.2에 의해

$$\frac{1}{2}\left(f(x+) + f(x-)\right) = \sum_{n=1}^{\infty} c_n J_\nu(j_n x).$$

로 표현되고 이때

$$c_k = \frac{\int_0^1 x f(x) J_\nu(j_k x)\, dx}{\int_0^1 x J_\nu^2(j_k x)\, dx}$$

이고, 이 수를 f의 **Fourier-Bessel 계수**라고 부른다. 이 수들을 급수에 대입했을 때, $\sum_{n=1}^{\infty} c_n J_\nu(j_n x)$를 f의 **Fourier-Bessel 급수**라고 한다.

임의의 함수에 대한 Fourier-Bessel 계수에서 적분 $\int_0^1 x J_\nu^2(j_k x)\, dx$가 분모에 등장하므로, 이 적분을 계산해 두는 것이 편리하다.

정리 14.25 제1종 Bessel 함수의 크기

$\nu \geq 0$일 때

$$\int_0^1 x J_\nu^2(j_k x)\, dx = \frac{1}{2} J_{\nu+1}^2(j_k)$$

이다.

J_ν과 $J_{\nu+1}$가 공통근을 가질 수 없다는 사실에 의해 $J_\nu(j_k) = 0$이면 $J_{\nu+1}(j_k) \neq 0$이다.

[증명] 앞에서 보았듯이, $u(x) = J_\nu(j_k x)$는 미분방정식

$$x^2 u'' + xu' + (j_k^2 x^2 - \nu^2) u = 0$$

의 해이다. 이 방정식에 $2u'(x)$를 곱하면

$$\begin{aligned} &2x^2 u'u'' + 2x(u')^2 + 2(j_k^2 x^2 - \nu^2) uu' = 0, \\ &\Rightarrow \left[x^2 (u')^2 + (j_k^2 x^2 - \nu^2) u^2\right]' - 2 j_k^2 x u^2 = 0 . \end{aligned}$$

$u(1) = 0$이라는 데 주의하여 적분하면

$$\begin{aligned} 0 &= \int_0^1 \left[x^2 (u')^2 + (j_k^2 x^2 - \nu^2) u^2\right]' dx - 2 j_k^2 \int_0^1 x u^2\, dx \\ &= \left[x^2 (u')^2 + (j_k^2 x^2 - \nu^2) u^2\right]_0^1 - 2 j_k^2 \int_0^1 x u^2\, dx \\ &= (u'(1))^2 - 2 j_k^2 \int_0^1 x u^2\, dx = j_k^2 [J_\nu'(j_k)]^2 - 2 j_k^2 \int_0^1 x [J_\nu(j_k x)]^2\, dx, \\ \Rightarrow &\int_0^1 x J_\nu^2(j_k x)\, dx = \frac{1}{2} [J_\nu'(j_k)]^2 . \end{aligned}$$

또한

$$J'_\nu(x) - \frac{\nu}{x} J_\nu(x) = -J_{\nu+1}(x)$$

이므로

$$J'_\nu(j_k) - \frac{\nu}{j_k} J_\nu(j_k) = -J_{\nu+1}(j_k), \quad J'_\nu(j_k) = -J_{\nu+1}(j_k).$$

따라서,

$$\int_0^1 x J_\nu^2(j_k x)\, dx = \frac{1}{2}\left[J_{\nu+1}(j_k)\right]^2. \quad ■$$

이 결론을 이용하면 f의 Fourier-Bessel 계수는

$$c_n = \frac{2}{\left[J_{\nu+1}(j_k)\right]^2} \int_0^1 x f(x) J_\nu(j_n x)\, dx$$

로 표현할 수 있다.

Fourier-Bessel 급수는 이후에 특정한 영역의 열전도방정식을 계산할 때 등장할 것이다. 이때 초기 온도함수를 Fourier-Bessel 급수로 전개할 것이다. 또 원형박막(circular membrane)에서 정규 진동을 계산할 때도 Fourier-Bessel 전개를 사용하게 될 것이다.

일반적으로 Fourier-Bessel 계수는 Bessel 함수의 값을 구하는 것이 어렵기도 하고 그 함수의 근도 근사값으로밖에 주어지지 않으므로 계산이 어렵다. 그러나 컴퓨터를 이용하면 원하는 오차 범위에서 근사값을 계산할 수 있다.

보기 14.10 $0 \le x \le 1$에서 $f(x) = x(1-x)$라고 하자. f가 연속이고 그 도함수도 연속이므로 이 함수의 Fourier-Bessel 급수는 구간 $(0, 1)$에서 $f(x)$로 수렴한다. 즉,

$$x(1-x) = \sum_{n=1}^{\infty} C_n J_1(j_n x), \quad 0 < x < 1$$

이다. 여기서

$$c_n = \frac{2}{[J_2(j_n)]^2} \int_0^1 x^2(1-x) J_1(j_n x)\, dx$$

이다. $J_1(x)$의 처음 4개의 근을 소수점 아래 여덟째 자리까지 구하면

$$j_1 = 3.83170597, \quad j_2 = 7.01558667, \quad j_3 = 10.17346814, \quad j_4 = 13.32369194$$

이고, 이 값을 이용하여 a_1부터 a_4까지를 계산해 보자.

다음 계산은 MAPLE을 사용하여 적분과 Bessel 함수의 값을 구한 것이다. 비록 등호

를 사용하기는 했지만, 계산 결과는 모두 근사값들이다.

$$a_1 = \frac{2}{[J_2(3.83170597)]^2}\int_0^1 x^2(1-x)J_1(3.83170597x)\,dx$$
$$= 12.32930609\int_0^1 x^2(1-x)J_1(3.83170597x)\,dx = 0.45221702,$$
$$a_2 = \frac{2}{[J_2(7.01558667)]^2}\int_0^1 x^2(1-x)J_1(7.01558667x)\,dx$$
$$= 22.20508362\int_0^1 x^2(1-x)J_1(7.01558667x)\,dx = -0.03151859,$$
$$a_3 = \frac{2}{[J_2(10.17346814)]^2}\int_0^1 x^2(1-x)J_1(10.17346814x)\,dx$$
$$= 32.07568554\int_0^1 x^2(1-x)J_1(10.17346814x)\,dx = 0.03201789,$$
$$a_4 = \frac{2}{[J_2(13.32369194)]^2}\int_0^1 x^2(1-x)J_1(13.32369194x)\,dx$$
$$= 41.94557796\int_0^1 x^2(1-x)J_1(13.32369194x)\,dx = -0.00768864.$$

이 처음 4개의 계수를 사용하여 $0 < x < 1$에서 근사식을 구하면

$$x(1-x) \approx 0.45221702J_1(3.82170597x) - 0.03151859J_1(7.01558667x)$$
$$+ 0.03201789J_1(10.17346814x) - 0.00768864J_1(13.32369194x)$$

이다. 그림 14.13은 $x(1-x)$의 그래프와 [0, 1]에서 이 Bessel 급수의 처음 네 항의 합의 그래프를 보여주고 있다. 이 그래프는 $\left[-1, \frac{3}{2}\right]$에서 그려져 있으며, [0, 1]의 밖에서는 $x(1-x)$가 그 Fourier-Bessel 급수와 가깝지 않음을 보여준다. 실제로 이 그래프들은 [0, 1] 바깥에서는 서로 멀어져 감을 볼 수 있다. [0, 1]에서는 이 급수의 보다 많은 항을 계산하면 더 정확한, 즉 함수의 실제값에 가까운 값을 얻을 수 있다.

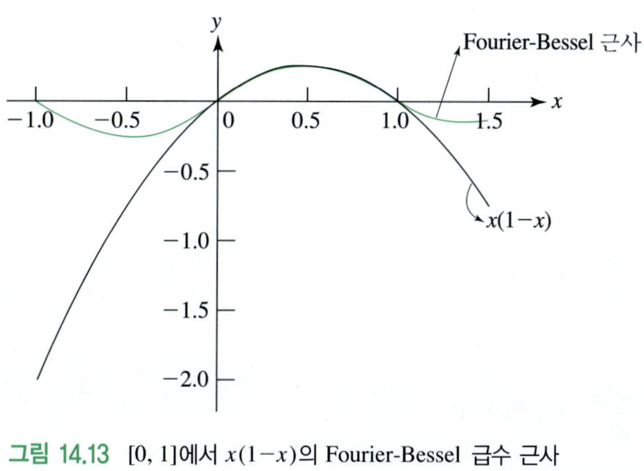

그림 14.13 [0, 1]에서 $x(1-x)$의 Fourier-Bessel 급수 근사

연습문제 14.3

1. $x^a J_\nu(bx^c)$가

$$y'' - \left(\frac{2a-1}{x}\right)y' + \left(b^2c^2x^{2c-2} + \frac{a^2-\nu^2c^2}{x^2}\right)y = 0$$

의 해임을 보여라.

문제 2부터 11까지 미분방정식의 일반해를 함수 $x^a J_\nu(bx^c)$와 $x^a J_{-\nu}(bx^c)$를 이용해 표현하여라.

2. $y'' + \frac{1}{3x}y' + \left(1 + \frac{7}{144x^2}\right)y = 0$

3. $y'' + \frac{1}{x}y' + \left(4x^2 - \frac{4}{9x^2}\right)y = 0$

4. $y'' - \frac{5}{x}y' + \left(64x^6 + \frac{5}{x^2}\right)y = 0$

5. $y'' + \frac{3}{x}y' + \left(16x^2 - \frac{5}{4x^2}\right)y = 0$

6. $y'' - \frac{3}{x}y' + 9x^4y = 0$

7. $y'' - \frac{7}{x}y' + \left(36x^4 + \frac{175}{16x^2}\right)y = 0$

8. $y'' + \frac{1}{x}y' - \frac{1}{16x^2}y = 0$

9. $y'' + \frac{5}{x}y' + \left(81x^4 + \frac{7}{4x^2}\right)y = 0$

10. $y'' - \frac{5}{x}y' + \left(32x^2 + \frac{8}{x^2}\right)y = 0$

11. $y'' + \frac{1}{x}y' + \left(36x^4 - \frac{81}{25x^2}\right)y = 0$

12. b는 양의 실수라 하자. $by = (1/u)(du/dx)$로 변수변환을 하여 미분방정식

$$\frac{dy}{dx} + by^2 = cx^m$$

을 미분방정식

$$\frac{d^2u}{dx^2} - bcx^m u = 0$$

의 꼴로 바꾸어라. 문제 1의 결과를 사용해서 이 미분방정식의 일반해를 Bessel 함수를 이용하여 표현하고, 이 해를 사용하여 원래의 미분방정식을 풀어라.

문제 13부터 20까지 주어진 변수변환을 사용하여 미분방정식을 일반해가 Bessel 함수로 나타낼 수 있는 꼴로 변형하여라. 이것을 이용하여 원래 미분방정식의 일반해를 구하여라.

13. $4x^2y'' + 4xy' + (x-9)y = 0$; $u = \sqrt{x}$

14. $4x^2y'' + 4xy' + (9x^3 - 36)y = 0$; $u = x^{3/2}$

15. $9x^2y'' + 9xy' + (4x^{2/3} - 16)y = 0$; $u = 2x^{1/3}$

16. $9x^2y'' - 27xy' + (9x^2 + 35)y = 0$; $u = y/x^2$

17. $36x^2y'' - 12xy' + (36x^2 + 7)y = 0$;
$u = x^{-2/3}y$

18. $4x^2y'' + 8xy' + (4x^2 - 35)y = 0$; $u = y\sqrt{x}$

19. $4x^2y'' + 20xy' + (9x + 7)y = 0$; $u = x^2y$

20. $9x^{4/3}y'' + 33x^{1/3}y' + y = 0$; $u = x^{4/3}y$

21. $y(x) = \sqrt{x}\, J_{1/3}(2kx^{3/2}/3)$이 $y'' + k^2xy = 0$의 해임을 보여라.

문제 22부터 31까지 각 미분방정식의 일반해를 $x^a J_\nu(bx^c)$와 $x^a Y_\nu(bx^c)$를 이용하여 나타내어라.

22. $y'' - \frac{3}{x}y' + \left(4 - \frac{5}{x^2}\right)y = 0$

23. $y'' - \frac{1}{x}y' + \left(1 - \frac{3}{x^2}\right)y = 0$

24. $y'' - \frac{5}{x}y' + \left(1 - \frac{7}{x^2}\right)y = 0$

25. $y'' - \frac{3}{x}y' + \left(\frac{1}{4x} + \frac{3}{x^2}\right)y = 0$

26. $y'' - \frac{1}{x}y' + \left(16x^2 - \frac{15}{x^2}\right)y = 0$

27. $y'' - \frac{7}{x}y' + \left(1 + \frac{15}{x^2}\right)y = 0$

28. $y'' - \frac{3}{x}y' + \left(1 + \frac{4}{x^2}\right)y = 0$

29. $y'' + \frac{3}{x}y' + \frac{1}{16x}y = 0$

30. $y'' - \frac{7}{x}y' + \left(36x^4 - \frac{20}{x^2}\right)y = 0$

31. $y'' - \frac{3}{x}y' + \left(4x^2 - \frac{60}{x^2}\right)y = 0$

32. 임의의 실수 ν에 대해서 다음을 보여라.

$$x^2 J''_\nu(x) = (\nu^2 - \nu - x^2) J_\nu(x) + xJ_{\nu+1}(x).$$

33. 임의의 실수 ν에 대해서 다음을 보여라.

$$[x^{-\nu} J_\nu(x)]' = -x^{-\nu} J_{\nu+1}(x),$$
$$[x^{\nu} J_\nu(x)]' = x^{\nu} J_{\nu-1}(x).$$

34. 임의의 실수 ν에 대해서 다음을 보여라.

$$xJ'_\nu(x) = -\nu J_\nu(x) + xJ_{\nu-1}(x),$$
$$xJ'_\nu(x) = \nu J_\nu(x) - xJ_{\nu+1}(x).$$

힌트: 문제 33의 결과를 이용하여라.

35. 임의의 양의 정수 n에 대해서 다음을 증명하여라.

$$\int x^{n+1} J_n(x)\,dx = x^{n+1} J_{n+1}(x) + C.$$

힌트: 문제 33의 결과를 이용하여라.

36. 음이 아닌 임의의 정수 n에 대해서 다음 식을 보여라.

$$\int x[J_n(x)]^2\,dx$$
$$= \frac{1}{2}x^2\left[(J_n(x))^2 - J_{n-1}(x)J_{n+1}(x)\right] + C.$$

37. 다음을 보여라.

$$J_{5/2}(x) = \sqrt{\frac{2}{\pi x}}\left[\left(\frac{3}{x^2} - 1\right)\sin(x) - \frac{3}{x}\cos(x)\right].$$

38. 다음을 보여라.

$$J_{-5/2}(x) = \sqrt{\frac{2}{\pi x}}\left[\left(\frac{3}{x^2} - 1\right)\cos(x) + \frac{3}{x}\sin(x)\right].$$

39. α가 $J_0(x)$의 양수근이면 $\int_0^1 J_1(\alpha x)\,dx = 1/\alpha$임을 보여라.

40. ν에 따라 결정되는 적당한 상수 C에 대하여 $W[J_\nu(x), J_{-\nu}(x)] = C/x$임을 보여라. 여기서 W는 Wronskian이다. 힌트: ν차 Bessel 방정식을 $y'' + (1/x)y' + ((x^2 - \nu^2)/x^2)y = 0$으로 쓰고, Abel의 항등식, 즉 φ와 ψ가 열린 구간 I에서 $y'' + p(x)y' + q(x)y = 0$의 해이면 적당한 상수 C와 I상의 모든 x에 대해서 이 두 함수의 Wronskian은 $C\exp(-\int p(x)\,dx)$라는 것을 사용하여라.

41. ν가 정수가 아닌 양수라고 하자. $J_\nu(x)$, $J'_\nu(x)$, $J_{-\nu}(x)$, $J'_{-\nu}(x)$의 급수 표현을 사용하여 $xW[J_\nu(x), J_{-\nu}(x)]$를 급수로 표현하여라. 이 급수를 $x = 0$에서 계산하여 문제 40의 상수 C가 $2/\Gamma(-\nu)\Gamma(\nu+1)$임을 보여라.

42. $u(x) = J_0(\alpha x)$이고 $v(x) = J_0(\beta x)$라 하자.

(a) $xu'' + u' + \alpha^2 xu = 0$임을 보여라. v에 대해서도 이와 유사한 미분방정식을 유도하여라.

(b) u에 대한 미분방정식에 v를 곱하고 v에 대한 미분방정식에 u를 곱하여 빼면

$$[x(u'v - v'u)]' = (\beta^2 - \alpha^2)xuv$$

가 됨을 증명하여라.

(c) (b)로부터

$$(\beta^2 - \alpha^2)\int xJ_0(\alpha x)J_0(\beta x)\,dx$$
$$= x\left[\alpha J'_0(\alpha x)J_0(\beta x) - \beta J'_0(\beta x)J_0(\alpha x)\right]$$

임을 증명하여라. 이것은 Lommel의 적분 공식 중의 하나이다.

43. $[xI_0'(x)]' = xI_0(x)$임을 보여라.

44. 문제 43의 결과를 이용하여 임의의 양수 α에 대해

$$\int xI_0(\alpha x)dx = \frac{x}{\alpha}I_0'(\alpha x) + C$$

임을 보여라.

45. 임의의 양수 α와 β에 대해

$$\begin{aligned}(\beta^2-\alpha^2)&\int xI_0(\alpha x)I_0(\beta x)\,dx\\ &= x[\alpha I_0'(\alpha x)I_0(\beta x) - \beta I_0'(\beta x)I_0(\alpha x)]\end{aligned}$$

임을 보여라. 힌트: 문제 42의 과정을 따라가 보아라.

46. $Y_0'(x) = -Y_1(x)$임을 보여라.

47. 임의의 ν에 대해 $x > 0$에서

$$J_\nu(x)Y_\nu'(x) - J_\nu'(x)Y_\nu(x) = \frac{2}{\pi x}$$

임을 보여라. 이 값은 $J_\nu(x)$와 $Y_\nu(x)$의 Wronskian이다.

48. (a)부터 (d)까지 $0 \le x \le 1$에서 정의된 $f(x)$의 Fourier- Bessel 전개 $\sum_{n=1}^{\infty} a_n J_1(j_n x)$의 처음 5개 항을 찾아라. 이 함수의 그래프와 처음 5개 항까지 급수의 그래프를 비교하여라.

(a) $f(x) = x$ (b) $f(x) = e^{-x}$

(c) $f(x) = xe^{-x}$ (d) $f(x) = x^2e^{-x}$

49. $\sum_{n=1}^{\infty} a_n J_2(j_n x)$를 사용하여 문제 48번을 반복하여라.

14.4 직교 다항식

Legendre 다항식은 직교 다항식이면서 Legendre 방정식의 근이다. 이 절에서는 Legendre 다항식에 대해 논의한 것과 유사하게 다른 방정식에 대한 직교 다항식에 대해서 살펴보고자 한다. 즉, 미분방정식과 다항식 해, 해의 직교성, 생성함수, 점화식, 다른 중요한 관계식 등을 생각해 보고자 한다. 증명의 상세한 부분들은 독자의 몫으로 남겨 두겠다.

14.4.1 Chebyshev 다항식

방정식

$$(1-x^2)y'' - xy' + \lambda y = 0$$

을 **Chebyshev 미분방정식**이라 한다. 이것을 Sturm-Liouville 형태로 바꾸기 위해 $-1 < x < 1$에서 이 방정식을

$$y'' - \frac{x}{1-x^2}y' + \frac{\lambda}{1-x^2}y = 0$$

으로 고치고, 적분인자

$$e^{\int -[x/(1-x^2)]\,dx} = \exp\left(-\frac{1}{2}\ln(1-x^2)\right) = \frac{1}{\sqrt{1-x^2}}$$

을 미분방정식에 곱하면,

$$\frac{1}{\sqrt{1-x^2}}y'' - \frac{x}{(1-x^2)^{3/2}}y' + \frac{\lambda}{(1-x^2)^{3/2}}y = 0,$$

$$\Rightarrow \left(\frac{1}{\sqrt{1-x^2}}y'\right)' + \frac{\lambda}{(1-x^2)^{3/2}}y = 0\,.$$

이것이 Chebyshev 방정식의 Sturm-Liouville 형태이고, $(-1, 1)$에서 **Chebyshev 방정식**이다.
그러면 다음 사실들을 유도할 수 있다.

1. $\lambda = n^2(n = 0, 1, 2, \cdots)$이고, $-1 < x < 1$에서 n차 다항식 해 $T_n(x)$가 존재한다. $T_n(1) = 1$이 되도록 상수를 곱한 것을 Chebyshev 다항식이라고 한다. 즉, $T_n(x)$는 고유값 n^2에 대한 Chebyshev 방정식의 고유함수이다.
2. $T_0(x) = 1,\ T_1(x) = x,\ T_2(x) = 2x^2 - 1,\ T_3(x) = 4x^3 - 3x,\ T_4(x) = 8x^4 - 8x^2 + 1,$
   $T_5(x) = 16x^5 - 20x^3 + 5x\,.$
3. 생성함수: $-1 < x < 1$에서

$$T(x, t) = \frac{1 - xt}{1 - 2xt + t^2} = \sum_{n=0}^{\infty} T_n(x)t^n\,.$$

4. 점화식: $T_{n+1}(x) - 2xT_n(x) + T_{n-1}(x) = 0,\ n = 1, 2, 3, \cdots.$
5. $T_n(x) = \cos(n \arccos(x)),\ n = 0, 1, 2, \cdots.$
6. n이 자연수이면 T_n은 $(-1, 1)$에서 정확히 n개의 근

$$\cos\left(\frac{2k-1}{n}\frac{\pi}{2}\right), \quad k = 1, 2, \cdots, n\,.$$

   을 갖는다.
7. Rodrigues꼴 공식:

$$T_n(x) = \frac{(-1)^n}{1(3)(5)\cdots(2n-1)}\sqrt{1-x^2}\frac{d^n}{dx^n}\left((1-x^2)^{(2n-1)/2}\right), \quad n = 1, 2, 3, \cdots.$$

8. 내적:

$$f \cdot g = \int_{-1}^{1} \frac{1}{\sqrt{1-x^2}} f(x)\, g(x)\, dx,$$

n과 m이 서로 다른 음이 아닌 정수이면

$$T_n \cdot T_m = \int_{-1}^{1} \frac{1}{\sqrt{1-x^2}} T_n(x)\, T_m(x)\, dx = 0\,.$$

즉, Chebyshev 다항식은 $[-1, 1]$에서 가중치 함수 $1/\sqrt{1-x^2}$에 대해 직교한다.

9.
$$T_n \cdot T_n = \begin{cases} \pi & n = 0 \text{ 일 때,} \\ \pi/2 & n = 1, 2, 3, \cdots \text{ 일 때} \end{cases}$$

10. Fourier-Chebyshev 급수: f가 $[-1, 1]$에서 구분적 연속이면 $-1 \le x \le 1$에서

$$\frac{1}{2}(f(x+) + f(x-)) = \sum_{n=0}^{\infty} c_n T_n(x)$$

이다. 이때 Fourier-Chebyshev 계수는

$$c_n = \frac{f \cdot T_n}{T_n \cdot T_n}\,.$$

이다. 따라서

$$c_0 = \frac{1}{\pi}\int_{-1}^{1} \frac{1}{\sqrt{1-x^2}} f(x)\, dx\,, \quad c_n = \frac{2}{\pi}\int_{-1}^{1} \frac{1}{\sqrt{1-x^2}} f(x)\, T_n(x)\, dx\,.$$

14.4.2 Laguerre 다항식

Laguerre 미분방정식은

$$xy'' + (1-x)y + \lambda y = 0$$

이다. 이것을 Sturm-Liouville 형태로 바꾸면

$$(xe^{-x}y')' + \lambda e^{-x} y = 0$$

이며, 이것 또한 **Laguerre 방정식**이라고 한다.

1. $x > 0$일 때, 고유값 $\lambda = n = 0, 1, 2, \cdots$에 대해 n차 다항식인 고유함수 $L_n(x)$가 존재하고, $L_n(x)$에서 x^n의 계수가 1이 되도록 상수를 선택한다.
2. 생성함수: $-1 < t < 1$에서

$$\mathfrak{L}(x, t) = \frac{1}{1-t} e^{-xt/(1-t)} = \sum_{n=0}^{\infty} L_n(x)\, t^n\,.$$

3. 점화식: $(n+1)L_{n+1}(x)-(2n+1-x)L_n(x)+nL_{n-1}(t)=0$, $\quad n=1, 2, 3, \cdots$.
4. Rodrigues꼴 공식: $L_n(x)=\dfrac{1}{n!}e^x\dfrac{d^n}{dx^n}(x^n e^{-x})$, $\quad n=0, 1, 2, \cdots$.
5. Laguerre 미분방정식의 Sturm-Liouville 형태에서 $p(x)=e^{-x}$이므로, 내적은

$$f\cdot g=\int_0^\infty e^{-x}f(x)g(x)\,dx$$

로 정의한다. n과 m이 서로 다른 음이 아닌 정수이면

$$L_n\cdot L_m=0$$

이다.
6. 임의의 음이 아닌 정수 n에 대해

$$L_n\cdot L_n=1$$

이다.
7. Fourier-Laguerre 급수: $\int_0^\infty |f(x)|\,dx$가 수렴하고 f가 임의의 양수 L에 대해 구간 $[0, L]$에서 구분적으로 매끄럽다면, $x>0$일 때

$$\frac{1}{2}(f(x+)+f(x-))=\sum_{n=0}^\infty c_n L_n(x), \quad c_n=f\cdot L_n.$$

14.4.3 Hermite 다항식

Hermite 미분방정식은

$$y''-2xy'+\lambda y=0$$

이다. 이것의 Sturm-Liouville 형태는 $-\infty<x<\infty$에서

$$(e^{-x^2}y')'+\lambda e^{-x^2}y=0$$

이다.

1. $n=0, 1, 2, \cdots$ 일 때 고유값 $\lambda=2n$에 대해 n차 다항식인 고유함수 $H_n(x)$가 존재한다.
2. 생성함수: $-1<t<1$에서

$$H(x, t)=e^{2xt-t^2}=\sum_{n=0}^\infty H_n(x)t^n.$$

3. 점화식: $(n+1)H_{n+1}(x)-2x\,H_n(x)+2H_{n-1}(x)=0$, $n=1, 2, 3, \cdots$.

4. Rodrigues꼴 공식: $H_n(x) = \dfrac{(-1)^n}{n!} e^{x^2} \dfrac{d^n}{dx^n}(e^{-x^2})$, $n = 0, 1, 2, \cdots$.
5. Hermite 다항식에 적합한 내적의 정의는

$$f \cdot g = \int_{-\infty}^{\infty} e^{-x^2} f(x) g(x)\, dx$$

이고, n과 m이 서로 다른 음이 아닌 정수이면

$$H_n \cdot H_m = 0 .$$

6. n이 음이 아닌 정수이면

$$H_n \cdot H_n = \frac{2^n \sqrt{\pi}}{n!} .$$

7. $\int_{-\infty}^{\infty} |f(x)|\, dx$가 수렴하고 f가 임의의 양수 L에 대해 구간 $[-L, L]$에서 구분적 연속이면, 임의의 실수 x에 대해

$$\frac{1}{2}(f(x+) + f(x-)) = \sum_{n=0}^{\infty} c_n H_n(x), \quad c_n = \frac{n!}{2^n \sqrt{\pi}} f \cdot H_n .$$

연습문제 14.4

1. 생성함수를 사용하여 Chebyshev 다항식의 처음 5개를 계산하여라.
2. Rodrigues꼴 공식을 사용하여 Chebyshev 다항식 처음 5개를 계산하여라.
3. Chebyshev 다항식의 점화식을 유도하여라. 힌트: 생성함수를 사용하여라.
4. 구간 $[-1, 1]$에서 $f(x) = x$의 Fourier-Chebyshev 전개에서 처음 5개의 계수를 구하여라. $f(x)$와 이 전개의 처음 5개 항의 합을 동일 좌표평면에 그려서 비교해 보아라.
5. 생성함수를 사용하여 Laguerre 다항식의 처음 5개를 계산하여라.
6. Rodrigues꼴 공식을 사용하여 Laguerre 다항식의 처음 5개를 계산하여라.
7. Laguerre 다항식의 점화식을 유도하여라.
8. 구간 $[0, \infty)$에서 $f(x) = e^{-4x}$의 Fourier-Laguerre 전개에서 처음 5개의 계수를 구하여라. $0 \le x \le 5$에서 $f(x)$와 이 전개의 처음 5개 항의 합을 동일 좌표평면에 그려라.
9. 생성함수를 사용하여 Hermit 다항식의 처음 5개를 계산하여라.
10. Rodrigues꼴 공식을 사용하여 Hermit 다항식의 처음 5개를 계산하여라.
11. Hermit 다항식의 점화식을 유도하여라.
12. 구간 $(-\infty, \infty)$에서 $f(x) = e^{-4|x|}$의 Fourier-Hermit 전개에서 처음 5개의 계수를 구하여라. $-5 \le x \le 5$에서 $f(x)$와 이 전개의 처음 5개 항의 합을 동일 좌표평면에 그려라.

14.5 Wavelet

최근 wavelet에 대한 수학적 발전과 그의 응용 — 신호 분석, 데이터 압축, 영상처리, 여과, 전자기학 등 — 은 괄목할 만하다. 이 절에서는 wavelet에 관한 아이디어들을 충분히 소개하여 독자가 이것을 보다 잘 다룰 수 있도록 하고자 한다.

실수에서 정의된 함수 f를 어떤 신호라고 생각해 보자. 그 신호가 단 하나의 기본 주파수 ω_0를 갖는다면, f는 주기 $2\pi/\omega_0$를 갖는 주기함수이고, $f(t)$의 Fourier 급수는 신호의 주파수 성분을 분석하기 위한 도구가 된다. f의 진폭 스펙트럼은 점 $(n\omega_0, c_n/2)$으로 구성되고, 이때

$$c_n = \sqrt{a_n^2 + b_n^2}$$

이다. 여기서 a_n과 b_n은 f의 Fourier 계수이다. f가 연속 혹은 적절한 조건을 만족하면 이 신호를 고유 주파수가 잘 드러나는 다음과 같은 삼각함수의 급수로 표현할 수 있다.

$$f(t) = \frac{1}{2}a_0 + \sum_{n=1}^{\infty}\left(a_n\cos(n\omega_0 t) + b_n\sin(n\omega_0 t)\right).$$

때로는 Fourier 급수의 부분합을 사용해서 다음과 같이 신호를 표현하기도 한다.

$$f(t) \approx \frac{1}{2}a_0 + \sum_{n=1}^{N}\left(a_n\cos(n\omega_0 t) + b_n\sin(n\omega_0 t)\right).$$

비록 많은 예에서 이 과정이 유용했지만, Fourier 삼각급수 표현이 신호 분석에 항상 최선의 도구라고 할 수는 없다. 우선, 주기가 없는 신호에 관심이 있을 수도 있다. 좀 더 일반적으로는 주기성이 없이 실수 전체에서 정의된 신호가 있을 수 있는데, 이때 그것의 에너지가 유한하다고 하자. 즉, $\int_{-\infty}^{\infty}|f(t)|^2\,dt$가 유한한 것을 의미한다. 이 적분은 신호의 에너지 양이고, 유한한 에너지를 가진 함수들은 **제곱 적분가능(square integrable)**하다고 한다. 일반적으로 Fourier 전개가 이러한 함수들의 분석에 가장 좋은 도구라고 할 수는 없다.

Fourier 삼각급수의 한 가지 단점은 주어진 f에 대해 Fourier 급수의 부분합으로 $f(t)$를 근사할 때 N이 매우 커야 할 경우가 있다는 것이다. 또 다른 단점은 어떤 유한한 시간 동안 혹은 어떤 특정한 시간 근처에서 $f(t)$의 움직임에 초점을 맞춰야 할 경우, Fourier 전개로부터 몇 개의 항들만 떼어 내어 생각할 수 없고 전체 Fourier 급수나 전체 부분합을 이용할 수밖에 없다는 것이다.

예시를 위해 그림 14.14(a)에 나오는 신호를 생각해 보자. 구체적으로는

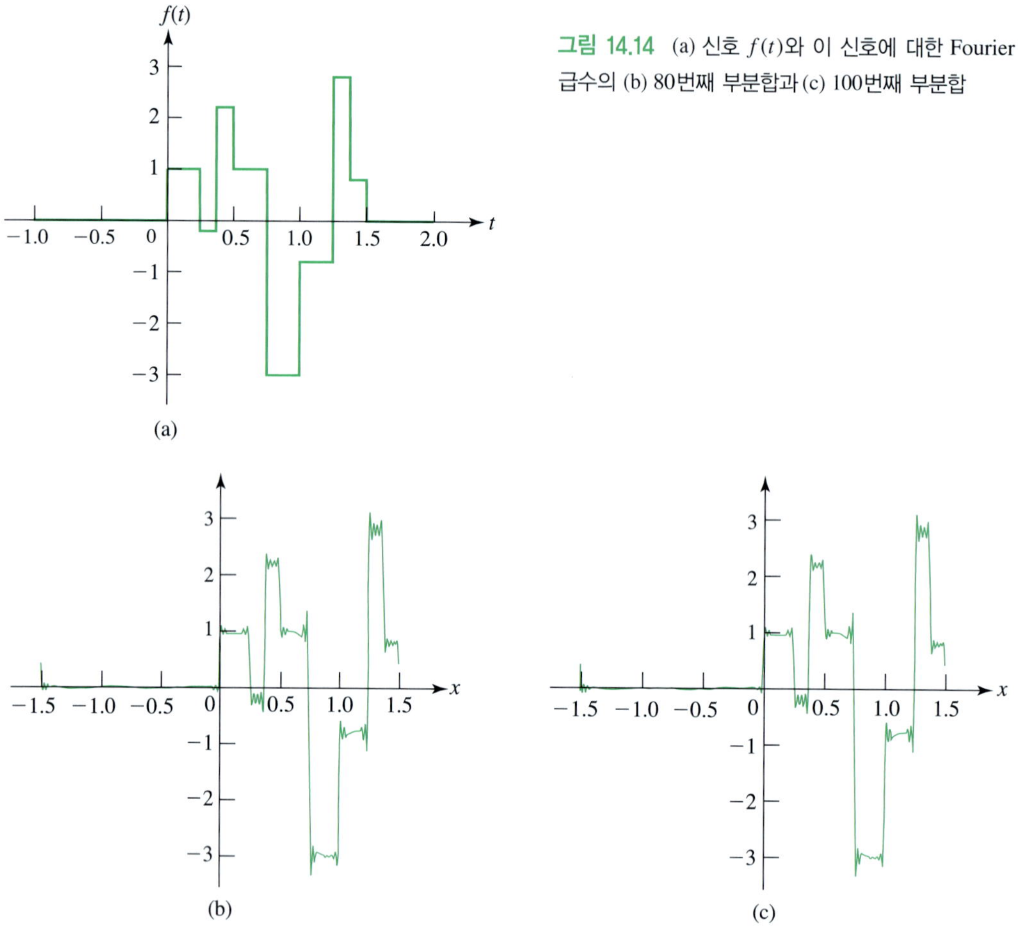

그림 14.14 (a) 신호 $f(t)$와 이 신호에 대한 Fourier 급수의 (b) 80번째 부분합과 (c) 100번째 부분합

$$
f(t)=\begin{cases}
1 & 0\le t<\frac{1}{4}\text{일 때,}\\
-\frac{1}{5} & \frac{1}{4}\le t<\frac{3}{8}\text{일 때,}\\
\frac{11}{5} & \frac{3}{8}\le t<\frac{1}{2}\text{일 때,}\\
1 & \frac{1}{2}\le t<\frac{3}{4}\text{일 때,}\\
-3 & \frac{3}{4}\le t<1\text{일 때,}\\
-\frac{4}{5} & 1\le t<\frac{5}{4}\text{일 때,}\\
\frac{14}{5} & \frac{5}{4}\le t<\frac{11}{8}\text{일 때,}\\
\frac{4}{5} & \frac{11}{8}\le t<\frac{3}{2}\text{일 때,}\\
0 & t\ge\frac{3}{2}\text{ 또는 } t<0\text{일 때}
\end{cases}
$$

이다. 구간 $\left[-\frac{3}{2}, \frac{3}{2}\right]$에서 f의 Fourier 급수는

$$\frac{1}{12} + \sum_{n=1}^{\infty}\left(a_n \cos\left(\frac{2n\pi x}{3}\right) + b_n \sin\left(\frac{2n\pi x}{3}\right)\right)$$

이고, 여기서

$$\begin{aligned} a_n = & -\frac{1}{5n\pi}\left[-6\sin\left(\frac{n\pi}{6}\right) + 12\sin\left(\frac{n\pi}{4}\right) - 6\sin\left(\frac{n\pi}{3}\right) - 20\sin\left(\frac{n\pi}{2}\right)\right. \\ & \left. + 11\sin\left(\frac{2n\pi}{3}\right) + 18\sin\left(\frac{5n\pi}{6}\right) - 10\sin\left(\frac{11n\pi}{12}\right)\right], \\ b_n = & \frac{1}{5n\pi}\left[-6\cos\left(\frac{n\pi}{6}\right) + 5 + 12\cos\left(\frac{n\pi}{4}\right) - 6\cos\left(\frac{n\pi}{3}\right) - 20\cos\left(\frac{n\pi}{2}\right)\right. \\ & \left. + 11\cos\left(\frac{2n\pi}{3}\right) + 18\cos\left(\frac{5n\pi}{6}\right) - 10\cos\left(\frac{11n\pi}{12}\right) - 4\cos(n\pi)\right] \end{aligned}$$

이다. 이 급수는 f에 매우 천천히 수렴한다. 그림 14.14(b)는 이 급수의 80번째 부분합을, 그림 14.14(c)는 100번째 부분합을 보여주고 있다. 이렇게 많은 항들로도 이 부분합은 그 신호를 잘 표현하지 못한다. 게다가 신호의 한 부분에만 관심을 갖는다고 하더라도, 이 부분에 대해 가장 많은 정보를 가지고 있는 항을 이 Fourier 급수로부터 가려낼 수는 없다. 즉, Fourier 급수로는 정보를 국소화할 수 없다.

이러한 결점을 보완하면서 제곱 적분가능한 함수들을 전개할 수 있는 완비한 직교함수들의 집합을 찾아야 할 필요를 느끼게 된다. 이것이 wavelet을 생각하게 된 기본적인 동기이다. 중요한 wavelet 하나를 상세히 다룸으로써 wavelet에 대한 논의를 시작하고자 한다. 그 후 이것을 이용하여 일반적인 wavelet에 대한 아이디어를 소개할 것이다.

14.5.1 Haar wavelet

역사적으로 보나, 현대의 응용면에서 보나 중요한 wavelet 하나를 소개하고자 한다. Haar wavelet은 1910년쯤에 발견된 wavelet의 첫 번째 예로, 다른 wavelet를 개발하는 방법의 모델 역할을 한다.

$L^2(\mathbb{R})$을 실수 전체에서 정의되고, 제곱 적분가능한 모든 실함수의 집합이라고 하자. 제곱 적분가능 함수들의 일차결합 $\alpha_1 f_1 + \alpha_2 f_2 + \cdots + \alpha_n f_n$도 제곱 적분가능하므로, $L^2(\mathbb{R})$은 벡터 공간이 된다. $L^2(\mathbb{R})$에서 함수의 내적은

$$f \cdot g = \int_{-\infty}^{\infty} f(t)\, g(t)\, dt$$

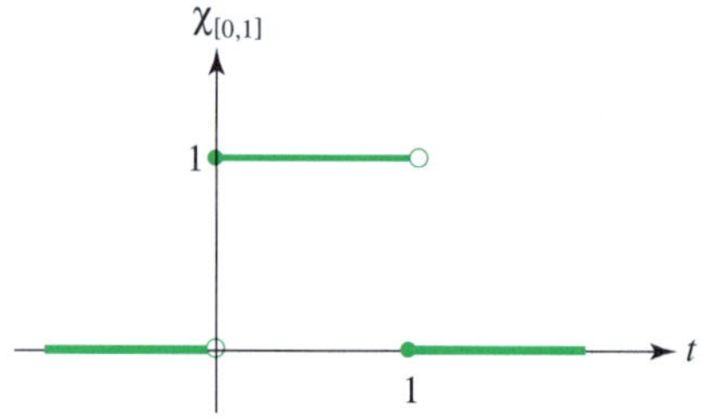

그림 14.15 $\chi_{[0,\,1)}$

로 정의한다. 한 구간 I 혹은 임의의 실수 집합의 특성함수에 대해 생각해 보자. 이 함수를 χ_I로 표현하는데, 그 값은 I에 포함되는 점에서는 1이고, I에 포함되지 않는 점에서는 0이다. 즉,

$$\chi_I(t)=\begin{cases}1 & t\in I \text{일 때},\\ 0 & t\notin I \text{일 때}\end{cases}$$

이다. 특히, 한쪽이 열린 단위구간의 특성함수

$$\chi_{[0,\,1)}(t)=\begin{cases}1 & 0\le t<1 \text{일 때},\\ 0 & t<0 \text{ 또는 } t\ge 1 \text{일 때}\end{cases}$$

를 사용할 것이다. 그림 14.15는 $\chi_{[0,\,1)}$의 그래프이다.

$L^2(\mathbb{R})$의 완비한 정규직교집합을 찾기 위해, 척도변환(scaling)과 평행이동(translation)에 의해 새로운 함수를 만들어 내는 과정을 소개하고자 한다. $f(t-k)$의 그래프는 $f(t)$의 그래프를 k가 양수일 때는 오른쪽으로 k만큼, k가 음수일 때는 왼쪽으로 $|k|$만큼 평행이동한 것이다. 예를 들어, 그림 14.16(a)는 다음 함수의 그래프이다.

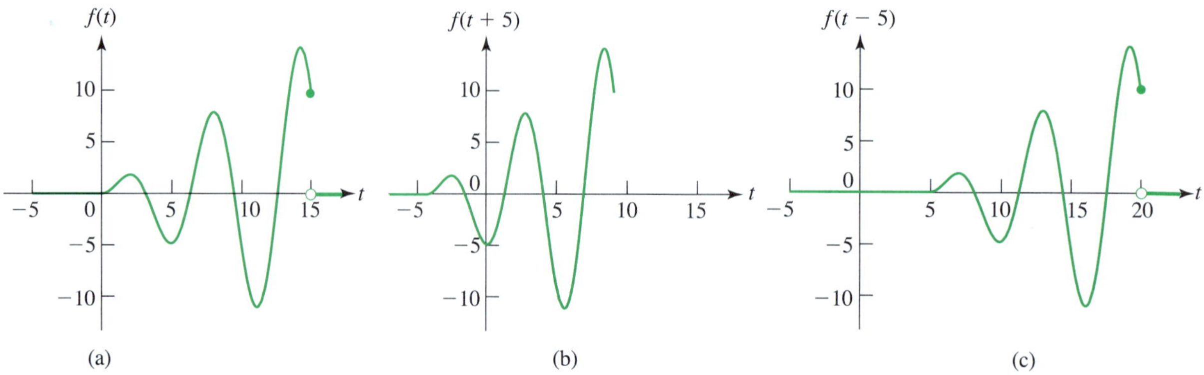

그림 14.16 (a) $f(t)=\begin{cases} t\sin t & 0\le t\le 15 \text{일 때},\\ 0 & t<0 \text{ 또는 } t>15 \text{일 때}\end{cases}$, (b) $f(t+5)$, (c) $f(t-5)$

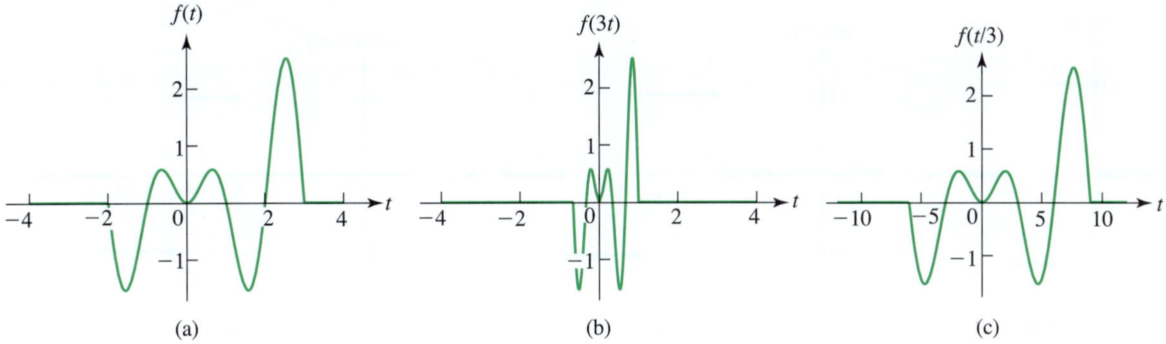

그림 14.17 (a) $f(t)=\begin{cases} t\sin(\pi t) & -2\le t\le 3\text{일 때,} \\ 0 & t<-2 \text{ 또는 } t>0\text{일 때} \end{cases}$, (b) $f(3t)$, (c) $f(t/3)$

$$f(t)=\begin{cases} t\sin t & 0\le t\le 15\text{일 때,} \\ 0 & t<0,\ t>15\text{일 때.} \end{cases}$$

그림 14.16(b)는 $f(t)$의 그래프를 왼쪽으로 5만큼 옮긴 $f(t+5)$의 그래프이고, 그림 14.16(c)는 $f(t)$의 그래프를 오른쪽으로 5만큼 옮긴 $f(t-5)$의 그래프이며, $f(kt)$는 f의 그래프를 척도변환한 것이다. $f(kt)$는 $a\le t\le b$에서 $f(t)$의 그래프를 구간 $[a/k, b/k]$ 위의 그래프로 $k>1$일 때는 줄어들게 하고, $0<k<1$ 일 때는 늘어나게 한다. 그림 14.17(a)는

$$f(t)=\begin{cases} t\sin(\pi t) & -2\le t\le 3\text{일 때,} \\ 0 & t<-2 \text{ 또는 } t>0\text{일 때.} \end{cases}$$

의 그래프이고, 그림 14.17(b)는 $f(3t)$의 그래프, 즉 그림 14.17(a)의 그래프를 좌우에서 3배 압축한 것이고, 그림 14.17(c)는 $f(t/3)$의 그래프, 즉 그림 14.17(a)의 그래프를 좌우로 3배 늘린 것이다.

이제 척도변환함수 $\varphi(t)=\chi_{[0,\,1)}(t)$라고 하고 기준 wavelet 함수

$$\psi(t)=\varphi(2t)-\varphi(2t-1)=\begin{cases} 1 & 0\le t<\frac{1}{2}\text{일 때,} \\ -1 & \frac{1}{2}\le t<1\text{일 때,} \\ 0 & t<0 \text{ 또는 } t\ge 1\text{일 때} \end{cases}$$

로 정의하자. 그림 14.18(a)는 ψ의 그래프이다. 다음으로, 임의의 정수 n에 대해 평행이동 $\psi(t-n)$은 그림 14.18(b)와 같다. 척도변환과 평행이동을 결합해 보면 $\psi(2t-m)=\psi(2(t-m/2))$은 그림 14.18(c)와 같다.

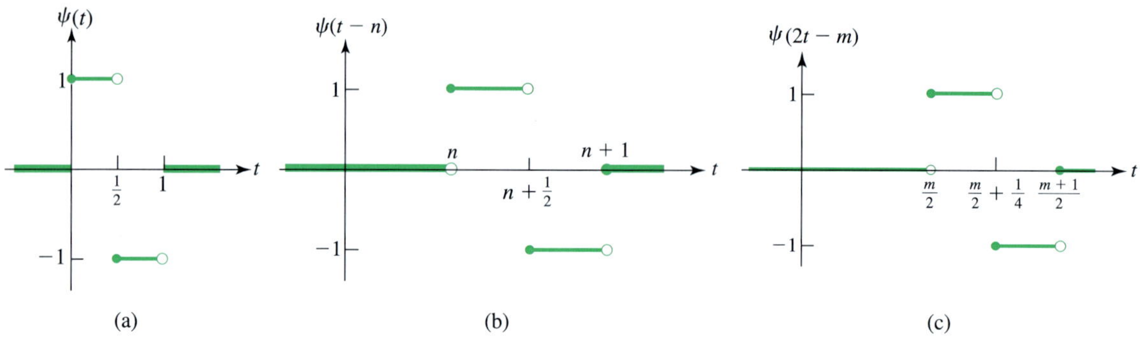

그림 14.18 $\varphi(t)=\chi_{[0,\,1)}$일 때 (a) $\psi(t)=\varphi(2t)-\varphi(2t-1)$, (b) $\psi(t-n)$, (c) $\psi(2t-m)=\psi(2(t-m/2))$

$L^2(\mathbb{R})$에서 위와 같이 평행이동한 함수와 척도변환 함수들이 서로 직교하는 것을 보이고자 한다.

보조정리 14.2

(1) 서로 다른 정수 n과 m에 대해서

$$\psi(t-n)\cdot\psi(t-m)=0, \qquad \psi(2t-n)\cdot\psi(2t-m)=0$$

이다.

(2) 임의의 정수 n과 m에 대해서

$$\psi(t-n)\cdot\psi(2t-m)=0$$

이다.

[증명] $n\neq m$이면, $\psi(t-n)$이 0이 아닌 구간 $[n,\ n+1)$과 $\psi(t-m)$이 0이 아닌 구간 $[m,\ m+1)$은 만나는 점이 없다. 그러므로 모든 t에 대해서 $\psi(t-n)\psi(t-m)=0$이고

$$\psi(t-n)\cdot\psi(t-m)=\int_{-\infty}^{\infty}\psi(t-n)\psi(t-m)\,dt=0$$

이다. 같은 방법으로, $n\neq m$일 때 $\psi(2t-n)$과 $\psi(2t-m)$이 0이 아닌 구간 $[n/2,\ (n+1)/2)$과 $[m/2,\ (m+1)/2)$은 교점이 없으므로, $\psi(2t-n)\cdot\psi(2t-m)=0$이다.

(2)를 보이기 위해 n과 m이 임의의 정수라고 하자. $\psi(t-n)$과 $\psi(2t-m)$이 0이 아닌 구간의 교집합이 공집합이면, 이 함수들은 직교한다. 이들 구간이 서로 만나는 경우는 다음 2가지이다.

경우 1. $n=m/2$일 때,

$$\psi(t-n)\psi(2t-m)=\psi(t-n)\psi(2t-2n)=\begin{cases} 1 & n\le t<n+\frac{1}{4} \text{일 때}, \\ -1 & n+\frac{1}{4}\le t<n+\frac{1}{2} \text{일 때}, \\ 0 & t<n \text{ 또는 } t\ge n+\frac{1}{2} \text{일 때} \end{cases}$$

$$\Rightarrow \psi(t-n)\cdot\psi(2t-m)=\int_n^{n+1/4}dt-\int_{n+1/4}^{n+1/2}dt=0.$$

경우 2. $n+1/2=m/2$일 때,

$$\psi(t-n)\psi(2t-m)=\psi(t-n)\psi(2t-2n-1)=\begin{cases} -1 & n+\frac{1}{2}\le t<n+\frac{3}{4} \text{일 때}, \\ 1 & n+\frac{3}{4}\le t<n+1 \text{일 때}, \\ 0 & t<n+\frac{1}{2} \text{ 또는 } t\ge n+\frac{3}{4} \text{일 때} \end{cases}$$

$$\Rightarrow \psi(t-n)\cdot\psi(2t-m)=-\int_{n+1/2}^{n+3/4}dt+\int_{n+3/4}^{n+1}dt=0.$$

■

함수 $\psi(t-n)$과 $\psi(2t-m)$이 $L^2(\mathbb{R})$에서 직교하지만, n과 m이 정수 전체 집합에서 움직이더라도 완비하지는 않다. 이렇게 평행이동한 함수와 척도변환한 함수들 모두에 직교하는, 제곱적분가능한 함수를 구하는 것은 독자에게 남겨 둔다.

이제는 정수 m에 대해 척도변환 인자 2^m을 사용하여, m이 양수이면 좀 더 짧고, m이 음수이면 좀 더 긴 구간에서 0이 아닌 함수들을 만든다. 임의의 정수 m과 n에 대해

$$\sigma_{m,n}(t)=\psi(2^m t-n)=\psi\left(2^m\left(t-\frac{n}{2^m}\right)\right).$$

이면

$$\sigma_{m,n}(t)=\begin{cases} 1 & \frac{n}{2^m}\le t<\frac{n}{2^m}+\frac{1}{2^{m+1}} \text{일 때}, \\ -1 & \frac{n}{2^m}+\frac{1}{2^{m+1}}\le t<\frac{n}{2^m}+\frac{1}{2^m} \text{일 때}, \\ 0 & t<\frac{n}{2^m} \text{ 또는 } t\ge\frac{n}{2^m}+\frac{1}{2^m} \text{일 때} \end{cases}$$

이다. 그림 14.19는 $\sigma_{0,n}(t)$, $\sigma_{1,n}(t)$, $\sigma_{2,n}(t)$, $\sigma_{3,n}(t)$의 그래프를 비교하기 위해 동일 좌표평면에 그린 것이다. n은 t축을 따라 그래프가 얼마나 멀리 가는지를 결정하고, m은 그 함수가 0이

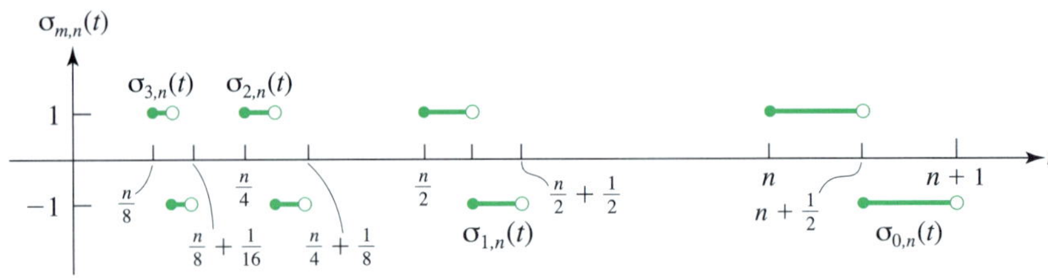

그림 14.19 $m=0,1,2,3$일 때 $\sigma_{m,n}(t)$

아닌 구간의 크기를 조정한다. m이 양수이고 증가하면 줄어들고, m이 음수이고 $|m|$이 증가하면 늘어난다. 그림은 n이 양의 정수일 때지만, n이 음수일 수도 있다. 이때는 그래프가 수직축의 왼편에 있다.

이러한 함수들이 $L^2(\mathbb{R})$에서 직교하는 것을 보이고자 한다.

정리 14.26 Haar wavelet 함수의 직교성

m, m, n', m'가 정수이고 $(m, n) \neq (m', n')$이면, 다음이 성립한다.

$$\sigma_{m,n} \cdot \sigma_{m',n'} = 0 .$$

증명은 독자에게 남겨 둔다.

본론에 들어가기 전에 한 가지 더 살펴보자. $\sigma_{m,n}$들이 서로 직교하지만, 정규직교는 아니라는 것이다. 정규직교로 만들기 위해서는 이들 함수를 각각 $L^2(\mathbb{R})$의 내적에 의해 정의된 길이로 나누면 된다. 그 길이를 계산하면

$$\|\sigma_{m,n}\|^2 = \sigma_{m,n} \cdot \sigma_{m,n} = \int_{n/2^m}^{n/2^m + 1/2^m} \sigma_{m,n}^2(t)\,dt = \int_{n/2^m}^{n/2^m + 1/2^m} dt = \frac{1}{2^m}$$

이므로 다음과 같이 정규화된 함수를 정의할 수 있다.

$$\psi_{m,n}(t) = 2^{m/2}\sigma_{m,n}(t) = \begin{cases} 2^{m/2} & \dfrac{n}{2^m} \le t < \dfrac{n}{2^m} + \dfrac{1}{2^{m+1}} \text{일 때}, \\ -2^{m/2} & \dfrac{n}{2^m} + \dfrac{1}{2^{m+1}} \le t < \dfrac{n}{2^m} + \dfrac{1}{2^m} \text{일 때}, \\ 0 & t < \dfrac{n}{2^m} \text{ 또는 } t \ge \dfrac{n}{2^m} + \dfrac{1}{2^m} \text{일 때} \end{cases}$$

즉, $\{\psi_{m,n}\}_{m,n}$은 $L^2(\mathbb{R})$에서 정규직교집합이다. 이 함수들이 **Haar wavelet** 또는 Haar wavelet 가족이라 부른다. 이 wavelet의 그래프는 그림 14.19의 그래프와 유사하지만, 선분의 높이가 1 대신 $2^{m/2}$이 되고, -1 대신 $-2^{m/2}$이 된다.

Haar wavelet은 $L^2(\mathbb{R})$에서 완비하다. f가 제곱 적분가능하면, $f(t)$를 옹골 받침을 가지면서, 임의의 정수 n과 m에 대해 구간 $[n/2^m, (n+1)/2^m)$에서 상수값을 갖는 함수 g로 근사시키되, 우리가 원하는 만큼 정확하게 근사시킬 수 있다. 이때 구간들의 길이는 $1/2^m$이며, 정수 m에 따라 길게, 혹은 짧게 할 수 있다. 이 g는 그 구간에서 정의된 Haar wavelet의 일차결합으로 근사시킬 수 있다. 그 합에서 항의 수가 많아질수록 근사식의 오차가 0으로 가게 되므로 우리가 원하는 만큼 작은 오차로 근사시킬 수 있다.

14.5.2 Wavelet 전개

f는 제곱 적분가능한 함수라고 하자. Haar wavelet의 급수로 f를 전개하고자 한다. 이들은 완비한 정규직교집합이므로, 다음과 같은 꼴로 전개할 수 있다.

$$f(t) = \sum_{m=-\infty}^{\infty} \sum_{n=-\infty}^{\infty} c_{m,n} \psi_{m,n}(t).$$

이 표현의 등식은 우변의 급수가 $f(t)$로 평균수렴한다는 의미이다. 즉,

$$\lim_{M \to \infty} \int_{-\infty}^{\infty} \left(f(t) - \sum_{m=-\infty}^{M} \sum_{n=-\infty}^{\infty} c_{m,n} \psi_{m,n}(t) \right)^2 dt = 0$$

이라는 뜻이다. 계수 $c_{m,n}$은 Haar wavelet의 정규직교성을 사용하여 다음과 같이 찾을 수 있다.

$$f \cdot \psi_{m_0,n_0} = \sum_{m=-\infty}^{\infty} \sum_{n=-\infty}^{\infty} c_{m,n} \psi_{m,n} \cdot \psi_{m_0,n_0} = c_{m_0 n_0}.$$

f가 그림 14.14(a)와 같은 신호일 때, 그림 14.17(b)와 (c)에서 본 것 같이 $\left[-\frac{3}{2}, \frac{3}{2}\right]$에서 Fourier 전개의 부분합으로 근사하려면 매우 많은 항들을 사용해야 했다. 하지만 Haar 전개를 이용하면

$$f(t) = \psi_{0,0}(t) + \sqrt{2}\psi_{1,1}(t) - 0.6\psi_{2,1}(t) - 0.4\sqrt{2}\psi_{1,2}(t) + \psi_{2,5}(t).$$

Fourier 삼각함수 전개가 효과적인 신호도 많지만, 이 신호에는 Haar wavelet으로 전개하는 것이 훨씬 더 효율적이다.

14.5.3 다중 해상도 분석

다중 해상도 분석(multiresolution analysis)이란 $L^2(\mathbb{R})$의 닫힌 부분공간들의 수열을 의미하고, 이때 부분공간들은 wavelet의 집합을 정의하는 데 사용되는 척도변환과 관련된 것들이다.

Haar wavelet과 관련하여 이것이 무엇을 의미하는지 살펴보고자 한다.

$L^2(\mathbb{R})$은 벡터공간이므로 다음 3가지 조건을 만족한다.

1. $L^2(\mathbb{R})$의 함수들의 일차결합 $\sum_{j=1}^{N} c_j f_j$가 다시 $L^2(\mathbb{R})$에 속한다.
2. 상수함수 0이 $L^2(\mathbb{R})$에 포함되고, $L^2(\mathbb{R})$에서 덧셈에 대한 항등원 역할을 한다. 즉, $L^2(R)$에 있는 임의의 함수 f에 대해서 $f+0=f$를 만족한다.
3. f가 $L^2(\mathbb{R})$에 속하면 $-f$를 $(-f)(t)=-f(t)$로 정의할 때, 덧셈에 대한 역원 $-f$도 $L^2(R)$에 속한다.

$L^2(\mathbb{R})$의 부분집합 S가 적어도 1개의 원소를 포함하고 있으며, S의 임의의 두 원소 f와 g, 실수 α와 β에 대해 $\alpha f+\beta g$도 S의 원소이면 S를 $L^2(\mathbb{R})$의 **부분공간**이라고 한다. 예를 들면, $\chi_{[0,1]}$의 상수배인 함수들의 집합은 $L^2(\mathbb{R})$의 부분공간이 된다. 부분공간 S의 원소인 함수들로 이루어진 수열이 수렴할 때, 이 수열의 극한도 S에 속하면 S가 닫혀 있다고 한다. 예를 들면, $L^2(\mathbb{R})$의 원소 중 연속인 함수를 모두 모아 놓은 부분공간은 닫혀 있지 않다. 왜냐하면 연속함수의 극한은 연속함수가 아닐 수 있기 때문이다. $L^2(\mathbb{R})$은 부분공간 S가 닫혀 있지 않을 때 S와 S의 함수들로 이루어진 수렴하는 수열의 극한을 모두 포함하는 가장 작은 부분공간을 만들 수 있다. 이 부분공간을 S의 **닫힘(closure)**이라고 부르며, $\overline{S}$로 표시한다. 이때 $\overline{S}$는 닫혀 있음을 보일 수 있다.

Haar wavelet이 어떻게 $L^2(\mathbb{R})$의 부분공간 수열을 생성하는지 보고자 한다. 이때 이 수열의 한 항은 다음 항의 부분집합이 되도록 할 수 있다. 이 공간들은 척도변환함수 φ의 여러 가지 다른 척도에 의해 만들어지며, 신호의 해상도에 해당한다고 볼 수 있다. 이 공간들을 정의하기 위해 S_0가 척도변환함수를 평행이동해서 만들어지는 함수들의 모든 일차결합으로 이루어져 있다고 하자. 이 평행이동한 척도변환함수는 정수 n에 대해 $\varphi(t-n)$꼴이다. 따라서, S_0의 원소의 전형적인 형태는

$$\sum_{j=1}^{N} c_j \varphi(t-n_j)$$

이다. 여기서 N은 자연수이고, c_j들은 실수, n_j는 정수이다. 이제 V_0를 S_0의 닫힘이라고 하자. 즉,

$$V_0=\overline{S_0}$$

이다. 또한 S_m은 $\varphi(2^m t-n)$들의 일차결합으로 이루어진 공간이라고 하자. 여기서 n은 모든 정수값을 다 취하며, m은 고정된 정수이다. 그리고

$$V_m=\overline{S_m}$$

라 두자. 척도변환함수의 성질

$$\varphi(t) = \varphi(2t) + \varphi(2t-1)$$

로부터 $f(2t)$가 V_{m+1}의 원소인 것과 $f(t)$가 V_m의 원소인 것은 동치이다. 그리고 각 V_m은 V_{m+1}에 포함된다($V_m \subset V_{m+1}$). 그러므로 닫힌 부분공간들 V_m은 다음과 같이 오름차순의 수열을 형성한다.

$$\cdots \subset V_{-2} \subset V_{-1} \subset V_0 \subset V_1 \subset V_2 \subset \cdots$$

이 수열은 두 가지 중요한 성질을 갖는다. 하나는 상수함수 0 이외에는 모든 V_m에 다 포함되어 있는 함수가 없다는 것이다. 즉, 모든 V_m들의 교집합은 상수함수 0이다. 다른 하나는 오름차순의 수열이 $L^2(\mathbb{R})$ 안에서 끝난다는 것이다. 이것은 앞에서 시사한 바와 같이 $L^2(\mathbb{R})$의 모든 함수가 Haar 함수들의 급수로 전개될 수 있음을 의미한다.

이 V_m들이 $L^2(\mathbb{R})$의 다중 해상도 분석을 형성한다고 말한다. 이 다중 해상도 분석은 척도변환함수 φ에 의해 생성된다.

Haar wavelet과 $L^2(\mathbb{R})$의 다중 해상도 분석을 이루는 부분공간들의 수열은 거의 1세기 전에 알려졌다. 그러나 이 구성 방법이 다른 척도변환함수로부터 다중 해상도 분석을 얻어내는 데 사용될 수 있다는 것은 한동안 알려지지 않았다. Haar wavelet의 아이디어를 이용하여 척도변환함수와 이에 연관된 다중 해상도 분석을 정의하고자 한다.

정의 14.4 다중 해상도 분석

φ가 $L^2(\mathbb{R})$의 원소라고 하자. $L^2(\mathbb{R})$의 닫힌 부분공간들 V_m의 오름차순 수열

$$\cdots \subset V_{-2} \subset V_{-1} \subset V_0 \subset V_1 \subset V_2 \subset \cdots$$

이 아래 조건을 만족하면 φ를 다중 해상도 분석 $\{V_m\}$을 갖는 척도변환함수라고 한다.

(1) 정수 n에 대해, 평행이동된 함수 $\varphi(t-n)$이 정규직교이고, V_0의 모든 함수는 이들의 일차결합이다.

(2) 상수함수 0 이외엔 모든 V_m에 다 속하는 함수는 없다. 즉, 모든 V_m의 교집합은 상수함수 0뿐이다.

(3) $f(2t)$가 V_{m+1}에 속하면 $f(t)$는 V_m에 속하고, 그 역도 성립한다.

(4) $L^2(\mathbb{R})$의 모든 함수는 V_m들의 함수들의 급수로 전개될 수 있다.

V_0는 V_1의 부분공간이고, V_1에는 V_0의 모든 함수와 직교하는 함수들도 포함되어 있다. V_1의 원소 중 이러한 함수를 다 모은 것은 V_1의 부분공간이 되며, 이것을 V_1 안의 V_0의 직교여공간

(orthogonal complement)이라 부르고 W_0라 표기한다. 즉, $V_1 = V_0 \oplus W_0$이다. $\mathbb{R}^3$에서 생각하면 **k**의 상수배를 다 모은 것은 $\mathbb{R}^3$의 부분공간이 되며, 이것은 **i**와 **j**에 의해 정의되는 평면의 직교여공간이다. 이 직교여공간 안의 각각의 벡터는 일차결합 $a\mathbf{i} + b\mathbf{j}$에 직교한다. 즉, $\mathbb{R}^3 = \langle i,\ j\rangle \oplus \langle k\rangle$이다.

척도변환함수를 사용하여 V_1에서 V_0의 직교여공간에 속하는 모든 함수가 평행이동 $\psi(t-n)$의 일차결합이 되도록 기준 wavelet ψ를 구한다. 즉, $W_0 = \langle \psi(\bullet - n)\rangle_n$이다. 그러한 기준 wavelet이 있다면 정수 m, n에 대해 다음과 같이 wavelet의 가족을 구성할 수 있다.

$$\psi_{m,n}(t) = 2^{m/2}\psi(2^m t - n)\,.$$

이때 고정된 m에 대해 $\psi_{m,n}$(n은 정수)는 V_{m+1}에서 V_m의 직교여공간 W_m의 기저가 된다. 즉, $V_{m+1} = V_m \oplus W_m$이고 $W_m = \langle \psi_{m,n}\rangle_n$이 된다. 그리고

$$L^2(\mathbb{R}) = \cdots W_{-1} \oplus W_0 \oplus W_1 \oplus \cdots$$

과 같이 쓸 수 있고, $\psi_{m,n}$(m, n은 정수)는 $L^2(\mathbb{R})$의 기저가 되며 $L^2(\mathbb{R}) = \langle \psi_{m,n}\rangle_{m,n}$과 같이 쓸 수 있다.

14.5.4 Shannon wavelet

Haar wavelet은 wavelet과 다중 해상도 분석의 전형적인 형태이다. 가장 먼저 나온 것이기 때문이기도 하고, 다루기 쉽고 직접 그려 볼 수 있기 때문이기도 하다. 척도변환함수, wavelet, 다중 해상도 분석의 다른 예들이 발견되기까지 여러 해가 걸린 이유는 상당히 어려운 해석학이 관련되어 있기 때문이다. 그러나 비교적 간단한 예들도 있다. 그중 하나가 Shannon wavelet이다. 척도변환함수가 될 만한 함수의 Fourier 변환에서 시작해 보자. 먼저

$$\hat{\varphi}(\omega) = \chi_{[-\pi,\pi)}$$

라 두고 Fourier 역변환을 하면

$$\varphi(t) = \frac{\sin(\pi t)}{\pi t}$$

가 된다. 이 함수는 Shannon 표본정리에 등장하며, 13.4.2절에 대역폭이 L보다 작거나 같은 함수들에 대한 이 정리의 증명이 있다. $L = \pi$인 경우, 이 정리는 신호 f의 Fourier 변환 $\hat{f}(\omega)$가 $[-\pi, \pi]$ 밖에서 0이 되면, 즉, f의 대역폭이 π보다 작거나 같으면, 정수 표본에서 f값만 알면 f를 알 수 있다는 뜻이다. 구체적으로는

$$f(t)=\sum_{n=-\infty}^{\infty} f(n)\frac{\sin(\pi(t-n))}{\pi(t-n)}=\sum_{n=-\infty}^{\infty} f(n)\varphi(t-n)$$

이다. 이 경우 공간 V_0는 $L^2(\mathbb{R})$의 함수로서 대역폭이 π를 초과하지 않는 것으로 이루어진다.

척도변환 $g(t)=f(2t)$에 의해 대역폭이 2π를 초과하지 않는 함수들의 공간 V_1을 생각할 수 있고 계속해서 다중 해상도 분석을 구성할 수 있다. 따라서 φ는 척도변환함수가 된다. 이제 모든 정수 n에 대해 $\varphi(t-n)$과 직교하는 기준 wavelet ψ이 필요하다. 이 경우 φ로부터 ψ를 다음과 같이 정의할 수 있다.

$$\psi(t)=\varphi\left(t-\frac{1}{2}\right)-2\varphi(2t-1)=\frac{\sin(2\pi t)-\cos(\pi t)}{\pi\left(t-\frac{1}{2}\right)}.$$

이 함수의 주파수 정보는 Fourier 변환

$$\hat{\psi}(\omega)=-e^{-i\omega/2}\chi_A(\omega)$$

에서 얻을 수 있다. 여기서 A는 구간 $[-2\pi, -\pi)$와 $(\pi, 2\pi]$의 합집합이다. 즉, 각각의 구간에서 $\hat{\psi}(\omega)=-e^{-i\omega/2}$이고, 이들 구간 밖의 ω에 대해서 $\hat{\psi}(\omega)=0$이다. 그림 14.20(a)는 기준 wavelet ψ의 그래프이고, 그림 14.20(b)는 이것의 진폭 스펙트럼 그래프이다.

Shannon wavelet은 다음과 같은 함수들로 구성된다.

$$\psi_{m,n}(t)=2^{m/2}\psi(2^m t-n)=\frac{2^{m/2}}{\pi\left(t-\frac{1}{2}\right)}\left(\sin(2\pi(2^m t-n))-\cos(\pi(2^m t-n))\right).$$

이 wavelet의 성질을 조사하는 것은 학생들에게 남겨 둔다. $\psi_{1,0}(t)$와 $\psi_{2,1}(t)$의 그래프는 그림 14.21(a)와 (b)에 나와 있다.

이 외에도 다양한 종류의 wavelet, 예를 들면 Meyer wavelet, Daubechies wavelet, Stömberg

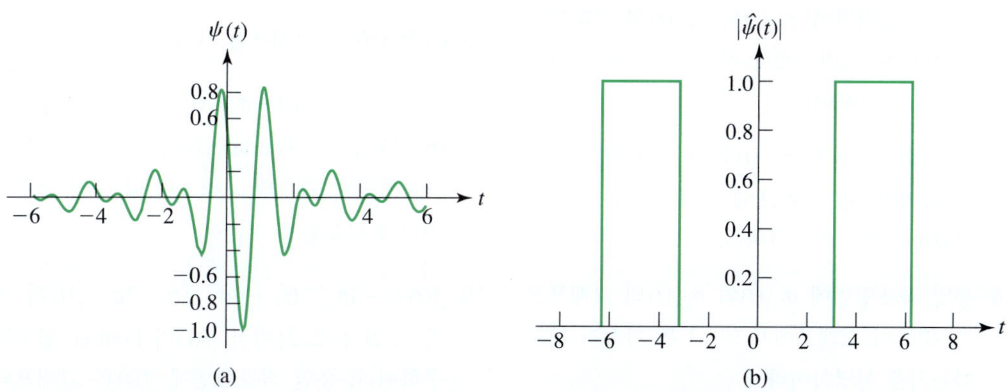

그림 14.20 (a) Shannon 기준 wavelet, (b) 그 진폭 스펙트럼

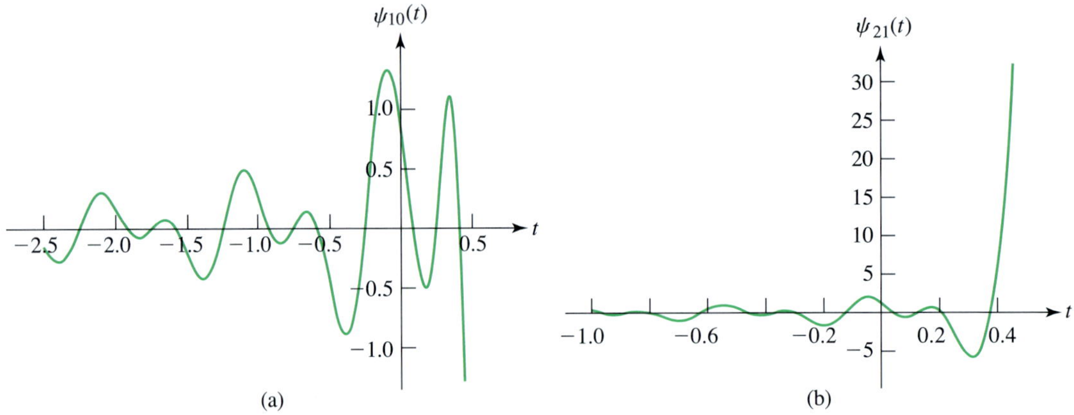

그림 14.21 Shannon wavelet (a) $\psi_{1,0}(t)$, (b) $\psi_{2,1}(t)$

wavelet 등이 있다. 이들을 정의하기 위해서는 좀 더 기초가 필요하다. 특별한 목적을 위해 다른 wavelet들도 만들어졌고, 이들은 신호 분석, 데이터 압축, 적분방정식의 해와 같은 영역에서 응용되고 있다.

연습문제 14.5

문제 1부터 12까지 Haar wavelet에 대한 다음 문제를 풀어라.

1. $(m, n) \neq (m', n')$일 때, $\sigma_{m,n}(t) \cdot \sigma_{m',n'}(t) = 0$임을 보여라.
2. 동일 좌표평면에 $\sigma_{1,1}(t)$와 $\sigma_{1,2}(t)$의 그래프를 그려라. 이 그래프에서 왜 이 두 함수가 직교하는지 설명하여라.
3. 동일 좌표평면에 $\sigma_{1,3}(t)$와 $\sigma_{-2,1}(t)$의 그래프를 그려라. 이 그래프에서 왜 이 두 함수가 직교하는지를 설명하여라.
4. 동일 좌표평면에 $\sigma_{2,1}(t)$와 $\sigma_{1,1}(t)$의 그래프를 그려라. 이 그래프에서 왜 이 두 함수가 직교하는지를 설명하여라.
5. 동일 좌표평면에 $\sigma_{-2,-1}(t)$와 $\sigma_{-3,-1}(t)$의 그래프를 그려라. 이 그래프에서 왜 이 두 함수가 직교하는지를 설명하여라.
6. $\psi(t-3)$의 그래프를 그려라.
7. $\psi(2t-3)$의 그래프를 그려라.
8. $\psi(2t+6)$의 그래프를 그려라.
9. $f(t) = 4\sigma_{-3,-2}(t) + \sigma_{-1,1}(t)$라 하자. 구간 $[-16, 16]$에서 $f(t)$의 Fourier 급수를 구하여라. 동일 좌표평면에 $f(t)$의 그래프와 함께 이 급수의 50번째 부분합을 그려라.
10. $f(t) = -3\sigma_{2,-2}(t) + 4\sigma_{2,0}(t) + 7\sigma_{1,-1}(t)$라 하자. 구간 $[-2, 2]$에서 $f(t)$의 Fourier 급수를 구하여라. 동일 좌표평면에 $f(t)$의 그래프와 함께 이 급수의 50번째 부분합을 그려라.

11. $f(t) = 3\sigma_{-4,-1}(t) + 8\sigma_{-2,1}(t)$라 하자. 구간 $[-16, 16]$에서 $f(t)$의 Fourier 급수를 구하여라. 동일 좌표평면에 $f(t)$의 그래프와 함께 이 급수의 50번째 부분합을 그려라.

12. $f(t) = \sigma_{-2,-2}(t) + 4\sigma_{1,3}(t) + 2\sigma_{1,-2}(t)$라 하자. 구간 $[-8, 8]$에서 $f(t)$의 Fourier 급수를 구하여라. 동일 좌표평면에 $f(t)$의 그래프와 함께 이 급수의 50번째 부분합을 그려라.

6부

편미분방정식

파동방정식

15장

15.1 파동방정식과 초기 및 경계조건

얇은 판이나 북의 진동, 기타 줄이나 바이올린 현의 떨림은 **파동방정식**으로 나타낼 수 있다. 먼저 단순한 조건하에서 이 방정식을 유도해 보자.

기타 줄처럼 양쪽 고정대에 팽팽하게 당겨져 묶여 있는 탄성현을 조금 잡아당겼다가 놓았을 때 현이 어떻게 움직이는지 생각해 보자. 현은 x축상의 0에서 L 사이에 놓여 있으며 xy-평면에서 진동하고 있다고 가정하고, 이 현의 수직위치를 나타내는 함수 $y(x, t)$를 구하고자 한다. 이때 임의의 시간 t에서 함수 $y(x, t)$의 그래프는 그 현의 모습을 표현하게 된다. 따라서 $y(x, t)$를 현의 **위치함수**라고 부르며, 그림 15.1은 그 전형적인 예이다.

현의 진동을 수학적으로 표현하기 위해 다음을 가정하자.

(1) 현의 장력 $\mathbf{T}(x, t)$ 이외에는 외부의 힘이 작용하지 않고, 현의 장력은 접선방향으로만 작용하며, 장력의 크기 $\|\mathbf{T}(x, t)\| = T$는 상수이다.

(2) 현의 각 부분은 수직방향으로만 움직이며 진동의 폭은 작다.

(3) 현의 밀도 ρ는 일정하다.

이제 그 현에서 x와 $x + \Delta x$ 사이의 작은 구간에 Newton의 제2운동법칙을 적용하면

$$\text{장력에 의해 구간에 작용하는 힘} = (\text{구간질량}) \times (\text{구간의 가속도})$$

이다. Δx가 충분히 작을 때 이 힘의 수직 성분은 근사적으로

$$T \sin\theta_1 - T \sin\theta \approx \rho \Delta x \frac{\partial^2 y}{\partial t^2}(x, t) \tag{15.1}$$

이다(그림 15.2). 진동의 폭이 작으므로 θ, θ_1은 작고 따라서 근사적으로 $\sin\theta \approx \theta \approx \tan\theta$, $\sin\theta_1 \approx \theta_1 \approx \tan\theta_1$이 된다. $\tan\theta = \frac{\partial u}{\partial x}(x, t)$, $\tan\theta_1 = \frac{\partial u}{\partial x}(x + \Delta x, t)$를 식 (15.1)에 대입하면

$$\frac{1}{4x}\left[\frac{\partial u}{\partial x}(x + \Delta x, t) - \frac{\partial u}{\partial x}(x, t)\right] \approx \frac{\rho}{T}\frac{\partial u}{\partial x}(x, t)$$

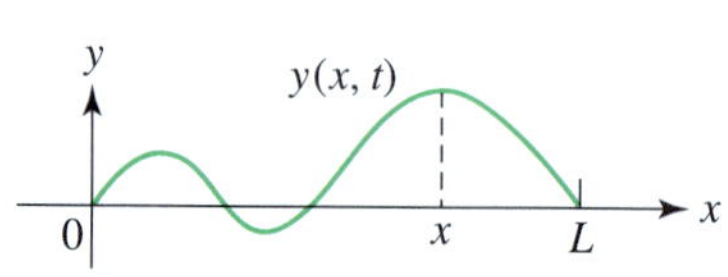

그림 15.1 시간 t에서 현의 위치

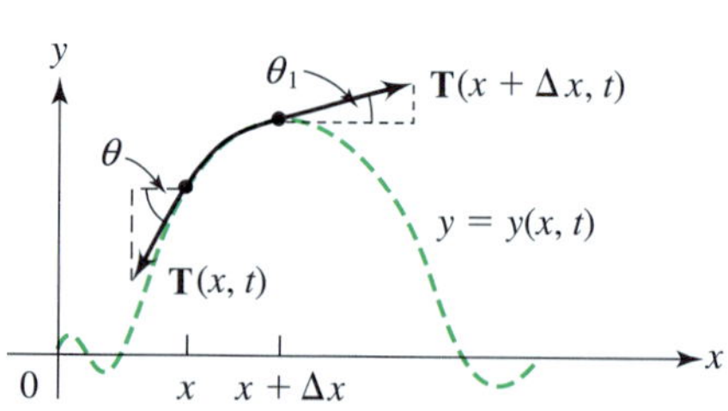

그림 15.2

가 된다. 이제 $c^2 = T/\rho$라 놓고 극한 $\Delta x \to 0$을 취하면 위 식은 다음과 같이 된다.

$$\frac{\partial^2 y}{\partial t^2} = c^2 \frac{\partial^2 y}{\partial x^2}. \tag{15.2}$$

이 식을 **1차원 파동방정식**이라 한다. 편도함수를 $y_x = \dfrac{\partial y}{\partial x}$, $y_t = \dfrac{\partial y}{\partial t}$와 같이 첨자를 사용하여 나타내면 파동방정식은 $y_{tt} = c^2 y_{xx}$로 쓸 수 있다.

만약 현의 양끝이 고정되어 있다면

$$y(0, t) = y(L, t) = 0, \quad t \geq 0$$

으로 나타낼 수 있으며, 이를 **경계조건**이라 한다.

시간이 0일 때 초기위치는

$$y(x, 0) = f(x), \quad 0 \leq x \leq L,$$

초기속도는

$$\frac{\partial y}{\partial t}(x, 0) = g(x), \quad 0 < x < L$$

로 나타내어지는데, 이 초기위치와 초기속도를 **초기조건**이라 한다. 이때 f와 g는 어떤 양립조건을 만족하여야 한다. 만약 현의 양끝이 고정되어 있다면

$$f(0) = f(L) = 0, \quad g(0) = g(L) = 0$$

이어야 한다.

경계조건과 초기조건이 주어진 파동방정식은 현의 위치함수 $y(x, t)$를 구하는 **초기값-경계값 문제**가 되며, 이 두 조건은 해 $y(x, t)$를 유일하게 결정하는 충분한 정보를 제공한다.

만약 단위길이당 크기가 F인 힘이 현에 수직방향으로 가해지면 현의 방정식은

$$\frac{\partial^2 y}{\partial t^2} = c^2 \frac{\partial^2 y}{\partial x^2} + \frac{1}{\rho} F$$

이 된다.

2차원 공간에서 파동방정식은

$$\frac{\partial^2 z}{\partial t^2} = c^2 \left(\frac{\partial^2 z}{\partial x^2} + \frac{\partial^2 z}{\partial y^2} \right) \tag{15.3}$$

이 되며, 이 방정식은 2차원 공간의 특정 영역에 놓여 있는 판(예로서, 진동하는 북의 표면)의 수직 변위 $z(x, y, t)$에 관한 방정식이다. 이 경우에도 유일한 해를 얻기 위해서 경계 및 초기조

건이 주어져야 한다. 경계가 되는 테두리(북의 가장자리)가 고정되어 있다면 $t>0$에서 경계점 (x, y)에 대해

$$z(x, y, t)=0$$

을 만족한다. 또한 초기위치와 초기속도는

$$z(x, y, 0)=f(x, y), \quad \frac{\partial z}{\partial t}(x, y, 0)=g(x, y)$$

와 같이 주어진다.

2차원 파동방정식 (15.3)을 극좌표계를 이용하여 나타내 보자. 우선

$$x=r\cos\theta, \quad y=r\sin\theta$$

라 하면 $r=\sqrt{x^2+y^2}$ 이고 $\theta=\tan^{-1}(y/x)$이다. 이때

$$z(x, y)=z(r\cos\theta, r\sin\theta)=u(r, \theta)$$

라 하면

$$\begin{aligned}
\frac{\partial z}{\partial x}&=\frac{\partial u}{\partial r}\frac{\partial r}{\partial x}+\frac{\partial u}{\partial \theta}\frac{\partial \theta}{\partial x}=\frac{x}{\sqrt{x^2+y^2}}\frac{\partial u}{\partial r}-\frac{y}{x^2+y^2}\frac{\partial u}{\partial \theta}\\
&=\frac{x}{r}\frac{\partial u}{\partial r}-\frac{y}{r^2}\frac{\partial u}{\partial \theta},\\
\frac{\partial^2 z}{\partial x^2}&=\frac{\partial u}{\partial r}\frac{\partial}{\partial x}\left(\frac{x}{r}\right)-\frac{\partial u}{\partial \theta}\frac{\partial}{\partial x}\left(\frac{y}{r^2}\right)+\frac{x}{r}\frac{\partial}{\partial x}\left(\frac{\partial u}{\partial r}\right)-\frac{y}{r^2}\frac{\partial}{\partial x}\left(\frac{\partial u}{\partial \theta}\right)\\
&=\frac{y^2}{r^3}\frac{\partial u}{\partial r}+\frac{2xy}{r^4}\frac{\partial u}{\partial \theta}+\frac{x^2}{r^2}\frac{\partial^2 u}{\partial r^2}-\frac{2xy}{r^3}\frac{\partial^2 u}{\partial r\partial \theta}+\frac{y^2}{r^4}\frac{\partial^2 u}{\partial \theta^2}
\end{aligned}$$

이 된다. 마찬가지로

$$\begin{aligned}
\frac{\partial z}{\partial y}&=\frac{y}{r}\frac{\partial u}{\partial r}+\frac{x}{r^2}\frac{\partial u}{\partial \theta},\\
\frac{\partial^2 z}{\partial y^2}&=\frac{x^2}{r^3}\frac{\partial u}{\partial r}-\frac{2xy}{r^4}\frac{\partial u}{\partial \theta}+\frac{y^2}{r^2}\frac{\partial^2 u}{\partial r^2}+\frac{2xy}{r^3}\frac{\partial^2 u}{\partial r\partial \theta}+\frac{x^2}{r^4}\frac{\partial^2 u}{\partial \theta^2}
\end{aligned}$$

이다. 따라서

$$\frac{\partial^2 z}{\partial x^2}+\frac{\partial^2 z}{\partial y^2}=\frac{\partial^2 u}{\partial r^2}+\frac{1}{r}\frac{\partial u}{\partial r}+\frac{1}{r^2}\frac{\partial^2 u}{\partial \theta^2}$$

를 얻게 된다. 그러므로 2차원 파동방정식 (15.3)을 극좌표로 나타내면

$$\frac{\partial^2 u}{\partial t^2}=c^2\left(\frac{\partial^2 u}{\partial r^2}+\frac{1}{r}\frac{\partial u}{\partial r}+\frac{1}{r^2}\frac{\partial^2 u}{\partial \theta^2}\right) \tag{15.4}$$

이 되며, 여기서 $u(r, \theta, t)$는 시간 t일 때 북 표면의 점 (r, θ)의 수직방향 변위이다.

이 장의 나머지 부분에서는 여러 가지 파동에 대한 문제를 몇 가지 방법으로 풀 것이다.

연습문제 15.1

1. $y(x, t)=\sin(n\pi x/L)\cos(n\pi ct/L)$가 임의의 양의 정수 n에 대해 1차원 파동방정식을 만족함을 보여라.

2. $z(x, y, t)=\sin nx\cos my\cos\sqrt{n^2+m^2}ct$가 임의의 양의 정수 n과 m에 대해 2차원 파동방정식을 만족함을 보여라.

3. 일변수함수 f가 두 번 미분가능할 때 다음 함수가 1차원 파동방정식을 만족함을 보여라.

$$y(x, t)=\frac{1}{2}[f(x+ct)+f(x-ct)]$$

4. $y(x, t)=\sin x\cos ct+(1/c)\cos x\sin ct$가 경계조건

$$y(0, t)=y(2\pi, t)=\frac{1}{c}\sin ct,\ t>0,$$

초기조건

$$y(x, 0)=\sin x,\ \frac{\partial y}{\partial t}(x, 0)=\cos x,\ 0<x<2\pi$$

와 1차원 파동방정식을 만족함을 보여라.

5. 직사각형$(0\le x\le a,\ 0\le y\le b)$ 판의 진동을 나타내는 문제를 수식(편미분방정식, 경계조건, 초기조건)으로 표현하여라. 이때 초기위치는 $f(x, y)$, 초기속도는 $g(x, y)$라 하자. 직사각형 판의 테두리는 고정되어 있다.

6. 양끝이 고정되어 있는 길이가 L인 탄성현이 초기위치 $f(x)$에 당겨져 있다가 놓였을 때 그 움직임을 나타내는 경계값 문제를 수식으로 나타내어라. 이때 그 현은 xy-평면에서 진동하고, 현의 각 점의 수직운동은 속도의 제곱에 비례하는 공기저항에 의해 감소된다.

15.2 파동방정식의 Fourier 급수해

유한 닫힌 구간에서 파동에 관련된 문제를 생각해 보자. 먼저 초기위치가 주어져 있고 초기속도는 0인 문제(정지상태에 놓인 현)를 생각하고, 그 다음에 초기변위는 0이고 초기속도가 주어진 문제(수평위치에서 튕겨진 현)를 생각한다. 그 후 위 두 가지 경우를 결합하여 초기위치와 초기속도가 임의로 주어진 문제를 논의할 것이다.

15.2.1 초기속도가 0인 현의 진동

길이가 L이고 양끝이 x축상의 $x=0$과 $x=L$에 고정된 탄성현을 고려하자. 그 현을 잡아당겼다가 정지시킨 후 가만히 놓으면 xy-평면에서 진동하게 된다. 시간 t에서 현의 변위함수 $y(x, t)$를 구하자. 이 문제는

$$\begin{aligned}
&\frac{\partial^2 y}{\partial t^2}=c^2\frac{\partial^2 y}{\partial x^2}, \quad 0<x<L,\ t>0,\\
&y(0,\ t)=y(L,\ t)=0, \quad t\geq 0,\\
&y(x,\ 0)=f(x), \quad 0\leq x\leq L,\\
&\frac{\partial y}{\partial t}(x,\ 0)=0, \quad 0\leq x\leq L
\end{aligned}$$

로 표현된다. 이때 $f(x)$는 현의 초기 위치이다.

Fourier 해법 또는 **변수분리 해법**은 $y(x,\ t)=X(x)\,T(t)$인 형태의 해를 구하는 방법이다. 이것을 파동방정식에 대입하면

$$XT''=c^2X''T$$

이 된다. 여기서 $T'=dT/dt$이고 $X'=dX/dx$이다. 이 파동방정식을

$$\frac{X''}{X}=\frac{T''}{c^2T}$$

로 정리하면, 좌변은 x만의 함수, 우변은 t만의 함수가 된다. 따라서 좌변은 t에 무관하고 우변은 x에 무관하므로 양변은 $(x,\ t)$에 무관한 상수여야 한다. 이 상수를 $-\lambda$라 하자(음의 부호는 편의상 붙인 것이다). 이 λ를 **분리상수**라 부르며 위 식은

$$\begin{aligned}
&\frac{X''}{X}=\frac{T''}{c^2T}=-\lambda\\
&\Rightarrow\ X''+\lambda X=0, \quad T''+\lambda c^2T=0
\end{aligned}$$

와 같이 2개의 상미분방정식으로 분리된다.

이제 경계조건을 생각하면 $t\geq 0$에서 $y(0,\ t)=X(0)\,T(t)=0$이다. 만약 $X(0)\neq 0$이면 모든 t에 대하여 $T(t)=0$이 되므로 $y(x,\ t)=0$이 되어 자명한 해를 얻는다. 비자명한 해를 구하려면

$$X(0)=0$$

을 만족해야 한다. 마찬가지로 $t\geq 0$에서 $y(L,\ t)=X(L)T(t)=0$이므로

$$X(L)=0$$

을 만족해야 한다. 따라서 $X(t)$는

$$X'' + \lambda X = 0; \quad X(0) = X(L) = 0$$

을 만족한다. 이 문제가 **비자명한 해**를 가질 때, λ를 이 문제의 **고유값**, 대응하는 X를 **고유함수**라 한다. 보기 14.8에서 정규 Sturm-Liouville 문제를 풀어 고유값과 고유함수

$$\lambda_n = \frac{n^2\pi^2}{L^2}, \quad X_n(x) = \sin\frac{n\pi x}{L}$$

를 얻었다. 따라서, 분리상수 λ와 $X(x)$는 무한히 많이 존재한다.

이제 $T(t)$를 고려해 보자. 현의 초기속도는 0이므로 $\frac{\partial y}{\partial t}(x, 0) = X(x)T'(0) = 0$이다. 앞에서와 같이, 비자명한 해를 구하려면 $T'(0) = 0$이 되어야 한다. 그러므로 $T(t)$는

$$T'' + \lambda c^2 T = 0; \quad T'(0) = 0$$

을 만족한다. λ가 $n^2\pi^2/L^2$ 형태의 값들만 갖는다는 것을 이용하면 이 문제는

$$T'' + \frac{n^2\pi^2c^2}{L^2}T = 0; \quad T'(0) = 0$$

로 쓸 수 있다. T에 대한 이 미분방정식은 $T(t) = a\cos\frac{n\pi ct}{L} + b\sin\frac{n\pi ct}{L}$와 같은 일반해를 갖고, $T'(0) = \frac{n\pi c}{L}b = 0$으로부터 $b = 0$이므로

$$T_n(t) = c_n\cos\frac{n\pi ct}{L}$$

이 된다.

따라서, 파동방정식을 만족하고 경계값 문제에 대한 해가 될 가능성이 있는

$$y_n(x, t) = c_n\sin\frac{n\pi x}{L}\cos\frac{n\pi ct}{L} \tag{15.5}$$

을 얻는다. 이 함수들은 파동방정식과 2개의 경계조건과 초기조건 $y_t(x, 0) = 0$을 만족한다. 추가로 초기조건 $y(x, 0) = f(x)$를 만족하면 구하는 해가 된다. 그러므로 y는 y_n의 무한합

$$y(x, t) = \sum_{n=1}^{\infty} c_n\sin\frac{n\pi x}{L}\cos\frac{n\pi ct}{L}$$

으로 표현할 수 있다고 가정하고

$$y(x, 0) = \sum_{n=1}^{\infty} c_n\sin\frac{n\pi x}{L} = f(x)$$

을 만족하도록 c_n을 선택한다. 그런데 이것은 구간 $[0, L]$에 대한 $f(x)$의 Fourier 사인 전개식이다. Fourier 사인 계수는

$$c_n = \frac{2}{L}\int_0^L f(\xi)\sin\frac{n\pi\xi}{L}\,d\xi$$

이므로 해는 다음과 같이 구해진다.

$$y(x, t) = \frac{2}{L}\sum_{n=1}^{\infty}\left(\int_0^L f(\xi)\sin\frac{n\pi\xi}{L}\,d\xi\right)\sin\frac{n\pi x}{L}\cos\frac{n\pi ct}{L}. \tag{15.6}$$

이 해법은 구간 $[0, L]$에서 연속이고 구분적으로 미분가능하며 $f(0) = f(L) = 0$을 만족하는 모든 초기 위치함수 f에 대해 적용할 수 있다.

보기 15.1 구간 $[0, \pi]$에서 양끝이 고정되고 초기속도가 0이며 초기위치가

$$f(x) = \begin{cases} x & 0 \le x \le \dfrac{L}{2} \text{ 일 때,} \\ L - x & \dfrac{L}{2} < x \le L \text{ 일 때} \end{cases}$$

인 탄성현을 생각하자. 이 경우, 초기위치 $f(x)$에 대한 Fourier 사인 계수는

$$\begin{aligned} c_n &= \frac{2}{L}\int_0^L f(\xi)\sin\frac{n\pi\xi}{L}\,d\xi \\ &= \frac{2}{L}\int_0^{L/2} \xi\sin\frac{n\pi\xi}{L}\,d\xi + \frac{2}{L}\int_{L/2}^L (L-\xi)\sin\frac{n\pi\xi}{L}\,d\xi \\ &= 4L\,\frac{\sin(n\pi/2)}{n^2\pi^2} \end{aligned}$$

이 된다. 따라서

$$\begin{aligned} y(x, t) &= \frac{4L}{\pi^2}\sum_{n=1}^{\infty}\frac{\sin(n\pi/2)}{n^2}\sin\frac{n\pi x}{L}\cos\frac{n\pi ct}{L} \\ &= \frac{4L}{\pi^2}\sum_{k=1}^{\infty}\frac{(-1)^{k+1}}{(2k-1)^2}\sin\frac{(2k-1)\pi x}{L}\cos\frac{(2k-1)\pi ct}{L}. \end{aligned} \tag{15.7}$$

그림 15.3은 $c = 2$인 경우 시간이 $t = 0.3, 0.6, 0.9, 1.2$일 때 현이 위에서 아래로 움직이는 모습을 보여준다.

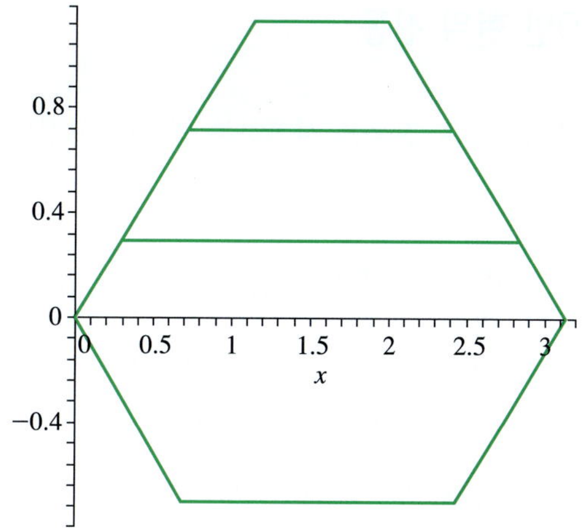

그림 15.3 현의 운동

보기 15.2 초기속도가 0이고 초기위치가 $f(x) = x\cos(5x/2)$인 양끝이 고정된 현의 위치함수 $y(x, t)$를 구해 보자. 계수는

$$c_n = \frac{2}{\pi}\int_0^{\pi} \xi \cos(5\xi/2)\sin n\xi \, d\xi = \frac{8}{\pi}\frac{n(-1)^{n+1}}{(5+2n)^2(5-2n)^2}$$

이고 이때 해는

$$y(x, t) = \sum_{n=1}^{\infty} \frac{8}{\pi}\frac{n(-1)^{n+1}}{(5+2n)^2(5-2n)^2} \sin nx \cos nct$$

이다. 그림 15.4는 $c = 1$인 경우 $t = 0.1, 0.3, 0.6, 0.9$일 때 현의 모양이다.

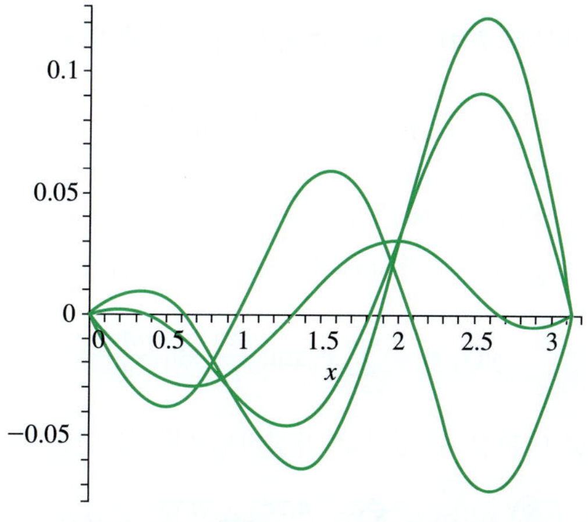

그림 15.4 현의 모양

15.2.2 초기위치가 0인 현의 진동

수평위치에서 $g(x)$의 초기속도로 진동을 시작하는 양끝이 고정된 현을 생각하자. 위치함수 $y(x, t)$는

$$\begin{aligned} &\frac{\partial^2 y}{\partial t^2} = c^2 \frac{\partial^2 y}{\partial x^2}, \quad 0 < x < L,\ t > 0, \\ &y(0, t) = y(L, t) = 0, \quad t \geq 0, \\ &y(x, 0) = 0, \quad 0 \leq x \leq L, \\ &\frac{\partial y}{\partial t}(x, 0) = g(x), \quad 0 \leq x \leq L \end{aligned}$$

을 만족한다. 앞 절에서처럼 $y(x, t) = X(x)T(t)$라 하면

$$X'' + \lambda X = 0; \quad X(0) = X(L) = 0$$

이고 이때 고유값과 고유함수는 각각

$$\lambda_n = \frac{n^2 \pi^2}{L^2}, \quad X_n(x) = \sin \frac{n\pi x}{L}$$

이다. $y(x, 0) = 0 = X(x)T(0)$으로부터 $T(0) = 0$이어야 한다. 따라서, T는

$$T'' + \frac{n^2 \pi^2 c^2}{L^2} T = 0; \quad T(0) = 0$$

을 만족한다. 이 미분방정식의 일반해는

$$T(t) = a\cos \frac{n\pi ct}{L} + b\sin \frac{n\pi ct}{L}$$

이다. $a = T(0) = 0$이기 때문에 $T(t)$는 $\sin(n\pi ct/L)$의 상수배이다. 따라서 $n = 1, 2, \cdots$일 때

$$y_n(x, t) = c_n \sin \frac{n\pi x}{L} \sin \frac{n\pi ct}{L}$$

은 파동방정식, 경계조건, 초기위치는 0을 만족하는 해이다.

초기 속도조건 $y_t(x, 0) = g(x)$을 만족시키기 위하여 $y_n(x, t)$를 중첩하면

$$y(x, t) = \sum_{n=1}^{\infty} c_n \sin \frac{n\pi x}{L} \sin \frac{n\pi ct}{L}$$

가 되고, 이 급수를 항별로 미분할 수 있다고 가정하면 다음을 얻는다.

$$\frac{\partial y}{\partial t}(x, 0) = \sum_{n=1}^{\infty} c_n \frac{n\pi c}{L} \sin \frac{n\pi x}{L} = g(x).$$

이것은 $[0, L]$에서 $g(x)$의 Fourier 사인 전개이다. 따라서

$$c_n \frac{n\pi c}{L} = \frac{2}{L}\int_0^L g(\xi) \sin \frac{n\pi\xi}{L}\, d\xi$$

이 되며, 구하는 해는

$$y(x, t) = \frac{2}{\pi c}\sum_{n=1}^{\infty} \frac{1}{n}\left(\int_0^L g(\xi)\sin \frac{n\pi\xi}{L}\, d\xi\right) \sin \frac{n\pi x}{L} \sin \frac{n\pi ct}{L}. \tag{15.8}$$

보기 15.3 양끝이 고정된 현이 수평 위치로부터 $g(x) = x(1 + \cos(\pi x/L))$의 초기속도로 움직이기 시작했다고 가정하면

$$c_n = \frac{2}{n\pi c}\int_0^L \xi\left(1 + \cos \frac{\pi\xi}{L}\right) \sin \frac{n\pi\xi}{L}\, d\xi = \begin{cases} \dfrac{2(-1)^n L^2}{n^2\pi^2 c}\dfrac{1}{n^2-1}, & n = 2, 3, \cdots \\ \dfrac{3L^2}{2\pi^2 c}, & n = 1 \end{cases}$$

이므로

$$y(x, t) = \frac{3L^2}{2\pi^2 c} \sin \frac{\pi x}{L} \sin \frac{\pi ct}{L} + \sum_{n=2}^{\infty} \frac{2(-1)^n L^2}{n^2\pi^2 c} \frac{1}{n^2-1} \sin \frac{n\pi x}{L} \sin \frac{n\pi ct}{L} \tag{15.9}$$

이 된다. 만약 $c = 1$, $L = \pi$라 하면 해는

$$y(x, t) = \frac{3}{2}\sin x \sin t + \sum_{n=2}^{\infty} \frac{2(-1)^n}{n^2} \frac{1}{n^2-1} \sin nx \sin nt$$

이다. 그림 15.5는 시간 $t = 0.4, 1.2, 1.7, 2.6, 3.5, 4.3$에서 이 해의 그래프이다.

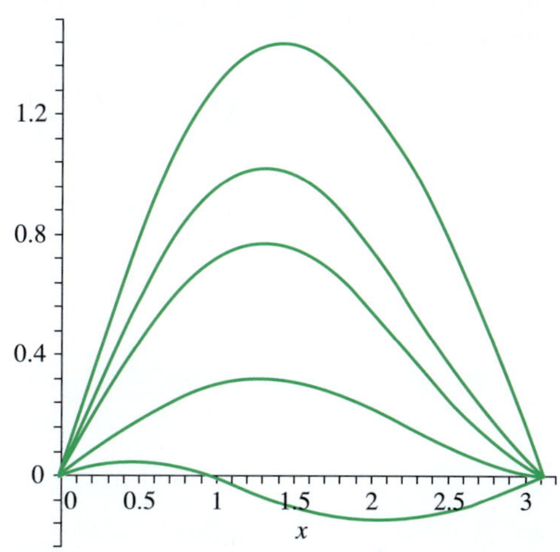

그림 15.5 시간 $t = 0.2, 0.5, 0.7, 1.3, 3.4$일 때 현의 위치

15.2.3 초기위치와 초기속도를 갖는 현의 진동

초기위치가 $f(x)$이고 초기속도가 $g(x)$인 양끝이 고정된 현의 움직임을 생각하자. 이 문제의 해를 2개의 분리된 문제의 해의 합으로 나타낼 수 있다. 즉, 초기변위가 $f(x)$이고 초기속도는 0인 경우의 해를 $y_1(x)$, 초기위치가 0이고 초기속도는 $g(x)$인 경우의 해를 $y_2(x, t)$라 하면

$$y(x, t) = y_1(x, t) + y_2(x, t)$$

는 파동방정식과 경계조건들을 만족한다. 또한

$$y(x, 0) = y_1(x, 0) + y_2(x, 0) = f(x) + 0 = f(x),$$
$$\frac{\partial y}{\partial t}(x, 0) = \frac{\partial y_1}{\partial t}(x, 0) + \frac{\partial y_2}{\partial t}(x, 0) = 0 + g(x) = g(x)$$

이다. 따라서 $y(x, t)$는 구하는 해가 된다.

보기 15.4 초기위치와 초기속도가 각각

$$f(x) = \begin{cases} x & 0 \le x \le \dfrac{L}{2} \text{ 일 때}, \\ L - x & \dfrac{L}{2} < x \le L \text{ 일 때} \end{cases}$$
$$g(x) = x\left(1 + \cos\frac{\pi x}{L}\right)$$

인 양끝이 고정된 현의 위치함수 $y(x, t)$를 구해 보자. 이 해는 식 (15.7)과 (15.9)로부터

$$y(x, t) = \frac{4L}{\pi^2}\sum_{k=1}^{\infty}\frac{(-1)^{k+1}}{(2k-1)^2}\sin\frac{(2k-1)\pi x}{L}\cos\frac{(2k-1)\pi ct}{L}$$
$$+ \frac{3L^2}{2\pi^2 c}\sin\frac{\pi x}{L}\sin\frac{\pi ct}{L} + \sum_{n=2}^{\infty}\frac{2(-1)^n L^2}{n^2\pi^2 c}\frac{1}{n^2-1}\sin\frac{n\pi x}{L}\sin\frac{n\pi ct}{L}$$

가 된다. 그림 15.6은 $L = \pi$, $c = 1$이고, $t = 0.125, 0.46, 0.93, 1.9, 2.5, 3.4, 5.2$일 때 해의 그래프들이다.

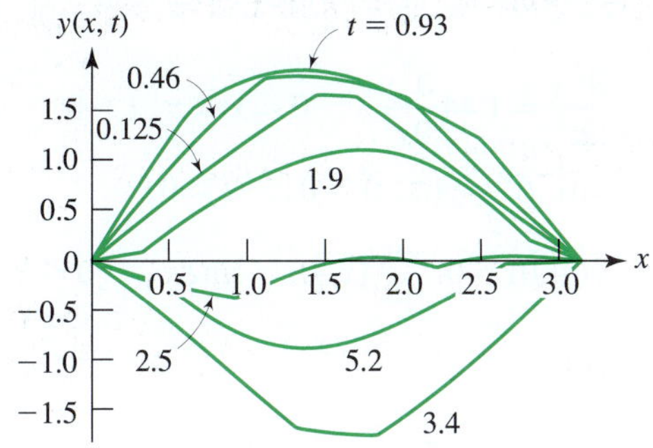

그림 15.6 시간 $t=0.125, 0.46, 0.93, 1.9, 2.5, 3.4, 5.2$일 때 현의 위치

15.2.4 파동계수, 초기조건의 영향

파동계수 c 또는 초기조건이 변했을 때 파동운동이 어떻게 영향을 받는지 관찰하는 것은 흥미로운 일이다.

보기 15.5 보기 15.3에서 $L=\pi$일 때 해는

$$y(x,\ t)=\frac{3}{2c}\sin x\sin ct+\sum_{n=2}^{\infty}\frac{2(-1)^n}{cn^2(n^2-1)}\sin nx\sin nct$$

이다. 그림 15.5는 $c=1$일 때 현의 모양이다. 그림 15.7에서 보는 바와 같이 시간 $t=5.3$일 때 계수값을 $c=1.05$, $c=1.1$, $c=1.2$, $c=1.65$로 변화시키면 해의 진폭이 감소함을 알 수 있다.

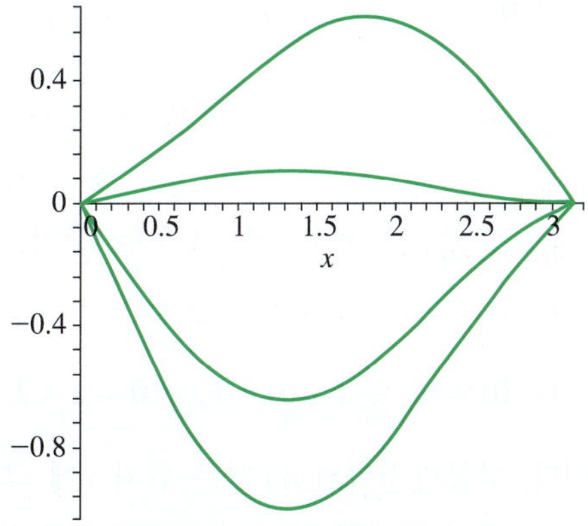

그림 15.7 여러 c값들에 대한 현의 모양

보기 15.6 이제 초기조건을 변화시킬 때의 영향에 대해 살펴보자. ε는 양의 실수일 때

$$\frac{\partial^2 y}{\partial t^2} = 1.44\frac{\partial^2 y}{\partial x^2}, \quad 0 < x < \pi,\ t > 0,$$
$$y(0, t) = y(\pi, t) = 0, \quad t > 0,$$
$$y(x, 0) = 0,\ \frac{\partial y}{\partial t}(x, 0) = \sin\varepsilon x, \quad 0 < x < \pi$$

을 만족하는 해를 구하면

$$y(x, t) = \frac{5}{3\pi}\sum_{n=1}^{\infty}\frac{(-1)^{n+1}\sin\pi\varepsilon}{n^2-\varepsilon}\sin nx\sin 1.2t$$

이다. $t = 0.5$일 때 $\varepsilon = 0.7,\ 1.5,\ 9.3$인 경우의 현의 모양은 그림 15.8과 같다.

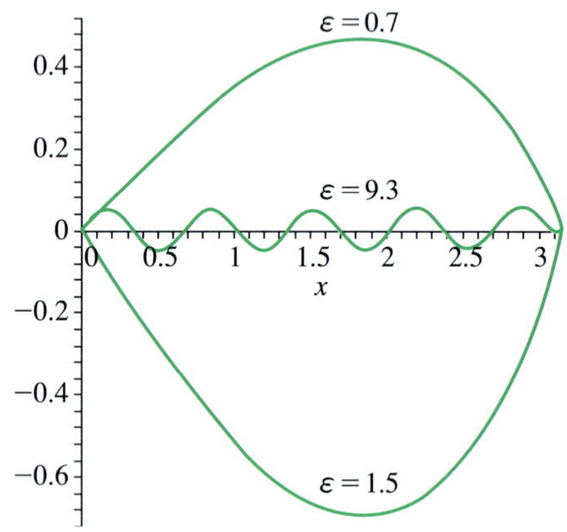

그림 15.8 현의 모양

15.2.5 외력이 가해지는 파동

보기 15.7 다음 문제를 생각하자.

$$\frac{\partial^2 y}{\partial t^2} = \frac{\partial^2 y}{\partial x^2} + Ax, \quad 0 < x < L,\ t > 0,$$
$$y(0, t) = y(L, t) = 0, \quad t \geq 0,$$
$$y(x, 0) = 0,\ \frac{\partial y}{\partial t}(x, 0) = 1, \quad 0 < x < L.$$

여기서 A는 양의 상수이다. 파동방정식의 Ax항은 위치 x에 크기가 Ax인 힘이 외부에서 가해지는 상황을 표현한다. 이 문제에서는 $c = 1$로 주어졌다.

$y(x, t) = X(x)T(t)$라 하면, 위 편미분방정식은

$$XT'' = X''T + Ax$$

가 되어 방정식의 한쪽을 t만의 항으로, 다른 쪽을 x만의 항으로 분리할 수 없다.

$$y(x, t) = Y(x, t) + \psi(x)$$

라 놓고 $Y(x, t)$에 대한 방정식이 변수분리해법을 적용할 수 있는 형태가 되도록 ψ를 선택해 보자. $y(x, t)$를 편미분방정식에 대입하면

$$\frac{\partial^2 Y}{\partial t^2} = \frac{\partial^2 Y}{\partial x^2} + \psi''(x) + Ax$$

가 된다. 이 식에서 ψ가 $\psi''(x) + Ax = 0$이 되도록 선택하면 된다. 이 식을 풀면

$$\psi(x) = -A\frac{x^3}{6} + Cx + D$$

이 되고, 여기서 C와 D는 상수이다. 또한 경계조건

$$Y(0, t) = Y(L, t) = 0$$

이 만족되도록 C와 D를 선택하자.

$$y(0, t) = Y(0, t) + \psi(0) = 0, \qquad y(L, t) = Y(L, t) + \psi(L) = 0$$

으로부터 $C = \frac{1}{6}AL^2$, $D = 0$이면 되므로

$$\psi(x) = -\frac{1}{6}Ax^3 + \frac{1}{6}AL^2 x = \frac{1}{6}Ax(L^2 - x^2)$$

을 선택한다.

y의 초기조건으로부터 Y의 초기조건을 구하면

$$Y(x, 0) = y(x, 0) - \psi(x) = -\psi(x) = \frac{1}{6}Ax(x^2 - L^2),$$

$$\frac{\partial Y}{\partial t}(x, 0) = \frac{\partial y}{\partial t}(x, 0) = 1$$

이다. 따라서, $Y(x, t)$에 대한 문제는

$$\frac{\partial^2 Y}{\partial t^2} = \frac{\partial^2 Y}{\partial x^2}, \qquad 0 < x < L, \ t > 0,$$

$$Y(0, t) = Y(L, t) = 0, \qquad t > 0,$$

$$Y(x, 0) = \frac{1}{6}Ax(x^2 - L^2), \ \frac{\partial Y}{\partial t}(x, 0) = 1, \qquad 0 < x < L$$

이 된다. 식 (15.6)과 (15.8)을 이용하면 해는

$$Y(x,t)=\frac{2}{L}\sum_{n=1}^{\infty}\left(\int_0^L \frac{1}{6}A\xi(\xi^2-L^2)\sin\frac{n\pi\xi}{L}\,d\xi\right)\sin\frac{n\pi x}{L}\cos\frac{n\pi t}{L}$$
$$+\frac{2}{\pi}\sum_{n=1}^{\infty}\frac{1}{n}\left(\int_0^L \sin\frac{n\pi\xi}{L}\,d\xi\right)\sin\frac{n\pi x}{L}\sin\frac{n\pi t}{L}$$
$$=\frac{2AL^3}{\pi^3}\sum_{n=1}^{\infty}\frac{(-1)^n}{n^3}\sin\frac{n\pi x}{L}\cos\frac{n\pi t}{L}$$
$$+\frac{2L}{\pi^2}\sum_{n=1}^{\infty}\frac{1-(-1)^n}{n^2}\sin\frac{n\pi x}{L}\sin\frac{n\pi t}{L}.$$

따라서 원래 문제의 해는

$$y(x,t)=Y(x,t)+\frac{1}{6}Ax(L^2-x^2)$$

이 된다. 그림 15.9(a)는 시간 $t=0.03, 0.2, 0.5, 0.9, 1.4, 2.2$에서, 그림 15.9(b)는 시간 $t=2.8, 3.7, 4.4, 4.8, 5.3, 6.1, 6.7$에서 현의 위치 $y(x,t)$의 그래프이다. 이 두 경우 모두 $L=\pi$, $c=1$로 했다.

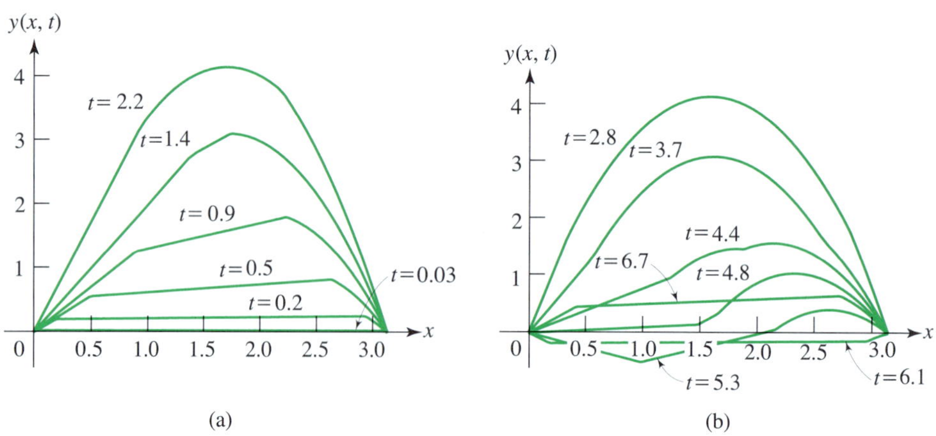

그림 15.9

연습문제 15.2

문제 1부터 9까지 변수분리를 사용하여 풀어라. 몇 개의 시간을 선택하여 그때 급수해의 5항까지 부분합을 그래프로 그려라.

1. $\dfrac{\partial^2 y}{\partial t^2}=4\dfrac{\partial^2 y}{\partial x^2},\ 0<x<3,\ t>0$

   $y(0,t)=y(3,t)=0,\ t\ge 0$

   $y(x,0)=0,\ \dfrac{\partial y}{\partial t}(x,0)=x(3-x),\ 0\le x\le 3$

2. $\dfrac{\partial^2 y}{\partial t^2} = 9\dfrac{\partial^2 y}{\partial x^2},\ 0 < x < 4,\ t > 0$

$y(0,\ t) = y(4,\ t) = 0,\ t \ge 0$

$y(x,\ 0) = 2\sin \pi x,\ \dfrac{\partial y}{\partial t}(x,\ 0) = 0,\ 0 \le x \le 4$

3. $\dfrac{\partial^2 y}{\partial t^2} = 8\dfrac{\partial^2 y}{\partial x^2},\ 0 < x < 2\pi,\ t > 0$

$y(0,\ t) = y(2\pi,\ t) = 0,\ t \ge 0$

$y(x,\ 0) = f(x),\ \dfrac{\partial y}{\partial t}(x,\ 0) = 0,\ 0 \le x \le 2\pi$

$f(x) = \begin{cases} 3x & 0 \le x \le \pi \text{ 일 때,} \\ 6\pi - 3x & \pi < x \le 2\pi \text{ 일 때} \end{cases}$

4. $\dfrac{\partial^2 y}{\partial t^2} = 9\dfrac{\partial^2 y}{\partial x^2},\ 0 < x < \pi,\ t > 0$

$y(0,\ t) = y(\pi,\ t) = 0,\quad t \ge 0$

$y(x,\ 0) = \sin x,\ \dfrac{\partial y}{\partial t}(x,\ 0) = 1,\ 0 \le x \le \pi$

5. $\dfrac{\partial^2 y}{\partial t^2} = 8\dfrac{\partial^2 y}{\partial x^2},\ 0 < x < 4,\ t > 0$

$y(0,\ t) = y(4,\ t) = 0,\ t \ge 0$

$y(x,\ 0) = x^2(x-4),\ \dfrac{\partial y}{\partial t}(x,\ 0) = 1,\ 0 \le x \le 4$

6. $\dfrac{\partial^2 y}{\partial t^2} = 4\dfrac{\partial^2 y}{\partial x^2},\ 0 < x < 5,\ t > 0$

$y(0,\ t) = y(5,\ t) = 0,\ t \ge 0$

$y(x,\ 0) = 0,\ \dfrac{\partial y}{\partial t}(x,\ 0) = g(x),\ 0 \le x \le 5$

$g(x) = \begin{cases} 0 & 0 \le x < 4 \text{ 일 때,} \\ 5 - x & 4 \le x \le 5 \text{ 일 때} \end{cases}$

7. $\dfrac{\partial^2 y}{\partial t^2} = 3\dfrac{\partial^2 y}{\partial x^2} + 2x,\ 0 < x < 2,\ t > 0$

$y(0,\ t) = y(2,\ t) = 0,\ t \ge 0$

$y(x,\ 0) = \dfrac{\partial y}{\partial t}(x,\ 0) = 0,\ 0 \le x \le 2$

8. $\dfrac{\partial^2 y}{\partial t^2} = 9\dfrac{\partial^2 y}{\partial x^2} + x^2,\ 0 < x < 4,\ t > 0$

$y(0,\ t) = y(4,\ t) = 0,\ t \ge 0$

$y(x,\ 0) = 0,\ \dfrac{\partial y}{\partial t}(x,\ 0) = 0,\ 0 \le x \le 4.$

9. $\dfrac{\partial^2 y}{\partial t^2} = \dfrac{\partial^2 y}{\partial x^2} - \cos x,\ 0 < x < 2\pi,\ t > 0$

$y(0,\ t) = y(2\pi,\ t) = 0,\ t \ge 0$

$y(x,\ 0) = 0,\ \dfrac{\partial y}{\partial t}(x,\ 0) = 0,\ 0 \le x \le 2\pi$

10. 초기속도가 0이고 초기위치함수가 $f(x)$일 때 속도에 비례하는 감쇄력이 작용하는 현의 진동을 표현하는 다음을 풀어라.

$$\frac{\partial^2 y}{\partial t^2} = c^2\frac{\partial^2 y}{\partial x^2} - \alpha\frac{\partial y}{\partial t},\ 0 < x < L,\ t > 0$$
$$y(0,\ t) = y(L,\ t) = 0,\ t \ge 0$$
$$y(x,\ 0) = f(x),\ \frac{\partial y}{\partial t}(x,\ 0) = 0,\ 0 \le x \le L$$

여기서 $0 < \alpha < 2\pi c/L$이다.

11. 길이가 L인 원기둥 막대가 $t = 0$에서 AL만큼 잡아당겨졌다가 놓아졌을 때 막대의 종단 변위 y를 구하는 다음을 풀어라.

$$\frac{\partial^2 y}{\partial t^2} = c^2\frac{\partial^2 y}{\partial x^2},\ 0 < x < L,\ t > 0$$
$$\frac{\partial^2 y}{\partial t^2}(0,\ t) = \frac{\partial y}{\partial x}(L,\ t) = 0,\ t \ge 0$$
$$y(x,\ 0) = (A+1)x,\ \frac{\partial y}{\partial t}(x,\ 0) = 0,\ 0 \le x \le L$$

여기서 $c^2 = E/\delta$, E는 막대의 탄성계수, δ는 단위체적당 질량이다.

12. 길이가 π인 균일한 막대의 횡진동은

$$a^2\frac{\partial^4 u}{\partial x^4} + \frac{\partial^2 u}{\partial t^2} = 0,\ 0 < x < \pi,\ t > 0$$

으로 기술된다. 여기서 $u(x,\ t)$는 시간 t에서 x축에 수직이고 x를 지나는 단면의 변위, $a^2 = EI/\rho A$, E는 Young의 계수, I는 x축에 수직인 단면의 관성모멘트, ρ는 밀도, A는 단면적이다.

(a) $u(x,\ t) = X(x)\,T(t)$ 로 놓고 X와 T에 관한 미분방정식을 구하여라.

(b) 경계조건이 다음과 같을 때 분리상수값과 X와 T를 구하여라.

$$\frac{\partial^2 u}{\partial x^2}(0,\ t)=\frac{\partial^2 u}{\partial x^2}(\pi,\ t)=\frac{\partial^3 u}{\partial x^3}(0,\ t)$$
$$=\frac{\partial^3 u}{\partial x^3}(\pi,\ t)=0,\ t>0.$$

(c) 양끝이 고정된 경우 분리상수값과 X와 T를 구하여라.

$$u(0,\ t)=u(\pi,\ t)=\frac{\partial^2 u}{\partial x^2}(0,\ t)$$
$$=\frac{\partial^2 u}{\partial x^2}(\pi,\ t)=0,\ t>0.$$

13. A와 B가 양의 상수일 때 다음 전신방정식을 풀어라.

$$\frac{\partial^2 u}{\partial t^2}+A\frac{\partial u}{\partial t}+Bu=c^2\frac{\partial^2 u}{\partial x^2},\ 0<x<L, t>0$$
$$u(0,\ t)=u(L,\ t)=0,\ t\ge 0$$
$$u(x,\ 0)=f(x),\ \frac{\partial u}{\partial t}(x,\ 0)=0,\ 0\le x\le L$$

여기서 $A^2L^2<4(BL^2+c^2\pi^2)$이라고 가정하여라.

14. 다음 문제를 생각하자.

$$\frac{\partial^2 y}{\partial t^2}=9\frac{\partial^2 y}{\partial x^2}+5x^3,\ 0<x<4,\ t>0$$
$$y(0,\ t)=y(4,\ t)=0,\ t\ge 0$$
$$y(x,\ 0)=\cos\pi x,\ \frac{\partial y}{\partial t}(x,\ 0)=0,\ 0\le x\le 4$$

(a) 급수해를 구하여라.

(b) 파동방정식에서 항 $5x^3$이 없을 때 급수해를 구하여라.

(c) $t=0.4$초일 때 (a)와 (b)의 해의 부분합을 한 좌표평면에 그려라. 이 과정을 $t=0.8$, 1.4, 2, 2.5, 3, 4초일 때 반복하여라.

15. 다음 문제를 생각하자.

$$\frac{\partial^2 y}{\partial t^2}=9\frac{\partial^2 y}{\partial x^2}+\cos\pi x,\ 0<x<4,\ t>0$$
$$y(0,\ t)=y(4,\ t)=0,\ t\ge 0$$
$$y(x,\ 0)=x(4-x),\ \frac{\partial y}{\partial t}(x,\ 0)=0,\ 0\le x\le 4$$

(a) 급수해를 구하여라.

(b) 파동방정식에서 항 $\cos\pi x$가 없을 때 급수해를 구하여라.

(c) $t=0.6$초일 때 (a)와 (b)의 해의 부분합을 같은 좌표평면에 그려라. 이 과정을 $t=$ 0.5, 4.9, 6.4, 9.8일 때 반복하여라.

16. 다음 문제를 생각하자.

$$\frac{\partial^2 y}{\partial t^2}=9\frac{\partial^2 y}{\partial x^2}-e^{-x},\ 0<x<4,\ t>0$$
$$y(0,\ t)=y(4,\ t)=0,\ t\ge 0$$
$$y(x,\ 0)=\sin\pi x,\ \frac{\partial y}{\partial t}(x,\ 0)=0,\ 0\le x\le 4$$

(a) 급수해를 구하여라.

(b) 파동방정식에서 항 e^{-x}이 없을 때 급수해를 구하여라.

(c) $t=0.6$초일 때 (a)와 (b)의 해의 부분합을 같은 좌표평면에 그려라. 이 과정을 $t=1$, 1.4, 2, 3, 5, 7초일 때 반복하여라.

15.3 무한현 또는 반무한현에서 파동

15.3.1 무한현에서 파동

만약 바닷물의 온도 변화를 측정하기 위해 사용하는 음파와 같이 먼 거리에서 파동의 움직임을 생각하면 파동은 경계가 없는 무한현으로 묘사된다. 유한현과 마찬가지로 초기속도가 0인 경우와 초기위치가 0인 경우를 각각 생각해 보자.

초기속도가 0인 경우

$$\frac{\partial^2 y}{\partial t^2} = c^2 \frac{\partial^2 y}{\partial x^2}, \quad -\infty < x < \infty, \ t > 0,$$

$$y(x, 0) = f(x), \ \frac{\partial y}{\partial t}(x, 0) = 0, \quad \infty < x < \infty.$$

이 문제는 경계조건은 없지만 물리적으로 현의 진폭이 무한히 커질 수 없다는 것을 고려하여 해는 유계함수라고 가정하자.

변수 분리형의 해를 구하기 위하여 $y(x, t) = X(x)T(t)$라 놓으면

$$X'' + \lambda X = 0, \quad T'' + \lambda c^2 T = 0$$

을 얻는다. 상수 λ에 대한 3가지 경우를 살펴보자.

경우 1. $\lambda = 0$일 때

이 경우 $X(x) = ax + b$가 되며, $a = 0$이면 유계인 해가 된다. 따라서 $\lambda = 0$은 0이 아닌 상수 함수를 고유함수로 가지는 고유값이다.

경우 2. $\lambda < 0$일 때

$\lambda = -\omega^2 (\omega > 0)$이라 하면 $X'' - \omega^2 X = 0$이므로 $X(x) = ae^{\omega x} + be^{-\omega x}$이다. 그러나 $e^{\omega x}$는 $(0, \infty)$에서 유계가 아니므로 $a = 0$이어야 한다. 마찬가지로 $e^{-\omega x}$는 $(-\infty, 0)$에서 유계가 아니므로 $b = 0$이어야 한다. 따라서 해는 0이 되어 음의 고유값은 존재하지 않는다.

경우 3. $\lambda > 0$일 때

$\lambda = \omega^2 (\omega > 0)$이라 하면 $X'' + \omega^2 X = 0$이므로

$$X_\omega(x) = a_\omega \cos \omega x + b_\omega \sin \omega x$$

이 된다. 이 함수들은 모든 $\omega > 0$에서 유계이고, 따라서 모든 양수 $\lambda = \omega^2$는 a_ω와 b_ω가 둘 다

0은 아닐 때, X_ω를 고유함수로 가지는 고유값이다.

$\omega=0$이면 X_ω는 상수가 되기 때문에 경우 1을 경우 3에 포함시킬 수 있다. 따라서 T에 대한 방정식은 $\omega \geq 0$일 때 $T''_\omega + c^2\omega^2 T_\omega = 0$으로 쓸 수 있다. 이 일반해는

$$T_\omega(t) = c_\omega \cos \omega ct + d_\omega \sin \omega ct$$

이며 $\frac{\partial y}{\partial t}(x, 0) = X_\omega(t) T'_\omega(0) = X_\omega(t)\,\omega c d_\omega = 0$이므로 $d_\omega = 0$이 된다. 따라서 T_ω는 $\cos \omega ct$의 상수배가 된다.

그러므로 $\omega \geq 0$일 때

$$y_\omega(x, t) = X_\omega(x) T_\omega(t) = [a_\omega \cos \omega x + b_\omega \sin \omega x] \cos \omega ct$$

는 파동방정식과 $\partial y\omega / \partial t(x, 0) = 0$을 만족한다. 이제, y_ω들의 중첩으로 해 y를 구하려고 한다. 구간 $[0, L]$에 대한 문제에서는 양의 정수 n에 대한 $y_n(x, t)$를 얻었고 중첩해 $\sum_{n=1}^{\infty} y_n(x, t)$를 시도했다. 여기서는 고유값들이 양의 실수 전체에 해당되므로 $\sum_{n=1}^{\infty}$는 $\int_0^\infty \cdots d\omega$로 대치된다.

$$y(x, t) = \int_0^\infty y_\omega(x, t) d\omega = \int_0^\infty [a_\omega \cos \omega x + b_\omega \sin \omega x] \cos \omega ct \, d\omega . \tag{15.10}$$

초기위치 조건으로부터

$$y(x, 0) = \int_0^\infty [a_\omega \cos \omega x + b_\omega \sin \omega x] d\omega = f(x)$$

이므로 좌변의 적분은 $-\infty < x < \infty$일 때 $f(x)$는 Fourier 적분꼴이다. 따라서

$$a_\omega = \frac{1}{\pi}\int_{-\infty}^{\infty} f(\xi) \cos \omega\xi \, d\xi , \quad b_\omega = \frac{1}{\pi}\int_{-\infty}^{\infty} f(\xi) \sin \omega\xi \, d\xi$$

이 된다. 계수를 이와 같이 선택하고 f가 적절한 조건들(13.1절 Fourier 적분의 수렴정리를 참고하라)을 만족하면 (15.10)의 함수는 구하는 해가 된다.

보기 15.8

$$\frac{\partial^2 y}{\partial t^2} = c^2 \frac{\partial^2 y}{\partial x^2}, \quad -\infty < x < \infty, \ t > 0,$$

$$y(x, 0) = e^{-|x|}, \quad \frac{\partial y}{\partial t}(x, 0) = 0, \quad -\infty < x < \infty .$$

함수 (15.10)을 사용하여 Fourier 적분 계수를 계산하면

$$a_\omega = \frac{1}{\pi}\int_{-\infty}^{\infty} e^{-|\xi|} \cos \omega\xi \, d\xi = \frac{2}{\pi(1+\omega^2)},$$

$$b_\omega = \frac{1}{\pi}\int_{-\infty}^{\infty} e^{-|\xi|} \sin \omega\xi \, d\xi = 0$$

이 된다. 따라서 구하는 해는

$$y(x,\ t) = \frac{2}{\pi}\int_0^{\infty} \frac{1}{1+\omega^2} \cos \omega x \cos \omega ct \, d\omega \, .$$

해 (15.10)은 다음과 같이 더 축약된 형태로 쓸 수 있다.

$$\begin{aligned}
y(x,\ t) &= \int_0^{\infty} [a_\omega \cos \omega x + b_\omega \sin \omega x] \cos \omega ct \, d\omega \\
&= \frac{1}{\pi}\int_0^{\infty}\left[\left(\int_{-\infty}^{\infty} f(\xi)\cos \omega\xi \, d\xi\right)\cos \omega x + \left(\int_{-\infty}^{\infty} f(\xi)\sin \omega\xi \, d\xi\right)\sin \omega x\right]\cos \omega ct \, d\omega \\
&= \frac{1}{\pi}\int_{-\infty}^{\infty}\int_0^{\infty} [\cos \omega\xi \cos \omega x + \sin \omega\xi \sin \omega x] f(\xi) \cos \omega ct \, d\omega \, d\xi \\
&= \frac{1}{\pi}\int_{-\infty}^{\infty}\int_0^{\infty} \cos \omega(\xi - x) f(\xi) \cos \omega ct \, d\omega \, d\xi \, . \qquad (15.11)
\end{aligned}$$

초기변위가 0인 경우

현이 초기속도 $g(x)$로 수평위치에서 진동을 시작했다고 가정하자. 위치함수에 대한 이 문제는 다음과 같다.

$$\frac{\partial^2 y}{\partial t^2} = c^2 \frac{\partial^2 y}{\partial x^2}, \qquad -\infty < x < \infty, \ t > 0$$

$$y(x,\ 0) = 0, \ \frac{\partial y}{\partial t}(x,\ 0) = g(x), \qquad -\infty < x < \infty .$$

$y(x,\ t) = X(x)T(t)$로 놓고 전과 같은 과정을 밟으면 고유값 $\lambda = \omega^2 (\omega > 0)$과 다음 고유함수 X_ω와 T_ω를 얻게 된다.

$$X_\omega(x) = a_\omega \cos \omega x + b_\omega \sin \omega x \, , \qquad T_\omega(t) = a \cos \omega ct + b \sin \omega ct \, .$$

이 문제의 $T(t)$에 대한 초기조건 $y(x, 0) = X(x)\,T(0) = 0$으로부터 $T(0) = 0$이고 따라서 $a = 0$이므로 $T_\omega(t)$는 $\sin \omega ct$의 상수배이다.

$$y_\omega(x,\ t) = [a_\omega \cos \omega x + b_\omega \sin \omega x] \sin \omega ct$$

로 놓고 중첩을 사용하면

$$y(x,\ t) = \int_0^{\infty} [a_\omega \cos \omega x + b_\omega \sin \omega x] \sin \omega ct \, d\omega \qquad (15.12)$$

가 된다.

$$\frac{\partial y}{\partial t}(x, 0) = \int_0^\infty [\omega c a_\omega \cos \omega x + \omega c b_\omega \sin \omega x] d\omega = g(x)$$

를 만족해야 하므로 함수 g가 Fourier 적분 수렴정리의 조건을 만족하면

$$\omega c a_\omega = \frac{1}{\pi}\int_{-\infty}^\infty g(\xi) \cos \omega\xi \, d\xi, \quad \omega c b_\omega = \frac{1}{\pi}\int_{-\infty}^\infty g(\xi) \sin \omega\xi \, d\xi$$

$$\Rightarrow \ a_\omega = \frac{1}{\pi c \omega}\int_{-\infty}^\infty g(\xi) \cos \omega\xi \, d\xi, \quad b_\omega = \frac{1}{\pi c \omega}\int_{-\infty}^\infty g(\xi) \sin \omega\xi \, d\xi$$

이 된다. 계수를 이렇게 선택하면 함수 (15.12)는 문제의 해이다.

보기 15.9 초기위치가 0이고 초기속도가 다음과 같이 주어졌다고 가정하자.

$$g(x) = \begin{cases} e^x & 0 \le x \le 1 \text{ 일 때}, \\ 0 & x < 0, \quad x > 1 \text{ 일 때} \end{cases}$$

함수 (15.12)의 계수들을 구하면

$$a_\omega = \frac{1}{\pi c \omega}\int_{-\infty}^\infty g(\xi) \cos \omega\xi \, d\xi = \frac{1}{\pi c \omega}\int_0^1 e^\xi \cos \omega\xi \, d\xi$$
$$= \frac{1}{\pi c \omega} \frac{e \cos \omega + e\omega \sin \omega - 1}{1 + \omega^2},$$

$$b_\omega = \frac{1}{\pi c \omega}\int_{-\infty}^\infty g(\xi) \sin \omega\xi \, d\xi = \frac{1}{\pi c \omega}\int_0^1 e^\xi \sin \omega\xi \, d\xi$$
$$= -\frac{1}{\pi c \omega} \frac{e\omega \cos \omega - e \sin \omega - \omega}{1 + \omega^2}$$

이므로 구하는 해는

$$y(x, t) = \int_0^\infty \left(\frac{1}{\pi c \omega} \frac{e \cos \omega + e\omega \sin \omega - 1}{1 + \omega^2} \right) \cos \omega x \sin \omega c t \, d\omega$$
$$- \int_0^\infty \left(\frac{1}{\pi c \omega} \frac{e\omega \cos \omega - e \sin \omega - \omega}{1 + \omega^2} \right) \sin \omega x \sin \omega c t \, d\omega.$$

유한 구간의 경우와 같이, 0이 아닌 초기속도와 위치를 갖는 문제의 해는 초기위치가 0인 문제의 해와 초기속도가 0인 문제의 해를 합한 것으로 구할 수 있다.

무한현 파동방정식의 Fourier 변환해

무한현에 대한 파동방정식을 Fourier 변환을 이용하여 푸는 방법에 대해 살펴보자. 초기위치는 $f(x)$, 초기속도는 $g(x)$로 주어져 있다고 하자.

변수 x에 대한 $y(x, t)$의 Fourier 변환을 $\hat{y}(\omega, t)$로 나타내자. 파동방정식에 Fourier 변환을 취하면

$$\mathfrak{F}\left[\frac{\partial^2 y}{\partial t^2}\right](\omega) = c^2 \mathfrak{F}\left[\frac{\partial^2 y}{\partial x^2}\right](\omega)$$

이 된다. 여기서,

$$\mathfrak{F}\left[\frac{\partial^2 y}{\partial t^2}\right](\omega) = \int_{-\infty}^{\infty} \frac{\partial^2 y}{\partial t^2}(x, t) e^{-i\omega x}\, dx = \frac{\partial^2}{\partial t^2}\int_{-\infty}^{\infty} y(x, t) e^{-i\omega x}\, dx = \frac{\partial^2}{\partial t^2}\hat{y}(\omega, t),$$

$$\mathfrak{F}\left[\frac{\partial^2 y}{\partial x^2}\right](\omega) = -\omega^2 \hat{y}(\omega, t)$$

이므로 변환된 파동방정식은

$$\frac{\partial^2}{\partial t^2}\hat{y}(\omega, t) + c^2\omega^2\hat{y}(\omega, t) = 0$$

이 된다. 이것을 t에 대한 $\hat{y}(\omega, t)$의 상미분방정식으로 생각하면

$$\hat{y}(\omega, t) = a_\omega \cos\omega ct + b_\omega \sin\omega ct$$

이고, 초기조건으로부터

$$a_\omega = \hat{y}(\omega, 0) = \mathfrak{F}[y(x, 0)](\omega) = \mathfrak{F}[f](\omega) = \hat{f}(\omega),$$

$$\omega c b_\omega = \frac{\partial \hat{y}}{\partial t}(\omega, 0) = \mathfrak{F}\left[\frac{\partial y}{\partial t}(x, 0)\right](\omega) = \mathfrak{F}[g(x)](\omega) = \hat{g}(\omega)$$

을 얻는다. 따라서

$$\hat{y}(\omega, t) = \hat{f}(\omega)\cos\omega ct + \frac{1}{\omega c}\hat{g}(\omega)\sin\omega ct$$

이고 Fourier 역변환을 수행하면

$$y(x, t) = \frac{1}{2\pi}\int_{-\infty}^{\infty}\left[\hat{f}(\omega)\cos\omega ct + \frac{1}{\omega c}\hat{g}(\omega)\sin\omega ct\right]e^{i\omega x}\, d\omega \tag{15.13}$$

이 된다. 특히, 초기속도가 $g(x) = 0$이면 해는

$$y(x, t) = \frac{1}{2\pi}\int_{-\infty}^{\infty}\hat{f}(\omega)\cos\omega ct\, e^{i\omega x}\, d\omega$$

이다. 이것은 Fourier 적분에 의해 얻어진 해와 동일하다. 이것에 대해 살펴보자.

$$\begin{aligned} y(x, t) &= \frac{1}{2\pi}\int_{-\infty}^{\infty} \hat{f}(\omega)\cos\omega ct\, e^{i\omega x}\, d\omega \\ &= \frac{1}{2\pi}\int_{-\infty}^{\infty}\left(\int_{-\infty}^{\infty} f(\xi)e^{-i\omega\xi}\, d\xi\right)\cos\omega ct\, e^{i\omega x}\, d\omega \\ &= \frac{1}{2\pi}\int_{-\infty}^{\infty}\int_{-\infty}^{\infty} e^{-i\omega(\xi-x)}\cos\omega ct\, f(\xi)\, d\omega\, d\xi \\ &= \frac{1}{2\pi}\int_{-\infty}^{\infty}\int_{-\infty}^{\infty} [\cos\omega(\xi-x) - i\sin\omega(\xi-x)]\cos\omega ct\, f(\xi)\, d\omega\, d\xi\,. \end{aligned}$$

변위함수는 실함수이므로 적분의 실수부만 취하면

$$y(x, t) = \frac{1}{2\pi}\int_{-\infty}^{\infty}\int_{-\infty}^{\infty} \cos\omega(\xi-x)\cos\omega ct\, f(\xi)\, d\omega\, d\xi$$

이다. 적분하는 함수는 ω에 대해 짝함수이므로

$$y(x, t) = \frac{1}{\pi}\int_{-\infty}^{\infty}\int_{0}^{\infty} \cos\omega(\xi-x)\cos\omega ct\, f(\xi)\, d\omega\, d\xi$$

을 얻는다. 이것은 Fourier 적분에 의해 구한 해 (15.11)과 일치한다.

보기 15.10 초기속도가 0이고 초기위치함수가 다음과 같을 때 위치함수를 구해 보자.

$$f(x) = \begin{cases} \cos x & |x| \le \dfrac{\pi}{2} \text{ 일 때,} \\ 0 & |x| > \dfrac{\pi}{2} \text{ 일 때} \end{cases}$$

해 (15.13)을 구하기 위하여 다음을 계산해야 한다.

$$\begin{aligned} \hat{f}(\omega) &= \int_{-\infty}^{\infty} f(\xi)e^{-i\omega\xi}\, d\xi = \int_{-\pi/2}^{\pi/2} \cos\xi\, e^{-i\omega\xi}\, d\xi \\ &= \begin{cases} 2\,\dfrac{\cos(\pi\omega/2)}{1-\omega^2} & \omega \ne 1 \text{ 일 때,} \\ \dfrac{\pi}{2} & \omega = 1 \text{ 일 때} \end{cases} \end{aligned}$$

$\hat{f}(\omega)$는 연속이다. 왜냐하면 $\lim_{\omega\to 1}\dfrac{2\cos(\pi\omega/2)}{1-\omega^2} = \dfrac{\pi}{2}$이기 때문이다. 따라서 해는

$$y(x, t) = \frac{1}{\pi}\int_{-\infty}^{\infty} \frac{\cos(\pi\omega/2)}{1-\omega^2}\cos\omega ct\, e^{i\omega x}\, d\omega$$

이다. 여기서 적분의 실수부, 홀함수 적분과 짝함수 적분을 사용하면

$$y(x,\ t)=\frac{1}{\pi}\int_{-\infty}^{\infty}\frac{\cos(\pi\omega/2)}{1-\omega^2}\cos\omega x\cos\omega ct\,d\omega$$
$$=\frac{2}{\pi}\int_{0}^{\infty}\frac{\cos(\pi\omega/2)}{1-\omega^2}\cos\omega x\cos\omega ct\,d\omega\,.$$

보기 15.11 경우에 따라 Fourier 변환을 잘 사용하면 닫힌 형식의 해를 구할 수 있다.

$$\frac{\partial^2 y}{\partial t^2}=9\frac{\partial^2 y}{\partial x^2},\qquad -\infty<x<\infty,\ t\geq 0,$$
$$y(x,\ 0)=4e^{-5|x|},$$
$$\frac{\partial y}{\partial t}(x,\ 0)=0,\qquad -\infty<x<\infty\,.$$

위 미분방정식에 변환을 취하면

$$\frac{\partial^2 \hat{y}}{\partial t^2}(\omega,\ t)=-9\omega^2\hat{y}(\omega,\ t)$$
$$\Rightarrow\ \hat{y}(\omega,\ t)=a_\omega\cos 3\omega t+b_\omega\sin 3\omega t$$

이다. 초기조건으로부터

$$\hat{y}(\omega,\ 0)=a_\omega=\mathfrak{F}\,[y(x,\ 0)](\omega)=\mathfrak{F}\left[4e^{-5|x|}\right](\omega)=\frac{40}{25+\omega^2}$$

을 얻는다. 다음에 초기속도로부터

$$\frac{\partial\hat{y}}{\partial t}(\omega,\ 0)=3\omega b_\omega=\mathfrak{F}\left[\frac{\partial y}{\partial t}(x,\ 0)\right](\omega)=0$$

이 되어 $b_\omega=0$이므로

$$\hat{y}(\omega,\ t)=\frac{40}{25+\omega^2}\cos 3\omega t$$

를 얻는다. 따라서

$$y(x,\ t)=\mathfrak{F}^{-1}\left[\frac{40}{25+\omega^2}\cos 3\omega t\right]$$
$$=\mathfrak{F}^{-1}\left[\frac{40}{25+\omega^2}\right]*\mathfrak{F}^{-1}[\cos 3\omega t]$$
$$=4e^{-5|x|}*\mathfrak{F}^{-1}[\cos 3\omega t]$$

이다. 13.4.5절에서 $F[\delta(t)](\omega)=1$이 된다는 것과 변조정리(13.3절의 정리 13.6)를 결합하면

$$\mathfrak{F}[\cos\omega_0 x] = \pi[\delta(\omega+\omega_0)+\delta(\omega-\omega_0)]$$

를 얻는다. 대칭정리(13.3절의 정리 13.5)를 사용하면

$$\mathfrak{F}\big[\pi[\delta(x+\omega_0)+\delta(x-\omega_0)]\big] = 2\pi\cos\omega_0\omega$$

$$\Rightarrow\ \mathfrak{F}^{-1}[\cos\omega_0\omega](x) = \frac{1}{2}[\delta(x+\omega_0)+\delta(x-\omega_0)].$$

$\omega_0 = 3t$라 하면

$$\mathfrak{F}^{-1}[\cos 3\omega t](x) = \frac{1}{2}[\delta(x+3t)+\delta(x-3t)]$$

이다. 따라서 구하는 해는

$$\begin{aligned} y(x,t) &= 4e^{-5|x|} * \frac{1}{2}[\delta(x+3t)+\delta(x-3t)] \\ &= 2\int_{-\infty}^{\infty} e^{-5|x-\xi|}\delta(\xi+3t)\,d\xi + 2\int_{-\infty}^{\infty} e^{-5|x-\xi|}\delta(\xi-3t)\,d\xi \\ &= 2e^{-5|x+3t|} + 2e^{-5|x-3t|}. \end{aligned}$$

15.3.2 반무한현에서 파동

한쪽은 원점에 묶여 있고 x축의 양의 방향을 따라 놓여 있는 현의 파동에 관한 문제를 생각해 보자. 이 문제는

$$\begin{aligned} &\frac{\partial^2 y}{\partial t^2} = c^2\frac{\partial^2 y}{\partial x^2}, \quad 0 < x < \infty,\ t > 0, \\ &y(0,t) = 0, \quad t \ge 0, \\ &y(x,0) = f(x),\ \frac{\partial y}{\partial t}(x,0) = g(x), \quad 0 < x < \infty, \end{aligned}$$

이며 해는 유계라 가정하자.

$y(x,t) = X(x)T(t)$라 하면

$$X'' + \lambda X = 0, \quad T'' + \lambda c^2 T = 0$$

을 얻는다. 경계조건 $y(0,t) = X(0)T(t) = 0$으로부터

$$X(0) = 0$$

을 만족한다.

경우 1. $\lambda=0$일 때

이 경우 $X(x)=ax+b$이다. $X(0)=b=0$이기 때문에 $X(x)=ax$가 되고, 이것은 $a=0$이 아니면 구간 $[0, \infty)$에서 유계가 아니므로 $\lambda=0$은 고유값이 아니다.

경우 2. λ가 음수일 때

$\lambda=-\omega^2(\omega>0)$이라 하면 $X''-\omega^2 X=0$이 되고, 일반해는 $X(x)=ae^{\omega x}+be^{-\omega x}$이고 $X(0)=a+b=0$에 의해 $b=-a$, $X(x)=2a\sinh \omega x$가 된다. 이것은 $x>0$에서 $a=0$이 아니면 유계가 아니므로 이 문제는 음의 고유값을 갖지 않는다.

경우 3. λ는 양수일 때

$\lambda=\omega^2(\omega>0)$이라 하면 $X(x)=a\cos \omega x+b\sin \omega x$을 얻는다. $X(0)=a=0$이기 때문에 사인항만 남게 된다. 따라서 모든 양수는 고유값이 되고 대응되는 고유함수는 $\sin \omega x$의 상수배가 된다. T는 $T''+c^2\omega^2 T=0$을 만족하므로

$$T(t)=a\cos \omega ct+b\sin \omega ct$$

이다. 이제, 초기위치 $f(x)$가 0인 문제와 초기속도 $g(x)$가 0인 문제로 분리해야 한다. $g(x)=0$이면 $T'(0)=0$, $b=0$이며, $T(t)$는 $\cos \omega ct$의 상수배가 된다. 따라서

$$y(x,\, t)=\int_0^\infty c_\omega \sin \omega x \cos \omega ct\, d\omega$$

는 파동방정식과 경계조건을 만족하고, $x>0$에서 $y_t(x,\, 0)=0$을 만족한다. 초기위치에 대한 조건으로부터

$$y(x, 0)=\int_0^\infty c_\omega \sin \omega x\, d\omega=f(x)$$

이고 이것은 구간 $[0, \infty)$에 대한 $f(x)$의 Fourier 사인 적분전개이므로

$$c_\omega=\frac{2}{\pi}\int_0^\infty f(\xi)\sin \omega\xi\, d\xi$$

가 된다. 따라서 이 문제의 해는

$$y(x, t)=\frac{2}{\pi}\int_0^\infty\left(\int_0^\infty f(\xi)\sin \omega\xi\, d\xi\right)\sin \omega x\cos \omega ct\, d\omega$$

이 된다. 초기위치가 0이고 초기속도가 $g(x)$인 해는

$$y(x,\, t)=\int_0^\infty c_\omega \sin \omega x\sin \omega ct\, d\omega,$$

$$c_\omega=\frac{2}{\pi c\omega}\int_0^\infty g(\xi)\sin \omega\xi\, d\xi$$

이 되며 구하는 해는 위 두 해의 합으로 표현된다.

보기 15.12

$$\frac{\partial^2 y}{\partial t^2}=16\frac{\partial^2 y}{\partial x^2}, \quad x>0,\ t>0,$$

$$y(0,t)=0, \quad t\geq 0,$$

$$\frac{\partial y}{\partial t}(x,0)=0,\ y(x,0)=\begin{cases}\sin \pi x & 0\leq x\leq 4 \text{ 일 때}, \\ 0 & x>4 \text{ 일 때}\end{cases}$$

이 경우는

$$c_\omega=\frac{2}{\pi}\int_0^\infty f(\xi)\sin\omega\xi\,d\xi$$

$$=\frac{2}{\pi}\int_0^4 \sin\pi\xi\sin\omega\xi\,d\xi=8\sin\omega\cos\omega\,\frac{2\cos^2\omega-1}{\omega^2-\pi^2}$$

이므로 구하는 해는

$$y(x,t)=\int_0^\infty 8\sin\omega\cos\omega\,\frac{2\cos^2\omega-1}{\omega^2-\pi^2}\sin\omega x\cos 4\omega t\,d\omega.$$

반무한현에서 파동방정식의 변환해

변환을 사용하여 반무한현에 대한 파동방정식을 풀어 보자. 이번에는 초기변위가 0이고 초기속도가 $g(x)$인 경우를 살펴본다.

$$\frac{\partial^2 y}{\partial t^2}=c^2\frac{\partial^2 y}{\partial x^2}, \quad 0<x<\infty,\ t>0,$$

$$y(0,t)=0, \quad t\geq 0,$$

$$y(x,0)=0, \quad \frac{\partial y}{\partial t}(x,0)=g(x), \quad 0\leq x<\infty.$$

이 경우는 x의 범위가 $0\leq x<\infty$이므로 x에 대한 Fourier 사인 또는 코사인 변환을 시도해 보자. 사인 변환을 위해 사용하는 공식은 원점에서 해의 값을 필요로 하는 반면, 코사인 변환은 원점에서 해의 미분된 값을 사용한다. 조건 $y(0,t)=0$이 주어졌으므로 사인 변환을 시도해 보자. $\hat{y}_s(\omega,t)$를 변수 x에 대한 $y(x,t)$의 사인 변환이라 하고, 파동방정식의 사인 변환을 취해 보자.

$$\frac{\partial^2 \hat{y}_S}{\partial t^2}=c^2\mathfrak{F}_S\left[\frac{\partial^2 y}{\partial x^2}\right]=-c^2\omega^2\,\hat{y}_S(\omega,t)+\omega c^2 y(0,t)=-c^2\omega^2\,\hat{y}_S(\omega,t)$$

이 되고 이 상미분방정식을 풀면

$$\hat{y}_S(\omega, t) = a_\omega \cos \omega ct + b_\omega \sin \omega ct$$

을 얻는다. 초기조건들을 이용하면

$$a_\omega = \hat{y}_S(\omega, 0) = \mathfrak{F}_S[y(x, 0)](\omega) = \mathfrak{F}_S[0](\omega) = 0,$$

$$\frac{\partial \hat{y}_S}{\partial t}(\omega, 0) = \omega c b_\omega = \hat{g}_S(\omega)$$

이므로

$$b_\omega = \frac{1}{\omega c} \hat{g}_S(\omega)$$

이 된다. 따라서

$$\hat{y}(\omega, t) = \frac{1}{\omega c} \hat{g}_S(\omega) \sin \omega ct$$

이 되고, 역변환으로 해를 구하면

$$y(x, t) = \mathfrak{F}_S^{-1}\left[\frac{1}{\omega c} \hat{g}_S(\omega) \sin \omega ct\right](x) = \frac{2}{\pi} \int_0^\infty \frac{1}{\omega c} \hat{g}_S(\omega) \sin \omega x \sin \omega ct \, d\omega .$$

보기 15.13

$$\frac{\partial^2 y}{\partial t^2} = 25 \frac{\partial^2 y}{\partial x^2}, \quad x > 0,\ t > 0,$$

$$y(0, t) = 0, \quad t \ge 0,$$

$$y(x, 0) = 0,\ \frac{\partial y}{\partial t}(x, 0) = g(x), \quad 0 \le x < \infty .$$

여기서

$$g(x) = \begin{cases} 9 - x^2 & 0 \le x \le 3 \text{ 일 때}, \\ 0 & x > 3 \text{ 일 때} \end{cases}$$

이라 하자. Fourier 사인 변환을 사용하면 해는

$$y(x, t) = \frac{2}{\pi} \int_0^\infty \frac{1}{5\omega} \hat{g}_S(\omega) \sin \omega x \sin 5\omega t \, d\omega$$

이고, 여기서

$$\begin{aligned} \hat{g}_S(\omega) &= \int_0^\infty g(\xi) \sin \omega x \, dx \\ &= \int_0^3 (9 - x^2) \sin \omega x \, dx \\ &= \frac{-8\cos^3 \omega + 6\cos \omega - 24\omega \sin \omega \cos^2 \omega + 6\omega \sin \omega + 9\omega^2 + 2}{\omega^3} . \end{aligned}$$

연습문제 15.3

문제 1부터 8까지 Fourier 적분과 Fourier 변환을 사용하여 무한현 파동방정식 문제를 풀어라.

$$\frac{\partial^2 y}{\partial t^2}=c^2\frac{\partial^2 y}{\partial x^2},\ -\infty<x<\infty,\ t>0$$

$$y(x,0)=f(x),\ \frac{\partial y}{\partial t}(x,0)=g(x),\ -\infty<x<\infty$$

1. $c=12,\ f(x)=e^{-5|x|},\ g(x)=0$

2. $c=8,\ f(x)=\begin{cases}8-x & 0\le x\le 8 \text{ 일 때,}\\ 0 & x<0,\ x>8 \text{ 일 때}\end{cases}$

   $g(x)=0$

3. $c=4,\ f(x)=0,$

   $g(x)=\begin{cases}\sin x & |x|\le\pi \text{ 일 때,}\\ 0 & |x|>\pi \text{ 일 때}\end{cases}$

4. $c=1,\ f(x)=\begin{cases}2-|x| & |x|\le 2 \text{ 일 때,}\\ 0 & |x|>2 \text{ 일 때}\end{cases}$

   $g(x)=0$

5. $c=3,\ f(x)=0,$

   $g(x)=\begin{cases}e^{-2x} & x\ge 1 \text{ 일 때,}\\ 0 & x<1 \text{ 일 때}\end{cases}$

6. $c=2,\ f(x)=0,$

   $g(x)=\begin{cases}1 & -0\le x\le 2 \text{ 일 때,}\\ -1 & -2\le x<0 \text{ 일 때,}\\ 0 & x>2,\ x<-2 \text{ 일 때}\end{cases}$

7. $c=4,\ f(x)=\begin{cases}16-x^4 & |x|\le 2 \text{ 일 때,}\\ 0 & |x|>2 \text{ 일 때}\end{cases}$

   $g(x)=0$

8. $c=6,\ f(x)=0,$

   $g(x)=\begin{cases}\cos\pi x & |x|\le\frac{3}{2} \text{ 일 때,}\\ 0 & |x|>\frac{3}{2} \text{ 일 때}\end{cases}$

문제 9부터 11까지 변수분리 해법과 Fourier 사인 변환을 이용하여 반무한현 파동방정식 문제를 풀어라.

$$\frac{\partial^2 y}{\partial t^2}=c^2\frac{\partial^2 y}{\partial x^2},\ x>0,\ t>0$$

$$y(0,t)=0,\ t\ge 0$$

$$y(x,0)=f(x),\ \frac{\partial y}{\partial t}(x,0)=g(x),\ x\ge 0$$

9. $c=2,\ f(x)=0,$

   $g(x)=\begin{cases}\cos x & \frac{\pi}{2}\le x\le\frac{5\pi}{2} \text{ 일 때,}\\ 0 & 0\le x<\frac{\pi}{2},\ x>\frac{5\pi}{2} \text{ 일 때}\end{cases}$

10. $c=6,\ f(x)=-2e^{-x},\ g(x)=0$

11. $c=14,\ f(x)=0,$

    $g(x)=\begin{cases}x^2(3-x) & 0\le x\le 3 \text{ 일 때,}\\ 0 & x>3 \text{ 일 때}\end{cases}$

종종 Laplace 변환은 파동방정식을 포함하는 경계값 문제를 푸는 데 유용하다. 문제 12부터 14까지를 Laplace 변환을 사용하여 풀어라.

12. $\frac{\partial^2 y}{\partial t^2}=c^2\frac{\partial^2 y}{\partial x^2},\ x>0,\ t>0$

    $y(0,t)=\begin{cases}\sin 2\pi t & 0\le t\le 1 \text{ 일 때,}\\ 0 & t>0 \text{ 일 때}\end{cases}$

    $y(x,0)=\frac{\partial y}{\partial t}(x,0)=0,\ x\ge 0$

13. $\frac{\partial^2 y}{\partial t^2}=c^2\frac{\partial^2 y}{\partial x^2},\ x>0,\ t>0$

    $y(0,t)=t,\ t>0$

    $y(x,0)=0,\ \frac{\partial y}{\partial t}(x,0)=A,\ x\ge 0$

14. $\frac{\partial^2 y}{\partial t^2}=4\frac{\partial^2 y}{\partial x^2},\ x>0,\ t>0$

    $y(0,t)=\sin t,\ t>0$

    $y(x,0)=0,\ \frac{\partial y}{\partial t}(x,0)=e^{-x},\ x\ge 0$

15.4 특성곡선과 d'Alembert 해

이 절에서는 편미분을 아래 첨자로 나타낸다. 예를 들어 $\partial u/\partial t = u_t$, $\partial u/\partial x = u_x$, $\partial^2 u/\partial t^2 = u_{tt}$와 같이 나타낸다. 무한현 파동방정식을 다른 관점에서 살펴보자.

$$u_{tt} = c^2 u_{xx}, \quad -\infty < x < \infty,\ t > 0,$$

$$u(x, 0) = f(x),\ u_t(x, 0) = g(x), \quad -\infty < x < \infty.$$

이 초기값-경계값 문제를 **파동방정식의 Cauchy 문제**라 한다. k_1과 k_2가 실수일 때, 다음 직선들을 파동방정식의 **특성곡선**이라고 한다.

$$x - ct = k_1, \quad x + ct = k_2.$$

특성곡선은 xt-평면에서 기울기가 각각 $1/c$, $-1/c$인 직선이다. 이 곡선들을 이용하여 파동방정식의 해를 초기조건으로 표현하는 방법을 알아보자.

좌표 변환

$$\xi = x - ct, \quad \eta = x + ct$$

을 정의하면 이 변환은

$$x = \frac{1}{2}(\xi + \eta), \quad t = \frac{1}{2c}(-\xi + \eta)$$

와 같이 역변환이 가능하다.

$$U(\xi, \eta) = u(x(\xi, \eta),\ y(\xi, \eta))$$

라고 하고 u의 도함수를 구하면

$$\begin{aligned}
u_x &= U_\xi \xi_x + U_\eta \eta_x = U_\xi + U_\eta \\
u_{xx} &= U_{\xi\xi}\xi_x + U_{\xi\eta}\eta_x + U_{\eta\xi}\xi_x + U_{\eta\eta}\eta_x \\
&= U_{\xi\xi} + 2U_{\xi\eta} + U_{\eta\eta} \\
u_t &= U_\xi(-c) + U_\eta(c) \\
u_{tt} &= -c\left[U_{\xi\xi}(-c) + U_{\xi\eta}(c)\right] + c\left[U_{\eta\xi}(-c) + U_{\eta\eta}(c)\right] \\
&= c^2 U_{\xi\xi} - 2c^2 U_{\xi\eta} + c^2 U_{\eta\eta}
\end{aligned}$$

이므로

$$u_{tt} - c^2 u_{xx} = -4c^2 U_{\xi\eta}$$

이 된다. 따라서 새로운 좌표계 (ξ, η)에서 파동방정식은

$$U_{\xi\eta} = 0$$

이 된다. 이 방정식은 해를 구하기 쉬운 형태이다. 먼저 $(U_\eta)_\xi = 0$으로부터 U_η가 ξ에 무관하므로 적당한 함수 $h(\eta)$에 대하여

$$U_\eta = h(\eta)$$

이다. η에 대해 적분하면

$$U(\xi, \eta) = \int h(\eta)\, d\eta + F(\xi)$$

이고, 여기서 $F(\xi)$는 η에 관한 적분상수이다. $\int h(\eta)\, d\eta$는 η에 대한 함수이므로 이것을 $G(\eta)$이라 하자. 그러면

$$U(\xi, \eta) = F(\xi) + G(\eta)$$

이 된다. 따라서 파동방정식의 일반해는

$$u(x, t) = F(x - ct) + G(x + ct) \tag{15.14}$$

이다. 함수 (15.14)를 파동방정식의 **d'Alembert 해**라 부른다. $u_{tt} = c^2 u_{xx}$의 모든 해는 이 형태로 표현된다.

이제 초기조건을 만족시키기 위하여 F와 G를 어떻게 선택해야 하는지 알아보자. 즉, 초기조건

$$u(x, 0) = F(x) + G(x) = f(x), \tag{15.15}$$

$$u_t(x, 0) = -cF'(x) + cG'(x) = g(x) \tag{15.16}$$

를 생각하자. 식 (15.16)을 적분하면

$$-F(x) + G(x) = \frac{1}{c}\int_0^x g(\xi)\, d\xi - F(0) + G(0). \tag{15.17}$$

따라서 식 (15.15)와 (15.17)로부터

$$F(x) = \frac{1}{2} f(x) - \frac{1}{2c}\int_0^x g(\xi)\, d\xi + \frac{1}{2}F(0) - \frac{1}{2}G(0)$$
$$G(x) = \frac{1}{2} f(x) + \frac{1}{2c}\int_0^x g(\xi)\, d\xi - \frac{1}{2}F(0) + \frac{1}{2}G(0)$$

을 얻는다. 그러므로 구하는 해는

$$\begin{aligned} u(x, t) &= F(x-ct) + G(x+ct) \\ &= \frac{1}{2}f(x-ct) - \frac{1}{2c}\int_0^{x-ct} g(\xi)d\xi + \frac{1}{2}F(0) - \frac{1}{2}G(0) \\ &\quad + \frac{1}{2}f(x+ct) + \frac{1}{2c}\int_0^{x+ct} g(\xi)\,d\xi - \frac{1}{2}F(0) + \frac{1}{2}G(0) \\ &= \frac{1}{2}(f(x-ct) + f(x+ct)) + \frac{1}{2c}\int_{x-ct}^{x+ct} g(\xi)d\xi\,. \end{aligned}$$

이 형태를 무한현 파동방정식의 Cauchy 문제에 대한 d'Alembert 해라 한다.

보기 15.14

$$u_{tt} = 4u_{xx}, \quad -\infty < x < \infty,\ t > 0,$$
$$u(x, 0) = e^{-|x|},\ u_t(x, 0) = \cos 4x, \quad -\infty < x < \infty.$$

d'Alembert 해를 구하면

$$\begin{aligned} u(x, t) &= \frac{1}{2}\left(e^{-|x-2t|} + e^{-|x+2t|}\right) + \frac{1}{4}\int_{x-2t}^{x+2t} \cos 4\xi\,d\xi \\ &= \frac{1}{2}\left(e^{-|x-2t|} + e^{-|x+2t|}\right) + \frac{1}{16}[\sin 4(x+2t) - \sin 4(x-2t)] \\ &= \frac{1}{2}\left(e^{-|x-2t|} + e^{-|x+2t|}\right) + \frac{1}{8}\cos 4x \sin 8t\,. \end{aligned}$$

15.4.1 순방향 파동과 역방향 파동

d'Alembert의 해는

$$\begin{aligned} u(x, t) &= \frac{1}{2}\left(f(x-ct) - \frac{1}{c}\int_0^{x-ct} g(\xi)\,d\xi\right) + \frac{1}{2}\left(f(x+ct) + \frac{1}{c}\int_0^{x+ct} g(\xi)\,d\xi\right) \\ &= \alpha(x-ct) + \beta(x+ct) \end{aligned}$$

로 쓸 수 있고, 이때

$$\alpha(x) = \frac{1}{2}f(x) - \frac{1}{2c}\int_0^x g(\xi)\,d\xi,$$
$$\beta(x) = \frac{1}{2}f(x) + \frac{1}{2c}\int_0^x g(\xi)\,d\xi$$

이다. $\alpha(x-ct)$를 순방향 파동이라 부르고, $\beta(x+ct)$를 역방향 파동이라 부른다. $\alpha(x-ct)$의 그래프는 $\alpha(x)$를 ct만큼 오른쪽으로 이동한 그래프이므로, $\alpha(x-ct)$는 $\alpha(x)$가 속력 c로 오른쪽으로 이동하는 것으로 생각할 수 있다. 마찬가지로 $\beta(x+ct)$는 $\beta(x)$가 속력 c로 왼쪽으로 이동하는 것으로 생각할 수 있다. 시간 t에서 x의 함수인 $y = u(x, t)$의 그래프로 주어지는 현의 파동은 순방향 파동과 역방향 파동의 합이 된다.

보기 15.15 $c = 1$이고 초기위치와 초기속도가

$$f(x) = \begin{cases} 4 - x^2 & |x| \le 2 \text{ 일 때}, \\ 0 & |x| > 2 \text{ 일 때}, \end{cases} \qquad g(x) = 0$$

문제를 생각하자. 그림 15.10(a)는 초기위치의 그래프이다. 파동방정식의 해는 순방향과 역방향 파동의 합으로

$$u(x, t) = \alpha(x + ct) + \beta(x - ct) = \frac{1}{2} f(x + t) + \frac{1}{2} f(x - t)$$

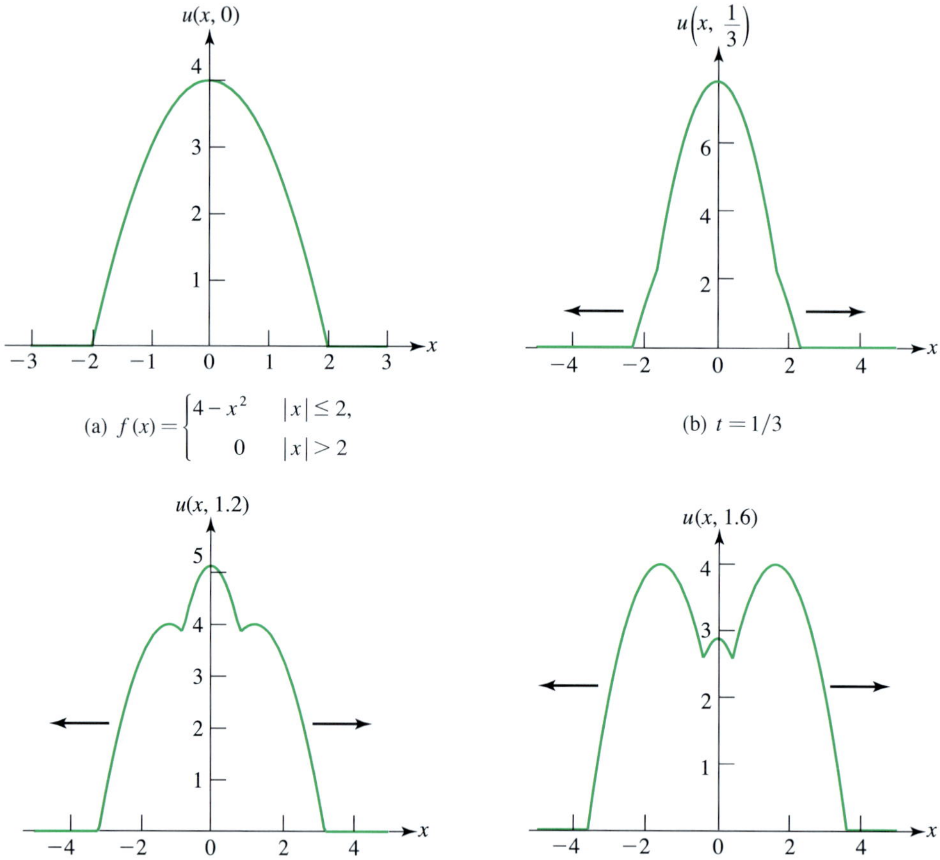

(a) $f(x) = \begin{cases} 4 - x^2 & |x| \le 2, \\ 0 & |x| > 2 \end{cases}$

(b) $t = 1/3$

(c) $t = 1.2$

(d) $t = 1.6$

그림 15.10

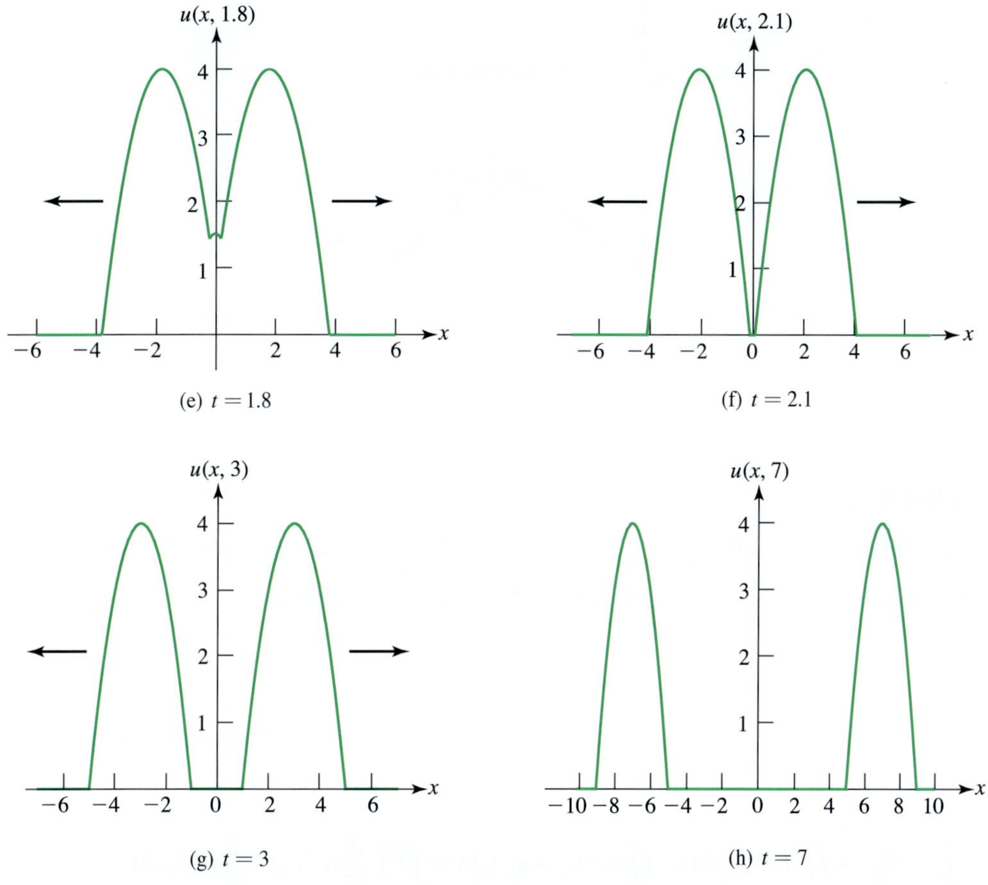

그림 15.10

이며, 오른쪽으로 t만큼 이동한 초기위치함수와 왼쪽으로 t만큼 이동한 초기위치함수를 합한 것으로 구성된다. $f(x)$가 $[-2, 2]$의 바깥쪽에서는 사라지기 때문에 이들 순방향 및 역방향 파동은 분리되어 2초 후 하나는 오른쪽으로 이동하고, 다른 하나는 왼쪽으로 이동한다. 이 과정이 그림 15.10(b)~(h)에 나타나 있다.

15.4.2 비제차 파동방정식

특성곡선을 사용하여 다음 비제차 문제의 해를 구해 보자.

$$u_{tt} = c^2 u_{xx} + F(x, t), \quad -\infty < x < \infty,\ t > 0,$$
$$u(x, 0) = f(x),\ u_t(x, 0) = g(x), \quad -\infty < x < \infty.$$

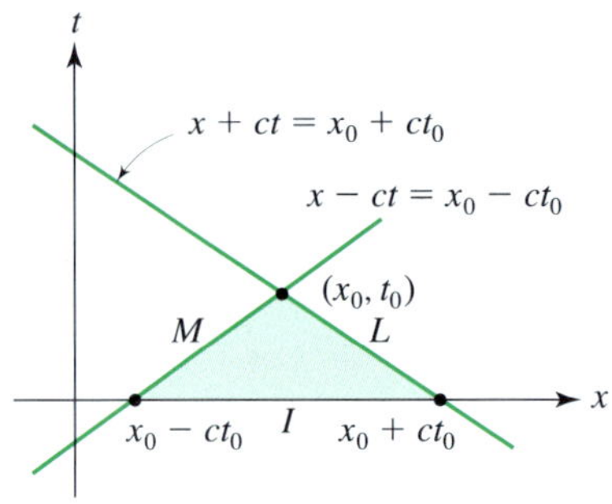

그림 15.11 특성 삼각형

$F(x, t)$는 현에 가해지는 힘으로 생각할 수 있다. 모든 실수 x와 $t \geq 0$에서 $F(x, t)$는 연속이라 가정하자.

(x_0, t_0)에서 해를 구해 보자. 파동방정식의 특성곡선들이 xt-평면에서 직선으로 나타남을 기억하라. 정확히 2개의 특성곡선이 점 (x_0, t_0)를 지나며, 그 선들은

$$x - ct = x_0 - ct_0, \qquad x + ct = x_0 + ct_0$$

이다. 구간 $[x_0 - ct_0, x_0 + ct_0]$와 특성곡선들은 그림 15.11과 같은 **특성 삼각형** Δ를 형성한다. Δ의 변들을 L, M, I라 하자. Δ에서 $-F(x, t)$의 이중 적분을 계산하면

$$-\iint_\Delta F(x, t)dA = \iint_\Delta (c^2 u_{xx} - u_{tt})\, dA = \iint_\Delta \left(\frac{\partial}{\partial x}(c^2 u_x) - \frac{\partial}{\partial t}(u_t)\right) dA$$

이다. 마지막 적분에 Green 정리를 적용하면

$$-\iint_\Delta F(x, t)dA = \oint_C u_t\, dx + c^2 u_x\, dt$$

를 얻는다. 여기서 C는 반시계 방향인 Δ의 경계이다. 이제 우변에서 C의 각 부분을 차례대로 고려하여 선적분을 계산해 보자.

$$\int_I u_t\, dx + c^2 u_x\, dt = \int_{x_0 - ct_0}^{x_0 + ct_0} u_t(x, 0)\, dx = \int_{x_0 - ct_0}^{x_0 + ct_0} g(\xi)\, d\xi,$$

L에서는 $x + ct = x_0 + ct_0$이므로 $dx = -c\, dt$가 되고

$$\int_L u_t\, dx + c^2 u_x\, dt = \int_L u_t(-c)\, dt + c^2 u_x\left(-\frac{1}{c}\right)dx = -c\int_L du$$
$$= -c[u(x_0, t_0) - u(x_0 + ct_0, 0)],$$

M에서는 $x - ct = x_0 - ct_0$이므로 $dx = c\, dt$가 되고

$$\int_M u_t\,dx + c^2 u_x\,dt = \int_M u_t(c)\,dt + c^2 u_x\left(\frac{1}{c}\right)dx = c\int_M du$$
$$= c\left[u(x_0 - ct_0,\ 0) - u(x_0,\ t_0)\right]$$

이 된다. 이들 선적분들의 결과를 합하면

$$-\iint_\Delta F(x,\ t)\,dA = \int_{x_0-ct_0}^{x_0+ct_0} g(\xi)\,d\xi - c\left[u(x_0,\ t_0) - u(x_0+ct_0,\ 0)\right] + c\left[(u(x_0-ct_0,\ 0) - u(x_0,\ t_0)\right]$$
$$= \int_{x_0-ct_0}^{x_0+ct_0} g(\xi)\,d\xi - 2cu(x_0,\ t_0) + c\left[f(x_0+ct_0) + f(x_0-ct_0)\right]$$

로 쓸 수 있다. 이 식을 $u(x_0,\ t_0)$에 대하여 풀면

$$u(x_0,\ t_0) = \frac{1}{2}\left[f(x_0-ct_0) + f(x_0+ct_0)\right] + \frac{1}{2c}\int_{x_0-ct_0}^{x_0+ct_0} g(\xi)\,d\xi + \frac{1}{2c}\iint_\Delta F(x,\ t)\,dA$$

이다. $(x_0,\ t_0)$는 어느 점이 되어도 상관없으므로 첨자를 없애면 임의의 점 $(x,\ t)$에서

$$u(x,\ t) = \frac{1}{2}\left[f(x-ct) + f(x+ct)\right] + \frac{1}{2c}\int_{x-ct}^{x+ct} g(\xi)\,d\xi + \frac{1}{2c}\iint_\Delta F(\xi,\ \eta)\,d\xi\,d\eta\,.$$

그러므로 힘의 항 $F(x,\ t)$가 있을 때 해는 $(x,\ t)$에서 제차문제($F(x,\ t)=0$인 경우)의 d'Alembert 해의 값과 힘의 항을 꼭지점이 $(x,\ t)$인 특성 삼각형에서 이중 적분한 것에 $1/2c$을 곱한 값의 합이 된다.

보기 15.16

$$u_{tt} = 25u_{xx} + x^2t^2, \quad -\infty < x < \infty,\ t > 0,$$
$$u(x,\ 0) = x\cos x,\ u_t(x,\ 0) = e^{-x}, \quad -\infty < x < \infty\,.$$

임의의 점 x와 시간 $t>0$에서 해는 다음 형태를 갖는다.

$$u(x,\ t) = \frac{1}{2}\left[(x-5t)\cos(x-5t) + (x+5t)\cos(x+5t)\right] + \frac{1}{10}\int_{x-5t}^{x+5t} e^{-\xi}\,d\xi$$
$$+ \frac{1}{10}\iint_\Delta \xi^2\eta^2\,d\xi\,d\eta\,.$$

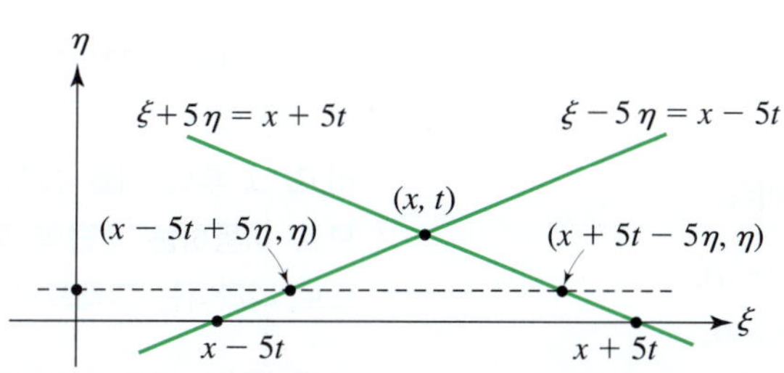

그림 15.12

힘의 항을 이중 적분하기 위하여 그림 15.12의 특성 삼각형을 이용하면

$$\frac{1}{10}\iint_{\Delta}\xi^2\eta^2 d\xi\, d\eta = \frac{1}{10}\int_0^t\int_{x-5t+5\eta}^{x+5t-5\eta}\xi^2\eta^2\, d\xi\, d\eta = \frac{1}{12}t^4x^2 + \frac{5}{36}t^6$$

이 되고 따라서 해는

$$u(x, t) = \frac{1}{2}\left[(x-5t)\cos(x-5t) + (x+5t)\cos(x+5t)\right]$$
$$-\frac{1}{10}e^{-x-5t} + \frac{1}{10}e^{-x+5t} + \frac{1}{12}t^4x^2 + \frac{5}{36}t^6.$$

연습문제 15.4

문제 1부터 10까지 파동방정식의 특성곡선을 결정하고, d'Alembert 해를 구하여라.

$$u_{tt} = c^2u_{xx},\ -\infty < x < \infty,\ t > 0,$$
$$u(x, 0) = f(x),\ u_t(x, 0) = g(x),\ -\infty < x < \infty.$$

1. $c = 1,\ f(x) = x^2,\ g(x) = -x$
2. $c = 4,\ f(x) = x^2 - 2x,\ g(x) = \cos x$
3. $c = 7,\ f(x) = \cos \pi x,\ g(x) = 1 - x^2$
4. $c = 5,\ f(x) = \sin 2x,\ g(x) = x^3$
5. $c = 14,\ f(x) = e^x,\ g(x) = x$
6. $c = 12,\ f(x) = -5x + x^2,\ g(x) = 3$
7. $c = 4,\ f(x) = xe^x,\ g(x) = \cosh x$
8. $c = 8,\ f(x) = x^2 - 2x,\ g(x) = 1 + x^2$
9. $c = 15,\ f(x) = |x|,\ g(x) = e^{2x}$
10. $c = 2,\ f(x) = x^3 - 1,\ g(x) = \cos \pi x$

문제 11부터 20까지 주어진 $c,\ f(x),\ g(x),\ F(x, t)$에 대해 다음 문제를 풀어라.

$$u_{tt} = c^2u_{xx} + F(x, t),$$
$$-\infty < x < \infty,\ t > 0,$$
$$u(x, 0) = f(x),\ u_t(x, 0) = g(x),$$
$$-\infty < x < \infty.$$

11. $c = 4,\ f(x) = x,\ g(x) = e^{-x},\ F(x, t) = x + t$
12. $c = 2,\ f(x) = \sin x,\ g(x) = 2x,\ F(x, t) = 2xt$
13. $c = 8,\ f(x) = x^2 - x,\ g(x) = \cos 2x,$
    $F(x, t) = xt^2$
14. $c = 4,\ f(x) = x^2,\ g(x) = xe^{-x},$
    $F(x, t) = x \sin t$
15. $c = 3,\ f(x) = \cosh x,\ g(x) = 1,$
    $F(x, t) = 3xt^3$
16. $c = 7,\ f(x) = 1 + x,\ g(x) = \sin x,$
    $F(x, t) = x - \cos t$
17. $c = 2,\ f(x) = \cos 2x,\ g(x) = 1 - \cos x,$
    $F(x, t) = t^2$
18. $c = 1,\ f(x) = x^3,\ g(x) = \sin^2 x,$
    $F(x, t) = e^{-x}\cos t$

문제 19부터 22까지 해를 순방향 파동과 역방향 파동의 합으로 나타내어라. 초기위치함수를 그리고, 그 후의 해를 실직선을 따라 서로 반대방향으로 이동하는 순방향 파동과 역방향 파동의 합으로 나타나는 그래프로 그려라.

$$u_{tt} = u_{xx},\ -\infty < x < \infty,\ t > 0,$$
$$u(x, 0) = f(x),\ u_t(x, 0) = 0,\ -\infty < x < \infty.$$

19. $f(x)=\begin{cases}\sin 2x & |x|\le\pi \text{ 일 때},\\ 0 & |x|>\pi \text{ 일 때}\end{cases}$

20. $f(x)=\begin{cases}1-|x| & |x|\le 1 \text{ 일 때},\\ 0 & |x|>1 \text{ 일 때}\end{cases}$

21. $f(x)=\begin{cases}\cos x & |x|\le\dfrac{\pi}{2} \text{ 일 때},\\ 0 & |x|>\dfrac{\pi}{2} \text{ 일 때}\end{cases}$

22. $f(x)=\begin{cases}1-x^2 & |x|\le 1 \text{ 일 때},\\ 0 & |x|>1 \text{ 일 때}\end{cases}$

15.5 원판의 진동 I

원형 틀에 고정된 북과 같은 원판이 진동할 때 그 파동을 해석해 보자. 원판은 xy-평면에 놓여 있고, 중심은 원점, 반지름은 R이라 하자. 원판 위의 점은 xy-평면에 수직으로만 진동한다고 가정하고 시간 t에서 정지위치로부터의 변위를 $z(x, y, t)$라 하자. 극좌표 (r, θ)를 이용하면 파동방정식은 식 (15.4)에 의해 다음과 같이 된다.

$$\frac{\partial^2 z}{\partial t^2}=c^2\left(\frac{\partial^2 z}{\partial r^2}+\frac{1}{r}\frac{\partial z}{\partial r}+\frac{1}{r^2}\frac{\partial^2 z}{\partial\theta^2}\right).$$

이 절에서는 원판의 움직임이 θ에 무관한 경우에 대해 살펴보자. 이때 z는 r과 t에 대해서만 변하므로 파동방정식은

$$\frac{\partial^2 z}{\partial t^2}=c^2\left(\frac{\partial^2 z}{\partial r^2}+\frac{1}{r}\frac{\partial z}{\partial r}\right)$$

이 된다. 초기변위를 $z(r, 0)=f(r)$, 초기속도는 $\dfrac{\partial z}{\partial t}(r, 0)=g(r)$이라 하자. 변수분리형

$$z(r, t)=F(r)\,T(t)$$

인 형태의 해는

$$T''+\lambda T=0, \qquad F''+\frac{1}{r}F'+\frac{\lambda}{c^2}F=0$$

을 만족한다. T가 $t\to\infty$일 때 유계이기 위해서는 $\lambda>0$이어야 한다. 그러므로 $\lambda=\omega^2\,(\omega>0)$일 때, F의 방정식은 0차 Bessel 방정식이 되고 일반해는

$$F(r)=aJ_0\left(\frac{\omega}{c}r\right)+bY_0\left(\frac{\omega}{c}r\right)$$

이 된다. $r \to 0$일 때 $Y_0(\omega r/c) \to -\infty$이기 때문에 해가 유계이기 위해 $b=0$이다. 이제 T에 대한 식은

$$T'' + \omega^2 T = 0 \Rightarrow T(t) = d\cos\omega t + e\sin\omega t$$

가 된다. 따라서 $\omega > 0$일 때 다음 함수를 얻는다.

$$z_\omega(r,\ t) = a_\omega J_0\left(\frac{\omega}{c}r\right)\cos\omega t + b_\omega J_0\left(\frac{\omega}{c}r\right)\sin\omega t\,.$$

이 판이 원형 틀에 고정되어 있기 때문에 $t > 0$에서

$$z_\omega(R,\ t) = a_\omega J_0\left(\frac{\omega}{c}R\right)\cos\omega t + b_\omega J_0\left(\frac{\omega}{c}R\right)\sin\omega t = 0$$

을 만족한다. 이 조건이 임의의 $t > 0$에서 성립하므로 $J_0(\omega R/c) = 0$이다. J_0의 양의 근을 작은 것부터 차례로 $j_1,\ j_2,\ \cdots$이라 하면

$$\frac{\omega R}{c} = j_n \Rightarrow \omega_n = \frac{j_n c}{R}, \quad n = 1,\ 2,\ \cdots.$$

따라서

$$z_n(r,\ t) = a_n J_0\left(\frac{j_n r}{R}\right)\cos\frac{j_n ct}{R} + b_n J_0\left(\frac{j_n r}{R}\right)\sin\frac{j_n ct}{R}$$

이 된다. 초기조건을 만족시키는 중첩해를 구하자.

$$z(r,\ t) = \sum_{n=1}^{\infty}\left[a_n J_0\left(\frac{j_n r}{R}\right)\cos\frac{j_n ct}{R} + b_n J_0\left(\frac{j_n r}{R}\right)\sin\frac{j_n ct}{R}\right]. \tag{15.18}$$

이제 초기 변위조건을 이용하면

$$z(r,\ 0) = f(r) = \sum_{n=1}^{\infty} a_n J_0\left(\frac{j_n r}{R}\right)$$

이어야 하며, 이는 $f(r)$의 Fourier-Bessel 전개이다. 여기서 $s = r/R$로 치환하여 이 급수를

$$f(Rs) = \sum_{n=1}^{\infty} a_n J_0(j_n s)$$

와 같이 표현하면 14.3.3절을 이용해 $n = 1,\ 2,\ \cdots$일 때 이 전개식의 계수들이

$$a_n = \frac{2}{[J_1(j_n)]^2}\int_0^1 sf(Rs)J_0(j_n s)\,ds$$

로 주어짐을 알고 있다. b_n을 풀기 위하여 다음 식을 계산한다.

$$\frac{\partial z}{\partial t}(r, 0) = g(r) = \sum_{n=1}^{\infty} b_n \frac{j_n c}{R} J_0\left(\frac{j_n r}{R}\right).$$

이것은 $g(r)$의 Fourier-Bessel 전개이므로 $n = 1, 2, \cdots$일 때

$$b_n = \frac{2R}{cj_n[J_1(j_n)]^2} \int_0^1 sg(Rs)J_0(j_n s)ds$$

이 된다. 이 계수들을 대입하면 함수 (15.18)은 해가 된다.

$\omega_n = j_n c/R$는 진동의 정상모드 주파수들로 $2\pi/\omega_n = 2\pi R/j_n c$의 주기를 갖는다. 진동의 정상모드는 함수 $z_n(r, t)$이다. 이들 함수를 상수 A_n과 δ_n를 이용하여 다음과 같은 위상각의 형태로 써 보자.

$$z_n(r, t) = A_n J_0\left(\frac{j_n r}{R}\right) \cos(\omega_n t + \delta_n).$$

첫 번째 정상모드는

$$z_1(r, t) = A_1 J_0\left(\frac{j_1 r}{R}\right) \cos(\omega_1 t + \delta_1)$$

이다. r이 0에서 R로 변할 때 $j_1 r/R$은 0에서 j_1으로 변한다. 임의의 시간 t에서 원판의 반지름 방향의 단면은 $0 \le x \le j_1$에서 $J_0(x)$의 그래프 모양을 갖게 된다(그림 15.13(a)). 두 번째 정상모드는

$$z_2(r, t) = A_2 J_0\left(\frac{j_2 r}{R}\right) \cos(\omega_2 t + \delta_2)$$

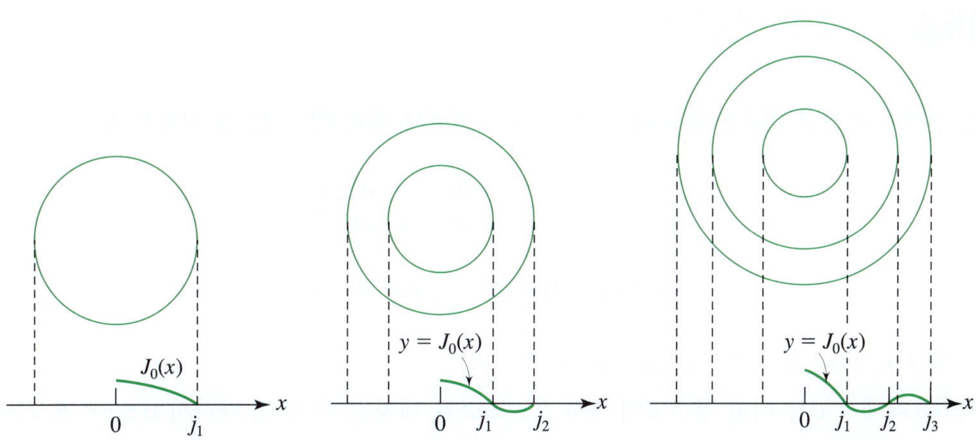

(a) 첫 번째 정상모드 (b) 두 번째 정상모드 (c) 세 번째 정상모드

그림 15.13

이다. 이제 r이 0에서 R로 변할 때 j_2r/R은 0에서 j_1을 지난 후 j_2까지 변한다. 반지름 $r=j_1R/J_2$인 원 위의 점들은 정지되어 있다. 원판의 반지름 방향의 단면은 $0\le x\le j_2$에서 $J_0(x)$의 그래프 모양을 갖게 된다(그림 15.13(b)). 마찬가지로, 세 번째 정상모드는

$$z_3(r,t)=A_3J_0\left(\frac{j_3r}{R}\right)\cos(\omega_3t+\delta_3)$$

이고, 이 모드는 $r=j_1R/j_3$, $r=j_2R/j_3$에서 2개의 정지된 원을 갖는다. 이때 원판의 반지름 방향의 단면은 $0\le x\le j_3$에서 $J_0(x)$의 그래프 모양을 가진다(그림 15.13(c)). 일반적으로 n번째 정상모드는 $j_1R/j_n, \cdots, j_{n-1}R/j_n$에서 발생하는 $n-1$개의 정지된 원들을 갖는다.

연습문제 15.5

1. $c=R=1$, $f(r)=1-r$, $g(r)=0$이라 하자. 14.2절(Bessel 함수)의 내용을 참고하여 식 (15.18)에 주어진 해의 계수 a_1부터 a_5까지의 근사값을 구하고, 임의의 시간을 선택하여 5차항까지 부분합을 그려라.
2. $f(r)=1-r^2$과 $g(r)=0$일 때 문제 1을 반복하여라.
3. $f(r)=\sin\pi r$과 $g(r)=0$일 때 문제 1을 반복하여라.

15.6 원판의 진동 II

앞 절에서 공부한 내용을 응용하여 변위함수가 θ에도 종속되는 경우를 살펴보자.

$$\frac{\partial^2 z}{\partial t^2}=c^2\left(\frac{\partial^2 z}{\partial r^2}+\frac{1}{r}\frac{\partial z}{\partial r}+\frac{1}{r^2}\frac{\partial^2 z}{\partial \theta^2}\right),$$

$$z(r,\theta,0)=f(r,\theta),\quad \frac{\partial z}{\partial t}(r,\theta,0)=0.$$

여기서 $f(r,\pi)=f(r,-\pi)$, $0\le r\le R$이어야 한다.

극좌표계에서 θ는 어떤 정수 n에 대해 $\theta+2n\pi$로 대치될 수 있고, 따라서 $0\le r<R$, $t>0$에서 다음과 같은 주기조건이 만족되어야 한다.

$$z(r, -\pi, t) = z(r, \pi, t), \quad \frac{\partial z}{\partial \theta}(r, -\pi, t) = \frac{\partial z}{\partial \theta}(r, \pi, t).$$

파동방정식에서 $z(r, \theta, t) = F(r)\Theta(\theta)T(t)$로 놓으면

$$\frac{T''}{c^2 T} = \frac{F'' + (1/r)F'}{F} + \frac{1}{r^2}\frac{\Theta''}{\Theta} = -\lambda$$

이 되며, 우변은 t에 무관하고 좌변은 r과 θ에 무관하기 때문에 λ는 상수이다. 이 식은

$$T'' + \lambda c^2 T = 0,$$
$$\frac{r^2 F'' + rF'}{F} + \lambda r^2 = -\frac{\Theta''}{\Theta}$$

으로 분리된다. 아래 식을 변수분리하면 어떤 상수 μ에 대해

$$\frac{r^2 F'' + rF'}{F} + \lambda r^2 = -\frac{\Theta''}{\Theta} = \mu$$

이 되므로

$$\Theta'' + \mu\Theta = 0,$$
$$r^2 F'' + rF' + (\lambda r^2 - \mu)F = 0$$

으로 나누어진다. $T(t)$, $F(r)$, $\Theta(\theta)$에 관한 이 미분방정식들은 경계조건과 주기성에 의해

$$\Theta(-\pi) = \Theta(\pi), \quad \Theta'(-\pi) = \Theta'(\pi), \quad F(R) = 0, \quad T'(0) = 0$$

을 만족한다.

$\Theta(\theta)$에 대한 문제는 주기적인 Sturm-Liouville 문제이며, 이것은 14.3.1절(보기 14.10)에서 이미 풀었다. 고유값과 고유함수들은

$$\mu_n = n^2, \quad \Theta_n(\theta) = a_n \cos n\theta + b_n \sin n\theta, \quad n = 0, 1, 2, \cdots.$$

이다. F는

$$r^2 F''(r) + rF'(r) + (\lambda r^2 - n^2)F(r) = 0; \quad F(R) = 0$$

을 만족한다. 14.2.3절에서 이 미분방정식이 첫 번째 종류와 두 번째 종류의 n차 Bessel 함수의 항으로 표현되는 다음과 같은 일반해를 갖는다는 것을 보였다.

$$F(r) = aJ_n(\sqrt{\lambda}\, r) + bY_n(\sqrt{\lambda}\, r).$$

여기서 $Y_n(\sqrt{\lambda} r)$은 $r \to 0+$에서 발산하기 때문에 $b = 0$이어야 $F(r)$이 유계가 된다. 즉,

$F(r)=aJ_n(\sqrt{\lambda}r)$이다. λ의 값은 $F(R)=aJ_n(\sqrt{\lambda}R)=0$에서 구할 수 있다. $a=0$이면 구하는 해 z는 자명한 해가 되므로 $a\neq 0$이라 하여도 되고, 따라서 $\sqrt{\lambda}R$은 J_n의 양의 근들 중 하나여야 한다. 이 양의 근들을

$$j_{n1}<j_{n2}<\cdots,$$

이라 하자. 이는 $\mu=n^2$에 의존하므로 이중첨자를 사용했다. 이때 고유값과 고유함수들은

$$\lambda_{nk}=\frac{j_{nk}^2}{R^2}, \quad J_n\left(\frac{j_{nk}}{R}r\right), \quad n=0, 1, 2, \cdots, \quad k=1, 2, \cdots$$

이 된다. 이 고유값 λ_{nk}에 대해 T는

$$T''+c^2\left(\frac{j_{nk}}{R}\right)^2 T=0; \quad T'(0)=0$$

을 만족하므로 $T_{nk}(t)$는 $\cos\left(\frac{j_{nk}}{R}ct\right)$의 상수배가 된다.

따라서, $n=0, 1, 2, \cdots, k=1, 2, \cdots$ 일 때

$$z_{nk}(r, \theta, t)=[a_{nk}\cos n\theta+b_{nk}\sin n\theta]J_n\left(\frac{j_{nk}}{R}r\right)\cos\frac{j_{nk}}{R}ct$$

는 각각 파동방정식과 경계조건, 초기속도가 0인 조건을 만족시킨다. 초기위치가 f로 주어지는 조건을 만족시키기 위하여 중첩해를 시도하면

$$z(r, \theta, t)=\sum_{n=0}^{\infty}\sum_{k=1}^{\infty}[a_{nk}\cos n\theta+b_{nk}\sin n\theta]J_n\left(\frac{j_{nk}}{R}r\right)\cos\frac{j_{nk}}{R}ct$$

의 형태를 얻고 이는

$$z(r, \theta, 0)=f(r, \theta)=\sum_{n=0}^{\infty}\sum_{k=1}^{\infty}[a_{nk}\cos n\theta+b_{nk}\sin n\theta]J_n\left(\frac{j_{nk}}{R}r\right)$$

을 만족하여야 한다. 주어진 r에 대해 $f(r, \theta)$를 θ의 함수로 생각하면 위 식은 $[-\pi, \pi]$에서 θ에 대한 함수의 Fourier 급수 전개이다. 따라서

$$\sum_{k=1}^{\infty}a_{0k}J_0\left(\frac{j_{0k}}{R}r\right)=\frac{1}{2\pi}\int_{-\pi}^{\pi}f(r, \theta)\,d\theta=\frac{1}{2}\alpha_0(r),$$

$$\sum_{k=1}^{\infty}a_{nk}J_n\left(\frac{j_{nk}}{R}r\right)=\frac{1}{\pi}\int_{-\pi}^{\pi}f(r, \theta)\cos n\theta\,d\theta=\alpha_n(r),$$

$$\sum_{k=1}^{\infty}b_{nk}J_n\left(\frac{j_{nk}}{R}r\right)=\frac{1}{\pi}\int_{-\pi}^{\pi}f(r, \theta)\sin n\theta\,d\theta=\beta_n(r)$$

로 쓸 수 있다. 14.3.3절에 의해 위 세 급수의 계수들은

$$a_{0k} = \frac{1}{[J_1(j_{0k})]^2}\int_0^1 \xi\alpha_0(R\xi)J_0(j_{0k}\xi)\,d\xi, \quad k=1, 2, \cdots,$$

$$a_{nk} = \frac{2}{[J_{n+1}(j_{nk})]^2}\int_0^1 \xi\alpha_n(R\xi)J_n(j_{nk}\xi)\,d\xi, \quad n=1, 2, \cdots, k=1, 2, \cdots,$$

$$b_{nk} = \frac{2}{[J_{n+1}(j_{nk})]^2}\int_0^1 \xi\beta_n(R\xi)J_n(j_{nk}\xi)\,d\xi, \quad n=1, 2, \cdots, k=1, 2, \cdots$$

이 된다. 계수들을 계산하는 방법은 θ에 대한 적분을 먼저 수행하여 Fourier-Bessel 급수로 쓰인 함수들 $\alpha_0(r)$, $\alpha_n(r)$, $\beta_n(r)$을 구한다. 그리고 이들 급수의 계수 a_{nk}와 b_{nk}는 이 같은 형태의 고유함수 전개의 계수들을 구하는 적분을 수행함으로써 구해진다. 실제로, n차 Bessel 함수의 근들은 근사적으로만 얻어지기 때문에 이 적분들은 근사적인 것이 된다.

연습문제 15.6

1. $c=R=2$, $f(r,\theta)=(4-r^2)\sin^2\theta$, $g(r,\theta)=0$일 때, $\alpha_n(r)$과 $\beta_n(r)$을 구하여라. Bessel 함수의 근 표를 이용하여 θ에 독립인 $z(r,t)$의 처음 5개 항과 θ에 종속인 $z(r,\theta,t)$ 처음 4개 항을 이용하여 근사해를 구하여라.

2. 초기위치가 θ에 대한 홀함수라면 즉, $f(r,-\theta)=-f(r,\theta)$이면, 원판의 중심이 움직이지 않고 항상 정지해 있다는 사실을 이 절에서 얻은 해를 이용하여 증명하여라. 힌트: $r=0$에서 0이 아닌 정수 차 Bessel 함수는 J_0뿐이다.

15.7 직사각형 판의 진동

직사각형 모양의 탄성판을 생각하자. 이 탄성판이 $0 \le x \le L$, $0 \le y \le K$로 정의되는 xy-평면에 있다고 가정하자. 직사각형 판의 초기위치와 초기속도는 주어져 있다. 직사각형 판의 수직 변위함수 $z(x, y, t)$를 결정하고자 한다.

$$\frac{\partial^2 z}{\partial t^2} = c^2\left(\frac{\partial^2 z}{\partial x^2} + \frac{\partial^2 z}{\partial y^2}\right), \quad 0<x<L, 0<y<K, t>0,$$

$$z(x,\ 0,\ t) = z(x,\ K,\ t) = 0\,, \quad 0 < x < L,\ t > 0,$$
$$z(0,\ y,\ t) = y(L,\ y,\ t) = 0\,, \quad 0 < y < K,\ t > 0,$$
$$z(x,\ y,\ 0) = f(x,\ y)\,, \quad 0 < x < L,\ 0 < y < K,$$
$$\frac{\partial z}{\partial t}(x,\ y,\ 0) = g(x,\ y)\,, \quad 0 < x < L,\ 0 < y < K\,.$$

이 문제를 초기속도가 0인 경우, 즉 $g(x,\ y) = 0$일 때 풀어 보자.

$z(x,\ y,\ z) = X(x)\,Y(y)\,T(t)$로 하여 변수분리를 시도하면

$$XYT'' = c^2\,[X''YT + XY''T]$$
$$\Rightarrow\ \frac{T''}{c^2T} - \frac{Y''}{Y} = \frac{X''}{X}$$

를 얻는다. 식의 좌변은 y와 t만의 함수이고 우변은 x만의 함수이므로 어떤 상수 λ에 대해

$$\frac{T''}{c^2T} - \frac{Y''}{Y} = \frac{X''}{X} = -\lambda$$

을 만족한다. 따라서

$$X'' + \lambda X = 0, \quad \frac{T''}{c^2T} + \lambda = \frac{Y''}{Y}$$

을 얻는다. 두 번째 식에서 좌변은 t만의 함수이고 우변은 y만의 함수이다. 따라서 어떤 상수 μ에 대해

$$\frac{T''}{c^2T} + \lambda = \frac{Y''}{Y} = -\mu$$

로 쓸 수 있다. 그러면

$$Y'' + \mu Y = 0, \quad T'' + c^2(\lambda + \mu)\,T = 0$$

을 얻는다.

이제 다음의 경계조건 $z(0,\ y,\ t) = X(0)\,Y(y)\,T(t) = 0$을 생각하면 $X(0) = 0$이다. 마찬가지로 $X(L) = 0$, $Y(0) = 0$, $Y(K) = 0$이 된다.

X와 Y에 대한 두 문제는

$$X'' + \lambda X = 0\,; \quad X(0) = X(L) = 0$$
$$Y'' + \mu Y = 0\,; \quad Y(0) = Y(K) = 0$$

이다. 이 식들의 해는

$$\lambda_n = \frac{n^2\pi^2}{L^2}, \qquad X_n(x) = \sin\frac{n\pi x}{L},$$
$$\mu_m = \frac{m^2\pi^2}{K^2}, \qquad Y_m(x) = \sin\frac{m\pi y}{K}$$

이다. 마지막으로 T는

$$T'' + c^2\left(\frac{n^2\pi^2}{L^2} + \frac{m^2\pi^2}{K^2}\right)T = 0$$

을 만족한다. 초기속도가 0이므로 $\frac{\partial z}{\partial t}(x, y, 0) = X(x)Y(y)T'(0) = 0$에서, $T'(0) = 0$을 만족한다. 따라서 T는

$$\cos\left(\sqrt{\frac{n^2}{L^2} + \frac{m^2}{K^2}}\pi ct\right)$$

의 상수배가 된다.

양의 정수 n과 m에 대해 함수

$$z_{nm}(x, y, t) = a_{nm}\sin\frac{n\pi x}{L}\sin\frac{m\pi y}{K}\cos\left(\sqrt{\frac{n^2}{L^2} + \frac{m^2}{K^2}}\pi ct\right)$$

들의 중첩해를 시도하면

$$z(x, y, t) = \sum_{n=1}^{\infty}\sum_{m=1}^{\infty} a_{nm}\sin\frac{n\pi x}{L}\sin\frac{m\pi y}{K}\cos\left(\sqrt{\frac{n^2}{L^2} + \frac{m^2}{K^2}}\pi ct\right)$$

가 된다. 여기서 상수들은 다음 식을 만족하도록 선택해야 한다.

$$z(x, y, 0) = f(x, y) = \sum_{n=1}^{\infty}\sum_{m=1}^{\infty} a_{nm}\sin\frac{n\pi x}{L}\sin\frac{m\pi y}{K}.$$

y를 잠시 고정하고 $f(x, y) = hy(x)$가 x에 관한 함수라 생각하자. 그러면

$$f(x, y) = hy(x) = \sum_{n=1}^{\infty}\left[\sum_{m=1}^{\infty} a_{nm}\sin\frac{m\pi y}{K}\right]\sin\frac{n\pi x}{L}$$

는 구간 $[0, L]$에서 Fourier 사인 급수이다. 따라서 각각의 n에 대하여

$$\frac{2}{L}\int_0^L f(x, y)\sin\frac{n\pi x}{L}dx = \sum_{m=1}^{\infty} a_{nm}\sin\frac{m\pi y}{K}$$

이다. 이것은 또한 y에 관한 구간 $[0, K]$에서 좌변의 Fourier 사인 급수이므로 각각의 m에 대하여

$$a_{nm}=\frac{2}{K}\int_0^K\left[\frac{2}{L}\int_0^L f(x,\ y)\sin\frac{n\pi x}{L}\,dx\right]\sin\frac{m\pi y}{K}dy$$
$$=\frac{4}{LK}\int_0^K\int_0^L f(x,\ y)\sin\frac{n\pi x}{L}\sin\frac{m\pi y}{K}dx\,dy$$

이다. 계수를 이와 같이 선택하면 해 z를 얻는다.

보기 15.17 초기위치가

$$z(x,\ y,\ 0)=x(L-x)y(K-y)$$

이고 초기속도가 0이라 가정하자. 초기위치의 Fourier 계수들은

$$a_{nm}=\frac{4}{LK}\int_0^L\int_0^K x(L-x)y(K-y)\sin\frac{n\pi x}{L}\sin\frac{m\pi y}{K}\,dy\,dx$$
$$=\frac{4}{LK}\left(\int_0^L x(L-x)\sin\frac{n\pi x}{L}\,dx\right)\left(\int_0^K y(K-y)\sin\frac{m\pi y}{K}\,dy\right)$$
$$=\frac{16L^2K^2}{\pi^6n^3m^3}[(-1)^n-1][(-1)^m-1]$$

이다. 이 경우 변위함수인 해는

$$z(x,y,t)=\sum_{n=1}^{\infty}\sum_{m=1}^{\infty}\frac{16L^2K^2}{\pi^6n^3m^3}[(-1)^n-1][(-1)^m-1]\sin\frac{n\pi x}{L}\sin\frac{m\pi y}{K}\cos\left(\sqrt{\frac{n^2}{L^2}+\frac{m^2}{K^2}}\pi ct\right).$$

연습문제 15.7

1. 다음 문제를 풀어라.

$$\frac{\partial^2 z}{\partial t^2}=\frac{\partial^2 z}{\partial x^2}+\frac{\partial^2 z}{\partial y^2},\ 0<x<2\pi,$$
$$0<y<2\pi,\ t>0$$
$$z(x,\ 0,\ t)=z(x,\ 2\pi,\ t)=0,\ 0<x<2\pi,\ t>0,$$
$$z(0,\ y,\ t)=z(2\pi,\ y,\ t)=0,\ 0<y<2\pi,\ t>0,$$
$$z(x,\ y,\ 0)=x^2\sin y,\ 0<x<2\pi,\ 0<y<2\pi,$$
$$\frac{\partial z}{\partial t}(x,\ y,\ 0)=0,\ 0<x<2\pi,\ 0<y<2\pi$$

2. 다음 문제를 풀어라.

$$\frac{\partial^2 z}{\partial t^2}=9\left(\frac{\partial^2 z}{\partial x^2}+\frac{\partial^2 z}{\partial y^2}\right),\ 0<x<\pi,$$
$$0<y<\pi,\ t>0$$
$$z(x,\ 0,\ t)=z(x,\ \pi,\ t)=0,\ 0<x<\pi,\ t>0,$$
$$z(0,\ y,\ t)=z(\pi,\ y,\ t)=0,\ 0<y<\pi,\ t>0,$$
$$z(x,\ y,\ 0)=\sin x\cos y,\ 0<x<\pi,\ 0<y<\pi,$$
$$\frac{\partial z}{\partial t}(x,\ y,\ 0)=xy,\ 0<x<\pi,\ 0<y<\pi$$

3. 다음 문제를 풀어라.

$$\frac{\partial^2 z}{\partial t^2} = 4\left(\frac{\partial^2 z}{\partial x^2} + \frac{\partial^2 z}{\partial y^2}\right),\ 0 < x < 2\pi,$$
$$0 < y < 2\pi,\ t > 0,$$
$$z(x,\ 0,\ t) = z(x,\ 2\pi,\ t) = 0,\ 0 < x < 2\pi,\ t > 0,$$
$$z(0,\ y,\ t) = z(2\pi,\ y,\ t) = 0,\ 0 < y < 2\pi,\ t > 0,$$
$$z(x,\ y,\ 0) = 0,\ 0 < x < 2\pi,\ 0 < y < 2\pi,$$
$$\frac{\partial z}{\partial t}(x,\ y,\ 0) = 1,\ 0 < x < 2\pi,\ 0 < y < 2\pi.$$

4. 다음 문제를 풀어라.

$0 < x < L, 0 < y < K, 0 < z < M, t > 0$일 때

$$\frac{\partial^2 u}{\partial t^2} = c^2\left(\frac{\partial^2 u}{\partial x^2} + \frac{\partial^2 u}{\partial y^2} + \frac{\partial^2 u}{\partial z^2}\right),$$
$$u(0,\ y,\ z,\ t) = u(L,\ y,\ z,\ t) = 0,$$
$$u(x,\ 0,\ z,\ t) = u(x,\ K,\ z,\ t) = 0,$$
$$u(x,\ y,\ 0,\ t) = u(x,\ y,\ M,\ t) = 0,$$
$$u(x,\ y,\ z,\ 0) = 0,\ \frac{\partial u}{\partial t}(x,\ y,\ z,\ 0) = g(x,\ y,\ z).$$

5. 직육면체 모양의 방 내부에서 초기속도가 0, 초기변위가 $f(x,\ y,\ z)$인 음파의 움직임을 나타내는 식을 구하여라.

6. xy-평면에서 고정된 틀에 놓여 있는 진동하는 직사각형 판의 위치함수를 초기위치가 $f(x,\ y)$이고 초기속도가 $g(x,\ y)$일 때 구하여라.

열방정식

16장

열의 전도와 복사현상은 **열방정식**이라는 편미분방정식으로 모형화된다. Gauss 발산정리를 이용하면 3차원 열방정식을 유도할 수 있다. 파동방정식에 이어 열방정식을 다양한 조건에서 자세히 살펴보자.

16.1 열방정식과 초기조건 및 경계조건

시간 t일 때 열전도도가 일정한 매체상의 점 (x, y, z)에서 온도를 $u(x, y, z, t)$라 두면

$$\frac{\partial u}{\partial t} = k\left(\frac{\partial^2 u}{\partial x^2} + \frac{\partial^2 u}{\partial y^2} + \frac{\partial^2 u}{\partial z^2}\right)$$

을 만족함을 11.7.2절에서 보였다. 여기서 k를 **열확산계수**라 한다. 1차원 열방정식은

$$\frac{\partial u}{\partial t} = k\,\frac{\partial^2 u}{\partial x^2}$$

이 된다. 한쪽 방향으로 긴 막대나 전선의 열전도에는 1차원 열방정식을 적용할 수 있다.

열방정식만으로 온도함수 $u(x, t)$를 유일하게 결정할 수는 없다. 예를 들어 $u(x, t)$가 해라면 임의의 실수 c에 대해 $u(x, t) + c$도 해가 될 수 있다. 물리현상을 모형화하려면 해의 유일성이 보장되어야 한다. 막대 양끝 온도에 대한 정보가 모든 시간에 대해 주어져야 하고(**경계조건**), 특정 시간(일반적으로 $t = 0$)에서 전 구간에 대한 온도 분포가 주어져야 한다(**초기조건**). 이와 같이 초기조건과 경계조건이 방정식과 함께 주어지면 막대의 전 구간과 모든 시간에 대한 온도 분포를 유일하게 결정할 수 있다.

다음과 문제를 예로 들어 보자.

$$\begin{aligned} &\frac{\partial u}{\partial t} = k\,\frac{\partial^2 u}{\partial x^2}, \quad 0 < x < L,\ t > 0, \\ &u(0, t) = T_1,\ u(L, t) = T_2, \quad t \ge 0, \\ &u(x, 0) = f(x), \quad 0 \le x \le L. \end{aligned}$$

이 문제에서 길이 L인 막대가 왼쪽 끝은 T_1으로, 오른쪽 끝은 T_2로 온도가 일정하게 유지되고 막대 왼쪽 끝에서 거리가 x인 점에서 초기온도는 $f(x)$로 분포되어 있다. 막대 양끝에 주어진 온도는 경계조건이고 시간 $t = 0$에서 온도는 초기조건이 된다.

두 번째 유형으로 다음 문제를 생각해 보자.

$$\frac{\partial u}{\partial t} = k\frac{\partial^2 u}{\partial x^2}, \quad 0 < x < L,\ t > 0,$$

$$\frac{\partial u}{\partial x}(0, t) = \frac{\partial u}{\partial x}(L, t) = 0, \quad t \geq 0,$$

$$u(x, 0) = f(x), \quad 0 \leq x \leq L.$$

이 문제는 막대의 양끝에서 열 손실이 없는 경우이다. 이런 유형의 경계조건을 **단열조건**이라 한다.

또 다른 유형의 경계조건을 생각해 볼 수 있다. 왼쪽 끝은 일정 온도로 유지되고 오른쪽 끝은 단열되었다면

$$u(0, t) = T, \quad \frac{\partial u}{\partial x}(L, t) = 0$$

이 성립한다.

자유복사나 대류의 경우에 일정 온도 T로 유지되는 주위 매체를 통해 막대의 양끝에서 열이 손실된다면 경계조건은

$$\frac{\partial u}{\partial x}(0, t) = A[u(0, t) - T], \quad \frac{\partial u}{\partial x}(L, t) = -A[u(L, t) - T]$$

이다. 여기서 A는 양의 상수이다. 막대가 주위 매체보다 뜨거우면 열의 막대방향으로의 흐름 $\partial u/\partial x$는 위 식의 왼쪽에서는 양수, 오른쪽에서는 음수가 된다.

왼쪽 끝은 일정 온도 T_1으로 유지되고, 오른쪽 끝은 T_2인 주위 매체로 열이 복사된다면

$$u(0, t) = T_1, \quad \frac{\partial u}{\partial x}(L, t) = -A[u(L, t) - T_2]$$

로 경계조건이 주어진다.

열확산 계수가 일정하고 2차원인 경우 열방정식은

$$\frac{\partial u}{\partial t} = k\left(\frac{\partial^2 u}{\partial x^2} + \frac{\partial^2 u}{\partial y^2}\right)$$

이고, 3차원으로 확장하면

$$\frac{\partial u}{\partial t} = k\left(\frac{\partial^2 u}{\partial x^2} + \frac{\partial^2 u}{\partial y^2} + \frac{\partial^2 u}{\partial z^2}\right)$$

이 된다.

연습문제 16.1

1. 길이가 L인 가는 막대의 왼쪽 끝의 온도는 0으로 일정하게 유지되고, 오른쪽 끝은 단열되어 있으며, x에서 초기온도는 $f(x)$로 주어진 열전도 현상을 모형화한 문제를 기술하여라.
2. 길이가 L인 가는 막대의 왼쪽 끝의 온도는 $\alpha(t)$로, 오른쪽 끝은 $\beta(t)$로 각각 유지되며, x에서 초기온도가 $f(x)$로 주어진 열전도현상을 모형화한 경계값 문제를 기술하여라.
3. 길이가 L인 가는 막대의 왼쪽 끝은 단열되어 있으며, 오른쪽 끝은 $\beta(t)$로 유지된다. x에서의 초기온도는 $f(x)$이다. 이 문제에 대한 열전도현상을 모형화하여라.

16.2 열방정식의 Fourier 급수해

이 절에서는 유한한 구간에서 열전도를 모형화하는 문제를 다루고자 한다. 변수분리법과 Fourier 급수를 이용한다.

16.2.1 막대의 양끝 온도가 0으로 고정된 경우

길이가 L이고 밀도가 일정한 가는 막대의 초기온도는 $f(x)$로 주어지고 양끝의 온도는 항상 0으로 유지되는 경우, 막대의 온도 분포 $u(x, t)$를 구해 보자. 문제를 모형화하면

$$\begin{aligned} &\frac{\partial u}{\partial t} = k\frac{\partial^2 u}{\partial x^2}, \quad 0<x<L,\ t>0, \\ &u(0, t) = u(L, t) = 0, \quad t \geq 0, \\ &u(x, 0) = f(x), \quad 0 \leq x \leq L. \end{aligned}$$

파동방정식의 경우와 같은 방법을 적용하여 이 열방정식의 해를 구해 보자. 변수분리 형태의 해 $u(x, t) = X(x)T(t)$를 열방정식에 대입하면

$$XT' = kX''T \ \Rightarrow\ \frac{T'}{kT} = \frac{X''}{X} = -\lambda$$

이 된다. 경계조건으로부터

$$u(0,\ t)=X(0)\,T(t)=0\,,\qquad u(L,\ t)=X(L)\,T(t)=0$$
$$\Rightarrow\ X(0)=X(L)=0\,.$$

따라서 X에 관한 문제는

$$X''+\lambda X=0\,;\qquad X(0)=X(L)=0$$

로 유도할 수 있다. X가 비자명해를 갖도록 하는 고유값과 고유함수는 임의의 자연수 $n=1,\ 2,\ \cdots$에 대해

$$\lambda_n=\frac{n^2\pi^2}{L^2}\,,\qquad X_n(x)=\sin\frac{n\pi x}{L}$$

이다. 한편, T에 대한 방정식으로부터

$$T'+\frac{n^2\pi^2 k}{L^2}T=0\ \Rightarrow\ T_n(t)=c_n e^{-n^2\pi^2 kt/L^2}\,.$$

따라서 고유값 λ_n에 대해 함수 $u_n(x,\ t)=\sin\dfrac{n\pi x}{L}e^{-n^2\pi^2 kt/L^2}$는 구간 $[0,\ L]$에서 열방정식과 경계조건 $u(0,\ t)=u(L,\ t)=0$을 만족한다. 마지막 단계로 중첩해

$$u(x,t)=\sum_{n=1}^{\infty}c_n\sin\frac{n\pi x}{L}e^{-n^2\pi^2 kt/L^2}$$

를 구하자. 초기조건을 대입하면

$$u(x,\ 0)=\sum_{n=1}^{\infty}c_n\sin\frac{n\pi x}{L}=f(x)$$

은 구간 $[0,L]$에서 $f(x)$를 Fourier 사인 전개한 것이다. 따라서 계수 c_n은

$$c_n=\frac{2}{L}\int_0^L f(\xi)\sin\frac{n\pi\xi}{L}d\xi$$

이므로 온도 분포함수 $u(x,\ t)$는 다음과 같다.

$$u(x,t)=\frac{2}{L}\sum_{n=1}^{\infty}\left(\int_0^L f(\xi)\sin\frac{n\pi\xi}{L}d\xi\right)\sin\frac{n\pi x}{L}e^{-n^2\pi^2 kt/L^2}\,.\tag{16.1}$$

보기 16.1 구간 $0\le x\le L$에서 초기온도는 A로 일정하고 양끝의 온도는 0으로 유지된다고 하자. 이 경우,

$$c_n=\frac{2}{L}\int_0^L A\sin\frac{n\pi\xi}{L}d\xi=\frac{2A}{n\pi}[1-\cos n\pi]=\frac{2A}{n\pi}[1-(-1)^n]$$

이므로 식 (16.1)에 대입하면

$$u(x,\ t)=\frac{2A}{\pi}\sum_{n=1}^{\infty}\frac{1-(-1)^n}{n}\sin\frac{n\pi x}{L}\,e^{-n^2\pi^2 kt/L^2}$$
$$=\frac{4A}{\pi}\sum_{n=1}^{\infty}\frac{1}{2n-1}\sin\frac{(2n-1)\pi x}{L}e^{-(2n-1)^2\pi^2 kt/L^2}.$$

16.2.2 양끝이 단열된 막대의 온도 분포

막대의 양끝이 단열되어 에너지 손실이 없는 경우를 살펴보자. 초기온도가 $f(x)$로 주어지면 온도함수는 다음 문제로 모형화된다.

$$\frac{\partial u}{\partial t}=k\frac{\partial^2 u}{\partial x^2},\qquad 0<x<L,\ t>0,$$
$$\frac{\partial u}{\partial x}(0,\ t)=\frac{\partial u}{\partial x}(L,\ t)=0,\qquad t\ge 0,$$
$$u(x,\ 0)=f(x),\qquad 0\le x\le L.$$

$u(x,\ t)=X(x)T(t)$로 두고 변수분리를 하면

$$X''+\lambda X=0,\qquad T'+\lambda kT=0.$$

경계조건

$$\frac{\partial u}{\partial x}(0,\ t)=X'(0)T(t)=0,\qquad \frac{\partial u}{\partial x}(L,\ t)=X'(L)\,T(t)=0$$

으로부터 비자명해를 얻기 위해서는 $X'(0)=0,\ X'(L)=0$이어야 한다. 따라서

$$X''+\lambda X=0,\qquad X'(0)=X'(L)=0$$

을 풀면 X를 구할 수 있다. 정수 $n=0,\ 1,\ 2,\ \cdots$에 대한 고유값과 고유함수는 각각

$$\lambda_n=\frac{n^2\pi^2}{L^2},\qquad X_n(x)=\cos\frac{n\pi x}{L}$$

이다. 또한, $T(t)$에 대한 방정식에서

$$T'+\frac{n^2\pi^2 k}{L^2}T=0\ \Rightarrow\ T_n(t)=c_n e^{-n^2\pi^2 kt/L^2}$$

이다. 따라서 $u_n(x,t)=\cos\dfrac{n\pi x}{L}e^{-n^2\pi^2 kt/L^2}$는 열방정식과 단열 조건을 만족한다. 초기조건을 만

족하는 중첩해는

$$u(x,\ t)=\frac{1}{2}c_0+\sum_{n=1}^{\infty}c_n\cos\frac{n\pi x}{L}e^{-n^2\pi^2kt/L^2} \tag{16.2}$$

$$\Rightarrow\ u(x,\ 0)=f(x)=\frac{1}{2}c_0+\sum_{n=1}^{\infty}c_n\cos\frac{n\pi x}{L}$$

을 만족한다. 이 식은 $f(x)$를 $[0, L]$에서 Fourier 코사인 전개한 것이다. 따라서 계수 c_n은

$$c_n=\frac{2}{L}\int_0^L f(\xi)\cos\frac{n\pi\xi}{L}\,d\xi$$

이다. 계수 c_n을 이렇게 정하면 (16.2)의 함수가 주어진 문제의 해가 된다.

보기 16.2 양끝이 단열된 막대의 왼쪽 절반은 A로, 나머지 오른쪽 절반은 0으로 초기온도가 주어진다고 하자. 즉,

$$f(x)=\begin{cases} A & 0\le x\le\dfrac{L}{2}\text{ 일 때,}\\ 0 & \dfrac{L}{2}<x\le L\text{ 일 때}\end{cases}$$

이다. 따라서 $n=0$인 경우

$$c_0=\frac{2}{L}\int_0^{L/2}A\,d\xi=A$$

이고, $n=1, 2, \cdots$인 경우

$$c_n=\frac{2}{L}\int_0^{L/2}A\cos\frac{n\pi\xi}{L}\,d\xi=\frac{2A}{n\pi}\sin\frac{n\pi}{2}$$

이다. 따라서 온도함수는

$$\begin{aligned}u(x,\ t)&=\frac{1}{2}A+\frac{2A}{\pi}\sum_{n=1}^{\infty}\frac{1}{n}\sin\frac{n\pi}{2}\cos\frac{n\pi x}{L}e^{-n^2\pi^2kt/L^2}\\&=\frac{1}{2}A+\frac{2A}{\pi}\sum_{n=1}^{\infty}\frac{(-1)^{n+1}}{2n-1}\cos\frac{(2n-1)\pi x}{L}e^{-(2n-1)^2\pi^2kt/L^2}.\end{aligned}$$

16.2.3 막대의 끝에서 복사 열전달이 일어나는 경우

왼쪽 끝은 온도가 0으로 유지되고 오른쪽 끝에는 온도가 0인 주위 매체로 복사가 일어나는 막대의 경우에 대해 생각해 보자. x에서 초기온도가 $f(x)$인 온도함수 문제는 다음과 같다.

$$\frac{\partial u}{\partial t} = k\frac{\partial^2 u}{\partial x^2}, \quad 0 < x < L,\ t > 0,$$

$$u(0,\ t) = 0,\ \frac{\partial u}{\partial x}(L,\ t) = -Au(L,\ t), \quad t \geq 0,$$

$$u(x,\ 0) = f(x), \quad 0 \leq x \leq L.$$

$x = L$에서 경계조건은 막대 끝에서 열에너지 복사율이 막대의 온도에 비례한다는 것을 의미한다. A는 양의 상수로 **전달계수**라 한다.

$u(x,\ t) = X(x)T(t)$을 열방정식에 대입하면

$$X'' + \lambda X = 0, \quad T' + \lambda kT = 0$$

으로 분리된다. $u(0,\ t) = X(0)T(t) = 0$이므로 $X(0) = 0$이다. 오른쪽 끝의 경계조건은 $X'(L)T(t) = -AX(L)T(t)$이므로 $X'(L) + AX(L) = 0$이 성립한다. 따라서 X에 관한 문제는

$$X'' + \lambda X = 0, \quad X(0) = 0, \quad X'(L) + AX(L) = 0$$

이다. 이는 정규 Sturm-Liouville 문제로 보기 14.13에서 $A = 3,\ L = 1$인 경우를 다룬 적이 있다. 여기서는 그 해법을 따라 고유값과 고유함수를 구해 보자.

경우 1. $\lambda = 0$

첫 번째 식에서 $X(x) = cx + d$이다. $X(0) = d = 0$이므로 $X(x) = cx$이다. $x = L$에서 $X'(L) = c = -AX(L) = -AcL$, $c(1 + AL) = 0$에서 $1 + AL > 0$이므로 $c = 0$이 된다. 즉, $X(x) = 0$으로 자명한 해가 된다. 따라서 $\lambda = 0$은 고유값이 될 수 없다.

경우 2. $\lambda < 0$

$\lambda = -\alpha^2(\alpha > 0)$으로 두면 $X'' - \alpha^2 X = 0$이므로

$$X(x) = ce^{\alpha x} + de^{-\alpha x}$$

이다. $x = 0$에서 경계조건을 대입하면 $X(0) = c + d = 0$이므로 $d = -c$이다. 즉,

$$X(x) = 2c \sinh \alpha x$$

이다. $x = L$에서 경계조건을 대입하면

$$2\alpha c \cosh \alpha L + 2Ac \sinh \alpha L = 0$$

이다. $\alpha L > 0$이므로 $2\alpha \cosh \alpha L > 0$이고 $2A \sinh \alpha L > 0$이다. 따라서 위 식은 $c = 0$인 경우에만 가능하다. 즉, $X(x) = 0$인 자명한 해가 얻어지므로 $\lambda < 0$도 고유값이 될 수 없다.

경우 3. $\lambda > 0$

$\lambda = \alpha^2 (\alpha > 0)$으로 두면 $X'' + \alpha^2 X = 0$으로부터

$$X(x) = c \cos \alpha x + d \sin \alpha x$$

이다. $X(0) = c = 0$이므로 $X(x) = d \sin \alpha x$이다. $x = L$에서 경계조건을 대입하면

$$d\alpha \cos \alpha L + Ad \sin \alpha L = 0$$

이다. 비자명한 해를 구하기 위해서 $d \neq 0$이라 하면

$$\tan \alpha L = -\frac{\alpha}{A}$$

이 된다. $z = \alpha L$로 두고 위 식을 다시 쓰면

$$\tan z = -\frac{z}{AL}$$

이 된다. 그림 16.1에 도시된 $y = \tan z$와 $y = -z/AL$의 그래프를 보면 $z > 0$에서 두 식의 교점이 무한히 많음을 알 수 있다. 이 교점을 순서대로 $z_1, z_2, \cdots$로 두면 $\alpha = z/L$이므로

$$\lambda_n = \alpha_n^2 = \frac{z_n^2}{L^2}$$

는 고유값이 된다. 이에 대응하는 고유함수는 $X_n(x) = \sin(z_n x/L)$이다.

위 고유값은 초월함수를 포함한 방정식의 해로 그 값을 정확하게 구할 수는 없지만 그림 16.1에서 보듯이 양의 고유값이 무한히 많이 존재하며 수치해법을 이용하여 근사값을 구할 수 있다.

한편, $T(t)$에 대한 방정식으로부터

$$T' + \frac{z_n^2 k}{L^2} T = 0 \Rightarrow T_n(t) = c_n e^{-z_n^2 k t/L^2}$$

이다. 따라서 $n = 1, 2, \cdots$에 대해

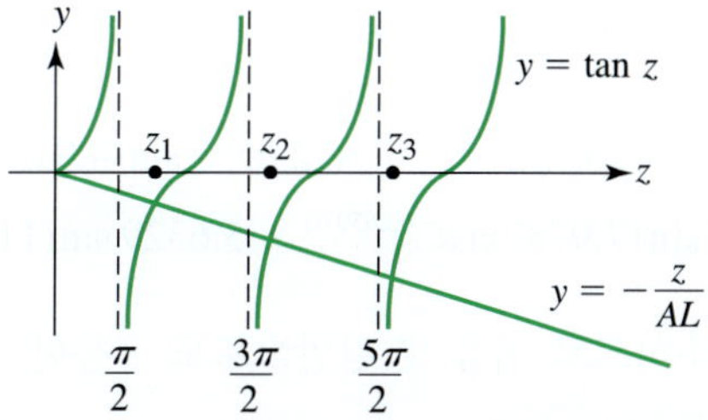

그림 16.1 막대 끝에서 복사 열전달이 일어나는 문제의 고유값

$$u_n(x,\ t) = X_n(x)T_n(t) = c_n \sin\frac{z_n x}{L}\ e^{-z_n^2 k t/L^2}$$

은 열방정식과 경계조건을 만족한다. 중첩을 사용하여

$$u(x, t) = \sum_{n=1}^{\infty} c_n \sin\frac{z_n x}{L}\ e^{-z_n^2 kt/L^2}$$

라 두고 초기조건을 이용하면

$$u(x,\ 0) = \sum_{n=1}^{\infty} c_n \sin\frac{z_n x}{L} = f(x)$$

이므로 계수 c_n에 관한 식을 얻을 수 있다. 이 식은 Fourier 사인 급수는 아니지만 초기온도 함수를 Sturm-Liouville 문제의 고유함수로 전개한 형태이다. 14.3.3절의 결과를 사용하면

$$c_n = \frac{\displaystyle\int_0^L f(\xi)\sin(z_n\xi/L)\,d\xi}{\displaystyle\int_0^L \sin^2(z_n\xi/L)\,d\xi}$$

을 구할 수 있다. 최종해는

$$u(x,\ t) = \sum_{n=1}^{\infty} \frac{\displaystyle\int_0^L f(\xi)\sin(z_n\xi/L)\,d\xi}{\displaystyle\int_0^L \sin^2(z_n\xi/L)\,d\xi} \sin\frac{z_n x}{L}\ e^{-z_n^2 kt/L^2}$$

가 된다. 수치해법을 사용하여 특정한 위치와 시간에 대한 온도함수의 근사값을 구해 보자. 예를 들어 $A = L = 1$이고 $0 < x < 1$에서 $f(x) = 1$로 가정하자. Newton 해법을 적용하여 $\tan z = -z$의 근사해를 구하면

$$z_1 \approx 2.0288, \quad z_2 \approx 4.9132, \quad z_3 \approx 7.9787, \quad z_4 \approx 11.0855$$

이다. 이 값을 이용하여 수치 적분하면

$$c_1 \approx 1.9207, \quad c_2 \approx 2.6593, \quad c_3 \approx 4.1457, \quad c_4 \approx 5.6329$$

이 나온다. 처음 4항의 급수로 근사해를 표시하면

$$\begin{aligned} u(x,\ t) \approx{}& 1.9027\sin(2.0288x)\,e^{-4.1160\,kt} + 2.6593\sin(4.9132x)\,e^{-24.1395\,kt} \\ &+ 4.1457\sin(7.9787x)\,e^{-63.6597kt} + 5.6329\sin(11.0855x)\,e^{-122.8883kt} \end{aligned}$$

이다. 지수항은 매우 빨리 감소하므로 처음 몇 항만으로도 유용한 근사값을 얻을 수 있다.

16.2.4 경계값 문제의 변환

경계조건에 따라 열방정식의 경계값 문제를 변수분리할 수 없는 경우도 있다. 다음 2가지 유형의 보기를 통하여 이러한 문제를 해결하는 방법을 연구해 보자.

양끝의 온도가 서로 다른 막대의 열전도

길이가 L인 균일한 막대에서 왼쪽 끝의 온도는 T_1으로, 오른쪽 끝의 온도는 T_2로 유지된다. x에서 초기온도가 $f(x)$로 주어지면 온도함수는

$$\frac{\partial u}{\partial t} = k\frac{\partial^2 u}{\partial x^2}, \quad 0 < x < L,\ t > 0,$$
$$u(0, t) = T_1,\ u(L, t) = T_2, \quad t \geq 0,$$
$$u(x, 0) = f(x), \quad 0 \leq x \leq L$$

와 같이 모형화된다. 여기서, $T_1 = T_2 = 0$인 경우는 앞에서 다루었으므로 제외하자. 이 문제에 변수분리 형태의 해를 시도하면 문제가 발생한다. $u(x, t) = X(x)T(t)$로 놓고 열방정식에 대입하면

$$X'' + \lambda X = 0, \quad T' + \lambda kT = 0$$

이 된다. $x = 0$과 $x = L$의 경계조건을 대입하면

$$u(0, t) = X(0)\,T(t) = T_1, \quad u(L, t) = X(L)T(t) = T_2.$$

T_1과 T_2는 동시에 0이 아니므로 $T(t)$는 상수함수이다. $T = 0$이면 자명한 해를 얻고, T가 0이 아닌 상수라면 $\lambda = 0$이고, $X(0) = \frac{T_1}{T}$, $X(L) = \frac{T_2}{T}$이므로

$$X(x) = \frac{T_2 - T_1}{LT}x + \frac{T_1}{T} \Rightarrow u(x, t) = \frac{T_2 - T_1}{L}x + T_1$$

이다. 이 해는 $f(x) \neq \frac{T_2 - T_1}{L}x + T_1$인 초기온도 $f(x)$가 주어지면 모순이다. 이 문제를 해결하기 위해서 다음과 같은 방법을 이용하자.

$$u(x, t) = U(x, t) + \psi(x)$$

로 두고 $U(x, t)$가 열방정식과 $U(0, t) = U(L, t) = 0$이 만족되도록 $\psi(x)$를 선택하자. 위 식을 열방정식에 대입하면

$$\frac{\partial U}{\partial t}=k\left(\frac{\partial^2 U}{\partial x^2}+\psi''(x)\right)$$

이므로 $\psi''(x)=0$, 즉, ψ를

$$\psi(x)=cx+d$$

로 선택하면 U는 열방정식을 만족한다. $x=0$, $x=L$에서 경계조건을 대입하면

$$u(0,\, t)=T_1=U(0,\, t)+\psi(0), \quad u(L,\, t)=T_2=U(L,\, t)+\psi(L)$$
$$\Rightarrow\ d=T_1, \quad c=\frac{1}{L}(T_2-T_1)$$
$$\Rightarrow\ \psi(x)=\frac{1}{L}(T_2-T_1)x+T_1$$

이다. 마지막으로 초기조건을 대입하면

$$u(x,\, 0)=f(x)=U(x,\, 0)+\psi(x)\ \Rightarrow\ U(x,\, 0)=f(x)-\psi(x)$$

으로부터 U에 관한 초기조건을 얻는다. 위 결과로부터 주어진 문제를 U에 대해 정리하면

$$\frac{\partial U}{\partial t}=k\frac{\partial^2 U}{\partial x^2},$$
$$U(0,\, t)=U(L,\, t)=0,$$
$$U(x,\, 0)=f(x)-\frac{1}{L}(T_2-T_1)x-T_1$$

이다. 식 (16.1)을 이용하면 $U(x,\, t)$의 해는

$$U(x,\, t)=\frac{2}{L}\sum_{n=1}^{\infty}\left(\int_0^L\left[f(\xi)-\frac{1}{L}(T_2-T_1)\xi-T_1\right]\sin\frac{n\pi\xi}{L}\,d\xi\right)\sin\frac{n\pi x}{L}\,e^{-n^2\pi^2kt/L^2}$$

이 된다. 이 함수를 이용하여 원래 문제의 해를 표현하면

$$u(x,\, t)=U(x,\, t)+\frac{1}{L}(T_2-T_1)x+T_1$$

이다.

보기 16.3 $T_1=1$, $T_2=2$이고 $0<x<L$에서 $f(x)=\frac{3}{2}$으로 주어지면

$$\int_0^L\left(f(\xi)-\frac{1}{L}(T_2-T_1)\xi-T_1\right)\sin\frac{n\pi\xi}{L}\,d\xi=\int_0^L\left(\frac{1}{2}-\frac{1}{L}\xi\right)\sin\frac{n\pi\xi}{L}\,d\xi$$
$$=\frac{1}{2}L\frac{1+(-1)^n}{n\pi}$$

이므로 온도 분포는

$$u(x, t) = \sum_{n=1}^{\infty} \frac{1+(-1)^n}{n\pi} \sin\frac{n\pi x}{L} e^{-n^2\pi^2 kt/L^2} + \frac{1}{L}x + 1.$$

트랜지스터 내부에 충전된 전하의 확산

구간 $0 \le x \le L$에 놓여 있는 트랜지스터의 시간 t, 위치 x에서 양전하 농도 $h(x, t)$는 다음과 같은 문제의 해로 구할 수 있다.

$$\frac{\partial h}{\partial t} = k\left(\frac{\partial^2 h}{\partial x^2} - \frac{\eta}{L}\frac{\partial h}{\partial x}\right), \quad 0 < x < L,\ t > 0,$$

$$h(0, t) = h(L, t) = 0, \quad t \ge 0,$$

$$h(x, 0) = \frac{KL}{k\eta}\left[1 - e^{-\eta(1-x/L)}\right], \quad 0 \le x \le L.$$

여기서 η는 양의 상수이다. 이 문제를 해결하기 위해 다음 치환을 생각하자.

$$h(x, t) = e^{\alpha x + \beta t} u(x, t).$$

이 방법의 핵심은 h에 대한 원래의 방정식이 u에 대해 양끝의 온도가 0으로 유지되는 열방정식이 되도록 적절한 α와 β를 선정하는 것이다. 위 식을 방정식에 대입하고 공통항인 $e^{\alpha x + \beta t}$로 나누면

$$u_t = ku_{xx} + \left(2\alpha k - \frac{k\eta}{L}\right)u_x + \left(\alpha^2 k - \frac{\alpha k\eta}{L} - \beta\right)u$$

인데, 이 식에서 u_x항과 u항이 없어지도록

$$\alpha = \frac{\eta}{2L}, \quad \beta = -\frac{k\eta^2}{4L^2}$$

로 둔다. $h(0, t) = e^{\beta t}u(0, t) = 0$이므로 $u(0, t) = 0$이 된다. 마찬가지로 $u(L, t) = 0$이 된다. 마지막으로 초기조건을 대입하면

$$h(x, 0) = \frac{KL}{k\eta}\left[1 - e^{-\eta(1-x/L)}\right] = e^{\alpha x}u(x, 0) = e^{\eta x/2L}u(x, 0)$$

$$\Rightarrow\ u(x, 0) = \frac{KL}{k\eta}e^{-\eta x/2L}\left[1 - e^{-\eta(1-x/L)}\right] = \frac{2KL}{k\eta}e^{-\eta/2}\sinh\frac{\eta}{2}\left(1 - \frac{x}{L}\right)$$

이 된다. 따라서 u에 대한 문제로 정리하면 다음과 같다.

$$\frac{\partial u}{\partial t} = k\frac{\partial^2 u}{\partial x^2}, \quad 0 < x < L,\ t > 0,$$
$$u(0, t) = u(L, t) = 0, \quad t \ge 0,$$
$$u(x, 0) = \frac{2KL}{k\eta}e^{-\eta/2}\sinh\frac{\eta}{2}\left(1 - \frac{x}{L}\right), \quad 0 \le x \le L.$$

16.2.1절의 해법을 이용하면 해는

$$u(x, t) = \sum_{n=1}^{\infty} c_n \sin\frac{n\pi x}{L}\, e^{-n^2\pi^2 kt/L^2}$$

이고, 여기서 계수 c_n은

$$c_n = \frac{2}{L}\frac{2KL}{k\eta}e^{-\eta/2}\int_0^L \sinh\frac{\eta}{2}\left(1 - \frac{\xi}{L}\right)\sin\frac{n\pi\xi}{L}\,d\xi = \frac{8KL}{k\eta}(1 - e^{-\eta})\frac{n\pi}{4n^2\pi^2 + \eta^2}$$

이다. c_n을 $u(x, t)$에 대입하고, $h(x, t)$를 구하면

$$\begin{aligned} h(x, t) &= e^{\alpha x + \beta t}u(x, t) \\ &= \frac{8KL}{k\eta}(1 - e^{-\eta})e^{\eta x/2L}e^{-\eta^2 kt/4L^2}\sum_{n=1}^{\infty}\frac{n\pi}{4n^2\pi^2 + \eta^2}\sin\frac{n\pi x}{L}\,e^{-n^2\pi^2 kt/L^2} \end{aligned}$$

을 얻는다.

위치 x에 충전 전하가 방전되면 다음과 같이 정의되는 방전 전류 $I(t)$가 생성된다.

$$I(t) = c\frac{k}{K}\frac{\partial h}{\partial x}(0, t).$$

여기서 c는 상수이다. $h(x, t)$의 해를 대입하여 계산하면

$$I(t) = \frac{2c}{\eta}(1 - e^{-\eta})\sum_{n=1}^{\infty}\frac{n^2\pi^2}{n^2\pi^2 + \eta^2/4}\exp\left[-\frac{k}{L^2}\left(n^2\pi^2 + \frac{\eta^2}{4}\right)t\right]$$

를 얻을 수 있다. 한편,

$$Q = \int_0^{\infty} I(t)\,dt$$

를 재충전 전하량이라 부른다. $I(t)$를 항별로 적분하면

$$Q = \int_0^{\infty} I(t)\,dt = \frac{2cL^2}{k\eta}(1 - e^{-\eta})\sum_{n=1}^{\infty}\left(\frac{n\pi}{n^2\pi^2 + \eta^2/4}\right)^2$$

이다. 이 급수를 구체적으로 구해 보자. $u(x, 0)$의 Fourier 사인 전개로 되돌아가면

$$u(x,0)=\frac{KL}{k\eta}e^{-\eta x/2L}\left[1-e^{-\eta(1-x/L)}\right]=\frac{2KL}{k\eta}(1-e^{-\eta})\sum_{n=1}^{\infty}\frac{n\pi}{n^2\pi^2+\eta^2/4}\sin\frac{n\pi x}{L}$$

$$\Rightarrow \sum_{n=1}^{\infty}\frac{n\pi}{n^2\pi^2+\eta^2/4}\sin\frac{n\pi x}{L}=\frac{1}{2(1-e^{-\eta})}e^{-\eta x/2L}\left(1-e^{-\eta(1-x/L)}\right)$$

$$=\frac{1}{2\sinh(\eta/2)}\sinh\frac{\eta}{2}\left(1-\frac{x}{L}\right)=f(x)$$

이므로 좌변은 구간 $[0, L]$에서 $f(x)$의 Fourier 사인 전개이다. 따라서 Parseval 정리를 이용하여

$$\sum_{n=1}^{\infty}\left(\frac{n\pi}{n^2\pi^2+\eta^2/4}\right)^2=\frac{2}{L}\int_0^L(f(x))^2dx=\frac{2}{L}\int_0^L\frac{\sinh^2\frac{\eta}{2}\left(1-\frac{x}{L}\right)}{4\sinh^2(\eta/2)}dx$$

$$=\frac{1}{2L}\frac{1}{\cosh\eta-1}\int_0^L\left[\cosh\eta\left(1-\frac{x}{L}\right)-1\right]dx=\frac{(\sinh\eta)/\eta-1}{2(\cosh\eta-1)}$$

이므로

$$Q=\frac{cL^2}{k}\frac{1-e^{-\eta}}{\eta}\frac{(\sinh\eta/\eta)-1}{\cosh\eta-1}$$

와 같이 재충전 전하량을 구할 수 있다.

16.2.5 비제차 열방정식

이 절에서는 다음과 같은 비제차 열전도 문제를 다루고자 한다.

$$\begin{aligned}&\frac{\partial u}{\partial t}=k\frac{\partial^2 u}{\partial x^2}+F(x,t), \quad 0<x<L, \quad t>0,\\ &u(0,t)=u(L,t)=0, \quad t\ge 0,\\ &u(x,0)=f(x), \quad 0\le x\le L.\end{aligned}$$

매체 내에 열원이 있는 경우 $F(x, t)$로 표현되는 항이 존재한다. 이 열방정식은 일반적으로 변수분리를 이용하여 풀 수 없다. $F(x, t)=0$인 경우 해는

$$u(x,t)=\sum_{n=1}^{\infty}b_n\sin\frac{n\pi x}{L}e^{-n^2\pi^2kt/L^2}$$

이었다. 여기서 힌트를 얻어 방정식의 해를

$$u(x, t) = \sum_{n=1}^{\infty} T_n(t) \sin \frac{n\pi x}{L} \tag{16.3}$$

로 가정하고 $T_n(t)$를 결정하면 된다. $T_n(t)$에 대한 미분방정식을 유도해 보자.

t를 고정시키면 우변은 x-구간 $[0, L]$에서 Fourier 사인 전개 급수이다. 이에 대한 계수는

$$T_n(t) = \frac{2}{L}\int_0^L u(x, t) \sin \frac{n\pi x}{L}\, dx \tag{16.4}$$

이다. $t \geq 0$에 대해 $F(x, t)$를 x-구간 $[0, L]$에서 Fourier 사인 전개하면

$$F(x, t) = \sum_{n=1}^{\infty} B_n(t) \sin \frac{n\pi x}{L} \tag{16.5}$$

이고, 계수 $B_n(t)$은

$$B_n(t) = \frac{2}{L}\int_0^L F(x, t) \sin \frac{n\pi x}{L}\, dx$$

로 주어진 t의 함수이다. 식 (16.4)를 미분하면

$$\begin{aligned} T_n'(t) &= \frac{2}{L}\int_0^L \frac{\partial u}{\partial t}(x, t) \sin \frac{n\pi x}{L}\, dx \\ &= \frac{2k}{L}\int_0^L \frac{\partial^2 u}{\partial x^2}(x, t) \sin \frac{n\pi x}{L}\, dx + \frac{2}{L}\int_0^L F(x, t) \sin \frac{n\pi x}{L}\, dx \\ &= \frac{2k}{L}\int_0^L \frac{\partial^2 u}{\partial x^2}(x, t) \sin \frac{n\pi x}{L}\, dx + B_n(t) \end{aligned}$$

이 성립된다. 마지막 식의 적분항을 두 번 부분적분하고 경계조건과 식 (16.4)를 대입하면

$$\begin{aligned} \int_0^L \frac{\partial^2 u}{\partial x^2}(x, t) \sin \frac{n\pi x}{L}\, dx &= \left[\frac{\partial u}{\partial x}(x, t) \sin \frac{n\pi x}{L}\right]_0^L - \int_0^L \frac{n\pi}{L} \frac{\partial u}{\partial x}(x, t) \cos \frac{n\pi x}{L}\, dx \\ &= -\frac{n\pi}{L}\left[u(x, t) \cos \frac{n\pi x}{L}\right]_0^L + \frac{n\pi}{L}\int_0^L \left(-\frac{n\pi}{L}\right) u(x, t) \sin \frac{n\pi x}{L}\, dx \\ &= -\frac{n^2\pi^2}{L^2}\int_0^L u(x, t) \sin \frac{n\pi x}{L}\, dx \\ &= -\frac{n^2\pi^2}{L^2}\frac{L}{2} T_n(t) = -\frac{n^2\pi^2}{2L} T_n(t) \end{aligned}$$

이 된다. 따라서 $T_n(t)$은 1계 상미분방정식

$$T_n'(t) + \frac{n^2\pi^2 k}{L^2} T_n(t) = B_n(t)$$

를 만족하고 식 (16.4)를 이용하면 초기조건

$$T_n(0) = \frac{2}{L}\int_0^L u(\xi,\ 0)\sin\frac{n\pi\xi}{L}\,d\xi = \frac{2}{L}\int_0^L f(\xi)\sin\frac{n\pi\xi}{L}\,d\xi = b_n$$

을 찾을 수 있다. 여기서 b_n은 $0 \le x \le L$에서 $f(x)$의 Fourier 사인 전개의 n번째 계수이다. 이 미분방정식을 $T_n(t)$에 관해 풀면

$$T_n(t) = \int_0^t e^{-n^2\pi^2 k(t-\tau)/L^2} B_n(\tau)\,d\tau + b_n e^{-n^2\pi^2 kt/L^2}$$

이고 이 식을 식 (16.3)에 대입하면 해

$$\begin{aligned} u(x,\ t) = &\sum_{n=1}^{\infty}\left(\int_0^t e^{-n^2\pi^2 k(t-\tau)/L^2} B_n(\tau)\,d\tau\right)\sin\frac{n\pi x}{L} \\ &+ \frac{2}{L}\sum_{n=1}^{\infty}\left(\int_0^L f(\xi)\sin\frac{n\pi\xi}{L}\,d\xi\right)\sin\frac{n\pi x}{L}\,e^{-n^2\pi^2 kt/L^2} \end{aligned} \tag{16.6}$$

를 구할 수 있다. 위 식의 우변에서 첫 번째 항은 열원의 영향을 나타내고 두 번째 항은 $F(x,\ t) = 0$일 때의 해이다.

보기 16.4

$$\frac{\partial u}{\partial t} = 4\frac{\partial^2 u}{\partial x^2} + xt, \quad 0 < x < \pi,\ t > 0,$$

$$u(0,\ t) = u(\pi,\ t) = 0, \quad t \ge 0,$$

$$u(x,\ 0) = f(x) = \begin{cases} 20 & 0 \le x \le \frac{\pi}{4} \text{ 일 때}, \\ 0 & \frac{\pi}{4} < x \le \pi \text{ 일 때} \end{cases}$$

해 (16.6)을 이용하기 위해,

$$B_n(t) = \frac{2}{\pi}\int_0^{\pi} \xi t \sin n\xi\,d\xi = 2\frac{(-1)^{n+1}}{n}t,$$

$$\int_0^t e^{-4n^2(t-\tau)} B_n(\tau)\,d\tau = \int_0^t 2\frac{(-1)^{n+1}}{n}\tau e^{-4n^2(t-\tau)}\,d\tau = \frac{(-1)^{n+1}(-1+4n^2 t + e^{-4n^2 t})}{8n^5},$$

$$b_n = \frac{2}{\pi}\int_0^{\pi} f(\xi)\sin n\xi\,d\xi = \frac{40}{\pi}\int_0^{\pi/4}\sin n\xi\,d\xi = \frac{40}{\pi}\,\frac{1-\cos(n\pi/4)}{n}$$

이므로 해는

$$u(x,\ t) = \frac{1}{8}\sum_{n=1}^{\infty}\frac{(-1)^{n+1}(-1+4n^2 t + e^{-4n^2 t})}{n^5}\sin nx + \frac{40}{\pi}\sum_{n=1}^{\infty}\frac{1-\cos(n\pi/4)}{n}\sin nx\,e^{-4n^2 t}$$

이다. 우변의 두 번째 항은 열방정식에서 열원 $F(x,\ t) = xt$가 없는 경우의 해이므로 '비

열원' 해로 표시하여

$$u_0(x, t) = \frac{40}{\pi} \sum_{n=1}^{\infty} \frac{1 - \cos(n\pi/4)}{n} \sin nx\, e^{-4n^2 t}$$

로 두면 열원을 갖는 해는

$$u(x, t) = u_0(x, t) + \frac{1}{8} \sum_{n=1}^{\infty} (-1)^{n+1} \frac{-1 + 4n^2 t + e^{-4n^2 t}}{n^5} \sin nx$$

로 표현된다. 그림 16.2 (a)~(d)는 $t = 0.3,\ 0.8,\ 1.2,\ 1.32$에서 $u_0(x, t)$와 $u(x, t)$의 그래프로, 열방정식에서 '열원' xt의 영향을 비교할 수 있다. 그림 16.3는 시간의 경과에 따른 $u_0(x, t)$의 변화가, 그림 16.4는 $u(x, t)$의 변화가 나타나 있다. xt에 의해 온도의 감소가 느리게 진행됨을 알 수 있다.

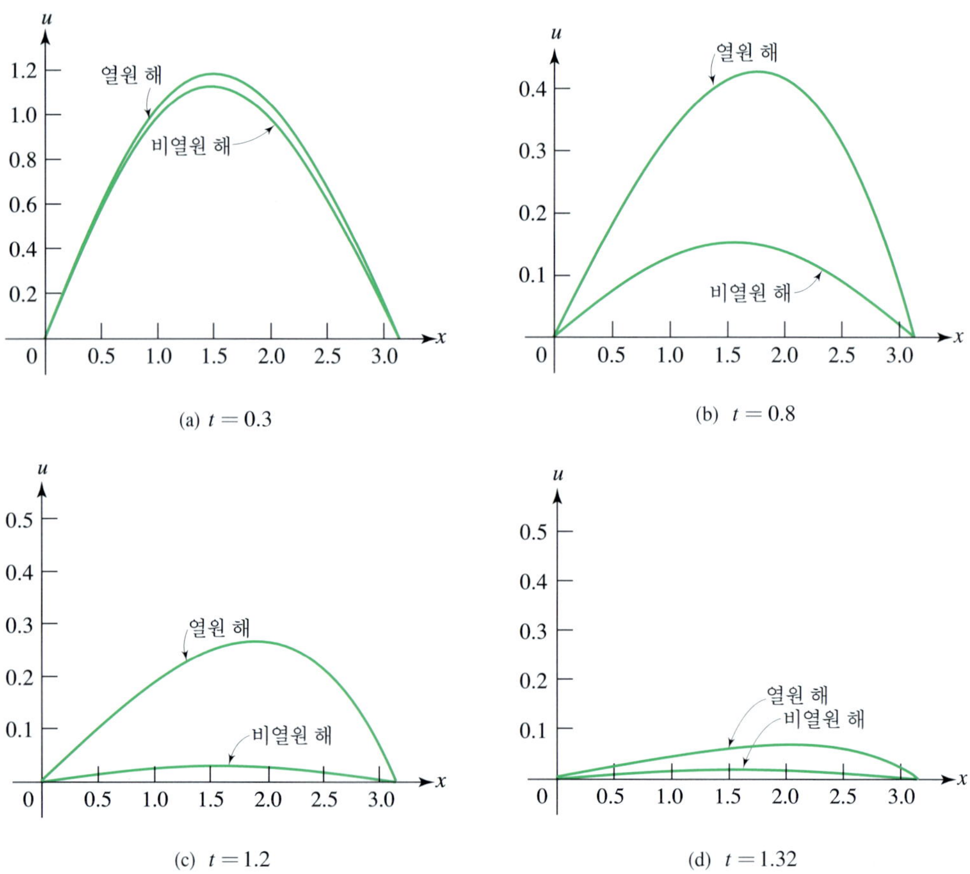

그림 16.2

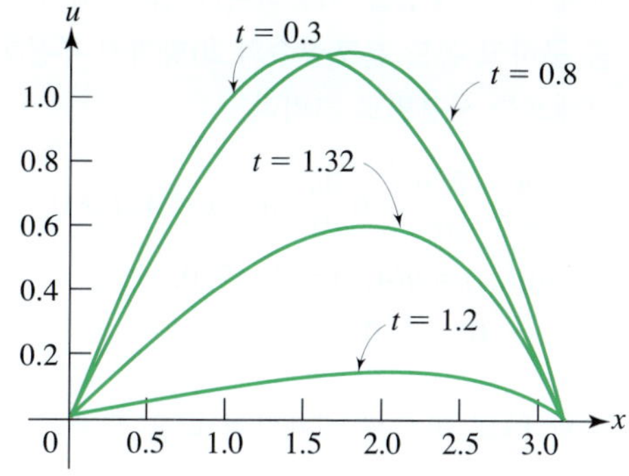

그림 16.3 시간에 따른 $u_0(x, t)$의 변화

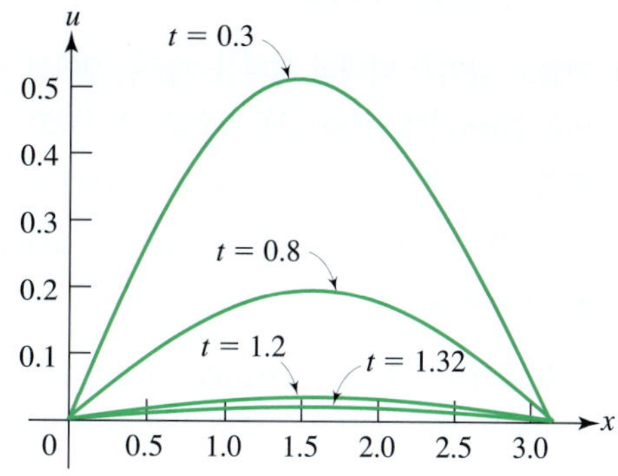

그림 16.4 시간에 따른 $u(x, t)$의 변화

연습문제 16.2

문제 1부터 7까지 해를 구하여라.

1. $\dfrac{\partial u}{\partial t} = k\dfrac{\partial^2 u}{\partial x^2},\ 0 < x < L,\ t > 0$
   $u(0, t) = u(L, t) = 0,\ t \geq 0$
   $u(x, 0) = x(L - x),\ 0 \leq x \leq L$

2. $\dfrac{\partial u}{\partial t} = 4\dfrac{\partial^2 u}{\partial x^2},\ 0 < x < L,\ t > 0$
   $u(0, t) = u(L, t) = 0,\ t \geq 0$
   $u(x, 0) = x^2(L - x),\ 0 \leq x \leq L$

3. $\dfrac{\partial u}{\partial t} = 3\dfrac{\partial^2 u}{\partial x^2},\ 0 < x < L,\ t > 0$
   $u(0, t) = u(L, t) = 0,\ t \geq 0$
   $u(x, 0) = L\left[1 - \cos\dfrac{2\pi x}{L}\right],\ 0 \leq x \leq L$

4. $\dfrac{\partial u}{\partial t} = \dfrac{\partial^2 u}{\partial x^2},\ 0 < x < \pi,\ t > 0$
   $\dfrac{\partial u}{\partial x}(0, t) = \dfrac{\partial u}{\partial x}(\pi, t) = 0,\ t \geq 0$
   $u(x, 0) = \sin x,\ 0 \leq x \leq \pi$

5. $\dfrac{\partial u}{\partial t} = 4\dfrac{\partial^2 u}{\partial x^2},\ 0 < x < 2\pi,\ t > 0$
   $\dfrac{\partial u}{\partial x}(0, t) = \dfrac{\partial u}{\partial x}(2\pi, t) = 0,\ t \geq 0$
   $u(x, 0) = x(2\pi - x),\ 0 \leq x \leq 2\pi$

6. $\dfrac{\partial u}{\partial t} = 4\dfrac{\partial^2 u}{\partial x^2},\ 0 < x < 3,\ t > 0$
   $\dfrac{\partial u}{\partial x}(0, t) = \dfrac{\partial u}{\partial x}(3, t) = 0,\ t \geq 0$
   $u(x, 0) = x^2,\ 0 \leq x \leq 3$

7. $\dfrac{\partial u}{\partial t} = 2\dfrac{\partial^2 u}{\partial x^2},\ 0 < x < 6,\ t > 0$
   $\dfrac{\partial u}{\partial x}(0, t) = \dfrac{\partial u}{\partial x}(6, t) = 0,\ t \geq 0$
   $u(x, 0) = e^{-x},\ 0 \leq x \leq 6$

8. 길이가 L인 가늘고 균일한 막대의 양끝은 단열되어 있고 초기온도는 B로 상수이다. 막대의 온도 분포를 구하여라.

9. 길이가 L인 가늘고 균일한 막대의 초기온도는 상수 B로 일정한 값이다. 왼쪽 끝은 0으로 고정되어 있고 오른쪽 끝은 단열되었다. 막대

의 온도 분포를 구하여라.

10. 가늘고 균일한 막대의 열확산 계수는 9이고 길이는 2 cm이다. 왼쪽 끝은 0으로 유지되고 오른쪽 끝은 단열되었다. 초기온도가 $f(x)=x^2$으로 주어진 경우 온도 분포와 $\lim_{t\to\infty}u(x,t)$를 구하여라.

11. 열확산 계수는 4, 길이는 6 cm인 막대의 왼쪽 끝은 0으로 고정되었다. 오른쪽 끝은 온도가 0이고 전달 계수가 1/2인 주위 매체로 복사열 전달이 일어난다. 초기온도가 $f(x)=x(6-x)$로 주어졌을 때, 온도 분포함수의 급수해를 4번째항까지 부분합으로 근사하여라.

12. 길이가 L인 가늘고 균일한 막대의 단열상태가 불량하여 주위 매체로 복사열 전달이 일어난다. 주위 매체의 온도가 T로 일정하고 전달 계수가 A이면 열방정식은 다음과 같다.

$$\frac{\partial u}{\partial t}=k\frac{\partial^2 u}{\partial x^2}-A(u-T)$$

막대의 양끝은 단열되었고 초기온도는 $f(x)$일 때 온도 분포함수 $u(x,t)$를 구하여라. 힌트: $v(x,t)=e^{At}u(x,t)$로 두고 이 문제를 변환하여라.

13. 다음 편미분방정식을 표준형 열방정식으로 변환하여라.

$$\frac{\partial u}{\partial t}=k\left(\frac{\partial^2 u}{\partial x^2}+A\frac{\partial u}{\partial x}+Bu\right)$$

힌트: $u(x,t)=e^{\alpha x+\beta t}v(x,t)$로 두고 적절한 α와 β를 선택하여라.

14. 문제 13의 방법을 이용하여 다음 문제의 해를 구하여라.

$$\frac{\partial u}{\partial t}=\frac{\partial^2 u}{\partial x^2}+4\frac{\partial u}{\partial x}+2u,\ 0<x<\pi,\ t>0,$$
$$u(0,t)=u(\pi,t)=0,\ t\ge 0,$$
$$u(x,0)=x(\pi-x),\ 0\le x\le \pi$$

15. 문제 13의 방법을 이용하여 다음 문제의 해를 구하고 온도 분포함수의 20항까지 부분합 그래프를 시간별로 그려라.

$$\frac{\partial u}{\partial t}=\frac{\partial^2 u}{\partial x^2}+6\frac{\partial u}{\partial x},\ 0<x<4,\ t>0,$$
$$u(0,t)=u(4,t)=0,\ t\ge 0,$$
$$u(x,0)=1,\ 0\le x\le 4$$

16. 문제 13의 방법을 이용하여 다음 문제의 해를 구하고 온도 분포함수의 20항까지 부분합 그래프를 시간별로 그려라.

$$\frac{\partial u}{\partial t}=\frac{\partial^2 u}{\partial x^2}-6\frac{\partial u}{\partial x},\ 0<x<\pi,\ t>0,$$
$$u(0,t)=u(\pi,t)=0,\ t\ge 0,$$
$$u(x,0)=x^2(\pi-x),\ 0\le x\le \pi$$

17. 문제 13의 방법을 이용하여 다음 문제의 해를 구하고 온도 분포함수의 20항까지 부분합 그래프를 시간별로 그려라.

$$\frac{\partial u}{\partial t}=16\frac{\partial^2 u}{\partial x^2},\ 0<x<1,\ t>0,$$
$$u(0,t)=2,\ u(1,t)=5,\ t\ge 0,$$
$$u(x,0)=x^2,\ 0\le x\le 1$$

18. 다음 문제의 해를 구하여라.

$$\frac{\partial u}{\partial t}=k\frac{\partial^2 u}{\partial x^2},\ 0<x<L,\ t>0,$$
$$u(0,t)=T,\ u(L,t)=0,\ t\ge 0,$$
$$u(x,0)=x(L-x),\ 0\le x\le L$$

19. 다음 문제의 해를 구하고 20항까지 부분합 그래프를 시간별로 그려라.

$$\frac{\partial u}{\partial t}=9\frac{\partial^2 u}{\partial x^2},\ 0<x<5,\ t>0,$$
$$u(0,t)=0,\ u(5,t)=3,\ t\ge 0,$$
$$u(x,0)=0,\ 0\le x\le 5$$

20. 길이가 L인 막대의 양끝은 단열되었고 주위 매체로 복사열 전달이 발생한다. 막대의 초기

온도는 $f(x)$, 매체의 온도는 T, 전달 계수는 A이다. 문제 12를 참조하여 온도 분포를 구하여라.

문제 21부터 25까지 다음의 식에 주어진 F, k, L, f를 대입하여 해를 구하여라.

$$\frac{\partial u}{\partial t} = k\frac{\partial^2 u}{\partial x^2} + F(x, t),\ 0 < x < L,\ t > 0,$$
$$u(0, t) = u(L, t) = 0,\ t \ge 0,$$
$$u(x, 0) = f(x),\ 0 \le x \le L$$

21. $k = 4,\ F(x, t) = t,\ f(x) = x(\pi - x),\ L = \pi$
22. $k = 1,\ F(x, t) = x\sin t,\ f(x) = 1,\ L = 4$
23. $k = 1,\ F(x, t) = t\cos x,\ f(x) = x^2(5 - x),\ L = 5$
24. $k = 4,\ F(x, t) = \begin{cases} K & 0 \le x \le 1 \text{일 때}, \\ 0 & 1 < x \le 2 \text{일 때} \end{cases}$ $f(x) = \sin(\pi x/2),\ L = 2$
25. $k = 16,\ F(x, t) = xt,\ f(x) = K,\ L = 3$

16.3 무한영역에서 열전도

양쪽으로 무한히 길거나 한쪽으로 무한히 긴 막대에 대한 열방정식 문제를 다뤄 보자.

16.3.1 무한 막대에서 열전도

매질이 굉장히 길다면 길이를 나타내는 공간변수 x가 실수 전체의 값을 가진다고 가정하는 것이 필요하다. 다음 문제를 생각해 보자.

$$\frac{\partial u}{\partial t} = k\frac{\partial^2 u}{\partial x^2}, \quad -\infty < x < \infty,\ t > 0$$
$$u(x, 0) = f(x), \quad -\infty < x < \infty$$

적절한 물리적 조건으로서, 해 u가 $-\infty < x < \infty$에서 유계인 값을 가진다고 가정한다.

$u(x, t) = X(x)T(t)$로 두고 변수분리하면

$$X'' + \lambda X = 0, \qquad T' + \lambda kT = 0$$

이다. X에 대해서 먼저 풀면 고유값 $\lambda = \omega^2 (\omega \ge 0)$과 고유함수 $a_\omega \cos \omega x + b_\omega \sin \omega x$을 얻는다.

T에 대한 식 $T' + \omega^2 kT = 0$의 일반해는 $de^{-\omega^2 kt}$이다. 따라서 $\omega \ge 0$에 대해

$$u_\omega(x, t) = [a_\omega \cos \omega x + b_\omega \sin \omega x]\, e^{-\omega^2 kt}$$

는 열방정식을 만족하고 유계인 값을 가진다. 중첩해

$$u(x, t) = \int_0^\infty \left[a_\omega \cos(\omega x) + b_\omega \sin(\omega x)\right] e^{-\omega^2 kt}\, d\omega \tag{16.7}$$

에 초기조건을 대입하면

$$u(x, 0) = \int_0^\infty \left[a_\omega \cos \omega x + b_\omega \sin \omega x\right] d\omega = f(x)$$

이다. 이 식은 $f(x)$의 Fourier 적분이고 계수는

$$a_\omega = \frac{1}{\pi}\int_{-\infty}^{\infty} f(\xi) \cos \omega\xi \, d\xi\,, \qquad b_\omega = \frac{1}{\pi}\int_{-\infty}^{\infty} f(\xi) \sin \omega\xi \, d\xi$$

이다.

보기 16.5 초기온도가 $f(x) = e^{-|x|}$일 때 계수는 각각

$$a_\omega = \frac{1}{\pi}\int_{-\infty}^{\infty} e^{-|\xi|} \cos \omega\xi \, d\xi = \frac{2}{\pi}\frac{1}{1+\omega^2}\,, \qquad b_\omega = \frac{1}{\pi}\int_{-\infty}^{\infty} e^{-|\xi|} \sin \omega\xi \, d\xi = 0$$

이 되므로 해는

$$u(x, t) = \frac{2}{\pi}\int_0^\infty \frac{1}{1+\omega^2} \cos \omega x \, e^{-\omega^2 kt}\, d\omega\,.$$

15.3.1절에서 파동방정식의 Fourier 적분해에 적용한 방법을 사용하면 식 (16.7)은 좀 더 간단한 형태로 표시할 수 있다. Fourier 적분 계수를 해에 대입하면

$$\begin{aligned} u(x, t) &= \int_0^\infty \left[\left(\frac{1}{\pi}\int_{-\infty}^{\infty} f(\xi) \cos \omega\xi \, d\xi\right) \cos \omega x + \left(\frac{1}{\pi}\int_{-\infty}^{\infty} f(\xi) \sin \omega\xi \, d\xi\right) \sin \omega x\right] e^{-\omega^2 kt}\, d\omega \\ &= \frac{1}{\pi}\int_0^\infty \int_{-\infty}^{\infty} [\cos \omega\xi \cos \omega x + \sin \omega\xi \sin \omega x]\, f(\xi)\, e^{-\omega^2 kt}\, d\xi\, d\omega \\ &= \frac{1}{\pi}\int_0^\infty \int_{-\infty}^{\infty} \cos \omega(\xi - x)\, f(\xi)\, e^{-\omega^2 kt}\, d\xi\, d\omega\,. \end{aligned}$$

해의 단일 적분 표현

주어진 문제를 다시 기술해 보자.

$$\frac{\partial u}{\partial t} = k\frac{\partial^2 u}{\partial x^2}\,, \qquad -\infty < x < \infty,\ t > 0,$$

$$u(x, 0) = f(x)\,, \qquad -\infty < x < \infty\,.$$

이 문제의 해는 다음과 같이 이중 적분으로 구해졌다.

$$u(x, t) = \frac{1}{\pi}\int_0^\infty \int_{-\infty}^\infty \cos \omega(\xi - x) f(\xi) e^{-\omega^2 kt}\, d\xi\, d\omega$$
$$= \frac{1}{2\pi}\int_{-\infty}^\infty \int_{-\infty}^\infty \cos \omega(\xi - x)\, f(\xi)\, e^{-\omega^2 kt}\, d\xi\, d\omega\,.$$

여기에 다음 공식(연습문제 13 참고)을 적용하자. 상수 α에 대해

$$\int_{-\infty}^\infty e^{-x^2} \cos \alpha x\, dx = \sqrt{\pi}\, e^{-\alpha^2/4}\,.$$

열방정식의 해에 이 공식을 적용하면

$$u(x, t) = \frac{1}{2\pi}\int_{-\infty}^\infty \int_{-\infty}^\infty f(\xi) \cos \omega(\xi - x)\, e^{-\omega^2 kt}\, d\omega\, d\xi$$
$$= \frac{1}{2\pi}\int_{-\infty}^\infty \frac{\sqrt{\pi}}{\sqrt{kt}}\, e^{-(x-\xi)^2/4kt}\, f(\xi)\, d\xi = \frac{1}{2\sqrt{\pi kt}}\int_{-\infty}^\infty e^{-(x-\xi)^2/4kt}\, f(\xi)\, d\xi$$

이다. 이 식은 단일 적분형태이므로 앞에서 구한 해보다 형태가 간단하다.

16.3.2 반무한 막대에서 열전도

왼쪽 끝 0에서 오른쪽으로 무한히 긴 반무한 막대를 가정해 보자. 왼쪽 끝의 온도가 0으로 고정되었다면 이 문제는 다음과 같이 기술된다.

$$\frac{\partial u}{\partial t} = k\frac{\partial^2 u}{\partial x^2}, \quad 0 < x < \infty,\ t > 0,$$
$$u(0, t) = 0, \quad t \ge 0,$$
$$u(x, 0) = f(x), \quad 0 \le x < \infty\,.$$

앞 절에서와 마찬가지로 u는 유계라고 가정한다. $u(x, t) = X(x)\,T(t)$로 두고 방정식을 변수분리하면 X와 T에 대한 식은

$$X'' + \lambda X = 0, \quad T' + \lambda kT = 0$$

이다. X에 대해 풀면 고유값은 $\lambda = \omega^2(\omega \ge 0)$이고 고유함수는 $X_\omega(x) = a_\omega \cos \omega x + b_\omega \sin \omega x$이다. $u(0, t) = X(0)\,T(t) = 0$이므로 $X(0) = 0$이다. 따라서 $a_\omega = 0$이고 $X_\omega(x) = b_\omega \sin \omega x$이다. T의 해는 $e^{-\omega^2 kt}$의 상수배이므로

$$u_\omega(x, t) = b_\omega \sin \omega x\, e^{-\omega^2 kt}$$

을 중첩하여 적분하면

$$u(x, t) = \int_0^\infty b_\omega \sin \omega x \, e^{-\omega^2 kt} \, d\omega \qquad (16.8)$$

을 얻는다. 초기조건을 대입하면

$$u(x, 0) = \int_0^\infty b_\omega \sin \omega x \, d\omega = f(x)$$

이다. b_ω는 $[0, \infty)$에서 $f(x)$의 Fourier 사인 적분 계수이므로

$$b_\omega = \frac{2}{\pi} \int_0^\infty f(\xi) \sin \omega\xi \, d\xi$$

이다. 이 계수 b_ω을 (16.8)에 대입하면 구하는 해를 얻는다.

보기 16.6 초기온도가 다음과 같이 주어지면

$$f(x) = \begin{cases} \pi - x & 0 \le x \le \pi, \\ 0 & x > \pi \end{cases}$$

식 (16.8)의 계수는

$$b_\omega = \frac{2}{\pi} \int_0^\pi (\pi - \xi) \sin \omega\xi \, d\xi = \frac{2}{\pi} \frac{\pi\omega - \sin \pi\omega}{\omega^2}$$

이다. 따라서 구하는 해는

$$u(x, t) = \frac{2}{\pi} \int_0^\infty \frac{\pi\omega - \sin \omega x}{\omega^2} \sin \omega x \, e^{-\omega^2 kt} \, d\omega .$$

16.3.3 무한/반무한 막대에서 열방정식의 적분변환법

무한 영역에 대한 열방정식에서도 Fourier 변환법을 적용해 보자.

무한 막대에 대한 열전도

$$\frac{\partial u}{\partial t} = k \frac{\partial^2 u}{\partial x^2}, \qquad -\infty < x < \infty, \; t > 0,$$
$$u(x, 0) = f(x), \qquad -\infty < x < \infty .$$

이 문제에 x에 대한 Fourier 변환 해법을 적용해 보자. 위 식을 Fourier 변환하면

$$\mathfrak{F}\left[\frac{\partial u}{\partial t}\right] = k\mathfrak{F}\left[\frac{\partial^2 u}{\partial x^2}\right]$$

이 된다. x와 t는 서로 독립적이므로 Fourier 변환 $\mathfrak{F}$와 t에 관한 미분 순서를 바꾸면

$$\mathfrak{F}\left[\frac{\partial u}{\partial t}\right](\omega, t) = \int_{-\infty}^{\infty} \frac{\partial u}{\partial t}(\xi, t)\, e^{-i\omega\xi}\, d\xi = \frac{\partial}{\partial t}\int_{-\infty}^{\infty} u(\xi, t)\, e^{-i\omega\xi}\, d\xi = \frac{\partial}{\partial t}\mathfrak{F}[u](\omega, t)$$

이다. x에 대한 2계 편미분에 대해서는 다음과 같은 연산공식이 적용된다.

$$\mathfrak{F}\left[\frac{\partial^2 u}{\partial x^2}\right](\omega, t) = -\omega^2\mathfrak{F}[u](\omega, t).$$

따라서 $\hat{u} = \mathfrak{F}[u]$라 할 때, 열방정식은

$$\frac{\partial}{\partial t}\hat{u}(\omega, t) + k\omega^2\hat{u}(\omega, t) = 0$$

이 되고 일반해는

$$\hat{u}(\omega, t) = a_\omega e^{-\omega^2 kt}$$

이다. 초기조건을 대입하면 $\hat{u}(\omega, 0) = \hat{f}(\omega) = a_\omega$이므로

$$\hat{u}(\omega, t) = \hat{f}(\omega)e^{-\omega^2 kt}$$

이다. 이 식에 Fourier 역변환을 하면

$$u(x, t) = \mathfrak{F}^{-1}\left[\hat{f}(\omega)e^{-\omega^2 kt}\right](x) = \frac{1}{2\pi}\int_{-\infty}^{\infty}\hat{f}(\omega)e^{-\omega^2 kt}\, e^{i\omega x} d\omega.$$

위의 식과 변수분리에 의한 해가 같은지 확인해 보자. $\hat{f}(\omega)$의 적분 형태를 위 식에 대입하면

$$\begin{aligned}\frac{1}{2\pi}\int_{-\infty}^{\infty}\hat{f}(\omega)e^{-\omega^2 kt}e^{i\omega x}\, d\omega &= \frac{1}{2\pi}\int_{-\infty}^{\infty}\left(\int_{-\infty}^{\infty} f(\xi)e^{-i\omega\xi}\, d\xi\right)e^{i\omega x}\, e^{-\omega^2 kt}\, d\omega \\ &= \frac{1}{2\pi}\int_{-\infty}^{\infty}\int_{-\infty}^{\infty} f(\xi)e^{-i\omega(\xi - x)}e^{-\omega^2 kt}\, d\xi\, d\omega \\ &= \frac{1}{2\pi}\int_{-\infty}^{\infty}\int_{-\infty}^{\infty} f(\xi)[\cos\omega(\xi - x) - i\sin\omega(\xi - x)]\, e^{-\omega^2 kt}\, d\xi\, d\omega\end{aligned}$$

이다. 실수부만 취하면

$$u(x, t) = \frac{1}{2\pi}\int_{-\infty}^{\infty}\int_{-\infty}^{\infty} f(\xi)\cos\omega(\xi - x)\, e^{-\omega^2 kt}\, d\xi\, d\omega$$

이므로 변수분리법에서 구한 해와 일치한다.

반무한 막대에서 열전도

$$\frac{\partial u}{\partial t} = k\frac{\partial^2 u}{\partial x^2}, \quad 0 < x < \infty,\ t > 0,$$
$$u(0,\ t) = 0, \quad t \geq 0,$$
$$u(x,\ 0) = f(x), \quad 0 < x < \infty.$$

이 문제에는 Fourier 사인 변환법을 적용해야 한다. 변환된 열방정식은

$$\frac{\partial}{\partial t}\hat{u}_S(\omega,\ t) = -\omega^2 k\,\hat{u}_S(\omega,\ t) + \omega k\, u(0,\ t)$$

이다. $u(0,\ t) = 0$이므로

$$\frac{\partial}{\partial t}\,\hat{u}_S(\omega,\ t) = -\omega^2 k\,\hat{u}_S(\omega,\ t)$$

이 되고 일반해는

$$\hat{u}_S(\omega,\ t) = b_\omega e^{-\omega^2 kt}$$

이다. 초기조건 $u(x,\ 0) = f(x)$를 대입하면 $\hat{u}_S(\omega,\ 0) = \hat{f}_S(\omega) = b_\omega$이므로

$$\hat{u}_S(\omega,\ t) = \hat{f}_S(\omega)e^{-\omega^2 kt}$$

이다. Fourier 사인 역변환하면 다음 최종해를 얻을 수 있다.

$$u(x,\ t) = \frac{2}{\pi}\int_0^\infty \hat{f}_S(\omega)e^{-\omega^2 kt}\sin\omega x\, d\omega.$$

위 식에 $\hat{f}_S(\omega)$의 적분 형태를 대입하면 변수분리법에 의한 결과와 같다.

경계값 문제의 Laplace 변환법

이 절에서는 Laplace 변환이 유용한 열전도 문제를 다뤄 보자.

$$\frac{\partial u}{\partial t} = k\frac{\partial^2 u}{\partial x^2}, \quad x > 0,\ t > 0,$$
$$u(x,\ 0) = A, \quad x \geq 0,$$
$$u(0,\ t) = \begin{cases} B & 0 \leq t \leq t_0 \text{일 때}, \\ 0 & t > t_0 \text{일 때}. \end{cases}$$

여기서 A, B, t_0는 양의 상수이다. 왼쪽 끝에서 온도 분포는 불연속이다. Heaviside 함수 H를 사용하면 경계조건은 좀 더 간단히 표현된다.

$$u(0,\ t) = B[1 - H(t - t_0)].$$

$u(0,\ t)$가 t에 대해 불연속이므로 t에 대한 Laplace 변환을 시도하자.

$$U(x,\ s) = \mathfrak{L}[u](x,\ s)$$

로 정의하고 열방정식에 Laplace 변환을 하면

$$\mathfrak{L}\left[\frac{\partial u}{\partial t}\right] = k\mathfrak{L}\left[\frac{\partial^2 u}{\partial x^2}\right]$$

이 된다. $\partial u/\partial t$에 대한 Laplace 변환의 연산공식으로부터

$$\mathfrak{L}\left[\frac{\partial u}{\partial t}\right](s) = sU(x,\ s) - u(x,\ 0) = sU(x,\ s) - A\,.$$

x와 t는 서로 독립적이므로 $\partial^2 u/\partial x^2$의 Laplace 변환은

$$\mathfrak{L}\left[\frac{\partial^2 u}{\partial x^2}\right](s) = \int_0^\infty e^{-st}\frac{\partial^2 u}{\partial x^2}(x,\ t)\,dt = \frac{\partial^2}{\partial x^2}\int_0^\infty e^{-st}\,u(x,\ t)\,dt = \frac{\partial^2 U}{\partial x^2}(x,\ s)\,.$$

따라서 열방정식은 다음과 같이 변환된다.

$$\frac{\partial^2 U}{\partial x^2}(x,\ s) - \frac{s}{k}U(x,\ s) = -\frac{A}{k}\,.$$

이 방정식의 일반해는

$$U(x,\ s) = a_s e^{\sqrt{s/k}\,x} + b_s e^{-\sqrt{s/k}\,x} + \frac{A}{s}$$

이다. 여기서, 계수 a_s와 b_s는 s에 의존한다. $x\to\infty$이면 $e^{\sqrt{s/kx}}\to\infty$이므로 해가 유계이기 위해서는 $a_s = 0$이어야 한다. 따라서

$$U(x,\ s) = b_s e^{-\sqrt{s/k}\,x} + \frac{A}{s}$$

이다. $u(0,\ t) = B[1 - H(t - t_0)]$를 이용하면

$$U(0,\ s) = B\left[\mathfrak{L}[1](s) - \mathfrak{L}[H(t - t_0)](s)\right] = B\left[\frac{1}{s} - \frac{1}{s}e^{-t_0 s}\right]$$

이다. 정리하면

$$\Rightarrow\ U(0, s) = B\frac{1}{s} - B\frac{1}{s}e^{-t_0 s} = b_s + \frac{A}{s}$$

$$\Rightarrow\ b_s = \frac{B - A}{s} - \frac{B}{s}e^{-t_0 s}$$

$$\Rightarrow\ U(x,\ s) = \left[\frac{B - A}{s} - \frac{B}{s}e^{-t_0 s}\right]e^{-\sqrt{s/k}\,x} + \frac{A}{s}\,.$$

구하는 해는 위 함수 U의 Laplace 역변환 $u(x, t)=\mathfrak{L}^{-1}[U(x, s)]$이다.

오차함수(error function), 보충오차함수(complementary error function)를 이용하면 이 역변환을 구할 수 있다. 오차함수 erf(x)와 보충오차함수 erfc(x)의 정의는 다음과 같다.

$$\operatorname{erf}(x)=\frac{2}{\sqrt{\pi}}\int_0^x e^{-\xi^2}\,d\xi, \qquad \operatorname{erfc}(x)=\frac{2}{\sqrt{\pi}}\int_x^\infty e^{-\xi^2}\,d\xi=1-\operatorname{erf}(x).$$

따라서 해는

$$u(x, t)=(B-A)\operatorname{erfc}\left(\frac{x}{2\sqrt{kt}}\right)-B\operatorname{erfc}\left(\frac{x}{2\sqrt{k(t-t_0)}}\right)H(t-t_0)+A.$$

연습문제 16.3

문제 1부터 4까지 다음을 구하여라.

$$\frac{\partial u}{\partial t}=k\frac{\partial^2 u}{\partial x^2},\ 0<x<\infty,\ t>0$$
$$u(0, t)=0,\ t\geq 0$$
$$u(x, 0)=f(x),\ 0\leq x<\infty$$

1. $f(x)=e^{-\alpha x}$ (단, $\alpha>0$)
2. $f(x)=xe^{-\alpha x}$ (단, $\alpha>0$)
3. $f(x)=\begin{cases}1 & 0\leq x\leq h \text{일 때,}\\ 0 & x>h \text{일 때}\end{cases}$ (단, $h>0$)
4. $f(x)=\begin{cases}x & 0\leq x\leq 2 \text{일 때,}\\ 0 & x>2 \text{일 때}\end{cases}$

문제 5부터 8까지 다음을 구하여라.

$$\frac{\partial u}{\partial t}=k\frac{\partial^2 u}{\partial x^2},\ -\infty<x<\infty,\ t>0,$$
$$u(x, 0)=f(x),\ -\infty<x<\infty$$

5. $f(x)=e^{-4|x|}$
6. $f(x)=\begin{cases}\sin x & |x|\leq\pi \text{일 때,}\\ 0 & |x|>\pi \text{일 때}\end{cases}$
7. $f(x)=\begin{cases}x & 0\leq x\leq 4 \text{일 때,}\\ 0 & x<0,\ x>4 \text{일 때}\end{cases}$
8. $f(x)=\begin{cases}e^{-x} & -1\leq x\leq 1 \text{일 때,}\\ 0 & |x|>1 \text{일 때}\end{cases}$

문제 9, 10은 반무한 막대에서 Fourier 변환법을 사용하여 해를 구하여라.

9. $\dfrac{\partial u}{\partial t}=\dfrac{\partial^2 u}{\partial x^2}-tu,\ x>0,\ t>0$
   $u(x, 0)=xe^{-x},\ x\geq 0$
   $u(0, t)=0,\ t\geq 0$
10. $\dfrac{\partial u}{\partial t}=\dfrac{\partial^2 u}{\partial x^2}-u,\ x>0,\ t>0$
   $u(x, 0)=0,\ x\geq 0$
   $\dfrac{\partial u}{\partial x}(0, t)=f(t),\ t\geq 0$

문제 11, 12는 Laplace 변환법을 사용하여 해를 구하여라.

11. $\dfrac{\partial u}{\partial t}=k\dfrac{\partial^2 u}{\partial x^2},\ x>0,\ t>0$

$u(0,\ t) = t^2,\ t \geq 0$

$u(x,\ 0) = 0,\ x \geq 0$

12. $\dfrac{\partial u}{\partial t} = k\dfrac{\partial^2 u}{\partial x^2},\ x > 0,\ t > 0$

$u(0,\ t) = 0,\ t \geq 0$

$u(x,\ 0) = e^{-x},\ x \geq 0$

13. $\int_{-\infty}^{\infty} e^{-\xi^2} \cos \alpha\xi\ d\xi = \sqrt{\pi}\, e^{-\alpha^2/4}$를 증명하여라.

힌트: $F(x) = \int_{-\infty}^{\infty} e^{-\xi^2} \cos x\xi\ d\xi$라 하고 $F'(x) = -xF(x)/2$ 임을 보여라. 초기조건 $F(0) = \int_{-\infty}^{\infty} e^{-\xi^2}\, d\xi = \sqrt{\pi}$를 이용하여 $F(x)$를 구하여라.

16.4 원판에서 열전도

반지름이 R이고 중심이 xy-평면의 원점인 원판 내부의 온도 분포함수를 구하는 문제를 생각해 보자. 온도함수 $u(x,\ y,\ t)$에 대한 2차원 열방정식은

$$\frac{\partial u}{\partial t} = k\left(\frac{\partial^2 u}{\partial x^2} + \frac{\partial^2 u}{\partial y^2}\right)$$

이다. 원판 모양의 매질에서는 $r,\ \theta$로 표현되는 극좌표계가 편리하다. $x = r\cos\theta,\ y = r\sin\theta$로 치환해서 $u(x,\ y,\ t) = U(r,\ \theta,\ t)$이라 두면 열방정식은

$$\frac{\partial U}{\partial t} = k\left(\frac{\partial^2 U}{\partial r^2} + \frac{1}{r}\frac{\partial U}{\partial r} + \frac{1}{r^2}\frac{\partial^2 U}{\partial \theta^2}\right)$$

이 된다. 이 방정식에 대한 해를 구하는 것은 그리 쉬운 일이 아니다. 따라서 온도는 시간 t와 원점으로부터 거리 r만의 함수로 가정하자. 또한 원판 경계의 온도는 0으로 유지되며 초기온도는 $f(r)(0 \leq r \leq R)$로 주어졌다고 하자. 적절한 물리적 가정으로 온도는 유계함수라고 가정한다. 그러면 이 문제는 다음과 같이 기술된다.

$$\frac{\partial U}{\partial t} = k\left(\frac{\partial^2 U}{\partial r^2} + \frac{1}{r}\frac{\partial U}{\partial r}\right), \qquad 0 \leq r < R,\ t > 0,$$

$$U(R,\ t) = 0, \qquad t \geq 0,$$

$$U(r, 0) = f(r), \qquad 0 \leq r < R.$$

$U(r,\ t) = F(r)\,T(t)$로 두고 열방정식을 변수분리하면

$$\begin{aligned} F(r)\,T'(t) &= k\left(F''(r)\,T(t) + \frac{1}{r}F'(r)\,T(t)\right) \\ \Rightarrow\ \frac{T'}{kT} &= \frac{F'' + (1/r)F'}{F} = -\lambda \\ \Rightarrow\ T' + \lambda kT &= 0\,, \quad F'' + \frac{1}{r}F' + \lambda F = 0\,. \end{aligned}$$

$t \geq 0$에서 $U(R,\, t) = F(R)\,T(t) = 0$이므로 $F(R) = 0$이다. 함수 F에 대한 문제는 $[0,\, R]$에서 한 개의 경계조건만 주어진 특이 Sturm-Liouville 문제 형태이다. λ를 경우별로 나누어 해를 구해 보자.

경우 1. $\lambda = 0$

$$F'' + \frac{1}{r}F' = 0$$

이므로 $F(r) = c\ln r + d$이고, $r \to 0+$ 이면 $\ln r \to -\infty$이므로 유계인 해를 얻으려면 $c = 0$이어야 한다. 즉, $\lambda = 0$인 경우 $F(r)$은 상수함수가 된다. $T' = 0$이므로 $T(t)$도 상수함수이다. 따라서 $U(r,\, t)$는 상수함수이다. $U(R,\, t) = 0$이므로 $U(r,\, t) = 0$이어야 한다. 그러므로 $\lambda = 0$인 경우 자명한 해만 존재한다.

경우 2. $\lambda < 0$

$\lambda = -\omega^2(\omega > 0)$으로 두면 $T' - k\omega^2 T = 0$의 일반해는 $T(t) = ce^{\omega^2 kt}$이다. $c = 0$인 경우에만 해가 유계이므로 $U(r,\, t) = 0$이다. 즉, $\lambda < 0$인 경우에도 자명한 해만 존재한다.

경우 3. $\lambda > 0$

$\lambda = \omega^2(\omega > 0)$으로 두면 $T' + k\omega^2 T = 0$이 된다. 일반해는 $e^{-\omega^2 kt}$의 상수배로 유계인 해를 갖는다. F에 대한 방정식은

$$\begin{aligned} F''(r) + \frac{1}{r}F'(r) + \omega^2 F(r) &= 0 \\ \Rightarrow\ r^2F''(r) + rF'(r) + \omega^2 r^2 F(r) &= 0 \end{aligned}$$

이다. 위 식은 0차 Bessel 방정식이므로 일반해는 다음과 같다.

$$F(r) = cJ_0(\omega r) + dY_0(\omega r)\,.$$

$r \to 0+$이면 $Y_0(\omega r) \to -\infty$이므로 $F(r)$이 유계이기 위해서는 $d = 0$이어야 한다. 따라서 $F(r)$은 $J_0(\omega R)$의 상수배이다.

경계조건 $F(R) = 0$이 성립하므로 $J_0(\omega R) = 0$인 ω를 선정해야 한다. $J_0(x)$의 근을 순서대로 $0 < j_1 < j_2 < \cdots$이라 표기하면 $\omega = \omega_n = \dfrac{j_n}{R}$이 되며, 고유값과 고유함수는

$$\lambda_n = \omega_n^2 = \frac{j_n^2}{R^2}, \quad J_0(j_n r/R), \quad n = 1, 2, \cdots$$

이다.

$$U_n(r, t) = a_n J_0\left(\frac{j_n r}{R}\right) e^{-j_n^2 kt/R^2}, \quad n = 1, 2, \cdots$$

이라 하고 중첩을 사용하면 해는

$$U(r, t) = \sum_{n=1}^{\infty} a_n J_0\left(\frac{j_n r}{R}\right) e^{-j_n^2 kt/R^2}$$

와 같이 표현된다. 초기조건 $U(r, 0) = f(r)$을 대입하면 계수 a_n에 관한 식

$$U(r, 0) = \sum_{n=1}^{\infty} a_n J_0\left(\frac{j_n r}{R}\right) = f(r)$$

을 얻는다. 위 식은 초기온도함수 $f(r)$을 Sturm-Liouville 문제의 고유함수로 전개한 형태이다. $\xi = r/R$로 치환하고 14.3.3절의 결과를 사용하면

$$f(R\xi) = \sum_{n=1}^{\infty} a_n J_0(j_n \xi)$$

$$\Rightarrow a_n = \frac{2}{[J_1(j_n)]^2} \int_0^1 \xi f(R\xi) J_0(j_n \xi) d\xi$$

을 얻을 수 있다. 따라서 구하는 해는

$$U(r, t) = \sum_{n=1}^{\infty} \left(\frac{2}{[J_1(j_n)]^2} \int_0^1 \xi f(R\xi) J_0(j_n \xi) d\xi \right) J_0\left(\frac{j_n r}{R}\right) e^{-j_n^2 kt/R^2}.$$

연습문제 16.4

1. 반지름 $R = 1$인 원판의 초기온도는 $U(r, 0) = r$로 주어지고 경계온도는 $U(1, t) = 0$이다 $(t \geq 0)$. 해의 적분항에 대한 근사값을 유도하고, $k = 1$일 때 급수해의 처음 5개 항을 써라 (14.2절에 나온 $J_0(x)$의 근을 참조). 첫 다섯 항의 부분합을 여러 시간 t에 대해 그래프로 나타내어라.

2. 반지름 $R = 3$인 원판의 초기온도는 $U(r, 0) = e^r$로 주어지고 경계온도는 $U(3, t) = 0$이다 $(t \geq 0)$. 해의 적분항에 대한 근사값을 유도하고, $k = 16$일 때 급수해의 처음 5개 항을 써라. 첫 다섯 항의 부분합을 여러 시간 t에 대해 그래프로 나타내어라.

3. 반지름 $R = 3$인 원판의 초기온도는 $U(r, 0) = 9 - r^2 (0 \leq r < 3)$으로 주어지고 경계온도는 $U(3, t) = 0$이다$(t \geq 0)$. 해의 적분항에 대

한 근사값을 유도하고, $k=1/2$일 때 급수해의 처음 5개 항을 써라. 첫 다섯 항의 부분합을 여러 시간 t에 대해 그래프로 나타내어라.

4. 반지름이 R인 원판이 상부와 하부가 단열되었고, 경계에서 온도 0인 주위 매체로 A의 전달 계수로 복사열 전달이 발생한다. 초기온도는 $U(r,0)=f(r)$이고 온도 분포는 방사각 θ에 무관하다. 원판 내부의 온도 분포를 구하여라. 힌트: 이 문제에 대한 고유값의 방정식은 $kJ_0'(x)+AJ_0(x)=0$의 형태로 유도된다. 이 방정식은 무한히 많은 해를 갖는다.

16.5 직사각형 평판에서 열전도

한 변의 길이가 1인 정사각형 평판의 온도 분포 $u(x,y,t)$에 대해 알아보자. 각 모서리의 온도는 0이고 초기온도는 $f(x,y)=x(1-x^2)y(1-y)$인 문제는 다음과 같이 표현할 수 있다.

$$\frac{\partial u}{\partial t}=k\left(\frac{\partial^2 u}{\partial x^2}+\frac{\partial^2 u}{\partial y^2}\right),\quad 0<x<1,\ 0<y<1,\ t>0,$$
$$u(x,0,t)=u(x,1,t)=0,\quad 0\le x\le 1,\ t\ge 0,$$
$$u(0,y,t)=u(1,y,t)=0,\quad 0\le y\le 1,\ t\ge 0,$$
$$u(x,y,0)=x(1-x^2)y(1-y),\quad 0\le x,\ y\le 1.$$

$u(x,y,t)=X(x)\,Y(y)\,T(t)$로 두면 열방정식은

$$X''+\lambda X=0,\quad Y''+\mu Y=0,\quad T'+(\lambda+\mu)kT=0$$

의 3개 식으로 분리된다. 여기서 λ와 μ는 분리상수이다. 경계조건을 대입하면

$$X(0)=X(1)=0,\quad Y(0)=Y(1)=0$$

이다. λ에 대한 고유값과 고유함수는 $n=1,2,\cdots$일 때

$$\lambda_n=n^2\pi^2,\quad X_n(x)=\sin n\pi x$$

이고, μ에 대한 고유값과 고유함수는 $n=1,2,\cdots$일 때

$$\mu_m=m^2\pi^2,\quad Y_m(y)=\sin m\pi y$$

이다. T에 대한 방정식으로부터

$$T_{nm}(t)=c_{nm}e^{-(n^2+m^2)\pi^2kt}.$$

그러므로, n, m에 대한 온도함수

$$u_{nm}(x,\ y,\ t) = \sin n\pi x \sin m\pi y\ e^{-(n^2+m^2)\pi^2 kt}$$

는 열방정식과 경계조건을 만족한다. 중첩을 적용하면

$$u(x,\ y,\ t) = \sum_{n=1}^{\infty}\sum_{m=1}^{\infty} c_{nm} \sin n\pi x \sin m\pi y\ e^{-(n^2+m^2)\pi^2 kt}$$

이다. 위 식에 초기조건을 대입하면

$$u(x,\ y,\ 0) = x^3 y^3 = \sum_{n=1}^{\infty}\sum_{m=1}^{\infty} c_{nm} \sin n\pi x \sin m\pi y$$

이다. 계수 c_{nm}은

$$\begin{aligned} c_{nm} &= 4\int_0^1\int_0^1 x(1-x^2)\,y(1-y)\sin n\pi x \sin m\pi y\ dx\,dy \\ &= 4\int_0^1 x(1-x^2)\sin n\pi x\ dx \int_0^1 y(1-y)\sin m\pi y\ dy = 48\,\frac{(-1)^n}{n^3\pi^3}\,\frac{(-1)^m}{m^3\pi^3} \end{aligned}$$

이 되고, 이를 대입하여 해를 구하면

$$u(x,\ y,\ z) = \frac{48}{\pi^6}\sum_{n=1}^{\infty}\sum_{m=1}^{\infty}\frac{(-1)^n}{n^3}\,\frac{(-1)^m}{m^3}\sin n\pi x \sin m\pi y\ e^{-(n^2+m^2)\pi^2 kt}.$$

연습문제 16.5

1. 다음 문제에 대한 해를 이중 급수형으로 나타내어라.

$$\frac{\partial u}{\partial t} = k\left(\frac{\partial^2 u}{\partial x^2} + \frac{\partial^2 u}{\partial y^2}\right),\ 0 < x < L,\quad 0 < y < K,\ t > 0$$

$$u(x, 0, t) = u(x, K, t) = 0,\ 0 \le x \le L,\ t \ge 0$$

$$u(0, y, t) = u(L, y, t) = 0,\ 0 \le y \le K,\ t \ge 0$$

$$u(x, y, 0) = f(x, y),\ 0 \le x \le L,\ 0 \le y \le K$$

2. $k = 4,\ L = 2,\ K = 3$, $f(x, y) = x^2(L-x)(\sin y)(K-y)$ 인 경우 문제 1의 해를 구하여라.

3. $k = 1,\ L = \pi,\ K = \pi$, $f(x, y) = \sin x\, y\cos(y/2)$ 인 경우 문제 1의 해를 구하여라.

17장 조화함수

17.1 조화함수와 Dirichlet 문제

다음 편미분방정식을 2차원 **Laplace 방정식**이라 한다.

$$\frac{\partial^2 u}{\partial x^2}+\frac{\partial^2 u}{\partial y^2}=0.$$

3차원으로 확장하면

$$\frac{\partial^2 u}{\partial x^2}+\frac{\partial^2 u}{\partial y^2}+\frac{\partial^2 u}{\partial z^2}=0$$

이다. Laplace 연산자 ∇^2('del squared' 라 읽음)는 2차원인 경우

$$\nabla^2 u=\frac{\partial^2 u}{\partial x^2}+\frac{\partial^2 u}{\partial y^2}$$

로 정의하고 3차원인 경우에는

$$\nabla^2 u=\frac{\partial^2 u}{\partial x^2}+\frac{\partial^2 u}{\partial y^2}+\frac{\partial^2 u}{\partial z^2}$$

로 정의한다. 이 기호로 Laplace 방정식을 표현하면 $\nabla^2 u=0$이 된다.

어떤 영역에서 Laplace 방정식을 만족하는 함수를 그 영역에서 **조화함수(harmonic function)** 라 한다. 예를 들면

$$x^2-y^2, \quad 2xy$$

는 2차원 평면에서 조화함수이다.

중력장이나 정전기장 등의 포텐셜 문제에 Laplace 방정식이 사용된다. Laplace 방정식을 **정상상태**의 열방정식이라 말하기도 한다. 열방정식은

$$\frac{\partial u}{\partial t}=k\nabla^2 u$$

의 꼴이고, 정상상태에서는 $\partial u/\partial t=0$으로 해는 t에 무관하므로 열방정식은 Laplace 방정식이 된다.

영역 D에서

$$\nabla^2 u(x, y)=0$$

이고 경계 ∂D에서

$$u(x, y)=f(x, y)$$

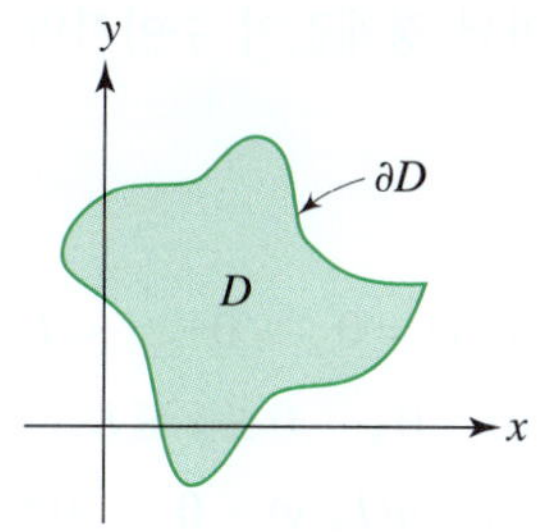

그림 17.1 영역 D의 경계 ∂D

를 만족하는 함수를 구하는 문제를 **Dirichlet 문제**라 하고, f를 **경계값**이라 한다. 3차원 이상의 문제도 생각할 수 있지만 이 장에서는 2차원으로 국한한다.

연습문제 17.1

1. f와 g가 조화함수이면 $f+g$와 αf도 조화함수임을 증명하여라(단, α는 임의의 실수).
2. 다음 함수는 평면에서 조화함수임을 증명하여라.
   (a) x^3-3xy^2
   (b) $3x^2y-y^3$
   (c) $x^4-6x^2y^2+y^4$
   (d) $4x^3y-4xy^3$
   (e) $\sin x \cosh y$
   (f) $\cos x \sinh y$
   (g) $e^{-x}\cos y$
3. $\ln(x^2+y^2)$은 평면에서 원점을 제외한 영역에서 조화함수임을 증명하여라.
4. 모든 자연수 n에 대해 $r^n\cos n\theta$와 $r^n\sin n\theta$가 조화함수임을 증명하여라. 힌트: Laplace 방정식을 극좌표계로 표현하여라.
5. 임의의 자연수 n에 대해 $r^{-n}\cos n\theta$와 $r^{-n}\sin n\theta$는 평면에서 원점을 제외한 영역에서 조화함수임을 증명하여라.

17.2 직사각형에서 Dirichlet 문제

영역 R은 $0\le x\le L$, $0\le y\le K$인 점 (x, y)로 구성된 직사각형이다. 이 절에서는 R 내부에서 조화함수이고 경계 ∂R, 즉 직사각형 R의 네 변에서 주어진 값을 만족하는 함수를 찾고자 한다.

이 직사각형의 한 변에서만 0이 아닌 경계값이 주어지면 이 문제는 변수분리법으로 해를 구할 수 있다.

보기 17.1

$$\nabla^2 u(x,\ y) = 0, \quad 0 < x < L,\ 0 < y < K,$$
$$u(x,\ 0) = 0, \quad 0 \le x \le L,$$
$$u(0,\ y) = u(L,\ y) = 0, \quad 0 \le y \le K,$$
$$u(x,\ K) = (L - x)\sin x, \quad 0 \le x \le L.$$

그림 17.2에 영역과 경계값을 나타내었다.

$u(x,\ y) = X(x)Y(y)$로 놓고 Laplace 방정식에 대입하면

$$\frac{X''}{X} = -\frac{Y''}{Y} = -\lambda \Rightarrow X'' + \lambda X = 0, \quad Y'' - \lambda Y = 0$$

로 정리된다. 경계조건으로부터

$$u(x,\ 0) = X(x)\,Y(0) = 0, \quad u(0,\ y) = X(0)\,Y(y) = 0, \quad u(L,\ y) = X(L)\,Y(y) = 0$$

이므로 $Y(0) = 0,\ X(0) = X(L) = 0$이 된다. 따라서 $X(x)$의 고유값은 $\lambda_n = n^2\pi^2/L^2$이고 고유함수는 $\sin(n\pi x/L)$의 상수배이다. 한편, Y는

$$Y'' - \frac{n^2\pi^2}{L^2}Y = 0; \quad Y(0) = 0$$

을 만족하므로 $Y(y)$는 $\sinh(n\pi y/L)$의 상수배가 된다.

위의 두 결과로부터

$$u_n(x,\ y) = \sin\frac{n\pi x}{L}\sinh\frac{n\pi y}{L}, \quad n = 1,\ 2,\ \cdots$$

은 직사각형에서 조화함수이고 $y = K$를 제외한 나머지 세 변에서 0으로 주어진 경계값

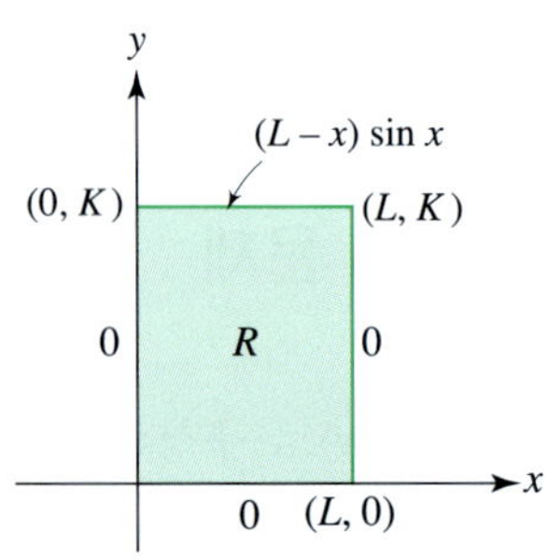

그림 17.2 직사각형의 경계변에 주어진 경계값

을 만족한다. 위 함수를 중첩하여

$$u(x,\ y) = \sum_{n=1}^{\infty} b_n \sin\frac{n\pi x}{L} \sinh\frac{n\pi y}{L}$$

로 두고 $y=K$ 에서 경계값을 대입하면

$$u(x,\ K) = \sum_{n=1}^{\infty} b_n \sin\frac{n\pi x}{L} \sinh\frac{n\pi K}{L} = (L-x)\sin x$$

이 된다. 위 함수는 $[0, L]$에서 $(L-x)\sin x$를 Fourier 사인 전개한 형태이므로

$$\begin{aligned} b_n \sinh\frac{n\pi K}{L} &= \frac{2}{L}\int_0^L (L-\xi)\sin\xi \sin\frac{n\pi\xi}{L}\, d\xi \\ &= 4L^2 \frac{n\pi\,[1-(-1)^n \cos L]}{L^4 - 2L^2 n^2\pi^2 + n^4\pi^4} \end{aligned}$$

이 얻어진다. 따라서 해는 다음과 같다.

$$u(x,\ y) = \sum_{n=1}^{\infty} \frac{4L^2}{\sinh(n\pi K/L)} \frac{n\pi[1-(-1)^n \cos L]}{(L^2-n^2\pi^2)^2} \sin\frac{n\pi x}{L} \sinh\frac{n\pi y}{L}.$$

네 변에서 모두 0이 아닌 경계값이 주어질 경우를 4 Dirichlet 문제라 한다. 그림 17.3에는 이 문제를 푸는 과정을 묘사해 주고 있다. 한 변에서만 0이 아닌 경계조건에 대한 각 문제의 해를 $u_j(x, y)$라면 구하는 해는

$$u(x,\ y) = \sum_{j=1}^{4} u_j(x,\ y)$$

가 된다.

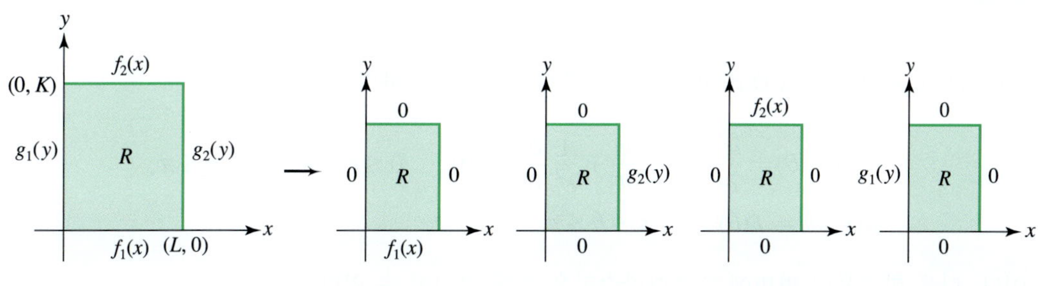

그림 17.3 $u(x,\ y) = \Sigma_{j=1}^{4} u_j(x,\ y)$

연습문제 17.2

문제 1부터 5까지 Dirichlet 문제의 해를 구하여라.

1. $u(0,\ y)=u(1,\ y)=0,\ 0\le y\le \pi,$
   $u(x,\ \pi)=0,\ u(x,\ 0)=\sin \pi x,\ 0\le x\le 1$

2. $u(0,\ y)=y(2-y),\ u(3,\ y)=0,\ 0\le y\le 2,$
   $u(x,\ 0)=u(x,\ 2)=0,\ 0\le x\le 3$

3. $u(0,\ y)=u(1,\ y)=0,\ 0\le y\le 4,$
   $u(x,0)=0,\ u(x,4)=x\cos(\pi x/2),\ 0\le x\le 1$

4. $u(0,\ y)=\sin y,\ u(\pi,\ y)=0,\ 0\le y\le \pi,$
   $u(x,\ 0)=x(\pi-x),\ u(x,\pi)=0,\ 0\le x\le \pi$

5. $u(0,\ y)=0,\ u(2,\ y)=\sin y,\ 0\le y\le \pi,$
   $u(x,\ 0)=0,\ u(x,\ \pi)=x\sin \pi x,\ 0\le x\le 2$

6. 다음 혼합형 경계값 문제의 해를 변수분리법으로 구하여라.

$$\nabla^2 u(x,\ y)=0,\ 0<x<a,\ 0<y<b$$
$$u(x,\ 0)=\frac{\partial u}{\partial y}(x,\ b)=0,\ 0\le x\le a$$
$$u(0,\ y)=0,\ u(a,\ y)=g(y),\ 0\le y\le b$$

7. 다음 혼합형 경계값 문제의 해를 변수분리법으로 구하여라.

$$\nabla^2 u(x,\ y)=0,\ 0<x<a,\ 0<y<b$$
$$u(x,\ 0)=0,\ u(x,\ b)=f(x),\ 0\le x\le a$$
$$u(0,\ y)=\frac{\partial u}{\partial x}(a,\ y)=0,\ 0\le y\le b$$

8. 영역이 $0\le x\le a,\ 0\le y\le b$인 직사각형 평판에 좌변, 우변, 하변 온도는 0, 상변 온도는 $f(x)=x(x-a)^2$으로 주어졌다. 이 경우 정상상태의 온도 분포를 구하여라.

9. 영역이 $0\le x\le 4,\ 0\le y\le 1$인 직사각형 평판에 상변과 하변 온도는 0, 좌변 온도는 $f(y)=\sin \pi y$, 우변 온도는 $f(y)=y(1-y)$로 주어졌다. 이 경우 정상상태의 온도 분포를 구하여라.

17.3 원판에서 Dirichlet 문제

반지름이 R인 원판의 Dirichlet 문제를 극좌표계로 표현하면

$$\nabla^2 u(r,\ \theta)=\frac{\partial^2 u}{\partial r^2}+\frac{1}{r}\frac{\partial u}{\partial r}+\frac{1}{r^2}\frac{\partial^2 u}{\partial \theta^2}=0, \quad 0\le r<R,\ -\pi\le\theta\le\pi,$$
$$u(R,\ \theta)=f(\theta), \quad -\pi\le\theta\le\pi$$

이다. 다음 함수들이 평면에서 조화함수임은 쉽게 확인할 수 있다.

$$1, \quad r^n\cos n\theta, \quad r^n\sin n\theta.$$

이를 이용하여 해를

$$u(r, \theta) = \frac{1}{2}a_0 + \sum_{n=1}^{\infty}\left(a_n r^n \cos n\theta + b_n r^n \sin n\theta\right)$$

의 꼴로 가정하자. 계수를 구하기 위해 경계조건을 대입하면

$$u(R, \theta) = f(\theta) = \frac{1}{2}a_0 + \sum_{n=1}^{\infty}\left(a_n R^n \cos n\theta + b_n R^n \sin n\theta\right)$$

이다. 위 식은 $[-\pi, \pi]$에서 $f(\theta)$를 Fourier 전개한 것이므로

$$a_n = \frac{1}{\pi R^n}\int_{-\pi}^{\pi} f(\xi)\cos n\xi\, d\xi, \qquad b_n = \frac{1}{\pi R^n}\int_{-\pi}^{\pi} f(\xi)\sin n\xi\, d\xi$$

가 얻어진다. 따라서 해는

$$u(r, \theta) = \frac{1}{2\pi}\int_{-\pi}^{\pi} f(\xi)\, d\xi + \frac{1}{\pi}\sum_{n=1}^{\infty}\left(\frac{r}{R}\right)^n\left[\left(\int_{-\pi}^{\pi} f(\xi)\cos n\xi\, d\xi\right)\cos n\theta + \left(\int_{-\pi}^{\pi} f(\xi)\sin n\xi\, d\xi\right)\sin n\theta\right]$$

이다. 또는

$$\begin{aligned} u(r, \theta) &= \frac{1}{2\pi}\int_{-\pi}^{\pi} f(\xi)\, d\xi + \frac{1}{\pi}\sum_{n=1}^{\infty}\left(\frac{r}{R}\right)^n \int_{-\pi}^{\pi} f(\xi)\cos n(\xi - \theta)\, d\xi \\ &= \frac{1}{2\pi}\int_{-\pi}^{\pi}\left[1 + 2\sum_{n=1}^{\infty}\left(\frac{r}{R}\right)^n \cos n(\xi - \theta)\right] f(\xi)\, d\xi \end{aligned}$$

와 같이 간단하게 표현할 수도 있다.

보기 17.2

$$\nabla^2 u(r, \theta) = 0, \quad 0 \le r < 4,\ -\pi \le \theta \le \pi,$$
$$u(4, \theta) = f(\theta) = \theta^2, \quad -\pi \le \theta \le \pi.$$

이 문제의 해는

$$\begin{aligned} u(r, \theta) &= \frac{1}{2\pi}\int_{-\pi}^{\pi} \xi^2\, d\xi + \frac{1}{\pi}\sum_{n=1}^{\infty}\left(\frac{r}{4}\right)^n \int_{-\pi}^{\pi} \xi^2 \cos n(\xi - \theta)\, d\xi \\ &= \frac{1}{3}\pi^2 + \sum_{n=1}^{\infty}\frac{4(-1)^n}{n^2}\left(\frac{r}{4}\right)^n \cos n\theta \end{aligned}$$

이다.

보기 17.3

$$\nabla^2 u(x,\ y) = 0\,, \qquad x^2 + y^2 < 9,$$
$$u(x,\ y) = x^2 y^2\,, \qquad x^2 + y^2 = 9\,.$$

$$u(x,\ y) = u(r\cos\theta,\ r\sin\theta) = U(r,\ \theta)$$

라 하면 $r = 3$에서의 경계조건은

$$U(3,\ \theta) = (9\cos^2\theta)(9\sin^2\theta) = 81\cos^2\theta\sin^2\theta = f(\theta)$$

이므로 구하는 해는

$$\begin{aligned} U(r,\ \theta) = &\frac{1}{2\pi}\int_{-\pi}^{\pi} 81\sin^2\xi\cos^2\xi\, d\xi \\ &+ \frac{1}{\pi}\sum_{n=1}^{\infty}\left(\frac{r}{3}\right)^n\left[\left(\int_{-\pi}^{\pi} 81\cos^2\xi\sin^2\xi\cos n\xi\, d\xi\right)\cos n\theta\right. \\ &\left.+\left(\int_{-\pi}^{\pi} 81\cos^2\xi\sin^2\xi\sin n\xi\, d\xi\right)\sin n\theta\right] \end{aligned}$$

이다. 각 항의 적분값을 계산하면

$$\int_{-\pi}^{\pi} 81\sin^2\xi\cos^2\xi\, d\xi = \frac{81}{4}\pi,$$

$$\int_{-\pi}^{\pi} 81\cos^2\xi\sin^2\xi\cos n\xi\, d\xi = \begin{cases} 0 & n \neq 4 \text{일 때}, \\ -\dfrac{81\pi}{8} & n = 4 \text{일 때} \end{cases}$$

$$\int_{-\pi}^{\pi} 81\cos^2\xi\sin^2\xi\sin n\xi\, d\xi = 0$$

이 얻어진다. 이 결과를 대입하면 해는

$$U(r,\ \theta) = \frac{1}{2\pi}\frac{81\pi}{4} - \frac{1}{\pi}\frac{81\pi}{8}\left(\frac{r}{3}\right)^4\cos 4\theta = \frac{81}{8} - \frac{1}{8}r^4\cos 4\theta$$

이다. $\cos 4\theta = 8\cos^4\theta - 8\cos^2\theta + 1$이므로 해를 직교좌표계로 전환하면

$$\begin{aligned} U(r,\ \theta) &= \frac{81}{8} - \frac{1}{8}(8r^4\cos^4\theta - 8r^2 r^2\cos^2\theta + r^4) \\ &= \frac{81}{8} - \frac{1}{8}(8x^4 - 8(x^2+y^2)x^2 + (x^2+y^2)^2) = u(x,\ y)\,. \end{aligned}$$

연습문제 17.3

문제 1부터 7까지 주어진 반지름과 경계조건을 이용하여 원판에서 Dirichlet 문제에 대한 급수해를 극좌표계로 구하여라.

1. $R=3,\ f(\theta)=1$
2. $R=3,\ f(\theta)=8\cos 4\theta$
3. $R=1,\ f(\theta)=\sin^2\theta$
4. $R=3,\ f(\theta)=\theta\cos\theta$
5. $R=2,\ f(\theta)=\theta^2-\theta$
6. $R=4,\ f(\theta)=\theta\, e^{2\theta}$
7. $R=4,\ f(\theta)=e^{-\theta}$

문제 8부터 11까지 극좌표계를 이용하여 해를 구하여라.

8. $\nabla^2 u(x,\ y)=0,\ x^2+y^2<9$
   $u(x,\ y)=x-y,\ x^2+y^2=9$
9. $\nabla^2 u(x,\ y)=0,\ x^2+y^2<16$
   $u(x,\ y)=x^2,\ x^2+y^2=16$
10. $\nabla^2 u(x,\ y)=0,\ x^2+y^2<25$
    $u(x,\ y)=xy,\ x^2+y^2=25$
11. $\nabla^2 u(x,\ y)=0,\ x^2+y^2<4$
    $u(x,\ y)=x^2-y^2,\ x^2+y^2=4$

17.4 원판에서 Poisson 적분공식

이 절에서는 원판에서 Dirichlet 문제의 해에 대한 적분공식을 유도한다. 반지름이 1인 원판의 문제를 극좌표계로 나타내면

$$\frac{\partial^2 u}{\partial r^2}+\frac{1}{r}\frac{\partial u}{\partial r}+\frac{1}{r^2}\frac{\partial^2 u}{\partial\theta^2}=0,\qquad 0\le r<1,\ -\pi\le\theta\le\pi,$$
$$u(1,\ \theta)=f(\theta),\qquad -\pi\le\theta\le\pi$$

이다. 앞 절 결과를 이용하면 급수해는

$$u(r,\ \theta)=\frac{1}{2\pi}\int_{-\pi}^{\pi}\left[1+2\sum_{n=1}^{\infty}r^n\cos n(\xi-\theta)\right]f(\xi)\,d\xi \tag{17.1}$$

이다. **Poisson 핵** $P(r,\ \zeta)$을

$$P(r,\ \zeta)=\frac{1}{2\pi}\left[1+2\sum_{n=1}^{\infty}r^n\cos n\zeta\right]$$

와 같이 정의한다. Poisson 핵의 닫힌 형태를 구하고 이를 이용하여 해에 대한 적분공식을 구

해 보자. 먼저 $z = re^{i\zeta}$라 두면 오일러 공식에 의하여

$$z^n = r^n e^{in\zeta} = r^n \cos n\zeta + ir^n \sin n\zeta$$

이므로 Poisson 핵의 $r^n \cos n\zeta$는 z^n의 실수부, 즉 $\mathrm{Re}(z^n)$이다. 따라서

$$1 + 2\sum_{n=1}^{\infty} r^n \cos n\zeta = \mathrm{Re}\left(1 + 2\sum_{n=1}^{\infty} z^n\right)$$

이다. $|z| = r < 1$인 원판에서 $\sum_{n=1}^{\infty} z^n = \frac{z}{1-z}$이므로

$$1 + 2\sum_{n=1}^{\infty} r^n \cos n\zeta = \mathrm{Re}\left(1 + \frac{2z}{1-z}\right) = \mathrm{Re}\left(\frac{1+z}{1-z}\right) = \mathrm{Re}\left(\frac{1+re^{i\zeta}}{1-re^{i\zeta}}\right)$$

이 된다. 실수부를 계산하기 위하여

$$\begin{aligned}\frac{1+re^{i\zeta}}{1-re^{i\zeta}} &= \left(\frac{1+re^{i\zeta}}{1-re^{i\zeta}}\right)\left(\frac{1-re^{-i\zeta}}{1-re^{-i\zeta}}\right) = \frac{1-r^2+r(e^{i\zeta}-e^{-i\zeta})}{1+r^2-r(e^{i\zeta}+e^{-i\zeta})} \\ &= \frac{1-r^2+2ir\sin\zeta}{1+r^2-2r\cos\zeta}\end{aligned}$$

인 관계를 이용하면

$$1 + 2\sum_{n=1}^{\infty} r^n \cos n\zeta = \mathrm{Re}\left(\frac{1+re^{i\zeta}}{1-re^{i\zeta}}\right) = \frac{1-r^2}{1+r^2-2r\cos\zeta}$$

을 얻을 수 있다. 따라서 구하는 해는 다음과 같다.

$$u(r,\theta) = \frac{1}{2\pi}\int_{-\pi}^{\pi} \frac{1-r^2}{1+r^2-2r\cos(\xi-\theta)} f(\xi)\,d\xi\,.$$

변수치환법을 사용하면 반지름이 R인 경우일 때 해는

$$u(r,\theta) = \frac{1}{2\pi}\int_{-\pi}^{\pi} \frac{R^2-r^2}{R^2+r^2-2Rr\cos(\xi-\theta)} f(\xi)\,d\xi \tag{17.2}$$

이다. 이것을 반지름 R인 원판에서 Dirichlet 문제의 **Poisson 적분공식**이라 부른다.

보기 17.4

$$\nabla^2 u(r,\theta) = 0, \quad 0 \le r < 4,\ -\pi \le \theta \le \pi,$$
$$u(4,\theta) = f(\theta) = \theta^2, \quad -\pi \le \theta \le \pi$$

의 해를 앞 절에서 Fourier 급수로 구했다. 이 급수해는 Poisson 적분공식을 적용한

$$u(r,\theta)=\frac{1}{2\pi}\int_{-\pi}^{\pi}\frac{16-r^2}{16+r^2-8r\cos(\xi-\theta)}\xi^2\,d\xi$$
$$=\frac{16-r^2}{2\pi}\int_{-\pi}^{\pi}\frac{\xi^2}{16+r^2-8r\cos(\xi-\theta)}\,d\xi$$

와 같다. 위 적분은 닫힌 형태로 바꿀 수는 없지만 수치 적분법으로 근사값을 구할 수 있다.

연습문제 17.4

문제 1에서 4까지 주어진 반지름과 경계값에 대한 원판 Dirichlet 문제의 Poisson 적분공식을 작성하고 극좌표로 주어진 위치에서 해의 근사값을 구하여라.

1. $R=15,\ f(\theta)=\theta^3-\theta;\ (4,\pi),\ (12,\pi/6),\ (8,\pi/4)$
2. $R=6,\ f(\theta)=e^{-\theta};\ (5.5,3\pi/5),\ (4,2\pi/7),\ (1,\pi)$
3. $R=1,\ f(\theta)=\theta;\ (1/2,\pi),\ (3/4,\pi/3),\ (0.2,\pi/4)$
4. $R=4,\ f(\theta)=\sin 4\theta;\ (1,\pi/6),\ (3,7\pi/2),\ (1,\pi/4)$
5. 영역 $0\le r<R,\ 0\le\theta\le 2\pi$ 에서 $u(r,\theta)=r^n\sin n\theta$ 라 하자. u는 전 영역에서 조화함수이다. 따라서 u는 경계값이 $u(R,\theta)=R^n\sin n\theta$인 원판 Dirichlet 문제의 해가 된다. Poisson 적분공식을 사용하여 다음 식을 유도하여라.

$$r^n\sin n\theta=\frac{1}{2\pi}\int_0^{2\pi}\frac{R^2-r^2}{r^2-2rR\cos(\xi-\theta)+R^2}R^n\sin n\xi\,d\xi$$

17.5 무한영역에서 Dirichlet 문제

17.5.1 위쪽 반평면에서 Dirichlet 문제

$$\nabla^2u(x,y)=0,\qquad -\infty<x<\infty,\ y>0,$$
$$u(x,0)=f(x),\qquad -\infty<x<\infty$$

를 생각해 보자. 이 경우는 유계인 조화함수를 구하자.

$u(x,y)=X(x)Y(y)$로 놓고 Laplace 방정식에 대입하면

$$X'' + \lambda X = 0, \quad Y'' - \lambda Y = 0$$

을 얻는다. λ의 값에 따라 유계인 해를 구해 보자.

경우 1. $\lambda = 0$

$X(x) = ax + b$이다. 유계인 해를 얻으려면 $a = 0$이어야 한다. 따라서 $X(x) = b$는 0이므로 $\lambda = 0$은 고유값이고 고유함수는 상수함수이다.

경우 2. $\lambda = -\omega^2 < 0,\ \omega > 0$

$X(x) = ae^{\omega x} + be^{-\omega x}$이다. $x \to \infty$이면 $e^{\omega x} \to \infty$, $x \to -\infty$이면 $e^{-\omega x} \to \infty$이므로 유계인 해를 얻으려면 $a = b = 0$이다. 즉, X는 자명한 해가 되므로 음수는 고유값이 될 수 없다.

경우 3. $\lambda = \omega^2 > 0,\ \omega > 0$

$X(x) = a\cos\omega x + b\sin\omega x$이고, 임의의 상수 a, b에 대해 유계이다. 따라서 $\lambda = \omega^2$은 고유값이 된다. Y에 대한 방정식은 $Y'' - \omega^2 Y = 0$이므로 일반해는 $Y(y) = ae^{\omega y} + be^{-\omega y}$이다. $y \to \infty$이면 $e^{\omega y} \to \infty$가 되므로 $a = 0$이어야 한다. 따라서 $Y(y) = be^{-\omega y}$이다.

$\omega \geq 0$에 대해 함수

$$u_\omega(x, y) = [a_\omega \cos\omega x + b_\omega \sin\omega x]\, e^{-\omega y}$$

는 Laplace 방정식을 만족한다. 위 함수를 모든 $\omega \geq 0$에 대해 중첩하여 해

$$u(x, y) = \int_0^\infty [a_\omega \cos\omega x + b_\omega \sin\omega x]\, e^{-\omega y}\, d\omega$$

를 구하자. 경계조건을 대입하면

$$u(x, 0) = f(x) = \int_0^\infty [a_\omega \cos\omega x + b_\omega \sin\omega x]\, d\omega$$

이다. 이 식은 $f(x)$의 Fourier 적분이므로

$$a_\omega = \frac{1}{\pi}\int_{-\infty}^{\infty} f(\xi)\cos\omega\xi\, d\xi, \quad b_\omega = \frac{1}{\pi}\int_{-\infty}^{\infty} f(\xi)\sin\omega\xi\, d\xi$$

이 된다. 이 계수를 해에 대입하면

$$\begin{aligned}
u(x, y) &= \frac{1}{\pi}\int_0^\infty \left[\left(\int_{-\infty}^{\infty} f(\xi)\cos\omega\xi\, d\xi\right)\cos\omega x + \left(\int_{-\infty}^{\infty} f(\xi)\sin\omega\xi\, d\xi\right)\sin\omega x\right] e^{-\omega y}\, d\omega \\
&= \frac{1}{\pi}\int_0^\infty \int_{-\infty}^{\infty} [\cos\omega\xi\cos\omega x + \sin\omega\xi\sin\omega x]\, f(\xi) e^{-\omega y}\, d\xi\, d\omega \\
&= \frac{1}{\pi}\int_{-\infty}^{\infty} \left[\int_0^\infty \cos\omega(\xi - x)\, e^{-\omega y}\, d\omega\right] f(\xi)\, d\xi
\end{aligned}$$

이다. 안쪽 적분항을 먼저 계산하면

$$\int_0^\infty \cos\omega(\xi - x)\, e^{-\omega y}\, d\omega = \left[\frac{e^{-\omega y}}{y^2 + (\xi - x)^2}\left[-y\cos\omega(\xi - x) + (\xi - x)\sin\omega(\xi - x)\right]\right]_0^\infty$$

$$= \frac{y}{y^2 + (\xi - x)^2}$$

이다. 이것을 해에 대입하면

$$u(x,\ y) = \frac{y}{\pi}\int_{-\infty}^{\infty}\frac{f(\xi)}{y^2 + (\xi - x)^2}\, d\xi \tag{17.3}$$

을 얻는다. 위 함수 u는 위쪽 반평면에 대한 Dirichlet 문제의 유계인 해이다.

변수분리법으로 구한 이 해를 Fourier 변환으로 한 번 더 구해 보자.

Fourier 변환에 의한 해법

Laplace 방정식을 변수 x에 관해 Fourier 변환해 보자. 미분작용소 $\partial/\partial y$가 Fourier 변환과 교환가능하다는 것과 연산법칙을 이용하면

$$\mathfrak{F}\left(\frac{\partial^2 u}{\partial y^2}\right) + \mathfrak{F}\left(\frac{\partial^2 u}{\partial x^2}\right) = \frac{\partial^2 \hat{u}}{\partial y^2}(\omega,\ y) - \omega^2 \hat{u}(\omega,\ y) = 0$$

이 된다. 위 미분방정식의 일반해를 변수 y에 대해 구하면

$$\hat{u}(\omega,\ y) = a_\omega e^{\omega y} + b_\omega e^{-\omega y}$$

이다. Fourier 적분에 의한 해는 ω가 0 또는 양의 실수일 때 적분이지만 Fourier 변환에서는 ω의 영역이 전 실수 전체임을 주의하여라. $\omega > 0$일 때 $y \to \infty$이면 $e^{\omega y} \to \infty$가 되므로 $a_\omega = 0$ 이어야 한다. 또한 $\omega < 0$일 때 $y \to \infty$이면 $e^{-\omega y} \to \infty$가 되므로 $b_\omega = 0$이다. 즉,

$$\hat{u}(\omega,\ y) = c_\omega e^{-|\omega| y}$$

와 같이 표현할 수 있다. 경계조건을 대입하면 $\hat{u}(\omega,\ 0) = \hat{f}(\omega) = c_\omega$이므로 Fourier 변환해는

$$\hat{u}(\omega,\ y) = \hat{f}(\omega) e^{-|\omega| y}$$

이다. 위 함수를 Fourier 역변환하면

$$\begin{aligned} u(x,\ y) &= \mathfrak{F}^{-1}\left[\hat{f}(\omega)e^{-|\omega|y}\right](x) \\ &= \frac{1}{2\pi}\int_{-\infty}^{\infty}\hat{f}(\omega)e^{-|\omega|y}e^{i\omega x}\,d\omega \\ &= \frac{1}{2\pi}\int_{-\infty}^{\infty}\left(\int_{-\infty}^{\infty}f(\xi)e^{-i\omega\xi}\,d\xi\right)e^{-|\omega|y}e^{i\omega x}\,d\omega \\ &= \frac{1}{2\pi}\int_{-\infty}^{\infty}\left(\int_{-\infty}^{\infty}e^{-|\omega|y}\,e^{-i\omega(\xi-x)}\,d\omega\right)f(\xi)\,d\xi\,. \end{aligned}$$

오일러 공식

$$e^{-i\omega(\xi-x)} = \cos\omega(\xi-x) - i\sin\omega(\xi-x)$$

과 적분 계산

$$\int_{-\infty}^{\infty}e^{-|\omega|y}e^{-i\omega(\xi-x)}\,d\omega = \frac{2y}{y^2+(\xi-x)^2}$$

를 이용하면 Fourier 변환에 의한 해는

$$u(x,\ y) = \frac{y}{\pi}\int_{-\infty}^{\infty}\frac{f(\xi)}{y^2+(\xi-x)^2}\,d\xi$$

로 구할 수 있으며, 변수분리법에 의한 해 (17.3)과 같은 결과를 얻는다.

17.5.2 1사분면에서 Dirichlet 문제

다음과 같은 1사분면에서 Dirichlet 문제를 생각해 보자.

$$\begin{aligned} &\nabla^2 u(x,\ y) = 0\,, && x>0,\ y>0, \\ &u(x,\ 0) = f(x)\,, && x\geq 0, \\ &u(0,\ y) = 0\,, && y\geq 0. \end{aligned}$$

이 문제의 경계는 양의 x축과 양의 y축이다.

이 문제의 해는 변수분리법으로 구할 수도 있지만, 앞 절에서 다룬 위쪽 반평면의 결과를 이용해 보도록 하자. 위쪽 반평면을 y축을 중심으로 접으면 1사분면이 된다. 여기에 착안하여 위쪽 반평면의 해를 이용하여 1사분면의 해를 구해 보자. 먼저, 다음과 같은 함수 $g(x)$를 정의하자.

$$g(x) = \begin{cases} f(x) & x\geq 0 \text{ 일 때}, \\ -f(-x) & x<0 \text{ 일 때}. \end{cases}$$

이를 이용하여 문제를 위쪽 반평면으로 영역을 확장한

$$\nabla^2 u(x,\ y) = 0\,, \quad -\infty < x < \infty,\ y > 0,$$
$$u(x,\ 0) = g(x)\,, \quad -\infty < x < \infty$$

을 생각하자. 17.5.1절 결과에 의해 이 문제의 해는

$$u(x,\ y) = \frac{y}{\pi}\int_{-\infty}^{\infty}\frac{g(\xi)}{y^2+(\xi-x)^2}\,d\xi$$
$$= \frac{y}{\pi}\left[\int_{-\infty}^{0}\frac{-f(-\xi)}{y^2+(\xi-x)^2}\,d\xi + \int_{0}^{\infty}\frac{f(\xi)}{y^2+(\xi-x)^2}\,d\xi\right]$$

와 같이 쓸 수 있다. 왼쪽 적분항에서 변수 $w=-\xi$로 치환하면

$$\int_{-\infty}^{0}\frac{-f(-\xi)}{y^2+(\xi-x)^2}\,d\xi = \int_{\infty}^{0}\frac{-f(w)}{y^2+(w+x)^2}(-1)\,dw$$

이 된다. 적분변수 w를 다시 ξ로 치환하면

$$u(x,\ y) = \frac{y}{\pi}\int_{0}^{\infty}\left(\frac{-f(\xi)}{y^2+(\xi+x)^2} + \frac{f(\xi)}{y^2+(\xi-x)^2}\right)d\xi$$
$$= \frac{y}{\pi}\int_{0}^{\infty}\left(\frac{1}{y^2+(\xi-x)^2} - \frac{1}{y^2+(\xi+x)^2}\right)f(\xi)\,d\xi$$

이 된다. 이 함수는 위쪽 반평면 Dirichlet 문제의 해이지만 1사분면에서도 역시 조화적이고 $x=0$에서 0, $y=0$에서 $f(x)$이므로 1사분면에 대한 Dirichlet 문제의 해도 된다.

보기 17.5

$$\nabla^2 u = 0\,, \quad x > 0,\ y > 0,$$
$$u(0,\ y) = 0\,, \quad y \ge 0,$$
$$u(x,\ 0) = xe^{-x}\,, \quad x \ge 0$$

의 해는

$$u(x,\ y) = \frac{y}{\pi}\int_{0}^{\infty}\left(\frac{1}{y^2+(\xi-x)^2} - \frac{1}{y^2+(\xi+x)^2}\right)\xi e^{-\xi}\,d\xi$$

이다.

보기 17.6

$$\nabla^2 u = 0\,, \quad x > 0,\ y > 0,$$
$$u(0,\ y) = 0\,, \quad y \ge 0,$$
$$u(x,\ 0) = 1\,, \quad x \ge 0$$

의 해는

$$u(x,\ y)=\frac{y}{\pi}\int_0^{\infty}\left[\frac{1}{y^2+(\xi-x)^2}-\frac{1}{y^2+(\xi+x)^2}\right]d\xi$$

$$=\frac{y}{\pi}\int_0^{\infty}\left[\frac{1}{y^2\left[1+((\xi-x)/y)^2\right]}-\frac{1}{y^2\left[1+((\xi+x)/y)^2\right]}\right]d\xi$$

$$=\frac{y}{\pi}\left[\frac{1}{y}\left(\frac{\pi}{2}-\arctan\left(-\frac{x}{y}\right)\right)-\frac{1}{y}\left(\frac{\pi}{2}-\arctan\frac{x}{y}\right)\right]$$

$$=\frac{2}{\pi}\arctan\frac{x}{y}$$

이다. 위 함수는 1사분면에서 조화적이고 $y>0$에서 $u(0,\ y)=0$을 만족한다. 또한 $x>0$에서 다음 식이 성립되므로 $u(x,\ 0)=1$을 만족한다.

$$\lim_{y\to 0+}\frac{2}{\pi}\arctan\frac{x}{y}=\frac{2}{\pi}\frac{\pi}{2}=1.$$

연습문제 17.5

1. 위쪽 반평면에 대한 Dirichlet 문제의 경계값은 다음과 같다. 적분해를 구하여라.

$$f(x)=\begin{cases}-1 & -4\le x<0\text{일 때},\\ 1 & 0\le x\le 4\text{일 때},\\ 0 & |x|>4\text{일 때}\end{cases}$$

2. 위쪽 반평면에 대한 Dirichlet 문제의 경계값은 $f(x)=e^{-|x|}$이다. 적분해를 구하여라.

3. 1사분면에 대한 Dirichlet 문제의 경계값은 다음과 같다. 적분해를 구하여라.

$$u(x,\ 0)=e^{-x}\cos x,\ x\ge 0$$
$$u(0,\ y)=0,\ y\ge 0$$

4. 1사분면에 대한 Dirichlet 문제의 경계값은 다음과 같다. 적분해를 구하여라.

$$u(x,\ 0)=0,\ x\ge 0$$
$$u(0,\ y)=g(y),\ y\ge 0$$

변수분리법으로 해를 구해 보고, 적당한 Fourier 변환을 이용해서도 구하여라.

5. 1사분면에 대한 Dirichlet 문제의 경계값은 다음과 같다. 적분해를 구하여라.

$$u(x,\ 0)=f(x),\ x\ge 0$$
$$u(0,\ y)=g(y),\ y\ge 0$$

6. $0\le x\le\pi,\ y\ge 0$인 띠의 Dirichlet 문제에 대한 경계조건은 다음과 같다. 해를 구하여라.

$$u(0,\ y)=0,\ u(\pi,\ y)=2,\ y\ge 0,$$
$$u(x,\ 0)=-4,\ 0\le x\le\pi$$

7. $x\ge 0,\ 0\le y\le 1$인 띠의 Dirichlet 문제에 대한 경계조건은 다음과 같다. 해를 구하여라.

$$u(0,\ y)=y^2(1-y),\ 0\le y\le 1,$$
$$u(x,\ 0)=u(x,\ 1)=0,\ x\ge 0$$

8. 다음과 같이 경계값이 혼합형으로 주어지는 문제에 대한 해를 구하여라.

$$\nabla^2 u = 0,\ 0 < x < \pi,\ 0 < y < 2,$$
$$u(0,\ y) = 0,\ u(\pi,\ y) = 4,\ 0 \le y \le 2,$$
$$\frac{\partial u}{\partial y}(x,\ 0) = u(x,\ 2) = 0,\ 0 \le x \le \pi$$

9. $x \ge 0,\ y \ge 0$인 1사분면에서 정상상태의 온도 분포를 구하여라. 단, y축에서 온도는 e^{-y}이고 x축에서 온도는 0이다.

10. $0 \le y \le 1,\ x \ge 0$ 인 띠에서 정상상태의 온도 분포를 구하여라. 단, 왼쪽 경계선과 아랫변의 온도는 0이고, 윗변의 온도는 $f(x)$이다.

11. $x \ge 0,\ y \ge 0$인 1사분면에서 정상상태의 온도 분포를 구하여라. 단, x축의 온도는 xe^{-x}이고 y축의 온도는 e^{-y}이다.

12. $0 \le y \le 2,\ x \ge 0$인 띠에서 정상상태의 온도 분포를 구하여라. 단, 왼쪽 경계선과 아랫변은 단열되었고 윗변의 온도는 $f(x)$이다.

13. $x \ge 0,\ y \ge 0$인 1사분면에서 정상상태의 온도 분포를 구하여라. 단, x축은 단열되었고 y축의 온도는 e^{-y}이다.

14. $0 \le y \le 1,\ x \ge 0$인 띠에서 정상상태의 온도 분포를 구하여라. 단, 수평한 변의 온도는 0이고 수직한 변은 단열되었다.

17.6 직육면체에서 Dirichlet 문제

3차원 공간상의 Dirichlet 문제로 다음을 생각해 보자.

$$\nabla^2 u(x,\ y,\ z) = 0, \quad 0 < x < A,\ 0 < y < B,\ 0 < z < C,$$
$$u(x,\ y,\ 0) = u(x,\ y,\ C) = 0, \quad 0 \le x \le A,\ 0 \le y \le B,$$
$$u(0,\ y,\ z) = u(A,\ y,\ z) = 0, \quad 0 \le y \le B,\ 0 \le z \le C,$$
$$u(x,\ 0,\ z) = 0, \quad u(x,\ B,\ z) = f(x,\ z), \quad 0 \le x \le A,\ 0 \le z \le C.$$

6면 중 5면에서는 경계값이 0이고 나머지 한 면에서는 $f(x,\ z)$로 주어진 직육면체의 조화함수를 구하는 문제이다.

$u(x,\ y,\ z) = X(x)\,Y(y)\,Z(z)$로 놓고 3차원 Laplace 방정식에 대입하면

$$\frac{X''}{X} = -\frac{Y''}{Y} - \frac{Z''}{Z} = -\lambda, \qquad \frac{Z''}{Z} = \lambda - \frac{Y''}{Y} = -\mu$$

로 변수분리된다. 이를 정리하면

$$X'' + \lambda X = 0, \quad Z'' + \mu Z = 0, \quad Y'' - (\lambda + \mu)Y = 0$$

과 같이 3개의 상미분방정식을 얻는다. 경계조건을 대입하면

$$X(0)=X(A)=0\,,\quad Z(0)=Z(C)=0\,,\quad Y(0)=0$$

이 되어 X와 Z에 대한 고유값과 고유함수는

$$\lambda_n=\frac{n^2\pi^2}{A^2}\,,\quad X_n(x)=\sin\frac{n\pi x}{A},$$
$$\mu_m=\frac{m^2\pi^2}{C^2}\,,\quad Z_m(z)=\sin\frac{m\pi z}{C}$$

이다. 따라서 $Y(y)$에 대한 미분방정식과 경계조건은

$$Y''-\left(\frac{n^2\pi^2}{A^2}+\frac{m^2\pi^2}{C^2}\right)Y=0\,,\quad Y(0)=0$$

이 된다. 위 식의 해는 $\sinh\beta_{nm}y$의 상수배이며, 계수 β_{nm}은

$$\beta_{nm}=\sqrt{\frac{n^2\pi^2}{A^2}+\frac{m^2\pi^2}{C^2}}$$

이다. 이로부터

$$u_{nm}(x,\ y,\ z)=\sin\frac{n\pi x}{A}\sin\frac{m\pi z}{C}\sinh\beta_{nm}y$$

은 Laplace 방정식과 5면에서 0으로 주어진 경계조건을 만족한다. 위 함수 u_{nm}을 중첩하여 최종해를 표현하면

$$u(x,\ y,\ z)=\sum_{n=1}^{\infty}\sum_{m=1}^{\infty}c_{nm}\sin\frac{n\pi x}{A}\sin\frac{m\pi z}{C}\sinh\beta_{nm}y$$

가 된다. $y=B$일 때 경계값을 대입하면

$$u(x,\ B,\ z)=f(x,\ z)=\sum_{n=1}^{\infty}\sum_{m=1}^{\infty}c_{nm}\sin\frac{n\pi x}{A}\sin\frac{m\pi z}{C}\sinh\beta_{nm}B$$

이 된다. 이와 같은 Fourier 사인 전개식은 직사각형 탄성막의 진동 문제에서 다룬 적이 있다. 이 결과를 응용하면 계수 c_{nm}은

$$c_{nm}=\frac{4}{AC\sinh\beta_{nm}B}\int_0^A\int_0^C f(\xi,\ \zeta)\sin\frac{n\pi\xi}{A}\sin\frac{m\pi\zeta}{C}\,d\zeta\,d\xi$$

이 된다.

한 면 이상에서 0이 아닌 값이 경계조건으로 주어지면 이전에서와 같이 한 면에서만 0이 아닌 여러 경우로 나누어서 각각 해를 구하고 이를 더하면 된다.

연습문제 17.6

1. 다음 문제의 해를 구하여라.

$\nabla^2 u(x, y, z) = 0,\ 0 < x, y, z < 1$
$u(0, y, z) = u(1, y, z) = 0,\ 0 \le y, z \le 1$
$u(x, 0, z) = u(x, 1, z) = 0,\ 0 \le x, z \le 1$
$u(x, y, 0) = 0,\ u(x, y, 1) = xy,\ 0 \le y, z \le 1$

2. 다음 문제의 해를 구하여라.

$\nabla^2 u(x, y, z) = 0, 0 < x, y < 2\pi, 0 < z < 1$
$u(0, y, z) = 0,\ u(2\pi, y, z) = 2,$
$0 \le y \le 2\pi,\ 0 \le z \le 1$
$u(x, 0, z) = u(x, 2\pi, z) = 0,$
$0 \le x \le 2\pi,\ 0 \le z \le 1$
$u(x, y, 0) = u(x, y, 1) = 0,\ 0 \le x, y \le 2\pi$

3. 다음 문제의 해를 구하여라.
$\nabla^2 u(x, y, z) = 0,$
$0 < x < 1,\ 0 < y < 2\pi,\ 0 < z < \pi$
$u(0, y, z) = u(1, y, z) = 0,$
$0 \le y \le 2\pi,\ 0 \le z \le \pi$
$u(x, 0, z) = 0,\ u(x, 2\pi, z) = 2,$
$0 \le x \le 1,\ 0 \le z \le \pi$
$u(x, y, 0) = 0,\ u(x, y, \pi) = 1,$
$0 \le x \le 1,\ 0 \le y \le 2\pi$

4. 다음 문제의 해를 구하여라.
$\nabla^2 u(x, y, z) = 0,$
$0 < x < 1,\ 0 < y < 2,\ 0 < z < \pi$
$u(0, y, z) = 0,\ u(1, y, z) = \sin \pi y \sin z,$
$0 \le y \le 2, 0 \le z \le \pi$
$u(x, 0, z) = u(x, 2, z) = 0,$
$0 \le x \le 1, 0 \le z \le \pi$
$u(x, y, 0) = x^2(1-x)y(2-y),\ u(x, y, \pi) = 0,$
$0 \le x \le 1, 0 \le y \le 2$

17.7 구체에서 Dirichlet 문제

반지름이 R이고 원점이 중심인 구 내부에서 Laplace 방정식을 생각해 보자. 이 경우 그림 17.4와 같이 정의되는 (ρ, θ, φ)의 구면(구면좌표)좌표계가 편리하다. 일반적으로 구체상의 조화함수 u를 구하는 것은 매우 어려우므로 z축에 회전 대칭인 u를 구해 보자. 즉, u는 ρ와 φ만의 함수이고 $\partial u/\partial\theta = 0$이 된다. 이 경우 Laplace 방정식은

$$\nabla^2 u(\rho, \varphi) = \frac{\partial^2 u}{\partial \rho^2} + \frac{2}{\rho}\frac{\partial u}{\partial \rho} + \frac{1}{\rho^2}\frac{\partial^2 u}{\partial \varphi^2} + \frac{\cot\varphi}{\rho^2}\frac{\partial u}{\partial \varphi} = 0$$

이고 경계값은

$$u(R, \varphi) = f(\varphi)$$

으로 주어진다. 변수분리법을 적용하여 $u(\rho, \varphi) = X(\rho)\,\Phi(\varphi)$로 놓고 방정식에 대입하면

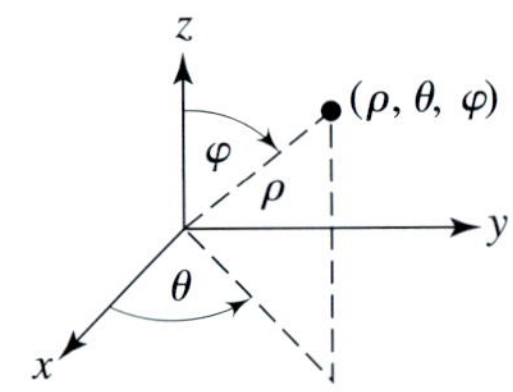

그림 17.4 구면좌표계

$$X''\Phi + \frac{2}{\rho}X'\Phi + \frac{1}{\rho^2}X\Phi'' + \frac{\cot\varphi}{\rho^2}X\Phi' = 0,$$

$$\frac{\Phi''}{\Phi} + \cot\varphi\frac{\Phi'}{\Phi} = -\rho^2\frac{X''}{X} - 2\rho\frac{X'}{X} = -\lambda$$

$$\Rightarrow \rho^2 X'' + 2\rho X' - \lambda X = 0, \quad \Phi'' + \cot\varphi\,\Phi' + \lambda\Phi = 0.$$

Φ에 대한 미분방정식은

$$\frac{1}{\sin\varphi}[\Phi'\sin\varphi]' + \lambda\Phi = 0 \tag{17.4}$$

로 표현할 수 있고, 매개변수 $x = \cos\varphi$를 도입하면 $\varphi = \arccos x$이다. 이때 $0 \le \varphi \le \pi$이므로 $-1 \le x \le 1$이다.

$$G(x) = \Phi(\arccos x)$$

로 두면

$$\begin{aligned}\Phi'(\varphi)\sin\varphi &= \sin\varphi\frac{d\Phi}{dx}\frac{dx}{d\varphi} = \sin\varphi\, G'(x)[-\sin\varphi] = -[1-\cos^2\varphi]G'(x)\\ &= -(1-x^2)G'(x)\\ \Rightarrow \frac{d}{d\varphi}[\Phi'(\varphi)\sin\varphi] &= -\frac{d}{d\varphi}[(1-x^2)G'(x)] = -\frac{d}{dx}[(1-x^2)G'(x)]\frac{dx}{d\varphi}\\ &= -\frac{d}{dx}[(1-x^2)G'(x)](-\sin\varphi)\end{aligned}$$

이 된다. 따라서 식 (17.4)는

$$[(1-x^2)G'(x)]' + \lambda G(x) = 0$$

과 같이 Legendre 미분방정식으로 변환된다(14.1절 참조). 유한한 해를 얻으려면 고유값은 $n = 0, 1, 2, \cdots$일 때 $\lambda = n(n+1)$, 고유함수는 Legendre 다항식 $P_n(x)$의 상수배이다. 따라서 $\lambda = n(n+1)$일 때 고유함수는

$$\Phi_n(\varphi) = G(\cos\varphi) = P_n(\cos\varphi)$$

이고, X에 대한 미분방정식은 $\rho^2 X'' + 2\rho X' - n(n+1)X = 0$이 된다. $X(\rho) = a\rho^n + b\rho^{-n-1}$에서 $\rho \to 0+$ 이면 $\rho^{-n-1} \to \infty$이므로 유계인 해를 얻으려면 $b = 0$이어야 한다. 따라서 고유함수는

$$X_n(\rho) = \rho^n$$

이 된다. 그러면 $u_n(\rho, \varphi) = \rho^n P_n(\cos\varphi)$은 Laplace 방정식을 만족한다. 이 함수들의 중첩해

$$u(\rho, \varphi) = \sum_{n=0}^{\infty} a_n \rho^n P_n(\cos\varphi)$$

를 구해 보자. 경계조건을 대입하면

$$u(R, \varphi) = \sum_{n=0}^{\infty} a_n R^n P_n(\cos\varphi) = f(\varphi)$$

$$\Rightarrow \sum_{n=0}^{\infty} a_n R^n P_n(x) = f(\arccos x)$$

이고, 이는 함수 $f(\arccos x)$의 Fourier-Legendre 급수이다. 14.1.5절의 결과를 이용하면

$$a_n R^n = \frac{2n+1}{2} \int_{-1}^{1} f(\arccos x)\, P_n(x)\, dx$$

이다. 따라서 구하는 해는

$$u(\rho, \varphi) = \sum_{n=0}^{\infty} \frac{2n+1}{2} \left(\int_{-1}^{1} f(\arccos x)\, P_n(x)\, dx \right) \left(\frac{\rho}{R} \right)^n P_n(\cos\varphi).$$

보기 17.7 $f(\varphi) = \varphi$인 경우

$$u(\rho, \varphi) = \sum_{n=0}^{\infty} \frac{2n+1}{2} \left(\int_{-1}^{1} \arccos(x)\, P_n\, x\, dx \right) \left(\frac{\rho}{R} \right)^n P_n(\cos\varphi)$$

이다. u에 대한 근사해를 구해 보자. 14.1절에서 Legendre 다항식의 처음 6항은

$$P_0(x) = 1, \quad P_1(x) = x, \quad P_2(x) = = \frac{1}{2}(3x^2 - 1)$$
$$P_3(x) = \frac{1}{2}(5x^3 - 3x), \quad P_4(x) = \frac{1}{8}(35x^4 - 30x^2 + 3),$$
$$P_5(x) = \frac{1}{8}(63x^5 - 70x^3 + 15x)$$

이다. 이를 이용해서 적분항을 근사시키면

$$\int_{-1}^{1} \arccos x\, dx \approx \pi, \qquad \int_{-1}^{1} x \arccos x\, dx \approx -0.7854,$$

$$\int_{-1}^{1} \frac{1}{2}(3x^2-1) \arccos x\, dx = 0, \qquad \int_{-1}^{1} \frac{1}{2}(5x^3-3x)\arccos x\, dx \approx -0.049087$$

$$\int_{-1}^{1} \frac{1}{8}(35x^4-30x^2+3)\arccos x\, dx = 0,$$

$$\int_{-1}^{1} \frac{1}{8}(63x^5-70x^3+15x)\arccos x\, dx \approx -0.012272$$

이 된다. 따라서 근사해는

$$u(\rho, \varphi) \approx \frac{1}{2}\pi - \frac{3}{2}(0.7854)\frac{\rho}{R}\cos\varphi - \frac{7}{2}(0.049087)\frac{1}{2}\left(\frac{\rho}{R}\right)^3(5\cos^3\varphi - 3\cos\varphi)$$

$$-\frac{11}{2}(0.012272)\left(\frac{\rho}{R}\right)^5\frac{1}{8}(63\cos^5\varphi - 70\cos^3\varphi + 15\cos\varphi).$$

연습문제 17.7

문제 1부터 4까지 초기값이 다음과 같이 주어졌을 때 구 내부에서 z축에 회전 대칭인 조화함수를 구하고, 급수해의 처음 6항을 나타내어라.

1. $f(\varphi) = A\varphi^2$, A는 상수
2. $f(\varphi) = \sin\varphi$
3. $f(\varphi) = \varphi^3$
4. $f(\varphi) = 2 - \varphi^2$
5. $R_1 \le \rho \le R_2$로 속이 빈 구 내부의 정상상태 온도 분포를 구하여라. $\rho = R_1$인 내면의 온도는 T_1이고, $\rho = R_2$인 외면의 온도는 0이다. 단, 해는 ρ와 φ만의 함수이다.
6. 문제 5의 급수해를 처음 6항까지 급수해로 근사하여라. 단, 적분항은 적절한 수치해법으로 근사하여라.
7. $0 \le \rho \le R$, $0 \le \theta \le 2\pi$, $0 \le \varphi \le \pi/2$인 반구 내부의 조화함수를 구하여라. 아래 원판 $\varphi = \pi/2$의 온도는 0이고 반구 표면의 온도는 A로 일정하다. 해는 θ에 무관하다.
8. 아래 원판이 단열된 경우 문제 7을 풀어라.
9. 반구 표면의 온도가 $f(\varphi)$로 주어진 경우 문제 7을 풀어라.

17.8 Neumann 문제

Neumann 문제는 법선미분이 경계값으로 주어질 때 조화함수를 구하는 문제, 즉,

$$\nabla^2 u(x, y) = 0, \quad (x, y) \in D,$$
$$\frac{\partial u}{\partial n}(x, y) = g(x, y), \quad (x, y) \in \partial D$$

으로 표현된다. 여기서 ∂D는 영역 D의 경계를 나타낸다. 이 경계는 구분적으로 매끄러운 곡선이다. 법선미분은 u의 기울기 벡터(gradient)와 곡선의 외향 단위법선벡터 $\mathbf{n}$의 내적으로 정의된다(그림 17.5 참조). 식으로 표현하면

$$\frac{\partial u}{\partial n} = \nabla u \cdot \mathbf{n}$$

이다. 법선벡터를 $\mathbf{n} = n_1\mathbf{i} + n_2\mathbf{j}$로 두면 $\partial u/\partial n$은

$$\frac{\partial u}{\partial n} = n_1\frac{\partial u}{\partial x} + n_2\frac{\partial u}{\partial y}$$

이 된다.

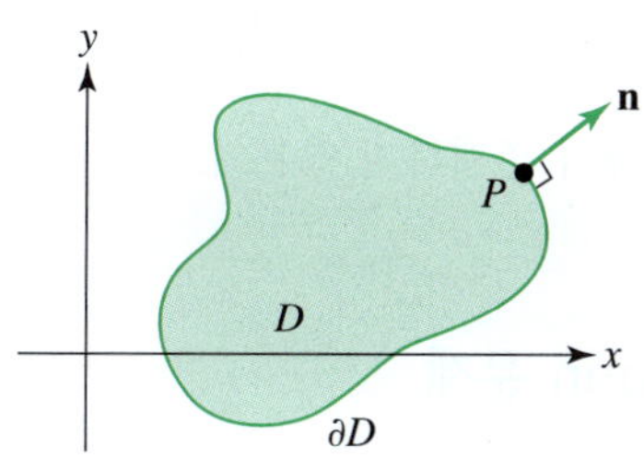

그림 17.5 경계 ∂D에서의 외향 단위법선벡터 $\mathbf{n}$

보조정리 17.1 Green의 첫 번째 등식

D는 경계가 구분적으로 매끄럽고 닫힌곡선인 유계영역이라 하자. 경계를 포함한 영역 D에서 연속이고 1계 및 2계 미분이 가능한 함수 k와 h에 대해

$$\oint_{\partial D} k\frac{\partial h}{\partial n}\,ds = \iint_D (k\nabla^2 h + \nabla k \cdot \nabla h)\,dA$$

이 성립된다.

위 식에서 좌변의 선적분은 경계 ∂D를 따라 호의 길이에 대해 적분하라는 것이다. 11.8.4절에서 3차원인 경우에 Gauss 발산정리를 이용하여 증명했다. 여기서는 평면의 경우에 대해서도

위 등식이 성립한다는 것이다.

위 결과로부터 $k=1$이고 h는 조화함수 u라면 경계 ∂D에서 $\partial u/\partial n = g$로 주어지므로

$$\oint_{\partial D} \frac{\partial u}{\partial n} ds = \oint_{\partial D} g\, ds = 0$$

이 만족되어야 한다. 이는 Neumann 문제가 해를 가지기 위한 필요조건은 경계에서 주어진 법선미분의 적분이 0이 되어야 한다는 것이다. ∂D가 열린곡선인 경우에 대해서도 이 결과를 확대 적용할 수 있다. 예를 들어 위쪽 반평면과 같이 경계가 닫히지 않은 경우에도 가능하다.

보기 17.8 다음과 같은 정사각형에서 Neumann 문제를 풀어 보자.

$$\nabla^2 u(x, y) = 0, \quad 0 \le x \le 1,\ 0 \le y \le 1,$$

$$\frac{\partial u}{\partial n}(0, y) = \frac{\partial u}{\partial n}(x, 0) = \frac{\partial u}{\partial n}(x, 1) = 0, \quad 0 \le x \le 1,\ 0 \le y \le 1,$$

$$\frac{\partial u}{\partial n}(1, y) = y^2, \quad 0 \le y \le 1.$$

경계조건에 대해 보조정리 17.1을 적용하면

$$\oint_{\partial D} \frac{\partial u}{\partial n} ds = \int_0^1 y^2 dy = \frac{1}{3} \ne 0$$

이 되므로 이 경우에는 해가 존재하지 않는다.

17.8.1 직사각형 Neumann 문제

다음 Neumann 문제를 생각해 보자.

$$\nabla^2 u(x, y) = 0, \quad 0 < x < a,\ 0 < y < b,$$

$$\frac{\partial u}{\partial y}(x, 0) = \frac{\partial u}{\partial y}(x, b) = 0, \quad 0 \le x \le a,$$

$$\frac{\partial u}{\partial x}(0, y) = 0, \quad 0 \le y \le b,$$

$$\frac{\partial u}{\partial x}(a, y) = g(y), \quad 0 \le y \le b.$$

영역이 직사각형이므로 법선미분은 y축에서는 $\pm\partial u/\partial x$이고, x축에서는 $\pm\partial u/\partial y$이다. 해가 존재하기 위한 필요조건은 $\int_0^b g(y)dy = 0$이다. 이 조건은 해의 존재성에 중요한 역할을 한다.

$u(x, y) = X(x)Y(y)$로 놓고 방정식에 대입하면

$$X'' + \lambda X = 0\,, \quad Y'' + \lambda Y = 0$$

이 되고, 상, 하변에서의 경계조건을 대입하면

$$\frac{\partial u}{\partial y}(x,\ 0) = X(x)\,Y'(0) = 0\,, \quad \frac{\partial u}{\partial y}(x,\ b) = X(x)Y'(b) = 0$$

이므로 $Y'(0) = Y'(b) = 0$이다. 따라서, Y에 대한 문제는

$$Y'' - \lambda Y = 0\,; \quad Y'(0) = Y'(b) = 0$$

이 된다. 이 식은 Sturm-Liouville 문제로, 고유값과 고유함수는

$$\lambda_n = -\frac{n^2\pi^2}{b^2}, \quad Y_n(y) = \cos\frac{n\pi y}{b}, \quad n = 0,\ 1,\ 2,\ \cdots$$

이다. 우변에서의 경계값을 대입하면

$$\frac{\partial u}{\partial x}(0,\ y) = X'(0)Y(y) = 0 \ \Rightarrow\ X'(0) = 0$$

이므로 X에 대한 문제는

$$X'' - \frac{n^2\pi^2}{b^2}X = 0\,; \quad X'(0) = 0$$

이 된다.

$n = 0$인 경우 $X(x) = cx + d$이다. $X'(0) = c = 0$이므로 $X(x)$는 상수함수가 된다.

n이 양의 정수인 경우 X의 일반해는 $X(x) = ce^{n\pi x/b} + de^{-n\pi x/b}$이고 경계조건이 $X'(0) = \frac{n\pi}{b}c - \frac{n\pi}{b}d = 0$이므로 $c = d$이다. 따라서 $X_n(x) = \cosh\frac{n\pi x}{b}$은 X에 대한 방정식을 만족한다. 그러므로

$$u_0(x,\ y) = c_0\,, \quad n = 0,$$
$$u_n(x,\ y) = c_n\cosh\frac{n\pi x}{b}\cos\frac{n\pi y}{b}, \quad n = 1,\ 2,\ \cdots$$

는 Laplace 방정식과 우변을 제외한 경계조건을 만족한다. u_n을 중첩하면

$$u(x,\ y) = c_0 + \sum_{n=1}^{\infty} c_n\cosh\frac{n\pi x}{b}\cos\frac{n\pi y}{b}$$

이고 $x = a$에서 경계값을 대입하면

$$\frac{\partial u}{\partial x}(a,\ y) = g(y) = \sum_{n=1}^{\infty}\frac{n\pi}{b}c_n\sinh\frac{n\pi a}{b}\cos\frac{n\pi y}{b}$$

이 된다. 이 식은 $[0, b]$에서 $g(y)$의 상수항이 없는 Fourier 코사인 전개이다. 따라서 Fourier 코

사인 전개의 상수항

$$\frac{1}{b}\int_0^b g(y)\,dy$$

은 0이어야 한다. 만약 0이 아니라면 이 Neumann 문제는 해를 가질 수 없다. 다른 계수는

$$\frac{n\pi}{b}c_n \sinh\frac{n\pi a}{b} = \frac{2}{b}\int_0^b g(\xi)\cos\frac{n\pi\xi}{b}\,d\xi$$
$$\Rightarrow\ c_n = \frac{2}{n\pi\sinh(n\pi a/b)}\int_0^b g(\xi)\cos\frac{n\pi\xi}{b}\,d\xi$$

이다. 그러므로 Neumann 문제의 해는

$$u(x,\ y) = c_0 + \sum_{n=1}^{\infty} c_n \cosh\frac{n\pi x}{b}\cos\frac{n\pi y}{b}$$

로 얻을 수 있다. 여기서 c_0는 임의의 상수이다. 이것은 Neumann 문제가 유일한 해를 갖지는 않는다는 것을 의미한다. 즉, u가 Neumann 문제의 해이면 임의의 상수 c에 대해 $u+c$ 역시 해가 된다. 왜냐하면 경계조건에서 법선방향으로 미분하면 상수 c가 없어지기 때문이다.

17.8.2 원판 Neumann 문제

원점이 중심이고 반지름이 R인 원판에 대한 Neumann 문제가

$$\left[\frac{\partial^2 u}{\partial r^2} + \frac{1}{r}\frac{\partial u}{\partial r} + \frac{1}{r^2}\frac{\partial^2 u}{\partial \theta^2}\right](r,\ \theta) = 0, \qquad 0 \le r < R,\ -\pi \le \theta \le \pi,$$
$$\frac{\partial u}{\partial r}(R,\ \theta) = f(\theta), \qquad -\pi \le \theta \le \pi$$

와 같이 극좌표로 주어졌다. 원점에서 원주상의 점을 잇는 선은 이 점에서 외향 법선방향이므로 법선미분은 $\partial u/\partial r$이 된다. 해가 존재하기 위한 조건은 $\int_{-\pi}^{\pi} f(\theta)\,d\theta = 0$이므로 f가 이 조건을 만족한다고 가정하자.

원판에서 Dirichlet 문제를 푼 방법과 같이 해를

$$u(r,\ \theta) = \frac{1}{2}a_0 + \sum_{n=1}^{\infty} a_n r^n \cos n\theta + b_n r^n \sin n\theta$$

로 두자. 경계조건을 대입하면

$$\frac{\partial u}{\partial r}(R,\ \theta) = f(\theta) = \sum_{n=1}^{\infty} na_n R^{n-1}\cos n\theta + nb_n R^{n-1}\sin n\theta$$

이다. 이 식은 $[-\pi,\ \pi]$에서 $f(\theta)$의 Fourier 전개이다. $f(\theta)$의 Fourier 전개의 상수항은

$$\frac{1}{\pi}\int_{-\pi}^{\pi} f(\theta)\, d\theta = 0$$

이다. 상수항 이외의 계수는

$$na_n R^{n-1} = \frac{1}{\pi}\int_{-\pi}^{\pi} f(\xi)\cos n\xi\, d\xi\,, \qquad nb_n R^{n-1} = \frac{1}{\pi}\int_{-\pi}^{\pi} f(\xi)\sin n\xi\, d\xi$$

을 얻을 수 있다. 이 결과를 해에 대입하면 구하는 해는

$$u(r,\theta) = \frac{a_0}{2} + \frac{R}{\pi}\sum_{n=1}^{\infty}\frac{1}{n}\left(\frac{r}{R}\right)^n \int_{-\pi}^{\pi}[\cos n\xi\cos n\theta + \sin n\xi \sin n\theta]\, f(\xi)\, d\xi$$

가 된다. 간단하게

$$u(r,\theta) = \frac{a_0}{2} + \frac{R}{\pi}\sum_{n=1}^{\infty}\frac{1}{n}\left(\frac{r}{R}\right)^n \int_{-\pi}^{\pi}\cos n(\xi-\theta)\, f(\xi)\, d\xi$$

와 같이 표현할 수도 있다. 여기서 $a_0/2$는 임의의 상수이다.

보기 17.9

$$\nabla^2 u(x, y) = 0\,, \qquad x^2 + y^2 < 1,$$
$$\frac{\partial u}{\partial n}(x, y) = xy^2\,, \qquad x^2 + y^2 = 1\,.$$

$u(r\cos(\theta), r\sin(\theta)) = U(r,\theta)$로 두고 위 문제를 극좌표로 변환하면

$$\frac{\partial^2 U}{\partial r^2} + \frac{1}{r}\frac{\partial U}{\partial r} + \frac{1}{r^2}\frac{\partial^2 U}{\partial \theta^2} = 0\,, \qquad 0 \le r < 1,\ -\pi \le \theta \le \pi,$$
$$\frac{\partial U}{\partial r}(1,\theta) = \cos\theta\sin^2\theta$$

이 된다. 우선, 해의 존재성을 확인해 보자.

$$\int_{-\pi}^{\pi}\cos\theta\sin^2\theta\, d\theta = 0$$

이므로 해가 존재한다. 공식에 대입하면 해는

$$U(r,\theta) = \frac{1}{2}a_0 + \frac{1}{\pi}\sum_{n=1}^{\infty}\frac{1}{n}r^n\int_{-\pi}^{\pi}\cos n(\xi-\theta)\cos\xi\sin^2\xi\, d\xi$$

이 된다. 그리고

$$\int_{-\pi}^{\pi}\cos n(\xi-\theta)\cos\xi\sin^2\xi\, d\xi = \begin{cases} 0, \quad n = 2, 4, 5, 6, \cdots \text{일 때}, \\ \dfrac{\pi\cos\theta}{4}, \quad n = 1 \text{일 때}, \\ -\pi\cos^3\theta + \dfrac{3\pi\cos\theta}{4}, \quad n = 3 \text{일 때} \end{cases}$$

이므로 이것을 해에 대입하면

$$U(r,\ \theta)=\frac{1}{2}a_0+\frac{1}{4}r\cos\theta+\frac{1}{3}r^3\left(-\cos^3\theta+\frac{3}{4}\cos\theta\right)$$

$$=\frac{1}{2}a_0+\frac{1}{4}r\cos\theta-\frac{1}{3}r^3\cos^3\theta+\frac{1}{4}r^3\cos\theta$$

을 얻는다. $x=r\cos\theta,\ r^2=x^2+y^2$을 이용하여 위의 식을 직교좌표로 변환하면

$$u(x,\ y)=\frac{1}{2}a_0+\frac{1}{4}x-\frac{1}{3}x^3+\frac{1}{4}x(x^2+y^2)$$

으로 해를 구할 수 있다. 여기서 a_0는 임의의 상수이다.

17.8.3 반평면 Neumann 문제

다음과 같이 위쪽 반평면의 Neumann 문제를 생각해 보자.

$$\nabla^2 u(x,\ y)=0\,,\quad -\infty<x<\infty,\ y>0,$$
$$\frac{\partial u}{\partial y}(x,\ 0)=f(x)\,,\quad -\infty<x<\infty\,.$$

이 영역의 경계는 x축이고, 법선미분은 $-\partial u/\partial y$이다. $\int_{-\infty}^{\infty}f(x)dx=0$은 해가 존재하기 위한 필요조건이다. 앞에서 구한 결과를 이용하기 위해, $v=\partial u/\partial y$로 치환하면

$$\nabla^2 v=\frac{\partial^2}{\partial x^2}\left(\frac{\partial u}{\partial y}\right)+\frac{\partial^2}{\partial y^2}\left(\frac{\partial u}{\partial y}\right)=\frac{\partial}{\partial y}\left(\frac{\partial^2 u}{\partial x^2}+\frac{\partial^2 u}{\partial y^2}\right)=0$$

이므로 v는 조화함수이고 경계조건

$$v(x,\ 0)=\frac{\partial u}{\partial y}(x,\ 0)=f(x)\,,\quad -\infty<x<\infty$$

을 만족한다. 위 두 식은 v에 대한 위쪽 반평면에서 Dirichlet 문제이다. 이 문제의 해는 이미

$$v(x,\ y)=\frac{y}{\pi}\int_{-\infty}^{\infty}\frac{f(\xi)}{y^2+(\xi-x)^2}d\xi$$

임을 알고 있다. 위 식의 v를 적분하면 u에 대한 해를 얻을 수 있다.

$$u(x,\ y)=\int\frac{\partial u}{\partial y}dy=\int\frac{y}{\pi}\int_{-\infty}^{\infty}\frac{f(\xi)}{y^2+(\xi-x)^2}d\xi\,dy=\frac{1}{\pi}\int_{-\infty}^{\infty}\left(\int\frac{y}{y^2+(\xi-x)^2}dy\right)f(\xi)\,d\xi$$

$$=\frac{1}{2\pi}\int_{-\infty}^{\infty}\ln(y^2+(\xi-x)^2)\,f(\xi)\,d\xi+c\,.$$

여기서 c는 임의의 상수이다.

연습문제 17.8

1. 다음 문제의 해를 구하여라.

$$\nabla^2 u(x, y) = 0, \ 0 < x < 1, \ 0 < y < 1,$$
$$\frac{\partial u}{\partial y}(x, 0) = 4\cos \pi x,$$
$$\frac{\partial u}{\partial y}(x, 1) = 0, \ 0 \le x \le 1,$$
$$\frac{\partial u}{\partial x}(0, y) = \frac{\partial u}{\partial x}(1, y) = 0, \ 0 \le y \le 1$$

2. 다음 문제의 해를 구하여라.

$$\nabla^2 u(x, y) = 0, \ 0 < x < 1, \ 0 < y < \pi,$$
$$\frac{\partial u}{\partial y}(x, 0) = \frac{\partial u}{\partial y}(x, \pi) = 0, \ 0 \le x \le 1,$$
$$\frac{\partial u}{\partial x}(0, y) = y - \frac{\pi}{2}, \ 0 \le y \le \pi,$$
$$\frac{\partial u}{\partial x}(\pi, y) = \cos y, \ 0 \le y \le \pi$$

3. 다음 문제의 해를 구하여라.

$$\nabla^2 u(x, y) = 0, \ 0 < x < \pi, \ 0 < y < \pi,$$
$$\frac{\partial u}{\partial y}(x, 0) = \cos 3x,$$
$$\frac{\partial u}{\partial y}(x, \pi) = 6x - 3\pi, \ 0 \le x \le \pi,$$
$$\frac{\partial u}{\partial x}(0, y) = \frac{\partial u}{\partial x}(\pi, y) = 0, \ 0 \le y \le \pi$$

4. 다음 혼합형 경계값 문제의 해를 구하고 이 해가 유일한 해인지 확인하여라.

$$\nabla^2 u(x, y) = 0, \ 0 < x < \pi, \ 0 < y < \pi,$$
$$u(x, 0) = f(x), \ u(x, \pi) = 0, \ 0 \le x \le \pi,$$
$$\frac{\partial u}{\partial x}(0, y) = \frac{\partial u}{\partial x}(\pi, y) = 0, \ 0 \le y \le \pi$$

5. 다음 문제의 해를 구하여라.

$$\nabla^2 u(x, y) = 0, \ 0 < x < 1, \ 0 < y < 1,$$
$$u(x, 0) = u(x, 1) = 0, \ 0 \le x \le 1,$$
$$\frac{\partial u}{\partial x}(0, y) = 3y^2 - 2y, \ \frac{\partial u}{\partial x}(1, y) = 0, \ 0 \le y \le 1$$

6. 다음 문제의 급수해를 구하여라.

$$\frac{\partial^2 u}{\partial r^2} + \frac{1}{r}\frac{\partial u}{\partial r} + \frac{1}{r^2}\frac{\partial^2 u}{\partial \theta^2} = 0,$$
$$0 \le r < R, \ -\pi \le \theta \le \pi,$$
$$\frac{\partial u}{\partial r}(R, \theta) = \sin 3\theta, \ -\pi \le \theta \le \pi$$

7. 다음 문제의 해를 구하여라.

$$\nabla^2 u(x, y) = 0, \ x^2 + y^2 < 1,$$
$$\frac{\partial u}{\partial n}(x, y) = x^2 y^2, \ x^2 + y^2 = 1$$

8. 다음 Neumann 문제의 해를 구하여라.

$$\nabla^2 u(x, y) = 0, \ -\infty < x < \infty, \ y > 0,$$
$$\frac{\partial u}{\partial y}(x, 0) = xe^{-|x|}, \ -\infty < x < \infty$$

9. 다음 Neumann 문제의 해를 구하여라.

$$\nabla^2 u(x, y) = 0, \ -\infty < x < \infty, \ y > 0,$$
$$\frac{\partial u}{\partial y}(x, 0) = e^{-|x|}\sin x, \ -\infty < x < \infty$$

10. 다음 아래쪽 반평면 Neumann 문제의 해를 구하여라.

$$\nabla^2 u(x, y) = 0, \ -\infty < x < \infty, \ y < 0,$$
$$\frac{\partial u}{\partial y}(x, 0) = f(x), \ -\infty < x < \infty$$

11. 다음 1사분면에서 Neumann 문제의 해를 구하여라.

$$\nabla^2 u(x, y) = 0, \ x > 0, \ y > 0,$$
$$\frac{\partial u}{\partial x}(0, y) = 0, \ y \ge 0,$$
$$\frac{\partial u}{\partial y}(x, 0) = f(x), \ x \ge 0$$

7부

복소해석

18장 복소수와 복소함수

18.1 복소수의 기하학과 계산

복소수는 $x+iy$나 $x+yi$으로 표현한다. 여기서 x와 y는 실수이고, $i^2=-1$이다. 복소수의 계산은 다음과 같이 정의한다.

등식 : $a=c$이고 $b=d$인 경우에 한해 $a+ib=c+id$

덧셈 : $(a+ib)+(c+id)=(a+c)+i(b+d)$

곱셈 : $(a+ib)(c+id)=ac-bd+i(ad+bc)$

x를 $x+yi$의 실수부(real part)라 부르며, $\mathrm{Re}(x+yi)$라 표기한다. y를 $x+yi$의 허수부(imaginary part)라 부르며, $\mathrm{Im}(x+yi)$라 표기한다. 예를 들면

$$\mathrm{Re}(-23+7i)=-23, \quad \mathrm{Im}(-23+7i)=7$$

이다. 복소수의 실수부와 허수부는 모두 실수이다.

이제 모든 실수 x를 복소수 $x+0i$로 생각하여 복소계를 실수계의 확장으로 보자. 실수를 복소수로 확장하여 보는 것은 대수학과 기하학에 지대한 영향을 준다. 예를 들면 방정식 $x^2+1=0$의 실수해는 존재하지 않지만 복소해는 i와 $-i$이다. 대수학의 기본정리는 복소 계수를 갖는 모든 n차 다항식이 중근을 포함해 정확히 n개의 복소수근을 갖는다는 것을 보여주고 있다.

이는 $x^2+1=0$과 같은 단순한 다항식의 근을 구하기 위해 실수 체계를 넘어서 확장했던 것처럼 복소 계수 다항식의 해를 구하기 위해 복소수 체계를 넘어서 확장할 필요는 없다는 것을 의미한다.

복소수의 연산은 실수에서와 같은 계산 규칙을 따른다. 특히 임의의 복소수 z, w, u에 대해서 다음이 성립한다.

(1) $z+w=w+z$ (덧셈의 교환법칙)

(2) $zw=wz$ (곱셈의 교환법칙)

(3) $z+(w+u)=(z+w)+u$ (덧셈의 결합법칙)

(4) $z(wu)=(zw)u$ (곱셈의 결합법칙)

(5) $z(w+u)=zw+zu$ (분배법칙)

(6) $z+0=0+z=z$

(7) $z\cdot 1=1\cdot z=z$

18.1.1 복소평면

복소수는 처음에 다항식의 해를 구하기 위해 도입되었는데, 수학자들은 이 복소수에 대해 많은 의구심을 가지고 있었다. 상당히 숙달되게 복소수를 사용했던 18세기 스위스의 위대한 수학자 Leonhard Euler조차도 복소수를 합리적인 수로 인정하지 않았다. 19세기 독일 수학자 Carl Fredrich Gauss는 복소수의 기하학적 의미를 완전히 인식하고 과학계에서의 지위를 이용해 다른 수학자나 자연철학자들에게 복소수의 합리성을 널리 알렸다.

복소수를 나타내는 2가지 기하학적 표현이 있다.

첫째, 그림 18.1에서 보는 바와 같이 복소수 $a+bi$를 평면의 점 (a, b)로 표현할 수 있다. 이 표현에서 실수 a 또는 $a+0i$ 는 실수축(real axis)이라 불리는 수평축상의 점 $(a, 0)$으로 표현된다. 순허수(pure imaginary number)라 불리는 실수부가 없는 수 bi는 허수축(imaginary axis)이라 불리는 수직축상의 점 $(0, b)$로 표현된다. 이와 같이 평면 위의 점을 복소수로 보기 때문에 xy-평면을 복소평면으로 간주한다.

복소수에 대한 두 번째 기하학적 표현은 벡터에 의한 것이다. 복소수 $z=a+bi$나 점 (a, b)를 평면상의 벡터 $a\mathbf{i}+b\mathbf{j}$로 간주하는 것으로, 그림 18.2처럼 원점에서 (a, b)까지 화살표로 표시된다. 이 벡터의 첫 번째 성분은 $\mathrm{Re}(z)$이고, 두 번째 성분은 $\mathrm{Im}(z)$이다. 이와 같은 표현에 의하면 복소수의 덧셈은 각각의 성분을 더함으로써 벡터를 더하는 벡터 덧셈에 대한 평행사변형 법칙과 동일하다(그림 18.3).

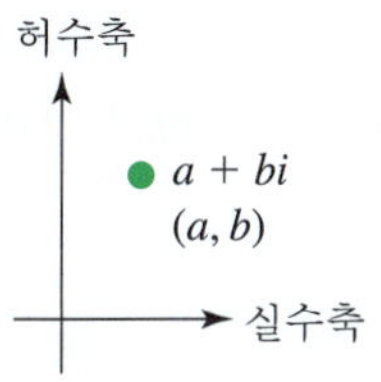

그림 18.1 복소평면

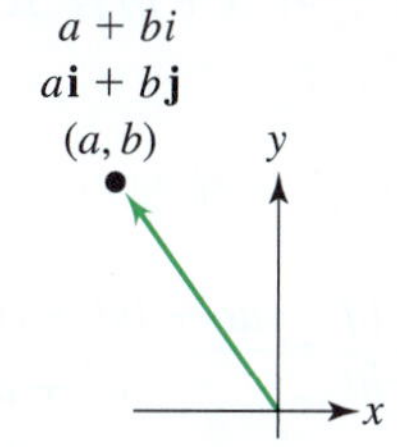

그림 18.2 평면에서 벡터로 표기된 복소수

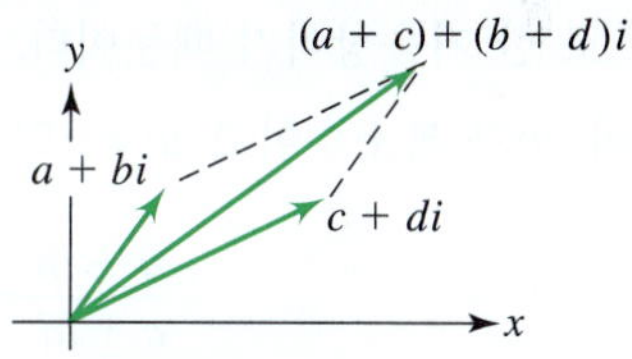

그림 18.3 복소수의 덧셈에 대한 평행사변형법칙

18.1.2 크기와 켤레복소수

정의 18.1 복소수의 크기

복소수 $a+bi$의 크기는 $|a+bi|$로 표기하며, 다음과 같이 정의한다.

$$|a+bi|=\sqrt{a^2+b^2}$$

물론 0의 크기는 0이다. 그림 18.4가 보여주는 것처럼 $z = a + bi$가 0이 아닌 복소수라면 $|z|$는 원점에서 점 (a, b)까지 거리이다. 달리 말하면 z를 나타내는 벡터 $a\mathbf{i} + b\mathbf{j}$의 길이를 의미하는 것이다. 예를 들면 $|2-5i| = \sqrt{29}$이다.

정의 18.2 켤레복소수

복소수 $a + bi$의 **켤레복소수(complex conjugate)**는 $\overline{a + bi}$ 로 표기하며, 다음과 같이 정의한다.

$$\overline{a + bi} = a - bi$$

예를 들면

$$\overline{3-8i} = 3 + 8i, \quad \overline{i} = -i, \quad \overline{-25} = -25$$

이다. 여기서 실수부는 변화가 없다. 따라서

$$\mathrm{Re}(\overline{a + ib}) = a = \mathrm{Re}(a + ib),$$
$$\mathrm{Im}(\overline{a + ib}) = -b = -\mathrm{Im}(a + ib)$$

이다.

켤레복소수를 구하는 작업은 실수축을 대칭으로 거울상을 구하는 것과 같은데, $a - ib$를 표현하는 점 $(a, -b)$는 그림 18.5에 나타난 바와 같이 $a + ib$를 표현하는 점 (a, b)의 수평축을 대칭으로 한 거울상이기 때문이다.

z와 w가 복소수이고 $w \neq 0$일 때 분수 z/w를 구해 보자. $z = a + ib$, $w = c + id$라 하면

$$\frac{a + ib}{c + id} = \frac{a + ib}{c + id}\,\frac{c - id}{c - id} = \frac{ac + bd + i(bc - ad)}{c^2 + d^2}$$

이다. 복소분수의 계산은 분모, 분자에 각각 분모의 켤레복소수를 곱함으로써 가장 쉽게 행할 수 있다. 이와 같이 되는 까닭은 분모가 $w\overline{w} = |w|^2$으로 실수가 되기 때문이다.

예를 들면

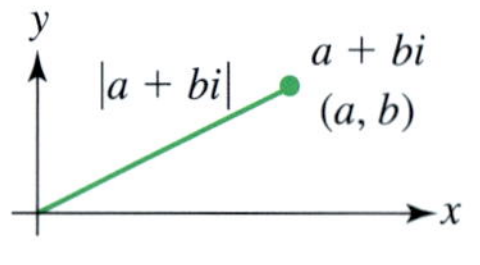

그림 18.4 복소수의 크기

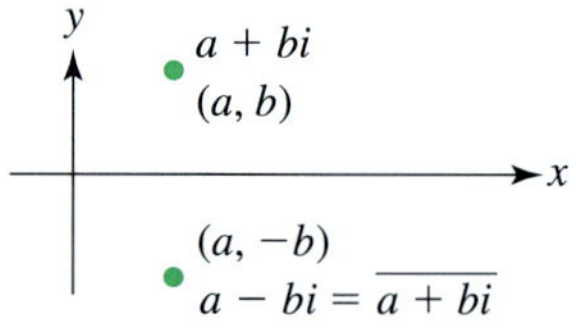

그림 18.5 복소수의 켤레복소수

$$\frac{2-7i}{8+3i}=\frac{2-7i}{8+3i}\frac{8-3i}{8-3i}=\frac{-5-62i}{64+9}=-\frac{5}{73}-\frac{62}{73}i$$

이다.

다음 정리는 크기와 켤레복소수에 대한 몇 가지 사실들이다.

정리 18.1

z와 w가 복소수이면,

(1) $\overline{\overline{z}}=z$

(2) $\overline{z+w}=\overline{z}+\overline{w}$

(3) $\overline{zw}=\overline{z}\cdot\overline{w}$

(4) $\overline{z/w}=\overline{z}/\overline{w}$ (단, $w\neq 0$)

(5) $|z|=|\overline{z}|$

(6) $|zw|=|z||w|$

(7) $\mathrm{Re}(z)=\frac{1}{2}(z+\overline{z})$, $\quad \mathrm{Im}(z)=\frac{1}{2i}(z-\overline{z})$

(8) $|z|=0$일 필요충분조건은 $z=0$이다.

(9) $z\overline{z}=|z|^2$

[증명] (1)의 증명은

$$\overline{\overline{a+ib}}=\overline{a-ib}=a+ib$$

이다. (6)에서 $z=a+ib$, $w=c+id$라 하자. 그러면

$$\begin{aligned}|zw|&=|(ac-bd)+i(ad+bc)|\\&=\sqrt{(ac-bd)^2+(ad+bc)^2}\\&=\sqrt{a^2c^2+b^2d^2-2acbd+a^2d^2+b^2c^2+2adbc}\\&=\sqrt{a^2c^2+a^2d^2+b^2c^2+b^2d^2}\\&=\sqrt{a^2+b^2}\sqrt{c^2+d^2}=|z||w|\end{aligned}$$

이다. (6)은 복소수의 극형식을 이해할 때 명확해진다.

나머지 증명은 생략한다. ■

18.1.3 부등식

복소함수를 다룰 때 필요한 부등식이 몇 개 있다.

정리 18.2

z와 w가 복소수이면,

(1) $|\operatorname{Re}(z)| \le |z|,\quad |\operatorname{Im}(z)| \le |z|$

(2) $|z+w| \le |z| + |w|$ (삼각부등식)

(3) $||z|-|w|| \le |z-w|$

[증명] $z = a + ib$라 하면

$$|\operatorname{Re}(z)| = |a| \le \sqrt{a^2+b^2} = |z|,$$
$$|\operatorname{Im}(z)| = |b| \le \sqrt{a^2+b^2} = |z|$$

이다.

(2)는 벡터 부분에서 이미 증명되었지만 여기서는 복소수에 대한 정의들을 이용하여 증명해 보자.

$$\begin{aligned} 0 \le |z+w|^2 &= (z+w)(\overline{z+w}) = (z+w)(\bar{z}+\overline{w}) \\ &= z\bar{z} + z\overline{w} + w\bar{z} + w\overline{w} = |z|^2 + z\overline{w} + \overline{z\overline{w}} + |w|^2 \\ &= |z|^2 + 2\operatorname{Re}(z\overline{w}) + |w|^2 \le |z|^2 + 2|z\overline{w}| + |w|^2 \\ &= |z|^2 + 2|z||\overline{w}| + |w|^2 = |z|^2 + 2|z||w| + |w|^2 = (|z|+|w|)^2 \end{aligned}$$

이므로

$$0 \le |z+w|^2 \le (|z|+|w|)^2$$

이다. 이 부등식에 제곱근을 취하면 삼각부등식이 구해진다.

마지막으로 (2)를 이용하여 (3)을 증명한다:

$$|z| = |(z-w)+w| \le |z-w| + |w| \Rightarrow |z|-|w| \le |z-w|$$

이고 z와 w를 바꿔 보면 $|w|-|z| \le |w-z| = |z-w|$이다. 따라서 $||z|-|w|| \le |z-w|$를 얻는다. ■

18.1.4 복소수의 편각과 극형식

$z = a + ib$가 0이 아닌 복소수라고 하자. 그러면 점 (a, b)는 평면상의 원점이 아닌 점이다. 이 점의 극좌표가 (r, θ)라 할 때, (a, b)의 극각 θ는 하나의 값으로 정해지는 것은 아니다. 그림 18.6에서와 같이, 원점에서 실수축 오른쪽으로 r까지 선분을 원점에서 점 (a, b) 사이 선분까지 θ 라디안만큼 회전시키면, (a, b)의 극각은 $\theta + 2n\pi$이고 여기서 n은 임의의 정수이다. $2n\pi$는 선분이, n이 양의 정수이면 반시계방향으로, n이 음수이면 시계방향으로 $|n|$바퀴 회전한 값이다. 반시계방향의 회전을 양의 방향으로, 그리고 시계방향의 회전을 음의 방향으로 정의한다.

예를 들면 $z = 1 + i$라고 하자. 점 (1, 1)은 $1 + i$는 원점으로부터 $\sqrt{2}$만큼 거리에 있고 원점에서 $1 + i$까지 선분과 양의 실수축이 이루는 각은 $\pi/4$이다(그림 18.7). (1, 1)의 극좌표는 $(\sqrt{2}, \pi/4 + 2n\pi)$이고, 여기서 n은 정수이다.

0이 아닌 z의 극좌표가 (r, θ)라면 $r = |z|$이다. 극값 θ를 z의 **편각(argument)**이라고 한다. 0이 아닌 복소수의 편각은 무수히 많으며 이 값들의 차는 2π의 정수배이다. $1 + i$의 편각은 $\pi/4 + 2n\pi\,(n \in \mathbb{Z})$이다.

오일러 공식

$$e^{i\theta} = \cos\theta + i\sin\theta$$

을 생각하자. θ가 $z = a + ib$의 편각이면 (a, b)의 극좌표는 (r, θ)이고 따라서 $a = r\cos\theta$, $b = r\sin\theta$가 된다. 오일러 공식에 위 내용을 조합하면

$$z = r\cos\theta + ir\sin\theta = re^{i\theta}$$

이다. 이것을 z의 **극형식(polar form)**이라 한다. θ_0와 θ_1가 z의 편각이면 적당한 정수 k에 대해 $\theta_1 = \theta_0 + 2k\pi$이므로

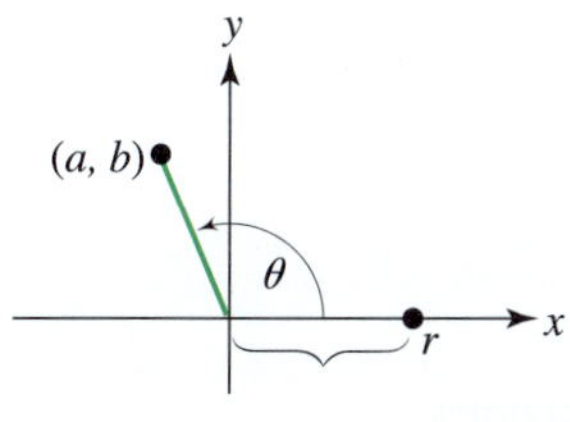

그림 18.6 (a, b)의 극좌표는 $(r, \theta + 2n\pi)$이다.

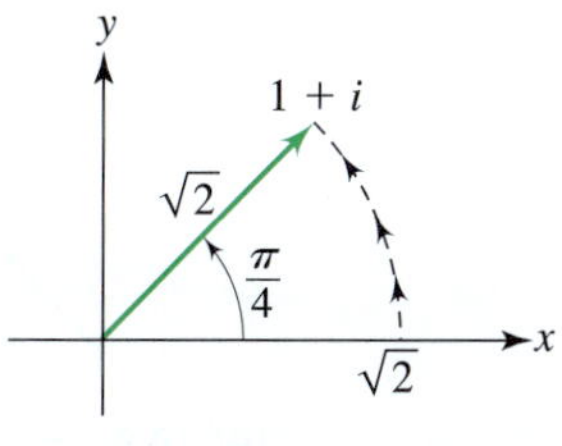

그림 18.7 $1 + i$의 극좌표는 $(\sqrt{2}, \pi/4 + 2n\pi)$이다.

$$re^{i\theta_1} = r[\cos(\theta_0 + 2k\pi) + i\sin(\theta_0 + 2k\pi)]$$
$$= r[\cos(\theta_0) + i\sin(\theta_0)] = re^{i\theta_0}$$

이다.

보기 18.1 $-1+4i$의 극형식을 구해 보자. 우선 $r = |-1+4i| = \sqrt{17}$ 이다. 그림 18.8을 보자. θ는 $-1+4i$의 편각이고 α는 θ를 구하는 데 사용된다. 그림으로부터 $\tan\alpha = 4$이고

$$\theta = \pi - \alpha = \pi - \tan^{-1}(4)$$

이다. 따라서 구하는 극형식은

$$\sqrt{17}\, e^{i(\pi - \tan^{-1}(4))}$$

이다.

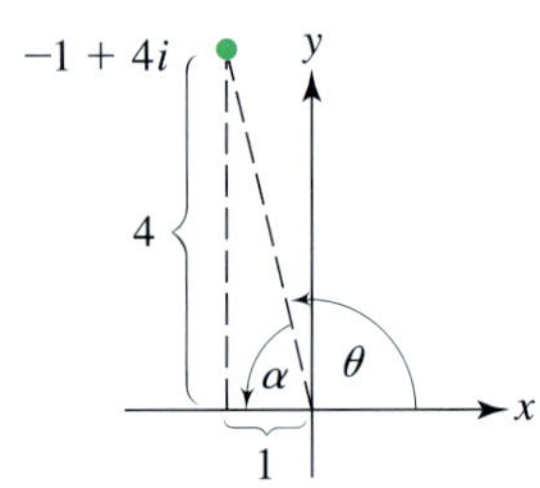

그림 18.8 $\pi - \tan^{-1}(4)$는 $-1+4i$의 편각이다.

보기 18.2 $3+3i$의 극형식을 구해 보자. 그림 18.9에서 표기한 대로 $\pi/4$는 $3+3i$의 한 편각이므로 $3+3i$의 극형식은

$$\sqrt{18}\, e^{i\pi/4}$$

이다.

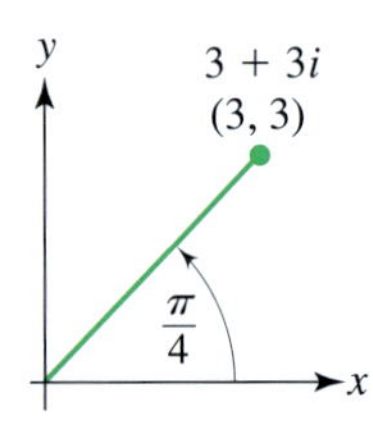

그림 18.9 $\pi/4$는 $3+3i$의 편각이다.

임의의 실수 θ에 대하여

$$|e^{i\theta}| = \cos^2\theta + \sin^2\theta = 1$$

이므로 극형식으로 쓰인 $z = re^{i\theta}$에서 z의 크기는 r이며 크기가 1인 $e^{i\theta}$는 z의 편각에 대한 정보를 제공한다.

지수함수의 특성 때문에 복소수를 계산하는 경우, 몇몇 계산들은 극형식을 사용함으로써 단순해진다. 예를 들면 $|zw| = |z||w|$임을 증명한다고 하자. $z = re^{i\theta}$와 $w = \rho e^{i\xi}$라 놓으면

$$|zw| = \left|r\rho e^{i\theta}e^{i\xi}\right| = r\rho\left|e^{i(\theta+\xi)}\right| = r\rho = |z||w|.$$

또한 $e^{i(\theta+\xi)} = e^{i\theta}e^{i\xi}$라는 사실은 곱셈 결과의 편각이 2π의 정수배 범위 내에서 각 요소들 편각의 합이라는 것을 의미한다. θ_0가 z의 편각이고 θ_1은 w의 편각이며 Θ가 zw의 편각이라면 정수 n에 대하여

$$\Theta = \theta_0 + \theta_1 + 2n\pi$$

가 된다. 두 복소수곱의 편각은 각 복소수의 편각의 합에 2π를 정수배 한 것을 더한 것과 같다.

보기 18.3 $z = i$이고 $w = 2-2i$라고 하자. z의 한 편각은 $\theta_0 = \pi/2$이고, w의 한 편각은 $\theta_1 = 7\pi/4$이다(그림 18.10). 여기서

$$zw = i(2-2i) = 2+2i$$

이고 $2+2i$의 한 편각은 $\Theta = \pi/4$이다. 이 편각의 선택으로

$$\theta_0 + \theta_1 = \frac{\pi}{2} + \frac{7\pi}{4} = \frac{9\pi}{4} = \Theta + 2\pi$$

가 된다. 만약 $\theta_0 = \pi/2$와 $\theta_1 = -\pi/4$를 선택했다면 다음과 같은 결과를 얻는다.

$$\theta_0 + \theta_1 = \frac{\pi}{2} - \frac{\pi}{4} = \frac{\pi}{4} = \Theta.$$

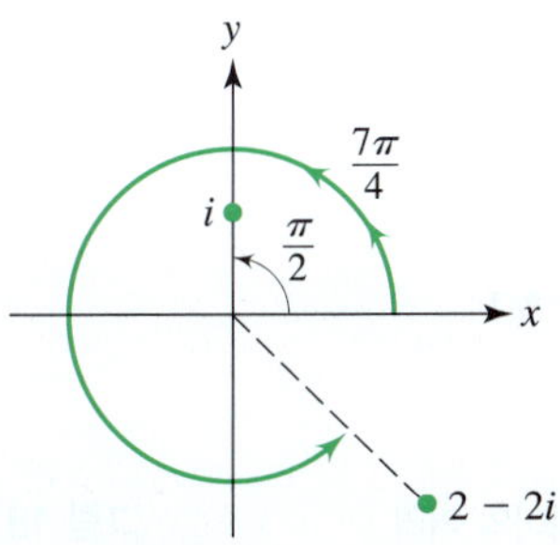

그림 18.10 $\pi/2$는 i의 편각이고, $7\pi/4$는 $2-2i$의 편각이다.

18.1.5 거리

$z=a+ib$는 임의의 복소수이고 $|z|=\sqrt{a^2+b^2}$은 복소평면에서 원점과 z 사이의 거리이다. $w=c+id$가 다른 복소수라면

$$\begin{aligned}|z-w| &= |(a-c)+i(b-d)| \\ &= \sqrt{(a-c)^2+(b-d)^2}\end{aligned}$$

은 복소평면에서 z와 w 사이의 거리이다(그림 18.11 참조). 이는 기하학적으로 점 (a, b)와 점 (c, d) 사이의 거리이다.

18.1.6 원과 원판

a가 복소수이고 r은 양의 실수일 때 a로부터 거리가 r인 복소수 z는 식

$$|z-a|=r$$

을 만족한다. 이 조건을 만족하는 점들의 궤적은 a로부터 반지름 r인 원이다(그림 18.12 참조). 때때로 '원 $|z-a|=r$'이라 하기도 한다.

$a=0$일 때 $|z|=r$인 원 위의 점은 극형식으로

$$z=re^{i\theta}$$

로 쓸 수 있다. 여기서 θ는 양의 실수축에서 원점과 z를 연결하는 선까지의 각도이다(그림 18.13). θ가 0에서 2π로 변하는 동안 $z=re^{i\theta}$는 원을 따라 반시계방향으로 움직이는데, $\theta=0$일 때 $z=r$에서 시작하여 $\theta=\pi/2$일 때 ri, $\theta=\pi$일 때 $-r$, $\theta=3\pi/2$일 때 $-ri$를 거쳐 $\theta=2\pi$일 때 $z=r$로 돌아온다.

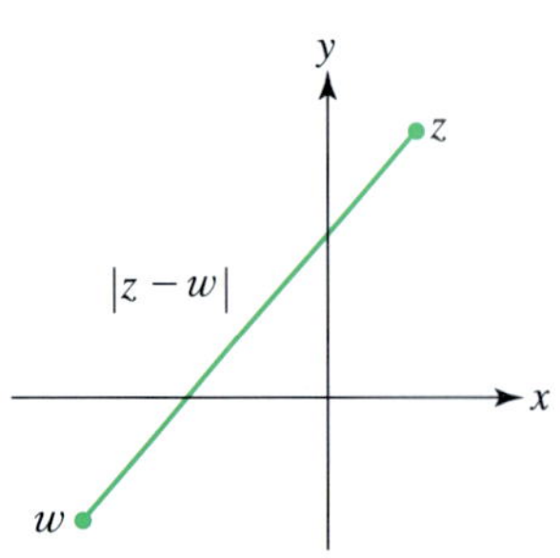

그림 18.11 $|z-w|$는 z와 w 사이의 거리

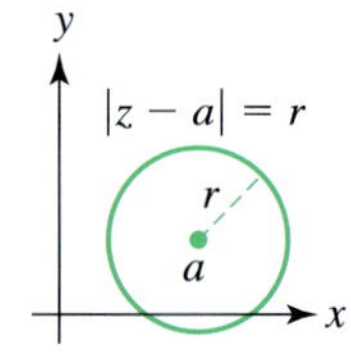

그림 18.12 a를 중심으로 하는 반지름 r인 원

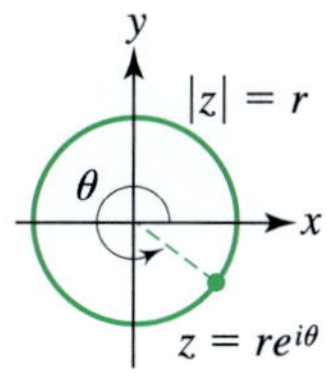

그림 18.13 원점을 중심으로 하는 반지름 r인 원

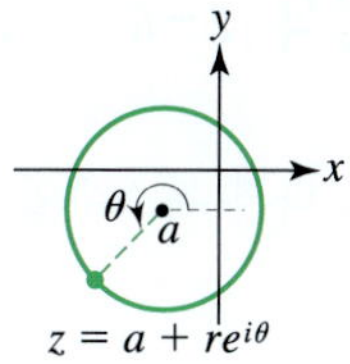

그림 18.14 a를 중심으로 하는 반지름 r인 원

$|z-a|=r$인 원의 중심은 a이다. 이 원 위의 점은

$$z=a+re^{i\theta}$$

꼴이며, 이것은 a를 원점으로 하는 극좌표이다(그림 18.14). θ가 0에서 2π로 변하는 동안 이 점은 원주상에서 반시계방향으로 움직인다. 예를 들면 식 $|z-3+7i|=4$는 평면에서 중심이 점 (3, −7)이고 반지름이 4인 원이 된다. 원 위의 점은 $z=3-7i+4e^{i\theta}$ 꼴이다(그림 18.15).

부등식 $|z-a|<r$는 중심이 a이고 반지름 r인 원판이다. 이 집합을 **열린 원판(open disk)**이라고 한다. '열렸다'는 것은 이 원판의 경계에 있는 점들이 집합 안에 있지 않다는 것을 의미한다. 원판을 그릴 때 외곽선을 점선으로 표기함으로써 열렸음을 나타낸다(그림 18.16). 예를 들면, $|z-i|<8$은 i에서 반지름 8인 열린 원판이다.

반지름이 r이고 중심이 a인 **닫힌 원판(closed disk)**은 부등식 $|z-a|\le r$으로 나타낸다. 실선으로 표시된 원주는 원주상의 점들도 닫힌 원판에 포함됨을 의미한다. 따라서 닫힌 원판은 열린 원판의 모든 점들과 원주상의 모든 점들을 포함한다(그림 18.17).

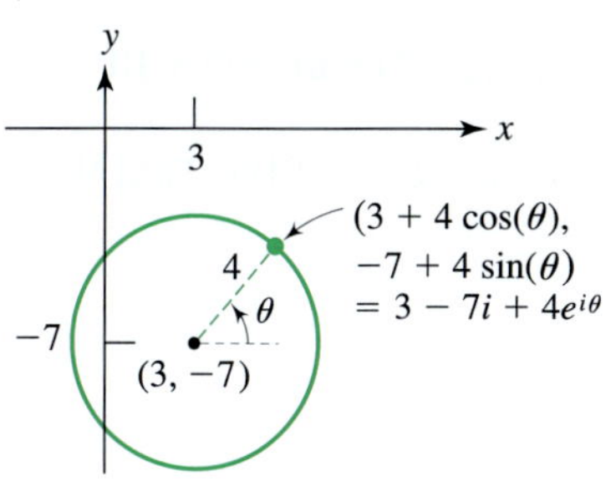

그림 18.15 $|z-3+7i|=4$로 표현되는 원

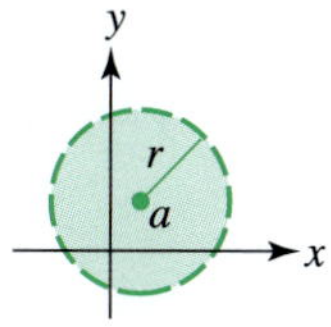

그림 18.16 $|z-a|<r$로 표현되는 중심이 a이고 반지름 r인 열린 원판

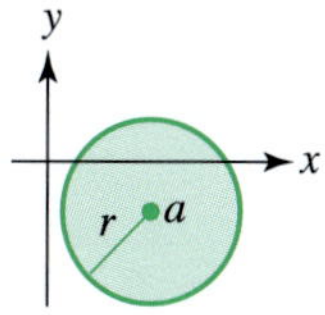

그림 18.17 $|z-a|\le r$로 표현되는 중심이 a이고 반지름이 r인 닫힌 원판

18.1.7 방정식 $|z-a|=|z-b|$

a와 b가 서로 다른 복소수일 때 식

$$|z-a|=|z-b|$$

는 z와 a 사이의 거리가 z와 b 사이의 거리와 같음을 의미한다. 그림 18.18에서 보인 것처럼 z가 a와 b로부터 같은 거리에 있으려면 z는 a와 b를 잇는 선분의 수직이등분선상에 있어야 한다. 따라서 $|z-a|=|z-b|$는 이 이등분선의 방정식으로 간주될 수 있다.

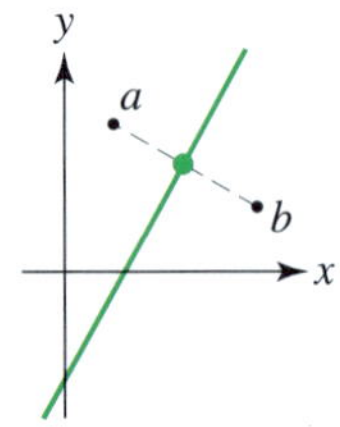

그림 18.18 $|z-a|=|z-b|$는 선분 $\overline{ab}$를 수직이등분하는 직선

보기 18.4 방정식

$$|z+6i|=|z-1+3i|$$

는 그림 18.19에 나타난 바와 같이 $-6i$와 $1-3i$를 잇는 선분의 수직이등분선상의 모든 점을 나타낸다. 이 직선의 방정식을 구체적으로 구하기 위해 먼저,

$$|z+6i|^2=|z-1+3i|^2 \Rightarrow (z+6i)(\bar{z}-6i)=(z-1+3i)(\bar{z}-1-3i)$$
$$\Rightarrow z\bar{z}+6i(\bar{z}-z)+36=z\bar{z}-(z+\bar{z})-3i(z-\bar{z})+10$$

이다. $z=x+iy$라 하면 $z-\bar{z}=(x+iy)-(x-iy)=2iy$이고, $z+\bar{z}=2x$이다. 대입하면

$$y=-\frac{1}{3}(x+13).$$

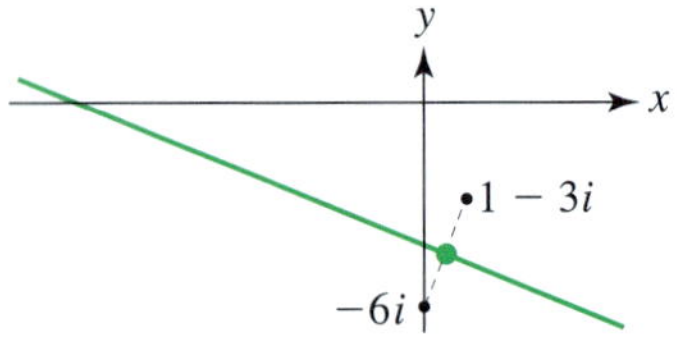

그림 18.19 $|z+6i|=|z-1+3i|$의 궤적

이제 다음 부등식을 생각해 보자.

$$|z + 6i| < |z - 1 + 3i|.$$

방정식 $|z + 6i| = |z - 1 + 3i|$가 평면을 두 개로 나누는 직선이라는 것을 이미 알고 있다(그림 18.19). 부등호가 주어진 것은 이 집합에 해당하는 점들이 이 직선에 대해 어느 한쪽에 속하는 경우를 말한다. z가 직선보다 밑에 있으면 z는 $1-3i$보다 $-6i$에 더 가깝다. 따라서 부등식은 선 아래의 모든 z점을 나타낸다(그림 18.20의 음영 영역 I). 선상의 점들은 이 영역에 속하지 않으므로 점선으로 그렸다.

부등식

$$|z + 6i| \le |z - 1 + 3i|$$

은 그림 18.21에 나타난 바와 같이 경계선을 포함하여 경계선 아래 음영 영역의 모든 점들을 나타낸다.

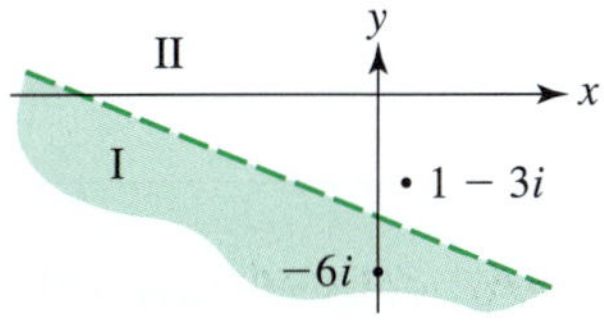

그림 18.20 영역 I는 $|z + 6i| < |z - 1 + 3i|$를 만족하는 점들이다.

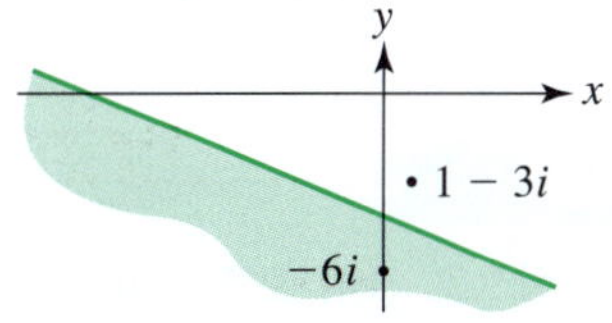

그림 18.21 $|z + 6i| \le |z - 1 + 3i|$에 의해 주어진 영역

18.1.8 다른 궤적

기하학적 설명이 명확하지 않을 때는 $z = x + iy$를 주어진 방정식이나 부등식에 대입하여 x와 y의 관계를 결정함으로써 궤적을 구할 수 있다.

보기 18.5 다음 방정식을 생각해 보자.

$$|z|^2 + 3\mathrm{Re}(z^2) = 4.$$

$z = x + iy$이라 하면

$$x^2 + y^2 + 3(x^2 - y^2) = 4$$

이므로

$$4x^2 - 2y^2 = 4$$

이다. 이 방정식은 쌍곡선을 나타낸다(그림 18.22).

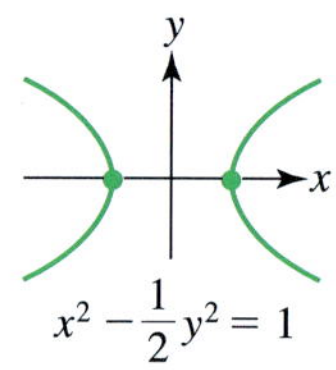

그림 18.22 $|z|^2 + 3\mathrm{Re}(z^2) = 4$에 따른 점 z의 궤적

18.1.9 내점, 열린 집합, 경계점

S를 복소부분집합이라 하자.

정의 18.3 내점

z_0을 중심으로 하여 오직 S의 점만을 포함하는 열린 원판이 존재하면 z_0를 S의 **내점(interior point)**이라 한다.

이것은 적당한 $r > 0$에 대하여 $|z - z_0| < r$을 만족하는 모든 점들이 S에 포함된다는 것이다. 당연히 z_0는 S에 놓인다.

정의 18.4 열린 집합

S의 모든 점들이 내점일 때 S를 **열린 집합(open set)**이라 한다.

보기 18.6 K가 열린 원판 $|z-a| < r$이라 하자(그림 18.23). K에 있는 모든 점에 대해 K에 있는 점만을 포함하도록 충분히 작은 반지름을 가진 원판을 그릴 수 있으므로 K의 모든 점은 내점이다. 그러므로 K는 열린 집합이며, K와 같이 원판의 경계를 이루는 원에 속하는 점들을 포함하지 않는 원판을 '열린 원판'으로 정의한 이유를 설명해 준다.

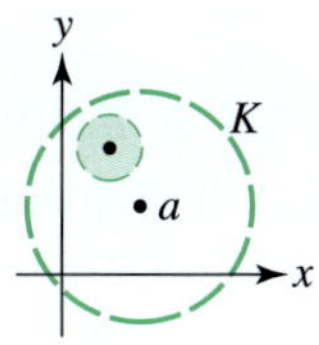

그림 18.23 열린 원판은 열린 집합이다(모든 점은 내점이다).

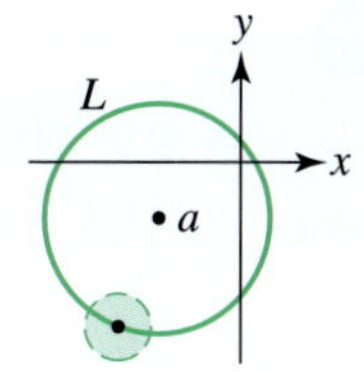

그림 18.24 $|z-a|=r$ 위의 점은 $|z-a|\le r$의 내점이 아니다.

보기 18.7 L은 $|z-a|\le r$를 만족시키는 점으로 구성되어 있다고 하자. $|z-a|=r$에 있는 점은 내점이 아니다. 왜냐하면 그러한 점을 중심으로 하는 임의의 열린 원판은 원판 L의 밖에 점들을 포함하기 때문이다(그림 18.24). 그러므로 L은 열린 집합이 아니다.

보기 18.8 V는 $x>0$인 모든 $z=x+iy$의 집합이라 하자. 이것은 오른쪽 반평면으로서 오른쪽과 왼쪽 평면 사이의 경계를 나타내는 허수축을 포함하지 않는다. 그림 18.25처럼 $x_0>0$인 모든 $z_0=x_0+iy_0$에 대해 V에 포함되는 충분히 작은 원판을 그릴 수 있으므로 V의 모든 점은 내점이다. 따라서 V는 열린 집합이다.

보기 18.9 M이 $x\ge 0$을 만족하는 모든 $z=x+iy$의 집합이면, M에서 양의 실수부를 가진 모든 점은 위의 보기처럼 내점이다. 그러나 허수축에 있는 점 $z=iy$는 M에 있으나 z를 중심으로 하는 임의의 원판에는 M에 속하지 않는 점이 있다(그림 18.26). M은 내점만으로 이루어져 있지 않기 때문에 열리지 않았다.

보기 18.10 W는 실수축상의 모든 점들의 집합이라 하자. W의 어느 점도 내점이 아니다. 반지름의 크기와 상관없이 실수축 위에 있는 점에 그려진 원판은 이 축에 있지 않은, 즉 W에 없는 점을 포함한다.

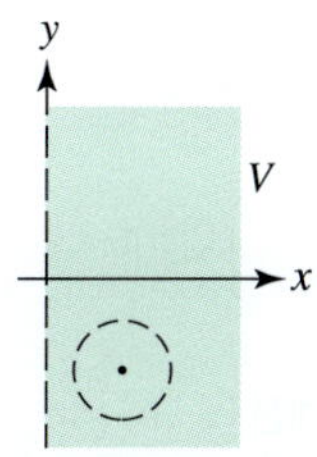

그림 18.25 $\mathrm{Re}(z)>0$인 반평면 (열린 집합)

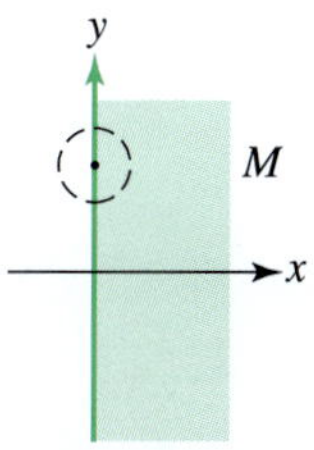

그림 18.26 $\mathrm{Re}(z)\ge 0$인 반평면 (열리지 않은 집합)

정의 18.5 경계점

z_0를 중심으로 하는 모든 열린 원판이 S의 점과 S 이외의 점을 동시에 포함할 때 z_0를 S의 **경계점(boundary point)**이라 한다. S의 모든 경계점 집합을 S의 **경계(boundary)**라 하고 ∂S로 표기한다.

경계점은 S에 속할 수도 있고, 속하지 않을 수도 있다. 내점과 경계점의 정의는 서로 양립하지 않기 때문에 어느 점도 내점과 경계점이 동시에 될 수 없다.

보기 18.11 보기 18.6과 18.7의 집합 K와 L의 경계는 원 $|z-a|=r$이다. L은 모든 경계점을 포함하는 반면에 K는 어느 경계점도 포함하지 않는다.

보기 18.12 보기 18.8의 집합 V는 허수축이 경계이다. 이 집합은 이 경계점들의 어느 점도 포함하지 않는다. 반대로 보기 18.9의 M은 V와 같은 경계를 갖지만 M은 모든 경계점을 포함한다.

보기 18.13 실선(보기 18.10의 W)에서 W의 모든 점은 경계점이다. 실수 x에 대하여 열린 원판을 그리면 x인 W의 점과 W에 있지 않은 점들을 포함한다. W의 내점은 없다.

보기 18.14 E가 $y>0$인 $z=x+iy$와 점 $-i$를 포함하고 있다고 하자(그림 18.27). $-i$에 대한 모든 원판은 확실히 E 밖의 점을 포함하므로 $-i$는 E의 경계점이다. 모든 실수(실수축)는 E의 경계점이다.

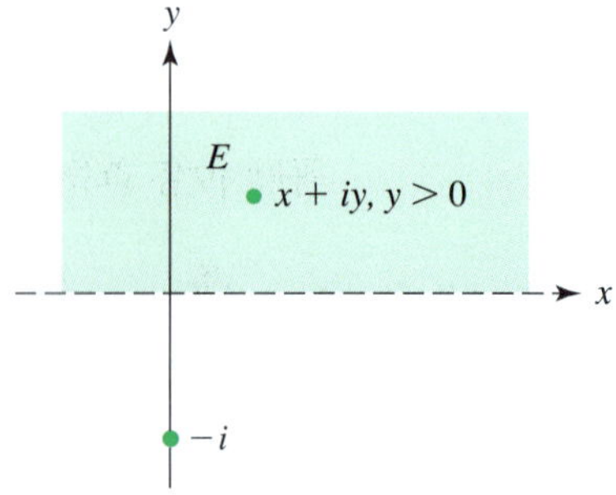

그림 18.27 $-i$는 E의 경계점

정의를 주의 깊게 읽으면 어떤 집합의 모든 점들은 그 집합의 내점이거나 경계점임을 알 수 있다. 또한 앞의 보기 중 일부에서처럼 어떤 집합은 그 집합에 속하지 않는 경계점을 가질 수 있다. 그리고 열린 집합은 경계점을 포함할 수 없다.

정리 18.3

복소수들의 집합 S에 대해 S가 열린 집합일 필요충분조건은 S가 S의 경계점을 하나도 포함하고 있지 않다는 것이다.

정의 18.6 닫힌 집합

복소수 집합 S의 모든 경계점이 S에 속하면 S를 **닫힌 집합(closed set)**이라 한다.

예를 들면 닫힌 원판 $|z-z_0| \leq r$은 닫힌 집합이다. 경계점은 원 $|z-z_0|=r$ 위에 있는 모든 점들이고 닫힌 원판 안에 있다. 보기 18.9의 집합 M은 닫혀 있다. 경계점은 허수축에 있는 모든 점들이고 모두 이 집합에 속해 있다. 보기 18.10의 집합 W는 이 집합의 모든 점이 경계점이고 다른 경계점을 갖고 있지 않기 때문에 닫혀 있다.

'닫혔다'와 '열렸다'는 서로 반대말이 아니다. 어떤 집합은 닫혀 있으면서 열리거나 열리지 않을 수도 있으며, 어떤 집합은 열려 있으면서 닫히거나 닫히지 않을 수도 있다. 예를 들면 모든 복소수의 집합 $\mathbb{C}$는 열려 있으며(모든 점이 내점) 닫혀 있다(경계점은 없으므로 $\mathbb{C}$는 경계를 포함한다). 닫힌 원판은 닫혔으나 열려 있지 않고 열린 원판은 열렸으나 닫혀 있지 않다. 다음 보기에서 열리지도 닫히지도 않은 집합을 살펴보자.

보기 18.15 T는 $-1 \leq x \leq 1$이고 $y > 0$인 $z = x + iy$들의 집합이다. 이것은 그림 18.28에서 보는 것처럼 긴 막대 형태이다. 경계점은 $y \geq 0$인 $-1 + iy$꼴의 모든 점, $y \geq 0$인 $1 + iy$

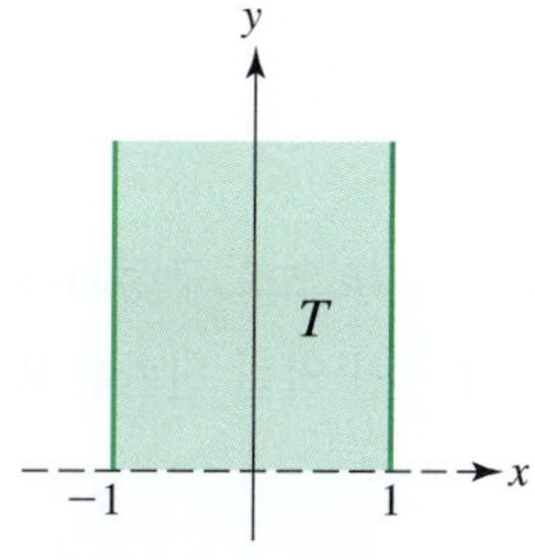

그림 18.28 $-1 \leq x \leq 1$, $y > 0$인 $z = x + iy$로 이루어진 띠

꼴의 모든 점, $-1 \le x \le 1$인 모든 x점이다.

$y > 0$인 $-1 + iy$은 경계점으로서 T에 속한다. 이것은 T가 열려 있지 않다는 걸 의미한다. 그러나 $-1 \le x \le 1$인 점 x는 T에 속하지 않는 경계점이다. 그러므로 T는 닫혀 있지 않다.

18.1.10 극한점

z_0와 다르면서 z_0에 충분히 가까운 S의 점들이 있을 때 z_0를 S의 극한점이라 한다.

정의 18.7 극한점

중심이 z_0인 모든 열린 원판이 z_0와 다른 S의 점을 포함하면 z_0를 S의 **극한점(limit point)**이라 한다.

극한점은 그 점에 대한 열린 원판이 자신 이외의 다른 S의 점을 포함한다는 점에서 경계점과 다르다. 보기 18.14에서 $-i$는 W의 경계점이나 W의 극한점은 아니다. 왜냐하면 중심이 $-i$이고 반지름이 1인 원판은 W의 다른 점을 포함하지 않기 때문이다.

보기 18.16 보기 18.8의 집합 V에 대하여 허수축의 모든 점이 극한점이다. $z_0 = iy_0$에 대한 모든 원판은 iy_0 외에 다른 V의 점들을 포함한다. 따라서 z_0는 경계점이자 극한점이다. 이 보기는 집합의 극한점이 집합에 포함될 필요가 없음을 보여준다. 이 집합은 다른 극한점을 많이 갖고 있다. 예를 들어 $x > 0$이면 모든 복소수 $x + iy$는 V에 속하며 극한점이다.

보기 18.17 Q가 $n = 1, 2, \cdots$일 때 i/n로 구성되어 있다고 하자. 반지름의 크기와 상관없이 중심이 0인 열린 원판은 충분히 큰 n이 선택되면 i/n를 포함한다. 따라서 0은 Q의 극한점이다. 또한 0은 Q의 경계점이다.

보기 18.18 W는 n이 정수일 때 모든 in으로 구성되어 있다고 하자. 그러면 W는 극한점이 없다. 중심이 in이고 반지름이 $\frac{1}{2}$인 열린 원판은 W와 단 하나의 점 in을 공유한다.

이 보기에서 보인 것처럼 집합의 극한점은 집합에 포함되거나 포함되지 않을 수도 있다. 닫힌 집합은 정확하게 '모든 극한점을 포함하는 집합'이라고 할 수 있다.

정리 18.4

복소수의 집합 S에 대해 S가 닫힌 집합일 필요충분조건은 S가 S의 모든 극한점을 포함하고 있다는 것이다.

[증명] S는 닫혀 있고 w는 S의 극한점일 때, w가 S 안에 있음을 보인다. w가 S에 있지 않다고 가정하자. 임의의 원판 $|z-w|<r$은 w 이외에 S의 점 z_r을 포함해야 한다. 따라서 이 원판은 S 안의 한 점 z_r과 S에 있지 않은 점 w를 동시에 포함하고 있으므로 w는 S의 경계점이다. S는 닫혀 있으므로 경계의 모든 점(특히 w)을 포함한다. 이것은 가정에 모순이다. 따라서 w는 S에 속한다. 그러므로 S는 모든 극한점을 포함한다.

역으로 S가 모든 극한점을 포함하고 있으면 S는 닫혀 있음을 보이자. 즉, S가 모든 경계점들을 포함하고 있음을 보여야 한다. b가 S에 있지 않은 경계점이라고 가정하자. b가 경계점이기 때문에 임의의 원판 $|z-b|<r$은 S의 점을 포함한다. 그러나 b가 S에 있지 않다고 가정했기 때문에 이 점은 b가 아니다. 따라서 b는 S의 극한점이다. 그러나 S의 극한점은 S에 있고, 그래서 b는 S에 있다. 이 모순은 S가 경계점들을 모두 포함하고 있음을 증명하고, 따라서 S는 닫혀 있다. ■

극한점의 보기들을 살펴보자.

보기 18.19 $X=\left\{2-\frac{1}{n}i\in\mathbb{C}\,\middle|\,n\in\mathbb{N}\right\}$일 때, 2는 X의 극한점이 된다. X의 다른 극한점은 없다.

보기 18.20 Q는 유리수 a, b로 된 모든 복소수 $a+ib$로 구성되어 있다. 임의의 복소수는 Q의 극한점이고 경계점이다. Q의 극한점의 일부는 Q 안에 있고(a, b가 유리수이면), 또한 일부는 그렇지 않다(a 또는 b가 유리수가 아니면).

보기 18.21 P는 $-1\le y<1$인 모든 복소수 $x+iy$로 구성되어 있다고 하자. P의 각 점은 극한점이고, 점 $x+i$는 P에 속하지 않는 P의 극한점이다.

보기 18.22 D는 열린 원판 $|z-z_0|<r$이라 하자. D의 모든 점은 극한점이고 D에 포함되지 않은 경계원 $|z-z_0|=r$의 점들은 극한점이며 또한 D의 경계점이다.

연습문제 18.1

문제 1부터 10까지 계산하여라.

1. $(3-4i)(6+2i)$
2. $i(6-2i)+|1+i|$
3. $\dfrac{2+i}{4-7i}$
4. $\dfrac{(2+i)-(3-4i)}{(5-i)(3+i)}$
5. $(17-6i)(\overline{-4-12i})$
6. $\left|\dfrac{3i}{-4+8i}\right|$
7. i^3-4i^2+2
8. $(3+i)^3$
9. $\left(\dfrac{-6+2i}{1-8i}\right)^2$
10. $(-3-8i)(2i)(4-i)$
11. 임의의 양의 정수 n에 대하여 다음을 증명하여라.

$$i^{4n}=1,\ i^{4n+1}=i,\ i^{4n+2}=-1,\ i^{4n+3}=-i\,.$$

12. $z=a+ib$일 때 $\text{Re}(z^2)$과 $\text{Im}(z^2)$을 구하여라.
13. $z=a+ib$일 때 $\text{Re}(z^2-iz+1)$와 $\text{Im}(z^2-iz+1)$을 구하여라.
14. z가 실수이거나 순허수일 필요충분조건은 $z^2=\bar{z}^2$임을 증명하여라.
15. 복소수 z, w, u의 세 점을 꼭지점으로 하는 삼각형이 정삼각형일 필요충분조건은 다음과 같음을 증명하여라.

$$z^2+w^2+u^2=zw+zu+wu$$

16. $\text{Re}(iz)=-\text{Im}(z)$와 $\text{Im}(iz)=\text{Re}(z)$를 증명하여라.

문제 17부터 22까지 $\arg(z)$를 구하여라.

17. $3i$
18. $-2+2i$
19. $-3+2i$
20. $8+i$
21. -4
22. $3-4i$

문제 23부터 28까지 복소수를 극형식으로 표현하여라.

23. $-2+2i$
24. $-7i$
25. $5-2i$
26. $-4-i$
27. $8+i$
28. $-12+3i$
29. 복소수 z와 w는 $\bar{z}w\neq 1$을 만족하고 z나 w의

크기가 1일 때 다음을 증명하여라.

$$\left|\frac{z-w}{1-\bar{z}w}\right|=1$$

힌트: 정리 18.1의 (8)을 적용하되, 원하는 값의 제곱을 취해 보여라.

30. 복소수 z와 w에 대해 다음을 증명하여라.

$$|z+w|^2+|z-w|^2=2\left(|z|^2+|w|^2\right)$$

힌트: 정리 18.1의 (8)을 참조하여라.

31. 복소수 z와 w, 임의의 양의 정수 n에 대해 다음을 증명하여라.

$$(z+w)^n=\sum_{j=0}^{n}\binom{n}{j}z^{n-j}w^j$$

32. 문제 31의 결과를 활용하여 다음을 계산하여라.

$$(2+i)^8$$

33. 문제 31의 결과를 활용하여 다음을 계산하여라.

$$(1-i)^6$$

34. 임의의 정수 n에 대해 다음 **de Moivre 정리**를 증명하여라.

$$[\cos\theta+i\sin\theta]^n=\cos n\theta+i\sin n\theta$$

힌트: 오일러 공식을 이용하여라.

35. $\cos 3\theta$를 $\sin\theta$와 $\cos\theta$의 곱으로 표현하여라. 힌트: $n=3$인 경우 de Moivre 정리를 이용하고 $[\cos\theta+i\sin\theta]^3$을 수행하여 de Moivre 식의 왼쪽 항의 실수부와 오른쪽 항의 실수부를 같게 취한다.

36. $\sin(\theta/2)\neq 0$일 때 양의 정수 n에 대해 다음 **Lagrange 삼각함수 등식**을 증명하여라.

$$\sum_{j=0}^{n}\cos(j\theta)=\frac{1}{2}+\frac{\sin((n+1/2)\theta)}{2\sin(\theta/2)}$$

힌트: $z\neq 1$일 때

$$\sum_{j=0}^{n}z^j=\frac{1-z^{n+1}}{1-z}$$

임을 이용하여라. $z=\cos\theta+i\sin\theta$인 경우 de Moivre 정리를 이용하여 등식에서 실수부와 허수부를 구분하여라.

문제 37부터 53까지 주어진 등식 혹은 부등식을 만족하는 z의 집합을 구하여라.

37. $|z-8+4i|=9$

38. $|z|=|z-i|$

39. $|z|^2+\text{Im}(z)=16$

40. $|z-i|+|z|=9$

41. $|z|+\text{Re}(z)=0$

42. $z+\bar{z}^2=4$

43. $\text{Im}(z-i)=\text{Re}(z+1)$

44. $|z|=\text{Im}(z-i)$

45. $|z+1+6i|=|z-3+i|$

46. $|z-4i|\leq|z+1|$

47. $|z+2+i|>|z-1|$

48. $|z+3|\geq|z-2i|$

49. $-1\leq\text{Re}(z)<2$

50. $|z+i|>|z|$이고 $|z|<1$ 힌트: 각 부등식에 의해 결정되는 집합에 공통인 점들의 집합을 구하여라.

51. $|z-2i|\leq|z+1+i|$ 이고 $|z|>4$

52. $1<|z|\leq 4$

53. $0<\text{Im}(z+3i)<4$

문제 54부터 63까지 주어진 집합이 열린집합인지, 닫힌집합인지, 열린집합이면서 닫힌집합인지,

열린집합도 닫힌집합도 아닌지를 결정하여라. 또 그 집합의 모든 극한점, 모든 경계점, 집합의 경계를 결정하여라.

54. S는 $|z| > 2$인 z의 집합이다.

55. K는 $|z-1| \le |z+4i|$인 z의 집합이다.

56. T는 $4 \le |z+i| \le 8$인 z의 집합이다.

57. M은 $\text{Im}(z) < 7$인 z의 집합이다.

58. $R = \{1/m + (1+n)i \mid m, n$은 임의의 양의 정수$\}$

59. U는 $1 < \text{Re}(z) \le 3$인 z의 집합이다.

60. V는 $2 < \text{Re}(z) \le 3$이고 $-1 < \text{Im}(z) < 1$인 z의 집합이다.

61. W는 $\text{Re}(z) > (\text{Im}(z))^2$인 z의 집합이다.

62. $S = \{x + (1/n)i \mid x$는 실수, n은 양의 정수$\}$

63. $K = \{x + iy \mid x,\ y$는 유리수$\}$

64. 복소수의 집합 S에 대하여 S의 모든 극한점과 S의 합집합이 닫힌집합임을 증명하여라.

65. S를 복소수의 집합이라 하자.
   (a) S에 있지 않은 복소수의 집합이 닫혀 있을 필요충분조건은 S가 열려 있음을 증명하여라.
   (b) S에 있지 않는 복소수의 집합이 열려 있을 필요충분조건은 S가 닫혀 있음을 증명하여라.

66. $S = \{z_1, z_2, \cdots, z_n\}$이라 하자.
   (a) S는 극한점이 없음을 보여라.
   (b) 모든 z_j는 S의 경계점임을 보여라.
   (c) S는 닫혀 있음을 보여라.

18.2 복소함수

복소함수(complex function)란 복소부분집합 S의 복소수에 복소수를 대응시키는 함수 $f: S \to \mathbb{C}$이다. 예를 들어 S는 $|z| < 1$인 모든 z로 구성되어 있고, 그 S의 각 z에 대해 $f(z) = z^2$이라고 정의하면 $f: S \to \mathbb{C}$는 복소함수이다.

복소함수를 z에 관한 표현으로만 나타낼 때 예를 들면

$$f(z) = \frac{z+i}{z^2+4}$$

와 같이 정의구역 S를 말하지 않을 때는 $f(z)$가 정의되는 모든 z들을 정의구역으로 생각한다. 위의 함수는 $2i$와 $-2i$를 제외한 모든 z에 대해 정의된다.

18.2.1 극한

복소함수의 극한 개념은 2차원 평면상에서 실함수의 극한개념과 동일하다.

정의 18.8 극한

$f: S \to \mathbb{C}$를 복소함수, z_0를 S의 극한점, L을 복소수라고 하자. 임의의 $\epsilon > 0$에 대해 $\delta > 0$가 존재하여 $z \in S$가

$$0 < |z - z_0| < \delta \text{ 이면 } \quad |f(z) - L| < \epsilon$$

일 때 L을 z_0에서 $f(z)$의 극한이라 하고

$$\lim_{z \to z_0} f(z) = L$$

으로 표시한다.

조건 $0 < |z - z_0| < \delta$는 z_0 자체를 제외하는 것으로 z_0에 가까운 다른 점에서 $f(z)$ 값의 변화에만 관심이 있다.

$\lim_{z \to z_0} f(z) = L$에 대해 달리 말하면, 중심이 L이고 반지름이 ϵ인 열린 원판 D_ϵ이 주어진다면, 중심이 z_0이고 반지름이 δ인 열린 원판 D_δ이 S 안에 있으면서 z_0를 제외한 D_δ의 모든 점들을 f에 의해 D_ϵ 안으로 대응시킬 수 있어야 한다. 이것을 도식적으로 설명하면 그림 18.29와 같다.

$f(z_0)$는 정의될 필요는 없지만 z_0에 가까운 점에서 $f(z)$는 정의되어야 한다. 만약 $f(z)$가 z_0 근처의 z에서 정의되지 않는다면, z가 z_0에 접근할 때 $f(z)$의 극한을 얘기한다는 것은 의미가 없다.

$f(z_0)$가 정의되어 있다고 할지라도, $f(z_0)$가 극한일 필요는 없다.

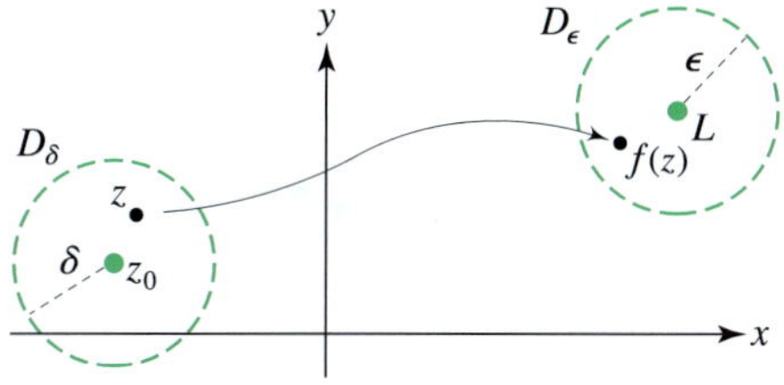

그림 18.29 $\lim_{z \to z_0} f(z) = L$

보기 18.23

$$f(z)=\begin{cases} z^2 & z\neq i \text{일 때,} \\ 0 & z=i \text{일 때} \end{cases}$$

라고 하면, $\lim_{z\to i} f(z)=-1$이지만, $f(i)\neq -1$이다. 사실 $f(i)$가 정의되어 있지 않다고 할지라도 $\lim_{z\to i} f(z)=-1$이다.

실변수 미적분학의 많은 극한정리들을 복소함수에도 적용할 수 있는데, $\lim_{z\to z_0} f(z)=L$, $\lim_{z\to z_0} g(z)=K$라 하면 다음이 성립한다.

$$\lim_{z\to z_0}[f(z)+g(z)]=L+K,$$

$$\lim_{z\to z_0}[f(z)-g(z)]=L-K,$$

$$\lim_{z\to z_0} cf(z)=cL \quad (c\text{는 임의의 상수}),$$

$$\lim_{z\to z_0}[f(z)g(z)]=LK,$$

$$\lim_{z\to z_0}\frac{f(z)}{g(z)}=\frac{L}{K} \quad (K\neq 0 \text{일 때})$$

복소함수의 극한과 실함수의 극한 사이의 중요한 차이는, 변수가 그 점에 접근하는 방법에 있다. 실함수 g의 극한 $\lim_{z\to a} g(x)$에 대해서는 x가 양쪽(오른쪽과 왼쪽)에서 a에 접근함에 따른 $g(x)$의 변화를 설명하는 것이다. 그러나 복소함수 f에 대해 $\lim_{z\to z_0} f(z)$의 경우는 복소평면에서 z가 z_0에 접근할 때 그림 18.30과 같이 어떤 경로이든지 가능하다는 것을 포함하고 있다. 집합 S 내에서 함수값 $f(z)$는 z가 z_0에 접근하는 경로에 관계없이 반드시 L에 접근해야 한다. 따라서 만일 z가 적당한 경로로 z_0에 접근할 때 $f(z)$가 L에 접근하지 않으면, 그 점에서 $f(z)$의 극한은 존재하지 않는데, 이것은 복소평면에서 $\lim_{z\to z_0} f(z)=L$이 실함수의 극한보다 강한 명제임을 나타낸다. 이 사실을 활용하여 나중에 복소함수에 대한 성질을 유도할 것이다.

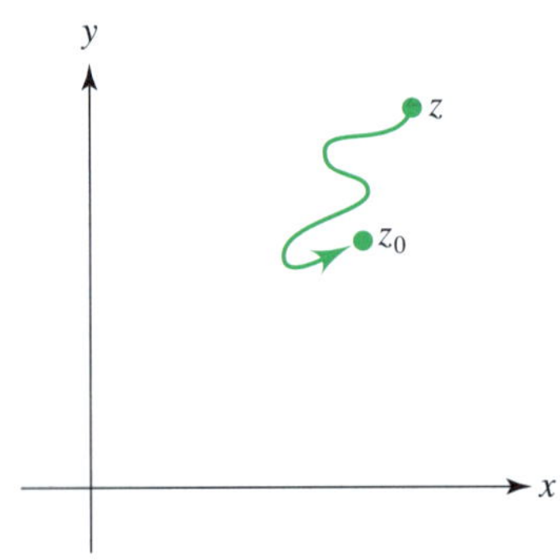

그림 18.30 $\lim_{z\to z_0} f(z)$를 정의할 때, z가 z_0에 접근하는 임의의 경로

18.2.2 연속

정의 18.9 연속

복소함수 $f : S \to \mathbb{C}$가

$$\lim_{z \to z_0} f(z) = f(z_0)$$

을 만족할 때, f는 z_0에서 연속이라고 한다. f가 집합 S에 있는 모든 점에서 연속이면 f는 집합 S에서 연속이라고 말한다. 특히 $f(z)$가 정의되는 모든 z에 대해 연속이면 f는 연속함수라고 한다.

우리가 알고 있는 많은 함수들은 연속이다. 예를 들면, 다항식은 모든 z에 대해 연속이고, 유리함수(다항식의 분수 형태)도 분모가 0인 곳을 제외하고는 모든 점에서 연속이다. 그리고 복소 삼각함수나 복소 지수함수도 연속함수임을 나중에 알게 될 것이다.

f가 z_0에서 연속이면, $|f|$ 또한 연속이다. z가 z_0에 가까워짐에 따라 $f(z)$가 $f(z_0)$에 가까워진다면, $|f(z)|$가 $|f(z_0)|$에 접근하는 것은 당연하다. 엄밀하게 말해 $\lim_{z \to z_0} f(z) = f(z_0)$이면, 정리 18.2(3)에 의해

$$0 \le \big|\,|f(z)| - |f(z_0)|\,\big| \le |f(z) - f(z_0)| \to 0$$

이다.

여기서 연속함수의 중요한 성질에 대해 살펴보고자 한다.

정의 18.10 유계함수

복소함수 $f : S \to \mathbb{C}$가 어떤 양수 M이 존재하여 S에 있는 모든 z에 대해

$$|f(z)| \le M$$

를 만족하면 f를 **유계함수(bounded function)**라 한다.

다르게 말하면, $f(S)$를 포함하는 원판이 존재하면 f는 유계이다.

정의 18.11 유계인 집합

어떤 양수 M이 존재하여 모든 $z \in K$에 대해 $|z| \le M$이면 K는 유계라 한다.

따라서 유계인 집합은 원점으로부터 멀리 떨어지지 않은 점들의 집합이다. 열려 있거나 닫혀 있는 원판은 유계이다. $\{ni \in \mathbb{C} \mid n \in \mathbb{Z}\}$는 유계가 아닌 집합이다. 닫혀 있고 유계인 집합은 복소함수의 연구에 중요한 특성을 갖는다.

정의 18.12 옹골찬 집합

집합 K가 닫혀 있고 유계이면 **옹골찬 집합(compact set)**이라 한다.

연속함수는 유계일 필요는 없지만(예: $z \neq 0$에 대해 $f(z) = 1/z$), 옹골찬 집합에서 정의된 연속함수는 유계함수여야 하는데, 이것은 '닫힌 유한구간 위에서 연속인 실함수는 그 구간에서 유계' 라는 사실과 같다. 실직선 위에서 닫힌 유한구간은 옹골찬 집합이다.

정리 18.5

$f : S \to \mathbb{C}$가 옹골찬 집합 S에서 연속이면 f는 유계함수이다.

실수집합의 최소상한과 최대하한의 개념을 이용하면 위 정리보다 더 개선된 다음을 얻을 수 있다.

정리 18.6

$f : S \to \mathbb{C}$는 연속이고 S는 옹골차면, S에 있는 모든 z에 대해

$$|f(z_1)| \leq |f(z)| \leq |f(z_2)|$$

가 되는 z_1과 z_2가 S에 존재한다.

18.2.3 복소함수의 도함수

정의 18.13 도함수

$f : S \to \mathbb{C}$이고 S는 열린 집합이며 z_0는 S에 있다고 하자. 어떤 L에 대해

$$\lim_{h \to 0} \frac{f(z_0 + h) - f(z_0)}{h} = L$$

이면 f는 z_0에서 미분가능하다고 한다. 이 경우 L을 z_0에서 f의 **도함수**라 하고, $f'(z_0)$로 표시한다. f가 S의 모든 점에서 미분가능하면 f는 S에서 **미분가능하다**고 한다.

이 정의에서 S가 열린집합이어야 하는 까닭은, $f(z)$가 z_0를 중심으로 하는 열린 원판에서 정의되어야 하기 때문이다. h의 크기가 충분히 작다면, z_0+h는 이 원판 내에 존재하게 되고, 따라서 $f(z_0+h)$도 정의되는데, 이것은 도함수를 정의하는 극한식에서 h가 어떤 방향에서든지 0에 접근할 수 있음을 뜻한다. 이 사실은 다음 절에서 다룰 Cauchy-Riemann 방정식에서 중요한 역할을 할 것이다.

보기 18.24 $f(z)=z^2$이라고 하면 모든 z에 대해

$$f'(z)=\lim_{h\to 0}\frac{(z+h)^2-z^2}{h}=\lim_{h\to 0}(2z+h)=2z$$

이다.

다항식과 같이 잘 알고 있는 함수에 대해서 실수 도함수를 취하는 통상적인 규칙을 적용할 수 있다. 예를 들어 자연수 n에 대해 $f(z)=z^n$이라고 하면 $f'(z)=nz^{n-1}$이다. 도함수 공식에 대해서 살펴보면 다음과 같다.

$$(f+g)'(z)=f'(z)+g'(z)$$
$$(f-g)'(z)=f'(z)-g'(z)$$
$$(cf)'(z)=cf'(z)\quad (c\text{는 임의의 상수})$$
$$(fg)'(z)=f(z)g'(z)+f'(z)g(z)$$
$$\left(\frac{f}{g}\right)'(z)=\frac{g(z)f'(z)-f(z)g'(z)}{[g(z)]^2}\quad (g(z)\neq 0\text{일 때}).$$

또한 복소함수에 대해서도 연쇄법칙이 성립하는데

$$(f\circ g)'(z)=f'(g(z))g'(z)$$

가 된다. 종종 $f'(z)$를 Leibniz 표기법인 df/dz로 나타내기도 한다. Leibniz 표기법을 이용하여 연쇄법칙을 나타내면

$$\frac{d}{dz}(f(g(z)))=\frac{df}{dw}\frac{dw}{dz}$$

가 되고, 여기서 $w=g(z)$이다.

실함수와 마찬가지로 복소함수도 미분가능하면 연속이다.

정리 18.7

복소함수 f가 z_0에서 미분가능하면 f는 z_0에서 연속이다.

[증명]

$$\lim_{h\to 0}\left(\frac{f(z_0+h)-f(z_0)}{h}-f'(z_0)\right)=0$$

이므로

$$\epsilon(h)=\frac{f(z_0+h)-f(z_0)}{h}-f'(z_0)$$

라고 하면 $\lim_{h\to 0}\epsilon(h)=0$이다. 또한

$$f(z_0+h)-f(z_0)=hf'(z_0)+h\epsilon(h)$$

인데, 이 식에서 $h\to 0$일 때 오른쪽의 극한은 0이 된다. 즉,

$$\lim_{h\to 0}\left[f(z_0+h)-f(z_0)\right]=0$$

인데, 이것은

$$\lim_{h\to 0}f(z_0+h)=f(z_0)$$

와 동일하고 따라서 $\lim_{z\to z_0}f(z)=f(z_0)$이다. 그러므로 f는 z_0에서 연속이다. ■

물론 모든 연속인 복소함수가 미분가능한 것은 아니다.

보기 18.25 $f(z)=\bar{z}$라고 하면 f는 어느 점에서도 미분이 불가능하다. 이것을 알아보기 위해서

$$\frac{f(z+h)-f(z)}{h}=\frac{\overline{z+h}-\bar{z}}{h}=\frac{\bar{h}}{h}$$

를 계산해 보면 된다. 즉, $h\to 0$일 때 이 식의 극한을 구하고자 한다. h가 어떤 경로를 따라서 0에 접근하여도 위의 값이 같아야 극한이 존재하는 것이다. h가 실수축을 따라 0에 접근하면 h는 실수이고 $\bar{h}=h$, $\bar{h}/h=1\to 1$이 된다. 그러나 h가 허수축을 따라 0에 접근하면 실수 k에 대해 $h=ik$가 되고, $k\to 0$이 됨에 따라

$$\frac{\bar{h}}{h}=\frac{-ik}{ik}=-1\to -1$$

이 된다. 그러므로

$$\lim_{h \to 0} \frac{\bar{h}}{h}$$

는 존재하지 않고, 따라서 어떤 점에서도 f의 도함수는 존재하지 않는다.

18.2.4 Cauchy-Riemann 방정식

복소함수가 미분가능하기 위한 필요조건인 편미분방정식(Cauchy-Riemann 방정식)을 유도해 보자. 이 방정식은 포텐셜 이론과 Dirichlet 문제 해결에 도움을 준다.

f를 복소함수라 하자. $z = x + iy$로 놓으면

$$f(z) = f(x+iy) = u(x,\ y) + iv(x,\ y)$$

으로 나타낼 수 있는데, 여기서 u와 v는 실수 x와 y를 변수로 갖는 실함수

$$u(x,\ y) = \text{Re}[f(z)], \quad v(x,\ y) = \text{Im}[f(z)]$$

이다.

보기 18.26 $f(z) = z^2$이라고 하면

$$f(x+iy) = (x+iy)^2 = x^2 - y^2 + 2ixy$$

이므로 $f(z)$의 실수부 함수와 허수부 함수는 각각

$$u(x,\ y) = x^2 - y^2, \quad v(x,\ y) = 2xy$$

이다.

보기 18.27 $f(z) = 1/z$(단 $z \neq 0$)이라고 하면

$$f(x+iy) = \frac{1}{x+iy} = \frac{x}{x^2+y^2} - i\frac{y}{x^2+y^2}$$

이므로

$$u(x,\ y) = \frac{x}{x^2+y^2}, \quad v(x,\ y) = -\frac{y}{x^2+y^2}$$

이다.

이제 f가 미분가능한 점에서 u의 편도함수와 v의 편도함수 사이의 관계를 유도해 보자.

정리 18.8 Cauchy-Riemann 방정식

열린집합 S에서 $f: S \to \mathbb{C}$, $f = u + iv$라 하자. 만약 $f(z)$가 S의 점 $z = x + iy$에서 미분가능하면 점 (x, y)에서

$$\frac{\partial u}{\partial x} = \frac{\partial v}{\partial y}, \qquad \frac{\partial v}{\partial x} = -\frac{\partial u}{\partial y}$$

이 성립한다. 이 2개의 식을 **Cauchy-Riemann 방정식**이라 한다.

[증명]

$$f'(z) = \lim_{h \to 0} \frac{f(z+h) - f(z)}{h}$$

에서 h가 0에 접근하는 2가지 경로에 대해 생각해 보자.

먼저, h가 실수축을 따라 0에 접근한다고 하자(그림 18.31). 여기서 h는 실수이고, $z + h = x + h + iy$이다. 그러면 다음 식이 성립한다.

$$\begin{aligned} f'(z) &= \lim_{h \to 0} \frac{u(x+h, y) + iv(x+h, y) - u(x, y) - iv(x, y)}{h} \\ &= \lim_{h \to 0} \left(\frac{u(x+h, y) - u(x, y)}{h} + i\,\frac{v(x+h, y) - v(x, y)}{h} \right) \\ &= \frac{\partial u}{\partial x} + i\,\frac{\partial v}{\partial x}. \end{aligned}$$

다음으로, h가 허수축을 따라 0에 접근한다고 하자(그림 18.32). 여기서 $h = ik$(k는 실수)라고 놓으면 $k \to 0$일 때 $h \to 0$이다. 그러면 $z = x + i(y + k)$이고,

$$\begin{aligned} f'(z) &= \lim_{k \to 0} \frac{u(x, y+k) + iv(x, y+k) - u(x, y) - iv(x, y)}{ik} \\ &= \lim_{k \to 0} \left(\frac{1}{i}\,\frac{u(x, y+k) - u(x, y)}{k} + \frac{v(x, y+k) - v(x, y)}{k} \right) \\ &= -i\frac{\partial u}{\partial y} + \frac{\partial v}{\partial y} \end{aligned}$$

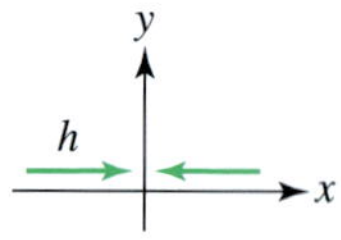

그림 18.31 실수축을 따라 접근

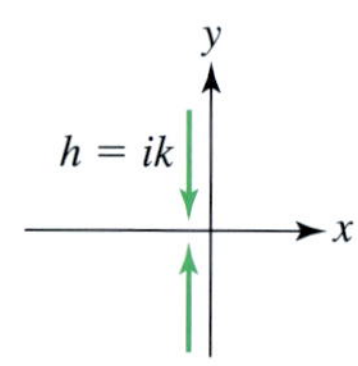

그림 18.32 허수축을 따라 접근

이다. 따라서

$$f'(z) = \frac{\partial u}{\partial x} + i\,\frac{\partial v}{\partial x} = -i\,\frac{\partial u}{\partial y} + \frac{\partial v}{\partial y}$$

이다. 양변의 실수부와 허수부는 서로 같아야 하므로 결론이 성립한다. ■

또한, 이 증명으로부터 $f(z)$의 실수부와 허수부로 구성된 $f'(z)$에 대한 공식을 알 수 있다. 예를 들어 $f(z) = z^3$이라고 하면

$$f(x+iy) = x^3 - 3xy^2 + i(3x^2y - y^3)$$

이고,

$$u(x,\ y) = x^3 - 3xy^2, \quad v(x,\ y) = 3x^2y - y^3$$

이므로

$$f'(z) = \frac{\partial u}{\partial x} + i\,\frac{\partial v}{\partial x} = (3x^2 - 3y^2) + i(6xy)$$

가 되고, 이 식을 보면 $f'(z)$의 실수부와 허수부를 자동적으로 나타내고 있다. 물론, 이 단순한 함수에 대해서는 다음과 같이 미분을 아주 쉽게 구할 수 있다.

$$f'(z) = 3z^2 = 3(x+iy)^2 = 3(x^2 - y^2) + 6xyi\,.$$

Cauchy-Riemann 방정식은 어떤 점에서 f가 미분가능하기 위한, 즉 $f'(z)$가 존재하기 위한 필요조건이며, 이 방정식을 만족하지 못하면 그 점에서 $f(z)$는 미분가능하지 않게 된다.

보기 18.28 보기 18.25에서처럼 $f(z) = \bar{z}$라고 하면 $f(z) = x - iy$이고, $u(x,\ y) = x$, $v(x,\ y) = -y$이다.

$$\frac{\partial u}{\partial x} = 1 \neq \frac{\partial v}{\partial y}$$

이므로 어떤 점에서도 Cauchy-Riemann 방정식을 만족하지 못한다. 그러므로 f는 모든 점에서 미분이 불가능하다.

보기 18.29 $f(z) = z\,\mathrm{Re}(z)$라고 하면

$$f(x+iy) = x^2 + ixy$$

이므로 $u(x, y)=x^2$, $v(x, y)=xy$이다. 여기서

$$\frac{\partial u}{\partial x}=2x, \quad \frac{\partial v}{\partial y}=x,$$
$$\frac{\partial u}{\partial y}=0, \quad \frac{\partial v}{\partial x}=y$$

이므로 $z=0$을 제외한 어떤 점에서도 Cauchy-Riemann 방정식을 만족하지 못한다. 이것은 f는 $z\neq 0$을 제외한 모든 점에서 미분이 불가능함을 뜻한다. 사실 0에서는 도함수가 존재하는데 그 값은

$$f'(0)=\lim_{h\to 0}\frac{f(h)-f(0)}{h}=\lim_{h\to 0}\mathrm{Re}(h)=0$$

이다.

Cauchy-Riemann 방정식은 미분가능성에 대한 필요조건이지 충분조건은 아니다. 점 z에서 Cauchy-Riemann 방정식을 만족한다고 할지라도 f는 점 z에서 미분이 가능할 수도 있고 불가능할 수도 있다. 앞의 보기에서는 원점에서 Cauchy-Riemann 방정식을 만족했고 $f'(0)$도 존재했다. 다음 보기는 원점에서 Cauchy-Riemann 방정식을 만족하지만 $f'(0)$는 존재하지 않는 경우이다.

보기 18.30

$$f(z)=\begin{cases} z^5/|z|^4 & z\neq 0\text{일 때}, \\ 0 & z=0\text{일 때} \end{cases}$$

라고 하면, f는 $z=0$에서 Cauchy-Riemann 방정식을 만족하지만 0에서 미분이 불가능함을 보이고자 한다. 먼저, 몇 가지 대수적 연산을 수행하면

$$u(x, y)=\frac{5xy^4-10x^3y^2+x^5}{(x^2+y^2)^2}, \quad (x, y)\neq(0, 0)\text{일 때}$$
$$v(x, y)=\frac{y^5-10x^2y^3+5x^4y}{(x^2+y^2)^2}, \quad (x, y)\neq(0, 0)\text{일 때}$$
$$u(0, 0)=v(0, 0)=0$$

이 되고, 원점에 대해 편도함수를 계산해 보면

$$\frac{\partial u}{\partial x}(0, 0)=\lim_{h\to 0}\frac{u(h, 0)-u(0, 0)}{h}=\lim_{h\to 0}\frac{h^5}{hh^4}=1$$
$$\frac{\partial u}{\partial y}(0, 0)=\lim_{h\to 0}\frac{u(0, h)-u(0, 0)}{h}=\lim_{h\to 0}0=0$$

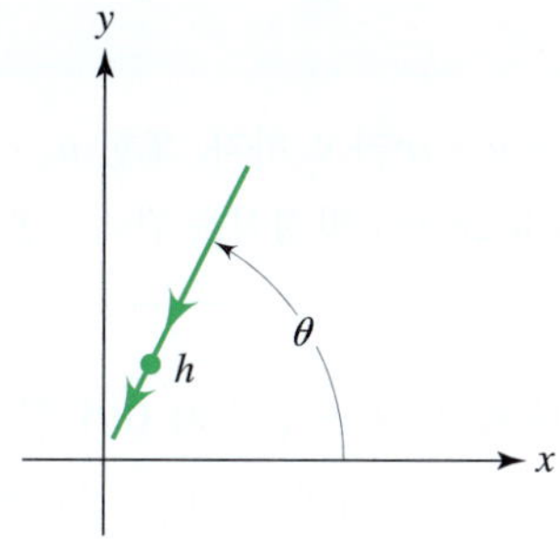

그림 18.33 양의 실수축과 각 θ를 이루는 직선을 따라 접근

$$\frac{\partial v}{\partial x}(0, 0) = \lim_{h \to 0} \frac{v(h, 0) - v(0, 0)}{h} = \lim_{h \to 0} 0 = 0$$

$$\frac{\partial v}{\partial y}(0, 0) = \lim_{h \to 0} \frac{v(0, h) - v(0, 0)}{h} = \lim_{h \to 0} \frac{h^5}{hh^4} = 1$$

이 되므로, 원점에서 Cauchy-Riemann 방정식을 만족한다. f가 0에서 미분이 불가능함을 살펴보기 위해 다음 식을 생각해 보자.

$$\frac{f(0+h) - f(0)}{h} = \frac{h^5}{h|h|^4} = \frac{h^5}{h(h\overline{h})^2} = \left(\frac{h}{\overline{h}}\right)^2.$$

$(h/\overline{h})^2$은 $h \to 0$일 때 극한이 존재하지 않는데, 이것은 식을 극형식으로 바꿔 보면 쉽게 알 수 있다. 즉, $h = re^{i\theta}$이면 $\overline{h} = re^{-i\theta}$이므로

$$\left(\frac{h}{\overline{h}}\right)^2 = \frac{r^2 e^{2i\theta}}{r^2 e^{-2i\theta}} = e^{4i\theta}$$

이다. 양의 실수축과 각 θ를 이루는 선상에서(그림 18.33)

$$\frac{f(0+h) - f(0)}{h}$$

은 일정한 값 $e^{4i\theta}$이며, $|h| \to 0$일 때 이 값에 접근한다. 따라서 경로에 따라 다른 값을 가지므로 $h \to 0$일 때 극한이 존재하지 않는다.

위 보기는 Cauchy-Riemann 방정식 그 자체로는 도함수의 존재성을 보장하기에는 충분치 못하다는 사실을 보여준 것이다. 다음 정리는 미분가능성에 대한 충분조건을 말해 준다.

정리 18.9

S를 열린집합, $f : S \to \mathbb{C}$를 $f = u + iv$라고 하자. 또한 u, v 및 이들의 1계 편도함수는 S에서 연속이고 u와 v가 S에서 Cauchy-Riemann 방정식을 만족하면 f는 S에서 미분가능하다.

실수 미적분학에서 어떤 구간 내에서 그 도함수가 0인 함수는 그 구간 내에서 상수여야 한다. 나중에 이용할 또 하나의 결과와 함께 이와 유사한 결과를 복소함수에 대해 살펴보자.

정리 18.10

$f = u + iv$는 열린원판 D에서 미분가능하고 u, v와 이들의 1계 편도함수가 D에서 모두 연속이라 가정하자.

(1) D의 모든 z에 대해 $f'(z) = 0$이면 $f(z)$는 D에서 상수함수이다.

(2) $|f(z)|$가 D에서 상수함수이면 $f(z)$ 또한 상수함수이다.

[증명] (1) 정리 18.8의 증명에서 알 수 있듯이

$$0 = f'(z) = \frac{\partial u}{\partial x} + i\,\frac{\partial v}{\partial x}$$

이므로 D에서 $\partial u/\partial x$ 및 $\partial v/\partial x$가 0이고, Cauchy-Riemann 방정식에 의해 D에서 $\partial u/\partial y$ 및 $\partial v/\partial y$ 또한 0이다. 따라서 $u(x, y)$ 및 $v(x, y)$는 D에서 상수이고, $f(z)$ 또한 상수이다.

(2) D의 모든 z에 대해 $|f(z)| = k$라고 가정하면 D의 모든 (x, y)에 대해

$$|f(z)|^2 = u(x, y)^2 + v(x, y)^2 = k^2 \tag{18.1}$$

이다. 여기서 $k = 0$이면 D의 모든 z에 대해 $|f(z)| = 0$이 되므로 D에서 $f(z) = 0$이다. $k \neq 0$이면 식 (18.1)을 x에 대해 미분하여

$$u\frac{\partial u}{\partial x} + v\frac{\partial v}{\partial x} = 0 \tag{18.2}$$

이 되고, y에 대해 미분하면

$$u\frac{\partial u}{\partial y} + v\frac{\partial v}{\partial y} = 0 \tag{18.3}$$

이 된다. 여기서 Cauchy-Riemann 방정식을 이용하여 식 (18.2)와 (18.3)을 정리하면

$$u\frac{\partial u}{\partial x} - v\frac{\partial u}{\partial y} = 0, \tag{18.4}$$

$$u\frac{\partial u}{\partial y}+v\frac{\partial u}{\partial x}=0 \tag{18.5}$$

이다. u를 식 (18.4)에 곱하고, v를 식 (18.5)에 곱하여 서로 더하면

$$(u^2+v^2)\frac{\partial u}{\partial x}=0 \;\Rightarrow\; k^2\frac{\partial u}{\partial x}=0$$

이 되므로 D의 모든 (x, y)에 대해

$$\frac{\partial u}{\partial x}=0$$

이고, Cauchy-Riemann 방정식에 의해 D에서

$$\frac{\partial v}{\partial y}=0$$

이다. 마찬가지로 계산하면 D에서

$$\frac{\partial u}{\partial y}=\frac{\partial v}{\partial x}=0$$

이 되므로 $u(x, y)$ 및 $v(x, y)$는 D에서 상수이고, $f(z)$ 또한 상수이다. ■

미분가능한 복소함수와 조화함수(harmonic function)는 긴밀하게 연관되어 있다. 두 개의 실변수에 대한 실함수 $u(x, y)$가 xy평면상의 점들의 집합에서 조화적이라고 할 때에는 u의 2계 편도함수가 연속이며 Laplace 방정식

$$\frac{\partial^2 u}{\partial x^2}+\frac{\partial^2 u}{\partial y^2}=0$$

을 만족할 때임을 상기하자. 이제 미분가능한 복소함수의 실수부와 허수부가 조화함수임을 보이려 한다.

정리 18.11

$f(z)=u(x, y)+iv(x, y)$가 복소평면 내의 열린 집합 S에서 미분가능하면, u와 v는 S에서 조화적이다.

[증명] 19장에서 배우게 될 내용으로, 만약 복소함수 $f(z)$가 z_0에서 미분가능하면 z_0에서 무한히 미분가능하게 된다(정리 19.8). 따라서 u와 v의 2계 편도함수는 존재하며 연속이고, u와

v가 Cauchy-Riemann 방정식을 만족하므로

$$\frac{\partial u}{\partial x}=\frac{\partial v}{\partial y},\quad \frac{\partial v}{\partial x}=-\frac{\partial u}{\partial y} \Rightarrow \frac{\partial^2 u}{\partial x^2}=\frac{\partial^2 v}{\partial x \partial y}=\frac{\partial^2 v}{\partial y \partial x}=-\frac{\partial^2 u}{\partial y^2}$$
$$\Rightarrow \frac{\partial^2 u}{\partial x^2}+\frac{\partial^2 u}{\partial y^2}=0.$$

비슷하게

$$\frac{\partial^2 v}{\partial x^2}+\frac{\partial^2 v}{\partial y^2}=0$$

을 얻는다. ■

이제 반대방향에 대해 다룬다. 영역 D상의 조화함수 u가 주어져 있을 때, $f=u+iv$가 D상에서 미분가능하도록 하는 D상의 조화함수 v가 존재하는데, 이 v를 u의 **조화켤레(harmonic conjugate)**라 부른다. 따라서 미분가능한 복소함수는 조화함수로부터 만들어낼 수 있다.

정리 18.12

u가 복소평면 내의 열린 원판 D에서 조화적이라 하자. 그러면

$$f(z)=u(x,\ y)+iv(x,\ y)$$

가 D상에서 미분가능하도록 하는 u의 조화켤레 v가 존재한다.

[증명] 함수 $g: D\to\mathbb{C}$를

$$g(z)=\frac{\partial u}{\partial x}-i\frac{\partial u}{\partial y}$$

로 정의하면 정리 18.9에 의해 g는 D에서 미분가능하다. 20장에서 다룰 정리 20.7에 따르면 모든 $z\in D$에 대해 $G'(z)=g(z)$를 만족하는 복소함수 $G(z)=U(x,\ y)+iV(x,\ y)$가 존재하므로

$$G'(z)=g(z) \Rightarrow \frac{\partial U}{\partial x}-i\frac{\partial U}{\partial y}=\frac{\partial u}{\partial x}-i\frac{\partial u}{\partial y}$$
$$\Rightarrow \frac{\partial U}{\partial x}=\frac{\partial u}{\partial x},\quad \frac{\partial U}{\partial y}=\frac{\partial u}{\partial y}$$
$$\Rightarrow \frac{\partial}{\partial x}(U(x,\ y)-u(x,\ y))=\frac{\partial}{\partial y}(U(x,\ y)-u(x,\ y))=0$$
$$\Rightarrow U(x,\ y)=u(x,\ y)+C$$

를 얻는다. 여기서 C는 실수인 상수이다. 이제 $v(x, y)$를 $V(x, y)$로 선택하면

$$\begin{aligned} u(x, y) + iv(x, y) &= U(x, y) - C + iV(x, y) \\ &= G(z) - C \end{aligned}$$

가 되어 미분가능함을 알 수 있다. ■

연습문제 18.2

문제 1부터 16까지 $f(z) = u(x, y) + iv(x, y)$가 되도록 하는 u와 v를 구하고, Cauchy-Riemann 방정식을 만족하는 모든 점과 주어진 함수가 미분가능한 모든 점을 구하여라. 변수가 2개인 실함수의 연속성과 유사한 사실을 가정해도 된다.

1. $f(z) = z - i$
2. $f(z) = z^2 - iz$
3. $f(z) = |z|$
4. $f(z) = \dfrac{2z + 1}{z}$
5. $f(z) = i|z|^2$
6. $f(z) = z + \mathrm{Im}(z)$
7. $f(z) = \dfrac{z}{\mathrm{Re}(z)}$
8. $f(z) = z^3 - 8z + 2$
9. $f(z) = \bar{z}^2$
10. $f(z) = iz + |z|$
11. $f(z) = -4z + \dfrac{1}{z}$
12. $f(z) = \dfrac{z - i}{z + i}$
13. $f(z) = \mathrm{Re}(z) - \mathrm{Im}(z)$
14. $f(z) = 2iz^3$
15. $f(z) = \mathrm{Im}\left(\dfrac{2z}{z + 1}\right)$
16. $f(z) = \dfrac{z}{|z|}$
17. 복소수로 이루어진 수열 $z_n = a_n + ib_n$이 $w = c + id$로 수렴한다는 것의 정의는 실수로 이루어진 두 수열 a_n, b_n이 $a_n \to c$, $b_n \to d$라는 것이다. $f(z)$가 z_0에서 연속이고 z_n이 z_0으로 수렴하는 수열일 때, $f(z_n)$이 $f(z_0)$로 수렴함을 보여라.

18.3 복소 지수함수와 복소 삼각함수

정의 18.14 복소 지수함수

복소수 $z = x + iy$에 대해 복소 지수함수 e^z는 다음 식과 같이 정의한다.

$$e^z = e^x \cos y + ie^x \sin y$$

$z = iy$일 때 Euler 방정식 $e^{iy} = \cos y + i \sin y$이 된다. $u(x, y) = e^x \cos y$와 $v(x, y) = e^x \sin y$는 연속이며, 1계 편도함수들도 연속이고, u와 v는 Cauchy-Riemann 방정식을 만족하므로 정리 18.9에 의해 e^z는 모든 z에서 미분가능하다.

복소 지수함수의 성질은 실수 지수함수의 경우와 유사한 부분이 많다.

정리 18.13

모든 양의 정수 k에 대해 복소 지수함수 $f(z) = e^z$의 k차 도함수는

$$f^{(k)}(z) = e^z$$

이다.

[증명] $f'(z)$를 계산해 보면

$$f'(z) = \frac{\partial u}{\partial x} + i\frac{\partial v}{\partial x} = e^x \cos y + ie^x \sin y = e^z$$

이므로 계속 미분하면 $f^{(k)}(z) = e^z$이 된다. ■

다음 정리의 (8)은 복소 지수함수가 주기적이라는 것이다. 이 주기는 순허수이기 때문에 실수 지수함수에서는 나타나지 않는다.

정리 18.14

(1) $e^0 = 1$

(2) 모든 복소수 z와 w에 대해 $e^{z+w} = e^z e^w$이다.

(3) 모든 z에 대해 $e^z \neq 0$이다.

(4) $e^{-z} = 1/e^z$

(5) $\overline{e^z} = e^{\bar{z}}$

(6) $e^z = 1 \iff z = 2n\pi i \ (n \in \mathbb{Z})$

(7) $e^z = e^w \iff z = w + 2n\pi i \ (n \in \mathbb{Z})$

(8) 모든 복소수 z에 대해 $e^{z+p} = e^z$라는 것과 동치는 적당한 정수 n에 대해 $p = 2n\pi i$라는 것이다.

[증명] (1)과 (2)는 정의 및 삼각함수의 성질로부터 알 수 있다.

(3)을 증명하기 위해 만약 $e^z = 0$이라 하면

$$e^x \cos y = e^x \sin y = 0 \Rightarrow \cos y = \sin y = 0$$

으로 모순이 된다.

(4)의 경우는 (1), (2)로부터

$$1 = e^0 = e^{z-z} = e^z e^{-z} \Rightarrow e^{-z} = 1/e^z$$

이 된다. (5)에 대해서는

$$\overline{e^z} = e^x \cos y - ie^x \sin y = e^x \cos(-y) + ie^x \sin(-y) = e^{\bar{z}}.$$

이제 (6)을 증명하자. 정수 n에 대해 $z = 2n\pi i$이면

$$e^z = \cos(2n\pi) + i \sin(2n\pi) = 1$$

이다. 반대로 $z = x + iy$에 대해 $e^z = 1$이면

$$e^x \cos y + ie^x \sin y = 1 \Rightarrow e^x \cos y = 1, \quad e^x \sin y = 0$$

이다. $\sin y = 0$이 되어 적당한 정수 k에 대해 $y = k\pi$임을 알 수 있다. $\cos(k\pi) = (-1)^k$이므로

$$e^x \cos y = 1 \Rightarrow e^x(-1)^k = 1 \Rightarrow k\text{는 짝수}, \quad x = 0.$$

(7)과 (8)은 (1), (2), (4), (6)으로부터 바로 나온다. ■

실수 지수함수와 복소 지수함수의 또 다른 차이점은 e^z가 음의 실수값을 가질 수 있다는 것이다.

정리 18.15

$e^z = -1$일 필요충분조건은 정수 n에 대해 $z = (2n+1)\pi i$이다.

[증명] $e^{i\pi} = \cos\pi + i\sin\pi = -1$이므로 정리 18.14 (7)을 사용하면

$$e^z = -1 \iff e^z = e^{i\pi} \iff z = (2n+1)\pi i \ (n \in \mathbb{Z}).$$ ■

위 증명처럼 주어진 복소수 w에 대해 $e^z = w$를 만족하는 하나의 해 $z = z_0$를 구하면 모든 해는 $z = z_0 + 2n\pi i$로 구할 수 있다.

보기 18.31 $e^z = 1 + 2i$를 만족하는 모든 z를 구해 보자. 우선, $z = x + iy$라고 놓으면

$$e^x \cos y + ie^x \sin y = 1 + 2i$$

가 되므로

$$e^x \cos y = 1,$$
$$e^x \sin y = 2$$

이다. 두 식을 제곱하여 더하면

$$e^{2x}(\cos^2 y + \sin^2 y) = e^{2x} = 5$$

가 되므로

$$x = \frac{1}{2}\ln 5$$

이다. 다음에 서로 나누면

$$\frac{e^x \sin y}{e^x \cos y} = \tan y = 2$$

이므로 한 해는 $y = \tan^{-1} 2$이다. 따라서 구하고자 하는 모든 해는 $z = \frac{1}{2}\ln 5 + i(\tan^{-1} 2 + 2n\pi)$이다.

이제 삼각함수를 실수축에서 복소평면으로 확장하여 모든 복소수 z에 대해 $\sin z$와 $\cos z$를 정의하고자 하는데, 이 함수들은 z가 실수일 때 실수 사인함수 및 실수 코사인함수와 일치한다.

정의 18.15 복소 삼각함수

모든 복소수 z에 대해 복소 사인함수와 복소 코사인함수는 다음과 같이 정의한다.

$$\cos z = \frac{1}{2}\left(e^{iz} + e^{-iz}\right), \quad \sin z = \frac{1}{2i}\left(e^{iz} - e^{-iz}\right)$$

복소 지수함수가 모든 복소수 z에 대해 미분가능하므로 정의에 의해 복소 삼각함수도 모든 z에 대해 미분가능하다.

정리 18.16

모든 복소수 z에 대해 다음 식이 성립한다.

$$e^{iz} = \cos z + i \sin z$$

실수 삼각함수에 관한 항등식은 복소 삼각함수의 경우에도 성립하는데, 예를 들어 항등식

$$\sin(2z) = 2\sin z \cos z$$

를 유도하여 보면

$$2\sin z \cos z = 2 \cdot \frac{1}{2i}(e^{iz} - e^{-iz})\frac{1}{2}(e^{iz} + e^{-iz}) = \frac{1}{2i}(e^{2iz} - e^{-2iz}) = \sin(2z)$$

와 같이 된다. 또 다른 예로 다음을 얻을 수 있다.

$$\sin(z + w) = \sin z \cos w + \cos z \sin w\,.$$

모든 실수 삼각함수의 성질이 복소 삼각함수의 경우에 적용되는 것은 아니다. 실수 x에 대해 $|\cos x| \leq 1$, $|\sin x| \leq 1$이지만 다음 정리에서 알 수 있듯이 복소 삼각함수에 대해서는 성립하지 않는다.

정리 18.17

$\cos z$와 $\sin z$는 복소평면에서 유계함수가 아니다.

[증명] 실수 y에 대해 $z = iy$라 하면

$$\sin z = \sin(iy) = \frac{1}{2i}(e^{-y} - e^{y})$$

이고,

$$|\sin z| = \frac{1}{2}\left|e^{-y} - e^{y}\right|$$

이다. y의 값을 크게 취하면 우리가 원하는 만큼 충분히 크게 할 수 있다. 즉, z가 허수축을 따라 원점에서 양쪽 방향으로 멀어지면, $|\sin z|$는 한없이 커진다. $|\cos z|$도 같은 행동을 한다는 것을 쉽게 알 수 있다. ■

복소 사인 및 코사인함수의 실수부와 허수부를 안다는 것은 유용할 때가 많다.

정리 18.18

$z = x + iy$라고 하면

$$\cos z = \cos x \cosh y - i \sin x \sinh y$$
$$\sin z = \sin x \cosh y + i \cos x \sinh y$$

이 성립한다.

이 정리의 증명은 $\sin z$와 $\cos z$를 정의대로 지수함수로 표현한 후 $z = x + iy$를 대입하고 오일러 공식을 적용함으로써 유도할 수 있다.

다음 정리에서 복소 사인함수와 코사인함수는 각각 실수 사인함수 및 코사인함수와 주기 및 영점이 정확히 같다는 것을 보이고자 한다.

정리 18.19

모든 복소수 z에 대해 다음이 성립한다.

(1) $\sin z = 0 \iff z = n\pi \ (n \in \mathbb{Z})$

(2) $\cos z = 0 \iff z = (n + 1/2)\pi \ (n \in \mathbb{Z})$

(3) $\sin z$와 $\cos z$는 주기가 2π인 주기함수이다.

[증명] (1)의 경우, n이 정수이면 정리 18.14 (7)에 의해

$$\sin(n\pi) = \frac{1}{2i}(e^{n\pi i} - e^{-n\pi i}) = 0$$

이므로 $z = n\pi$이면 $\sin z = 0$이다. 역으로, $\sin z = 0$이고 $z = x + iy$라 할 때 정리 18.18에 의해

$$\sin x \cosh y + i \cos x \sinh y = 0$$

이므로

$$\sin x \cosh y = 0, \qquad \cos x \sinh y = 0$$

이다. 모든 실수 y에 대해 $\cosh y > 0$이므로 $\sin x = 0$이 되어야 하며, x는 실수이므로 정수 n에 대해 $x = n\pi$이다. 그러므로

$$\cos x \sinh y = \cos(n\pi) \sinh y = 0$$

이다. 그러나 여기서 $\cos(n\pi) = (-1)^n \neq 0$이므로 $\sinh y = 0$이 되어야 하는데, 이렇게 되기 위해서는 $y = 0$, 즉 $z = n\pi$가 되어야 한다.

(2)는 (1)과 비슷하게 증명할 수 있다.

(3)에 대해서는 n이 정수일 때

$$\begin{aligned}\sin(z + 2n\pi) &= \frac{1}{2i}\left(e^{i(z+2n\pi)} - e^{-i(z+2n\pi)}\right) \\ &= \frac{1}{2i}\left(e^{iz}e^{2n\pi i} - e^{-iz}e^{-2n\pi i}\right) = \frac{1}{2i}\left(e^{iz} - e^{-iz}\right) = \sin z\end{aligned}$$

이므로 2π가 $\sin z$의 주기이다. 마찬가지로 2π 역시 $\cos z$의 주기가 된다. ■

보기 18.32 $\cos z = i$의 해를 구해 보자.

$z = x + iy$라 놓고 원래 식에 대입하면

$$\cos x \cosh y - i \sin x \sinh y = i$$

가 되므로

$$\cos x \cosh y = 0, \quad \sin x \sinh y = -1$$

이다. 여기서 모든 실수 y에 대해 $\cosh y > 0$이므로 첫 번째 식에서 $\cos x = 0$이 되어야 한다. 따라서 정수 n에 대하여

$$x = \frac{2n+1}{2}\pi$$

이다. 이 결과를 두 번째 식에 대입하면

$$\sin\left(\frac{2n+1}{2}\pi\right)\sinh y = -1$$

이 되는데, 여기서 $\sin((2n+1)\pi/2) = (-1)^n$이므로

$$\sinh y = (-1)^{n+1}$$

이고 따라서 $y = \sinh^{-1}((-1)^{n+1})$이다. 그러므로 $\cos z = i$의 해는

$$n\text{이 짝수일 때} \qquad \frac{2n+1}{2}\pi + i\sinh^{-1}(-1),$$

$$n\text{이 홀수일 때} \qquad \frac{2n+1}{2}\pi + i\sinh^{-1}1$$

이다. 역쌍곡선 사인함수의 공식은 β를 실수라고 할 때

$$\sinh^{-1}\beta = \ln\left(\beta + \sqrt{\beta^2+1}\right)$$

이므로, 이를 이용하여 해를 다시 쓰면 다음과 같다.

$$n\text{이 짝수일 때} \qquad \frac{2n+1}{2}\pi + i\ln(-1+\sqrt{2}),$$

$$n\text{이 홀수일 때} \qquad \frac{2n+1}{2}\pi + i\ln(1+\sqrt{2}).$$

다음과 같이 다른 복소삼각함수들도 정의한다.

$$\tan z = \frac{\sin z}{\cos z}, \quad \sec z = \frac{1}{\cos z}, \quad \csc z = \frac{1}{\sin z}, \quad \cot z = \frac{\cos z}{\sin z}.$$

이 함수들의 성질은 $\sin z$와 $\cos z$의 성질로부터 유도할 수 있다.

연습문제 18.3

문제 1부터 10까지 $a+bi$ 형태로 값을 계산하여라.

1. e^i
2. $\sin(1-4i)$
3. $\cos(3+2i)$
4. $\tan(3i)$
5. e^{5+2i}
6. $\cot\left(1-\frac{\pi i}{4}\right)$
7. $\sin^2(1+i)$
8. $\cos(2-i)-\sin(2-i)$
9. $e^{\pi i/2}$
10. $\sin(e^i)$
11. $e^{z^2}=u(x, y)+iv(x, y)$에서 $u(x, y)$와 $v(x, y)$를 구하고, u와 v는 모든 복소수 z에 대해 Cauchy-Riemann 방정식을 만족함을 보여라.
12. $e^{1/z}=u(x, y)+iv(x, y)$에서 $u(x, y)$와 $v(x, y)$를 구하고, u와 v는 0을 제외한 모든 복소수 z에 대해 Cauchy-Riemann 방정식을 만족함을 보여라.
13. $\tan(z)=u(x, y)+iv(x, y)$에서 $u(x, y)$와 $v(x, y)$를 구하여라. 이 함수의 정의구역을 구하고, u와 v는 이 영역에서 Cauchy-Riemann 방정식을 만족함을 보여라.
14. $\sec(z)=u(x, y)+iv(x, y)$에서 $u(x, y)$와

$v(x, y)$를 구하여라. 이 함수의 정의구역을 구하고, 그 영역 내의 모든 점에서 u와 v는 Cauchy-Riemann 방정식을 만족함을 보여라.

15. 모든 복소수 z에 대해 $\sin^2 z + \cos^2 z = 1$임을 증명하여라.

16. z와 w를 복소수라 할 때 다음 식을 증명하여라.

(a) $\sin(z+w) = \sin z \cos w + \cos z \sin w$

(b) $\cos(z+w) = \cos z \cos w - \sin z \sin w$

17. 모든 복소수 z에 대해 다음과 같이 쌍곡 사인 복소함수와 쌍곡 코사인 복소함수를 정의한다.

$$\sinh z = \frac{1}{2}(e^z - e^{-z}),$$
$$\cosh z = \frac{1}{2}(e^z + e^{-z})$$

이 함수들은 둘 다 복소 삼각함수의 항들로 표현할 수 있음을 보여라.

18. 실수 x에 대해 항상 $\cosh x > 0$이다. 복소평면에서 $\cosh z = 0$이 되는 것은 가능한가?

19. $\sinh z = 0$을 만족하는 모든 복소수를 구하여라.

20. $\cos z = \frac{3}{2}$의 모든 해를 구하여라.

21. $e^z = 2i$의 모든 해를 구하여라.

22. $\sin z = i$의 모든 해를 구하여라.

23. $e^z = -2$의 모든 해를 구하여라.

24. $z = x + iy$일 때, $|\sinh y| \le |\sin z| \le |\cosh y|$임을 보여라.

18.4 복소 로그함수

실수 자연로그는 $x > 0$에서 다음과 같이 지수함수의 역이다.

$$x = e^y \text{ 이면 } \qquad y = \ln x\,.$$

이와 같이 실수 자연로그는 방정식 $x = e^y$에 대해 y를 x항으로 푸는 것으로 생각할 수 있다.

복소 로그함수를 정의할 때도 이와 같은 방식으로 접근할 수 있는데, $z \ne 0$일 때 다음 식

$$e^w = z$$

을 만족하는 복소수 w를 구해 보자. z를 극형식 $z = re^{i\theta}$라 놓고, $w = u + iv$라고 하면

$$z = re^{i\theta} = e^w = e^u e^{iv} \tag{18.6}$$

이다. 여기서 θ와 v는 실수이기 때문에 $|e^{i\theta}| = |e^{iv}| = 1$이므로 식 (18.6)에서 $r = |z| = e^u$, 즉

$$u = \ln r$$

와 같이 r의 실수 자연로그가 된다.

또한 식 (18.6)에서 $e^{i\theta} = e^{iv}$이므로 정리 18.14(7)로부터

$$iv = i\theta + 2n\pi i$$

이므로 정수 n에 대해 $v = \theta + 2n\pi$를 얻는다.

요약하면, 0이 아닌 복소수 $z = re^{i\theta}$에 대해, $e^w = z$를 만족하는 w는 무한히 많으며 이들은 임의의 정수 n에 대해

$$w = \ln r + i(\theta + 2n\pi)$$

이다. 또한 θ는 z의 편각이고, z의 모든 편각은 정수 n에 대해 $\theta + 2n\pi$이므로 위 식을 z항으로 나타내면

$$w = \ln|z| + i\arg(z)$$

가 되는데, 여기서 $\arg(z)$에는 수많은 값이 존재한다. 위 식으로 표현되는 각각의 수를 z의 **복소로그(complex logarithm)**라 한다.

그러므로 0이 아닌 복소수는 수많은 로그값을 가지는데, 이를 강조하기 위해 간혹 다음과 같이 나타낸다.

$$\log z = \{\ln|z| + i\arg(z)\}.$$

이 식의 뜻은 'z의 로그는 $\ln|z| + i\theta$로 표현되는 모든 수의 집합이며, 여기서 θ는 편각 $\arg(z)$의 임의의 값이다.'라는 것이다.

보기 18.33 $z = 1 + i$라고 하면, $z = \sqrt{2}e^{i(\pi/4 + 2n\pi)}$이므로

$$\log z = \left\{\ln\sqrt{2} + i\left(\frac{\pi}{4} + 2n\pi\right)\right\}$$

이다. 여기서 $1 + i$에 대한 로그값 몇 개를 들어보면,

$$\ln\sqrt{2} + \frac{\pi}{4}i, \quad \ln\sqrt{2} + \frac{9\pi}{4}i, \quad \ln\sqrt{2} - \frac{7\pi}{4}i, \cdots$$

등이다.

보기 18.34 $z=-3$이라고 하면 z의 편각은 π이고, 극형식으로 나타내면 $z=3e^{i(\pi+2n\pi)}$, 즉

$$\log z = \{\ln 3 + (2n+1)\pi i\}$$

이다. $\log(-3)$에 대한 몇 개의 값을 보면, $\ln 3+\pi i$, $\ln 3+3\pi i$, $\ln 3-\pi i$ 등이다.

복소로그는 함수가 아니다. 왜냐하면 복소로그는 0이 아닌 z에 대해 무한히 많은 다른 복소수가 대응되기 때문이다. 그럼에도 불구하고 $\log z$는 실수 로그함수와 비슷한 성질을 가지고 있다.

정리 18.20

$z \neq 0$이고 w는 $\log z$의 임의의 값이라고 하면 $e^w = z$이다.

이것은 실수 미적분학에서 $e^{\ln x}=x$와 같이 $\log z$을 정의할 때 이용한 조건이다.

정리 18.21

z와 w를 0이 아닌 복소수라고 하면, $\log(zw)$의 값들은 $\log z$와 $\log w$의 값들을 더한 것들과 같다.

[증명] $z=re^{i\theta}$, $w=\rho e^{i\varphi}$라고 하면 $zw=r\rho e^{i(\theta+\varphi)}$이다. α를 $\log(zw)$의 임의의 값이라고 하면, 정수 N에 대해

$$\alpha = \ln(\rho r) + i(\theta+\varphi+2N\pi) = [\ln r + i\theta] + [\ln \rho + i(\varphi + 2N\pi)]$$

이다. 여기서 $\ln r + i\theta$는 $\log z$의 하나의 값이고, $\ln \rho + i(\varphi+2N\pi)$는 $\log w$의 하나의 값이므로 증명되었다. ■

로그를 이용하여 지수함수를 포함한 방정식을 풀어 보자.

보기 18.35 $e^z = 1+2i$를 만족하는 모든 z를 구해 보자.

보기 18.31에서는 e^z의 실수부와 허수부를 분리하여 해를 구했는데, 로그를 이용하여 다음과 같이 해를 구해 보자.

$$e^z = 1+2i$$

에서

$$z = \log(1+2i) = \ln|1+2i| + i\arg(1+2i) = \frac{1}{2}\ln 5 + i(\arctan 2 + 2n\pi)$$

이다. 여기서 n은 정수이다.

0이 아닌 복소수에 대한 특정한 로그값을 정의하면 편리하다. 이것은 편각을 결정함으로써 가능하다. 예를 들어, $z \neq 0$에 대해

$$\operatorname{Log} z = \ln|z| + i\theta$$

이라 정의하는데, 여기서 θ는 $0 \leq \theta < 2\pi$인 z의 편각이다. 예를 들면

$$\operatorname{Log}(1+i) = \ln\sqrt{2} + i\frac{\pi}{4},$$
$$\operatorname{Log}(-3) = \ln 3 + i\pi$$

이다. 이 식들을 계산할 때는 주의해야 하는데, 예를 들면 일반적으로 $\operatorname{Log}(zw) \neq \operatorname{Log} z + \operatorname{Log} w$이기 때문이다.

연습문제 18.4

문제 1부터 6까지 $\log z$의 모든 값과 $\operatorname{Log} z$의 값을 구하여라.

1. $-4i$
2. $2-2i$
3. -5
4. $1+5i$
5. $-9+2i$
6. 5
7. z와 w를 0이 아닌 복소수라 할 때, $\log(z/w)$의 값과 $[\log z - \log w]$의 값이 같음을 보여라.
8. 일반적으로 0이 아닌 복소수 z와 w에 대해 $\operatorname{Log}(zw) \neq \operatorname{Log} z + \operatorname{Log} w$인 예를 보여라.

18.5 거듭제곱

이 절에서는 w와 z가 복소수이고 $z \neq 0$일 때, 기호 z^w의 의미에 대해서 살펴보기로 한다. 그리고 이 절 전체에 걸쳐 z는 0이 아닌 복소수이다.

18.5.1 정수 거듭제곱

정수 거듭제곱에 대해서는 문제될 것이 없다. $z^0 = 1$이라고 정의하고, n이 양의 정수이면 $z^n = z \cdot z \cdots \cdot z$, 즉 z를 n번 곱한 것을 나타낸다. 예를 들면

$$(1+i)^4 = (1+i)(1+i)(1+i)(1+i) = -4$$

이다. n이 음의 정수이면 $z^n = 1/z^{|n|}$이다. 예를 들면

$$(1+i)^{-4} = \frac{1}{(1+i)^4} = -\frac{1}{4}$$

이다.

18.5.2 양의 정수 n에 대한 $z^{1/n}$

n을 양의 정수라 하자. 이때 $u^n = z$를 만족하는 u를 z의 n제곱근이라 하고, $z^{1/n}$로 표기한다. 로그나 편각과 마찬가지로 $z^{1/n}$도 하나 이상의 수를 나타내는 기호이며, 사실 0이 아닌 모든 복소수는 정확히 n개의 서로 다른 제곱근을 가지고 있다.

z의 n제곱근을 구하기 위해 $z = re^{i\theta}$라고 하자. 여기서 $r = |z|$이고 θ는 z의 편각이다. 정수 k에 대해

$$z = re^{i(\theta + 2k\pi)}$$

이므로

$$z^{1/n} = r^{1/n} e^{i(\theta + 2k\pi)/n} \tag{18.7}$$

이 되는데, 여기서 $r^{1/n}$은 양수 r에 대해 유일하게 정의되는 실수 n제곱근이다. 정수 k가 변함에 따라 식 (18.7)의 우변은 복소수가 되는데, 이때 그 복소수를 n제곱하면 z와 같게 된다. 그러면 이런 수가 얼마나 있는지 살펴보자.

$k=0, 1, \cdots, n-1$일 때, 다음과 같이 n개의 서로 다른 n제곱근을 갖는다.

$$r^{1/n}e^{i\theta/n},\ r^{1/n}e^{i(\theta+2\pi)/n},\ r^{1/n}e^{i(\theta+4\pi)/n},\ \cdots,\ r^{1/n}e^{i(\theta+2(n-1)\pi)/n} \tag{18.8}$$

임의의 k값에 대한 근은 이 n제곱근 중 하나에 속한다. 예를 들어 $k=n$이면 식 (18.7)은 다음과 같이 식 (18.8)의 첫 번째 복소수가 된다.

$$r^{1/n}e^{i(\theta+2n\pi)/n}=r^{1/n}e^{i\theta/n}e^{2\pi i}=r^{1/n}e^{i\theta/n}.$$

$k=n+1$이면 마찬가지로 다음과 같이 식 (18.8)의 두 번째 것이 된다.

$$r^{1/n}e^{i(\theta+2(n+1)\pi)/n}=r^{1/n}e^{i(\theta+2\pi)/n}e^{2\pi i}=r^{1/n}e^{i(\theta+2\pi)/n}.$$

지금까지의 결과를 요약하면, 임의의 정수 n에 대해 0이 아닌 임의의 복소수 z의 n제곱근은 n개이며, 이러한 n제곱근은 $k=0, 1, \cdots, n-1$일 때

$$r^{1/n}e^{i(\theta+2k\pi)/n}$$

또는

$$r^{1/n}\left(\cos\left(\frac{\theta+2k\pi}{n}\right)+i\sin\left(\frac{\theta+2k\pi}{n}\right)\right)$$

이다.

보기 18.36 8의 세제곱근을 구해 보자. 먼저 $|8|=8$이고 8의 편각은 $\theta=0$이며, 이를 극형식으로 나타내면

$$8=8e^{i(0+2k\pi)}=8e^{2k\pi i}$$

이다. 그러므로 8의 세제곱근은

$$8^{1/3}e^{2k\pi i/3}, \quad k=0, 1, 2$$

즉,

$$2,\ \ 2e^{2\pi i/3}=-1+\sqrt{3}\,i, \quad 2e^{4\pi i/3}=-1-\sqrt{3}\,i$$

이다.

0이 아닌 z의 n제곱근이 n개라는 결론은 대수학으로부터 알고 있는 사실과도 일치한다. 8의 세제곱근은 다항식 $z^3-8=0$의 해이고, 이 방정식의 근이 3개라는 것을 알고 있다. 게다가 이

식의 계수는 실수이기 때문에 각 근의 켤레복소수도 또한 근이다. 위에서

$$-1-\sqrt{3}\,i=\overline{-1+\sqrt{3}i}$$

임을 알 수 있다.

보기 18.37 $1+i$의 네제곱근을 구해 보자.

$1+i$의 편각 중 하나는 $\pi/4$이고 $|1+i|=\sqrt{2}$이므로, 극형식으로 표현하면

$$1+i=\sqrt{2}\,e^{i(\pi/4\,+\,2k\pi)}$$

와 같으므로 네제곱근은

$$\left(\sqrt{2}\right)^{1/4}e^{i(\pi/4\,+\,2k\pi)/4},\qquad k=0,\,1,\,2,\,3$$

이며, 이 식에 k를 대입하면 다음과 같다.

$$\begin{aligned}
2^{1/8}e^{\pi i/16}&=2^{1/8}\left(\cos\left(\frac{\pi}{16}\right)+i\sin\left(\frac{\pi}{16}\right)\right),\\
2^{1/8}e^{i(\pi/4\,+\,2\pi)/4}&=2^{1/8}\left(\cos\left(\frac{9\pi}{16}\right)+i\sin\left(\frac{9\pi}{16}\right)\right),\\
2^{1/8}e^{i(\pi/4\,+\,4\pi)/4}&=2^{1/8}\left(\cos\left(\frac{17\pi}{16}\right)+i\sin\left(\frac{17\pi}{16}\right)\right),\\
2^{1/8}e^{i(\pi/4\,+\,6\pi)/4}&=2^{1/8}\left(\cos\left(\frac{25\pi}{16}\right)+i\sin\left(\frac{25\pi}{16}\right)\right).
\end{aligned}$$

보기 18.38 1의 n제곱근을 구해 보자. 이 근들은 용도가 다양한데, 예를 들면 FFT(fast Fourier transform)와 관련이 있다. 1은 크기가 1이고 편각이 0이므로, 1의 n제곱근은

$$e^{2k\pi i/n},\qquad k=0,\,1,\,\cdots,\,n-1$$

이다. $\omega=e^{2\pi i/n}$이라 놓으면, 1의 n제곱근은 $1,\,\omega,\,\omega^2,\,\cdots,\,\omega^{n-1}$이다.

예를 들어, 1의 5제곱근은

$$1,\quad e^{2\pi i/5},\quad e^{4\pi i/5},\quad e^{6\pi i/5},\quad e^{8\pi i/5}$$

이고, 오일러 공식을 적용하면

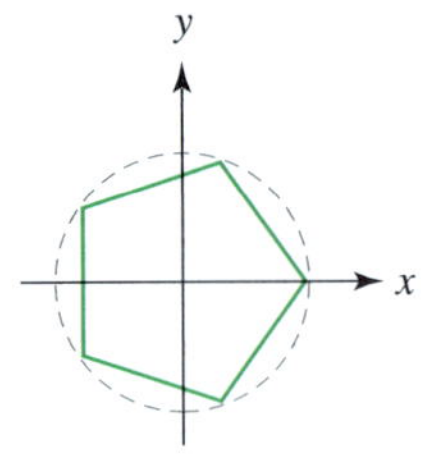

그림 18.34 보기 18.38의 정다각형

$$1,\ \cos\left(\frac{2\pi}{5}\right)+i\sin\left(\frac{2\pi}{5}\right),\quad \cos\left(\frac{4\pi}{5}\right)+i\sin\left(\frac{4\pi}{5}\right),$$
$$\cos\left(\frac{6\pi}{5}\right)+i\sin\left(\frac{6\pi}{5}\right),\quad \cos\left(\frac{8\pi}{5}\right)+i\sin\left(\frac{8\pi}{5}\right)$$

이다.

이 값들을 평면상에 점으로 그리면 1의 n제곱근은 $|z|=1$ 위에 있고, 각 값은 정다각형의 꼭지점을 형성하는데, (1, 0)은 꼭지점 중 하나이다. 그림 18.34는 이 설명을 그림으로 나타낸 것이다.

n이 음의 정수이면

$$z^{1/n}=\frac{1}{z^{1/|n|}}$$

으로 정의한다. 이 값은 z의 $|n|$ 제곱근의 역수이다.

18.5.3 유리수 거듭제곱

유리수 r은 정수의 비, 즉 $r=m/n$꼴이다. 여기서 n은 양수이고, m과 n은 공통인수를 갖지 않는다고 하면 z의 r제곱은

$$z^r=z^{m/n}=(z^m)^{1/n}$$

으로 정의한다. 여기서, z에 대해 먼저 n제곱근을 취한 다음에 m을 거듭제곱해도 동일한 결과가 나온다:

$$(z^{1/n})^m=(r^{1/n}e^{i(\theta+2k\pi)/n})^m=r^{m/n}e^{im(\theta+2k\pi)/n}=(r^m e^{im(\theta+2k\pi)})^{1/n}=(z^m)^{1/n}.$$

보기 18.39 $(2-2i)^{3/5}$의 모든 값을 구해 보자.

$(2-2i)^3 = -16-16i$이므로 $-16-16i$의 5제곱근을 구한다. 여기서 $|-16-16i| = \sqrt{512}$이고, $5\pi/4$는 $-16-16i$의 편각이므로

$$(2-2i)^{3/5} = (-16-16i)^{1/5} = 512^{1/10} e^{i(5\pi/4+2k\pi)/5}$$

이다. $k = 0, 1, 2, 3, 4$일 때

$$512^{1/10} e^{5\pi i/4}, \quad 512^{1/10} e^{13\pi i/20}, \quad 512^{1/10} e^{21\pi i/20},$$
$$512^{1/10} e^{29\pi i/20}, \quad 512^{1/10} e^{37\pi i/20}$$

들이 $(2-2i)^{3/5}$의 모든 값이다.

18.5.4 거듭제곱 z^w

w는 복소수이고 $z \neq 0$일 때, z^w를 정의해 보자.

실수 거듭제곱에 있어서 a^b는 $e^{b \ln a}$라 정의한다. 예를 들면 $2^\pi = e^{\pi \ln 2}$이고, 이것이 정의되는 것은 ln 2가 정의되기 때문이다. 여기서 $\log z$은 무한 복소수 집합을 나타낸다는 사실을 고려하여, z^w를 모든 복소수 $e^{w \log z}$의 집합이라고 정의한다. 만약 w가 유리수 m/n이면 z^w는 n개의 서로 다른 값을 가지고, 유리수가 아니면 z^w는 무한 복소수집합이다.

보기 18.40 2^i의 모든 값을 구해 보자.

이를 위해 $e^{i \log 2}$의 모든 값을 알 필요가 있는데, 먼저 정수 n에 대해

$$\log 2 = \{\ln 2 + i \arg(2)\} = \{\ln 2 + 2n\pi i\}$$

이다. 그러므로 2^i의 값은 정수 n에 대해

$$e^{i \log 2} = e^{i[\ln 2 + 2n\pi i]} = e^{-2n\pi} e^{i \ln 2} = e^{-2n\pi}(\cos(\ln 2) + i \sin(\ln 2))$$

이다. 여기서 2^i는 무한히 많은 복소값을 가진다는 것을 강조하기 위해, 편각과 복소 로그함수에서 했던 것처럼 다음과 같이 표기할 수 있다.

$$2^i = \{e^{-2n\pi}(\cos(\ln 2) + i \sin(\ln 2))\}$$

보기 18.41 $(1-i)^{1+i}$의 모든 값을 구해 보자.

이들 값은 $e^{(1+i)\log(1-i)}$의 값들이다. 먼저 $|1-i|=\sqrt{2}$이고, $-\pi/4$는 $1-i$의 편각이므로 이를 극형식으로 나타내면

$$1-i=\sqrt{2}\,e^{i(-\pi/4+2n\pi)}$$

이다. 그러므로 $(1-i)^{1+i}$의 모든 값은 정수 n에 대해

$$e^{(1+i)[\ln(\sqrt{2})+i(-\pi/4+2n\pi)]}=\sqrt{2}\,e^{\pi/4-2n\pi}\left(\cos\left(\ln\left(\sqrt{2}\right)-\pi/4\right)+i\sin\left(\ln\left(\sqrt{2}\right)-\pi/4\right)\right)$$

이다.

연습문제 18.5

문제 1부터 20까지 z^w의 모든 값을 구하여라.

1. i^{1+i}
2. $(1+i)^{2i}$
3. i^i
4. $(1+i)^{2-i}$
5. $(-1+i)^{-3i}$
6. $(1-i)^{1/3}$
7. $i^{1/4}$
8. $16^{1/4}$
9. $(-4)^{2-i}$
10. 6^{-2-3i}
11. $(-16)^{1/4}$
12. $\left(\dfrac{1+i}{1-i}\right)^{1/3}$
13. $1^{1/6}$
14. $(7i)^{3i}$
15. i^{2-4i}
16. 2^{3-i}
17. $(3+3i)^{4/5}$
18. $(1-i)^{-3/7}$
19. $(8-2i)^{1+3i}$
20. $(1+4i)^{1/6}$
21. n을 양의 정수, $u_1, \cdots, u_n$을 1의 n제곱근이라 할 때, $\sum_{j=1}^{n} u_j=0$을 증명하여라. 힌트: 1의 각 n제곱근을 $e^{2\pi i/n}$의 거듭제곱으로 나타내어라.
22. n을 양의 정수, $\omega=e^{2\pi i/n}$라 할 때, $\sum_{j=0}^{n-1}(-1)^j\omega^j$를 계산하여라.
23. 방정식 $az^2+bz+c=0$의 해는

$$\frac{-b\pm(b^2-4ac)^{1/2}}{2a}$$

임을 보여라. 여기서 a, b, c는 복소수이고, $a\neq 0$이다.

24. $p(z)$는 실수계수를 갖는 다항식이고, 복소수 z를 이 식의 근이라고 하면, $\bar{z}$도 이 식의 근이 됨을 증명하여라.

25. $(1-i)z^2+2z-1=0$의 모든 해를 구하여라. 이 다항식의 근들은 서로 켤레복소수인가? 이 결과와 문제 24의 결과를 어떻게 일치시킬 수 있는가?

26. $iz^2-(1+i)z+2=0$의 해를 구하여라.

복소 적분

19장

19.1 복소함수 적분

복소함수는 곡선을 따라 적분하게 되며 많은 성질들이 벡터장의 선적분과 유사하게 된다. 연속이고 미분가능하며 단순하고 구분적으로 매끄러운 곡선들에 대한 정의는 11장을 참조하기 바란다. 단, 복소평면에 있는 곡선 위의 점 (x, y)를 복소수 형태인 $x + iy$로 표현할 것이다.

보기 19.1 $\gamma(t) = t + it^2\ (1 \leq t \leq 2)$는 $-1 + i$에서 $2 + 4i$까지 연결하는 단순하고 매끄러운 곡선이다(그림 19.1). $\gamma(t)$의 좌표함수는 $x = t,\ y = t^2$이며 이 곡선은 포물선 $y = x^2$의 궤적 중 $(-1, 1)$에서 $(2, 4)$까지의 궤적이라 볼 수 있다.

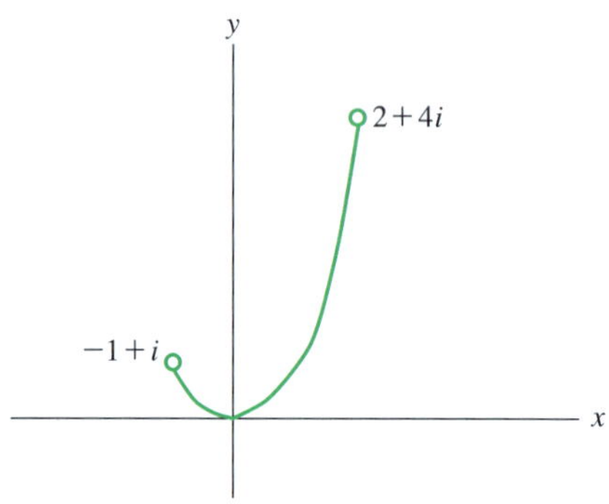

그림 19.1 보기 19.1의 곡선

보기 19.2 복소평면상의 곡선 $\gamma(t) = e^{it}\left(0 \leq t \leq \dfrac{3\pi}{2}\right)$는 시작점이 $\gamma(0) = 1$이고 끝점은 $\gamma(3\pi/2) = -i$인 단순하고 매끄러운 곡선이다(그림 19.2).

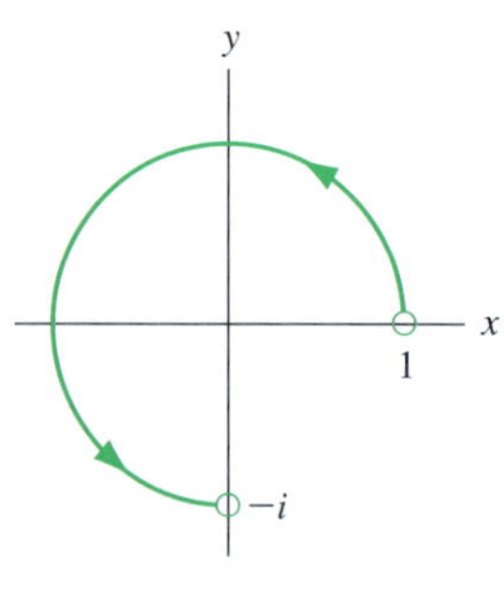

그림 19.2 보기 19.2의 곡선

복소함수에 관한 적분을 두 단계로 나누어 정의하고자 한다. 처음에는 특별한 경우, 즉 함수 f가 실직선 내의 구간 $[a, b]$에서 정의되는 복소함수에 대해 정의할 것이다. 예를 들면 $f(x) = x^2 + i\sin x\ (0 \le x \le \pi)$와 같은 함수인데, 이러한 함수를 다음과 같이 적분하는 것은 자연스럽다.

$$\int_0^\pi f(x)\,dx = \int_0^\pi x^2\,dx + i\int_0^\pi \sin x\,dx = \frac{1}{3}\pi^3 + 2i$$

위 방법이 복소함수를 적분하는 하나의 유형이다.

정의 19.1 실구간상의 복소함수 적분

$f : [a, b] \to \mathbb{C}$가 $f(x) = u(x) + iv(x)\ (a \le x \le b)$일 때

$$\int_a^b f(x)\,dx = \int_a^b u(x)\,dx + i\int_a^b v(x)\,dx$$

으로 정의한다.

위 식에서 오른쪽의 두 적분은 구간 $[a, b]$에서 정의되는 실함수에 대한 Riemann 적분이다.

보기 19.3 $f(x) = x - ix^2\ (1 \le x \le 2)$이면

$$\int_1^2 f(x)\,dx = \int_1^2 x\,dx - i\int_1^2 x^2\,dx = \frac{3}{2} - \frac{7}{3}i$$

이다.

보기 19.4 $f(x) = \cos(2x) + i\sin(2x)\ (0 \le x \le \pi/4)$라면

$$\int_0^{\pi/4} f(x)\,dx = \int_0^{\pi/4} \cos(2x)\,dx + i\int_0^{\pi/4} \sin(2x)\,dx = \frac{1}{2} + \frac{1}{2}i$$

이다.

위의 보기 19.4에서 $f(x) = e^{2ix}$라 놓고 잠시 후에 다룰 미적분학의 기본정리 19.3을 적용하여

$$\int_0^{\pi/4} e^{2ix}\,dx = \left[\frac{1}{2i}e^{2ix}\right]_0^{\pi/4} = \frac{1}{2i}(e^{\pi i/2} - 1) = \frac{1}{2} + \frac{1}{2}i$$

와 같이 계산하여도 된다.

이제, 좀 더 일반적인 평면상의 매끄러운 곡선에 대한 복소함수의 선적분을 정의하고자 한다.

정의 19.2 매끄러운 곡선상의 복소함수 적분

f를 복소함수라 하고 $\gamma : [a, b] \to \mathbb{C}$ 는 복소평면상에 있는 매끄러운 곡선이라고 하자. 여기서 f는 γ에 있는 모든 점에서 연속이라고 가정할 때, γ에 대한 f의 선적분을 다음과 같이 정의한다.

$$\int_\gamma f(z)\,dz = \int_a^b f(\gamma(t))\,\gamma'(t)\,dt$$

여기서 $z = \gamma(t)$ 라 놓고, 이 선적분을 다음과 같이 쓰기도 한다.

$$\int_\gamma f(z)\,dz = \int_a^b f(z(t))\,z'(t)\,dt\,.$$

이 식은 $\int_\gamma f(z)\,dz$의 계산 방법을 제시해 준다. $\int_\gamma f(z)\,dz$의 계산은 z를 $z(t)$로 치환하면 $dz = z'(t)\,dt$이므로, 이들을 식에 대입하여 구간 $a \le t \le b$에 대해 적분한다.

보기 19.5 $\gamma(t) = t + it\ (0 \le t \le 1)$일 때 $\int_\gamma z^2\,dz$를 계산해 보자.

그래프 γ는 그림 19.3과 같이 원점으로부터 (1, 1)까지 선분이고 $z(t) = (1+i)t$, $0 \le t \le 1$으로 나타낼 수 있다. 따라서

$$\int_\gamma z^2\,dz = \int_0^1 2it^2(1+i)\,dt = \frac{2}{3}(-1+i)\,.$$

보기 19.6 $\gamma(t) = e^{it}\ (0 \le t \le \pi)$일 때 $\int_\gamma \bar{z}\,dz$를 계산해 보자.

그래프 γ는 단위원의 위쪽 절반 부분이고, 1에서 −1까지 반시계방향으로 향하고 있다(그림 19.4). 곡선 γ을 $z(t) = e^{it}$, $z'(t) = ie^{it}$으로 나타내면 $f(z(t)) = \overline{z(t)} = e^{-it}$이므로 선적분하면

$$\int_\gamma f(z)\,dz = \int_0^\pi e^{-it}\,ie^{it}\,dt = \pi i$$

이다.

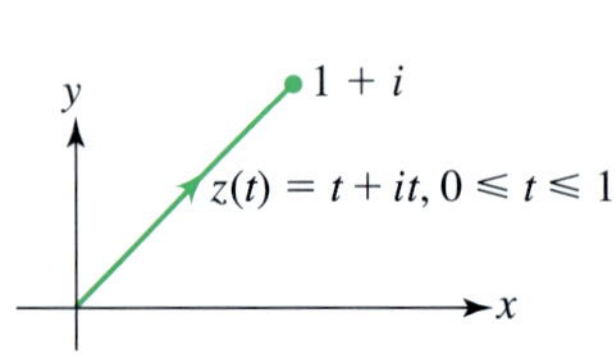

그림 19.3 보기 19.5의 선분

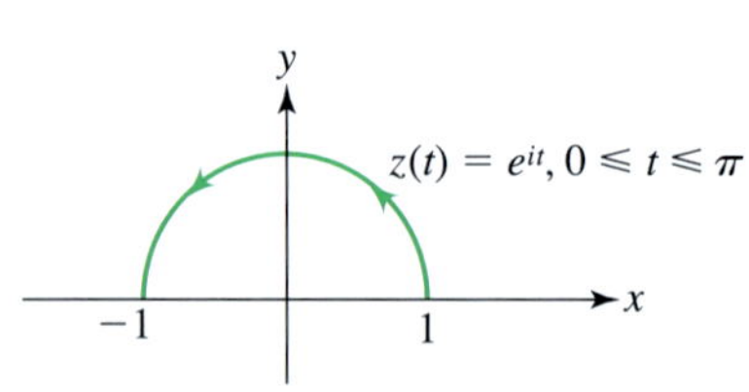

그림 19.4 보기 19.6의 반원

보기 19.7 $\gamma(t)=t-it^2\ (0\le t\le 2)$일 때 $\int_\gamma z\,\mathrm{Re}(z)\,dz$를 계산해 보자.

$f(z)=z\,\mathrm{Re}(z)$이고, 이 곡선상에서 $z(t)=t-it^2$이므로

$$\int_\gamma z\,\mathrm{Re}(z)\,dz=\int_0^2 (t^2-it^3)(1-2it)\,dt=-\frac{152}{15}-12i.$$

보기 19.8 가끔 곡선이 방정식으로 주어지지 않고 말로 묘사되어 있는 곡선에 대해 선적분을 구하는 경우가 있는데, 이런 때는 그 곡선에 대한 좌표함수를 스스로 찾아내야 한다. 예를 들어, 3에서 $2+i$에 이르는 선분 L에 대해 $f(z)=z$를 적분한다고 하자(그림 19.5). 이 선분은 $y=3-x$의 일부분이고, 선분 L을 $z(t)=(5-t)+(t-2)i\,(2\le t\le 3)$로 나타내면 $z(2)=3$, $z(3)=2+i$이며, 곡선의 방향은 그림과 같다. 그리고 $z'(t)=-1+i$이므로 선적분을 하면

$$\int_L z\,dz=\int_2^3\big[(5-t)+(t-2)i\big](-1+i)\,dt=-3+2i$$

이다.

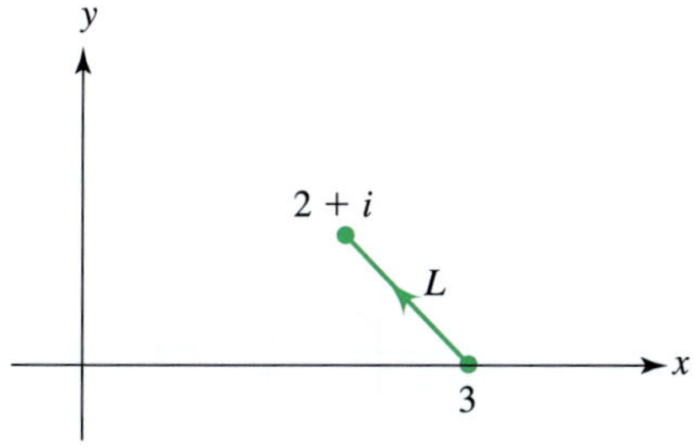

그림 19.5 보기 19.8의 선분

지금까지 매끄러운 곡선에 대한 적분을 정의하였는데, 결합 성분에 대한 선적분을 모두 더함으로써 선적분의 정의를 구분적으로 매끄러운 곡선으로 확장할 수 있다.

정의 19.3 구분적으로 매끄러운 곡선상의 복소함수 적분

$\gamma=\gamma_1\oplus\gamma_2\oplus\cdots\oplus\gamma_n$을 매끄러운 곡선들의 결합이라 하고 f는 각 γ_j에서 연속이라 할 때

$$\int_\gamma f(z)\,dz=\sum_{j=1}^{n}\int_{\gamma_j} f(z)\,dz$$

으로 정의한다.

보기 19.9 $\gamma_1(t)=3e^{it}$ $(0 \le t \le \pi/2)$, $\gamma_2(t)=t^2+3i(t+1)$ $(0 \le t \le 1)$라고 하자. 이때 γ_1은 원점을 중심으로 반지름이 3인 4분원으로서, 3에서 $3i$까지 반시계방향으로 향하고 있으며, γ_2는 포물선 $x=(y-3)^2/9$의 일부로서, $3i$에서 $1+6i$까지이다. 그림 19.6은 $\gamma=\gamma_1 \oplus \gamma_2$의 그래프인데, 이때 $\int_\gamma \mathrm{Im}(z)\,dz$를 계산해 보자.

γ_1상에서 $z(t)=3e^{it}=3\cos t+3i\sin t$가 되므로

$$\int_{\gamma_1} \mathrm{Im}(z)\,dz=\int_0^{\pi/2} 3\sin(t)[-3\sin t+3i\cos t]\,dt=-\frac{9}{4}\pi+\frac{9}{2}i$$

이다. γ_2상에서는 $z(t)=t^2+3i(t+1)$, $z'(t)=2t+3i$이므로

$$\int_{\gamma_2} \mathrm{Im}(z)\,dz=\int_0^1 3(t+1)(2t+3i)\,dt=5+\frac{27}{2}i$$

가 되어

$$\int_\gamma \mathrm{Im}(z)\,dz=\int_{\gamma_1} \mathrm{Im}(z)\,dz+\int_{\gamma_2} \mathrm{Im}(z)\,dz=5-\frac{9}{4}\pi+18i$$

이다.

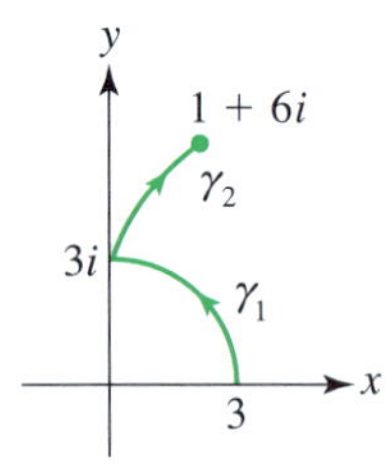

그림 19.6 보기 19.9의 곡선

19.1.1 실 선적분에 의한 복소 선적분

곡선상에서 복소함수의 선적분은 2개의 실함수들을 곡선에서 선적분한 값의 합이라고 생각할 수 있다. $f(z)=u(x,y)+iv(x,y)$라 하고, 곡선 γ상에서 $a \le t \le b$에 대해 $z(t)=x(t)+iy(t)$라고 하면

$$f(z(t))=u(x(t),\, y(t))+iv(x(t),\, y(t)),$$
$$z'(t)=x'(t)+iy'(t)$$

이므로

$$\begin{aligned} f(z(t))z'(t) &= [u(x(t),\ y(t)) + iv(x(t),\ y(t))][x'(t) + iy'(t)] \\ &= u(x(t),\ y(t))x'(t) - v(x(t),\ y(t))y'(t) \\ &\quad + i[v(x(t),\ y(t))x'(t) + u(x(t),\ y(t))y'(t)] \end{aligned}$$

이다. 그러면

$$\begin{aligned} \int_\gamma f(z)\,dz &= \int_a^b \left[u(x(t),\ y(t))\,x'(t) - v(x(t),\ y(t))\,y'(t)\right]dt \\ &\quad + i\int_a^b \left[v(x(t),\ y(t))\,x'(t) + u(x(t),\ y(t))\,y'(t)\right]dt \end{aligned}$$

이므로

$$\int_\gamma f(z)\,dz = \int_\gamma u dx - v dy + i\int_\gamma v dx + u dy \tag{19.1}$$

이 된다. 이 식은 복소 선적분의 성질 연구에 도움이 된다.

보기 19.10 $\gamma(t) = 4\cos t + i\sin t\ (0 \le t \le \pi/2)$일 때 $\int_\Gamma iz^2\,dz$를 계산해 보자.

이 그래프는 그림 19.7과 같은 타원

$$\frac{x^2}{16} + y^2 = 1$$

의 일부이다. 실 선적분으로 $\int_\gamma iz^2\,dz$를 계산하기 위하여

$$f(z) = iz^2 = -2xy + i(x^2 - y^2)$$

로 나타내면

$$u(x,\ y) = -2xy, \qquad v(x,\ y) = x^2 - y^2$$

이고, 이 곡선상에서는 $x(t) = 4\cos t,\ y(t) = \sin t$이므로 식 (19.1)을 적용하면

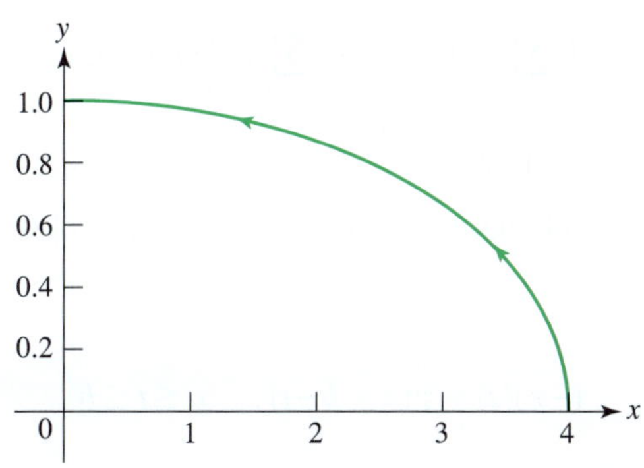

그림 19.7 $x = 4\cos t,\ y = \sin t\ (0 \le t \le \pi/2)$

$$\begin{aligned}\int_\gamma iz^2\,dz &= \int_0^{\pi/2}(-8\cos t\sin t)(-4\sin t)\,dt - \int_0^{\pi/2}(16\cos^2 t-\sin^2 t)\cos t\,dt \\ &\quad + i\left[\int_0^{\pi/2}(16\cos^2 t-\sin^2 t)(-4\sin t)\,dt + \int_0^{\pi/2}(-8\cos t\sin t)\cos t\,dt\right] \\ &= \frac{1}{3}-\frac{64}{3}i\end{aligned}$$

이다.

선적분에 대한 성질들을 좀 더 살펴보고, $\int_\gamma iz^2\,dz$와 같은 단순 선적분을 계산하는 데 더 간편한 방법을 취해 보자.

19.1.2 복소 선적분의 성질

$\int_\gamma f(z)\,dz$의 몇 가지 성질에 대해 살펴보자.

정리 19.1 선형성

γ는 구분적으로 매끄러운 곡선이고, f와 g는 γ에서 연속이며, α와 β가 복소수일 때

$$\int_\gamma (\alpha f(z)+\beta g(z))\,dz = \alpha\int_\gamma f(z)\,dz + \beta\int_\gamma g(z)\,dz$$

이 성립한다.

이 결과는 적분이라고 불리는 모든 대상에 적용되는 성질이며 임의의 유한합까지 확장할 수 있다.

$$\int_\gamma \sum_{j=1}^{n}\alpha_j f_j(z)\,dz = \sum_{j=1}^{n}\alpha_j\int_\gamma f_j(z)\,dz.$$

곡선의 방향은 선적분에 있어서 매우 중요한데, 이는 곡선을 적분할 때 그 방향이 이용되기 때문이다. $\gamma:[a,b]\to\mathbb{C}$는 그림 19.8처럼 매끄러운 곡선이라고 하자. 여기서 화살표는 방향을 가리키는데, 새로운 곡선

$$(-\gamma)(t)=\gamma(a+b-t),\qquad a\le t\le b$$

를 정의하여 이 방향을 반대방향으로 바꿀 수 있다. $-\gamma$와 γ는 그래프는 같지만

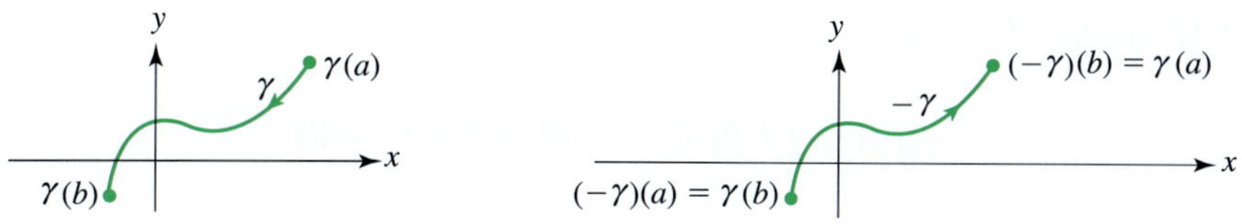

그림 19.8 곡선의 역방향

$$(-\gamma)(a) = \gamma(b), \quad (-\gamma)(b) = \gamma(a)$$

이다. 즉, $-\gamma$의 시작점은 γ의 끝점이고, $-\gamma$의 끝점은 γ의 시작점이 되어 그 방향이 반대가 되었다. 이제 방향이 반전되면 적분의 부호가 바뀌는 것에 대해 살펴보자.

정리 19.2 방향의 반전

$\gamma : [a, b] \to \mathbb{C}$는 매끄러운 곡선이고, f는 γ에서 연속일 때

$$\int_{-\gamma} f(z)\,dz = -\int_{\gamma} f(z)\,dz$$

이 성립한다.

증명. $u = a + b - t$라고 하면

$$\frac{d}{dt}(-\gamma)(t) = \frac{d}{dt}\gamma(a+b-t) = \gamma'(u)\,u'(t) = -\gamma'(u) = -\gamma'(a+b-t)$$

이므로

$$\begin{aligned}\int_{-\gamma} f(z)\,dz &= \int_a^b f(-\gamma)(t)(-\gamma)'(t)\,dt = -\int_a^b f(\gamma(a+b-t))\,\gamma'(a+b-t)\,dt \\ &= -\int_b^a f(\gamma(u))\,\gamma'(u)(-1)\,du = -\int_a^b f(\gamma(u))\,\gamma'(u)\,du \\ &= -\int_{\gamma} f(z)\,dz\end{aligned}$$

이다. ■

실제로는 선적분에 있어서 $-\gamma$를 정의하여 방향을 바꿀 필요 없이, a에서 b까지 적분하는 대신 b에서 a까지 바로 적분하면 되는데, 이것은 시작점과 끝점의 역할을 바꾸는 것이므로 결국은 방향을 바꾸는 것과 같다. 또 다른 방법은 a에서 b까지 적분한 결과에 음의 값을 취하는 것이다.

다음 정리는 미적분학에 관한 기본 정리를 복소함수에 적용한 경우로서, 이 정리는 f가 역

도함수 F를 가지면, $\int_\gamma f(z)\,dz$의 값은

$$(\text{끝점에서 } F\text{의 값}) - (\text{시작점에서 } F\text{의 값})$$

이라는 것을 뜻한다.

정리 19.3 미적분학의 기본 정리

f는 집합 G에서 연속이고, G상의 z에 대해 $F'(z) = f(z)$이며, $\gamma : [a, b] \to G$는 G 내에서 매끄러운 곡선이면

$$\int_\gamma f(z)\,dz = F(\gamma(b)) - F(\gamma(a))$$

이다.

[증명] $\gamma(t) = z(t) = x(t) + iy(t)$, $F(z) = U(x, y) + iV(x, y)$로 나타내면

$$\begin{aligned}\int_\gamma f(z)\,dz &= \int_a^b f(z(t))\,z'(t)\,dt = \int_a^b F'(z(t))\,z'(t)\,dt = \int_a^b \frac{d}{dt} F(z(t))\,dt \\ &= \int_a^b \frac{d}{dt} U(x(t),\ y(t))\,dt + i\int_a^b \frac{d}{dt} V(x(t),\ y(t))\,dt \\ &= U(x(b),\ y(b)) + iV(x(b),\ y(b)) - [U(x(a),\ y(a)) + iV(x(a),\ y(a))] \\ &= F(x(b)),\ y(b)) - F(x(a),\ y(a)) = F(\gamma(b)) - F(\gamma(a))\end{aligned}$$

이 성립한다. ■

보기 19.11 $\gamma(t) = t^5 - it\cos t\ (0 \le t \le 1)$일 때 $\int_\gamma (z^2 + iz)\,dz$를 계산해 보자.

$\int_0^1 f(z(t))\,z'(t)\,dt$를 계산하면 되지만 복잡한 계산이 될 것이다. 그런데 $F(z) = z^3/3 + iz^2/2$이라 하면 $F'(z) = f(z)$를 만족한다. 여기서 γ의 시작점은 $\gamma(0) = 0$이고 끝점은 $\gamma(1) = 1 - \cos(1)i$이므로

$$\int_\gamma (z^2 + iz)\,dz = F(\gamma(1)) - F(\gamma(0)) = (1 - \cos(1)\,i)^2\left(\frac{1}{3}(1 - \cos(1)\,i) + \frac{1}{2}i\right)$$

이다.

보기 19.12 $\gamma(t) = i - 5e^{3it}\,(0 \le t \le \pi/2)$일 때 $\int_\gamma \cos(2z)\,dz$를 계산해 보자.

$F(z) = \frac{1}{2}\sin(2z)$라고 하면 모든 z에 대해 $F'(z) = \cos(2z)$이다. γ의 시작점은 $\gamma(0) = i - 5$이고 끝점은 $\gamma(\pi/2) = i - 5e^{3\pi i/2} = 6i$이므로

$$\int_\gamma \cos(2z)\,dz = F(6i) - F(-5+i) = \frac{1}{2}[\sin(12i) - \sin(-10+2i)]$$

이다. 위 식의 결과를 그대로 놓아둘 수도 있고, 다음 식과 같이 실수부와 허수부로 구분하여 나타낼 수도 있다.

$$\int_\gamma \cos(2z)\,dz = \frac{i}{2}\sinh(12) + \frac{1}{2}\cosh(2)\sin(10) - \frac{i}{2}\sinh(2)\cos(10)\,.$$

정리 19.3에서 얻을 수 있는 또 하나의 결과는, 주어진 조건하에서 $\int_\gamma f(z)\,dz$의 값은 곡선의 시작점과 끝점에만 의존한다는 것이다. 만약 φ가 G 내에서 매끄러운 곡선이고 시작점과 끝점이 γ와 같다면

$$\int_\gamma f(z)\,dz = \int_\varphi f(z)\,dz$$

이다. 이것을 경로의 독립성이라 하는데 좀 더 뒤에서 다룰 것이다.

또 다른 결과는, 주어진 조건하에서 γ가 G 내에서 닫힌곡선이면 시작점과 끝점은 일치하므로

$$\int_\gamma f(z)\,dz = 0$$

이다. 이 내용은 Cauchy 정리에서 상세하게 다룰 것이다.

다음 결과는 적분 크기의 한계를 정하거나, 등식 또는 부등식의 추정값을 얻고자 할 때 자주 이용된다.

정리 19.4

$\gamma : [a, b] \to \mathbb{C}$는 매끄러운 곡선이고 f는 γ에서 연속이면

$$\left|\int_\gamma f(z)\,dz\right| \le \int_a^b |f(z(t))||z'(t)|\,dt$$

이다. 또한 γ상의 모든 z에 대해 $|f(z)| \le M$을 만족하는 양수 M이 존재하면

$$\left|\int_\gamma f(z)\,dz\right| \le ML$$

이고, 여기서 L은 γ의 길이이다.

[증명] 복소수 $\int_\gamma f(z)\,dz$를 극형식으로 나타내면,

$$\int_\gamma f(z)\,dz = re^{i\theta}$$

가 되므로

$$\left|\int_\gamma f(z)\,dz\right| = r = e^{-i\theta}\int_\gamma f(z)\,dz = e^{-i\theta}\int_a^b f(z(t))\,z'(t)\,dt$$

이다. 여기서 r는 실수이기 때문에

$$r = \mathrm{Re}(r) = \mathrm{Re}\left[e^{-i\theta}\int_a^b f(z(t))\,z'(t)\,dt\right] = \int_a^b \mathrm{Re}\left[e^{-i\theta} f(z(t))\,z'(t)\right]dt$$

이 된다. 따라서

$$\left|\int_\gamma f(z)\,dz\right| = \int_a^b \mathrm{Re}\left[e^{-i\theta} f(z(t))\,z'(t)\right]dt \le \int_a^b \left|e^{-i\theta} f(z(t))\,z'(t)\right|dt = \int_a^b |f(z(t))\,z'(t)|\,dt$$

와 같이 원하는 결과를 얻는다.

γ상에서 $|f(z)| \le M$이면

$$\left|\int_\gamma f(z)\,dz\right| \le \int_a^b |f(z(t))|\,|z'(t)|\,dt \le M\int_a^b |z'(t)|\,dt$$

이고, $\gamma(t) = x(t) + iy(t)$이라 하면

$$|z'(t)| = |x'(t) + iy'(t)| = \sqrt{x'(t)^2 + y'(t)^2}$$

이므로

$$\left|\int_\gamma f(z)\,dz\right| \le M\int_a^b \sqrt{x'(t)^2 + y'(t)^2}\,dt = ML$$

이다. ■

보기 19.13 $\left|\int_\gamma e^{\mathrm{Re}(z)}\,dz\right|$의 한계를 구해 보자. 여기서 γ는 중심이 원점이고 반지름이 2인 원이며, 반시계방향으로 방향이 주어져 있다.

γ를 $z(t) = 2\cos t + 2i\sin t\ (0 \le t \le 2\pi)$로 나타내면

$$\left|e^{\mathrm{Re}(z(t))}\right| = e^{2\cos t} \le e^2$$

이고 γ의 길이는 4π이므로

$$\left|\int_\gamma e^{\mathrm{Re}(z)}\,dz\right| \le 4\pi e^2$$

이 성립한다.

연습문제 19.1

문제 1부터 20까지 $\int_\gamma f(z)\,dz$를 구하여라. 이때 닫힌곡선은 특별히 언급하지 않는 한 모두 반시계방향을 향한다.

1. $f(z)=1$; $\gamma(t)=t^2-it$ (단, $1<t<3$)
2. $f(z)=z^2-iz$; γ는 원점이 중심이고 2에서 2i까지의 4분원
3. $f(z)=\mathrm{Re}(z)$; γ는 1에서 $2+i$까지 선분
4. $f(z)=1/z$; γ는 원점이 중심이고 $4i$에서 $-4i$까지 반지름 4인 반원
5. $f(z)=z-1$; γ는 $2i$에서 $1-4i$까지 구분적으로 매끄러운 임의의 곡선
6. $f(z)=iz^2$; γ는 $1+2i$에서 $3+i$까지 선분
7. $f(z)=\sin(2z)$; γ는 $-i$에서 $-4i$까지 선분
8. $f(z)=1+z^2$; γ는 원점이 중심이고 $-3i$에서 $3i$까지 반지름 3인 반원
9. $f(z)=-i\cos(z)$; γ는 0에서 $2+i$까지 구분적으로 매끄러운 임의의 곡선
10. $f(z)=|z|^2$; γ는 -4에서 i까지 선분
11. $f(z)=(z-i)^3$; $\gamma(t)=t-it^2$ $(0<t<2)$
12. $f(z)=e^{iz}$; γ는 -2에서 $-4-i$까지 구분적으로 매끄러운 임의의 곡선
13. $f(z)=i\bar{z}$; γ는 0에서 $-4+3i$까지 선분
14. $f(z)=\mathrm{Im}(z)$; γ는 원점이 중심이고 반지름 1인 원
15. $f(z)=|z|^2$; γ는 $-i$에서 1까지 선분
16. $f(z)=z^2-z+8$; γ는 1에서 $2+2i$까지 구분적으로 매끄러운 임의의 곡선
17. $f(z)=z^2\cos(z^3)$; γ는 0에서 i까지 구분적으로 매끄러운 임의의 곡선
18. $f(z)=1/\bar{z}$; γ는 1에서 6까지 선분
19. $f(z)=ze^{-z^2}$; γ는 중심이 -4이고 반지름 3인 원
20. $f(z)=(1-i)z^2+2iz-4$; γ는 1에서 $2i$까지 선분
21. γ가 원점을 중심으로 반지름 4인 원일 때, $\left|\int_\gamma \cos(z^2)\,dz\right|$의 한계를 구하여라.
22. γ가 $2+i$에서 $4+2i$까지 선분일 때, $\left|\int_\gamma (1/(1+z))\,dz\right|$의 한계를 구하여라.

19.2 Cauchy 정리

이 절에서는 복소 적분에 관한 기본 정리인 Cauchy 정리에 대해 고찰해 보고자 하는데, 이 정리는 19세기 초 프랑스 수학자이면서 엔지니어인 Augustin-Louis Cauchy의 이름을 따서 붙여진 것이다. Cauchy는 이 정리에 관해 많은 결과와 구상을 가지고 있었지만, 매우 제한적인 조건

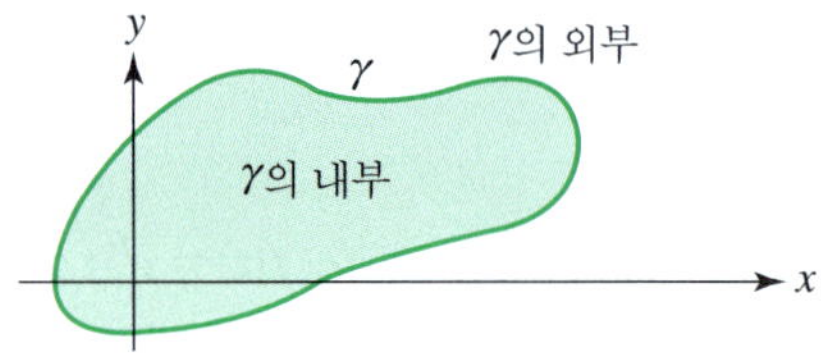

그림 19.9 Jordan 곡선정리

하에서 증명할 수 있었다. Edouard Goursat가 지금의 형태로 증명했기 때문에, 이 정리를 Cauchy-Goursat 정리라고도 한다.

Cauchy 정리를 기술할 때는, Green 정리와 11.2절에서 논의한 Jordan 곡선정리를 암시적으로 이용하고 있다. Jordan 곡선정리는, 평면에서 연속인 단순 닫힌곡선은 평면을 2개의 열린집합으로 나눈다는 것이다. 이 두 집합 중에서 하나는 유계인데 이를 γ의 내부라고 하며, 다른 하나를 γ의 외부라고 한다. 물론 곡선 자체는 두 집합의 경계를 이룬다. 그림 19.9는 이 정리를 그림으로 설명하고 있는데, 이 결론은 우리가 늘 그리는 곡선들의 경우 당연한 것처럼 보이지만 일반적인 경우를 증명하기는 어렵다.

Cauchy 정리를 기술하기 위하여 몇 가지 용어에 대해 살펴보자.

정의 19.4 경로

경로(**path**)란 단순하고 구분적으로 매끄러운 곡선이다.

따라서 경로는 자체 교차점이 없는 매끄러운 곡선의 결합이다. 여기서 정의한 경로는 11.1절에서 정의한 경로에 단순곡선이라는 조건이 추가되어 있음에 유의하자.

정의 19.5 연결집합

집합 S에 있는 임의의 두 점 z와 w에 대하여 이 두 점을 양 끝점으로 하는 경로가 S 안에 존재하면, S는 연결(**connected**)되어 있다고 한다.

S에 있는 임의의 점에서 시작하여 S에 완전히 속하는 경로를 따라 다른 점으로 이동할 수 있으면 S는 연결되어 있다. 열린 원판이 연결되어 있는 것과 마찬가지로 닫힌 원판도 연결되어 있으나, 2개의 열린 원판 $|z|<1$과 $|z-10i|<1$로 구성되어 있는 집합은 연결되어 있지 않다(그림 19.10). 왜냐하면 그림에서 알 수 있듯이, 중심이 0인 원판에서 밖으로 나가지 않고서는 0에서 $10i$에 도달할 수 없기 때문이다.

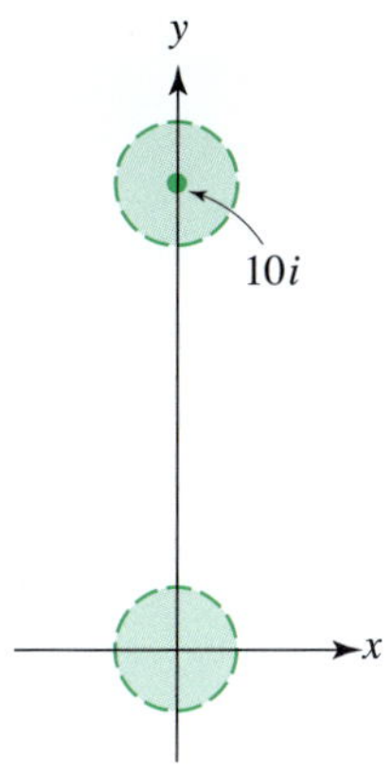

그림 19.10 연결 안 된 집합을 이루고 있는, 서로 떨어져 있는 두 열린 원판

정의 19.6 영역

열려 있고 연결된 집합을 **영역(domain)**이라 한다.

다음 2가지 사항을 모두 만족하면, 즉

1. D의 임의의 점 z에 대해 D에 속하는 중심이 z_0인 열린 원판이 존재하고,
2. D에 있는 임의의 두 점을 연결하는 경로가 D 안에 존재하면

D는 영역이다.

예를 들어, 임의의 열린 원판이 영역인 것과 마찬가지로 $\text{Im}(z) > 0$인 모든 z로 구성되어 있는 상반평면도 영역이다. 이에 반해, 닫힌 원판은 영역이 아니며(연결되어 있지만 열려 있지 않으므로), 서로 떨어져 2개의 열린 원판으로 구성되어 있는 집합도 영역이 아니다(열려 있지만 연결되어 있지 않으므로).

정의 19.7 단순 연결

S 안의 모든 닫힌 경로가 S 안의 점들만을 둘러싸고 있으면 집합 S는 **단순 연결(simply connected)**되어 있다고 한다.

모든 열린 원판은 단순 연결되어 있다(그림 19.11). 열린 원판 안에 닫힌 경로를 그리면 이 닫힌 경로는 열린 원판에 있는 점들만을 둘러싸고 있다. 그러나 2개의 동심원 사이에 있는 점들로 구성되어 있는 그림 19.12와 같은 원환(annulus)은 연결되어 있지만 단순 연결은 아니다. 왜냐하면 이 원환 내에 닫힌 경로를 그려서(그림에서 실선 경로), 집합에 속하지 않는 점, 즉

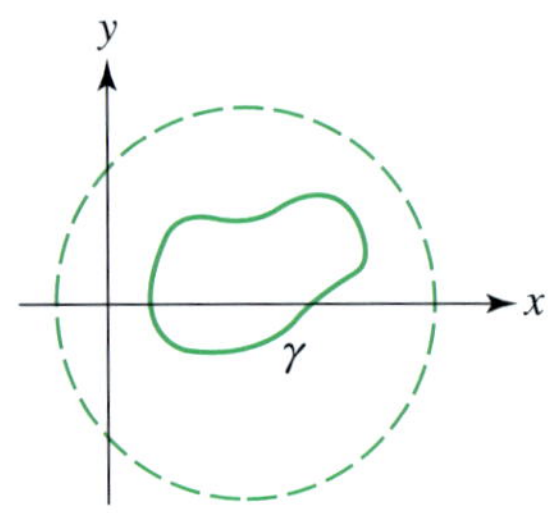

그림 19.11 단순 연결된 열린 원판

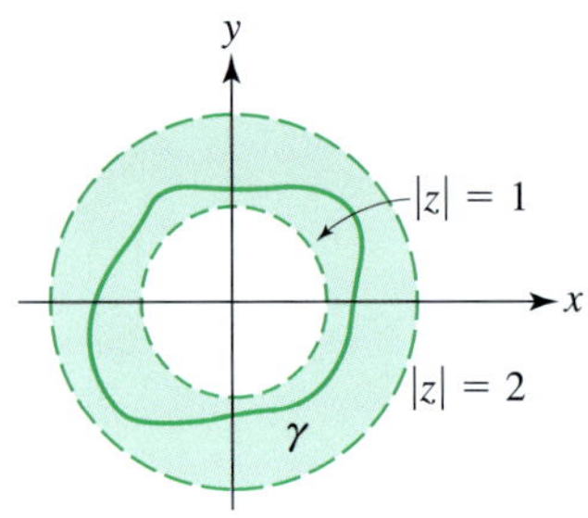

그림 19.12 단순 연결되어 있지 않은 영역

원환의 안쪽 원 내부의 점을 둘러쌀 수 있기 때문이다.

이제 Cauchy 정리를 기술해 보자.

정리 19.5 Cauchy 정리

f는 단순 연결 영역 G에서 미분가능하고 γ를 G 내의 닫힌 경로라고 하면 다음 식이 성립한다.

$$\oint_\gamma f(z)\,dz = 0$$

엄밀성을 무시하면 Cauchy 정리는, f가 곡선으로 둘러싸여 있는 모든 점과 그 곡선에서 미분가능하면 $\oint_\gamma f(z)\,dz = 0$ 이라는 것이다. 일반적으로 닫힌 경로상의 적분을 표기할 때는 $\oint$ 을 이용하는데 여기서 적분 기호상에 있는 동그라미는 단지 경로가 닫혀 있음을 강조하기 위한 것일 뿐이다. 그리고 닫힌곡선은 특별히 언급하지 않는 한 관례상 양의 방향(반시계방향), 즉 곡선을 따라 움직일 때 내부가 왼쪽에 놓이도록 하는 방향을 택한다.

보기 19.14 γ를 평면에 있는 임의의 닫힌 경로라 할 때, $\oint_\gamma e^{z^2}\,dz$를 구해 보자.

그림 19.13은 전형적인 γ이다. 여기서 $f(z) = e^{z^2}$은 모든 z에 대해 미분가능하고 평면 전체는 단순 연결 영역이므로

$$\oint_\gamma e^{z^2}\,dz = 0$$

이다.

보기 19.15 다음을 구해 보자.

$$\oint_\gamma \frac{2z+1}{z^2+3iz}\,dz$$

여기서 γ는 중심이 $-3i$이고 반지름이 2인 원, 즉 $|z+3i|=2$이다(그림 19.14).

$0 \le t \le 2\pi$에 대해 $\gamma(t) = -3i + 2e^{it}$라고 쓸 수 있다. $\gamma(t)$는 t가 0에서 2π까지 변함에 따라 반시계방향으로 원을 한 바퀴 그린다.

먼저 $f(z)$는 분모를 0으로 하는 점, 즉 $z=0$과 $-3i$를 제외한 모든 점에서 미분가능함을 알 수 있고, 부분분수로 분해하면

$$f(z) = \frac{1}{3i}\frac{1}{z} + \left(\frac{6+i}{3}\right)\frac{1}{z+3i}$$

이다. 여기서 $1/z$은 γ로 둘러싸인 단순 연결 영역에서 미분가능하므로 Cauchy 정리에 의해서

$$\oint_\gamma \frac{1}{3i}\frac{1}{z}\,dz = 0$$

이다. 그러나 $1/(z+3i)$은 γ 내에서 미분불가능하므로, Cauchy 정리를 적용할 수 없다. $z(t) = -3i + 2e^{it}$라 놓고 이 함수를 직접 적분하면

$$\begin{aligned}\oint_\gamma \left(\frac{6+i}{3}\right)\frac{1}{z+3i}\,dz &= \frac{6+i}{3}\int_0^{2\pi} \frac{1}{z(t)+3i}\,z'(t)\,dt \\ &= \frac{6+i}{3}\int_0^{2\pi} \frac{1}{2e^{it}}\,2ie^{it}\,dt \\ &= -\frac{2}{3}\pi + 4\pi i\end{aligned}$$

이다. 따라서

$$\oint_\gamma \frac{2z+1}{z^2+3iz}\,dz = -\frac{2}{3}\pi + 4\pi i$$

이다.

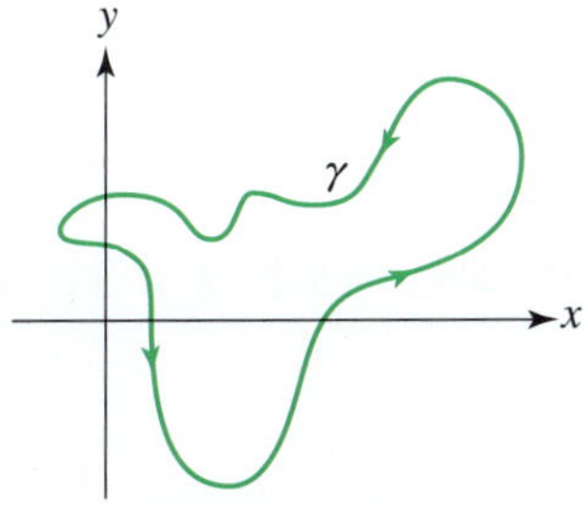

그림 19.13 보기 19.14의 단순 닫힌 경로 γ

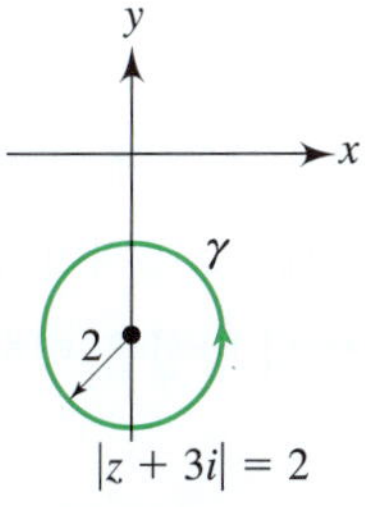

그림 19.14 보기 19.15의 경로 γ

연습문제 19.2

문제 1부터 15까지 주어진 닫힌 경로상에서 각 함수의 적분을 구하여라. 여기서 모든 경로는 양의 방향(반시계방향)이다. 문제에 따라서 Cauchy 정리가 적용되는 경우도 있고 그렇지 않은 경우도 있다.

1. $f(z) = \sin(3z)$; γ는 $|z| = 4$인 원
2. $f(z) = \dfrac{2z}{z-i}$; γ는 $|z-i| = 3$인 원
3. $f(z) = \dfrac{1}{(z-2i)^3}$; γ는 $|z-2i| = 2$로 주어진다.
4. $f(z) = z^2 \sin z$; γ는 꼭지점이 0, 1, $1+i$, i인 정사각형
5. $f(z) = \bar{z}$; γ는 중심이 원점인 단위원
6. $f(z) = 1/\bar{z}$; γ는 중심이 원점이고 반지름이 5인 원
7. $f(z) = ze^z$; γ는 $|z-2i| = 8$인 원
8. $f(z) = z^2 - 4z + i$; γ는 꼭지점이 1, 8, $8+4i$, $1+4i$인 직사각형
9. $f(z) = |z|^2$; γ는 중심이 원점이고 반지름이 7인 원
10. $f(z) = \sin(1/z)$; γ는 $|z-1+2i| = 1$인 원
11. $f(z) = \mathrm{Re}(z)$; γ는 $|z| = 2$로 주어진다.
12. $f(z) = z^2 + \mathrm{Im}(z)$; γ는 꼭지점이 0, $-2i$, $2-2i$, 2인 정사각형
13. $f(z) = z - |z|$; γ는 $|z| = 4$인 원
14. $f(z) = \dfrac{z^2 - 2z + 4}{z^8 - 2}$; γ는 $|z-12| = 2$인 원
15. $f(z) = \dfrac{z^2 - 8z}{\cos z}$; γ는 꼭지점이 $-\dfrac{\pi i}{4}$, $\dfrac{\pi(1-i)}{4}$, $\dfrac{\pi(1+i)}{4}$, $\dfrac{\pi i}{4}$인 직사각형
16. 부분분수와 Cauchy 정리를 이용하여 $\oint_\gamma \dfrac{1}{1+z^2}\,dz$를 구하여라. 여기서 γ는 $|z-i| = \dfrac{1}{4}$인 원
17. 부분분수와 Cauchy 정리를 이용하여 $\oint_\gamma \dfrac{1}{z^2+8z}\,dz$를 구하여라. 여기서 γ는 중심이 원점인 단위원

19.3 Cauchy 정리의 결과

이 절에서는 복소 적분에 대한 주요 결과를 다루는데, 적분의 응용뿐만 아니라 복소함수의 성질을 이해하는 데 그 목적이 있다. 닫힌곡선에 대한 모든 적분은 통상적인 방법대로 특별한 언급이 없는 한 양의 방향을 택한다.

19.3.1 경로의 독립성

19.1.2절에서 경로의 독립성에 대해 설명한 바 있다. 즉, 함수 f에 대해 어떤 조건하에서 $\int_\gamma f(z)\,dz$의 값은 오직 곡선의 시작점과 끝점에만 관계가 있고, 이 두 점 사이에 있는 특정 곡선과는 관계없다는 것이다.

경로의 독립성은 Cauchy 정리를 이용하여 고찰할 수도 있다. f는 단순 연결 영역 G에서 미분가능하고 z_0와 z_1은 G에 있는 점이라고 하자. 그리고 γ_1과 γ_2는 G상의 구분적으로 매끄러운, 시작점이 z_0, 끝점이 z_1인 곡선이라 하자(그림 19.15). γ_2의 방향을 바꾸면 새로운 곡선 $-\gamma_2$가 얻어지고, 그 곡선의 시작점은 z_1, 끝점은 z_0가 된다. 게다가 γ_1과 $-\gamma_2$를 연결하면 하나의 닫힌곡선 γ를 형성하고, 그 곡선의 시작점과 끝점은 z_0가 된다(그림 19.16). 여기서 Cauchy 정리와 정리 19.2로부터

$$0=\oint_\gamma f(z)\,dz=\oint_{\gamma_1\oplus(-\gamma_2)} f(z)\,dz=\int_{\gamma_1} f(z)\,dz-\int_{\gamma_2} f(z)\,dz$$

가 되므로

$$\int_{\gamma_1} f(z)\,dz=\int_{\gamma_2} f(z)\,dz$$

이 성립한다. 이 식이 의미하는 것은 적분은 z_0와 z_1 사이의 특정곡선(G 내에 존재)과 관계없고, 그러므로 경로와 무관함을 뜻한다.

이 논의는 엄밀하지는 않은데, 이것은 $\gamma_1\oplus(-\gamma_2)$가 단순곡선일 필요가 없기 때문이다(그림 19.17). 사실 γ_1과 γ_2는 z_0에서 z_1까지 진행하는 동안 몇 번이고 서로 교차할 수도 있다. 그럼에도 불구하고, 여기서 원하는 것은 Cauchy 정리와 적분 경로의 독립성 개념 사이의 관계를 도출하는 것이다.

γ는 z_0에서 z_1까지 임의의 경로이고 $\int_\gamma f(z)\,dz$가 G상에서 경로와 무관하면, 다음과 같이 표기하기도 한다.

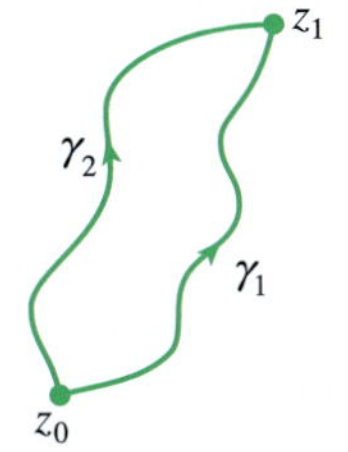

그림 19.15 z_0에서 z_1까지 경로 γ_1과 γ_2

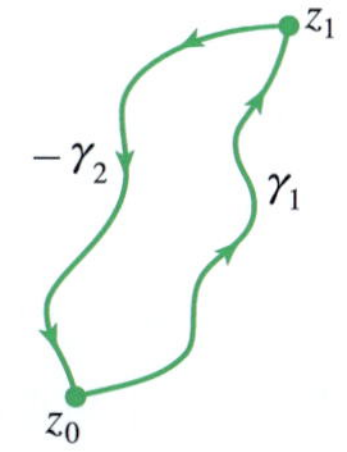

그림 19.16 닫힌곡선 $\gamma=\gamma_1\oplus(-\gamma_2)$

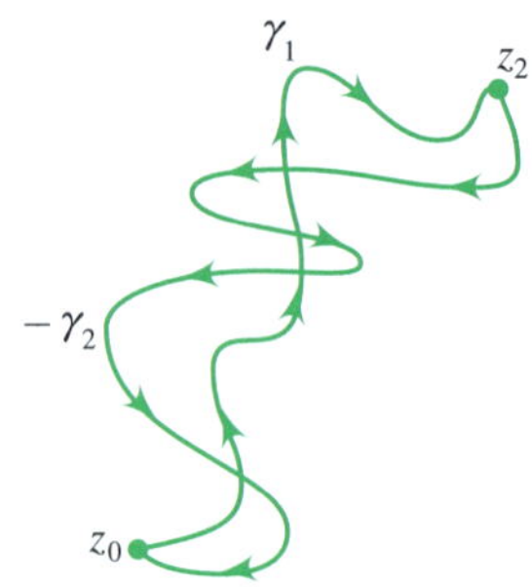

그림 19.17 $\gamma_1 \oplus (-\gamma_2)$는 단순할 필요는 없다.

$$\int_\gamma f(z)\,dz = \int_{z_0}^{z_1} f(z)\,dz.$$

이 식에서 γ가 G 내에서 z_0부터 z_1까지 임의의 경로일 때, 오른쪽의 적분은 왼쪽에 대한 선적분값이다.

19.3.2 경로 변형 정리

특정한 조건하에서는 주어진 적분 경로를 계산하기 편한 다른 경로로 대체할 수 있다.

정리 19.6 경로 변형 정리(deformation theorem)

γ와 φ는 닫힌 경로이고, φ가 γ 내부에 있다고 하자. f가 두 경로와 경로 사이에 있는 모든 점을 포함하는 열린집합에서 미분가능하면

$$\oint_\gamma f(z)\,dz = \oint_\varphi f(z)\,dz$$

이 성립한다.

그림 19.18은 이 정리를 그림으로 표현한 것인데, 여기서 곡선 φ를 변형시켜 다른 곡선 γ로 만든 것이라고 생각할 수 있다. 예를 들어 φ를 고무로 만들었다고 생각하여 그 곡선을 변형시켜 γ곡선으로 만들어 보자. 이렇게 행할 때 그 중간 단계는 f가 미분가능한 점들을 통해서 변형하는 것이 필요하다. 따라서 f가 두 경로와 그들 사이에 있는 모든 점을 포함하는 열린집합에서 미분가능하다는 가정이 필요하다.

이 정리가 뜻하는 바는, 하나의 경로를 변형시켜 그 함수에 대해 미분가능한 점들을 통해 이동시켜 다른 경로를 만들었을 때, f의 선적분은 두 경로에 대해 같다는 것이다. 따라서 f의 적

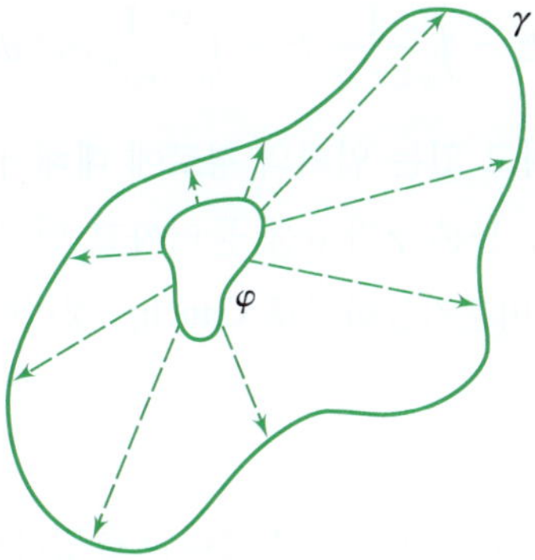

그림 19.18 φ를 연속적으로 γ로 변경

분 경로를 좀 더 계산하기 편리한 다른 경로로 교체할 수 있다.

보기 19.16 복소수 a를 둘러싸고 있는 임의의 닫힌 경로 γ에 대해

$$\oint_\gamma \frac{1}{z-a}\,dz$$

를 구하여라.

그림 19.19는 대표적인 그러한 경로이다. 여기서 γ는 단순히 a를 둘러싸고 있는 임의의 경로일 뿐이므로 이 γ를 매개변수화할 수 없다. φ가 a를 중심으로 하는 반지름 r인 원이라고 하자. 여기서 r은 φ가 γ에 둘러싸일 정도로 충분히 작다(그림 19.20). $f(z)=1/(z-a)$은 a를 제외한 모든 점에서 미분가능, 즉 두 곡선과 두 곡선 사이의 영역에서 미분가능하므로 경로 변형 정리에 의해

$$\oint_\gamma \frac{1}{z-a}\,dz = \oint_\varphi \frac{1}{z-a}\,dz$$

이다. φ는 $0 \le t \le 2\pi$에 대해 $\varphi(t)=a+re^{it}$으로 매개화할 수 있다. 따라서

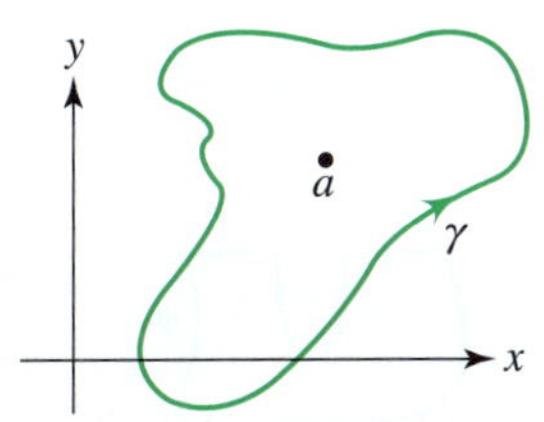

그림 19.19 a를 둘러싼 닫힌경로 γ

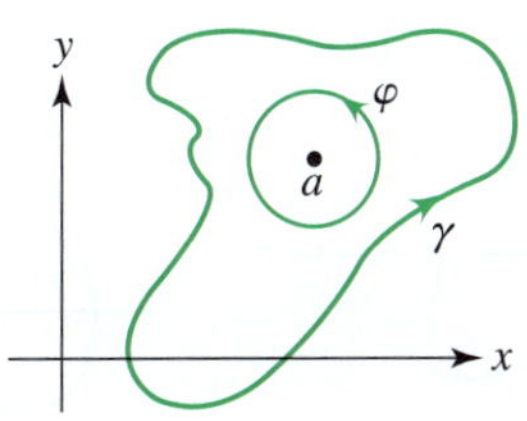

그림 19.20 계산상 편리한 경로 φ

$$\oint_\gamma \frac{1}{z-a}\,dz = \oint_\varphi \frac{1}{z-a}\,dz = \int_0^{2\pi} \frac{1}{re^{it}}\, ire^{it}\,dt = 2\pi i\,.$$

여기서 요점은 a를 둘러싸고 있는 임의의 경로에 대해서는 경로 변형 정리를 이용하여 적분할 수 있다는 것이다. 물론 γ가 a를 둘러싸고 있지 않으면 $1/(z-a)$은 γ와 γ가 둘러싸고 있는 집합에서 미분가능하므로 Cauchy 정리에 의해 $\oint_\gamma [1/(z-a)]\,dz = 0$이 된다.

이제 다음 몇 가지 그림을 이용하여 경로 변형 정리를 증명하자.

[증명] 그림 19.21은 대표적인 경로 γ와 φ에 대한 그래프이다. γ와 φ 사이에 선 L_1과 L_2를 삽입하고(그림 19.22), 이 선들을 이용하여 2개의 닫힌 경로 ψ_1와 ψ_2를 만든다(그림 19.23). ψ_1은 γ와 φ의 일부분, L_1, L_2로 구성되어 있으며 그 방향은 양의 방향이, ψ_2는 γ와 φ의 나머지 부분, L_1, L_2로 구성되어 있으며 그 방향은 양의 방향이다. 그림 19.24는 그 경로들을 표현하고 있으며, 삽입한 선분 L_1과 L_2에 의해 나뉘어 있다. 그림 19.24에서 ψ_1와 ψ_2의 방향성으로 인해 γ는 반시계방향을 취하고 있지만, φ는 시계방향을 취해야 한다.

f는 ψ_1와 ψ_2와 그들을 둘러싸고 있는 집합에서 미분가능하기 때문에 Cauchy 정리로부터

$$\oint_{\psi_1} f(z)\,dz = \oint_{\psi_2} f(z)\,dz = 0$$

즉, 다음 식이 성립한다.

$$\oint_{\psi_1} f(z)\,dz + \oint_{\psi_2} f(z)\,dz = 0\,. \tag{19.2}$$

이 적분의 합에 L_1과 L_2은 한 번은 ψ_1의 일부로서 적분되고, 또 한 번은 ψ_2의 일부로서 반대방향으로 적분된다. 그러므로 이들 선분상에서 적분의 합은 0이 된다. 다음으로 이 적분들을 합하는 데 있어서 γ상에서는 모두 양의 방향으로, φ상에서는 모두 음의 방향으로 적분하였다.

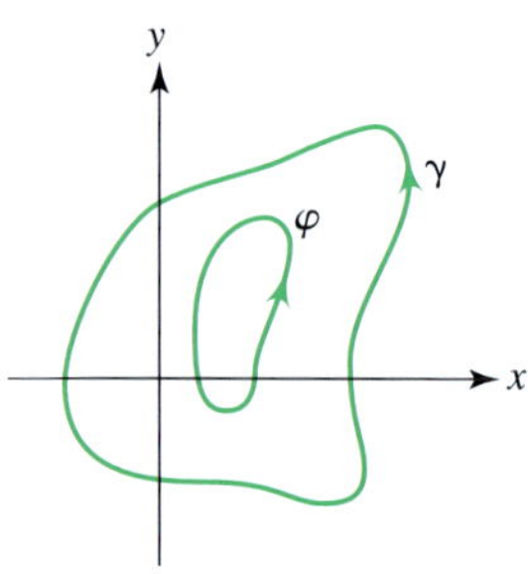

그림 19.21

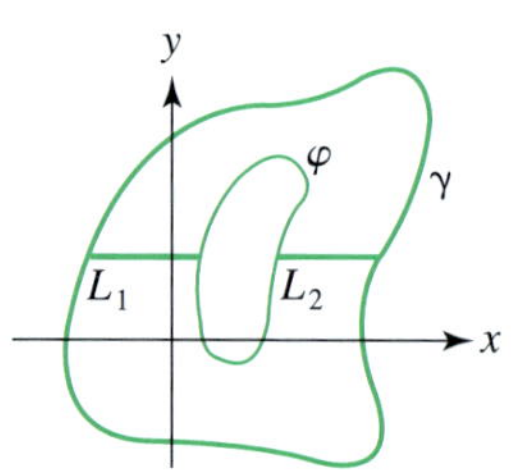

그림 19.22

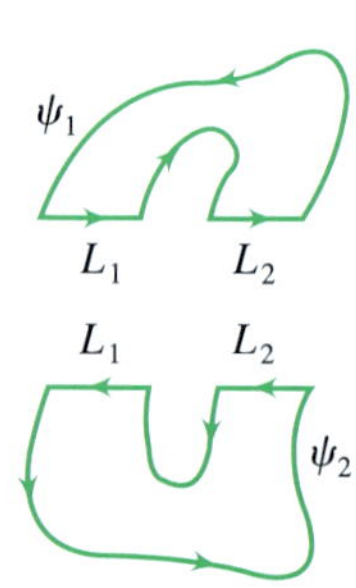

그림 19.23

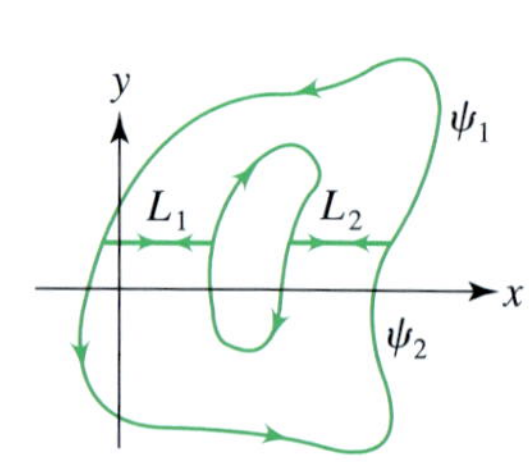

그림 19.24

따라서 정리 19.2으로부터 식 (19.2)는

$$\oint_{\gamma} f(z)\,dz - \oint_{\varphi} f(z)\,dz = 0$$

이 되므로

$$\oint_{\gamma} f(z)\,dz = \oint_{\varphi} f(z)\,dz$$

이다. ■

19.3.3 Cauchy 적분공식

여기서는 미분가능한 함수에 대한 적분공식에 대해 살펴보고자 한다.

정리 19.7 Cauchy 적분공식

f는 열린집합 G에서 미분가능하고, γ는 G 내의 닫힌 경로로서 G의 점들만을 둘러싸고 있다고 하자. 그러면 γ 내부의 임의의 점 z_0에 대해

$$f(z_0) = \frac{1}{2\pi i}\oint_{\gamma} \frac{f(z)}{z - z_0}\,dz$$

이 성립한다.

이 정리는 많이 사용됨을 알게 되겠지만, 지금 바로 한 가지를 살펴보면 다음과 같다.

$$\oint_{\gamma} \frac{f(z)}{z - z_0}\,dz = 2\pi i f(z_0)\,.$$

이 식은 주어진 조건하에서 왼쪽 선적분은 오른쪽 함수값으로 계산할 수 있다는 것을 의미한다.

보기 19.17 i를 지나지 않는 임의의 닫힌 경로 γ에 대해 다음 적분값을 구하라.

$$\oint_{\gamma} \frac{e^{z^2}}{z - i}\,dz$$

$f(z) = e^{z^2}$이라고 하면 f는 모든 z에 대해 미분가능하다.

경우 1. 경로 γ가 i를 둘러싸고 있지 않은 경우

이 경우 Cauchy 정리에 의해 $\oint_\gamma \left(e^{z^2}/(z-i)\right)dz = 0$이다. 왜냐하면 $e^{z^2}/(z-i)$는 주어진 경로 γ와 그 내부에서 미분가능하기 때문이다.

경우 2. 경로 γ가 i를 둘러싸고 있는 경우

이때는 $z_0 = i$라고 하면, Cauchy 적분공식에 의해

$$\oint_\gamma \frac{e^{z^2}}{z-i}\,dz = 2\pi i f(i) = 2\pi i e^{-1}$$

이다.

보기 19.18 2를 통과하지 않는 임의의 닫힌 경로 γ에 대해 다음 적분값을 구하라.

$$\oint_\gamma \frac{e^{2z}\sin(z^2)}{z-2}\,dz\,.$$

$f(z) = e^{2z}\sin(z^2)$이라고 하면 f는 모든 z에 대해 미분가능하다.

경우 1. 경로 γ가 2를 둘러싸고 있지 않은 경우

$f(z)/(z-2)$는 곡선상의 점들과 곡선이 둘러싸고 있는 모든 점에 대해 미분가능하므로 Cauchy 정리에 의해 적분값은 0이다.

경우 2. 경로 γ가 2를 둘러싸고 있는 경우

적분공식에 따라

$$\oint_\gamma \frac{e^{2z}\sin(z^2)}{z-2}\,dz = 2\pi i f(2) = 2\pi i e^4 \sin 4$$

이다.

Cauchy 정리와 Cauchy 적분공식에 있어서, $f(z)$가 행하는 역할의 차이에 대해 생각해 보자. Cauchy 정리는 $\oint_\gamma f(z)\,dz$와 관계가 있고, Cauchy 적분공식은 $\oint_\gamma [f(z)/(z-z_0)]\,dz$와 관계가 있으므로 피적분함수는 Cauchy 정리의 $f(z)$에 $1/(z-z_0)$를 곱한 것이다. 여기서 $1/(z-z_0)$은 z_0에서는 정의되지 않는다. 만약 γ가 z_0를 둘러싸고 있지 않다면, $f(z)/(z-z_0) = g(z)$는 미분가능하므로 Cauchy 정리에 의해 $\oint_\gamma g(z)\,dz = 0$이다. 만약 z_0가 γ에 둘러싸여 있다면, $\oint_\gamma g(z)\,dz$을 $f(z_0)$항으로 적분공식을 이용하여 계산할 수 있다.

19.3.4 고계 도함수에 대한 Cauchy 적분공식

열린집합에서 미분가능한 복소함수는 이 집합에서 반드시 모든 계수(order)의 도함수를 가져야 하는 것에 대해 보이고자 한다. 미분가능한 실함수는 이런 성질이 없으므로, 열린집합에서 복소 도함수 $f'(z)$의 존재성이 상당히 강력한 조건임을 말해준다.

정리 19.8 고계 도함수에 대한 Cauchy 적분공식

f가 열린집합 G에서 미분가능하다고 하면, f는 집합 G의 각 점에서 모든 계수의 도함수를 가진다. 그리고 γ는 G의 점들만을 둘러싸고 있는 G 내의 닫힌 경로라 하고, z_0는 γ가 둘러싸고 있는 임의의 점이라고 하면

$$f^{(n)}(z_0) = \frac{n!}{2\pi i} \oint_\gamma \frac{f(z)}{(z-z_0)^{n+1}}\, dz \quad (n \geq 0)$$

이 성립한다.

마찬가지로 이 결과는 적분값을 구하는 데 종종 이용된다.

보기 19.19 i를 지나지 않는 임의의 경로 γ에 대해 다음 식을 계산하라.

$$\oint_\gamma \frac{e^{z^3}}{(z-i)^3}\, dz\,.$$

경우 1. γ가 i를 둘러싸고 있지 않으면 Cauchy 정리에 의해 이 적분은 0이 된다. 왜냐하면 $e^{z^3}/(z-i)^3$은 점 i에서 유일하게 미분불가능하기 때문이다.

경우 2. γ가 i를 둘러싸고 있으면 정리에서 $n=2$, $f(z)=e^{z^3}$일 때

$$f'(z) = 3z^2 e^{z^3}, \qquad f''(z) = 6ze^{z^3} + 9z^4 e^{z^3}$$

이므로

$$\oint_\gamma \frac{e^{z^3}}{(z-i)^3}\, dz = \frac{2\pi i}{2!} f^{(2)}(i) = (-6+9i)\,\pi e^{-i}\,.$$

19.3.5 조화함수의 성질

Cauchy 적분공식의 응용으로 조화함수의 두 가지 중요한 성질을 얻을 수 있다. 이는 미분가능한 복소함수의 실수부 및 허수부와 조화함수가 긴밀히 연결되어 있기 때문에 가능해진다.

정리 19.9 평균값 성질

$u(x, y)$는 영역 D에서 조화적이라 하자. D상의 점 (x_0, y_0)를 중심으로 갖는 반지름 r인 원 C가 오직 D의 점들만을 둘러싸고 있다면

$$u(x_0, y_0) = \frac{1}{2\pi}\int_0^{2\pi} u(x_0 + r\cos\theta,\ y_0 + r\sin\theta)\,d\theta$$

가 성립한다.

위 정리가 말해주는 것은 원 C의 중심에서의 $u(x, y)$의 함수값 $u(x_0, y_0)$는 C의 원주상의 $u(x, y)$의 함수값의 평균이라는 것이다.

[증명] 정리 18.12에 의하면 u의 조화켤레 v가 존재하여 $f(z) = u(x, y) + iv(x, y)$가 D상에서 미분가능하다. $z_0 = x_0 + iy_0$라 하자. Cauchy 적분공식을 적용하면

$$\begin{aligned} u(x_0, y_0) + iv(x_0, y_0) = f(z_0) &= \frac{1}{2\pi i}\oint_C \frac{f(z)}{z - z_0}\,dz \\ &= \frac{1}{2\pi i}\int_0^{2\pi} \frac{f(z_0 + re^{i\theta})}{re^{i\theta}}\, ire^{i\theta}\,d\theta \\ &= \frac{1}{2\pi}\int_0^{2\pi} u(x_0 + r\cos\theta,\ y_0 + r\sin\theta)\,d\theta \\ &\quad + \frac{1}{2\pi}\int_0^{2\pi} v(x_0 + r\cos\theta,\ y_0 + r\sin\theta)\,d\theta \end{aligned}$$

이므로 양변의 실수부가 같게 된다. ■

D가 유계인 영역일 때 $u(x, y)$가 $\overline{D}$에서 연속인 함수이면 $u(x, y)$가 $\overline{D}$상에서 최대값을 갖는다. $u(x, y)$가 최대가 되는 점은 일반적으로 $\overline{D}$ 내의 임의의 점이 될 수 있다. 하지만 $u(x, y)$가 D상에서 조화적이면 D의 경계점 중에서 $u(x, y)$가 최대값을 갖는다.

정리 19.10 최대값 성질

D가 유계인 영역이고 $u(x, y)$는 $\overline{D}$에서 연속이며 상수함수가 아니고 D상에서 조화적이라 하자. 그러면 $\overline{D}$상에서 $u(x, y)$의 최대값은 D의 경계점에서만 갖는다.

[증명] D에서 u의 조화켤레를 v라 하고 $f = u + iv$로 두자. 그러면

$$g(z) = e^{f(z)}$$

는 상수함수가 아니고 D상에서 미분가능하다. 20장에서 다룰 최대 절대값정리(정리 20.11)에 의해 $|g(z)|$는 D의 경계점에서만 최대값을 갖게 된다. 그런데

$$|g(z)| = \left|e^{u(x,\ y) + iv(x,\ y)}\right| = e^{u(x,\ y)}$$

이고 e^t(t는 실수)는 증가함수이므로 $e^{u(x,\ y)}$와 $u(x, y)$ 각각의 최대값은 같은 점에서 갖는다. 즉 $u(x, y)$도 D의 경계점에서만 최대값을 갖는다.

19.3.6 도함수의 한계

고계 도함수에 대해 Cauchy 적분공식을 이용하면 1계, 2계 및 모든 고계 도함수에 대한 한계를 구할 수 있다.

정리 19.11

f는 열린집합 G에서 미분가능하며 z_0는 G에 있는 점이고 G 내에 중심이 z_0이고 반지름 r인 열린 원판을 생각하자. 이 원판에 있는 모든 z에 대해

$$|f(z)| \le M$$

이면, 임의의 양수 n에 대해 다음 식이 성립한다.

$$\left|f^{(n)}(z_0)\right| \le \frac{Mn!}{r^n}.$$

[증명] $0 \le t \le 2\pi$에 대해 $\gamma(t) = z_0 + re^{it}$라고 하면 $\left|f(z_0 + re^{it})\right| \le M$이다. 정리 19.4와 19.8에 의해

$$\begin{aligned}\left|f^{(n)}(z_0)\right| &= \frac{n!}{2\pi}\left|\oint_\gamma \frac{f(z)}{(z-z_0)^{n+1}}\right| = \frac{n!}{2\pi}\left|\int_0^{2\pi} \frac{f(z_0 + re^{it})}{r^{n+1}e^{i(n+1)t}}\, ire^{it}\,dt\right| \\ &\le \frac{n!}{2\pi}\int_0^{2\pi}\frac{\left|f(z_0 + re^{it})\right|}{r^n}\,dt \le \frac{n!}{2\pi}(2\pi)M\frac{1}{r^n} = \frac{Mn!}{r^n}\end{aligned}$$

이 성립한다. ■

이 정리를 이용하여, 유계이고 미분가능한 함수에 대한 Liouville 정리를 증명해 보자.

정리 19.12 Liouville 정리

f가 모든 z에 대해 미분가능한 유계함수이면 f는 상수함수이다.

복소 삼각함수 $\sin z$가 복소평면상에서 유계함수가 아니라는 것을 살펴본 바 있는데, 물론 이 사실은 Liouville 정리와 모순되지 않는다. $\sin z$는 모든 z에 대해 미분가능하고 상수함수가 아니기 때문에 Liouville 정리에 의해 $\sin z$는 유계함수가 될 수 없다.

이제 Liouville 정리를 증명해 보자.

[증명] 모든 복소수 z에 대해 $|f(z)| \leq M$이라고 가정하고, 임의의 수 z_0와 임의의 $r > 0$를 선택한다. 여기서 $n = 1$일 때 정리 19.11로부터

$$|f'(z_0)| \leq \frac{M}{r}$$

이다. $r \to \infty$일 때 우변의 극한은 0이므로 $|f'(z_0)| = 0$이다. 따라서 $f'(z_0) = 0$이고, z_0가 임의이기 때문에 정리 18.10에 의해 $f(z)$는 상수이다. ■

Liouville 정리를 이용하면 대수학의 기본 정리를 간단히 증명할 수 있다. 이 정리는 상수가 아닌 임의의 복소다항식 $p(z) = a_0 + a_1 z + \cdots + a_n z^n$은 복소근을 가진다는 것이다. 즉, $p(z_0) = 0$을 만족하는 복소수 z_0가 존재한다. 이 사실로부터 만약 $a_n \neq 0$이면 $p(z)$는 정확히 n개의 근을 가져야 하며, 이때 중복도가 k인 근은 k개의 근이라고 생각한다. 예를 들면 $p(z) = z^2 - 6z + 9$는 중복도가 2인 근 3을 갖는다. 이 기본 정리는 기초적인 용어만 포함하고 있고 보통 고등학교 수학 교과 과정에 적절한 형태로 표현되어 있다. 19세기 선구적인 수학자 Carl Friedrich Gauss는 이 정리를 매우 중요하게 여겼으며, 20여 개의 증명 방법을 찾았다. 이 정리를 엄밀히 증명하려면 정리를 기술하는 데 필요한 것보다 더 많은 수학적 용어와 개념이 요구된다.

Liouville 정리를 이용하여 대수학의 기본 정리를 증명하자. $p(z)$를 상수가 아닌 복소다항식이라 하고, 모든 z에 대해 $p(z) \neq 0$라고 가정하면 $1/p(z)$은 모든 z에 대해 미분가능하다.

$n \geq 1$, $a_n \neq 0$, $p(z) = a_0 + a_1 z + \cdots + a_n z^n$이라고 했을 때, $1/p(z)$는 모든 z에 대해 유계인 것을 보이고자 한다.

$$a_n z^n = p(z) - a_0 - a_1 z - \cdots - a_{n-1} z^{n-1}$$

이므로

$$|a_n||z|^n \leq |p(z)| + |a_0| + |a_1||z| + \cdots + |a_{n-1}||z|^{n-1}$$

이다. 그러므로 $|z| \geq 1$에 대해

$$\begin{aligned} |p(z)| &\geq |a_n||z|^n - \left(|a_0| + |a_1||z| + \cdots + |a_{n-1}||z|^{n-1}\right) \\ &= |z|^{n-1}\left(|a_n||z| - \frac{|a_0|}{|z|^{n-1}} - \frac{|a_1|}{|z|^{n-2}} - \cdots - |a_{n-1}|\right) \\ &\geq |z|^{n-1}\left(|a_n||z| - |a_0| - |a_1| - \cdots - |a_{n-1}|\right) \end{aligned}$$

이다. $|z| \to \infty$일 때

$$0 < \frac{1}{|p(z)|} \leq \frac{1}{|z|^{n-1}\left(|a_n||z| - |a_0| - |a_1| - \cdots - |a_{n-1}|\right)} \to 0$$

이므로 $\lim_{n \to \infty} 1/|p(z)| = 0$이다. 따라서 적당한 양수 R에 대해 $|z| > R$이면

$$\frac{1}{|p(z)|} < 1$$

이다. 그러나 닫힌 원판 $|z| \leq R$은 옹골차고, $1/|p(z)|$ 은 연속이므로 $1/|p(z)|$ 은 이 원판 $|z| \leq R$에서 유계이다. 즉 적당한 M에 대해

$$\frac{1}{|p(z)|} \leq M, \quad |z| \leq R$$

이다. 따라서 모든 z에 대해

$$\frac{1}{|p(z)|} \leq M + 1$$

이다. 이 식은 $1/p(z)$이 모든 z에 대해 미분가능한 유계함수라는 것을 뜻하며, Liouville 정리에 의해 $1/p(z)$은 상수함수이어야 하므로 모순이다. 따라서 $p(z_0) = 0$을 만족하는 복소수 z_0가 존재하여야 한다. 복소해석을 이용하면 이 정리를 다른 방법으로 증명할 수 있는데, 다음에 그중 한 가지인 Rouché 정리를 이용하는 방법과 또 다른 한 가지인 사인과 코사인을 포함하는 유리함수를 실적분하는 기법을 이용해서 살펴볼 것이다.

19.3.7 경로 변형 정리의 확장

경로 변형 정리를 이용하면 하나의 닫힌 적분 경로 Γ를, 미분가능한 함수 f의 선적분값을 바꾸지 않고 다른 경로 γ로 변형시킬 수 있다. 이 과정에서 중요한 조건은 f가 미분불가능한 점에 대해서는 변형되지 않는다는 것인데, 이것은 f는 곡선과 곡선 사이의 영역상에서 미분가능할 필요가 있다는 것을 의미한다. 여기서 이 결과를 Γ에 둘러싸여 있고 서로 만나지 않는

닫힌 경로에 대해 확장해 보고자 한다. 지금까지와 마찬가지로 특별한 언급이 없으면 모든 닫힌 경로는 양의 방향(반시계방향)으로 향하고 있다고 가정한다.

정리 19.13 경로 변형 정리의 확장

Γ는 닫힌 경로이고, $\gamma_1, \cdots, \gamma_n$은 Γ에 의해 둘러싸여 있는 닫힌 경로라고 하자. 그리고 $\Gamma, \gamma_1, \cdots, \gamma_n$ 중 어느 것도 서로 교차하지 않고, γ_j 내부에 있는 어떠한 점도 다른 γ_k의 내부에 존재하지 않는다고 하자. 또한 f가 $\Gamma, \gamma_1, \cdots, \gamma_n$과 그 사이에 있는 모든 점을 포함하는 열린집합에서 미분가능하면 다음이 성립된다.

$$\oint_{\Gamma} f(z)\,dz = \sum_{j=1}^{n} \oint_{\gamma_j} f(z)\,dz\,.$$

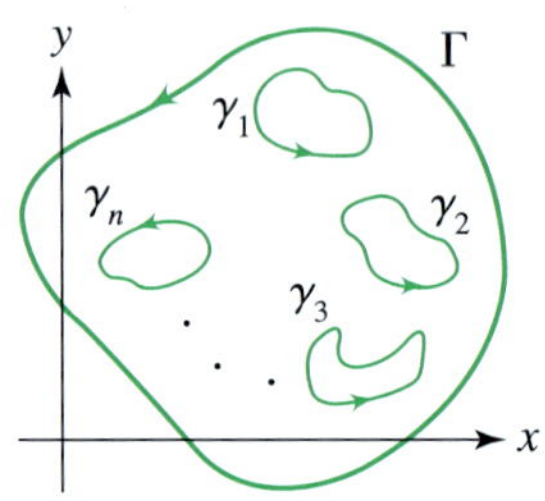

그림 19.25 정리 19.13의 경로들

이것은 $n=1$인 경우엔 경로 변형 정리 19.6이고, 그림 19.25는 이 정리를 표현해 주는 대표적인 모양이다. 그림에서 보여주는 곡선에 대해 Γ에 대한 f의 선적분은 닫힌곡선들 $\gamma_1, \cdots, \gamma_n$에 대해 f를 선적분하여 합한 것이다.

이 정리의 대표적인 이용에 대해 다음 보기에서 설명한 후에 개략적으로 이 정리를 증명할 것이다.

보기 19.20 다음을 구해 보자.

$$\oint_{\Gamma} \frac{z}{(z+2)(z-4i)}\,dz$$

여기서 Γ는 -2와 $4i$를 둘러싸고 있는 닫힌 경로이다.

경로 변형 정리의 확장을 이용하여 이 적분을 하자. 먼저 Γ 내부에 -2를 중심으로 하는 원을 γ_1, $4i$를 중심으로 하는 원을 γ_2라고 하자. 이때 각 원은 Γ와 다른 원과도 교차하지 않도록 반지름을 충분히 작게 잡는다(그림 19.26). 정리 19.13에 의해

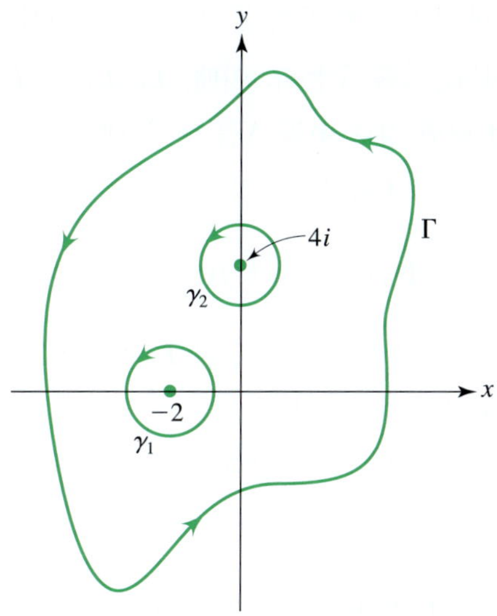

그림 19.26 보기 19.20의 경로들

$$\oint_{\Gamma} \frac{z}{(z+2)(z-4i)}\,dz = \oint_{\gamma_1} \frac{z}{(z+2)(z-4i)}\,dz + \oint_{\gamma_2} \frac{z}{(z+2)(z-4i)}\,dz$$

이다. 여기서 피적분함수를 부분분수로 분해하면

$$\frac{z}{(z+2)(z-4i)} = \frac{\frac{1}{5}-\frac{2}{5}i}{z+2} + \frac{\frac{4}{5}+\frac{2}{5}i}{z-4i}$$

가 되므로 원식은

$$\begin{aligned}\oint_{\Gamma} \frac{z}{(z+2)(z-4i)}\,dz &= \left(\frac{1}{5}-\frac{2}{5}i\right)\oint_{\gamma_1} \frac{1}{z+2}\,dz + \left(\frac{4}{5}+\frac{2}{5}i\right)\oint_{\gamma_1} \frac{1}{z-4i}\,dz \\ &\quad + \left(\frac{1}{5}-\frac{2}{5}i\right)\oint_{\gamma_2} \frac{1}{z+2}\,dz + \left(\frac{4}{5}+\frac{2}{5}i\right)\oint_{\gamma_2} \frac{1}{z-4i}\,dz\end{aligned}$$

이 된다. 오른쪽 식 중에서 두 번째와 세 번째 적분은 Cauchy 정리에 의해 0이 되고(γ_1은 $4i$를 둘러싸지 않고, γ_2는 -2를 둘러싸고 있지 않다), 첫 번째와 네 번째는 보기 19.16에 의해 $2\pi i$와 같으므로 정리하면

$$\oint_{\Gamma} \frac{z}{(z+2)(z-4i)}\,dz = 2\pi i\left[\left(\frac{1}{5}-\frac{2}{5}i\right) + \left(\frac{4}{5}+\frac{2}{5}i\right)\right] = 2\pi i$$

이다.

경로 변형 정리의 증명을 참고로 하여 정리 19.13을 증명해 보자.

[증명] 그림 19.27과 같이 Γ에서 γ_1까지 선분 L_1을 긋고, γ_1에서 γ_2까지 선분 $L_2, \cdots, \gamma_{n-1}$에서 γ_n까지 L_n, γ_n에서 Γ까지 L_{n+1}을 긋는다. 이때, $L_1, L_2, \cdots L_{n+1}$은 만나지 않도록 한다. 그림 19.28과 그림 19.29처럼 닫힌 경로 Φ와 Δ를 형성하면 그림 19.30과 같고, Φ와 Δ 선상 및 그 내부에서 f는 미분가능하므로 Cauchy 정리에 의해 두 적분은 모두 0이다. 따라서

$$\oint_{\Phi} f(z)\,dz + \oint_{\Delta} f(z)\,dz = 0$$

이 된다. Φ와 Δ에 대한 이 적분들의 합에서 각 선분 L_j는 양쪽 방향으로 적분되므로, 이들 선분의 적분에 대한 기여도는 0이다. 따라서 Γ와 모든 γ_j상에서 $f(z)$의 적분항만 남는다. 이때 Γ에서는 양의 방향으로, 각 γ_j상에서는 음의 방향인 경로를 따른다(그림 19.30의 방향을 참조할 것). γ_j상에서의 방향을 반전시켜 모든 곡선을 양의 방향으로 택하면

$$\oint_{\Gamma} f(z)\,dz - \sum_{j=1}^{n} \oint_{\gamma_j} f(z)\,dz = 0$$

이므로 정리가 성립된다. ■

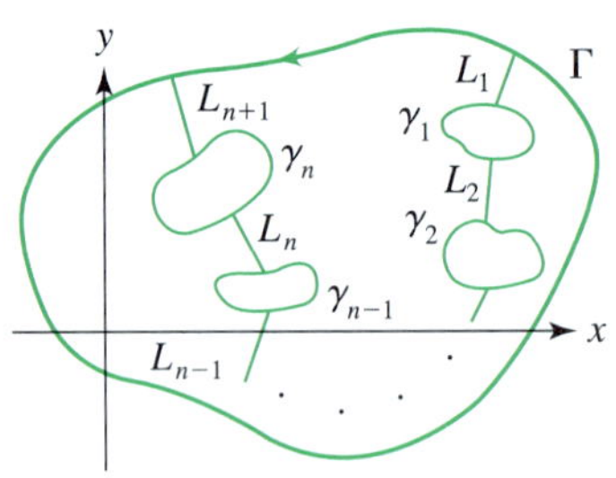

그림 19.27

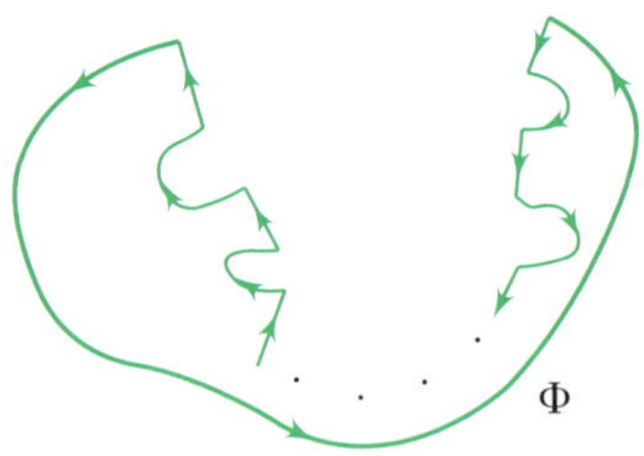

그림 19.28

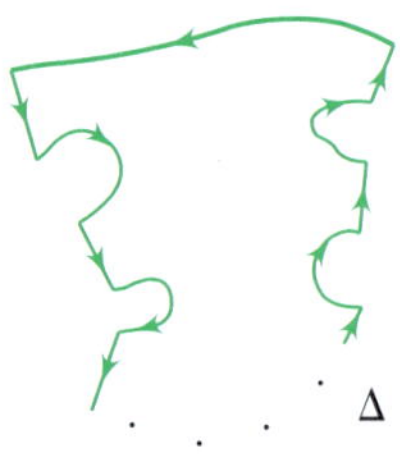

그림 19.29

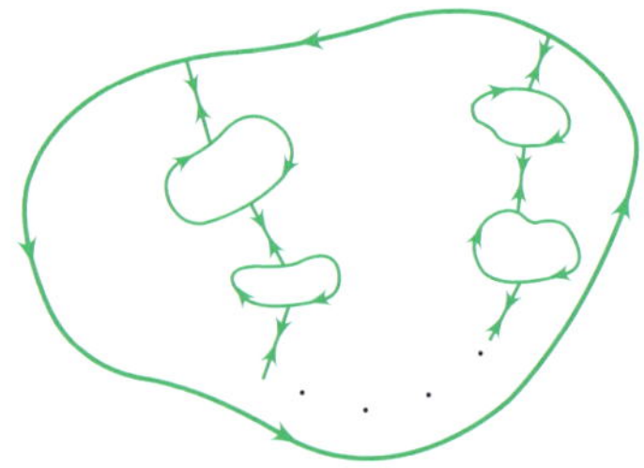

그림 19.30

19.3.8 Cauchy 적분공식의 변형

21.4절에서 Laplace 역변환에 대한 복소적분 공식을 표현할 때 다음에 나오는 Cauchy 적분공식의 변형을 사용할 것이다.

정리 19.14 Cauchy 적분공식의 변형

실수 σ에 대해 $f(z)$가 우반평면 $\mathrm{Re}(z) \geq \sigma$에서 미분가능하고, 절대값이 충분히 큰 모든 z에 대해

$$\left| z^n f(z) \right| \leq M$$

을 만족하는 양의 실수 M, n이 존재한다고 하자. 그러면 $\mathrm{Re}(z_0) > \sigma$인 모든 z_0에 대해

$$f(z_0) = -\frac{1}{2\pi i} \lim_{b \to \infty} \int_{\sigma - ib}^{\sigma + ib} \frac{f(z)}{z - z_0} dz$$

가 성립한다.

이 적분의 극한은 $\mathrm{Re}(z) = \sigma$인 직선을 따라 위쪽방향으로 적분한 것이다. $f(z)/(z - z_0)$를 이 직선을 따라 적분한 값이 $-2\pi i f(z_0)$라는 것을 의미하므로 Cauchy 적분공식과 같은 유형의 결과이다.

[증명] 그림 19.31처럼 네 꼭지점이 $b - ib$, $b + ib$, $\sigma + ib$, $\sigma - ib$이고 z_0를 둘러싼 양의 방향의 직사각형 경로 C를 생각하자. L을 C의 왼쪽선분, 즉 $\sigma + ib$에서 $\sigma - ib$까지의 경로라 하고, C^*를 C에서 L을 제외한 나머지 경로라 하자. Cauchy 적분공식에 의하면

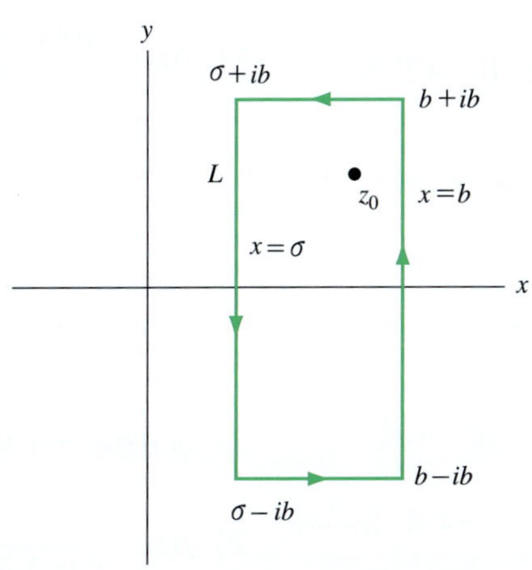

그림 19.31 정리 19.14의 증명에서 사용된 경로

$$f(z_0) = \frac{1}{2\pi i}\oint_C \frac{f(z)}{z-z_0}\,dz = \frac{1}{2\pi i}\left(\int_L \frac{f(z)}{z-z_0}\,dz + \int_{C^*} \frac{f(z)}{z-z_0}\,dz\right)$$

이다. $b \to \infty$ 일 때 경로 C^*상의 적분이 0으로 수렴함을 문제 25에서 보일 수 있다. 따라서 원하는 등식을 얻게 된다. ■

연습문제 19.3

문제 1부터 20까지 주어진 함수와 경로에 대해 $\int f(z)\,dz$ 를 구하여라. 이 문제들은 Cauchy 정리, Cauchy 적분공식, 경로 변형 정리 중 어느 하나를 이용할 수 있다.

1. $f(z) = \dfrac{z^4}{z-2i}$; γ는 $2i$를 둘러싸고 있는 임의의 닫힌 경로

2. $f(z) = \dfrac{\sin(z^2)}{z-5}$; γ는 5를 둘러싸고 있는 임의의 닫힌 경로

3. $f(z) = \dfrac{z^2-5z+i}{z-1+2i}$; γ는 $|z|=3$인 원

4. $f(z) = \dfrac{2z^3}{(z-2)^2}$; γ는 꼭지점이 $4 \pm i$, $-4 \pm i$인 직사각형

5. $f(z) = \dfrac{ie^z}{(z-2+i)^2}$; γ는 $|z-1|=4$인 원

6. $f(z) = \dfrac{\cos(z-i)}{(z+2i)^3}$; γ는 $-2i$를 둘러싸고 있는 임의의 닫힌 경로

7. $f(z) = \dfrac{z\sin(3z)}{(z+4)^3}$; γ는 $|z-2i|=9$인 원

8. $f(z) = 2i\bar{z}|z|$; γ는 1에서 $-i$까지 선분

9. $f(z) = -\dfrac{(2+i)\sin(z^4)}{(z+4)^2}$; γ는 -4를 둘러싸고 있는 임의의 닫힌 경로

10. $f(z) = (z-i)^2$; γ는 i에서 $-i$까지 반지름이 1인 반시계방향의 반원

11. $f(z) = \mathrm{Re}(z+4)$; γ는 $3+i$에서 $2-5i$까지 선분

12. $f(z) = \dfrac{3z^2\cosh z}{(z+2i)^2}$; γ는 중심이 1이고 반지름이 8인 원

13. $f(z) = z + i|z|$; γ는 0에서 $-2i$까지 선분

14. $f(z) = 1-z^2$; γ는 꼭지점이 0, 1, $1+i$, i인 정사각형

15. $f(z) = \mathrm{Im}(iz)$; γ는 원점을 중심으로 하는 단위원

16. $f(z) = 3iz^2 - 1$; γ는 1에서 $2+5i$까지 선분

17. $f(z) = \dfrac{\cosh(\sinh z)}{z+3}$; γ는 -3을 둘러싸고 있는 임의의 닫힌 경로

18. $f(z) = \dfrac{z^2-\cos(3z)}{(z+4i)^4}$; γ는 꼭지점이 0, $-1-8i$, $1-8i$ 인 삼각형

19. $f(z) = \dfrac{\cos z - \sin z}{(z+i)^4}$; γ는 중심이 원점이고 반지름이 7인 원

20. $f(z) = \dfrac{1}{e^z(z+3i)}$; γ는 중심이 $-2i$이고 반

지름이 5인 원

21. 다음 식을 계산하여라.

$$\int_0^{2\pi} e^{\cos\theta}\cos(\sin\theta)\,d\theta$$

힌트: 원점을 중심으로 하는 단위원 Γ에 대해 $\oint_\gamma \left(\frac{e^z}{z}\right)dz$를 생각해 본다. 먼저 Cauchy 적분 공식을 이용하여 적분하고, 다시 γ에 대한 좌표함수를 이용하여 직접 적분한다.

22. Morera 정리를 증명하여라.
Morera 정리: f는 단순 연결 영역 S에서 연속이고 S 내의 모든 닫힌 경로에 대해 $\oint_\gamma f(z)\,dz = 0$이면, f는 S에서 미분가능하다 (이것은 거의 Cauchy 정리의 역이다). 힌트: S에서 임의의 점 a를 고정한다. γ와 Θ가 S의 점 a에서 z까지 이르는 S 내에 속하는 임의의 경로라고 할 때, $\oint_\gamma f(w)\,dw = \int_\Theta f(w)\,dw$가 성립함을 보인다. $F(z) = \int_\gamma f(w)\,dw$라고 놓으면, 이것은 복소함수를 정의한다. 다음에 $F'(z) = f(z)$임을 보인다.

23. f는 닫힌 경로 γ와 그 내부의 모든 점들을 포함하는 열린집합 G에서 미분가능할 때, γ에 의해 둘러싸인 임의의 a에 대해 다음 식을 증명하여라.

$$\oint_\gamma \frac{f'(z)}{z-a}\,dz = \oint_\gamma \frac{f(z)}{(z-a)^2}\,dz$$

24. 경로 변형 정리의 확장을 이용하여 다음 식을 계산하여라. 여기서, γ는 원점, $2i$, $-2i$를 둘러싸는 닫힌 경로이다.

$$\oint_\gamma \big((z-4i)/(z^3+4z)\big)\,dz$$

25. 다음의 순서를 따라 정리 19.14의 증명을 완성하여라. 정리의 가정을 이용하여 충분히 큰 $|z|$에 대해

$$\left|\frac{f(z)}{z-z_0}\right| \le \frac{M}{|z|^{n+1}\cdot\left|1-\frac{z_0}{z}\right|}$$

을 보여라. 이제 $b > 2|z_0|$일 때

$$\left|\frac{f(z)}{z-z_0}\right| \le \frac{M}{b^{n+1}}$$

을 보이고 경로 C^*의 길이를 고려하여

$$\left|\int_{C^*} \frac{f(z)}{z-z_0}\,dz\right| \le \frac{2M}{b^n}\left(4-\frac{2\sigma}{b}\right)$$

를 보여라.

20장 함수의 급수 표현

이 장에서는 $f(z)$를 $z-z_0$의 멱급수로 표현하는 2가지 방법을 설명한다. 첫 번째 급수는 음이 아닌 정수제곱만을 포함하는 멱급수로, f가 z_0에서 미분가능할 때 적용한다. 두 번째는 $z-z_0$의 음의 정수제곱을 포함하며, f가 z_0에서 미분불가능할 때 사용한다.

20.1 멱급수

20.1.1 복소급수

실급수에 대한 기본적인 결과를 그대로 이용하자. c_n이 복소수인 복소급수 $\sum_{n=1}^{\infty} c_n$에 대해 생각해 보자. 이 급수의 N번째 부분합은 유한합 $\sum_{n=1}^{N} c_n$이고, 수열 $\left\{\sum_{n=1}^{N} c_n\right\}$은 이 급수의 부분합의 수열이며, 이 부분합의 수열이 수렴하면 급수가 수렴한다고 한다.

$c_n = a_n + ib_n$이라 하면

$$\sum_{n=1}^{N} c_n = \sum_{n=1}^{N} a_n + i\sum_{n=1}^{N} b_n$$

이고, 부분합 $\sum_{n=1}^{N} a_n$과 $\sum_{n=1}^{N} b_n$이 수렴하면 $\left\{\sum_{n=1}^{N} c_n\right\}$이 수렴한다. 게다가 $\sum_{n=1}^{\infty} a_n = A$이고 $\sum_{n=1}^{\infty} b_n = B$이면

$$\sum_{n=1}^{\infty} c_n = A + iB$$

이다. 그러므로 임의의 복소수의 급수는 2개의 실급수 문제로 볼 수 있는데, 비율 판정법, 근 판정법, 비교 판정법 등 여러 가지 판정법을 그대로 이용할 수 있다.

실급수에서처럼, $\sum_{n=1}^{\infty} c_n$이 수렴하면 $\lim_{n\to\infty} c_n = 0$이다.

특수한 경우에 급수의 수렴뿐만 아니라 그 합도 구할 수 있으며 기하급수는 자주 이용되는 중요한 예이다.

보기 20.1 z를 복소수라고 할 때, $\sum_{n=1}^{\infty} z^n$에 대해 생각해 보자. 이와 같이 어떤 수의 연속된 지수의 합으로 이루어진 급수를 기하급수라 하는데, 이 급수의 합을 구해 보자.

$$S_N = \sum_{n=1}^{N} z^n = z + z^2 + \cdots + z^N$$

이므로

$$zS_N = z^2 + z^3 + \cdots + z^{N+1}$$

이다. 여기서 첫 번째 식에서 두 번째 식을 빼면

$$(1-z)S_N = z - z^{N+1}$$

이 되고 $z \neq 1$이면

$$S_N = \frac{z - z^{N+1}}{1-z}$$

이다. $|z|<1$이면 $N \to \infty$일 때 $|z|^{N+1} \to 0$이 되므로 $z^{N+1} \to 0$이 되며, 이 경우에 기하급수는 다음 값으로 수렴한다.

$$\sum_{n=1}^{\infty} z^n = \lim_{N \to \infty} S_N = \frac{z}{1-z}$$

그리고 $|z| \geq 1$이면 이 급수는 발산한다.

실급수 $\sum_{n=1}^{\infty}|c_n|$이 수렴할 때 복소급수 $\sum_{n=1}^{\infty} c_n$은 절대수렴한다고 말한다.

정리 20.1

$\sum_{n=1}^{\infty} c_n$이 절대수렴하면 이 급수는 수렴한다.

[증명] $c_n = a_n + ib_n$이라 하고, $\sum_{n=1}^{\infty}|c_n|$은 수렴한다고 가정하자. $0 \leq |a_n| \leq |c_n|$이기 때문에 가정에 의해 $\sum_{n=1}^{\infty} a_n$은 수렴하고, 마찬가지로 $0 \leq |b_n| \leq |c_n|$이므로 가정에 의해 $\sum_{n=1}^{\infty} b_n$도 수렴하므로 $\sum_{n=1}^{\infty}(a_n + ib_n) = \sum_{n=1}^{\infty} c_n$은 수렴한다. ■

보기 20.2

$$\sum_{n=1}^{\infty}(-1)^n \frac{2-i}{(1+i)^n}$$

에 대해 생각해 보자.

$$\left|(-1)^n \frac{2-i}{(1+i)^n}\right| = \frac{\sqrt{5}}{(\sqrt{2})^n}$$

이고 실급수 $\sum_{n=1}^{\infty}\sqrt{5}/(\sqrt{2})^n$은 수렴하는데, 이것은 실기하급수 $\sum_{n=1}^{\infty}1/(\sqrt{2})^n$을 $\sqrt{5}$배 한 것이고, 이 실기하급수는 $1/\sqrt{2}<1$이므로 수렴한다. 그러므로 주어진 복소급수는 절대수렴하므로 수렴한다.

정리 20.1의 요점은 $\sum_{n=1}^{\infty}|c_n|$이 실급수라는 것인데, 이 실급수가 수렴하는지 발산하는지에 대한 판정방법에는 여러 가지가 있다. 이처럼 (절대수렴의 경우에 있어서) 복소급수의 수렴 여부는 실급수를 검사하여 판정할 수 있으나, 이 방법은 일반적인 방법이 아니다. 왜냐하면 복소급수가 수렴한다고 해서 절대수렴하는 것은 아니기 때문이며, 이러한 경우 조건부수렴이라고 한다. 예를 들어 다음의 급수

$$\sum_{n=1}^{\infty}\frac{(-1)^n}{n}$$

은 수렴하는 것으로 알려져 있는데, $(-1)^n/n$의 절대값의 급수 $\sum_{n=1}^{\infty}(1/n)$은 발산한다.

이러한 복소급수에 대한 배경을 가지고 멱급수에 대해 살펴보자.

20.1.2 멱급수

정의 20.1 멱급수

멱급수(power series)는 다음과 같은 형태의 급수이다.

$$\sum_{n=0}^{\infty}c_n(z-z_0)^n = c_0 + c_1(z-z_0) + c_2(z-z_0)^2 + \cdots$$

여기서 z_0와 c_n은 주어진 복소수로서 z_0는 급수의 중심, c_n은 계수라 한다.

멱급수가 주어지면 어떤 z값에서 그 급수가 수렴하는지 알아야 한다. 멱급수는 분명히 그 중심 $z=z_0$에서는 수렴하는데, 왜냐하면 이때 그 급수값은 c_0이기 때문이다. 다음 정리에서 급수가 수렴하기 위한 다른 z값을 구하는 열쇠를 제공한다. $z_1 \neq z_0$인 점에서 멱급수가 수렴하면, 그 급수는 z_0를 중심으로 했을 때 최소한 z_1보다 중심에 더 가까운 모든 점에서 절대수렴한다(그림 20.1에서 보면, 원판의 모든 점에 대해서는 최소한 (절대)수렴한다는 것을 뜻한다).

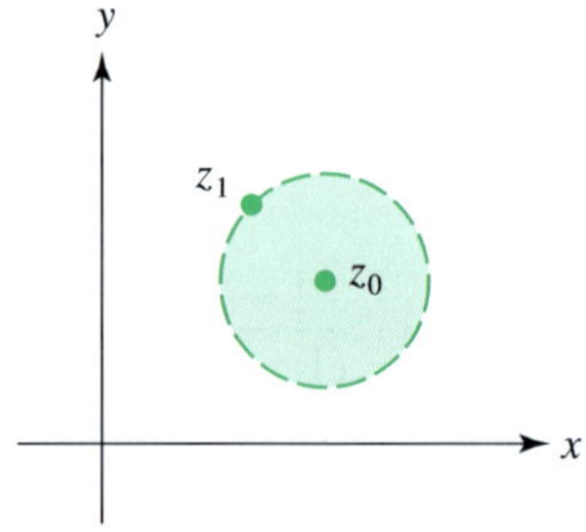

그림 20.1 $z_1 \neq z_0$에서 수렴하면 $|z-z_0|<|z_1-z_0|$인 모든 z에서 수렴한다.

정리 20.2

$\sum_{n=0}^{\infty} c_n(z-z_0)^n$ 가 z_0와 다른 어떤 z_1에서 수렴할 때, 이 멱급수는 다음 식을 만족하는 모든 z에서 절대수렴한다.

$$|z-z_0|<|z_1-z_0|$$

[증명] $\sum_{n=0}^{\infty} c_n(z_1-z_0)^n$이 수렴하면 $\lim_{n\to\infty} c_n(z_1-z_0)^n=0$이 되고, 따라서 어떤 N에 대해

$$n\geq N \;\Rightarrow\; \left|c_n(z_1-z_0)^n\right|<1$$

이다. $n\geq N$ 이면

$$\left|c_n(z-z_0)^n\right|=|c_n|\left|\frac{(z-z_0)^n}{(z_1-z_0)^n}\right|\left|(z_1-z_0)^n\right|<\left|\frac{(z-z_0)^n}{(z_1-z_0)^n}\right|=\left|\frac{z-z_0}{z_1-z_0}\right|^n$$

가 된다. 그러므로 $|z-z_0|<|z_1-z_0|$이면

$$\left|\frac{z-z_0}{z_1-z_0}\right|<1$$

이 되고, 기하급수

$$\sum_{n=N}^{\infty}\left|\frac{z-z_0}{z_1-z_0}\right|^n$$

은 수렴한다. 따라서

$$\sum_{n=0}^{\infty}\left|c_n(z-z_0)^n\right|$$

이 수렴하므로 $\sum_{n=0}^{\infty} c_n(z-z_0)^n$은 절대수렴한다. ■

이 정리를 다음과 같이 적용해 보자. 복소평면 위의 점 z_0을 생각하자. z_0 이외에는 멱급수가 수렴하는 다른 점들을 찾지 못할 경우에 급수는 오직 $z=z_0$에서만 수렴하므로, 이 급수는 별로 재미없는 멱급수이다.

두 번째 가능성은 멱급수가 모든 z에 대해 수렴하는 것이다.

세 번째 가능성은 멱급수가 어떤 수에 대해서는 수렴하지만, 어떤 수에 대해서는 발산하는 것이다. 이 경우에 급수가 발산하는 점들 중 z_0에서 가장 가까운 점 ζ까지의 거리를 R이라고 하자. 만약 z가 z_0에서 ζ보다 더 떨어져 있다면, 그 멱급수는 z에서 발산해야 한다. 왜냐하면 z에서 수렴한다면 z보다 가까운 모든 점에서 수렴할 것이고, 그 때문에 정리 20.2로부터 ζ에

서도 수렴해야 되므로 모순이다. 만약 z가 ζ보다 z_0에 더 가까이 있다면, 그 멱급수는 z에서 반드시 수렴해야 한다. 왜냐하면 ζ점은 그 멱급수가 발산하는 점들 중 z_0에서 가장 가까운 점이기 때문이다.

이 세 경우가 의미하는 바는, 멱급수는

$|z-z_0|<R$인 모든 z에서는 수렴하고,

$|z-z_0|>R$인 모든 z에서는 발산한다

는 것을 뜻한다. 여기서 R을 멱급수의 수렴 반지름이라 하고, 열린 원판 $|z-z_0|<R$을 수렴 원판이라 한다. 그러므로 급수는 열린 원판 $|z-z_0|<R$에서는 수렴하고 바깥쪽에서는 발산하며, 경계점 $|z-z_0|=R$에서는 수렴할 수도 있고 발산할 수도 있다.

만약 멱급수가 $z=z_0$에서만 수렴하면 수렴 반지름은 $R=0$이라고 하는데, 이런 경우 수렴 원판에 관해서는 논의하지 않는다.

만약 멱급수가 모든 z에 대해서 수렴한다면 수렴 반지름은 $R=\infty$라고 하는데, 이 경우 수렴 원판은 복소평면 전체이다. 이 경우에 수렴 원판을 $|z-z_0|<\infty$라고 표기한다.

멱급수의 수렴 반지름을 구할 때 종종 비율 판정법을 이용하기도 한다.

보기 20.3 멱급수

$$\sum_{n=0}^{\infty}(-1)^n\frac{2^n}{n+1}(z-1+2i)^{2n}$$

의 수렴 반지름을 구해 보자.

연속하는 항들의 비의 크기는 $n\to\infty$일 때

$$\left|\frac{(-1)^{n+1}\dfrac{2^{n+1}}{n+2}(z-1+2i)^{2n+2}}{(-1)^n\dfrac{2^n}{n+1}(z-1+2i)^{2n}}\right|=\frac{2(n+1)}{n+2}|z-1+2i|^2$$

$$\to 2|z-1+2i|^2$$

이다. 실급수에 대한 비율 판정법으로부터 극한이 1보다 작으면 이 멱급수는 절대수렴하고 1보다 크면 발산한다. 그러므로

$$|z-1+2i|<\frac{1}{\sqrt{2}}$$

이면 이 멱급수는 절대수렴하고

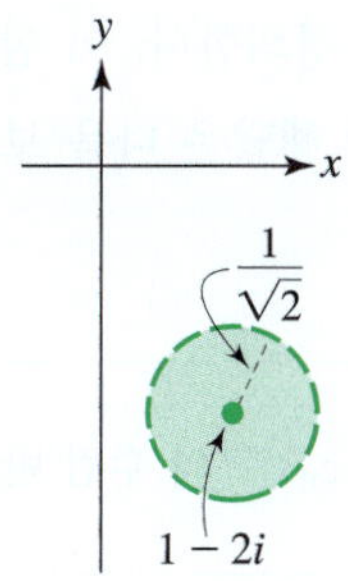

그림 20.2 보기 20.3의 수렴 원판

$$|z-1+2i| > \frac{1}{\sqrt{2}}$$

이면 이 급수는 발산한다. 수렴 반지름은 $1/\sqrt{2}$이고 수렴 원판은 중심이 $1-2i$이고 반지름이 $1/\sqrt{2}$인 열린 원판 $|z-1+2i| < 1/\sqrt{2}$이다(그림 20.2).

보기 20.4

$$\sum_{n=1}^{\infty} \left(\frac{2}{3i}\right)^n (z-i)^n$$

에서 연속하는 항들의 비의 크기는 $n \to \infty$일 때

$$\left|\frac{(2/3i)^{n+1}(z-i)^{n+1}}{(2/3i)^n(z-i)^n}\right| = \frac{2}{3}|z-i| \to \frac{2}{3}|z-i|$$

이다. $|z-i| < \frac{3}{2}$이면 이 멱급수는 절대수렴하고 $|z-i| > \frac{3}{2}$이면 발산하므로 수렴 반지름은 $\frac{3}{2}$이고, 수렴 원판은 중심이 i이고 반지름이 $\frac{3}{2}$인 열린 원판이다(그림 20.3).

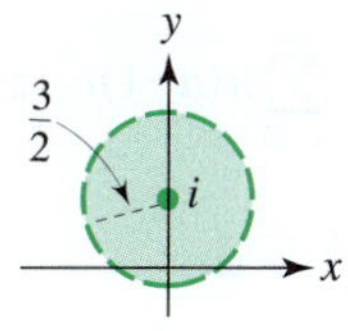

그림 20.3 보기 20.4의 수렴 원판

수렴 반지름이 양수이거나 무한대인 멱급수에 대해 생각해 보자. 이때 수렴 원판 내의 z에 대해

$$f(z) = \sum_{n=0}^{\infty} c_n (z-z_0)^n$$

라고 놓으면, 이 식은 원판에서 함수 f를 정의한다. 이 함수가 어떤 특성을 갖고 있는지, 특히 미분가능한지 알아보고자 한다. 이에 대한 해답은 다음 보조정리를 이용하면 된다.

보조정리 20.1

멱급수 $\sum_{n=0}^{\infty} c_n(z-z_0)^n$과 $\sum_{n=1}^{\infty} nc_n(z-z_0)^{n-1}$의 수렴 반지름은 동일하다.

이 보조정리의 증명은 생략하지만, 결과는 중요하다. 이것이 말하는 바는 '멱급수의 항별 미분의 수렴 반지름은 불변'이라는 것이다. 즉, 수렴 원판에서 항별로 미분하여 도함수를 얻을 수 있으며, 이 멱급수는 미분가능한 함수를 정의한다.

정리 20.3 항별 미분

$f(z)=\sum_{n=0}^{\infty} c_n(z-z_0)^n$의 수렴 반지름이 양수 또는 무한대라고 하자. 그러면 f는 수렴 원판에서 미분가능하고

$$f'(z)=\sum_{n=1}^{\infty} nc_n(z-z_0)^{n-1}$$

이다.

이 정리를 이용하면 멱급수로 정의된 함수의 미분을 구할 수 있다. 급수 $\sum_{n=1}^{\infty} nc_n(z-z_0)^{n-1}$은 $\sum_{n=0}^{\infty} c_n(z-z_0)^n$과 수렴 반지름이 같은 멱급수이다. 그러므로 이 정리를 미분한 급수에 다시 적용하면, 수렴 원판에서

$$f''(z)=\sum_{n=2}^{\infty} n(n-1)c_n(z-z_0)^{n-2}$$

가 되고, 원하는 만큼 계속 미분하여 k차 도함수

$$f^{(k)}(z)=\sum_{n=k}^{\infty} n(n-1)(n-2)\cdots(n-k+1)c_n(z-z_0)^{n-k}$$

을 구할 수 있다.

$f^{(k)}(z_0)$을 계산하면 $f^{(k)}(z)$의 급수표현에서 $z-z_0$에 대한 양의 거듭제곱을 갖는 항은 없어지고 급수의 상수항만 남는다. 이런 방법으로 계산해 나가면

$$f(z_0) = c_0,$$
$$f'(z_0) = c_1,$$
$$f''(z_0) = 2c_2,$$
$$f^{(3)}(z_0) = 3 \cdot 2c_3$$

가 되고, 일반적으로

$$f^{(k)}(z_0) = k!c_k$$

가 된다. 따라서 급수의 계수들을 z_0에서 그 함수의 도함수항으로 표현할 수 있다.

$$c_k = \frac{f^{(k)}(z_0)}{k!}, \quad k = 0, 1, 2, \cdots.$$

이렇게 주어지는 c_k를 z_0에서 f의 k차 **Taylor 계수**라 하고, 멱급수

$$\sum_{n=0}^{\infty} \frac{f^{(n)}(z_0)}{n!}(z-z_0)^n$$

을 z_0에서 f의 **Taylor 급수**라 한다.

함수 f가 중심이 z_0인 원판에서 멱급수로 표현되면, 이 멱급수에 대한 계수는 반드시 Taylor 계수여야 하며, 멱급수는 z_0에서 f의 Taylor 급수여야 한다.

적분과 급수를 서로 교환할 일이 종종 발생하는데, 여기서 다음 식이 성립하기 위한 조건을 구해 보자.

$$\int_\gamma \left(\sum_{n=1}^{\infty} f_n(z)\, dz \right) \stackrel{?}{=} \sum_{n=1}^{\infty} \int_\gamma f_n(z)\, dz.$$

정리 20.4 항별 적분

γ는 매끄러운 곡선이고, $n = 1, 2, \cdots$에 대해 f_n은 γ에서 연속이라고 하자. γ상의 모든 z에 대해 다음 식을 만족하는 양수 M_n이 존재한다고 가정하자.

$$|f_n(z)| \le M_n, \quad \sum_{n=1}^{\infty} M_n < \infty.$$

그러면 $\sum_{n=1}^{\infty} f_n(z)$는 γ상의 모든 z에 대해 절대수렴하고

$$\int_\gamma \sum_{n=1}^{\infty} f_n(z)\, dz = \sum_{n=1}^{\infty} \int_\gamma f_n(z)\, dz$$

이다.

[증명] γ에 있는 모든 z에 대해 실급수 $\sum_{n=1}^{\infty} |f_n(z)|$를 수렴하는 급수 $\sum_{n=1}^{\infty} M_n$과 비교판정하면 수렴함을 알 수 있다. 부분합을 취하면

$$F_N(z) = \sum_{n=1}^{N} f_n(z)$$

가 되며, 각각의 F_N은 γ에서 연속이고 $g(z) = \sum_{n=1}^{\infty} f_n(z)$라 할 때

$$\left| \int_\gamma g(z)\,dz - \sum_{n=1}^{N} \int_\gamma f_n(z)\,dz \right| = \left| \int_\gamma [g(z) - F_N(z)]\,dz \right| \le L \cdot \max_{z \in \gamma} |g(z) - F_N(z)|$$

성립한다. 여기서 L은 γ의 길이이다. 따라서

$$|g(z) - F_N(z)| = \left| \sum_{n=N+1}^{\infty} f_n(z) \right| \le \sum_{n=N+1}^{\infty} |f_n(z)| \le \sum_{n=N+1}^{\infty} M_n$$

이다. $\sum_{n=1}^{\infty} M_n$은 수렴하기 때문에, 임의의 양수 ϵ에 대해 $\sum_{n=N+1}^{\infty} M_n < \epsilon/L$이 되도록 충분히 큰 N을 잡을 수 있다. 이때

$$\max_{z \in \gamma} |g(z) - F_N(z)| < \frac{\epsilon}{L}$$

이므로

$$\left| \int_\gamma g(z)\,dz - \sum_{n=1}^{N} \int_\gamma f_n(z)\,dz \right| < \epsilon$$

이 되어

$$\lim_{N \to \infty} \sum_{n=1}^{N} \int_\gamma f_n(z)\,dz = \int_\gamma g(z)\,dz$$

이 된다. ■

정리 20.5 Taylor 급수

복소함수 f가 중심이 z_0인 열린 원판 D에서 미분가능하면 D 내의 모든 z에 대해

$$f(z) = \sum_{n=0}^{\infty} \frac{f^{(n)}(z_0)}{n!} (z - z_0)^n$$

이 성립한다.

우변은 z_0에 대한 $f(z)$의 Taylor 급수이다. 이 정리는 $f(z)$의 Taylor 급수가 그 원판 내에서 $f(z)$로 수렴함을 의미하며, 다른 말로 표현하면 $f(z)$와 $f(z)$의 Taylor 급수가 원판 D상에서 서로 일치함을 의미한다. 무한히 미분가능한 실함수라 할지라도 자신의 Taylor 급수와 같지 않을

수 있음을 상기하자.

[증명] z가 D 내의 한 점이고 R은 D의 반지름이라 하자. $|z-z_0|<r<R$인 임의의 수 r에 대하여 γ는 중심이 z_0이고 반지름이 r인 원이라 하자(그림 20.4). Cauchy 적분공식에 의해, γ 상의 w를 적분변수로 사용하면

$$f(z)=\frac{1}{2\pi i}\oint_\gamma \frac{f(w)}{w-z}\,dw$$

이 된다. 위 식의 적분기호 안의 분모는

$$\frac{1}{w-z}=\frac{1}{w-z_0-(z-z_0)}=\frac{1}{w-z_0}\,\frac{1}{1-(z-z_0)/(w-z_0)}$$

로 나타낼 수 있다. w가 γ 상에 있고 z는 γ로 둘러싸여 있기 때문에

$$\left|\frac{z-z_0}{w-z_0}\right|<1$$

이 되고, 따라서 수렴하는 등비급수를 사용하면

$$\frac{1}{w-z}=\frac{1}{w-z_0}\sum_{n=0}^{\infty}\left(\frac{z-z_0}{w-z_0}\right)^n=\sum_{n=0}^{\infty}\frac{1}{(w-z_0)^{n+1}}(z-z_0)^n$$

로 쓸 수 있다. 그러면

$$\frac{f(w)}{w-z}=\sum_{n=0}^{\infty}\frac{f(w)}{(w-z_0)^{n+1}}(z-z_0)^n \tag{20.1}$$

이 된다. f는 γ에서 연속이므로, 어떤 M이 존재하여 γ 상의 모든 w에 대해서 $|f(w)|\le M$을 만족한다. 또한 $|w-z_0|=r$이므로

$$\left|\frac{f(w)}{(w-z_0)^{n+1}}(z-z_0)^n\right|\le M\,\frac{1}{r}\left(\frac{|z-z_0|}{r}\right)^n$$

이 성립한다. 이 식의 우변을

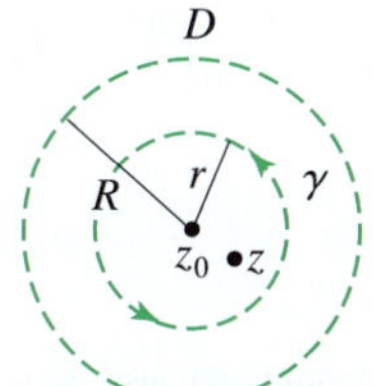

그림 20.4 정리 20.5 증명의 원 γ

$$M\frac{1}{r}\left(\frac{|z-z_0|}{r}\right)^n = M_n$$

으로 놓으면 $\sum_{n=0}^{\infty} M_n$은 수렴한다. 정리 20.4에 의해 식 (20.1)의 급수는 항별로 적분될 수 있으므로

$$\begin{aligned} f(z) &= \frac{1}{2\pi i}\oint_\gamma \frac{f(w)}{w-z}\,dw = \sum_{n=0}^{\infty}\left(\frac{1}{2\pi i}\oint_\gamma \frac{f(w)}{(w-z_0)^{n+1}}\,dw\right)(z-z_0)^n \\ &= \sum_{n=0}^{\infty}\frac{f^{(n)}(z_0)}{n!}(z-z_0)^n \end{aligned}$$

이 된다. 여기서 마지막에 n계 도함수에 대한 Cauchy 적분공식을 사용했다. ■

복소함수가 z_0를 중심으로 하는 어떤 열린 원판에서 멱급수로 전개될 때 이 복소함수는 z_0에서 **해석적(analytic)**이라고 한다. 위 정리에서 복소함수가 열린 원판에서 미분가능하면 그 중심점에서 해석적이라는 것을 증명했다.

Taylor 급수의 계수를 계산하려면 미분이나 적분공식을 사용하지만, 가능하다면 알려진 급수와 미분 또는 적분과 같은 연산을 사용하여 급수를 표현한다. 이 방법은 멱급수 표현의 유일성을 이용하는 것이다.

정리 20.6 멱급수 표현의 유일성

원판 $|z-z_0|<r$에서

$$\sum_{n=0}^{\infty} c_n(z-z_0)^n = \sum_{n=0}^{\infty} d_n(z-z_0)^n$$

이면 모든 n에 대해 $c_n = d_n$이 된다.

[증명] $f(z)$가 이 원판에서 양쪽의 멱급수에 의해 정의된 함수라 하면 정리 20.3 뒤의 설명처럼

$$c_n = \frac{f^{(n)}(z_0)}{n!} = d_n$$

이 된다. ■

이것은 z_0 근방에서 $f(z)$의 멱급수 전개를 할 때 어느 방법을 사용하느냐에 관계없이 결과는 Taylor 급수가 된다는 것을 의미한다.

보기 20.5 i 근방에서 e^z의 Taylor 급수전개를 구하라.

우리는 모든 z에 대해

$$e^z = \sum_{n=0}^{\infty} \frac{1}{n!} z^n$$

임을 알고 있다. i 근방에 대한 전개이기 때문에, 멱급수는 $z-i$에 대한 멱의 항이 되어야 한다. 따라서

$$e^z = e^{z-i+i} = e^i e^{z-i} = \sum_{n=0}^{\infty} \frac{e^i}{n!}(z-i)^n$$

이며 이 급수는 모든 z에 대해 수렴한다. 물론 이 보기에서는 Taylor 계수를 직접 계산하는 것도 다음과 같이 어렵지 않다.

$$c_n = \frac{f^{(n)}(i)}{n!} = \frac{e^i}{n!}$$

보기 20.6 $\cos(z^3)$의 Maclaurin 급수를 구하라.

Maclaurin 전개는 0에 대한 Taylor 급수이다. 모든 z에 대해

$$\cos z = \sum_{n=0}^{\infty} \frac{(-1)^n}{(2n)!} z^{2n}$$

이므로, z 대신 z^3을 대입하면

$$\cos(z^3) = \sum_{n=0}^{\infty} \frac{(-1)^n}{(2n)!}(z^3)^{2n} = \sum_{n=0}^{\infty} \frac{(-1)^n}{(2n)!} z^{6n}$$

이 된다.

보기 20.7 $-3i$ 근방에서 다음 함수를 Taylor 급수로 전개하라.

$$\frac{2i}{4+iz}$$

$z+3i$에 대한 멱급수로 전개하여야 하는데, 대수적 조작과 등비급수를 사용하자.

$$\frac{2i}{4+iz} = \frac{2i}{7+i(z+3i)} = \frac{2i}{7} \frac{1}{1+(i/7)(z+3i)}$$

와 같이 쓸 수 있다. $|t|<1$일 때

$$\frac{1}{1+t}=\frac{1}{1-(-t)}=\sum_{n=0}^{\infty}(-t)^n=\sum_{n=0}^{\infty}(-1)^n t^n$$

이므로, $t=i(z+3i)/7$라 놓으면

$$\frac{1}{1+(i/7)(z+3i)}=\sum_{n=0}^{\infty}(-1)^n\left(\frac{i}{7}(z+3i)\right)^n$$

을 얻는다. 그러므로

$$\frac{2i}{4+iz}=\frac{2i}{7}\sum_{n=0}^{\infty}(-1)^n\left(\frac{i}{7}\right)^n(z+3i)^n=\sum_{n=0}^{\infty}\frac{2(-1)^n i^{n+1}}{7^{n+1}}(z+3i)^n$$

이 된다. 이것은 그 함수를 $-3i$ 근방에서 급수로 전개한 것이기 때문에, $-3i$에 대한 Taylor 급수가 된다. 이 급수는

$$\left|\frac{i}{7}(z+3i)\right|<1$$

즉

$$|z+3i|<7$$

에서 수렴한다. 따라서 z는 $-3i$가 중심이고 반지름이 7인 열린 원판 내에 있어야 한다. 이 급수의 수렴 반지름은 7이다.

정리 20.3에서 Taylor 급수는 수렴하는 열린 원판에서 항별로 미분할 수 있음을 알았다. 이것은 때때로 함수의 Taylor 전개를 유도하는 데 유용하다.

보기 20.8 $f(z)=1/(1-z)^3$의 Maclaurin 전개를 구하라.

대수적 조작에 의해 이 문제를 풀 수도 있지만, 익숙한 등비급수

$$g(z)=\frac{1}{1-z}=\sum_{n=0}^{\infty}z^n,\quad |z|<1$$

을 이용하자. $|z|<1$일 때

$$g'(z)=\frac{1}{(1-z)^2}=\sum_{n=1}^{\infty}nz^{n-1}$$

이고

$$g''(z)=\frac{2}{(1-z)^3}=\sum_{n=2}^{\infty}n(n-1)z^{n-2}=\sum_{n=0}^{\infty}(n+1)(n+2)z^n$$

이 된다. 그러므로

$$\frac{1}{(1-z)^3}=\sum_{n=0}^{\infty}\frac{(n+1)(n+2)}{2}z^n, \quad |z|<1$$

이 된다.

$f(z)$가 z_0에 대한 멱급수로 전개될 때, 그 급수의 수렴 반지름은 z_0로부터 $f(z)$가 미분이 불가능한 가장 가까운 점까지의 거리가 된다. 예로써, $f(z)=2i/(4+iz)$의 $-3i$에 대한 Taylor 전개를 생각하자. $f(z)$가 미분이 불가능한 유일한 점은 $4i$이므로, 이 급수의 수렴 반지름은 $-3i$와 $4i$ 사이의 거리, 즉 7이다. 이 결과를 보기 20.7에서 이미 얻었다.

보기 20.9 $3-4i$ 근방에서 $\csc z$의 Taylor 급수의 수렴 반지름을 구해 보자.

$\csc z=1/\sin z$이기 때문에, 이 함수는 n이 임의의 정수일 때 $z=n\pi$를 제외하면 미분가능하다. 그림 20.5에 보인 바와 같이 π는 이 점들 중 $3-4i$에 가장 가깝다. π와 $3-4i$ 간의 거리는

$$\sqrt{(\pi-3)^2+16}$$

이고, 이것이 $3-4i$ 근방에서 전개한 $\csc z$의 수렴 반지름이다.

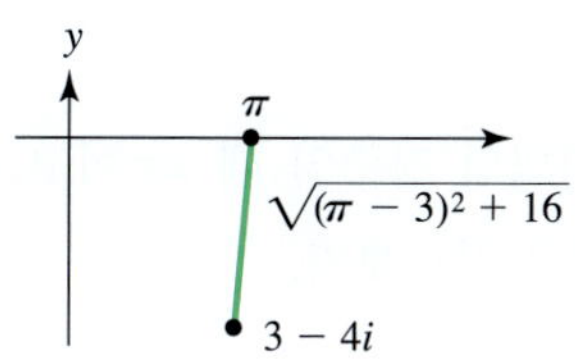

그림 20.5 보기 20.9의 수렴 반지름

멱급수로 전개된다는 것은 역도함수가 있다는 것을 의미한다.

정리 20.7 역도함수의 존재성

복소함수 f가 중심이 z_0인 열린 원판 D에서 미분가능하면 D 내의 모든 z에서 $F'(z)=f(z)$가 되는 복소함수 F가 존재한다.

[증명] 정리 20.5에 의해 f가 D에서 Taylor 급수로 전개되는 것은 알고 있다:

$$f(z) = \sum_{n=0}^{\infty} c_n (z - z_0)^n .$$

D 내의 z에 대해

$$F(z) = \sum_{n=0}^{\infty} \frac{1}{n+1} c_n (z - z_0)^{n+1}$$

라 하자. 이 멱급수가 최소한 D의 반지름만큼 수렴 반지름을 갖는다는 것과 D 내의 z에 대해

$$F'(z) = f(z)$$

임을 보조정리 20.1과 정리 20.3으로부터 확인할 수 있다. ■

20.1.3 고립 영점들과 항등정리

미분가능한 함수의 영점들에 대한 중요한 정보를 얻기 위하여 함수의 Taylor 급수 표현을 사용할 수 있다.

정의 20.2 영점

ζ가 $f(\zeta) = 0$을 만족시키면 ζ를 복소함수 f의 영점이라 한다. f의 다른 영점을 포함하지 않는 ζ를 중심으로 하는 열린 원판이 있으면 f의 영점 ζ는 고립되어 있다고 한다.

예로써 $\sin z$의 영점들은 n이 임의의 정수일 때 $n\pi$이고, 이 영점들은 모두 고립되어 있다. 다른 경우와 비교하기 위하여 다음을 살펴보자.

$$f(z) = \begin{cases} \sin(1/z) & z \neq 0 \text{ 일 때,} \\ 0 & z = 0 \text{ 일 때} \end{cases}$$

f의 영점들은 0과 n이 0이 아닌 정수일 때 $1/n\pi$이다. 그런데 0은 고립된 영점이 아니다. 왜냐하면 영점을 중심으로 하는 임의의 열린 원판은 n이 충분히 클 때 다른 영점들인 $1/n\pi$을 포함하기 때문이다. 이 예에서 보인 영점들이 f를 $z = 0$에서 미분불가능하게 한다는 것을 보게 될 것이다.

정리 20.8

복소함수 f가 열린 집합 G에서 미분가능하고 ζ는 G 내에 있는 f의 영점이라 하자. 그러면 ζ는 f의 고립된 영점이거나, $f(z)$가 상수함수 0이 되는 ζ를 포함하는 열린 원판이 존재한다.

이것은 원판에서 0이 아닌 미분가능한 함수는 고립된 영점들만 가질 수 있다는 것을 의미한다.

[증명] 중심이 ζ인 어느 열린 원판 D에서 $f(z)$를 멱급수로 전개하면

$$f(z)=\sum_{n=0}^{\infty}c_n(z-\zeta)^n$$

이다. 이제 다음의 두 경우를 생각하자.

경우 1. 모든 $c_n=0$이면 D의 전 영역에서 $f(z)=0$이다.

경우 2. 멱급수 내의 어느 계수가 0이 아니라고 가정하자. 또한 m이 $c_m\neq 0$인 최소의 정수라고 하자. 즉 $c_0=c_1=\cdots=c_{m-1}=0$이고, $c_m\neq 0$이다. D 내의 z에 대해

$$f(z)=\sum_{n=m}^{\infty}c_n(z-\zeta)^n=\sum_{n=0}^{\infty}c_{n+m}(z-\zeta)^{n+m}=(z-\zeta)^m\sum_{n=0}^{\infty}c_{n+m}(z-\zeta)^n$$

이 된다. 이제 $g(z)=\sum_{n=0}^{\infty}c_{n+m}(z-\zeta)^n$은 멱급수이고, 따라서 D 내의 z에 대한 미분가능한 함수이다.

그러나 $g(\zeta)=c_m\neq 0$이므로, ζ 근방에 $g(z)\neq 0$인 어떤 열린 원판 K가 존재한다. 그러므로 $K-\{\zeta\}$ 내의 모든 z에 대해 $f(z)\neq 0$이고, 따라서 ζ는 f의 고립된 영점이다. ■

이 증명은 나중에 유용하게 사용될 영점들에 대한 많은 정보를 포함한다. 이 증명에서 숫자 m을 $f(z)$의 영점 ζ의 차수라 부른다. 이것은 ζ 근방에 대한 $f(z)$의 전개에서 계수 c_m이 0이 되지 않는 최소 정수 m이다. 이제 $c_n=f^{(n)}(\zeta)/n!$임을 기억하자. 그러면 $c_0=c_1=\cdots=c_{m-1}=0$은

$$f(\zeta)=f'(\zeta)=\cdots=f^{(m-1)}(\zeta)=0$$

을 의미하고, 반면에 $c_m\neq 0$은

$$f^{(m)}(\zeta)\neq 0$$

을 의미한다. 요약하면 f의 고립된 영점 ζ는 그 함수와 처음 $m-1$개의 도함수들이 ζ에서 사라지고 ζ에서 m번째 도함수는 0이 아니면, 차수가 m이다. 달리 설명하면, 영점 ζ의 차수는 ζ에서 사라지지 않는 f의 최저차 도함수이다.

또한 ζ가 f의 차수 m인 고립된 영점이면 ζ가 어떤 원판의 근방에서 미분가능하고, $g(\zeta)\neq 0$인 미분가능한 함수 g가 있어서

$$f(z) = (z - \zeta)^m \, g(z)$$

로 쓸 수 있다는 중요한 사실을 유도했다.

보기 20.10 $f(z) = z^2 \cos z$를 생각하자. 0은 f의 고립된 영점이다. f를 미분하면

$$f'(z) = 2z \cos z - z^2 \sin z,$$
$$f''(z) = 2\cos z - 4z \sin z - z^2 \cos z$$

가 된다. $f''(0) \neq 0$인 반면, $f(0) = f'(0) = 0$임에 주목하라. 따라서 0은 f의 차수 2인 영점이다. 이 경우 $g(z) = \cos z$로 선택할 수 있기 때문에, $g(0) \neq 0$이면서

$$f(z) = (z - 0)^2 g(z)$$

이다.

보기 20.11 영점의 차수를 구하는 것을 연습해 보자. $f(z) = z^2 \sin z$일 때 0은 f의 고립된 영점이다. 그러면

$$f'(z) = 2z \sin z + z^2 \cos z,$$
$$f''(z) = 2\sin z + 4z \cos z - z^2 \sin z,$$
$$f^{(3)}(z) = 6\cos z - 6z \sin z - z^2 \cos z$$

로 계산되며,

$$f(0) = f'(0) = f''(0) = 0$$

인 반면

$$f^{(3)}(0) \neq 0$$

이며, 이것은 0이 차수 3인 영점임을 의미한다. 따라서

$$f(z) = z^2 \sum_{n=0}^{\infty} \frac{(-1)^n}{(2n+1)!} z^{2n+1} = z^3 \sum_{n=0}^{\infty} \frac{(-1)^n}{(2n+1)!} z^{2n} = z^3 g(z)$$

로 쓸 수 있고, 여기서

$$g(z) = \sum_{n=0}^{\infty} \frac{(-1)^n}{(2n+1)!} z^{2n}$$

은 미분가능하고 $g(0) = 1 \neq 0$이다.

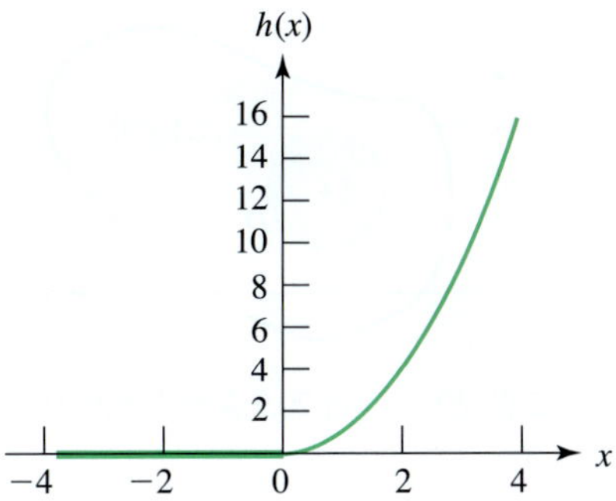

그림 20.6 $h(x)=\begin{cases} x^2 & x>0\text{일 때}, \\ 0 & x\le 0\text{일 때}. \end{cases}$

정리 20.8의 결과로 미분가능한 복소함수가 어느 영역에서 수렴하는 점들의 수열에서 0인 함수값을 가지면, 그 함수는 전체 영역에서 0이 된다는 것을 볼 수 있을 것이다. 이것은 매우 강력한 결과로 실함수에는 성립하지 않는다. 예로 다음 함수를 생각하자.

$$h(x)=\begin{cases} 0 & x\le 0\text{일 때}, \\ x^2 & x>0\text{일 때}. \end{cases}$$

이 함수의 그래프는 그림 20.6에 보였다. 이 함수는 모든 실수 x에 대해 미분가능하고 음의 실수에서는 0이다. 그러나 이 함수는 실수 전체에 대해서는 0이 되지 않는다. 실함수와 복소함수의 미분가능성간의 또 다른 차이를 이 예에서 명백히 보여준다. h는 미분가능한 반면, 0 근방에서는 멱급수로 전개되지 않는다.

정리 20.9

복소함수 f가 어느 영역 G에서 미분가능하다고 하자. $\{z_n\}$이 G 내에 있는 f의 서로 다른 영점들의 수열이고, G 내의 한 점으로 수렴한다고 가정하자. 그러면 G 내의 모든 z에 대해 $f(z)=0$이다.

[증명] 정리 20.8에 의해 $z_n \to \zeta$일 때 ζ를 중심으로 하는 적당한 원판 D에서 f값은 모두 0이다(그림 20.7). G 전체에서 f값이 모두 0임을 증명하는 것은 너무 이론적이므로 자세한 것은 생략한다. ■

이 정리는 한 영역의 어느 수렴수열에서 일치하는 두 개의 미분가능한 복소함수는 동일한 함수여야 한다는 결론을 유도한다. 이것을 항등정리라 부른다.

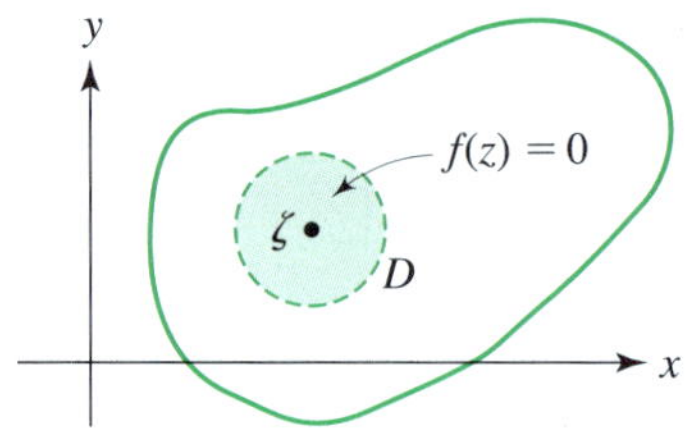

그림 20.7 정리 20.9 증명의 원판 D

정리 20.10 항등 정리

복소함수 f와 g가 영역 G에서 미분가능하고, $f(z)$와 $g(z)$가 G 내의 서로 다른 점들로 이루어진 수렴수열에서 일치하면, G 내의 모든 z에 대해 $f(z)=g(z)$가 된다.

[증명] 미분가능한 복소함수 $f-g$에 정리 20.9를 적용하면 된다. ■

이 정리의 응용으로서 z가 실수일 때 실 사인함수와 일치하는 복소 사인함수 $\sin z$를 정의하는 문제를 생각하자. 이것을 몇 가지 방법으로 정의할 수 있겠는가?

달리 말하자면, 모든 z에 대해 정의되는 두 개의 서로 다른 미분가능한 복소함수 f와 g를 x가 실수일 때

$$f(x)=g(x)=\sin x$$

를 만족하도록 구할 수 있겠는가? 항등정리에 의하면 실수축을 따라 선택된 수렴수열에 대해 $f(z)=g(z)$가 될 것이고, 따라서 $f=g$가 되어야 한다. 즉, 미분가능한 함수의 실수영역에서 복소영역으로의 확장은 하나만 존재할 수 있다.

20.1.4 최대 절대값 정리

$f: S \to \mathbb{C}$가 연속이고 S는 옹골찬 집합이면, 정리 18.6에 의해 S에서 $|f(z)|$의 최대값이 존재함을 알고 있다. 이것은 S에서 적당한 ζ에 대해 $|f(z)| \le |f(\zeta)|$임을 의미한다. 그러나 이것은 S 내의 어떤 점이 그 점 ζ가 될 것인지에 대한 어떤 정보도 제공하지 못한다. 이제 f가 상수함수가 아닌 미분가능한 함수라면, ζ가 S의 경계에 놓여야 한다는 것을 증명할 것이다. 이것을 최대 절대값정리라고 한다.

먼저 열린 원판에서 상수함수가 아닌 미분가능한 함수는 그 원판의 중심에서 최대 절대값을 가질 수 없다는 것을 보일 것이다.

보조정리 20.2

f가 중심이 z_0인 열린 원판에서 미분가능하고 상수함수가 아니면 이 원판 내에 적당한 z가 있어서

$$|f(z)|>|f(z_0)|$$

이다.

[증명] 모순법을 이용하자. D 내의 모든 z에 대해 $|f(z)|\le|f(z_0)|$라고 가정하자.

원판 D의 반지름보다 작은 임의의 $r>0$과 $0\le t\le 2\pi$에 대해, $\gamma(t)=z_0+re^{it}$라 하면 Cauchy 적분정리에 의해

$$f(z_0)=\frac{1}{2\pi i}\oint_\gamma \frac{f(z)}{z-z_0}\,dz=\frac{1}{2\pi}\int_0^{2\pi} f(z_0+re^{it})\,dt$$

이므로

$$|f(z_0)|\le\frac{1}{2\pi}\int_0^{2\pi}\left|f(z_0+re^{it})\right|dt$$

가 된다. 이때, z_0+re^{it}는 D 내부에 있으므로 $\left|f(z_0+re^{it})\right|\le|f(z_0)|$이다. 따라서

$$\frac{1}{2\pi}\int_0^{2\pi}\left|f(z_0+re^{it})\right|dt\le\frac{1}{2\pi}\int_0^{2\pi}|f(z_0)|\,dt=|f(z_0)|$$

가 된다. 위 두 개의 부등식은

$$\frac{1}{2\pi}\int_0^{2\pi}\left|f(z_0+re^{it})\right|dt=|f(z_0)|$$

를 의미하고

$$\frac{1}{2\pi}\int_0^{2\pi}\left(|f(z_0)|-\left|f(z_0+re^{it})\right|\right)dt=0$$

이라 쓸 수 있다. 여기서 피적분함수는 $0\le t\le 2\pi$에서 연속이며 음이 아니다. 따라서 피적분함수는 완전히 0이 되어야 하므로

$$\left|f(z_0+re^{it})\right|=|f(z_0)|,\quad 0\le t\le 2\pi$$

가 된다. 이것은 $|f(z)|$가 z_0를 중심으로 하고 D에 포함되는 모든 원에 대해 상수값 $|f(z_0)|$을 갖는다는 것을 말한다. 그러나 D 내의 모든 점은 z를 중심으로 하는 어느 원 위에 있으므로 D 내의 모든 z에 대해 $|f(z)|=|f(z_0)|=$상수가 된다. 따라서 정리 18.10(2)에 의해 $f(z)$ 또한 상수함수가 되고 이것은 정리의 가정에 모순이다. 따라서 결론이 성립한다. ■

이제 최대 절대값 정리를 증명하자.

정리 20.11 최대 절대값 정리(maximum modulus theorem)

S가 연결된 옹골찬 집합이고 f는 S에서 연속이면서 S의 내부에서 미분가능할 때, $|f(z)|$는 S의 경계점에서 최대값을 갖게 된다. 또한, f가 S에서 상수함수가 아니면 $|f(z)|$는 S의 내점에서 최대값을 갖지 않는다.

[증명] S가 옹골찬 집합이고 f는 S에서 연속이기 때문에, 정리 18.6에 의해 S의 어떤 점 ζ에서 $|f(z)|$가 최대값이 된다는 것을 알고 있다. 만약 ζ가 내점이면, S에 포함되고 ζ가 중심인 열린 원판 D가 존재한다. 그러나 그렇게 되면 $|f(z)|$는 그 원판의 중심에서 최대값이 된다. 보조정리 20.2에 의해 f는 D에서 상수함수여야 하므로 항등정리에 의해 f는 S에서 상수함수이다. 따라서 f가 S에서 상수함수가 아니면 S상의 점 ζ는 S의 내점이 될 수 없으므로 ζ는 S의 경계점이다. 마지막으로 만약 f가 S에서 상수함수이면 당연히 ζ를 S의 경계에서 선택할 수 있다. ■

보기 20.12 $f(z) = \sin z$라 하자. 정사각형 $0 \le x \le \pi$, $0 \le y \le \pi$에서 $|f(z)|$의 최대값을 구하여 보자. $|f(z)|^2$으로 시작하는 것이 편리하다.

$$f(z) = \sin z = \sin x \cosh y + i \cos x \sinh y$$

이므로

$$|f(z)|^2 = \sin^2 x \cosh^2 y + \cos^2 x \sinh^2 y$$

가 된다. 최대 절대값 정리에 의해 $|f(z)|^2$은 최대값을 그 정사각형의 변에서 가져야 한다. 각 변을 순서대로 살펴보자.

아래쪽 변에서는 $y = 0$이고 $0 \le x \le \pi$이므로, $|f(z)|^2 = \sin^2 x$의 최대값은 1이다.

오른쪽 변에서는 $x = \pi$이고 $0 \le y \le \pi$이므로, $|f(z)|^2 = \sinh^2 y$의 최대값은 $\sinh^2 \pi$이다. 이것은 $\sinh y$가 $[0, \pi]$에서 증가하는 함수이기 때문이다.

위쪽 변에서는 $y = \pi$이고 $0 \le x \le \pi$이다. $|f(z)|^2 = \sin^2 x \cosh^2 \pi + \cos^2 x \cosh^2 \pi$이므로 $0 \le x \le \pi$의 어디서 최대값을 갖는지 알아야 한다. 이것은 일변수 미적분 문제이다. 이제

$$g(x) = \sin^2 x \cosh^2 \pi + \cos^2 x \sinh^2 \pi$$

라 하면

$$g'(x) = 2\sin x \cos x \cosh^2 \pi - 2\cos x \sin x \sinh^2 \pi$$
$$= \sin(2x)[\cosh^2 \pi - \sinh^2 \pi] = \sin 2x$$

가 된다. 이 미분은 $(0, \pi)$상의 $x = \pi/2$에서 0이 되므로 $\pi/2$는 g의 임계점이다.

$$g\left(\frac{\pi}{2}\right) = \cosh^2 \pi,$$
$$g(0) = g(\pi) = \sinh^2 \pi < \cosh^2 \pi$$

이므로 위쪽 변에서 $|f(z)|^2$의 최대값은 $\cosh^2 \pi$이다.

마지막으로 왼쪽 변에서는 $x = 0$이고 $0 \le y \le \pi$이므로, $|f(z)|^2 = \sinh^2 y$의 최대값은 $\sinh^2 \pi$이다.

따라서 정사각형의 변에서 $|f(z)|^2$의 최대값은 $\cosh^2 \pi$이므로 정사각형에서 $|f(z)|$의 최대값은 $\cosh \pi$ 이다.

연습문제 20.1

문제 1부터 10까지 주어진 멱급수에 대해 수렴 반지름과 수렴 원판을 구하여라.

1. $\sum_{n=0}^{\infty} \frac{n+1}{2^n}(z+3i)^n$

2. $\sum_{n=0}^{\infty} (-1)^n \frac{1}{(2n+1)^2}(z-i)^{2n}$

3. $\sum_{n=0}^{\infty} \frac{n^n}{(n+1)^n}(z-1+3i)^n$

4. $\sum_{n=0}^{\infty} \left(\frac{2i}{5+i}\right)^n (z+3-4i)^n$

5. $\sum_{n=0}^{\infty} \frac{i^n}{2^{n+1}}(z+8i)^n$

6. $\sum_{n=0}^{\infty} \frac{(1-i)^n}{n+2}(z-3)^n$

7. $\sum_{n=0}^{\infty} \frac{n^2}{2n+1}(z+6+2i)^n$

8. $\sum_{n=0}^{\infty} \frac{n^3}{4^n}(z+2i)^{3n}$

9. $\sum_{n=0}^{\infty} \left(\frac{e^{in}}{2n+1}\right)(z+4)^n$

10. $\sum \left(\frac{1-i}{1+i}\right)^n (z+2i)^n$

11. $\sum c_n(z-2i)^n$이 0에서는 수렴하고 i에서는 발산하는 것이 가능한가?

12. $\sum_{n=0}^{\infty} c_n(z-4+2i)^n$ 이 i에서는 수렴하고 $1+i$에서는 발산하는 것이 가능한가?

13. $\sum_{n=0}^{\infty} c_n z^n$의 수렴 반지름은 R이고 $\sum_{n=0}^{\infty} c_n^* z^n$의 수렴 반지름은 R^*일 때, $\sum_{n=0}^{\infty} (c_n + c_n^*) z^n$의 수렴 반지름은 얼마인가?

14. $|z - z_0| < R$(R은 양의 정수)인 원판 내의 모든 z에 대해 $\sum_{n=0}^{\infty} c_n(z-z_0)^n = \sum_{n=0}^{\infty} d_n(z-$

$z_0)^n$이라 하자. 이때 $n=0, 1, 2, \cdots$에 대해 $c_n = d_n$임을 증명하여라.

문제 15부터 32까지 각 점에 대한 함수의 Taylor 급수를 구하여라. 또 수렴 반지름과 급수의 수렴 원판을 결정하여라.

15. $\cos(2z)$; $z=0$

16. e^{-z} ; $z=-3i$

17. $\frac{1}{1-z}$; $4i$

18. $\sin(z^2)$; 0

19. $\frac{1}{(1-z)^2}$; 0

20. $\frac{1}{2+z}$; $1-8i$

21. z^2-3z+i ; $2-i$

22. $1+\frac{1}{2+z^2}$; i

23. $(z-9)^2$; $1+i$

24. $e^z - i\sin z$; 0

25. $\sin(z+i)$; $-i$

26. $\frac{3}{z-4i}$; -5

27. $\frac{1}{z-2-4i}$; $-2i$

28. e^{3-z} ; i

29. $\cos(z^2)-\sin z$; 0

30. $\cos z$; i

31. $e^z\cos z$; 0

32. $\cos^2 z$; 0

33. f가 중심이 0인 열린 원판에서 미분가능하고, $f''(z)=2f(z)+1$ 을 만족한다고 가정하자. $f(0)=1$과 $f'(0)=i$일 때, $f(z)$의 Maclaurin 급수를 구하여라.

34. $\sin^2 z$의 Maclaurin 급수의 처음 3개 항을 다음 3가지 방법으로 구하여라.
    (a) 먼저 0에서 Taylor 계수를 계산하여라.
    (b) $\sin z$에 대한 Maclaurin 급수와 그 자신의 곱의 처음 3개 항을 구하여라.
    (c) $\sin^2 z$를 지수함수의 항으로 쓰고, 이 함수의 Maclaurin 급수를 사용하여라.

35. $f(z)$의 복소 Fourier 급수전개를 다음과 같이 유도하여라. $|z|<R$에서 Maclaurin 급수 $f(z)=\sum_{n=0}^{\infty} c_n z^n$로 시작하자. 이 원판 내의 z를 $z=re^{i\theta}$로 쓰고

$$c_n = \frac{1}{2\pi R^n}\int_0^{2\pi} f(Re^{i\theta})e^{-in\theta}\,d\theta$$

일 때 $f(z)=\sum_{n=0}^{\infty} c_n r^n e^{in\theta}$를 보여라.

36. 문제 35에서

$$\sum_{n=0}^{\infty} |c_n|^2 r^{2n} = \frac{1}{2\pi}\int_0^{2\pi} \left|f(re^{i\theta})\right|^2 d\theta$$

임을 보여라. 이것은 Parseval 정리의 한 형태이다.

37. 다음을 보여라.

$$\sum_{n=0}^{\infty} \frac{1}{(n!)^2} z^{2n} = \frac{1}{2\pi}\int_0^{2\pi} e^{2z\cos\theta}\,d\theta$$

힌트: 먼저 $n=0, 1, 2, \cdots$일 때, 원점에 대한 단위원 Γ에 대해

$$\left(\frac{z^n}{n!}\right)^2 = \frac{1}{2\pi i}\oint_\Gamma \frac{z^n}{n!w^{n+1}} e^{zw}\,dw$$

임을 보여라.

38. x가 실수일 때 $g(x)=e^x$라 하자. 모든 z에 대해 해석적이고, 실수 x에 대해 $E(x)=g(x)$인 복소함수 $E(z)$가 존재함을 증명하여라.

39. f가 모든 복소수 z에 대해 해석적인 복소함수라 하자. 모든 양의 정수 n에 대해 $f(1/n) = \sin(1/n)$이면 모든 z에 대해 $f(z) = \sin z$임을 증명하여라.

40. 정사각형 $0 \le x \le \pi$, $0 \le y \le \pi$에서 $|\cos z|$의 최대값을 구하여라.

41. 직사각형 $0 \le x \le 1$, $0 \le y \le \pi$에서 $|e^z|$의 최대값을 구하여라.

42. 직사각형 $0 \le x \le 2\pi$, $0 \le y \le 1$에서 $|\sin z|$의 최대값을 구하여라.

20.2 Laurent 전개

f가 중심이 z_0인 원판에서 미분가능하면 $f(z)$는 z_0에 대한 Taylor 급수로 전개할 수 있다. f가 z_0 근방에서 미분불가능하면, 이것은 Laurent 전개라 불리는 z_0에 대한 다른 종류의 급수로 전개할 수 있는 경우도 있다. 이것은 함수의 특성을 이해하는 데, 또 급수를 합하고 실적분과 복소적분의 값을 구하는 것과 같은 응용에 깊이 관련된다.

이전에 소개한 것처럼 두 동심원 사이 점들의 열린집합을 원환이라 하는데 일반적으로 원환은

$$r < |z - z_0| < R$$

와 같이 부등식으로 나타낸다. 여기서 r은 내부원의 반지름이고, R은 외부원의 반지름이다(그림 20.8). 이 부등식에서 $r = 0$은 허용되며, 이 경우 원환은 $0 < |z - z_0| < R$으로 중심이 제거된 열린 원판인 구멍난 원판(punctured disk)이 된다.

또한 $R = \infty$는 허용된다. 이때의 원환 $r < |z - z_0| < \infty$은 반지름이 r인 내부원 바깥의 모든 점으로 구성된다. 원환 $0 < |z - z_0| < \infty$은 z_0를 제외한 모든 복소수 z로 구성된다.

이제 Laurent 급수에 대해 살펴보자.

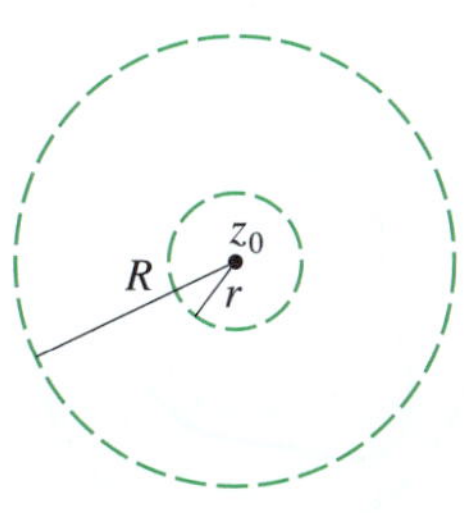

그림 20.8 열린 원환 $r < |z - z_0| < R$의 경계를 이루고 있는 원 $|z - z_0| = r$과 원 $|z - z_0| = R$

정리 20.12 Laurent 전개

f가 원환 $r < |z - z_0| < R$에서 미분가능하고 $0 \le r < R \le \infty$이면 원환의 모든 z에 대해

$$f(z) = \sum_{n=-\infty}^{\infty} c_n (z - z_0)^n$$

꼴로 쓸 수 있다. 여기서

$$c_n = \frac{1}{2\pi i} \oint_\gamma \frac{f(z)}{(z - z_0)^{n+1}} dz$$

이며, γ는 원환 내부에 놓이고 z_0를 둘러싸는 임의의 닫힌 경로이다.

전형적인 γ를 그림 20.9에서 볼 수 있다. 이 정리의 급수는 $z - z_0$의 양 또는 음의 제곱을 포함할 수 있으며, 이 급수를 원환 내부의 z_0에 대한 $f(z)$의 **Laurent 전개** 또는 **Laurent 급수**라고 한다. 이 전개는

$$\cdots + \frac{c_{-2}}{(z - z_0)^2} + \frac{c_{-1}}{z - z_0} + c_0 + c_1(z - z_0) + c_2(z - z_0)^2 + \cdots$$

꼴이다. 이 함수는 z_0나 원환의 내부원 안에 놓인 점들에서 미분가능할 필요는 없고 심지어는 정의되지 않아도 된다. c_n들을 z_0에 대한 f의 **Laurent 계수**라고 한다.

Laurent 급수를 이용하여 $f(z)$를 다음과 같이 합의 형태로 분해하여 보자.

$$\begin{aligned} f(z) &= \sum_{n=-\infty}^{-1} c_n (z - z_0)^n + \sum_{n=0}^{\infty} c_n (z - z_0)^n \\ &= \sum_{n=1}^{\infty} \frac{c_{-n}}{(z - z_0)^n} + \sum_{n=0}^{\infty} c_n (z - z_0)^n = h(z) + g(z) \end{aligned}$$

$z - z_0$의 음이 아닌 제곱을 포함하는 부분은 $|z - z_0| < R$에서 미분가능한 함수 $g(z)$(이 부분은 Taylor 급수이기 때문에)이다. $z - z_0$의 음의 제곱만을 포함하는 부분은 z_0에서 정의되지 않는 함수 $h(z)$이고, 이 부분이 f가 미분되지 않는 점 z_0 근방에서 $f(z)$의 성질을 결정한다.

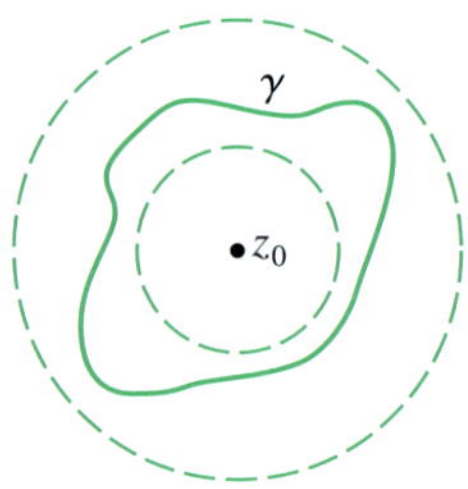

그림 20.9 z를 둘러싸고 원환 $r < |z - z_0| < R$ 내부에 놓여 있는 닫힌 경로 γ

이제 이 정리를 증명해 보자.

[증명] z가 원환에 있을 때 $r<r_1<r_2<R$이며 z가 원 $\gamma_1:|z-z_0|=r_1$과 원 $\gamma_2:|z-z_0|=r_2$ 사이에 놓이도록 r_1과 r_2를 선택하자(그림 20.10). 그림 20.11에 보인 것처럼 선분 L_1과 L_2를 두 원 사이에 삽입하여 2개의 닫힌 경로 Γ_1과 Γ_2를 원환 내에 형성하자. 이 경로들을 그림 20.12에 각각 보였다.

f는 Γ_1과 그 내부에서 미분가능하고, 그 곡선은 z를 둘러싼다. Cauchy 적분공식에 의해

$$f(z)=\frac{1}{2\pi i}\oint_{\Gamma_1}\frac{f(w)}{w-z}\,dw$$

이다. 한편, Γ_2는 z를 둘러싸지 않기 때문에 $f(w)/(w-z)$는 Γ_2와 그 내부에서 미분가능하므로 Cauchy 정리에 의해

$$\oint_{\Gamma_2}\frac{f(w)}{w-z}\,dw=0$$

이 된다.

이 두 식을 더하면

$$f(z)=\frac{1}{2\pi i}\oint_{\Gamma_1}\frac{f(w)}{w-z}\,dw+\frac{1}{2\pi i}\oint_{\Gamma_2}\frac{f(w)}{w-z}\,dw$$

을 얻는다. 두 경로의 방향은 양의 방향이다.

그림 20.12에서 삽입된 각 선분 L_1과 L_2는 두 적분을 합할 때 양 방향으로 적분되는 것을 알 수 있다. 따라서 이 선분들의 전체 적분에 대한 기여도는 0이 되므로 Γ_1과 Γ_2에서 L_1과 L_2 부분을 뺀 나머지 곡선들에 대하여 적분하면 된다. 그러나 그 곡선들 중에서 γ_2에 해당하는 부분은 양의 방향이고, γ_1에 대해서는 음의 방향이다. 따라서 위 식은

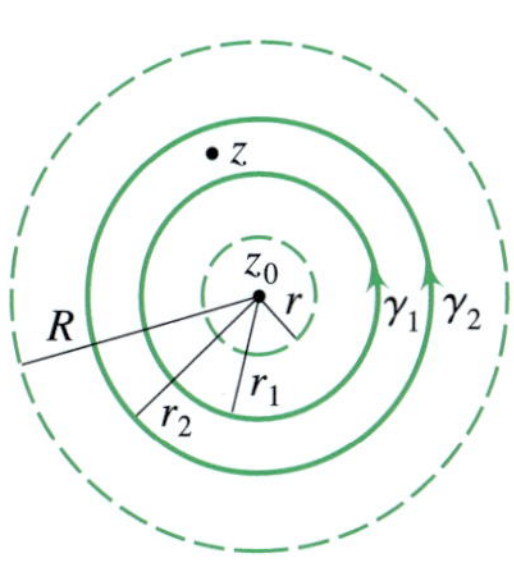

그림 20.10

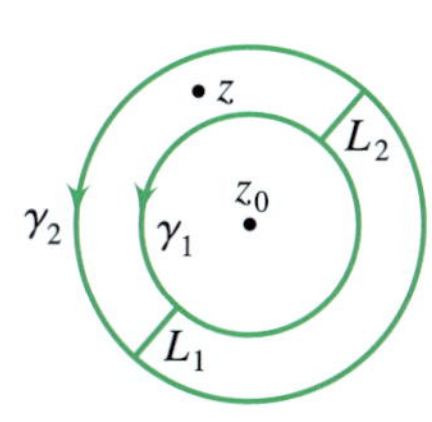

그림 20.11

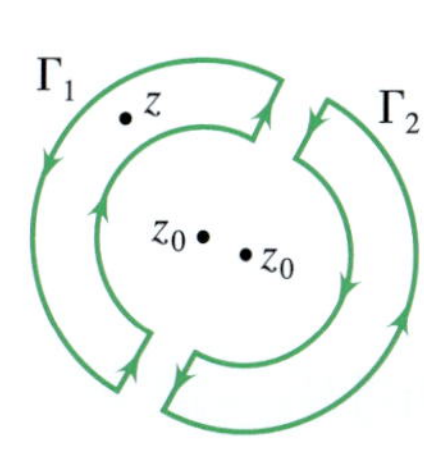

그림 20.12

$$f(z) = \frac{1}{2\pi i} \oint_{\gamma_2} \frac{f(w)}{w-z}\, dw - \frac{1}{2\pi i} \oint_{\gamma_1} \frac{f(w)}{w-z}\, dw \tag{20.2}$$

이 된다.

식 (20.2)의 첫 번째 적분을 위해

$$\begin{aligned} \frac{1}{w-z} &= \frac{1}{w-z_0-(z-z_0)} = \frac{1}{w-z_0} \frac{1}{1-(z-z_0)/(w-z_0)} \\ &= \frac{1}{w-z_0} \sum_{n=0}^{\infty} \left(\frac{z-z_0}{w-z_0} \right)^n = \sum_{n=0}^{\infty} \frac{1}{(w-z_0)^{n+1}} (z-z_0)^n \end{aligned}$$

이라 쓴다. 이 등비급수는 γ_2 상의 w에 대해 $|(z-z_0)/(w-z_0)|<1$이기 때문에 수렴한다.

식 (20.2)의 두 번째 적분을 위해

$$\begin{aligned} \frac{1}{w-z} &= \frac{1}{w-z_0-(z-z_0)} = \frac{-1}{z-z_0} \frac{1}{1-(w-z_0)/(z-z_0)} \\ &= -\frac{1}{z-z_0} \sum_{n=0}^{\infty} \left(\frac{w-z_0}{z-z_0} \right)^n = -\sum_{n=0}^{\infty} (w-z_0)^n \frac{1}{(z-z_0)^{n+1}} \end{aligned}$$

이라 쓴다. 이 등비급수는 γ_1 상의 w에 대해 $|(w-z_0)/(z-z_0)|<1$이기 때문에 수렴한다.

이제 이 급수들을 식 (20.2)에 대입하고 정리 20.4를 적용하여 항별 적분하면

$$\begin{aligned} f(z) &= \frac{1}{2\pi i} \oint_{\gamma_2} \left(\sum_{n=0}^{\infty} \frac{f(w)}{(w-z_0)^{n+1}}\, dw \right) (z-z_0)^n + \frac{1}{2\pi i} \oint_{\gamma_1} \left(\sum_{n=0}^{\infty} f(w)(w-z_0)^n\, dw \right) \frac{1}{(z-z_0)^{n+1}} \\ &= \sum_{n=0}^{\infty} \left(\frac{1}{2\pi i} \oint_{\gamma_2} \frac{f(w)}{(w-z_0)^{n+1}}\, dw \right) (z-z_0)^n + \sum_{n=0}^{\infty} \left(\frac{1}{2\pi i} \oint_{\gamma_1} f(w)(w-z_0)^n\, dw \right) \frac{1}{(z-z_0)^{n+1}} \end{aligned}$$

을 얻는다. 위 식의 마지막 항에서 $n=-m-1$이라 놓으면

$$f(z) = \sum_{n=0}^{\infty} \left(\frac{1}{2\pi i} \oint_{\gamma_2} \frac{f(w)}{(w-z_0)^{n+1}}\, dw \right) (z-z_0)^n + \sum_{m=-1}^{-\infty} \left(\frac{1}{2\pi i} \oint_{\gamma_1} \frac{f(w)}{(w-z_0)^{m+1}} \right) (z-z_0)^{-m}$$

이 된다. 이제 경로 변형 정리를 사용하여 z_0를 둘러싸고 원환 내에 놓여 있는 임의의 닫힌 경로 γ로 γ_1과 γ_2를 대신하면,

$$f(z) = \sum_{n=-\infty}^{\infty} c_n (z-z_0)^n$$

이 되고, 여기서

$$c_n = \frac{1}{2\pi i} \oint_{\gamma} \frac{f(z)}{(z-z_0)^{n+1}}\, dz$$

가 된다. ■

Taylor 급수에서처럼 적분공식을 사용하여 Laurent 전개의 계수를 계산하는 경우는 드물다 (이와는 반대로, 적분값 구하기 위하여 이들 계수 중 하나를 사용한다). 대신에 우리는 알려진 급수와 대수학적 또는 해석학적 방법을 사용한다. 이 방법을 사용하려면 먼저 원환에 있는 임의의 점에 대한 함수의 Laurent 전개가 유일하고, 유도 방법에 따라 변하지 않는다는 것을 확인해야 할 것이다.

정리 20.13 Laurent 급수 표현의 유일성

f가 원환 $r<|z-z_0|<R$에서 미분가능하다고 하자. 이 원환에 있는 모든 z에 대해

$$f(z)=\sum_{n=-\infty}^{\infty} b_n(z-z_0)^n$$

이면, 모든 n에 대해 b_n은 f의 Laurent 계수

$$b_n=\frac{1}{2\pi i}\oint_{\gamma}\frac{f(z)}{(z-z_0)^{n+1}}\,dz$$

가 된다. 여기서 γ는 원환 내부에 놓이고 z_0를 둘러싸는 임의의 닫힌 경로이다.

[증명] 원환 내에 z_0를 중심으로 하는 원 γ를 택하자. c_k를 z_0에 대한 f의 Laurent 계수라 하고, 정리 20.12와 20.4를 사용하면

$$\begin{aligned}2\pi i c_k&=\oint_{\gamma}\frac{f(w)}{(w-z_0)^{k+1}}\,dw=\oint_{\gamma}\left(\sum_{n=-\infty}^{\infty} b_n(w-z_0)^n\right)\frac{1}{(w-z_0)^{k+1}}\,dw\\&=\sum_{n=-\infty}^{\infty} b_n\oint_{\gamma}\frac{1}{(w-z_0)^{k-n+1}}\,dw\end{aligned}\tag{20.3}$$

을 얻는다. 이제 γ상의 점 w는 $w=z_0+re^{it}$, $0\le t\le 2\pi$ 꼴이 되며, 여기서 r은 γ의 반지름이다. 그러면

$$\begin{aligned}\oint_{\gamma}\frac{1}{(w-z_0)^{k-n+1}}\,dw&=\int_0^{2\pi}\frac{1}{r^{k-n+1}(e^{it})^{k-n+1}}\,ire^{it}\,dt\\&=\frac{i}{r^{k-n}}\int_0^{2\pi}e^{i(n-k)t}\,dt=\begin{cases}0 & k\ne n\text{일 때},\\ 2\pi i & k=n\text{일 때}\end{cases}\end{aligned}$$

이 된다. 따라서 식 (20.3)의 마지막 급수의 항은 $n=k$일 때를 제외하고는 모두 사라지므로

$$2\pi i c_k=2\pi i b_k$$

가 된다. 따라서 모든 정수 k에 대해 $b_k=c_k$이다. ■

Laurent 전개의 유일성에 관한 정리 20.13에 의해 다음의 보기들처럼 기존에 알려진 급수를 이용하여 Laurent 전개를 구할 수 있다.

보기 20.13 $e^{1/z}$는 원점이 제거된 평면인 원환 $0<|z|<\infty$에서 미분가능하다.

$$e^z = \sum_{n=0}^{\infty} \frac{1}{n!} z^n$$

이기 때문에, 이 원환에서

$$e^{1/z} = \sum_{n=0}^{\infty} \frac{1}{n!}\left(\frac{1}{z}\right)^n = 1 + \frac{1}{z} + \frac{1}{2}\frac{1}{z^2} + \frac{1}{6}\frac{1}{z^3} + \frac{1}{24}\frac{1}{z^4} + \cdots$$

이 된다. 이것은 0에 대한 $e^{1/z}$의 Laurent 전개로, 0이 아닌 모든 z에서 수렴한다. 이 전개는 상수항과 z의 무한히 많은 음의 정수 거듭제곱항을 포함하지만, 양의 거듭제곱항은 포함하지 않는다.

보기 20.14 0에 대한 $(\cos z)/z^5$의 Laurent 전개를 구하자. 모든 z에 대해

$$\cos z = \sum_{n=0}^{\infty} \frac{(-1)^n}{(2n)!} z^{2n}$$

이다. $z \neq 0$일 때

$$\frac{\cos z}{z^5} = \sum_{n=0}^{\infty} \frac{(-1)^n}{(2n)!} z^{2n-5} = \frac{1}{z^5} - \frac{1}{2}\frac{1}{z^3} + \frac{1}{24}\frac{1}{z} - \frac{1}{720}z + \frac{1}{40320}z^3 - \cdots$$

이 된다. 이것은 0에 대한 $\cos z/z^5$의 Laurent 전개이다. 이 전개는 z의 음의 거듭 제곱을 포함하는 3개의 항만을 가지며, 나머지 항들은 양의 제곱항들이다.

보기 20.15 $-i$에 대한 $1/(1+z^2)$의 Laurent 급수를 구하자.

이 함수는 $-i$에 중심을 둔 원환 $0<|z+i|<2$에서 미분가능하다. 이 원환의 반지름은 2이다.

$z+i$의 거듭제곱 꼴을 구하기 위해, 부분분수를 이용하면

$$\frac{1}{1+z^2} = \frac{1}{(z+i)(z-i)} = \frac{i}{2}\frac{1}{z+i} - \frac{i}{2}\frac{1}{z-i}$$

이 된다. 첫 번째 항은 이미 $z+i$의 거듭제곱 꼴이므로 그대로 두고, 마지막 항을 변형하여

$$\frac{1}{z-i}=\frac{1}{-2i+(z+i)}=\frac{-1}{2i}\frac{1}{1-(z+i)/2i}$$
$$=\frac{-1}{2i}\sum_{n=0}^{\infty}\left(\frac{z+i}{2i}\right)^n=-\sum_{n=0}^{\infty}\frac{1}{(2i)^{n+1}}(z+i)^n$$

으로 쓸 수 있다. 이 등비급수 전개는 $1/(1+z^2)$이 정의되는 원환 $|z+i|<2$에서 만족된다. 이제

$$\frac{1}{1+z^2}=\left(\frac{i}{2}\right)\frac{1}{z+i}-\left(\frac{i}{2}\right)\left(-\sum_{n=0}^{\infty}\frac{1}{(2i)^{n+1}}(z+i)^n\right)$$
$$=\frac{i}{2}\frac{1}{z+i}+\frac{i}{2}\sum_{n=0}^{\infty}\frac{1}{(2i)^{n+1}}(z+i)^n$$

이 되며, 이것이 원환 $0<|z+i|<2$에서 $1/(1+z^2)$의 Laurent 전개이다.

보기 20.16 -1에 대한 $1/(z+1)(z-3i)$의 Laurent 급수를 구하라.

부분분수로 전개하면

$$\frac{1}{(z+1)(z-3i)}=\frac{-1+3i}{10}\frac{1}{z+1}+\frac{1-3i}{10}\frac{1}{z-3i}$$

이 되고, $1/(z+1)$은 이미 -1에 대해 전개되어 있으므로, 마지막 항을 살펴보면

$$\frac{1}{z-3i}=\frac{1}{-1-3i}\frac{1}{1-(z+1)/(1+3i)}=-\sum_{n=0}^{\infty}\frac{1}{(1+3i)^{n+1}}(z+1)^n$$

이 된다. 이 전개는 $|(z+1)/(1+3i)|<1$, 즉 $|z+1|<\sqrt{10}$에서 만족된다. 따라서 $1/(z+1)(z-3i)$의 -1에 대한 Laurent 전개는

$$\frac{1}{(z+1)(z-3i)}=\frac{-1+3i}{10}\frac{1}{z+1}-\frac{1-3i}{10}\sum_{n=0}^{\infty}\frac{1}{(1+3i)^{n+1}}(z+1)^n$$

이고, 이것은 원환 $0<|z+1|<\sqrt{10}$에서 만족된다. $\sqrt{10}$이 Laurent 전개의 중심인 -1로부터 함수가 미분불가능한 점 $3i$까지의 거리임에 주목하자.

다음 장에서 실적분과 복소 적분의 계산과 급수합의 계산 등에 많이 응용되는 유수정리를 유도하기 위하여 Laurent 전개를 사용할 것이다.

연습문제 20.2

문제 1부터 13까지 원환 $0<|z-z_0|<R$ 내의 주어진 점에 대한 함수의 Laurent 전개를 구하여라.

1. $\dfrac{2z}{1+z^2}$; i

2. $\dfrac{\sin z}{z^2}$; 0

3. $\dfrac{1-\cos(2z)}{z^2}$; 0

4. $z^2\cos\left(\dfrac{i}{z}\right)$; 0

5. $\dfrac{z^2}{1-z}$; 1

6. $\dfrac{z^2+1}{2z-1}$; $\dfrac{1}{2}$

7. $\dfrac{e^{z^2}}{z^2}$; 0

8. $\dfrac{\sin(4z)}{z}$; 0

9. $\dfrac{z+i}{z-i}$; i

10. $\sinh\left(\dfrac{1}{z^3}\right)$; 0

11. $e^{1/(z+i)}$; $-i$

12. $\dfrac{2i}{z-1+i}$; $1-i$

13. $\dfrac{1}{z^2-4}$; 2

14. n계 복소 Bessel 함수 $J_n(z)$는 정수 n에 대해

$$e^{z(w-1/w)/2}=\sum_{n=-\infty}^{\infty}J_n(z)w^n$$

으로 정의된다. 즉, $J_n(z)$는 w에 대해 $e^{z(w-1/w)/2}$을 0을 중심으로 Laurent 전개했을 때 w^n의 계수이다.

(a) Laurent 계수에 대한 적분공식을 사용하여

$$J_n(z)=\frac{1}{\pi}\int_0^{\pi}\cos(n\theta-z\sin\theta)d\theta$$

임을 보여라.

(b) $e^{z(w-1/w)/2}=e^{zw/2}e^{-z/2w}$로 쓰고 이 함수들의 급수전개를 곱하여

$$J_n(z)=\sum_{k=0}^{\infty}(-1)^k\frac{1}{k!(n+k)!}\left(\frac{z}{2}\right)^{n+2k}$$

임을 보여라.

21장 특이점과 유수정리

21.1 특이점

정의 21.1 고립 특이점

복소함수 f가 원환 $0<|z-z_0|<R$에서 미분가능하면 z_0를 f의 **고립 특이점(isolated singularity)**이라 한다.

예를 들어 $1/z$은 0에서 고립 특이점을 갖고, $\sin z/(z-\pi)$는 π에서 고립 특이점을 갖는다. 이제 특이점들에 대해 함수의 Laurent 전개를 이용하여 고립 특이점의 형태를 분류한다.

정의 21.2 특이점의 분류

f가 z_0에서 고립 특이점을 갖는다고 하자. 또 원환 $0<|z-z_0|<R$에서 $f(z)$의 Laurent 전개가 다음과 같다고 하자.

$$f(z)=\sum_{n=-\infty}^{\infty} c_n(z-z_0)^n .$$

(1) $n<0$인 모든 n에 대해 $c_n=0$이면 z_0는 f의 **제거가능한 특이점(removable singularity)**이라 한다.

(2) $c_{-m}\neq 0$ (m은 양의 정수)이고 $n<-m$인 모든 n에 대해 $c_n=0$이면, z_0은 m차 **극(pole)**이라 한다.

(3) 무한히 많은 양의 정수 n에 대해 $c_{-n}\neq 0$이면, z_0는 f의 **진성 특이점(essential singularity)**이라 한다.

이들 3가지 형태는 고립 특이점에 대한 모든 가능성을 다루고 있다.

제거가능한 특이점에 있어서, 함수의 Laurent 전개는 $z-z_0$의 음의 지수항을 갖지 않는다. 따라서 z_0에 대한 급수는

$$f(z)=\sum_{n=0}^{\infty} c_n(z-z_0)^n$$

이 된다. 이 경우, $f(z_0)$에는 c_0를 할당할 수 있고, 열린 원판 $|z-z_0|<r$에서 이 함수는 미분가능하다.

보기 21.1 영역 $0<|z|<\infty$에 대해

$$f(z)=\frac{1-\cos z}{z}$$

라 하자. 모든 z에 대해

$$\cos z = 1 - \frac{z^2}{2!} + \frac{z^4}{4!} - \frac{z^6}{6!} + \cdots$$

이므로, $z \neq 0$에 대해

$$f(z) = \frac{1-\cos z}{z} = \frac{z}{2!} - \frac{z^3}{4!} + \frac{z^5}{6!} + \cdots = \sum_{n=1}^{\infty} \frac{(-1)^n}{(2n)!} z^{2n-1}$$

이다. 우변의 급수는 멱급수이고, $z=0$에서 0이 된다. 그러므로 다음과 같이 $z \neq 0$에서 $f(z)$와 일치하도록 새로운 함수를 정의하면

$$g(z) = \begin{cases} (1-\cos z)/z & z \neq 0 \text{ 일 때}, \\ 0 & z = 0 \text{ 일 때} \end{cases}$$

$g(z)$는 0 근방에서 멱급수 전개를 가지므로 $z=0$에서도 미분이 가능해진다. 즉, 함수 f를 0에서 미분가능한 함수 g로 확장할 수 있었다.

위 보기에서 알 수 있듯이 제거가능한 특이점이라 함은, 그 점에서 함수에 어떤 값을 '적절하게 할당하여' 미분가능한 함수로 확장할 수 있는 특이점인 것이다.

보기 21.2 $f(z) = \sin z/(z-\pi)$는 π에서 제거가능한 특이점을 갖는다. 이것을 확인하려면 먼저 $0 < |z-\pi| < \infty$에서 $f(z)$의 Laurent 전개를 구한다. 이를 쉽게 구하려면 우선

$$\sin(z-\pi) = \sin z \cos \pi - \cos z \sin \pi = -\sin z$$

으로부터

$$\sin z = -\sin(z-\pi) = \sum_{n=0}^{\infty} \frac{(-1)^{n+1}}{(2n+1)!} (z-\pi)^{2n+1}$$

이 성립한다. 그러면 $z \neq \pi$에 대해

$$\frac{\sin z}{z-\pi} = \sum_{n=0}^{\infty} \frac{(-1)^{n+1}}{(2n+1)!} (z-\pi)^{2n} = -1 + \frac{1}{6}(z-\pi)^2 - \frac{1}{120}(z-\pi)^4 + \cdots$$

이다. 비록 $f(\pi)$는 정의되지 않지만 우변 급수는 $z=\pi$에서 정의되고, 그 점에서 급수값은 -1이 된다. 그러므로 $z=\pi$일 때 함수값이 -1인 새로운 함수 g를 정의하면, 이는 평면 전체에서 미분가능하게 된다. 즉,

$$g(z) = \begin{cases} f(z) & z \neq \pi \text{ 일 때,} \\ -1 & z = \pi \text{ 일 때} \end{cases}$$

이라 하면, $z \neq \pi$일 때 $f(z) = g(z)$이고 $g(\pi) = -1$이므로, 위의 전개는 $z = \pi$에 대한 $g(z)$의 멱급수 표현이 되므로 $g(z)$는 $z = \pi$에서도 미분가능함을 알 수 있다.

f가 z_0에서 극을 가지려면, z_0에 대한 f의 Laurent 전개가 $z - z_0$에 대한 유한개의 음의 지수항을 가져야 한다. 만약 m차 극을 갖는다면, Laurent 전개는

$$f(z) = \frac{c_{-m}}{(z-z_0)^m} + \frac{c_{-m+1}}{(z-z_0)^{m-1}} + \cdots + \frac{c_{-1}}{z-z_0} + \sum_{n=0}^{\infty} c_n (z-z_0)^n$$

꼴이고, 이때 $c_{-m} \neq 0$이다. 이 전개는 원환 $0 < |z - z_0| < R$에서 성립된다.

보기 21.3 $f(z) = 1/(z+i)$이라 하자. 이 함수는 자신이 $-i$에 대한 Laurent 전개이고, $c_{-1} = 1$이며, 나머지 계수는 모두 0인 경우이다. 따라서 $-i$는 f의 1차 극이다.

이 특이점은 제거불가능한데 다시 말하면 $-i$에서 미분가능하도록 $f(-i)$에 어떤 값을 할당할 방법이 없다.

보기 21.4 $g(z) = 1/(z+i)^3$일 때 $-i$는 g의 3차 극이다. 이 함수는 $-i$에서 그 자신이 Laurent 전개고, c_{-3}의 계수는 1로서 0이 아니지만 나머지 계수는 모두 0인 경우다.

정의 21.3 단순극

1차 극을 **단순극(simple pole)**이라 한다.

보기 21.5

$$f(z) = \frac{\sin z}{z^2}$$

이라 하면, $z \neq 0$에 대해서

$$f(z) = \frac{1}{z^2} \sum_{n=0}^{\infty} \frac{(-1)^n}{(2n+1)!} z^{2n+1} = \sum_{n=0}^{\infty} \frac{(-1)^n}{(2n+1)!} z^{2n-1} = \frac{1}{z} - \frac{1}{6} z + \frac{1}{120} z^3 - \frac{1}{5040} z^5 + \cdots$$

이다. 그러므로 f는 0에서 단순극을 갖는다.

보기 21.6 $e^{1/z}$ 은 0을 제외한 모든 z에서 정의되며, 보기 20.13에서 보았듯이 $z \neq 0$일 때

$$e^{1/z} = \sum_{n=0}^{\infty} \frac{1}{n!} \frac{1}{z^n}$$

이다. 이 Laurent 전개는 z에 대한 음의 지수항을 무한히 포함하므로, 0은 $e^{1/z}$의 진성 특이점이다.

이제 함수의 극을 확인하는 데 유용한 여러 가지 방법을 살펴보자.

정리 21.1 m차 극에 대한 조건

f는 원환 $0 < |z - z_0| < R$에서 미분가능하다고 하자. f가 z_0에서 m차 극을 가질 필요충분조건은

$$\lim_{z \to z_0} (z - z_0)^m f(z)$$

이 존재하고 0이 아니어야 한다는 것이다.

[증명] 이 원환에서 $f(z)$의 Laurent 전개를

$$f(z) = \sum_{n=-\infty}^{\infty} c_n (z - z_0)^n, \quad 0 < |z - z_0| < R$$

이라 하자. 만약 f가 z_0점에서 m차 극을 갖는다면 f의 Laurent 급수는

$$f(z) = \sum_{n=-m}^{\infty} c_n (z - z_0)^n$$

이고, 여기서 $c_{-m} \neq 0$이다.

$$(z - z_0)^m f(z) = \sum_{n=-m}^{\infty} c_n (z - z_0)^{n+m} = \sum_{n=0}^{\infty} c_{n-m} (z - z_0)^n$$
$$= c_{-m} + c_{-m+1}(z - z_0) + c_{-m+2}(z - z_0)^2 + \cdots$$

이므로

$$\lim_{z \to z_0} (z - z_0)^m f(z) = c_{-m} \neq 0$$

이다.

역으로, $\lim_{z \to z_0} (z - z_0)^m f(z) = L \neq 0$라고 해 보자. f가 z_0에서 m차 극을 갖는다는 것을 보이려고 한다. 극한의 정의로부터 $0 < \delta < R$이면서 다음을 만족하는 δ가 존재한다.

$$0<|z-z_0|<2\delta \Rightarrow \left|(z-z_0)^m f(z)-L\right|<1.$$

이러한 z에 대해

$$\left|(z-z_0)^m f(z)\right|<|L|+1$$

이므로 특히 $|z-z_0|=\delta$이면

$$\left|(z-z_0)^{-n-1}f(z)\right|<(|L|+1)\,|z-z_0|^{-n-m-1}=(|L|+1)\,\delta^{-n-m-1}$$

이 된다. z_0에서 $f(z)$의 Laurent 계수는 정리 20.12에 따라 임의의 정수 n에 대해

$$c_n=\frac{1}{2\pi i}\oint_\gamma \frac{f(z)}{(z-z_0)^{n+1}}\,dz$$

이고, 여기서 γ는 중심이 z_0이고 반지름이 δ인 원으로 선택할 수 있다. 그러면

$$|c_n|\le\frac{1}{2\pi}(2\pi\delta)\max_{z\in\gamma}\left|f(z)(z-z_0)^{-n-1}\right|<(|L|+1)\,\delta^{-n-m}$$

이다. $n<-m$이면 δ를 작은 값으로 선택함으로써 δ^{-n-m}을 아주 작은 값으로 만들 수 있다. 따라서 $n<-m$이면 $|c_n|=0$이 되므로 $c_n=0$이다. 결국 z_0에서 $f(z)$의 Laurent 전개는

$$f(z)=\frac{c_{-m}}{(z-z_0)^m}+\frac{c_{-m+1}}{(z-z_0)^{m-1}}+\cdots+\frac{c_{-1}}{z-z_0}+\sum_{n=0}^{\infty}c_n(z-z_0)^n$$

이 된다. 여기서

$$c_{-m}=\lim_{z\to z_0}(z-z_0)^m f(z)=L\neq 0$$

이다. 따라서 f는 z_0에서 m차 극을 갖는다. ■

보기 21.7 보기 21.3을 다시 보자.

$$\lim_{z\to -i}(z+i)\,f(z)=\lim_{z\to -i}(z+i)\frac{1}{z+i}=1\neq 0$$

이 성립하므로 $-i$에서 f는 단순극을 갖는다.

보기 21.4에서

$$\lim_{z\to -i}(z+i)^3 g(z)=\lim_{z\to -i}(z+i)^3\frac{1}{(z+i)^3}=1\neq 0$$

이 되므로, g는 $-i$에서 3차 극을 갖는다.

보기 21.5에서

$$\lim_{z\to 0} z\frac{\sin z}{z^2} = \lim_{z\to 0}\frac{\sin z}{z} = 1 \neq 0$$

이므로, $\sin z/z^2$은 0에서 단순극을 갖는다. 흔히 범하기 쉬운 실수는 분모가 2차 영점을 가지므로 이 함수가 0에서 2차 극을 갖는다고 생각하는 것이다. 그러나

$$\lim_{z\to 0} z^2\frac{\sin z}{z^2} = \lim_{z\to 0}\sin z = 0$$

이므로, 정리 21.1에 의해 0은 이 함수의 2차 극이 아니다.

만약 $f(z)$가 분수함수 형태라면, 분모가 0이 되는 곳에서 극을 찾는 것이 자연스럽다. 이러한 방식으로 극을 찾을 수 있는 경우는, 분모는 z_0에서 0이 되지만 분자는 0이 되지 않을 때이다. 만약 $g(z_0) = \cdots = g^{(k-1)}(z_0) = 0$이고 $g^{(k)}(z_0) \neq 0$이면 z_0는 $g(z)$의 k차 영점이라는 것을 기억하자. 영점의 차수는 그 점에서 0이 되지 않는 최저차 도함수의 계수이다.

정리 21.2 분수 형태 함수의 극 I

$f(z) = h(z)/g(z)$이고, h와 g는 z_0를 중심으로 하는 열린 원판에서 미분가능하다고 하자. 또 $h(z_0) \neq 0$이고, z_0는 g의 m차 영점이라고 하자. 그러면 z_0는 f의 m차 극이다.

이 증명은 학생들에게 맡긴다.

보기 21.8

$$f(z) = \frac{1+4z^3}{\sin^6 z}$$

은 0에서 6차 극을 갖는다. 분자는 $z=0$에서 그 값이 0이 되지 않지만, $z=0$은 분모의 6차 영점이기 때문이다. 마찬가지로 모든 정수 n에 대해 $z=n\pi$는 f의 6차 극이다.

정리 21.2는 분자도 z_0에서 0이 되면 성립하지 않는다. $f(z) = \sin z/z^2$의 경우가 그 예이다. 0은 분자의 1차 영점이고, 분모의 2차 영점이다. 보기 21.5에서 보았듯이 이 분수 형태 함수는 0이 단순극이다. 이 예의 경우 극의 차수는 분모의 영의 차수에서 분자의 영의 차수를 뺀 값과 같은데, 일반적으로 이것이 성립된다.

정리 21.3 분수 형태 함수의 극 II

$f(z) = h(z)/g(z)$이고, h와 g는 z_0를 중심으로 하는 열린 원판에서 미분가능하다고 하자. 또 z_0는 h의 k차 영점, g의 m차 영점이라 하자. $m > k$이면 z_0는 f의 $m-k$차 극이다.

이 증명도 학생들에게 맡긴다. 위 정리에서 $m = k$인 경우 f는 z_0에서 제거가능한 특이점을 갖게 되고(보기 21.1 참조) $m < k$이면 z_0가 f의 $k-m$차 영점이 되게 f를 확장시킬 수 있다 ($f(z_0) = 0$으로 정의).

보기 21.9

$$f(z) = \frac{(z-3\pi/2)^4}{\cos^7 z}$$

에서, $3\pi/2$는 분자의 4차 영점, 분모의 7차 영점이다. 따라서 $3\pi/2$는 f의 3차 극이다.

보기 21.10 $f(z) = \tan^3 z / z^9$이라 하자. $z = 0$은 분자의 3차 영점, 분모의 9차 영점이다. 따라서 $z = 0$은 f의 6차 극이다.

차수 계산은 곱의 형태에서도 유사하게 적용된다. 주어진 점에서 두 함수곱의 극의 차수는 각 함수의 극의 차수를 더한 것이다.

정리 21.4 곱셈 형태 함수의 극

z_0가 f의 m차 극, g의 n차 극이면 z_0는 fg의 $m+n$차 극이다.

보기 21.11

$$f(z) = \frac{1}{\cos^4 z(z-\pi/2)^2}$$

는 곱의 형태

$$f(z) = \left[\frac{1}{\cos^4 z}\right]\left[\frac{1}{(z-\pi/2)^2}\right]$$

이다. 여기서 $\pi/2$는 $1/\cos^4 z$의 4차 극, $1/(z-\pi/2)^2$의 2차 극이다. 따라서 $\pi/2$는 f의 6차 극이다. 또한, 임의의 0이 아닌 n에 대해 $z = (2n+1)\pi/2$는 f의 4차 극이다.

연습문제 21.1

문제 1부터 20까지 함수의 모든 특이점을 찾고, 각 특이점이 제거가능한 것인지, 어떤 차수의 극인지, 혹은 진성 특이점인지를 말하여라.

1. $\dfrac{\cos z}{z^2}$

2. $\dfrac{4\sin(z+2)}{(z+i)^2(z-i)}$

3. $e^{1/z}(z+2i)$

4. $\dfrac{\sin z}{z-\pi}$

5. $\dfrac{\cos(2z)}{(z-1)^2(1+z^2)}$

6. $\dfrac{z}{(z+1)^2}$

7. $\dfrac{z-i}{z^2+1}$

8. $\dfrac{\sin z}{\sinh z}$

9. $\dfrac{z}{z^4-1}$

10. $\tan z$

11. $\dfrac{1}{\cos z}$

12. $e^{1/z(z+1)}$

13. $\dfrac{1}{z^2}e^{iz}$

14. $\dfrac{\sin z}{z(z-\pi)(z-i)^2}$

15. $\dfrac{e^{2\pi}}{(z+1)^4}$

16. $\dfrac{\sinh z}{z^4}$

17. $\cosh z$

18. $\dfrac{2i-1}{(z^2+2z-3)^2}$

19. $\dfrac{\sin z}{(z+\pi)^2}$

20. $\csc^3(2z)$

21. f는 z_0에서 미분가능하고, z_0는 g의 m차 극이라고 하자. $f(z_0)\neq 0$일 때 z_0는 fg의 m차 극임을 증명하여라.

22. h와 g가 z_0에서 미분가능한 함수이고, $g(z_0)\neq 0$이며, z_0는 h의 2차 영점이다. 이때 z_0는 $g(z)/h(z)$의 2차 극임을 보여라.

23. h와 g가 z_0에서 미분가능한 함수이고, $g(z_0)\neq 0$이며, z_0는 h의 3차 영점이다. 이때 z_0는 $g(z)/h(z)$의 3차 극임을 보여라.

21.2 유수정리

특이점에 대한 Laurent 급수의 특정한 계수를 이용하면 적분을 계산하는 데 있어서 아주 유용한데, 이와 관련한 유수정리를 소개하고자 한다. f가 원환 $0<|z-z_0|<R$에서 다음 Laurent

전개를 갖는다고 하자.

$$f(z) = \sum_{n=-\infty}^{\infty} c_n (z - z_0)^n .$$

γ가 z_0를 감싸면서 원환에 놓이는 닫힌 경로라고 하자. 정리 20.12에 따라 Laurent 계수는 적분공식으로 주어진다. 특히 $1/(z-z_0)$의 계수는

$$c_{-1} = \frac{1}{2\pi i} \oint_\gamma f(z)\, dz$$

이므로

$$\oint_\gamma f(z) dz = 2\pi i c_{-1} \tag{21.1}$$

이다. Laurent 전개에서 이 계수를 알면 적분값을 알 수 있다. 이 사실에서 계수 c_{-1}은 특별한 중요성이 있다는 것을 알 수 있는데, 이 때문에 이 계수에 이름을 붙인다.

정의 21.4 유수

복소함수 f가 z_0에서 특이점을 갖고 원환 $0 < |z - z_0| < R$에서 Laurent 급수 $f(z) = \sum_{n=-\infty}^{\infty} c_n (z-z_0)^n$을 갖는다고 하자. 이때 계수 c_{-1}을 z_0에서 f의 **유수(residue)**라 하고 $\mathrm{Res}(f,\ z_0)$라 표기한다.

이제 식 (21.1)을 f가 유한개의 미분불가능한 점들을 둘러싸는 γ에 대해서 적용할 수 있도록 확장할 것이다.

정리 21.5 유수정리(residue theorem)

γ는 닫힌 경로이고 f는 γ상의 모든 점에서 미분가능하고 γ 내부의 점들 가운데 $z_1, \cdots, z_n$을 제외한 나머지 모든 점에서 미분가능한 함수라 하면

$$\oint_\gamma f(z) dz = 2\pi i \sum_{j=1}^{n} \mathrm{Res}(f,\ z_j)$$

이 성립한다. 즉, 이 적분값은 γ에 둘러싸인 f의 특이점들에 대한 유수의 합에 $2\pi i$를 곱한 값이다.

[증명] 각 특이점 z_j를 감싸는 닫힌 경로 γ_j를 생각하자(그림 21.1). 각 γ_j는 γ 내부에 놓이고, 단 한 개의 특이점만 감싸며, 다른 닫힌 경로 γ_k와는 교차하지 않는다고 하자. 경로 변형 정리의 확장(정리 19.13)과 식 (21.1)에 따라

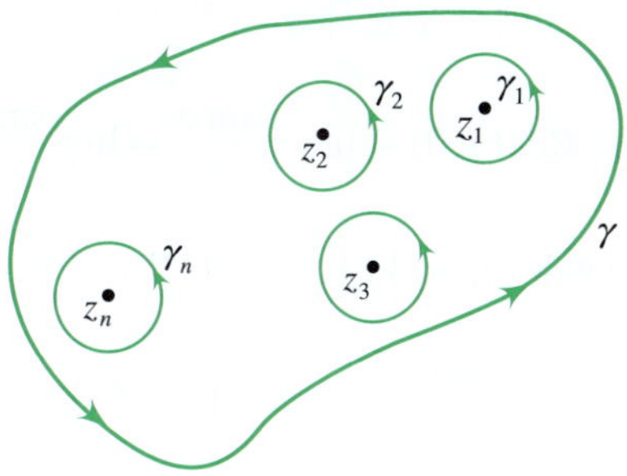

그림 21.1 유수정리 증명의 경로들

$$\oint_{\gamma} f(z)\,dz = \sum_{j=1}^{n} \oint_{\gamma_j} f(z)\,dz = 2\pi i \sum_{j=1}^{n} \mathrm{Res}(f, z_j)$$

이 된다. ■

유수정리를 사용하여 적분을 계산하고자 할 때 각 특이점에서 함수의 유수를 쉽게 구할 수 있어야 효과적으로 사용할 수 있을 것이다. 만약 정의에 의거해 각 특이점에서 f의 Laurent 전개를 일일이 구하고, $1/(z-z_j)$ 항의 계수를 복잡하게 계산할 수밖에 없다면, 이 정리는 적용하기가 불편할 것이다. 그런데 다행히도 극에 대해서는 유수를 계산하는 효율적인 방법이 있다(정리 21.6과 21.7).

정리 21.6 단순극에서 유수

z_0에서 f가 단순극을 가지면 다음이 성립한다.

$$\mathrm{Res}(f, z_0) = \lim_{z \to z_0} (z - z_0) f(z).$$

[증명] 원환 $0 < |z - z_0| < R$에서 z_0에 관한 Laurent 전개를

$$f(z) = \frac{c_{-1}}{z - z_0} + \sum_{n=0}^{\infty} c_n (z - z_0)^n$$

이라 하면

$$(z - z_0) f(z) = c_{-1} + \sum_{n=0}^{\infty} c_n (z - z_0)^{n+1} \Rightarrow \lim_{z \to z_0} (z - z_0) f(z) = c_{-1} = \mathrm{Res}(f, z_0)$$

이 된다. ■

보기 21.12 $f(z)=\sin z/z^2$ 은 0에서 단순극을 가지므로

$$\operatorname{Res}(f, 0)=\lim_{z\to 0} z\frac{\sin z}{z^2}=\lim_{z\to 0}\frac{\sin z}{z}=1$$

이 된다. γ가 원점을 감싸는 임의의 단순 닫힌 경로이면 유수정리에 의해

$$\oint_\gamma \frac{\sin z}{z^2}\,dz=2\pi i\operatorname{Res}(f, 0)=2\pi i$$

가 얻어진다.

보기 21.13

$$f(z)=\frac{z-6i}{(z-2)^2(z+4i)}$$

인 f는 $-4i$에서 단순극을 갖고, 2에서는 2차 극을 갖는다. 정리 21.6은 점 2에서 f의 유수를 찾는 데는 도움이 되지 않는다. 그러나 단순극에서는

$$\operatorname{Res}(f, -4i)=\lim_{z\to -4i}(z+4i)\frac{z-6i}{(z-2)^2(z+4i)}=\lim_{z\to -4i}\frac{z-6i}{(z-2)^2}=-\frac{2}{5}+\frac{3}{10}i$$

가 된다.

1보다 큰 차수의 극에서 유수를 구하는 공식을 살펴보기 전에 먼저 정리 21.6의 변형을 살펴보자.

따름정리 21.1

$f(z)=h(z)/g(z)$라 하자. 여기서 h는 z_0에서 미분가능하고 $h(z_0)\neq 0$이며 g는 z_0에서 미분가능하고 이 점에서 단순 영점을 갖는다고 하자. 그러면 z_0는 f의 단순극이며

$$\operatorname{Res}(f, z_0)=\frac{h(z_0)}{g'(z_0)}$$

이 성립된다.

[증명] 정리 21.2에 의해 z_0는 f의 단순극이다. 정리 21.6에 의해 다음이 성립된다.

$$\operatorname{Res}(f, z_0)=\lim_{z\to z_0}(z-z_0)\frac{h(z)}{g(z)}=\lim_{z\to z_0}\frac{h(z)}{((g(z)-g(z_0))/(z-z_0))}=\frac{h(z_0)}{g'(z_0)}.$$ ■

보기 21.14

$$f(z) = \frac{4iz-1}{\sin z}$$

일 때 π는 단순극이며, 따름정리 21.1에 의해

$$\text{Res}(f, \pi) = \frac{4i\pi - 1}{\cos \pi} = 1 - 4i\pi$$

가 얻어진다. 사실, 임의의 정수 n에 대해 $n\pi$는 f의 단순극이다. 그러므로

$$\text{Res}(f, n\pi) = \frac{4in\pi - 1}{\cos(n\pi)} = (-1)^n(4in\pi - 1)$$

가 얻어진다.

보기 21.15 γ가 그림 21.2에서와 같은 닫힌 경로일 때, 다음을 구해 보자.

$$\oint_\gamma \frac{4iz-1}{\sin z} dz.$$

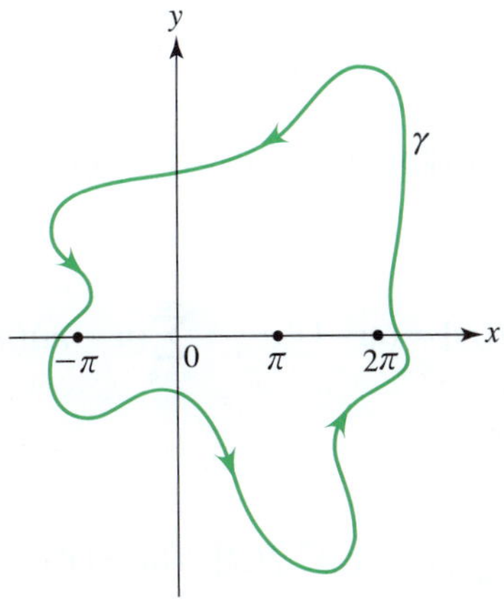

그림 21.2 γ는 $\frac{4iz-1}{\sin z}$의 특이점 가운데 $-\pi, 0, \pi, 2\pi, 3\pi$만 감싼다.

γ는 $0, \pi, 2\pi, -\pi$를 감싸고 f의 다른 특이점은 감싸지 않는다. 유수정리와 보기 21.14로부터

$$\begin{aligned}\oint_\gamma \frac{4iz-1}{\sin z} dz &= 2\pi i[\text{Res}(f, 0) + \text{Res}(f, \pi) + \text{Res}(f, 2\pi) + \text{Res}(f, -\pi)] \\ &= 2\pi i[-1 + (1-4\pi i) + (8\pi i - 1) + (4\pi i + 1)] = -16\pi^2\end{aligned}$$

이다.

이제 1보다 큰 차수의 극에서 함수의 유수를 구하는 공식을 살펴보자.

정리 21.7 m차 극에서 유수

z_0는 f의 m차 극이라 하면

$$\operatorname{Res}(f, z_0) = \frac{1}{(m-1)!} \lim_{z \to z_0} \frac{d^{m-1}}{dz^{m-1}} [(z-z_0)^m f(z)]$$

이다.

$m=1$일 때 앞서 살펴본 단순극에서 유수를 구하는 공식과 같아진다.

[증명] z_0를 중심으로 하는 어떤 원환에서

$$f(z) = \frac{c_{-m}}{(z-z_0)^m} + \frac{c_{-m+1}}{(z-z_0)^{m-1}} + \cdots + \frac{c_{-1}}{z-z_0} + \sum_{n=0}^{\infty} c_n (z-z_0)^n$$

이다. 우리가 원하는 것은 c_{-1}이다. 위 식으로부터

$$(z-z_0)^m f(z) = c_{-m} + c_{-m+1}(z-z_0) + \cdots + c_{-1}(z-z_0)^{m-1} + \sum_{n=0}^{\infty} c_n (z-z_0)^{n+m}$$

이고, 이 식의 우변은 z_0에 대한 멱급수이므로, 수렴 원판에서 임의의 횟수로 미분할 수 있다. 따라서

$$\frac{d^{m-1}}{dz^{m-1}}[(z-z_0)^m f(z)] = (m-1)!\, c_{-1} + \sum_{n=0}^{\infty} (n+m)(n+m-1)\cdots(n+1)(z-z_0)^{n+1}$$

이다. $z \to z_0$일 때, 위 식은

$$\lim_{z \to z_0} \frac{d^{m-1}}{dz^{m-1}}[(z-z_0)^m f(z)] = (m-1)!\, c_{-1} = (m-1)! \operatorname{Res}(f, z_0)$$

이 된다. ■

보기 21.16

$$f(z) = \frac{\cos z}{(z+i)^3}$$

일 때, $-i$는 f의 3차 극이다. 정리 21.7에 의해

$$\operatorname{Res}(f, -i) = \frac{1}{2!} \lim_{z \to -i} \frac{d^2}{dz^2}\left((z+i)^3 \frac{\cos z}{(z+i)^3}\right) = -\frac{1}{2}\cos i$$

이다.

보기 21.17

$$f(z) = \frac{2iz - \cos z}{z^3 + z}$$

에 대하여 γ가 f의 어떠한 특이점도 지나지 않는 닫힌 경로일 때, $\oint_\gamma f(z)dz$를 구하자.

f의 특이점들은 $0, i, -i$에서 단순극들이다. 먼저 이들 각 점에서 f의 유수를 구하자. 따름정리 21.1을 사용하는 것이 편리하다.

$$\mathrm{Res}(f, 0) = -1$$

$$\mathrm{Res}(f, i) = \frac{2i^2 - \cos i}{3i^2 + 1} = 1 + \frac{1}{2}\cos i$$

$$\mathrm{Res}(f, -i) = \frac{2i(-i) - \cos(-i)}{3(-i)^2 + 1} = -1 + \frac{1}{2}\cos i\,.$$

이제 다음 경우를 생각하자.

1. γ가 이들 특이점을 하나도 감싸지 않으면, Cauchy 정리에 의해 $\oint_\gamma f(z)dz = 0$이다.
2. γ가 0만 감싸고 i와 $-i$는 감싸지 않으면

$$\oint_\gamma f(z)dz = 2\pi i\,\mathrm{Res}(f, 0) = -2\pi i$$

이다.

3. γ가 i만 감싸고 0과 $-i$는 감싸지 않으면

$$\oint_\gamma f(z)dz = 2\pi i\left(1 + \frac{1}{2}\cos i\right)$$

이다.

4. γ가 $-i$만 감싸고 0과 i는 감싸지 않으면

$$\oint_\gamma f(z)dz = 2\pi i\left(-1 + \frac{1}{2}\cos i\right)$$

이다.

5. γ가 0과 i를 감싸고 $-i$만 감싸지 않으면

$$\oint_\gamma f(z)dz = 2\pi i\left(-1 + 1 + \frac{1}{2}\cos i\right) = \pi i \cos i$$

이다.

6. γ가 0과 $-i$를 감싸고 i만 감싸지 않으면

$$\oint_\gamma f(z)dz = 2\pi i\left(-2 + \frac{1}{2}\cos i\right)$$

이다.

7. γ가 i와 $-i$를 감싸고 0만 감싸지 않으면

$$\oint_{\gamma} f(z)dz = 2\pi i \cos i$$

이다.

8. γ가 모든 특이점을 감싸면

$$\oint_{\gamma} f(z)dz = 2\pi i(-1 + \cos i)$$

이다.

보기 21.18

$$f(z) = \frac{e^z}{(z+2i)^3(z+i)}$$

에 대하여 γ가 $-i$와 $-2i$를 감싸는 닫힌 경로일 때, $\oint_{\gamma} f(z)dz$를 구하려고 한다.

$-i$는 단순극이고, 따라서

$$\text{Res}(f, -i) = \lim_{z \to -i}(z+i)\frac{e^z}{(z+2i)^3(z+i)} = ie^{-i}$$

이다. $-2i$는 3차 극이므로

$$\text{Res}(f, -2i) = \frac{1}{2}\lim_{z \to -2i}\frac{d^2}{dz^2}\left(\frac{e^z}{z+i}\right) = \frac{1}{2}e^{-2i}(2-i)$$

이다. 따라서

$$\oint_{\gamma}\frac{e^z}{(z+2i)^3(z+i)}dz = 2\pi i\left(ie^{-i} + \frac{1}{2}e^{-2i}(2-i)\right)$$

이 된다.

보기 21.19

$$f(z) = \frac{\sin z}{z^2(z^2+4)}$$

에 대하여 γ가 0과 $2i$를 감싸지만 $-2i$는 감싸지 않는 닫힌 경로일 때, $\oint_{\gamma} f(z)\,dz$를 구하자. 정리 21.3에 의해 0은 f의 단순극이다. 또한 f는 $2i$와 $-2i$에서 단순극을 갖는다. 유수정리를 사용할 때 $-2i$는 경로 내부에 있지 않으므로 0과 $2i$만 생각하면 된다.

$$\text{Res}(f, 0) = \lim_{z \to 0} z f(z) = \lim_{z \to 0} \frac{\sin z}{z(z^2+4)} = \frac{1}{4},$$

$$\text{Res}(f, 2i) = \lim_{z \to 2i} (z-2i) f(z) = \lim_{z \to 2i} \frac{\sin z}{z^2(z+2i)} = \frac{i}{16} \sin(2i)$$

이므로

$$\oint_\gamma \frac{\sin z}{z^2(z^2+4)} dz = 2\pi i \left(\frac{1}{4} + \frac{i}{16} \sin(2i) \right)$$

이다.

보기 21.20 γ가 원점을 지나지 않는 임의의 닫힌 경로라 할 때, 다음을 계산하자.

$$\oint_\gamma e^{1/z} dz.$$

γ가 원점을 감싸지 않으면, Cauchy 정리에 의해 $\oint_\gamma e^{1/z} dz = 0$이다.

γ가 원점을 감싸면, 유수정리를 사용하면 된다. 보기 21.6에서 보았듯이 0은 $e^{1/z}$의 진성 특이점이다. 진성 특이점에 대한 유수를 구하는 데는 일반화된 공식이 없다. 0에 대한 $e^{1/z}$의 Laurent 전개가

$$e^{1/z} = \sum_{n=0}^{\infty} \frac{1}{n!} \frac{1}{z^n}$$

이므로 $1/z$의 계수는 1, 즉 $\text{Res}(e^{1/z}, 0) = 1$이고

$$\oint_\gamma e^{1/z} dz = 2\pi i$$

가 된다.

연습문제 21.2

문제 1부터 27까지 주어진 경로에 대해 적분값을 계산하여라.

1. $\oint_\gamma \frac{1+z^2}{(z-1)^2(z+2i)} dz$; γ는 중심이 $-i$이고 반지름이 7인 원이다.

2. $\oint_\gamma \frac{2z}{(z-i)^2} dz$; γ는 중심이 1이고 반지름이 3인 원이다.

3. $\oint_\gamma \left(\frac{e^z}{z} \right) dz$; γ는 중심이 $-3i$이고 반지름이 2인 원이다.

4. $\oint_\gamma \frac{\cos z}{4+z^2} dz$; γ는 중심이 $-2i$이고 변의 길

이가 3인 정사각형으로, 변은 축에 평행하다.

5. $\oint_\gamma \frac{z+i}{z^2+6}dz$; γ는 중심이 원점이고 변의 길이가 8인 정사각형으로, 변은 축에 평행하다.

6. $\oint_\gamma \frac{z-i}{2z+1}dz$; γ는 중심이 원점이고 반지름이 1인 원이다.

7. $\oint_\gamma \frac{z}{\sinh^2 z}dz$; γ는 중심이 $\frac{1}{2}$이고 반지름이 1인 원이다.

8. $\oint_\gamma \frac{\cos z}{ze^z}dz$; γ는 중심이 $\frac{i}{8}$이고 반지름이 $\frac{1}{2}$인 원이다.

9. $\oint_\gamma \frac{iz}{(z^2+9)(z-i)}dz$; γ는 중심이 $-3i$이고 반지름이 2인 원이다.

10. $\oint_\gamma e^{2/z^2}dz$; γ는 중심이 $-i$이고 변의 길이가 3인 정사각형으로, 변은 축에 평행하다.

11. $\oint_\gamma \frac{8z-4i+1}{z+4i}dz$; γ는 중심이 $-i$이고 반지름이 2인 원이다.

12. $\oint_\gamma \frac{z^2}{z-1+2i}dz$; γ는 중심이 $1-2i$이고 변의 길이가 4인 정사각형으로, 변은 축에 평행하다.

13. $\oint_\gamma \coth z\,dz$; γ는 중심이 i이고 반지름이 2인 원이다.

14. $\oint_\gamma \frac{(1-z)^2}{z^3-8}dz$; γ는 중심이 2이고 반지름이 2인 원이다.

15. $\oint_\gamma \frac{e^{2z}}{z(z-4i)}dz$; γ는 0과 $4i$를 감싸는 임의의 단순 닫힌 경로이다.

16. $\oint_\gamma \left(\frac{z}{z-1}\right)^2 dz$; γ는 1을 감싸는 임의의 단순 닫힌 경로이다.

17. $\oint_\gamma \frac{\cosh(3z)}{z(z^2-9)}dz$; γ는 0과 -3을 감싸지만 3은 감싸지 않는 임의의 단순 닫힌 경로이다.

18. $\oint_\gamma \frac{\sin z\cos 2z}{1+z^2}dz$; γ는 중심이 원점이고 반지름이 2인 원이다.

19. $\oint_\gamma \frac{e^z(z^2-4)^2}{(z+i)^2}dz$; γ는 $|z-1+2i|=4$인 원이다.

20. $\oint_\gamma \frac{(z-i)^2}{\sin^2 z}dz$; γ는 꼭지점이 $4\pm4i$, $-4\pm4i$인 정사각형이다.

21. $\oint_\gamma \frac{ze^{-z}}{z^4+i}dz$; γ는 $|z-5|=1$인 원이다.

22. $\oint_\gamma z^{-4}e^{2z}dz$; γ는 $|z-\pi i|=2\pi$인 원이다.

23. $\oint_\gamma \frac{(z-2i)^2}{z^2-2z+2}dz$; γ는 $|z|=8$인 원이다.

24. $\oint_\gamma (1+z^5)^{-1}dz$; γ는 $|z+1|=1$인 원이다.

25. $\oint_\gamma \frac{2z-3}{(z+i)^3}dz$; γ는 $|z-2i|=4$인 원이다.

26. $\oint_\gamma \frac{(z+1)\cosh z}{(z-i)(z+2i)}dz$; γ는 $|z-3i|=\frac{1}{2}$인 원이다.

27. $\oint_\gamma \frac{z-\cos(4iz)}{(1+z^2)(z^2-1)}dz$; γ는 $|z+i|=1$인 원이다.

28. 21.1절 연습문제 22번의 h와 g에 대해 다음을 보여라.

$$\text{Res}\left(\frac{g(z)}{h(z)}, z_0\right) = 2\frac{g'(z_0)}{h''(z_0)} - \frac{2}{3}\frac{g(z_0)h^{(3)}(z_0)}{[h''(z_0)]^2}$$

29. 21.1절 연습문제 23번의 h와 g에 대해 다음을 보여라.

$$\operatorname{Res}\left(\frac{g(z)}{h(z)}, z_0\right) = 3\frac{g''(z_0)}{h'''(z_0)} - \frac{3}{10}\frac{g(z_0)h^{(5)}(z_0)}{(h'''(z_0))^2} + 9\left(\frac{g(z_0)h^{(4)}(z_0)}{24} - \frac{g'(z_0)h'''(z_0)}{6}\right)\frac{h^{(4)}(z_0)}{(h'''(z_0))^3}$$

30. z_0에서 h와 g는 미분가능하다고 하자. $g(z_0) \neq 0$이고 z_0는 h의 k차 영점이라고 하자. 이때 z_0는 $g(z)/h(z)$의 k차 극이며, 다음이 성립됨을 보여라.

$$\operatorname{Res}\left(\frac{g(z)}{h(z)}, z_0\right) = \left(\frac{k!}{h^{(k)}(z_0)}\right)^k \times \begin{vmatrix} H_k & 0 & 0 & \cdots & 0 & G_0 \\ H_{k+1} & H_k & 0 & \cdots & 0 & G_1 \\ H_{k+2} & H_{k+1} & H_k & \cdots & 0 & G_2 \\ \vdots & \vdots & \vdots & \vdots & \vdots & \vdots \\ H_{2k-1} & H_{2k-2} & H_{2k-3} & \cdots & H_{k+1} & G_{k-1} \end{vmatrix},$$

여기서

$$H_j = \frac{h^{(j)}(z_0)}{j!},\ G_j = \frac{g^{(j)}(z_0)}{j!}.$$

21.3 유수정리의 응용

21.3.1 실급수의 합

복소급수 $\sum_{n=1}^{\infty}(a_n + ib_n)$은 2개의 실급수 $\sum_{n=1}^{\infty} a_n$과 $\sum_{n=1}^{\infty} b_n$으로 이해할 수 있다. 그러나 실급수가 수렴하는 것을 보일 수 있더라도 그 합을 구하는 것은 쉽지 않다. 여기서, 유수정리를 이용하여 2가지 형태의 실급수의 합을 구하는 공식을 유도하고자 한다.

$P(z)$는 정수에서 영점을 갖지 않는 2차 이상의 실계수 다항식이라 하고 $z_1, \cdots, z_m$을 $P(z)$의 서로 다른 모든 영점이라고 하자. 이때

$$\sum_{n=-\infty}^{\infty} \frac{1}{P(n)} = -\pi \sum_{j=1}^{m} \operatorname{Res}\left(\frac{\cot(\pi z)}{P(z)}, z_j\right), \tag{21.2}$$

$$\sum_{n=-\infty}^{\infty} (-1)^n \frac{1}{P(n)} = -\pi \sum_{j=1}^{m} \operatorname{Res}\left(\frac{\csc(\pi z)}{P(z)}, z_j\right) \tag{21.3}$$

가 성립한다. 이 공식은

$$\cdots + \frac{1}{P(-2)} + \frac{1}{P(-1)} + \frac{1}{P(0)} + \frac{1}{P(1)} + \frac{1}{P(2)} + \cdots,$$

$$\cdots + \frac{1}{P(-2)} - \frac{1}{P(-1)} + \frac{1}{P(0)} - \frac{1}{P(1)} + \frac{1}{P(2)} + \cdots$$

꼴의 실급수의 합을 구하는 수단이 된다.

2개의 보기를 들고 난 뒤에 식 (21.2)와 (21.3)이 어떻게 얻어지는지 살펴볼 것이다.

보기 21.21

$$\sum_{n=0}^{\infty} \frac{1}{a^2+n^2}$$

의 합을 구해 보자. a는 양의 상수이다. 이것은 다음과 같은 급수이다.

$$\frac{1}{a^2}+\frac{1}{a^2+1}+\frac{1}{a^2+4}+\frac{1}{a^2+9}+\cdots.$$

$P(z)=a^2+z^2$이라 하자. 그러면 P의 차수는 2이고 영점은 $\pm ai$로서 정수는 아니다. 식 (21.2)를 적용해 보면

$$f(z)=\frac{\cot(\pi z)}{a^2+z^2}=\frac{\cos(\pi z)}{(z+ai)(z-ai)\sin(\pi z)}$$

이므로 ai와 $-ai$는 f의 단순극이다. 유수를 계산하면

$$\text{Res}(f, ai)=\lim_{z\to ai}(z-ai)f(z)=\frac{\cot(\pi ai)}{2ai},$$

$$\text{Res}(f, -ai)=\lim_{z\to -ai}(z+ai)f(z)=\frac{\cot(\pi ai)}{2ai}$$

이므로 식 (21.2)에서

$$\sum_{n=-\infty}^{\infty} \frac{1}{a^2+n^2}=\frac{\pi i}{a}\cot(\pi ai)$$

를 얻게 된다. 실급수는 실수로 수렴되므로, 이 결과는 실수여야 한다. 실제로,

$$\cos(\pi ai)=\frac{1}{2}(e^{-\pi a}+e^{\pi a})=\cosh(\pi a),$$

$$\sin(\pi ai)=\frac{1}{2i}(e^{-\pi a}-e^{\pi a})=i\sinh(\pi a)$$

이므로

$$\sum_{n=-\infty}^{\infty} \frac{1}{a^2+n^2}=\frac{\pi}{a}\coth(\pi a)$$

가 된다.

이제 다음과 같이 쓰자.

$$\sum_{n=-\infty}^{\infty} \frac{1}{a^2+n^2}=\sum_{n=-\infty}^{0} \frac{1}{a^2+n^2}-\frac{1}{a^2}+\sum_{n=0}^{\infty} \frac{1}{a^2+n^2}$$

$$=-\frac{1}{a^2}+2\sum_{n=0}^{\infty} \frac{1}{a^2+n^2}$$

이므로

$$\sum_{n=0}^{\infty}\frac{1}{a^2+n^2}=\frac{1}{2a^2}+\frac{\pi}{2a}\coth(\pi a)$$

가 된다. 예를 들어 $a=1$일 때

$$\sum_{n=0}^{\infty}\frac{1}{1+n^2}=1+\frac{1}{2}+\frac{1}{5}+\frac{1}{10}+\frac{1}{17}+\ \cdots=\frac{1}{2}+\frac{\pi}{2}\coth\pi$$

이다.

보기 21.22

$$\sum_{n=0}^{\infty}\frac{(-1)^n}{(2n+1)^3}$$

을 구해 보자.

$P(z)=(2z+1)^3$이라 하자. 그러면 $z=-\frac{1}{2}$은 P의 유일한 영점이며, 정수가 아니므로 식 (21.3)을 사용할 수 있다.

$$f(z)=\frac{\csc(\pi z)}{(2z+1)^3}$$

라 하면 $-\frac{1}{2}$은 f의 3차 극이므로 정리 21.7에 의해

$$\begin{aligned}\operatorname{Res}\left(f,-\frac{1}{2}\right)&=\frac{1}{2}\lim_{z\to-1/2}\frac{d^2}{dz^2}\left[\left(z+\frac{1}{2}\right)^3\frac{\csc(\pi z)}{(2z+1)^3}\right]\\&=\frac{1}{16}\lim_{z\to-1/2}\frac{d^2}{dz^2}\csc(\pi z)\\&=-\frac{\pi^2}{16}\end{aligned}$$

이므로 식 (21.3)에 의해

$$\sum_{n=-\infty}^{\infty}\frac{(-1)^n}{(2n+1)^3}=\frac{\pi^3}{16}$$

이 된다. 따라서

$$\sum_{n=-\infty}^{\infty}\frac{(-1)^n}{(2n+1)^3}=2\sum_{n=0}^{\infty}\frac{(-1)^n}{(2n+1)^3}-1\ \Rightarrow\ \sum_{n=0}^{\infty}\frac{(-1)^n}{(2n+1)^3}=\frac{\pi^3}{32}+\frac{1}{2}$$

을 얻는다.

이제 식 (21.2)를 유도하기 위해 다음을 생각해 보자.

$$\oint_{\gamma_N}\frac{\pi\cot(\pi z)}{P(z)}\,dz\,.$$

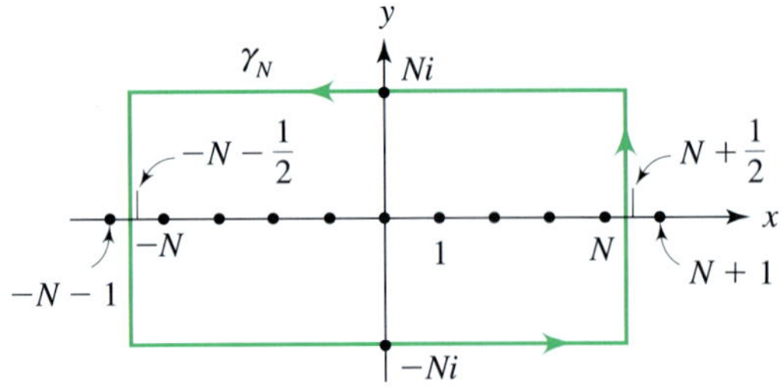

그림 21.3 식 (21.2) 증명에 사용된 닫힌 경로 γ_N

여기서 γ_N은 그림 21.3과 같은 직사각형이다. 변은 축에 평행하고 실수축의 $\pm\left(N+\frac{1}{2}\right)$과 허수축의 $\pm Ni$를 지난다. N을 충분히 크게 잡아서 γ_N이 $P(z)$의 모든 영점을 둘러싸도록 하자. γ_N으로 둘러싸인 $\pi\cot(\pi z)/P(z)$의 특이점들은 $\cot(\pi z)$의 극들과 $P(z)$의 영점에 의한 극들로 $0, \pm 1, \cdots, \pm N, z_1, \cdots, z_m$이다. 유수정리에 의해

$$\oint_{\gamma_N} \frac{\pi\cot(\pi z)}{P(z)}\, dz = 2\pi i \left[\sum_{k=-N}^{N} \operatorname{Res}\left(\frac{\pi\cot(\pi z)}{P(z)},\, k\right) + \sum_{j=1}^{m} \operatorname{Res}\left(\frac{\pi\cot(\pi z)}{P(z)},\, z_j\right)\right]$$

를 얻는다.

γ_N의 각 직선 구간에서 $|\cot(\pi z)/P(z)|$를 계산해 보면, $N\to\infty$일 때 위 식의 좌변 적분은 0에 수렴함을 보일 수 있다. 위 식의 우변 유수들을 계산하고 N을 ∞로 보냄으로써, 식 (21.2)를 얻게 된다. 자세한 증명 및 식 (21.3)의 유도는 학생들에게 맡기겠다.

21.3.2 실적분의 계산

여기서는 여러 가지 형태의 실함수 적분을 계산할 때 유수정리를 아주 유용하게 사용할 수 있음을 보이겠다.

$\int_0^{2\pi} K(\cos\theta, \sin\theta)\, d\theta$

$K(x, y)$가 아래와 같이 x와 y에 관한 분수함수라고 하자.

$$\frac{x^3y-2xy^2+x-2y}{x^4+x^3}.$$

x에 $\cos\theta$를, y에 $\sin\theta$를 대입하면, 이 분수함수는 $\cos\theta$와 $\sin\theta$의 자연수 거듭제곱으로 구

성된다. 다음 함수의 적분을 구하고자 한다.

$$\int_0^{2\pi} K(\cos\theta,\ \sin\theta)\, d\theta\,.$$

이 실적분은 단위원상에서 어떤 복소함수를 적분하는 것과 같아지는 것을 보이겠다. 그후, 유수정리를 사용하여 그 복소 적분을 계산함으로써 실적분값을 얻는다.

이 전략을 수행하기 위해, γ를 반시계방향인 단위원이라 하자. γ를 $\gamma(\theta)=e^{i\theta}$, $0\le\theta\le 2\pi$로 나타내자. 이 경로상의 $z=e^{i\theta}$는 $\bar{z}=e^{-i\theta}=1/z$이므로

$$\cos\theta=\frac{1}{2}(e^{i\theta}+e^{-i\theta})=\frac{1}{2}\left(z+\frac{1}{z}\right),$$
$$\sin\theta=\frac{1}{2i}(e^{i\theta}-e^{-i\theta})=\frac{1}{2i}\left(z-\frac{1}{z}\right)$$

이 된다. 게다가 γ상에서는

$$dz=ie^{i\theta}d\theta=izd\theta$$

이므로

$$d\theta=\frac{1}{iz}dz$$

이다. 따라서

$$\int_0^{2\pi} K(\cos\theta,\sin\theta)\, d\theta=\oint_\gamma K\left(\frac{1}{2}\left(z+\frac{1}{z}\right),\ \frac{1}{2i}\left(z-\frac{1}{z}\right)\right)\frac{1}{iz}dz$$

를 얻는다. 이로써 우리가 계산하려고 했던 실적분을 단위원상에서 복소함수의 적분으로 변환시킬 수 있다. 이제 복소함수

$$f(z)=K\left(\frac{1}{2}\left(z+\frac{1}{z}\right),\ \frac{1}{2i}\left(z-\frac{1}{z}\right)\right)\frac{1}{iz}$$

가 단위원 γ상에서 극을 갖지 않는다고 가정하자. 유수정리를 $\oint_\gamma f(z)dz$의 계산에 적용하면

$$\int_0^{2\pi} K(\cos\theta,\ \sin\theta)\, d\theta=2\pi i\sum_p \mathrm{Res}(f,\ p) \tag{21.4}$$

를 얻는다. 우변의 합은 단위원으로 둘러싸인 $f(z)$의 모든 극 p에서 수행되어야 한다. 단위원 바깥의 극들은 이 계산에 포함되지 않는다.

그러면 $\int_0^{2\pi} K(\cos\theta,\ \sin\theta)\, d\theta$를 계산하는 과정은 $f(z)$를 계산하고, 단위원 내부에서 극들을 찾고, 그들 점에서 유수를 구하고 식 (21.4)를 적용하는 것이다. 이는 굉장히 강력한 방법으로,

실수 적분 방법으로 잘 얻어지지 않는 경우에 대해서도 깨끗한 답을 얻는 경우가 종종 있다.

보기 21.23
$$\int_0^{2\pi} \frac{\sin^2\theta}{2+\cos\theta}\,d\theta$$

을 계산해 보자.

앞에서 논의한 함수 K는

$$K(x, y) = \frac{y^2}{2+x}$$

이다. $x = \cos\theta$를 $(z+1/z)/2$로, $y = \sin\theta$를 $(z-1/z)/2i$로 치환하고 그 다음 $1/iz$을 곱하여 복소함수

$$f(z) = K\left(\frac{1}{2}\left(z+\frac{1}{z}\right), \frac{1}{2i}\left(z-\frac{1}{z}\right)\right)\frac{1}{iz} = \frac{i}{2}\,\frac{z^4-2z^2+1}{z^2(z^2+4z+1)}$$

을 얻는다. f는 0에서 2차 극을, z^2+4z+1의 영점, 즉 $-2+\sqrt{3}$과 $-2-\sqrt{3}$에서 단순극을 갖는다. 이들 두 단순극 중에서 첫 번째 것은 단위원 γ에 둘러싸이지만 두 번째 것은 아니므로 버린다. 식 (21.4)에 의해

$$\int_0^{2\pi} \frac{\sin^2\theta}{2+\cos\theta}\,d\theta = 2\pi i\left[\operatorname{Res}(f, 0) + \operatorname{Res}\left(f, -2+\sqrt{3}\right)\right]$$

이 된다. 정리 21.7과 따름정리 21.1을 이용하면

$$\operatorname{Res}(f, 0) = \lim_{z\to 0}\frac{d}{dz}\left[z^2 f(z)\right] = -2i,$$

$$\operatorname{Res}\left(f, -2+\sqrt{3}\right) = \frac{i}{2}\left[\frac{z^4-2z^2+1}{2z(z^2+4z+1)+z^2(2z+4)}\right]_{z=-2+\sqrt{3}}$$

$$= \frac{i}{2}\,\frac{42-24\sqrt{3}}{-12+7\sqrt{3}}$$

이므로

$$\int_0^{2\pi} \frac{\sin^2\theta}{2+\cos\theta}\,d\theta = \frac{90-52\sqrt{3}}{12-7\sqrt{3}}\pi$$

이다.

보기 21.24

$$\int_0^{\pi} \frac{1}{\alpha + \beta \cos\theta}\, d\theta$$

을 계산해 보자. 단, $0 < \beta < \alpha$이다.

앞의 방법은 $[0, 2\pi]$에서 적분하는 것이므로,

$$\int_0^{\pi} \frac{1}{\alpha + \beta \cos\theta}\, d\theta = \frac{1}{2} \int_0^{2\pi} \frac{1}{\alpha + \beta \cos\theta}\, d\theta$$

으로 바꾼 후 $[0, 2\pi]$에서 적분하면 된다. 먼저

$$f(z) = \frac{1}{\alpha + \dfrac{\beta}{2}\left(z + \dfrac{1}{z}\right)} \frac{1}{iz} = \frac{-2i}{\beta z^2 + 2\alpha z + \beta}$$

은

$$z = \frac{-\alpha \pm \sqrt{\alpha^2 - \beta^2}}{\beta}$$

에서 단순극을 갖는다. $\alpha > \beta$이므로 이 값은 실수이고 따라서 다음 한 개의 값

$$z_1 = \frac{-\alpha + \sqrt{\alpha^2 - \beta^2}}{\beta}$$

이 단위원 γ에 둘러싸인 점이다. 그러므로

$$\int_0^{\pi} \frac{1}{\alpha + \beta \cos\theta}\, d\theta = \pi i \operatorname{Res}(f, z_1) = \pi i \frac{-2i}{2\beta z_1 + 2\alpha} = \frac{\pi}{\sqrt{\alpha^2 - \beta^2}}$$

를 얻는다.

$\int_{-\infty}^{\infty} [p(x)/q(x)]dx$

이제 다음 적분을 생각하자.

$$\int_{-\infty}^{\infty} \frac{p(x)}{q(x)}\, dx\,.$$

여기서, p와 q는 실계수를 갖는 다항식이고 공통인자가 없으며, q는 실수에서 영점을 갖지 않고, q의 차수가 p의 차수보다 적어도 2 이상 높다고 하자. 이 조건들은 주어진 적분의 수렴을 보장한다.

앞에서의 적분 형태와 마찬가지로, 이 실적분 값과 같아지는 복소 적분을 고안하고 유수정리를 이용하여 복소 적분값을 얻는 것이 전략이다. 이를 위해 먼저 $q(z)$가 실계수이고 실수에서 영점을 갖지 않으므로 이것의 영점은 복소수와 그 켤레복소수 쌍에서 발생한다. q의 모든

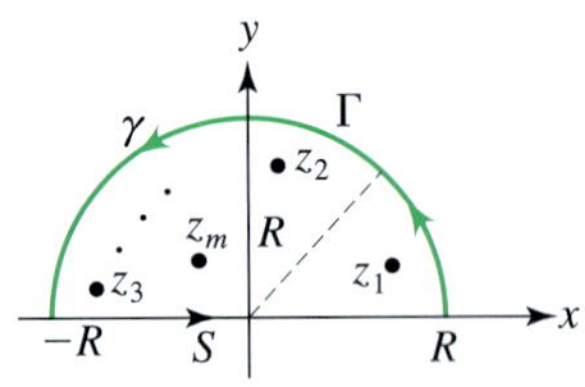

그림 21.4 닫힌 경로 $\Gamma = \gamma \oplus S$

영점들이 $z_1, \bar{z}_1, z_2, \bar{z}_2, \cdots, z_m, \bar{z}_m$이라고 하자. 여기서 각각의 z_j는 상반평면 $\text{Im}(z) > 0$에 놓이고 $\bar{z}_j$는 하반평면 $\text{Im}(z) < 0$에 놓인다. Γ를 그림 21.4에 나타낸 곡선이라 하자. 이 곡선은 반지름이 R인 반원 γ와 $-R$과 R을 연결하는 실수축 선분 부분 S로 구성되어 있다. R이 충분히 큰 값이어서 γ는 위쪽 반평면에 있는 $p(z)/q(z)$의 모든 극들을 포함한다고 하자. 그러면

$$\int_S \frac{p(z)}{q(z)}\,dz + \int_\gamma \frac{p(z)}{q(z)}\,dz = \oint_\Gamma \frac{p(z)}{q(z)}\,dz = 2\pi i \sum_{j=1}^{m} \text{Res}(p(z)/q(z),\, z_j) \tag{21.5}$$

가 된다. S상에서는 $z = x$, $-R \le x \le R$이므로

$$\int_S \frac{p(z)}{q(z)}\,dz = \int_{-R}^{R} \frac{p(x)}{q(x)}\,dx$$

가 된다. 이제 γ에서 적분을 살펴보자.

$$z^2 p(z)\text{의 차수} \le q(z)\text{의 차수}$$

이므로 충분히 큰 R에 대해 $|z| \ge R$에서 $z^2 p(z)/q(z)$는 유한하다. 따라서 어떤 수 M에 대해

$$|z| \ge R \;\Rightarrow\; \left|\frac{z^2 p(z)}{q(z)}\right| \le M$$

이다. 그러면

$$|z| \ge R \;\Rightarrow\; \left|\frac{p(z)}{q(z)}\right| \le \frac{M}{|z|^2} \le \frac{M}{R^2}$$

이므로

$$\left|\int_\gamma \frac{p(z)}{q(z)}\,dz\right| \le \frac{M}{R^2}\,(\gamma\text{의 길이}) = \frac{M}{R^2}(\pi R) \to 0 \quad (R \to \infty \text{ 일 때})$$

이다. 그러므로 식 (21.5)에서 $R \to \infty$일 때 좌변 첫 번째 적분의 극한은 $\int_{-\infty}^{\infty} (p(x)/q(z))\,dx$이고, 두 번째 적분의 극한은 0이다. 따라서

$$\int_{-\infty}^{\infty} \frac{p(x)}{q(x)}\, dx = 2\pi i \sum_{j=1}^{m} \operatorname{Res}\left(\frac{p(z)}{q(z)},\, z_j\right) \tag{21.6}$$

이 성립한다.

식 (21.6)은 앞에서 언급한 적분의 수렴을 보장하는 조건들을 만족하는 가정하에, 실수축상에서 유리함수의 적분값을 구하는 일반적인 방법을 제공해 준다. 사용할 때마다 이 과정을 반복해서 유도할 필요는 없다. 단지 위쪽 복소 반평면에서 $q(z)$의 영점을 구하고, 이들 영점의 각각에서 $p(z)/q(z)$의 유수를 계산한 다음에 식 (21.6)을 적용하면 되는 것이다.

보기 21.25 다음을 계산하자.

$$\int_{-\infty}^{\infty} \frac{1}{x^6 + 64}\, dx .$$

여기서 $p(z) = 1$이고, $q(z) = z^6 + 64$이다. q의 차수는 p의 차수보다 6만큼 크고, 실수 영점을 갖지 않는다. $z^6 + 64$의 영점은 -64의 6제곱근이다.

$$-64 = 64\, e^{i(\pi + 2n\pi)}$$

꼴이므로 6개의 6제곱근들은

$$2e^{i(\pi + 2n\pi)/6}, \qquad n = 0, 1, 2, 3, 4, 5$$

이다. 상반평면에 존재하는 점들은

$$z_1 = 2e^{\pi i/6}, \qquad z_2 = 2e^{\pi i/2}, \qquad z_3 = 2e^{5\pi i/6}$$

이다. 이들 단순극에서 $1/(z^6 + 64)$의 유수만 알면 된다. 따름정리 21.1을 사용하면

$$\operatorname{Res}\left(\frac{1}{z^6 + 64},\, 2e^{\pi i/6}\right) = \frac{1}{6(2e^{\pi i/6})^5} = \frac{1}{192}\, e^{-5\pi i/6},$$

$$\operatorname{Res}\left(\frac{1}{z^6 + 64},\, 2i\right) = \frac{1}{6(2i)^5} = -\frac{i}{192},$$

$$\operatorname{Res}\left(\frac{1}{z^6 + 64},\, 2e^{5\pi i/6}\right) = \frac{1}{6\left(2e^{5\pi i/6}\right)^5} = \frac{1}{192}\, e^{-\pi i/6}$$

이다. 따라서

$$\int_{-\infty}^{\infty} \frac{1}{x^6 + 64}\, dx = \frac{2\pi i}{192}\left[e^{-5\pi i/6} - i + e^{-\pi i/6}\right] = \frac{\pi}{48}$$

이다.

보기 21.26 α와 β가 서로 다른 양수라 할 때, 다음을 계산해 보자.

$$\int_{-\infty}^{\infty} \frac{1}{(x^2+\alpha^2)(x^2+\beta^2)}\,dx\,.$$

위쪽 반평면에 있는 분모의 영점은 αi와 βi이고, 이들은 단순극이 된다. 따름정리 21.1에 의해

$$\operatorname{Res}\left(\frac{1}{(z^2+\alpha^2)(z^2+\beta^2)},\ \alpha i\right) = \frac{1}{2\alpha i(\beta^2-\alpha^2)}$$

이고, 대칭성에 의해

$$\operatorname{Res}\left(\frac{1}{(z^2+\alpha^2)(z^2+\beta^2)},\ \beta i\right) = \frac{1}{2\beta i(\alpha^2-\beta^2)}$$

이다. 따라서

$$\begin{aligned}\int_{-\infty}^{\infty} \frac{1}{(x^2+\alpha^2)(x^2+\beta^2)}\,dx &= 2\pi i\left[\frac{1}{2\alpha i(\beta^2-\alpha^2)} + \frac{1}{2\beta i(\alpha^2-\beta^2)}\right] \\ &= \frac{\pi}{\alpha\beta(\alpha+\beta)}\end{aligned}$$

가 된다.

$\int_{-\infty}^{\infty}[p(x)/q(x)]\cos(cx)dx$와 $\int_{-\infty}^{\infty}[p(x)/q(x)]\sin(cx)dx$

p와 q는 실계수 다항식이고, 공통인자가 없으며, q의 차수가 p의 차수보다 적어도 2 이상 높고, q는 실수에서 영점을 갖지 않는다고 하자. 이때 다음 적분을 구하려고 한다.

$$\int_{-\infty}^{\infty} \frac{p(x)}{q(x)}\cos(cx)\,dx\,, \qquad \int_{-\infty}^{\infty} \frac{p(x)}{q(x)}\sin(cx)\,dx\,.$$

여기서, c는 임의의 양수이다.

다음 적분을 생각하자.

$$\oint_{\Gamma} \frac{p(z)}{q(z)}\, e^{icz}\,dz\,.$$

여기서, Γ는 앞에서 사용한 그림 21.4에 있는 닫힌 경로로서, 상반평면에 놓이는 q의 모든 영점들 $z_1, \cdots, z_m$을 감싼다. Γ는 반원 γ와 실수축상의 선분 S로 구성되므로

$$\oint_{\Gamma} \frac{p(z)}{q(z)} e^{icz}\,dz = \int_{\gamma} \frac{p(z)}{q(z)}\, e^{icz}\,dz + \int_{-R}^{R} \frac{p(x)}{q(x)}\, e^{icx}\,dx$$

가 된다. 앞의 경우처럼 $R \to \infty$일 때 $\int_\gamma [p(z)/q(z)]\, e^{icz} dz \to 0$임을 보일 수 있고, 따라서

$$\int_{-\infty}^{\infty} \frac{p(x)}{q(x)} \cos(cx)\, dx + i \int_{-\infty}^{\infty} \frac{p(x)}{q(x)} \sin(cx)\, dx = 2\pi i \sum_{j=1}^{m} \text{Res}\left(\frac{p(z)}{q(z)} e^{icz},\, z_j\right) \tag{21.7}$$

가 된다. 식 (21.7)의 우변의 실수부는 $\int_{-\infty}^{\infty} [p(x)/q(x)] \cos(cx)\, dx$의 값이 되고, 허수부는 $\int_{-\infty}^{\infty} [p(x)/q(x)] \sin(cx)\, dx$의 값이 된다.

보기 21.27

$$\int_{-\infty}^{\infty} \frac{\cos(cx)}{(x^2+\alpha^2)(x^2+\beta^2)}\, dx$$

을 계산해 보자. 여기서, c, α, β는 양수이고 $\alpha \neq \beta$이다.

상반평면에 놓이는 분모의 영점은 αi와 βi이고 이들은 다음 함수 f의 단순극이다. 이 점들에서 함수

$$f(z) = \frac{e^{icz}}{(z^2+\alpha^2)(z^2+\beta^2)}$$

의 유수를 계산하면

$$\text{Res}\,(f,\, \alpha i) = \frac{e^{-c\alpha}}{2\alpha i(\beta^2 - \alpha^2)}, \qquad \text{Res}\,(f,\, \beta i) = \frac{e^{-c\beta}}{2\beta i(\alpha^2 - \beta^2)}$$

가 되어 식 (21.7)에 따르면

$$\int_{-\infty}^{\infty} \frac{\cos(cx)}{(x^2+\alpha^2)(x^2+\beta^2)}\, dx + i \int_{-\infty}^{\infty} \frac{\sin(cx)}{(x^2+\alpha^2)(x^2+\beta^2)}\, dx$$
$$= 2\pi i \left[\frac{e^{-c\alpha}}{2\alpha i(\beta^2-\alpha^2)} + \frac{e^{-c\beta}}{2\beta i(\alpha^2-\beta^2)}\right] = \frac{\pi}{\beta^2-\alpha^2}\left(\frac{e^{-c\alpha}}{\alpha} - \frac{e^{-c\beta}}{\beta}\right)$$

이다. 실수부를 비교하면

$$\int_{-\infty}^{\infty} \frac{\cos(cx)}{(x^2+\alpha^2)(x^2+\beta^2)}\, dx = \frac{\pi}{\beta^2-\alpha^2}\left(\frac{e^{-c\alpha}}{\alpha} - \frac{e^{-c\beta}}{\beta}\right)$$

을 얻는다.

$\int_{-\infty}^{\infty} [p(x)/q(x)]dx$ (좀 더 일반화된 경우)

식 (21.6)을 이용하면 분수함수 형태로 된 무한적분을 구할 수 있지만, 분모가 실수축에서 영점을 갖지 않는다는 가정이 필요했다. 이제 분모가 실수에서 1차 영점을 가질 수 있는 경우

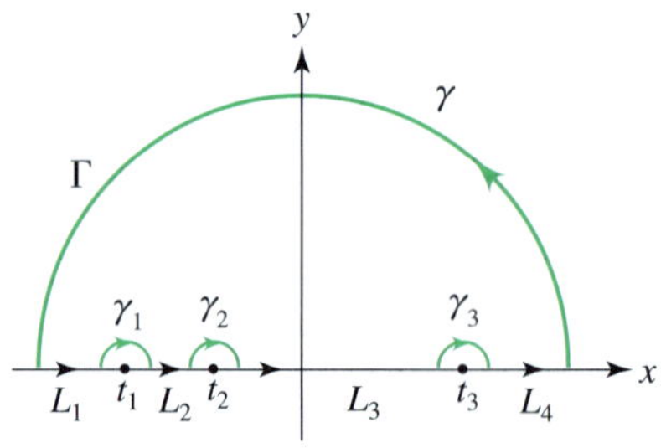

그림 21.5 닫힌 경로 $\Gamma = \gamma \oplus L_1 \oplus \gamma_1 \oplus L_2 \oplus \gamma_2 \oplus L_3 \oplus \gamma_3 \oplus L_4$

에도 적용할 수 있도록 이 방법을 확장해 보자. 다음 적분

$$\int_{-\infty}^{\infty} \frac{p(x)}{q(x)}\, dx$$

를 생각하자. 단, p와 q는 실계수 다항식이고 공통인자가 없으며, q의 차수가 p의 차수보다 적어도 2 이상 높다. 상반평면에 있는 q의 모든 영점을 $z_1, \cdots, z_m$이라 하고, 실수에서는 q가 1차 영점 $t_1, \cdots, t_k$만을 갖는다고 가정하자.

원점을 중심으로 반지름이 R인 반원 γ, 실수 영점 t_j를 중심으로 반지름이 ϵ인 작은 반원 γ_j, 실수축상에서 이들 반원들을 연결하는 직선 경로 L_j로 구성된 그림 21.5의 전체 경로를 Γ라 하자. $q(x)$의 실수 영점을 중심으로 하는 작은 반원들 때문에 이러한 경로를 '오목하게 들어간 경로'라고 부른다. ϵ이 충분히 작아서 γ_j와 γ_k의 반원은 $j \neq k$이면 서로 교차하지 않는다고 하고, 또 어떠한 z_j도 γ_k와 실수축에 의해 감싸지지 않는다고 하자. 그리고 R이 충분히 커서 Γ가 모든 z_j를 감싼다고 하자. 각 t_j가 Γ의 바깥에 존재한다는 것을 다시 한 번 유의하자.

유수정리에 의해

$$\int_{\gamma} \frac{p(z)}{q(z)}\, dz + \sum_{j=1}^{k} \int_{\gamma_j} \frac{p(z)}{q(z)}\, dz + \sum_{j=1}^{k+1} \int_{L_j} \frac{p(x)}{q(x)}\, dx = \oint_{\Gamma} \frac{p(z)}{q(z)}\, dz = 2\pi i \sum_{j=1}^{m} \operatorname{Res}\left(\frac{p(z)}{q(z)},\ z_j\right) \tag{21.8}$$

가 된다.

$R \to \infty$일 때, 앞에서 설명한 것과 같이 $\int_{\gamma} [p(z)/q(z)]\, dz \to 0$이 됨을 알 수 있다. $\epsilon \to 0$이면 반원 γ_j는 t_j로 수축하고, L_j는 확장되어 $[-R, R]$ 구간을 덮어서 $R \to \infty$이면 전체 실수축이 된다. 따라서 식 (21.8)에서 좌변의 마지막 항은

$$\sum_{j=1}^{k+1} \int_{L_j} \frac{p(z)}{q(z)}\, dz \to \int_{-\infty}^{\infty} \frac{p(x)}{q(x)}\, dz$$

이 된다. 적분 $\int_{\gamma_j}[p(z)/q(z)]\,dz$는 $\epsilon \to 0$일 때 극 t_j에서 $p(z)/q(z)$의 유수에 $-\pi i$를 곱한 값으로 수렴함을 보이겠다. 이를 위해, t_j에서 $p(z)/q(z)$의 Laurent 전개를 구해 보면

$$\frac{p(z)}{q(z)} = \frac{c_{-1}}{z-t_j} + \sum_{s=0}^{\infty} c_s(z-t_j)^s = \frac{c_{-1}}{z-t_j} + g(z)$$

형태인데, t_j가 $p(z)/q(z)$의 단순극이기 때문이다. 여기서 g는 t_j에서 미분가능하다. γ_j는 $z = t_j + \epsilon e^{it}$꼴이고, 여기서 t는 π에서 0까지 변한다(γ가 반시계방향으로 회전하므로 γ_j에는 시계방향이 주어진다). 그러면

$$\begin{aligned}
\int_{\gamma_j}\frac{p(z)}{q(z)}\,dz &= c_{-1}\int_{\gamma_j}\frac{1}{z-t_j}\,dz + \int_{\gamma_j} g(z)dz \\
&= c_{-1}\int_{\pi}^{0}\frac{1}{\epsilon e^{it}} i\epsilon e^{it}\,dt + \int_{\pi}^{0} g(t_j+\epsilon^{it})i\epsilon e^{it}\,dt \\
&= -\pi i \operatorname{Res}\left(\frac{p(z)}{q(z)}, t_j\right) + i\epsilon\int_{\pi}^{0} g(t_j+\epsilon e^{it})\,e^{it}\,dt
\end{aligned}$$

가 된다. $\epsilon \to 0$이 되면 $i\epsilon\int_{\pi}^{0} g(t_j+\epsilon e^{it})\,e^{it}\,dt \to 0$이므로

$$\int_{\gamma_j}\frac{p(z)}{q(z)}\,dz \to -\pi i \operatorname{Res}\left(\frac{p(z)}{q(z)}, t_j\right)$$

가 된다. 따라서 식 (21.8)에서 $R \to \infty$와 $\epsilon \to 0$이면

$$2\pi i\sum_{j=1}^{m}\operatorname{Res}\left(\frac{p(z)}{q(z)}, z_j\right) = -\pi i\sum_{j=1}^{k}\operatorname{Res}\left(\frac{p(z)}{q(z)}, t_j\right) + \int_{-\infty}^{\infty}\frac{p(x)}{q(x)}\,dx$$

이므로

$$\int_{-\infty}^{\infty}\frac{p(x)}{q(x)}\,dx = \pi i\sum_{j=1}^{k}\operatorname{Res}\left(\frac{p(z)}{q(z)}, t_j\right) + 2\pi i\sum_{j=1}^{m}\operatorname{Res}\left(\frac{p(z)}{q(z)}, z_j\right) \tag{21.9}$$

가 된다.

어떤 의미에서 실수축에 있는 $p(z)/q(z)$의 단순극은, 원이 아닌 반원으로 둘러싸여 있으므로 '유수의 반'만큼 기여한다고 볼 수 있다. 반면에 상반평면에 있는 극들은 '완전한 유수'가 기여하는 것이다.

보기 21.28

$$\int_{-\infty}^{\infty}\frac{3x+2}{x(x-4)(x^2+9)}\,dx$$

을 계산해 보자.

$$f(z)=\frac{3z+2}{z(z-4)(z^2+9)}$$

이라 하면 분모는 0과 4에서 1차 영점을 가지고 $3i$만이 상반평면에 있는 분모의 유일한 영점이다. 유수를 계산하면

$$\text{Res}(f,0)=\lim_{z\to 0} zf(z)=-\frac{1}{18},$$

$$\text{Res}(f,4)=\lim_{z\to 4}(z-4)f(z)=\frac{7}{50},$$

$$\text{Res}(f,3i)=\lim_{z\to 3i}(z-3i)f(z)=\frac{2+9i}{72-54i}$$

이므로

$$\int_{-\infty}^{\infty}\frac{3x+2}{z(x-4)(x^2+9)}dx=\pi i\left(-\frac{1}{18}+\frac{7}{50}\right)+2\pi i\left(\frac{2+9i}{72-54i}\right)=-\frac{14}{75}\pi$$

가 된다.

$\int_0^\infty x^a[p(x)/q(x)]\,dx\ \ (0<a<1)$

$0<a<1$이라 할 때 다음 적분

$$\int_0^\infty x^a\frac{p(x)}{q(x)}dx$$

을 생각해 보자. 여기서 p와 q는 실계수 다항식으로 공통인자가 없고 q는 $\mathbb{R}-\{0\}$에서 영점을 갖지 않으며, q의 차수가 p의 차수보다 적어도 2 이상 높다. 또 $q(0)\neq 0$이거나 0은 $q(z)$의 1차 영점이라고 가정한다.

0이 아닌 q의 모든 영점들을 $z_1, \cdots, z_m$이라 하고 r은 충분히 작게 잡고 R은 충분히 크게 잡아서, 그림 21.6의 닫힌 경로 Γ가 $z_1, \cdots, z_m$을 모두 감싸게 하자. Γ는 중심이 0이고 반지름이 R인 원 부분 γ_R, 중심이 0이고 반지름이 r인 원 부분 γ_r 그리고 γ_r과 γ_R을 연결하는 선분 L_1과 L_2로 구성되어 있다. 궁극적으로 $r\to 0$과 $R\to\infty$를 택하겠지만 우선 약간의 작업이 필요하다.

z^a는 일반적으로 무수히 많은 수들의 집합을 나타내는 기호이므로, z^a의 값을 유일하게 결정하자. Γ의 내부에 놓이는 z는 $[0, 2\pi)$ 구간에 있는 유일한 θ에 대해 $z=xe^{i\theta}$로 쓸 수 있다. 여기서 $r<x<R$이다. 따라서

$$z^a=x^a e^{ia\theta}$$

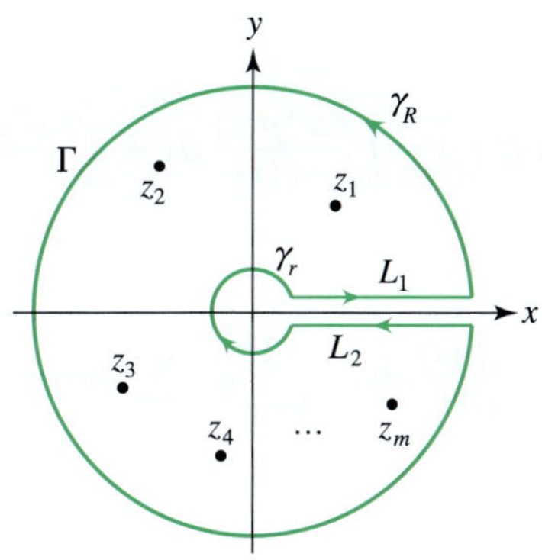

그림 21.6 닫힌 경로 $\Gamma = \gamma_r \oplus L_1 \oplus \gamma_R \oplus L_2$

이 된다.

L_1과 L_2가 실수축에 충분히 가까울 때, z가 Γ 내부에서 L_1에 접근함에 따라

$$f(z) = \frac{z^a p(z)}{q(z)} \to \frac{x^a p(x)}{q(x)}$$

가 되고, z가 Γ 내부에서 L_2에 접근하면

$$f(z) \to \frac{x^a e^{2\pi ai} p(x)}{q(x)}$$

가 된다. 이 이유는 z가 양의 실수축 아래쪽에서부터 접근하면 그 편각이 2π로 수렴하기 때문이다.

유수정리에 의해

$$\begin{aligned} 2\pi i \sum_{j=1}^{m} \operatorname{Res}(f, z_j) &= \oint_\Gamma \frac{z^a p(z)}{q(z)}\, dz \\ &= \int_{\gamma_R} \frac{z^a p(z)}{q(z)}\, dz + \int_{\gamma_r} \frac{z^a p(z)}{q(z)}\, dz + \int_{L_1} \frac{x^a p(x)}{q(x)}\, dx + \int_{L_2} \frac{x^a e^{2\pi ai} p(x)}{q(x)}\, dx \end{aligned}$$

이다. Γ가 양의 방향이므로 L_1에서 x는 r에서 R로 변하고, L_2에서 x는 R에서 r로 변한다. 따라서 L_1과 L_2가 실수축에 가까워짐에 따라

$$\oint_\Gamma \frac{z^a p(z)}{q(z)}\, dz \to \int_{\gamma_R} \frac{z^a p(z)}{q(z)}\, dz + \int_{\gamma_r} \frac{z^a p(z)}{q(z)}\, dz + \int_r^R \frac{x^a p(x)}{q(x)}\, dx + \int_R^r \frac{x^a e^{2\pi ai} p(x)}{q(x)}\, dx$$

가 된다. 두 원호에 대해 적분을 계산해 보면 $r \to 0$ 및 $R \to \infty$가 됨에 따라 0으로 수렴하게 되는데 증명은 학생들에게 남긴다. 결론적으로 L_1, L_2가 실수축에 가까워지고 $r \to 0$ 및

$R \to \infty$이면

$$2\pi i \sum_{j=1}^{m} \text{Res}(f, z_j) = \int_0^\infty \frac{x^a p(x)}{q(x)}\, dx + \int_\infty^0 \frac{x^a e^{2\pi a i} p(x)}{q(x)}\, dx$$

가 되므로

$$\int_0^\infty \frac{x^a p(x)}{q(x)}\, dx = \frac{2\pi i}{1-e^{2\pi a i}} \sum_{j=1}^{m} \text{Res}(f, z_j) \tag{21.10}$$

을 얻는다.

보기 21.29 식 (21.10)을 사용하여 다음을 계산해 보자.

$$\int_0^\infty \frac{x^{1/3}}{x(x^2+1)}\, dx\,.$$

여기서 $a = \frac{1}{3}$, $p(z) = 1$, $q(z) = z(z^2+1)$인데, 0, i, $-i$는 q의 1차 영점이다. 따라서

$$\text{Res}\left(\frac{z^{1/3}}{q(z)}, i\right) = -\frac{1}{2} e^{\pi i/6}$$

$$\text{Res}\left(\frac{z^{1/3}}{q(z)}, -i\right) = -\frac{1}{2} e^{\pi i/2}$$

이므로

$$\int_0^\infty \frac{x^{1/3}}{x(x^2+1)}\, dx = \frac{2\pi i}{1-e^{2\pi i/3}} \left(-\frac{1}{2}\right)(e^{\pi i/6} + e^{\pi i/2}) = \pi$$

가 된다.

다른 종류의 실적분도 복소 적분 방식으로 계산할 수 있는데 이들 중에는 결과를 얻을 수 있는 적분 경로와 함수를 찾는 데 있어 상당한 기교가 필요한 것이 많다.

이제 무한 적분에 관한 **Cauchy 주치(Cauchy principal value)**에 대해 알아보자. 원래 특이 적분

$$\int_{-\infty}^\infty g(x)\, dx$$

의 정의는

$$\lim_{r \to -\infty} \int_r^0 g(x)\, dx + \lim_{R \to \infty} \int_0^R g(x)\, dx$$

이다. 여기서 두 극한은 서로 독립적이다.

Cauchy 주치는

$$\mathrm{CPV}\left(\int_{-\infty}^{\infty} g(x)\,dx\right) = \lim_{R\to\infty} \int_{-R}^{R} g(x)\,dx$$

로 정의하는데, $\int_{-\infty}^{\infty} g(x)\,dx$가 수렴하는 경우, 그 값은 Cauchy 주치와 일치한다. 그러나 어떤 특이적분은 유한한 CPV를 갖지만 발산할 수도 있다. $\int_{-\infty}^{\infty} x\,dx$의 경우가 바로 그러한 예로, 이 적분은 확실히 발산한다. 그러나 이 적분의 Cauchy 주치는 0이다. 왜냐하면 임의의 양의 R에 대해

$$\int_{-R}^{R} x\,dx = 0$$

이 되기 때문이다.

우리가 살펴본 보기들 가운데는 $R\to\infty$이 됨에 따라 극한 $\int_{-R}^{R} g(x)\,dx$를 계산할 때 Cauchy 주치를 구한 경우가 있었는데 보기에서 부과한 조건들 때문에 구하려는 특이적분이 Cauchy 주치와 일치하는 것이 보장되었다.

연습문제 21.3

문제 1부터 4까지 급수의 합을 구하여라. a는 양수이다.

1. $\displaystyle\sum_{n=-\infty}^{\infty}(-1)^n \frac{1}{a^2+n^4}$

2. $\displaystyle\sum_{n=-\infty}^{\infty} \frac{1}{a^4+n^4}$

3. $\displaystyle\sum_{n=1}^{\infty}(-1)^n \frac{1}{n^2-2}$

4. $\displaystyle\sum_{n=0}^{\infty} \frac{1}{(2n^2+1)^2}$

5. a가 정수가 아닐 때, 다음을 보여라.

$$\sum_{n=-\infty}^{\infty}(-1)^n \frac{1}{a^2+n^2} = \pi^2 \csc(\pi a)\cot(\pi a)$$

6. 식 (21.2)의 증명을 개략적으로 제시했는데, 이를 자세히 증명하여라.

7. 식 (21.3)을 유도하여라.

문제 8부터 32까지 각 적분을 구하여라.

8. $\displaystyle\int_0^{2\pi} \frac{1}{6+\sin\theta}\,d\theta$

9. $\displaystyle\int_0^{2\pi} \frac{1}{2-\cos\theta}\,d\theta$

10. $\displaystyle\int_{-\infty}^{\infty} \frac{1}{x^4+1}\,dx$

11. $\displaystyle\int_{-\infty}^{\infty} \frac{1}{x^6+1}\,dx$

12. $\displaystyle\int_{-\infty}^{\infty} \frac{1}{x^2-2x+6}\,dx$

13. $\int_{-\infty}^{\infty} \frac{x\sin(2x)}{x^4+16}\,dx$

14. $\int_{0}^{2\pi} \frac{2\sin\theta}{2+\sin^2\theta}\,d\theta$

15. $\int_{-\infty}^{\infty} \frac{1}{x(x+4)(x^2+16)}\,dx$

16. $\int_{-\infty}^{\infty} \frac{\sin x}{x^2-4x+5}\,dx$

17. $\int_{-\infty}^{\infty} \frac{\cos^2 x}{(x^2+4)^2}\,dx$

18. $\int_{0}^{2\pi} \frac{\sin\theta+\cos\theta}{2-\cos\theta}\,d\theta$

19. $\int_{-\infty}^{\infty} \frac{1}{(x-4)(x^5+1)}\,dx$

20. $\int_{0}^{\infty} \frac{x^{3/4}}{x^4+1}\,dx$

21. $\int_{-\infty}^{\infty} \frac{x^2}{(x^2+1)^2}\,dx$

22. $\int_{0}^{2\pi} \frac{1}{\cos^2\theta+2\sin^2\theta}\,d\theta$

23. $\int_{-\infty}^{\infty} \frac{\cos(3x)}{x^2+9}\,dx$

24. $\int_{-\infty}^{\infty} \frac{x+2}{(x^2-4)(x^2+4)}\,dx$

25. $\int_{0}^{2\pi} \frac{\sin\theta}{4+\sin\theta}\,d\theta$

26. $\int_{0}^{2\pi} \frac{\cos\theta-\sin\theta}{2-\cos\theta}\,d\theta$

27. $\int_{-\infty}^{\infty} \frac{x^2\cos x}{1+x^6}\,dx$

28. $\int_{0}^{2\pi} \frac{1}{1+\cos^2\theta}\,d\theta$

29. $\int_{-\infty}^{\infty} \frac{x^4}{1+x^6}\,dx$

30. $\int_{0}^{2\pi} \frac{\sin^2\theta}{3+\cos^2\theta}\,d\theta$

31. $\int_{0}^{\infty} \frac{x^{1/4}}{(x+1)(x^2+4)}\,dx$

32. $\int_{-\infty}^{\infty} \frac{2}{(x+2)(x-10)(x^2+1)}\,dx$

33. α가 양수일 때 다음을 보여라.

$$\int_{-\infty}^{\infty} \frac{\cos(\alpha x)}{x^2+1}\,dx = \pi e^{-\alpha}$$

34. α와 β가 양수일 때 다음을 보여라.

$$\int_{-\infty}^{\infty} \frac{\cos(\alpha x)}{x^2+\beta^2}\,dx = \frac{\pi}{2\beta^3}(1+\alpha\beta)e^{-\alpha\beta}$$

35. α와 β가 양수일 때 다음을 보여라.

$$\int_{0}^{2\pi} \frac{1}{\alpha^2\cos^2\theta+\beta^2\sin^2\theta}\,d\theta = \frac{2\pi}{\alpha\beta}$$

36. α가 양수일 때 다음을 보여라.

$$\int_{0}^{\pi/2} \frac{1}{\alpha+\sin^2\theta}\,d\theta = \frac{\pi}{2\sqrt{\alpha(1+\alpha)}}$$

37. $n=1, 2, 3, 4, 5$에 대해 $\int_{-\infty}^{\infty} \frac{1}{(1+x^2)^n}$을 구하여라. 이 결과로부터 양의 정수 n에 대해 $\int_{-\infty}^{\infty} \frac{1}{(1+x^2)^n}\,dx$의 값을 추측하여라.

38. n이 양의 정수일 때 다음을 계산하여라.

$$\int_{0}^{2\pi} \cos^{2n}\theta\,d\theta$$

힌트: 이를 복소 적분으로 바꾸면, 피적분 함수가 원점에서 $2n+1$차 극을 한 개 갖는다는 것을 알 수 있다. 이 극에서 피적분 함수의 유수는 $(1+z^2)^{2n}$을 이항식으로 전개할 때 z^{2n}의 계수와 같다.

39. β가 양수일 때 다음을 보여라.

$$\int_{0}^{\infty} e^{-x^2}\cos(2\beta x)\,dx = \frac{\sqrt{\pi}}{2}e^{-\beta^2}$$

힌트: 네 모서리가 $\pm R$, $\pm R+\beta i$인 직사각형 경로에 대해 e^{-z^2}을 적분하라. Cauchy 정리

로 이 적분값을 구하고 네 선분에서 선적분의 합을 계산하여라. 다음 $R \to \infty$을 취한다. 이 과정 중에

$$\int_0^\infty e^{-x^2}\,dx = \frac{\sqrt{\pi}}{2}$$

을 이용하여라.

40. 임의의 양수 R에 대해 Jordan 보조정리, 즉 $\int_0^{\pi/2} e^{-R\sin\theta}\,d\theta < (\pi/2)R$을 증명하여라. 힌트: 먼저 $0 \le \theta \le \pi/2$에 대해 다음을 보여라.

$$\frac{2\theta}{\pi} < \sin\theta \le 1$$

그 다음 $e^{-R\sin\theta} \le e^{-2R\theta/\pi}$라는 사실을 사용하여라.

41. **Fresnel 적분**

$$\int_0^\infty \cos(x^2)\,dx = \int_0^\infty \sin(x^2)\,dx = \frac{1}{2}\sqrt{\frac{\pi}{2}}$$

를 유도하여라. 힌트: e^{iz^2}을 그림 21.7에 나타낸 것처럼 $0 \le r \le R$와 $0 \le \theta \le \pi/4$이 경계인 부채꼴 닫힌 경로를 따라 적분하여라. Cauchy 정리를 이용하여 이 적분을 계산하고 그 다음 이 부채꼴의 구간별로 적분하여 더함으로써 이 적분을 계산하여라. Jordan 보조정리를 사용하여 $R \to \infty$일 때 원호상에서 적분값이 0으로 수렴함을 보이고 직선 구간의 적분이 Fresnel 적분이 됨을 보이면 된다.

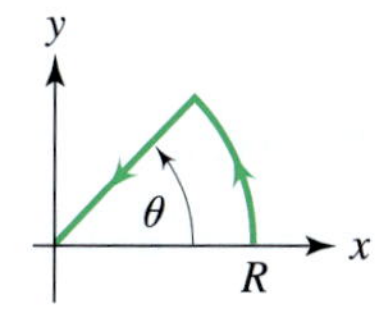

그림 21.7

42. α와 β가 양수일 때 다음을 보여라.

$$\int_0^\infty \frac{x\sin(\alpha x)}{x^4+\beta^4}\,dx = \frac{\pi}{2\beta^2}e^{-\alpha\beta/\sqrt{2}}\sin\left(\frac{\alpha\beta}{\sqrt{2}}\right)$$

43. $0<\beta<\alpha$일 때 다음을 보여라.

$$\int_0^\pi \frac{1}{(\alpha+\beta\cos\theta)^2}\,d\theta = \frac{\alpha\pi}{(\alpha^2-\beta^2)^{3/2}}$$

21.4 유수와 Laplace 역변환

복소함수 f가 적어도 $[0, \infty)$에서 정의되어 있으면 f의 Laplace 변환은

$$\mathcal{L}[f](z) = \int_0^\infty e^{-zt} f(t)\,dt$$

이다. $\mathcal{L}[f] = F$일 때, $f = \mathcal{L}^{-1}[F]$로 표기한다. 3장에서 Laplace 변환과 역변환을 구하는 몇 가지 방법을 알아보았는데, 다음 정리에 따르면 $F(z)$의 Laplace 역변환을 $e^{tz}F(z)$의 유수로써 구할 수도 있다. 때때로 이를 이용하면 Laplace 역변환을 쉽게 계산할 수 있다.

정리 21.8

복소함수 F가 극점 $z_1, \cdots, z_n$을 제외한 모든 z에서 미분가능하다고 하자. 만약 $|z| > R$인 모든 z에 대해 $|zF(z)| \le M$을 만족하는 실수 R, M이 존재한다면, $t \ge 0$에서

$$\mathcal{L}^{-1}[F](t) = \sum_{j=1}^{n} \operatorname{Res}\left(e^{tz}F(z),\ z_j\right)$$

이다.

[증명] Cauchy 적분공식의 변형인 정리 19.14를 이용하여 증명할 수 있다. $F(z)$가 $\operatorname{Re}(z) \ge \sigma$에서 미분가능하도록 적당히 큰 실수 σ를 선택한다. 그러면

$$F(s) = -\frac{1}{2\pi i} \lim_{b \to \infty} \int_{\sigma - ib}^{\sigma + ib} \frac{F(z)}{z - s}\, dz$$

이고 양변에 $\mathcal{L}^{-1}$를 취해 주면 주어진 가정에 의해 $\mathcal{L}^{-1}$가 적분 내로 들어갈 수 있으므로

$$\begin{aligned}
\mathcal{L}^{-1}[F(s)](t) &= \frac{1}{2\pi i} \lim_{b \to \infty} \int_{\sigma - ib}^{\sigma + ib} \mathcal{L}^{-1}\left[\frac{F(z)}{s - z}\right](t)\, dz \\
&= \frac{1}{2\pi i} \lim_{b \to \infty} \int_{\sigma - ib}^{\sigma + ib} e^{tz} F(z)\, dz \\
&= \sum_{j=1}^{n} \operatorname{Res}\left(e^{tz}F(z),\ z_j\right)
\end{aligned}$$

가 된다. ■

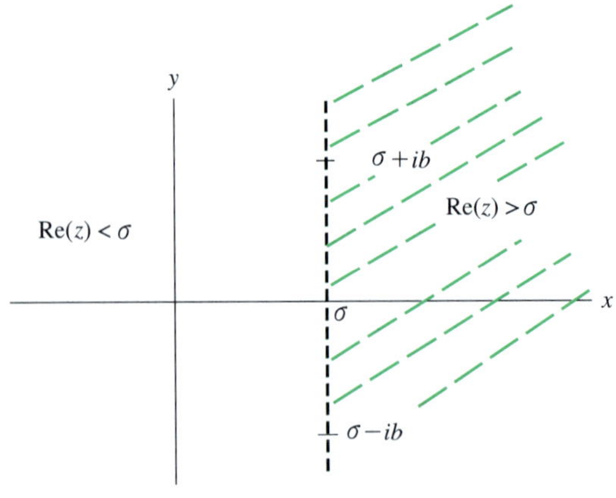

그림 21.8 정리 21.8 증명의 σ

보기 21.30 양의 실수 a에 대해 $F(z)=1/(a^2+z^2)$의 Laplace 역변환을 구해 보자. 3장의 방법으로도 구할 수 있지만 위 정리를 이용하자. $F(z)$가 $\pm ai$에서 단순극을 가지므로

$$\operatorname{Res}\left(e^{tz}F(z),\, ai\right)=\frac{e^{ait}}{2ai}, \quad \operatorname{Res}\left(e^{tz}F(z),\, -ai\right)=\frac{e^{-ait}}{-2ai}$$

이다. 따라서 정리 21.8에 의해

$$\mathcal{L}^{-1}[F](t)=\frac{1}{2ai}\left(e^{ait}-e^{-ait}\right)=\frac{1}{a}\sin(at).$$

보기 21.31 복소함수

$$F(z)=\frac{1}{(z^2-4)(z-1)^2}$$

은 ± 2에서 단순극, 1에서 2차극을 가지므로

$$\operatorname{Res}(e^{tz}F(z),\, 2)=\lim_{z\to 2}\frac{e^{tz}}{(z+2)(z-1)^2}=\frac{1}{4}e^{2t},$$

$$\operatorname{Res}(e^{tz}F(z),\, -2)=\lim_{z\to -2}\frac{e^{tz}}{(z-2)(z-1)^2}=-\frac{1}{36}e^{-2t},$$

$$\operatorname{Res}(e^{tz}F(z),\, 1)=\lim_{z\to 1}\frac{d}{dz}\left(\frac{e^{tz}}{z^2-4}\right)=-\frac{1}{3}te^{t}-\frac{2}{9}e^{t}$$

가 되어

$$\mathcal{L}^{-1}[F](t)=\frac{1}{4}e^{2t}-\frac{1}{36}e^{-2t}-\frac{1}{3}te^{t}-\frac{2}{9}e^{t}$$

이다.

연습문제 21.4

문제 1부터 10까지 정리 21.8을 이용하여 Laplace 역변환을 구하여라.

1. $\dfrac{z^2}{(z-2)^3}$

2. $\dfrac{z+3}{(z^3-1)(z+2)}$

3. $\dfrac{z}{z^2+9}$

4. $\dfrac{1}{(z+3)^2}$

5. $\dfrac{1}{(z-2)^2(z+4)}$

6. $\dfrac{1}{(z^2+9)(z-2)^2}$

7. $\dfrac{1}{(z+5)^3}$

8. $\dfrac{1}{z^3+8}$

9. $\dfrac{1}{z^4+1}$

10. $\dfrac{1}{e^z(z-1)}$

22장 등각사상과 응용

이번 장에서는 등각사상, Dirichlet 문제의 해를 구하기 위한 복소함수의 응용, 그리고 유체의 흐름에 대한 분석에 대해 다룰 것이다.

22.1 등각사상

복소함수를 사상(mapping)으로 생각하면 때때로 유용하다. 복소수 $z \in S$에 대해 복소수 $f(z)$가 K에 속할 때, $f: S \to K$로 표기하고 f는 S에서 K로 사상된다고 한다. 만약 모든 $w \in K$에 대해 $w = f(z)$가 되는 z가 S에 존재하면 f는 S에서 K로 전사된다고 한다(그림 22.1).

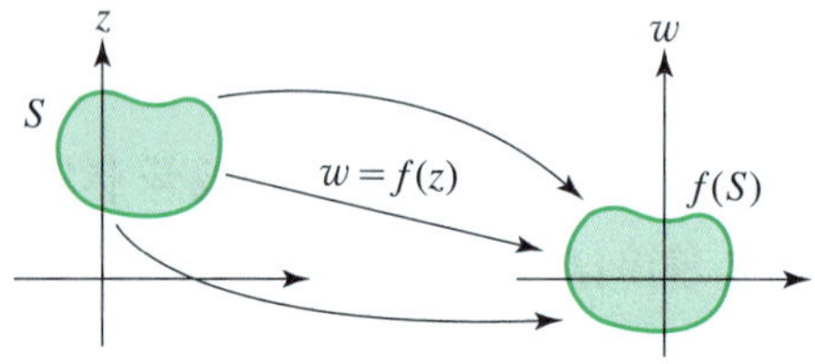

그림 22.1 사상 f

보기 22.1 $w = f(z) = e^z$를 사상 $f: \mathbb{C} \to \mathbb{C}$으로 생각해 보자.

$$w = u + iv = e^{x+iy} = e^x \cos y + ie^x \sin y$$

이므로

$$u = e^x \cos y, \quad v = e^x \sin y$$

가 된다. 이는 전사가 아니며(어떠한 수도 0으로 사상되지 않는다), 1대1도 아니다(임의의 정수 n에 대해 점 $z + 2n\pi i$는 동일한 점으로 사상된다).

xy-평면에서 수직선 $x = a$를 보자. 이 선은

$$u = e^a \cos y, \quad v = e^a \sin y$$

인 점들 $u + iv$로 사상되고

$$u^2 + v^2 = e^{2a}$$

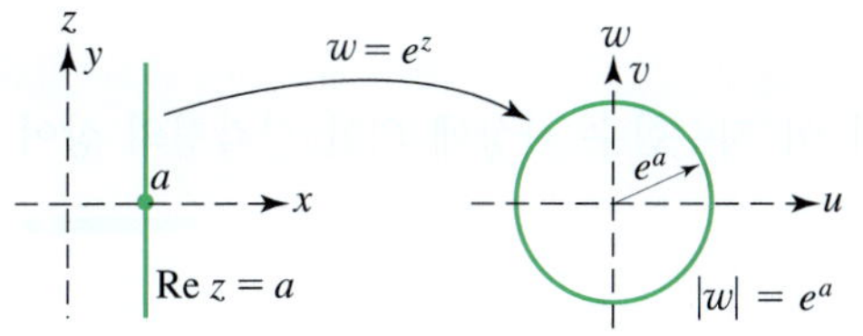

그림 22.2 $w = e^z$는 수직선으로 원을 감는다고 볼 수 있고, 2π 길이마다 원을 한 바퀴 감는다.

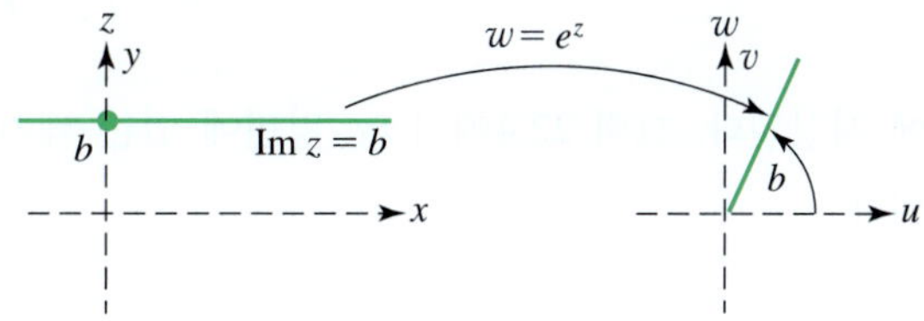

그림 22.3 $w = e^z$는 수평선을 원점에서 시작하는 반쪽 선으로 사상시킨다.

이므로 uv-평면에 있는 원점을 중심으로 반지름 e^a인 원으로 사상된다. $\cos(y + 2n\pi) = \cos y$, $\sin(y + 2n\pi) = \sin y$이므로, 실제로 점 $z = a + iy$가 수직선으로 움직이면 y가 길이 2π 구간만큼 움직일 때마다 $u + iv$는 원을 한 바퀴 돈다. 그러므로 지수함수는 원 $u^2 + v^2 = e^{2a}$를 각 구간마다 한 바퀴씩 감는다고 볼 수 있다(그림 22.2).

수평선 $y = b$ 위의 점 $z = x + ib$에 대응되는 점을 $u + iv$라 하면

$$u = e^x \cos b, \quad v = e^x \sin b$$

가 된다. x가 실수축상에서 변하면, e^x는 양의 실수축에서 변한다. 점 $(e^x \cos b, e^x \sin b)$는 양의 실수축과의 각도가 b인 선을 따라 원점에서 무한대로 움직인다(그림 22.3). 극좌표계에서는 이 반쪽 선은 $\theta = b$이다.

이러한 결과를 사용하여 xy-평면에서 축에 평행한 변을 갖는 임의의 직사각형에 대한 상을 알아낼 수 있다. 그림 22.4처럼 사각형의 각 변이 $x = a$, $x = b$, $y = c$, $y = d$인 선들에 놓인다고 하자. 이 선들은 각각 원들

$$u^2 + v^2 = e^{2a}, \quad u^2 + v^2 = e^{2b}$$

와 반직선

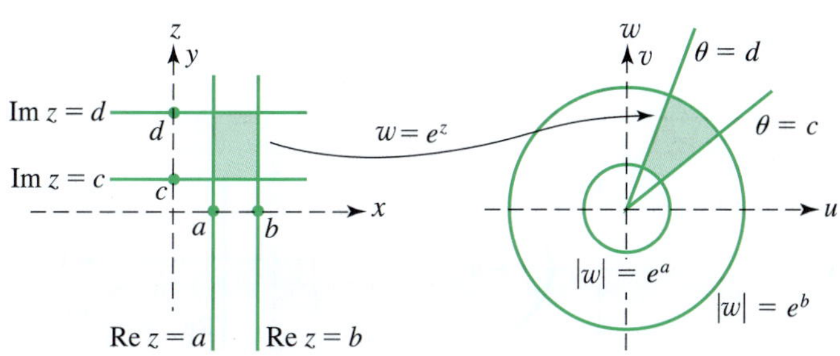

그림 22.4 $w = e^z$는 위에 나타낸 직사각형을 2개의 반쪽 선과 2개의 원으로 둘러싸인 쐐기로 사상시킨다.

$$\theta = c, \quad \theta = d$$

에 사상된다. 그림 22.4에서 uv-평면에 있는 쐐기가 이 지수함수 사상에 의한 사각형의 상이 된다.

보기 22.2 $f(z) = \cos z$를 살펴보자. 이는 복소평면에서 복소평면으로 전사되지만 1대1은 아니다. 이 함수는 다음과 같이 쓸 수 있다.

$$w = \cos(x + iy) = \cos x \cosh y - i \sin x \sinh y.$$

수직선 $x = a$는

$$w = \cos a \cosh y - i \sin a \sinh y = u + iv$$

으로 보내진다. $u = \cos a \cosh y$이고, $v = -\sin a \sinh y$이다.

$\cos a \neq 0$이고 $\sin a \neq 0$이라 가정하면,

$$\frac{u^2}{\cos^2 a} - \frac{v^2}{\sin^2 a} = 1$$

을 얻는다. 이것은 uv-평면에서 쌍곡선의 일부가 된다. 그런데, $u = \cos a \cosh y$이고, 모든 실수 y에 대해 $\cosh y \geq 1$이므로, u는 $\cos a$와 동일한 부호를 갖는다. 따라서 $x = a$의 상은 이 쌍곡선의 한쪽 가지가 되는데, $\cos a > 0$이면 오른쪽 가지이고 $\cos a < 0$이면 왼쪽 가지가 된다(그림 22.5).

$\cos a = 0$이면 정수 n에 대해 $a = (2n+1)\pi/2$이므로, $\sin a = (-1)^n$이다. 그러면

$$u = 0, \quad v = (-1)^{n+1} \sinh y$$

이다. y가 실수선에서 변하면 $\sinh y$는 모든 실수값을 가질 수 있으므로, v도 마찬가지로 모든 실수값이 될 수 있다. 따라서 선 $x = (2n+1)\pi/2$의 상은 uv-평면에서 허수축이 된다(그림 22.6).

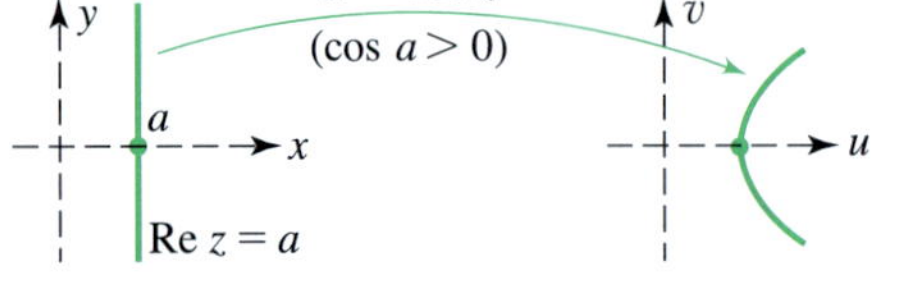

그림 22.5 $\cos a > 0$이고 $\sin a \neq 0$이면, $w = \cos z$는 수직선 $\mathrm{Re}\, z = a$를 쌍곡선의 오른쪽 가지에 대응시킨다.

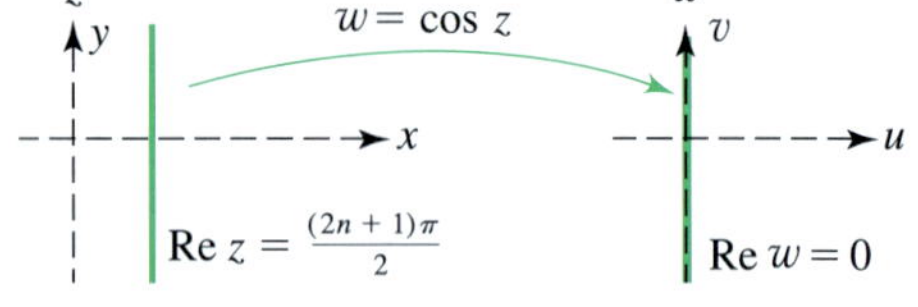

그림 22.6 $w = \cos z$는 수직선 $\mathrm{Re}\, z = (2n+1)\pi/2$를 허수축에 대응시킨다.

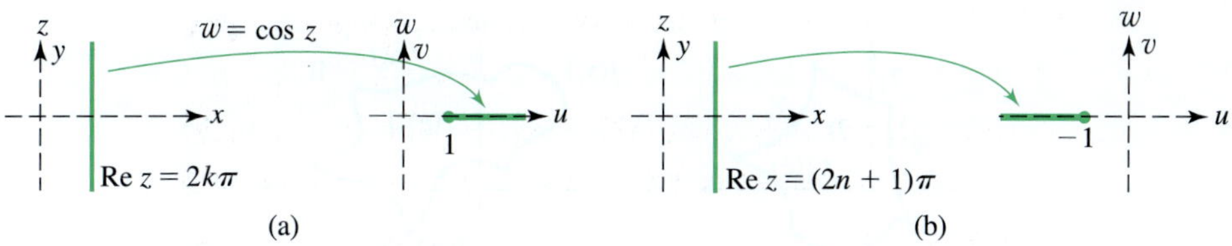

그림 22.7 (a) $w = \cos z$는 수직선 Re $z = 2n\pi$를 1에서 ∞까지 실수축으로 사상시킨다. (b) $w = \cos z$는 수직선 Re $z = (2n+1)\pi$ 를 $-\infty$에서 -1까지 실수축으로 사상시킨다.

$\sin a = 0$이면 어떤 정수 n에 대해 $a = n\pi$가 된다. 그러면 $\cos a = (-1)^n$이고 선 $x = n\pi$의 상은

$$u = (-1)^n \cosh y\,, \qquad v = 0$$

이 된다. $\cosh y \geq 1$이므로 이 상은 n이 짝수이면 $[1, \infty)$이고, n이 홀수이면 $(-\infty, -1]$이다. 이들 경우를 그림 22.7(a)와 (b)에 나타냈다.

이제 수평선 $y = b$의 상을 살펴보자. 이 경우

$$u = \cos x \cosh b\,, \qquad v = -\sin x \sinh b$$

이다. $b \neq 0$이면

$$\frac{u^2}{\cosh^2 b} + \frac{v^2}{\sinh^2 b} = 1$$

은 타원이 된다(그림 22.8).

$b = 0$이면 그 수평선은 z-평면에서 실수축이고, 따라서

$$u = \cos x\,, \qquad v = 0$$

이 된다. x가 모든 실수값을 가지면 $\cos x$는 -1에서 1 사이에서 변하므로, 실수축의 상은 w-평면의 실수축상에서 $[-1, 1]$ 구간이 된다(그림 22.9).

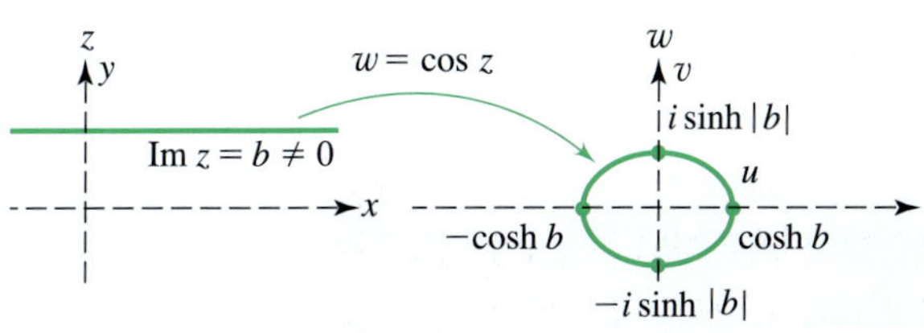

그림 22.8 $w = \cos z$는 수평선 Im $z = b \neq 0$을 타원으로 사상시킨다.

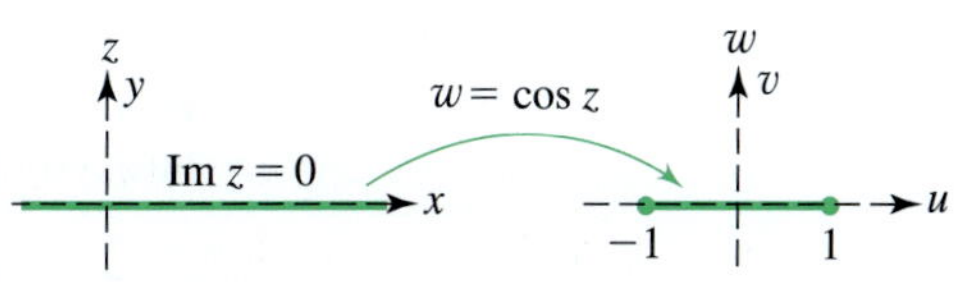

그림 22.9 $w = \cos z$는 실수축 Im $z = 0$을 실수구간 $[-1, 1]$로 사상시킨다.

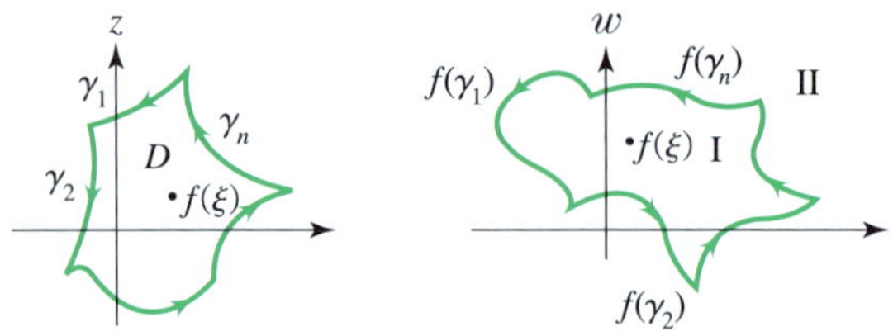

그림 22.10 곡선 γ_i의 상 $f(\gamma_i)$

사상 f와 영역 D에 대해 $f(D)$를 찾아내는 방법을 살펴보자. D의 경계가 곡선 $\gamma_1, \cdots, \gamma_n$으로 구성되어 있다고 해 보자. 이들 곡선의 상 $f(\gamma_1), \cdots, f(\gamma_n)$을 찾는다. 이들은 w-평면에서 곡선을 형성하는데, 그림 22.10에 나타낸 것처럼 I과 II로 표시된 두 집합의 경계가 된다. $f(D)$는 이 두 집합 중의 하나다. 이들 중 어느 것인지 정하기 위해 D의 편리한 점 ζ를 선택하고, $f(\zeta)$의 위치를 찾는다. 이 점은 $f(D)$에 존재해야 한다.

보기 22.3 $w = f(z) = \sin z$일 때 $-\pi/2 < \text{Re}\, z < \pi/2$와 $\text{Im}\, z > 0$를 만족하는 모든 z로 형성되는 띠 S의 상을 알아보자. 그림 22.11에 S를 나타냈다.

S의 경계는 실수축에서 $-\pi/2 \le x \le \pi/2$ 구간 선분과 $y \ge 0$인 부분의 두 반직선 $x = -\pi/2$와 $x = \pi/2$로 구성되어 있다. S 경계선들의 상을 구하자. 먼저,

$$w = u + iv = \sin x \cosh y + i \cos x \sinh y$$

으로 놓자.

$x = -\pi/2$일 때

$$w = u + iv = -\cosh y$$

이다. S의 왼쪽 경계선 부분에서 $x = -\pi/2$이고, $0 \le y < \infty$이므로, $\cosh y$는 1에서 ∞로 변한다. 그러므로 S의 왼쪽 수직 경계선의 상은 uv-평면에서 실수축상의 구간

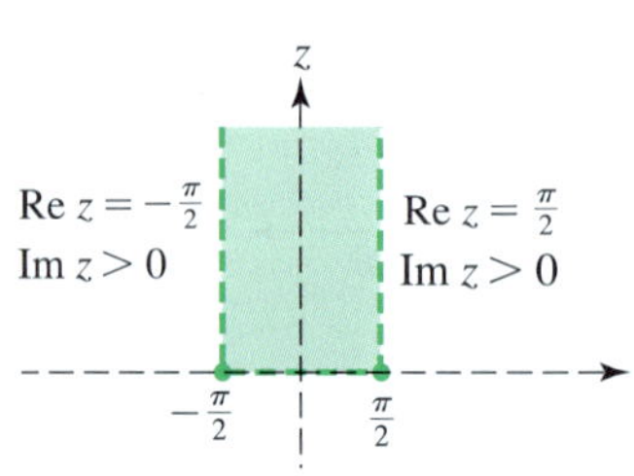

그림 22.11 수직선 $x = -\pi/2$와 $x = \pi/2$, x축으로 둘러싸인 띠

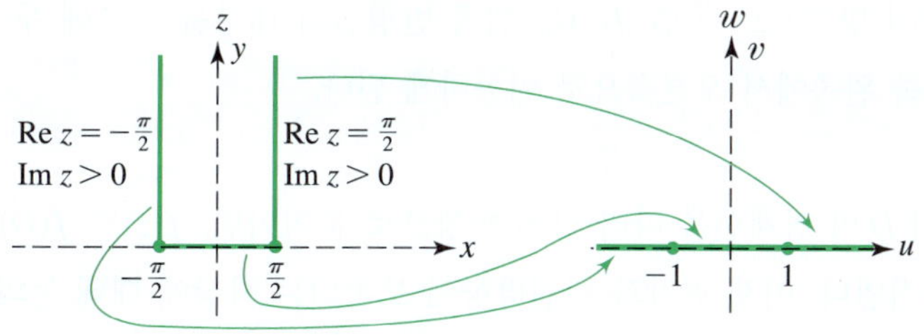

그림 22.12 $w = \sin z$는 $x = \pi/2,\ y \geq 0$을 $u \leq -1$에, $-\pi/2 \leq x \leq \pi/2$을 $-1 \leq u \leq 1$에, $x = \pi/2,\ y \geq 0$을 $u \geq 1$에 사상시킨다.

$(-\infty, -1]$이 된다.

마찬가지 분석하면 S의 오른쪽 수직 경계선의 상은 uv-평면에서 실수축상의 구간 $[1, \infty)$이 됨을 알 수 있다.

마지막으로 $y = 0$이면

$$w = \sin x$$

이다. x가 $-\pi/2$에서 $\pi/2$로 변하면 $\sin(x)$는 -1에서 1로 변한다. 따라서 $[-\pi/2, \pi/2]$는 uv-평면에서 $[-1, 1]$로 사상된다.

그림 22.12에 이 결과를 나타냈다. S의 경계는 uv-평면에서 전체 실수축으로 사상된다. 이 축은 w-평면에서 두 집합, 즉 위쪽 반평면과 아래쪽 반평면의 경계이다. S 내부의 편리한 점 z, 가령 $z = i$를 선택해 보자. 그것의 상은

$$w = \sin i = i \sinh 1$$

이므로 위쪽 반평면에 놓인다. 그러므로 S의 상은 위쪽 반평면이다.

이러한 사상들에서는 방향이 중요한 역할을 한다. S의 경계선을 따라 양의 방향으로 걸어가고 있다고 상상해 보자. 즉, 왼쪽 경계선 $x = -\pi/2$ 위의 어떤 점에서 출발하여 이 선의 아래쪽으로 걸어 내려가서 실수축을 만나 왼쪽으로 돌고, 이 실수축을 따라 $x = \pi/2$까지 걸어간 다음 다시 왼쪽으로 돌아 오른쪽 경계선을 따라 진행해 가는 것이다. z가 이 길을 따라 움직일 때, 상 $f(z)$는 어떻게 움직이는지 따라가 보자. z가 $x = -\pi/2$를 따라 내려가면, $f(z) = \sin z$는 w-평면의 -1보다 더 왼쪽인 실수축의 어느 점에서 시작하여 $w = -1$의 지점을 향해 움직인다. z가 왼쪽으로 돌아 z-평면의 실수축을 따라 $-\pi/2$에서 $\pi/2$로 움직이면, $f(z)$는 -1을 통과하여 실수축으로 진행하면서 $w = 1$에 도달한다. 마지막으로 z가 $x = \pi/2$를 따라 위쪽으로 움직이면, $f(z)$는 $w = 1$을 통과하여 w-평면의 실수축 오른쪽으로 나아가게 된다. 내부가 왼쪽에 놓이도록 z가 띠의 경계선

을 따라 양의 방향으로 돌면 $f(z)$는 위쪽 반평면의 내부를 왼쪽에 두고, 경계선을 양의 방향으로, 즉 왼쪽에서 오른쪽으로 이동하게 된다.

이 보기에서 z가 D의 경계선을 따라 양의 방향으로 움직이면, $f(z)$도 $f(D)$의 경계선을 따라 양의 방향으로 움직인다. 이제 편각과 회전방향이 보존되는 사상에 대해 논의할 것이다.

정의 22.1 각 보존사상(angle-preserving mapping)

D상의 두 매끄러운 곡선이 점 z_0에서 교차하고 z_0에서 이 두 곡선 사이각이 θ일 때, 이들 곡선의 상도 $f(z_0)$에서 각 θ로 교차하면 사상 $f: D \to D^*$는 '각을 보존시킨다'고 말한다.

이것을 그림 22.13에 나타냈다. γ_1과 γ_2의 상은 D^*에서 곡선 $f(\gamma_1)$과 $f(\gamma_2)$이다. γ_1과 γ_2가 z_0에서 교차하고, 그 점에서 각 접선 사이의 각이 θ라 하자. 그러면 $f(\gamma_1)$과 $f(\gamma_2)$의 $f(z_0)$에서 접선들의 사이각도 θ이다. 이 조건이 D의 각 점을 통과하는 모든 곡선에 대해 성립하면 f는 D에서 각을 보존시킨다고 한다.

정의 22.2 방향 보존사상(orientation-preserving mapping)

$f: D \to D^*$에 의해 D에서 양의 방향이 D^* 에서도 양의 방향으로 사상되면 f는 '방향을 보존시킨다'고 말한다.

이것을 그림 22.14에 나타냈다. L_1과 L_2가 D 내부의 한 점 z_0에서 교차하고, L_1에서 L_2로의 방향이 양의 방향이라면, D^*에서 $f(L_1)$에서 $f(L_2)$로의 방향도 양의 방향이 되어야 한다. 물론 $f(L_1)$과 $f(L_2)$가 직선일 필요는 없다. 그러나 여전히 $f(L_1)$의 접선에서 $f(L_2)$의 접선으로 방향을 생각할 수 있다. 이와는 대조적으로, 방향이 보존되지 않는 경우를 그림 22.15에 나타냈다.

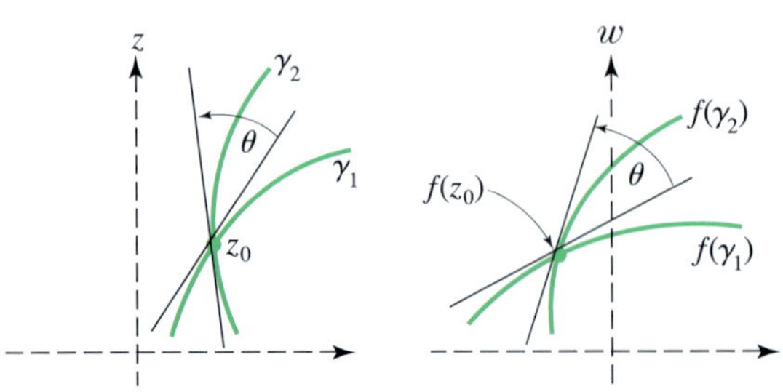

그림 22.13 각 보존사상

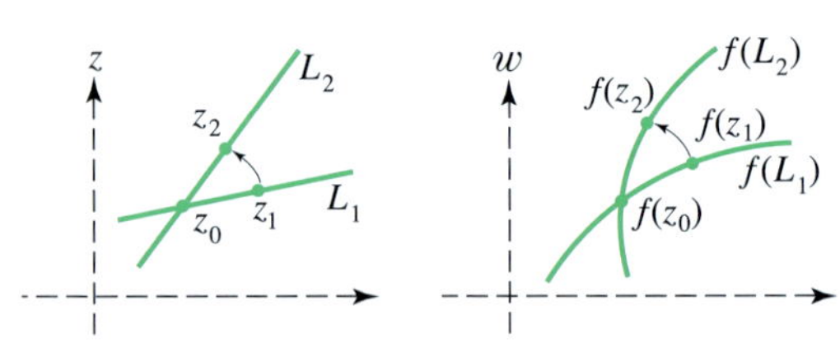

그림 22.14 방향 보존사상

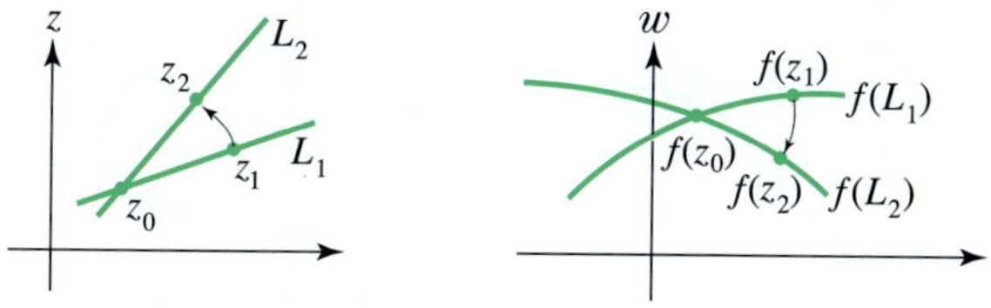

그림 22.15 방향 비 보존사상

각과 방향의 보존은 독립적인 개념이다. 어떤 사상이 하나는 만족하지만, 다른 하나는 만족시키지 않을 수도 있다. 만약 $f: D \to D^*$가 둘 다 보존시키면 f는 등각적이라고 부른다.

정의 22.3 등각사상(conformal mapping)

> $f: D \to D^*$가 각과 방향을 모두 보존시키면 f를 등각사상이라고 한다.

다음 정리는 등각사상의 예가 많다는 것을 보여준다.

정리 22.1

> $f: D \to D^*$가 미분가능한 함수라 하자. D의 모든 z에 대해 $f'(z) \neq 0$이면 f는 등각사상이다.

따라서 어떤 영역에서 도함수가 0이 되지 않는 미분가능한 함수는 각과 방향이 모두 보존되는 방식으로 사상시킨다. 증명을 개략적으로 살펴보자. z_0가 D의 점이고 γ는 z_0를 통과하는 D상의 매끄러운 곡선이라 하자. 그러면 $f(\gamma)$는 $f(z_0)$를 통과하는 D^*상의 매끄러운 곡선이 된다(그림 22.16). $w = f(z)$이고 $w_0 = f(z_0)$라 하면

$$w - w_0 = \frac{f(z) - f(z_0)}{z - z_0}(z - z_0)$$

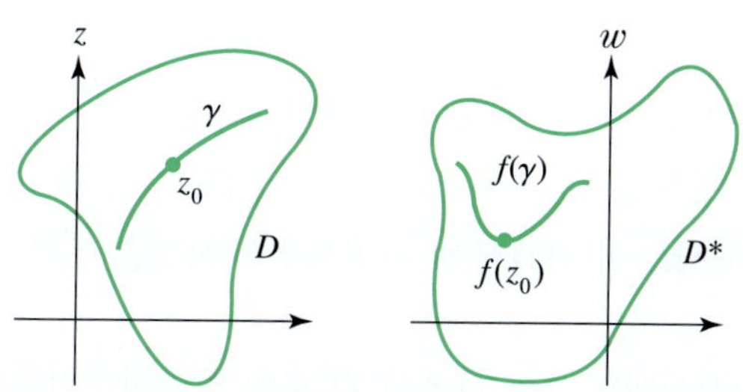

그림 22.16

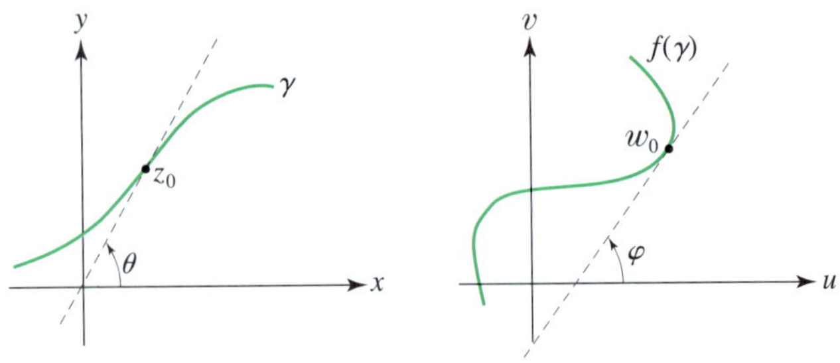

그림 22.17

이다. 곱의 편각은 각 인자의 편각을 합한 것과 같다는 것을 기억하자. 그러면 2π의 정수배 차이 안에서

$$\arg(w-w_0)=\arg\left(\frac{f(z)-f(z_0)}{z-z_0}\right)+\arg(z-z_0) \tag{22.1}$$

가 된다. 그림 22.17에 나타낸 것처럼 θ는 z_0에서 γ의 접선과 양의 실수축이 이루는 각이다. 각 φ는 w-평면에서 w_0를 통과하는 $f(\gamma)$의 접선과 양의 실수축 사이의 각이다. γ를 따라 $z \to z_0$일 때 식 (22.1)은

$$\varphi=\arg[f'(z_0)]+\theta$$

가 된다. 0은 편각이 없으므로, 여기에서 $f(z)\neq 0$이라는 가정을 이용했다.

γ^*가 z_0를 통과하는 또 하나의 매끄러운 곡선이면 같은 방법에 의해

$$\varphi^*=\arg[f'(z_0)]+\theta^*$$

가 된다. 그러면 2π의 정수배 차이 안에서

$$\varphi-\varphi^*=\theta-\theta^*$$

가 된다. 그런데 $\theta-\theta^*$는 z_0에서 γ와 γ^*의 접선이 이루는 각이고 $\varphi-\varphi^*$는 $f(z_0)$에서 $f(\gamma)$와 $f(\gamma^*)$의 접선이 이루는 각이다. 그러므로 f는 각을 보존시킨다.

위 마지막 식은 f가 방향도 보존시킨다는 것을 암시한다. 그 이유는 γ에서 γ^*으로의 회전은 $f(\gamma)$에서 $f(\gamma^*)$로의 회전과 동일하기 때문이다. 만약 $\varphi-\varphi^*=\theta^*-\theta$였다면 회전방향이 반대가 된다는 것을 암시한다. 예를 들어 $w=\sin(z)$는 미분가능하고 $-\pi/2<\mathrm{Re}(z)<\pi/2$의 띠에서 0이 아닌 도함수를 가지므로, 이 띠에서 w-평면으로의 사상은 등각사상이 된다.

등각사상의 합성도 등각사상이다. f는 D에서 D^*로의 등각사상이고, g는 D^*에서 D^{**}로의 등각사상이라고 하자. 그러면 $g\circ f$는 D에서 D^{**}로의 등각사상이 된다(그림 22.18). 이는 각

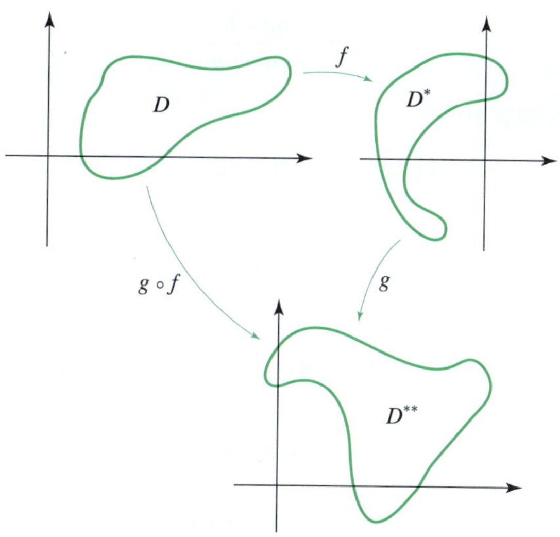

그림 22.18 등각사상의 합성도 등각사상이다.

각의 사상에서 각과 방향이 보존되기 때문이다.

이제 중요한 등각사상들을 살펴보자. 영역 D와 D^* 사이에 등각사상을 만드는 것은 유체의 유동성 연구 등과 같은 분야에서 많이 쓰인다. 이것은 쉬운 일이 아닌데 선형분수 변환은 이러한 목적을 만족시키는 비교적 간단한 등각사상이다.

정의 22.4 선형분수 변환(linear fractional transformation)

$$T(z) = \frac{az+b}{cz+d}$$

꼴인 T를 선형분수 변환이라 한다. 여기서 a, b, c, d는 주어진 복소수이고, $ad-bc \neq 0$이다.

이런 함수를 Möbius 변환이라고도 한다. 이 함수는 T의 단순극이 되는 $z=-d/c$를 제외한 곳에서 정의된다. 또한

$$T'(z) = \frac{ad-bc}{(cz+d)^2}$$

이고, 이것은 $z \neq -d/c$이면 0이 아니다. 따라서 점 $z=-d/c$를 제외한 평면에서 T는 등각사상이다.

조건 $ad-bc \neq 0$는 T가 1대1이 되도록 하는 조건이다. 따라서 그 역사상이 존재한다. $w=(az+b)/(cz+d)$로 두면 그 역사상은

$$z = \frac{dw - b}{-cw + a}$$

이고, 이 역시 선형분수 변환이다.

선형분수 변환 중 몇 가지 특수한 변환을 살펴보자.

보기 22.4 $w = T(z) = z + b$라 하자. 여기서 b는 상수이다. T는 z를 수평으로 $\mathrm{Re}(b)$만큼, 수직으로 $\mathrm{Im}(b)$만큼 이동시키므로, 이를 이동이라고 부른다. 예를 들어 $T(z) = z + 2 - i$라면 T는 z를 오른쪽으로 2만큼, 아래로 1만큼 이동시킨다(그림 22.19).

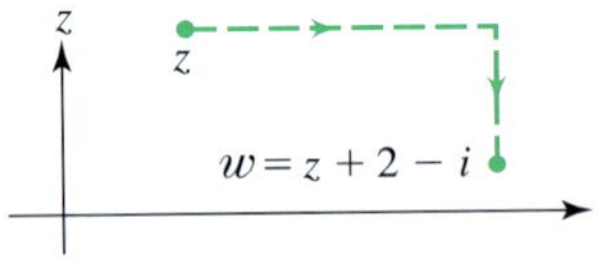

그림 22.19 보기 22.4의 이동 사상

보기 22.5 $w = T(z) = az$라 하자. 여기서 a는 0이 아닌 상수다. 이를 회전/확대라 부른다. 그 이유를 살펴보자. 먼저

$$|w| = |a||z|$$

임을 주목하라. $|a| > 1$이면 이 변환은 w는 원점에서 z보다 멀어진다. $|a| < 1$이면 이 변환은 z보다 원점에 가까이 있다. 그래서 '확대'라는 용어가 붙은 것이다.

이제 극형식을 사용하여 $z = re^{i\theta}$와 $a = Ae^{i\alpha}$로 쓰자. 그러면

$$T(z) = Are^{i(\theta + \alpha)}$$

이므로, 이 변환은 복소수의 편각에 α를 더하는 꼴이다. 이것이 '회전'이라는 용어가 붙은 이유다.

그러므로 이 변환의 전체적 효과는 확대 변환과 회전 변환이다. 구체적인 예로

$$w = (2 + 2i)z$$

은 그림 22.20에 나타낸 것처럼

$$i \to -2 + 2i, \quad 1 \to 2 + 2i, \quad 1 + i \to 4i$$

로 사상시킨다. 그림 22.21에 보듯이 일반적으로 z의 상은 z의 크기에 $|2 + 2i| = \sqrt{8}$을

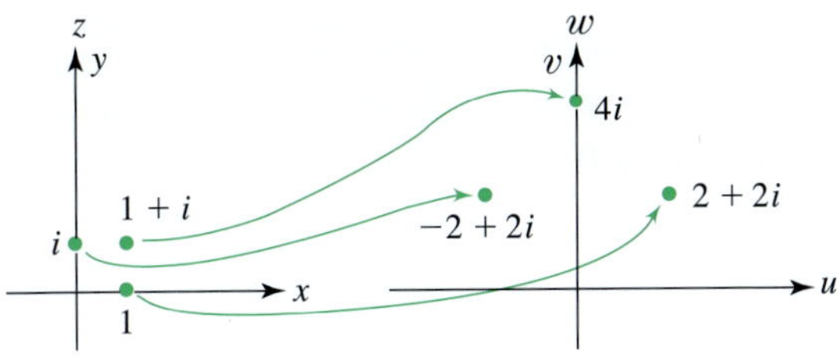

그림 22.20 보기 22.5의 회전/확대 사상

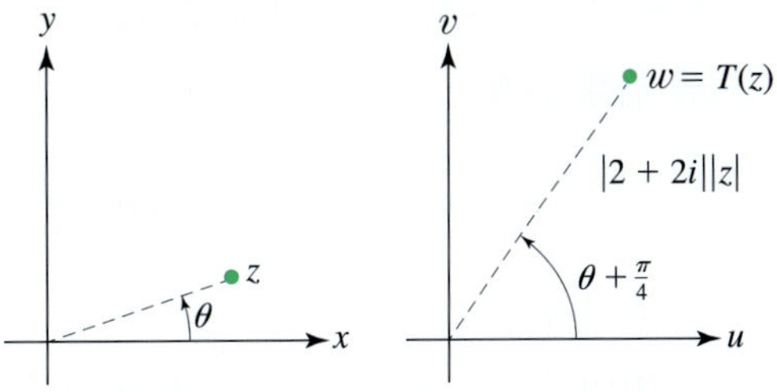

그림 22.21 사상 $T(z)=(2+2i)z$

곱하고 원점에서 z를 연결한 선을 양의 방향으로 $\pi/4$ 회전시키면 얻어진다.

$|a|=1$이면 $T(z)=az$는 순수회전이라 불린다. 이는 확대 효과가 없고, a의 편각만큼 회전하는 효과만 있기 때문이다.

보기 22.6 $w=T(z)=1/z$이라 하자. 이 사상을 반전이라 부른다. $z\neq 0$에 대해

$$|w|=\frac{1}{|z|},$$
$$\arg(w)=\arg(1)-\arg(z)=-\arg(z)$$

이다. 이것은 원점에서 z를 연결하는 선을 따라 $1/|z|$만큼 움직이고 그 다음 실수축을 대칭선으로 하여 이 점을 대응시킨 점이 $T(z)$가 된다는 것을 의미한다(그림 22.22). 이는 단위원 내부의 점들을 바깥 점들로, 원 바깥의 점들을 원 내부의 점들로, 원 위의 점들은 원 위의 점들로 사상시킨다. 예를 들어 $z=(1+i)/\sqrt{2}$이면 $1/z=(1-i)/\sqrt{2}$이다 (그림 22.23).

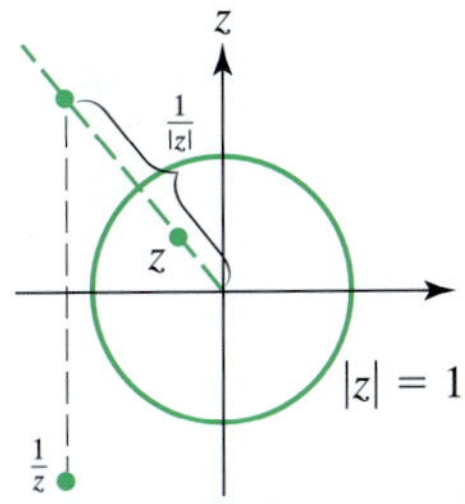

그림 22.22 보기 22.6의 반전 사상

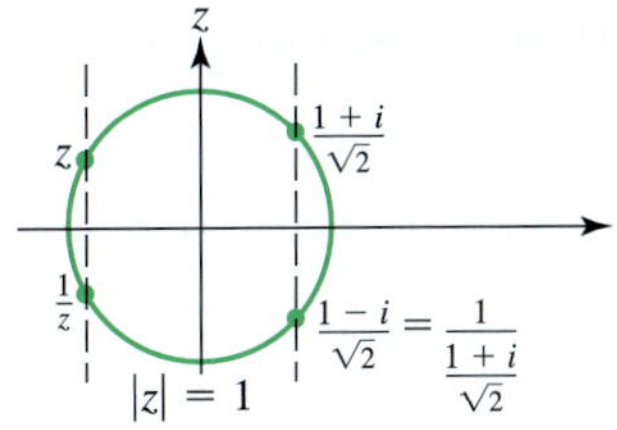

그림 22.23 반전에서 단위원상의 점의 상

이동, 회전/확대, 반전 3가지 변환을 차례로 적용하여 임의의 선형분수 변환을 얻을 수 있다. 이를 위해 먼저

$$T(z) = \frac{az+b}{cz+d}, \quad ad - bc \neq 0$$

로 시작하자.

$c = 0$ 이면 $ad - bc \neq 0$이므로 $d \neq 0$이다. 그러므로,

$$T(z) = \frac{a}{d}z + \frac{b}{d}$$

이고, 이는 다음과 같이 회전/확대를 한 뒤 이동하는 것이다.

$$z \underset{\text{회전/확대}}{\longrightarrow} \frac{a}{d}z \underset{\text{이동}}{\longrightarrow} \frac{a}{d}z + \frac{b}{d}.$$

$c \neq 0$ 이면 T는 다음의 순서에 따라 적용된 결과로 볼 수 있다.

$$z \underset{\text{회전/확대}}{\longrightarrow} cz \underset{\text{이동}}{\longrightarrow} cz + d \underset{\text{반전}}{\longrightarrow} \frac{1}{cz+d}$$
$$\underset{\text{회전/확대}}{\longrightarrow} \frac{bc-ad}{c}\frac{1}{cz+d} \underset{\text{이동}}{\longrightarrow} \frac{bc-ad}{c}\frac{1}{cz+d} + \frac{a}{c} = \frac{az+b}{cz+d} = T(z)$$

하나의 선형분수 변환을 이렇게 간단한 성분들로 분해해서 생각하는 데는 2가지 목적이 있다. 첫째, 이러한 변환들의 일반적인 성질을 단순한 성분 변환들로 분석하고, 이 일련의 변환들을 이용하여 주어진 영역 사이에 등각사상을 구축하려는 것이다.

다음은 선형분수 변환의 기본 성질이다.

정리 22.2

선형분수 변환은 원을 원 또는 직선으로, 직선을 원 또는 직선으로 사상시킨다.

[증명] 앞에서 설명했듯이 이동, 회전/확대, 반전에 대해서 이를 증명하면 된다.

이동은 원을 원에, 직선을 직선에 사상시킨다는 것은 기하학적으로 명백하다. 마찬가지로 회전/확대는 원을 원에, 직선을 직선에 사상시킨다.

이제 반전이 원이나 직선에 미치는 영향을 살펴보면 된다. 원이나 직선은 평면에서 다음 식으로 표현된다.

$$A(x^2 + y^2) + Bx + Cy + R = 0$$

여기서 A, B, C, R은 실수다. 이 그래프는 $A \neq 0$이면 원이고, $A = 0$이고 B와 C가 동시에 0이

아니면 직선이다. $z = x + iy$로 이 식을 다시 쓰면

$$A|z|^2 + \frac{B}{2}(z + \bar{z}) + \frac{C}{2i}(z - \bar{z}) + R = 0$$

이 된다. 이제 $w = 1/z$이라 하자. w-평면에서 이 궤적의 상은

$$A\frac{1}{|w|^2} + \frac{B}{2}\left(\frac{1}{w} + \frac{1}{\overline{w}}\right) + \frac{C}{2i}\left(\frac{1}{w} - \frac{1}{\overline{w}}\right) + R = 0$$

이 되고, 이 식에 $w\overline{w} = |w|^2$를 곱하면

$$R|w|^2 + \frac{B}{2}(w + \overline{w}) - \frac{C}{2i}(w - \overline{w}) + A = 0$$

이다. $R \neq 0$이면 이 식은 w-평면에서 원이고, $R = 0$이고 B와 C가 동시에 0이 아니면 직선이다. ■

이 증명이 보여주는 것처럼 이동과 회전/확대는 원을 원에, 직선을 직선에 사상시킨다. 반면에 반전은 원을 원 또는 직선에, 직선을 원 또는 직선에 사상시킨다.

보기 22.7 $w = T(z) = i(z-2) + 3$ 이다. 이것은 다음 변환들의 합성 변환이다.

$$z \to z - 2 \to i(z-2) \to i(z-2) + 3 = w. \qquad (22.2)$$

즉, w는 z를 -2만큼 이동시키고 양의 방향으로 $\pi/2$만큼 회전시킨 다음, 3만큼 이동한 것이다. 이 사상에는 반전이 관련되어 있지 않으므로 원은 원에, 직선은 직선에 사상시킨다.

구체적인 예로, 반지름이 3이고 중심이 (2, 0)인 원 K는

$$(x-2)^2 + y^2 = 9,$$

즉,

$$x^2 + y^2 - 4x - 5 = 0$$

또는

$$|z|^2 - 2(z + \bar{z}) - 5 = 0$$

으로 쓸 수 있다. $w = i(z-2) + 3$을 풀어 $z = -i(w-3) + 2$를 얻고, 이것을 위 마지막 식에 대입하면

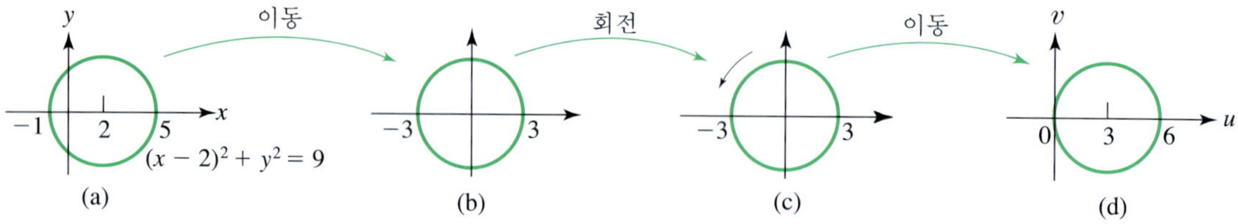

그림 22.24 식 (22.2)의 기본 사상에 의한 원 K의 상

$$|i(w-3)+2|^2-2\left(-i(w-3)+2+\overline{-i(w-3)+2}\right)-5=0$$

이므로

$$|w|^2-3(w+\overline{w})=0$$

이다. $w=u+iv$로 표현하면

$$(u-3)^2+v^2=9$$

로서, 이는 uv-평면에서 반지름이 3이고 중심이 (3, 0)인 원이다. 이 결과는 그림 22.24에서 보여주는 것처럼, 식 (22.2)의 기본 사상을 순차적으로 적용하여 기하학적으로 예측할 수 있다. 맨 먼저 원을 -2만큼 이동시키고, $\pi/2$만큼 회전시킨 다음, 3만큼 오른쪽으로 이동한 것이다. 그 결과 반지름이 3이고 중심이 (3, 0)인 원이 된다.

보기 22.8 반전 $w=1/z$이 수직선 $\text{Re}(z)=a\neq 0$에 미치는 영향을 조사하자. 이 직선상의 점은 $z=a+iy$꼴이고, 그 상은

$$w=\frac{1}{a+iy}=\frac{a}{a^2+y^2}-\frac{y}{a^2+y^2}i=u+iv$$

이므로

$$\left(u-\frac{1}{2a}\right)^2+v^2=\frac{1}{4a^2}$$

을 만족한다. 따라서 상은 중심은 $(1/2a,\ 0)$이고 반지름은 $1/2a$인 원이다.

주어진 영역들 간의 대응사상을 구하는 것을 설명하기 전에, 3개의 주어진 점을 3개의 주어진 점으로 사상시키는 선형분수 변환을 항상 만들 수 있음을 보이겠다.

정리 22.3 세 짝 정리

z_1, z_2, z_3가 z-평면에 있는 서로 다른 점이고 w_1, w_2, w_3는 w-평면에 있는 서로 다른 점이라 하자. 그러면 z-평면에서 w-평면으로 보내는 다음이 성립하는 선형분수 변환이 존재한다.

$$T(z_1)=w_1, \quad T(z_2)=w_2, \quad T(z_3)=w_3.$$

[증명] z-평면에 있는 점 z에 대해 $w=T(z)$가 다음 식을 만족한다고 하자.

$$(w-w_1)(w_2-w_3)(z_2-z_1)(z-z_3)=(z-z_1)(z_2-z_3)(w_2-w_1)(w-w_3). \tag{22.3}$$

$j=1, 2, 3$에 대해 $z=z_j$를 이 식에 대입하면 $w=w_j$를 얻는다. ■

식 (22.3)을 다음과 같이 쓰면 기억하기 편리하다.

$$\frac{(w-w_1)(w_2-w_3)}{(w-w_3)(w_2-w_1)}=\frac{(z-z_1)(z_2-z_3)}{(z-z_3)(z_2-z_1)} \tag{22.3$'$}$$

보기 22.9

$$3\to i, \quad 1-i\to 4, \quad 2-i\to 6+2i$$

을 만족하는 선형분수 변환을 찾아보자.

$$z_1=3, \quad z_2=1-i, \quad z_3=2-i,$$
$$w_1=i, \quad w_2=4, \quad w_3=6+2i$$

을 식 (22.3′)에 대입하면

$$\frac{(w-i)(4-6-2i)}{(w-6-2i)(4-i)}=\frac{(z-3)(1-i-2+i)}{(z-2+i)(1-i-3)}$$

이고 이것을 w에 대해 풀면

$$w=T(z)=\frac{(20+4i)z-(68+16i)}{(6+5i)z-(22+7i)}$$

이 된다.

서로 다른 3개의 점에 서로 다른 3개의 상을 대응시키는 선형분수 변환은 하나뿐이라는 것을 보일 수 있다. 위의 마지막 보기에서 T는 그 3개의 점을 각 상에 대응시키는 유일한 선형분수 변환이다.

사상을 다룰 때 복소평면을 복소구로 바꾸어 생각하면 편리한 경우가 있다. 이를 보기 위해

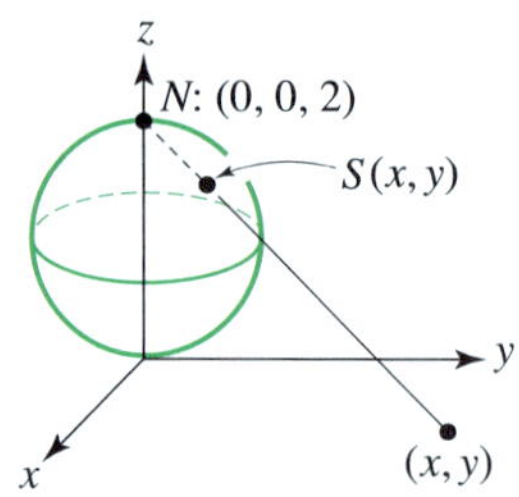

그림 22.25 복소구와 확장된 복소평면을 동일시 할 수 있도록 해 주는 극사영

그림 22.25에서처럼 3차원 좌표계를 생각하자. 반지름이 1인 구가 남극점이 원점, 북극점이 (0, 0, 2)가 되도록 놓여 있다. xy-평면을 복소평면으로 생각하자. 이 평면의 점 (x, y)에 대해 (0, 0, 2)와 (x, y)를 연결하는 직선은 정확히 하나의 점 $S(x, y)$에서 구와 만난다. 이러한 식으로 복소평면의 점들을 (0, 0, 2)를 제외한 구의 각 점과 유일하게 대응시킬 수 있다. 이러한 사상을 구에서 평면으로의 극사영(stereographic projection)이라고 하며, 이 구를 복소구라고 부른다. 점 (0, 0, 2)는 무한대 역할을 한다. $x \to \infty$, $y \to \infty$일 때 $S(x, y) \to (0, 0, 2)$이기 때문이다. 즉, 복소평면에서 무한대라는 점 ∞을 극사영에 의해 (0, 0, 2)에 대응되는 점이라 이해하자. ∞를 포함하는 복소평면을 확장된 복소평면(extended complex plane)이라 한다.

앞의 정리에서 선형분수 변환을 결정할 때 세 점 중 하나가 무한대로 사상되는 경우는 식 (22.3)에서 $w_3 \to \infty$를 취하면 된다.

정리 22.4

z_1, z_2, z_3가 서로 다른 복소수이고, w_1, w_2도 서로 다른 복소수일 때

$$T(z_1) = w_1, \quad T(z_2) = w_2, \quad T(z_3) = \infty$$

이 성립되는 선형분수 변환 $w = T(z)$는

$$\frac{w - w_1}{w_2 - w_1} = \frac{(z - z_1)(z_2 - z_3)}{(z - z_3)(z_2 - z_1)} \tag{22.4}$$

을 만족한다.

보기 22.10 $$i \to 4i, \quad 1 \to 3 - i, \quad 2 + i \to \infty$$

인 선형분수 변환을 찾아보자.

$$\frac{w - 4i}{3 - i - 4i} = \frac{(z - i)(1 - 2 - i)}{(z - 2 - i)(1 - 4i)}$$

을 w에 관해 풀면

$$w = T(z) = \frac{(5-i)z - 1 + 3i}{-z + 2 + i}$$

이다.

연습문제 22.1

1. $w = e^z$에 의해 (a)부터 (e)까지 주어진 사각형이 어떤 상으로 사상되는지 밝혀라. z-평면에서 사각형을 그리고, w-평면에서 그 상을 그려라.
   (a) $0 \le x \le \pi,\ 0 \le y \le \pi$
   (b) $-1 \le x \le 1,\ -\frac{\pi}{2} \le y \le \frac{\pi}{2}$
   (c) $0 \le x \le 1,\ 0 \le y \le \frac{\pi}{4}$
   (d) $1 \le x \le 2,\ 0 \le y \le \pi$
   (e) $-1 \le x \le 2,\ -\frac{\pi}{2} \le y \le \frac{\pi}{2}$

2. $w = \cos z$에 의해 (a)부터 (e)까지 주어진 사각형이 어떤 상으로 사상되는지 밝혀라. 각 사각형과 그 상을 그려라.
   (a) $0 \le x \le 1,\ 1 \le y \le 2$
   (b) $\frac{\pi}{2} \le x \le \pi,\ 1 \le y \le 3$
   (c) $0 \le x \le \pi,\ \frac{\pi}{2} \le y \le \pi$
   (d) $\pi \le x \le 2\pi,\ 1 \le y \le 2$
   (e) $0 \le x \le \frac{\pi}{2},\ 0 \le y \le 1$

3. $w = 4\sin z$에 의해 (a)부터 (e)까지 주어진 사각형이 어떤 상으로 사상되는지 밝혀라. 각 사각형과 그 상을 그려라.
   (a) $0 \le x \le \frac{\pi}{2},\ 0 \le y \le \frac{\pi}{2}$
   (b) $\frac{\pi}{4} \le x \le \frac{\pi}{2},\ 0 \le y \le \frac{\pi}{4}$
   (c) $0 \le x \le 1,\ 0 \le y \le \frac{\pi}{6}$
   (d) $\frac{\pi}{2} \le x \le \frac{3\pi}{2},\ 0 \le y \le \frac{\pi}{2}$
   (e) $1 \le x \le 2,\ 1 \le y \le 2$

4. 사상 $w = \sinh z$에 대해 축과 평행한 직선들의 상을 구하여라.

5. 사상 $w = \cosh z$에 대해 축과 평행한 직선들의 상을 구하여라.

6. 사상 $w = z^2$에 대해 $\pi/4 \le \theta \le 5\pi/4$의 상을 구하여라.

7. 사상 $w = z^3$에 대해 $\pi/6 \le \theta \le \pi/3$의 상을 구하여라.

8. $$w = \frac{1}{2}\left(z + \frac{1}{z}\right)$$
   은 원 $|z| = r$을 w-평면에서 초점이 1과 -1인 타원으로 사상시킴을 보여라. $r = 1$일 때 상을 그려라.

9. 문제 8의 사상은 $\theta =$ 상수인 반직선을 w-평면에서 초점이 ± 1인 쌍곡선으로 사상시킴을 보여라. $\theta = \frac{\pi}{3}$ 일 때 상을 그려라.

10. $w = 1/z$에 대해 원점을 중심으로 하는 단위원의 바깥부분의 상을 구하여라. 이 집합과 그 상을 그려라.

11. $w = z^3$에서 1사분면 $\mathrm{Re}(z) \ge 0,\ \mathrm{Im}(z) \ge 0$의 상을 구하여라. 이 집합과 그 상을 그려라.

12. $w = e^{\alpha z}$가 있다. 여기서 $\alpha = a + ib$이며, $a \neq 0$, $b \neq 0$이다.
   (a) 수평선 $\text{Im}(z) = c$는 곡선 $r = e^{d} e^{a\theta/b}$(극좌표)로 사상됨을 보여라. 단, $d = -c|\alpha|/b$이다.
   (b) 수직선 $\text{Re}(z) = c$는 곡선 $r = e^{-bd/a} e^{-b\theta/a}$로 사상됨을 보여라.
   (c) 앞 (a)와 (b)의 상을 대수적 나선(logarithmic spiral)이라 부른다. $a = b = c = 1$에 대해 이들 상을 그려라.

13. 사상 $w = z^{1/2}$에서 위쪽 반평면 $\text{Im}(z) \geq 0$의 상을 구하여라. 이 집합과 그 상을 그려라.

14. 사상 $w = 1/z$는 모든 직선을 원이나 직선으로, 모든 원을 원이나 직선으로 사상시킴을 보여라. 원이 직선으로 사상되는 경우와 직선이 원으로 사상되는 예를 하나씩 들어라.

15. 사상 $w = e^{z}$에 대해 무한 띠 $0 \leq \text{Im}(z) \leq 2\pi$의 상을 구하여라.

16. D는 꼭지점이 $\pm \alpha i$와 $\pi \pm \alpha i$인 사각형의 모든 z로 구성되어 있다. 단, α는 양수다.
   (a) 사상 $w = \cos(z)$에 대한 D의 상을 구하고 D와 그 상을 그려라.
   (b) 사상 $w = \sin(z)$에 대한 D의 상을 구하고 D와 그 상을 그려라.
   (c) 사상 $w = 2z^{2}$에 대한 D의 상을 구하고 D와 그 상을 그려라.

17. 사상 $w = z^{1/3}$에 대한 $\pi/9 \leq \theta \leq \pi/3$의 상을 구하고 영역과 그 상을 그려라.

18. 사상 $w = z^{1/4}$에 대한 $0 \leq \theta \leq \pi$의 상을 구하고 영역과 그 상을 그려라.

문제 19부터 28까지 주어진 점들을 주어진 상으로 변환시키는 선형분수 변환을 찾아라.

19. $1 \to 1,\ 2 \to -i,\ 3 \to 1 + i$

20. $i \to i,\ 1 \to -i,\ 2 \to 0$

21. $1 \to 1 + i,\ 2i \to 3 - i,\ 4 \to \infty$

22. $-5 + 2i \to 1,\ 3i \to 0,\ -1 \to \infty$

23. $6 + i \to 2 - i,\ i \to 3i,\ 4 \to -i$

24. $10 \to 8 - i,\ 3 \to 2i,\ 4 \to 3 - i$

25. $1 \to 6 - 4i,\ 1 + i \to 2,\ 3 + 4i \to \infty$

26. $8 - i \to 1 - i,\ i \to 1 + i,\ 3i \to \infty$

27. $2i \to \frac{1}{2},\ 4i \to \frac{1}{3},\ i \to 6i$

28. $-1 \to -i,\ i \to 2 - 3i,\ 1 - 2i \to \infty$

문제 29부터 36까지 주어진 원이나 직선의 선형분수 변환에 대한 상을 구하여라.

29. $w = \dfrac{2z + i}{z - i}$; $\text{Im}(z) = 2$

30. $w = \dfrac{2i}{z}$; $\text{Re}(z) = -4$

31. $w = 2iz - 4$; $\text{Re}(z) = 5$

32. $w = \dfrac{z - i}{iz}$; $\dfrac{1}{2}(z + \bar{z}) + \dfrac{1}{2i}(z - \bar{z}) = 4$

33. $w = \dfrac{z - 1 + i}{2z + 1}$; $|z| = 4$

34. $w = 3z - i$; $|z - 4| = 3$

35. $w = \dfrac{2z - 5}{z + i}$; $z + \bar{z} - \dfrac{3}{2i}(z - \bar{z}) - 5 = 0$

36. $w = \dfrac{(1 + 3i)z - 2}{z}$; $|z - i| = 1$

37. 반전 $w = 1/z$에 대한 직선 $\text{Im}(z) = a \neq 0$의 상을 구하여라.

38. $w = f(z)$가 영역 D에서 w-평면의 영역 D^{*}로의 전사 등각사상, $w^{*} = g(w)$는 영역 D^{*}에서 w^{*}-평면의 영역 D^{**}로의 전사 등각사상이면 $g \circ f$는 D에서 D^{**}로의 전사 등각사상임을 보여라.

39. 사상 $w = \bar{z}$는 등각사상이 아님을 증명하여라.

40. 두 선형분수 변환의 합성도 선형분수 변환임을 보여라.

41. 선형분수 변환은 역변환을 가지며, 이 역변환도 선형분수 변환임을 보여라.

42. 다음 복소함수가 있다.

$$w = a\frac{z-b}{z-\bar{b}}.$$

여기서 $|a|=1$이고 $\text{Im}(b)>1$이다. 이 함수는 실수축을 단위원 $|w|=1$로 전사시킴을 증명하여라. 반평면 $\text{Im}(z)\ge 0$에 있는 점들은 닫힌 원판 $|w|\le 1$로 사상시킴을 보여라.

43. 다음 복소함수가 있다.

$$w = a\frac{z-b}{\bar{b}z-1}.$$

여기서 $|a|=1$이고 $|b|<1$이다. 이 변환이 단위 원판 $|z|\le 1$을 단위 원판 $|w|\le 1$로 전사시킴을 증명하여라.

44. 열린 원판 $|z|<1$을 타원 $u^2/4+v^2=1/16$에 의해 둘러싸인 점들의 집합으로 전사시키는 선형분수 변환이 존재하지 않음을 보여라.

문제 45와 46은 확장된 복소평면을 다루는데, 이는 무한대점을 포함하는 복소평면이다.

45. 점 z_0에 대해 $f(z_0)=z_0$이면 z_0를 f의 고정점이라 한다. f가 선형분수 변환으로서 이동도 아니고 단위사상 $f(z)=z$도 아니라고 하자. 이때 f는 하나 또는 2개의 고정점을 가지지만, 3개의 고정점은 가질 수 없음을 증명하여라. 왜 이 결론은 이동에 대해서는 성립되지 않는가? 이동은 얼마나 많은 고정점을 가질 수 있는가?

46. f가 3개 이상의 고정점을 갖는 선형분수 변환이라고 하자. 그러면 f는 단위사상임을 보여라.

문제 47부터 52까지 선형분수 변환을 이동, 회전/확대, 반전의 합성 변환으로 표현하여라.

47. $w=\dfrac{iz-4}{z}$

48. $w=\dfrac{z-4}{2z+i}$

49. $w=i(z+6)-2+i$

50. $w=\dfrac{z-1}{z+3+i}$

51. $w=\dfrac{(-2+3i)z}{z+4}$

52. $w=\dfrac{4i}{z+6}$

22.2 등각사상 구성

Dirichlet 문제 등을 푸는 방법 중에 단위 원판과 같이 '단순한' 영역에 대한 해를 찾은 다음 이 영역을 관심 있는 영역으로 등각사상시키는 해법이 있다. 여기서, 등각사상은 단순한 영역에 대한 해를 관심 영역에 대한 해로 옮겨 준다. 물론, 이 방법은 2단계로 생각할 수 있다. 먼저 문제가 풀리는 영역을 찾는 것이고, 다음 이 영역을 등각사상 등의 사상을 통해, 해를 원하는 영역으로 사상시키는 것이다. 여기서는 이러한 등각사상의 문제를 살펴본다.

주어진 영역 사이에 등각사상을 찾는 것은 쉽지 않은 문제이지만 다음 정리는 그러한 사상이 존재함을 말해 준다.

정리 22.5 Riemann 사상정리

D^*가 w-평면에 있는 단순 연결영역이라 하자. D^*는 w-평면 전체는 아니라고 가정한다. 그러면 단위 원판 $|z|<1$을 D^*으로 전사시키는 1대1 등각사상이 존재한다.

이 강력한 정리는 주어진 두 단순 연결영역 사이에 등각사상이 존재함을 암시한다. D에서 D^* 위로 사상시키기를 원한다고 해 보자. 그림 22.26에 나타낸 것처럼, z-평면과 w-평면 사이에 세 번째 ζ-평면을 삽입하자. Riemann 정리에 의하면, 단위 원판 $|\zeta|<1$에서 D^*로 1대1 전사 등각사상 g가 존재한다. 마찬가지로 $|\zeta|<1$에서 D로 1대1 전사등각사상 f가 존재한다. 그러면 $g\circ f^{-1}$은 D에서 D^*로 1대1 전사 등각사상이 된다.

이론적으로 전체 평면이 아닌 두 단순연결 영역 사이에는 1대1 전사 등각상이 존재한다. 그러나 이러한 사상을 찾는 것은 쉽지 않다. 이러한 사상을 찾기 위해, 다음을 살펴보는 것이 유용하다.

영역 D에서 영역 D^*로의 등각사상은 D의 경계를 D^*의 경계로 사상시킨다. D가 경로 C에 의해 둘러싸여 있다고 하자. C는 반드시 닫힌 곡선일 필요는 없다. 그러면 C가 z-평면을 D와 $\mathfrak{D}$로 분할하게 된다. 이 영역들을 상보영역(complementary domain)이라 한다. 마찬가지로 D^*가 경로 C^*에 의해 둘러싸여 있다고 하자. C^*는 w-평면을 상보영역 D^*와 $\mathfrak{D}^*$으로 분할하게 된다(그림 22.27). 이때 C의 점을 C^*의 점으로 보내는 등각사상 f를 찾아보자. 이것은 영역 전체 사이의 등각사상을 찾는 것보다 쉬울 수 있다. 이 사상은 D를 D^* 아니면 $\mathfrak{D}^*$로 보낸다. 어느 쪽으로 보내는지 알려면 D의 점 z_0를 선택하여 $f(z_0)$가 D^*에 있는지 아니면 $\mathfrak{D}^*$에 있는지 보면 된다. 만약 $f(z_0)$가 D^*에 있으면(그림 22.28(a)) $f: D\to D^*$이고, 이는 우리가 찾으려고 하는 사상이다. 만약 $f(z_0)$가 $\mathfrak{D}^*$에 있으면(그림 22.28(b)), $f: D\to\mathfrak{D}^*$이다. 이는 아직 우리가 찾으려는 사상이 아니지만, 보통 반전을 한 번 더 거치면 f를 사용하여 D에서 D^*로 등각사상을 만들 수 있다.

이제 등각사상을 구성해 보자. 간단한 것부터 시작하여 점차 어려운 문제를 다루자.

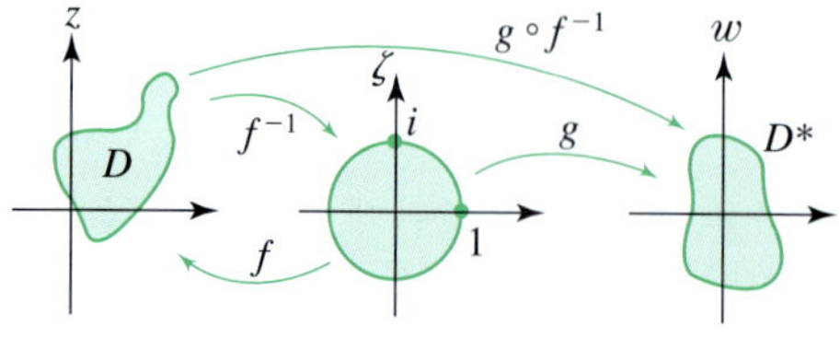

그림 22.26 단위 원판을 통한 D에서 D^*로 사상

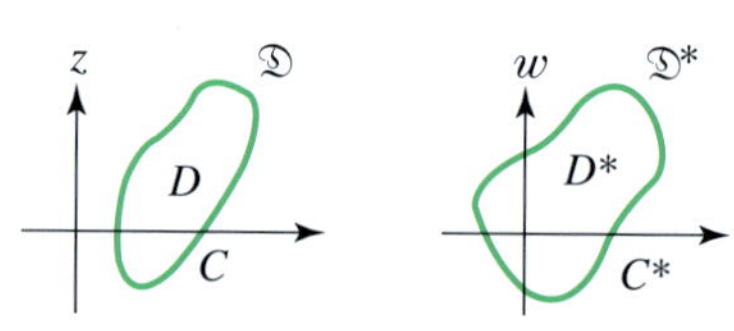

그림 22.27 D와 D^*의 상보영역 $\mathfrak{D}$와 $\mathfrak{D}^*$

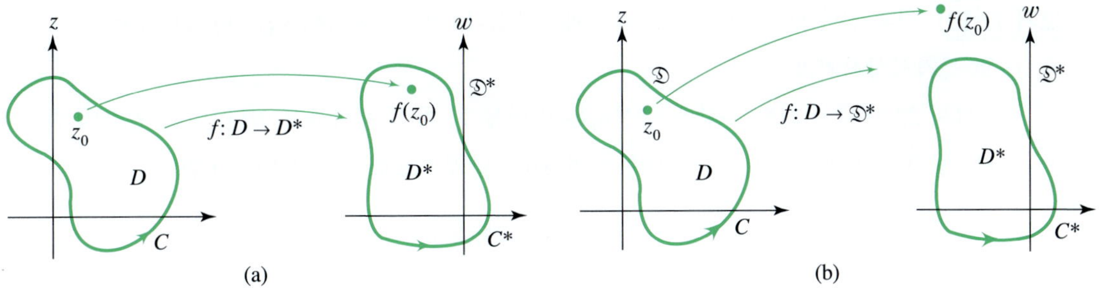

그림 22.28 (a) 사상 $f : D \to D^*$, (b) 사상 $f : D \to \mathfrak{D}^*$

보기 22.11 단위 원판 $D : |z| < 1$을 등각으로 원판 $D^* : |w| < 3$으로 사상시키려고 한다.

확대 $w = f(z) = 3z$가 이를 만족한다(그림 22.29). 이것은 등각사상이고 D의 경계를 D^*의 경계로 보낸다.

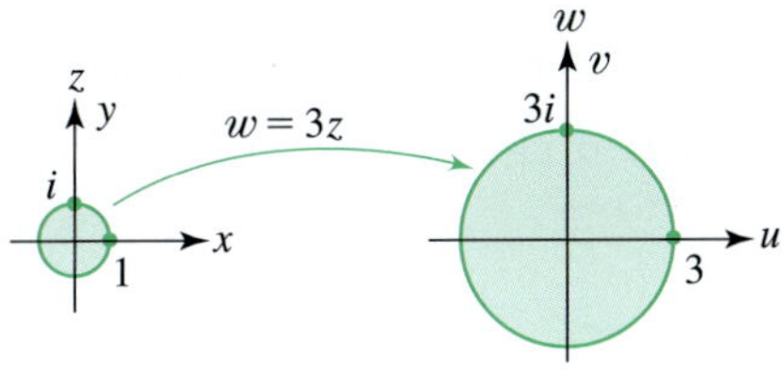

그림 22.29 $|z| < 1$에서 $|w| < 3$으로 등각사상

보기 22.12 단위 원판 $D : |z| < 1$을 등각으로 원판 $D^* : |w| > 3$으로 사상시켜 보자.

이미 $f(z) = 3z$가 D를 $|w| < 3$ 위로 등각적으로 사상시킴을 알고 있다. 이 사상과 반전 g를 결합하면

$$f \circ g(z) = f(g(z)) = f\left(\frac{1}{z}\right) = \frac{3}{z}$$

으로서 $|z| < 1$을 $|w| > 3$으로 사상시킨다(그림 22.30). 단위 원판의 경계는 $|w| > 3$ 의 경계로 사상시킨다. 이 경계는 w-평면에서 중심이 원점이고 반지름이 3인 원이다.

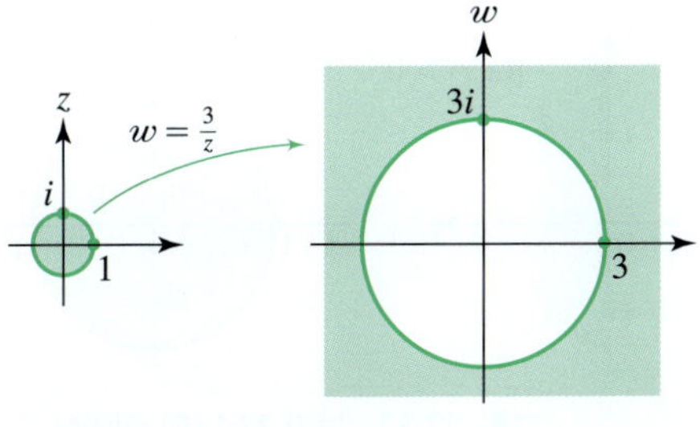

그림 22.30 $|z| < 1$에서 $|w| > 3$으로 등각사상

보기 22.13 단위 원판 $D: |z|<1$를, w-평면에서 중심이 i이고 반지름이 3인 원판 $D^*: |w|<3$으로 등각사상시켜라.

그림 22.31에 이러한 사상을 구성하는 방법을 한 가지 제시하고 있다. 단위 원판의 반지름을 3배 확대한 다음 i만큼 이동하면 된다. 단계적으로 사상을 나타내면

$$z \to 3z \to 3z + i$$

이고 이것은 확대 후 이동된 것이다. 이 사상은

$$w = f(z) = 3z + i$$

이다. 이것은 단위원 $|z|=1$을 원 $|w-i|=3$에 사상시킨다. 그 이유는

$$|w-i| = |3z| = 3|z| = 3$$

이기 때문이다. 또한 z-평면의 D의 중심인 원점은 w-평면의 i에 사상되고 i는 D^*의 중심이다. 따라서 $f: D \to D^*$이다.

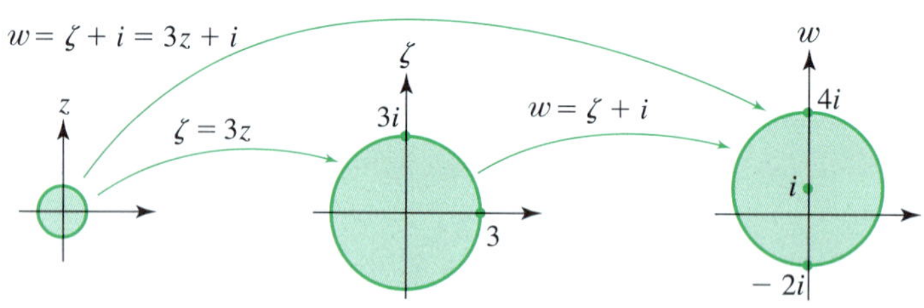

그림 22.31 $|z|<1$에서 $|w-i|<3$으로 등각사상

보기 22.14 반평면 $D: \text{Re}(z)>0$를 단위 원판 $D^*: |w|<1$으로 등각사상시켜라. 이 영역들을 그림 22.32에 나타냈다.

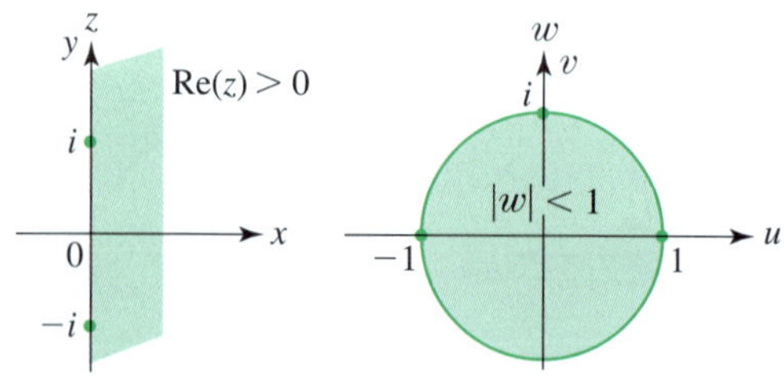

그림 22.32 보기 22.14의 영역들

D의 경계는 $\mathrm{Re}(z)=0$인 허수축이다. 이를 단위 원판의 경계 $|w|=1$로 사상시키자. 이를 위해서 $\mathrm{Re}(z)=0$ 위의 세 점과 $|w|=1$ 위의 세 점을 골라서 이들을 선형분수 변환을 정의하는 데 사용한다. 여기서 주의가 필요하다. 양의 방향을 유지하는 데 신경을 써야 한다. 즉, 허수축 아래쪽으로 차례로 세 점을 선택함으로써, 오른쪽 반평면이 이 점들을 따라 왼쪽에 놓이도록 하자. 그러면 이 점들이 $|w|=1$을 반시계방향으로 도는 순서의 점들로 사상되도록 해야 한다.

예를 들어, z-평면의 허수축상의 세 점

$$z_1=i, \quad z_2=0, \quad z_3=-i$$

을 선택하여

$$w_1=1, \quad w_2=i, \quad w_3=-1$$

순서의 점들에 사상시키자. 식 (22.3)으로부터

$$\frac{(w-1)(i+1)}{(w+1)(i-1)}=\frac{(z-i)(0+i)}{(z+i)(0-i)}$$

를 얻고 이것을 w에 대해 풀면

$$w=T(z)=-i\left(\frac{z-1}{z+1}\right)$$

이다. 이 등각사상은 오른쪽 반평면을 w-평면의 단위 원판 안이나 바깥으로 사상시킴은 분명하다. 어느 쪽에 사상되는지 알기 위해 $\mathrm{Re}(z)>0$ 안의 한 점, 가령 $z=1$을 골라 보자. $T(1)=0$이 D^*에 있으므로 T는 오른쪽 반평면을 단위 원판 $|w|<1$으로 사상시킨다.

보기 22.15 오른쪽 반평면을 단위 원판의 바깥 $|w|>1$로 등각사상시켜라.

앞 보기에서 $T:\mathrm{Re}(z)>0\rightarrow|w|<1$이다. 앞 보기의 사상에 반전을 합성하면 단위 원판을 단위 원판의 바깥으로 보내므로 원하는 사상을 얻게 된다. 따라서

$$f(z)=\frac{1}{T(z)}=i\left(\frac{z+1}{z-1}\right)$$

가 구하는 사상이다. 확인해 보면 $1+i$는 오른쪽 반평면에 있고,

$$f(1+i)=i\left(\frac{2+i}{i}\right)=2+i$$

는 w-평면에 위치한 단위 원판의 바깥쪽에 있다.

보기 22.16 반평면 $\mathrm{Re}(z)>0$을 원판 $|w-i|<3$로 등각사상시켜라.

앞에서 구성한 사상들을 합성하여 이를 만들 수 있다. z-평면과 w-평면 사이에 중간 ζ-평면을 두자(그림 22.33). 보기 22.14로부터 다음 사상 f에 의해 $\mathrm{Re}(z)>0$이 단위 원판 $|\zeta|<1$으로 사상되도록 한다.

$$\zeta = f(z) = i\left(\frac{z-1}{z+1}\right).$$

이제 보기 22.13의 사상을 g라 하고 이를 이용하면 단위 원판 $|\zeta|<1$을 원판 $|w-i|<3$으로 보낸다.

$$w = g(\zeta) = 3\zeta + i\,.$$

합성사상 $g \circ f$는 $\mathrm{Re}(z)>0$에서 $|w-i|<3$으로 보내는 등각사상으로서

$$w = g(f(z)) = 3f(z) + i = 3\left[-i\left(\frac{z-1}{z+1}\right)\right] + i = \frac{2i(-z+2)}{z+1}$$

이다.

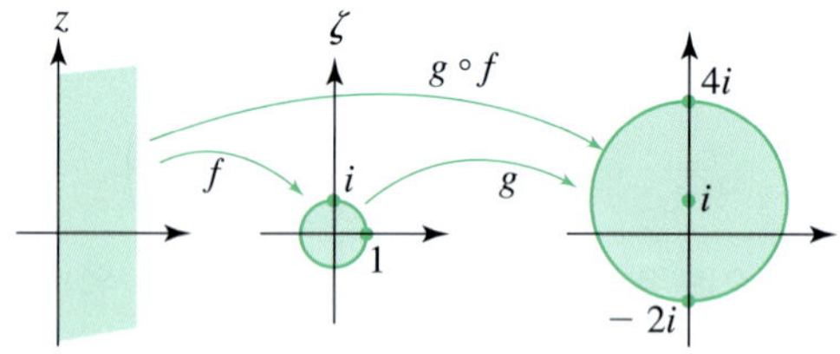

그림 22.33 $\mathrm{Re}(z)>0$에서 $|w-i|<3$으로 등각사상

보기 22.17 무한 띠 $S: -\pi/2 < \mathrm{Im}(z) < \pi/2$ 를 단위 원판 $|w|<1$으로 등각사상시켜 보자.

보기 22.1로부터 지수함수는 수평선을 원점에서 출발하는 반쪽 직선으로 사상시킨다는 점을 기억하자. S의 경계는 두 수평선 $\mathrm{Im}(z)=-\pi/2$와 $\mathrm{Im}(z)=\pi/2$로 구성되어 있다. 아래쪽 경계선은 $z=x-i\pi/2$꼴이므로

$$e^z = e^x e^{-i\pi/2} = -ie^x$$

가 되고, 이것은 x가 모든 실수값을 취할 때 음의 허수축 위에서 변한다. S의 위쪽 경계 $z=x+i\pi/2$에서는

$$e^z = ie^x$$

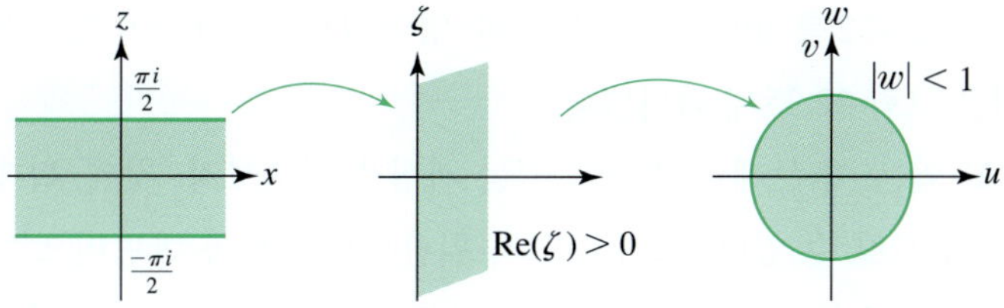

그림 22.34 $|\text{Im}(z)| < \frac{\pi}{2} \to \text{Re}(\zeta) > 0 \to |w| < 1$은 $|\text{Im}(z)| < \frac{\pi}{2}$의 $|w| < 1$으로 전사 등각사상이 된다.

이고, 이것은 x가 모든 실수값을 취할 때 양의 허수축 위에서 변한다.

이 허수축은 w-평면의 반평면 $\text{Re}(w) > 0$과 반평면 $\text{Re}(w) < 0$의 경계이다. 사상 $w = e^z$는 0을 우측 반평면에 있는 1로 보내므로, $w = f(z) = e^z$는 S를 오른쪽 반평면으로 사상시킨다.

S를 단위 원판에 사상시켜야 하는데, 지금 S를 오른쪽 반평면으로 보내는 전사 등각사상을 알고 있고 오른쪽 반평면을 단위 원판으로 보내는 전사 등각사상도 알고 있다.

그림 22.34에 나타낸 것처럼, z-원판과 w-원판 사이에 ζ-영역을 삽입하자. 사상

$$\zeta = f(z) = e^z$$

는 S를 오른쪽 반평면 $\text{Re}(\zeta) > 0$으로 가져간다. 사상

$$w = g(\zeta) = -i\left(\frac{\zeta - 1}{\zeta + 1}\right)$$

은 오른쪽 반평면 $\text{Re}(\zeta) > 0$을 단위 원판 $|w| < 1$으로 가져간다. 그러므로 함수

$$w = (g \circ f)(z) = g(f(z)) = g(e^z) = -i\left(\frac{e^z - 1}{e^z + 1}\right)$$

은 S를 원판 $|w| < 1$로 보내는 전사 등각사상이다. 쌍곡함수를 사용하면 이 사상은

$$w = -i\tanh\left(\frac{z}{2}\right)$$

이다.

보기 22.17의 등각사상은 선형분수 변환이 아니다. Riemann 사상정리에 의해 두 단순 연결 영역 사이에 등각사상이 존재한다는 것은 알아도 항상 선형분수 변환의 형태로 찾아낼 수 있다는 보장은 없다.

보기 22.18 원판 $|z|<2$를 uv-평면에 위치한 영역 $D^*: u+v>0$으로 등각사상시켜 보자. 이들 영역을 그림 22.35에 나타냈다.

이미 알고 있는 이 문제와 관련이 있는 사상을 살펴보자. 첫째, 확대를 하여 $|z|<2$를 $|\zeta|<1$로 사상시킬 수 있다. 그리고 단위 원판에서 오른쪽 반평면으로의 사상도 알고 있다. 마지막으로, 오른쪽 반평면에서 $\pi/4$만큼 양의 방향으로 회전시켜, 즉, $e^{i\pi/4}$를 곱하여 D^*를 얻을 수 있다. 그림 22.36에 나타낸 것처럼, 이들로부터 원하는 사상을 구성할 수 있다. 즉,

$$|z|<2 \to |\zeta|<1 \to \mathrm{Re}(\zeta)>0 \to u+v>0$$

이다. 첫 단계는

$$\zeta=\frac{1}{2}z$$

이고, 다음 ζ와 ξ를 사용하여 보기 22.14의 사상의 역변환을 구하면

$$\xi=\frac{1+i\zeta}{1-i\zeta}$$

이다. 마지막으로,

$$w=e^{i\pi/4}\xi$$

을 합성한다. 이를 종합하면

$$w=e^{i\pi/4}\xi=e^{i\pi/4}\left(\frac{1+i\zeta}{1-i\zeta}\right)=e^{i\pi/4}\left(\frac{1+i(z/2)}{1-i(z/2)}\right)=\frac{2+iz}{2-iz}e^{i\pi/4}$$

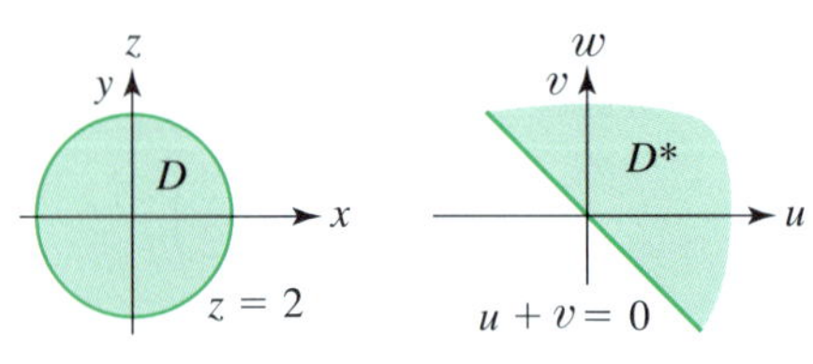

그림 22.35

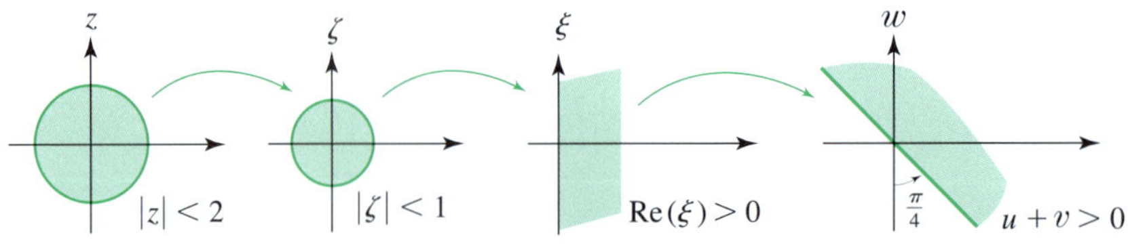

그림 22.36

은 원판 $|z|<2$를 반평면 $u+v>0$으로 등각적으로 사상시킨다. 예를 들어 0은 이 원판에 있고,

$$w(0)=e^{i\pi/4}=\frac{\sqrt{2}}{2}(1+i)$$

는 $u+v>0$에 있다.

보기 22.19 단위 원판 $|z|<1$를 다음 타원의 바깥쪽 영역 D^*으로 등각사상시켜 보자.

$$\frac{u^2}{\cosh^2 4}+\frac{v^2}{\sinh^2 4}=1.$$

보기 22.2로부터 $w=\cos z$는 선 $\mathrm{Im}(z)=4$를 타원으로 사상시킨다. 따라서 단위원을 직선 $\mathrm{Im}(z)=4$로 어떻게 사상시키는지만 알면 원하는 사상을 합성하여 구성할 수 있다.

z와 w 사이에 중간 ζ-평면을 삽입하자(그림 22.37). 선형분수 변환을 통해 $|z|=1$을 $\mathrm{Im}(\zeta)=4$로 사상시킬 수 있다. $|z|=1$ 위의 양의 방향으로 세 점

$$z_1=1,\quad z_2=i,\quad z_3=-1$$

을 $\mathrm{Im}(\zeta)=4$ 위의 왼쪽에서 오른쪽으로 가는 세 점

$$\zeta_1=-1+4i,\quad \zeta_2=4i,\quad \zeta_3=\infty$$

로 보내는 선형분수 변환 $\zeta=T(z)$은

$$\frac{\zeta+1-4i}{4i+1-4i}=\frac{(z-1)(i+1)}{(z+1)(i-1)},$$

즉,

$$\zeta=-i\left(\frac{z-1}{z+1}\right)-1+4i$$

이다. 따라서

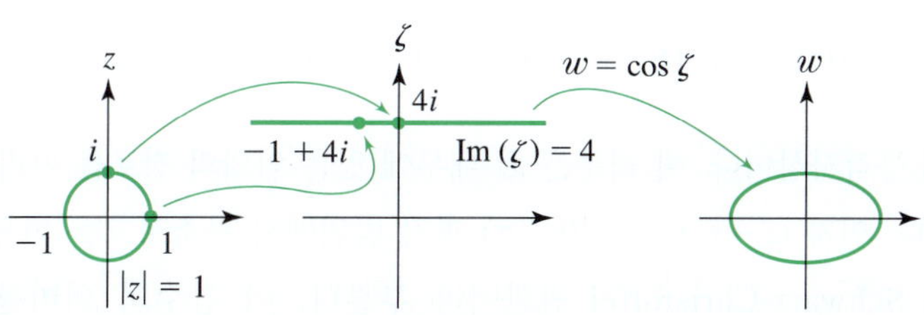

그림 22.37

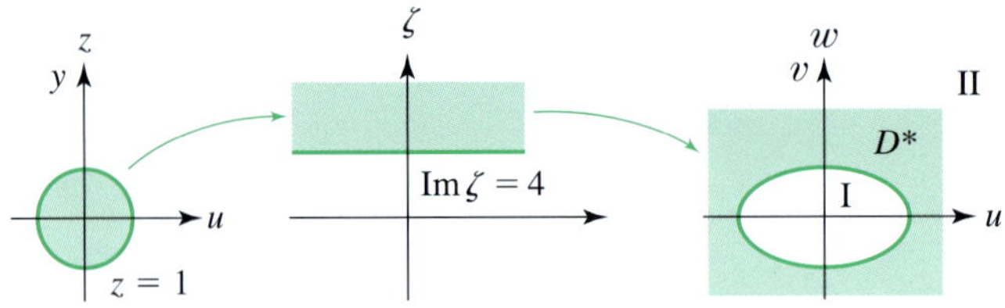

그림 22.38 $|z|<1 \to \text{Im}\,\zeta>4 \to D^*$는 $|z|<1$의 D^*으로 등각사상

$$w=\cos\zeta=\cos\left(-i\left(\frac{z-1}{z+1}\right)-1+4i\right)=f(z)$$

는 $|z|=1$을 타원에 사상시킨다. 이 타원은 2개의 상보영역, 즉 그림 22.38에서 I과 II를 나타낸다. 단위원 안의 한 점 $z=0$을 선택하자. 그러면

$$w(0)=\cos(-1+5i)=\cos(1)\cosh(5)+i\sin(1)\sinh(5)$$

가 된다. 이 점은 타원의 바깥쪽이다. 왜냐하면

$$\frac{\cos^2(1)\cosh^2(5)}{\cosh^2(4)}+\frac{\sin^2(1)\sinh^2(5)}{\sinh^2(4)}>1$$

이기 때문이다. 그러므로 f는 단위 원판을 타원의 바깥쪽으로 보내는 등각사상이다.

이제, 영역이 다각형 경계를 가질 때 사용되는 Schwarz-Christoffel 변환에 대해 살펴보자.

상반평면 $\mathfrak{H}$를 다각형 P로 등각사상시키려고 한다. 다각형은 삼각형, 사각형, 오각형 또는 다른 다각형이 될 수 있다. 이런 경우에 선형분수 변환으로는 등각사상을 얻을 수 없다. 이러한 사상을 얻는 방법으로 Schwarz-Christoffel 변환이 있다.

P가 w-평면에서 꼭지점 $w_1, \cdots, w_n$을 갖는 다각형이라고 하자(그림 22.39). P의 외각을 $\pi\alpha_1, \cdots, \pi\alpha_n$이라 하자. 그러면 상수 z_0(단, $\text{Im}(z_0)\geq 0$), a, b와 실수 $x_1, \cdots, x_n$이 존재하여 함수

$$f(z)=a\int_{z_0}^{z}(\xi-x_1)^{-\alpha_1}(\xi-x_2)^{-\alpha_2}\cdots(\xi-x_n)^{-\alpha_n}\,d\xi+b \tag{22.5}$$

는 $\mathfrak{H}$에서 P로의 등각사상이다. 이 적분은 $\mathfrak{H}$ 내부에 있는 임의의 경로를 따라 $\mathfrak{H}$ 내의 점 z_0에서 z까지 수행된다. 인자 $(\xi-x_j)^{-\alpha_j}$는 $[0, 2\pi)$ 편각 범위에서 복소로그를 이용하여 정의된다.

함수 (22.5)를 Schwarz-Christoffel 변환이라 부른다. 이 함수의 의미를 알아보기 위해 $x_j<x_{j+1}$이라 하자. $\mathfrak{H}$의 임의의 z에 대하여

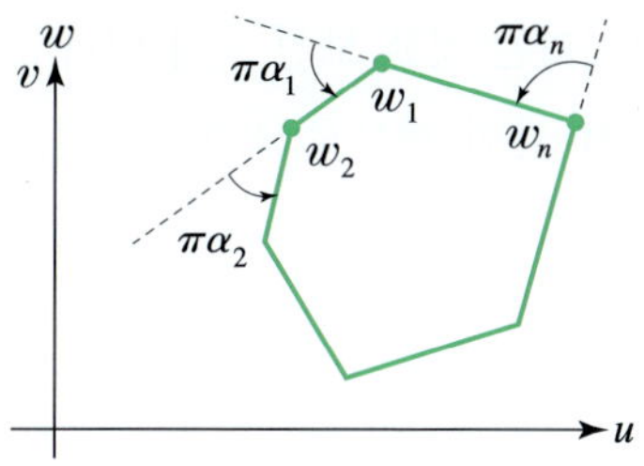

그림 22.39

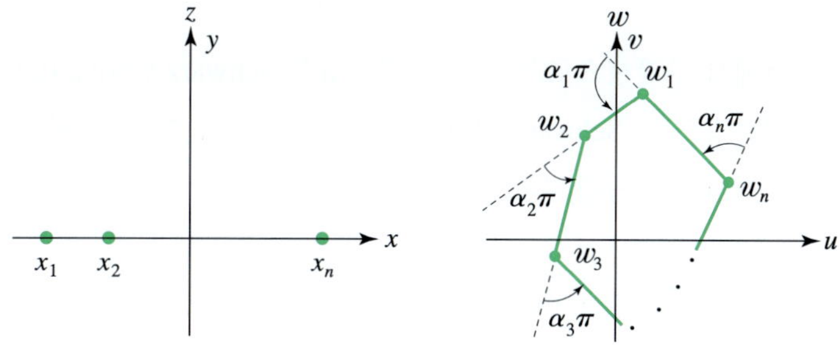

그림 22.40

$$g(z) = a(z - x_1)^{-\alpha_1}(z - x_2)^{-\alpha_2} \cdots (z - x_n)^{-\alpha_n}$$

라 하면 $f'(z) = g(z)$이고

$$\arg[f'(z)] = \arg(a) - \alpha_1 \arg(z - x_1) - \cdots - \alpha_n \arg(z - x_n)$$

이 된다. 정리 22.1의 증명에서 본 것처럼 $\arg[f'(z)]$는 z-평면상의 곡선의 접선이 사상 f에 의해 회전하는 값이 된다.

이제 z가 $\mathfrak{H}$의 경계인 실수축을 따라 왼쪽에서 오른쪽으로 움직인다고 상상하자(그림 22.40). $(-\infty, x_1)$의 범위에서 $f(z)$는 각도 변화가 없이 직선을 따라 움직인다. 그러나 z가 x_1을 통과하는 순간에 $\arg[f'(z)]$는 $\alpha_1\pi$만큼 변한다. z가 x_1에서 x_2로 움직이는 동안 이 각은 유지된다. z가 x_2를 지나는 순간 $\arg[f'(z)]$는 $\alpha_2\pi$만큼 변하고, 다시 이 각은 z가 x_3에 도달할 때까지는 변하지 않고 유지된다. 계속 이런 식으로 반복하면 $\arg[f'(z)]$는 구간 (x_{j-1}, x_j)에서는 불변이고, z가 x_j를 지나는 순간 $\alpha_j\pi$만큼 변한다. 결과적으로 실수축은 외각이 $\alpha_1\pi, \cdots, \alpha_n\pi$인 다각형 P^*에 사상된다. 외각은 실제로 $\alpha_1, \cdots, \alpha_{n-1}$에 의해 결정된다. 왜냐하면

$$\sum_{j=1}^{n} \alpha_j \pi = 2\pi$$

이기 때문이다.

P^*는 P와 똑같은 외각을 갖지만 위치와 크기는 다를 수 있으므로, 둘은 반드시 같다고는 할 수 없다. P를 얻기 위해서는 P^*에 회전, 이동, 확대를 적용해야 한다. P^*와 P가 닮은꼴이 되도록 $x_1, \cdots, x_n$을 선택한 다음, a(회전/확대)와 b(이동)를 선택함으로써 P가 얻어진다.

만약 $x_n = \infty$로 선택하면 $x_1, \cdots, x_{n-1}, \infty$가 P의 꼭지점에 사상된다. 이 경우 Schwarz-Christoffel 변환은

$$f(z) = a\int_{z_0}^{z} (\xi - x_1)^{-\alpha_1}(\xi - x_2)^{-\alpha_2} \cdots (\xi - x_{n-1})^{-\alpha_{n-1}} d\xi + b \tag{22.6}$$

가 된다.

$\mathfrak{H}$에서 다각형으로의 모든 등각사상은 Schwarz-Christoffel 변환이라는 것을 보일 수가 있다.

실질적으로, Schwarz-Christoffel 변환은 적분이 포함되어 있어서 닫힌 형으로 표현하기가 어렵거나 불가능할 수도 있다.

보기 22.20 위쪽 반평면 $\mathfrak{H}$를 정삼각형으로 사상시켜 보자.

이 정삼각형이 꼭지점 w_1, w_2, w_3를 갖는다고 하자. ∞를 w_3에 사상시키는 변환을 생각하면 정삼각형의 외각은 모두 $2\pi/3$이므로

$$f(z) = a\int_{z_0}^{z}(\xi - x_1)^{-\frac{2}{3}}(\xi - x_2)^{-\frac{2}{3}}\,d\xi + b$$

꼴이다. $x_1 = -1$, $x_2 = 1$, $x_3 = \infty$, $z_0 = 1$, $a = 1$, $b = 0$으로 선택하면

$$f(z) = \int_{1}^{z}(\xi + 1)^{-2/3}(\xi - 1)^{-2/3}\,d\xi$$

가 된다. 이제 $f(1) = 0$이므로 x_2는 $w_2 = 0$에 사상된다. $f(-1)$을 알기 위해, 이 적분에서 $z = -1$일 때는 $\xi = x$, $-1 \le x \le 1$인 실수로 택할 수 있다. $-1 < x < 1$일 때는 $x + 1 > 0$이고, $\arg(x+1) = 0$이다. 그러나 $|x-1| = 1 - x$이므로 $\arg(x-1) = \pi$이다. 따라서

$$\begin{aligned}
f(-1) &= \int_{1}^{-1}(x+1)^{-2/3}(x-1)^{-2/3}\,dx = \int_{1}^{-1}(x+1)^{-2/3}[(-1)(1-x)]^{-2/3}\,dx \\
&= \int_{1}^{-1}(x+1)^{-2/3}\left[e^{\pi i}(1-x)\right]^{-2/3}dx \\
&= \int_{1}^{-1}(x+1)^{-2/3}(1-x)^{-2/3}e^{-2\pi i/3}\,dx \\
&= -e^{-2\pi i/3}\int_{-1}^{1}(1+x)^{-2/3}(1-x)^{-2/3}\,dx \\
&= e^{\pi i/3}\int_{-1}^{1}(1-x^2)^{-2/3}\,dx
\end{aligned}$$

가 된다. 이 적분은 $\left(\frac{1}{2}, \frac{1}{3}\right)$일 때 얻는 베타함수이고, 다음과 같이 감마함수로 나타낼 수 있다.

$$\frac{\gamma\left(\frac{1}{2}\right)\gamma\left(\frac{1}{3}\right)}{\gamma\left(\frac{5}{6}\right)}.$$

그러므로

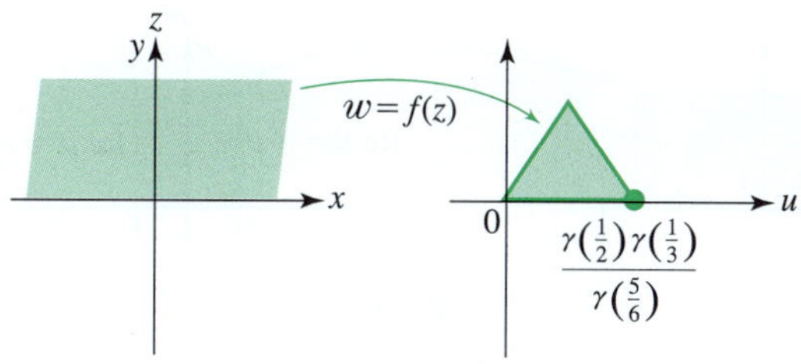

그림 22.41

$$w_1 = f(-1) = \frac{\gamma\left(\frac{1}{2}\right)\gamma\left(\frac{1}{3}\right)}{\gamma\left(\frac{5}{6}\right)} e^{\pi i/3}$$

가 된다. 마지막으로 ∞의 상은

$$w_3 = \int_1^{\infty} (x+1)^{-2/3}(x-1)^{-2/3}\,dx = \int_1^{\infty} (x^2-1)^{-2/3}\,dx = \frac{\gamma\left(\frac{1}{2}\right)\gamma\left(\frac{1}{3}\right)}{\gamma\left(\frac{5}{6}\right)}$$

이 된다. $\mathfrak{H}$의 상은 각 변의 길이가 $\gamma\left(\frac{1}{2}\right)\gamma\left(\frac{1}{3}\right)/\gamma\left(\frac{5}{6}\right)$인 정삼각형이고, 그림 22.41에 나타낸 것처럼 하나의 꼭지점은 원점에 있고 하나의 변이 양의 실수축에 놓인다.

보기 22.21 상반평면 $\mathfrak{H}$를 직사각형으로 사상시켜 보자.

$x_1 = 0$, $x_2 = 1$, x_3는 1보다 큰 적당한 실수, $x_4 = \infty$로 정하자. 식 (22.6)의 Schwarz-Christoffel 변환은

$$f(z) = a\int_{z_0}^{z} \frac{1}{\sqrt{\xi(\xi-1)(\xi-x_3)}}\,d\xi + b$$

이고, a와 b는 직사각형의 크기와 변과 축의 각을 맞추기 위해 적절히 선택한다. 직사각형의 외각은 모두 $\pi/2$이므로 분모에 근호가 있다. 이 적분은 닫힌 형태로 답을 얻을 수 없다.

보기 22.22 $\mathfrak{H}$를 w-평면상의 띠 $S: \mathrm{Im}(w) > 0,\ -c < \mathrm{Re}(w) < c$로 사상시켜 보자. 여기서 c는 양의 상수이다.

$\mathfrak{H}$와 띠 S를 그림 22.42에 나타냈다. Schwarz-Christoffel 변환을 사용하기 위해 S를

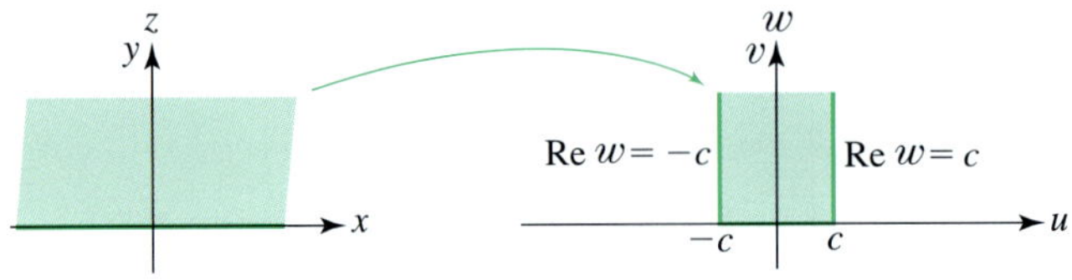

그림 22.42

$-c$, c, ∞의 꼭지점을 갖는 다각형으로 생각한다. $x_1 = -1$을 $-c$에, $x_2 = 1$을 c에 사상이 되도록 선택하자. ∞는 ∞에 사상이 되도록 한다. 외각은 $\pi/2$와 $\pi/2$이므로, $\alpha_1 = \alpha_2 = \frac{1}{2}$이다. 이 변환은

$$w = f(z) = a\int_{z_0}^{z} (\xi+1)^{-1/2}(\xi-1)^{-1/2}\,d\xi + b$$

꼴이 된다. $z_0 = 0$, $b = 0$으로 선택하고 또 다음과 같이 쓰자.

$$(\xi-1)^{-1/2} = [-(1-\xi)]^{-1/2} = -i(1-\xi)^{-1/2}.$$

$-ai = A$로 두면

$$w = f(z) = A\int_0^z \frac{1}{(1-\xi^2)^{1/2}}\,d\xi = A\sin^{-1} z$$

가 된다.

-1이 $-c$에, 또 1이 c에 사상되므로

$$\sin\left(\frac{c}{A}\right) = 1$$

이고 따라서 $c/A = \pi/2$, 즉

$$A = \frac{2c}{\pi}$$

이 된다. 그러므로 구하려는 사상은

$$w = \frac{2c}{\pi}\sin^{-1} z$$

이다. $c = \pi/2$일 때, 이 사상은 $w = \sin^{-1} z$이 되고, 이는 $\mathfrak{H}$를 띠 $\mathrm{Im}(w) > 0$, $\pi/2 < \mathrm{Re}(w) < \pi/2$로 사상시킨다. 이것은 보기 22.3과 일치하는 결과이다.

연습문제 22.2

문제 1부터 10까지 첫 번째 영역에서 두 번째 영역으로 전사인 선형분수 변환 사상을 찾아라.

1. $|z|<3$에서 $|w-1+i|<6$으로
2. $|z|<3$에서 $|w-1+i|>6$으로
3. $|z+2i|<1$에서 $|w-3|>2$로
4. $\text{Re}(z)>1$에서 $\text{Im}(w)>-1$로
5. $\text{Re}(z)<0$에서 $|w|<4$로
6. $\text{Im}(z)>-4$에서 $|w-i|>2$로
7. $\text{Re}(z)>0$에서 $\text{Im}(w)<3$으로
8. $\text{Re}(z)<-4$에서 $|w+1-2i|>3$으로
9. $|z-1|>4$에서 $\text{Im}(w)<2$로
10. $|z-1+3i|>1$에서 $\text{Re}(w)<-5$로
11. 위쪽 반평면 $\text{Im}(z)>0$에서 쐐기 $0<\arg(w)<\pi/3$으로 등각사상을 구하여라.
12. $w=\text{Log}(z)$가 있다. 여기서 로그함수는 0이 아닌 z에 대해 z의 편각을 $[0, 2\pi)$로 제한함으로써 단일값을 갖는다고 하자. 이때 이 사상은 $\text{Im}(z)>0$를 띠 $0<\text{Im}(w)<\pi$로 사상시킴을 보여라.
13. $w=\frac{1}{2}(z+(1/z))$라 하자.
    (a) 단위원의 안과 바깥은 모두 실수 구간 $[-1, 1]$을 제외한 복소 w-평면으로 사상됨을 보여라.
    (b) $0<r\le 1$인 $|z|=r$은 타원에 사상됨을 보여라.
14. 다음 함수가 있다고 하자.

$$w=f(z)=\left(\frac{z-z_0}{1-\overline{z}_0 z}\right)e^{i\theta}$$

z_0는 상수로서 $|z_0|\le 1$이고 θ는 $[0, 2\pi]$ 내에 고정된 값이다. 이때 f는 단위 원판에서 단위 원판으로의 등각사상임을 보여라.

15. Schwarz-Christoffel 변환

$$f(z)=2i\int_0^z(\xi+1)^{-1/2}(\xi-1)^{-1/2}\xi^{-1/2}\,d\xi$$

은 아래쪽 반평면을 꼭지점이 $0, c, c+ic, ic$인 정사각형으로 사상시킴을 보여라. 단, $c=\gamma\left(\frac{1}{2}\right)\gamma\left(\frac{1}{4}\right)/\gamma\left(\frac{3}{4}\right)$이고 γ는 감마함수이다.

16. z_1, z_2, z_3, z_4의 교차비(cross ratio)를 $z_2\to 1$, $z_3\to 0$, $z_4\to\infty$인 선형분수 변환에 의한 z_1의 상으로 정의하자. 이 교차비를 $[z_1, z_2, z_3, z_4]$라 표기한다. 임의의 선형분수 변환 T는 교차비를 보존시킴을 보여라. 즉, 다음을 증명하여라.

$$[z_1, z_2, z_3, z_4]=[Tz_1, Tz_2, Tz_3, Tz_4].$$

17. $[z_1, z_2, z_3, z_4]$는 아래와 같이 정의되는 선형분수 변환

$$w=1-\frac{z_3-z_4}{z_3-z_2}\frac{z-z_2}{z-z_4}$$

에 대한 z_1의 상임을 증명하여라.

18. $[z_1, z_2, z_3, z_4]$가 실수일 필요충분조건은 z_j가 동일원이나 동일 직선 위의 점임을 증명하여라.
19. z와 z^*는 복소수이고 C는 z_1, z_2, z_3을 통과하는 원이라 하자. $[z^*, z_1, z_2, z_3]=\overline{[z, z_1, z_2, z_3]}$이면 z와 z^*는 C에 대해 '대칭'이라고 정의한다. C에 대해 z가 그 자신과 대칭일 때($z=z^*$), 이 점을 C에 대해 자

기대칭(self-symmetric)이라 한다. 이때, C에 자기대칭인 점들은 C상의 점들임을 증명하여라.

20. 다음 대칭 원리(symmetry principle)를 증명하여라. 선형분수 변환 T가 원 C를 원 K에 사상시킨다고 하자. 또 z와 z^*가 C에 대해 대칭이라 하자. 그러면 $T(z)$와 $T(z^*)$는 K에 대해 대칭이다. 힌트: 문제 16의 결론.

22.3 등각사상을 이용한 Dirichlet 문제 해법

평면에서 집합 D가 주어졌을 때, D의 경계를 ∂D로 표기한다. D에 대한 Dirichlet 문제는 Laplace 방정식

$$\frac{\partial^2 u}{\partial x^2} + \frac{\partial^2 u}{\partial y^2} = 0, \quad (x, y) \in D$$

과 경계조건

$$u(x, y) = f(x, y), \quad (x, y) \in \partial D$$

을 만족하는 해를 찾는 것이다. 여기서 f는 주어진 함수로 보통 D의 경계에서 연속이라 가정한다. Dirichlet 문제는 영역의 경계에서 주어진 데이터를 만족하는 조화함수를 찾는 것이다.

등각사상을 Dirichlet 문제를 푸는 데 사용할 수 있다. 방법은 먼저 원판에 대해 Dirichlet 문제를 푼다. 다음에 단위 원판과 영역 D 사이에 등각사상을 찾아내고, 이 사상을 원판에 대해 푼 해에 적용함으로써 D에 대한 Dirichlet 해를 찾는 것이다.

17.4절에서 Fourier 방법을 사용하여 원판에 대한 Dirichlet 문제의 해에 대한 Poisson 적분 공식을 유도했다. 여기서는 복소함수 방법을 이용하여, 등각사상을 이용하는 데 아주 적합한 이 해의 형태를 얻고자 한다.

u는 원판 $\tilde{D}: |z| < 1$에서 조화함수이고 경계에서 $u(x, y) = g(x, y)$이라 하자. 약간 큰 원판 $|z| < 1 + \epsilon$에서 u는 조화롭다고 하자. v가 u의 조화 켤레라면, $f = u + iv$는 이 원판에서 미분 가능하다. 필요하면 상수를 더해서 $v(0, 0) = 0$이 되도록 v를 선택할 수 있다.

f의 Maclaurin 급수를

$$f(z) = \sum_{n=0}^{\infty} a_n z^n \tag{22.7}$$

이라 놓으면

$$u(x,\ y) = \mathrm{Re}(f(x+iy)) = \frac{1}{2}\left(f(z) + \overline{f(z)}\right)$$
$$= \frac{1}{2}\sum_{n=0}^{\infty}\left(a_n z^n + \overline{a_n z^n}\right) = a_0 + \frac{1}{2}\sum_{n=1}^{\infty}\left(a_n z^n + \overline{a_n z^n}\right)$$

이다. 여기서 $f(0,\ 0) = a_0 = u(0,\ 0)$이므로 $\mathrm{Re}(a_0) = a_0$이다. 이제 ζ가 단위원 γ에 놓인다고 하자. 그러면 $|\zeta|^2 = \zeta\bar{\zeta} = 1$이므로 $\bar{\zeta} = 1/\zeta$이고, 이 급수는 γ에서

$$u(\zeta) = a_0 + \frac{1}{2}\sum_{n=1}^{\infty}\left(a_n\zeta^n + \overline{a}_n\zeta^{-n}\right)$$

이 된다. 이 식에 $\zeta^m/2\pi i$를 곱하고 γ를 따라 적분하자. 수렴 원판에서는 급수와 적분의 순서를 바꿀 수 있으므로

$$\frac{1}{2\pi i}\oint_\gamma u(\zeta)\zeta^m d\zeta = \frac{a_0}{2\pi i}\oint_\gamma \zeta^m d\zeta + \frac{1}{4\pi i}\sum_{n=1}^{\infty}\left(a_n\oint_\gamma \zeta^{n+m}d\zeta + \overline{a}_n\oint_\gamma \zeta^{-n+m}d\zeta\right) \qquad (22.8)$$

이다.

$$\oint_\gamma \zeta^l d\zeta = \begin{cases} 0 & l \neq -1\text{일 때,} \\ 2\pi i & l = -1\text{일 때} \end{cases}$$

을 이용하면 식 (22.8)에서 $m = -1$일 때

$$\frac{1}{2\pi i}\oint_\gamma u(\zeta)\frac{1}{\zeta}d\zeta = a_0$$

이고, $m = -k-1$일 때

$$\frac{1}{2\pi i}\oint_\gamma u(\zeta)\zeta^{-k-1} = \frac{1}{2}a_k$$

이다. 이들 계수를 식 (22.7)에 대입하면

$$f(z) = \sum_{n=0}^{\infty}a_n z^n = \frac{1}{2\pi i}\oint_\gamma u(\zeta)\frac{1}{\zeta}d\zeta + \sum_{n=1}^{\infty}\left(\frac{1}{\pi i}\oint_\gamma u(\zeta)\zeta^{-n-1}\right)d\zeta z^n$$
$$= \frac{1}{2\pi i}\oint_\gamma\left[1 + 2\sum_{n=1}^{\infty}\left(\frac{z}{\zeta}\right)^n\right]\frac{u(\zeta)}{\zeta}d\zeta$$

이 된다. $|z| < 1$이고 $|\zeta| = 1$이므로, $|z/\zeta| < 1$으로부터 피적분항의 급수는

$$\sum_{n=1}^{\infty}\left(\frac{z}{\zeta}\right)^n = \frac{z/\zeta}{1-z/\zeta} = \frac{z}{\zeta - z}$$

으로 수렴한다. 따라서

$$f(z) = \frac{1}{2\pi i}\oint_\gamma u(\zeta)\left[1 + \frac{2z}{\zeta - z}\right]\frac{1}{\zeta}d\zeta = \frac{1}{2\pi i}\oint_\gamma u(\zeta)\left(\frac{\zeta + z}{\zeta - z}\right)\frac{1}{\zeta}d\zeta$$

이 된다. 단위 원판의 경계에서 $u(\zeta)=g(\zeta)$이므로 $|z|<1$에 대해

$$u(x,\ y)=\mathrm{Re}\,[f(z)]=\mathrm{Re}\left(\frac{1}{2\pi i}\oint_{\gamma} g(\zeta)\left(\frac{\zeta+z}{\zeta-z}\right)\frac{1}{\zeta}\,d\zeta\right) \tag{22.9}$$

이다. 이것이 단위 원판에 대한 Dirichlet 문제의 해를 구하는 적분공식이다. $z=re^{i\theta}$와 $\zeta=e^{i\varphi}$라 두면 이 식에서 Poisson 적분공식을 얻어낼 수 있는데, 이는 학생들이 해 보기 바란다.

식 (22.9)는 등각사상을 이용하여 단순 연결영역 D에 대한 Dirichlet 문제를 푸는 데 아주 적합하다. 미분가능한 1대1 등각사상 $T:D\to\tilde{D}$를 안다고 하자. 여기서 $\tilde{D}$는 w-평면에서 단위 원판 $|w|<1$이다. T가 D의 경계 C를 $\tilde{D}$의 경계인 단위원 $\tilde{C}$로 사상시키고, T^{-1} 또한 미분가능한 등각사상이라 가정한다.

편의상 ζ를 $\tilde{C}$의 임의의 점, ξ를 C 위의 점, $(\tilde{x},\ \tilde{y})$를 w-평면상의 점이라 하자(그림 22.43).

이제 D에 대한 다음 Dirichlet 문제를 생각하자.

$$\frac{\partial^2 u}{\partial x^2}+\frac{\partial^2 u}{\partial y^2}=0\,,\qquad (x,\ y)\in D,$$
$$u(x,\ y)=g(x,\ y)\,,\qquad (x,\ y)\in C\,.$$

$w=T(z)$이라 하면 $z=T^{-1}(w)$이고,

$$\tilde{g}(w)=g\,(T^{-1}(w))=g\,(z)$$

를 경계조건으로 하는 w-평면에서 단위 원판에 대한 Dirichlet 문제를 얻을 수 있다.

$$\frac{\partial^2 \tilde{u}}{\partial x^2}+\frac{\partial^2 \tilde{u}}{\partial y^2}=0\,,\qquad (\tilde{x},\ \tilde{y})\in \tilde{D},$$
$$\tilde{u}(\tilde{x},\ \tilde{y})=\tilde{g}(\tilde{x},\ \tilde{y})\,,\qquad (\tilde{x},\ \tilde{y})\in \tilde{D}\,.$$

식 (22.9)로부터 단위 원판에 대한 이 문제의 해는

$$\tilde{f}(w)=\frac{1}{2\pi i}\oint_{\tilde{C}} \tilde{g}(\zeta)\left(\frac{\zeta+w}{\zeta-w}\right)\frac{1}{\zeta}\,d\zeta$$

의 실수부이다. 마지막으로 T가 C를 $\tilde{C}$로 사상시키므로, C상의 ξ에 대해 $\zeta=T(\xi)$라 놓으면

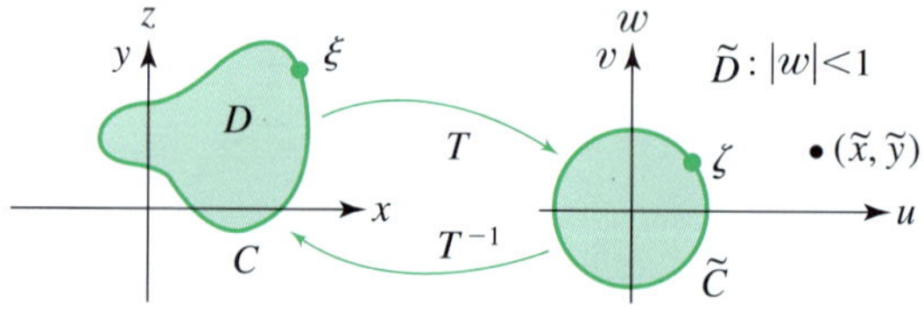

그림 22.43

$$\tilde{f}(T(z)) = \frac{1}{2\pi i}\int_C \tilde{g}(T(\xi))\left(\frac{T(\xi)+T(z)}{T(\xi)-T(z)}\right)\frac{1}{T(\xi)}T'(\xi)\,d\xi$$

이 된다. $\tilde{g}(T(\xi)) = g(T^{-1}(T(\xi)) = g(\xi)$ 이므로, 구하는 해는

$$u(x,\ y) = \mathrm{Re}\left[\tilde{f}(T(z))\right] = \mathrm{Re}\left[\frac{1}{2\pi i}\int_C g(\xi)\left(\frac{T(\xi)+T(z)}{T(\xi)-T(z)}\right)\frac{T'(\xi)}{T(\xi)}\,d\xi\right] \tag{22.10}$$

이다. 이것으로 원래의 영역 D에 대한 Dirichlet 문제를 풀었다.

이 방법에 대한 다른 예로, 우반평면에 대한 Dirichlet 문제를 풀어보자.

$$\frac{\partial^2 u}{\partial x^2} + \frac{\partial^2 u}{\partial y^2} = 0, \quad x > 0,\ -\infty < y < \infty,$$
$$u(0,\ y) = g(y), \quad -\infty < y < \infty.$$

우반평면에서 단위 원판으로 등각사상이 필요하다. 이러한 사상은 아주 많은데, 보기 22.14로부터

$$w = T(z) = -i\left(\frac{z-1}{z+1}\right)$$

을 사용하자.

식 (22.10)으로부터 해는 다음 함수의 실수부이다.

$$f(z) = \frac{1}{2\pi i}\int_C u(\xi)\left(\frac{-i(\xi-1)/(\xi+1) - i(z-1)/(z+1)}{-i(\xi-1)/(\xi+1) + i(z-1)/(z+1)}\right)\cdot\frac{1}{-i(\xi-1)/(\xi+1)}\frac{-2i}{(\xi+1)^2}\,d\xi$$
$$= \frac{1}{\pi i}\int_C u(\xi)\left(\frac{\xi z-1}{\xi - z}\right)\frac{1}{\xi^2-1}\,d\xi.$$

우반평면의 경계는 허수축이며, 닫힌 곡선이 아니다. C를 $\xi = (0,\ t) = it$와 같이 매개변수로 표현하자. 여기서 t는 ∞에서 $-\infty$로 변한다. 허수축을 따라 걸어 내려갈 때 D는 왼쪽에 놓이기 때문이다. 따라서

$$f(z) = \frac{1}{\pi i}\int_{\infty}^{-\infty} u(0,\ t)\left(\frac{itz-1}{it-z}\right)\left(\frac{-1}{1+t^2}\right) i\,dt$$
$$= \frac{1}{\pi}\int_{-\infty}^{\infty} u(0,\ t)\left(\frac{itz-1}{it-z}\right)\left(\frac{1}{1+t^2}\right) dt$$

이고 해는 이 적분의 실수부이다. t, $u(0,\ \xi)$, $1/(1+t^2)$ 은 실수이고

$$\frac{itz-1}{it-z}=\frac{itx-ty-1}{it-x-iy}=\frac{itx-ty-1}{it-x-iy}\frac{-it-x+iy}{-it-x+iy}$$
$$=\frac{tx(t-y)-itx^2+ity(t-y)+txy+i(t-y)+x}{x^2+(t-y)^2}$$

의 실수부는

$$\frac{x(1+t^2)}{x^2+(t-y)^2}$$

이므로

$$u(x,\ y)=\mathrm{Re}[f(z)]=\frac{1}{\pi}\int_{-\infty}^{\infty}u(0,\ t)\frac{x(1+t^2)}{x^2+(t-y)^2}\frac{1}{1+t^2}dt$$
$$=\frac{1}{\pi}\int_{-\infty}^{\infty}g(t)\frac{x}{x^2+(t-y)^2}dt$$

이다. 이것은 우반평면에 대한 Dirichlet 문제의 해에 대한 적분공식이다.

연습문제 22.3

1. 복소함수 방법을 사용하여, 상반평면 $\mathrm{Im}\ z>0$에 대한 Dirichlet 문제의 적분해를 써라.

2. 복소함수 방법을 사용하여 1사분면 $\mathrm{Re}(z)>0$, $\mathrm{Im}\ z>0$에 대한 Dirichlet 문제의 적분해를 써라. 경계조건은 $u(x, 0)=g(x)$와 $u(0, y)=0$이다.

3. 원판 $|z-z_0|<R$에 대한 Dirichlet 문제의 적분해를 써라.

4. 우반평면에 대해 Dirichlet 문제의 해에 대한 공식을 써라. 경계조건은 다음과 같다.

$$u(0,\ y)=\begin{cases}1 & -1\le y\le 1\text{일 때},\\ 0 & |y|>1\text{일 때}\end{cases}$$

5. 단위 원판에 대한 Dirichlet 문제의 해의 공식을 써라. 경계조건은 단위원상의 (x, y)에 대해, $u(x,\ y)=x-y$로 주어진다.

6. 단위 원판에 대한 Dirichlet 문제의 해의 공식을 써라. 경계조건은 다음과 같다.

$$u(e^{i\theta})=\begin{cases}1 & 0\le\theta\le\pi/4\text{ 일 때},\\ 0 & \pi/4<\theta<2\pi\text{ 일 때}\end{cases}$$

7. 띠 $-1<\mathrm{Im}\ z<1$, $\mathrm{Re}\ z>0$에 대한 Dirichlet 문제의 해의 공식을 써라. 경계조건은 다음과 같다.

$$u(x,\ 1)=u(x,\ -1)=0,\ 0<x<\infty,$$
$$u(0,\ y)=1-|y|,\ -1\le y\le 1$$

8. 띠 $-1<\mathrm{Re}\ z<1$, $\mathrm{Im}\ z>0$에 대한 Dirichlet 문제의 해의 공식을 써라. 경계조건은 다음과 같다.

$$u(x,\ 0)=1,\ -1<x<1,$$
$$u(-1,\ y)=u(1,\ y)=e^{-y},\ 0<y<\infty$$

22.4 평면 유체 흐름의 복소함수 모델

복소함수와 적분이 어떻게 유체 유동을 모델링하고 분석하는 데 사용되는지 살펴보기로 한다.

보통 상태에 있는 물과 같은 비압축성 유체를 생각하자. xy-평면에서 속도장 $\mathbf{V}(x, y)$가 주어졌다. 이 유동이 xy-평면에 평행한 모든 평면에 대해서는 동일한 유동이라고 하자. z-축에 무관한 이러한 유동을 평면 평행 유동(plane-parallel)이라고 부른다. 또, 이 속도벡터는 시간에 불변인 정상(stationary) 유동이라 하면

$$\mathbf{V}(x, y) = u(x, y)\mathbf{i} + v(x, y)\mathbf{j}$$

꼴로 표현된다. 이 속도장을 복소함수로 표현하여

$$V(z) = V(x + iy) = u(x, y) + iv(x, y)$$

로 쓸 수 있다. 복소평면을 두 집합으로 나누어 생각할 수 있다. 첫 번째는 V가 정의되는 영역 D이다. D의 상보영역은 유체를 국한시키는 수로나 유체를 흐르지 못하게 하는 장벽으로 생각하자. 이렇게 하면 여러 가지 구조물과 다양한 형태의 장벽 주변에서 유체의 유동을 모델링할 수 있다.

γ를 D 내부의 닫힌 경로라 하자. s를 이 경로의 호의 길이라 할 때, γ를 $x = x(s)$, $y = y(s)$로 양의 방향이 되도록 매개변수화하면 벡터 $x'(s)\mathbf{i} + y'(s)\mathbf{j}$는 γ에 접하는 단위 접선벡터이고,

$$(u\mathbf{i} + v\mathbf{j}) \cdot \left(\frac{dx}{ds}\mathbf{i} + \frac{dy}{ds}\mathbf{j}\right) ds = u\,dx + v\,dy$$

는 속도와 경로 궤적의 접선과의 내적이다. 따라서

$$\oint_\gamma u\,dx + v\,dy$$

는 γ를 따라 흘러가는 유체의 속도를 측정하는 값이라고 해석할 수 있다. 이 적분값을 γ에서 유체의 순환이라 부른다.

벡터 $-y'(s)\mathbf{i} + x'(s)\mathbf{j}$는 γ에 수직인 단위벡터이다(그림 22.44). 그러므로

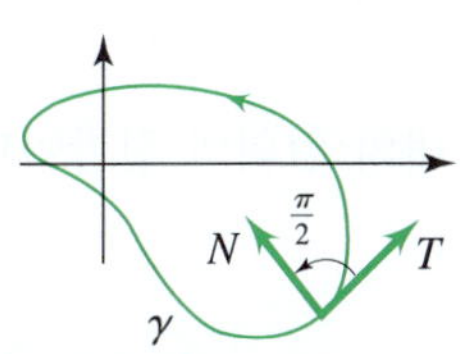

그림 22.44

$$-\oint_\gamma (u\mathbf{i}+v\mathbf{j})\cdot\left(-\frac{dy}{ds}\mathbf{i}+\frac{dx}{ds}\mathbf{j}\right)ds=\oint_\gamma -v\,dx+u\,dy$$

는 경로에 수직인 속도벡터 성분의 적분에 음의 부호를 취하는 것이다. 이 적분을 경로를 가로지르는 유체의 플럭스라 부른다. 이것은 γ를 경계로 하는 영역으로부터 γ를 가로질러 빠져나가는 유체의 유동을 나타내는 것이다. 이 플럭스가 유체 영역 내의 모든 닫힌 경로에 대해 0이면 이 유체는 발산이 없다. 이것을 비발산적이라고 말한다.

구멍 난 원판 $0<|z-z_0|<r$ 내부의 점 z_0를 감싸는 모든 닫힌 경로에서 순환이 0이 아닌 상수값이면, 점 $z_0=(x_0,\ y_0)$를 이 유체의 소용돌이 점이라 부른다. 이 순환의 상수값을 소용돌이의 세기라고 말한다.

z_0를 중심으로 하는 구멍 난 원판의 내부에 놓이면서 z_0를 감싸는 모든 닫힌 경로에 대해 $\oint_\gamma -v\,dx+u\,dy$가 동일한 양의 상수값 k이면, z_0를 세기 k인 공급점이라 부른다. 그리고 k가 음이면 z_0는 세기 $|k|$인 배출점이라 부른다.

유체의 속도장과 복소함수의 연관성은 다음 정리로 기술한다.

정리 22.6

단순 연결영역 D에서 u와 v가 연속이고, 1, 2차 편도함수도 연속이라 하자. $u\mathbf{i}+v\mathbf{j}$가 D에서 비회전적이고 비발산적이면, u와 $-v$는 D 위에서 Cauchy-Riemann 방정식을 만족하고 $f(z)=u(x,\ y)-iv(x,\ y)$는 D에서 미분가능한 복소함수이다.

역으로 u와 $-v$가 D에서 Cauchy-Riemann 방정식을 만족하면, $u\mathbf{i}+v\mathbf{j}$는 D 위에서 비회전적이고 비발산적인 유동이다.

[증명] γ가 D 내부에 놓이는 닫힌 경로라 하자. M이 γ의 내부라 할 때, D가 단순 연결영역이므로, M의 모든 점은 D의 점이다. 이 유동이 비회전적이므로 Green 정리에 의해

$$\oint_\gamma u\,dx+v\,dy=\iint_M\left(\frac{\partial v}{\partial x}-\frac{\partial u}{\partial y}\right)dA=0$$

이 된다. 또한 이 유동이 비발산적이므로, 다시 Green 정리에 의해

$$\oint_\gamma -v\,dx+u\,dy=\iint_M\left(\frac{\partial u}{\partial x}+\frac{\partial v}{\partial y}\right)dA=0$$

이 된다. M은 닫힌 경로로 유계인 D 내의 임의의 집합이므로, 위의 두 이중 적분에서 피적분함수들이 D에서 0이 되어야 한다. 따라서

$$\frac{\partial u}{\partial x}=\frac{\partial}{\partial y}(-v),\qquad \frac{\partial u}{\partial y}=-\frac{\partial}{\partial x}(-v)$$

1914년 완성된 파나마 운하는 총 길이 81.6 km로, 대서양에 있는 Limón 만과 태평양에 있는 파나마 만을 연결한다. 이것은 세계적으로 위대한 공학적 성공 사례 중 하나로 꼽히는 것으로, 뉴욕에서 샌프란시스코로 가는 배의 항로를 9,600 km나 단축시킨다. 이 운하는 3개의 수문과 저장실로 되어 있는데 이것에 물을 채워 배를 한쪽 저장실 수위에서 다른쪽 저장실 수위로 높이거나 낮춘다. 저장실은 길이 300 m, 폭 30 m, 깊이 21 m로 되어 있다. 1912년에 만들어진 크레인과 무거운 장치들이 아직까지도 사용되고 있다. 이러한 저장실 내부와 같은 용기 내에서의 유체 유동은 종종 복소함수법을 사용하여 분석된다.

이 성립하므로 $f(z) = u(x, y) - iv(x, y)$는 D에서 미분가능하다.

역도 마찬가지로 증명할 수 있다. ■

정리 22.6을 통해 비회전적이고 비발산적인 유동에 대해 이해할 수 있다. 유동이 비회전적이면, 위 정리의 증명에서 보여준 것처럼

$$curl(u\mathbf{i} + v\mathbf{j}) = \left(\frac{\partial v}{\partial x} - \frac{\partial u}{\partial y}\right)\mathbf{k} = \mathbf{0}$$

이 된다. 이 벡터 연산자 회전을 취한 결과 값은 유동 평면에 수직인 벡터이다. 10.5.2절에서 살펴본 바와 같이 $u\mathbf{i} + v\mathbf{j}$의 회전은 점 (x, y)에서 유체 입자의 각 속도의 2배가 된다. 비회전적 유동에서 이 회전값이 0이라는 사실은 유체 입자가 이동하거나 수축 팽창은 하지만 회전하지는 않는다는 뜻이다. 이 유체에서는 소용돌이 치는 효과가 없는 것이다.

유동이 비발산적이면

$$div(u\mathbf{i} + v\mathbf{j}) = \frac{\partial u}{\partial x} + \frac{\partial v}{\partial y} = 0$$

이 된다.

정리 22.7

f가 영역 D에서 정의되는 미분가능한 함수라 하자. 그러면 $\overline{f'(z)}$는 D에서 비회전적이고 비발산적인 유동이다.

역으로, $\mathbf{V} = u\mathbf{i} + v\mathbf{j}$가 단순 연결영역 D에서 비회전적이고 비발산적인 벡터장이면, D에서 $\overline{f'(z)} = V$가 성립되는 미분가능한 복소함수 f가 존재한다.

또한 $f(z) = \varphi(x, y) + i\psi(x, y)$일 때

$$\frac{\partial \varphi}{\partial x} = u, \quad \frac{\partial \varphi}{\partial y} = v, \quad \frac{\partial \psi}{\partial x} = -v, \quad \frac{\partial \psi}{\partial y} = u$$

가 된다.

$\overline{f'(z)}$가 유동의 속도라는 점에서 f를 유동의 복소 포텐셜이라 부른다.

정리 22.7은 단순영역에서 정의되는 미분가능한 함수 $f(z) = \varphi(x, y) + i\psi(x, y)$는 다음의 비회전적이고 비발산적인 유동을 결정한다는 것을 보여준다.

$$\overline{f'(z)} = \frac{\partial \varphi}{\partial x} - i\frac{\partial \psi}{\partial x} = u(x, y) + iv(x, y)\ .$$

φ를 유동의 속도 포텐셜이라 부르고, $\varphi(x, y) = k$의 곡선을 등위곡선 또는 동일 포텐셜 곡선이라 부른다. 함수 ψ를 이 유동의 흐름함수라고 부르고, 곡선 $\psi(x, y) = c$를 흐름선이라 부른다.

$f'(z) \neq 0$일 때 $w = f(z)$는 등각사상이다. $f'(z) = 0$이 되는 지점을 유동의 정체점이라 부른다. f를 사상으로 생각하면, w-평면에서 다음을 얻을 수 있다.

$$w = f(z) = \varphi(x, y) + i\psi(x, y) = \alpha + i\beta\ .$$

f에 의해 등위곡선 $\varphi(x, y) = k$는 수직선 $\alpha = k$에 사상되고, 흐름선 $\psi(x, y) = c$는 수평선 $\beta = c$에 사상된다. 수직선 집합과 수평선 집합들은 w-평면에서 서로 직교하므로, 흐름선과 등위곡선은 z-평면에서 서로 직교한다. 이 결론은 사상이 등각적이지 못한 정체점에서는 성립하지 않는다.

등위곡선 $\varphi(x, y) = k$에서

$$d\varphi = \frac{\partial \varphi}{\partial x} dx + \frac{\partial \varphi}{\partial y} dy = u dx + v dy = 0$$

이 성립된다. 이제 $u\mathbf{i} + v\mathbf{j}$는 (x, y)에서 유동의 속도이고, $x'(s)\mathbf{i} + y'(s)\mathbf{j}$는 등위곡선에 접하는 단위벡터이다. 등위곡선을 따라 $d\varphi = 0$이라는 사실로부터 이들 두 벡터의 내적은 0이므로, (x, y)가 정체점이 아니라는 가정하에 (x, y)에서 속도는 등위곡선에 수직이 된다는 결론을 얻는다.

마찬가지로, 흐름선 $\varphi(x, y) = c$를 따라

$$d\psi = \frac{\partial \psi}{\partial x} dx + \frac{\partial \psi}{\partial y} dy = -v dx + u dy = 0$$

이 되므로, 속도벡터에 수직인 것은 흐름선에도 수직이다. 이로부터 속도는 흐름선에 접하고, (x, y) 점에 있는 유체 입자는 그 점에서 흐름선 방향으로 움직인다는 해석을 정당화할 수 있다. 그러므로 흐름선은 유체 내에서 입자의 궤적이 된다. 우리가 특정 입자 위에 앉아 있으면 흐름선을 타고 움직이는 꼴이다.

이러한 이유로 흐름선의 그래프는 유체 입자들의 운동을 가시화해 준다.

보기 22.23 $f(z) = -Ke^{i\theta} z$라 하자. 여기서 K는 양의 상수이고, $0 \le \theta \le 2\pi$이다.

$$\begin{aligned} f(z) &= -K[\cos\theta + i\sin\theta][x + iy] \\ &= -K[x\cos\theta - y\sin\theta] - iK[y\cos\theta + x\sin\theta] \end{aligned}$$

이므로 $f(z) = \varphi(x, y) + \psi(x, y)$로 놓으면

$$\begin{aligned} \varphi(x, y) &= -K[x\cos\theta - y\sin\theta], \\ \psi(x, y) &= -K[y\cos\theta - x\sin\theta] \end{aligned}$$

이다. 등위곡선은

$$\varphi(x, y) = -K[x\cos\theta - y\sin\theta] = \text{상수}$$

이고 K가 상수이므로 등위곡선은

$$x\cos\theta - y\sin\theta = k$$

또는

$$y = x\cot\theta + b$$

이다. 여기서 $b = k\csc\theta$는 상수이다. 이것은 기울기가 $\cot\theta$인 직선이다.

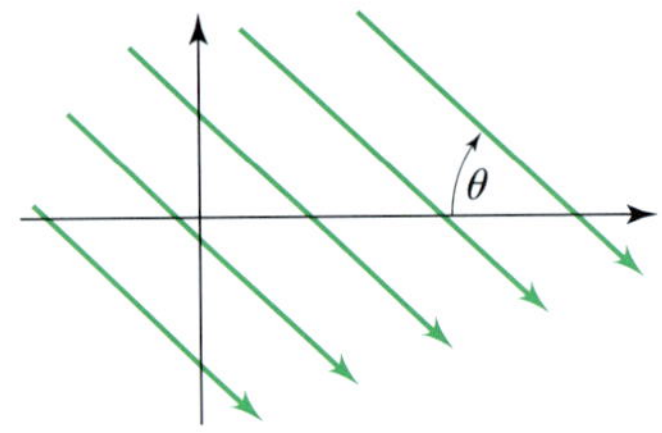

그림 22.45 복소 포텐셜이 $f(z) = -Ke^{i\theta}z$인 유동의 흐름선

흐름선은

$$y = -(\tan\theta)x + d$$

이고, 이는 기울기가 $-\tan\theta$인 직선이다. 이 선들은 그림 22.45에 나타낸 것처럼 양의 실수축과 $\pi - \theta$의 각을 이루고 있다. 이 선들은 유동의 궤적으로서 유체가 이 직선을 따라 흘러간다고 생각할 수 있다. 흐름선들과 등위곡선들은 서로 수직이다.

이제 다음을 계산하자.

$$\overline{f'(z)} = \overline{-Ke^{i\theta}} = -Ke^{-i\theta}.$$

이것은 속력이 상수 K임을 뜻한다.

요약하면, 그림 22.45에 있는 것처럼 f는 속력이 K이고, 양의 실수축과 $\pi - \theta$의 각을 이루는 균일한 유동을 모델링한 것이다.

보기 22.24 복소 포텐셜 $f(z) = z^2$으로 표현되는 유동을 생각하자. 이 함수는 모든 z에 대해 미분가능하다. $f'(0) = 0$이므로 원점이 정체점이다. 이것이 유동에 어떤 영향을 주는지 알아보고 궤적을 구하자.

$z = x + iy$, $f(z) = x^2 - y^2 + 2ixy$이므로

$$\varphi(x, y) = x^2 - y^2, \quad \psi(x, y) = 2xy$$

이다. $k \neq 0$이면 등위곡선은

$$x^2 - y^2 = k$$

인 쌍곡선이다. $c \neq 0$이면 흐름선은

$$xy = c$$

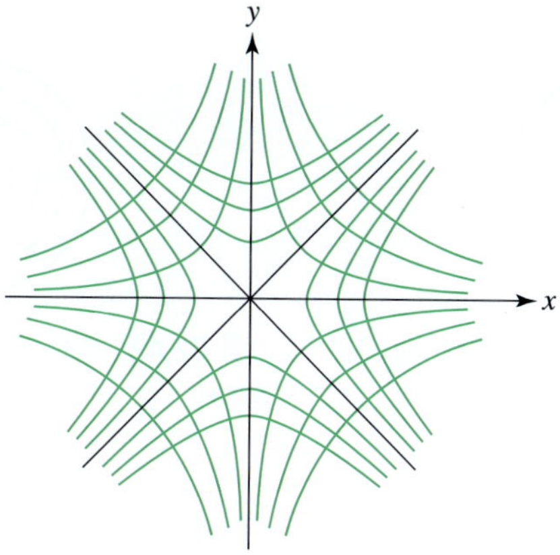

그림 22.46 복소 포텐셜이 $f(z) = z^2$인 유동의 등위곡선

인 쌍곡선이다. 이들 곡선들 가운데 몇몇을 그림 22.46에 나타냈다.

$k=0$이면 등위곡선은 $x^2 - y^2 = 0$의 그래프이다. 이는 원점을 지나는 2개의 직선 $y=x$, $y=-x$이다. $c=0$이면 흐름선은 $x=0$, $y=0$이다.

이 유동의 속도는 $\overline{f'(z)} = 2\bar{z}$이다. f는 z에서 속력이 $2|z|$인 유동을 표현한다. 이 유동을 그 흐름선을 따라 움직이는 유체로 볼 수 있다. 어떠한 사분면에서도 입자들은 쌍곡선 $xy=c$를 따라 움직인다. 이때 좌표축들은 이 유동의 장벽으로 작용한다(이 유체를 잡아 두는 용기의 벽면으로 생각하라).

보기 22.25 다음 복소 포텐셜을 분석해 보자.

$$f(z) = \frac{iK}{2\pi}\operatorname{Log}(z).$$

여기서 K는 양의 상수이고, $\operatorname{Log}(z)$는 $\operatorname{Log}(z) = \frac{1}{2}\ln(x^2+y^2) + i\theta$로 정의되는 로그함수의 한 종류를 나타낸다. θ는 z의 편각으로 $z \neq 0$일 때 $0 \le \theta < 2\pi$에 놓인다. $z = x+iy$로 놓으면

$$f(z) = \frac{iK}{2\pi}\left(\frac{1}{2}\ln(x^2+y^2) + i\theta\right) = -\frac{K\theta}{2\pi} + \frac{iK}{4\pi}\ln(x^2+y^2)$$

이다. 이제

$$\varphi(x, y) = -\frac{K}{2\pi}\theta, \quad \psi(x, y) = \frac{K}{4\pi}\ln(x^2+y^2)$$

이다. 등위곡선은 $\theta=$상수, 즉 원점에서 출발하는 반직선으로 양의 실수축과 각 θ를 이

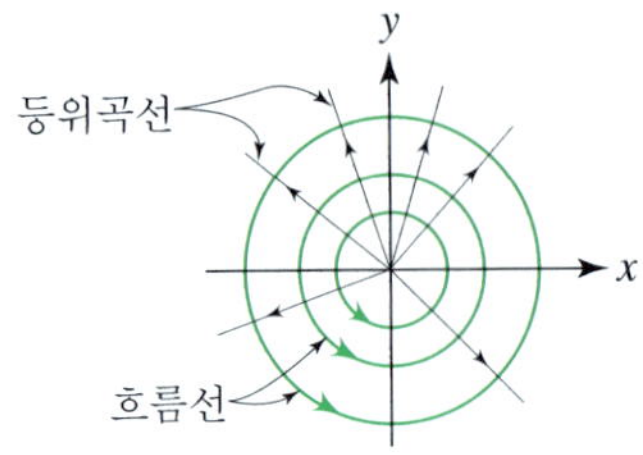

그림 22.47 복소 포텐셜이 $f(z)=(iK/2\pi)\,\mathrm{Log}(z)$인 유동의 흐름선과 등위곡선

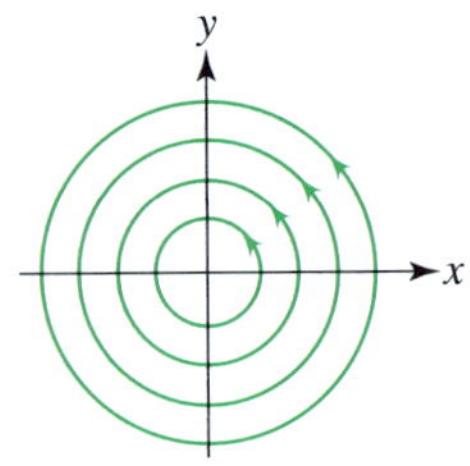

그림 22.48 복소 포텐셜이 $f(z)=(iK/2\pi)\,\mathrm{Log}(z)$의 흐름선

룬다. 흐름선은 $\psi(x, y)=$ 상수, 즉 원점을 중심으로 하는 원이다. 흐름선은 유체의 궤적이므로, 입자들이 원점을 중심으로 원을 그리면서 움직인다. 몇몇 흐름선과 등위곡선을 그림 22.47에 나타냈다.

$z\neq 0$이면 $f'(z)=(iK/2\pi)(1/z)$이 됨을 쉽게 확인할 수 있다. 원 $|z|=r$ 위에서 유체의 속력은

$$\left|\overline{f'(z)}\right|=\frac{K}{2\pi}\frac{1}{|z|}=\frac{K}{2\pi r}$$

이다. $r\to 0$이면 속력은 증가한다. 따라서 유체의 입자들은 원점을 중심으로 회전하며, 속도는 중심(원점)으로 갈수록 빨라진다(그림 22.48). 원점은 이 유동의 소용돌이 점(배출점)이다.

원점에 대한 이 유동의 순환을 계산하기 위해,

$$\overline{f'(z)}=-\frac{iK}{2\pi}\frac{1}{\bar{z}}=-\frac{iK}{2\pi}\frac{z}{|z|^2}=\frac{K}{2\pi}\frac{y}{x^2+y^2}-\frac{iK}{2\pi}\frac{x}{x^2+y^2}=u+iv$$

으로부터 γ가 원점을 중심으로 하고 반지름이 r인 원일 때, γ를 $x=r\cos\theta,\ y=r\sin\theta$로 매개변수화하면

$$\begin{aligned}\oint_\gamma u\,dx+v\,dy&=\int_0^{2\pi}\left[\frac{K}{2\pi}\frac{r\sin\theta}{r^2}(-r\sin\theta)-\frac{K}{2\pi}\frac{r\cos\theta}{r^2}(r\cos\theta)\right]d\theta\\&=\frac{K}{2\pi}\int_0^{2\pi}-d\theta=-K\end{aligned}$$

가 된다. 이것이 원점을 중심으로 갖는 원에 대한 순환값이다.

마찬가지로 계산하면

$$\oint_\gamma -v\,dx+u\,dy=0$$

이다. 따라서 원점은 공급원도 배출원도 아니다.

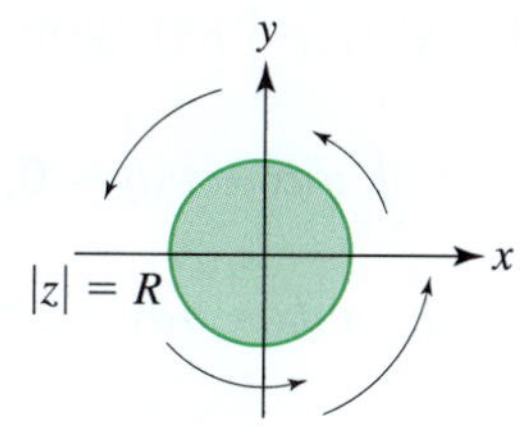

그림 22.49 반지름 R의 원통 장벽 주위의 유동

이 보기에서 $|z| > R$로 영역을 국한하여 원점에 단단한 원통 장벽이 있는 것으로 생각할 수 있다. 이 경우 유체는 원통 주위를 회전한다(그림 22.49).

보기 22.26 앞의 보기에서 다음과 같이 두면 흐름선과 등위곡선의 역할을 바꿀 수 있다.

$$f(z) = K\,\text{Log}(z).$$

여기서 K는 양의 상수이다. 이제

$$f(z) = \frac{K}{2}\ln(x^2 + y^2) + iK\theta$$

이므로

$$\varphi(x, y) = \frac{K}{2}\ln(x^2 + y^2), \quad \psi(x, y) = K\theta$$

가 된다. 등위곡선은 원점을 중심으로 하는 원이고, 흐름선은 원점에서 출발하는 반직선이다(그림 22.50). 당연한 이야기지만, 이들 원과 선들은 서로 직교한다. 이 유동의 속도는

$$\overline{f'(z)} = \frac{K}{\bar{z}} = K\frac{x}{x^2 + y^2} + iK\frac{y}{x^2 + y^2} = u + iv$$

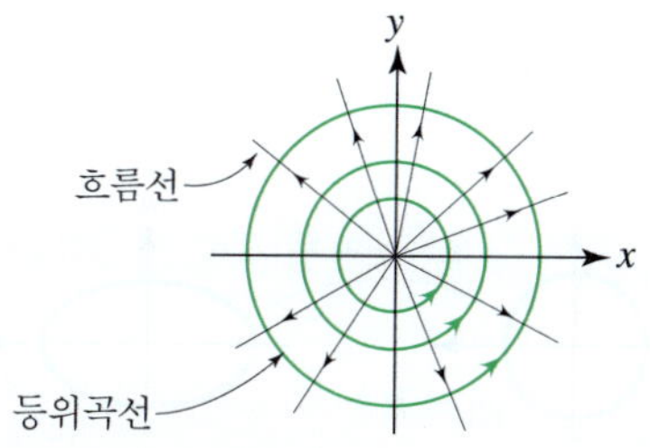

그림 22.50 $f(z) = K\,\text{Log}(z)$에 대한 등위곡선과 흐름선

이다. γ를 원점을 중심으로 하는 반지름이 r인 원이라 하자. 그러면

$$\oint_\gamma u\,dx + v\,dy = 0,$$

$$\oint_\gamma -v\,dx + u\,dy = 2\pi K$$

가 된다. 원점은 세기 $2\pi K$의 공급원이다. 유체의 입자가 원점으로부터 빠져 나와 직선으로 움직이면서, 원점에서부터 거리가 증가함에 따라 속력이 감소하고 있다고 생각할 수 있다.

보기 22.27 타원 장벽 주위의 유동을 모델링해 보자.

보기 22.25로부터 $|z| > R$에 대해 $f(z) = (iK/2\pi)\,\mathrm{Log}(z)$가 원점에 위치한 반지름이 R인 원통 장벽 주변에서 순환이 $-K$인 유체의 유동을 모델링한다는 것을 알고 있다. 타원 장벽 주변에서의 유동을 모델링하기 위해서 원 $|z| = R$을 타원에 등각으로 사상시키자. 이를 위해 다음의 사상을 생각하자.

$$w = z + \frac{a^2}{z}$$

여기서 a는 양의 상수이다. 이를 Joukowski 변환이라 부른다. 이는 비행기 날개 주변의 유체 유동을 분석하는 데 사용된다. 사실 a를 다른 값으로 선택하면 그 원에 대해 다른 상을 얻을 수 있다.

$z = x + iy$와 $w = X + iY$라 하자. $a \neq R$이면 원 $x^2 + y^2 = R^2$은 타원

$$\frac{X^2}{1+(a/R)^2} + \frac{Y^2}{1-(a/R)^2} = R^2$$

으로 사상된다. 이 타원을 그림 22.51에 나타냈다. $a = R$이면 이 원은 실수축 위의 $[-2a, 2a]$로 사상된다.

Joukowski 변환을 z에 대해 풀자. 이는 2차 방정식이므로 2개의 해가 존재하고, 그중 하나인

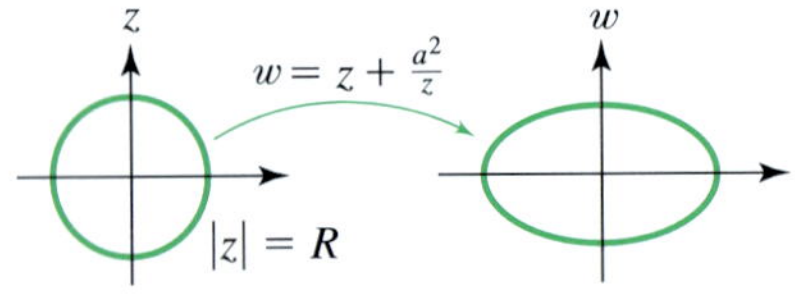

그림 22.51 원을 타원으로 사상시키는 Joukowski 변환

$$z = \frac{w + \sqrt{w^2 - 4a^2}}{2}$$

을 선택하자. 이 사상을 보기 22.24의 원형 장벽에 대한 복소 포텐셜함수와 결합하면

$$F(w) = f(z(w)) = \frac{iK}{2\pi}\pi \operatorname{Log}\left(\frac{w + \sqrt{w^2 - 4a^2}}{2}\right)$$

을 얻는다. $R > a$이면, 이 식은 타원 장벽 주변에 대한 w-평면에서 유동을 위한 복소 포텐셜이고, $R = a$이면 평평한 판 $-2a \le X \le 2a$, $Y = 0$인 장벽에 대한 복소 포텐셜이다.

복소 적분을 유체 유동에 적용하는 것을 설명하면서 이 절을 끝맺겠다. 경계가 닫힌 곡선 γ로 주어지는 장벽 주위에서 유동에 대한 복소함수 f가 있다고 하자. 이 장벽 바깥으로 유체를 밀어내는 힘(추력)이 벡터 $A\mathbf{i} + B\mathbf{i}$라 하자. 그러면 다음 Blasius 정리가 성립된다.

$$A - iB = \frac{1}{2} i\rho \oint_\gamma [f'(z)]^2 \, dz\,.$$

여기서 ρ는 유체의 밀도로 상수값이다. 또한 원점에 대한 추력의 모멘트는 다음 식으로 주어진다.

$$\operatorname{Re}\left(-\frac{1}{2}\rho \oint_\gamma z[f'(z)]^2 \, dz\right).$$

실질적으로 이 적분은 유수정리를 사용하여 계산된다.

연습문제 22.4

1. 복소 포텐셜이 $f(z) = az$ 로 주어지는 유동을 분석하여라. a는 0이 아닌 복소상수이다. 몇몇 등위곡선과 흐름선을 그리고, 속력과 유동이 공급점이나 배출점들이 있는지 알아보아라.

2. 복소 포텐셜이 $f(z) = z^3$인 유동을 분석하여라. 몇몇 등위곡선과 흐름선을 그려라.

3. 포텐셜이 $f(z) = \cos z$인 유동에 대해 몇몇 등위곡선과 흐름선을 그려라.

4. 포텐셜이 $f(z) = z + iz^2$인 유동에 대해 몇몇 등위곡선과 흐름선을 그려라.

5. 포텐셜이 $f(z) = K \operatorname{Log}(z - z_0)$인 유동을 분석하여라. K는 0이 아닌 실수상수이고, z_0는 주어진 복소수이다. $K > 0$이면 z_0는 이 유동에 대한 공급점이고, $K < 0$ 이면 배출점임을 보여라. 이 유동에 대해 몇몇 등위곡선과 흐름선을 그려라.

6. 포텐셜이 $f(z) = K \operatorname{Log}[(z-a)/(z-b)]$인 유동을 분석하여라. K는 0이 아닌 실수상수이고, a와 b는 서로 다른 복소수이다. 이 유동에 대해 몇몇 등위곡선과 흐름선을 그려라.

7. $f(z) = k(z + (1/z))$이라 하자. k는 0이 아닌 실수상수이다. 이 유동에 대해 몇몇 등위곡선과 흐름선을 그려라. f는 단위원의 위쪽 주변에 흐름을 모델링한다는 것을 보여라.

8. 다음 함수가 있다.

$$f(z) = \frac{m - ik}{2\pi} \operatorname{Log}\left(\frac{z-a}{z-b}\right).$$

m과 k는 0이 아닌 실수이고, a와 b는 서로 다른 복소수이다. 이 유동은 세기 m의 공급점 또는 배출점을 가지며, a와 b에서 모두 세기 k의 소용돌이 점을 갖는다는 것을 보여라. 공급점(또는 배출점)과 소용돌이의 성질이 결합된 점을 나선 소용돌이 점이라 부른다. 이 유동에 대해 몇몇 등위곡선과 흐름선을 그려라.

9. 다음 포텐셜을 갖는 유동을 분석하여라.

$$f(z) = k\left(z + \frac{1}{z}\right) + \frac{ib}{2\pi} \operatorname{Log}(z).$$

여기서 k와 b는 0이 아닌 실수상수이다. 이 유동에 대해 몇몇 등위곡선과 흐름선을 그려라.

10. 다음 포텐셜을 갖는 유동을 분석하여라.

$$f(z) = iKa\sqrt{3} \operatorname{Log}\left(\frac{2z - ia\sqrt{3}}{2z + ia\sqrt{3}}\right).$$

여기서 K와 a는 양의 상수이다. 이 포텐셜은 y축을 따라서는 평판 경계를 갖는 원통 $4x^2 + 4(y-a)^2 = a^2$ 주변의 비회전적 유동을 모델링하는 포텐셜임을 보여라. 이 유동에 대해 몇몇 등위곡선과 흐름선을 그려라.

11. Blasius 정리를 사용하여, 문제 10의 원통면에서 단위폭당 받는 힘은 수직 성분 $2\sqrt{3}\pi\rho a K^2$을 가짐을 보여라. ρ는 유체의 밀도이고 상수값이다.

부록
미분 · 적분 공식

미분 공식

1. $\dfrac{d}{dx}(c)=0$ (단, c는 상수)

2. $\dfrac{d}{dx}(u^n)=nu^{n-1}\cdot\dfrac{du}{dx}$

3. $\dfrac{d}{dx}(cu)=c\cdot\dfrac{du}{dx}$

4. $\dfrac{d}{dx}(uv)=u\dfrac{dv}{dx}+v\dfrac{du}{dx}$

5. $\dfrac{d}{dx}\left(\dfrac{u}{v}\right)=\dfrac{v\dfrac{du}{dx}-u\dfrac{dv}{dx}}{v^2}$

6. $\dfrac{d}{dx}(\sin u)=\cos u\dfrac{du}{dx}$

7. $\dfrac{d}{dx}(\cos u)=-\sin u\dfrac{du}{dx}$

8. $\dfrac{d}{dx}(\tan u)=\sec^2 u\dfrac{du}{dx}$

9. $\dfrac{d}{dx}(\cot u)=-\csc^2 u\dfrac{du}{dx}$

10. $\dfrac{d}{dx}(\sec u)=\sec u\tan u\dfrac{du}{dx}$

11. $\dfrac{d}{dx}(\csc u)=-\csc u\cot u\dfrac{du}{dx}$

12. $\dfrac{d}{dx}(\sin^{-1} u)=\dfrac{1}{\sqrt{1-u^2}}\dfrac{du}{dx}$

13. $\dfrac{d}{dx}(\cos^{-1} u)=-\dfrac{1}{\sqrt{1-u^2}}\dfrac{du}{dx}$

14. $\dfrac{d}{dx}(\tan^{-1} u)=\dfrac{1}{1+u^2}\dfrac{du}{dx}$

15. $\dfrac{d}{dx}(\cot^{-1} u)=-\dfrac{1}{1+u^2}\dfrac{du}{dx}$

16. $\dfrac{d}{dx}(\sec^{-1} u)=\dfrac{1}{|u|\sqrt{u^2-1}}\dfrac{du}{dx}$

17. $\dfrac{d}{dx}(\csc^{-1} u)=-\dfrac{1}{|u|\sqrt{u^2-1}}\dfrac{du}{dx}$

18. $\dfrac{d}{dx}(\log_a u)=\dfrac{1}{u}\log_a e\dfrac{du}{dx}$ (단, $a>0,\ a\neq 1$)

19. $\dfrac{d}{dx}(a^u)=a^u\ln a\dfrac{du}{dx}$ (단, $a>0$)

20. $\dfrac{d}{dx}(\ln u)=\dfrac{1}{u}\dfrac{du}{dx}$

21. $\dfrac{d}{dx}(e^u)=e^u\dfrac{du}{dx}$

22. $\dfrac{d}{dx}(\sinh u)=\cosh u\dfrac{du}{dx}$

23. $\dfrac{d}{dx}(\cosh u)=\sinh u\dfrac{du}{dx}$

24. $\dfrac{d}{dx}(\tanh u)=\operatorname{sech}^2 u\dfrac{du}{dx}$

25. $\dfrac{d}{dx}(\coth u)=-\operatorname{csch}^2 u\dfrac{du}{dx}$

26. $\dfrac{d}{dx}(\operatorname{sech} u)=-\operatorname{sech} u\tanh u\dfrac{du}{dx}$

27. $\frac{d}{dx}(\operatorname{csch} u) = -\operatorname{csch} u \coth u \frac{du}{dx}$

28. $\frac{d}{dx}(\sinh^{-1} u) = \frac{1}{\sqrt{u^2+1}} \frac{du}{dx}$

29. $\frac{d}{dx}(\cosh^{-1} u) = \frac{1}{\sqrt{u^2-1}} \frac{du}{dx}$ (단, $u > 1$)

30. $\frac{d}{dx}(\tanh^{-1} u) = \frac{1}{1-u^2} \frac{du}{dx}$ (단, $u^2 < 1$)

31. $\frac{d}{dx}(\coth^{-1} u) = \frac{-1}{1-u^2} \frac{du}{dx}$ (단, $u > 1$)

32. $\frac{d}{dx}(\operatorname{sech}^{-1} u) = \frac{-1}{u\sqrt{1-u^2}} \frac{du}{dx}$ (단, $0<u<1$)

33. $\frac{d}{dx}(\operatorname{csch}^{-1} u) = \frac{-1}{|u|\sqrt{1+u^2}} \frac{du}{dx}$

적분 공식

1. $\int k\,dx = kx + C$ (k는 실수)

2. $\int x^n\,dx = \frac{x^{n+1}}{n+1} + C$ $(n \neq -1)$

3. $\int \frac{dx}{x} = \ln|x| + C$

4. $\int e^x\,dx = e^x + C$

5. $\int a^x\,dx = \frac{a^x}{\ln a} + C$ $(a > 0,\ a \neq 1)$

6. $\int \sin x\,dx = -\cos x + C$

7. $\int \cos x\,dx = \sin x + C$

8. $\int \sec^2 x\,dx = \tan x + C$

9. $\int \csc^2 x\,dx = -\cot x + C$

10. $\int \sec x \tan x\,dx = \sec x + C$

11. $\int \csc x \cot x\,dx = -\csc x + C$

12. $\int \tan x\,dx = \ln|\sec x| + C$

13. $\int \cot x\,dx = \ln|\sin x| + C$

14. $\int \sinh x\,dx = \cosh x + C$

15. $\int \cosh x\,dx = \sinh x + C$

16. $\int \frac{dx}{\sqrt{a^2-x^2}} = \sin^{-1}\frac{x}{a} + C$

17. $\int \frac{dx}{a^2+x^2} = \frac{1}{a}\tan^{-1}\frac{x}{a} + C$

18. $\int \frac{dx}{x\sqrt{x^2-a^2}} dx = \frac{1}{a}\sec^{-1}\left|\frac{x}{a}\right| + C$

19. $\int \frac{dx}{\sqrt{a^2+x^2}} = \sinh^{-1}\frac{x}{a} + C$ $(a > 0)$

20. $\int \frac{dx}{\sqrt{x^2-a^2}} = \cosh^{-1}\frac{x}{a} + C$ $(x > a > 0)$

21. $\int (ax+b)^n\,dx = \frac{(ax+b)^{n+1}}{a(n+1)} + C,\ n \neq -1$

22. $\int x(ax+b)^n\,dx = \frac{(ax+b)^{n+1}}{a^2}\left[\frac{ax+b}{n+2} - \frac{b}{n+1}\right] + C,\ n \neq -1, -2$

23. $\int x^2(ax+b)^n\,dx = \frac{(ax+b)^{n+1}}{a^3}\left[\frac{(ax+b)^2}{n+3} - 2b\frac{ax+b}{n+2} + \frac{b^2}{n+1}\right] + C,\ n \neq -1, -2, -3$

24. $\int (ax+b)^{-1}\,dx = \frac{1}{a}\ln|ax+b| + C$

25. $\int x(ax+b)^{-1}\,dx = \frac{x}{a} - \frac{b}{a^2}\ln|ax+b| + C$

26. $\int x(ax+b)^{-2}\,dx = \frac{1}{a^2}\left[\ln|ax+b| + \frac{b}{ax+b}\right] + C$

27. $\int x^2(ax+b)^{-1}\,dx = \frac{1}{a^3}\left[\frac{1}{2}(ax+b)^2 - 2b(ax+b) + b^2\ln|ax+b|\right] + C$

28. $\int x^2(ax+b)^{-2}\,dx = \frac{1}{a^3}\left[ax+b - \frac{b^2}{ax+b} - 2b\ln|ax+b|\right] + C$

29. $\int x^2(ax+b)^{-3}\,dx = \frac{1}{a^3}\left[\frac{2b}{ax+b} - \frac{b^2}{2(ax+b)^2} + \ln|ax+b|\right] + C$

30. $\int \frac{dx}{x(ax+b)} = \frac{1}{b}\ln\left|\frac{x}{ax+b}\right| + C$

31. $\int \frac{dx}{x(ax+b)^2} = \frac{1}{b(ax+b)} - \frac{1}{b^2}\ln\left|\frac{ax+b}{x}\right| + C$

32. $\int \frac{dx}{x^2(ax+b)} = -\frac{1}{bx} + \frac{a}{b^2}\ln\left|\frac{ax+b}{x}\right| + C$

33. $\int \left(\sqrt{ax+b}\right)^n dx = \frac{2}{a}\frac{\left(\sqrt{ax+b}\right)^{n+2}}{n+2} + C,\ n \neq -2$

34. $\int \frac{\sqrt{ax+b}}{x}dx = 2\sqrt{ax+b} + b\int \frac{dx}{x\sqrt{ax+b}}$

35. (a) $\int \frac{dx}{x\sqrt{ax+b}} = \frac{1}{\sqrt{b}}\ln\left|\frac{\sqrt{ax+b}-\sqrt{b}}{\sqrt{ax+b}+\sqrt{b}}\right| + C$ (단, $b>0$)

(b) $\int \frac{dx}{x\sqrt{ax-b}} = \frac{2}{\sqrt{b}}\tan^{-1}\sqrt{\frac{ax-b}{b}} + C$ (단, $b>0$)

36. $\int \frac{\sqrt{ax+b}}{x^2}dx = -\frac{\sqrt{ax+b}}{x} + \frac{a}{2}\int \frac{dx}{x\sqrt{ax+b}}$

37. $\int \frac{dx}{x^2\sqrt{ax+b}} = -\frac{\sqrt{ax+b}}{x} - \frac{a}{2b}\int \frac{dx}{x\sqrt{ax+b}}$

38. $\int \frac{dx}{a^2+x^2} = \frac{1}{a}\tan^{-1}\frac{x}{a} + C$

39. $\int \frac{dx}{(a^2+x^2)^2} = \frac{x}{2a^2(a^2+x^2)} + \frac{1}{2a^3}\tan^{-1}\frac{x}{a} + C$

40. $\int \frac{dx}{\sqrt{a^2+x^2}} = \sinh^{-1}\frac{x}{a} + C = \ln\left(x + \sqrt{a^2+x^2}\right) + C$

41. $\int \sqrt{a^2+x^2}\,dx = \frac{x}{2}\sqrt{a^2+x^2} + \frac{a^2}{2}\ln\left(x + \sqrt{a^2+x^2}\right) + C$

42. $\int x^2\sqrt{a^2+x^2}\,dx = \frac{x}{8}(a^2+2x^2)\sqrt{a^2+x^2} - \frac{a^4}{8}\ln\left(x+\sqrt{a^2+x^2}\right)+C$

43. $\int \frac{\sqrt{a^2+x^2}}{x}\,dx = \sqrt{a^2+x^2} - a\ln\left|\frac{a+\sqrt{a^2+x^2}}{x}\right|+C$

44. $\int \frac{\sqrt{a^2+x^2}}{x^2}\,dx = \ln\left(x+\sqrt{a^2+x^2}\right) - \frac{\sqrt{a^2+x^2}}{x}+C$

45. $\int \frac{x^2}{\sqrt{a^2+x^2}}\,dx = -\frac{a^2}{2}\ln\left(x+\sqrt{a^2+x^2}\right) + \frac{x\sqrt{a^2+x^2}}{2}+C$

46. $\int \frac{dx}{x\sqrt{a^2+x^2}} = -\frac{1}{a}\ln\left|\frac{a+\sqrt{a^2+x^2}}{x}\right|+C$

47. $\int \frac{dx}{x^2\sqrt{a^2+x^2}} = -\frac{\sqrt{a^2+x^2}}{a^2x}+C$

48. $\int \frac{dx}{a^2-x^2} = \frac{1}{2a}\ln\left|\frac{x+a}{x-a}\right|+C$

49. $\int \frac{dx}{(a^2-x^2)^2} = \frac{x}{2a^2(a^2-x^2)} + \frac{1}{4a^3}\ln\left|\frac{x+a}{x-a}\right|+C$

50. $\int \frac{dx}{\sqrt{a^2-x^2}} = \sin^{-1}\frac{x}{a}+C$

51. $\int \sqrt{a^2-x^2}\,dx = \frac{x}{2}\sqrt{a^2-x^2} + \frac{a^2}{2}\sin^{-1}\frac{x}{a}+C$

52. $\int x^2\sqrt{a^2-x^2}\,dx = \frac{a^4}{8}\sin^{-1}\frac{x}{a} - \frac{1}{8}x\sqrt{a^2-x^2}(a^2-2x^2)+C$

53. $\int \frac{\sqrt{a^2-x^2}}{x}\,dx = \sqrt{a^2-x^2} - a\ln\left|\frac{a+\sqrt{a^2-x^2}}{x}\right|+C$

54. $\int \frac{\sqrt{a^2-x^2}}{x^2}\,dx = -\sin^{-1}\frac{x}{a} - \frac{\sqrt{a^2-x^2}}{x}+C$

55. $\int \frac{x^2}{\sqrt{a^2-x^2}}\,dx = \frac{a^2}{2}\sin^{-1}\frac{x}{a} - \frac{1}{2}x\sqrt{a^2-x^2}+C$

56. $\int \frac{dx}{x\sqrt{a^2-x^2}} = -\frac{1}{a}\ln\left|\frac{a+\sqrt{a^2-x^2}}{x}\right|+C$

57. $\int \frac{dx}{x^2\sqrt{a^2-x^2}} = -\frac{\sqrt{a^2-x^2}}{a^2x}+C$

58. $\int \frac{dx}{\sqrt{x^2-a^2}} = \ln\left|x+\sqrt{x^2-a^2}\right|+C$

59. $\int \sqrt{x^2-a^2}\,dx = \frac{x}{2}\sqrt{x^2-a^2} - \frac{a^2}{2}\ln\left|x+\sqrt{x^2-a^2}\right|+C$

60. $\int \left(\sqrt{x^2-a^2}\right)^n dx = \frac{x\left(\sqrt{x^2-a^2}\right)^n}{n+1} - \frac{na^2}{n+1}\int\left(\sqrt{x^2-a^2}\right)^{n-2}dx,\ n\neq -1$

61. $\int \frac{dx}{\left(\sqrt{x^2-a^2}\right)^n} = \frac{x\left(\sqrt{x^2-a^2}\right)^{2-n}}{(2-n)a^2} - \frac{n-3}{(n-2)a^2}\int\frac{dx}{\left(\sqrt{x^2-a^2}\right)^{n-2}},\ n\neq 2$

62. $\int x\left(\sqrt{x^2-a^2}\right)^n dx = \dfrac{\left(\sqrt{x^2-a^2}\right)^{n+2}}{n+2} + C,\ n \neq -2$

63. $\int x^2\sqrt{x^2-a^2}\,dx = \dfrac{x}{8}(2x^2-a^2)\sqrt{x^2-a^2} - \dfrac{a^4}{8}\ln\left|x+\sqrt{x^2-a^2}\right| + C$

64. $\int \dfrac{\sqrt{x^2-a^2}}{x}\,dx = \sqrt{x^2-a^2} - a\sec^{-1}\left|\dfrac{x}{a}\right| + C$

65. $\int \dfrac{\sqrt{x^2-a^2}}{x^2}\,dx = \ln\left|x+\sqrt{x^2-a^2}\right| - \dfrac{\sqrt{x^2-a^2}}{x} + C$

66. $\int \dfrac{x^2}{\sqrt{x^2-a^2}}\,dx = \dfrac{a^2}{2}\ln\left|x+\sqrt{x^2-a^2}\right| + \dfrac{x}{2}\sqrt{x^2-a^2} + C$

67. $\int \dfrac{dx}{x\sqrt{x^2-a^2}} = \dfrac{1}{a}\sec^{-1}\left|\dfrac{x}{a}\right| + C = \dfrac{1}{a}\cos^{-1}\left|\dfrac{a}{x}\right| + C$

68. $\int \dfrac{dx}{x^2\sqrt{x^2-a^2}} = \dfrac{\sqrt{x^2-a^2}}{a^2x} + C$

69. $\int \dfrac{dx}{(ax^2+b)^{\frac{3}{2}}} = \dfrac{x}{b\sqrt{ax^2+b}} + C$

70. $\int \sqrt{2ax-x^2}\,dx = \dfrac{x-a}{2}\sqrt{2ax-x^2} + \dfrac{a^2}{2}\cos^{-1}\left(1-\dfrac{x}{a}\right) + C$

71. $\int \sqrt{2ax+x^2}\,dx = \dfrac{x+a}{2}\sqrt{2ax+x^2} - \dfrac{a^2}{2}\ln\left|x+a+\sqrt{2ax+x^2}\right| + C$

72. $\int \dfrac{dx}{\sqrt{2ax-x^2}} = \cos^{-1}\left(1-\dfrac{x}{a}\right) + C$

73. $\int \dfrac{dx}{\sqrt{2ax+x^2}} = \ln\left|x+a+\sqrt{2ax+x^2}\right| + C$

74. $\int \dfrac{dx}{ax^2+b} = \dfrac{1}{\sqrt{ab}}\tan^{-1}\left(\dfrac{x\sqrt{ab}}{b}\right) + C\ \ (ab>0)$

$$= \dfrac{1}{2\sqrt{-ab}}\ln\left|\dfrac{x\sqrt{a}-\sqrt{-b}}{x\sqrt{a}+\sqrt{-b}}\right| + C\ \ (a>0,\ b<0)$$

$$= \dfrac{1}{2\sqrt{-ab}}\ln\left|\dfrac{\sqrt{b}+x\sqrt{-a}}{\sqrt{b}-x\sqrt{-a}}\right| + C\ \ (a<0,\ b>0)$$

75. $\int (ax^2+b)^n x\,dx = \dfrac{1}{2a}\dfrac{(ax^2+b)^{n+1}}{n+1} + C,\ n \neq -1$

76. $\int \dfrac{x\,dx}{ax^2+b} = \dfrac{1}{2a}\ln\left|ax^2+b\right| + C$

77. $\int \dfrac{dx}{x(ax^2+b)} = \dfrac{1}{2b}\ln\left|\dfrac{x^2}{ax^2+b}\right| + C$

78. $\int \sqrt{ax^2+b}\,dx = \dfrac{x}{2}\sqrt{ax^2+b} + \dfrac{b}{2\sqrt{a}}\ln\left|x\sqrt{a}+\sqrt{ax^2+b}\right| + C\ \ (a>0)$

79. $\int \sqrt{ax^2+b}\,dx = \dfrac{x}{2}\sqrt{ax^2+b} + \dfrac{b}{2\sqrt{-a}}\sin^{-1}\left(x\sqrt{-\dfrac{a}{b}}\right) + C\ \ (a<0)$

80. $\displaystyle\int \frac{dx}{\sqrt{ax^2+b}} = \frac{1}{\sqrt{a}} \ln\left|\sqrt{a}\,x + \sqrt{ax^2+b}\right| + C \quad (a>0)$

$\displaystyle\qquad = \frac{1}{\sqrt{-a}} \sin^{-1}\left(x\sqrt{-\frac{a}{b}}\right) + C \quad (a<0)$

81. $\displaystyle\int \sqrt{ax^2+b}\,x\,dx = \frac{1}{3a}(ax^2+b)^{\frac{3}{2}} + C$

82. $\displaystyle\int \frac{x\,dx}{\sqrt{ax^2+b}} = \frac{1}{a}\sqrt{ax^2+b} + C$

83. $\displaystyle\int \frac{\sqrt{ax^2+b}}{x}\,dx = \sqrt{ax^2+b} + \sqrt{b}\ln\left|\frac{\sqrt{ax^2+b}-\sqrt{b}}{x}\right| + C \quad (b>0)$

84. $\displaystyle\int \frac{\sqrt{ax^2+b}}{x}\,dx = \sqrt{ax^2+b} - \sqrt{-b}\tan^{-1}\frac{\sqrt{ax^2+b}}{\sqrt{-b}} + C \quad (b<0)$

85. $\displaystyle\int \frac{dx}{x\sqrt{ax^2+b}} = \frac{1}{\sqrt{b}}\ln\left|\frac{\sqrt{ax^2+b}-\sqrt{-b}}{x}\right| + C \quad (b>0)$

86. $\displaystyle\int \frac{dx}{x\sqrt{ax^2+b}} = \frac{1}{\sqrt{-b}}\sec^{-1}\left(x\sqrt{-\frac{a}{b}}\right) + C \quad (b<0)$

87. $\displaystyle\int \frac{dx}{ax^2+bx+c} = \frac{2}{\sqrt{4ac-b^2}}\tan^{-1}\frac{2ax+b}{\sqrt{4ac-b^2}} + C \quad (b^2<4ac)$

88. $\displaystyle\int \frac{dx}{ax^2+bx+c} = \frac{2}{\sqrt{b^2-4ac}}\ln\left|\frac{2ax+b-\sqrt{b^2-4ac}}{2ax+b+\sqrt{b^2-4ac}}\right| + C \quad (b^2>4ac)$

89. $\displaystyle\int \frac{dx}{ax^2+bx+c} = -\frac{2}{2ax+b} + C \quad (b^2=4ac)$

90. $\displaystyle\int \frac{x\,dx}{ax^2+bx+c} = \frac{1}{2a}\ln\left|ax^2+bx+c\right| - \frac{b}{2a}\int\frac{dx}{ax^2+bx+c}$

91. $\displaystyle\int \frac{x^2\,dx}{ax^2+bx+c} = \frac{x}{a} - \frac{b}{2a^2}\ln\left|ax^2+bx+c\right| + \frac{b^2-2ac}{2a^2}\int\frac{dx}{ax^2+bx+c}$

92. $\displaystyle\int \frac{dx}{\sqrt{ax^2+bx+c}} = \frac{1}{\sqrt{a}}\ln\left|2ax+b+2\sqrt{a(ax^2+bx+c)}\right| + C \quad (a>0)$

93. $\displaystyle\int \frac{dx}{\sqrt{ax^2+bx+c}} = -\frac{1}{\sqrt{-a}}\sin^{-1}\left(\frac{2ax+b}{\sqrt{b^2-4ac}}\right) + C \quad (a<0)$

94. $\displaystyle\int \sqrt{ax^2+bx+c}\,dx = \frac{2ax+b}{4a}\sqrt{ax^2+bx+c} + \frac{4ac-b^2}{8a}\int\frac{dx}{\sqrt{ax^2+bx+c}}$

95. $\displaystyle\int \frac{x\,dx}{\sqrt{ax^2+bx+c}} = \frac{\sqrt{ax^2+bx+c}}{a} - \frac{b}{2a}\int\frac{dx}{\sqrt{ax^2+bx+c}}$

96. $\displaystyle\int \sin ax\,dx = -\frac{1}{a}\cos ax + C$

97. $\displaystyle\int \cos ax\,dx = \frac{1}{a}\sin ax + C$

98. $\displaystyle\int \sin^2 ax\,dx = \frac{x}{2} - \frac{\sin 2ax}{4a} + C$

99. $\displaystyle\int \cos^2 ax\,dx = \frac{x}{2} + \frac{\sin 2ax}{4a} + C$

100. $\int \sin^n ax\, dx = -\dfrac{\sin^{n-1} ax \cos ax}{na} + \dfrac{n-1}{n}\int \sin^{n-2} ax\, dx$

101. $\int \cos^n ax\, dx = \dfrac{\cos^{n-1} ax \sin ax}{na} + \dfrac{n-1}{n}\int \cos^{n-2} ax\, dx$

102. (a) $\int \sin ax \cos bx\, dx = -\dfrac{\cos(a+b)x}{2(a+b)} - \dfrac{\cos(a-b)x}{2(a-b)} + C,\ a^2 \neq b^2$

(b) $\int \sin ax \sin bx\, dx = \dfrac{\sin(a-b)x}{2(a-b)} - \dfrac{\sin(a+b)x}{2(a+b)} + C,\ a^2 \neq b^2$

(c) $\int \cos ax \cos bx\, dx = \dfrac{\sin(a-b)x}{2(a-b)} + \dfrac{\sin(a+b)x}{2(a+b)} + C,\ a^2 \neq b^2$

103. $\int \sin ax \cos ax\, dx = -\dfrac{\cos 2ax}{4a} + C$

104. $\int \sin^n ax \cos ax\, dx = \dfrac{\sin^{n+1} ax}{(n+1)a} + C,\ n \neq -1$

105. $\int \cos^n ax \sin ax\, dx = -\dfrac{\cos^{n+1} ax}{(n+1)a} + C,\ n \neq -1$

106. $\int \dfrac{\cos ax}{\sin ax} dx = \dfrac{1}{a} \ln|\sin ax| + C$

107. $\int \dfrac{\sin ax}{\cos ax} dx = -\dfrac{1}{a} \ln|\cos ax| + C$

108. $\int \sin^n ax \cos^m ax\, dx = -\dfrac{\sin^{n-1} ax \cos^{m+1} ax}{a(m+n)} + \dfrac{n-1}{m+n}\int \sin^{n-2} ax \cos^m ax\, dx,\ n \neq -m$

109. $\int \sin^n ax \cos^m ax\, dx = \dfrac{\sin^{n+1} ax \cos^{m-1} ax}{a(m+n)} + \dfrac{m-1}{m+n}\int \sin^n ax \cos^{m-2} ax\, dx,\ m \neq -n$

110. $\int \dfrac{dx}{b + c \sin ax} = \dfrac{-2}{a\sqrt{b^2 - c^2}} \tan^{-1}\left[\sqrt{\dfrac{b-c}{b+c}} \tan\left(\dfrac{\pi}{4} - \dfrac{ax}{2}\right)\right] + C,\ b^2 > c^2$

111. $\int \dfrac{dx}{b + c \sin ax} = \dfrac{-1}{a\sqrt{c^2 - b^2}} \ln\left|\dfrac{c + b \sin ax + \sqrt{c^2 - b^2} \cos ax}{b + c \sin ax}\right| + C,\ b^2 < c^2$

112. $\int \dfrac{dx}{1 + \sin ax} = -\dfrac{1}{a} \tan\left(\dfrac{\pi}{4} - \dfrac{ax}{2}\right) + C$

113. $\int \dfrac{dx}{1 - \sin ax} = \dfrac{1}{a} \tan\left(\dfrac{\pi}{4} + \dfrac{ax}{2}\right) + C$

114. $\int \dfrac{dx}{b + c \cos ax} = \dfrac{2}{a\sqrt{b^2 - c^2}} \tan^{-1}\left[\sqrt{\dfrac{b-c}{b+c}} \tan \dfrac{ax}{2}\right] + C,\ b^2 > c^2$

115. $\int \dfrac{dx}{b + c \cos ax} = \dfrac{1}{a\sqrt{c^2 - b^2}} \ln\left|\dfrac{c + b \cos ax + \sqrt{c^2 - b^2} \sin ax}{b + c \cos ax}\right| + C,\ b^2 < c^2$

116. $\int \dfrac{dx}{1 + \cos ax} = \dfrac{1}{a} \tan \dfrac{ax}{2} + C$

117. $\int \dfrac{dx}{1 - \cos ax} = -\dfrac{1}{a} \cot \dfrac{ax}{2} + C$

118. $\int x \sin ax\, dx = \dfrac{1}{a^2} \sin ax - \dfrac{x}{a} \cos ax + C$

119. $\int x \cos ax\, dx = \dfrac{1}{a^2} \cos ax + \dfrac{x}{a} \sin ax + C$

120. $\int x^n \sin ax\, dx = -\frac{x^n}{a}\cos ax + \frac{n}{a}\int x^{n-1}\cos ax\, dx$

121. $\int x^n \cos ax\, dx = \frac{x^n}{a}\sin ax - \frac{n}{a}\int x^{n-1}\sin ax\, dx$

122. $\int \tan ax\, dx = \frac{1}{a}\ln|\sec ax| + C$

123. $\int \cot ax\, dx = \frac{1}{a}\ln|\sin ax| + C$

124. $\int \tan^2 ax\, dx = \frac{1}{a}\tan ax - x + C$

125. $\int \cot^2 ax\, dx = -\frac{1}{a}\cot ax - x + C$

126. $\int \tan^n ax\, dx = \frac{\tan^{n-1} ax}{a(n-1)} - \int \tan^{n-2} ax\, dx,\ n \neq 1$

127. $\int \cot^n ax\, dx = -\frac{\cot^{n-1} ax}{a(n-1)} - \int \cot^{n-2} ax\, dx,\ n \neq 1$

128. $\int \sec ax\, dx = \frac{1}{a}\ln|\sec ax + \tan ax| + C$

129. $\int \csc ax\, dx = -\frac{1}{a}\ln|\csc ax + \cot ax| + C$

130. $\int \sec^2 ax\, dx = \frac{1}{a}\tan ax + C$

131. $\int \csc^2 ax\, dx = -\frac{1}{a}\cot ax + C$

132. $\int \sec^n ax\, dx = \frac{\sec^{n-2} ax \tan ax}{a(n-1)} + \frac{n-2}{n-1}\int \sec^{n-2} ax\, dx,\ n \neq 1$

133. $\int \csc^n ax\, dx = -\frac{\csc^{n-2} ax \cot ax}{a(n-1)} + \frac{n-2}{n-1}\int \csc^{n-2} ax\, dx,\ n \neq 1$

134. $\int \sec^n ax \tan ax\, dx = \frac{\sec^n ax}{na} + C,\ n \neq 0$

135. $\int \csc^n ax \cot ax\, dx = -\frac{\csc^n ax}{na} + C,\ n \neq 0$

136. $\int \sin^{-1} ax\, dx = x\sin^{-1} ax + \frac{1}{a}\sqrt{1-a^2x^2} + C$

137. $\int \cos^{-1} ax\, dx = x\cos^{-1} ax - \frac{1}{a}\sqrt{1-a^2x^2} + C$

138. $\int \tan^{-1} ax\, dx = x\tan^{-1} ax - \frac{1}{2a}\ln(1+a^2x^2) + C$

139. $\int \cot^{-1} ax\, dx = x\cot^{-1} ax + \frac{1}{2a}\ln|1+a^2x^2| + C$

140. $\int \sec^{-1} ax\, dx = x\sec^{-1} ax - \frac{1}{a}\tanh^{-1}\sqrt{1-\frac{1}{a^2x^2}} + C$

141. $\int \csc^{-1} ax\, dx = x\csc^{-1} ax + \frac{1}{a}\tanh^{-1}\sqrt{1-\frac{1}{a^2x^2}} + C$

142. $\int x^n \sin^{-1} ax\, dx = \frac{x^{n+1}}{n+1}\sin^{-1} ax - \frac{a}{n+1}\int \frac{x^{n+1}\, dx}{\sqrt{1-a^2x^2}},\ n \neq -1$

143. $\int x^n \cos^{-1} ax\, dx = \frac{x^{n+1}}{n+1}\cos^{-1} ax + \frac{a}{n+1}\int \frac{x^{n+1}\, dx}{\sqrt{1-a^2x^2}},\ n \neq -1$

144. $\int x^n \tan^{-1} ax\,dx = \dfrac{x^{n+1}}{n+1}\tan^{-1} ax - \dfrac{a}{n+1}\int \dfrac{x^{n+1}\,dx}{1+a^2x^2},\ n \neq -1$

145. $\int e^{ax}\,dx = \dfrac{1}{a}e^{ax} + C$

146. $\int b^{ax}\,dx = \dfrac{1}{a}\dfrac{b^{ax}}{\ln b} + C,\ b>0,\ b\neq 1$

147. $\int xe^{ax}\,dx = \dfrac{e^{ax}}{a^2}(ax-1) + C$

148. $\int x^n e^{ax}\,dx = \dfrac{1}{a}x^n e^{ax} - \dfrac{n}{a}\int x^{n-1}e^{ax}\,dx$

149. $\int x^n b^{ax}dx = \dfrac{x^n b^{ax}}{a\ln b} - \dfrac{n}{a\ln b}\int x^{n-1}b^{ax}\,dx,\ b>0,\ b\neq 1$

150. $\int e^{ax}\sin bx\,dx = \dfrac{e^{ax}}{a^2+b^2}(a\sin bx - b\cos bx) + C$

151. $\int e^{ax}\cos bx\,dx = \dfrac{e^{ax}}{a^2+b^2}(a\cos bx + b\sin bx) + C$

152. $\int \ln ax\,dx = x\ln ax - x + C$

153. $\int x^n(\ln ax)^m\,dx = \dfrac{x^{n+1}(\ln ax)^m}{n+1} - \dfrac{m}{n+1}\int x^n(\ln ax)^{m-1}\,dx,\ n\neq -1$

154. $\int x^{-1}(\ln ax)^m\,dx = \dfrac{(\ln ax)^{m+1}}{m+1} + C,\ m\neq -1$

155. $\int \dfrac{dx}{x\ln ax} = \ln|\ln ax| + C$

156. $\int \sinh ax\,dx = \dfrac{1}{a}\cosh ax + C$

157. $\int \cosh ax\,dx = \dfrac{1}{a}\sinh ax + C$

158. $\int \sinh^2 ax\,dx = \dfrac{\sinh 2ax}{4a} - \dfrac{x}{2} + C$

159. $\int \cosh^2 ax\,dx = \dfrac{\sinh 2ax}{4a} + \dfrac{x}{2} + C$

160. $\int \sinh^n ax\,dx = \dfrac{\sinh^{n-1} ax\cosh ax}{na} - \dfrac{n-1}{n}\int \sinh^{n-2} ax\,dx,\ n\neq 0$

161. $\int \cosh^n ax\,dx = \dfrac{\cosh^{n-1} ax\sinh ax}{na} + \dfrac{n-1}{n}\int \cosh^{n-2} ax\,dx,\ n\neq 0$

162. $\int x\sinh ax\,dx = \dfrac{x}{a}\cosh ax - \dfrac{1}{a^2}\sinh ax + C$

163. $\int x\cosh ax\,dx = \dfrac{x}{a}\sinh ax - \dfrac{1}{a^2}\cosh ax + C$

164. $\int x^n\sinh ax\,dx = \dfrac{x^n}{a}\cosh ax - \dfrac{n}{a}\int x^{n-1}\cosh ax\,dx$

165. $\int x^n\cosh ax\,dx = \dfrac{x^n}{a}\sinh ax - \dfrac{n}{a}\int x^{n-1}\sinh ax\,dx$

166. $\int \tanh ax\,dx = \dfrac{1}{a}\ln(\cosh ax) + C$

167. $\int \coth ax\,dx = \dfrac{1}{a}\ln|\sinh ax| + C$

168. $\int \tanh^2 ax\,dx = x - \dfrac{1}{a}\tanh ax + C$

169. $\int \coth^2 ax\,dx = x - \dfrac{1}{a}\coth ax + C$

170. $\int \tanh^n ax\, dx = -\dfrac{\tanh^{n-1} ax}{(n-1)a} + \int \tanh^{n-2} ax\, dx,\ n \neq 1$

171. $\int \coth^n ax\, dx = -\dfrac{\coth^{n-1} ax}{(n-1)a} + \int \coth^{n-2} ax\, dx,\ n \neq 1$

172. $\int \operatorname{sech} ax\, dx = \dfrac{1}{a}\sin^{-1}(\tanh ax) + C$

173. $\int \operatorname{csch} ax\, dx = \dfrac{1}{a}\ln\left|\tanh\dfrac{ax}{2}\right| + C$

174. $\int \operatorname{sech}^2 ax\, dx = \dfrac{1}{a}\tanh ax + C$

175. $\int \operatorname{csch}^2 ax\, dx = -\dfrac{1}{a}\coth ax + C$

176. $\int \operatorname{sech}^n ax\, dx = \dfrac{\operatorname{sech}^{n-2} ax \tanh ax}{(n-1)a} + \dfrac{n-2}{n-1}\int \operatorname{sech}^{n-2} ax\, dx,\ n \neq 1$

177. $\int \operatorname{csch}^n ax\, dx = -\dfrac{\operatorname{csch}^{n-2} ax \coth ax}{(n-1)a} - \dfrac{n-2}{n-1}\int \operatorname{csch}^{n-2} ax\, dx,\ n \neq 1$

178. $\int \operatorname{sech}^n ax \tanh ax\, dx = -\dfrac{\operatorname{sech}^n ax}{na} + C,\ n \neq 0$

179. $\int \operatorname{csch}^n ax \coth ax\, dx = -\dfrac{\operatorname{csch}^n ax}{na} + C,\ n \neq 0$

180. $\int e^{ax}\sinh bx\, dx = \dfrac{e^{ax}}{2}\left[\dfrac{e^{bx}}{a+b} - \dfrac{e^{-bx}}{a-b}\right] + C,\ a^2 \neq b^2$

181. $\int e^{ax}\cosh bx\, dx = \dfrac{e^{ax}}{2}\left[\dfrac{e^{bx}}{a+b} + \dfrac{e^{-bx}}{a-b}\right] + C,\ a^2 \neq b^2$

182. $\int_0^\infty x^{n-1}e^{-x}\, dx = \Gamma(n) = (n-1)!,\ n > 0$

183. $\int_0^\infty e^{-ax^2}\, dx = \dfrac{1}{2}\sqrt{\dfrac{\pi}{a}},\ a > 0$

184. $\int_0^{\pi/2} \sin^n x\, dx = \int_0^{\pi/2} \cos^n x\, dx = \begin{cases} \dfrac{1\cdot 3\cdot 5\cdot \cdots \cdot (n-1)}{2\cdot 4\cdot 6\cdot \cdots \cdot n}\cdot\dfrac{\pi}{2}, & (n \geq 2,\ \text{짝수}) \\ \dfrac{2\cdot 4\cdot 6\cdot \cdots \cdot (n-1)}{3\cdot 5\cdot 7\cdot \cdots \cdot n}, & (n \geq 3,\ \text{홀수}) \end{cases}$

홀수번 문제 해답

12장 Fourier 급수

연습문제 12.1

1. 두 번째, 세 번째, 네 번째 항까지의 부분합의 그래프.

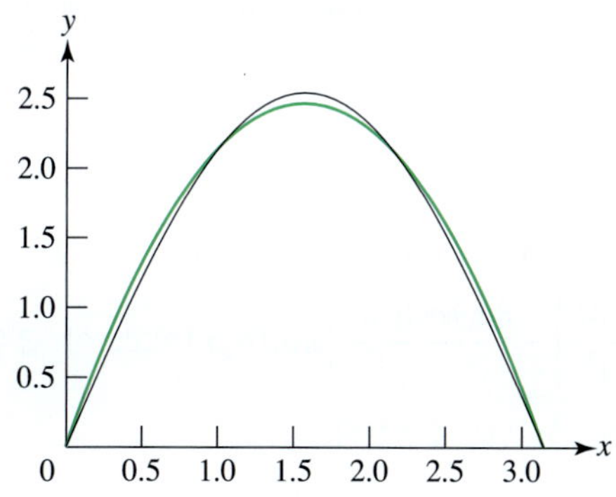

$n = 2$

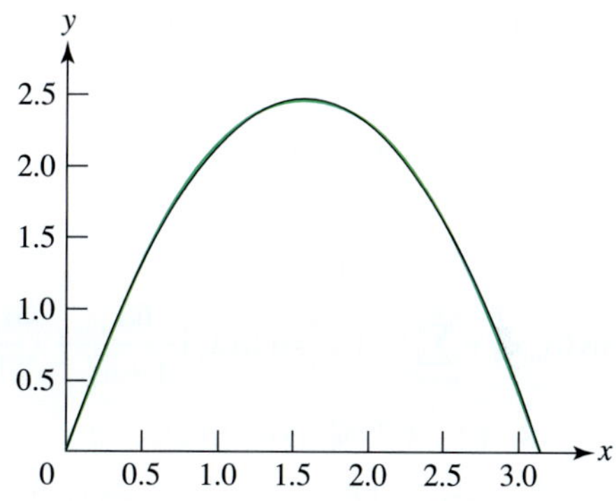

$n = 3$

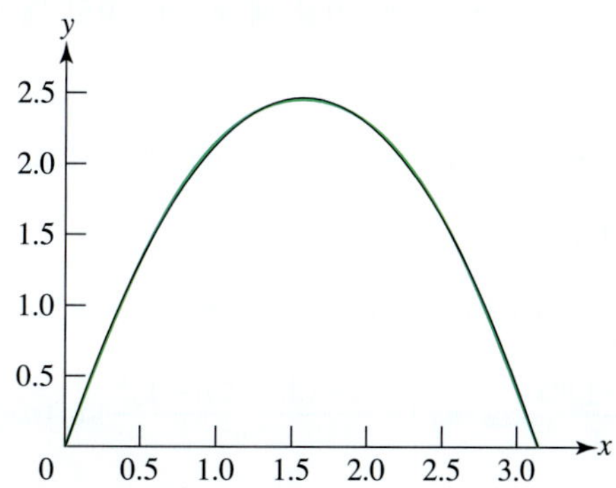

$n = 4$

연습문제 12.2

1. 4 **3.** $\frac{1}{\pi}\sinh(\pi)+\frac{2}{\pi}\sinh(\pi)\sum_{n=1}^{\infty}\frac{(-1)^n}{n^2+1}\cos(n\pi x)$ **5.** $\frac{16}{\pi}\sum_{n=1}^{\infty}\frac{1}{2n-1}\sin((2n-1)x)$

7. $\frac{13}{3}+\sum_{n=1}^{\infty}(-1)^n\left[\frac{16}{n^2\pi^2}\cos\left(\frac{n\pi x}{2}\right)+\frac{4}{n\pi}\sin\left(\frac{n\pi x}{2}\right)\right]$ **9.** $\frac{3}{2}+\frac{2}{\pi}\sum_{n=1}^{\infty}\frac{1}{2n-1}\sin((2n-1)x)$

11. $\frac{1}{3}\sin 3+6\sin 3\sum_{n=1}^{\infty}\frac{(-1)^n}{n^2\pi^2-9}\cos\left(\frac{n\pi x}{3}\right)$ **13.** f와 g의 Fourier 계수는 동일하다.

15. 힌트: f가 짝함수이므로 $f(-x)=f(x)$이다.

연습문제 12.3

1. Fourier 급수는 $\frac{11}{18}+\sum_{n=1}^{\infty}\left\{\frac{1}{n\pi}\left[4\sin\left(\frac{2n\pi}{3}\right)-\sin\left(\frac{n\pi}{3}\right)\right]+\frac{6}{n^2\pi^2}\left[\cos\left(\frac{2n\pi}{3}\right)-\cos\left(\frac{n\pi}{3}\right)+2(-1)^n\right]+\right.$
$\left.\frac{18}{n^3\pi^3}\sin\left(\frac{n\pi}{3}\right)\right\}\cos\left(\frac{n\pi x}{3}\right)+\sum_{n=1}^{\infty}\left\{\frac{1}{n\pi}\left[4\cos\left(\frac{2n\pi}{3}\right)+\cos\left(\frac{n\pi}{3}\right)-15(-1)^n\right]\right.$
$\left.-\frac{6}{n^2\pi^2}\left[\sin\left(\frac{2n\pi}{3}\right)+\sin\left(\frac{n\pi}{3}\right)\right]-\frac{18}{n^3\pi^3}\left[\cos\left(\frac{n\pi}{3}\right)-(-1)^n\right]\right\}\sin\left(\frac{n\pi x}{3}\right)$이고, 이 급수는 $x=3$ 또는 -3일 때 $\frac{3}{2}$, $-3<x<-2$일 때 $2x$, $x=-2$일 때 -2, $-2<x<1$일 때 0, $x=1$일 때 $\frac{1}{2}$, $1<x<3$일 때 x^2으로 수렴한다.

3. $\alpha_n=n\pi/3$라 두자. Fourier 급수는
$\frac{11}{3}\sinh(3)-2\cosh(3)+\sum_{n=1}^{\infty}(-1)^n\left\{\sinh(3)\left[\frac{1}{1+\alpha_n^2}+\frac{4(1-3\alpha_n^2)}{3(1+\alpha_n^2)^3}\right]+\frac{4(\alpha_n^2-1)\cosh(3)}{(1+\alpha_n^2)^2}\right\}$
$\cos(\alpha_n x)+\sum_{n=1}^{\infty}(-1)^n\left\{\sinh(3)\left[\frac{6\alpha_n}{1+\alpha_n^2}+\frac{4\alpha_n(\alpha_n^2-3)}{3(1+\alpha_n^2)^2}\right]-\frac{8\alpha_n\cosh(3)}{(1+\alpha_n^2)^2}\right\}\sin(\alpha_n x)$이고, 이 급수는 $x=-3$ 또는 3일 때 $18\cosh(3)$, $-3<x<3$일 때 x^2e^{-x}로 수렴한다.

5. $\frac{6+\pi^2}{6}+2\sum_{n=1}^{\infty}\frac{(-1)^n}{n^2}\cos(nx)+\frac{1}{\pi}\sum_{n=1}^{\infty}\left[\left(\frac{2}{n^3}+\frac{2}{n}\right)(1-(-1)^n)+\frac{\pi^2}{n}(-1)^n\right]\sin(nx)$; 이 급수는 $x=\pi$ 또는 $-\pi$일 때 $\frac{1}{2}(\pi^2+2)$, $-\pi<x<0$일 때 x^2, $x=0$일 때 1, $0<x<\pi$일 때 2로 수렴한다.

7. $\frac{4}{\pi}\sum_{n=1}^{\infty}\frac{1}{2n-1}\sin\left(\frac{(2n-1)\pi x}{4}\right)$; 이 급수는 $-4<x<0$일 때 -1로, $x=-4, 0, 4$일 때 0, $0<x<4$일 때 1로 수렴한다.

9. $\frac{1-e^{-\pi}}{\pi}+\frac{2}{\pi}\sum_{n=1}^{\infty}\frac{1-(-1)^ne^{-\pi}}{n^2+1}\cos(nx)$; 이 급수는 $-\pi\le x\le\pi$일 때 $e^{-|x|}$로 수렴한다.

11. $\frac{10+3\pi}{4}-\frac{1}{\pi}\sum_{n=1}^{\infty}\left[\frac{3(1-(-1)^n)}{n^2+1}\cos(nx)-\frac{5+(3\pi-5)(-1)^n}{n}\sin(nx)\right]$; 이 급수는 $x=-\pi$ 또는 π일 때 $\frac{1}{2}(3\pi+5)$, $-\pi<x<0$일 때 $-3x$, $0<x<\pi$일 때 5로 수렴한다.

13. $\frac{5}{2}-\frac{20}{\pi^2}\sum_{n=1}^{\infty}\frac{1}{(2n-1)^2}\cos\left((2n-1)\frac{\pi x}{5}\right)$; 이 급수는 $-5\le x\le 5$일 때 $|x|$로 수렴한다.

15. $-\frac{5}{9}+\sum_{n=1}^{\infty}\left[\left(\frac{18}{n^3\pi^3}-\frac{3}{n\pi}\right)\sin\left(\frac{n\pi}{3}\right)-\frac{9}{n^2\pi^2}\cos\left(\frac{n\pi}{3}\right)-\frac{15(-1)^n}{n^2\pi^2}\right]\cos\left(\frac{n\pi x}{3}\right)+$
$\sum_{n=1}^{\infty}\left[\left(\frac{3}{n\pi}-\frac{18}{n^3\pi^3}\right)\cos\left(\frac{n\pi}{3}\right)-\frac{9}{n^2\pi^2}\sin\left(\frac{n\pi}{3}\right)+(-1)^n\left(\frac{18}{n^3\pi^3}-\frac{13}{n\pi}\right)\right]\sin\left(\frac{n\pi x}{3}\right)$; 이 급수는 $x=-3$ 또는 3일 때 $-\frac{5}{2}$, $-3<x<1$일 때 $-x^2$, $x=1$일 때 0, $1<x<3$일 때 $1+x$로 수렴한다.

17. $-\pi^2/12$

연습문제 12.4

1. 코사인 급수는 4이고, $0 \le x \le 3$에서 4로 수렴한다.
사인급수는 $\frac{16}{\pi}\sum_{n=1}^{\infty}\frac{1}{2n-1}\sin\left(\frac{(2n-1)\pi x}{3}\right)$이고 $x=0$ 또는 3일 때 0, $0<x<3$일 때 4로 수렴한다.

3. 코사인 급수는 $\frac{1}{2}\cos x-\frac{2}{\pi}\sum_{n=1}^{\infty}\frac{(-1)^n(2n-1)}{(2n-3)(2n+1)}\cos\left(\frac{(2n-1)x}{2}\right)$이고 $0 \le x \le \pi$ 또는 $x=2\pi$일 때 0, $x=\pi$일 때 $-\frac{1}{2}$, $\pi<x<2\pi$일 때 $\cos x$로 수렴한다.
사인급수는 $\frac{2}{\pi}\sum_{n=1}^{\infty}\frac{(-1)^n(2n-1)}{(2n-3)(2n+1)}\sin\left(\frac{(2n-1)x}{2}\right)-\frac{2}{\pi}\sum_{n=2}^{\infty}\frac{n}{n-1}\sin(nx)$이고, $0 \le x < \pi$ 또는 $x=2\pi$일 때 0, $x=\pi$일 때 $-\frac{1}{2}$, $\pi<x<2\pi$일 때 $\cos x$로 수렴한다.

5. 코사인 급수는 $\frac{4}{3}+\frac{16}{\pi^2}\sum_{n=1}^{\infty}\frac{(-1)^n}{n^2}\cos\left(\frac{n\pi x}{2}\right)$이고 $0 \le x \le 2$일 때 x^2으로 수렴한다.
사인 급수는 $-\frac{8}{\pi}\sum_{n=1}^{\infty}\left[\frac{(-1)^n}{n}+\frac{2(1-(-1)^n)}{n^3\pi^2}\right]\sin\left(\frac{n\pi x}{2}\right)$이고 $0 \le x < 2$일 때 x^2으로 $x=2$일 때 0으로 수렴한다.

7. 코사인 급수는 $\frac{1}{2}+\sum_{n=1}^{\infty}\left[\frac{4}{n\pi}\sin\left(\frac{2n\pi}{3}\right)+\frac{12}{n^2\pi^2}\cos\left(\frac{2n\pi}{3}\right)-\frac{6}{n^2\pi^2}(1=(-1)^n)\right]\cos\left(\frac{n\pi x}{3}\right)$이고, $0 \le x \le 2$일 때 x, $x=2$일 때 1, $2<x \le 3$일 때 $-x$로 수렴한다.
사인 급수는 $\sum_{n=1}^{\infty}\left[\frac{12}{n^2\pi^2}\sin\left(\frac{2n\pi}{3}\right)-\frac{4}{n\pi}\cos\left(\frac{2n\pi}{3}\right)+\frac{2}{n\pi}(-1)^n\right]\sin\left(\frac{n\pi x}{3}\right)$이고, $0 \le x < 2$일 때 x, $x=2$일 때 1, $2<x<3$일 때 $-x$, $x=3$일 때 0으로 수렴한다.

9. 코사인 급수는 $\frac{5}{6}+\frac{16}{\pi^2}\sum_{n=1}^{\infty}\left[\frac{1}{n^2}\cos\left(\frac{n\pi}{4}\right)-\frac{4}{n^3\pi}\sin\left(\frac{n\pi}{4}\right)\right]\cos\left(\frac{n\pi x}{4}\right)$이고 $0 \le x \le 1$일 때 x^2, $1<x \le 4$일 때 1로 수렴한다.
사인 급수는 $\sum_{n=1}^{\infty}\left[\frac{16}{n^2\pi^2}\sin\left(\frac{n\pi}{4}\right)+\frac{64}{n^3\pi^3}\left(\cos\left(\frac{n\pi}{4}\right)-1\right)-\frac{2(-1)^n}{n\pi}\right]\sin\left(\frac{n\pi x}{4}\right)$이고 $0 \le x \le 1$일 때 x^2, $1<x \le 4$일 때 1, $x=4$일 때 0으로 수렴한다.

11. 코사인 급수는 $\frac{5}{7}+\frac{2}{\pi}\sum_{n=1}^{\infty}\frac{1}{n}\left\{11\sin\left(\frac{2n\pi}{7}\right)-4\sin\left(\frac{4n\pi}{7}\right)-\frac{28}{n\pi}\left[1-\cos\left(\frac{2n\pi}{7}\right)\right]\right\}\cos\left(\frac{n\pi x}{7}\right)$이고, $0 \le x \le 2$일 때 $4x$, $2<x<4$일 때 -3, $x=4$일 때 -1, $4<x \le 7$일 때 1로 수렴한다.
사인 급수는 $\frac{2}{\pi}\sum_{n=1}^{\infty}\frac{1}{n}\left[-11\cos\left(\frac{2n\pi}{7}\right)+4\cos\left(\frac{4n\pi}{7}\right)+\frac{28}{n\pi}\sin\left(\frac{2n\pi}{7}\right)-(-1)^n\right]\sin\left(\frac{n\pi x}{7}\right)$이고,

$0 \le x < 2$일 때 $4x$, $x=2$일 때 $\frac{5}{2}$, $2 < x < 4$일 때 -3, $4 < x < 7$일 때 1, $x=7$일 때 0으로 수렴한다.

13. $g(x) = \frac{1}{2}(f(x)+f(-x))$, $h(x) = \frac{1}{2}(f(x)-f(-x))$라 두자. 그러면 g는 짝함수이고, h는 홀함수이며 $f(x) = g(x) + h(x)$이다.

15. $\frac{1}{2} - \frac{\pi}{4}$

연습문제 12.5

3. (a) 구간 $[-\pi, \pi]$에서 f의 Fourier 급수는 $\frac{1}{4}\pi + \sum_{n=1}^{\infty}\left[\frac{(-1)^n - 1}{\pi n^2}\cos(nx) + \frac{(-1)^{n+1}}{n}\sin(nx)\right]$이고, 이 급수는 $-\pi < x < 0$일 때 0, $0 < x < \pi$일 때 x, $x=0$일 때 $\frac{1}{2}(f(0+)+f(0-)) = 0$으로 수렴한다.

(b) f는 구간 $[-\pi, \pi]$에서 연속이므로, 정리 12.5에 의해 항별로 적분이 가능하다.

(c) 먼저, $\int_{-\pi}^{x} f(t)dt = \begin{cases} 0 & (-\pi \le x \le 0), \\ \frac{1}{2}x^2 & (0 < x \le \pi) \end{cases}$

이고, 이것의 Fourier 급수는 f의 Fourier 급수를 항별로 $-\pi$에서 x까지 적분하여 계산하면

$\frac{1}{4}x\pi + \frac{1}{4}\pi^2 + \sum_{n=1}^{\infty}\left[\frac{(-1)^n - 1}{\pi n^2}\frac{1}{n}\sin(nx) + \frac{(-1)^{n+1}}{n}\frac{1}{n}(-\cos(nx) + (-1)^n)\right]$이다.

5. (a) $-\pi \le x \le \pi$일 때, $x\sin x = \pi - \frac{1}{2}\pi\cos x + 2\pi\sum_{n=2}^{\infty}\frac{(-1)^{n+1}}{n^2-1}\cos(nx)$.

(b) 구간 $[-\pi, \pi]$에서 f, f', f''는 연속이고 $f(-\pi) = f(\pi)$이다. Fourier 급수의 항별 미분은

$\frac{1}{2}\pi\sin x + 2\pi\sum_{n=2}^{\infty}\frac{(-1)^n}{n^2-1}n\sin(nx)$이다.

(c) 구간 $[-\pi, \pi]$에서 $x\cos(x) + \sin(x)$의 Fourier 급수는

$\frac{1}{2}\pi\sin x + 2\pi\sum_{n=2}^{\infty}(-1)^n\frac{1}{n^2-1}n\sin(nx)$로 (b)의 f의 Fourier 급수의 항별 미분과 같다.

연습문제 12.6

3. 힌트: $f'(x+p)$를 정의대로 쓰고, f의 주기성을 이용하여라.

5. $1 - \frac{2}{\pi}\sum_{n=1}^{\infty}\frac{1}{n}\cos\left(n\pi x - \frac{\pi}{2}\right)$

7. $16 + \frac{48}{\pi^2}\sum_{n=1}^{\infty}\frac{1}{n^2}\sqrt{1+n^2\pi^2}\cos\left(\frac{n\pi x}{2} + \tan^{-1}(n\pi)\right)$

9. $\frac{8}{\pi}\sum_{n=1}^{\infty}\frac{n}{4n^2-1}\cos\left(2n\pi x - \frac{\pi}{2}\right)$

11. $\frac{2}{\pi}\sum_{n=1}^{\infty}\frac{1}{n}\cos\left(n\pi x + \frac{\pi}{2}(-1)^n\right)$

13. $\frac{3}{2} + \frac{2}{\pi}\sum_{n=1}^{\infty}\frac{1}{2n-1}\cos\left(\frac{(2n-1)\pi x}{2} + \frac{\pi}{2}(1-(-1)^n)\right)$

15. $E\sin(\omega x)$의 기본주기는 $2\pi/\omega$이고, $\mathrm{S}(E\sin(\omega x)) = \sqrt{\frac{1}{(2\pi/\omega)}\int_0^{2\pi/\omega}E^2\sin^2(\omega x)dx} = \frac{E}{\sqrt{2}}$.

17. $i(t) = \sum_{n=1}^{\infty}\frac{120(-1)^{n+1}(10-n^2)\pi}{n^2[100n^2+(10-n^2)^2]}\cos(nt) + \frac{1200(-1)^{n+1}\pi}{n[100n^2+(10-n^2)^2]}\sin(nt)$

19. 전력 $= i^2R \approx 50(120\pi)^2\left(\frac{1}{181}+\frac{1}{6976}\right) \approx 40{,}279$ W

연습문제 12.7

1. $3+\frac{3i}{\pi}\sum_{n=-\infty, n\neq 0}^{\infty}\frac{1}{n}e^{2n\pi ix/3}$ **3.** $\frac{4}{3}-\frac{1}{2\pi}\sum_{n=-\infty, n\neq 0}\frac{1}{n}\left[\sin\left(\frac{n\pi}{2}\right)+i\left(\cos\left(\frac{n\pi}{2}\right)-1\right)\right]e^{n\pi ix/2}$

5. $\frac{1}{2}+\frac{3i}{\pi}\sum_{n=-\infty, n\neq 0}^{\infty}\frac{1}{2n-1}e^{(2n-1)\pi ix/2}$ **7.** $\frac{1}{2}-\frac{2}{\pi^2}\sum_{n=-\infty, n\neq 0}\frac{1}{(2n-1)^2}e^{(2n-1)\pi ix}$

9. $\frac{2}{3}+\frac{1}{4\pi^2}\sum_{n=-\infty, n\neq 0}\frac{1}{n^2}\left\{\left[4n\pi\sin\left(\frac{4n\pi}{3}\right)-3+3\cos\left(\frac{4n\pi}{3}\right)\right]+i\left[4n\pi\cos\left(\frac{4n\pi}{3}\right)-3\sin\left(\frac{4n\pi}{3}\right)\right]\right\}e^{2n\pi ix/3}$

11. 주파수 스펙트럼은 점 $(0, 4)$와 $(2n, 2/|n|)$, $n=\pm 1, \pm 2, \pm 3, \cdots$로 이루어진다.

13. $f(x)=\frac{5}{3}+\frac{5}{\pi}\sum_{n=-\infty, n\neq 0}\frac{1}{n}\sin\left(\frac{n\pi}{3}\right)e^{n\pi ix/6}$, $g(x)=\frac{5}{3}+\frac{5i}{\pi}\sum_{n=-\infty, n\neq 0}\frac{1}{n}\left\{\left[\cos\left(\frac{2n\pi}{3}\right)-1\right]\right.$ $\left.-i\sin\left(\frac{2n\pi}{3}\right)\right\}e^{n\pi ix/6}$. f와 g의 주파수 스펙트럼은 동일하지만 위상스펙트럼은 다르다.

13장 Fourier 적분 및 변환

연습문제 13.1

1. Fourier 적분은 $\int_0^{\infty}\left[\frac{2\sin(\pi\omega)}{\pi\omega^2}-\frac{2\cos(\pi\omega)}{\omega}\right]\sin(\omega x)d\omega$이고 $x=-\pi$일 때 $-\frac{\pi}{2}$, $-\pi<x<\pi$일 때 x, $x=\pi$일 때 $\frac{\pi}{2}$, $|x|>\pi$일 때 0으로 수렴한다.

3. Fourier 적분은 $\int_0^{\infty}\left(\frac{2}{\pi\omega}(1-\cos(\pi\omega))\right)\sin(\omega x)d\omega$이고 $x=-\pi$일 때 $-\frac{1}{2}$, $-\pi<x<0$일 때 -1, $x=0$일 때 0, $0<x<\pi$일 때 1, $x=\pi$일 때 $\frac{1}{2}$, $|x|>\pi$일 때 0으로 수렴한다.

5. Fourier 적분은 $\int_0^{\infty}\frac{1}{\pi\omega^3}[400\omega\cos(100\omega)+(20{,}000\omega^2-4)\sin(100\omega)]\cos(\omega x)d\omega$이고 $-100<x<100$일 때 x^2, $x=\pm 100$일 때 5000, $|x|>100$일 때 0으로 수렴한다.

7. Fourier 적분은 $\int_0^{\infty}\frac{2}{\pi(\omega^2-1)}[-\sin(\pi\omega)\sin(2\pi\omega)\cos(\omega x)-\cos(\pi\omega)\sin(2\pi\omega)\sin(\omega x)]d\omega$이고 $-3\pi\leq x\leq\pi$일 때 $\sin x$, $x<-3\pi$ 또는 $x>\pi$일 때 0으로 수렴한다.

9. Fourier 적분은 $\int_0^{\infty}\frac{2}{\pi(1+\omega^2)}\cos(\omega x)d\omega$이고 모든 실수 x에 대해 $e^{-|x|}$로 수렴한다.

연습문제 13.2

1. 사인 적분은 $\int_0^{\infty}\left\{\frac{2}{\pi\omega}[1+(1-2\pi)\cos(\pi\omega)-2\cos(3\pi\omega)+\frac{4}{\pi\omega^2}\sin(\pi\omega)]\right\}\sin(\omega x)d\omega$이고

코사인 적분은 $\int_0^{\infty}\left\{\frac{2}{\pi\omega}[(2\pi-1)\sin(\pi\omega)+2\sin(3\pi\omega)]+\frac{4}{\pi\omega^2}[\cos(\pi\omega)-1]\right\}\cos(\omega x)d\omega$이며

두 적분 모두 $0<x<\pi$일 때 $1+2x$, $x=\pi$일 때 $\frac{1}{2}(3+2\pi)$, $\pi<x<3\pi$일 때 2, $x=3\pi$일 때 1, $x>3\pi$일 때 0으로 수렴한다. 단, $x=0$일 때 사인 적분은 0으로 수렴하지만, 코사인 적분은 1로 수렴한다.

3. 사인 적분은 $\int_0^\infty \frac{2}{\pi}\left(\frac{\omega^3}{4+\omega^4}\right)\sin(\omega x)d\omega$이고 코사인 적분은 $\int_0^\infty \frac{2}{\pi}\left(\frac{2+\omega^2}{4+\omega^4}\right)\cos(\omega x)d\omega$이며 두 적분 모두 $x>0$일 때 $e^{-x}\cos(x)$로 수렴한다. 단, $x=0$일 때 코사인 적분은 1로 수렴하지만, 사인 적분은 0으로 수렴한다.

5. 사인 적분은 $\int_0^\infty \frac{2k}{\pi\omega}[1-\cos(c\omega)]\sin(\omega x)d\omega$이고 코사인 적분은 $\int_0^\infty \frac{2k}{\pi\omega}\sin(c\omega)\cos(\omega x)d\omega$이며 두 적분 모두 $0<x<c$일 때 k, $x=c$일 때 $\frac{1}{2}$, $x>c$일 때 0으로 수렴한다. 단, $x=0$일 때 코사인 적분은 k로 수렴하지만, 사인 적분은 0으로 수렴한다.

7. $\int_0^\infty e^{-\omega}\cos(\omega x)d\omega=\frac{1}{1+x^2}$, $\int_0^\infty e^{-\omega}\sin(\omega x)d\omega=\frac{x}{1+x^2}$.

연습문제 13.3

1. 복소 Fourier 적분은 $\frac{i}{\pi}\int_{-\infty}^\infty\left(-2\omega\frac{(1-\omega^2)^2}{(1-\omega^2)^2+4\omega^2)^2}-8\frac{\omega^3}{((1-\omega^2)^2+4\omega^2)^2}\right)e^{j\omega x}d\omega$이고, 모든 실수에 대해 $xe^{-|x|}$로 수렴한다.

3. 복소 Fourier 적분은 $i\int_{-\infty}^\infty\left(\frac{\sin(5\omega)}{\omega^2-\pi^2}\right)e^{i\omega x}d\omega$이고, $-5<x<5$일 때 $\sin(\pi x)$, $|x|\geq 5$일 때 0으로 수렴한다.

5. $-\frac{10}{\omega}e^{-2\omega i}\sin\omega$ **7.** $\frac{4}{1+4i\omega}e^{-(1+4i\omega)k/4}$ **9.** $\pi e^{-|\omega|}$ **11.** $18\sqrt{\frac{2}{\pi}}e^{-8t^2}e^{-4it}$

13. $H(t)[2e^{-3t}-e^{-2t}]$ **17.** $\frac{26}{(2+i\omega)^2}$ **19.** $\frac{i\omega}{3+i\omega}-1$ **21.** $H(t)te^{-t}$

23. $\frac{1}{4}[1-e^{-2(t+3)}]H(t+3)-\frac{1}{4}[1-e^{-2(t-3)}]H(t-3)$ **25.** $\frac{3}{2\pi}e^{-4it}\left[\frac{1}{9+(t+2)^2}+\frac{1}{9(t-2)^2}\right]$

29. 문제 28에서 $g(t)=f(t)$로 두어라.

31. $|e^{-i\omega t}|=1$이므로 모든 실수 ω와 t에 대해

$$|\hat{f}(\omega)|=\left|\int_{-\infty}^\infty f(t)\ e^{-i\omega t}dt\right|\leq\int_{-\infty}^\infty |f(t)||e^{-i\omega t}|dt=\int_{-\infty}^\infty |f(t)|dt$$

33. $4e^{-15}$

연습문제 13.4

1. $\frac{1}{\omega^3}[50\omega^2\sin(5\omega)+20\omega\cos(5\omega)-4\sin(5\omega)]$, $t_C=0$, $t_R=\frac{25}{3}$

3. $e^{-4}\sin(4\omega)\frac{\omega}{\omega^2+1}-\frac{e^{-4}\cos(4\omega)-1}{\omega^2+1}+i\left([e^{-4}\cos(4\omega)-1]\frac{\omega}{\omega^2+1}+e^{-4}\frac{\sin(4\omega)}{\omega^2+1}\right)$, $t_C=2$, $t_R=\frac{4}{3}$

5. $-\frac{2}{\omega^2}[-8\omega^2\sin(2\omega)-4\omega\cos(2\omega)+2\sin(2\omega)]+2i\frac{1}{\omega^3}[8\omega^2\cos(2\omega)-4\omega\sin(2\omega)],\ t_C=0,\ t_R=\frac{4}{3}$

연습문제 13.5

1. $\hat{f}_C(\omega)=\frac{1}{2}\left[\frac{\sin(K(1-\omega))}{1-\omega}+\frac{\sin(K(1+\omega))}{1-\omega}\right],$

$\hat{f}_S(\omega)=\frac{\omega}{\omega^2-1}-\frac{1}{2}\left[\frac{\cos(K(1+\omega))}{1+\omega}-\frac{\cos(K(1-\omega))}{1-\omega}\right]$

3. $\hat{f}_C(\omega)=\frac{1}{2}\left[\frac{1}{1+(1+\omega)^2}+\frac{1}{1+(1-\omega)^2}\right],\ \hat{f}_S(\omega)=\frac{1}{2}\left[\frac{1+\omega}{1+(1+\omega)^2}-\frac{1-\omega}{1+(1-\omega)^2}\right]$

5. 충분조건: f''와 $f^{(3)}$이 $[0,\infty)$에서 연속; $f^{(4)}$임의의 양수 L에 대해 $[0,L]$에서 구분적 연속; $t\to\infty$일 때 $f(t)\to 0,\ f'(t)\to 0,\ f''(t)\to 0,\ f^{(3)}(t)\to 0$; $\int_0^\infty |f(t)|dt$와 $\int_0^\infty |f''(t)|dt$가 수렴.

연습문제 13.6

1. $\mathbb{D}[u](0)=\sum_{j=0}^{5}\cos j\approx -.2358,\ \mathbb{D}[u](1)=\sum_{j=0}^{5}\cos j\,e^{-\pi ij/3}\approx 2.9369-.4279i,$

$\mathbb{D}[u](2)=\sum_{j=0}^{5}\cos je^{-2\pi ij/3}\approx .1329-.1658\times 10^{-3}i,\ \mathbb{D}[u](3)=\sum_{j=0}^{5}\cos je^{-\pi ij}\approx .9624\times 10^{-3},$

$\mathbb{D}[u](4)=\sum_{j=0}^{5}\cos je^{-4\pi ij/3}\approx .1329-.1658\times 10^{-3}i$

3. $\mathbb{D}[u](0)=\sum_{j=0}^{5}\frac{1}{j+1}=2.45,\ \mathbb{D}[u](1)=\frac{1}{j+1}e^{-\pi ij/3}\approx .8167-.4042i,\ \mathbb{D}[u](2)\approx .65-.1732i,$

$\mathbb{D}[u](3)\approx .61677,\ \mathbb{D}[u](4)\approx .65+.1732i$

5. $\mathbb{D}[u](0)=55,\ \mathbb{D}[u](1)\approx -6.0+31.177i,\ \mathbb{D}[u](2)\approx -14.0+10.392i,$

$\mathbb{D}[u](3)=15,\ \mathbb{D}[u](4)\approx -14.0-10.392i$

7. 역변환을 $\{u_j\}_{j=0}^5$라 할 때, $u_0=\frac{1}{6}\sum_{k=0}^{5}(1+i)^k\approx -1.3333+.16667i,$

$u_1=\frac{1}{6}\sum_{k=0}^{5}(1+i)^k e^{\pi ik/3}\approx -.4270+.5490i,\ u_2\approx -.1635\times 10^{-3}+.561i,$

$u_3\approx .3333+.5i,\ u_4\approx .8497+.2723i,\ u_5\approx 1.5937-2.049i$

9. $u_0=\frac{1}{7}\sum_{k=0}^{6}e^{-ik}\approx .1035+.1475\times 10^{-3}i,\ u_1=\frac{1}{7}\sum_{k=0}^{6}e^{-ik}e^{2\pi ik/7}\approx .9333-.2961i,$

$u_2\approx -.9416\times 10^{-3}+.8879\times 10^{-3}i,\ u_3\approx -2.395\times 10^{-3}+.6248\times 10^{-3}i,$

$u_4\approx .4307\times 10^{-4}+.5190\times 10^{-3}i,\ u_5\approx .2579\times 10^{-3}+.4385\times 10^{-3}i,$

$u_6\approx .5122\times 10^{-3}+.3433\times 10^{-3}i$

11. $u_0\approx -.1039,\ u_1\approx .4205+.2946i,\ u_2\approx .1314+.3121\times 10^{-3}i,$

$u_3\approx .1314-.3121\times 10^{-3}i,\ u_4\approx .4205-.2946i$

13. Fourier 계수는 $d_k=\frac{1}{2}\int_0^2\cos\xi e^{-\pi ki\xi}d\xi=-\frac{1}{2}\frac{\sin(2)}{\pi^2k^2-1}+\frac{k\pi i}{2}\frac{\cos(2)-1}{\pi^2k^2-1}$ 이고, $N=128$일 때 DFT

계수는 $f_k = \dfrac{1}{128}\sum_{j=0}^{127}\cos(j/64)e^{-\pi ijk/64}$이다.

$d_0 = \dfrac{1}{2}\sin 2 \approx 0.4546,\ f_0 \approx 0.4602$

$d_1 \approx -.5160\times 10^{-3} - .2508i,\ f_1 \approx -.4574\times 10^{-3} - .2508i$

$d_2 \approx -.1182\times 10^{-3} - .1156i,\ f_2 \approx -.6293\times 10^{-4} - .1155i$

$d_3 \approx -.5177\times 10^{-4} - .7598\times 10^{-3}i,\ f_3 \approx .3459\times 10^{-5} - .7585\times 10^{-3}i$

15. $d_0 = \dfrac{1}{3}$이고 $k \neq 0$이면 $d_k = \displaystyle\int_0^1 \xi^2 e^{-2\pi ki\xi}d\xi = \dfrac{1}{2\pi^2k^2} + i\dfrac{1}{2\pi k}$이고 $d_0 = \dfrac{1}{3}$. $N=128$일 때 DFT

계수는 $f_k = \dfrac{1}{128}\sum_{j=0}^{126}\left(\dfrac{j}{128}\right)^2 e^{-\pi ik/64}$이다.

$d_0 = \dfrac{1}{3},\ f_0 \approx .3294$

$d_1 \approx .5066\times 10^{-3} + 1.5915i,\ f_1 \approx .4677\times 10^{-3} + .1591i$

$d_2 \approx .1267\times 10^{-3} + .7958\times 10^{-3}i,\ f_2 \approx .8770\times 10^{-4} + .7951\times 10^{-3}i$

$d_3 \approx .5629\times 10^{-4} + .5305\times 10^{-3}i,\ f_3 \approx .1733\times 10^{-4} + .5296\times 10^{-3}i$

연습문제 13.7

1. 복소 Fourier 급수는 $2 + \sum_{k=-\infty, k\neq 0} \dfrac{i}{\pi k}e^{\pi ikt}$이므로 $S_{10}\left(\dfrac{1}{8}\right) = 1.021 + 1.665\times 10^{-16}i$이고,

근사값 $S_{10}\left(\dfrac{1}{8}\right) \approx \dfrac{1}{128}\Sigma_{k=-0}^{127}V_k e^{\pi ik/8}$은 대략 $1.055 - 2.098\times 10^{-16}i$이다.

$|1.021 + 1.665\times 10^{-16}i - (1.055 - 2.098\times 10^{-16}i)| = 0.003452.$

3. 복소 Fourier 급수는 $\sum_{k=-\infty}^{\infty}\left[-\dfrac{1}{2}\dfrac{\sin 2}{\pi^2k^2-1} + \dfrac{i}{2}k\pi\dfrac{\cos 2 - 1}{\pi^2k^2-1}\right]e^{\pi ikt}$이고

$S_{10}(\dfrac{1}{8}) = 1.067 - 3.469\times 10^{-18}i$. 근사적으로 $S_{10}\left(\dfrac{1}{8}\right) \approx \dfrac{1}{128}\sum_{k=0}^{127}V_k\, e^{\pi ik/8}$이고 계산하면

$1.043 + 3.803\times 10^{-15i}$; $|1.067 - 3.469\times 10^{-18}i - (1.043 + 3.803\times 10^{-15}i)| = 0.002440.$

5. 복소 Fourier 급수는 $\dfrac{1}{4} + \sum_{k=-\infty, k\neq 0}\left(\dfrac{3}{4}\dfrac{1}{\pi^2k^2} + \dfrac{i}{4}\dfrac{2k^2\pi^2-3}{\pi^3k^3}\right)e^{2k\pi}$이고

$S_{10}\left(\dfrac{1}{4}\right) = -7.290\times 10^{-4} + 1.041\times 10^{-17}i$. 근사적으로 $S_{10}\left(\dfrac{1}{4}\right) \approx \dfrac{1}{128}\sum_{k=0}^{127}V_k e^{\pi ki/2}$이고, 계산하면

$3.483\times 10^{-3} + 9.159\times 10^{-16}i$;

$|-7.290\times 10^{-4} + 1.041\times 10^{-17}i - (3.483\times 10^{-3} + 9.159\times 10^{-16}i)| \approx 0.004212.$

7. $0.1439 - 0.1246i$ **9.** $-6.506\times 10^{-13} - 2.191\times 10^{-3}i$

문제 11, 13에 대한 그래프들은 Fourier 변환의 참값과 DFT 근사값을 비교한 것이다. N이 커지면 근사가 정확해진다.

11. $\hat{f}(\omega) = \dfrac{2\omega\sin(2\omega) + \cos(2\omega) - \omega\sin\omega - \cos\omega}{\omega^2} + i\dfrac{2\omega\cos 2(\omega) - \sin(2\omega) - \omega\cos\omega + \sin\omega}{\omega^2}.$

구간 $[1, 2)$ 밖에서는 0이므로 식 (13.24)의 합은 $11 \le j \le 20$만 계산하면 된다. $L=4$를 써서 계산한 값은 다음과 같다.

k	$\hat{f}(k/4)$	DFT $\hat{f}(k/4)$	$\lvert\hat{f}(k/4)\rvert$	$\lvert\text{DFT}\,\hat{f}(k/4)\rvert$
1	$1.3845-0.5673i$	$1.3764-0.5714i$	1.4962	1.4903
2	$1.0579-1.0421i$	$1.0445-1.048i$	1.485	1.4797
3	$0.5761-1.3488i$	$0.5558-1.3521i$	1.4667	1.4619
4	$0.2068-1.4404i$	$-.0573-1.3521i$	1.4406	1.4383
5	$-0.5162-1.3098i$	$-0.5453-1.2959i$	1.4078	1.406
6	$-0.9483-0.9865i$	$-0.9749-0.9602i$	1.3684	1.3684
7	$-1.2108-0.5325i$	$-1.2288-0.4945i$	1.3227	1.3247
8	$-1.2708-0.0295i$	$-1.2751+.017i$	1.2711	1.2752
9	$-1.1323+0.4386i$	$-1.1194+0.4866i$	1.2143	1.2206
10	$-0.8329+0.7966i$	$-0.8026+0.8393i$	1.1525	1.1613
11	$-0.4359+0.9953i$	$-0.3909+1.0258i$	1.0866	1.0978
12	$-0.0166+1.0168i$	$.0374+1.0299i$	1.0169	1.0306

다음 그림은 $\hat{f}(k/4)$와 DFT 근사를 비교한 것으로 (a)는 실수부, (b)는 허수부, (c)는 절대값이다.

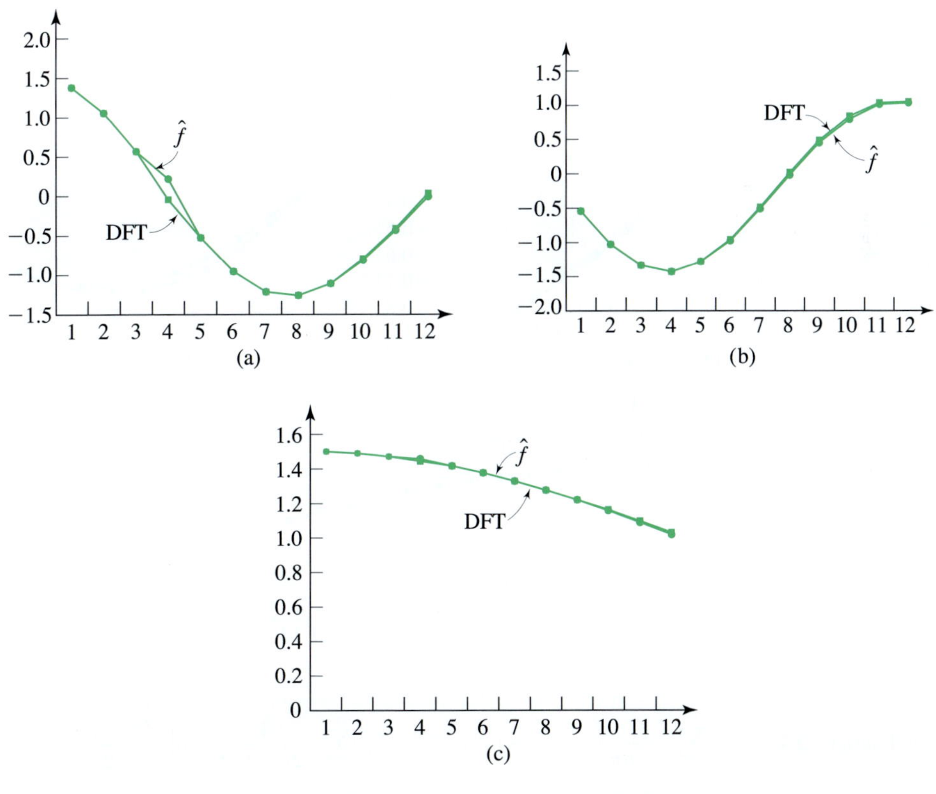

13. $\hat{f}(\omega)=\dfrac{\sin\omega}{\omega}+i\dfrac{\cos\omega-1}{\omega}$. $L=4$로 하고 식 (13.24)에서 j를 0부터 10까지 더해서 계산한 값은 다음과 같다.

k	$\hat{f}(k/4)$	DFT $\hat{f}(k/4)$	$\lvert\hat{f}(k/4)\rvert$	$\lvert\text{DFT}\hat{f}(k/4)\rvert$
1	$.9896-.1244i$	$1.0686-.1318i$	.99739	1.0767
2.	$.9589-.2448i$	$1.035-.25925i$	.98965	1.067
3.	$.9089-.3577i$	$.98047-.37821i$	.97675	1.0509
4	$.8415-.4597i$	$.90716-48489i$	.95888	1.0286
5	$.7592-.5477i$	$.81791-.57604i$	.93614	1.0004
6	$.6650-.6195i$	$.71616-.64909i$	.90889	.96654
7	$.5623-.6733i$	$.60574-.70222i$	.87722	.92738
8	$.4546-.7081i$	$.49076-.73447i$	.84147	.88334
9	$.3458-.7236i$	$.37537-.74574i$	.80198	.83488
10	$.2394-.7205i$	$.26362-.73678i$	.75923	.78252
11	$.1388-.6997i$	$.15924-.70914i$	.71333	.7268
12	$.470-.6633i$	$.0655-.66506i$	.66496	.66828

다음 그림은 $\hat{f}(k/4)$와 DFT 근사를 비교한 것으로 (a)는 실수부, (b)는 허수부, (c)는 절대값이다.

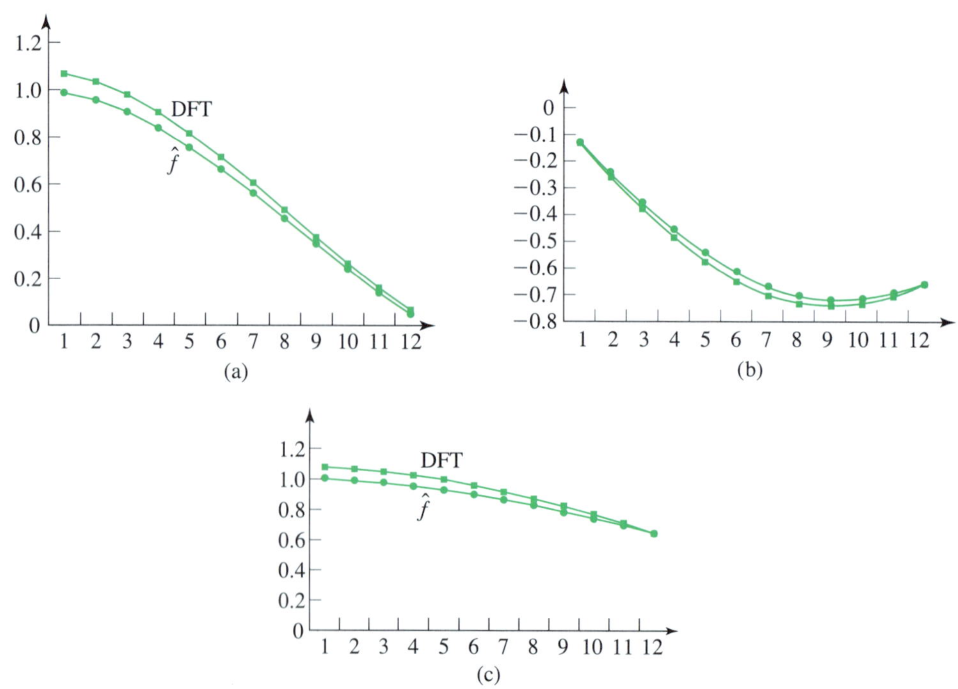

(a) (b) (c)

15. f의 Fourier 급수는 $\displaystyle\sum_{n=-\infty,n\neq0}\frac{i}{n\pi}(-1+(-1)^n)e^{n\pi/2}$, 즉, $\displaystyle\sum_{n=1}^{\infty}\frac{4}{(2n-1)\pi}\sin\left(\frac{(2n-1)\pi t}{2}\right)$이고 부분합은 $S_N(t)=\displaystyle\sum_{n=1}^{N}\frac{2}{n\pi}(1-(-1)^n)\sin\left(\frac{n\pi t}{2}\right)$이다. N번째 Cesàro합은

$$\sigma_N(t) = \sum_{n=-N}^{N}\left(1-\left|\frac{n}{N}\right|\right)\frac{i}{n\pi}(-1+(-1)^n)e^{n\pi/2} = \sum_{n=1}^{N}\left(1-\left|\frac{n}{N}\right|\right)\frac{2}{n\pi}(1-(-1)^n)\sin\left(\frac{n\pi t}{2}\right)\text{이다.}$$

$N=5, 10, 25$일 때 그래프는 다음과 같다.

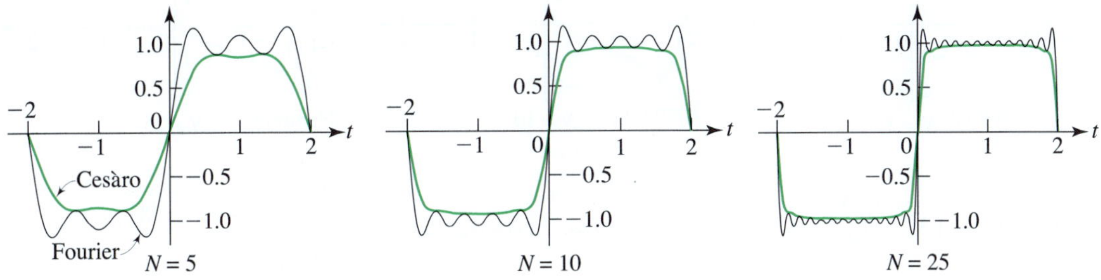

17. $S_N(t) = \sum_{n=-N, n\neq 0}^{N}\frac{i}{n\pi}((-1)^n - \cos(n\pi/2))e^{n\pi} = \sum_{n=1}^{N}\frac{2}{n\pi}(\cos(n\pi/2)-(-1)^n)\sin(n\pi t),$

$$\sigma_N(t) = \sum_{n=-N, n\neq 0}\left(1-\left|\frac{n}{N}\right|\right)\frac{i}{n\pi}((-1)^n-\cos(n\pi/2))e^{n\pi}$$

$$= \sum_{n=1}^{N}\left(1-\left|\frac{n}{N}\right|\right)\frac{2}{n\pi}(\cos(n\pi/2)-(-1)^n)\sin(n\pi t)$$

$N=5, 10, 25$일 때 그래프는 다음과 같다.

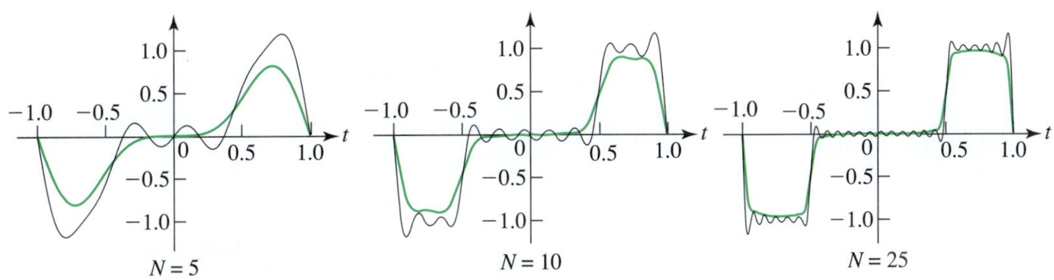

19. $S_N(t) = 1 + \sum_{n=-N, n\neq 0}\frac{i}{n\pi}(3(-1)^n-1)e^{n\pi/2} = 1 + \sum_{n=1}^{N}\frac{-2}{n\pi}(3(-1)^n-1)\sin(n\pi t/2),$

$\sigma_N(t) = 1 + \sum_{n=1}^{N}\frac{-2}{n\pi}\left(1-\left|\frac{n}{N}\right|\right)(3(-1)^n-1)\sin(n\pi t/2)$

Hamming 여과 부분합: $H_N(t) = 1 + \sum_{n=1}^{N}\frac{-2}{n\pi}(0.54+0.46\cos(\pi n/N))(3(-1)^n-1)\sin(n\pi t/2)$

Gauss 여과 부분합: $G_N(t) = 1 + \sum_{n=1}^{N} -\frac{2}{n\pi}e^{-a\pi^2 n^2/N^2}(3(-1)^n-1)\sin(n\pi t/2)$

$N=5, 10, 25$일 때 그래프는 다음과 같다. 여기서, Gauss 여과의 a는 $\frac{1}{2}$이다.

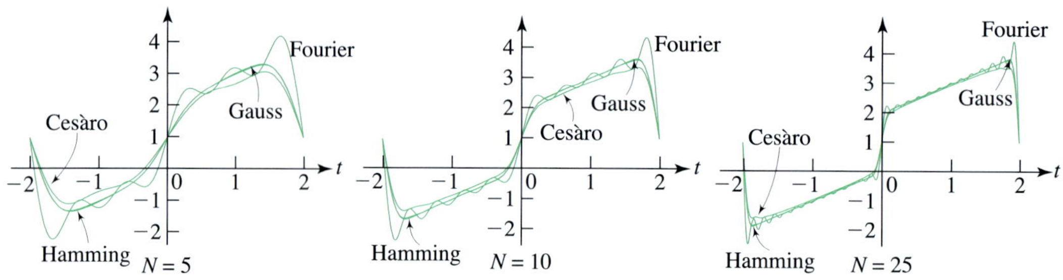

21. $S_N(t) = 1 + \sum_{n=-N, n\neq 0}^{n=N} \left[\frac{1}{n^2\pi^2}(-n\pi \sin(n\pi/3) - 3\cos(n\pi/3) + 3(-1)^n) + \frac{1}{2}\frac{\sin(n\pi/3)}{n\pi} \right.$

$\left. + i\left(-\frac{1}{n^2\pi^2}(n\pi\cos(n\pi/3) - 3\sin(n\pi/3) + 3n\pi(-1)^n) + \frac{1}{2}\frac{(-1)^{n+1} + \cos(n\pi/3)}{n\pi} \right) \right] e^{n\pi/3}$

이고, 변형하면

$S_N(t) = 1 + \sum_{n=1}^{N} \left[\frac{2}{n^2\pi^2}(-n\pi\sin(n\pi/3) - 3\cos(n\pi/3) + 3(-1)^n) + \frac{\sin(n\pi/3)}{n\pi} \right] \cos(n\pi t/3)$

$+ \sum_{n=1}^{N} \left[\frac{2}{n^2\pi^2}(n\pi\cos(n\pi/3) - 3\sin(n\pi/3) + 3n\pi(-1)^n) - \frac{(-1)^{n+1} + \cos(n\pi/3)}{n\pi} \right] \sin(n\pi t/3)$ 이다.

이 부분합을 $S_N(t) = 1 + \sum_{n=-N, n\neq 0}^{N} d_n e^{n\pi/3}$로 나타내면, Cesàro, Hamming, Gauss 부분합은 각각

$\sigma_N(t) = 1 + \sum_{n=-N, n\neq 0} d_n \left(1 - \left|\frac{n}{N}\right|\right) e^{n\pi/3}$, $H_N(t) = 1 + \sum_{n=-N, n\neq 0} d_n (0.54 + 0.46\cos(n\pi/N)) e^{n\pi/3}$,

$G_N(t) = 1 + \sum_{n=-N, n\neq 0} d_n e^{-an^2\pi^2/N^2} e^{n\pi/3}$이다. $N=5, 10, 25$일 때 그래프는 다음과 같다. 여기서 Gauss 여과의 a는 $\frac{1}{2}$이다.

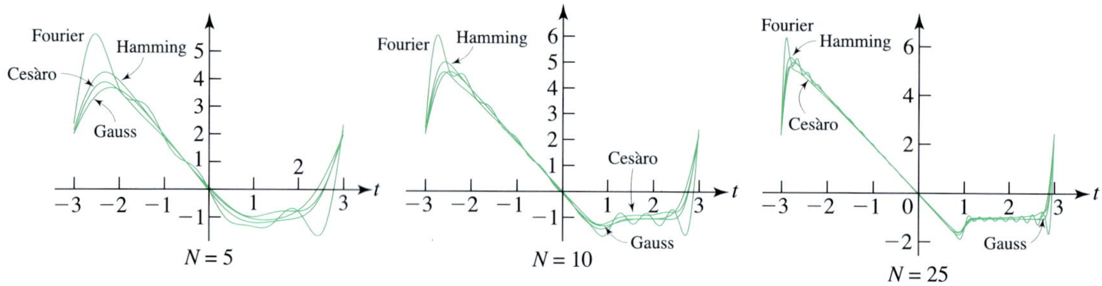

연습문제 13.8

9. $y(t) = 4\sin(80\pi t) - \sin(20\pi t)$ 의 전력 스펙트럼

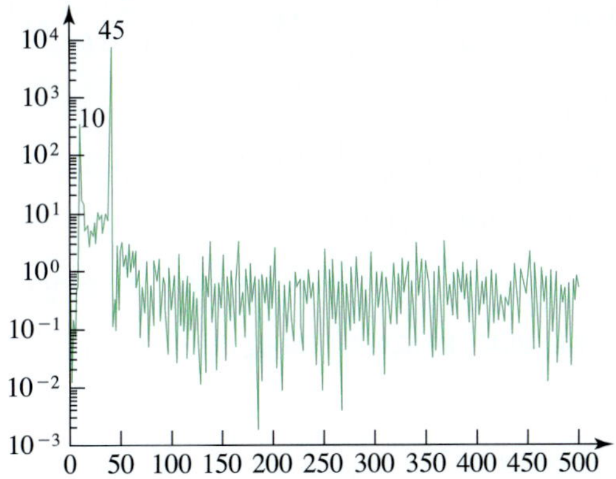

11. $y(t) = 3\cos(90\pi t) - \sin(30\pi t)$ 의 전력 스펙트럼

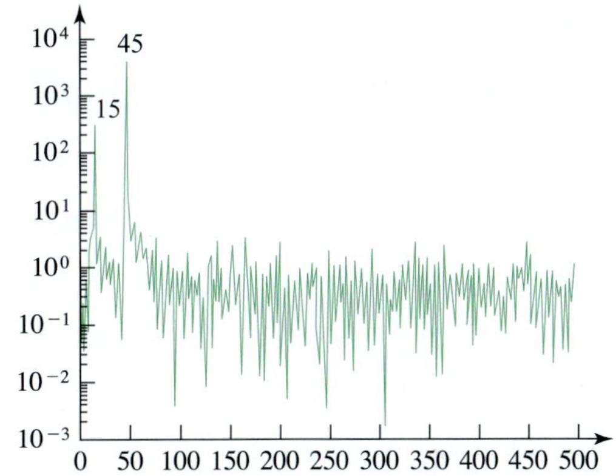

13. $y(t) = \cos(30\pi t) + \cos(70\pi t) + \cos(140\pi t)$ 에 잡음을 넣은 신호

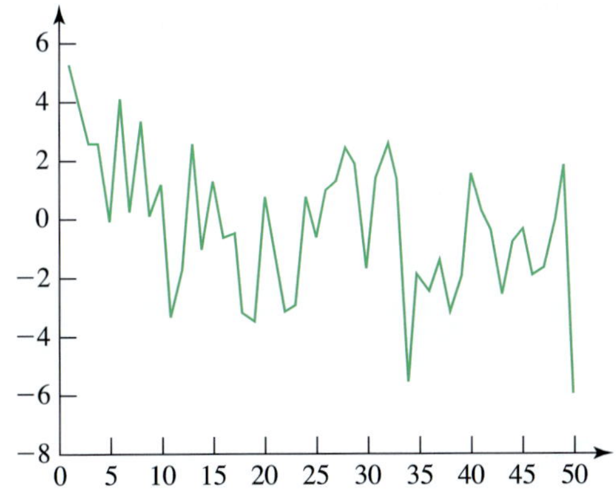

잡음이 포함된 신호의 전력 스펙트럼

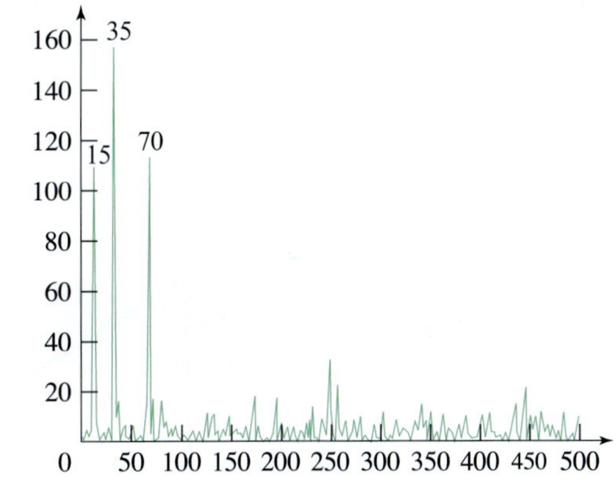

15. $y(t) = \cos(20\pi t) + \sin(140\pi t) + \cos(240\pi t)$ 에 잡음을 넣은 신호

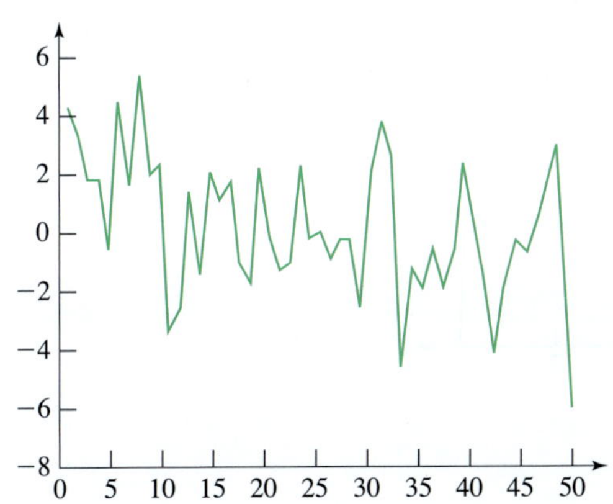

잡음이 포함된 신호의 전력 스펙트럼

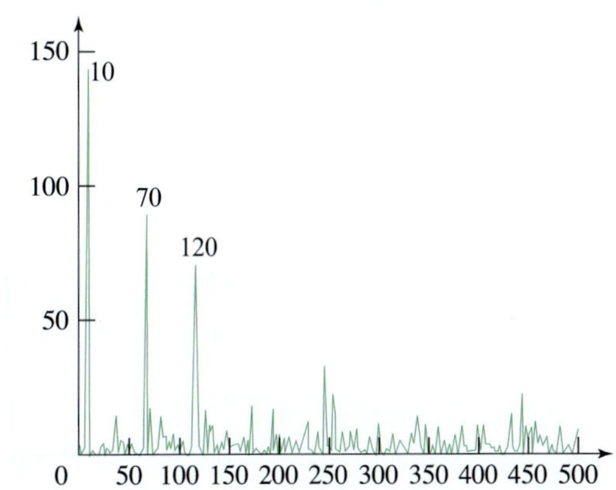

14장 Strum–Liouville 이론과 고유함수 전개

연습문제 14.1

1. $[0, L]$에서 정칙문제 ; 고유값은 $n=1, 2, \cdots$에 대해 $\left(\frac{2n-1}{2L}\pi\right)^2$의 고유함수는 $\sin\left(\frac{2n-1}{2L}\pi x\right)$

3. $[0, 4]$에서 정칙문제 ; $\left(\frac{2n-1}{2}\frac{\pi}{4}\right)^2$; $\cos\left(\frac{2n-1}{2}\frac{\pi}{4}x\right)$

5. $[-3\pi, 3\pi]$에서 주기문제 ; 고유값 0에 대한 고유함수는 1, 고유값 $\frac{1}{9}n^2$에 대한 고유함수는 $a_n\cos(nx/3)+b_n\sin(nx/3)$. 여기서 a_n과 b_n은 둘 다 0은 아니다.

7. $[0, 1]$에서 정칙문제 ; 고유값은 방정식 $\tan(\sqrt{\lambda})=\frac{1}{2}\sqrt{\lambda}$의 양수근이며 이런 근은 무수히 많이 존재한다. 처음 4개의 고유값은 근사적으로 0.43, 10.84, 40.47, 89.82이다. 고유값 λ_n이 대응되는 고유함수는 $2\sqrt{\lambda}\cos(\sqrt{\lambda_n}x)+\sin(\sqrt{\lambda}x)$이다.

9. $[0, 5]$에서 정칙문제 ; $2+\frac{n^2\pi^2}{100}(n=1, 2, \cdots)$; $e^{6x}\sin(n\pi x/5)$

11. $[1, e]$에서 정칙문제 ; $\left(\frac{2n-1}{2}\pi\right)(n=1, 2, \cdots)$; $\sin\left(\left(\frac{2n-1}{2}\pi\right)\ln(x)\right)$

13. $[0, \pi]$에서 정칙문제 ; $1+n^2(n=1, 2, \cdots)$; $e^{-x}\sin(nx)$

19. $n=3$으로 계산하면 상계는 1.447.

21. $0<x<1$에서 $1-x=\sum_{n=1}^{\infty}\frac{2}{n\pi}\sin(n\pi x)$이다.

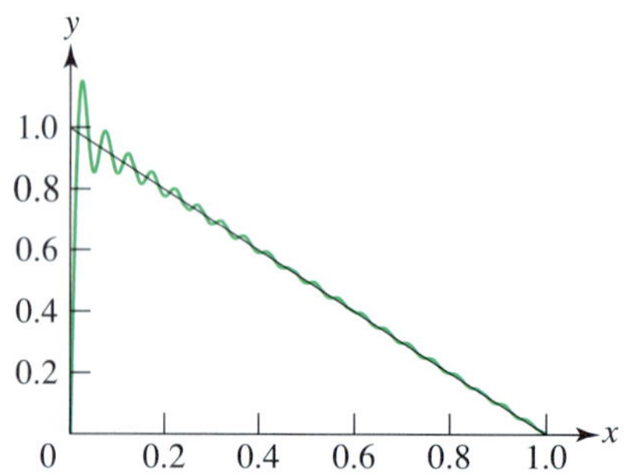

23. 급수전개는 $\sum_{n=1}^{\infty}\frac{4}{\pi}\frac{\sqrt{2}\cos(n\pi/2)-\sqrt{2}\sin(n\pi/2)-(-1)^n}{2n-1}\cos\left(\frac{2n-1}{8}\pi x\right)$이고, 이 급수는 $0<x<2$일 때 -1, $2<x<4$일 때 1, $x=2$일 때 0으로 수렴한다.

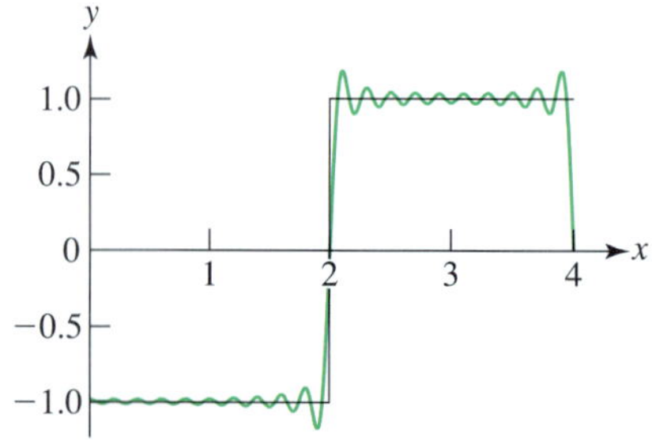

25. $-3\pi < x < 3\pi$에서 $x^2 = 3\pi^2 + 36\sum_{n=1}^{\infty}\frac{(-1)^n}{n^2}\cos(nx/3)$.

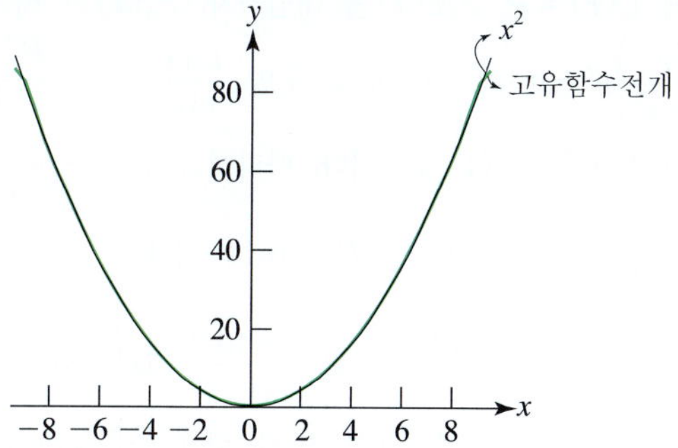

27. $0 < x < \pi$에서 $e^{-x} = \sum_{n=1}^{\infty}\frac{4}{\pi}\left(\frac{2+e^{-\pi}(-1)^n - 2e^{-\pi}n(-1)^n}{4n^2-4n+5}\right)\cos\left(\frac{2n-1}{2}x\right)$.

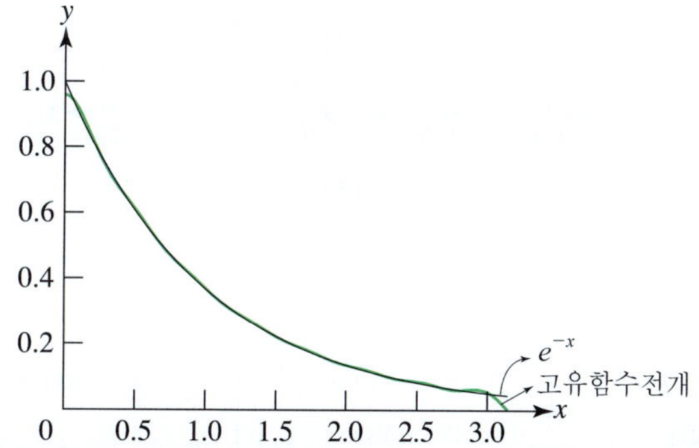

29. 정규 고유함수는 $\varphi_n(x) = \frac{1}{\sqrt{2}}\cos\left(\frac{2n-1}{8}\pi x\right)$이고,

$(f\cdot\varphi_n) = \int_0^4 x(4-x)\frac{1}{\sqrt{2}}\cos\left(\frac{2n-1}{8}\pi x\right)dx = -128\sqrt{2}\,\frac{4(-1)^n+(2n-1)\pi}{\pi^3(2n-1)^3}$ 이다.

따라서 $\sum_{n=1}^{\infty}\left((128\sqrt{2})\frac{4(-1)^n+(2n-1)\pi}{\pi^3(2n-1)^3}\right)^2 \le f\cdot f = \int_0^4 x^2(4-x)^2dx = \frac{512}{15}$,

즉 $\sum_{n=1}^{\infty}\left(\frac{4(-1)^n+(2n-1)\pi}{\pi^3(2n-1)^3}\right)^2 \le \frac{512}{15(128\sqrt{2})^2} = \frac{1}{960}$ 이다.

31. $\sum_{n=1}^{\infty}(x\cdot\varphi_n)^2 = 2\pi\sum_{n=1}^{\infty}\frac{1}{n^2} = (f\cdot f) = \frac{1}{3}\pi^3$이다. 따라서 $\sum_{n=1}^{\infty}\frac{1}{n^2} = \frac{1}{6}\pi^2$.

연습문제 14.2

3. Rodrigues 공식으로 $P_3(x)$를 계산하면

$P_3(x) = \frac{1}{2^3 3!}\frac{d^3}{dx^3}((x^2-1)^3) = \frac{1}{48}(120x^3-72x) = \frac{1}{2}(5x^3-3x)$.

5. $n=3$일 때 $[\frac{3}{2}]=1$이므로 $\sum_{k=0}^{1}(-1)^k\frac{(6-2k)!}{8k!(3-k)(3-2k)!}x^{3-2k}$

$$= \frac{6!}{8(3!)(3!)}x^3 - \frac{4!}{8(2!)(1!)}x = \frac{5}{2}x^3 - \frac{3}{2}x = P_3(x).$$

7. Legendre 방정식에 $Q(x) = P_n(x)u(x)$를 대입하자. $P_n(x)$가 해라는 사실로부터 $u'' + \left(2\frac{P_n'}{P_n} - \frac{2x}{1-x^2}\right)u' = 0$이다. $v = u'$로 두면 $\frac{v'(x)}{v(x)} = -2\frac{P_n'(x)}{P_n(x)} + \frac{2x}{1-x^2}$이고, 적분하면 $\ln(v(x)) = -2\ln(P_n(x)) - \ln(1-x^2)$이다. 따라서 $v(x) = \frac{1}{P_n(x)^2(1-x^2)}$이고, $u(x) = \int \frac{1}{P_n(x)^2(1-x^2)}dx$, $Q(x) = P_n(x)u(x)$이다.

17. $-1 < x < 1$일 때 $\sin(\pi x/2) = \frac{12}{\pi^2}x + 168\frac{\pi^2 - 10}{\pi^4}\frac{1}{2}(5x^3 - 3x) + 660\frac{-112\pi^2 + \pi^4 + 1008}{\pi^6}\frac{1}{8}(63x^5 - 70x^3 + 15x) + \cdots$. 다음 그림에서 이 세 번째 부분합은 원래 함수와 겹쳐져 있다.

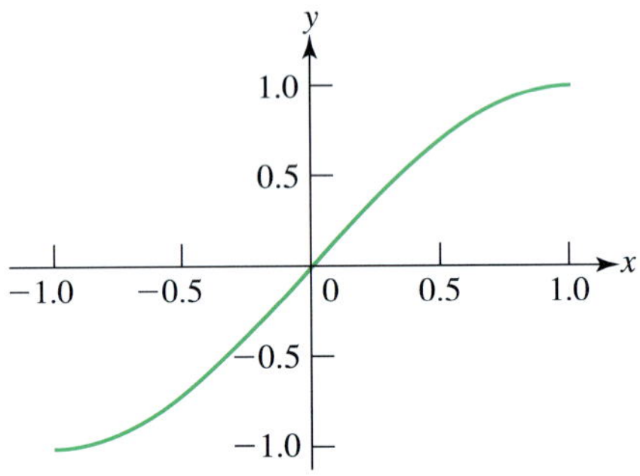

19. $-1 < x < 1$일 때, $\sin^2 x = \left[-\frac{1}{2}\cos 1 \sin 1 + \frac{1}{2}\right] + \left[-\frac{5}{8}\cos 1 \sin 1 + \frac{15}{8} - \frac{15}{4}\cos^2 1\right]\frac{1}{2}(3x^2 - 1) + \left[\frac{531}{32}\cos 1 \sin 1 - \frac{585}{32} + \frac{585}{16}\cos^2 1\right]\frac{1}{8}(35x^4 - 30x^2 + 3) + \cdots$. 다음 그림에서 이 세 번째 부분합은 원래 함수와 겹쳐져 있다.

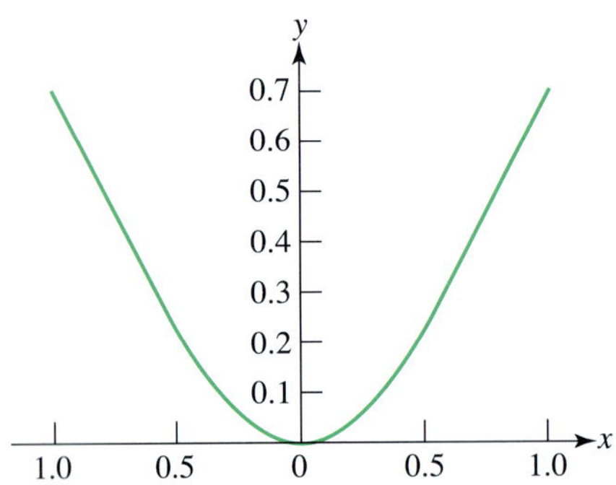

21. $-1 < x < 0$ 또는 $0 < x < 1$일 때, $f(x) = \frac{3}{2}x - \frac{7}{8}\frac{1}{2}(5x^3 - 3x) + \frac{11}{16}\frac{1}{8}(63x^5 - 70x^3 + 15x) + \cdots$. 다음 그림은 원래 함수와 Fourier-Legendre 전개의 세 번째 부분합의 그래프를 비교한 것이다.

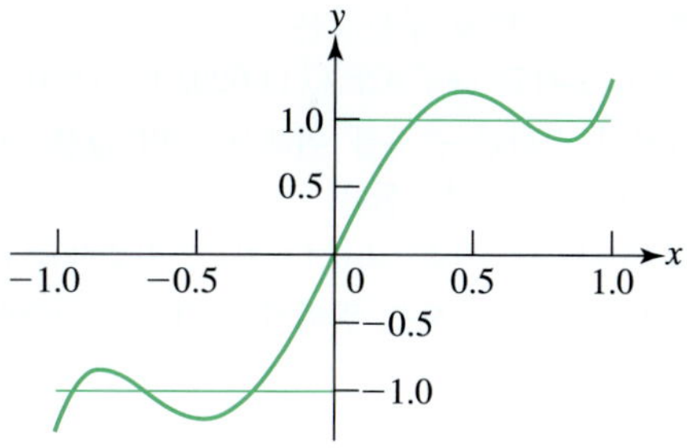

문제 17과 19에서는 Fourier-Legendre 전개의 세 번째 부분합이 원래 함수를 매우 잘 근사하고 있어서 그래프들이 거의 구별되지 않는다. 하지만 문제 21의 경우 $f(x)$를 근사하기 위해서는 더 많은 항이 필요함을 알 수 있다.

23. (b) 두 전하가 각각 x_1과 $x_2(x_1 < x_2)$에 놓여 있을 때 q_1에 가해지는 힘은 $2K\left[\frac{1}{x_1+1}-\frac{2}{x_2-x_1}-\frac{1}{1-x_1}\right]=0$이고, q_2에 가해지는 힘은 $2K\left[\frac{1}{x_2+1}+\frac{2}{x_2-x_1}-\frac{1}{1-x_2}\right]=0$이다. 이 두 식을 더하면 $\frac{2x_1}{x_1^2-1}+\frac{2x_2}{x_2^2-1}=0$이므로 $2(x_1x_2-1)(x_1+x_2)=0$, $x_1=-x_2$이다. 그러면 $\frac{1}{x_1+1}+\frac{1}{x_1}+\frac{1}{x_1-1}=0$이므로, $3x_1^2-1=0$ 즉, $x_1=\pm 1/\sqrt{3}$이다. 여기서 $x_2=-x_1$이므로 두 입자는 $P_2(x)$의 근에 위치한다.

(d) Legendre 방정식으로부터 $P_n''(x)=\frac{2x}{1-x^2}P_n'(x)-\frac{n(n+1)}{1-x^2}P_n(x)$이고 $P_n(x)$는 $x_k(k=1, 2, \cdots, N)$에서 단순근을 갖는다. 따라서 $P_n'(x_k)\neq 0$이고 $\frac{P_n''(x_k)}{P_n'(x_k)}=\frac{2x_k}{1-x_k^2}$이다.

연습문제 14.3

1. $y=x^aJ_v(nx^c)$라 두고 계산하면 $y'=ax^{a-1}J_v(bx^c)+x^abcx^{c-1}J_v'(bx^c)$이고
$y''=a(a-1)x^{a-2}J_v(bx^c)+[2ax^{a-1}bcx^{c-1}+x^abc(c-1)x^{c-2}]J_v'(bx^c)+x^ab^2c^2x^{2c-2}J_v''(bx^c)$이다.
이 식들을 미분방정식에 대입해서 정리하면
$c^2x^{a-2}\left\{(bx^c)^2J_v''(bx^c)+bx^cJ_v'(bx^c)+[(bx^c)^2-v^2]J_v(bx^c)\right\}=0$이다.

3. $y=c_1J_{1/3}(x^2)+c_2J_{-1/3}(x^2)$ **5.** $y=c_1x^{-1}J_{3/4}(2x^2)+c_2x^{-1}J_{-3/4}(2x^2)$

7. $y=c_1x^4J_{3/4}(2x^3)+c_2x^4J_{-3/4}(2x^3)$ **9.** $y=c_1x^{-2}J_{1/2}(3x^3)+c_2x^{-2}J_{-1/2}(3x^3)$

11. $y=c_1J_{3/5}(2x^3)+c_2J_{-3/5}(2x^3)$ **13.** $y_1=c_1J_3(\sqrt{x})+c_2Y_3(\sqrt{x})$

15. $y=c_1J_4(2x^{1/3})+c_2Y_4(2x^{1/3})$ **17.** $y=c_1x^{2/3}J_{1/2}(x)+c_2x^{2/3}J_{-1/2}(x)$

19. $y=c_1x^{-2}J_3(3\sqrt{x})+c_2x^{-2}Y_3(3\sqrt{x})$

21. $J_{1/3}(z)$가 $z^2J_{1/3}''+zJ_{1/3}'+\left(z^2-\frac{1}{9}\right)J_{1/3}=0$의 해임을 이용하여라.

23. $y=c_1xJ_2(x)+c_2xY_2(x)$ **25.** $y=c_1x^2J_2(\sqrt{x})+c_2x^2Y_2(\sqrt{x})$ **27.** $y=c_1x^4J_1(x)+c_2x^4Y_1(x)$

29. $y=c_1x^{-1}J_2(\sqrt{x}/2)+c_2x^{-1}Y_2(\sqrt{x}/2)$ **31.** $y=c_1x^2J_4(x^2)+c_2x^2Y_4(x^2)$

49. (a) Fourier-Legendre 전개의 다섯 번째 부분합은
$\approx 1.674J_2(5.135x)-0.778J_2(8.417x)+0.828J_2(11.620x)-0.620J_2(14.796x)+0.628J_2(17.960x)$
이다. 다음 그림에서 보다시피 정확한 근사를 위해서는 더 많은 항이 필요하다.
(c) Fourier-Bessel 전개의 다섯 번째 부분합은
$0.855J_2(5.135x)-0.213J_2(8.417x)+0.351J_2(11.620x)-0.203J_2(14.796x)+0.0258J_2(17.960x)$이고, 다음 그림에서 보다시피 정확한 근사를 위해서는 더 많은 항이 필요하다.

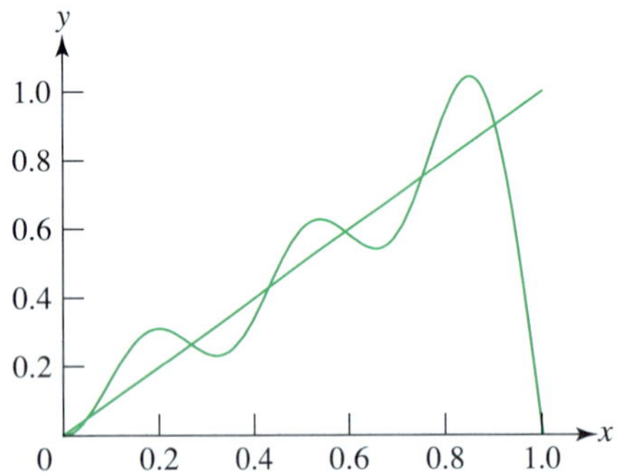

(a)

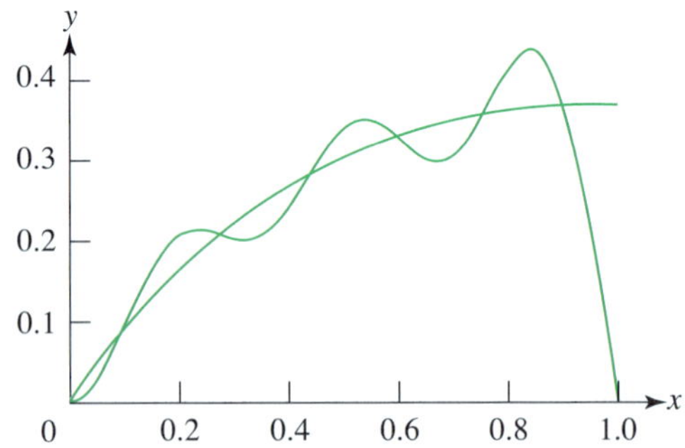

(c)

연습문제 14.5

3. $\sigma_{1,3}(t)$가 0이 아닌 구간과 $\sigma_{-2,1}(t)$가 0이 아닌 구간은 교집합이 없다. 그러므로, 두 함수의 곱은 항상 0인 함수이다. 따라서 $\int_{-\infty}^{\infty}\sigma_{1,3}(t)\sigma_{-2,1}(t)dt=0$이다. 다음 그림은 $\sigma_{1,3}(t)$와 $\sigma_{-2,1}(t)$의 그래프이다.

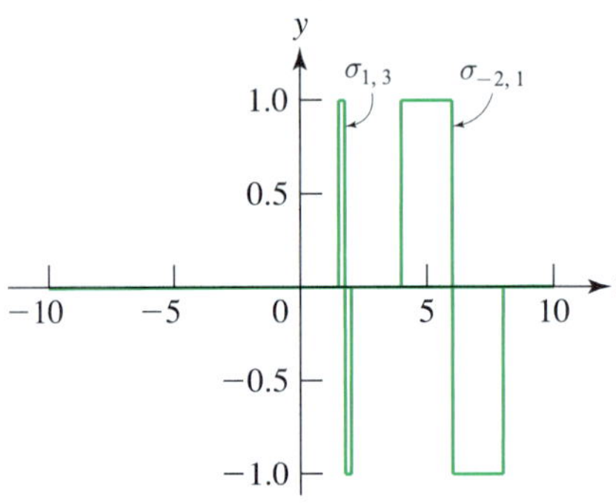

5. $\sigma_{-2,-1}(t)\sigma_{-3,-1}(t)=\begin{cases}-1 & (-4<t\leq-2)\\ 1 & (-2<t<0)\\ 0 & (t\leq-4 \text{ 또는 } t\geq 0)\end{cases}$ 이므로 $\int_{-\infty}^{\infty}\sigma_{-2,-1}(t)\sigma_{-3,-1}(t)dt=0$. 다음 그림은 $\sigma_{-2,-1}(t)$와 $\sigma_{-3,-1}(t)$의 그래프이다.

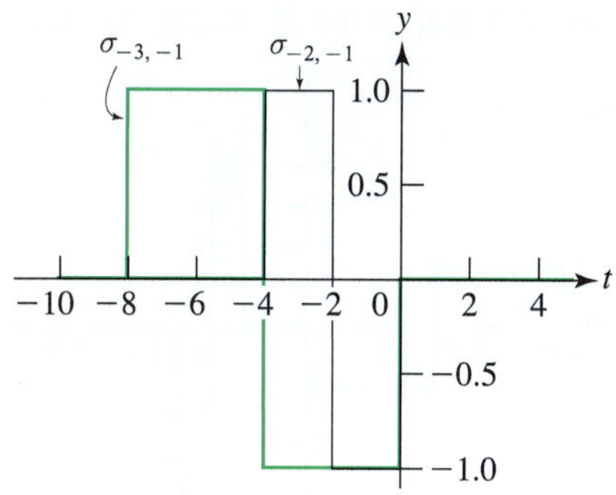

7. 다음 그림은 $\psi(2t-3)$의 그래프이다.

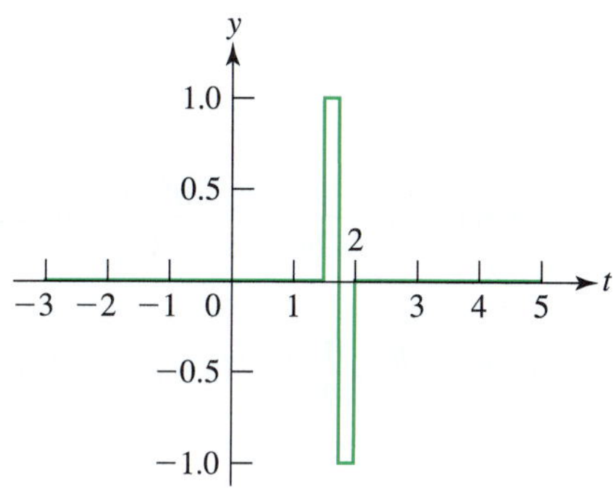

9. 구간 $[-16, 16]$에서 $f(t)$의 Fourier 급수는 $\sum_{n=1}^{\infty}\left[\frac{4}{n\pi}\left(-2\sin\left(\frac{3n\pi}{4}\right)+\sin\left(\frac{n\pi}{2}\right)\right)-\frac{6}{n\pi}\left(\sin\left(\frac{n\pi}{8}\right)-2\sin\left(\frac{3n\pi}{16}\right)+\sin\left(\frac{n\pi}{4}\right)\right)\right]\cos\left(\frac{n\pi t}{16}\right)+\left[-\frac{4}{n\pi}\left(-\cos(n\pi)+2\cos\left(\frac{3n\pi}{4}\right)-\cos\left(\frac{n\pi}{2}\right)\right)+\frac{6}{n\pi}\left(\cos\left(\frac{n\pi}{8}\right)-2\cos\left(\frac{3n\pi}{16}\right)+\cos\left(\frac{n\pi}{4}\right)\right)\right]\sin\left(\frac{n\pi t}{16}\right)$이다. 다음 그림은 $f(t)$와 그 50번째 Fourier 부분합의 그래프를 비교한 것이다.

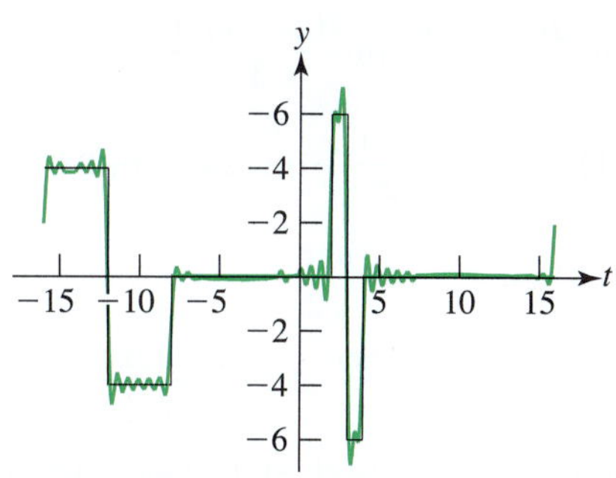

11. 구간 $[-16, 16]$에서 $f(t)$의 Fourier 급수는 $\sum_{n=1}^{\infty}\frac{1}{n\pi}\left[-14\sin\left(\frac{n\pi}{2}\right)-8\sin\left(\frac{n\pi}{4}\right)+16\sin\left(\frac{3n\pi}{8}\right)\right]\cos\left(\frac{n\pi t}{16}\right)+\frac{1}{n\pi}\left[3(-1)^n+2\cos\left(\frac{n\pi}{2}\right)+3+8\cos\left(\frac{n\pi}{4}\right)-16\cos\left(\frac{3n\pi}{8}\right)\right]\sin\left(\frac{n\pi t}{16}\right)$이다. 다음 그림

은 $f(t)$와 그 50번째 Fourier 부분합의 그래프를 비교한 것이다.

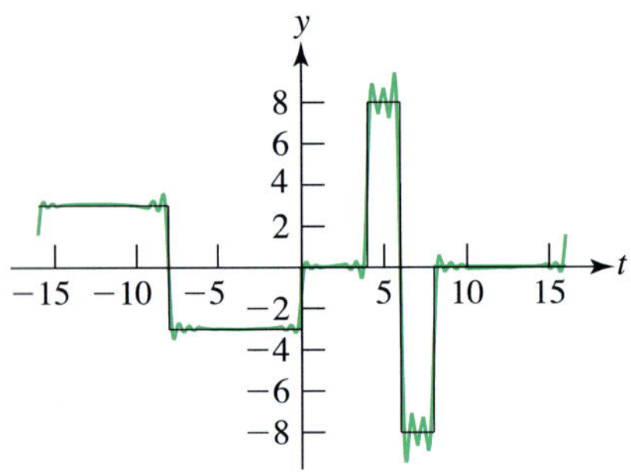

15장 파동방정식

연습문제 15.1

1. $\dfrac{\partial^2 y}{\partial x^2} = -\dfrac{n^2\pi^2}{L^2}\sin(n\pi x/L)\cos(n\pi ct/L)$와 $\dfrac{\partial^2 y}{\partial t^2} = -\dfrac{n^2\pi^2c^2}{L^2}\sin(n\pi x/L)\cos(n\pi ct/L)$임을 계산하여라.

3. $\dfrac{\partial^2 y}{\partial x^2} = \dfrac{1}{2}[f''(x+ct)+f''(x-ct)]$와 $\dfrac{\partial^2 y}{\partial t^2} = \dfrac{1}{2}c^2[f''(x+ct)+f''(x-ct)]$임을 계산하여라.

5. 위치함수 $z(x, y, t)$에 대한 문제는 다음과 같다.

$$\frac{\partial^2 z}{\partial t^2} = c^2\left(\frac{\partial^2 z}{\partial x^2} + \frac{\partial^2 z}{\partial y^2}\right), \quad 0 < x < a,\ 0 < y < b,$$

$$z(z, y, 0) = f(x, y), \quad \frac{\partial z}{\partial t}(x, y, 0) = 0, \quad 0 \leqq x \leqq a,\ 0 \leqq y \leqq b,$$

$$z(0, y, t) = z(a, y, t) = z(x, 0, t) = z(x, b, t) = 0, \quad 0 \le x \le a,\ 0 \le y \le b,\ t \ge 0$$

연습문제 15.2

1. $y(x, t) = \displaystyle\sum_{n=1}^{\infty} \frac{108}{(2n-1)^4\pi^4}\sin\frac{(2n-1)\pi x}{3}\sin\frac{2(2n-1)\pi t}{3}$

3. $y(x, t) = \displaystyle\sum_{n=1}^{\infty} \frac{24}{(2n-1)^2\pi}(-1)^{n+1}\sin\frac{(2n-1)x}{2}\cos(2n-1)\sqrt{2}\,t$

5. $$y(x, t) = \sum_{n=1}^{\infty} \frac{256}{n^3\pi^3}[2(-1)^n+1]\sin\frac{n\pi x}{4}\cos\frac{n\pi t}{\sqrt{2}} + \sum_{n=1}^{\infty} \frac{8}{\sqrt{2}(2n-1)^2\pi^2}\sin\frac{(2n-1)\pi x}{4}\sin\frac{(2n-1)\pi t}{\sqrt{2}}$$

7. $Y(x, t) = y(x, t) + h(x)$, $h(x) = \dfrac{1}{9}x^3 - \dfrac{4}{9}x$라 하고 문제에 대입하면 Y에 관한 경계값 문제는

$$\frac{\partial^2 Y}{\partial t^2} = 3\frac{\partial^2 Y}{\partial x^2},$$

$$Y(0, t) = Y(2, t) = 0,$$

$$Y(x,\,0) = \frac{1}{9}x^3 - \frac{4}{9}x, \quad \frac{\partial Y}{\partial t}(x,\,0) = 0.$$

이 문제를 풀면 $Y(x,\,t) = \sum_{n=1}^{\infty} \frac{32}{3n^3\pi^3}(-1)^n \sin\frac{n\pi x}{2}\cos\frac{n\pi\sqrt{3}\,t}{2}$ 이고, $y(x,\,t) = Y(x,\,t) - h(x)$.

9. $Y(x,\,t) = y(x,\,t) + h(x)$, $h(x) = \cos x - 1$이라 하면 Y에 관한 경계값 문제는

$$\frac{\partial^2 Y}{\partial t^2} = \frac{\partial^2 Y}{\partial x^2},$$
$$Y(0,\,t) = Y(2\pi,\,t) = 0,$$
$$Y(x,\,0) = \frac{1}{\cos x} - 1, \quad \frac{\partial Y}{\partial t}(x,\,0) = 0.$$

이 문제를 풀면 $Y(x,\,t) = \sum_{n=1}^{\infty} \frac{16}{\pi}\frac{1}{(2n-1)[(2n-1)^2-4]}\sin\frac{(2n-1)x}{2}\cos\frac{(2n-1)t}{2}$ 이고 $y(x,\,t) = Y(x,\,t) + 1 - \cos x$.

11. $y(x,\,t) = \frac{1}{2}(A+1)L - \sum_{n=1}^{\infty}\frac{4(A+1)L}{(2n-1)^2\pi^2}\cos\frac{(2n-1)\pi x}{L}\cos\frac{(2n-1)\pi ct}{L}$

13. $u(x,\,t) = e^{-At/2}\sum_{n=1}^{\infty} C_n \sin\frac{n\pi x}{L}\left[\frac{1}{AL}r_n\cos\frac{r_n t}{2L} + \sin\frac{r_n t}{2L}\right]$, 여기서 $C_n = \frac{2A}{r_n}\int_0^L f(x)\sin\frac{n\pi x}{L}dx$, $r_n = \sqrt{4(BL^2 + n^2\pi^2c^2) - A^2L^2}$.

15. (a) $y_f(x,\,t) = \sum_{n=1}^{\infty}\frac{64}{\pi^3}\left(\frac{2}{(2n-1)^3} - \frac{1}{9}\frac{1}{[(2n-1)^2-16]}\right)\sin\frac{n\pi x}{4}\cos\frac{3(2n-1)\pi t}{4} + \frac{1}{9\pi^2}(\cos nx - 1)$.

(b) $\cos\pi x$가 없을 때의 해는 $y(x,\,t) = \sum_{n=1}^{\infty}\frac{128}{\pi^3(2n-1)^3}\sin\frac{(2n-1)\pi x}{4}\cos\frac{3(2n-1)\pi t}{4}$ 이다. 두 해를 시간이 $t = 0.5,\ 0.6,\ 4.9,\ 9.8$일 때 같이 그려 보면 아래와 같다.

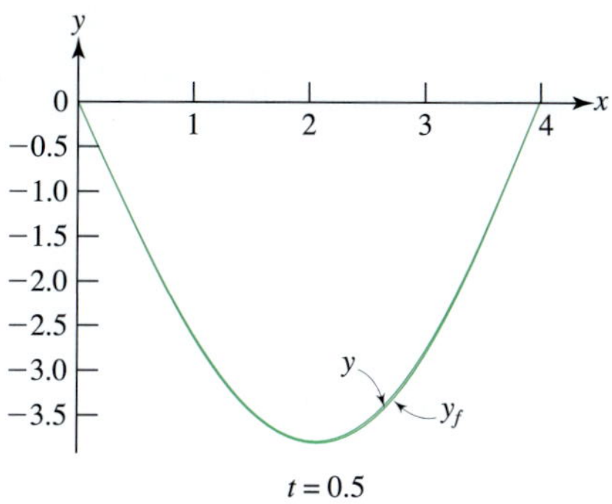

$t = 0.5$

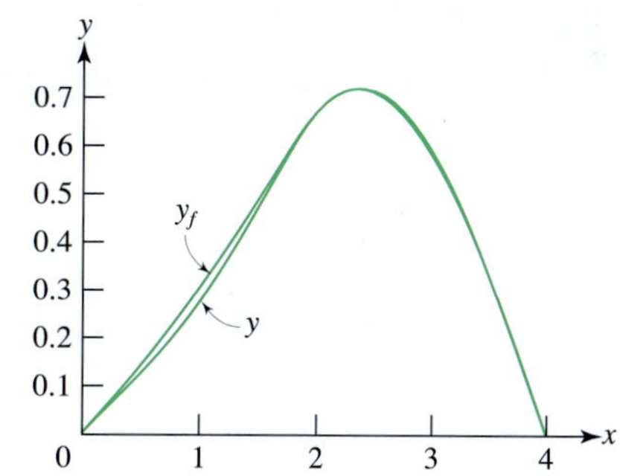

$t = 0.6$

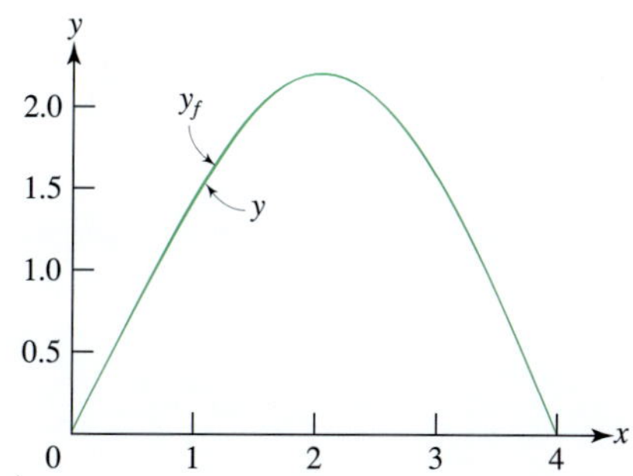

$t = 4.9$

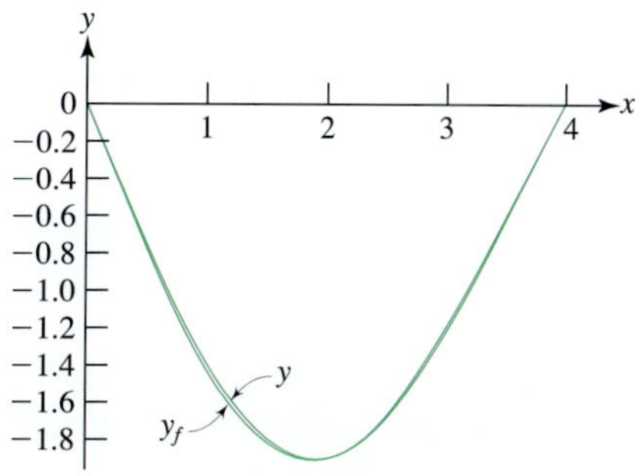

$t = 9.8$

연습문제 15.3

1. $y(x,t)=\int_0^\infty \frac{10}{\pi(25+\omega^2)}\cos\omega x\cos 12\omega t\,d\omega$

3. $y(x,t)=-\frac{1}{2\pi}\int_0^\infty \frac{\sin\pi\omega}{\omega(\omega^2-1)}\sin\omega x\sin 4\omega t\,d\omega$

5. $y(x,t)=\frac{e^{-2}}{3\pi}\int_0^\infty \left[\frac{2\cos\omega-\omega\sin\omega}{\omega(4+\omega^2)}\cos\omega x+\frac{\omega\cos\omega+2\sin\omega}{\omega(4+\omega^2)}\sin\omega x\right]\sin 3\omega t\,d\omega$

7. $y(x,t)$

$$=-\frac{1}{\pi}\int_0^\infty \frac{4\omega^3\cos^2\omega-2\omega^3-6\omega^2\sin\omega\cos\omega+3\sin\omega\cos\omega-6\omega\cos^2\omega+3\omega}{\omega^5}\cos\omega x\cos 4\omega t\,d\omega$$

9. $y(x,t)=\int_0^\infty \frac{1}{\pi\omega}\frac{\sin(\pi\omega/2)-\sin(5\pi\omega/2)}{\omega^2-1}\sin\omega x\sin 2\omega t\,d\omega$

11. $y(x,t)=\int_0^\infty -\frac{3}{7\pi\omega^5}[16\omega\cos^3\omega-12\omega\cos\omega+12\omega^2\sin\omega\cos^2\omega-3\omega^2\sin\omega-8\sin\omega\cos^2\omega$

$+2\sin\omega+2\omega]\sin\omega x\sin 14\omega t\,d\omega$

13. $y(x,t)=At+(1-A)\left(t-\frac{x}{c}\right)H\left(t-\frac{x}{c}\right)$

연습문제 15.4

1. 특성곡선은 $x-t=k_1,\ x+t=k_2$이고, $y(x,t)=\frac{1}{2}[(x-t)^2+(x+t)^2]+\frac{1}{2}\int_{x-t}^{x+t}-\xi\,d\xi=x^2+t^2-xt.$

3. 특성곡선은 $x-7t=k_1,\ x+7t=k_2$이고, $y(x,t)=\frac{1}{2}[\cos\pi(x-7t)+\cos\pi(x+7t)]+t-x^2t-\frac{49}{3}t^3.$

5. 특성곡선은 $x-14t=k_1,\ x+14t=k_2$이고, $y(x,t)=\frac{1}{2}[e^{x-14t}+e^{x+14t}]+xt.$

7. 특성곡선은 $x-4t=k_1,\ x+4t=k_2$이고,

$y(x,t)=\frac{1}{2}[(x-4t)e^{x-4t}+(x+4t)e^{x+4t}]+\frac{1}{8}[\sinh(x+4t)-\sinh(x-4t)].$

9. 특성곡선은 $x-15t=k_1,\ x+15t=k_2$이고,

$y(x,t)=\frac{1}{2}(|x-15t|+|z+15t|)+\frac{1}{60}(e^{2(x+15t)}-e^{2(x-15t)}).$

11. $y(x,t)=x+\frac{1}{8}(e^{-x+4t}-e^{-x-4t})+\frac{1}{2}xt^2+\frac{1}{6}t^3$

13. $y(x,t)=x^2+64t^2-x+\frac{1}{32}(\sin 2(x+8t)-\sin 2(x-8t))+\frac{1}{12}t^4x$

15. $y(x,t)=\frac{1}{2}[\cosh(x-3t)+\cosh(x+3t)]+t+\frac{1}{4}xt^4$

17. $y(x,t)=\frac{1}{2}[\cos 2(x-2t)+\cos 2(x+2t)]+t-\frac{1}{8}[2\sin(x+2t)-2\sin(x-2t)]+\frac{1}{12}t^4$

19.

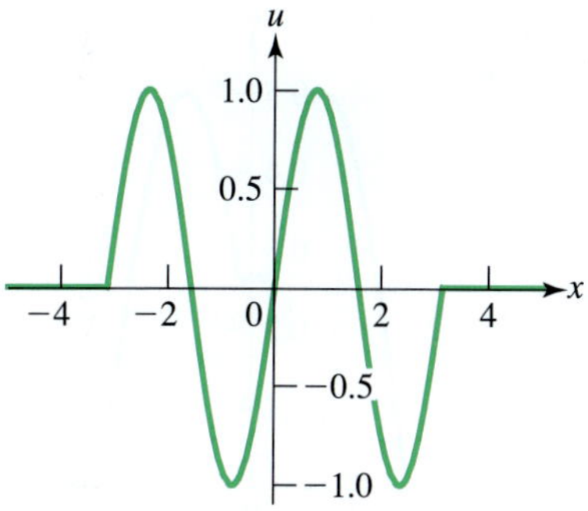

(1)

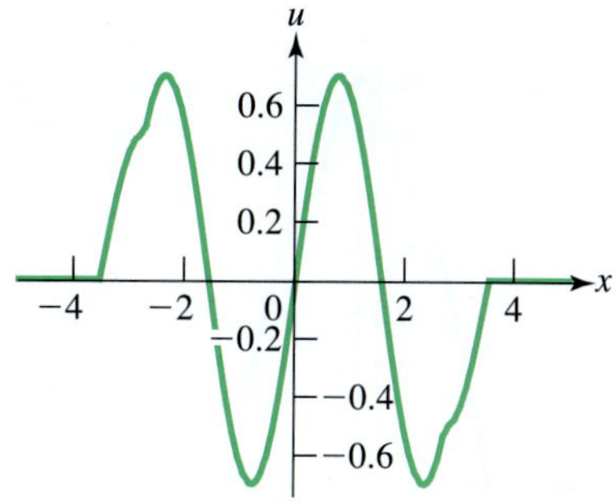

(2)

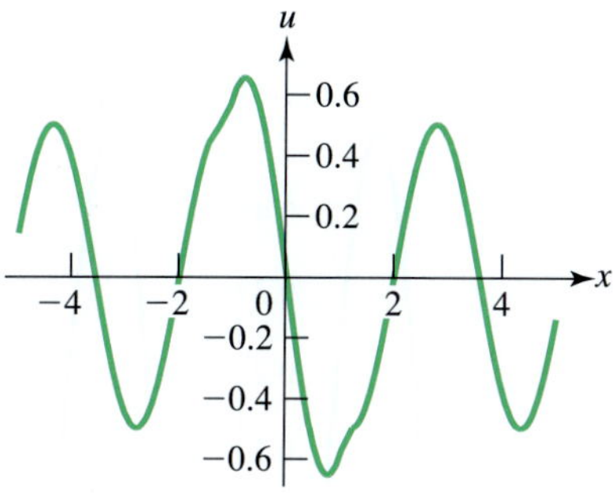

(3)

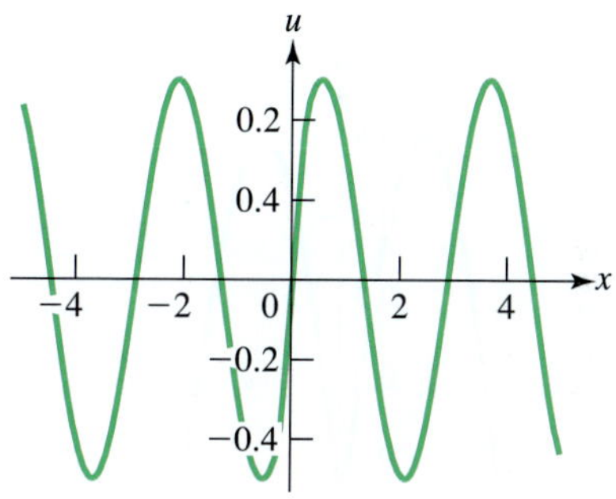

(4)

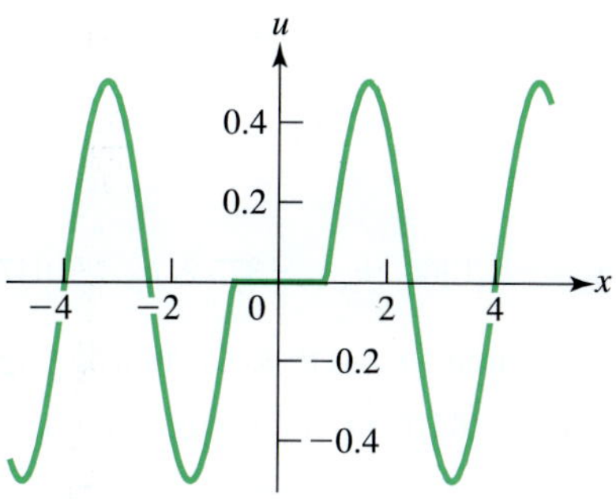

(5)

21.

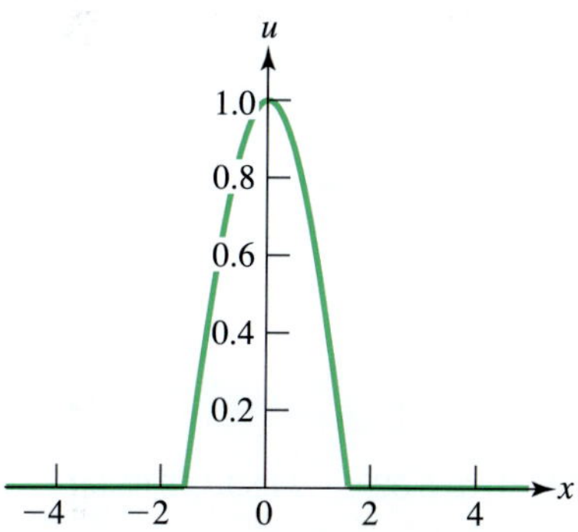

(1)

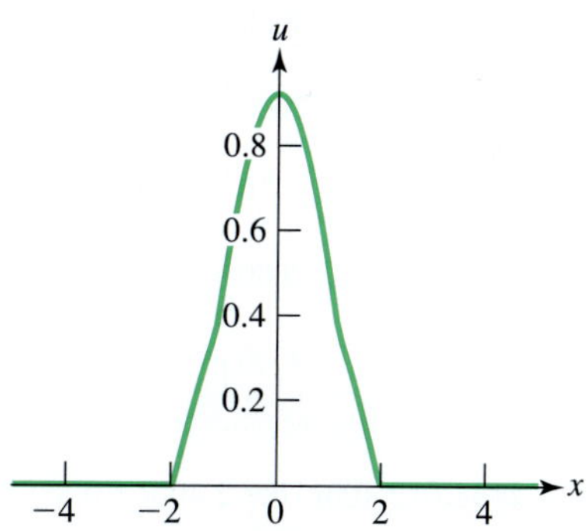

(2)

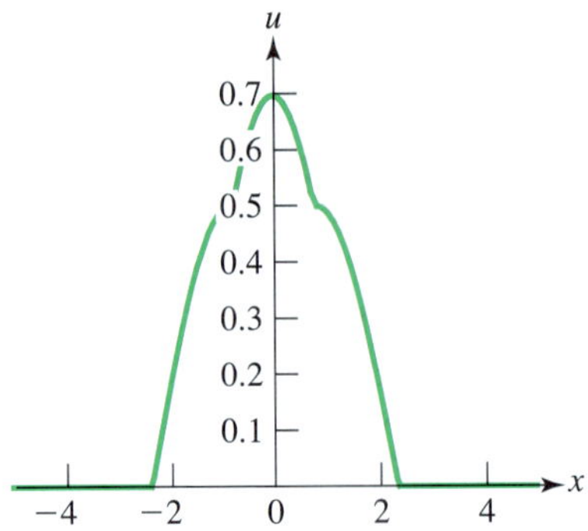

(3)

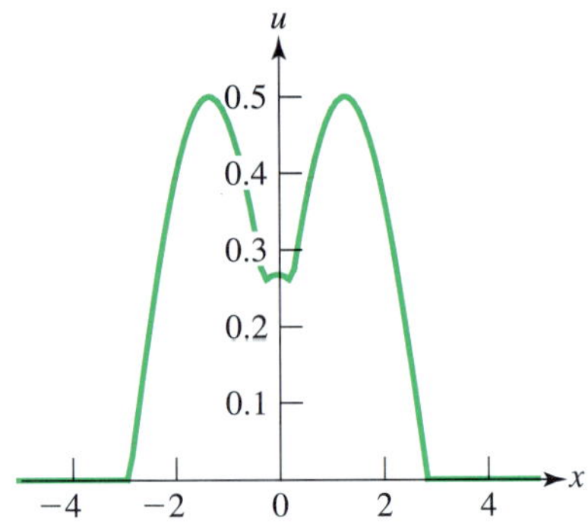

(4)

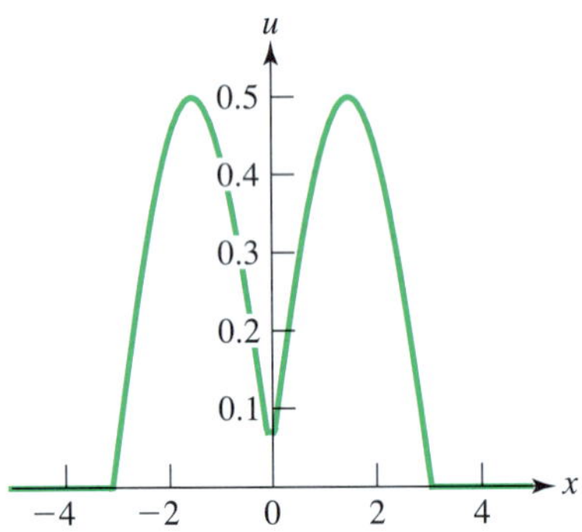

(5)

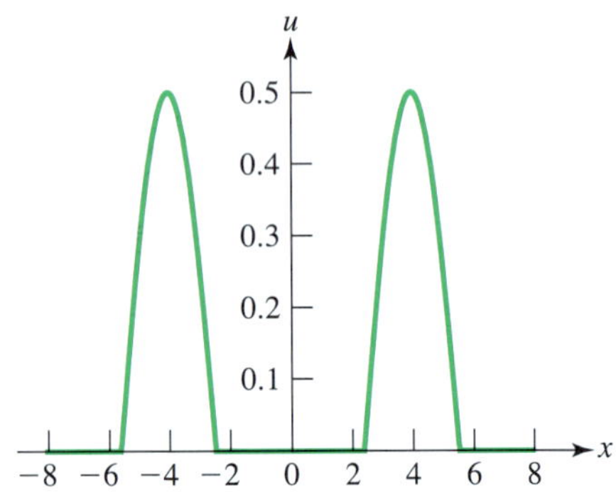

(6)

연습문제 15.5

1. $a_1 = \dfrac{2\int_0^1 x\,J_0(2.405x)\,dx}{[J_1(2.405)]^2} \approx 0.78442,\ a_2 \approx .04112,\ a_3 \approx -8.1366,\ \ a_4 \approx -375.2,\ a_5 \approx -6470.9$

급수의 다섯 항의 합은 $z(r, t) \approx 0.78442J_0(2.405r)\cos 2.405t + 0.04112J_0(5.520r)\cos 5.520t - 8.1366J_0(8.654r)\cos 8.654t - 375.2J_0(11.792r)\cos 11.792t - 6470.9J_0(14.93r)\cos 14.931t$

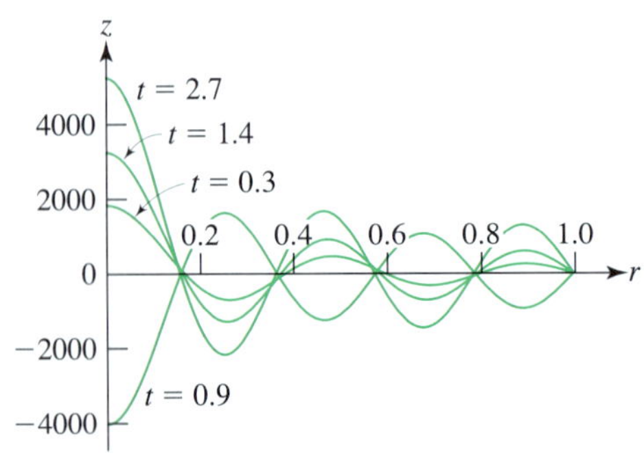

3. $z(r, t) \approx 1.2534J_0(2.405r)\cos 2.405t - 0.88824J_0(5.520r)\cos 5.520t - 24.89J_0(8.654r)\cos 8.654t - 1133.6J_0(11.792r)\cos 11.792t - 19523J_0(14.931r)\cos 14.931t$

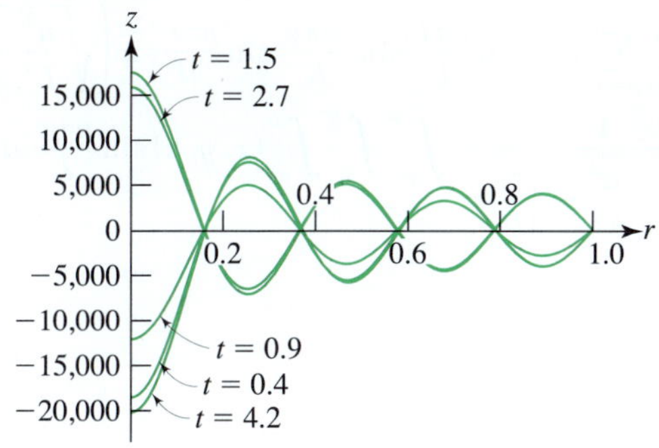

연습문제 15.6

1.

$$\frac{1}{2}\alpha_0(r) = \frac{1}{2\pi}\int_{-\pi}^{\pi}(4-r^2)\sin^2\theta\,d\theta = \frac{1}{2}(4-r^2)$$

$$\alpha_n(r) = \frac{4-r^2}{\pi}\int_{-\pi}^{\pi}\sin^2\theta\cos n\theta\,d\theta = \begin{cases} 0 & n\neq 2 \\ \dfrac{4-r^2}{\pi}\left(-\dfrac{1}{2}\pi\right) & n=2 \end{cases}$$

$$\beta_n(r) = \frac{4-r^2}{\pi}\int_{-\pi}^{\pi}\sin^2\theta\sin n\theta\,d\theta = 0.$$

이 계산을 이용하면

$$\begin{aligned} z(r,\theta,t) &= \sum_{k=1}^{\infty}\frac{2}{[J_1(j_{0k})]^2}\left(\int_0^1\xi(1-\xi^2)J_0(j_{0k}\xi)d\xi\right)J_0\left(\frac{1}{2}j_{0k}r\right)\cos j_{0k}t \\ &\quad+4\sum_{k=1}^{\infty}\frac{1}{[J_3(j_{2k})]^2}\left(\int_0^1\xi(\xi^2-1)J_2(j_{2k}\xi)d\xi\right)J_2\left(\frac{1}{2}j_{2k}r\right)\cos 2\theta\cos j_{2k}t \\ &\quad+\sum_{p=1}^{\infty}\sin p\theta\sum_{q=1}^{\infty}\frac{4(-1)^{p+1}}{pj_{pq}[J_{p+1}(j_{pq})]^2}\int_0^1\xi J_p(j_{pq}\xi)d\xi J_p\left(\frac{1}{2}j_{pq}r\right)\sin j_{pq}t \\ &\approx 1.1081J_0(1.2025r)\cos 2.40483t - 0.13975J_0(2.760r)\cos 5.52008t \\ &\quad+0.4555J_0(4.327r)\cos 8.65373t - 0.02105J_0(5.8960r)\cos 11.7915t \\ &\quad+0.01165J_0(7.4655r)\cos 14.4309t + \cdots - 2.9777J_2(2.5675r)\cos 2\theta\cos 5.1356t \\ &\quad-1.4035J_2(4.2085r)\cos 2\theta\cos 8.4172t - 1.1405J_2(5.8100r)\cos 2\theta\cos 11.6198t \\ &\quad-0.83271J_2(7.398r)\cos 2\theta\cos 14.7960t - \cdots \end{aligned}$$

연습문제 15.7

1. $z(z,y,t) = \dfrac{1}{\pi}\displaystyle\sum_{n=1}^{\infty}\left[\frac{8(-1)^{n+1}\pi^2}{n}+\frac{16}{n^3}[(-1)^n-1]\right]\sin\frac{nx}{2}\sin y\cos\frac{1}{2}\sqrt{n^2+4}\,t$

3. $z(z,y,t) = \displaystyle\sum_{n=1}^{\infty}\sum_{m=1}^{\infty}\left[\frac{16}{\pi^2(2n-1)(2m-1)\sqrt{(2n-1)^2+(2m-1)^2}}\right]\cos\frac{(2n-1)x}{2}\sin\frac{(2m-1)x}{2}$
$\times\sin(\sqrt{(2n-1)^2+(2m-1)^2}\,t)$

5. $0\le x\le L, 0\le y\le K, 0\le z\le M$에서

$$u(x, y, z, t) = \sum_{n=1}^{\infty}\sum_{m=1}^{\infty}\sum_{p=1}^{\infty} \alpha_{nmp} \sin\frac{n\pi x}{L}\sin\frac{m\pi y}{K}\sin\frac{p\pi z}{M}\sin\left(\sqrt{\frac{n^2}{L^2}+\frac{m^2}{K^2}+\frac{p^2}{M^2}}\,\pi ct\right),\ \text{여기서}$$

$$\alpha_{nmp} = \frac{8}{LKM}\frac{1}{\sqrt{\frac{n^2}{L^2}+\frac{m^2}{K^2}+\frac{p^2}{M^2}}\,\pi c}\int_0^M\int_0^K\int_0^L (x, y, z)\sin\frac{n\pi x}{L}\sin\frac{m\pi y}{K}\sin\frac{p\pi z}{M}dx\,dy\,dz$$

16장 열방정식

연습문제 16.1

1. $\frac{\partial u}{\partial t} = k\frac{\partial^2 u}{\partial x^2},\quad 0<x<L, t>0,\ u(0, t) = \frac{\partial u}{\partial x}(L, t) = 0,\quad t\ge 0,\ u(x, 0) = f(x),\ 0\le x\le L.$

3. $\frac{\partial u}{\partial t} = k\frac{\partial^2 u}{\partial x^2},\quad 0<x<L, t>0,\ \frac{\partial u}{\partial x}(0, t) = 0, u(L, t) = \beta(t),\quad t\ge 0,$
$u(x, 0) = f(x),\quad 0\le x\le L.$

연습문제 16.2

$\exp(A) = e^A$를 나타낸다.

1. $u(x, t) = \sum_{n=1}^{\infty}\frac{8L^2}{(2n-1)^3\pi^3}\sin\frac{(2n-1)\pi x}{L}\exp\frac{-(2n-1)^2\pi^2 kt}{L^2}$

3. $u(x, t) = \sum_{n=1}^{\infty}\frac{-16L}{(2n-1)\pi[(2n-1)^2-4]}\sin\frac{(2n-1)\pi x}{L}\exp\frac{-3(2n-1)^2\pi^2 t}{L^2}$

5. $u(x, t) = \frac{2}{3}\pi^2 - \sum_{n=1}^{\infty}\frac{4}{n^2}\cos nx\, e^{-4n^2 t}$

7. $u(x, t) = \frac{1}{6}(1-e^{-6}) + 12\sum_{n=1}^{\infty}\frac{1-e^{-6}(-1)^n}{36+n^2\pi^2}\cos\frac{n\pi x}{6}e^{-n^2\pi^2 t/18}$

9. $u(x, t) = \sum_{n=1}^{\infty}\frac{4B}{(2n-1)\pi}\sin\frac{(2n-1)\pi x}{2L}\exp\frac{-(2n-1)^2\pi^2 kt}{4L^2}$

11. 구하는 고유값은 $\lambda_n = z_n^2/36$이다. 여기서 z_n은 $\tan z_n = -z_n/3$의 양의 근이다. 고유함수는 $\sin(z_n x/6)$이므로 $u(x, t) = \sum_{n=1}^{\infty} A_n \sin\frac{z_n x}{6}e^{-z_n^2 kt}$이고 $A_n = \frac{\int_0^6 x(6-x)\sin(z_n x/6)dx}{\int_0^6 \sin^2(z_n x/6)dx}$이다.

첫 네 번째 항까지의 합을 이용하면 $u(x, t) \approx \sum_{n=1}^{4} A_n \sin\frac{z_n x}{6}e^{-z_n^2 kt}$로 근사할 수 있다.

13. $e^{\alpha x+\beta t}v(x, t)$를 편미분방정식에 대입하고 $v_t = kv_{xx}$를 만족하도록 α, β를 구하면 $\alpha = -A/2$, $\beta = k(B-A^2/4)$를 얻는다.

15. $u(x, t) = e^{-3x-9t}v(x, t)$라 하면 $v_t = v_{xx}$, $v(0, t) = v(4, t) = 0$, $v(x, 0) = e^{3x}$이다. 이 문제를 풀면 $\sum_{n=1}^{\infty} 2n\pi\frac{1-e^{12}(-1)^n}{144+n^2\pi^2}\sin\frac{n\pi x}{4}e^{-n^2\pi^2 t/16}$이다. 이 해의 그래프는 시간 $t = 0.003, 0.02, 0.08, 1.3$일 때 아래와 같다.

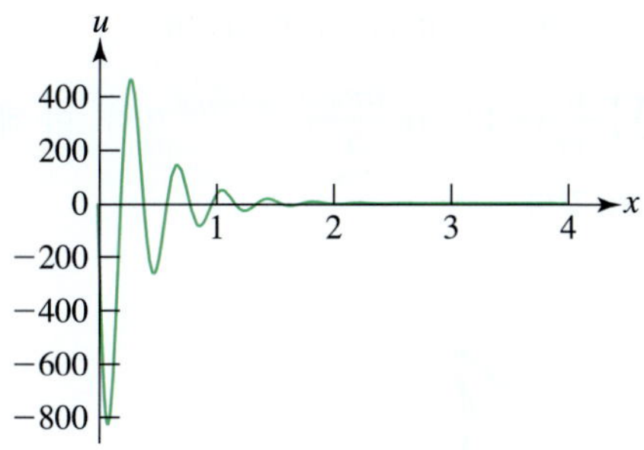

$t = 0.003$

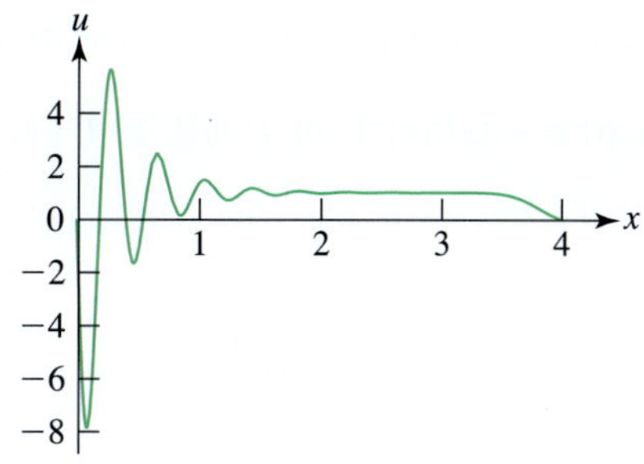

$t = 0.02$

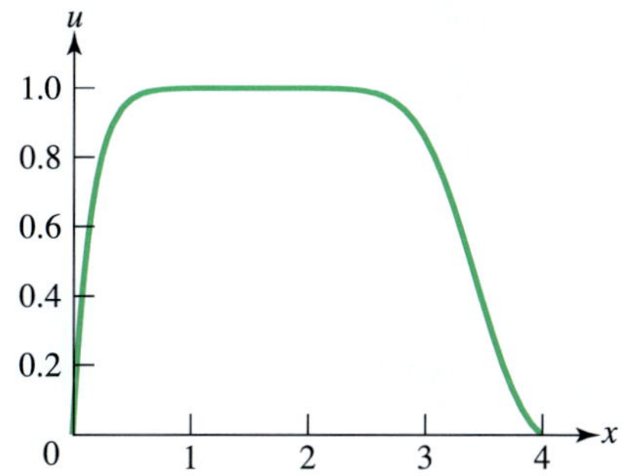

$t = 0.08$

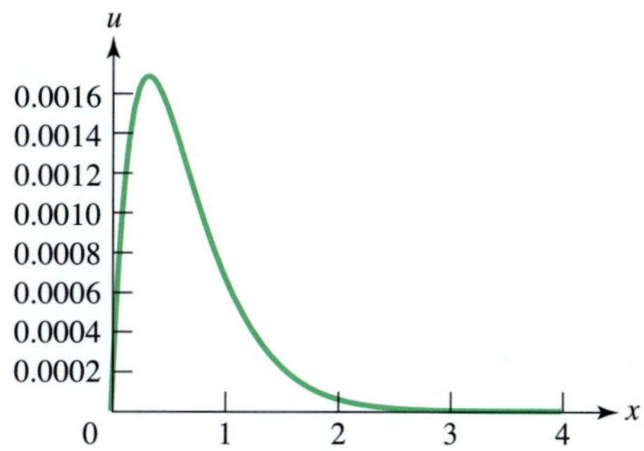

$t = 1.3$

17. $u(x, t) = v(x, t) + f(x)$, $f(x) = 3x + 2$라 하면 $v_t = 16v_{xx}$, $v(0, t) = v(1, t) = 0$, $v(x, 0) = x^2 - f(x)$이 된다. 이 경계값 문제를 풀면 $v(x, t) = \sum_{n=1}^{\infty} 2\frac{4n^2\pi^2(-1)^n + 2(-1)^n - 2 - 2n^2\pi^2}{n^3\pi^3} \sin n\pi x \, e^{-16n^2\pi^2 t}$, $u(x, t) = v(x, t) + 3x + 2$이다. 이 해의 그래프는 시간 $t = 0.005, 0.009, 0.01$일 때 아래와 같다.

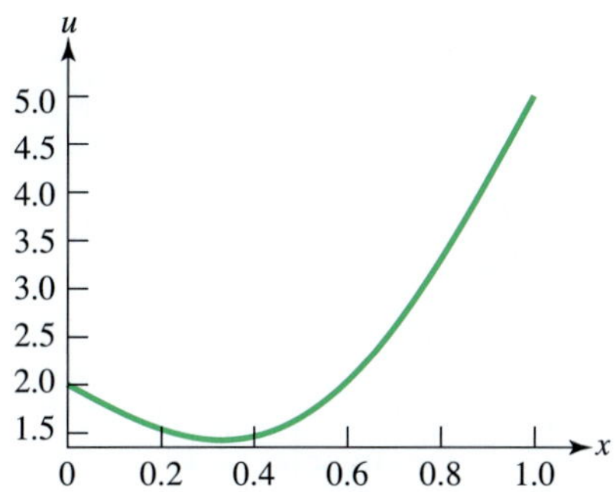

$t = 0.005$

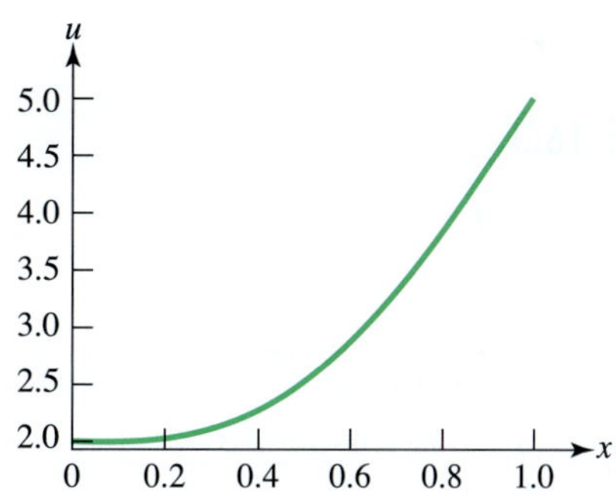

$t = 0.009$

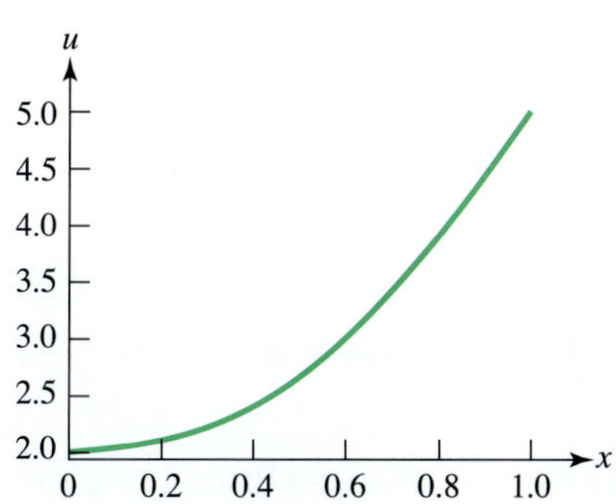

$t = 0.01$

19. $v(x,t)=u(x,t)+f(x)$, $f(x)=-3x/5$이라 하면, $v_t=9v_{xx}$, $v(0,t)=v(5,t)=0$, $v(x,0)=-3x/5$이다. 이 문제를 풀면 $u(x,t)=\sum_{n=1}^{\infty}\frac{6}{n\pi}(-1)^n\sin\frac{n\pi x}{5}e^{-9n^2\pi^2t/25}$이다. 이 해의 그래프는 시간 $t=0.005,\ 0.04, 0.01, 1.1$일 때 아래와 같다.

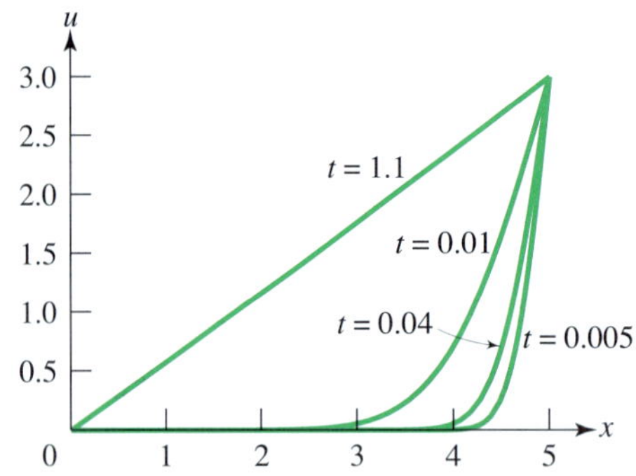

21. $u(x,t)=\sum_{n=1}^{\infty}\left[\frac{1}{8\pi}\frac{1-(-1)^n}{n^5}(-1+4n^2t+e^{-4n^2t})\right]\sin nx+\frac{4}{\pi}\sum_{n=1}^{\infty}\frac{1-(-1)^n}{n^3}\sin nx\,e^{-4n^2t}$

23. $u(x,t)=\sum_{n=1}^{\infty}\frac{50}{n^3\pi^3}\frac{1-(-1)^n\cos 5}{n^2\pi^2-25}(-25+n^2\pi^2t+25e^{-n^2\pi^2t/25})\sin\frac{n\pi x}{5}$

$$+\sum_{n=1}^{\infty}\left(-250\frac{4(-1)^n+2}{n^3\pi^3}\right)\sin\frac{n\pi x}{5}e^{-n^2\pi^2t/25}$$

25. $u(x,t)=\sum_{n=1}^{\infty}\frac{(-1)^{n+1}27}{128}\frac{16n^2\pi^2t+9e^{-16n^2\pi^2t/9}-9}{n^5\pi^5}\sin\frac{n\pi x}{3}+2K\sum_{n=1}^{\infty}\frac{1-(-1)^n}{n\pi}\sin\frac{n\pi x}{3}e^{-16n^2\pi^2t/9}$

연습문제 16.3

1. $u(x,t)=\frac{2}{\pi}\int_0^{\infty}\frac{\omega}{\alpha^2+\omega^2}\sin\omega x\,e^{-\omega^2kt}d\omega$ **3.** $u(x,t)=\frac{2}{\pi}\int_0^{\infty}\frac{1-\cos h\omega}{\omega}\sin\omega x\,e^{-\omega^2kt}d\omega$

5. $u(x,t)=\frac{1}{\pi}\int_0^{\infty}\frac{8}{16+\omega^2}\cos\omega x\,e^{-\omega^2kt}d\omega$

7. $u(x,t)=\int_0^{\infty}\left[\frac{4\omega\sin 4\omega+\cos 4\omega-1}{\pi\omega^2}\cos\omega x+\frac{\sin 4\omega-4\omega\cos 4\omega}{\pi\omega^2}\sin\omega x\right]e^{-\omega^2kt}d\omega$

9. $u(x,t)=\frac{4}{\pi}\int_0^{\infty}\frac{\omega}{(1+\omega^2)^2}\sin\omega x\,e^{-\omega^2t}e^{-t^2/2}d\omega$

11. $u(x,t)=\int_0^t 2(t-\tau)\operatorname{erfc}\left(\frac{x}{2\sqrt{k\tau}}\right)d\tau$

13. $F'(x)=\int_{-\infty}^{\infty}\frac{\partial}{\partial x}\left(e^{-\xi^2}\cos x\xi\right)d\xi=\int_{-\infty}^{\infty}\left(-\xi e^{-\xi^2}\right)\sin x\xi\,d\xi$

$$=\left[\frac{1}{2}e^{-\xi^2}\sin x\xi\right]_{\xi=-\infty}^{\infty}-\int_{-\infty}^{\infty}\frac{1}{2}e^{-\xi^2}x\cos x\xi\,d\xi=[0-0]-\frac{x}{2}F(x)=-\frac{x}{2}F(x).$$

이 선형방정식을 풀면 $e^{\frac{x^2}{4}}F(x)=c\ \Rightarrow\ F(x)=F(0)e^{-\frac{x^2}{4}}=\sqrt{\pi}\,e^{-\frac{x^2}{4}}$.

연습문제 16.4

1. $U(r,t)=\sum_{n=1}^{\infty}\frac{2}{[J_1(j_n)]^2}\left(\int_0^1 \xi^2 J_0(j_n\xi)d\xi\right)J_0(j_n r)e^{-j_n^2 t}$; 다섯 번째 항까지의 부분합은

$U(r,t)\approx .8170J_0(2.405r)e^{-5.785t}-1.1394J_0(5.520r)e^{-30.47t}+0.7983J_0(8.654r)e^{-74.89t}$
$-0.747J_0(11.792r)e^{-139.04t}+0.6315J_0(14.913r)e^{-222.93t}$. 시간 $t=0.003, 0.009, 0.04, 0.7$일 때 이 함수의 그래프는 아래와 같다.

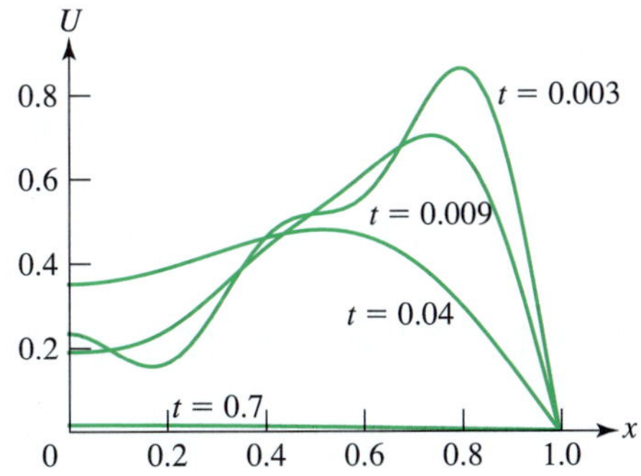

3. $U(r,t)=\sum_{n=1}^{\infty}\frac{2}{[J_1(j_n)]^2}\left(\int_0^1 \xi(9-9\xi^2)J_0(j_n\xi)d\xi\right)J_0\left(\frac{j_n}{3}r\right)e^{-j_n^2 t/18}$; 다섯 번째 항까지의 부분합은

$U(r,t)\approx 9.9722J_0(2.405r/3)e^{-5.78t/18}-1.258J_0(5.520r/3)e^{-30.47t/18}+0.4093J_0(8.654r/3)e^{-74.89t/18}$
$-0.1889J_0(11.792r/3)e^{-139.04t/18}+0.1048J_0(14.93r/3)e^{-222.93t/18}$. 시간 $t=0.003, 0.009, 0.08, 0.4$일 때 이 부분합의 그래프는 아래와 같다.

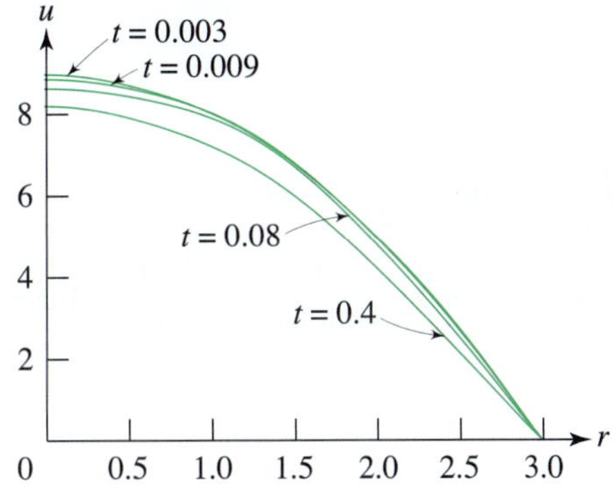

연습문제 16.5

1. $u(x,y,t)=\sum_{n=1}^{\infty}\sum_{m=1}^{\infty}b_{nm}\sin\frac{n\pi x}{L}\sin\frac{m\pi y}{K}e^{-\beta_{nm}kt}$, 여기서 $\beta_{nm}=\left(\frac{n^2}{L^2}+\frac{m^2}{K^2}\right)\pi^2$이고

$b_{nm}=\frac{4}{LK}\int_0^K\int_0^L f(x,y)\sin(n\pi x/L)\sin(m\pi y/K)dxdy.$

3. $u(x, y)=\frac{8}{\pi}\sin x\sum_{m=1}^{\infty}\frac{(-1)^{m+1}m}{(2m+1)^2(2m-1)^2}\sin my\, e^{-(1+m^2)t}$

17장 조화함수

연습문제 17.1

1. $\nabla^2(f+g)=(f+g)_{xx}+(f+g)_{yy}=(f_{xx}+f_{yy})+(g_{xx}+g_{yy})=\nabla^2 f+\nabla^2 g$,
$\nabla^2(\alpha f)=(\alpha f)_{xx}+(\alpha f)_{yy}=\alpha(f_{xx}+f_{yy})=\alpha\nabla^2 f$.

3. $\frac{\partial}{\partial x}\ln(x^2+y^2)=\frac{2x}{x^2+y^2}$ 과 $\frac{\partial}{\partial x}\left(\frac{2x}{x^2+y^2}\right)=2\frac{y^2-x^2}{(x^2+y^2)^2}$ 임을 계산하여라.
마찬가지로 $\frac{\partial^2}{\partial y^2}\left(\frac{2x}{x^2+y^2}\right)=2\frac{x^2-y^2}{(x^2+y^2)^2}$ 이다. 그러므로 $x^2+y^2\neq 0$이면 $\nabla^2\ln(x^2+y^2)=0$이다.

5. $\frac{\partial^2 u}{\partial r^2}+\frac{1}{r}\frac{\partial u}{\partial r}+\frac{1}{r^2}\frac{\partial^2 u}{\partial\theta^2}=0$에 주어진 함수를 대입하면 어렵지 않게 조화함수임을 확인할 수 있다.

연습문제 17.2

1. $u(x, y)=\frac{-1}{\sinh\pi^2}\sin\pi x\sinh\pi(y-\pi)$

3. $u(x, y)=\sum_{n=1}^{\infty}\frac{32}{\pi^2\sinh 4n\pi}\frac{n(-1)^{n+1}}{(2n-1)^2(2n+1)^2}\sin n\pi x\sinh n\pi y$

5. $u(x, y)=\frac{1}{\sinh\pi^2}\sin\pi x\sinh\pi y+\sum_{n=1, n\neq 2}16n\frac{(-1)^n-1}{\pi^2(n-2)^2(n+2)}\frac{1}{\sinh(n\pi^2/2)}\sin\frac{n\pi x}{2}\sinh\frac{n\pi y}{2}$
$+\frac{1}{\sinh 2}\sin y\sinh x$

7. $u(x, y)=\sum_{n=1}^{\infty}c_n\sin\frac{(2n-1)\pi x}{2a}\sinh\frac{(2n-1)\pi y}{2a}$,
$c_n=\frac{2}{a\sinh[(2n-1)\pi b/2a]}\int_0^a f(x)\sin\frac{(2n-1)\pi x}{2a}dx$.

9. $u(x, y)=\frac{-1}{\sinh 4\pi}\sin\pi y\sinh\pi(x-4)+\sum_{n=1}^{\infty}\frac{4}{\sinh 4n\pi}\frac{1-(-1)^n}{\pi^3 n^3}\sin n\pi y\sinh n\pi x$

연습문제 17.3

1. $u(r, \theta)=1$ **3.** $u(r, \theta)=\frac{1}{2}-\frac{r^2}{2}\cos 2\theta$

5. $u(r, \theta)=\frac{\pi^2}{3}+2\sum_{n=1}^{\infty}\left(\frac{r}{2}\right)^n\frac{(-1)^n}{n}(2\cos n\theta+n\sin n\theta)$

7. $u(r, \theta)=\frac{\sinh\pi}{\pi}+\frac{2\sinh\pi}{\pi}\sum_{n=1}^{\infty}\left(\frac{r}{4}\right)^n\frac{(-1)^n}{n^2+1}(\cos n\theta+n\sin n\theta)$

9. 극좌표계에서 문제는 $\nabla^2 U(r, \theta)=0,\ r<4,\ U(4, \theta)=16\cos^2\theta$이 된다. 해는

$U(r,\theta)=8+r^2\left(\cos^2\theta-\dfrac{1}{2}\right)$. 직교좌표 해는 $u(x,y)=\dfrac{1}{2}(x^2-y^2)+8$.

11. 극좌표 해는 $U(r,\theta)=r^2(2\cos^2\theta-1)$이므로 $u(x,y)=x^2-y^2$.

연습문제 17.4

1. $u(4,\pi)=0,\ u(12,\pi/6)\approx -2.571176,\ u(8,\pi/4)\approx 0.59705$

3. $u(1/2,\pi)=0,\ u(3/4,\pi/3)\approx 0.88261,\ u(0.2,\pi/4)\approx 0.024076$

연습문제 17.5

1. $u(x,y)=\dfrac{1}{\pi}\left[\arctan\dfrac{4-x}{y}-\arctan\dfrac{4+x}{y}\right],\ -\infty<x<\infty,\ y>0$

3. $u(x,y)=\dfrac{y}{\pi}\displaystyle\int_0^\infty\left(\frac{1}{y^2+(\xi-x)^2}-\frac{1}{y^2+(\xi+x)^2}\right)e^{-\xi}\cos\xi\,d\xi$

5. $u(x,y)=\dfrac{2}{\pi}\displaystyle\int_0^\infty\left(\int_0^\infty f(\xi)\sin\omega\xi\,d\xi\right)\sin\omega x\,e^{-\omega y}d\omega+\frac{2}{\pi}\int_0^\infty\left(\int_0^\infty g(\xi)\sin\omega\xi\,d\xi\right)\sin\omega y\,e^{-\omega x}d\omega$

7. x에 관한 Fourier 사인변환을 이용하면

$$u(x,y)=\frac{2}{\pi}\int_0^\infty\left[\frac{2}{\omega^3}\frac{2+e^{-\omega}}{e^{\omega}-e^{\omega}}e^{\omega y}-\frac{2}{\omega^3}\frac{2+e^{\omega}}{e^{\omega}-e^{-\omega}}e^{-\omega y}+\frac{1}{\omega}y^2(1-y)+\frac{2-6y}{\omega^3}\right]\sin\omega x\,d\omega$$

9. $u(x,y)=\dfrac{2}{\pi}\displaystyle\int_0^\infty\frac{\omega}{1+\omega^2}\sin\omega y\,e^{-\omega x}d\omega$

11. $u(x,y)=\dfrac{4}{\pi}\displaystyle\int_0^\infty\frac{\omega}{(1+\omega^2)^2}\sin\omega x\,e^{-\omega y}d\omega+\frac{2}{\pi}\int_0^\infty\frac{\omega}{1+\omega^2}\sin\omega y\,e^{-\omega x}d\omega$

13. $u(x,y)=\displaystyle\int_0^\infty\frac{2}{\pi(1+\omega^2)}\cos\omega y\,e^{-\omega x}d\omega$

연습문제 17.6

1. $u(x,y,z)=\displaystyle\sum_{n=1}^\infty\sum_{m=1}^\infty\frac{4(-1)^{n+m}}{nm\pi^2\sinh\left(\pi\sqrt{n^2+m^2}\right)}\sin n\pi x\,\sin m\pi y\,\sinh\left(\pi\sqrt{n^2+m^2}\,z\right)$

3. $u(x,y,z)=\displaystyle\sum_{n=1}^\infty\sum_{m=1}^\infty\frac{\sin(2n-1)\pi x\,\sin(2m-1)z\,\sinh\left(\sqrt{(2m-1)^2+\pi^2(2m-1)^2}\,y\right)}{\pi^2(2n-1)(2m-1)\sinh\left(2\pi\sqrt{(2m-1)^2+\pi^2(2n-1)^2}\right)}+$

$$\sum_{n=1}^\infty\sum_{m=1}^\infty\frac{16}{\pi^2(2n-1)(2m-1)}\frac{\sin(2n-1)\pi x\sin((2m-1)y/2)\sinh\left(\sqrt{(2m-1)^2/4+\pi^2(2n-1)^2}\,z\right)}{\sinh\left(\pi\sqrt{(2m-1)^2/4+\pi^2(2n-1)^2}\right)}$$

연습문제 17.7

1. $u(\rho,\varphi)=\displaystyle\sum_{n=0}^\infty\frac{(2n+1)A}{2}\left(\int_{-1}^1(\arccos\xi)^2P_n(\xi)d\xi\right)\left(\frac{\rho}{R}\right)^nP_n(\cos\varphi)$

$$\approx 2.9348A-3.7011A\left(\frac{\rho}{R}\right)P_1(\cos\varphi)+1.1111A\left(\frac{\rho}{R}\right)^2P_2(\cos\varphi)$$

$$-0.5397A\left(\frac{\rho}{R}\right)^3 P_3(\cos\varphi)+0.3200A\left(\frac{\rho}{R}\right)^4 P_4(\cos\varphi)-0.2120\left(\frac{\rho}{R}\right)^5 P_5(\cos\varphi)+\cdots$$

3. $u(\rho,\varphi)\approx 6.0784-9.8602\left(\frac{\rho}{R}\right)P_1(\cos\varphi)+5.2360\left(\frac{\rho}{R}\right)^2 P_2(\cos\varphi)$

$$-2.4044\left(\frac{\rho}{R}\right)^3 P_3(\cos\varphi)+1.5080\left(\frac{\rho}{R}\right)^4 P_4(\cos\varphi)-0.9783\left(\frac{\rho}{R}\right)^5 P_5(\cos\varphi)+\cdots$$

5. $u(\rho,\varphi)=\frac{T_1R_1}{R^2-R^1}\left[\frac{1}{\rho}R^2-1\right]$

7. $u(\rho,\varphi)=\sum_{n=1}^{\infty}a_{2n-1}\rho^{2n-1}P_{2n-1}(\cos\varphi)$,

$$a_{2n-1}=\frac{\int_0^1 AP_{2n-1}(x)dx}{R^{2n-1}\int_0^1 (P_{2n-1}(x))^2dx}=\frac{(4n-1)A}{R^{2n-1}}\int_0^1 P_{2n-1}(x)dx.$$

9. $u(\rho,\varphi)=\sum_{n=1}^{\infty}a_{2n-1}\rho^{2n-1}P_{2n-1}(\cos\varphi),\ \ a_{2n-1}=\frac{4n-1}{R^{2n-1}}\int_0^1 f(\arccos x)P_{2n-1}(x)dx.$

연습문제 17.8

1. $u(x,y)=\frac{4}{-\pi\sinh\pi}\cos\pi x\cosh\pi(1-y)+C$

3. $u(x,y)=\frac{1}{-3\sinh 3\pi}\cos 3x\cosh 3(\pi-y)+\sum_{n=1}^{\infty}\frac{12}{\pi}\frac{(-1)^n-1}{n^3\sinh n\pi}\cos nx\cosh ny+C$

5. $u(x,y)=2\sum_{n=1}^{\infty}\frac{n^2\pi^2(-1)^n+6(1-(-1)^n)}{n^4\pi^4\sinh\pi}\sin n\pi y\ \cosh n\pi(1-x)$

7. 극좌표 해는 $U(r,\theta)=c_0+\frac{1}{4}r^4\left(-\cos^4\theta+\cos^2\theta-\frac{1}{8}\right)$.

직교좌표 해는 $u(x,y)=c_0+\frac{1}{4}\left(x^2y^2-\frac{1}{8}(x^2+y^2)^2\right)$.

9. $u(x,y)=\frac{1}{2\pi}\int_{-\infty}^{\infty}\ln(y^2+(\xi-x)^2)e^{-|\xi|}\sin\xi d\xi+C$

11. $u(x,y)=\int_0^{\infty}a_\omega\cos\omega x\, e^{-\omega y}d\omega+c,\quad a_\omega=-\frac{2}{\pi\omega}\int_0^{\infty}f(\xi)\cos\omega\xi d\xi$

18장 복소수와 복소함수

연습문제 18.1

1. $26-18i$ **3.** $\frac{1}{65}(1+18i)$ **5.** $4+228i$ **7.** $6-i$ **9.** $\frac{1}{4225}(-1632+2024i)$

11. $i^{4n}=1\,;\,i^{4n+1}=i\,;\,i^{4n+2}=-1\,;\,i^{4n+3}=-i$

13. $a^2-b^2+b+1\,;\,2ab-a$ **17.** $\frac{\pi}{2}+2n\pi$ **19.** $\pi-\tan^{-1}\left(\frac{2}{3}\right)+2n\pi$ **21.** $\pi+2n\pi$

23. $2\sqrt{2}[\cos(3\pi/4)+i\sin(3\pi/4)]$ **25.** $\sqrt{29}\left[\cos\left(-\tan^{-1}\left(\frac{2}{5}\right)\right)+i\sin\left(-\tan^{-1}\left(\frac{2}{5}\right)\right)\right]$

27. $\sqrt{65}\left[\cos\left(\tan^{-1}\left(\frac{1}{8}\right)\right)+i\sin\left(\tan^{-1}\left(\frac{1}{8}\right)\right)\right]$

29. 힌트: $|z|=1$이면 $z\bar{z}=1$이므로 $\left|\frac{z-w}{1-\bar{z}w}\right|=\left|\frac{z-w}{z\bar{z}-w\bar{z}}\right|=\frac{1}{|z|}\left|\frac{z-w}{z-w}\right|=1$ **33.** $8i$

35. $\cos^3\theta-3\cos\theta\sin^2\theta$

37. 중심이 $(8, -4)$이고 반지름이 9인 원 **39.** 중심이 $\left(0, -\frac{1}{2}\right)$이고 반지름이 $\frac{1}{2}\sqrt{65}$인 원

41. $x \le 0$인 실수축 **43.** $y=x+2$ **45.** $8x+10y+27=0$ **47.** $3x+y+2>0$

49. 수직 띠 $-1 \le x < 2$ **51.** $x+3y-1 \ge 0$, $x^2+y^2 \ge 16$ **53.** 수평 띠 $-3<y<1$

55. $2x+8y+15=0$; K의 모든 점이 극한점이고 그 외는 없다. 경계점들의 집합은 직선 $2x+8y+15=0$; K는 닫혀 있다.

57. M은 직선 $y=2$ 아래 반평면 ; 극한점들의 집합은 M과 직선 $y=7$; 경계점들은 $x+7i$; M은 열린 집합.

59. U는 $1<x \le 3$인 수직 띠 ; 극한점은 직선 $x=1$; 경계점은 직선 $x=1$과 직선 $x=3$; M은 열려 있지 않고, 닫혀 있지 않다.

61. W는 $x>y^2$인 모든 점 (x, y) ; 열려 있다. 극한점들은 $x \ge y^2$인 모든 점. 경계점들은 포물선 $x=y^2$

63. 열린 집합도, 닫힌 집합도 아니다. 모든 복소수는 극한점이자 경계점.

연습문제 18.2

1. $u=x, v=y-1$; 모든 점에서 Cauchy-Riemann 방정식이 성립. f는 모든 z에서 미분가능.

3. $u=\sqrt{x^2+y^2}, v=0$; 모든 점에서 만족하지 않는다 ; 모든 점에서 미분불가능.

5. $u=0, v=x^2+y^2$; (0, 0)에서만 만족 ; 모든 점에서 미분불가능.

7. $u=1, y/x$; 모든 점에서 불만족 ; 모든 점에서 불가능.

9. $u=x^2-y^2, v=-2xy$; $(0, 0)$; 모든 점에서 불가능.

11. $u=-4x+\frac{x}{x^2+y^2}, v=-4y-\frac{y}{x^2+y^2}$; $z \ne 0$인 모든 점에서 Cauchy-Riemann 방정식이 성립 z ; $z \ne 0$일 때 미분가능.

13. $u=x-y, v=0$; 모든 점에서 불만족 ; 모든 점에서 불가능.

15. $u=\frac{2y}{(x+1)^2+y^2}, v=0$; 모든 점에서 불만족 ; 모든 점에서 불가능.

연습문제 18.3

1. $\cos 1+i\sin 1$ **3.** $\cos(3)\cosh(2)-i\sin(3)\sinh(2)$ **5.** $e^5\cos 2+ie^5\sin 2$

7. $\frac{1}{2}[1-\cos(2)\cosh(2)]+\frac{1}{2}i\sin(2)\sinh(2)$ **9.** i **11.** $u=e^{x^2-y^2}\cos(2xy), v=e^{x^2-y^2}\sin(2xy)$

13. $u=\frac{\sin x\cos x}{\cos^2 x\cosh^2 y+\sin^2 x\sinh^2 y}, v=\frac{\cosh y\sinh y}{\cos^2 x\cosh^2 y+\sin^2 x\sinh^2 y}$

15. $\sinh z=0$이면 $\sin(iz)=0$, 따라서 $iz=n\pi$, 즉 임의의 정수 n에 대하여

21. $z=\ln 2+i\left(\frac{\pi}{2}+2n\pi\right)$, n은 임의의 정수 **23.** $z=\ln 2+(2n+1)\pi i$, n은 임의의 정수

연습문제 18.4

1. $\ln 4 + \frac{4n-1}{2}\pi i,\ \ln 4 + \frac{3}{2}\pi i$ **3.** $\ln 5 + (2n+1)\pi i,\ \ln 5 + \pi i$

5. $\ln\sqrt{85} + \left[(2n+1)\pi + \tan^{-1}\left(-\frac{2}{9}\right)\right]i,\ \ln\sqrt{85} + \left(\pi + \tan^{-1}\left(-\frac{2}{9}\right)\right)i$

7. 힌트: 극형식으로 $\frac{z}{w} = \left|\frac{z}{w}\right| e^{i(\arg(z) - \arg(w))}$.

연습문제 18.5

1. $ie^{-(2n\pi + \pi/2)}$ **3.** $e^{-(2n\pi + \pi/2)}$ **5.** $e^{3(2n\pi + 3\pi/4)}\left[\cos\left(\frac{3\ln 2}{2}\right) - i\sin\left(\frac{3\ln 2}{2}\right)\right]$

7. $\cos\left(\frac{\pi}{8} + \frac{n\pi}{2}\right) + i\sin\left(\frac{\pi}{8} + \frac{n\pi}{2}\right)$ **9.** $16e^{(2n+1)\pi}[\cos(\ln 4) - i\sin(\ln 4)]$

11. $2\left[\cos\left(\frac{(2n+1)\pi}{4}\right) + i\sin\left(\frac{(2n+1)\pi}{4}\right)\right]$ **13.** $\cos(n\pi/3) + i\sin(n\pi/3)$

15. $-e^{2(4n+1)\pi}$ **17.** $(324)^{1/5}\left[\cos\left(\frac{(2n+1)\pi}{5}\right) + i\sin\left(\frac{(2n+1)\pi}{5}\right)\right]$

19. $\sqrt{68}\,e^{3\tan^{-1}(1/4) - 6n\pi}\left[\cos\left(3\ln\sqrt{68} - \tan^{-1}\left(\frac{1}{4}\right)\right) + i\sin\left(3\ln\sqrt{68} - \tan^{-1}\left(\frac{1}{4}\right)\right)\right]$

21. 1의 n제곱근은 $\omega_k = e^{2k\pi i/n}$, 여기서 $k = 0, 1, \cdots, n-1$. $z \neq 1$일 때 $\sum_{k=0}^{n-1} z^k = \frac{z^n - 1}{z-1}$와 $z = e^{2\pi i/n}$을 이용하여라.

23. 힌트: $z^2 + \frac{b}{a}z = -\frac{c}{a}$을 완전제곱꼴로 만들어라.

25. $\frac{1}{2}\{[-1 \pm 5^{1/4}(\cos\theta + \sin\theta) + i[-1 \pm 5^{1/4}(\cos\theta - \sin\theta)]\}$, 여기서 $\theta = \frac{1}{2}\tan^{-1}(1/2)$

19장 복소 적분

연습문제 19.1

1. $8 - 2i$ **3.** $\frac{3}{2}(1+i)$ **5.** $\frac{1}{2}(-13+4i)$ **7.** $-\frac{1}{2}[\cosh 8 - \cosh 2]$

9. $-\frac{1}{2}[e^{-1}(\cos 2 + i\sin 2) - e(\cos 2 - i\sin 2)]$ **11.** $10 + 210i$ **13.** $\frac{25}{2}i$ **15.** $\frac{2}{3}(1+i)$

17. $-\frac{i}{3}\sinh 1$ **19.** 0 **21.** $8\pi e^{16}$보다 크거나 같은 수.

연습문제 19.2

1. 0 **3.** 0 **5.** $2\pi i$ **7.** 0 **9.** 0 **11.** $4\pi i$ **13.** 0 **15.** 0 **17.** $\frac{1}{4}\pi i$

연습문제 19.3

1. $32\pi i$ **3.** $2\pi i(-8+7i)$ **5.** $-2\pi e^2(\cos 1 - i\sin 1)$ **7.** $\pi i(6\cos(12) - 36\sin(12))$

9. $-512\pi(1-2i)\cos(256)$ **11.** $-\frac{13}{2}-39i$ **13.** 0 **15.** πi **17.** $2\pi i\cosh(\sinh 3)$

19. $\frac{\pi}{3}(\sinh 1+i\cosh 1)$ **21.** 2π **23.** Cauchy 적분공식에 의해 두 적분은 모두 $2\pi i f'(a)$.

20장 함수의 급수 표현

연습문제 20.1

1. $2\,;|z+3i|<2$ **3.** $1\,;|z-1+3i|<1$ **5.** $2\,;|z+8i|<2$ **7.** $1\,;|z+6+2i|<1$

9. $1\,;|z+4|<1$

11. 불가능 ; i는 0보다 $2i$에 더 가까우므로 0에서 수렴하면 i에서도 수렴해야 한다.

13. $\sum_{n=0}^{\infty}(c_n+c_n^*)z^n$의 수렴반지름은 R과 R^* 중 작은 수.

15. $\sum_{n=0}^{\infty}\frac{(-1)^n}{(2n)!}2^{2n}z^{2n}\,;|z|<\infty$(즉, 급수는 모든 z에 대하여 수렴)

17. $\sum_{n=0}^{\infty}\frac{1}{(1-4i)^{n+1}}(z-4i)^n\,;|z-4i|<\sqrt{17}$ **19.** $\sum_{n=0}^{\infty}(n+1)z^n\,;|z|<1$

21. $-3+(1-2i)(z-2+i)+(z-2+i)^2\,;|z|<\infty$

23. $63-16i+(-16+2i)(z-1-i)+(z-1-i)^2\,;|z|<\infty$

25. $\sum_{n=0}^{\infty}\frac{(-1)^n}{(2n+1)!}(z+i)^{2n+1}\,;|z|<\infty$ **27.** $\sum_{n=0}^{\infty}\frac{-1}{(2+6i)^{n+1}}(z+2i)^n\,;|z+2i|<\sqrt{40}$

29. $\sum_{n=0}^{\infty}\frac{(-1)^n}{(2n)!}z^{4n}-\sum_{n=0}^{\infty}\frac{(-1)^n}{(2n+1)!}z^{2n+1}\,;|z|<\infty$ **31.** $\sum_{n=0}^{\infty}\frac{(1+i)^n+(1-i)^n}{2n!}z^n\,;|z|<\infty$

33. $1+iz+\sum_{n=1}^{\infty}\left(\frac{2^n+2^{n-1}}{(2n)!}z^{2n}+\frac{2^n}{(2n+1)!}z^{2n+1}\right);|z|<\infty$

35. $z=re^{i\theta}$을 $f(z)=\sum_{n=0}^{\infty}c_nz^n$에 대입하면 $f(re^{i\theta})=\sum_{n=0}^{\infty}c_nr^ne^{in\theta}$. Cauchy 적분공식에 의해 C가 중심이 원점이고 반지름이 r인 원일 때 $c_n=\frac{1}{n!}f^{(n)}(0)=\frac{1}{n!}\frac{n!}{2\pi i}\int_C\frac{f(\xi)}{\xi^{n+1}}=\frac{1}{2\pi i}\int_0^{2\pi}\frac{f(re^{i\xi})}{r^{n+1}e^{i(n+1)\xi}}ire^{i\xi}d\xi$ $=\frac{1}{2\pi r^n}\int_0^{2\pi}f(re^{i\xi})e^{in\xi}d\xi$.

37. z를 고정시키고 w를 변수로 생각하여라. $f(w)=e^{zw}$이면 $f^{(n)}(w)=z^ne^{zw}$. Cauchy 적분공식에 의해 $f^{(n)}(0)=z^n=\frac{n!}{2\pi i}\int_\Gamma\frac{e^{zw}}{w^{n+1}}dw$, 여기서 Γ는 중심이 원점인 단위원. $\frac{z^n}{n!}=\frac{1}{2\pi i}\int_\Gamma\frac{e^{zw}}{w^{n+1}}dw$, $\left(\frac{z^n}{n!}\right)^2=\frac{1}{2\pi i}\int_\Gamma\frac{z^n}{n!w^{n+1}}e^{zw}dw$. $\sum_{n=0}^{\infty}\left(\frac{z^n}{n!}\right)^2=\frac{1}{2\pi i}\sum_{n=0}^{\infty}\int_\Gamma\frac{z^n}{n!w^{n+1}}e^{zw}dw=$ $\frac{1}{2\pi i}\int_\Gamma\left(\sum_{n=0}^{\infty}\frac{1}{n!}\left(\frac{z}{w}\right)n\right)\frac{e^{zw}}{w}dw=\frac{1}{2\pi i}\int_\Gamma e^{z(w+1/w)}\frac{1}{w}dw$. 이제 Γ상의 w를 $w=e^{i\theta}$이라 하면 결과를 얻는다.

39. $g(z)=\sin z$라 하면 f와 g는 수렴하는 수열 $\{1/n\}_{n=1}^{\infty}$에서 일치. 따라서 $f=g$.

41. 최대값은 직사각형의 변에서 생긴다. 변 $x=0$에서 $|e^z|=|e^{iy}|=1$. 변 $x=1$에서 $|e^z|=e^1|e^{iy}|=e$.

변 $y=0$에서 $|e^z|=e^x, 0 \le x \le 1$. 변 $y=\pi$에서 $|e^z|=e^x, 0 \le x \le 1$. 따라서 최대값은 e.

연습문제 20.2

1. $\frac{1}{z-i}+\sum_{n=0}^{\infty}\frac{(-1)^n}{(2i)^{n+1}}(z-i)^n ; 0<|z-i|<2$ **3.** $\sum_{n=1}^{\infty}\frac{(-1)^{n+1}4^n}{(2n)!}z^{2n-2} ; |z|<\infty$

5. $-\frac{1}{z-1}-2-(z-1) ; 0<|z-1|<\infty$ **7.** $\frac{1}{z^2}+\sum_{n=0}^{\infty}\frac{z^{2n}}{(n+1)!} ; 0<|z|<\infty$

9. $1+\frac{2i}{z-i} ; 0<|z-i|<\infty$ **11.** $\sum_{n=0}^{\infty}\frac{1}{n!}(z+i)^{-n} ; 0<|z+i|<\infty$

13. $-\frac{1}{4}\frac{1}{z+2}-\frac{1}{4}\sum_{n=0}^{\infty}\frac{1}{4^{n+1}}(z+2)^n ; 0<|z-2|<4$

21장 특이점과 유수정리

연습문제 21.1

1. $z=0$는 이중극 **3.** $z=0$은 진성특이점 **5.** $i, -i$는 단순극, 1은 이중극

7. $-i$는 단순극, i는 제거가능 **9.** $1, -1, i$는 단순극 **11.** $\frac{(2n+1)}{2}\pi$는 단순극

13. 0은 이중극 **15.** -1은 4차극 **17.** 특이점은 없다. **19.** $-\pi$는 단순극

21. f는 z_0에서 Taylor 전개 $f(z)=\sum_{n=0}^{\infty}a_n(z-z_0)^n$, g는 Laurant 전개 $g(z)=\frac{b_{-m}}{(z-z_0)^m}+\sum_{n=-m+1}^{\infty}b_n(z-z_0)^n$. 따라서 fg의 전개는 $\frac{b_{-m}a_0}{(z-z_0)^m}+\sum_{n=-m+1}^{\infty}c_n(z-z_0)^n$, 여기서 $b_{-m}a_0 \neq 0$.

23. $h(z)=(z-z_0)^3q(z)$, 이때 q는 z_0에서 해석적이고 $q(z_0)\neq 0$. 따라서 $\frac{g(z)}{h(z)}=\frac{1}{(z-z_0)^3}\frac{g(z)}{q(z)}$, $0<|z-z_0|<r$. 이제 g/q는 z_0에서 해석적이므로 Taylor 전개 $g(z)/g(z)=\sum_{n=0}^{\infty}c_n(z-z_0)^n$ 가능. $q(z_0)\neq 0$이고 $g(z_0)\neq 0$이므로 $c_0\neq 0$. 그러면 열린 원판에서 $\frac{g(z)}{h(z)}=\frac{c_0}{(z-z_0)^3}+\sum_{n=1}^{\infty}c_n(z-z_0)^{n-2}$.

연습문제 21.2

1. $2\pi i$ **3.** 0 **5.** $2\pi i$ **7.** $2\pi i$ **9.** $-\pi i/4$ **11.** 0 **13.** $2\pi i$ **15.** $\frac{\pi}{2}(e^{8i}-1)$

17. $\frac{\pi i}{9}(\cosh 9-2)$ **19.** $\pi(-40+50i)e^{-i}$ **21.** 0 **23.** $4\pi(2+i)$ **25.** 0 **27.** $\frac{\pi}{2}(-i-\cos 4)$

29. $g(z)=\sum_{n=0}^{\infty}a_n(z-z_0)^n$, $h(z)=\sum_{n=3}^{\infty}b_n(z-z_0)^n$, $a_0\neq 0$, $b_3\neq 0$라 하면 21.1절 문제 23에 의해 $\frac{g(z)}{h(z)}=\sum_{n=-3}^{\infty}d_n(z-z_0)^n$, $d_{-3}\neq 0$, $g(z)=\sum_{n=0}^{\infty}a_n(z-z_0)^n=\left(\sum_{n=3}^{\infty}b_n(z-z_0)^n\right)\left(\sum_{n=-3}^{\infty}d_n(z-z_0)^n\right)$에서 $(z-z_0)^n$의 계수를 비교하면 $a_0=d_{-3}b_3$, $a_1=d_{-3}b_4+d_{-2}b_3$, $a_2=d_{-3}b_5+d_{-2}b_4+d_1b_3$. d_{-1}을 a_1,

$a_2, b_1, \cdots, b_4$로 표현하고 $a_n = \frac{1}{n!}g^{(n)}(z_0)$, $b_n = \frac{1}{n!}h^{(n)}(z_0)$임을 이용하자.

연습문제 21.3

1. $\frac{\pi}{a^3}\sqrt{2}\left(\frac{\sin(\pi a/\sqrt{2})\cosh(\pi a/\sqrt{2})+\cos(\pi a/\sqrt{2})\sinh(\pi a/\sqrt{2})}{\cosh^2(\sqrt{2}\pi a)-\cos^2(\sqrt{2}\pi a)}\right)$

3. $\frac{1}{4}(1-\pi\sqrt{2}\csc(\sqrt{2}\pi))$ **9.** $2\pi/\sqrt{3}$ **11.** $2\pi/3$ **13.** $\frac{1}{4}\pi e^{-2\sqrt{2}}\sin(2\sqrt{2})$ **15.** $-\pi/128$

17. $\frac{\pi}{32}(1+5e^{-4})$ **19.** $-\frac{16\pi}{5}\sin\left(\frac{3\pi}{5}\right)\frac{17\cos(\pi/5)+16\cos(3\pi/5)}{289+168\cos(2\pi/5)+136\cos(4\pi/5)+32\cos(6\pi/5)}$

21. $\pi/2$ **23.** $\frac{\pi}{3}e^{-9}$ **25.** $2\pi\left(1-\frac{4}{\sqrt{15}}\right)$ **27.** $-\frac{\pi}{3}e^{-1}+\frac{2\pi}{3}e^{-1/2}\cos\left(\frac{\sqrt{3}}{2}\right)$ **29.** $2\pi/3$

31. $\frac{\pi}{10}2^{1/4}\left[3\sin\left(\frac{3\pi}{8}\right)+\cos\left(\frac{3\pi}{8}\right)-2^{5/4}\right]$

33. $\operatorname{Res}(e^{i\alpha z}/(z^2+1), i) = -\frac{1}{2}ie^{-\alpha}$, $\int_{-\infty}^{\infty}\frac{\cos(\alpha x)}{x^2+1}dx = 2\pi i\left(-\frac{1}{2}ie^{-a}\right)=\pi e^{-\alpha}$.

35. 삼각치환하면 $-4i\int_\Gamma \frac{z}{(\alpha^2-\beta^2)z^2+2(\alpha^2+\beta^2)z+(\alpha^2-\beta^2)}dz$, 여기서 Γ는 중심이 원점인 단위원. Γ 내부의 두 극점은 $z=\pm\sqrt{\frac{\beta-\alpha}{\beta+\alpha}}$이고 각각 유수는 $-i/2\alpha\beta$. 따라서 적분값은 $2\pi i(-i/\alpha\beta)$, $2\pi/\alpha\beta$.

37. $n=1, 2, 3, 4, 5$일 때 $\pi, \pi/2, 3\pi/8, 5\pi/16, 35\pi/128$. 임의의 n에 대해

$$\int_{-\infty}^{\infty}\frac{1}{(1+x^2)^n}dx = \frac{\pi(2n-2)!}{2^{2n-2}[(n-1)!]^2}.$$

39. Cauchy 정리에 의해 $\int_\Gamma e^{-z^2}dz=0$, 여기서 Γ는 사각형 경로. 경계에서 선적분은

$$\int_{-R}^{R}e^{-x^2}dx+\int_0^\beta e^{-(R+it)^2}idt+\int_R^{-R}e^{-(x+\beta i)^2}dx+\int_\beta^0 e^{-(-R+it)^2}idt=0.$$

두 번째 적분은 $e^{-R^2}\int_0^\beta e^{t^2}e^{-2iRt}dt$이고 $R\to\infty$일 때 0이 된다. 마찬가지로 네 번째 적분의 극한도 0.

따라서 $\int_{-\infty}^{\infty}e^{-x^2}dx-\int_{-\infty}^{\infty}e^{-x^2}e^{\beta^2}e^{-2\beta ix}dx=0$. 즉,

$\sqrt{\pi}=e^{\beta^2}\int_{-\infty}^{\infty}e^{-x^2}\cos(2\beta x)dx+ie^{-\beta^2}\int_{-\infty}^{\infty}e^{-x^2}\sin(2\beta x)dx$. 두 번째 항은 홀함수 적분이므로 0.

마지막으로, $\sqrt{\pi}=2e^{\beta^2}\int_0^\infty e^{-x^2}\cos(2\beta x)dx$.

41. Cauchy 정리에 의해 $\int_\Gamma e^{iz^2}dz=0$. 따라서 $\int_0^R e^{ix^2}dx+\int_0^{\pi/4}e^{iR^2}e^{2i\xi}Rie^{i\xi}d\xi+\int_R^0 e^{i(re^{i\pi/4})^2}e^{i\pi/4}dr=0$. $R\to\infty$일 때 두 번째 적분은 0. 따라서 $\int_0^\infty[\cos(x^2)+i\sin(x^2)]dx=\frac{\sqrt{2}}{2}(1+i)\int_0^\infty e^{-r^2}dr=$ $\frac{\sqrt{2}}{2}(1+i)\frac{1}{2}\sqrt{\pi}$. 실수부와 허수부로부터 Fresnel 적분을 얻는다.

43. $\int_0^{2\pi}\frac{1}{(\alpha+\beta\cos\theta)^2}d\theta=\int_\Gamma\frac{1}{\left(\alpha+\frac{\beta}{2}\left(z+\frac{1}{z}\right)\right)^2}\frac{1}{iz}dz=-4i\int_\Gamma\frac{z}{(\beta z^2+2\alpha z+\beta)^2}dz$. Γ 내부에 2차

극 $\frac{1}{\beta}(-\alpha+\sqrt{\alpha^2-\beta^2})$. $\mathrm{Res}\left(\frac{-4iz}{(\beta z^2+2\alpha z+\beta)^2}, \frac{1}{\beta}(-\alpha+\sqrt{\alpha^2-\beta^2})\right)=-\frac{\alpha i}{(\alpha^2-\beta^2)^{3/2}}$.

$\int_0^{2\pi}\frac{1}{(\alpha+\beta\cos\theta)^2}=\frac{2\pi\alpha}{(\alpha^2-\beta^2)^{3/2}}$ 를 계산하여라.

그러면 $\int_0^{2\pi}\frac{1}{(\alpha+\beta\cos\theta)^2}d\theta=2\int_0^{\pi}\frac{1}{(\alpha+\beta\cos\theta)^2}d\theta$.

연습문제 21.4

1. $(1+4t+2t^2)e^{2t}$ **3.** $\cos(3t)$ **5.** $\left(\frac{1}{6}t-\frac{1}{36}\right)e^{2t}+\frac{1}{36}e^{-4t}$ **7.** $\frac{1}{2}t^2e^{-5t}$

9. $\frac{\sqrt{2}}{2}\left(\cosh\left(\frac{\sqrt{2}}{2}t\right)\sin\left(\frac{\sqrt{2}}{2}t\right)-\sinh\left(\frac{\sqrt{2}}{2}t\right)\cos\left(\frac{\sqrt{2}}{2}t\right)\right)$

22장 등각사상과 응용

연습문제 22.1

1.

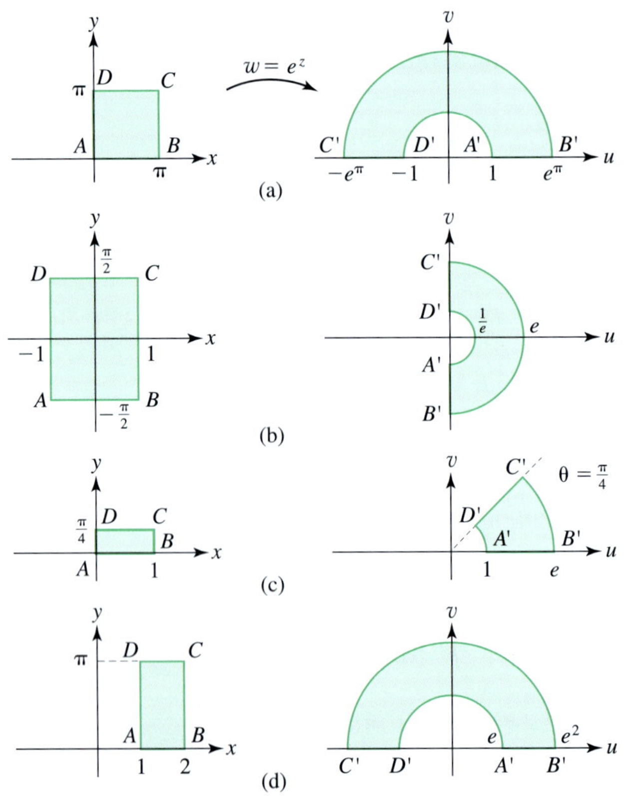

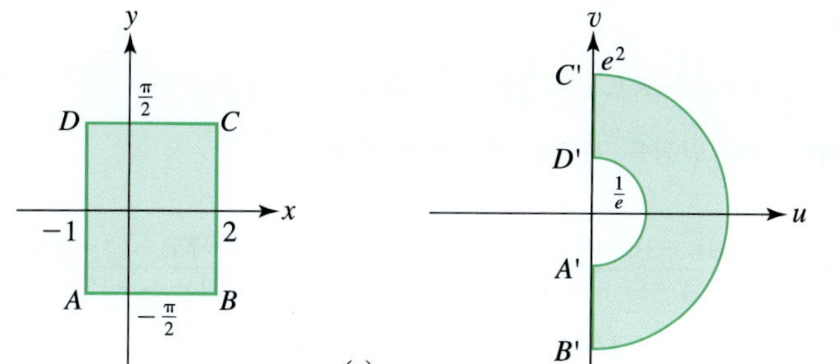

(e)

3.

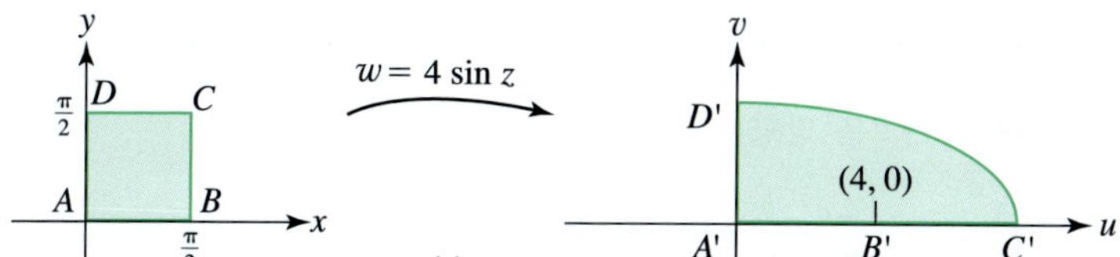

(a)

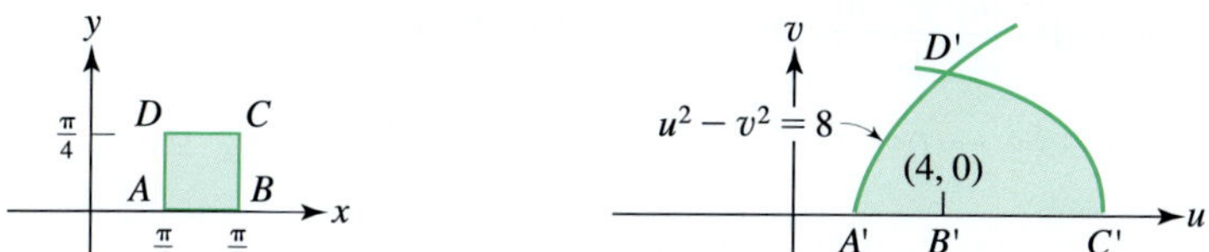

(b)

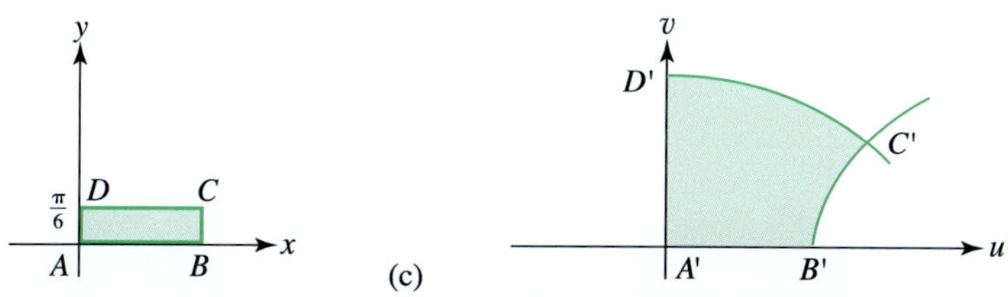

(c)

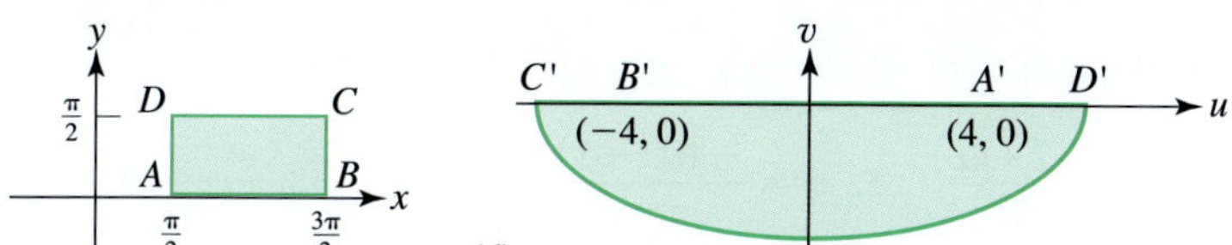

(d)

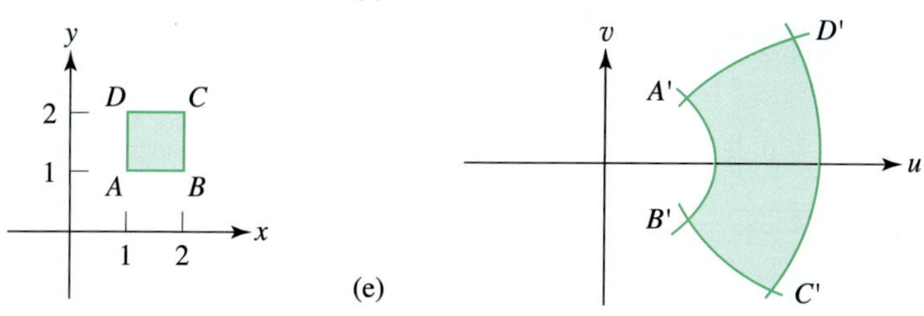

(e)

5. 직선 $x=a\neq 0$은 타원 $\dfrac{u^2}{\cosh^2 a}+\dfrac{v^2}{\sinh^2 a}=1$. 직선 $x=0$은 선분 $-1\le u\le 1$으로 사상.

직선 $y=b\neq n\pi/2$(n은 정수)은 쌍곡선 $\dfrac{u^2}{\cos^2 b}-\dfrac{v^2}{\sin^2 b}=1$으로 사상. 직선 $y=n\pi$(n은 정수)는 $|u|\ge 1$으로 사상. 직선 $y=(2n+1)\pi/2$은 $u=0$으로 사상.

7. 각이 $[\pi/2, \pi]$에 놓이는 쐐기.

9. 힌트: $z = re^{i\theta}$이라 하면 $u = \frac{1}{2}\left(r + \frac{1}{r}\right)\cos k,\ v = \frac{1}{2}\left(r - \frac{1}{r}\right)\sin k.$

11. 1, 2, 3사분면 **13.** 1사분면 **15.** 원점을 제외한 복소평면 전체

17. 편각이 $[\pi/27, \pi/9]$에 놓이는 쐐기

19. $w = \dfrac{3+8i-(1+4i)z}{4+7i-(2+3i)z}$ **21.** $w = \dfrac{16-16i+(-7+13i)z}{4-8i+(-1+2i)z}$ **23.** $w = \dfrac{4-75i+(3+22i)z}{-21+4i+(2+3i)z}$

25. $w = \dfrac{8+38i-(24+10i)z}{-4+3i-iz}$ **27.** $w = \dfrac{1/3+(3+i/3)z}{5/3-12i+(12+7i/6)z}$ **29.** $(u-\frac{7}{2})^2+v^2 = \frac{9}{4}$

31. $v = 10$ **33.** $\left(u - \dfrac{11}{21}\right)^2 + \left(v + \dfrac{1}{63}\right)^2 = \dfrac{208}{3969}$ **35.** $(u-1)^2 + \left(v + \dfrac{19}{4}\right)^2 = \dfrac{377}{16}$

37. $u^2 + \left(v + \dfrac{1}{2a}\right)^2 = \dfrac{1}{4a^2}$ **39.** $w = \bar{z}$은 방향을 바꾼다.

41. $w = \dfrac{az+b}{cz+d}$, $ad - bc \neq 0$이면 $z = -\dfrac{dw-b}{cw-a}$도 선형분수변환.

43. $|z| = |a| = 1, |b| < 1$일 때 $|w| = \dfrac{|a|}{|z|}\dfrac{|z-b|}{|\bar{b}-z|} = 1$이고 $|w(0)| = |b| < 1$.

45. 힌트: $z = \dfrac{az+b}{cz+d}$은 $c \neq 0$ 또는 $c = 0$에 따라 하나 또는 두 개의 해를 가짐을 보여라.

문제 47부터 51까지는 해가 여러 개일 수 있다. 그중 하나씩 예를 들면

47. $z \to \dfrac{1}{z} \to -4\dfrac{1}{z} \to -4\dfrac{1}{z} + i = w$ **49.** $z \to iz \to iz - (2-7i) = w$

51. $z \to z+4 \to \dfrac{1}{z+4} \to 4(2-3i)\dfrac{1}{z+4} \to 4(2-3i)\dfrac{1}{z+4} - (2-3i) = w$

연습문제 22.2

문제 1부터 10까지는 여러 사상들이 답이 될 수 있다. 그중 하나씩 예를 들면

1. $w = 2z + 1 - i$ **3.** $w = \dfrac{3z+2+6i}{z+2i}$ **5.** $w = \dfrac{-4i(z+1)}{z-1}$ **7.** $w = -3i - iz$ **9.** $\dfrac{z-1+12i}{-4+iz-i}$

11. $w = z^{1/3}$

13. (a) $|z| = 1$에 의하여, $w = \dfrac{1}{2}\left(z + \dfrac{1}{z}\right) = \dfrac{1}{2}(z + \bar{z}) = \mathrm{Re}(z) = x$이므로 $-1 \le w \le 1$. 역으로 $-1 \le w \le 1$이면 $\sqrt{w^2-1}$은 0 또는 순허수. $w = \dfrac{1}{2}\left(z + \dfrac{1}{z}\right)$을 풀면 $z = -w \pm \sqrt{w^2-1}$이므로 $\overline{-w + \sqrt{w^2-1}} = -w - \sqrt{w^2-1}$. 그러면 $|z|^2 = z\bar{z} = (-w + \sqrt{w^2-1})(-w - \sqrt{w^2-1}) = 1$. 따라서 $-1 \le w \le 1$일 필요충분조건은 $|z| = 1$.

(b) $|z| = r < 1$일 때 $w = \dfrac{1}{2}\left(z + \dfrac{1}{z}\right) = \dfrac{1}{2}\left(x + iy + \dfrac{x - iy}{r^2}\right) = \left(\dfrac{r^2+1}{2r}\right)\dfrac{x}{r} + i\left(\dfrac{r^2-1}{2r}\right)\dfrac{y}{r} = u + iv.$

따라서 $\dfrac{u^2}{\left(\dfrac{r^2+1}{2r}\right)^2} + \dfrac{v^2}{\left(\dfrac{r^2-1}{2r}\right)^2} = 1.$

15. 힌트: $f(1), f(-1), f(0), f(\infty)$를 계산하고 $\int_0^1 t^{m-1}(1-t)^{n-1}dt = \dfrac{\Gamma(m)\Gamma(n)}{\Gamma(m+n)}$ 임을 이용하여라.

연습문제 22.3

1. $u(x, y) = \dfrac{y}{\pi}\displaystyle\int_{-\infty}^{\infty} \dfrac{g(t)}{(t-x)^2+y^2}dt$, 여기서 $u(x, 0) = g(x)$.

3. $$u(x, y) = \frac{1}{2\pi}\int_0^{2\pi} g(x_0 + R\cos t, y_0 + R\sin t) \times \left[\frac{R^2-(x-x_0)^2-(y-y_0)^2}{R^2+(x-x_0)^2+(y-y_0)^2-2R(x-x_0)\cos t-2R(y-y_0)\sin t}\right]dt$$

5. $u(r\cos\theta, r\sin\theta) = \dfrac{1}{2\pi}\displaystyle\int_0^{2\pi} \dfrac{[r\cos t - r\sin t](1-r^2)}{1+r^2-2r\cos(t-\theta)}dt$

7. $$u(x, y) = \frac{1}{8}\int_{-1}^{1} \frac{(1-|t|)\cos(\pi t/2)}{1+\sin^2(\pi t/2)} \times \left[\frac{4\sinh(\pi x/2)\cos(\pi y/2)[1+\sin^2(\pi t/2)]+\sin(\pi x)\sin(\pi y)[1-\sin(\pi t/2)]}{\sinh^2(\pi x/2)+\sin^2(\pi y/2)-2\cosh(\pi x/2)\sin(\pi y/2)\sin(\pi t/2)+\sin^2(\pi t/2)}\right]dt$$

연습문제 22.4

1. $a = Ke^{i\theta}$, 등위곡선은 $\varphi(x, y) = K[x\cos\theta - y\sin\theta] =$상수. 이것은 직선꼴 $y = (\cot\theta)x + b$.
흐름선은 $\psi(x, y) = K[y\cos\theta + x\sin\theta] =$상수. 이것은 직선꼴 $y = -\tan(\theta)x + b$.
속도$= \overline{f'(z)} = Ke^{-i\theta}$. 공급점과 배출점은 없다.

3. $\varphi(x, y) = \cos(x)\cosh(y)$, $\psi(x, y) = -\sin(x)\sinh(y)$. 등위곡선은 $y = \cosh^{-1}(K/\cos x)$,
흐름선은 $y = \sinh^{-1}(C/\sin x)$.

5. $\varphi(x, y) = K\ln|z-z_0|$, $\psi(x, y) = K\arg(z-z_0)$. 등위곡선은 $|z-z_0| = r$ 흐름선은 z_0로부터 반쪽 직선 $\int_C -vdx + udv = 2\pi K$, C는 중심이 z_0이고 반지름이 r인 원.

7. $f(z) = k\left[x + \dfrac{x}{x^2+y^2} + i\left(y - \dfrac{y}{x^2+y^2}\right)\right]$. 등위곡선은 $x + \dfrac{x}{x^2+y^2} = c$, 흐름선은 $y - \dfrac{y}{x^2+y^2} = d$.

9. 등위곡선은 $K\left[\dfrac{x+x}{x^2+y^2}\right] - \dfrac{b}{2\pi}\arg(z) = c$. 흐름선은 $k\left[y - \dfrac{y}{x^2+y^2}\right] + \dfrac{b}{4\pi}\ln|z| = d$.

정체점은 $f'(z) = k\left(1 - \dfrac{1}{z^2}\right) + \dfrac{ib}{2\pi z} = 0$으로부터 $z = -\dfrac{ib}{4kpi} \pm \sqrt{1 - \dfrac{b^2}{16\pi^2k^2}}$

찾아보기

공업수학 Ⅱ (7판) 역자

강대민, 권기운, 김성옥, 김영식, 김원종, 김정국, 김정렬
김창호, 나성수, 문환표, 박준상, 박태훈, 배은규, 소명옥
송희자, 이종하, 이주성, 이준경, 임영빈, 장인범, 장주석
정상문, 정은태, 정희택, 조덕빈, 조범규, 조영덕, 최승회
최영기, 한광희 (가나다순)

공업수학 Ⅱ (7판)

2014년 9월 1일 인쇄
2014년 9월 5일 발행

원 저 자 ● Peter V. O'Neil
역 자 ● 공업수학교재편찬위원회
발 행 자 ● 조 승 식
발 행 처 ● (주) 도서출판 **북스힐**
서울시 강북구 한천로 153길 17
등 록 ● 제 22-457호

(02) 994-0071(代)
(02) 994-0073
www.bookshill.com

잘못된 책은 교환해 드립니다.

값 23,000원

ISBN 978-89-5526-907-9